수확후공정공학

Post-Harvest Process Engineering

수확후공정공학

Post-Harvest Process Engineering

대표저자 **금동혁**

도서출판
CIR 씨·아이·알

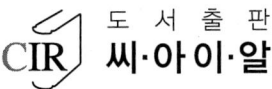

머 리 말

우리나라는 식생활의 다변화, 고급화에 따라 농산물에 대한 소비자의 요구가 크게 변하여, 고품질의 안전한 농산물에 대한 요구가 크게 증가하고 있다. 고품질의 안전한 농산물을 소비자에게 연중 공급하려면 생산 단계도 중요하지만 수확 이후 식탁에 이르는 동안 거치게 되는 수확 후 관리과정의 중요성이 더욱 부각되고 있다.

수확후관리기술(post-harvest technology)이란 농산물이 수확 이후 소비자의 식탁에 이르는 동안 또는 가공식품의 원료로 이용될 때까지 거치게 되는 일련의 공정과 관련된 총체적인 기술을 말한다. 구체적으로 수확후관리기술은 농산물의 수확후공정, 즉 정선, 선별, 예냉, 건조, 저장, 저온저장, 동결, 도정, 포장, 수송 등과 관련된 기술이다.

수확후공정공학(post-harvest process engineering)은 농산물의 수확 후에 거치게 되는 일련의 단위공정의 원리를 이해하고, 이와 관련된 단위기계와 장치를 설계, 제작 및 이용하는 데 필요한 이공학적인 지식을 다루는 학문이다.

수확후공정공학에서는 기계, 전자 및 화학 공학 등의 폭넓은 공학적 지식뿐만 아니라 농산물의 물성공학 및 생리학과 관련된 이공학적 지식과 많은 단위기계 및 종합처리장의 설계에 이르기까지 광범위한 분야를 다루기 때문에 본서의 집필에는 여러 분야의 전문가들이 다수 참여하여 내용의 충실을 기하고자 노력하였다.

본서의 집필은 수확 후 단위공정을 이해하고 분석하는 데 필요한 이론을 중심으로 서술하고, 단위기계와 종합처리장의 설계를 다룸으로써 단위공정 이론의 폭넓은 적용 능력을 기르도록 노력하였다. 또한 오랫동안 국내에서 수행된 연구 자료를 충실히 반영하여 현실감 있는 내용이 되도록 노력하였다. 아울러 이론의 이해와 적용방법을 익힐 수 있도록 많은 예제를 수록하였으며, 다양한 연습문제를 수록하여 종합적인 능력을 기를 수 있도록 노력하였다.

본서는 바이오시스템공학, 생물산업공학, 바이오메카트로닉스 공학 분야의 대학 교재로 개발되었다. 제2장과 제3장에는 수확 후 단위공정을 이해하는 데 필요한 유체역학과 열전달의 기초를 다루었다. 이들 내용을 별개의 교과목으로 강의하는 대학에서는 이들 장의 강의를 생략할 수 있다.

제4장에서는 수확 후 단위공정을 분석하고 가공기계를 설계하는 데 필요한 물성공학을 다루었으며, 제4장에서는 공기조화, 건조 및 저장 등의 공정을 분석하는 데 필요한 습공기의 성질을 다루었다.

제5장에서부터 제14장까지는 선별에서 포장 및 수송에 이르는 수확 후 단위공정을 상세히 다루었다. 제15장과 제16장에서는 청과물 및 곡물종합 처리장의 설계문제를 취급하여 단위공정과 단위기계의 효율적이고 경제적으로 연계한 공장설계의 개념을 이해하도록 하였다.

제17장에서는 축산가공시설을 개괄적으로 다루었으며, 제18장에서는 공정을 자동화하는 데 필요한 기초적인 자동화 개념을 익히도록 하였다.

본서는 두 학기에 강의하도록 내용을 구성하였다. 한 학기만 강의하는 대학에서는 현실을 감안하여 선택적으로 강의하기를 바란다. 아울러 대학의 교재로서뿐만 아니라 연구소나 관련 산업체에서도 유용한 참고서로 이용될 수 있을 것으로 믿는다.

집필을 마치면서 좀 더 충실한 내용을 담지 못한 아쉬움을 금할 수 없다. 계속해서 여러분의 조언과 충고를 바라마지 않는다.

끝으로 이 책을 집필하는 데 수고해주신 집필진 여러분과 원고의 정리와 교정·집필에 많은 수고를 아끼지 않은 성균관대학교 바이오공정공학 연구실의 한재웅 박사와 홍상진 박사, 출판을 맡아 주신 도서출판 씨아이알의 사장님과 편집부 여러분께 심심한 사의를 표하는 바이다. 또한, 이 책이 집필되도록 재정적인 후원을 해주신 한국농업기계학회의 산학협동연구사업에 참여하고 있는 대동공업(주), 국제종합기계(주), 동양물산기업(주), LS전선(주)의 사장님들께도 진심으로 감사를 드리는 바이다.

2008년 8월

집필진을 대표하여 금동혁

C·O·N·T·E·N·T·S

CONTENTS

CONTENTS

C·O·N·T·E·N·T·S

CONTENTS

Chapter 10 곡물 저장

CONTENTS

C·O·N·T·E·N·T·S

C·O·N·T·E·N·T·S

CONTENTS

Post-Harvest Process Engineering

Post-Harvest Process Engineering

Chapter 01 서론

Chapter

01 서론

1.1 수확후공정 분야의 분류

수확후공정 분야는 농산물의 종류가 많고, 또 수확 후에 다양한 단위조작(unit operation)을 거치기 때문에 대단히 광범위하다. 농산물의 수확후공정 분야는 주원료, 단위조작 및 이용하는 이공학적 성질에 따라서 다음과 같이 분류할 수 있다.

1.1.1 주원료에 따른 분류

수확후공정에서 필요한 기계를 농산가공기계라고 하며, 이를 주원료에 따라 분류하면 다음과 같다.

- **곡물가공기계** : 곡물을 대상으로 하는 가공기계로 정선기, 선별기, 건조기, 도정기, 저장 시설 등이 여기에 속함
- **원예생산물가공기계** : 과일, 채소류 등의 청과물을 대상으로 하는 기계류로 선과기, 세척기, 예냉장치, 저온 및 CA 저장 시설 등이 있음
- **특작농산가공기계** : 담배, 차, 면화 등의 특용작물을 대상으로 하는 가공기계
- **사양관리기계** : 가축의 사양 및 양봉과 관련된 기계로 사료 조제, 급이, 배설물처리기 등이 여기에 속함
- **축산물가공처리기계** : 우유, 양모, 계란, 육류 등의 축산물을 처리하고 가공하는 기계류
- **보조농산가공기계** : 이송, 계량, 포장, 유통 등 농산물의 가공에 공통으로 사용되는 기계류

1.1.2 단위조작에 따른 분류

농산물의 수확후공정 분야에서 취급하는 단위조작과 이와 관련된 미곡관련 단위기계는 표 1-1과 같이 다양하다. 단위조작이 같더라도 대상 농산물에 따라서 관련기계는 매우 다양하다. 건조를 예로 들면, 대상농산물은 벼, 보리, 유채, 목초, 담배, 과일류 등 다양하며, 이들의 기본적인 건조원리는 동일하지만 건조온도와 건조속도 등이 품질에 크게 영향을 미치기 때문에 건조기의 구조는 서로 다르게 되고, 따라서 다양한 건조기가 이용된다. 건조기는 주가 되는 단위조작은 건조조작이지만 그 외에 흡습, 선별 및 이송 등 여러 가지의 단위조작이 조합되어 이루어진다.

[표 1-1] 단위조작과 미곡관련 단위기계

단위조작	미곡관련 단위기계
정선	조선기
선별	각종 곡류선별기
세정	무세미기
건조	곡물건조기
흡습	조질기
가열	곡물건조기, 가열기
냉각	저장시설, 저온저장시설, 곡물냉각기
동결	저장시설
해동	
탈부	현미기
도정	정미기
성형	연미기
혼합	미곡혼합기
착유(油)	미강착유시설
착즙	
착유(乳)	
절단, 분쇄	곡물분쇄기, 왕겨분쇄기
충진, 포장	포장기
계량	무게 및 함수율 계측기
제어	단위기계 및 시설제어장치
연소	왕겨연소장치
폐기물처리	분진제거장치, 왕겨처리장치

1.1.3 이공학적 성질에 의한 분류

각 단위조작에서는 농산물의 물리적·화학적 변화를 수반하게 되며, 이에 따라 품질의 변화가 발생한다. 단위조작에서는 품질을 최상으로 유지하면서 고능률적으로 조작되어야 하므로 이와 관련된 농산물의 이공학적 성질의 파악이 우선되어야 하며, 이를 기초로 공정을 설계하고 제어할 필요가 있다.

이공학적 성질은 농산물의 품질을 측정하고 관리하는 데 기본이 되는 물리량으로 기하학적 특성, 마찰 특성, 공기 및 수력학적 특성, 물질이동 특성, 열적 특성, 기계적 및 리올로지 특성, 전기적 특성, 광학적 특성 등으로 분류되고 있으나, 근년에는 전자공학과 계측장비의 발달로 충격 특성, 마이크로파 특성, 음파 특성 등과 같이 정밀계측이 필요한 분야로까지 확대되었다. 표 1-2는 농산물의 이공학적 성질을 분류하고, 이 특성을 주로 이용하는 단위조작을 분류한 것이다.

[표 1-2] 농산물의 이공학적 성질과 관련된 단위조작

이공학적 특성	세부내용	단위조작
기하학적 특성	형상, 크기 비중, 밀도, 공극률 면적, 체적	크기 및 형상 선별 중량 선별, 건조, 저장
기계적 및 리올로지 특성	탄성(영률, 탄성계수, 포아송비) 점성 점탄성 압축, 인장 및 전단 특성 파괴 특성 마찰 특성(정·동마찰, 안식각)	성형, 분쇄, 선별, 저장, 이송
음파 및 광학적 특성	음파(음파, 초음파) 광파(가시광, 자외선, 적외선, X선)	색상 선별, 당도 선별, 산도 선별 숙도 선별, 크기 및 형상 선별
열 및 물질이동 특성	전열 특성(비열, 열전도계수) 수분이동 특성(건조, 흡습, 평형수분) 보수성 가스투과 특성	건조, 저장, 포장, 냉동, 냉각
전기적 특성	전기저항 유전율, 전도율 정전 특성 생체전기	함수율, 밀도, 당도, 내부공동
유체역학적 특성	유동 특성(유체, 분체, 입체, 청과물) 압력손실 공기저항 항력계수 종말속도	이송, 세정, 기류 선별, 냉각, 건조 예냉, 저장
물질연소 특성	연료의 물질조성 연료공기비 연소성	연소

1.2 수확후공정공학의 중요성

농산물은 수확 후부터 소비자의 식탁에 이르는 동안의 공정관리를 소홀히 하면 부패하여 품질이 저하되고 상품성을 잃기 쉬우며 이로 인한 경제적 손실이 매우 크다. 각종 청과물의 유통과정에서 부패 등의 품질변화에 의한 손실은 개발도상국의 경우 20~50%에 이르고 있으며, 우리나라 원예생산물의 손실률은 포장화가 잘 된 과실류에서 13~18%, 무, 배추 및 마늘 등 채소류에서 20~30%로 개발도상국보다는 다소 낮지만, 아직 농업 선진국에 비하여 훨씬 높은 편이다.

농산물을 포장에서 재배하여 수확할 때까지를 제1차 생산활동이라고 할 수 있으며, 적절한 수확후 공정관리는 수확 후에 농산물의 질적·양적 손실을 최소화하고 상품성 개선을 통한 고부가가치를 창출하는 제2차 생산활동이라고 할 수 있다.

수확후공정공학은 제2차 생산활동을 과학적이고 효율적으로 수행하기 위하여 필요한 생리적·공학적 이론을 제공하고, 이를 근거로 단위조작의 원리, 단위기계는 물론 시설을 개발하여 이용하는 데 필요한 지식기반을 제공하는 매우 중요한 역할을 한다.

1.3 수확후공정공학 분야의 과제와 발전방향

농산물의 대외 개방이 확대되고, 소득증가에 따른 최근의 농업환경의 변화를 다음과 같이 요약할 수 있다.

- 저렴한 수입 농산물의 증가
- 농산물의 수급불균형
- 식생활의 다변화, 고급화에 따라 양에서 품질과 안전성으로 소비자 요구 변화

이러한 농업환경의 변화에 비추어 수확후공정공학 분야의 연구개발의 기본적인 방향은 다음과 같이 설정할 수 있다.

- 양에서 질과 안전성으로 전환된 소비자의 요구에 부응
- 국내 농산물의 소비 확대 촉진
- 다양한 자원의 고도 이용 및 고부가가치화 추구
- 선도적 및 기초적 연구 중요시

저가의 수입농산물에 대응하기 위해서는 안전하고 품질이 좋은 농산물을 공급하여 품질 경쟁뿐만 아니라 생산비를 절감함으로써 가격경쟁에서도 경쟁력을 갖추도록 하여 국내 농산물의 소비를 확대하는 방향으로 연구가 추진되어야 한다. 또한, 다양한 동·식물 자원을 효율적으로 이용하고 상품가치를 높이는 방향으로 연구개발이 추진되어야 한다. 농산물은 작목이 매우 다양하므로 구체적인 대응책은 대상작물에 따라 다르지만, 미래지향적인 선도적 연구와 기초기술에 대한 연구를 중요시하지 않으면 연구개발의 기반이 취약해질 수 있다. 또한 메카트로닉스(mechatronics), 생명공학 및 나노기술 등 첨단기술의 접목을 확대할 필요가 있다.

수확후공정공학 분야의 연구개발의 주된 목표인 고품질화와 저비용화를 달성하기 위해서는 다음과 같은 분야의 기술개발이 필요하다.

- 과학적이고 객관적인 품질평가기술
- 변질을 방지할 수 있는 고품질유지기술
- 혁신적으로 부가가치를 향상시킬 수 있는 고도가공이용기술
- 수요예측, 비용공학(cost engineering) 등의 경제성 평가기술

대상 농작물의 물성에 대한 연구를 먼저 수행하고, 이것을 기초로 단위조작의 원리를 추구하여 새로운 개념의 기계를 개발할 필요가 있다. 또한, 농산물가공시설과 그 활용을 확대하기 위해서는 플랜트 및 시스템의 계획, 설계 및 운영에 대한 연구와 교육을 중요시할 필요가 있다.

Post-Harvest Process Engineering

Post-Harvest Process Engineering

Chapter 02 유체역학의 기초

Chapter

02 유체역학의 기초

유체역학은 정지하고 있거나 운동하고 있는 유체의 거동(behavior)을 다루는 학문이다. 여기에서는 유체역학의 기본적인 사항들, 즉 유체의 성질과 단위, 유체유동과 에너지방정식, 관속에서의 유동, 유체계측 등을 간단히 다루어 유체역학을 이수하지 않은 사람들도 수확후공정공학을 공부하는 데 도움을 주고자 하였다.

2.1 유체의 성질과 단위

2.1.1 유체의 특성

모든 물질은 고체(solid)나 유체(fluid) 상태로 구분되며, 유체는 다시 액체(liquid)와 기체(gas)로 나누어진다. 고체와 유체 상태를 함께 지니는 특성을 나타내는 물질도 있다.

유체는 일정한 형상을 가지는 고체와는 달리 그것이 담기는 용기에 따라 그 형상이 변하는 특성을 지니고 있으며, 흐르는 유체에서는 전단응력(shear stress)이 생기고, 전단응력을 받은 유체는 끊임없이 변형이 일어난다. 이러한 전단응력은 유체의 점성(viscosity) 때문에 생기며, 이러한 특성을 지니는 유체를 실제유체(real fluid)라고 한다.

모든 유체는 그 값이 크든 작든 간에 점성을 지니고 있는데, 실제로 공학적인 문제를 분석할 때 유체의 점성이 매우 작아 무시하더라도 문제해결에 큰 차이가 없을 경우에는 점성을 무시할 때가 흔히 있다.

이와 같이 유체에 점성이 없다고 가정한 유체를 이상유체(ideal fluid)라고 하며, 이상유체의 경우에는 흐르고 있는 상태에서도 전단응력이 생기지 않는다.

유체에서도 액체와 기체의 성질은 약간 달라 기체는 액체보다 더 잘 압축되고, 보통의 조건에서 밀도의 변화가 크다. 이와 같이 밀도의 변화를 동반하는 유체를 압축성 유체(compressible fluid)라고 하고, 이에 대하여 압축성이 없다고 가정한 유체를 비압축성 유체(incompressible fluid)라고 한다. 보통 기체는 압축성 유체로, 액체는 비압축성 유체로 간주할 수 있지만 낮은 유속으로 흐르는 기체는 비압축성 유체로 취급할 수 있으며, 관속에서의 수격작용(water hammering)이나 충격파(shock wave) 등이 발생되는 경우에는 액체라 할지라도 압축성 유체로 취급한다.

2.1.2 단위

세계 여러 나라에서 사용되어 오던 단위계로는 미터(meter)법, 풋-파운드(foot-pound)법, 척관법 등이 있는데, 오늘날에는 거의 모든 나라들이 국제단위계(Le Systém international d'unités, The International System of Units ; SI)를 채택하고 있으며, 우리나라도 1964년 1월 1일부터 특수한 경우를 제외하고는 종래에 사용해 오던 척관법, 풋-파운드법의 사용을 금지하고 미터법만 사용하도록 하는 법이 공포되었다. 그 후 1983년 1월 1일에는 토지, 건물 등에 사용되던 평(坪)의 사용이 금지되었으며 2007년 7월 1일에는 모든 계량 단위는 국제단위계(SI)만 사용하여야 한다는 도량형법이 개정 공포되었다.

SI 단위계에서는 7개의 기본단위와 기본단위로 표시된 SI 유도단위, 특별한 명칭과 기호를 가진 SI 유도단위, 특별한 명칭과 기호를 가진 SI 유도단위를 포함하는 SI 유도단위로 구성되어 있다. 표 2-1은 SI 기본단위를 나타낸 것이고, 표 2-2는 몇 가지 유도단위(derived unit)를 나타낸 것이다.

[표 2-1] SI 기본단위

기본량		SI 기본단위	
명 칭	기 호	명 칭	기 호
길이	l, x, r 등	meter	m
질량	m	kilogram	kg
시간	t	second	s
전류	I, i	ampere	A
열역학적 온도	T	kelvin	K
물질량	n	mole	mol
광도	I_V	candela	cd

또한 SI에서는 단위의 십진배수와 십진분수에 대한 명칭과 기호를 구성하기 위하여 일련의 접두어와 그 기호를 채택하였으며, 이는 표 2-3과 같다. 접두어의 기호는 단위기호와 마찬가지로 주변 문자의 글자체에 관계없이 로마(직립)체로 나타내며 접두어 기호와 단위기호 사이에 빈 칸이 없도록 단위기호에 붙여서 사용하여야 한다. 또, 2개 이상의 접두어 기호를 병기하여 복합접두어 기호를 구성하는 것은 허용되지 않는다. 즉 mμm(밀리 마이크로 미터)가 아니라 nm(나노 미터)로 표기하여야 한다.

[표 2-2] 여러 가지 물리량의 SI 유도단위 예

	유도량	SI 유도단위			
		명칭	기호	다른 SI 단위	SI 기본단위
기본 단위로 표시된 SI 유도단위	넓이	square meter	A	–	m^2
	부피	cubic meter	V	–	m^3
	속도, 속력	meter per second	v	–	m/s
	가속도	meter per second squared	a	–	m/s^2
	밀도	kilogram per cubic meter	ρ	–	kg/m^3
	비체적	cubic meter per kilogram	$v(\frac{1}{\rho})$	–	m^3/kg
특별한 명칭과 기호를 가진 SI 유도단위	평면각	radian	rad	–	m/m
	입체각	steradian	sr	–	m^2/m^2
	주파(진동)수	herz	Hz	–	s^{-1}
	힘	newton	N	–	$m\,kg\,s^{-2}$
	압력,응력	pascal	Pa	N/m^2	$m^{-1}kg\,s^{-2}$
	일,열량	joule	J	N m	$m^2 kg\,s^{-2}$
	일률, 전력	watt	W	J/s	$m^2 kg\,s^{-3}$
특별한 명칭과 기호를 가진 SI 유도단위를 포함한 SI 유도단위	점성계수	pascal second	Pa·s	$N/(m^2 s)$	$m^{-1}kg\,s^{-1}$
	힘의 모멘트	newton meter	N m	–	$m^2 kg\,s^{-2}$
	표면장력	newton per meter	N/m	–	$kg\,s^{-2}$
	각속도	radian per second	rad/s	–	s^{-1}
	각가속도	radian per second squared	rad/s^2	–	s^{-2}
	열속밀도	watt per square meter	W/m^2	$J/(m^2 s)$	$kg\,s^{-3}$
	열용량	joule per kelvin	J/K	–	$m^2 kg\,s^{-2}K^{-1}$
	비열용량	joule per kilogram kelvin	J/(kg K)	–	$m^2 s^{-2}K^{-1}$
	비에너지	joule per kilogram	J/kg	–	$m^2 s^{-2}$
	열전도계수	watt per meter kelvin	W/(m K)	J/(m K s)	$m\,kg\,s^{-3}K^{-1}$
	에너지밀도	joule per cubic meter	J/m^3	–	$m^{-1}kg\,s^{-2}$

[표 2-3] SI 접두어

인자	명칭	기호	인자	명칭	기호
10^1	deca	da	10^{-1}	deci	d
10^2	hecto	h	10^{-2}	centi	c
10^3	kilo	k	10^{-3}	milli	m
10^6	mega	M	10^{-6}	micro	μ
10^9	giga	G	10^{-9}	nano	n
10^{12}	tera	T	10^{-12}	pico	p
10^{15}	peta	P	10^{-15}	femto	f
10^{18}	exa	E	10^{-18}	atto	a
10^{21}	zetta	Z	10^{-21}	zepto	z
10^{24}	yotta	Y	10^{-24}	yocto	y

예제 2-1

유체의 점성계수(dynamic viscosity ; μ)의 단위는 Pa·s이다. 유체의 동점성계수(kinematic viscosity ; ν)의 단위를 SI 단위로 나타내어라.

풀 이

$$\nu = \frac{\mu}{\rho} = \frac{\mathrm{Pa \cdot s}}{\mathrm{kg/m^3}} = \frac{\mathrm{N \cdot s}}{\mathrm{m^2}} \times \frac{\mathrm{m^3}}{\mathrm{kg}} = \mathrm{kg} \cdot \frac{\mathrm{m}}{\mathrm{s^2}} \cdot \frac{\mathrm{s}}{\mathrm{m^2}} \cdot \frac{\mathrm{m^3}}{\mathrm{kg}} = \mathrm{m^2/s}$$

2.1.3 유체의 성질

(1) 밀도

밀도(density)는 어떤 물질의 농축 정도를 나타내는 척도로서 단위체적당의 질량으로 나타낸다. 대체로 유체의 밀도는 온도와 압력의 영향을 받는데, 액체의 경우에는 그 영향이 크지 않지만, 기체의 경우에는 그 영향이 크다. 상온에서 물의 밀도가 약 1000 $\mathrm{kg/m^3}$, 온도 15℃, 절대압력 101.3 kPa 일 때, 공기의 밀도는 1.225 $\mathrm{kg/m^3}$이다.

기체의 밀도는 압력과 온도의 함수로 주어지는 상태방정식으로 계산할 수 있으며, 완전기체의 경우에는 다음과 같은 상태방정식으로 계산한다.

$$\rho = \frac{p}{RT} \tag{2-1}$$

여기서, ρ : 기체의 밀도($\mathrm{kg/m^3}$)

p : 절대압력(Pa)

R : 기체상수(J/kg·K)
T : 절대온도(K)

(2) 비중량

어떤 물질의 비중량(specific weight)은 단위체적당의 무게로 표시되며, 밀도와의 관계는 다음과 같다.

$$\gamma = \rho g \tag{2-2}$$

물의 밀도가 1000 kg/m^{3}이고, 표준 중력가속도 g=9.81 m/s^{2}일 때, 물의 비중량은 9810 N/m^3(γ=1000 kg/m^3×9.81 m/s^2=9810 N/m^3)가 된다.

(3) 비중

비중(specific gravity)은 물의 무게에 대한 다른 물질의 무게를 비교한 것으로 물의 밀도에 대한 어떤 물질의 밀도의 비, 또는 물의 비중량에 대한 어떤 물질의 비중량의 비로서 단위가 없는 무차원량이다.

$$s = \frac{\rho}{\rho_w} = \frac{\gamma}{\gamma_w} \tag{2-3}$$

여기서, s : 비중(무차원량)
ρ : 물질의 밀도(kg/m^3)
ρ_w : 물의 밀도(kg/m^3)
γ : 물질의 비중량(N/m^3)
γ_w : 물의 비중량(N/m^3)

(4) 비체적

비체적(specific volume)은 어떤 물질의 단위질량이 차지하는 체적으로서 밀도의 역수로 나타낸다.

$$v = \frac{1}{\rho} \tag{2-4}$$

여기서, v : 비체적(m^3/kg)

(5) 점성계수

물, 우유와 같은 유체를 y거리 떨어진 평행한 두 평판 사이에 채우고, 위 평판에 힘 F를 가하여 속도 V로 움직이게 하고, 아래 평판은 고정되어 있는 경우를 생각해 보자. 위 평판에 접촉하고 있는 유체는 평판의 이동속도와 같은 V로 움직이고, 아래 평판에 접촉하고 있는 유체는 정지되어 있을 것이다. 거리 y와 속도 V가 너무 크지 않으면, 유체의 속도는 고정 평판에서 높이에 따라 직선적으로 증가할 것이다. 실험에 의하면 평판에 가해지는 힘은 평판의 면적(A)과 속도에 비례하고 거리 y에 반비례한다. 즉,

$$F \propto A\frac{V}{y} = A\frac{dV}{dy} \quad \rightarrow \quad \frac{F}{A} = \tau \propto \frac{dV}{dy}$$

여기서, $\tau = F/A$를 전단응력(shear stress)이라고 하고, 속도기울기 dV/dy를 전단변형률(deformation rate 또는 shear rate)이라고 한다. 비례상수를 μ 라고 하면

$$\tau = \mu\frac{dV}{dy} \tag{2-5}$$

여기서 비례상수 μ를 절대점성계수(absolute viscosity 또는 dynamic viscosity) 또는 점성계수라고 하며, 단위는 Pa·s이다.

절대점성계수를 밀도로 나눈 물리량을 동점성계수(kinematic viscosity)라고 한다. 즉,

$$\nu = \frac{\mu}{\rho} \tag{2-6}$$

동점성계수 ν의 단위는 m^2/s이다.

앞에서 설명한 유체의 밀도, 비중량, 비중, 비체적, 점성계수 등은 항상 온도와 압력의 영향을 받기 때문에 그 값들을 표시할 때에는 주어진 온도와 압력이 명시되어야 한다.

예제 2-2

온도 15℃와 표준 대기압(101.3 kPa) 하에서 공기의 밀도, 비중량, 비중, 비체적, 동점성계수를 계산하여라. 공기의 기체상수 R=287.1 J/kg·K, 공기의 절대점성계수는 1.80×10^{-5} Pa·s이다.

풀 이

밀 도 $\rho = \dfrac{p}{RT} = \dfrac{101{,}300\ \text{Pa}}{(287.1\ \text{J/kg}\cdot\text{K})(288\ \text{K})} = 1.225\ \text{kg/m}^3$

비중량 $\gamma = \rho g = (1.225\ \mathrm{kg/m^3})(9.81\ \mathrm{m/s^2}) = 12.019\ \mathrm{N/m^3}$

비 중 $s = \dfrac{\rho}{\rho_w} = \dfrac{1.225\ \mathrm{kg/m^3}}{1000\ \mathrm{kg/m^3}} = 0.001225$

비체적 $v = \dfrac{1}{\rho} = \dfrac{1}{1.225\ \mathrm{kg/m^3}} = 0.816\ \mathrm{m^3/kg}$

동점성계수 $\nu = \dfrac{\mu}{\rho} = \dfrac{1.80 \times 10^{-5}\ \mathrm{Pa \cdot s}}{1.225\ \mathrm{kg/m^3}} = 1.47\ \mathrm{m^2/s}$

2.2 유체의 유동과 운동방정식

실제 유체의 유동에서는 유체가 압축성이고 점성이 있기 때문에 유동 시에는 마찰이 생기며 에너지 소산이 생긴다. 또한 유체의 밀도가 일정하지 않고 수시로 변하므로 유동을 정확하게 분석하기란 매우 어렵다. 그러나 유체가 점성이 없는 이상유체이고 비압축성 유체라고 가정하면 유동현상은 단순화되고 쉽게 그 현상을 해석할 수 있다. 실용적인 공학문제에서도 비압축성 이상유체라고 가정하더라도 유용하게 활용되는 경우가 많다. 이러한 유체의 경우 자주 이용되는 기본방정식들은 연속방정식, 일-에너지방정식 및 역적-운동량방정식 등이다.

2.2.1 연속방정식

유체가 관내를 정상유동(steady flow)하는 경우 질량보존의법칙(conservation of mass)을 적용하면 어느 단면에서나 통과한 유량은 같다는 것이 연속방정식(continuity equation)의 원리이다. 오른쪽 그림에서 단면 1, 2에서의 단면적, 밀도, 유속을 각각 A_1, ρ_1, V_1 및 A_2, ρ_2, V_2라 하면 단위시간당 단면 1, 2를 흐르는 질량유량(mass flowrate)은 같다.

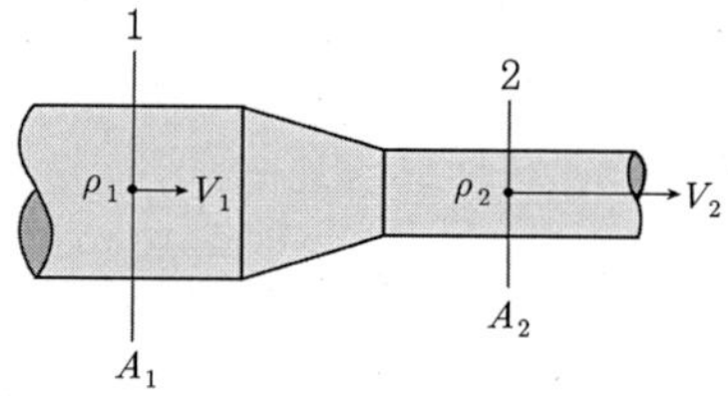

[그림 2-1] 유동 해석을 위한 검사체적

$$\dot{m} = \rho_1 A_1 V_1 = \rho_2 A_2 V_2 \tag{2-7}$$

여기서, $\dot{m}$: 질량유량(kg/s)

ρ_1, ρ_2 : 단면 1, 2에서의 밀도(kg/m^3)

A_1, A_2 : 단면 1, 2에서의 단면적(m^2)
V_1, V_2 : 단면 1, 2에서의 유속(m/s)

식 (2-7)의 양 변에 중력가속도 g를 곱하면 다음과 같은 중량유량(weight flowrate) 식이 된다.

$$\begin{aligned} G &= g\rho_1 A_1 V_1 = g\rho_2 A_2 V_2 \\ &= \gamma_1 A_1 V_1 = \gamma_2 A_2 V_2 \end{aligned} \tag{2-8}$$

여기서, G : 중량유량(N/s)
γ_1, γ_2 : 단면 1, 2에서의 비중량(N/m^3)

식 (2-7)에서 유체가 비압축성($\rho_1 = \rho_2$)이면 다음과 같은 체적유량(volume flowrate) 식이 된다.

$$Q = A_1 V_1 = A_2 V_2 \tag{2-9}$$

여기서, Q : 체적유량(m^3/s)

예제 2-3

직경 30 cm의 관이 수축되어 직경 20 cm 관에 연결되어 있고 이 관 속에 물이 2943 N/s의 중량유량으로 흐르고 있다. 각 직경에서의 평균 유속을 계산하여라.

풀 이

$$Q = \frac{G}{\gamma} = \frac{2943}{9810} = 0.3\ m^3/s$$

$$V_{0.3} = \frac{Q}{A_{0.3}} = \frac{0.3}{0.25\pi(0.3)^2} = 4.2\ m/s$$

$$V_{0.2} = \frac{Q}{A_{0.2}} = \frac{0.3}{0.25\pi(0.2)^2} = 9.5\ m/s$$

2.2.2 Euler 방정식

점성이 없는 유체흐름의 경우 전단응력이 작용하지 않고 수직응력(압력)만 작용할 때 유체입자의 운동방정식은 Newton의 제2법칙을 적용하여 구할 수 있으며 이때의 방정식을 Euler 방정식이라고 한다.

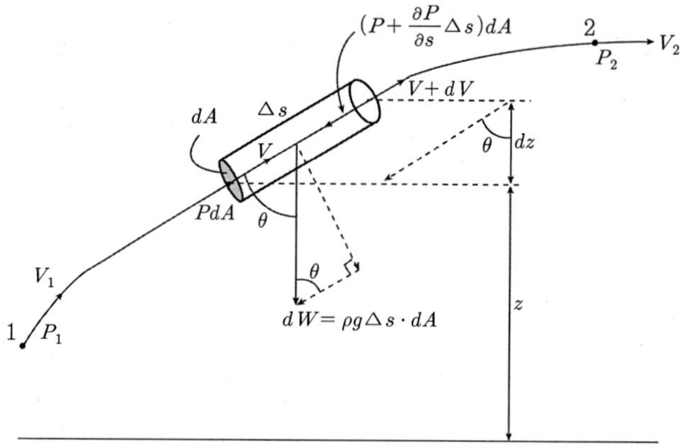

[그림 2-2] Euler 방정식 유도를 위한 미소검사체적

그림 2-2에서와 같이 미소검사체적에 작용하는 외력들과 가속도는 다음 식들과 같다.

- 검사체적에 작용하는 압력에 의한 힘 :

$$pdA-(p+\frac{\partial p}{\partial s}\Delta s)dA=-\frac{\partial p}{\partial s}\Delta s\,dA$$

- 검사체적의 무게를 운동방향으로 분해한 성분 :

$$-dW\cos\theta=-dW\frac{dz}{\Delta s}=-\rho g\Delta s dA(\frac{dz}{\Delta s})=-\rho g dA dz$$

- 운동방향으로의 가속도 성분

$$V=f(s,t)\ \rightarrow\ dV=\frac{\partial V}{\partial s}ds+\frac{\partial V}{\partial t}dt\ \rightarrow\ a_s=\frac{dV}{dt}=V\frac{\partial V}{\partial s}+\frac{\partial V}{\partial t}$$

여기에서 Newton의 운동 제2법칙 $\sum F=ma_s$를 적용하면,

$$-\frac{\partial p}{\partial s}\Delta s dA-\rho g dA dz=\rho\Delta s dA(V\frac{\partial V}{\partial s}+\frac{\partial V}{\partial t})$$

정리하면,

$$V\frac{\partial V}{\partial s}+\frac{1}{\rho}\frac{\partial p}{\partial s}+g\frac{\partial z}{\partial s}=-\frac{\partial V}{\partial t} \qquad (2-10)$$

정상상태(steady state) 흐름의 경우 식 (2-10)은 다음과 같다.

$$VdV+\frac{1}{\rho}dp+gdz=0 \qquad (2-11)$$

이 식을 Euler 방정식이라고 한다. Euler 방정식의 양변을 g로 나누면 식 (2-12)와 같이 나타낼 수 있으며, 또 유체의 밀도가 일정하다면 식 (2-13)과 같이 나타낼 수 있다.

$$\frac{dp}{\gamma}+d(\frac{V^2}{2g})+dz=0 \tag{2-12}$$

$$d(\frac{p}{\gamma}+\frac{V^2}{2g}+z)=0 \tag{2-13}$$

2.2.3 Bernoulli 방정식

유선을 따라 Euler 방정식을 적분하면 다음과 같이 Bernoulli 방정식을 얻을 수 있다.

$$\int_1^2 d(\frac{p}{\gamma}+\frac{V^2}{2g}+z)=\frac{p_2}{\gamma}+\frac{V_2^2}{2g}+z_2=\frac{p_1}{\gamma}+\frac{V_1^2}{2g}+z_1$$

$$\frac{p}{\gamma}+\frac{V^2}{2g}+z=H=constant \tag{2-14}$$

여기서, $\frac{p}{\gamma}$: 압력수두($pressure\ head$)

$\frac{V^2}{2g}$: 속도수두($velocity\ head$)

z : 위치수두($potential\ head$)

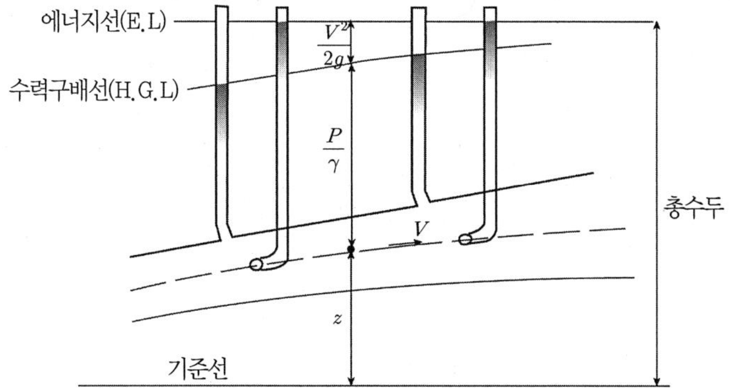

[그림 2-3] 수력구배선과 에너지선

그림 2-3에서 H.G.L은 수력구배선(hydraulic grade line), E.L은 에너지선(energy line or total head line)이다.

예제 2-4

수직으로 세워진 깔때기 모양으로 축소된 관에 물이 흐르고 있다. 관의 넓은 쪽의 직경은 30 cm이고 압력은 0.689 bar이며 좁은 쪽의 직경은 18 cm이다. 직경이 큰 관에 부착되어 있는 압력계로부터 4.27 m 아래의 좁은 쪽에 압력계가 부착되어 있다. 이 관 속의 유량이 280 L/s일 때 좁은 쪽에 부착되어 있는 압력계의 압력을 계산하여라. 단, 손실은 무시한다.

풀 이

연속방정식으로부터

$$Q = V_1 A_1 = V_2 A_2$$

$$V_1 = \frac{Q}{A_1} = \frac{0.28}{0.25\pi(0.3)^2} = 3.96\ \mathrm{m/s}$$

$$V_2 = \frac{Q}{A_2} = \frac{0.28}{0.25\pi(0.18)^2} = 11.00\ \mathrm{m/s}$$

1점(넓은 쪽)과 2점(좁은 쪽) 사이에 Bernoulli 방정식을 적용하면

$$\frac{p_1}{\gamma} + \frac{V_1^2}{2g} + z_1 = \frac{p_2}{\gamma} + \frac{V_2^2}{2g} + z_2$$

$$\frac{0.689 \times 10^5}{9810} + \frac{3.96^2}{2 \times 9.81} + 4.27 = \frac{p_2}{9810} + \frac{11.00^2}{2 \times 9.81} + 0$$

$$\therefore\ p_2 = 5.81 \times 10^4\ \mathrm{Pa}(gage) = 0.581\ \mathrm{bar}$$

2.2.4 일 – 에너지방정식

그림 2-4와 같은 시스템에 열역학 제1법칙을 적용하면 일-에너지방정식을 얻을 수 있다. 단위시간 동안에 열량 δQ가 시스템으로 전달되고 시스템에 의하여 δW_s의 일이 행하여졌다고 하면, 시스템 유입에너지에서 유출에너지를 빼면 시스템 내의 에너지 변화와 같다. 즉,

$$d\dot{m}_{in}\left(u + \frac{p}{\rho} + \frac{V^2}{2} + gz\right)_{in} - d\dot{m}_{out}\left(u + \frac{p}{\rho} + \frac{V^2}{2} + gz\right)_{out} + \delta Q - \delta W_s$$

$$= d\left[\dot{m}\left(u + \frac{V^2}{2} + gz\right)\right]_{system} \qquad (2\text{–}15)$$

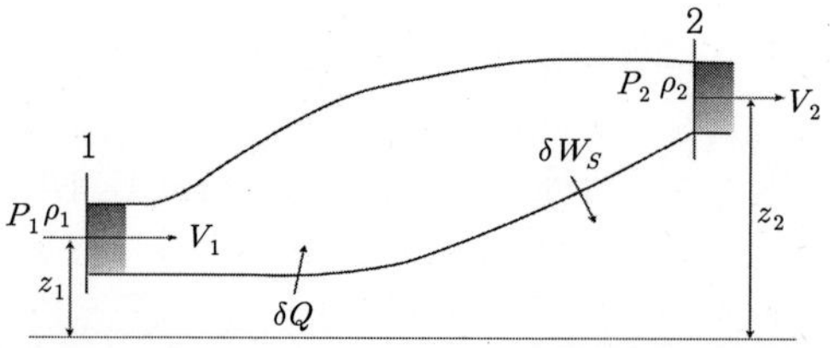

[그림 2-4] 일-에너지방정식 유도를 위한 유동시스템

정상유동으로 가정하면 식 (2-15)의 우변 항은 0이 되며, 질량유동률 $d\dot{m}_{in} = d\dot{m}_{out}$이므로 입구와 출구를 각각 1 및 2로 나타내면 다음 식과 같은 단위질량당 일반 에너지방정식을 얻을 수 있다.

$$u_1 + \frac{p_1}{\rho_1} + \frac{V_1^2}{2} + gz_1 + q - w_s = u_2 + \frac{p_2}{\rho_2} + \frac{V_2^2}{2} + gz_2 \qquad (2\text{-}16)$$

여기서, u : 내부 에너지(J/kg)
q : 투입열량(J/kg)
w_s : 축일(J/kg)

열에너지가 기계적 에너지로 전환되거나 그 반대로 전환되려면 유체는 압축성 유체여야만 한다. 따라서 비압축성 유체의 경우 내부 에너지의 증가는 시스템에 전달된 열량과 마찰에 의하여 발생되는 열량과 같다. 즉,

$$u_2 - u_1 = q + gh_L \qquad (2\text{-}17)$$

여기서, h_L : 손실수두(m)

식 (2-17)을 식 (2-16)에 대입하고 정리하면 일반 에너지방정식은 기계적 에너지만 포함되는 방정식이 된다.

$$\frac{p_1}{\rho} + \frac{V_1^2}{2} + gz_1 - w_s = \frac{p_2}{\rho} + \frac{V_2^2}{2} + gz_2 + gh_L \qquad (2\text{-}18)$$

또는

$$\frac{p_1}{\gamma} + \frac{V_1^2}{2g} + z_1 - \frac{w_s}{g} = \frac{p_2}{\gamma} + \frac{V_2^2}{2g} + z_2 + h_L \qquad (2\text{-}19)$$

유체유동시스템에 펌프와 터빈(turbine)이 있을 경우를 고려하면 식 (2-19)에서의 축일은 다음 식과 같이 표시할 수 있다.

$$\frac{w_s}{g} = \frac{w_t}{g} - \frac{w_p}{g} = E_t - E_p \qquad (2\text{-}20)$$

식 (2-20)에서 w_t, w_p는 터빈과 펌프의 축일이고 E_t, E_p는 각각 이에 해당하는 일 양을 수두(head, m)로 나타낸 것이다. 식 (2-20)을 식 (2-19)에 대입하고 정리하면 다음과 같은 식이 된다.

$$\frac{p_1}{\gamma}+\frac{V_1^2}{2g}+z_1+E_p=\frac{p_2}{\gamma}+\frac{V_2^2}{2g}+z_2+E_t+h_L \qquad (2\text{-}21)$$

식 (2-21)에서 손실이 없고 펌프나 터빈이 없는 시스템이라고 한다면 다음과 같은 Bernoulli 방정식이 된다.

$$\frac{p_1}{\gamma}+\frac{V_1^2}{2g}+z_1=\frac{p_2}{\gamma}+\frac{V_2^2}{2g}+z_2 \qquad (2\text{-}22)$$

예제 2-5

오른쪽 그림에서와 같이 펌프가 0.15 m^3/s의 유량으로 물을 양수하고 있다. 펌프 흡입구의 직경 20 cm, 압력이 진공 250 mmHg이고 송출구 직경은 15 cm, 압력은 275 kPa이다. 송출 쪽의 압력계는 흡입 쪽의 압력계보다 수직으로 3 m 높은 곳에 부착되어 있고 손실이 없는 시스템이라고 할 때 이 펌프의 이론동력을 계산하여라.

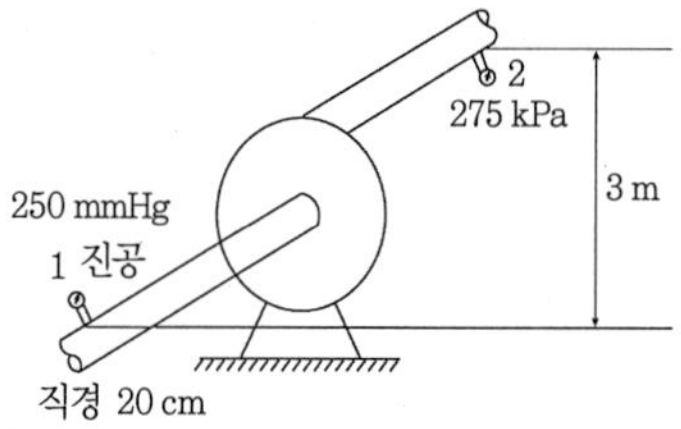

[그림 2-5] 펌프 시스템

풀 이

식 (2-21)을 이용한다.

$$Q=V_1A_1=V_2A_2$$

$$V_1=\frac{Q}{A_1}=\frac{0.15}{0.25\pi(0.2)^2}=4.77\ \mathrm{m/s}$$

$$V_2=\frac{Q}{A_2}=\frac{0.15}{0.25\pi(0.15)^2}=8.49\ \mathrm{m/s}$$

$$\frac{p_1}{\gamma}+\frac{V_1^2}{2g}+z_1+E_p=\frac{p_2}{\gamma}+\frac{V_2^2}{2g}+z_2$$

$$\frac{-250\times10^{-3}(9810\times13.57)}{9810}+\frac{4.77^2}{2\times9.81}+0+E_p$$

$$=\frac{275\times10^3}{9810}+\frac{8.49^2}{2\times9.81}+3$$

$$\therefore\ E_p=36.94\ \mathrm{m}$$

$$Power=Q\gamma E_p=0.15(9810)(36.94)=54357.2\ \mathrm{W}=54.4\ \mathrm{kW}$$

2.3 관 내에서의 유동

관 내를 흐르는 유체의 압력손실은 유체의 점성에 의한 에너지손실로서 실제의 공학적인 문제에서 매우 중요한 의미를 지닌다.

마찰로 인한 압력강하의 계산은 펌프의 용량 결정이나 수조로부터 관을 통한 유량을 결정하는 데 적용된다. 이와 같은 유체의 마찰은 관 내를 흐르는 유체의 유동형태, 즉 층류유동과 난류유동에 따라 다르다. 층류유동에서의 마찰에 관한 문제는 이론적인 분석이 가능하지만 실제 현상에서 대부분의 유동의 형태인 난류유동에서는 그 기구가 매우 복잡하므로 거의 실험적으로 결정한다.

여기에서는 비압축성 유체가 관 내를 흐를 때 유체의 마찰손실을 간단히 살펴보기로 한다.

2.3.1 유체의 유동 특성

유체가 지름이 일정한 관 내를 아주 느린 유속으로 흐르면, 유체의 유동은 잔잔한 층을 이루고 유체 입자들은 유동층 간에 섞이지 않고 같은 층에 머물게 된다. 이와 같은 흐름을 층류유동(laminar flow)이라고 하며, 그 속도분포는 그림 2-6의 (a)와 같다.

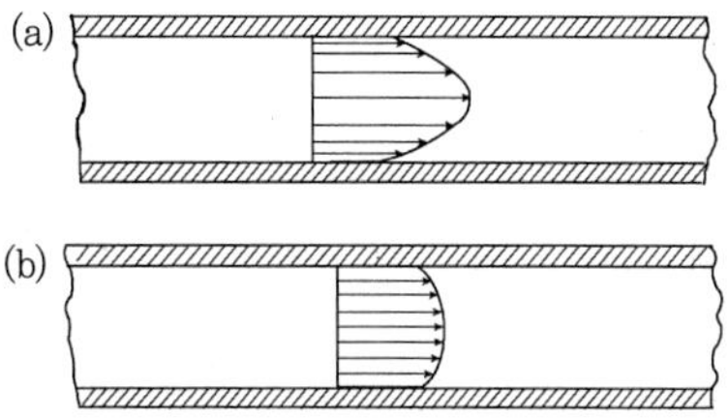

(a) : 층류유동 (b) : 난류유동

[그림 2-6] 관 내의 속도분포

유속을 점점 증가시키면 유체입자의 운동은 활발해지고, 그 층은 흐트러지고 서로 섞여 파동형의 흐름이 되는데, 이와 같은 흐름을 난류유동(turbulent flow)이라고 하며, 그 속도분포는 그림 2-6의 (b)와 같다.

Reynolds는 원관에서 유동의 형태를 규정하는 기준이 되는 무차원량을 제시하였는데, 이것을 Reynolds 수라고 하며 다음 식과 같다.

$$Re = \frac{\rho V d}{\mu} \tag{2-23}$$

여기서, Re : Reynolds 수(무차원량)

V : 원관 내의 평균유속(m/s)

ρ : 유체의 밀도(kg/m^3)

d : 원관의 지름(m)

μ : 유체의 점성계수(Pa·s)

원관 내의 유속이 증가함에 따라 Reynolds 수도 증가하는데, 유속이 어느 값 이상이 되면 유동은 층류에서 난류로 바뀌게 된다. 이때의 Reynolds 수를 임계 Reynolds 수라고 하며, 이 값은 관의 굴곡, 관의 입구나 펌프 등과의 인접 정도 등에 따라 다르기 때문에 모든 시스템에 일률적으로 적용할 수 있는 값으로 나타내기란 불가능하다. 그러나 원관의 경우 대체로 Reynolds 수가 2100 이하일 때를 층류흐름이라고 한다.

2.3.2 Darcy-Weisbach 식

관 내에 유체가 흐를 때 임의의 두 단면 사이의 손실수두를 h_L이라고 하면 Bernoulli의 방정식은 다음과 같은 식으로 나타낼 수 있다.

$$\frac{p_1}{\gamma}+\frac{V_1^2}{2g}+z_1=\frac{p_2}{\gamma}+\frac{V_2^2}{2g}+z_2+h_L \tag{2-24}$$

$$h_L=\left(\frac{p_1-p_2}{\gamma}\right)+\left(\frac{V_1^2-V_2^2}{2g}\right)+(z_1-z_2) \tag{2-25}$$

여기서, 관의 단면적이 일정하고 관이 수평으로 놓여 있다면 제2항과 제3항은 0이 된다. 따라서, 단면적이 일정한 수평관로에서는 흐름에 따른 손실수두는 압력에너지의 감소로 나타나고 흐름의 방향도 압력이 큰 쪽에서 작은 쪽으로 나타난다.

$$h_L=\frac{p_1-p_2}{\gamma} \tag{2-26}$$

지름이 d이고 길이가 l인 원관 벽면에서의 전단응력 τ_o는 다음과 같은 식으로 표시된다.

$$\tau_o=\left(\frac{\gamma h_L}{2l}\right)\left(\frac{d}{2}\right) \tag{2-27}$$

식 (2-26)과 식 (2-27)을 조합하면 식 (2-28)이 된다. 마찰계수(friction factor)는 관의 벽면에 작용하는 유체의 전단응력(τ_o)과 단위체적당 운동에너지의 비로 정의한다. 식 (2-27)을 운동에너지($\gamma V^2/2g$)로 나누면 우변은 정의에 따라 마찰계수(friction factor)가 된다.

$$4\tau_o=\frac{p_1-p_2}{l}d \tag{2-28}$$

$$\frac{4\tau_o}{\gamma V^2/2g}=\frac{p_1-p_2}{l}\frac{d}{(\gamma V^2/2g)}=f \tag{2-29}$$

이 식을 압력차에 대하여 정리하고, 식 (2-26)에 대입하여 정리하면 다음과 같은 Darcy-Weisbach 식이 된다.

$$h_L = f\frac{l}{d}\frac{V^2}{2g} \tag{2-30}$$

여기서, h_L : 손실수두(m)
f : 마찰계수(무차원)
l : 관의 길이(m)
d : 관의 직경(m)
V : 관 내의 평균유속(m/s)

예제 2-6

지름이 25 cm이고 길이가 400 m인 관 내에 평균 유속 1.43 m/s로 물이 흐르고 있다. 이 관의 마찰계수가 0.0453이라면 손실수두와 압력강하는 얼마인가?

풀 이

Darcy-Weisbach 식으로부터

$h_L = f\frac{l}{d}\frac{V^2}{2g} = 0.0453(\frac{400}{0.25})\frac{1.43^2}{2\times 9.81} = 7.55\text{ m}$

$\triangle p = \gamma h_L = 9810(7.55) = 74065.5 = 74.1\text{ kPa}$

2.3.3 층류흐름에서의 관마찰

그림 2-7과 같이 관의 중심으로부터 임의의 거리 r 지점에서의 전단응력(τ)과 유속(V)은 다음과 같이 표시된다.

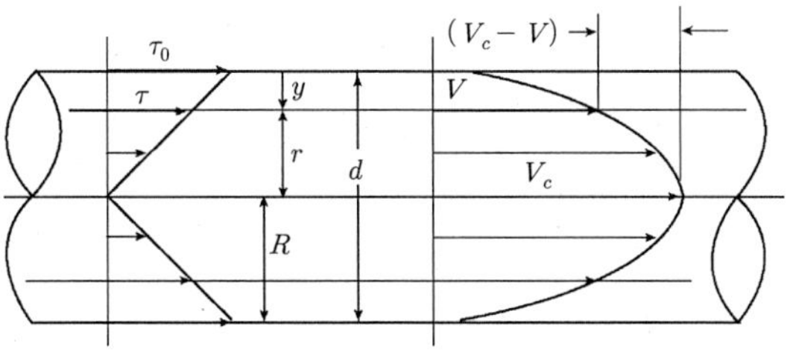

[그림 2-7] 원관에서의 전단응력 및 유속분포

$$\tau = \left(\frac{\gamma h_L}{2l}\right)r = -\mu\frac{dV}{dr} \tag{2-31}$$

$$V = \frac{\tau_o}{2\mu R}(R^2 - r^2) = V_c\left(1 - \frac{r^2}{R^2}\right) \tag{2-32}$$

여기서, V_c는 관의 중심에서의 유속이고, 관 내의 유속분포는 포물선이 된다.

원관 내의 유량 Q는 미소유량인 $V(2\pi rdr)$를 관의 반지름 R에 대하여 적분하여 구할 수 있다.

$$Q = \int_0^R V(2\pi rdr) = \frac{\pi\tau_o}{\mu R}\int_o^R (R^2 - r^2)rdr = \frac{\pi\tau_o R^3}{4\mu} \tag{2-33}$$

또한, 관 내의 평균유속을 V라고 하면, $Q = \pi R^2 V$이므로 평균유속은 다음과 같이 나타낼 수 있다.

$$V = \frac{\tau_o R}{4\mu} = \frac{1}{2}V_c \tag{2-34}$$

식 (2-33)에 식 (2-27)을 대입하고 정리하면 다음과 같은 Hagen-Poiseuille의 법칙이라고 하는 유량에 관한 식이 되며, 손실수두에 대하여 정리하면 식 (2-37)이 된다.

$$Q = \frac{\pi R^4 \gamma h_L}{8\mu l} = \frac{\mu d^4 \gamma h_L}{128\mu l} \tag{2-35}$$

$$V = \frac{Q}{A} = \frac{1}{\pi R^2}\frac{\pi R^4 \gamma h_L}{8\mu l} = \frac{\gamma R^2 h_L}{8\mu l} = \frac{\gamma d^2 h_L}{32\mu l} \tag{2-36}$$

$$h_L = \frac{32\mu l V}{\gamma d^2} \tag{2-37}$$

식 (2-37)을 식 (2-30)에 대입하고 마찰계수 f에 대하여 정리하면 다음과 같은 식이 된다.

$$f = \frac{64\mu}{Vd\rho} = \frac{64}{Re} \tag{2-38}$$

여기서, f : 관의 마찰계수(무차원)
μ : 관 내를 흐르는 유체의 점성계수(Pa·s)
V : 관 내의 평균유속(m/s)
d : 관의 지름(m)
ρ : 관 내를 흐르는 유체의 밀도(kg/m^3)
Re : Reynolds 수

따라서, 층류흐름에서의 관마찰계수는 Reynolds 수만의 함수이다.

예제 2-7

지름 50 mm, 길이 800 m인 원관으로 매분 135 L의 기름을 수송하려고 할 때 손실수두를 계산하여라. 단, 기름의 비중은 0.92, 점성계수는 5.6×10^{-2} Pa·s이다.

풀 이

$$V=\frac{Q}{A}=\frac{0135/60}{(\pi/4)0.05^2}=1.146\ \mathrm{m/s}$$

$$Re=\frac{Vd\rho}{\mu}=\frac{1.146(0.05)(0.92\times1000)}{5.6\times10^{-2}}=941.36<2100\ \text{층류}$$

$$f=\frac{64}{Re}=\frac{64}{941.36}=0.068$$

$$h_L=f\frac{l}{d}\frac{V^2}{2g}=0.068\frac{800}{0.05}\frac{1.146^2}{2\times9.81}=72.83\ \mathrm{m}$$

2.3.4 난류흐름에서의 관마찰

관 내의 유체흐름이 층류일 경우 관마찰계수는 Reynolds 수만의 함수이지만, 유체흐름이 난류일 때에는 그 현상이 아주 다르다. 매끈한 관의 마찰계수는 다음과 같은 실험식이 많이 이용된다.

$$\frac{1}{\sqrt{f}}=2.0\log(Re\sqrt{f})-0.8 \tag{2-39}$$

또한 매끈한 관에 대하여 다음의 Coulson-Richardson 식이 많이 사용된다.

$$\frac{1}{f^{0.5}}=1.8\log_{10}\left(\frac{Re}{6.81}\right) \tag{2-40}$$

흐름이 난류이고 관 내벽이 거친 경우의 마찰계수는 Reynolds 수와는 상관없고 관 내벽의 조도(roughness)의 형상과 크기에만 좌우되며 다음과 같은 식이 주로 이용된다.

$$\frac{1}{\sqrt{f}}=2.0\log\frac{d}{e}+1.14 \tag{2-41}$$

여기서, d : 관의 지름(m)
e : 관의 평균조도(m)

난류흐름에서의 관마찰계수를 계산할 때 관의 거친 정도의 판정기준은 Nikuradse의 실험 결과에 의하면 다음과 같다.

매끈한 흐름 : $\frac{e}{d}Re\sqrt{f}\le 10$

천이구역 : $10 < \frac{e}{d} Re\sqrt{f} < 200$

거친 흐름 : $200 \leq \frac{e}{d} Re\sqrt{f}$

이상의 결과에서 판별한 흐름의 상태가 매끈한 흐름일 경우에는 관마찰계수의 계산은 식 (2-39) 또는 식 (2-40)으로, 거친 흐름의 경우에는 식 (2-41)로, 천이구역에서는 Colebrook가 제시한 다음 식으로 관마찰계수를 계산할 수 있다.

$$\frac{1}{\sqrt{f}} - 2\log\frac{d}{e} = 1.14 - 2\log\left[1 + \frac{9.28}{Re(e/d)\sqrt{f}}\right] \tag{2-42}$$

이와 같이 식에 의하여 관마찰계수를 계산할 수도 있으며, Reynolds 수나 상대조도($\frac{e}{d}$)에 따라 마찰계수를 구할 수 있는 그림을 Moody 선도라고 하고 그림 2-8과 같다. 이 그림에서는 신품관에 대한 f와 Re와의 관계를 표시하고, 관벽의 절대조도 e는 상용관에서 실측한 것이다. 식 (2-42)로 마찰계수를 계산하려면 수치해석적 방법을 이용하여야 하는 번거로움이 있다. 따라서 식 (2-42)와는 약 2%의 차가 있기는 하지만 다음과 같은 개략식을 사용하기도 한다.

$$\frac{1}{\sqrt{f}} \approx -1.8\log\left[\frac{6.9}{Re} + \left(\frac{e/d}{3.7}\right)^{1.11}\right] \tag{2-43}$$

각종 관의 평균조도는 표 2-4와 같다.

[표 2-4] 각종 관의 평균조도

관의 재료	절대조도, e(mm)
리베팅한 강관	0.9-9.0
콘크리트관	0.3-3.0
목재관	0.2-0.9
주철관	0.26
아연도강관	0.15
아스팔트 입힌 주철관	0.12
상용강관	0.046
인발강관	0.0015

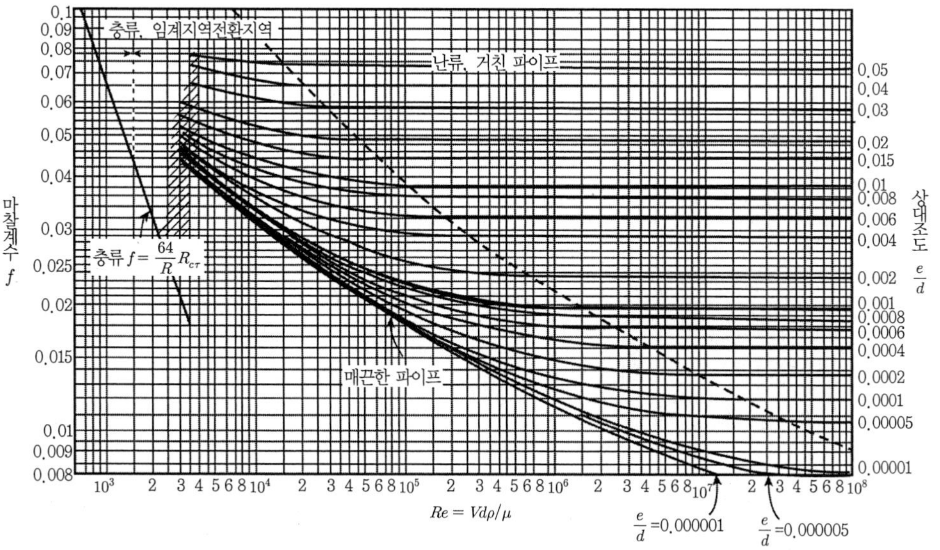

[그림 2-8] 여러 가지 상대조도를 가진 파이프에 대한 Re와 f와의 관계

예제 2-8

15℃의 공기가 단면이 450 mm × 300 mm인 4각형 매끈한 덕트 내를 평균유속 3 m/s로 흐르고 있을 때, 덕트의 길이 600 m에 대한 마찰계수와 손실수두를 계산하여라. 단 공기의 밀도 ρ= 1.225 kg/m^3, 점성계수 μ=1.789×10^{-5} Pa·s이다.

풀 이

4각형 덕트이므로 먼저 수력반경을 계산해야 Re를 계산할 수 있다.

$$\text{수력반경 } R_h = \frac{A}{P} = \frac{0.45 \times 0.3}{2(0.45+0.3)} = 0.09 \text{ m} \quad \left[R_h = \frac{A}{P} = \frac{d}{4},\ \therefore d = 4R_h\right]$$

$$Re = \frac{V(4R_h)\rho}{\mu} = \frac{3(4 \times 0.09)(1.225)}{1.789 \times 10^{-5}} = 73951.93 > 2100$$

식 (2-40)을 이용하여 마찰계수를 계산한다.

$$f = \frac{1}{[1.8\log_{10}(\frac{Re}{6.81})]^2} = 0.0189$$

$$h_L = f\frac{l}{4R_h}\frac{V^2}{2g} = 0.0189\frac{600}{4 \times 0.09}\frac{3^2}{2 \times 9.81} = 14.34 \text{ m 공기}$$

2.3.5 관로의 국부손실

관로에 유체가 흐를 때 관벽에 의한 마찰손실 이외에 흐름의 단면적의 크기, 형상 또는 방향이 변하는 곳, 관로의 입구와 출구, 관로 도중에 장치되는 밸브, 콕, 유니온, 티 등을 지날 때에도 손실이 생기는데, 이러한 손실들을 국부손실(local losses) 또는 부차적 손실이라고 한다.

이러한 국부손실은 관의 길이가 긴 경우에는 미소손실(minor losses)로서 무시하더라도 큰 오차가 발생되지 않으나 관의 길이가 짧을 경우에는 무시할 수가 없다.

(1) 돌연확대 관에서의 손실

관로가 확대되는 경우의 손실은 그림 2-9에서와 같이 연속방정식, 운동량방정식(momentum equation) 및 에너지방정식 등을 단면 1, 2에 적용하여 구할 수 있다.

$$Q = V_1 A_1 = V_2 A_2 = V_1 d_1^2 = V_2 d_2^2 \tag{2-44}$$

$$p_1 A_1 + p_1 (A_2 - A_1) - p_2 A_2 = (p_1 - p_2) A_2 = Q\rho (V_2 - V_1) \tag{2-45}$$

$$\frac{V_1^2}{2g} + \frac{p_1}{\gamma} = \frac{V_2^2}{2g} + \frac{p_2}{\gamma} + h_{Le} \tag{2-46}$$

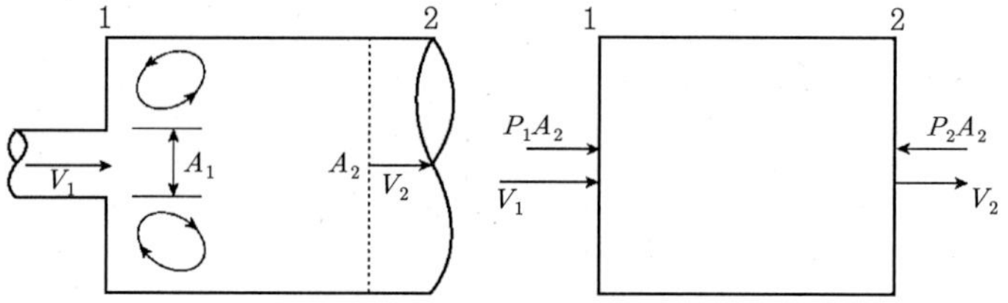

[그림 2-9] 확대 관로에서의 흐름

식 (2-46)에서 손실수두 h_{Le}에 대하여 정리하면 다음과 같다.

$$h_{Le} = \frac{V_1^2 - V_2^2}{2g} + \frac{p_1 - p_2}{\gamma} \tag{2-47}$$

식 (2-45)의 운동량방정식으로부터 두 단면의 압력 변화는 다음 식과 같다.

$$\frac{p_1 - p_2}{\gamma} = \frac{Q}{A_2 g}(V_2 - V_1) = \frac{V_2^2 - V_1 V_2}{g} = \frac{2V_2^2 - 2V_1 V_2}{2g} \tag{2-48}$$

식 (2-48)을 손실수두의 식 (2-47)에 대입하고 정리하면 다음과 같다.

$$h_{Le} = \frac{(V_1 - V_2)^2}{2g} \tag{2-49}$$

따라서 급확대관로에서의 손실수두의 식은 다음과 같다.

$$h_{Le} = \frac{V_1^2(1 - \frac{V_2}{V_1})^2}{2g} = \left[1 - (\frac{d_1}{d_2})^2\right]^2 \frac{V_1^2}{2g} = K_e \frac{V_1^2}{2g} \tag{2-50}$$

여기서, K_e는 손실계수(loss coefficient)로서 관로가 확대되는 형상에 따라 다른 값을 가진다.

예제 2-9

물이 지름 20 cm인 파이프 내를 흐르다가 갑자기 지름이 30 cm로 확대된 파이프 내를 흐른다. 이때 유량이 110 L/s이었다면 손실수두 및 증가압력을 계산하라.

풀 이

$h_{Le} = \frac{(V_1 - V_2)^2}{2g}$ 에서

$$V_1 = \frac{Q}{A_1} = \frac{0.110}{(\pi/4)(0.2)^2} = 3.5 \text{ m/s}$$

$$V_2 = \frac{Q}{A_2} = \frac{0.110}{(\pi/4)(0.3)^2} = 1.56 \text{ m/s}$$

$$h_{Le} = \frac{(3.5 - 1.56)^2}{2 \times 9.81} = 0.192 \text{ m}$$

에너지방정식으로부터

$$\frac{V_1^2}{2g} + \frac{p_1}{\gamma} = \frac{V_2^2}{2g} + \frac{p_2}{\gamma} + h_{Le}$$

$$p_2 - p_1 = \gamma\left(\frac{V_2^2}{2g} - \frac{V_2^2}{2g} - h_{Le}\right)$$

$$= 9810(0.624 - 0.124 - 0.192) = 3020 \text{ Pa}$$

(2) 돌연축소 관에서의 손실

관로가 갑자기 축소되는 경우에는 그림 2-10에서 보는 바와 같이 흐름에 수축부(vena contracta)가 형성되며, 필요한 방정식을 이 부분에 적용하여야 한다.

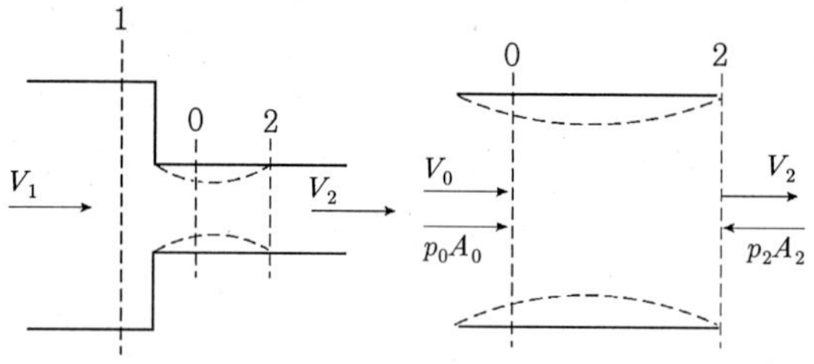

[그림 2-10] 돌연축소 관에서의 흐름

그림 2-10의 0, 2 점에서 운동량방정식을 적용하면 다음과 같은 식이 된다.

$$p_oA_o - p_2A_2 = Q\rho(V_2 - V_o) \quad [A_o \approx A_2]$$
$$(p_o - p_2)A_2 = \frac{Q\gamma}{g}(V_2 - V_o)$$
$$\frac{p_o - p_2}{\gamma} = \frac{Q}{A_2 g}(V_2 - V_o) = \frac{V_2}{g}(V_2 - V_o) \tag{2-51}$$

두 점 간에 Bernoulli 방정식을 적용하면 다음과 같은 식들을 얻을 수 있다.

$$\frac{p_o}{\gamma} + \frac{V_o^2}{2g} = \frac{p_2}{\gamma} + \frac{V_2^2}{2g} + h_{Lc}$$
$$h_{Lc} = \frac{p_o - p_2}{\gamma} + \frac{V_o^2 - V_2^2}{2g} \tag{2-52}$$

식 (2-51)을 식 (2-52)에 대입하고 정리하면 다음과 같은 손실에 대한 식이 된다.

$$h_{Lc} = \frac{V_2^2 - V_oV_2}{g} + \frac{V_o^2 - V_2^2}{2g} = \frac{V_o^2 - 2V_oV_2 + V_2^2}{2g}$$
$$= \frac{(V_o - V_2)^2}{2g} \tag{2-53}$$

여기에서 V_o는 측정할 수 없으므로 측정가능한 V_2로 전환시켜야만 하고 수축계수의 도입과 연속방정식으로부터 다음과 같은 관계식을 얻을 수 있다.

$$V_oA_o = V_oC_cA_2 = V_2A_2 \tag{2-54}$$

여기서, C_c는 수축계수(contraction coefficient)로 $C_c = A_o/A_2 = V_2/V_o$로 정의되며 관로의 수축 정도에 따라 변하는 값이다.

따라서 돌연수축 관로에서의 손실은 다음 식으로 나타낼 수 있다.

$$h_{Lc} = \frac{V_2^2(\frac{V_o}{V_2} - 1)^2}{2g} = (\frac{1}{C_c} - 1)^2\frac{V_2^2}{2g} = K_c\frac{V_2^2}{2g} \tag{2-55}$$

$$K_c \approx 0.42\left[1-(\frac{d_2}{d_1})^2\right]$$

돌연 확대되거나 축소되는 경우의 손실은 각각의 계수(K_e , K_c)에 $V^2/(2g)$를 곱하여 주는데 여기에서 유속 V는 두 경우 모두 좁은 쪽의 유속이다.

예제 2-10

안지름이 450 mm인 원관에 안지름 300 mm 원관이 직접 연결되어 관로가 갑자기 축소되었다. 지름이 작은 관에서의 물의 유속이 240 L/s이라면 돌연수축에 의한 손실수두를 계산하여라.

풀 이

$$K_c \approx 0.42\left[1-(\frac{d_2}{d_1})^2\right] = 0.42\left[1-(\frac{300}{450})^2\right] = 0.233$$

$$V_2 = \frac{Q}{A_2} = \frac{0.24}{(\pi/4)0.3^2} = 3.4\ \mathrm{m/s}$$

$$h_{Lc} = K_c\frac{V_2^2}{2g} = 0.233\frac{3.4^2}{2\times 9.81} = 0.137\ \mathrm{m}$$

(3) 관 연결장치 및 밸브에서의 손실

관의 연결장치 및 밸브 등에서의 손실계수 K_e는 표 2-5와 같다.

[표 2-5] 관 연결장치 및 밸브의 손실계수

관 연결장치 및 밸브	K_e
45°엘보	
표준	0.35
큰 곡률	0.20
90°엘보	
표준	0.75
큰 곡률	0.45
티(표준)	0.40
게이트 밸브	
완전 개방	0.17
1/2 개방	4.50
체크 밸브	
완전개방	9.00
1/2 개방	36.0
플러그 밸브	
완전개방	9.0
1/2 개방	36.0
볼 밸브(10°폐쇄)	0.29
플로 미터	
이스크	7.00
피스톤	15.00
리볼빙	10.00
터빈	6.00
입구	
트럼펫 모양	0.78
날카로운 모서리	0.50
약간 둥근 모양	0.23
완전히 둥근 모양	0.04

2.4 유체의 계측

유체흐름의 상태를 나타내는 인자들, 즉 유속, 압력, 온도, 체적유량(volume flow rate), 질량유량(mass flow rate) 등과 같은 물리량들의 크기를 정확하게 측정하기란 매우 어려운 문제이지만, 여러 분야에서 자주 응용되는 필수적인 과제이다.

이와 같은 유체의 측정기술은 용수관리, 냉난방 등의 환경관리, 공정제어, 유체를 소비자에게 판매할 때의 가격계산, 펌프, 송풍기 등의 성능시험, 연구사업 등 여러 분야에 응용된다. 여기에서는 이러한 측정기기들의 기본원리에 대하여 간단히 살펴보기로 한다.

2.4.1 유체물성의 측정

(1) 밀도

액체의 밀도를 정확하게 측정하는 방법은 체적이 알려진 유체의 질량을 측정하는 것이며, 온도 변화에 따른 체적과 질량이 정확하게 측정되어야 한다. 대체로 액체의 밀도는 그림 2-11과 같이 부력 및 정수 역학적인 원리를 이용하여 측정한다.

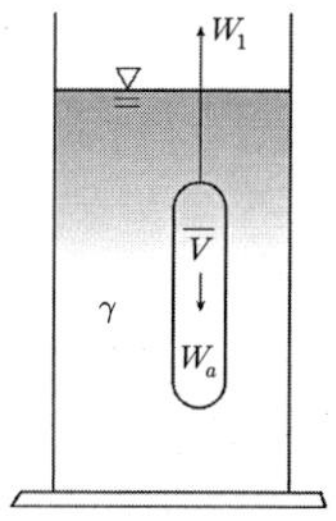

[그림 2-11] 유체의 밀도측정기구

그림에서와 같이 추(plummet)가 유체 속에 잠겨 있다고 할 때 다음과 같은 관계식이 성립한다.

$$W_l + \gamma \overline{V} - W_a = 0 \tag{2-56}$$

여기서, W_l : 추가 액체 속에 잠겨 있을 때의 무게(N)
γ : 액체의 비중량(N/m^3)
$\overline{V}$: 추의 체적(m^3)
W_a : 추의 공기중에서의 무게(N)

액체의 밀도는 식 (2-56)을 비중량에 대하여 정리하고 g로 나누면 다음 식으로 나타낼 수 있다.

$$\rho = \frac{\gamma}{g} = \frac{W_a - W_l}{g\overline{V}} \tag{2-57}$$

여기서, ρ : 액체의 밀도(kg/m^3)
g : 중력가속도($9.81\ m/s^2$)

예제 2-11

체적이 1L인 추의 공기 중에서의 무게가 77 N이고, 액체 중에서의 무게가 70 N이라면 이 액체의 밀도는 얼마인지 구하여라.

풀 이

식 (2-57)을 이용한다.

$$\rho = \frac{\gamma}{g} = \frac{W_a - W_l}{g\overline{V}} = \frac{77-70}{9.81(1\times 10^{-3})} = 713.56\ kg/m^3$$

(2) 점성계수

점도계는 회전형과 튜브형이 있다. 회전형은 MacMichael형과 Stormer형이 있는데 이들의 원리는 동심원통 사이에 측정하고자 하는 액체를 넣고 두 원통 중 어느 하나를 회전시켜 이때 생기는 토크(torque) 또는 회전변위로부터 점성계수를 측정하는 것으로 기본 식은 다음과 같다.

$$\mu = \frac{T}{K_1 N} \tag{2-58}$$

여기서, μ : 점성계수($Pa\cdot s$)
T : 회전토크($N\cdot m$)
K_1 : 계수(m^3)
N : 단위시간당 회전수(s^{-1})

튜브형 점도계는 그림 2-12에서 보는 바와 같이 Ostwald 점도계와 Saybolt 점도계가 있다.

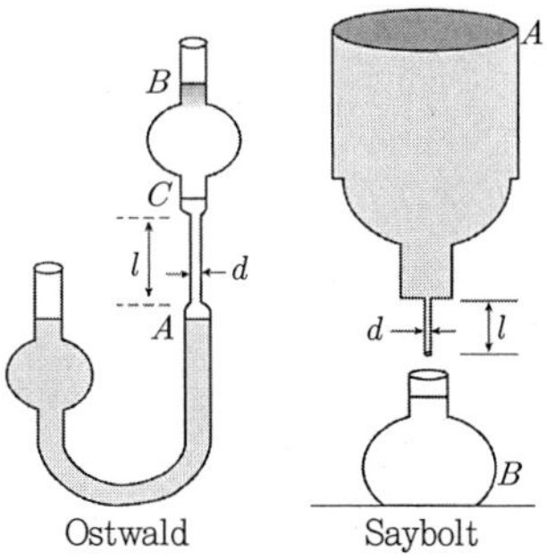

[그림 2-12] 튜브형 점도계

튜브형 점도계는 일정량의 액체를 체적을 알고 있는 점도계에 넣고 이것이 흘러내리는 시간으로 점도를 측정하는 것이다. Hagen-Poisuille의 법칙으로부터 점성계수와 흘러내리는 시간과의 관계식을 얻을 수 있다.

$$Q=\frac{\pi d^4 \gamma h_L}{128\mu l},\quad Q=\frac{\overline{V}}{t} \tag{2-59}$$

$$\mu=\left(\frac{\pi d^4 h_L}{128\,\overline{V}\,l}\right)\gamma t \quad \rightarrow \quad \mu \cong K_v \gamma t = K_v \rho g t$$

$$\nu=\frac{\mu}{\rho}=K_v g t \tag{2-60}$$

여기서, μ : 점성계수(Pa·s)
γ : 액체의 비중량(N/m^3)
$\overline{V}$: 점도계의 체적(m^3)
ρ : 액체의 밀도(kg/m^3)
K_v : 계수(m)
t : 액체가 흘러내린 시간(s)
ν : 동점성계수(m^2/s)

Saybolt 점도계의 경우 동점성계수에 대한 다음과 같은 실험식이 사용된다.

$$\nu(\text{m}^2/\text{s})=10^{-4}\left(0.002197t-\frac{1.798}{t}\right)\quad [t>32\text{ s}] \tag{2-61}$$

2.4.2 압력측정

유동이 없는 유체의 압력을 측정할 경우 유체와 측정 게이지의 연결이나 설치 위치에 따른 압력의 변화가 없기 때문에 측정 게이지만 정밀하면 비교적 정확한 압력을 측정할 수 있다. 그러나 유동하는 유체의 압력측정은 까다롭고 복잡하다.

(1) 압력의 표시 방법

압력은 상대적인 압력인 게이지압력(gage pressure)이나 절대압력(absolute pressure)으로 표시된다. 압축기에 달려 있는 압력계에서 읽는 압력은 게이지압력이다. 이 압력계를 압축기에서 떼어 내어 실내에 놓아 두면 이때의 압력은 게이지압력으로 0(zero)이지만 절대압력은 0이 아니라 그곳의 대기압이 절대압력이 된다. 이들 간에는 다음과 같은 관계가 있다.

$$\text{절대압력} = \text{대기압} + \text{게이지압력} \tag{2-62}$$

식 (2-62)에서 대기압은 일반적으로 표준 대기압 101325 Pa이 사용된다.

(2) 마노미터

마노미터(manometer)는 압력 또는 압력차를 측정하는 기구이다. 그림 2-13에서 보는 바와 같이 U-관으로 되어 있는 간단한 구조도 있지만 작은 압력차를 정확하게 계측하기 위하여 U-관을 경사지게 한 경사 마노미터(inclined manometer)나 좀 더 정밀한 압력을 측정하기 위한 마이크로 마노미터(micromanometer) 등이 있다.

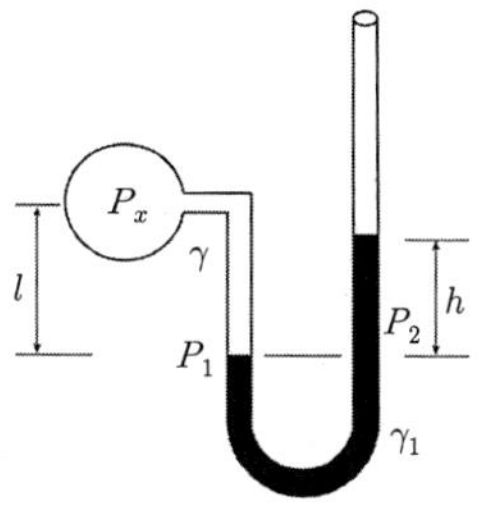

[그림 2-13] U-관 마노미터

그림 2-13은 지면에 수직방향으로 놓여 있는 파이프 내의 압력(p_x)을 측정하기 위하여 파이프에 U-관 마노미터를 연결한 것이다. 그림에서와 같이 비중량이 γ_1 인 마노미터 유체를 사용하였을 때 h 만큼의 압력차가 생겼다면 파이프 내의 압력 p_x 는 다음과 같이 계산할 수 있다.

$$p_1 = p_2 (\text{동일 수평면 상의 압력은 같다})$$
$$p_1 = p_x + \gamma l, \quad p_2 = 0 + \gamma_1 h$$
$$p_x + \gamma l = 0 + \gamma_1 h$$
$$\therefore \ p_x = \gamma_1 h - \gamma \tag{2-63}$$

식 (2-63)에서 γ, γ_1, l 은 아는 값이고 마노미터의 높이 h 만 측정하면 파이프 내의 압력 p_x 를 구할 수 있다.

여기에서와 같이 U-관이 한 번만 굴곡되어 있는 경우에는 식 (2-63)과 같이 간단히 압력을 측정할 수 있지만 U-관이 도립 U-관(inverted U-tube)으로 되어 있거나 여러 번 굴곡되어 있는 경우에는 위에서와 같이 유체정역학의 원리를 적용하여 압력을 계산하기란 매우 어렵다. 따라서 다음과 같은 마노미터 룰(manometer rule)을 적용하면 복잡하게 연결된 마노미터 시스템에서도 쉽게 압력을 계산할 수 있다.

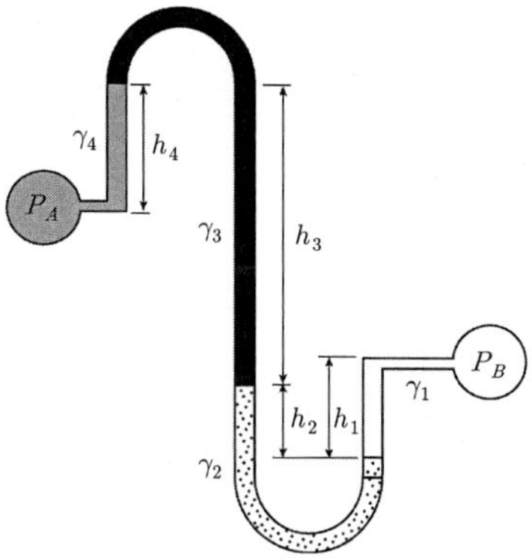

[그림 2-14] 복합 마노미터

그림 2-14에서 '마노미터 룰'을 적용하여 A, B 두 파이프 내의 압력차($p_A - p_B$)를 구하여 보기로 하자.

❶ A 또는 B 어느 한 끝점에서 시작한다.
❷ 시작한 압력(p_A 또는 p_B)에서 정수압(hydrostatic pressure, γh)이 올라가면 (−)해주고 내려가면 (+)해 준다.
❸ 이들 총 압력의 합이 반대편 끝점의 압력이 된다.

〈A점에서 시작〉

$$p_A - \gamma_4 h_4 + \gamma_3 h_3 + \gamma_2 h_2 - \gamma_1 h_1 = p_B$$
$$\therefore p_A - p_B = \gamma_4 h_4 + \gamma_1 h_1 - \gamma_3 h_3 - \gamma_2 h_2$$

〈B점에서 시작〉

$$p_B + \gamma_1 h_1 - \gamma_2 h_2 - \gamma_3 h_3 + \gamma_4 h_4 = p_A$$
$$\therefore p_A - p_B = \gamma_4 h_4 + \gamma_1 h_1 - \gamma_3 h_3 - \gamma_2 h_2$$

예제 2-12

그림 2-15에서 A, B 두 파이프의 압력차($p_A - p_B$)를 계산하고 게이지압력과 절대압력으로 각각 나타내어라.

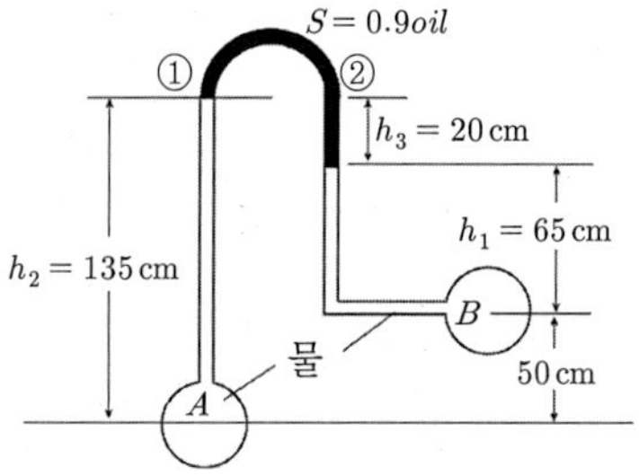

[그림 2-15] 도립 U-관

풀 이

'마노미터 룰'로부터 A점에서 시작

$$p_A - p_B = \gamma_w h_2 - \gamma_o h_3 - \gamma_w h_1 = \gamma_w (h_2 - 0.9h_3 - h_1)$$
$$= 9810(1.35 - 0.9 \times 0.2 - 0.65) = 5101.2 = 5.101\,\text{kPa}(gage)$$
$$= 101325 + 5101.2 = 106426.2 = 106.43\,\text{kPa}(abs)$$

(3) 정압

관 내를 흐르고 있는 유체의 정압(static pressure)을 정확하게 측정하려면 유동교란을 일으키지 않는 기구여야 하고 이 기구에는 유동방향과 수직방향으로 매끄러운 구멍이나 있어야 한다. 이 작은 구멍에 마노미터(manometer) 또는 압력변환기(pressure transducer) 등을 연결하여 정압을 측정할 수 있다.

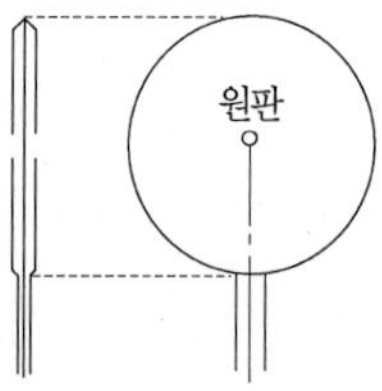

[그림 2-16] 원판 정압측정장치

그러나 실제로 유선(stream line)과 정확하게 수직되게 설치한다거나 흐름에 교란이 생기지 않도록 하는 것은 간단한 일이 아니며, 특히 유선과 기기의 중심축이 이루는 각(yaw angle)이 없도록 기기들을 설치하는 것이 문제이다.

이와 같은 정압측정기기들의 설치상의 문제점을 해결하기 위하여 고안된 것이 그림 2-16과 같은 장치이다. 정압은 원판을 유선과 평행하도록 설치하여 2개의 얇은 원판에 나 있는 어느 한 구멍과 압력계를 연결하여 측정할 수 있다. 원판을 정확하게 설치하려면 우선 원판정압측정장치에 압력차계(differential manometer)를 연결하여 원판을 상하 좌우로 조금씩 움직이면서 양쪽 원판 내의 압력차가 없는 위치를 찾으면 된다.

(4) 정체압력 또는 전압

전압(total pressure)의 측정은 그림 2-17에서와 같은 피에조미터 구멍(piezometer opening)을 가진 기구를 유동에 나란한 방향으로 설치함으로써 정밀하게 측정할 수 있다. 전압측정에 주로 사용되고 있는 Pitot관은 전압과 정압의 차, 즉 동압(velocity pressure)을 측정할 수 있는 Pitot-Static관 또는 Prandtl-Pitot관이다. 여기에서도 Pitot관의 축선과 유선 및 측정하고자 하는 관의 축심에 정확하게 일치시키는 것이 중요하다.

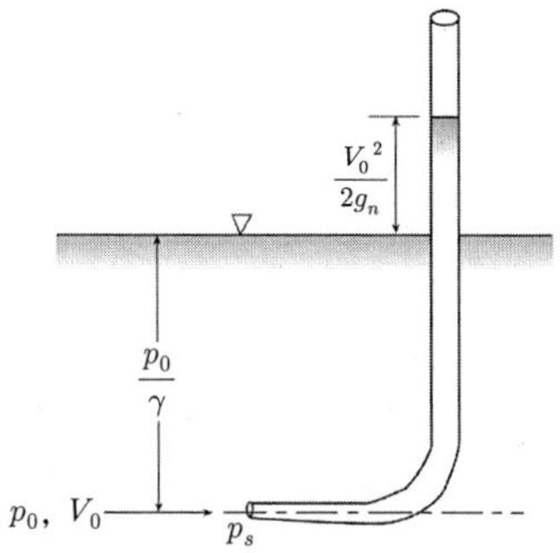

[그림 2-17] 전압측정장치

정체압(stagnation pressure)(또는 전압)에 대한 식은 그림 2-17에 Bernoulli 방정식을 적용하면 다음과 같이 나타낼 수 있다.

$$\frac{p_s}{\gamma} = \frac{p_o}{\gamma} + \frac{V_o^2}{2g} \quad \text{또는} \quad p_s = p_o + \frac{1}{2}\rho V_o^2 \tag{2-64}$$

그림 2-18은 Pitot 정압관을 나타낸다.

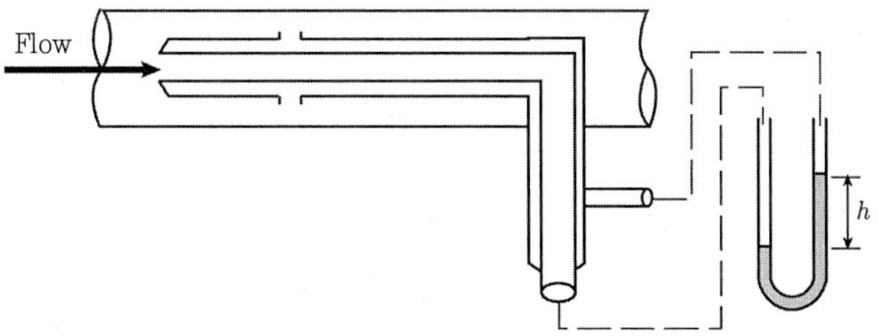

[그림 2-18] 압력측정을 위한 Pitot 정압관

Pitot 정압관으로 유관 내의 압력을 측정하려고 할 때 마노미터와 정압관을 연결하는 방법은 다음과 같다.

- **전압**(total pressure) : Pitot 정압관의 내부관(전압관)과 마노미터의 한쪽 관만 연결했을 때 마노미터 읽음(h)
- **정압**(static pressure) : Pitot 정압관의 외측관(정압관)과 마노미터 한쪽 관만 연결했을 때 마노미터 읽음
- **동압**(velocity pressure) : Pitot 정압관과 마노미터의 양쪽 관을 모두 연결했을 때 마노미터 읽음

예제 2-13

유속 10 m/s로 흐르는 물속에 Pitot 정압관을 설치하여 정압을 측정하였더니 5 mAq이었다면 이 위치에서의 전압은 몇 Pa인지 구하여라.

풀 이

식 (2-64)를 이용한다.

$$p_s = p_o + \frac{1}{2}\rho V_o^2 = 5 \times 9810 + \frac{1}{2} \times 1000 \times 10^2 = 99{,}050 \text{ Pa}(gage)$$

2.4.3 유속측정

관 속을 흐르는 유체의 유속은 Pitot 정압관에 의한 동압을 측정하여 유속을 계산하는 방법이 일반적이며, 기계적 장치가 아닌 특수한 유속측정장치들로서 열선풍속계(hot-wire anemometer)나 레이저-도플러풍속계(laser-Doppler anemometer) 등 디지털화된 유속측정 장치들이 개발되어 있다.

비압축성 유체가 흐르는 관 속에 Pitot 정압관을 설치할 경우 전압, 정압 및 동압과의 관계식은 식 (2-64)과 같다. 식 (2-64)를 유속에 대하여 정리하면 식 (2-65)가 된다.

$$V = \sqrt{\frac{2(p_s - p_o)}{\rho}} \tag{2-65}$$

식 (2-65)는 이론식이므로 계기계수(instrument coefficient ; C_I)로 보정해 주어야 한다.

$$V = C_I\sqrt{\frac{2(p_s - p_o)}{\rho}} \tag{2-66}$$

계기계수의 값은 항상 1보다 작지만 이미 제품화되어 있는 Pitot 정압관을 사용할 경우, 그 값이 주어지거나 아니면 대체로 1로 그 값을 취한다.

예제 2-14

그림 2-19에서 보는 바와 같이 비중이 0.88인 벤젠이 흐르는 관 내를 계기계수 0.98인 Pitot 정압관으로 압력을 측정한 결과 전압과 정압의 차가 수은주로 0.075 m로 나타났다면 벤젠의 유속은 얼마인지 구하여라.

풀 이

식 (2-66)을 이용한다. 그림 2-19에서 '마노미터 룰'을 적용하면

$$p_s + \gamma_b h - \gamma_m h = p_o$$

$$\therefore p_s - p_o = h(\gamma_m - \gamma_b) = hg(\rho_m - \rho_b) = hg\rho_w(s_m - s_b)$$

$$V = C_I\sqrt{\frac{2(p_s - p_o)}{\rho_b}} = 0.98\sqrt{\frac{2\times 0.075\times 9.81(1000)(13.57-0.88)}{0.88\times 1000}} = 4.51\ \mathrm{m/s}$$

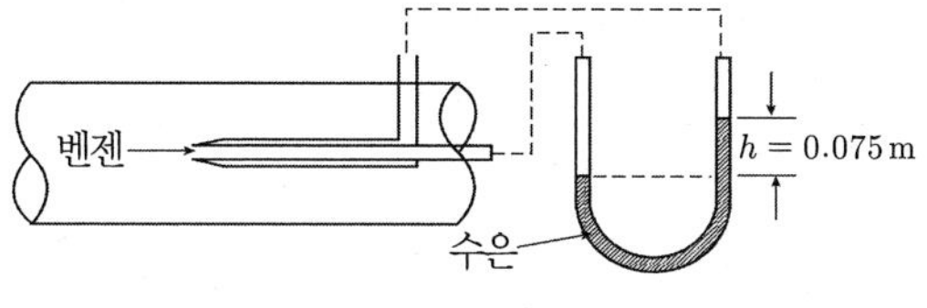

[그림 2-19] Pitot 정압관에 의한 유속측정

2.4.4 유량측정

실제로 이용되고 있는 유량측정장치나 방법은 매우 많지만, 여기에서는 유체가 흐르는 유관 내에 장애물을 설치, 그 전후의 속도와 압력을 측정하여 유량을 계측할 수 있는 장치에 대하여 살펴보기로 한다.

(1) 벤트리미터

벤트리미터(ventri meter)는 그림 2-20에서 보는 바와 같이 약 20°로 완만하게 축소되어 짧은 원통에 연결되고, 다시 5~7°로 확대되어 원래 관의 지름과 같아지는 구조이다.

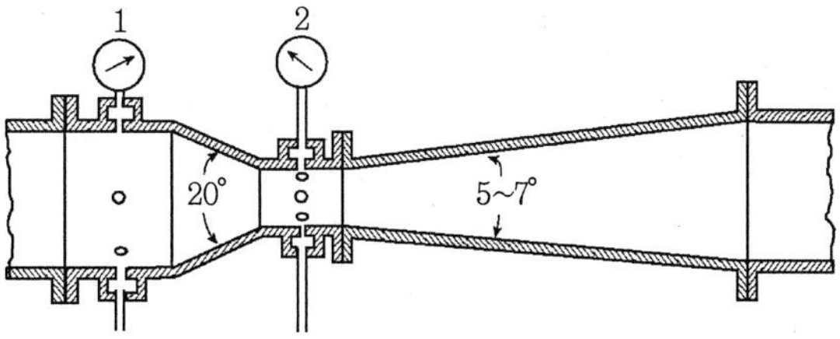

[그림 2-20] 벤트리미터

벤트리미터의 단면 1과 2에 식 (2–22)의 Bernoulli 방정식과 식 (2–7)의 연속방정식을 적용하여 V_2에 관하여 풀면 다음과 같이 나타낼 수 있다.

$$V_2 = \frac{1}{\sqrt{1-(A_2/A_1)^2}}\sqrt{2g\left(\frac{p_1-p_2}{\gamma}\right)} \tag{2–67}$$

여기서, 직경비 $\beta = D_2/D_1$라 하고, $\gamma = \rho g$를 식 (2–67)에 대입하면 이론적인 유량은 다음과 같은 식으로 표시된다.

$$Q = V_2 A_2 = \frac{A_2}{\sqrt{1-\beta^4}}\sqrt{\frac{2(p_1-p_2)}{\rho}} \tag{2–68}$$

여기서, Q : 체적유량(m^3/s)
V_2 : 단면 2에서의 유속(m/s)
A_2 : 단면 2에서의 단면적(m^2)
β : 직경비(D_2/D_1 ; 무차원)
p_1, p_2 : 단면 1, 2에서의 압력(Pa)
ρ : 유체의 밀도(kg/m^3)

관벽의 마찰이나 단면의 변화에서 생기는 손실수두로 인하여 실제 유량은 이론적인 유량보다 약간 적기 때문에 실제의 유량은 유량계수(C)를 포함한 다음과 같은 식으로 표시된다.

$$Q = \frac{CA_2}{\sqrt{1-\beta^4}}\sqrt{\frac{2(p_1-p_2)}{\rho}} \tag{2–69}$$

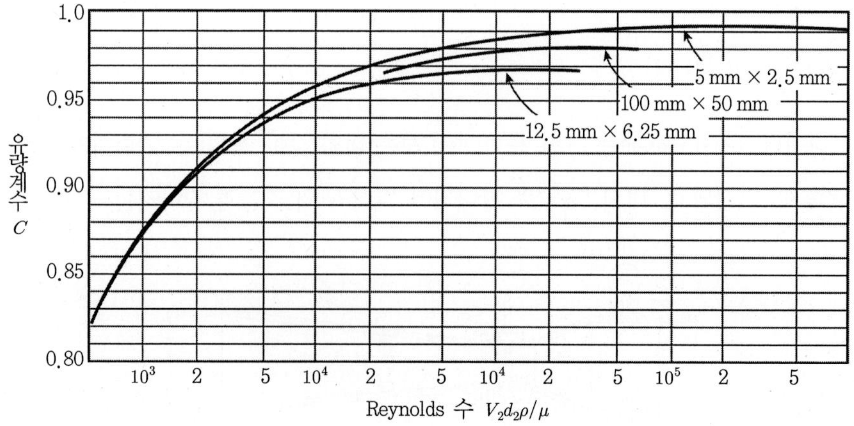

[그림 2–21] 벤트리미터의 유량계수

벤트리미터의 유량계수는 대체로 0.8에서 1 이하의 값이며 벤트리미터의 크기와 Reynolds 수에 따라 다르다. 유량계수와 Reynolds 수와의 관계는 그림 2-21과 같다.

예제 2-15

그림 2-22에서와 같이 직경 10 cm인 관에 목의 직경이 5 cm인 벤트리미터(10×5 cm)가 설치되어 있고 여기에 물이 흐르고 있다. 벤트리미터에 연결된 마노미터에 의한 두 곳의 압력차는 1 m였고 마노미터 유체의 비중이 1.25라고 할 때 유량을 계산하여라.
단, 유량계수는 0.98이다.

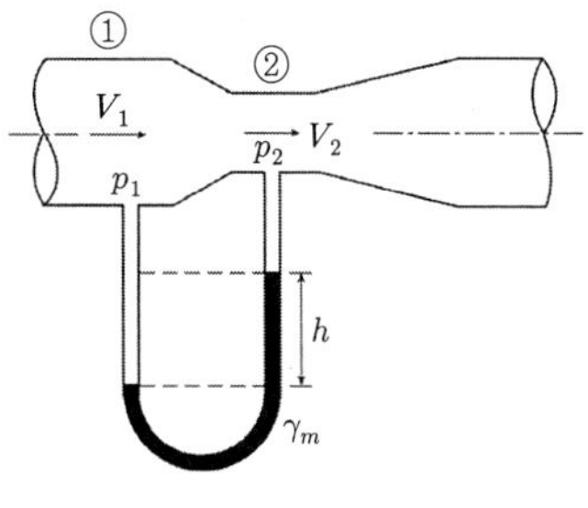

[그림 2-22] 벤트리미터에 의한 유량측정

풀 이

식 (2-69)를 이용한다. '마노미터 룰'을 적용하여 (p_1-p_2)을 구하면 다음과 같다.

$$p_1+\gamma_w h-\gamma_m h=p_2$$

$$p_1-p_2=h(\gamma_m-\gamma_w)=h\gamma_w(S_m-1)$$

$$=h\rho_w g(S_m-1)$$

$$\therefore\ \frac{p_1-p_2}{\rho_w}=h.g(S_m-1)$$

$$\beta=D_2/D_1=5/10=0.5$$

$$Q=\frac{CA_2}{\sqrt{1-\beta^4}}\sqrt{\frac{2(p_1-p_2)}{\rho}}=\frac{CA_2}{\sqrt{1-\beta^4}}\sqrt{2h.g(S_m-1)}$$

$$=\frac{0.98(0.25\pi\times0.05^2)}{\sqrt{1-0.5^4}}\sqrt{2\times1\times9.81(1.25-1)}=1.401\times10^{-3}\ \mathrm{m^3/s}$$

(2) 유동노즐

유동노즐(flow nozzle)의 형상은 그림 2-23과 같다. 유량의 계산식은 벤트리미터에서와 같은 식 (2-69)를 사용한다. 유동노즐의 유량계수 C는 직경비(β)와 Reynolds 수에 따라 변하며, 이들의 관계는 그림 2-24와 같다.

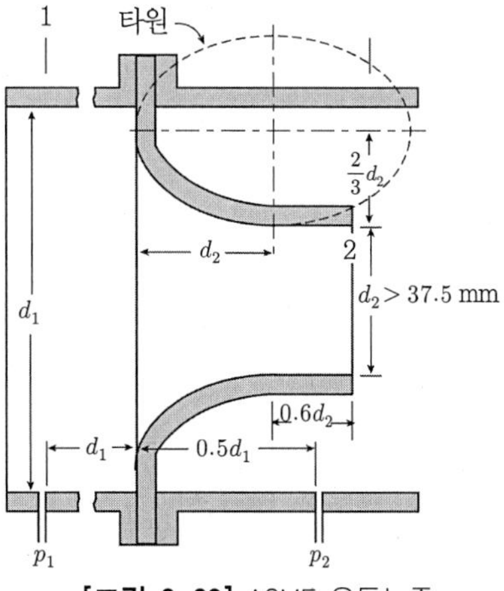

[그림 2-23] ASME 유동노즐

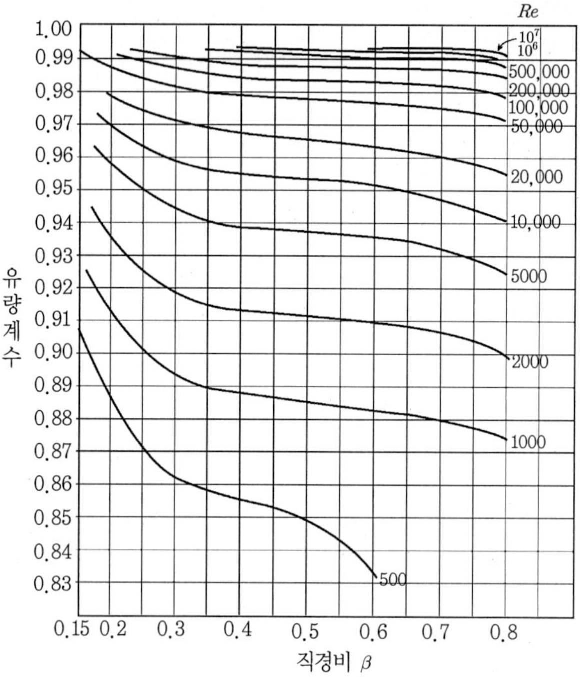

[그림 2-24] 유동노즐의 유량계수

또한, 유량계수는 직경비(β)에 따라 다음 식과 같이 Reynolds 수의 함수로 나타낼 수 있으며 그 상수 값들은 표 2-6과 같다.

$$C = \frac{Re}{a_1 + b_1 . Re + c_1 \sqrt{Re}} \tag{2-70}$$

여기서, C : 유량계수(무차원량)

Re : $\dfrac{4Q}{\pi D_1 \mu}$ (무차원량)

μ : 유체의 점성계수(Pa·s)

a_1, b_1, c_1 : 직경비에 따른 상수(무차원량)

[표 2-6] 직경비와 레이놀즈 수에 따른 유동노즐의 유량계수식의 상수

$C = \frac{Re}{a_1 + b_1 \cdot Re + c_1 \sqrt{Re}}$, $Re = \frac{4Q}{\pi D_1 \mu}$			
$\beta = D_2/D_1$	a_1	b_1	c_1
0.20	-11.3967	0.9978	3.4590
0.30	-18.6259	0.9997	4.4351
0.40	-20.2864	1.0018	4.6491
0.50	-16.9668	1.0030	4.6524
0.60	0.5194	1.0048	4.3057
0.70	-44.9434	1.0021	5.6632
0.80	-62.2136	1.0030	6.4219

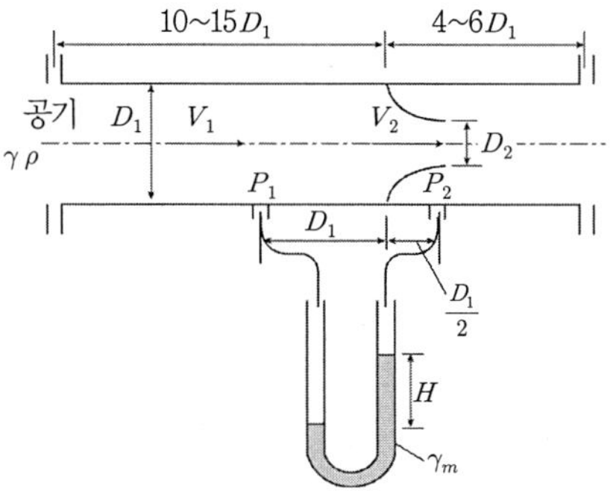

[그림 2-25] 유동노즐에 의한 유량측정

그림 2-25에서와 같이 공기가 내경이 D_1인 관 내를 흐르고 있다. 공기의 유량을 측정하기 위하여 여기에 유동노즐(직경 D_2)을 설치하고 마노미터를 연결하였더니 p_1, p_2 사이에 H만큼의 압력차가 발생하였다. 이때 유량은 다음과 같이 계산할 수 있다.

$$Q = \frac{C}{\sqrt{1-(\frac{D_2}{D_1})^4}} \sqrt{\frac{2(p_1-p_2)}{\rho}} (\frac{\pi}{4} D_2^2)$$
$$= C.F \sqrt{\frac{2(p_1-p_2)}{\rho}} (\frac{\pi}{4} D_2^2) \quad (2-71)$$

여기서, C : 유량계수(무차원량)

F : 속도 접근계수$\left(= \frac{1}{\sqrt{1-(\frac{D_2}{D_1})^4}} = \frac{1}{\sqrt{1-\beta^4}}\right)$

ρ : 공기의 밀도(kg/m^3)

'마노미터 룰'에 의하면 (p_1-p_2)의 압력차는 다음과 같이 나타낼 수 있다.

$$p_1 - p_2 = H(\gamma_m - \gamma) = H.g(S.\rho_w - \rho) \quad (2-72)$$

여기서, H : 마노미터 높이차(m)

γ_m : 마노미터 유체의 비중량(N/m^3)

γ : 공기의 비중량(N/m^3)

S : 마노미터 유체의 비중(무차원량)

ρ_w : 물의 밀도(1000 kg/m^3)

g : 표준 중력가속도(9.81 m/s^2)

식 (2-72)을 식 (2-71)에 대입하여 정리하면 유량의 식은 다음 식이 된다.

$$Q = C.F.[2H.g(S.\rho_w - \rho)/\rho]^{1/2}(\frac{\pi}{4}D_2^2)$$
$$= C.F.[2H.g(1000S - \rho)/\rho]^{1/2}(0.25\pi D_2^2) \quad (2-73)$$

식 (2−73)에서 유량계수는 식 (2−70)를 이용하여 다음과 같은 유량(Q)만의 함수로 나타낼 수 있다.

$$Q=(Q_1/Q_2)\times F\times[2H.g(1000S-\rho)/\rho]^{1/2}\times 0.25\pi\times D_2^2 \qquad (2-74)$$

여기서, $Q_1=\dfrac{4Q\rho}{\pi D_1\mu}$: Reynolds 수

$Q_2=a_1+b_1.Q_1+c_1Q_1^{0.5}$

식 (2−74)에서 H만 측정하면 수치해석적인 방법으로 유량을 계산할 수 있고, Newton−Raphson 방법으로 유량을 계산하기 위한 식은 다음과 같이 나타낼 수 있다.

$$f(Q)=Q-(Q_1/Q_2)\times F\times[2H.g(1000S-\rho)/\rho]^{1/2}\times 0.25\pi\times D_2^2=0 \qquad (2-75)$$

예제 2-16

내경 15 cm인 관에 밀도가 1.2 kg/m³이고 점성계수가 17.85×10^{-6} Pa·s인 공기가 흐르고 있다. 이때 공기의 유량을 측정하기 위하여 직경이 7.5 cm인 유동노즐(flow nozzle)을 관에 설치하고 여기에 물을 사용하는 마노미터를 연결하였더니 수두차가 7 mmAq로 계측되었다. 이 공기의 유량을 계산하여라. 단, 이 공기의 흐름에 의한 Reynolds수는 27,300이다.

풀 이

식 (2−75)를 이용하여 수치해석적인 방법으로 유량을 계산할 수 있겠으나 여기서는 문제를 간단하게 하기 위하여 Reynolds 수를 미리 제시하였다. 실제로 Reynolds 수는 유량의 함수이므로 처음에는 알 수 없는 값이다. 어느 정도의 유속을 가정하고 Reynolds 수를 계산하고 이 값으로 그림 2−24에서 유량계수를 찾거나 식 (2−70)을 이용하여 유량계수를 계산하여 식 (2−73)으로 유량을 계산하는 것이다. 이와 같이 얻은 유량으로 다시 Reynolds 수를 계산하여 그 값이 처음 가정한 Reynolds 수와 차이가 크지 않으면 여기서 계산을 끝내고 차이가 크면 Reynolds 수를 다시 가정하여 유량계수와 유량을 다시 계산하여야 한다.

식 (2−75)를 이용하면 이러한 번거로운 반복 계산을 피할 수 있고 초기에 적당한 유량을 가정하여 이 식에 대입하면 한 번에 정확한 유량을 계산할 수 있다.

$\beta=\dfrac{7.5}{15}=0.5$이므로 그림 2−24에서 Reynolds 수 27,300인 경우 유량계수는 약 0.97을 얻을 수 있고 또, 식 (2−70)을 이용하여 계산하면 0.9704를 얻을 수 있다.

$$F=\frac{1}{\sqrt{1-\beta^4}}=\frac{1}{\sqrt{1-0.5^4}}=1.0328$$

$$\begin{aligned}Q&=C.F.[2H.g(1000S-\rho)/\rho]^{1/2}(0.25\pi D_2^2)\\&=0.97(1.0328)[2\times0.007\times9.81(1000-1.2)/1.2]^{1/2}(0.25\pi\times0.075^2)\\&=0.0473\ \mathrm{m^3/s}\end{aligned}$$

여기서는 Reynolds 수를 가정하고 유량계수 및 유량을 계산한 것이므로 Reynolds 수를 계산하여 확인할 필요가 없다.

(3) 오리피스

오리피스(orifice)에서의 유동 특성은 유동노즐에서와는 달리 유관의 최소단면이 오리피스에서 생기는 것이 아니라 오리피스의 하류에서 vena contracta라고 불리는 최소 유동단면이 생긴다.

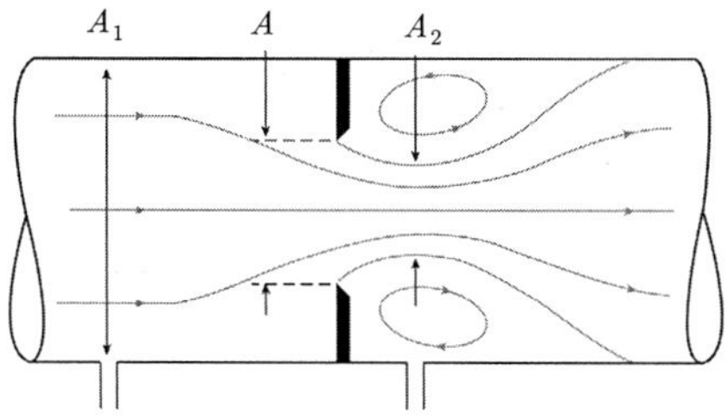

[그림 2-26] 오리피스

따라서, 유량의 계산식도 그림 2-26에서와 같이 A_2단면에서의 식인 식 (2-65)이나 식 (2-67)을 이용할 수 있지만, 오리피스에서는 vena contracta 단면 A_2를 측정할 수 없기 때문에 A_2를 실제 오리피스의 단면적 A와 수축계수(coefficient of contraction ; C_c)로 나타내는 식으로 바꾸어 주어야 한다. 오리피스에서의 수축단면적 A_2는 다음과 같이 나타낼 수 있다.

$$A_2 = C_c A \tag{2-76}$$

식 (2-76)을 식 (2-70)이나 식 (2-71)에 대입하고 정리하면 오리피스에서의 유량계산식은 다음과 같다.

$$Q = \frac{C_v C_c A}{\sqrt{1 - C_c^2 (A/A_1)^2}} \sqrt{\frac{2(p_1 - p_2)}{\rho}}$$

$$= CA\sqrt{\frac{2(p_1 - p_2)}{\rho}} \tag{2-77}$$

오리피스 계수(orifice coefficient ; C)는 다음과 같은 식으로 정의되며, Reynolds 수와의 관계는 그림 2-27과 같다.

$$C = \frac{C_v C_c}{\sqrt{1 - C_c^2 (A/A_1)^2}} \tag{2-78}$$

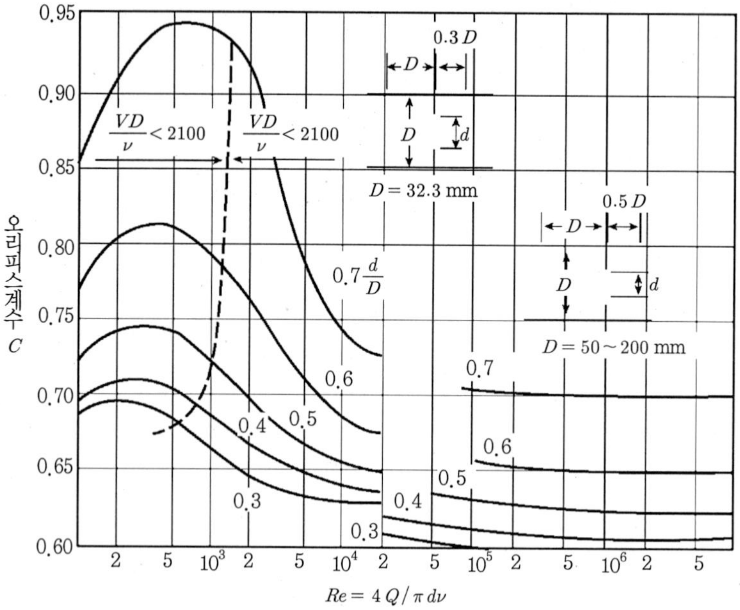

[그림 2-27] 레이놀즈 수에 따른 오리피스 계수

예제 2-17

지름이 150 mm인 관을 통해 물이 흐른다. 유량을 측정하기 위하여 지름이 100 mm인 오리피스를 관에 설치하였다. 수은이 담긴 마노미터로 오리피스에서의 압력차를 측정한 결과 150 mmHg이었다면 관 내를 흐르는 물의 유량은 얼마인지 계산하여라. 단, 오리피스 계수는 0.67이다.

풀 이

식 (2-77)을 이용한다. 수은의 비중은 13.57이다.

$$p_1 - p_2 = h(\gamma_m - \gamma_w) = h\gamma_w(S_m - 1) = h\rho_w g(S_m - 1)$$

$$\therefore \frac{2(p_1 - p_2)}{\rho_w} = 2h \cdot g(S_m - 1) = 2 \times 0.15 \times 9.81(13.57 - 1)$$

$$= 36.9935\ \text{m}^2/\text{s}^2$$

$$Q = CA\sqrt{\frac{2(p_1 - p_2)}{\rho}} = 0.67 \times \frac{\pi}{4}(0.1^2)\sqrt{36.9935} = 0.032\ \text{m}^3/\text{s}$$

(4) 벤트리미터, 유동노즐, 오리피스의 장단점

벤트리미터는 다른 두 측정장치에 비하여 정밀도가 높고 이 장치를 통한 압력손실이 적다는 장점을 지닌 반면, 가격이 비싸고 설치할 때 공간을 많이 차지하는 단점이 있다. 오리피스는 가격이 싸고 기존의 파이프 플랜지(flange)에 설치할 수도 있지만, 압력손실이 크고 오리피스가 마모되어 부정확한 결과가 생길 우려가 있다는 것이 단점이다. 유동노즐은 벤트리미터와 오리피스의 중간으로서 길이가 짧은 것이 장점이지만, 오리피스보다는 가격이 비싸고 설치하기 어려우며 벤트리미터보다는 가격이 싸다.

2.5 펌프

2.5.1 펌프의 분류

펌프는 에너지를 유체에 공급하는 방법에 따라서 터보펌프(turbo pump)와 용적형 펌프(positive displacement pump)로 크게 2가지로 분류한다.

터보펌프는 임펠러(impeller)가 밀폐된 케이싱 내에서 회전하면서 발생하는 원심력에 의해 에너지를 유체에 전달하는 형식으로 광범위한 유량과 압력에 대하여 가장 널리 사용되는 펌프이다. 터보펌프는 임펠러의 형상과 유체의 유입과 유출 방향에 따라서 원심펌프(centrifugal pump), 사류펌프(mixed flow pump), 축류펌프(axial flow pump)로 구분한다.

용적형 펌프는 왕복식과 회전식으로 구분된다. 왕복식은 피스톤 또는 플런저(plunger)를 실린더 내에서 왕복시킴으로써, 회전식은 회전자를 케이싱 안에서 회전시킴으로써 일정 용적의 액체를 송출구 쪽으로 이동시킨다. 용적형 펌프는 유량이 일정할 때 또는 정확한 유량이 요구되는 경우에 사용되며, 상대적으로 높은 압력이 요구되는 경우에 사용된다.

2.5.2 원심펌프

원심펌프는 물, 유체식품, 윤활유 등 다양한 액체의 압송에 가장 널리 이용된다. 이와 같이 널리 이용되는 이유는 구조가 간단하고, 기계효율이 높으며(적정조건하에서 90%), 고형물질이 포함된 액상 재료에도 사용가능하기 때문이다.

원심펌프는 그림 2-28과 같이 여러 개의 만곡된 베인(vane 또는 blade)이 달린 임펠러와 밀폐된 볼류트 케이싱(volute casing)으로 구성된다. 임펠러의 중심으로 흡입되어 반경방향으로 흐르는 액체는 임펠러에 의하여 회전운동을 하게 되며, 임펠러의 원심력의 작용으로 압력 및 운동에너지를 얻게 된다. 이 가운데 과잉 운동에너지는 디퓨저(diffuser) 또는 안내깃(guide vane)을 지나 볼류트 케이싱(volute casing)을 통과하는 사이에 속도가 줄어들면서 압력에너지로 변환되어 압력이 높아진다.

원심펌프는 임펠러의 외주에 접하여 디퓨저가 있는 펌프를 디퓨저펌프(diffuser pump), 디퓨저가 없는 펌프를 볼류트펌프(volute pump)라고 한다.

디퓨저는 유체가 통과하는 단면적이 점차 증가하는 구조로 되어 있으며, 유체의 속도를 줄이고 압력을 높이는 역할을 한다. 디퓨저펌프는 양정이 높은 곳에 쓰이며, 볼류트펌프는 양정이 낮은 곳에 사용된다.

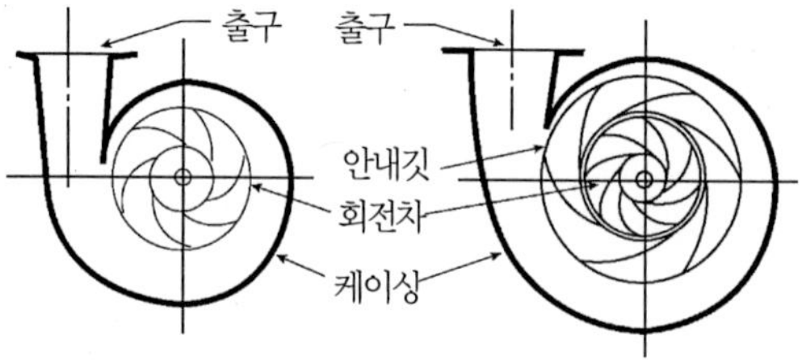

[그림 2-28] 원심펌프

2.5.3 왕복펌프

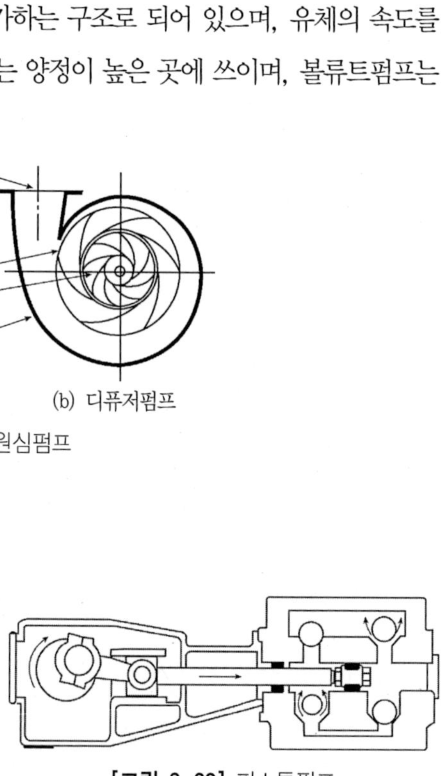

[그림 2-29] 피스톤펌프

왕복펌프(또는 피스톤펌프)는 그림 2-29와 같이 피스톤 또는 플런저, 크랭크, 커넥팅 로드로 구성되며, 피스톤 또는 플런저의 왕복운동에 의하여 액체를 흡입하여 소요의 압력으로 압축하여 송출하는 펌프이다. 체적효율이 97% 이상이며 펌프의 전효율이 90% 정도이다.

왕복펌프는 프라이밍(priming)이 요구되지 않으며, 상대적으로 저속으로 운전되므로 패킹, 밸브, 피스톤 등의 마모성 부품이 간단하고 유지관리가 용이한 장점이 있다.

2.5.4 회전펌프

회전펌프(rotary pump)는 왕복펌프에서 피스톤 부분이 회전운동을 하는 회전자(rotor)로 바뀐 것이다. 회전펌프는 연속적으로 유체를 운송하므로 송출량이 맥동하는 경우는 거의 없다. 또한, 구조가 간단하고 취급이 용이하며 밸브가 없는 것이 특징이다. 액체에 공급되는 압력이 주로 정압력이기 때문에 비교적 점도가 높은 액체에 대하여도 상당히 좋은 성능을 발휘한다. 정교한 회전펌프의 체적효율은 95%에 달하며, 높은 압력을 낼 수 있다. 최적조건에서 펌프효율은 90% 이상이다. 회전펌프는 고체마찰 부분이 많으므로 윤활성이 있는 액체를 수송하는 데 적합하다.

회전펌프는 회전자가 가장 중요한 역할을 하며, 회전자의 형상과 구조에 따라 기어펌프(gear pump), 로브펌프(lobe pump), 스크루펌프(screw pump), 베인펌프(vane pump)가 있다.

회전펌프 중에서 기어펌프가 가장 많이 사용된다. 그림 2-30은 내접형 기어펌프(internal gear pump)와 외접형 기어펌프(external gear pump)의 구조이다. 기어펌프는 모양과 크기가 같은 2개의 기어를 원통 속에서 물리게 하고 한쪽의 기어에 외부에서 동력을 주어 운전하면 흡입구 쪽의 이(tooth) 사이의 공간에 발생한 부분적인 진공에 의하여 액체가 유입되고 기어의 회전에 의하여 송출구까지 이송된다. 기어는 계속적인 윤활이 필요하므로 점성이 있는 액체의 송출에 적합하다. 특히, 아이스크림, 당밀, 기름 등의 점성물질에 적합하다. 기어펌프는 막히기 쉬우므로 액체에만 사용되며, 고형입자가 혼입된 액체에는 사용을 피하는 것이 좋다.

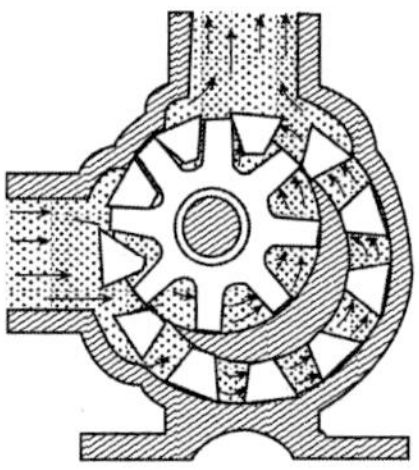

(a) 내접형 기어펌프

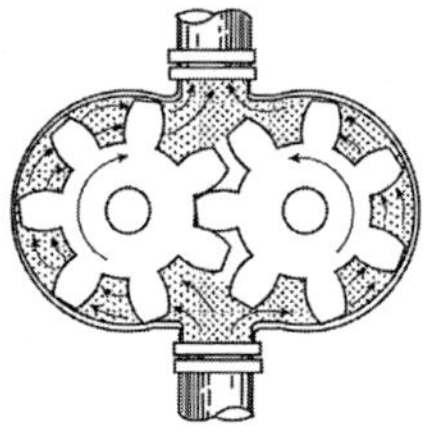

(b) 외접형 기어펌프

[그림 2-30] 기어펌프

그림 2-31은 로브펌프이다. 이 펌프는 기어 대신 2~4개의 로브를 설치한 것으로 기어펌프의 이의 수를 줄인 것이라고 볼 수 있다. 작동 원리는 기본적으로 기어펌프와 동일하다. 기어펌프보다 이의 수가 적기 때문에 기어펌프에 비하여 심한 맥동이 나타난다. 액체와 기체에 모두 사용할 수 있다.

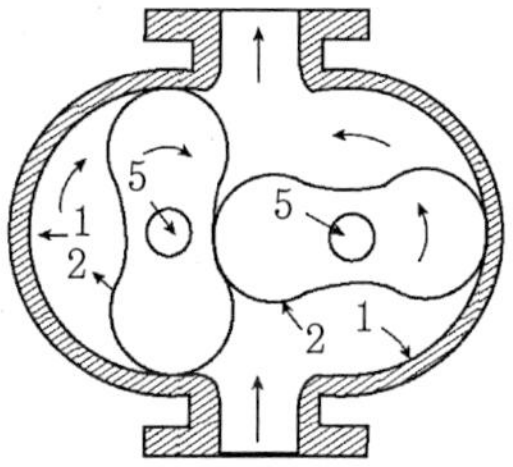

[그림 2-31] 로브펌프

그림 2-32와 같이 스크루펌프는 케이싱 내에서 헬리컬스크루의 회전에 의하여 액체를 밀어 내는 펌프이다. 스크루펌프는 회전기어로 작동되지 않기 때문에 고체입자가 혼입된 액체에 사용될 수 있으며, 매우 균일한 송출이 가능하다.

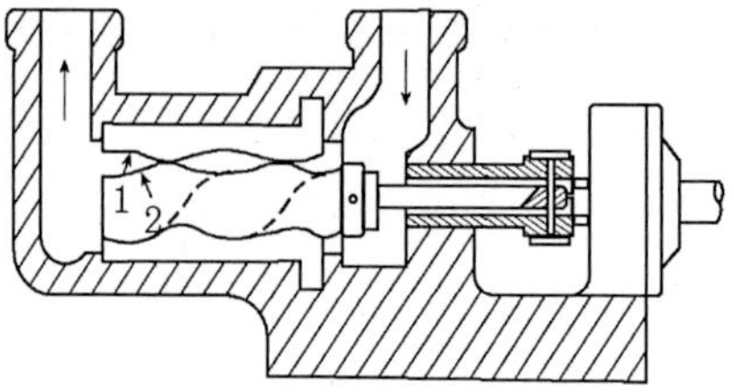

[그림 2-32] 스크루펌프

그림 2-33은 베인펌프이다. 이 펌프는 케이싱과 그 속에 편심되게 설치된 회전자(rotor)로 구성된다. 회전자에는 반경방향으로 여러 개의 홈을 파고 그 속에서 자유로이 움직이는 직사각형의 베인을 끼워 넣은 구조이다. 베인은 회전자의 회전에 의한 원심력에 의하여 케이싱에 밀착된다. 이때 초승달형의 공간에 액체를 흡입하여 반대쪽으로 송출한다. 베인펌프는 증기와 액체에만 사용되며, 고형입자가 혼입된 액체에는 사용할 수 없다. 상대적으로 균일한 송출이 가능하다. 베인펌프는 진공펌프로도 이용된다.

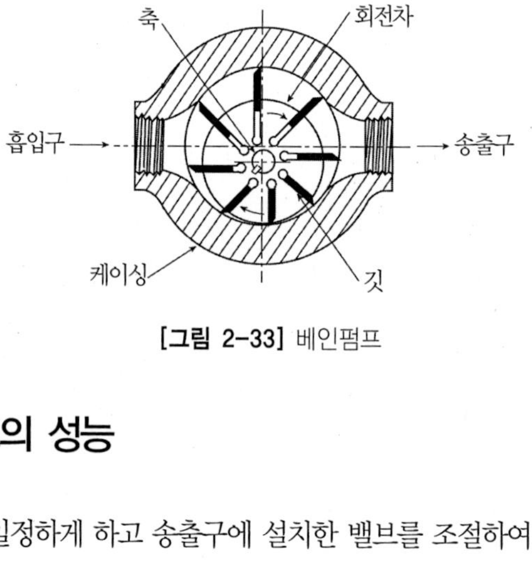

[그림 2-33] 베인펌프

2.5.5 원심펌프의 성능

펌프의 회전수를 일정하게 하고 송출구에 설치한 밸브를 조절하여 송출유량을 변화시키면서 펌프의 성능시험을 수행한다. 횡축에 유량 Q, 종축에 총수두(total head) H, 속도수두(velocity head) h_v, 축동력(shaft power) W_s, 효율(efficiency) η를 잡아 $H-Q$, h_v-Q, W_s-Q, $\eta-Q$의 곡선을 그리는데, 이 곡선을 펌프의 성능곡선 또는 특성곡선이라 한다.

그림 2-34는 회전수 1760 rpm인 원심펌프의 성능곡선이다. 완전한 성능을 파악하려면 회전수를 달리하면서 일련의 성능시험을 수행하여야 한다. 물을 사용한 펌프성능을 표준성능으로 하여 원심펌프들의 성능을 상호 비교한다. $H-Q$ 곡선은 액체의 종류에 따라 크게 변하지 않으며, 송출이 없는 경우에도 동력이 필요함을 그림에서 알 수 있다.

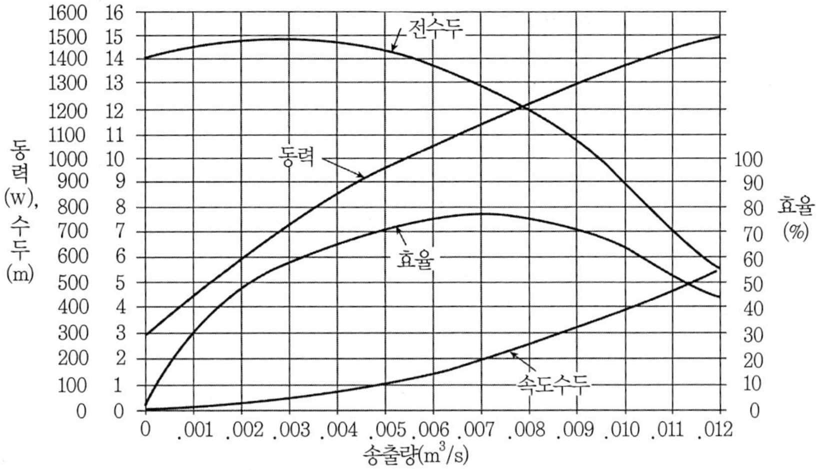

[그림 2-34] 원심펌프의 성능곡선(직경 : 17.8 cm, 회전수 : 1760 rpm)

성능시험을 수행한 회전속도 이외의 다른 회전속도에서의 펌프 성능을 추정할 필요가 있다. 또한 기하학적으로 상사인 경우 상사법칙을 이용하여 한 펌프의 성능으로부터 다른 펌프의 성능을 추정할 수 있다. 원심펌프에 대한 상사법칙은 다음과 같다.

$$\frac{Q_1}{Q_2} = \frac{N_1}{N_2}\left(\frac{D_1}{D_2}\right)^3 \tag{2-79}$$

$$\frac{H_1}{H_2} = \left(\frac{N_1}{N_2}\right)^2\left(\frac{D_1}{D_2}\right)^2 \tag{2-80}$$

$$\frac{W_{s1}}{W_{s2}} = \left(\frac{N_1}{N_2}\right)^3\left(\frac{D_1}{D_2}\right)^5\frac{\rho_1}{\rho_2} \tag{2-81}$$

예제 2-18

회전수 1760 rpm에서 송출량 0.008 m^3/s, 수두 12 m, 동력 1180 W이다. 회전수를 2100 rpm으로 증가시킬 때 송출량, 수두 및 동력을 구하라.

풀 이

상사법칙을 이용하면,

$$Q_2 = Q_1\left(\frac{N_2}{N_1}\right) = 0.008\left(\frac{2100}{1760}\right) = 0.00955\ \mathrm{m^3/s}$$

$$H_2 = H_1\left(\frac{N_2}{N_1}\right)^2 = 12\left(\frac{2100}{1760}\right)^2 = 17.1\ \mathrm{m}$$

$$W_{s2} = W_{s1}\left(\frac{N_2}{N_1}\right)^3 = 1180\left(\frac{2100}{1760}\right) = 2004\ \mathrm{W}$$

2.5.6 시스템 특성곡선

펌프가 설치된 양수장치는 파이프, 밸브, 각종 파이프 연결장치로 구성된다. 실양정(흡입수면과 송출수면 사이의 수직 높이)과 각종 구성요소의 저항에 의한 손실수두, 압력수두 및 속도수두를 합한 양정을 총수두 또는 전양정이라 한다. 총수두 H는 베르누이 정리를 이용하면 다음과 같이 나타낼 수 있다.

$$H=(z_2-z_1)+\frac{p_2-p_1}{\rho g}+\frac{V_2^2-V_1^2}{2g}+h_L \qquad (2\text{-}82)$$

여기서, 우변의 첫째 항은 실양정, 둘째 항은 송출수면과 흡입수면의 압력수두의 차이며, 셋째 항은 속도수두의 차, 넷째 항은 손실수두이다.

시스템의 총수두 H는 송출량의 함수이다. 송출량에 따른 총수두의 변화를 나타낸 곡선을 시스템 특성곡선(system characteristic curve)이라고 한다. 시스템 특성곡선은 펌프와는 무관하며, 오직 유체흐름에 대한 저항을 유발하는 시스템의 구성요소와 관련된다. 펌프는 유체흐름에 대한 저항을 극복하는 데 필요한 에너지를 공급하는 요소이며, 시스템 특성곡선은 펌프에 의하여 공급해야 할 에너지의 양을 체적유량의 함수로 나타내 준다.

그림 2-35는 그림 2-34의 원심펌프의 성능곡선과 시스템 특성곡선을 함께 나타낸 예이다. 펌프의 성능곡선과 시스템 특성곡선의 교점이 펌프의 작동점이다. 그림에서 시스템을 통한 송출량은 0.0091 m^3/s이며, 이때 총수두는 10.7 m이다. 그림 2-34를 참고하면, 펌프의 소요동력은 1310 W이며, 효율은 72%이다.

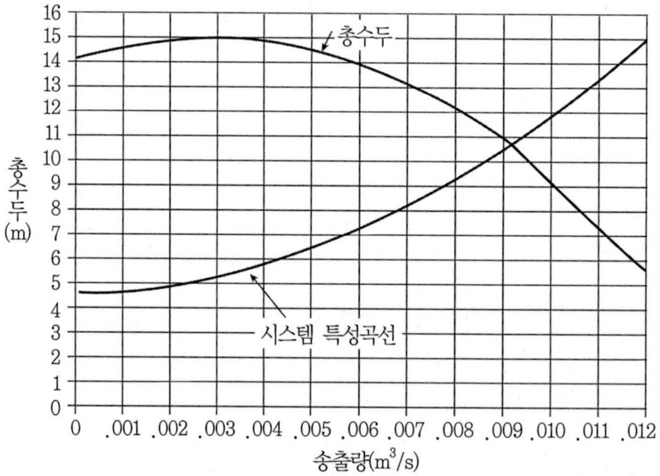

[그림 2-35] 시스템 특성곡선과 펌프의 작동점

예제 2-19

그림 2-36은 양수장치이다. 흡수면에서 송출면까지의 높이(실양정)는 5.0 m이다. 흡수면과 송출면은 각각 대기에 노출되어 있다. 양쪽 수조를 연결하는 아연도 강관의 길이는 20 m, 내경은 5 cm이다. 유입구는 날카로운 모서리형이며, 관의 연결부에 2개의 90° 표준 엘보가 설치되어 있다. 송출량 0~0.012 m^3/s 범위에서 시스템 특성곡선을 그려라. 물의 밀도 $\rho = 1000\ kg/m^3$, 점성계수 $\mu = 1.80 \times 10^{-3}$ Pa·s로 가정한다.

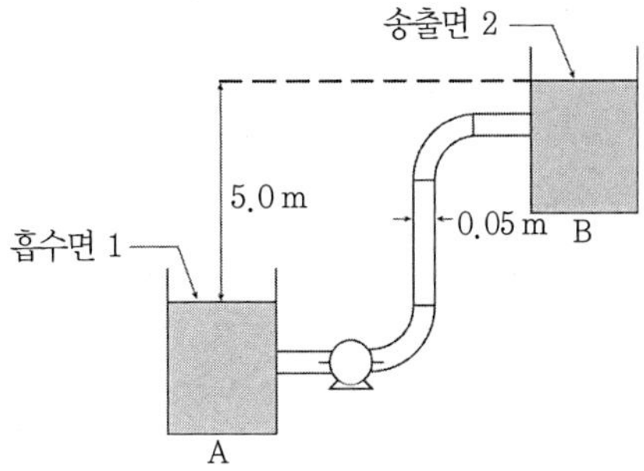

[그림 2-36] 양수장치

풀 이

흡수면 1과 송출면 2 사이에 베르누이의 정리를 적용하면,

$$H = (z_2 - z_1) + \frac{p_2 - p_1}{\rho g} + \frac{V_2^2 - V_1^2}{2g} + h_L$$

여기서, 흡수면과 송출면의 압력은 대기압으로 서로 같으며, 두 면에서 속도는 0이므로 위의 식은 다음과 같이 축소된다. $(z_2 - z_1)$은 실양정 5.0m이다.

$$H = (z_2 - z_1) + h_L = 5.0 + h_L$$

여기서, H는 총수두 또는 전양정(m)이며, h_L는 손실수두(m)이다. 손실수두는 관의 유입구, 관, 엘보, 유출구에서 발생한 손실수두의 합이다.

$$H = 5.0 + \left(K_{e,entrance} + f\frac{L}{D} + 2K_{e,elbow} + 1 \right)\frac{V^2}{2g}$$

또는,

$$H = 5.0 + \left(K_{e,entrance} + f\frac{L}{D} + 2K_{e,elbow} + 1 \right)\frac{Q^2}{2gA^2}$$

표 2-5로부터 $K_{e,entrance} = 0.5$, $K_{e,elbow} = 0.75$, 관은 매끄러운 관으로 가정하고 f는 식 (2-40)을 이용한다.

컴퓨터 프로그램을 작성하여 Q에 따른 f와 H를 계산한 결과는 다음과 같다.

Q (m^3/s)	f	H (m)
0.000	0.0000	5.00
0.001	0.0070	5.19
0.002	0.0059	5.66
0.003	0.0054	6.38
0.004	0.0050	7.33
0.005	0.0048	8.52
0.006	0.0046	9.93
0.007	0.0045	11.56
0.008	0.0043	13.40
0.009	0.0042	15.46
0.010	0.0041	17.72
0.011	0.0041	20.19
0.012	0.0040	22.87

H와 Q의 관계를 나타내는 시스템 특성곡선은 그림 2-37과 같다. 그림에서 절편이 실양정 5 m이며, f는 Q가 증가할수록 감소하는 Q의 함수이므로 H는 Q^2에 거의 비례하지만 완전히 비례하지는 않는다.

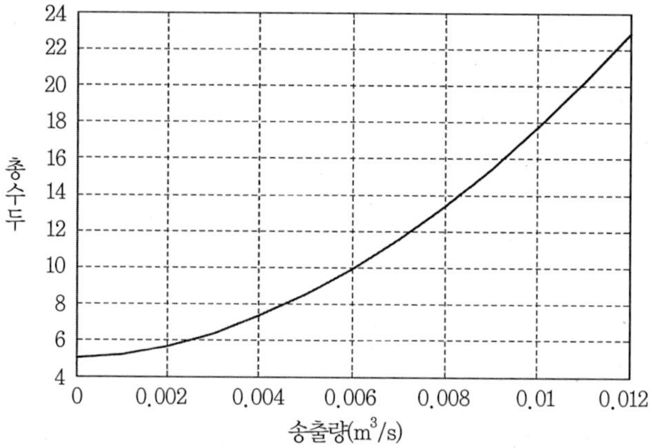

[그림 2-37] 시스템 특성곡선

2.5.7 소요동력

펌프의 이론동력은 다음 식으로 구한다.

$$W_{th} = \frac{W\dot{m}}{1000} = \frac{H\dot{m}g}{1000} \tag{2-83}$$

여기서, W_{th} : 펌프의 이론동력(kW)
$\dot{m}$: 유체의 질량유량(= $Q\rho$, kg/s)
W : 펌프 일(J/kg)
H : 전수두(J/N 또는 m)
Q : 유체의 체적유량(m^3/s)
ρ : 유체의 밀도(kg/m^3)

이론동력을 펌프에서는 수동력(water power)이라고 한다. 축동력(shaft power) W_s는 이론동력을 펌프의 효율 η로 나눈 값이다.

$$W_s = \frac{W_{th}}{\eta} = \frac{Q\ \rho g\ H}{1000\ \eta} \tag{2-84}$$

예제 2-20

펌프를 이용하여 물의 표면으로부터 10 m 높이에 있는 물탱크로 유량 0.03 m^3/s로 물을 압송한다. 관의 직경은 5 cm, 펌프의 효율이 70%일 때 펌프의 축동력을 구하여라. 물의 점성계수 μ = 0.000984 Pa·s이다.

풀 이

$z_1 = 0$, $V_1 = 0$, $p_1 = p_2$이므로 식 (2-82)는 다음과 같이 축소된다.

$$H = z_2 + \frac{V_2^2}{2g}$$

$$V_2 = \frac{Q}{A_2} = \frac{4Q}{\pi D_2^2} = 4(0.03)/(\pi \times 0.05^2) = 15.28 \text{ m/s}$$

$$H = 10 + \frac{15.28^2}{2(9.81)} = 21.9 \text{ m}$$

$$W_s = \frac{Q \rho g H}{1000\eta} = \frac{0.03(1000 \times 9.81)(21.9)}{1000(0.7)} = 9.2 \text{ kW}$$

연 | 습 | 문 | 제

1 40℃, 절대압력 8.3 bar에서 메탄가스의 밀도와 비체적을 구하여라. 메탄가스의 기체상수 R=518.5 J/kg·K이다.

2 부피 5.6 m^3인 오일의 무게가 46,800 N이다. 오일의 밀도와 비중을 계산하여라.

3 20℃의 물의 절대점성계수는 0.01008 poises이다. (a) 절대점성계수를 Pa·s 단위로 바꾸어라. (b) 물의 밀도가 $\rho = 998$ kg/m^3이다. 동점성계수(m^2/s)를 구하여라.

4 물이 분당 1800 L로 직경 0.3 m의 관을 흐르다가 관의 직경이 0.15 m로 줄어든다. 두 관 내에서의 유속을 계산하여라.

5 비중이 0.750인 오일이 직경 150 mm인 관을 압력 1.05 bar로 흐른다. 기준선으로부터 관의 중심선까지의 높이는 2.5 m이며, 이 기준선에 대한 총 에너지는 18 J/N이다. 유량(m^3/s)을 구하여라.

6 25℃의 물이 직경 4.0 cm의 관속을 유량 0.075 m^3/s로 흐를 때 레이놀즈 수를 구하여라. 이 유량에서 물의 흐름을 층류로 하기 위해 필요한 관의 직경을 구하여라.

7 30℃의 밀도가 920 kg/m^{3}인 두유가 내경 5 cm의 스테인리스 강관(e = 0.000046 m)을 통하여 0.03 m^3/s의 유량으로 흐른다. 관의 길이가 15 m일 때 마찰손실에너지를 구하여라.

8 밀도 1000 kg/m^{3}의 물이 관 속을 흐른다. 1 단면에서 관의 내경 18 cm, 유속 4 m/s, 압력 350 kPa이다. 1 단면과 15 m 하류지점의 2 단면에서 관의 내경이 8 cm이다. 관이 수평으로 놓여 있을 때 2 단면에서 유체의 압력을 구하여라. 관의 마찰손실은 무시한다.

9 관 속을 흐르는 물의 속도분포는 다음 식으로 표시된다. 다음 식을 유도하여라.

$$V(r) = \frac{\Delta p R^2}{4\mu L}\left[1-(\frac{r}{R})^2\right]$$

10 계기계수 C=0.98인 Pitot 정압관으로 관의 중심선에서의 물의 속도를 측정한다. 관에서 정체 압력수두는 5.67 m, 정압수두는 4.72 m이다. 유속을 계산하여라.

11 덕트에 공기가 흐르고 있다. Pitot 정압관에 물을 사용하는 마노미터가 부착되어 있다. 마노미터의 수두 차이가 100 mm일 때 공기의 속도를 계산하여라. 공기의 밀도는 1.22 kg/m^3, Pitot 정압관의 계기계수는 0.98이다.

12 직경 254 mm인 관을 흐르는 공기의 유량을 측정하기 위하여 직경이 100 mm인 유동노즐을 관에 설치하고 여기에 물을 사용하는 마노미터를 연결하였더니 수두차가 20 mm로 계측되었다. 20℃의 공기의 유량을 계산하여라.

13 10℃의 우유(밀도 1040 kg/m^3, 점성계수 μ = 0.00264 Pa·s)를 저장탱크로부터 길이 10 m의 관을 통하여 3.6 m 높이로 압송한다. 관의 내경 2 cm, 펌프 효율이 80%일 때, 송출량(0~0.3 m^3/min)에 따른 소요 동력곡선을 그려라.

14 임펠러 직경 12 cm, 회전수 1750 rpm의 펌프가 6 m의 수두에서 0.009 m^3/s의 송출량을 나타내며 750 W의 동력을 소비한다. 펌프의 효율을 구하여라.

15 문제 14의 펌프를 효율의 변화 없이 수두 7.6 m에 대해 운전하려 한다. 회전속도, 송출량, 소요 동력을 구하여라.

16 양수장치에 그림 2-34의 성능곡선을 가지는 원심펌프를 사용한다. 양수관은 길이 12.2 m, 내경 5 cm이며, 양정은 7.6 m이다. 이 시스템에는 90° 표준형 엘보 2개가 포함되어 있으며, 탱크로부터 물을 양수하여 관을 통하여 대기 중으로 방출한다. 물의 송출량(m^3/s)을 구하여라.

17 전수두 12.2 m, 유량 0.012 m^3/s에서 최대의 효율로 작동하는 성능곡선 그림 2-34와 상사인 펌프의 임펠러 직경, 회전수 및 소요 동력을 추정하여라.

18 내경 2.5 cm의 관을 통하여 옥수수유(Newton 유체, 밀도 920 kg/m^3, 점성계수 μ= 0.0565 Pa·s)를 압송한다. 110 V 전동기가 285 W를 사용한다. 펌프와 전동기의 전효율이 65%이다. 흡입 및 송출 압력이 각각 −35 kPa 및 160 kPa일 때 송출량(m^3/min)을 구하여라.

참고문헌

1. 이명호. 2003. **유체기계.** 보성각
2. Currie. L. G. 2003. *Fundamental Mechanics of Fluid*, 3/E. Marcel Dekker.
3. Finnemore, E. J. 2002. *Fluid Mechanics with Engineering Applications*, 10/E. MacGraw-Hill.
4. Henderson, S. M., R. L. Perry and J. H. Young. 1997. *Principles of Process Engineering*. 4th Edition. ASAE.
5. Munson, B. R. 2000. *Fundamentals of Fluid Mechanics*, 5/E. Wiley.
6. Valentas, K. J, E. Rotstein and R. P, Singh. 1977. *Handbook of Food Engineering Practice*. CRC Press.
7. White, F. R. 2000. *Fluid Mechanics*, 6/E, McGraw-Hill.

Post-Harvest Process Engineering

Post-Harvest Process Engineering

Chapter 03 열전달 기초

Chapter 03

열전달 기초

3.1 열전달의 원리

물체 사이의 온도차에 의하여 일어나는 에너지이동을 열전달이라고 하며, 열이 전달되는 방법은 전도(conduction), 대류(convection) 및 복사(radiation)의 3가지로 분류한다.

3.1.1 전도

온도차가 있는 서로 인접한 분자들의 분자운동에 의하여 에너지가 전달되는 경우 이를 전도라고 하며, 단위면적당 열전달률은 열이 전달되는 면적에 수직한 방향의 온도구배에 비례한다. 즉,

$$q = -kA\frac{dT}{dx} \tag{3-1}$$

여기서, q : 열전달률(J/s, W)
k : 열전도계수(W/m·℃)
A : 단면적(m^2)
dT/dx : 온도강하가 일어나는 방향(x 방향)의 온도구배(℃/m)

식 (3-1)은 열전도의 기본법칙으로서 Fourier 법칙이라고 부른다.

표 3-1은 몇 가지 재료의 열전도계수를 나타낸다. 전기의 양도체는 열전도계수가 높다. 열전도계수가 낮은 유리섬유, 코르크, 스티로폼과 같은 재료를 단열재라고 하며, 열전도계수가 0.3×10^{-3} W/m·K 이하인 재료를 초단열재(superinsulator)라고 한다. 열전도계수는

온도의 함수지만 보통의 온도 범위에서는 일정한 값으로 간주할 수 있다.

[표 3-1] 각종 재료의 열전도계수(300 K)

재 료 명	열전도계수(W/m·K)
은	429
동	401
알루미늄	237
철	80.2
납	35.3
시멘트 모르타르	0.72
브릭	0.72
콘크리트 블록	0.60
공기	0.0242
유리	1.4
유리섬유	0.038
코르크	0.039
톱밥	0.059
스티로폼	0.033

3.1.2 대류

고체 표면과 상대적으로 움직이고 있는 유체 사이에 열이 이동하는 현상을 대류열전달이라고 한다. 물체 주위를 펌프(pump)나 송풍기(fan) 같은 기계적인 외부의 힘에 의하여 유체를 흐르게 하였을 때 생기는 열전달현상을 강제대류(forced convection)라고 하고, 유체 내의 온도차에 의하여 생기는 유체의 밀도 변화 때문에 일어나는 유동현상을 자연대류(natural convection)라고 한다.

유체가 고체 표면을 흐를 때, 대류열전달률 q는 다음 식으로 표시된다.

$$q = hA(T_s - T_\infty) \qquad (3\text{-}2)$$

여기서, h : 대류열전달계수(W/m^2·℃)
A : 열전달면적(m^2)
T_s : 고체표면 온도(℃)
T_∞ : 유체 온도(℃)

대류열전달계수(convection heat transfer coefficient) h는 단순한 형태의 물체 주위에서 생기는 대류열전달의 경우 해석적으로 그 값을 계산할 수 있지만, 형태가 복잡한 대부분의 경우에는 실험을 통하여 결정한다.

3.1.3 복사

복사열전달은 전자기파(electromagnetic wave)의 형태로 빛의 속도로 한 물체에서 방사되어 공기나 진공 속을 통하여 다른 물체에 전달되는 현상이다.

물체 중에서 단위면적당 최대 에너지를 방출하고 도달된 전파장의 에너지를 완전 흡수하는 물체를 흑체(black body)라고 하는데, 이 물체는 이상적인 물체로서 실제 물체와의 비교기준으로 사용된다.

흑체의 단위면적, 단위시간당 방사되는 총방사에너지는 절대온도의 4승에 비례한다. 즉, 흑체의 복사에너지를 E_b라고 하면

$$E_b = \sigma A T^4 \tag{3-3}$$

여기서, E_b : 흑체의 방사에너지(W)
σ : Stefan-Boltzman 상수(5.669×10^{-8} W/m^2·K^4)
A : 표면적(m^2)
T : 물체 표면의 절대온도(K)

식 (3-3)을 Stefan-Boltzman 법칙이라 한다.

실제 물체인 회체(gray body)의 방사에너지는 항상 흑체의 복사에너지 E_b보다 적으며, 다음 식으로 나타낼 수 있다.

$$E = \epsilon \sigma A T^4 \tag{3-4}$$

여기서, E : 회체의 방사에너지(W)
ϵ : 방사율(emissivity)

방사율 ϵ은 물체 표면의 성질을 나타내며, 흑체의 방사에너지에 대한 회체의 방사에너지의 비를 나타낸다. 즉, $\epsilon = E/E_b$이다.

표면온도가 T_s인 회체가 온도가 T_{surr}인 주위와 교환하는 순복사에너지는 다음 식으로 나타낸다.

$$q = \epsilon \sigma A (T_s^4 - T_{surr}^4) \tag{3-5}$$

3.2 1차원 정상열전도

어떤 계에서 온도가 시간에 따라 변하지 않을 때 이 상태를 정상상태(steady state)라고

하며, 열이 계 내에서 한 방향으로만 전달될 때 이를 일차원계라고 한다.

3.2.1 평면벽

Fourier 법칙을 직접 적용하는 예로서 그림 3-1과 같은 평면벽을 통한 일차원 정상열전도의 경우를 살펴보기로 한다.

그림 3-1과 같은 단일재료로 이루어진 평면벽을 통한 열전달률을 구하여 보자.

열전도계수 k가 온도에 따라 변하지 않고 일정하다고 가정하고 식 (3-1)을 적분하면 다음과 같다.

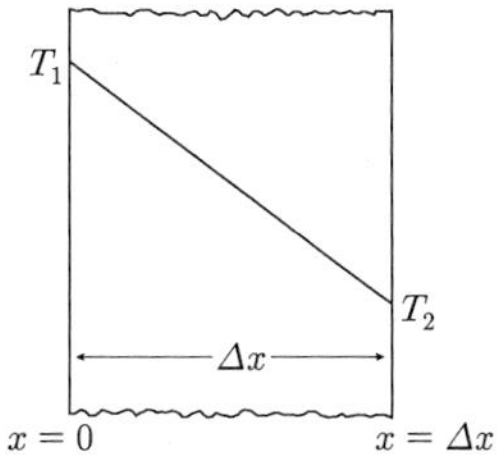

[그림 3-1] 평면벽을 통한 열전도

$$q = -\frac{kA}{\Delta x}(T_2 - T_1) = \frac{\Delta T}{\frac{\Delta x}{kA}} = \frac{\Delta T}{R_{th}} \tag{3-6}$$

여기서, $\Delta T = T_1 - T_2$이다. R_{th}는 전도열저항(K/W)이라고 하며 다음과 같다.

$$R_{th} = \frac{\Delta x}{kA} \tag{3-7}$$

예제 3-1

냉동저장시설 내의 칸막이벽을 통한 열의 흐름을 계산하여라. 벽은 길이 5 m, 높이 3 m, 두께 0.1 m, 양쪽 벽면의 온도는 각각 0℃와 −16℃이고, 칸막이벽의 열전도계수는 0.0372 W/m·K이다.

풀 이

식 (3-6)을 이용하면,

$$q = -\frac{0.0372 \times (5 \times 3)}{0.1} \times (-16 - 0) = 89.3 \text{ W}$$

3.2.2 열저항

열저항의 개념은 열전달 현상을 이해하는 데 매우 중요하다. 열전달은 전기흐름과 유사하여, 전기저항은 전기흐름과 관련이 있는 것과 같이 열저항은 열전달과 관련된다.

평면벽을 통한 전도열저항은 식 (3-7)에서와 같이 $\frac{\Delta x}{kA}$ 이다. 즉, 전도열저항은 열이 전도되는 두께가 두꺼울수록 증가하고, 열전도계수와 전열면적이 클수록 감소한다.

대류열저항의 개념을 이해하기 위하여, 식 (3-2)를 다음과 같이 표시하면,

$$q = hA(T_s - T_\infty) = \frac{T_s - T_\infty}{\frac{1}{hA}} = \frac{T_s - T_\infty}{R_{th,conv}} \tag{3-8}$$

여기서, $R_{th,conv}$이 대류열저항이며, 다음과 같다.

$$R_{th,conv} = \frac{1}{hA} \tag{3-9}$$

복사열저항의 개념을 이해하기 위하여 식 (3-5)를 다음과 같이 표시하면,

$$q = \epsilon\sigma A(T_s^4 - T_{surr}^4) = h_r A(T_s - T_{surr}) \tag{3-10}$$

여기서, h_r을 복사열전달계수(radiation heat transfer coefficient)라고 하며, 다음과 같이 나타낼 수 있다.

$$h_r = \epsilon\sigma(T_s + T_{surr})(T_s^2 + T_{surr}^2) \tag{3-11}$$

복사열저항은 다음과 같이 나타낼 수 있다.

$$R_{th,rad} = \frac{1}{h_r A} \tag{3-12}$$

3.2.3 평면복합벽

그림 3-2와 같이 서로 다른 재료로 구성된 복합벽을 통한 열전도를 고려해 보자.

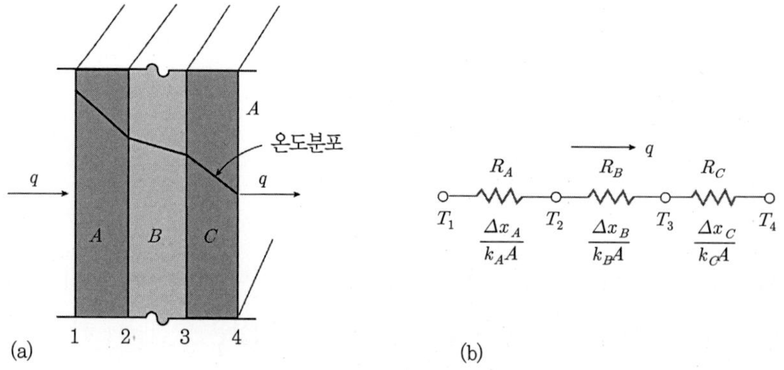

[그림 3-2] 복합벽을 통한 열전도

그림 3-2에서 보는 바와 같이 평면벽이 열전도계수가 다른 여러 개의 물질로 구성되어 있을 경우 벽면을 통한 단위면적당 열전달률은 각 물질에 있어서 동일하기 때문에 다음과 같은 Fourier 공식을 이용할 수 있다.

$$q = \frac{k_A A}{\Delta x_A}(T_1 - T_2) = \frac{k_B A}{\Delta x_B}(T_2 - T_3) = \frac{k_C A}{\Delta x_C}(T_3 - T_4) \tag{3-13}$$

온도차에 관하여 풀면,

$$T_1 - T_2 = \frac{\Delta x_A}{k_A A} q$$

$$T_2 - T_3 = \frac{\Delta x_B}{k_B A} q$$

$$T_3 - T_4 = \frac{\Delta x_C}{k_C A} q$$

이 3식을 더하고 정리하면 다음과 같다.

$$q = \frac{T_1 - T_4}{\dfrac{\Delta x_A}{k_A A} + \dfrac{\Delta x_B}{k_B A} + \dfrac{\Delta x_C}{k_C A}} = \frac{T_1 - T_4}{R_A + R_B + R_C} = \frac{\Delta T_{overall}}{\sum R_{th}} \tag{3-14}$$

여기서, $\Delta T_{overall} = T_1 - T_4$

$R_A = \dfrac{\Delta x_A}{k_A A}$: 벽체 A의 전도열저항

$R_B = \dfrac{\Delta x_B}{k_B A}$: 벽체 B의 전도열저항

$R_C = \dfrac{\Delta x_C}{k_C A}$: 벽체 C의 전도열저항

$\sum R_{th} = R_A + R_B + R_C$: 전도열저항의 합

예제 3-2

길이 5 m, 높이 3 m인 저온저장실의 외벽은 두께 15 cm의 콘크리트, 10 cm의 코르크, 2 cm의 시멘트로 구성되어 있다. 콘크리트 외부 벽면의 온도가 30℃이고, 실내의 시멘트 벽면의 온도가 −20℃일 경우 정상상태에서의 열전달률을 구하고, 또 콘크리트와 코르크 사이의 접촉점에서의 온도를 구하여라. 단, 콘크리트, 코르크 및 시멘트의 열전도계수는 각각 0.60 W/m·℃, 0.039 W/m·℃ 및 0.72 W/m·℃이다.

풀 이

콘크리트 : $\Delta x_A / k_A A = 0.15/0.60(5\times 3) = 0.0167$
코르크 : $\Delta x_B / k_B A = 0.10/0.039(5\times 3) = 0.1709$
시멘트 : $\Delta x_c / k_c A = 0.02/0.72(5\times 3) = 0.0019$

이 값들을 식 (3-14)에 대입하면 다음과 같다.

$$q = \frac{30-(-20)}{0.0167+0.1709+0.0019} = 263.9\,\mathrm{W}$$

콘크리트와 코르크 사이의 접촉점 온도를 구하기 위하여 $q = \dfrac{T_1 - T_2}{(\Delta x_A / k_A A)}$ 에서 이미 아는 값을 대입하면 다음과 같다.

$$263.9 = \frac{30 - T_2}{0.0167} \quad \therefore T_2 = 25.6\,℃$$

3.2.4 원통형 물체

그림 3-3에서 보는 바와 같이 내경이 r_i, 외경이 r_o, 길이가 L인 중공원통의 경우를 생각해 보자.

원통의 내벽면과 외벽면의 온도가 각각 T_i, T_o이다. 반경 r에서의 열흐름에 수직인 원통의 단면적 $A = 2\pi r L$이므로 원통벽면을 통한 열전달률은 식 (3-1)에 원통좌표를 사용하여 다음과 같은 식으로 표시할 수 있다.

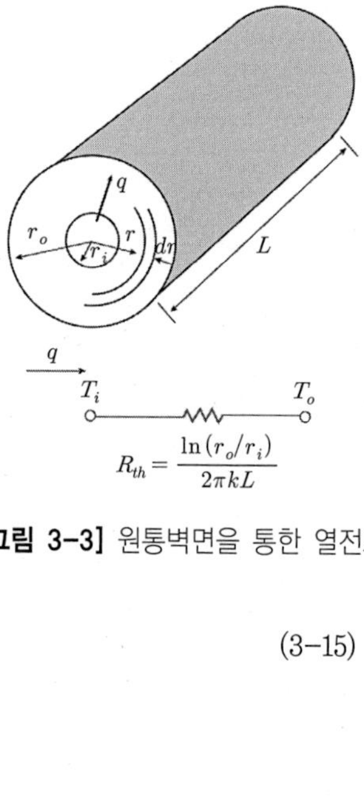

[그림 3-3] 원통벽면을 통한 열전도

$$q = -kA\frac{dT}{dr} = -k2\pi r L\frac{dT}{dr} \tag{3-15}$$

적분하면,

$$\frac{q}{2\pi k L}\int_{r_i}^{r_o}\frac{dr}{r} = -\int_{T_i}^{T_o} dT$$

따라서,

$$q = \frac{2\pi k L(T_i - T_o)}{\ln(r_o/r_i)} = \frac{T_i - T_o}{\dfrac{\ln(r_o/r_i)}{2\pi k L}} \tag{3-16}$$

전도열저항은 다음과 같다.

$$R_{th=} = \frac{\ln(r_o/r_i)}{2\pi kL} \tag{3-17}$$

그림 3-4와 같이 열전도계수가 서로 다른 여러 개의 층으로 구성된 중공 원통벽면을 통한 열전달률을 생각해 보자.

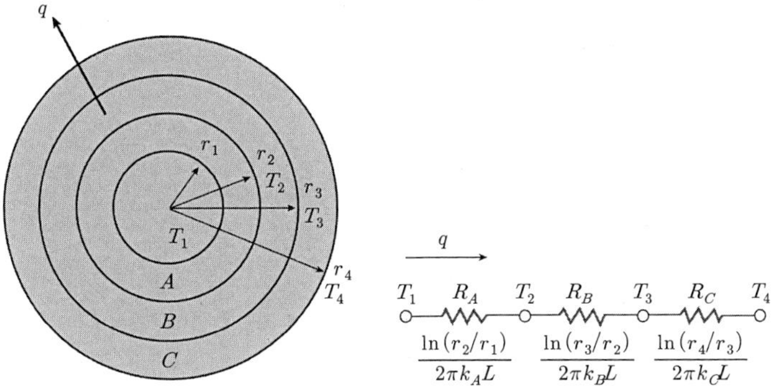

[그림 3-4] 여러 가지 재료로 구성된 원통벽을 통한 열전도

복합평면벽에서와 같이 전도열저항이 직렬로 연결된 구조이므로 열전달률은 다음과 같이 나타낼 수 있다.

$$q = \frac{T_1 - T_4}{\sum R_{th}} \tag{3-18}$$

여기서, $\sum R_{th}$는 전도열저항의 합이며, 다음 식으로 나타낼 수 있다.

$$\sum R_{th} = \frac{\ln(r_2/r_1)}{2\pi k_A L} + \frac{\ln(r_3/r_2)}{2\pi k_B L} + \frac{\ln(r_4/r_3)}{2\pi k_C L} \tag{3-19}$$

3.2.5 총열전달계수

그림 3-5와 같이 양면이 유체에 노출된 평면벽을 통한 열전달을 고려해 보자.

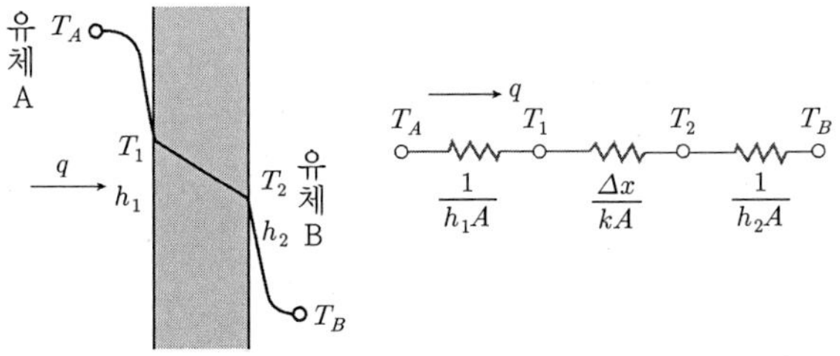

[그림 3-5] 평면벽을 통한 총열전달

그림 3-5의 평면벽은 대류 및 전도 열저항이 직렬로 연결된 형태이므로 열전달률은 다음 식으로 나타낼 수 있다.

$$q = \frac{T_A - T_B}{\dfrac{1}{h_1 A} + \dfrac{\Delta x}{kA} + \dfrac{1}{h_2 A}} = UA(T_A - T_B) \tag{3-20}$$

여기서, $UA = \dfrac{1}{\sum R_{th}} = \dfrac{1}{\dfrac{1}{h_1 A} + \dfrac{\Delta x}{kA} + \dfrac{1}{h_2 A}}$ 이므로

$$U = \frac{1}{\dfrac{1}{h_1} + \dfrac{\Delta x}{k} + \dfrac{1}{h_2}} \tag{3-21}$$

여기서, U를 총열전달계수(overall heat transfer coefficient, W/m^2·K)라고 한다.

U의 역수를 R-값(R-value, resistance value)이라고 한다. R-값은 복합벽체를 통한 1차원 열전달에서는 각 재료의 R-값의 합이 된다. 즉,

$$R = \sum R_i = \frac{1}{h_1} + \frac{\Delta x_1}{k_1} + \frac{\Delta x_2}{k_2} + \cdots + \frac{\Delta x_n}{k_n} + \frac{1}{h_2} \tag{3-22}$$

예제 3-3

다음의 재료로 이루진 벽체를 통한 열손실률을 구하여라. 벽체 내외의 온도는 각각 25℃와 0℃이다.

재　료	R-값(m^2·K/W)
내부 표면	0.11
석고보드	0.07
공기층	0.16
목재 널판	0.20
소나무 널판	0.17
외부 표면	0.03
합　계	0.74

풀　이

$U = 1/0.74 = 1.35\ \text{W/m}^2\cdot\text{K}$

$q = U(T_i - T_o) = 1.35(25) = 33.75\ \text{W/m}^2$

3.3 비정상열전도

비정상열전도(unsteady-state heat conduction)는 물체 주위에 있는 유체의 온도가 갑자기 변하면, 물체 내부의 온도는 시간에 따라 변하게 된다. 이러한 경우의 열전도가 비정상열전도이다.

농산물의 건조나 가공에 있어서 대부분의 열전달조작은 비정상상태에서 이루어진다. 육류, 과일, 채소의 냉각 또는 통조림식품의 살균 등이 그 좋은 예이다. 초기온도가 일정한 어떤 고체가 다른 유체와 접하면 이 고체에는 내부 거리와 시간을 함수로 하는 온도분포가 생기게 된다. 이때 고체 내부의 열전달속도는 유체와 고체표면 사이에서의 외부 열저항인 대류열저항과 내부 열저항인 전도열저항에 의하여 좌우된다. 이 두 저항의 상대적 크기를 Biot 수라고 하며 다음과 같이 나타낸다.

$$Bi = \frac{\dfrac{L}{kA}}{\dfrac{1}{hA}} = \frac{hL}{k} \tag{3-23}$$

여기서, Bi : Biot 수

L : 물체의 특성길이

물체의 특성길이(characteristic length)는 물체의 체적과 표면적의 비로 나타낸다. $Bi < 0.1$이면, 내부의 전도열저항이 외부의 대류열저항에 비하여 상대적으로 매우 작기 때문에 내부의 전도열저항은 무시할 수 있으며, 물체 내부의 온도구배는 존재하지 않으며 균일하다고 가정한다. 즉, 온도는 시간만의 함수이며 물체 내부의 위치의 함수는 아니다. 이러한 경우의 열전달을 집중열용량계(lumped heat capacitance system)라고 한다.

3.3.1 $Bi < 0.1$인 경우의 비정상열전도

온도가 T_0로 가열된 작은 물체를 온도 T_∞인 냉수가 들어 있는 큰 탱크 속에 갑자기 넣었을 때 물체의 온도 변화를 고려해 보자. $Bi < 0.1$이기 때문에 물체 내부의 온도구배는 존재하지 않으며 물체가 균일하게 냉각된다.

물체에 대한 에너지 평형은 다음과 같이 나타낼 수 있다.

[단위시간당 유입에너지]−[단위시간당 유출에너지]=[물체의 에너지 변화율]

(3−24)

여기서, 단위시간당 유입에너지 = 0

단위시간당 유출에너지 = $hA(T-T_\infty)$

물체의 에너지 변화율 = $\frac{d}{dt}(mc_pT)=\rho Vc_p\frac{dT}{dt}$

따라서 식 (3−24)는 다음과 같이 정리된다.

$$-hA(T-T_\infty)=\rho c_p V\frac{dT}{dt} \tag{3−25}$$

여기서, A : 물체의 표면적(m^2)

T : 시간 t초에서의 물체의 온도(℃)

T_∞ : 냉각유체의 온도

m : 물체의 질량(kg)

ρ : 물체의 밀도(kg/m^3)

c_p : 물체의 비열(J/kg·K)

V : 물체의 체적(m^3)

$t=0$에서 $T=T_0$, $t=t$에서 $T=T$인 조건에서 식 (3−25)를 적분하면 다음과 같은 식을 얻는다.

$$\int_{T_o}^{T}\frac{dT}{T-T_\infty}=-\frac{hA}{\rho c_p V}\int_{o}^{t}dt$$

정리하면,

$$\frac{T-T_\infty}{T_o-T_\infty}=\exp\left[-\left(\frac{hA}{\rho Vc_p}\right)t\right] \tag{3−26}$$

예제 3−4

지름 0.0508 m, 높이가 0.0508 m인 통조림통 안의 동결식품을 21℃의 공기 중에서 녹이고자 한다. 초기온도가 −18℃인 이 식품의 열전도계수는 2.0 W/m·K, 비열은 2.51 kJ/kg·K, 밀도는 961 kg/m^3 이며, 공기의 대류열전달계수는 5.7 W/m^2·K이다. 이 식품의 열적 특성이 온도에 따라 크게 달라지지 않는다는 가정하에서 공기에 30분간 노출 후의 온도를 구하여라.

풀 이

통조림통의 표면적과 체적을 계산하면 다음과 같다.

$$A=\pi(0.0508)(0.0508)+2\left[\frac{\pi(0.0508)^2}{4}\right]=0.012\ \mathrm{m}^2$$

$$V=\frac{\pi}{4}(0.0508)^2(0.0508)=1.03\times10^{-4}\ \mathrm{m}^3$$

$$L=\frac{V}{A}=\frac{1.03\times10^{-4}}{0.012}=0.0086\ \mathrm{m}$$

Biot 수를 계산하면,

$Bi=\dfrac{hL}{k}=\dfrac{5.7(0.0086)}{2.0}=0.0245<0.1$. 따라서 집중열용량계이다.

식 (3-26)을 이용하면 다음의 결과를 얻는다.

$$\frac{T-21}{-18-21}=\exp\left[-\frac{(5.7)(0.012)(30)(60)}{(961)(2510)(1.03\times10^{-4})}\right]=\exp(-0.0495)=0.61$$

$$T-21=0.61(-18-21),\quad \therefore T=-2.8℃$$

3.3.2 비정상 열전도방정식

그림 3-6과 같이 x 방향으로 열이 전달되는 1차원 비정상 열전달을 고려하자.

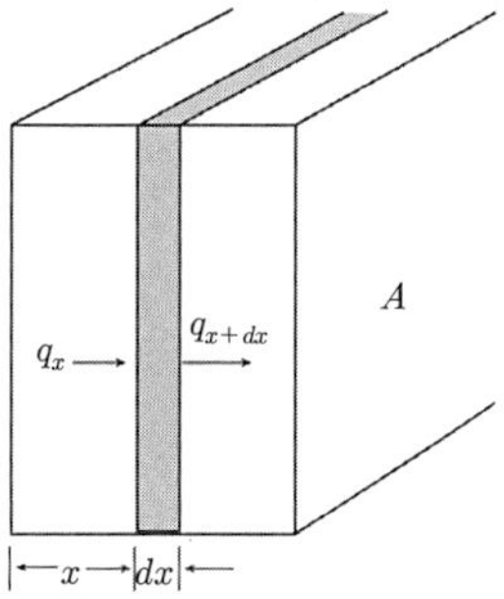

[그림 3-6] 1차원 비정상 열전도

그림 3-6에서 미소체적요소 Adx에 대한 에너지 평형을 고려하자.

유입에너지 : $q_x=-kA\dfrac{\partial T}{\partial x}$

유출에너지 : $q_{x+dx}=q_x+\dfrac{\partial q_x}{\partial x}dx=-kA\dfrac{\partial T}{\partial x}+\dfrac{\partial}{\partial x}\left(-kA\dfrac{\partial T}{\partial x}\right)dx$

에너지 변화율 : $\dfrac{\partial}{\partial t}(\rho c_p A dx\, T)=\rho c_p A\dfrac{\partial T}{\partial t}dx$

이들을 식 (3-24)의 에너지평형식에 대입하면

$$-kA\frac{\partial T}{\partial x}-\left[-kA\frac{\partial T}{\partial x}+\frac{\partial}{\partial x}\left(-kA\frac{\partial T}{\partial x}\right)dx\right]=\rho c_p A\frac{\partial T}{\partial t}dx$$

정리하면,

$$\frac{\partial}{\partial x}\left(k\frac{\partial T}{\partial x}\right)=\rho c_p\frac{\partial T}{\partial t} \tag{3-27}$$

여기서, k가 온도의 함수가 아니고 상수이면, 다음과 같이 나타낼 수 있다.

$$\frac{\partial T}{\partial t}=\alpha\frac{\partial^2 T}{\partial x^2} \tag{3-28}$$

여기서, $\alpha=\dfrac{k}{\rho c_p}$를 열확산계수(thermal diffusivity, m^2/s)라고 한다.

2차원과 3차원 열전도방정식도 같은 방법으로 유도할 수 있으며, 다음과 같다.

$$\frac{\partial T}{\partial t}=\alpha\left(\frac{\partial^2 T}{\partial x^2}+\frac{\partial^2 T}{\partial y^2}\right) \tag{3-29}$$

$$\frac{\partial T}{\partial t}=\alpha\left(\frac{\partial^2 T}{\partial x^2}+\frac{\partial^2 T}{\partial y^2}+\frac{\partial^2 T}{\partial z^2}\right) \tag{3-30}$$

3.3.3 외부 저항이 작을 경우의 비정상 열전도

$Bi>0.1$일 경우에는 표면저항, 즉 대류열저항이 무시할 수 있을 정도로 작다. 대류열전달계수가 충분히 크므로 물체의 표면온도는 주위 유체의 온도와 근사적으로 같으며, 물체 내부의 온도는 위치와 시간의 함수이다.

초기 온도가 T_i, 두께가 $2L$인 무한평판의 양면이 온도가 T_∞인 유체에 노출되어 있다. 즉, 양면이 대류경계조건일 때 1차원 비정상 열전도방정식인 식 (3-28)의 해는 다음과 같다.

$$\frac{T-T_\infty}{T_i-T_\infty}=\sum_{n=1}^{\infty}\frac{1}{n}exp\left(-\delta_n^2 Fo\right)2\frac{\sin(\delta_n)\cos(\delta_n x/L)}{\delta_n+\sin(\delta_n)\cos(\delta_n)} \tag{3-31}$$

여기서, T : 주어진 시간과 위치에서의 온도(K)
T_i : 평판의 초기 온도(K)
T_∞ : 평판 주위 유체 온도(K)
Fo : Fourier 수(=$\dfrac{\alpha t}{L^2}$, 무차원시간)

α : 열확산계수(m^2/s)
t : 시간(s)
L : 평판 두께의 1/2(m)
x : 평판 두께의 중앙으로부터의 거리(m)
δ_n : $\delta_n \tan(\delta_n) = Bi$의 근

δ_n이 Biot 수의 함수이므로 온도 $T(x,t)$는 단지 3개의 무차원 그룹, 즉 Fourier 수 $Fo = \dfrac{\alpha t}{L^2}$, Biot 수 $Bi = \dfrac{hL}{k}$ 및 $\dfrac{x}{L}$로 나타낼 수 있다. 식 (3-31)은 대단히 복잡한 무한급수이므로 이 식을 이용하여 $T(x,t)$를 구하기란 쉽지 않다.

식 (3-31)을 편리하게 사용할 수 있도록 나타낸 선도가 그림 3-7이다. 그림 3-7(a)는 무한 평판의 중심선(x=0)의 무차원 온도 $\dfrac{T(0,t)-T_\infty}{T_i-T_\infty}$를 무차원 시간인 Fourier 수와 Biot 수의 역수인 $\dfrac{1}{Bi}$의 함수로 나타내고 있다. 그림 3-7(c)는 중심선의 온도에 대한 임의의 x 지점의 온도비 $\dfrac{T(x,t)-T_\infty}{T(0,t)-T_\infty}$를 Biot 수의 역수와 무차원 거리인 $\dfrac{x}{L}$의 함수로 나타내고 있다.

무한원통 및 구일 경우에도 물체 내부의 온도분포는 무한급수이며, 이를 편리하게 사용할 수 있도록 나타낸 선도가 각각 그림 3-8과 그림 3-9이다.

국부온도는 중심온도에 대한 비로 나타내고 있는데, 무한평판은 그림 3-7(c), 무한원통은 그림 3-8(c), 구는 그림 3-9(c)가 그것이다. 국부온도비 즉, $\dfrac{x}{L}$, $\dfrac{r}{r_o}$ 지점에서의 온도비를 구하려면 다음 식을 이용한다.

$$\text{무한평판 : } \frac{T(x,t)-T_\infty}{T_i-T_\infty} = \left[\frac{T(0,t)-T_\infty}{T_i-T_\infty}\right]\left[\frac{T(x,t)-T_\infty}{T(0,t)-T_\infty}\right] \quad (3-32)$$

$$\text{무한원통, 구 : } \frac{T(r,t)-T_\infty}{T_i-T_\infty} = \left[\frac{T(0,t)-T_\infty}{T_i-T_\infty}\right]\left[\frac{T(r,t)-T_\infty}{T(0,t)-T_\infty}\right] \quad (3-33)$$

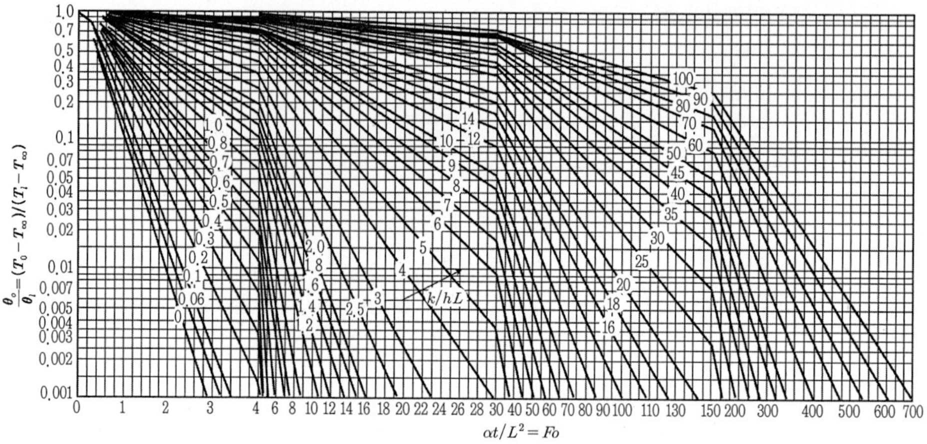

(a) 중심선의 무차원 온도비

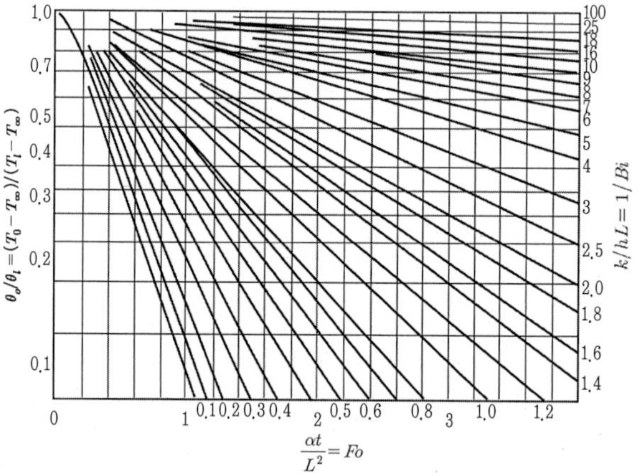

(b) 중심선의 무차원 온도비의 확대($0 < Fo < 4$)

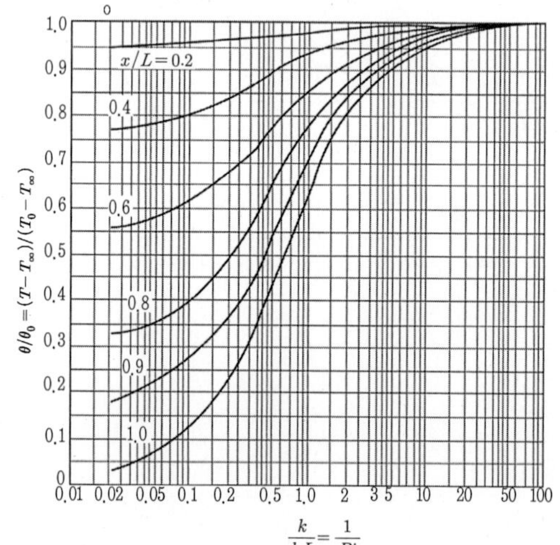

(c) 중심선온도에 대한 국부온도비

[그림 3-7] 두께 2L의 무한평판의 무차원 온도비

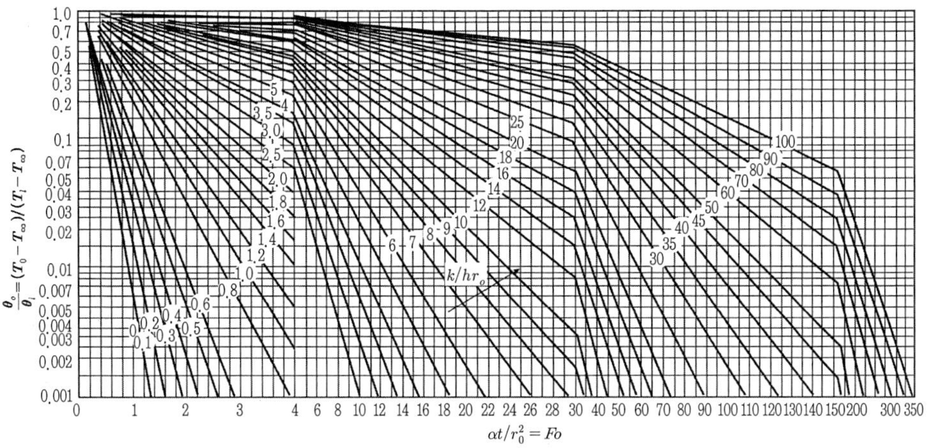

(a) 축의 무차원 온도비

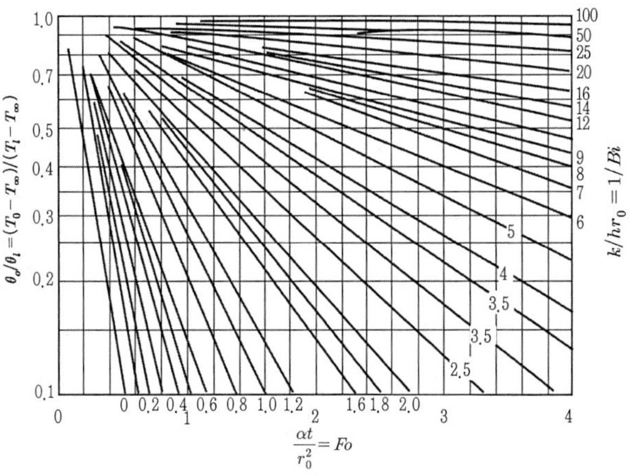

(b) 축의 무차원 온도비의 확대($0 < Fo < 4$)

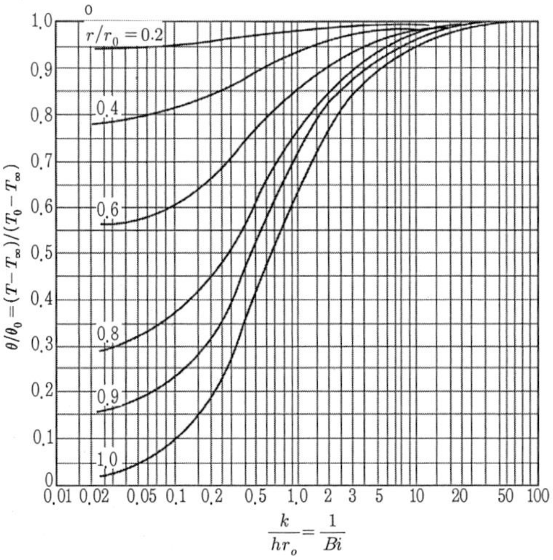

(c) 축온도에 대한 국부온도비

[그림 3-8] 반경 r_o인 원통의 무차원 온도비

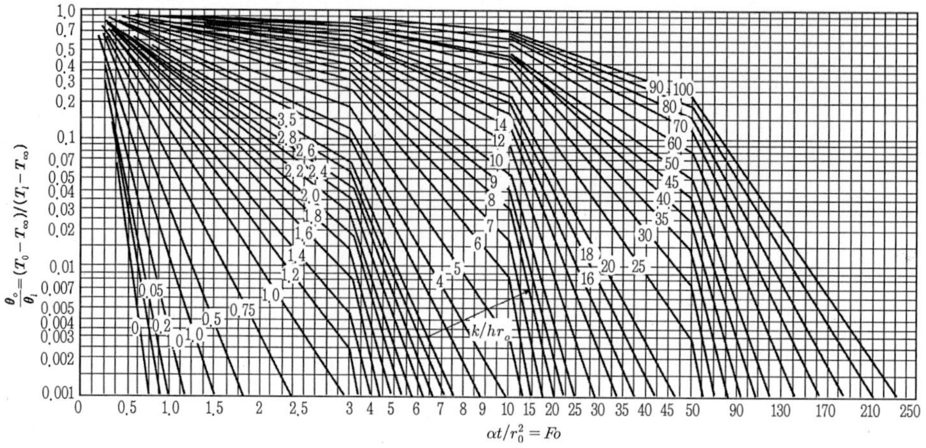

(a) 중심의 무차원 온도비

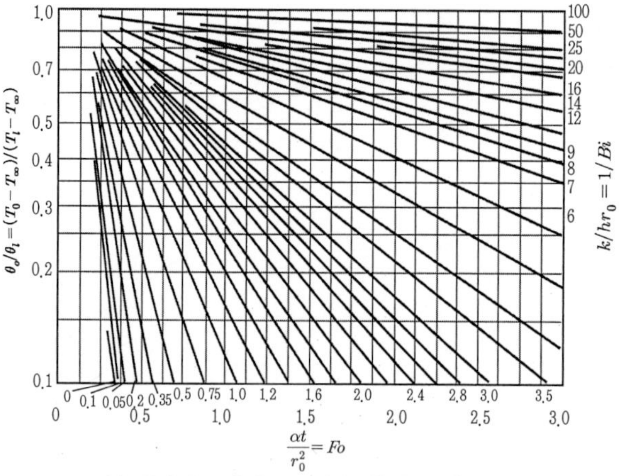

(b) 중심의 무차원 온도비의 확대($0 < Fo < 3$)

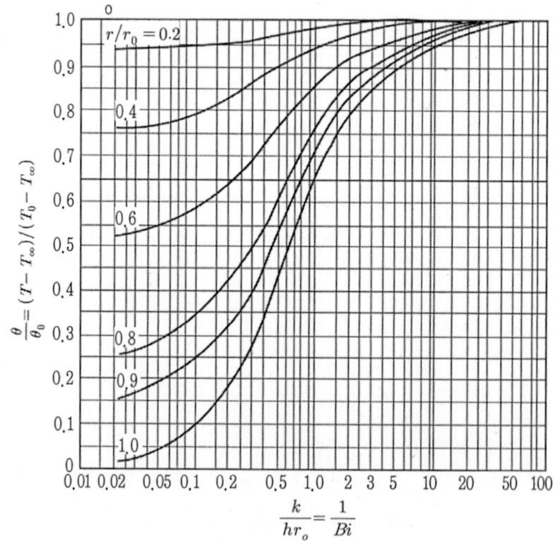

(c) 중심온도에 대한 국부온도비

[그림 3-9] 반경 r_o인 구의 무차원 온도비

예제 3-5

온도가 2℃인 고속으로 흐르는 물을 이용하여 초기 온도가 21℃인 사과를 4℃까지 냉각시키고자 한다. 이 사과 중심부의 온도가 4℃에 도달하는 데 필요한 시간을 계산하여라. 이때 사과표면으로부터 0.01 m 되는 지점의 온도를 계산하여라. 사과표면의 대류열전달계수 3400 W/m^2·K, 사과의 밀도 800 kg/m^3, 비열 3.56 kJ/kg·K, 열전도계수 0.35 W/m·K, 반경 0.03 m이다.

풀 이

$$Bi = \frac{hr_o}{k} = \frac{3400(0.03)}{0.35} = 291 > 0.1 \rightarrow$$ 그림 3-9를 이용한다.

1) 사과중심부 온도가 4℃에 이르는 데 걸리는 시간(그림 3-9(a)를 이용)

$$\frac{1}{Bi} = 0.0034 \simeq 0$$

$$\frac{T(0,t) - T_\infty}{T_i - T_\infty} = \frac{4-2}{21-2} = \frac{2}{19} = 0.11$$

그림 3-9(a)에서 $Fo = \frac{\alpha t}{r_o^2} = \frac{kt}{\rho c_p r_o^2} = 0.25$을 얻는다.

따라서, 사과중심부의 온도가 4℃에 도달하는 데 필요한 시간은 다음과 같다.

$$t = \frac{(0.25)(800)(3{,}560)(0.03)^2}{0.35} = 1831\ \text{s} = 30.5\ \text{min}$$

2) 표면으로부터 0.01 m 지점의 온도

$$\frac{r}{r_o} = \frac{0.01}{0.03} = 0.7, \quad \frac{1}{Bi} = 0.0034 \simeq 0.01$$

그림 3-9(c)에서 $\frac{T(r,t) - T_\infty}{T(0,t) - T_\infty} = 0.38$

$$\frac{T(r,t) - T_\infty}{T_i - T_\infty} = \left[\frac{T(0,t) - T_\infty}{T_i - T_\infty}\right]\left[\frac{T(r,t) - T_\infty}{T(0,t) - T_\infty}\right] = 0.11(0.38) = 0.0418$$

따라서, $T(r,t) = T_\infty + 0.0418(T_i - T_\infty) = 2 + 0.0418(21-2) = 2.8$℃

3.4 자연대류

공기의 유동이 없는 방에서 방 안의 공기온도보다 높은 온도의 평판을 천장에 수직으로 매달아 두면 평판에 접하는 공기는 온도가 높아지기 때문에 밀도가 낮아져서 평판을 따라 상승하게 된다. 반대로 실온보다 온도가 낮은 평판을 수직으로 매달 경우 공기의 흐름은 하강하게 된다.

이와 같은 현상을 자연대류라고 하는데, 유동으로 인하여 열량의 이동이 용이해지면 표면에서 열전달률은 순수한 전도열전달에 의한 것보다 커진다.

자연대류에서 열전달현상은 일반적으로 Nusselt 수, Grashof 수 및 Prandtl 수와 같은 3개의 무차원수의 함수로 나타낼 수 있다. Nusselt 수는 다음과 같이 정의되는 무차원수이다.

$$Nu = hL/k \tag{3-34}$$

Grashof 수는 자연대류계에서 부력과 점성력의 비를 나타내는 무차원수로서 다음과 같이 정의한다.

$$Gr = \frac{\rho^2 g \beta L^3 \Delta T}{\mu^2} \tag{3-35}$$

여기서, ρ : 유체의 밀도(kg/m^3)
g : 중력가속도(9.8m/s^2)
β : 유체의 체적팽창계수(1/K)
L : 표면의 수직 또는 수평 길이(m)
ΔT : 물체표면과 유체와의 온도차(K)
μ : 절대점성계수(kg/m·s)

Prandtl 수는 다음과 같이 열확산율과 운동량확산율의 비로 나타낸다.

$$\Pr = \frac{c_p \mu}{k} = \frac{\nu}{\alpha} \tag{3-36}$$

여기서, ν : 동점성계수(m^2/s)
α : 열확산율(m^2/s)

대류열전달계수가 Grashof 수와 Prandtl 수에 의존한다는 사실에 기초를 두고 자연대류에서 여러 물체의 표면으로부터 유체로 전달되는 열량을 결정하는 많은 실험적 연구가 수행되었다. 수직평판에서 난류일 경우($Gr \cdot \Pr > 10^8$) 평균 자연대류열전달계수는 다음의 실험식으로부터 구할 수 있다.

$$Nu = \frac{hL}{k} = 0.13(Gr \cdot \Pr)^{\frac{1}{3}} \tag{3-37}$$

수평원통에 대하여 층류와 난류일 때 다음 식으로 표시된다.

$$Nu = 0.56(Gr \cdot \Pr)^{0.25} \quad : \text{층류}(10^4 < (Gr \cdot \Pr) < 10^8) \tag{3-38}$$

$$Nu = 0.13(Gr \cdot \Pr)^{1/3} \quad : \text{난류}(10^8 < (Gr \cdot \Pr) < 10^{12}) \tag{3-39}$$

예제 3-6

기온 10℃의 실내에 높이가 4 m인 수직평판의 온도는 균일하게 60℃이다. 이 평판의 폭이 10 m일 경우 자연대류에 의하여 공기로 전달되는 열전달률은 얼마인지 구하여라. 단, 경막온도 (60+10)/2=35℃=308 K에서 공기의 k=0.02685 W/m·℃, ν=16.5×10^{-6} m^2/s, Pr =0.7, β=3.25×10^{-3}이다.

풀 이

$$Gr\cdot \mathrm{Pr} = \frac{1.2^2(9.8)(3.25\times 10^{-3})(60-10)(4)^3}{(16.5\times 10^{-6})^2}(0.7) = 3.774\times 10^{11} > 10^8$$

따라서, 난류이므로 식 (3-37)을 사용한다.

$$Nu = 0.13(Gr\cdot \mathrm{Pr})^{\frac{1}{3}} = 0.13(3.774\times 10^{11})^{\frac{1}{3}} = 939.5$$

$$\therefore h = \frac{939.5\times 0.02685}{4.0} = 6.31\,\mathrm{W/m^2\cdot ℃}$$

따라서, 자연대류에 의한 열전달률은 다음과 같다.

$$q = hA\Delta T = (6.31)(4)(10)(60-10) = 12{,}620\ \mathrm{W}$$

3.5 강제대류

기계적인 외부의 힘에 의하여 유체를 물체 주위로 흐르게 하는 것을 강제대류라고 하며, 이때 유체와 유체에 접하는 물체 간에 일어나는 마찰 및 열전달 현상은 물체표면 가까이에서의 유체운동의 영향을 크게 받는다.

유체가 물체표면을 따라 흐를 때 벽면에 가까운 곳에서는 항상 점성으로 인하여 유속이 급하게 변화하는 영역이 생기는데, 이 속도가 급변하는 영역을 경계층(boundary layer)이라고 한다. 특히, 속도에 관한 경계층을 속도경계층(velocity boundary layer)이라고 하고, 온도가 급변하는 영역을 온도경계층(thermal boundary layer)이라고 한다.

유체의 흐름은 층류(laminar flow)와 난류(tubulent flow)의 2가지 상태가 있다. 즉, 유속이 느릴 때 관 내의 유체는 정연하게 층상을 이루며 흐르는데, 이때 유체에 작용하는 전단력은 분자혼합에 기인하는 점성마찰에만 의존한다. 그러나 유속이 발달해 가는 도중 흐름이 불안정해져 결국 유체층이 난잡한 혼합을 동반하는 흐름으로 바뀌게 되는데, 전자를 층류경계층(laminar boundary layer)이라 하고, 후자를 난류경계층(tuneelent boundary layer)이라고 한다.

층류에서 난류로 바뀌는 천이(transition)는 유체의 속도뿐만 아니라 유체의 밀도 및 점성, 그리고 관의 지름에도 관계가 있으며, 이들을 결합하여 다음과 같은 무차원수인

Reynolds 수로 층류 및 난류 영역을 구분할 수 있다.

$$Re = \frac{\rho D V}{\mu} \tag{3-40}$$

여기서, Re : Reynolds 수(무차원수)
ρ : 유체의 밀도(kg/m^3)
D : 관의 지름(m)
V : 유체의 속도(m/s)
μ : 유체의 절대점성계수(kg/m·s)

유체가 원형 관 속을 흐를 때 Reynolds 수에 따라 다음과 같이 구분한다.

$Re < 2100$: 층류 영역

$2100 < Re < 4000$: 천이 영역

$Re > 4000$: 난류 영역

층류경계층이 끝나 천이 영역으로 들어가는 곳에서의 Reynolds 수를 천이 Reynolds 수라고 하는데, 이 값은 보통 평판의 경우 $Re = 3 \sim 5 \times 10^5$ 정도이고, 원형 관의 경우에는 $Re = 2100 \sim 4000$ 범위이다.

3.5.1 평판 표면에서의 강제대류

유체의 흐름에 평행하게 놓인 일정한 온도의 매끈한 평판과 유체 간의 열전달계수는 Reynolds 수가 3×10^5 이하인 층류 영역에서 유체의 Prandtl 수가 0.7 이상인 경우 다음 식으로부터 구할 수 있다.

$$Nu = 0.664 \Pr^{\frac{1}{3}} Re^{\frac{1}{2}} \tag{3-41}$$

이때 유체의 물성치는 평판표면의 온도와 유체온도의 산술평균 온도에서 구한다.

예제 3-7

길이 0.5 m, 폭 0.5 m, 온도 82.2℃인 평판이 온도 15.6℃, 속도 V=10 m/s인 공기의 흐름에 평행하게 놓여 있다. 이때의 대류열전달계수 h를 계산하여라. 단, 경막온도 (82.2 + 15.6)/2 = 48.9℃에서의 공기의 물성치는 k= 0.028 W/m·K, ρ = 1.097 kg/m^3, μ = 1.95×10^{-5} kg/m·s, Pr = 0.704이다.

풀 이

$$Re = \frac{L\rho V}{\mu} = \frac{0.5\times 1.097\times 10}{1.95\times 10^{-5}} = 2.81\times 10^{5} < 3\times 10^{5}$$

층류이므로 식 (3-41)을 사용하면,

$$Nu = \frac{hL}{k} = 0.664(0.704)^{\frac{1}{3}}(2.81\times 10^{5})^{\frac{1}{2}} = 313.12$$

$$\frac{h\times 0.5}{0.028} = 313.12 \quad \therefore h = 17.54\ \mathrm{W/m^2\cdot K}$$

3.5.2 파이프 내의 강제대류

파이프 내 유체의 흐름이 층류일 경우 유체의 혼합작용이 거의 일어나지 않으므로 열은 주로 전도에 의하여 전달된다. 높은 점성계수를 가진 유체와 파이프 벽면 사이의 열전달계수는 $Re < 2100$의 경우 다음 식으로부터 구할 수 있다.

$$Nu = 1.86\left(Re\cdot \mathrm{Pr}\cdot \frac{D}{L}\right)^{\frac{1}{3}}\left(\frac{\mu_b}{\mu_w}\right)^{0.14} \qquad (3\text{-}42)$$

여기서, D : 파이프 지름(m)
L : 파이프 길이(m)
μ_b : 혼합평균 온도(bulk mean temperature)에서의 절대점성계수(kg/m·s)
μ_w : 파이프 벽 온도에서의 절대점성계수(kg/m·s)

식 (3-42)에서 유체의 물성치는 유체의 혼합평균온도에서 구한다.

또한, 파이프의 벽면온도가 일정하고 길이가 긴 파이프($L/D \geq 60$) 내에서 잘 발달된 난류의 경우 다음과 같은 식이 사용된다,

$$Nu = 0.023Re^{\frac{4}{5}}\cdot \mathrm{Pr}^{n} \qquad (3\text{-}43)$$

$$n = \begin{cases} 0.4 : \text{가열할 때} \\ 0.3 : \text{냉각할 때} \end{cases}$$

여기서, 가열할 때란 파이프의 표면온도가 혼합평균 온도보다 클 경우이며, 냉각할 때란 그 반대의 경우이다.

식 (3-43)은 Reynolds 수와 Prandtl 수가 각각 $10^4 < Re < 1.2\times 10^5$, $0.7 < \mathrm{Pr} < 120$의 범위 내에서 유효하며, 또한 유체의 점도가 온도에 의하여 현저하게 변하는 경우에는

식 (3-43)에 점성의 보정항이 추가된 다음과 같은 식이 사용된다.

$$Nu = 0.023Re^{\frac{4}{5}}\mathrm{Pr}^{n}\left(\frac{\mu_b}{\mu_w}\right)^{0.14} \tag{3-44}$$

식 (3-44)에서 유체의 물성치는 유체의 혼합평균 온도에서 구하여야 한다.

3.5.3 원통 주위를 통과하는 강제대류

원통 주위를 수직으로 유체가 흐르는 경우 원통 외부면에서의 평균 대류열전달계수는 다음 식으로 구한다.

$$Nu = CRe^{m}\mathrm{Pr}^{\frac{1}{3}} \tag{3-45}$$

식 (3-45)에서 상수 C와 m의 값은 Reynolds 수의 범위에 따라 표 3-2와 같다. 유체의 모든 물성치는 혼합평균 온도에서 구하여야 한다.

[표 3-2] 식 (3-45)에서 사용되는 상수 C와 m의 값(Pr > 0.6인 경우)

Re	m	C	Re	m	C
1~4	0.330	0.989	4×10^3~4×10^4	0.618	0.193
4~40	0.385	0.911	4×10^4~2.5×10^5	0.805	0.0266
40~40×10^3	0.466	0.683			

3.5.4 구의 주위를 통과하는 강제대류

구의 경우에 $Re = 20 \sim 150{,}000$ 범위에서 다음 식이 사용된다.

$$N_u = 0.36Re^{0.6}\mathrm{Pr}^{0.3} \tag{3-46}$$

3.6 복사열전달

3.6.1 복사물리

복사열전달은 에너지가 전자기파 또는 광자(photon)의 형태로 빛의 속도로 한 물체로부터 방사되어 다른 물체로 전달되는 현상이다. 전자기파는 빛의 속도로 이동한다. 파동이론에 의하면, 복사선은 진동수 ν, 파장 λ를 가지고 진동하고 있는 파동으로 간주할 수 있다. 파장과 진동수의 곱은 전파속도이며, 이것은 다음 식과 같이 빛의 속도로 표시된다.

$$c = \lambda\nu \tag{3-47}$$

여기서, c : 빛의 속도(2.9999×10^9 m/s)
λ : 파장(m)
ν : 진동수(주파수, 1/s)

입자이론에서는 복사에너지는 이른바 광자로 부르는 에너지 다발의 형태로 전달된다고 가정한다. 각 광자는 에너지준위를 가지고 빛의 속도로 이동하며, 그 에너지 크기는 다음 식으로 주어진다.

$$e = h\,\nu \tag{3-48}$$

여기서, h 는 Planck의 상수이다. 물체가 열을 받게 되면 물체 내부의 자유전자들은 보다 높은, 즉 여진준위(excited level)로 이동하게 된다. 자유전자가 보다 낮은 에너지준위로 돌아올 때, 이 전자가 광자를 방출하게 되며, 이때 방출된 에너지는 여진상태와 평형상태 사이의 에너지 차이와 일치한다. 어떠한 표면에서도 많은 자유전자들이 매순간 에너지준위의 이전을 겪게 되며, 이 결과 표면에서 방사되는 에너지는 온도에만 관련되어 방사된다. 이러한 방법으로 물체표면을 떠나는 에너지를 열복사(thermal radiation)라고 한다.

물체표면으로부터 광자를 방출하는 방법에는 표면을 가열하는 것 외에 다른 방법이 있다. 예를 들면 주파수 스펙트럼의 단파장 끝단에는 X선대가 존재하는데, 이들은 금속체에 전자흐름을 작용시킴으로써 발생한다. 스펙트럼의 다른 끝단에는 라디오파가 존재하는데, 이것은 전자장비 또는 결정체로부터 발생시킬 수 있다. 이들 양 끝단 사이에 열복사가 존재하며, 이것은 오로지 온도에 의하여 물체로부터 에너지가 방사된다. 이 모든 파장을 포함하는 전체 영역을 전자기파 스펙트럼(electromagnetic spectrum)이라고 한다.

전자기파 스펙트럼은 다수의 파장구간으로 세분되며, 그림 3-10과 같다. 열복사는 오직 온도에 의하여 물체의 표면으로부터 방사되며 $10^{-7} \sim 10^{-4}$ m 범위의 파장이다.

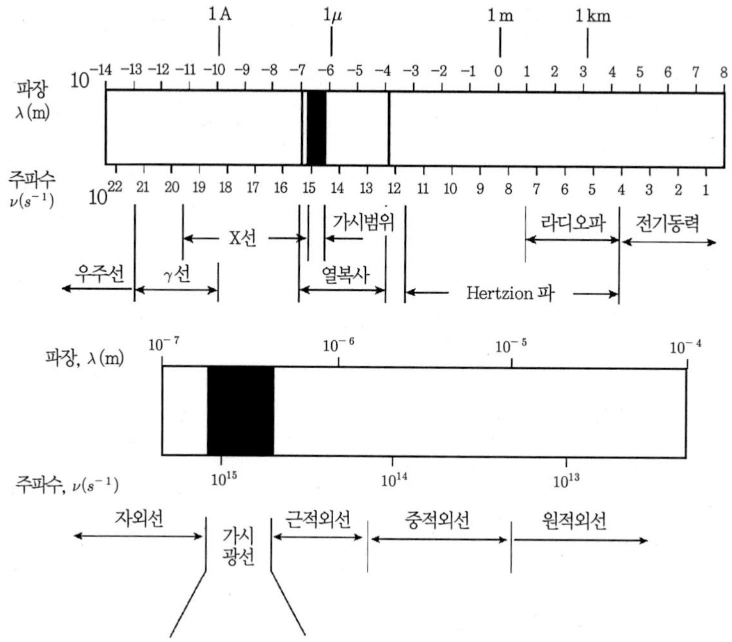

[그림 3-10] 전자기파 스펙트럼과 열복사구간

표 3-3은 그림 3-10에 표시한 전자기파의 파장범위를 나타낸다.

[표 3-3] 전자기파의 파장범위

명 칭	파 장 범 위(m)
우주선(cosmic rays)	1×10^{-12}이하
감마선(gamma rays)	$1\times10^{-12}\sim1.4\times10^{-10}$
X-선(X-rays)	$6\times10^{-12}\sim1\times10^{-7}$
자외선(ultraviolet rays)	$1.4\times10^{-8}\sim4.0\times10^{-7}$
가시광선(visible rays)	$4.0\times10^{-7}\sim8.0\times10^{-7}$
적외선(infrared rays)	$8.0\times10^{-7}\sim4.0\times10^{-4}$
라디오파(radio)	$1\times10\sim3\times10^{4}$

(1) Planck의 법칙

흑체가 온도 T로 가열될 때 물체의 표면에서 광자들이 방출되는데, 이 광자들의 에너지 분포는 표면온도 T에 의존한다. Planck에 의하면, 온도 T의 흑체로부터 파장 λ을 갖는 방사에너지는 다음 식으로 표시된다.

$$E_{b\lambda}(T) = \frac{C_1}{\lambda^5 (e^{C_2/\lambda T} - 1)} \tag{3-49}$$

여기서, $E_{b\lambda}$: 온도 T에서 흑체의 단색 또는 분광 방사도(W/m^3)

C_1 : 제1복사상수=3.7418×10^{-16} (W·m^2)

C_2 : 제2복사상수=1.4388×10^{-2} (m·K)

식 (3-49)와 같이 흑체단색방사도(monochromatic blackbody emissive power)의 온도 및 파장에 따른 변화가 Planck의 법칙이며, 이를 도시하면 그림 3-11과 같다. 그림에서와 같이 흑체의 표면에서 방출되는 복사에너지는 표면온도의 증가에 따라 증가하고, 또한 어느 한 파장에서 최대 값에 도달하며, 이 점의 파장은 표면온도의 증가에 따라 감소한다.

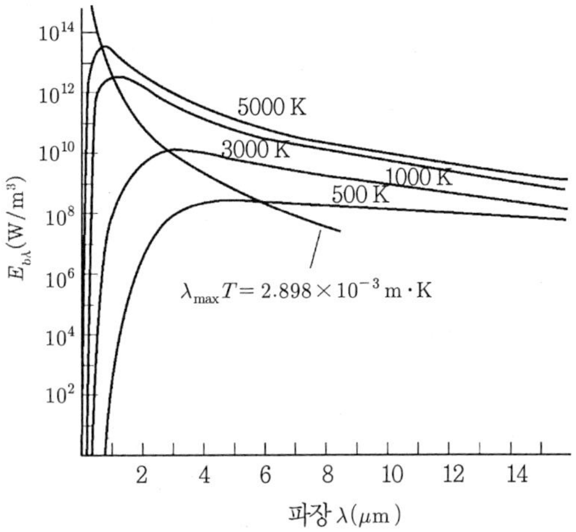

[그림 3-11] 흑체단색방사도

(2) Wien의 변위법칙

주어진 온도에서 흑체방사도가 최대 값에 도달하는 점의 파장은 식 (3-49)를 미분하여 구할 수 있다.

$$\frac{dE_{b\lambda}}{d\lambda} = \frac{d}{d\lambda}\left[\frac{C_1}{\lambda^5 (e^{C_2/\lambda T} - 1)}\right]_{T = const} = 0$$

이 계산의 결과로부터

$$\lambda_{max} T = 2.898 \times 10^{-3} (\text{m} \cdot \text{K}) \qquad (3\text{-}50)$$

여기서, λ_{max}는 온도 T의 흑체에서 최대 단색방사도가 발생하는 파장을 나타낸다. 식 (3-50)을 Wien의 변위법칙(Wien's displacement law)이라고 한다. Wien의 법칙에 따른 궤적이 그림 3-11에 표시되어 있다.

흑체단색방사도의 최대 값은 식 (3-50)을 식 (3-49)에 대입하여 구할 수 있으며, 그 결과는 다음과 같다.

$$(E_{b\lambda})_{max} = 1.287 \times 10^{-5} T^5 \text{ W/m}^3 \tag{3-51}$$

(3) Stefan-Boltzman의 법칙

온도 T의 표면으로부터 모든 파장에 걸쳐 방출되는 전체 복사에너지량의 단위면적당 값을 전방사도(total emissive power)라고 한다. 흑체 표면의 전방사도는 Planck 법칙의 단색방사도를 전파장에 대하여 적분하여 구할 수 있다. 즉,

$$E_b(T) = \int_0^\infty E_{b\lambda}(T) d\lambda = \int_0^\infty \frac{C_1}{\lambda^5 (e^{C_2/\lambda T} - 1)} d\lambda = \sigma T^4 \tag{3-52}$$

여기서, E_b의 단위는 W/m^{2}이며, Stefan-Boltzman 상수 σ는 다음 값을 갖는다.

$$\sigma = \left\{\frac{\pi}{C_2}\right\}^4 \frac{C_1}{15} = 5.67 \times 10^{-8} \text{ W/m}^2\cdot\text{K}^4$$

(4) Kirchhoff의 법칙

방출된 열복사선이 다른 물체에 입사하면 그림 3-12와 같이 그 일부는 반사되고 다른 일부는 흡수되며 나머지는 투과된다.

총입사에너지에 대하여 흡수, 반사 및 투과에너지의 비를 각각 흡수율(absorptivity : α), 반사율(reflectivity : β) 및 투과율(transmissivity : τ)이라 하고, 이들의 관계는 다음과 같다.

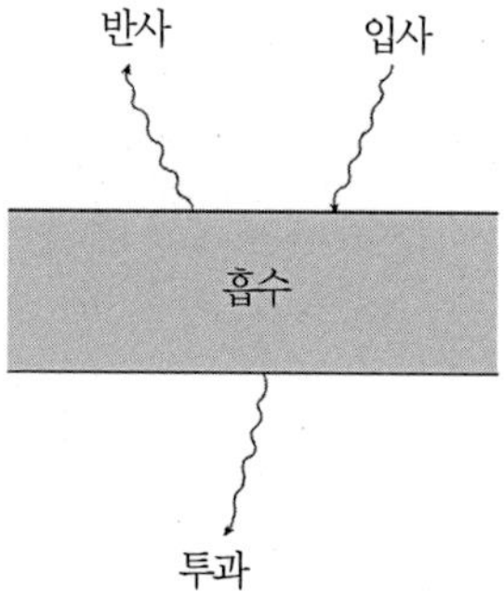

[그림 3-12] 복사의 형태

$$\alpha + \beta + \tau = 1 \tag{3-53}$$

에너지를 완전 흡수하는 흑체나 대부분의 고체 물체는 열복사를 투과하지 않기 때문에 투과율이 0이라고 할 수 있으며, 이 경우에는 다음과 같다.

$$\alpha + \beta = 1 \tag{3-54}$$

흑체와 회체의 방사에너지의 비인 방사율 ϵ은 물체의 표면상태, 재질 및 온도 등에 따라 다르지만 편의상 ϵ이 온도에 따라 변화하지 않는 이상적인 물체를 회체(gray body)라고 한다. 회체의 흡수율 α와 방사율 ϵ은 같은 값을 가지는데, 이것을 Kirchhoff의 법칙이라고 한다.

3.6.2 두 물체 사이의 복사열전달

두 물체 사이의 복사열전달은 두 물체가 방사하는 복사에너지와 흡수하는 복사에너지의 차이에 의한 열량이동으로 정의된다. 온도 T_1, 면적 A_1인 흑체와 온도 T_2, 면적 A_2인 흑체가 임의의 위치에 있다고 하자. 면적 A_1으로부터 방사된 복사에너지가 면적 A_2에 도달하는 비율을 F_{12}, 그 역을 F_{21}이라고 하면 다음과 같은 관계식이 성립된다.

$$q_{1-2} = \sigma A_1 F_{12} T_1^4 \qquad (3\text{–}55)$$

$$q_{2-1} = \sigma A_2 F_{21} T_2^4 \qquad (3\text{–}56)$$

여기서, q_{1-2} : 면적 A_1인 흑체로부터 A_2인 흑체로 전달되는 복사열전달률
q_{2-1} : 면적 A_2인 흑체로부터 A_1인 흑체로 전달되는 복사열전달률
F_{12}, F_{21} : 복사형상계수(radiation shape factor)

앞의 식에서 두 물체는 모두 흑체이므로 도달된 에너지는 전부 흡수된다. 따라서, 두 표면적 사이의 복사에 의한 열량의 차로 나타나는 순열전달률 q_r는 다음과 같은 식으로 나타낼 수 있다.

$$q_r = \sigma A_1 F_{12} T_1^4 - \sigma A_2 F_{21} T_2^4 \qquad (3\text{–}57)$$

식 (3–57)에서 $T_1 = T_2$일 때 $q_r = 0$이 되므로 다음과 같은 관계식을 얻을 수 있다.

$$A_1 F_{12} = A_2 F_{21} \qquad (3\text{–}58)$$

흑체나 회체의 경우 F는 온도의 영향을 받지 않으므로 식 (3–58)은 모든 온도범위에 적용된다. 따라서, 식 (3–57)은 다음과 같이 나타낼 수 있다.

$$q_r = \sigma A_1 F_{12} (T_1^4 - T_2^4) = \sigma A_2 F_{21} (T_1^4 - T_2^4) \qquad (3\text{–}59)$$

만일, 작은 물체(A_1)가 균일한 온도의 큰 물체(A_2)에 완전히 둘러싸여 있을 경우 두 물체 사이의 순복사열전달률은 다음과 같이 표시된다.

$$q_r = \sigma A_1 \epsilon_1 (T_1^4 - T_2^4) \qquad (3\text{–}60)$$

예제 3-8

외경 10 cm, 길이 1 m, 온도 400℃의 산화 니켈관(ϵ=0.58)이 벽의 온도가 900℃인 벽돌 실내에 있다. 벽돌실이 관 지름에 비하여 매우 클 때 양자 간의 복사열전달률을 구하라.

풀 이

$A = \pi \times 0.1 \times 1 = 0.314\ \text{m}^2$

$\therefore\ q_r = 5.67 \times 10^{-8} \times 0.314 \times 0.58 \times (1173^4 - 673^4) = 1.745 \times 10^4\ \text{W}$

3.7 열교환기

두 유체 사이에 열을 서로 교환하는 장치를 열교환기(heat exchanger)라고 한다. 많이 사용되고 있는 열교환기로는 이중관형 열교환기(double-pipe heat exchanger), 각관형 열교환기(shell and tube heat exchanger) 및 관-핀형 열교환기(tube-fin heat exchanger)가 있다. 열교환기는 고온유체와 저온유체의 상대적인 흐름에 따라서 평행류(parallel-flow), 대향류(counterflow), 직교류(cross-flow)로 분류한다.

3.7.1 총열전달계수

양면이 유체에 노출된 평면벽에 대한 총열전달계수 U는 식 (3-21)로 정의하였다.

여기서는 열교환기에서 흔히 나타나는 관의 내부와 외부가 모두 유체에 노출된 경우의 총열전달계수를 다루도록 한다. 그림 3-13은 이중관형 열교환기이다. 유체 A로부터 유체 B로 열이 전달될 때 열저항은 그림 3-13(b)와 같다.

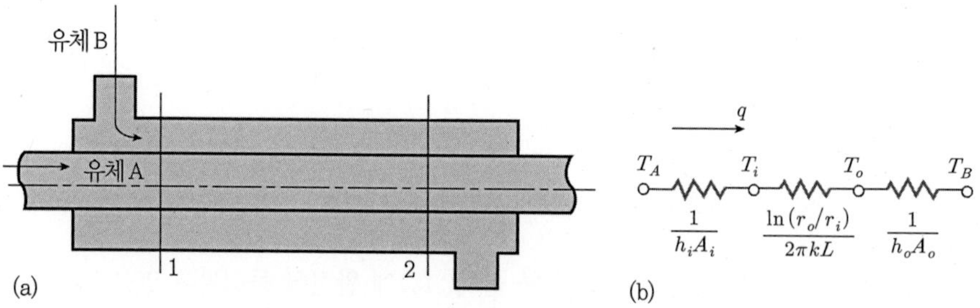

[그림 3-13] 이중관형 열교환기와 열저항

유체 A에서 유체 B로 열전달률은 다음 식으로 나타낼 수 있다.

$$q = \frac{T_A - T_B}{\dfrac{1}{h_i A_i} + \dfrac{\ln(r_o/r_i)}{2\pi k L} + \dfrac{1}{h_o A_o}} = \frac{T_A - T_B}{\dfrac{1}{A_i}\left(\dfrac{1}{h_i} + \dfrac{A_i \ln(r_o/r_i)}{2\pi k L} + \dfrac{A_i}{A_o}\dfrac{1}{h_o}\right)}$$

$$= \frac{A_i(T_A - T_B)}{\dfrac{1}{h_i} + \dfrac{A_i \ln(r_o/r_i)}{2\pi k L} + \dfrac{A_i}{A_o}\dfrac{1}{h_o}} = U_i A_i (T_A - T_B) \qquad (3\text{-}61)$$

따라서,

$$U_i = \frac{1}{\dfrac{1}{h_i} + \dfrac{A_i \ln(r_o/r_i)}{2\pi k L} + \dfrac{A_i}{A_o}\dfrac{1}{h_o}}$$

$$= \frac{1}{A_i\left(\dfrac{1}{A_i h_i} + \dfrac{\ln(r_o/r_i)}{2\pi k L} + \dfrac{1}{h_o A_o}\right)} = \frac{1}{A_i(R_i + R_k + R_o)} \qquad (3\text{-}62)$$

여기서, U_i : 관의 내부 표면적 기준 총열전달계수(W/m^2·K)
h_i : 관의 내부 표면과 유체 사이의 대류열전달계수(W/m^2·K)
h_o : 관의 외부 표면과 유체 사이의 대류열전달계수(W/m^2·K)
r_i : 관의 내부 반경(m)
r_o : 관의 외부 반경(m)
A_i : 관의 내부 표면적($= \pi D_i L$, m^2)
A_o : 관의 외부 표면적($= \pi D_o L$, m^2)

U_i는 관의 내부 표면적 $A_i = \pi D_i L$을 기준으로 한 총열전달계수이다.

한편 관의 외부 표면적 $A_o = \pi D_o L$을 기준으로 한 총열전달계수 U_o는 다음과 같이 나타낼 수 있다.

$$q = U_o A_o (T_A - T_B)$$

여기서, $$U_0 = \frac{1}{\dfrac{A_o}{A_i}\dfrac{1}{h_i} + \dfrac{A_o \ln(r_o/r_i)}{2\pi k L} + \dfrac{1}{h_o}}$$

$$= \frac{1}{A_o\left(\dfrac{1}{A_i h_i} + \dfrac{\ln(r_o/r_i)}{2\pi k L} + \dfrac{1}{h_o A_o}\right)} = \frac{1}{A_o(R_i + R_k + R_o)} \qquad (3\text{-}63)$$

3.7.2 이중관형 열교환기

이중관형 열교환기는 가장 간단한 형태의 열교환기로서 그림 3-13에서와 같이 관을 2중으로 하여 한 유체(고온유체)를 안쪽 관 내로 흐르게 하고 다른 유체(저온 유체)를 두 관 사이의 공간을 통하여 흐르게 함으로써 열을 교환하는 것으로, 두 유체가 같은 방향으로 흐르는 경우를 평행류, 반대 방향으로 흐르는 경우를 대향류라고 한다. 이 열교환기는 주로 유체의 유량이 작은 경우에 사용된다.

3.7.3 각관 열교환기

각관 열교환기는 그림 3-14에서 보는 바와 같이 원통각 안에 여러 개의 관이 관다발(multi-tube)을 이루어 관 안의 유체와 관 밖의 유체가 열교환을 하는 장치이다.

그림 3-14(a)는 1각-1관의 대향류 열교환기로서, 화살표로 표시된 것과 같이 저온유체가 왼쪽 상단에서 들어가 병렬로 놓인 관의 내부를 통하여 흘러 오른쪽 하단으로 나오게 되며, 고온유체는 오른쪽 하단에서 들어가 조절판을 따라 관에 수직으로 흘러 왼쪽 상단으로 나온다.

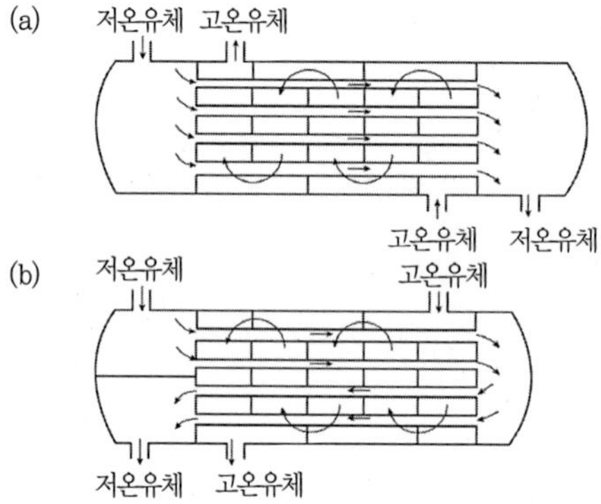

(a) 1각-1관 열교환기 (b) 1각-2관 열교환기

[그림 3-14] 각관 열교환기의 종류

그림 3-14(b)는 1각-2관의 평행류 및 대향류 열교환기로서, 그림에서 화살표로 표시한 바와 같이 저온유체는 왼쪽 상단에서 흘러 들어가 관 내부를 통하여 왼쪽 하단으로 나오게 되고, 고온유체는 오른쪽 상단에서 들어가 조절판을 따라 관에 수직으로 흘러 왼쪽 하단으로 나오게 되어 있다. 이 밖에 2각-4관 또는 유체의 흐름상태 등에 따라 여러 종류의 열교환기가 사용되고 있다.

3.7.4 대수평균 온도차

열교환기에서 열전달률은 다음 식으로 계산한다.

$$q = UA\Delta T_m \tag{3-64}$$

여기서, U : 총열전달계수(W/m^2·K)
A : 열전달 표면적(m^2)
ΔT_m : 대수평균 온도차(log mean temperature difference ; LMTD)

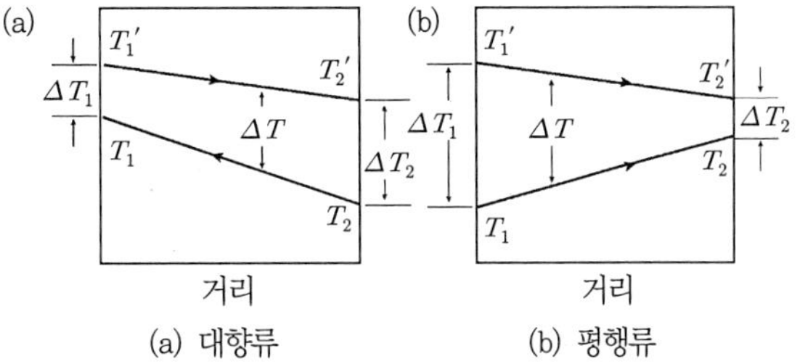

[그림 3-15] 이중관형 열교환기에서의 온도분포

그림 3-15와 같이 이중관형 열교환기 내에서 고온유체와 저온유체가 대향류 또는 평행류로 흐를 때 대수평균 온도차는 다음 식으로 표현된다.

$$\Delta T_m = \frac{\Delta T_2 - \Delta T_1}{\ln(\Delta T_2 / \Delta T_1)} \tag{3-65}$$

만일, 이중관형이 아닌 열교환기의 경우에는 ΔT_m에 수정인자(correction factor)를 곱하여 사용한다. 즉,

$$q = U\ AF\Delta T_m \tag{3-66}$$

여기서, F는 수정인자로서 이중관형이 아닌 다른 형식의 열교환기를 사용할 때 사용되며, 열교환기의 형식에 따라 다른 값을 가진다. 이들 값은 그림 3-16을 이용하여 구한다. 이중관형일 경우 F는 1이다.

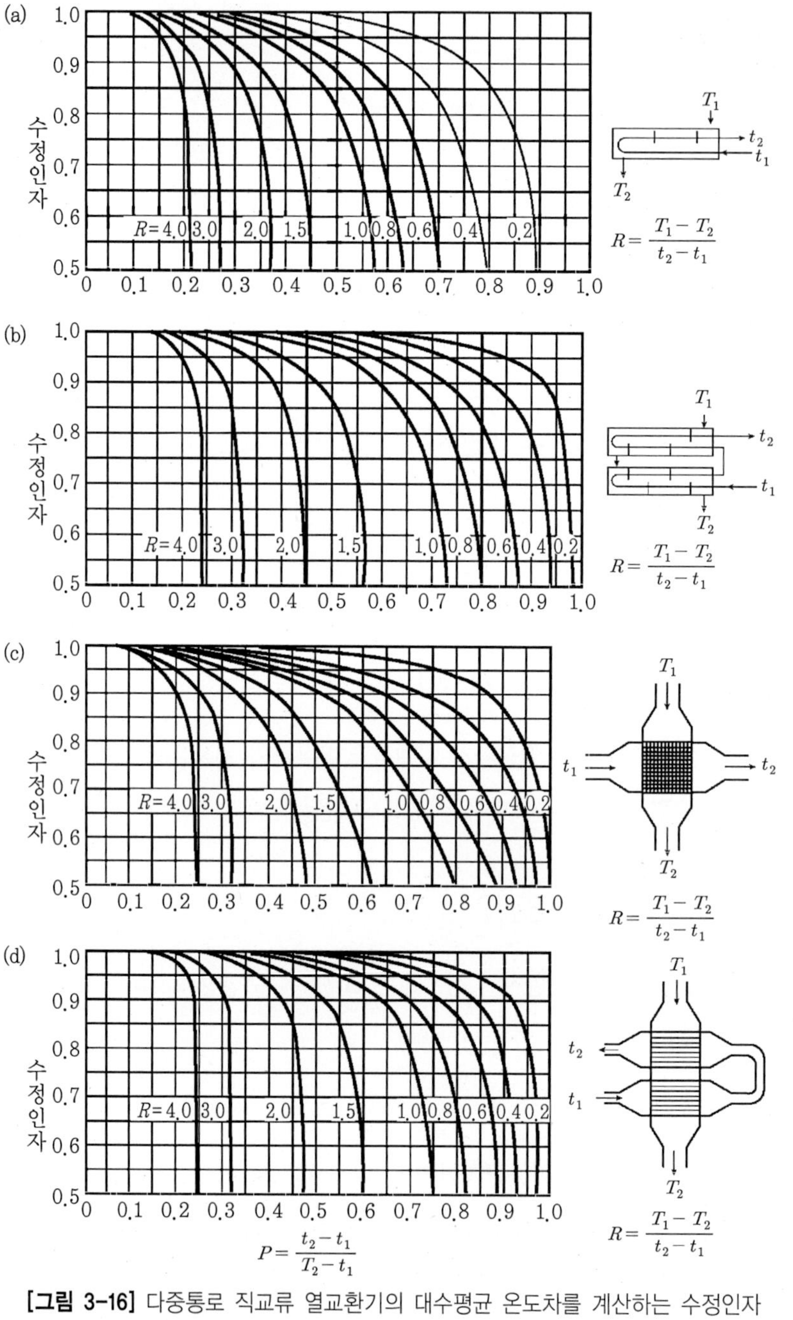

[그림 3-16] 다중통로 직교류 열교환기의 대수평균 온도차를 계산하는 수정인자

예제 3-9

유량이 $\dot{m}_c$= 68 kg/min인 물(c_p = 4.18 kJ/kg·K)을 35℃에서 75℃까지 가열하기 위하여 기름(c_p=1.9 kJ/kg·K)을 사용한다. 이때의 열교환기는 대향류이며, 기름의 유입온도는 110℃, 배출온도는 80℃이다. 총열전달계수는 320 W/m^2·℃이다. 열교환기의 소요 면적을 계산하여라.

풀 이

물이 흡수한 열량 q는 다음과 같다.

$$q = \dot{m}_c c_p (T_{c1} - T_{c2}) = (68)(4.18)(75-35) = 11{,}370 \text{ kJ/min} = 189.5 \text{ kW}$$

대수평균 온도차 :

$$\Delta T_m = \frac{\Delta T_2 - \Delta T_1}{\ln(\Delta T_2/\Delta T_1)} = \frac{(110-75)-(80-35)}{\ln[(110-75)/(80-35)]} = 39.79℃$$

$q = UA\Delta T_m$으로부터

$$A = \frac{189.5 \times 10^3}{(320)(39.79)} = 14.9 \text{ m}^2$$

예제 3-10

1각-4관 열교환기에서 열이 전달되는 전외부표면적이 21 m^2이다. 이 열교환기에 15℃의 냉각수를 관 속에 넣고 80℃의 기름(c_p=2 kJ/kg·K)을 유량 6000 kg/hr로 각 속으로 흘려보내서 40℃로 냉각하고자 한다(냉각수의 온도는 32℃). 이 열교환기의 총열전달계수는 얼마인가?

풀 이

열전달률을 계산하면,

$$q = (6000)(2)(80-40) = 480{,}000 \text{ kJ/h} = 133{,}333 \text{ W}$$

대향류로서 ΔT_m은 다음과 같다.

$$\Delta T_m = \frac{(80-32)-(40-15)}{\ln[(80-32)/(40-15)]} = 35.26$$

수정인자 F를 구하기 위하여 P와 R을 계산하면 다음과 같다.

$$P = \frac{t_2 - t_1}{T_1 - t_1} = \frac{32-15}{80-15} = 0.262 \qquad R = \frac{T_1 - T_2}{t_2 - t_1} = \frac{80-40}{32-15} = 2.353$$

그림 3-16의 (b)를 이용하여 F를 구하면 $F = 0.92$이다.

식 (3-66)을 사용하면,

$$q = U\ AF\Delta T_m \rightarrow U = \frac{q}{AF\Delta T_m} = \frac{133{,}333}{21(0.92)(35.26)} = 195.7 \text{ W/m}^2\cdot\text{K}$$

연 | 습 | 문 | 제

1 두께가 45 cm인 노(furnace) 벽체의 내부 표면온도가 1100℃이다. 벽체를 통하여 1700 W/m^{2}의 일정한 열이 손실된다. 벽체 내부의 온도분포를 나타내는 식을 유도하여라. 내부 표면으로부터 거리 11.25, 22.5, 33.75 cm 및 45 cm 위치의 온도를 구하여라. 벽체의 열전도계수는 1.06 W/m·K이다. 외기의 온도가 35℃이면, 벽체 외부 표면의 대류열전달계수를 구하여라.

2 직경이 0.6 cm인 스테인리스강의 파이프를 열전도계수 0.065 W/m·K인 단열재로 단열한다. 파이프 내외부의 대류열전달계수는 5.9 W/m^2·K이다. 단열층의 두께를 0.025, 0.5, 0.75, 1.00, 1.25 cm로 하였을 때 파이프의 단위길이당 열손실률을 구하여라. 파이프 내의 유체의 온도는 95℃이고 외부 유체의 온도는 10℃이다. 단위길이당 열손실과 단열층의 두께의 관계를 그래프로 나타내어라. 파이프의 내외부 표면온도를 단열층 두께의 함수로 하여 그래프로 나타내어라.

3 직경 23 cm, 초기온도 25℃의 멜론을 온도 2℃의 냉장고에 넣어둔다. 멜론의 중심온도가 5℃에 도달하는 데 소요되는 시간을 계산하여라. 멜론의 밀도 998 kg/m^3, 비열 3.8 J/kg·K, 열전도계수 0.43 W/m·K이다. 대류열전달계수는 28.4 W/m^2·K이다.

4 직경 2.5 cm의 긴 나무막대의 온도가 35℃이다. 이 나무막대를 815℃의 공기에 노출시킨다. 막대와 공기 간의 대류열전달계수는 28.4 W/m^2·K이다. 나무막대의 발화온도가 425℃이면, 발화에 소요되는 시간을 구하여라. 나무막대의 밀도 800 kg/m^3, 열전도계수 0.17 W/m·K, 비열 2.5 kJ/kg·K이다.

5 20℃ 공기에 노출된 큰 평판의 대류열전달계수를 구하여라. 평판의 표면온도는 30℃이다.

6 내경 3 cm의 파이프에 50℃의 물이 3 m/s로 흐른다. 파이프 내부 표면온도는 40℃이다. 대류열전달계수를 구하여라. 45℃에서 물의 $\rho = 990.58$ kg/m^3, $\mu = 0.0006$ Pa·s, $\mathrm{Pr} = 3.98$이다.

7 직경 15cm의 구가 유속 5 m/s의 공기 중에 노출되어 있다. 구의 표면온도가 50℃, 공기의 온도가 30℃일 때 대류열전달계수를 구하여라. 40℃에서 공기의 ρ=1.1293 kg/m^3, μ=19.2×10^{-6} Pa·s, Pr=3.98, k=0.027 W/m·K이다.

8 60℃의 물이 질량유량 15,000 kg/hr로 대향류식 열교환기로 유입되어 20℃, 20,000 kg/hr로 유입되는 찬물에 의하여 40℃로 냉각된다. 총열전달계수는 2100 W/m^2·K이다. 찬물의 출구온도와 열교환기의 필요한 표면적을 구하여라.

9 토마토 과육이 대향류 이중관형 열교환기에서 15℃에서 75℃로 가열된다. 토마토 과육이 흐르는 내부관의 직경은 2.24 cm이며, 토마토 과육의 질량유동률은 1770 kg/hr이다. 외부 관으로는 물이 85℃로 유입되어 68℃로 유출된다. 관의 길이를 구하여라. 총열전달계수는 U=1420 W/m^2·K이다. 토마토의 ρ=1025 kg/m^3, c_p= 3.98 J/kg·K이다.

10 다음에 주어진 파장에서 최대복사에너지를 방출하는 광원의 온도를 구하여라.

(a) 405 μm – 자외선

(b) 480 μm – 청색광

(c) 520 μm – 녹색광

(d) 580 μm – 황색광

(e) 600 μm – 주황색

(f) 640 μm – 적색광

참고문헌

1. 고학균, 금동혁 외. 1990. **농산가공기계학**. 향문사
2. Henderson. S.M., R.L. Perry and J. H. Young. 1997. *Principles of Process Engineering*. ASAE
3. Holman, J. P. 2002. *Heat Transfer*. McGraw-Hill.
4. Incropera, F.P. and D.P. DeWitt. 2002. *Fundamentals of Heat and Mass Transfer*. John Wiley & Sons.
5. Kreith, F. and W. Z. Black. 2001. *Principles of Heat Transfer*. Books/Coles.

Post-Harvest Process Engineering

Chapter 04 생물체의 물성

Chapter

04 생물체의 물성

식품이나 사료 등의 주원료가 되는 농산물은 수확되어 소비될 수 있는 제품으로 만들어질 때까지 여러 가지 처리공정을 거치게 된다. 처리공정에는 기계적, 열적, 전기적 및 광학적인 처리기술과 기계들이 이용되고 있으며 최근에는 초음파, 근적외선 및 핵자기공명 등의 기술들이 응용되고 있다. 이와 같은 처리기술과 기계들은 생물체를 가공하는 처리공정에서 이용될 뿐만 아니라 각 처리공정의 단계에서 원료나 제품의 품질을 평가하고 유지하는 데에도 이용되고 있다.

이러한 처리기술과 기계를 개발하고 적정 작동조건을 설정하려면 처리되는 생물체의 물성들, 즉 기하학적 특성, 기계적 및 리올로지 특성, 열 특성, 전기적 특성 및 광학적 특성 등의 자료가 매우 중요하다.

생물체의 물성측정은 일반 기계공학이나 물리학에서 이미 개발되어 잘 알려진 원리를 생물체에 적용하는 것이므로 단순하고 쉬운 문제로 생각할 수 있으나 생물체는 생명이 있고 대부분 높은 수분을 함유하고 있기 때문에 무생물을 대상으로 할 때와는 현상 자체가 매우 다르고 까다롭다.

여기에서는 생물체의 물성이 어떻게 정의되고 측정되는지를 살펴보고 예제를 통하여 측정된 물성 자료들이 어떻게 활용되는지를 설명한다.

4.1 기하학적 특성

4.1.1 형상과 크기

농산물 및 식품의 외형을 구별하는 데 주로 사용되는 인자가 형상과 크기이다. 이들의 형상과 크기가 매우 다양하다. 분말 우유의 입자직경은 10~150 μm이며 수박의 직경은 약 0.3 m가 되는 것도 있다. 이와 같이 농산물 및 식품의 형상과 크기는 매우 다양하므로 이들의 형상과 크기를 정확하게 표현하기란 매우 어렵다. 농산물의 형상은 그 모양에 따라 둥근형, 편구형 등으로 나타내고 있으나 그 형상을 정량화하는 방법은 아니다. 따라서, 농산물의 형상을 정량화 할 수 있는 물리량에는 원형률(roundness)과 구형률(sphericity)이 있다.

원형률(roundness)은 농산물이나 식품과 같은 생물체를 평면에 놓았을 때 그 투영면적이 얼마나 원형에 가까운가를 나타내는 척도로서 백분율(%)로 표시하며, 다음과 같은 식으로 계산한다.

$$R = \frac{A_p}{A_c} \times 100 = \frac{A_p}{\frac{\pi}{4} L^2} \times 100 \tag{4-1}$$

여기서, R : 원형률(%),
A_p : 생물체를 평면에 자연스럽게 놓았을 때의 투영면적(m^2)
A_c : 생물체에 최소로 외접하는 원의 면적(m^2)
L : 생물체의 최대 치수(길이)(m)

구형률(sphericity)은 농산물 및 식품의 형상이 얼마나 구(sphere)에 가까운가를 표시하는 척도로서 산물상태로 취급되는 곡물이나 과실 등에서는 이들의 산물밀도(bulk density)나 공극률의 결정에도 영향을 미친다. 구형률은 백분율(%)로 표시되며 계산하는 방법에는 다음과 같은 2가지 방법이 주로 이용된다.

$$S = \left(\frac{\text{생물체의 체적}}{\text{생물체에 외접하는 구의 체적}}\right)^{1/3} \times 100$$

$$= \left[\frac{\frac{\pi}{6} \cdot L \cdot W \cdot T}{\frac{\pi}{6} L^3}\right]^{1/3} \times 100 = \frac{(L \cdot W \cdot T)^{1/3}}{L} \times 100 \tag{4-2}$$

$$S = \frac{d_e}{d_c} \times 100 \tag{4-3}$$

여기서, S : 구형률(%),
L, W, T : 생물체의 길이, 폭, 두께(m)
d_e : 생물체의 체적과 같은 구의 직경(m),
d_c : 생물체에 외접하는 최소 외접구의 직경 또는 그 생물체의 최대 직경(길이)(m)

예제 4-1

사과의 치수가 길이 70.1 mm, 폭 67.6 mm, 두께 56.4 mm라고 할 때 구형률을 구하여라.

풀 이

자료가 사과의 치수만 주어졌으므로 식 (4-2)을 이용한다.

$$S = \frac{(70.1 \times 67.6 \times 56.4)^{1/3}}{70.1} \times 100 = 91.89\%$$

대부분의 농산물은 타원체(ellipsoid)와 유사한 형상을 나타내고 있으므로 그 크기를 표시하는 방법도 타원체에서와 같이 장경(major diameter), 중간직경(intermediate diameter), 단경(minor diameter)으로 표시하기도 하고 곡립의 표시방법인 길이(length), 폭(width), 두께(thickness)로 표시하기도 한다. 길이는 농산물을 평면에 놓았을 때 장방향의 치수이고, 장방향과 직각방향의 너비를 폭, 길이와 폭이 이루는 평면에 수직한 방향의 높이를 두께로 정의한다.

개체가 큰 농산물의 주요 치수는 마이크로미터(micrometer) 또는 캘리퍼(caliper) 등으로 직접 측정할 수 있으나 곡립과 같이 작은 개체의 주요 치수는 실물투영기로 스크린에 확대하여 곡립을 회전시키면서 그 크기를 측정하기도 한다. 표 4-1은 우리나라의 곡류와 외국의 과실 및 채소에 대한 주요 치수를 나타낸 것이다.

[표 4-1] 곡물, 과실 및 채소의 주요 치수

농산물	길이(10^{-3} m)	폭(10^{-3} m)	두께(10^{-3} m)	비고
벼	6.95	3.32	2.25	15%(w.b.)
보리	7.97	3.50	2.57	〃
콩	8.97	7.97	6.38	〃
밀	6.14	3.39	2.82	〃
사과	70.10	67.60	56.40	–
배	83.60	73.20	68.10	–
복숭아	58.20	57.20	54.90	–
감자	70.00	62.00	53.00	–
토마토	63.80	59.20	47.20	–

4.1.2 표면적 및 체적

형상이 불균일한 농산물 및 식품이나 곡립과 같이 개체가 작은 입자형 식품의 표면적 측

정은 매우 어려우며 참 값에 가까운 표면적을 측정하기란 거의 불가능하다.

과실 및 채소류와 같이 개체가 비교적 큰 농산물의 표면적은 껍질을 얇고 균일하게 벗기거나 그 표면에 종이테이프 등을 겹치지 않게 입혔다가 이들을 평면에 펼쳐서 그 면적을 측정하는 방법이 있다. 감자, 아보카도(avocado) 등과 같이 난형(ovate)인 농산물에서의 표면적 및 체적의 측정은 이들을 길이방향으로 몇 조각으로 나누고 이들 각각에 대한 표면적과 체적을 구의 일부분(spherical segment), 원뿔(right circular cone), 원뿔대(truncated right circular cone) 등으로 가정하여 계산하기도 한다. 여기서 원뿔, 원뿔대 등의 표면적 및 체적 계산 시에 반경은 이들의 최대, 최소 반경을 측정하여 그 평균 반경을 사용한다.

곡립도 이와 같은 방법으로 측정한 경우도 있으나 개체의 크기가 작은 입자형 식품의 표면적은 그 표면에 금속분말을 얇고 균일하게 입혀 그 무게와 이론적으로 표면적 계산이 가능한 물체의 표면에 금속분말을 입혀 이들의 중량 변화로 그 표면적을 측정하는 경우도 있다.

최근에는 영상처리시스템에 의한 농산물 및 식품의 형상과 크기에 대한 연구가 진행되고 있으나 형상이 복잡한 물체의 표면적 및 체적을 측정하는 데는 한계가 있다. 곡립과 같이 크기는 작으나 그 형상이 복잡하지 않은 경우에는 곡립을 길이방향을 축으로 하여 일정한 각(10~15°)으로 회전시키면서 확대 투사하여 확대된 표면의 윤곽을 수식화하고 이 식을 적분하여 표면적과 체적을 계산하는 방법이 있다. 이 방법은 물체의 크기, 표면적 및 체적을 동시에 측정할 수 있으며 다른 측정방법에 비하여 비교적 정확한 표면적 및 체적을 측정할 수는 있으나 회전각도마다 윤곽선의 방정식을 구하기 위하여 측정하고 처리하여야 할 데이터가 많다는 것이 어려운 점이다.

표 4-2는 우리나라 몇몇 곡물의 표면적을 주요 치수에 대한 지수함수로 나타낸 것이다. 이와 같은 수식이 여러 가지 생물체의 표면적에 대하여도 만들어진다면 비교적 측정하기가 쉬운 주요 치수만으로도 표면적을 계산할 수 있을 것이다. 또한, 표 4-3은 우리나라 몇몇 농산물의 표면적에 대한 자료이다.

[표 4-2] 곡립의 표면적과 주요 치수와의 관계

구분	$S=L^{a_1}W^{b_1}T^{c_1}$			R^2	비고
	a_1	b_1	c_1		
벼	4.7367	-5.3613	1.3264	0.9999	함수율 14~24%(w.b.)
보리	3.0048	-2.5713	1.1657	0.9999	
콩	0.5042	17.0174	-16.8621	0.9999	
밀	5.4342	-3.4790	-1.5859	0.9999	

[주] S : 표면적(10^{-6} m^2), L : 길이(10^{-3} m), W : 폭(10^{-3} m), T : 두께(10^{-3} m) a_1, b_1, c_1 : 상수

[표 4-3] 곡물, 과실 및 채소의 표면적

구분	표면적(10^{-6} m^2)	비고
벼	46.20	국내산, 함수율 15%(w.b.)
보리	61.28	〃
콩	193.18	〃
밀	52.84	〃
사과	19,810.67	국외자료
오렌지	20,468.54	국외자료
레몬	11,555.85	〃
당근	4559.80	〃

농산물 및 식품의 체적은 운반, 저장 시 용기나 저장고의 설계에 중요한 인자가 되며 산물 상태로 주로 처리되는 곡물, 과실 등에서는 산물밀도(bulk density), 공극률(porosity) 등에 큰 영향을 주는 물리량이다.

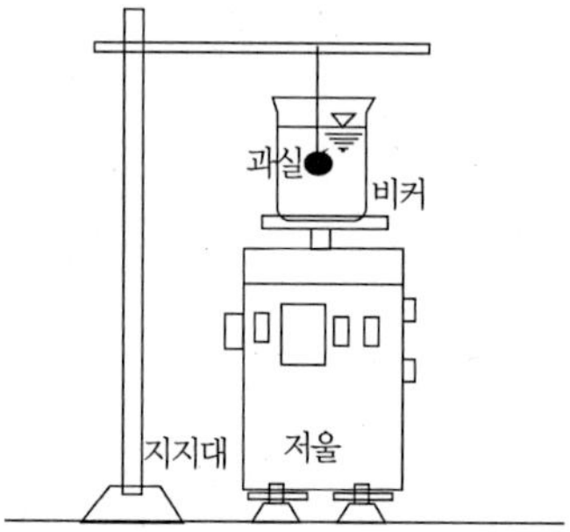

[그림 4-1] 물 치환법에 의한 체적측정장치

과실이나 근채류와 같이 물속에 잠겼을 때 수분의 침투가 크게 염려되지 않는 경우와 침수 시간이 짧은 경우에는 그림 4-1에서와 같은 장치로 물 치환법에 의하여 그 체적과 비중을 측정할 수 있다.

$$V = \frac{W_a - W_w}{\gamma_w} = \frac{W_{bfw} - W_{bw}}{\gamma_w} = \frac{W_d}{\gamma_w} \tag{4-4}$$

$$S_g = \frac{\gamma_a}{\gamma_w} = \frac{\dfrac{W_a}{(W_d/\gamma_w)}}{\gamma_w} = \frac{W_a}{W_d}\frac{\gamma_w}{\gamma_w} = \frac{W_a \times S_w}{W_d} \tag{4-5}$$

여기서, V : 물체의 체적(m^3)
W_a : 물체의 공기 중에서의 무게(N)
W_w : 물체의 물속에서의 무게(N)
W_{bfw} : 물체가 물속에 완전히 잠겼을 때 용기, 물 및 물체의 무게(N)
W_{bw} : 용기 및 물의 무게(N)
W_d : 물체가 밀어낸 물의 무게(N)
γ_w : 물의 비중량(9810 N/m^3)
γ_a : 물체의 비중량(N/m^3)
S_g : 물체의 비중(무차원)
S_w : 물의 비중(무차원)

예제 4-2

비중이 1이고 비중량이 9810 N/m^{3}인 물을 용기에 담아 그림 4-1에서와 같은 장치로 배의 체적을 측정하려고 한다. 배의 공기 중에서의 무게는 3.53 N이고, 용기와 물의 무게가 15.11 N이었으며 배를 물속에 완전히 잠기게 하였을 때 용기, 물, 배의 무게가 19.62 N이었다면 이 배의 체적과 비중은 각각 얼마인지 계산하여라.

풀 이

배가 밀어낸 물의 무게 = 19.62−15.11 = 4.51 N

체적 : $V = \dfrac{4.51\ \mathrm{N}}{9810\ \mathrm{N/m^3}} = 0.46 \times 10^{-3}\ \mathrm{m^3}$

비중 : $S_g = \dfrac{3.53 \times 1}{4.51} = 0.78$

공기를 이용한 체적측정장치에는 공기비교 피크노미터(air comparison pycnometer)가 있으며 이 장치는 체적이 같은 2개의 실린더를 호스(hose)로 연결하고 한 실린더 내에 일정량의 시료를 넣고 다른 쪽 실린더의 피스톤을 안으로 밀었을 때 다른 실린더 피스톤의 밀려나는 체적은 시료의 체적만큼 더 밀려난다는 원리를 이용한 것으로 이 방법은 공기가 압축성 유체이고 피스톤과 실린더 사이의 마찰 때문에 정확한 체적의 측정은 곤란한 방법이다. 그러나 요즈음에는 보일의 법칙(Boyle's law)을 응용한 그림 4-2와 같은 공기 피크노미터(air pycnometer)로 곡립과 같은 농산물의 체적을 비교적 정확하게 측정하고 있다.

그림 4-2에서 온도가 일정할 경우 두 용기의 체적과 압력의 관계는 다음 식으로 나타낼 수 있다.

$$(P_1 + P)V_1 + (P_2 + P)(V_2 - V_s) = (P_3 + P)[V_1 + (V_2 - V_s)] \qquad (4\text{-}6)$$

여기서, P_1 : 밸브 2를 닫고 밸브 1,3을 열었을 때 압력계의 읽음(Pa)

P_2 : 밸브 2를 닫은 상태에서 용기 2에 시료를 넣고 밸브 3을 열었을 때 용기 2의 압력(P2 =0)(Pa)

P_3 : 밸브 1,3을 닫고 밸브 2를 열었을 때의 압력(Pa)

P : 표준대기압(101325 Pa)

V_1 : 용기 1의 체적(m^3)

V_2 : 용기 2의 체적(m^3)

V_s : 용기 2에 넣은 시료의 체적(m^3)

위 식에서 시료의 체적 V_s에 대하여 정리하면 다음 식과 같다.

$$V_s = V_2 - V_1\left(\frac{P_1 - P_3}{P_3}\right) \qquad (4\text{-}7)$$

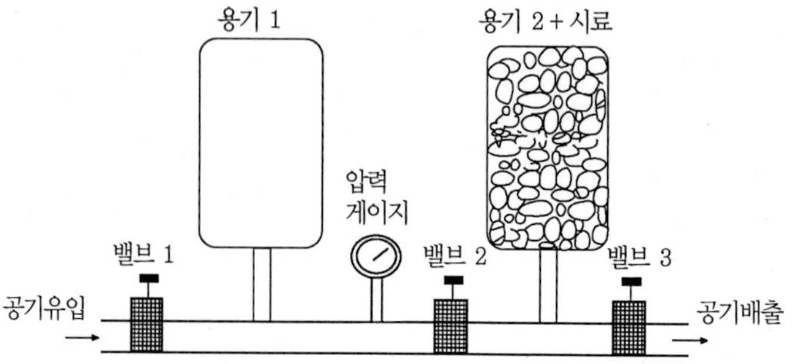

[그림4-2] 공기피크노미터

과실이나 채소의 체적측정의 다른 한 방법은 물체를 길이 방향과 수직한 방향으로 몇 조각으로 나누어 이들 각각을 원뿔대 또는 구의 일부분(spherical cap) 등으로 가정하고 이미 잘 알려진 공식들을 이용하는 방법이 있다.

표 4-4는 곡립의 체적을 곡립의 주요 치수에 대한 지수함수로 나타내었으며 표 4-5는 우리나라 몇몇 농산물의 체적에 대한 자료이다.

[표 4-4] 곡립의 체적과 주요 치수와의 관계

구분	$V=L^{a_2}W^{b_2}T^{c_2}$			R_2	비고
	a_2	b_2	c_2		
벼	7.9649	−13.5881	5.0396	0.9999	함수율 14∼24%(w.b.)
보리	3.4995	−5.2358	3.0829	0.9999	
콩	2.9434	32.9524	−37.4398	0.9999	
밀	7.1437	−7.7932	−0.2428	0.9999	

[주] V : 체적(10^{-9} m^3), L : 길이(10^{-3} m), W : 폭(10^{-3} m), T : 두께(10^{-3} m), a_2, b_2, c_2 : 상수

[표 4-5] 곡물, 과실 및 채소의 체적

구분	체적(10^{-9} m^3)	비고
벼	25.53	국내산, 함수율 15% (w.b.)
보리	37.12	〃
콩	237.53	〃
밀	24.43	〃
사과	263,407.31	국내산
배	323,015.42	국내산
오렌지	276,115.47	국외 자료
레몬	118,532.55	〃
당근	56,135.53	〃

4.1.3 밀도와 공극률

밀도(density)는 단위체적당 질량으로 정의되고, 비중(specific gravity)은 같은 온도에서 물의 밀도에 대한 물질의 밀도의 비로 정의되며 무차원량이다. 과일 주스(fruit juice)나 식물성 기름(vegetable oil) 등과 같은 액체 식품의 밀도는 피크노미터(pycnometer, 비중병) 또는 하이드로미터(hydrometer, 비중계)로 측정할 수 있다.

고체로 되어 있는 농산물이나 식품의 밀도는 2가지 방법으로 나타낸다. 즉 개체 하나 하나의 밀도를 진밀도(true density) 또는 고체밀도(solid density)라고 하고 이들 개체가 어떤 용기에 담겼을 때 공극을 포함한 밀도를 산물밀도(bulk density)라고 한다. 식품의 밀도는 온도에 따라서도 변하지만 특히 지방질 및 수분 함량에 큰 영향을 받는다.

표 4-6는 농산물 및 식품의 일반적인 성분들의 밀도를 나타낸 것이다.

[표 4-6] 농산물 및 식품의 일반적인 성분의 밀도

성분	밀도(kg/m^3)	성분	밀도(kg/m^3)
셀룰로오스	1270~1610	소금	2160
구연산	1540	전분	1500
지방	900~950	수크로오스	1590
글루코오스	1560	물	1000
단백질	1400	–	–

농산물 및 식품의 진밀도는 각 개체의 체적에 대한 질량의 비로 정의되므로 이들의 밀도를 측정하려면 먼저 각 개체의 체적이 측정되어야 한다.

곡물의 산물밀도 측정방법은 그림 4-3에서 보는 바와 같이 미국 농무성(USDA)의 규정이 통용되고 있다. 이 측정장치의 주요 치수는 깔때기의 출구지름 31.75×10^{-3} m($1\frac{1}{4}''$), 깔때기 출구로부터 용기 윗부분까지의 높이 50.8×10^{-3} m($2''$), 용기의 체적 10^{-3} m^3(1L)이다.

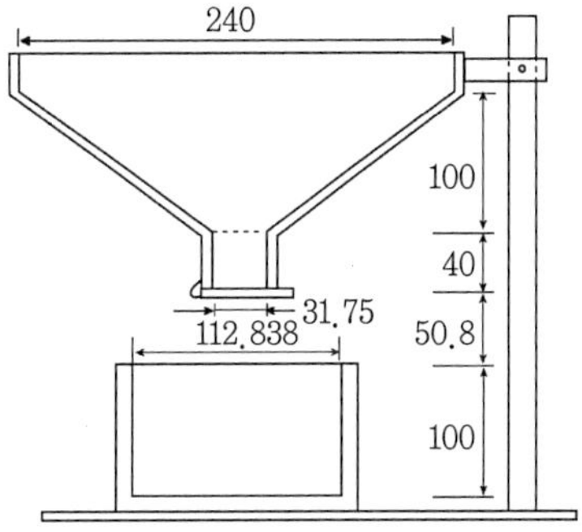

[그림 4-3] 산물밀도 측정장치

이와 같이 깔때기 출구의 지름이나 출구로부터 용기까지의 높이를 일정한 값으로 규정한 것은 곡물이 용기에 담길 때 그 다짐 정도에 따라 산물밀도가 변하기 때문이다.

공극률(porosity)은 어떤 용기에 농산물 및 식품을 담았을 때 전체 용기의 체적에 대한 공기가 차지하는 체적의 비로써 정의되며 다음 식과 같이 계산된다.

$$P = (1 - \frac{D_B}{D_T}) \times 100(\%) \tag{4-8}$$

여기서, P : 공극률(%)
D_B : 산물밀도(kg/m³)
D_T : 진밀도(kg/m³)

벼, 보리 등의 곡물은 비중이 1보다 약간 크기 때문에 이들의 진밀도는 함수율에 따라 감소하고, 산물밀도는 함수율 약 15~25% 범위에서 벼는 함수율에 따라 증가하지만 보리는 함수율에 따라서 감소한다. 따라서 공극률도 벼에서는 함수율에 따라 감소하지만 보리에서는 증가한다. 이러한 현상은 보리의 경우 함수율이 증가함에 따라 체적이 크게 증가되기 때문일 것이다. 즉 같은 체적의 용기에 벼와 보리를 담을 때, 함수율에 따라 벼의 체적은 약간 늘어나는 반면 보리의 체적은 많이 늘어나기 때문에 벼는 다져서 용기에 담기므로 산물밀도는 증가하고 공극률은 감소하는 것이다. 반면에 보리는 느슨하게 용기에 담기므로 산물밀도는 감소하고 공극률은 증가하게 된다. 과실 및 채소류의 산물밀도는 포장상자의 크기에 따라 변하기 때문에 일률적으로 표시하기가 곤란하다. 표 4-7은 곡물의 진밀도, 산물밀도 및 공극률에 대한 자료이다.

[표 4-7] 곡물의 진밀도, 산물밀도 및 공극률

곡물	함수율(%, w.b.)	진밀도(kg/m³)	산물밀도(kg/m³)	공극률(%)
벼	15.0~25.0	1015~1035	556~568	44~50
보리	15.0~25.0	1073~1088	547~561	40~49
옥수수	15.0	1300	721	40
콩	7.0	1130~1180	772	48
수수	10.0	1220~1260	721	37
밀	9.8	1290~1300	772	41

4.2 열 특성

4.2.1 비열

어떤 물질의 비열(specific heat)은 그 물질 단위질량(1kg)을 단위온도(1℃) 변화시키는 데 필

요한 열량(J)으로 정의된다. 따라서 식품의 비열 값은 식품을 냉각시키거나 가열시킬 때 열부하 계산에 반드시 필요한 자료이다. 고체 및 액체에서의 비열은 어느 정도의 압력변화 범위 내에서는 압력이 비열에 미치는 영향은 크지 않으므로 생물체의 비열은 정압비열로 간주한다.

비열의 측정방법에는 시료와 비열을 알고 있는 물질(주로 물)과 혼합하여 열평형방정식을 이용하는 방법이 주로 이용되며, 이외에 열보호판에 의한 방법과 냉각 또는 가열곡선에 의한 방법 및 시차주사 열량계(differential scanning calorimeter, DSC)에 의한 방법 등이 있다.

비열의 측정방법으로 주로 이용되고 있는 혼합법은 비열을 알고 있는 용기에 물을 채우고 비열을 측정하려는 물질을 혼합하여 혼합전후 각각의 질량과 온도를 측정하여 다음과 같은 열평형방정식으로 비열을 계산하는 방법이다.

$$C = \frac{(M_C C_C + M_W C_W)(T_3 - T_2)}{M(T_1 - T_3)} \tag{4-9}$$

여기서, C : 시료의 비열(kJ/kg·℃)
C_C : 용기의 비열(kJ/kg·℃)
C_W : 물의 비열(kJ/kg·℃)
M : 시료의 질량(kg)
M_C : 용기의 질량(kg)
M_W : 물의 질량(kg)
T_1 : 혼합전 시료의 온도(℃)
T_2 : 혼합전 물 및 용기의 온도(℃)
T_3 : 혼합후 물, 용기 및 시료의 온도(℃)

표 4-8은 몇몇 농산물 및 식품의 동결온도와 비열에 관한 자료를 정리한 것이다.

4.2.2 열전도계수

열전도계수는 어떤 물질이 열을 얼마나 잘 전도시키는가를 나타내는 척도이고 열전도계수 값이 큰 물질은 그만큼 열을 잘 전도시킨다는 것을 뜻한다. 생물체의 열전도계수에 영향을 미치는 인자에는 생물체의 화학적 조성, 공극률, 크기와 형상 및 섬유질의 방향 등이다.

열전도계수의 측정방법에는 열전도현상이 정상상태(steady state)의 경우와 비정상상태(unsteady state)의 경우로 나누어지며 각각에는 몇 가지 방법들이 있으나 함수율이 높은 생물체의 열전도계수를 측정하는 데 주로 이용되고 있는 라인소스(line source) 방법을 살펴보기로 한다.

[표 4-8] 농산물 및 식품의 동결온도와 비열

식 품	동 결 온 도 (℃)	동결전 비 열 (kJ/kg·℃)	동결후 비 열 (kJ/kg·℃)	식 품	동 결 온 도 (℃)	동결전 비 열 (kJ/kg·℃)	동결후 비 열 (kJ/kg·℃)
아스파라거스	-0.6	3.94	2.01	감	-2.2	3.52	1.80
브로콜리	-0.6	3.85	1.97	딸기	-0.8	3.89	1.14
양배추	-0.9	3.94	1.97	쇠고기(sirloin)	-1.7	3.08	1.55
당근	-1.4	3.77	1.93	쇠고기(liver)	-1.7	3.43	1.72
셀러리	-0.5	3.98	2.01	돼지고기	–	2.60	1.31
오이	-0.5	4.10	2.05	햄	–	3.10	1.56
가지	-0.8	3.94	2.01	소시지(frankfurter)	-1.7	3.60	2.35
마늘	-0.8	3.31	1.76	닭고기	-2.8	3.31	1.55
상추	-0.2	4.02	2.01	오리고기	–	3.40	1.71
버섯	-0.9	3.89	1.97	버터	–	1.38	1.05
양파	-0.9	3.77	1.93	치즈	-12.9	2.60	1.31
감자	-0.6	3.63	1.82	아이스크림	-5.6	3.27	1.88
고구마	-1.3	3.14	1.68	탈지우유	–	4.00	2.51
무	-0.7	3.98	2.01	탈지분유	–	1.75	0.88
시금치	-0.3	3.94	2.01	전지우유	-0.6	3.85	1.94
호박	-0.5	4.02	2.02	전지분유	–	1.72	0.87
토마토	-0.6	3.98	2.01	땅콩	–	1.82	0.92
사과	-1.1	3.60	1.84	사과주스	–	3.79	1.95
바나나	-0.8	3.35	1.76	포도주스	–	3.66	1.90
포도	-1.6	3.60	1.84	오렌지주스	-0.4	3.82	1.96
수박	-0.4	4.06	2.01	파인애플주스	–	3.71	1.92
오렌지	-0.8	3.77	1.93	토마토주스	–	3.99	2.02
복숭아	-0.9	3.77	1.93	콜라	–	3.83	1.97
배	-1.6	3.75	1.89	크림소다	–	3.74	1.93

※ 자료: 2002 ASHRAE Handbook(Refrigeration)

이 방법에 이용하는 장치의 개략도는 그림 4-4와 같다. 그림과 같은 장치에서 시료를 원통에 채우고 열선에 전류를 흐르게 한 후 t_1 시간에 시료중심의 온도가 T_1 이고 t_2 시간에 온도가 T_2 로 측정되었다면 열전도계수는 다음 식을 이용하여 계산된다.

$$k = \frac{Q \cdot \ln(t_2/t_1)}{4\pi(T_2 - T_1)} = \frac{i^2 R \cdot \ln(t_2/t_1)}{4\pi(T_2 - T_1)} \qquad (4\text{-}10)$$

여기서, k : 열전도계수 (W/m·℃)
Q : 단위시간 및 열선 단위길이당 투입된 열량(W/m)
i : 열선에 흐르는 전류(A)
R : 열선 단위길이당 저항(Ω/m)

이 방법은 그림 4-4에서 보는 바와 같이 열선의 중심으로부터 일정한 거리에서의 온도를 측정함으로써 열확산계수도 동시에 구할 수 있다.

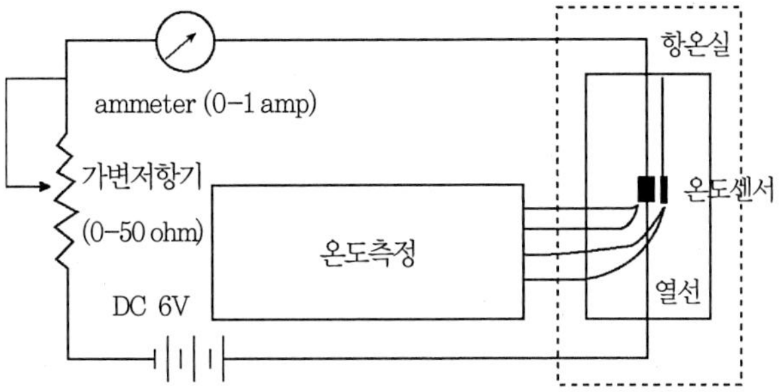

[그림 4-4] 라인소스에 의한 열전도계수 및 열확산계수 측정장치

이 원리를 응용하여 열선과 온도측정용 열전대(thermocouples)를 관 속에 설치한 장치를 열전도계수프로브(thermal conductivity probe)라고 하며, 이 장치는 주삿바늘 직경과 같이 몇 밀리미터의 가는 관으로 되어 있는 프로브도 있어 채소의 엽면이나 육류 등 시료의 크기가 작은 식품의 열전도계수 측정에 사용되고 있다.

표 4-9는 농산물, 식품 및 기타물질의 열전도계수의 측정 결과를 요약한 것이다.

예제 4-3

라인소스(line source) 방법으로 곡물의 열전도계수를 측정하기 위하여 600초간 실험을 하여 5초 간격으로 온도를 측정하였더니 시간의 대수치[ln(time)]에 대한 온도의 데이터가 실험시작 10초 후부터는 직선적인 관계를 유지하였다. 100초 때의 온도가 3.5℃였고 600초 때의 온도는 7.5℃였다면 이 곡물의 열전도계수는 얼마인지 구하여라. 단, 열선의 저항은 18.4 Ω/m이었고 흘려보낸 전류는 0.45 A였다.

풀 이

식 (4-10)을 이용하면

$$K = \frac{i^2 \cdot R \cdot \ln(t_2/t_1)}{4\pi(T_2 - T_1)} = \frac{0.45^2 \cdot 18.4 \cdot \ln(\frac{600}{100})}{4\pi(7.5 - 3.5)} = 0.1328$$

곡물의 열전도계수는 0.1328 W/m·℃이다.

4.2.3 열확산계수

식품을 가열하거나 냉각하는 경우에는 비정상상태의 열전도가 일어나고 식품은 열을 저장하거나 열을 잃게 된다. 이와 같이 열확산계수의 물리적 의미는 어떤 물질이 열을 저장하는 능력에 대한 열을 전도시키는 능력의 척도이다.

[표 4-9] 농산물, 식품 및 기타물질의 열전도계수

식품 및 기타	온도 (℃)	함수율 (%, w.b.)	열전도계수 (W/m·℃)	비고
사과	28	85	0.513	밀도 840 kg/m^3, Sweat 1974
배	20	85	0.555	ASHRAE 1998
복숭아	28	89	0.581	밀도 930 kg/m^3, Sweat 1974
포도(젤리)	20	42	0.391	밀도 1350 kg/m^3, Sweat 1985
오렌지(속살)	–	86	0.580	밀도 1030 kg/m^3, Sweat 1974
오렌지(생과)	–	–	0.435	Bennelt etal 1964
당근	–16	–	0.669	밀도 600 kg/m^3, Smith et al 1952
양파	8.6	–	0.575	ASHRAE 1998
감자	–	81	0.648	밀도 1070 kg/m^3, Chen 1990
호박	8	–	0.502	ASHRAE 1998
딸기	–14	–	1.100	밀도 800 kg/m^3, Smith et al 1952
쇠고기(살) =	20	79	0.430	14% fat, Hill et al 1967
쇠고기(살) ⊥	20	79	0.480	0.8% fat Hill et al 1967
비프스테이크	20	37	0.297	밀도 1050 kg/m^3, Sweat 1985
돼지고기(살) =	20	76	0.456	6.7% fat, Hill et al 1967
돼지고기(살) ⊥	20	76	0.505	6.7% fat Hill et al 1967
소시지	25	68	0.427	16.1% fat, 12.2% protein
닭고기(가슴살) ⊥	20	69~75	0.412	0.6% fat, walters and May 1963
난백	36	88	0.558	Spells 1960, 1961
난황	31	51	0.420	밀도 1020 kg/m^3, 32.7% fat
계란 전체	–8	–	0.960	밀도 980 kg/m^3, Smith et al 1952
버터	4	–	0.197	Hooper and Chang 1952
전지우유	28	90	0.580	3% fat, Leidenfrost 1959
탈지우유	20	90	0.566	0.1% fat, Riedel 1949
옥수수(곡립)	–	20	0.206	Kusterman et al 1981
옥수수(산물)	–	15	0.112	산물밀도 710 kg/m^3, Kusterman et al 1981
벼(곡립)	20	15	0.350	Kameoka and Odake 1986
벼(산물)	11~35	12~29	0.107~0.155	Porosity 37~44%, Kim 1981
보리(산물)	4~32	10~32	0.115~0.146	Porosity 43~48%, Kim 1981
밀(산물)	–	10	0.129	산물밀도 778 kg/m^3, Kazarian 1965
얼음	0	–	2.22	밀도 913 kg/m^3, Kreith 1967
물	20	–	0.598	밀도 998 kg/m^3, Kreith 1967

※자료: 주: =, ⊥ 열전도방향이 섬유질에 평행방향과 수직한 방향임

열확산계수를 직접 측정하는 방법으로는 그림 4-4와 같이 열전도계수 측정장치에서 열전도계수와 동시에 열확산계수를 측정할 수 있는 라인소스(line source) 방법이 주로 이용된다. 또 다른 방법으로는 Dickerson(1965)이 보고하였던 방법으로 원통에 시료를 채우고 원통의 중심과 표면의 온도를 시간에 따라 측정하여 열확산계수를 계산하는 방법, 식품을 구(sphere)로 가정하고 푸리에 가열 또는 냉각법칙(Fourier's law of heating or cooling)을 이용하는 방법 등이 있다.

그림 4-4에서 시료를 채운 원통의 중심으로부터 r의 위치에 있는 점에서의 온도분포는 다음 식과 같은 β 의 무한급수로 표시할 수 있다.

$$T = \frac{Q}{2\pi K}\left(-\frac{C_e}{2} - \ln\beta + \frac{\beta^2}{2 \cdot 1!} - \frac{\beta^4}{4 \cdot 2!} + \cdots\cdots\right) \qquad (4\text{-}11)$$

여기서, $C_e =$ Euler's 상수(0.5772157)

$$\beta = \frac{r}{2\sqrt{\alpha \cdot t}} \text{ (무차원량)}$$

주어진 시간(t)에서 중심으로부터 r만큼 떨어진 곳의 온도와 열전도계수를 측정하여 식(4-11)에 대입하고 수치해석적 방법으로 β를 구한 후 열확산계수는 다음 식으로 계산한다.

$$\alpha = \frac{r^2}{4\beta^2 t} \qquad (4\text{-}12)$$

여기서, α : 열확산계수(m^2/s)
r : 원통중심으로부터 반경방향으로 떨어진 거리(m)
t : 시간(sec)

다음 표 4-10은 농산물, 식품 및 기타물질의 열확산계수를 요약한 것이다.

[표 4-10] 농산물, 식품 및 기타물질의 열확산계수

식품 및 기타	온 도 (℃)	함 수 율 (%, w.b.)	열확산계수 ($10^{-8}m^2/s$)	비 고
사과	0~30	85	14.000	밀도 840 kg/m^3, Bennett et al 1969
복숭아	2~32	−	14.000	밀도 960 kg/m^3, Bennett et al 1969
딸기	5	92	13.000	Riedel 1969
감자	0~70	−	13.000	밀도 1040~1070 kg/m^3, Minhetal 1969
쇠고기(목덜미살)	40~65	76	12.000	밀도 1060 kg/m^3,Dickerson and Read 1969
돼지고기(허리살)	−	−	10.300	밀도 1056 kg/m^3, Lentz 1961
옥수수(곡립)	−	20	10.111	Kusterman et al 1981
옥수수(산물)	−	15	8.611	Kusterman e tal 1981
밀(산물)	−	10	8.528	밀도 778 kg/m^3, Kazarian 1965
벼(산물)	11~35	1229	9.000~10.972	porosity 37~44%, Kim 1981
보리(산물)	4~32	1032	9.180~14.490	porosity 43~48%, Kim 1981
공기	0	−	1826.782	HB of thermodynamic table 1995
얼음	0	−	123.889	밀도 913 kg/m^3, Kreith 1967
물	20	−	14.111	밀도 993 kg/m^3, Kreith 1967

4.3 기계적 및 리올로지 특성

대부분의 식품 및 농산물은 수분을 함유하고 있는 생명체로서 수확 이후 여러 가지 처리 공정이나 저장과정 중에도 조직의 변화가 끊임없이 일어난다. 이러한 변화는 이들이 함유하고 있는 수분 및 영양분과 주위의 온도, 습도 등에 큰 영향을 받기 때문이다.

농산물 및 식품이 각종 처리공정 중에 기계적인 외력을 받으면 이들에는 변형(deformation) 및 크리프(creep)가 생기게 되고 이로 인한 손상이 유발되어 품질저하의 한 요인이 된다. 이와 같이 생물체가 외력을 받았을 때 이들에 가해진 외력과 생물체의 거동(behavior)관계를 다루는 것을 기계적 특성(mechanical properties)이라고 하고, 생물체에 외력이 가해진 이후 시간에 따른 생물체의 거동관계를 다루는 것을 리올로지 특성(rheological properties)이라고 한다.

4.3.1 힘–변형곡선

힘–변형곡선(force–deformation curve)은 어떤 재료의 압축실험으로부터 얻을 수 있으며, 실험장치의 개략적인 구성도는 그림 4–5에서 보는 바와 같다.

압축실험 시에 중요한 고려사항은 UTM(universal testing machine)의 크로스헤드(cross head)속도를 재료에 따라 적정하게 적용하는 것이다. 농산물 및 식품의 경우 압축실험 시 하중재하속도(loading rate)는 ASAE S368.4 DEC 2000(R2006)에 규정되어 있으며 이 규정에 의하면 곡물 등과 같이 단단한 시료의 하중재하속도는 1.25 mm/min±50%이고, 과실 및 채소 등의 하중재하속도는 2.5~30 mm/min이다.

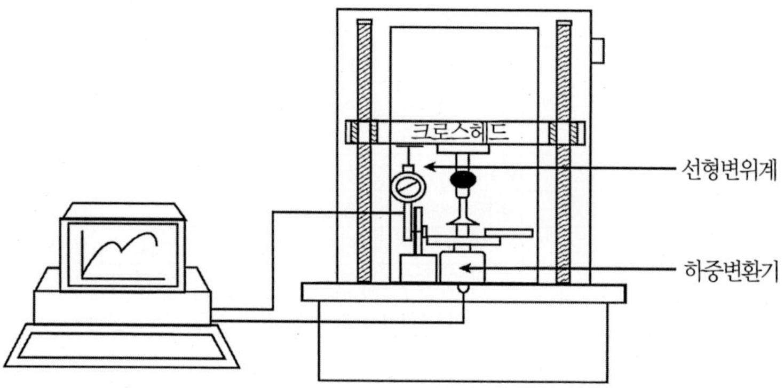

[그림 4–5] 압축실험장치의 구성도

그림 4-6에서 보는 바와 같이 생물체의 힘-변형 곡선은 S자형으로 나타나 강철과 같은 공업재료와는 전혀 다른 모양임을 알 수 있다. 강철에서는 하중을 가한 직후부터 비례한계까지는 하중과 변형이 비례하는 직선의 형태로 나타나지만, 생물체의 경우에는 이 부분에서도 곡선으로 나타난다.

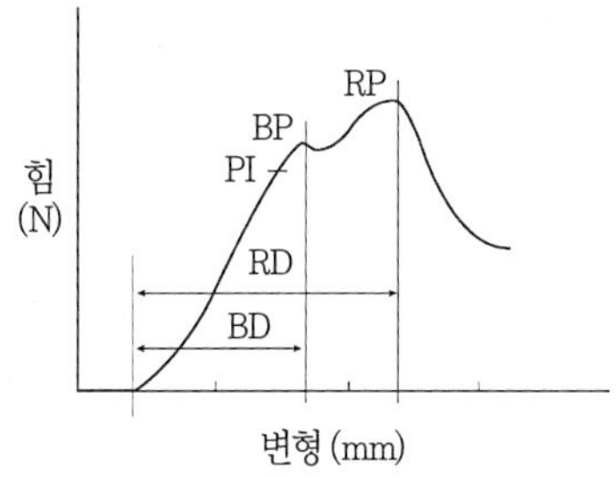

[그림 4-6] 생물체의 힘-변형곡선

힘-변형곡선에서 BP점은 생물체항복점(bioyield point)으로 변형은 계속되면서도 하중은 더 이상 증가되지 않는 점이며, 농산물 및 식품에 미세한 파괴가 시작되는 점이다. RP점은 파괴점(rupture point)으로 식품의 조직이 완전히 파괴되는 점이다. 생물체항복점 및 파괴점은 힘-변형곡선에서 각각 이들 점에 대응하는 하중으로 표시하며, 생물체항복점까지의 변형량을 생물체 항복변형량(bioyield deformation, mm)이라고 하고 파괴점까지의 변형량을 극한변형량(rupture deformation, mm)이라고 한다.

생물체항복강도(bioyield strength)는 생물체항복점에서의 하중을 시료의 초기 접촉면적으로 나눈 값으로 정의되며 극한강도(ultimate strength)는 파괴점에서의 하중을 초기 접촉면적으로 나눈 값으로 정의된다. 표 4-11의 자료는 몇몇 농산물의 기계적 특성들을 정리한 것이다.

[표 4-11] 농산물의 기계적 특성

농산물	생물체 항복점(N)	파괴점(N)	생물체항복 변형량(mm)	극한변형량 (mm)	생물체항복 강도(kPa)	극한강도 (kPa)	비 고
사과	78.46	85.65	3.93	5.40	322.57	352.06	원주시편
배	55.61	72.11	2.93	3.71	228.56	296.39	원주시편
토마토	35.52	46.99	8.35	14.99	24.20	30.20	반으로 절단한 시편
참외	70.83	211.39	3.78	12.73	52.38	65.57	반으로 절단한 시편
무	308.52	347.98	6.45	6.77	1268.14	1430.35	원주시편
당근	258.30	299.56	3.61	5.22	1016.70	1231.28	원주시편
벼	57.43	87.32	0.20	0.30	28655.90	33792.30	15%(w.b.) 0.664mm/min

예제 4-4

직경 22.7×10^{-2} m, 높이 23.1×10^{-3} m의 사과 원주시편에 대하여 UTM으로 압축실험을 수행하였다. 원주시편의 높이가 21.5×10^{-3} m로 될 때까지 압축하였더니 이때의 압축하중은 434 N이었다. 사과 시편의 응력(stress)과 변형률(strain)을 계산하여라.

풀 이

$$\sigma = \frac{F}{A} = \frac{434}{\frac{\pi}{4}(22.7\times10^{-3})^2} = 1072.38\ \text{Pa}$$

$$\epsilon = \frac{\Delta h}{h} = \frac{(23.1-21.5)\times10^{-3}}{23.1\times10^{-3}} = 0.0693\ \text{m/m}$$

4.3.2 탄성계수

어떤 재료의 강성(rigidity)을 나타내는 척도로서 탄성계수(modulus of elasticity, Young's modulus)가 주로 사용되고 있다. 재료의 탄성계수는 비례한계 내에서 응력-변형률곡선(stress-strain curve)의 기울기로 정의되나 대부분의 농산물은 응력-변형률곡선이 직선이 아니므로 그림 4-7에서 보는 바와 같은 3가지 겉보기 탄성계수(apparent modulus of elasticity)를 정의하고 있다.

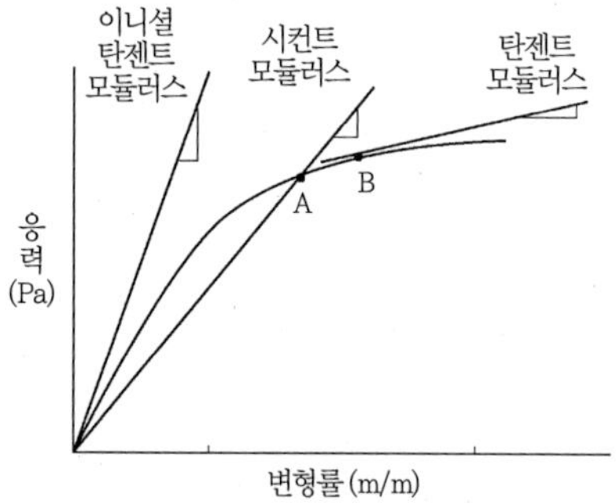

[그림 4-7] 탄성계수의 정의

이니셜 탄젠트 모듈러스(initial tangent modulus)는 농산물의 응력-변형률곡선에서 원점에서의 접선기울기이며, 시컨트 모듈러스(secant modulus)는 응력-변형률곡선상의 임의의 점과 원점을 연결하는 직선의 기울기이고, 탄젠트 모듈러스(tangent modulus)는 응력-변형률곡선상의 임의의 점에서의 접선의 기울기로 정의한다. 이와 같이 농산물과 같이 응력-변형률곡선이 직선이 아닌 경우의 탄성계수는 표시하는 방법에 따라 그 값의 차이가 매우 크다. 따라서 이러한 경우의 탄성계수는 어느 모듈러스로 표시하였으며 시편의 크기, 하중재하속도가 명시되어야 하고, 특히 시컨트 모듈러스와 탄젠트 모듈러스는 응력-변형률곡선상의 어느 점을 기준으로 하였다는 것이 명시되어야만 한다.

곡립이나 과실과 같이 볼록한 모양을 한 물체(convex body)를 평판(flat plate)으로 압축시험할 경우, 작용한 힘과 변형량을 측정하여 Hertz의 접촉이론에서 유도된 다음 식으로부터 생물체의 탄성계수를 계산할 수 있다.

$$E=\frac{0.531F(1-\mu^2)}{\alpha^{3/2}}(\frac{1}{R}+\frac{1}{R'})^{1/2} \qquad (4\text{-}13)$$

여기서, E : 탄성계수 (Pa)
F : 하중(N)
μ : 포아송비(무차원)
α : 변형량(m)
R, R' : 물체의 최소, 최대 곡률반경(m)

물체의 최소, 최대 곡률반경은 다음 그림 4-8에서와 같이 측정한다.

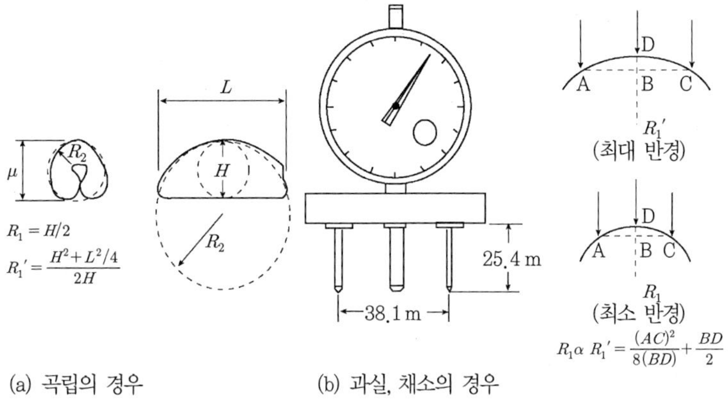

[그림 4-8] 볼록한 물체의 곡률반경 측정

표 4-12는 우리나라의 몇몇 농산물에 대한 탄성계수를 나타낸 것이다.

예제 4-5

배를 반으로 잘라 압축실험을 수행하였다. 하중재하속도는 25 mm/min이었으며 6.5 mm 변형하였을 때 하중이 274 N이었다면 배의 탄성계수를 계산하여라. 단 배의 포아송비 0.27, 배의 상부접촉면의 최소, 최대 곡률반경은 각각 3.97 cm, 4.84 cm이다.

풀 이

식 (4-13)을 이용한다.

$$E=\frac{0.531\times 274(1-0.27^2)}{(0.0065)^{3/2}}[\frac{1}{0.0397}+\frac{1}{0.0484}]^{1/2}$$

$$=1{,}742{,}896.71\ \text{Pa}=1743\ \text{kPa}$$

[표 4-12] 농산물의 탄성도 및 탄성계수

농산물	탄성도(%)	탄성계수(kPa)	비 고
사과	79.64	2010.14	원주시편, 25 mm/min, 파괴점의 50%에서 시컨트 모듈러스
배	62.19	1414.56	원주시편, 25 mm/min, 파괴점의 50%에서 시컨트 모듈러스
무	64.09	4278.48	원주시편, 25 mm/min, 파괴점의 50%에서 시컨트 모듈러스
당근	72.10	5511.26	원주시편, 25 mm/min, 파괴점의 50%에서 시컨트 모듈러스
토마토	43.60	894.22	반으로 자른 시료, 파괴점의 50%에서 시컨트 모듈러스
참외	75.30	1921.61	반으로 자른 시료, 파괴점의 50%에서 시컨트 모듈러스
복숭아	-	520.00	33 mm/min
감자	-	750.00	50 mm/min
벼	-	297,804.50	0.664 mm/min, Hertz의 이론식 이용
밀	-	930,000.00	6.6 mm/min
옥수수	-	203,000.00	0.51 mm/min
콩	-	126,000.00	5.08 mm/min

4.3.3 점탄성 특성과 리올로지 모형

농산물 및 식품은 어느 정도의 수분을 함유하고 있으므로 이들이 외력을 받았을 때의 거동은 탄성체와 점성유체가 복합된 것과 같은 거동을 하게 되고 이러한 특성을 점탄성 특성(viscoelastic property)이라 하며, 대부분의 농산물 및 식품에서와 같이 점탄성 특성을 가지고 있는 물질을 점탄성 물질(viscoelastic material)이라고 한다.

탄성체의 외력에 대한 거동을 역학적 모형으로 나타내면 스프링(spring)으로 표시할 수 있으며, 점성유체의 거동은 대시포트(dashpot)로 표시할 수 있다. 따라서 점탄성체의 역학적 거동은 스프링과 대시포트 요소(spring and dashpot element)를 적절히 결합한 리올로지 모형들로 분석할 수 있으며, 이 중에서 스프링과 대시포트가 하나씩 결합된 가장 간단한 모형이 Maxwell 모형과 Kelvin 모형이다. 리올로지 모형에는 여러 가지가 있으나, 대부분이 이들 두 모형을 조합한 것들이다.

(1) Maxwell 모형

Maxwell 모형은 그림 4-9에서 보는 바와 같이 스프링 요소와 대시포트 요소가 직렬로 연결된 역학적 모형이다. 이 모형에 응력을 가하면 스프링 요소에 의한 초기 탄성변형률(initial elastic strain)이 생기고 일정한 시간이 지난 후에는 대시포트에 의한 점성변형률(viscous strain)이 생긴다. 여기에서 가하였던 응력을 제거하면 스프링에 의한 변형은 회복되나 대시포트에 의한 변형은 회복되지 않는다.

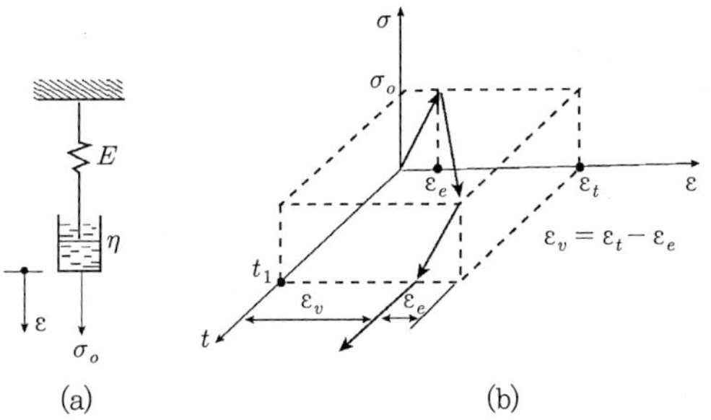

(a) (b)

[그림 4-9] Maxwell 모형 및 응력-변형률-시간곡선

Maxwell 모형은 어떤 물체에 초기변형이 생기도록 하중을 가한 후 시간이 경과함에 따라 응력이 이완(relaxation)되는 현상을 설명하는 모형으로 다음 식 (4-14)로 표시된다.

$$\sigma(t) = \sigma_d \exp\left(\frac{-t}{\tau}\right) + \sigma_e \qquad (4\text{-}14)$$

여기서, $\sigma(t)$: t시간 후의 응력(Pa)
σ_d : 감쇠응력(decay stress)(Pa)
τ : 응력이완시간(relaxation time)(=η/E, s)
η : 점성계수(Pa·s)
E : 탄성계수(Pa)
σ_e : 잔류응력(residual stress at equilibrium)(Pa)

(2) Kelvin 모형

Kelvin 모형은 그림 4-10에서와 같이 스프링과 대시포트가 병렬로 연결된 역학적 모형이다. 모형에 초기응력을 가하면 이 응력은 각각의 스프링에 작용하는 응력과 대시포트에 작용하는 응력으로 나누어지고, 변형률은 스프링에서나 대시포트에서 같은 양이다. 부하한 응력을 제거하면 스프링에 저장되었던 변형에너지는 대시포트로 전이되어 시간에 따라 곡선적으로 회복된다.

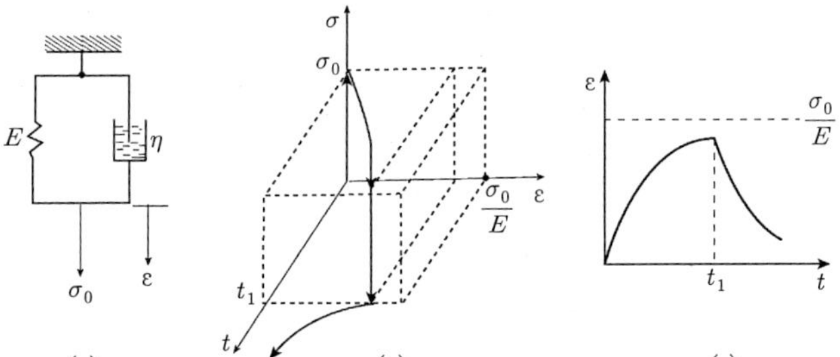

(a) (b) (c)

[그림 4-10] Kelvin 모형 및 응력-변형률-시간곡선

Kelvin 모형은 물체에 일정한 응력이 작용하였을 때 시간에 따른 변형량의 변화, 즉 크리프 현상을 설명하는 모형으로 다음과 같은 식으로 표시된다.

$$\epsilon(t) = \frac{\sigma_0}{E}\left[1 - \exp(\frac{-t}{\tau_r})\right] \tag{4-15}$$

여기서, $\epsilon(t)$: 임의의 시간 t에서의 변형률(m/m)
σ_0 : 초기응력(Pa)
E : 탄성계수(Pa)
τ_r : 지연시간(retardation time =η/E, s)

4.3.4 응력이완거동과 크리프거동

농산물이 선형 점탄성거동(linear viscoelastic behavior)을 하는 경우라도 Maxwell 모형만으로는 그 거동을 충분히 표현할 수 없는 경우가 대부분이다. 따라서 이러한 문제점을 보완하기 위한 모형이 일반화 Maxwell 모형이다.

그림 4-11에서 보는 바와 같이 일반화 Maxwell 모형(generalized Maxwell model)은 n개의 Maxwell 요소를 병렬로 연결한 모형이다. 일반화 Maxwell 모형에서 초기변형량(initial deformation)이 일정하게 유지된다면 이때 시편이 받는 응력은 n개의 Maxwell 요소가 각각 받는 응력의 합과 같고 그 식은 다음 식 (4-16)과 같다.

$$\sigma(t) = \epsilon_0\left[E_1\exp(\frac{-t}{\tau_1}) + E_2\exp(\frac{-t}{\tau_2}) + E_3\exp(\frac{-t}{\tau_3}) + \cdots + E_n\exp(\frac{-t}{\tau_n}) + E_e\right] \tag{4-16}$$

여기서, $\sigma(t)$: 임의의 시간 t에서의 잔류응력(Pa)
E_n : n번째 Maxwell 요소의 감쇠탄성계수(Pa)
E_e : 평형탄성계수(Pa)
ϵ_0 : 초기변형률(m/m)
τ_n : n번째 Maxwell 요소의 이완시간(s)

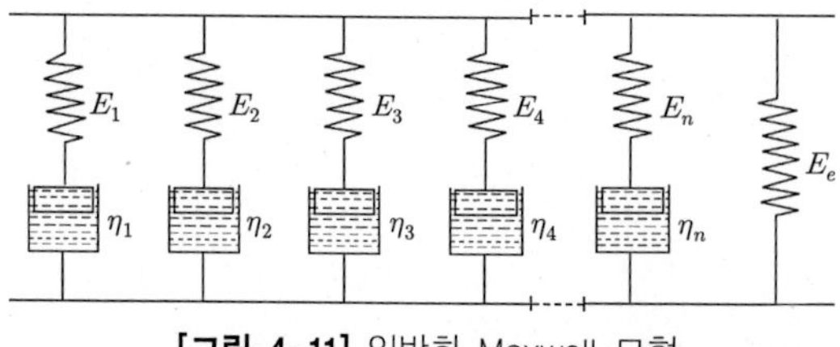

[그림 4-11] 일반화 Maxwell 모형

대부분의 생물체는 생물체항복점 이하의 작은 하중에도 작용하는 시간이 길어지면 손상을 입게 되는데, 이러한 현상은 하중재하 시 생물체 크리프거동과 매우 밀접한 관계가 있으며 크리프거동을 측정하기 위한 장치는 그림 4-12와 같다.

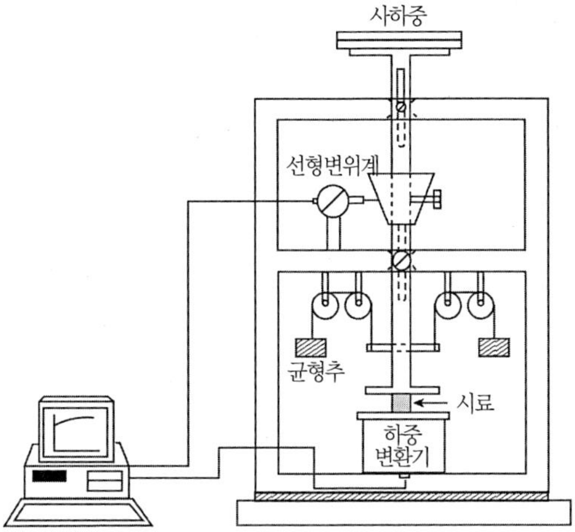

[그림 4-12] 크리프 실험장치

응력이완특성에서와 같이 Kelvin 모형만으로는 농산물과 같은 생물체의 크리프거동을 정확히 나타낼 수 없다. 크리프거동을 정확히 나타내려면 그림 4-13에서 보는 바와 같이 n개의 Kelvin 모형과 스프링과 대시포트를 직렬로 연결한 일반화 Kelvin 모형이 있으며 식 (4-17)과 같다.

$$\begin{aligned}\epsilon(t) = &\frac{\sigma_0}{E_0}+\frac{\sigma_0}{E_{r_1}}[1-\exp(-t/\tau_{r_1})]+\frac{\sigma_0}{E_{r_2}}[1-\exp(-t/\tau_{r_2})]\\ &+\frac{\sigma_0}{E_{r_3}}[1-\exp(-t/\tau_{r_3})]+\cdots+\frac{\sigma_0}{E_{rn}}[1-\exp(-t/\tau_{r_n})]+\frac{\sigma_0}{\eta_v}t\end{aligned} \quad (4\text{-}17)$$

여기서, $\epsilon(t)$: 임의의 시간 t에서의 변형률(m/m)

σ_0 : 초기응력(Pa)

E_0 : 순간탄성계수(instantaneous elastic modulus)(Pa)

E_{rn} : 지연탄성계수(retardation elastic modulus)(Pa)

τ_{rn} : 지연시간(retardation time=η_{rn}/E_{rn})(s)

η_v : 점성계수(Pa·s)

대부분 농산물 및 식품의 크리프거동은, 응력이완 거동과는 달리, 일반화 Kelvin 모형에서 Kelvin 요소 하나와 스프링 및 대시포트를 결합한 4요소 모형인 Burgers 모형으로 충분히 설명될 수 있다.

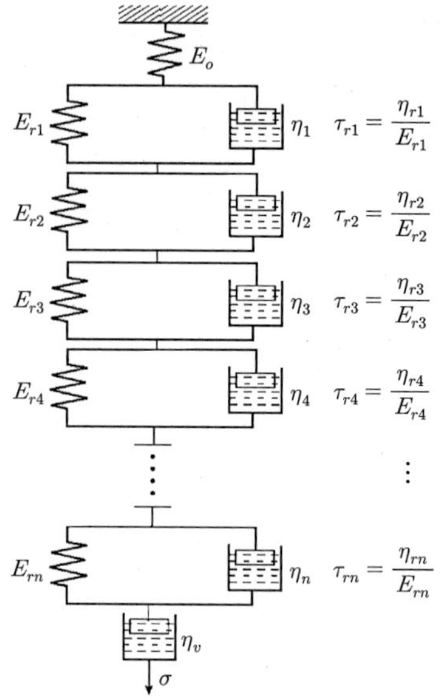

[그림 4-13] 일반화 Kelvin 모형

Burgers 모형은 스프링과 Kelvin 요소 하나 및 대시포트를 직렬로 결합한 모형으로 그림 4-14에서와 같은 구조이며 그 식은 다음과 같다.

$$\epsilon(t) = \frac{\sigma_0}{E_0} + \frac{\sigma_0}{E_r}[1-\exp(-t/\tau_r)] + \frac{\sigma_0}{\eta_v}t \tag{4-18}$$

여기서, E_o : 순간탄성계수(instantaneous elastic modulus)(Pa)

E_{rn} : 지연탄성계수(retarded elastic modulus)(Pa)

τ_r : 지연시간$(= \eta_r / E_r)$(s)

η_v : 대시포트의 점성계수(Pa·s)

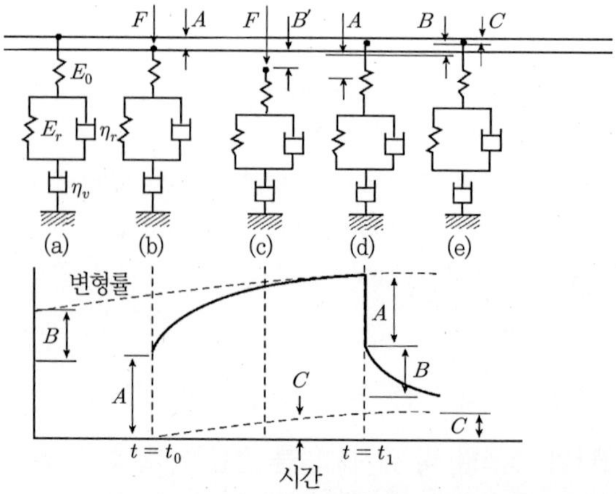

[그림 4-14] Burgers 모형과 크리프거동

4.3.5 농산물의 종말속도

종말속도(terminal velocity)는 부유속도(suspension velocity)라고도 하며 어떤 물체가 자유낙하할 때 물체의 항력(drag)과 물체의 순수한 중력(물체의 무게-부력)이 같아지는 순간의 물체의 낙하속도로 정의된다. 직경이 d인 구형물체의 경우 이러한 관계를 식으로 나타내면 다음과 같다.

$$\frac{1}{2} C_D \rho_f V_t (\frac{\pi d^2}{4}) = (\rho_p - \rho_f)(\frac{g \pi d^3}{6}) \quad (4-19)$$

$$C_D = \frac{4 \rho_f d^3 (\rho_p - \rho_f) g}{3 \mu^2 Re^2} = \frac{4d(\rho_p - \rho_f) g}{3 \rho_f V_t} \quad (4-20)$$

$$V_t = \frac{4}{3} \frac{d}{C_D} \frac{(\rho_p - \rho_f) g}{\rho_f} \quad (4-21)$$

여기서, d : 구형 물체의 직경(m)
ρ_p : 구형 물체의 밀도(kg/m^3)
ρ_f : 유체(공기)의 밀도(kg/m^3)
C_D : 물체의 항력계수(무차원)
g : 중력가속도(m/s^2)
V_t : 물체의 종말속도(m/s)
Re : 물체의 Reynolds 수(=$\frac{\rho_f V_t d}{\mu}$)
μ : 유체(공기)의 점성계수 (Pa·s)

식 (4-21)에서 보는 바와 같이 물체의 항력계수를 알면 종말속도는 바로 계산할 수 있다. 그러나 형상이 불규칙한 농산물과 같은 생물체의 항력계수는 측정하기가 쉽지 않다. 따라서 형상이 일정한 물체에 대한 항력계수만 오래전부터 실험에 의하여 잘 알려져 있으며 항력계수에 절대적인 영향을 미치는 Reynolds 수와의 관계식으로 표시되고 있다.

구형 물체에 대한 항력계수는 Reynolds 수가 1.0 이하로 매우 낮은 경우부터 10^6 정도까지의 전 범위에서 적용될 수 있는 다음과 같은 식이 알려져 있다.

$$C_D = (\frac{24}{Re})(1 + 0.15 Re^{0.687}) + \frac{0.42}{(1 + 4.25 \times 10^4 Re^{-1.16})} \quad (4-22)$$

식 (4-20)과 (4-22)를 조합하여 정리하면 다음과 같은 식이 되고 이 식으로부터 Reynolds 수를 구하여 구형 물체의 종말속도를 계산할 수 있다.

$$Ga = 18Re(1+0.15Re^{0.687}) + \frac{0.315Re^2}{(1+4.25\times 10^4 Re^{-1.16})} \qquad (4\text{–}23)$$

여기서, Ga = Galileo 수$(=\frac{\rho_f(\rho_p-\rho_f)gd^3}{\mu^2})$

먼저 물체의 직경과 밀도 등으로부터 Galileo 수를 계산한 후 식 (4–23)에 대입하여 수치해석적 방법으로 Reynolds 수를 구하여 이 값으로 종말속도를 계산한다.

이상의 종말속도 계산방법은 구형 물체에 관한 것이고 농산물과 같이 구형이 아닌 경우에는 물체의 구형률을 구하여 다음과 같은 실험식을 이용하여 종말속도를 계산한다.

$$\frac{(V_t)_\phi}{(V_t)_s} = 0.843\log(\frac{\phi}{0.065}) \qquad (4\text{–}24)$$

여기서, $(V_t)_\phi$: 구형률 ϕ인 물체의 종말속도(m/s)
$(V_t)_s$: 물체와 같은 체적인 구의 종말속도(m/s)
ϕ : 물체의 구형률 (소수치)

예제 4–6

진밀도가 1050 kg/m^{3}이고 체적이 27×10^{-9} m^{3}이며 구형률이 52%인 벼의 공기 중에서의 종말속도는 얼마인가? 단, 공기의 밀도는 1.2 kg/m^{3}이고 점성계수는 1.78×10^{-5} kg/m·s 이다.

풀 이

$$\frac{\pi}{6}d^3 = 27\times10^{-9} \qquad \therefore \ d = 3.7221\times10^{-3}\ \mathrm{m}$$

$$Ga = \frac{1.2(1050-1.2)\times9.81\times(3.7221\times10^{-3})^3}{(1.78\times10^{-5})^2} = 2{,}009{,}402.963$$

이 값을 식 (4–23)에 대입하고 수치해석적 방법으로 Reynolds 수를 구하면 Re=2619.691이 되고 벼와 같은 체적의 구의 종말속도는

$$V_t = \frac{2619.091\times1.78\times10^{-5}}{1.2\times3.7221\times10^{-3}} = 10.4376\ \mathrm{m/s}$$

구형률 52%인 벼의 종말속도는 식 (4–24)로부터 다음과 같이 계산된다.

$$(V_t)_\phi = 0.843\times10.4376\times\log(\frac{0.52}{0.065}) = 7.9462\ \mathrm{m/s}$$

실제로 농산물의 종말속도를 측정하였던 여러 연구자들의 방법을 살펴보면 물체가 정지된 공기 중에서 낙하할 때 낙하하는 거리와 시간을 측정하여 종말속도를 계산하는 방법과

수직 풍동(wind tunnel)에 가는 망을 설치하여 그 위에 곡립을 올려놓고 송풍기를 이용해 곡립을 일정한 높이까지 뜨게 한 후 풍속(종말속도)을 측정하는 방법 등이 있다.

몇몇 농산물의 종말속도, 항력계수 및 Reynolds 수에 관한 자료는 표 4-13과 같다.

[표 4-13] 농산물의 종말속도, 항력계수 및 Reynolds 수

구 분	종말속도(m/s)	항력계수	Reynolds 수
밀	9.60	0.50	2700
밀짚(2.5 cm)	4.25	0.80	–
보리	7.60	0.50	2300
옥수수	11.40	056-070	5700
콩	14.50	0.45	6300
귀리	6.60	047-0.51	2000
감자	32.00	0.64	–
사과	42.00	–	190,000
살구	34.00	–	–
복숭아	42-44	–	–

4.4 전기적 특성

4.4.1 정전계 내에서의 유전체

농산물과 같은 생물체는 대부분 유전체(dielectric)에 속하는데, 유전체는 도체나 반도체와는 달리 원자의 최외각 전자의 수가 6개 이상으로 많은 원자와 다원자로 구성된 쌍극 또는 무쌍극 분자로 이루어진 물질을 말한다. 이와 같은 유전체의 분자는 외부에서 전계가 주어지더라도 쉽게 분리될 수 있는 전자를 가지고 있지 않다.

유전체의 분자는 전기적으로 중성일지라도 전계 속에 놓이면 전계가 각 대전된 입자에 영향을 주고 반대 방향으로 양·음 전하의 작은 이동을 유발하는데 이것을 구속전하(bound charge)라고 한다. 이와 같이 전하의 작은 이동에도 결국 유전체는 전계에 대하여 정렬하려는 분극화(polarization)가 일어나 전기쌍극자(electric dipole)가 생긴다. 전기쌍극자는 0이 아닌 전위(potential)와 전계강도(electric field intensity)를 가지므로 유도 전기쌍극자(induced electric dipoles)는 유전체의 내부와 외부에서의 전계를 변화시킨다.

그림 4-15는 평행판 커패시터 또는 콘덴서(capacitor or condenser)의 구조이다. 평행판

전극 사이에 유전상수(dielectric constant or permittivity)가 ϵ' 인 유전체가 채워져 있다고 할 때 커패시터의 전기용량(capacitance)은 다음 식과 같다.

$$C = \frac{\epsilon' A}{d} = \frac{\epsilon_r{}' \epsilon_0 A}{d} = \frac{8.85 \epsilon_r{}' A}{d} \tag{4-25}$$

$$\epsilon_r{}' = \frac{\epsilon'}{\epsilon_0} \tag{4-26}$$

여기서, C : 유전체의 정전용량(F)
ϵ' : 유전상수(F/m)
ϵ_0 : 진공에서의 유전상수(8.854 pF/m)
$\epsilon_r{}'$: 상대유전상수(무차원)
A : 전극판의 면적(m^2)
d : 전극판 사이의 거리(m)

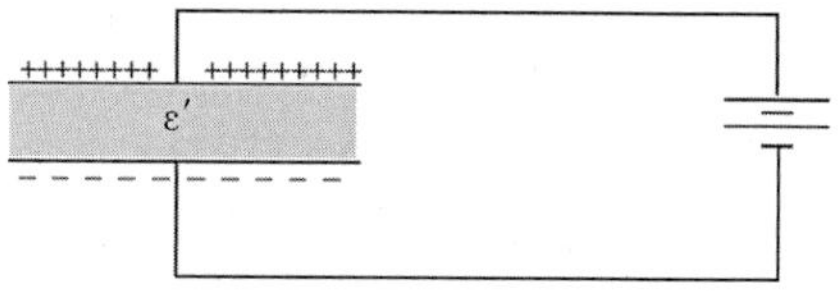

[그림 4-15] 평행판 커패시터

예제 4-7

한 변의 길이가 50 cm인 정사각형의 두 금속판이 10 mm의 간격으로 떨어져 있는 커패시터가 있다. 10 mm 사이에는 아래쪽에 6 mm 두께로 상대유전상수가 4인 유황이 채워져 있고 그 위쪽에는 4 mm의 공기층으로 되어 있다. 이 커패시터의 용량을 구하여라.

풀 이

이 커패시터는 6 mm의 유황과 4 mm의 공기로 채워진 두 개의 커패시터가 직렬로 연결되어 있는 것과 같다. 먼저 각각의 커패시터의 용량을 구하여야 한다.

$$C_a = \frac{8.854 \epsilon_r{}' A}{d} = \frac{8.854 \times 1 \times 0.5^2}{0.004} = 553 \text{ pF}$$

$$C_s = \frac{8.854 \epsilon_r{}' A}{d} = \frac{8.854 \times 4 \times 0.5^2}{0.006} = 1475 \text{ pF}$$

직렬로 연결된 두 커패시터의 총 용량은 다음 식으로 계산된다.

$$\frac{1}{C} = \frac{1}{C_a} + \frac{1}{C_s}, \quad C = \frac{C_a C_s}{C_a + C_s}$$

$$\therefore \ C = \frac{553 \times 1475}{553 + 1475} = 402 \text{ pF}$$

4.4.2 교번전계 내에서의 유전체

교류장 내의 유전체에서는 쌍극자의 방향전환과 누설 전류에 의하여 에너지가 손실되며 이와 같은 에너지는 열에너지로 발산된다. 교번전계 내에서 유전체의 전기적 특성은 실제로 손실이 있는 유전체로 채워진 커패시터 회로를 손실이 전혀 발생하지 않는 커패시터와 병렬로 연결되는 저항으로 구분함으로써 설명할 수 있다.

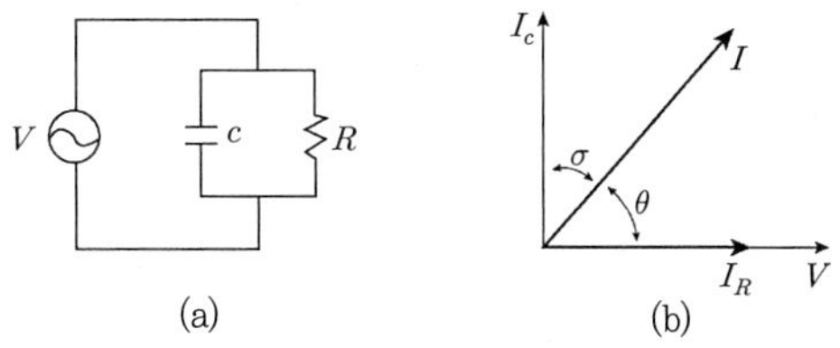

[그림 4-16] 교류전기장하에서의 유전체의 회로

그림 4-16과 같은 회로에 정현파 전압 $v = Ve^{jwt}$을 인가해 주면 커패시터와 저항에 흐르는 각각의 전류와 총 전류는 다음과 같다.

$$I_c = j\omega CV \tag{4-27}$$

$$I_R = \frac{V}{R} \tag{4-28}$$

$$I = (j\omega C + \frac{1}{R})V = (j\omega C + G)V \tag{4-29}$$

여기서, I_c : 커패시터의 전류(A)
I_R : 저항의 전류(A)
V : 전압(V)
R : 저항(Ω)
C : 용량(F)
G : 컨덕턴스 (conductance = $\frac{1}{R}$)(mhos, ℧)
ω : 각 주파수(Hz)
j : $\sqrt{-1}$

그림 4-16에서 총 전류 I와 커패시터 전류 I_c가 이루는 각 δ 는 커패시터에 손실이 전혀 발생되지 않을 때 흐르는 전류와 손실이 발생될 때 전류와의 위상차를 나타내는 것으로, 이 각을 손실각(loss angle)이라고 하며, 손실탄젠트(loss tangent)는 다음과 같이 정의한다.

$$\tan\delta = \frac{I_R}{I_c} = \frac{1}{\omega CR} \tag{4-30}$$

저항에 의한 손실에너지, 주파수당 손실에너지, 커패시터에 저장되는 최대 에너지는 각각 다음 식으로 나타낼 수 있다.

$$P_R = I_R^2 R = \frac{V^2}{R} = V^2 \omega C tan\delta \tag{4-31}$$

$$P_{cl} = \left(\frac{V^2}{R}\right)\left(\frac{2\pi}{\omega}\right) \tag{4-32}$$

$$P_{cm} = \frac{1}{2} C V_m^2 = \frac{1}{2} C(\sqrt{2}\, V)^2 = CV^2 \tag{4-33}$$

여기서, P_R : 저항에 의해 손실되는 에너지(J)

P_{cl} : 주파수당 손실에너지(J)

P_{cm} : 커패시터에 저장되는 최대 에너지(J)

V_m : 최대 전압(V)

손실탄젠트 또는 분산계수(dissipation factor)는 커패시터에 저장되는 최대 에너지에 대한 주파수당 손실에너지의 비로써 정의되며 식 (4-30)과 같이 된다.

유전체의 유전상수를 ϵ' 이라 하면 유전체의 용량은 다음 식과 같이 진공에서의 용량 C_0의 식으로 나타낼 수 있다.

$$C = \frac{\epsilon'}{\epsilon_0} C_0 \tag{4-34}$$

식 (4-30)과 (4-34)를 식 (4-29)에 대입하고 정리하면 다음 식과 같이 된다.

$$I = \frac{1}{\epsilon_0}(\epsilon' - j\epsilon' \tan\delta) j\omega C_0 V \tag{4-35}$$

여기서, $\epsilon' \tan\delta$를 손실계수(loss factor)라 정의하며 ϵ'' 로 나타낸다. 따라서 유전체의 유전상수는 다음과 같이 복소상대유전상수로 표시하며 각각 다음과 같이 정의한다.

$$\epsilon = \epsilon' - j\epsilon' \tan\delta = \epsilon' - j\epsilon'' \tag{4-36}$$

$$\epsilon_r = \frac{(\epsilon' - j\epsilon'')}{\epsilon_0} = \epsilon_r' - j\epsilon_r'' \tag{4-37}$$

여기서, ϵ_r : 복소상대유전상수(무차원)

4.4.3 전기적 특성의 측정

생물체의 유전특성 측정방법에는 1~900 MHz 주파수 대역에서 측정되는 공진법(Q-meter 이용법)과 동축형(coaxial) 샘플 홀더를 이용한 방법이 있으며 여기서는 Q-미터를 이용한 방법을 살펴보면 다음과 같다.

Q-미터를 이용하는 방법은 공진회로의 주파수 특성을 이용하는 공진법으로, 기준이 되는 공진회로에 피측정 소자를 접속하여 발생하는 공진주파수의 변화로부터 임피던스(impedance)를 측정하는 방법이다. Q-미터의 기본회로는 그림 4-17에서 보는 바와 같다.

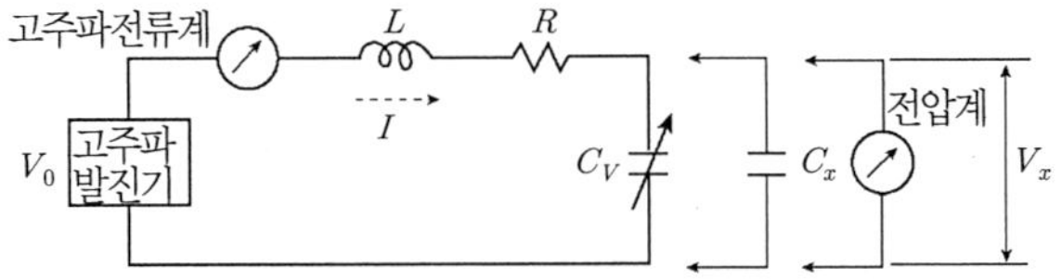

[그림 4-17] Q-미터의 기본회로도

그림에서 가변 콘덴서 C_v를 조정하여 공진(resonance)이 될 때 즉, $\omega L = \frac{1}{\omega C}$ 이고 $I = \frac{V_0}{R}$ 이 된다. 이때, 코일과 가변 콘덴서에 인가되는 전압은 다음과 같다.

$$V_L = \omega L I = \frac{\omega L}{R} V_0 \qquad (4-38)$$

$$V_c = \frac{I}{\omega C} = \frac{V_0}{\omega CR} = \frac{\omega L}{R} V_0 = V_L \qquad (4-39)$$

여기서, V_L : 코일에 인가되는 전압(V)
ω : 주파수(Hz)
L : 인덕턴스(inductance)(H)
ωL : 리액턴스(reactance) = 인피던스(impedance)의 허수부 = $\frac{1}{\omega C}$
R : 저항(Ω)
V_0 : 인가전압(V)
V_c : 콘덴서에 인가되는 전압(V)
I : 전류(A)
C : 콘덴서의 용량(F)

회로의 에너지 축적능력과 에너지손실과의 관계로 정의되는 Q는 다음 식과 같이 된다.

$$Q = \frac{V_c}{V_0} = \frac{\omega L}{R} = \frac{1}{\omega CR} \qquad (4-40)$$

측정방법은 가변콘덴서를 조정하여 전압계의 지시 값을 최대로 동조시킨 후 Q와 C를 읽어 Q_1, C_1으로 한다. 유전체를 평행판에 넣고 회로에 연결하여 위와 같은 방법으로 Q와 C 값을 읽어 Q_2, C_2라 하면 평행판 사이에 들어 있는 유전체의 유전상수 ϵ'은 다음 식과 같은 관계가 있다.

$$C_d = \frac{\epsilon_0 \epsilon' A}{d} \tag{4-41}$$

여기서, C_d : 유전체로 채워진 콘덴서의 용량(= $C_1 - C_2$) (F)
A : 평행판의 면적(m^2)
d : 평행판 사이의 거리(m)

분산계수(dissipation factor) 또는 Q factor는 다음 식으로 표시된다.

$$Q\ factor = Q_x = \frac{1}{\tan\delta} = \left(\frac{Q_1 Q_2}{Q_1 - Q_2}\right)\left(\frac{C_1 - C_2}{C_1}\right) \tag{4-42}$$

동력계수(power factor) PF는 Q_x에 따라 다음과 같이 두 경우로 계산된다.

$$① \ Q_x < 10, \ PF = \frac{\tan\delta}{(1+\tan^2\delta)^{1/2}} = \frac{1}{(1+Q_x^2)^{1/2}} \tag{4-43}$$

$$② \ Q_x > 10, \ PF = \frac{1}{Q_x} \tag{4-44}$$

예제 4-8

어떤 물질의 유전상수를 측정하기 위하여 평행판의 면적과 거리가 각각 $A = 52\times10^{-4}\ m^2$, $d = 8\times10^{-3}$ m인 Q-미터를 이용하였다. 주파수 10 MHz를 적용하여 시료 없이 측정한 Q, C 값이 Q_1=542.5, C_1=97.5 pF 이었고 시료를 채운 후에 Q_2 = 76 , C_2 = 77 pF 이었다면 이 물질의 유전상수와 동력계수를 계산하여라.

풀 이

$$\epsilon' = \frac{C_d \cdot d}{\epsilon_0 \cdot A} = \frac{(97.5-77)(8\times10^{-3})}{8.854\times(52\times10^{-4})} = 3.5621$$

$$Q_x = \left(\frac{Q_1 Q_2}{Q_1 - Q_2}\right)\left(\frac{C_1 - C_2}{C_1}\right) = \left(\frac{542.5\times76}{542.5-76}\right)\left(\frac{97.5-77}{97.5}\right) = 18.5828$$

따라서 $Q_x > 10$ 이므로 $PF = \frac{1}{Q_x} = \frac{1}{18.5828} = 0.0538 = \tan\delta$

4.4.4 전기적 특성의 응용

생물체와 같은 유전체의 고주파 저항은 상대유전 손실계수의 함수로 나타낼 수 있으며 고주파 저항과 생물체의 함수율(%) 및 온도 간의 관계도 실험식으로 나타낼 수 있으므로 생물체의 상대유전 손실을 측정함으로써 비파괴적으로 생물체의 함수율을 측정할 수 있다. 또한 콘덴서에 채워진 유전체의 유전상수와 함수율 간에도 일정한 관계가 있으므로 이를 이용하여 생물체의 함수율을 측정하기도 한다.

생물체를 고주파 또는 마이크로파의 전계에 노출시키면 구성분자는 분극을 일으키고 분극분자는 심한 회전운동과 진동이 유발되어 분자끼리의 마찰에 의하여 내부에 열이 발생된다. 식품에서 마이크로파 가열을 위한 주파수는 13.56~24125 MHz 범위가 이용되지만 주로 2.45 GHz의 주파수가 이용된다.

유전가열(dielectric heating)에 의하여 생물체의 단위체적(m^3)당 발생되는 열에너지는 다음 식으로 계산할 수 있다.

$$P = 55.6 \times 10^{-12} f \epsilon_r'' E^2 \tag{4-45}$$

여기서, P : 단위체적당 발생되는 열에너지(W/m^3)
f : 주파수(Hz)
E : 전계강도(V/m)
ϵ_r'' : 유전체의 상대 유전손실계수(무차원)

마이크로파에 의한 식품의 가열은 일차적으로 마이크로파에 의하여 일정한 깊이까지 열이 발생되고 이차적으로 전도에 의하여 열이 내부로 전달된다. 유전가열에서는 단순히 주파수를 높임으로써 발생되는 열에너지가 증가하는 것이 아니라 주파수의 최적 값이 존재한다. 그림 4-18에서 보는 바와 같이 유전상수는 주파수에 따라 감소하고 특히 손실탄젠트(tanδ)는 주파수에 따라 최고점이 존재하기 때문이다.

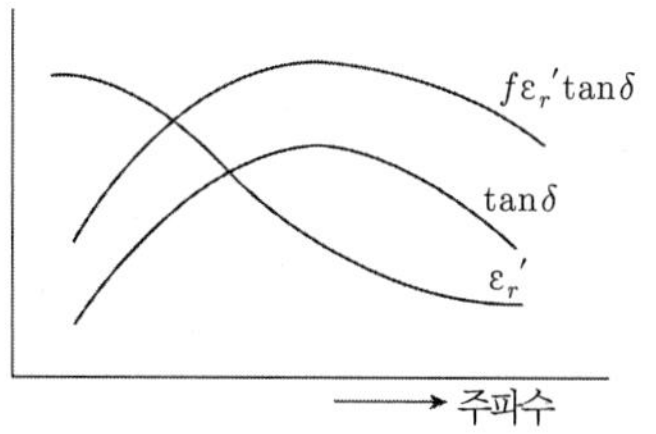

[그림 4-18] 유전가열의 주파수 특성

저장된 곡물 내에서 발생되는 해충의 박멸에도 유전가열이 이용된다. 즉, 곡물 내에 서식하는 해충의 유전특성(유전상수, 손실계수)을 측정하여 해충의 치사온도에 맞춰 가열시간과 발생열량을 조절함으로써 간단히 해충을 죽이는 방법이다.

4.5 광학적 특성

4.5.1 전자기 복사선과 물질의 상호작용

전자기 복사선(electromagnetic radiation)은 표 4-14에서 보는 바와 같이 γ선, x선, 자외선, 가시선, 적외선 및 마이크로파 등으로 구분하고 있다.

전자기 복사선의 주파수(f)는 전자기 복사선을 발생하는 광원에 의하여 결정되며 복사선이 통과하는 매질에 관계없이 일정하다. 일정한 주파수를 가지고 있는 전자기 복사선의 어떤 매질 내에서의 전파속도는 다음 식으로 표시된다.

$$V_i = f\lambda_i \tag{4-46}$$

여기서, V_i : 전자기 복사선의 매질 내 전파속도(m/s)
f : 주파수(Hz)
λ_i : 파장(m)

[표 4-14] 전자기 복사선의 종류와 주파수 범위

종 류	주파수 범위 [Hz]	파장 범위
γ 선	8×10^{18} 이하	0.04 nm 이상
X 선	8×10^{18} ~ 6×10^{16}	0.04 ~ 5 nm
자외선	6×10^{16} ~ 8×10^{14}	5 ~ 380 nm
가시선	8×10^{14} ~ 4×10^{14}	380 ~ 780 nm
적외선		
근적외선	4×10^{14} ~ 10^{14}	780 ~ 3000 nm
중적외선	10^{14} ~ 2×10^{13}	3 ~ 15 μm
원적외선	2×10^{13} ~ 9×10^{11}	15 ~ 300 μm
마이크로파	4×10^{10} ~ 8×10^{10}	0.75 ~ 3.75 mm

또한, 전자기 복사선의 주파수, 파장 및 광속(speed of light) 간에는 다음과 같은 관계가 있다.

$$f = \frac{c}{\lambda} \tag{4-47}$$

여기서, f : 주파수(Hz)
c : 진공에서의 광속(= 3×10^8 m/s)
λ : 파장(m)

전자기 복사선은 광자의 흐름(stream of photon)으로 설명될 수 있으며, 전자기 복사선의 광자에너지(energy of photon)는 복사선의 주파수에 따라 증가하고 다음 식과 같은 관계가 있다.

$$E_p = fh = \frac{hc}{\lambda} \tag{4-48}$$

여기서, E_p : 광자에너지(J)
h : Planck 상수(=6.63×10^{-34} J·s)

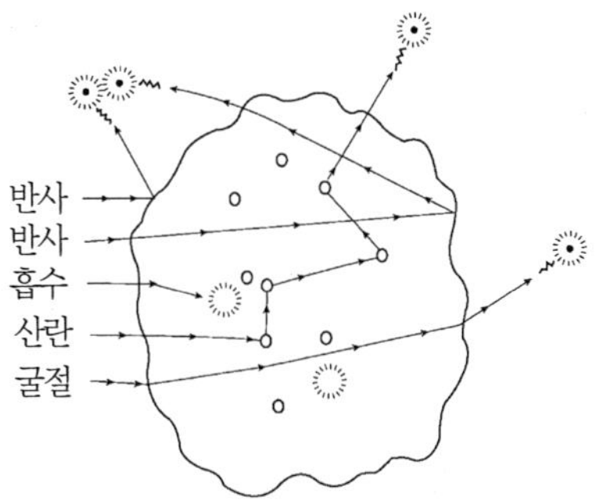

[그림 4-19] 고체에 입사된 빛의 경로

전자기 복사선 중에서 태양광의 복사에너지는 주로 350~950 nm의 파장대에 분포되어 있고 이러한 태양광이나 다른 광원으로부터 방사된 복사에너지가 물체에 반사되거나 투과된 빛을 인간의 눈이 감지하여 색을 분간한다. 이와 같이 빛이 물체에 도달하면 그 일부는 표면에서 반사되는데 이를 정반사(regular reflection, specular reflection)라고 한다. 이러한 표면반사는 입사하는 빛의 약 4%에 불과하고 대부분은 물체 내부로 전파되어 일부는 표면으로 다시 반사되는 체반사(body reflection)이고 다른 일부는 흡수(absorbed)되거나 투과(transmitted)된다.

빛이 물체에 수직으로 입사하는 경우 반사율(reflection)은 입사각의 함수이며 다음 식으로 나타낸다.

$$R = \left(\frac{n_2 - n_1}{n_2 + n_1} \right)^2 \tag{4-49}$$

여기서, R : 반사율(무차원)
n_1 : 제1매질의 굴절률(reflection index)
n_2 : 제2매질의 굴절률

빛의 입사각이 60° 이하이면 입사광의 96%가 물질 속으로 전달된다. 물질 속으로 전달된 빛 중에서 물질에 흡수되는 양은 빛의 파장, 물질의 이·화학적 조성과 물질 속으로 전달된 거리에 좌우된다.

어떤 물질에 조사된 빛의 흡수 정도, 즉 흡광도(absorbance)와 투과율(transmittance) 간에는 다음과 같은 관계식이 성립하고 이것을 Beer-Lambert 법칙이라고 한다.

$$T = \frac{I}{I_0} = e^{-Kt} \tag{4-50}$$

여기서, T : 투과율(무차원)
I : 투과된 빛의 복사에너지(J)
I_0 : 물질에 조사된 빛의 복사에너지(J)
K : 흡수율(m^{-1})
t : 투과물질의 두께(m)

이 식에서 흡광도를 광밀도(optical density) OD로 나타낼 때는 식 (4-50)의 지수바탕 e 대신에 상용대수의 바탕인 10을 사용하여 다음 식으로 표시한다.

$$T = \frac{I}{I_0} = 10^{-Kt} = 10^{-A} \tag{4-51}$$

양변에 상용대수(common logarithm)를 취하면 다음과 같은 흡광도의 식이 되고 이것을 광밀도라고도 한다.

$$\log_{10} \frac{1}{T} = A = OD \tag{4-52}$$

식에서 보면 투과가 100% 되어 투과율이 1인 경우에는 광밀도는 0 OD가 되고, 투과율이 10%는 1 OD, 투과율 1%인 경우에는 2 OD가 된다.

4.5.2 광학적 특성의 측정

광학적 특성을 측정하는 장치는 목적에 따라 여러 가지가 있으나 여기서는 농산물 및 식품과 같은 생물체의 품질 평가나 관리를 위한 광학적 특성 측정장치에 대하여 간단히 살펴보기로 한다.

생물체와 같은 불투명체의 색(color)은 반사율로 측정하는데 이때에도 평탄한 시료를 대상으로 한 평면으로부터의 반사광을 측정하는 것이다. 그러나 농산물과 같은 생물체의 표면은 평면이 아닌 경우가 대부분이다. 이런 경우에는 표면의 일부를 잘라서 2개의 유리판 사이에 끼워 누름으로써 평면 상태로 만들기도 하고 시료의 절단이 불가능한 경우에는 개체를 돌려가며 측정한 평균값을 이용한다. 또한, 치즈, 버터, 지방이 많은 고기, 함수율이 높은 과실과 과채류 등의 얇은 절편시료에서는 반투명의 경우가 많은데 이때에는 표준 두께로 가공한 시료 뒤에 표준 백색판을 대고 반사율을 측정하고 투명한 생물체의 시료의 경우에는 투과율을 측정하여 색을 결정한다.

물체의 반사율이나 투과율을 측정하는 데는 적분구(integrating sphere)를 이용한 측정 장치가 이용된다. 적분구는 내부가 난반사 물질로 코팅된 2개의 반구를 합친 형태이며 구의 내부로 유입된 빛(복사선)은 벽이나 시료에 의하여 난반사되며, 많은 난반사를 거친 후에 복사선의 분포가 균일해지도록 되어 있다. 그림 4-20은 적분구, 시료 검출기, 단색화 장치(monochromator) 및 광전증배관(photomultiplier)으로 구성된 과실의 반사율 측정장치의 한 예이다. 이 장치에서 시료의 위치를 바꾸어 유사한 방법으로 시료의 투과율을 측정할 수도 있다.

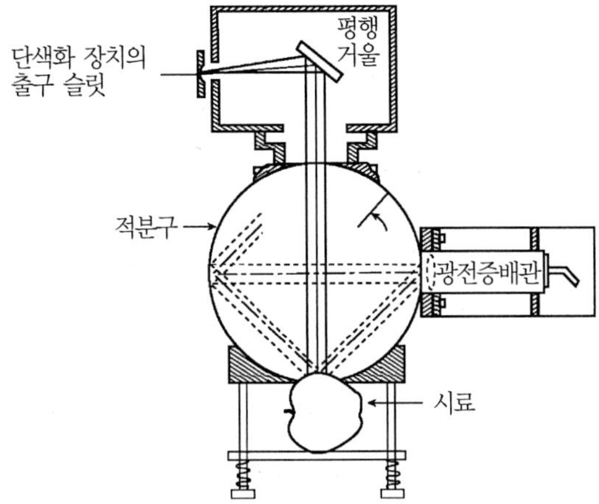

[그림 4-20] 적분구를 이용한 과실의 반사율 측정장치

적분구 이용한 측정장치의 출력신호를 최대로 하려면 적분구의 지름이 작을수록 좋지만 너무 작으면 시료표면으로부터의 정반사를 방지할 수 없다. 일반적으로 적분구의 지름은 시료 최대 지름의 5배 정도가 좋으며, 광전관 설치를 위한 검출기 포트(port)의 지름은 적분구의 1/10 정도가 되어야 한다.

4.5.3. 광학적 특성의 응용

물체에 조사된 광원에 대한 파장별 반사율과 투과율은 시료의 상태에 따라 다르다. 이와 같은 스펙트럼의 특성을 분석하여 농산물의 표면색이나 흠집 등의 외부 품질과 숙도, 성분 등과 같은 내부 품질을 판별할 수 있는 인자를 찾아 품질 판정과 선별 등에 응용하고 있다. 그림 4-21은 벼, 현미, 백미 및 착색립에 대한 가시광선 영역에서의 스펙트럼을 나타낸 것이다. 그림에서 보는 바와 같이 475 nm 부근의 파장대에서 각 곡립 간에 반사율의 차가 뚜렷하다는 것을 알 수 있다. 이 파장에서 반사율의 차를 이용하면 백미와 다른 시료를 구분할 수 있을 것이다.

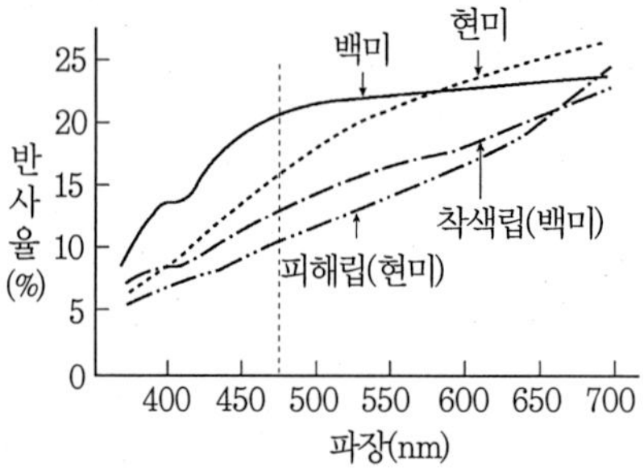

[그림 4-21] 백미, 현미, 착색립 및 피해립의 반사 스펙트럼

사과의 맛은 엽록소(chlorophyll) 함량이 적을수록 좋다는 것을 이용하여 사과 등급을 판별하는 방법을 개발한 경우도 있다. 판별기준은 692 nm와 742 nm에서의 광 밀도의 차와 엽록소 함량과의 관계식을 만들고 또 이것과 사과 맛과의 관계를 찾는 것이다.

그림 4-22는 옥수수의 함수율과 400~600 nm 파장대의 광밀도 차의 관계를 나타낸 것으로 이들 간에는 상당히 높은 상관관계가 있어 이러한 방법으로 옥수수의 함수율을 비교적 정확하게 측정할 수 있는 것으로 보고되어 있다.

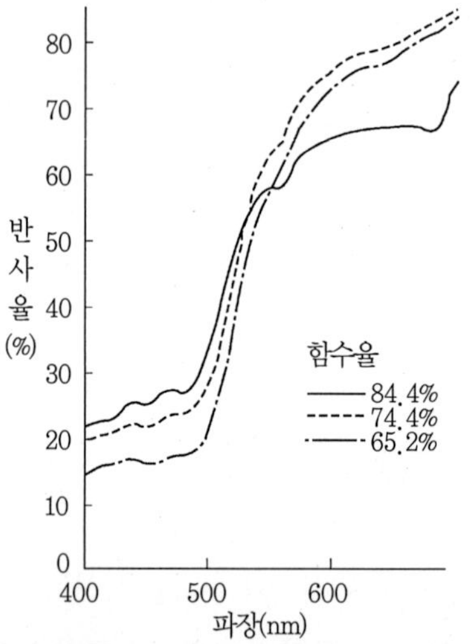

[그림 4-22] 옥수수의 함수율과 반사율과의 관계

이와 같은 농산물의 광학적 특성에 대한 자료들은 농산물의 품질을 비파괴적으로 비교적 신속 정확하게 계측하고 판정하기 위한 장치 개발에 기초자료로 사용될 수 있을 것이다.

연 | 습 | 문 | 제

1 표 4-1에 있는 콩의 자료를 이용하여 콩의 체적을 타원체의 공식으로 계산하고 표 4-5의 실측치와 비교하여라.

2 동심구(concentric sphere)의 방법으로 어떤 곡물의 열전도계수를 측정하려고 한다. 얇은 동판으로 만들어진 안쪽구와 바깥구의 반경은 각각 5 cm와 15 cm이다. 두 구 사이에 곡물시료를 채우고 안쪽구에 전류 0.059 A, 전압 70 V의 전열을 투입하였다. 전체 계측시스템을 정상상태(steady state)의 조건에 도달시키기 위하여 약 14시간이 지난 후에 안쪽구와 바깥구의 표면에서 온도를 측정하였더니 각각 46℃, 15℃였을 때 이 곡물의 열전도계수를 계산하여라.

3 열전도계수 프로브(thermal conductivity probe)를 닭고기에 삽입하고 열선의 저항이 112 Ω/m 인 열선에 0.214 A의 전류를 흘려 보낸 후 시간에 따른 온도를 측정하였더니 다음과 같은 자료를 얻었다. 반대수방안지(semi-log paper)에 온도와 시간 자료를 도시해 보고 닭고기의 열전도계수를 계산하여라. 온도와 시간의 간격을 달리하면서 열전도계수를 서로 비교하여라. 이 경우 열전도계수의 값이 서로 다를 경우 닭고기의 열전도계수는 어떻게 계산하는지 설명하여라.

시 간(s)	온 도(℃)	시 간(s)	온 도(℃)
5	15.09	60	17.14
10	15.69	70	17.29
20	16.26	80	17.39
30	16.59	90	17.51
40	16.84	100	17.58
50	17.01		

4 사과를 반으로 잘라 평판압축실험을 수행하였다. 이때 하중재하속도는 25 mm/min이었으며, 하중이 350 N일 때, 변형은 7.2 mm였다면 사과의 탄성계수를 계산하여라. 단, 사과의 포아송비는 0.26이고 사과의 상부 접촉면의 최소, 최대 곡률반경은 각각 4.05 cm, 4.96 cm였다.

5 길이 7.10×10^{-3} m, 폭 3.19×10^{-3} m, 두께 2.1×10^{-3} m인 벼 알을 평판압축실험한 결과 59 N의 힘을 가하였더니 0.22×10^{-3} m의 변형이 생겼다면 이 벼 알의 탄성계수는 얼마인지 계산하여라.

6 어떤 곡물의 응력이완 실험을 통하여 다음과 같은 응력이완 모형을 얻었다. 이 모형은 시간이 무한히 지난 후에도 응력이 모두 이완되는 이상적인 경우의 모형이다. 초기에 재하된 응력을 계산하고 이 응력의 반으로 이완되는 데 소요되는 시간을 구하여라.

$$\sigma(t) = 8.5944\exp\left(-\frac{t}{1221.5668}\right)$$

여기서, 응력의 단위는 MPa이고 시간의 단위는 sec이다.

7 직경 17.6×10^{-3} m, 길이 20×10^{-3} m의 원주시편을 배에서 채취하여 하중 재하속도 25 mm/min 및 초기 응력 0.0403 MPa에서 크리프 실험한 자료는 다음과 같다. 이 자료를 가지고 크리프 모형 중 Burgers 모형으로 나타내어라.

시 간(sec)	변형률(m/m)	시 간(sec)	변형률(m/m)
0	0.0109	120	0.0166
5	0.0122	170	0.0171
10	0.0131	220	0.0176
15	0.0138	270	0.0181
20	0.0143	320	0.0185
30	0.0150	390	0.0192
40	0.0155	460	0.0199
60	0.0159	530	0.0206
90	0.0163	600	0.0212

참고문헌

1. 김만수. 1981. "곡물의 물리적 특성 및 열 특성에 관한 연구". 서울대학교 박사학위논문.
2. 김만수 외 8인. 1998. **생물자원의 비파괴 물성 측정**. 문운당
3. 박종민. 1989. "곡립의 치수, 표면적 및 체적에 관한 연구". 충남대학교 석사학위 논문
4. 박종민. 1993. "과실의 점탄성 특성과 그 응용". 충남대학교 박사학위 논문
5. 정현모. 1999. "청과물의 기계적 특성에 관한 연구". 충남대학교 석사 학위 논문.
6. Arnold, P. C. and N. N. Mohsenin. 1971. Proposed techniques for axial compression tests on intact agricultural products of convex shape. *Trans. of the ASAE* 14(1) : 78-83.
7. ASAE. 2002. *ASAE Standard* : ASAE S368.1
8. ASHRAE. 1998. *Refrigeration Handbook*. ASHRAE.
9. Chen, P.,H. E. Studer and S. T. Lam. 1977. A bulk compressibility tester for agricultural products. *Trans. of the ASAE* 20(5) : 976-978.
10. Henderson, S.M., R.L.Perry and J.H.Young. 1997. *Prineiples of Process Engineering*. ASAE.

11. Holman, J.P. 2002. *Heat Transfer*(9th edition). MacGraw-Hill Co.
12. Liu, M., K. Haghighi, R. L. Stroshine, and E. C. Ting. 1990. Mechanical properties of the soybean cotyledon and failure strength of soybean kernels. *Trans. of the ASAE* 33(2) : 559-566.
13. Maw, B.W.etal. 1996. Physical and mechanical properties of fresh and stored sweet onions. *Trans. of the ASAE* 39(2) : 633-637
14. Mizrach, A., N. Galili, G. Rosenhouse, and D. C. Teitel. 1991. Acoustical, mechanical, and quality parameters of winter-grown melon tissue. *Trans. of the ASAE* 34(5) : 2135-2138.
15. Moshenin, N.N. 1980. *Thermal Properties of Food and Agricultural Materials*. Gordon and Breach science publishers
16. Mohsenin, N. N. 1986. *Physical Properties of Plant and Animal Materials*. Gordon and Breach Science Publishers.
17. Nelson, S.O. 2002. Dimensional and density data for seeds of cereal grain and other crops. *Trans. of the ASAE* 45(1) : 165-170
18. Perez-Alegria, L.R. etal. 2001. Physical and thermal properties of parchment coffee Bean. *Trans. of the ASAE* 44(6) : 1721-1726
19. Rao, M.A. and S.S.H. Rizvi. 1995. *Engineering Properties of Foods*. New York, Marcel Dekker, Inc.
20. Sitkei, Gyorucy. 1986. *Mechanics of Agricultural Materials*. Elsvier.
21. Urena, M. O., M. G. Galvan and A. A. Teixeira. 2002 Measurement of aggregate true particle density to estimate grain mixture composition. *Trans. of the ASAE* 45(6) : 1925-1928.
22. Whitelock, D.P., G.H.Brusewitz, and A.J.Ghajar. 1999. Thermal/physical properties affect predicted weight loss of fresh peach. *Trans. of the ASAE* 42(4) : 1047-1053

Post-Harvest Process Engineering

Chapter 05 습공기의 성질

Chapter

05 습공기의 성질

수증기를 포함하고 있는 공기를 습공기(moist air)라고 한다. 공기조화, 냉동, 건조, 저장 등의 중요한 단위공정을 분석하고 이와 관련된 단위기계를 설계하는 데는 습공기의 성질 및 상태변화에 대한 이해가 필수적이다.

이 장에서는 포화수증기압, 포화온도, 절대습도, 상대습도, 엔탈피, 비체적, 습구온도, 노점온도 등의 습공기 성질 사이의 상호 관계식을 이용하여 이들을 계산하는 방법과 간편한 습공기선도를 이용하는 방법을 다룬다. 또한 가열, 냉각, 가습, 제습, 혼합 등에 따른 습공기의 상태 변화에 대하여 다룬다.

5.1 습공기의 조성

대기 중의 공기는 소량의 수증기를 포함하고 있으며, 이를 습공기라고 한다. 반면에 수증기를 포함하고 있지 않은 공기를 건공기(dry air)라고 한다. 습공기는 건공기와 수증기의 혼합물로 취급한다. 건공기는 질소와 산소가 주성분이며 소량의 아르곤, 탄산가스, 네온 등으로 구성된 혼합기체로 그 조성은 대체로 일정한 데 비하여 수증기의 양은 바다, 호수, 강, 비, 심지어 사람으로부터 증발과 응축의 결과로 그 양이 변한다. 공기 중의 수증기의 양은 비록 적을지라도 사람의 쾌적감에 중요한 역할을 한다. 따라서 그 양은 공기조화장치에서 중요하게 다루어진다.

[표 5-1] 건공기의 조성

성 분	분자량	몰분율
산 소	32.000	0.2095
질 소	28.016	0.7809
아 르 곤	39.994	0.0093
탄 산 가 스	44.010	0.0003

건공기의 조성은 표 5-1과 같으며, 분자량이 28.9645, 기체상수 287.055 J/kg·K인 이상기체로 간주한다. 건공기의 정압비열은 1006.93 J/kg·K이다.

대기압하에서 습공기에 포함된 수증기는 부분압력이 매우 낮은 포화증기 또는 과열증기의 상태로 존재한다. 이러한 낮은 압력하에서 수증기는 이상기체처럼 거동하며, 수증기의 분자량은 18.01528, 기체상수는 461.520 J/kg·K, 정압비열은 1875.6864 J/kg·K이다.

5.2 습공기의 성질

습공기의 상태를 결정하는 데 필요한 상태량을 습공기의 성질이라 한다. 습공기에 포함된 수증기의 양은 변하기 때문에 모든 성질의 계산은 건공기에 기초한다. 습공기의 성질에는 수증기의 양을 나타내는 절대습도, 상대습도 및 수증기압, 온도에는 건구온도, 습구온도 및 노점온도가 있으며, 열량은 엔탈피, 체적은 비체적으로 나타낸다.

습공기 성질 사이의 상호 관계식은 습공기를 건공기와 수증기가 혼합된 이상기체로 간주하고, 이상기체의 법칙으로부터 유도되거나 실험자료로부터 개발된 식이다. 여기서는 미국농공학회 표준규격(ASAE D271.2)으로 사용되고 있는 관계식을 중심으로 기술한다.

5.2.1 포화수증기압

습공기의 압력은 건공기의 분압과 수증기의 분압의 합이다. 수증기분압은 습공기 중의 수증기 분자가 나타내는 분압이다. 건공기는 온도에 따라서 포함할 수 있는 수증기량이 제한되며, 일정량 이상의 수증기는 물방울로 변하여 이탈한다. 온도가 높을수록 포함할 수 있는 수증기량은 증가한다. 주어진 온도에서 가능한 최대 수증기를 포함하고 있는 습공기를 포화공기(saturated air)라고 하며, 포화공기의 수증기분압을 포화수증기압(saturated vapor pressure)이라고 하고, 포화공기의 온도를 포화온도(saturated temperature)라고 한다.

습공기의 포화수증기압은 순수 물의 포화수증기압과 미세한 차이가 있으나 실제의 공학적인 계산에는 차이가 없다. 따라서, 수증기표의 포화수증기압을 습공기의 포화수증기압으로 사용할 수 있으며, 이는 표 5-2와 같다. 포화수증기압과 포화온도의 관계식은 표 5-2의 실험자료를 예측식에 적합시키거나, Clausius-Clapeyron의 온도와 포화증기압의 관계식을 이용하여 유도할 수 있다. 0℃ 이상 영역에 대한 식 (5-1)은 수증기표에 주어진 실험 자료를 예측식에 적합시킨 실험식이며, 0℃ 이하에 대한 포화수증기압을 나타내는 식 (5-2)는 Clausius-Clapeyron식에 근거한 것이다.

(1) T ≥ 273.16 K일 때,

$$\ln\left(\frac{P_s}{R'}\right) = \frac{A + BT + CT^2 + DT^3 + ET^4}{FT - GT^2} \tag{5-1}$$

여기서, P_s : 포화수증기압(Pa), T : 절대온도(K)

R' = 22,105,649.25, A = −27,405.526, B = 97.5413,
C = −0.146244, D = 0.12588×10^{-3}, E = -0.48502×10^{-7}
F = 4.34903, G = 0.39381×10^{-2}

(2) T < 273.16 K일 때,

$$\ln P_s = 31.9602 - \frac{6270.3605}{T} - 0.46057 \ln T \tag{5-2}$$

예제 5-1

온도 20℃인 습공기의 포화수증기압을 구하여라.

풀 이

식 (5-1)을 사용하여 계산하면,

$$\ln\left(\frac{P_s}{R'}\right) = \frac{A + B(293.16) + C(293.16)^2 + D(293.16)^3 + E(293.16)^4}{F(293.16) - G(293.16)^2}$$

$$= -9.1544017$$

따라서, $P_s = R' e^{-9.1544} = 22{,}105{,}649.25 \ e^{-9.1544} = 2338 \text{ Pa}$

이는 표 5-2의 2.3389 kPa과 같은 값이다.

5.2.2 포화온도

포화압력이 주어질 때 식 (5-1) 또는 식 (5-2)를 수치해법으로 온도에 관하여 풀면 포화온도를 구할 수 있으나, Steltz와 Silvestri(1958)가 제시한 다음 식을 이용하는 것이 편리하다.

$$T_s - 255.38 = \sum_{i=0}^{i=8} A_i [\ln(0.00145 P_s)]^i \tag{5-3}$$

여기서, A_0 = 19.5322, A_1 = 13.6626, A_2 = 1.17678
A_3 = −0.189693, A_4 = 0.087453, A_5 = −0.0174053
A_6 = 0.00214768, $A_7 = -0.138343 \times 10^{-3}$, $A_8 = 0.38 \times 10^{-5}$

예제 5-2

포화압력이 4246 Pa일 때 포화온도를 구하여라.

풀 이

식 (5-3)에서 P_s = 4246 Pa을 대입하면, T_s = 303.17 K를 얻는다. 표 5-2의 30℃와 일치한다.

5.2.3 절대습도

절대습도(absolute humidity)는 습공기 중의 건공기 질량에 대한 수증기 질량의 비이다. 즉, 절대습도는 건공기의 단위질량당 수증기의 질량으로 표시한다. 절대습도를 습도비(humidity ratio) 또는 비습도(specific humidity)라고도 한다.

임의의 온도 T, 체적 V의 습공기에 이상기체의 법칙을 적용하여 수증기 질량(m_v)과 건공기의 질량(m_a)을 계산하면,

$$m_v = \frac{P_v V}{R_v T} \tag{5-4}$$

$$m_a = \frac{P_a V}{R_a T} \tag{5-5}$$

여기서, m_v : 수증기의 질량(kg)
m_a : 건공기의 질량(kg)
P_v : 수증기 분압(Pa)
P_a : 건공기 분압(Pa)
R_v : 수증기 기체상수(461.520 J/kg·K)
R_a : 건공기 기체상수(287.055 J/kg·K)

따라서, 절대습도(H)는 다음 식으로 표시된다.

$$H = \frac{m_v}{m_a} = \frac{R_a P_v}{R_v P_a} = \frac{R_a P_v}{R_v (P_{atm} - P_v)} \tag{5-6}$$

여기에 R_v와 R_a값을 대입하고 정리하면,

$$H = \frac{0.6219 P_v}{P_{atm} - P_v} = 0.6219 \frac{\phi P_s}{P_{atm} - \phi P_s} \tag{5-7}$$

여기서, ϕ는 상대습도이며, 포화공기의 절대습도는 식 (5-7)에 상대습도 ϕ = 1.0을 대입하여 계산할 수 있다. 온도별 포화공기의 절대습도는 표 5-2와 같다. 온도별 습공기의 절대습도와 포화공기의 절대습도의 비를 포화도라고 한다.

예제 5-3

20℃ 포화공기의 절대습도를 구하여라. 대기압은 101,325 Pa이다.

풀 이

20℃ 포화공기의 포화수증기압은 예제 5-1에서 2338 Pa이다. 따라서 식 (5-7)에서 절대습도를 계산하면,

$$H = 0.6219 \frac{P_s}{P_{atm} - P_s} = 0.6219 \frac{2338}{101{,}325 - 2338} = 0.0147\ \mathrm{kg/kg}$$

표 5-2의 0.014758과 거의 일치한다.

5.2.4 상대습도

상대습도는 포화공기 중의 수증기 질량(m_{vs})에 대한 같은 온도의 실제 습공기 중의 수증기 질량(m_v)의 비이다.

$$\phi = \frac{m_v}{m_{vs}} = \frac{P_v V / R_v T}{P_s V / R_v T} = \frac{P_v}{P_s} \tag{5-8}$$

따라서, 상대습도는 동일 온도에서 포화수증기압에 대한 습공기의 수증기압의 비이며, P_v와 P_s가 같을 때 공기는 포화되며 상대습도는 100%이다.

예제 5-4

온도 20℃, 상대습도 75%인 습공기의 수증기 분압을 구하여라.

풀 이

온도 20℃에서 포화수증기압 P_s=2338 Pa이다. 따라서 $P_v = \phi P_s = 0.75(2338) = 1754\ \mathrm{Pa}$

5.2.5 증발잠열, 승화열

수분증발잠열은 온도의 함수이며, 실험자료를 이용하여 개발된 다음 식이 이용된다.

(1) 0 ≤ T ≤ 338.72 K일 때,

$$h_{fg} = 2,502,535.259 - 2,385.76424(T - 273.16) \quad (5\text{-}9)$$

[표 5-2] 온도별 포화수증기압과 포화공기의 절대습도

온도 (℃)	포화수증기압 (kPa)	포화절대습도 (kg/kg)	온도 (℃)	포화수증기압 (kPa)	포화절대습도 (kg/kg)
−10	0.25991	1.6062×10^{-3}	31	4.4961	29.014×10^{-3}
−9	0.28393	1.7551	32	4.7586	30.793
−8	0.30993	1.9166	33	5.0345	32.674
−7	0.33821	2.0916	34	5.3242	34.660
−6	0.36874	2.2811	35	5.6280	36.756
−5	0.40178	2.4862	36	5.9468	38.971
−4	0.43748	2.7081	37	6.2812	41.309
−3	0.47606	2.9480	38	6.6315	43.778
−2	0.51773	3.2074	39	6.9988	46.386
−1	0.56268	3.4874	40	7.3838	49.141
0	0.6112	3.789	41	7.7866	52.049
1	0.6571	4.076	42	8.2081	55.119
2	0.7060	4.381	43	8.6495	58.365
3	0.7581	4.707	44	9.1110	61.791
4	0.8135	5.054	45	9.5935	65.411
5	0.8725	5.424	46	10.0982	69.239
6	0.9353	5.818	47	10.6250	73.281
7	1.0020	6.237	48	11.1725	77.556
8	1.0729	6.683	49	11.7502	82.077
9	1.1481	7.157	50	12.3503	86.858
10	1.2280	7.661	51	12.9764	91.918
11	1.3128	8.197	52	13.6293	97.272
12	1.4026	8.766	53	14.3108	102.948
13	1.4979	9.370	54	15.0205	108.959
14	1.5987	10.012	55	15.7601	115.321
15	1.7055	10.692	56	16.5311	122.077
16	1.8185	11.413	57	17.3337	129.243
17	1.9380	12.178	58	18.1691	136.851
18	2.0643	12.989	59	19.0393	144.942
19	2.1979	13.848	60	19.9439	153.54
20	2.3389	14.758	61	20.8858	162.69
21	2.4878	15.721	62	21.8651	172.44
22	2.6448	16.741	63	22.8826	182.84
23	2.8105	17.821	64	23.9405	193.93
24	2.9852	18.963	65	25.0393	205.79
25	3.1693	20.170	66	26.1810	218.48
26	3.3633	21.448	67	27.3664	232.07
27	3.5674	22.798	68	28.5967	246.64
28	3.7823	24.226	69	29.8741	262.31
29	4.0084	25.735	70	31.1986	279.16
30	4.2462	27.329	71	32.5734	297.34

※ 자료: ASHRAE Fundamentals 2000

(2) 338.72 ≤ T ≤ 533.16 K일 때,

$$h_{fg} = (7,329,155,978,000 - 15,995,964.08\,T^2)^{\frac{1}{2}} \quad (5\text{-}10)$$

0℃ 이하 온도에 대한 얼음의 승화열은 다음 식으로 계산한다.

$$h_{ig} = 2,839,683.144 - 212.56384\,(T - 255.38) \quad (5\text{-}11)$$

위 식에서 h_{fg}와 h_{ig}의 단위는 J/kg이다.

예제 5-5

온도 20℃ 물의 포화액의 증발잠열을 구하여라.

풀 이

식 (5-9)에서,

$h_{fg} = 2,502,535.259 - 2,385.76424 \times 20 = 2,454,819$ J/kg $= 2454.8$ kJ/kg

증기표의 2454.1 kJ/kg과 거의 동일한 값이다.

5.2.6 엔탈피

엔탈피는 0℃를 기준온도로 하여 건공기의 단위질량당 습공기에 포함된 열용량을 나타낸다.

습공기의 엔탈피는 건공기의 엔탈피와 수증기의 엔탈피의 합이다. 즉,

$$h = h_a + H h_v \quad (5\text{-}12)$$

여기서, h : 습공기 엔탈피(kJ/kg-dry air)
h_a : 건공기 엔탈피(kJ/kg-dry air)
h_v : 수증기의 엔탈피(kJ/kg-water)

0℃를 기준온도로 할 때, t℃ 건공기의 엔탈피 h_a는

$$h_a = c_a t = 1.007t \quad (5\text{-}13)$$

여기서, c_a는 건공기의 정압비열(1.007 J/kg·K)이다.

수증기의 엔탈피는 다음과 같이 표시된다.

$$h_v = c_v t + (h_{fg})_0 \tag{5-14}$$

여기서, c_v는 수증기의 비열(1.876 kJ/kg·K)이며, $(h_{fg})_0$는 0℃에서의 물의 증발잠열이다. 0℃에서의 물의 증발잠열을 2502.535 kJ/kg으로 취하면, 수증기의 엔탈피(kJ/kg)는 다음 식으로 표시된다.

$$h_v = 2502.535 + 1.876\, t \tag{5-15}$$

따라서, 습공기의 엔탈피(kJ/kg)는 다음 식으로 표시된다.

$$h = 1.007t + H(2502.535 + 1.876t) \tag{5-16}$$

예제 5-6

온도 60℃인 수증기의 엔탈피를 구하여라.

풀 이

식 (5-15)에서,

$h_v = 2502.535 + 1.876\, t = 2502.535 + 1.876(60) = 2615.1$ kJ/kg

예제 5-7

건구온도 60℃, 절대습도 0.02인 습공기의 엔탈피를 구하여라.

풀 이

식 (5-16)에서,

$h = 1.007t + H\ (2502.535 + 1.876t)$

$= 1.007(60) + 0.02(2502.535 + 1.876(60)) = 112.7$ kJ/kg

5.2.7 비체적

비체적은 건공기 단위질량당 습공기가 차지하는 체적이다. 건공기 1 kg당 건공기의 체적과 습공기의 체적이 같으므로, 비체적은 건공기의 상태방정식을 이용하여 다음 식으로 표시할 수 있다.

$$v = \frac{R_a T}{P_a} = \frac{287\, T}{P_{atm} - P_v} \tag{5-17}$$

식 (5-7)을 P_v에 관해 풀어서 식 (5-17)에 대입하면,

$$v = \frac{287\,T}{P_{atm}}(1 + 1.608H) \tag{5-18}$$

위 식에서 v의 단위는 m^3/kg, 온도(T)는 절대온도(K)이며, 압력의 단위는 Pa이다.

예제 5-8

건구온도 20℃, 상대습도 75%인 습공기의 비체적을 구하여라.

풀 이

예제 5-4에서 수증기 분압 P_v = 1754 Pa이다. 따라서, 식 (5-17)에서,

$$v = \frac{287\,T}{P_{atm} - P_v} = 287(293.16)/(101{,}325 - 1754) = 0.845\ m^3/kg$$

5.2.8 노점온도

습공기는 과열상태이며, 포화되지 않은 공기이다. 습공기를 냉각하면 공기가 포함할 수 있는 최대 수분량도 감소하게 되며 결국 공기의 수분함유능력은 공기가 보유하고 있는 수분량과 같아질 것이다. 이 상태에서 공기는 포화되어 상대습도는 100%가 된다. 온도가 더욱 낮아지면 공기 중의 수분 일부가 응축되어 이슬이 형성된다.

노점온도(dew point temperature)는 공기가 일정 압력에서 냉각될 때 응축이 시작되는 온도를 말한다. 또 다른 표현으로 노점온도는 주어진 수증기압에서의 포화온도이다. 따라서 수증기표에서 습공기의 수증기압에 해당하는 포화온도를 찾으면 노점온도를 구할 수 있다.

5.2.9 습구온도

습구온도계는 감온부가 물에 젖은 헝겊으로 싸여 있다. 이 감온부를 속도 4.6 m/s 이상의 속도로 흐르는 공기에 노출시키면 감온부의 온도는 헝겊을 적시고 있는 물의 온도가 된다. 이 온도를 습구온도(wet bulb temperature)라고 한다.

습공기가 습구온도계의 습구를 통과할 때 물에 젖은 헝겊에서 증발이 일어나게 되며, 수분 증발에 의한 냉각효과로 습구의 온도가 통과 공기의 온도 이하로 하강한다. 통과 공기

에서 습구로 대류열전달이 일어나면서 온도평형에 이른다. 온도평형의 순간에 대류열전달량과 수분증발잠열이 같아지며, 이 평형온도를 습구온도라 한다.

Brunt는 습구온도를 계산할 수 있는 다음 식을 제시하였다.

$$T_w = \frac{1}{B}(P_{sw} - P_v) + T \qquad (5\text{-}19)$$

여기서, $B = \dfrac{1006.9254(P_{sw} - P_{atm})(1 + 0.15577\dfrac{P_v}{P_{atm}})}{0.62194(h_{fg})_w}$

$(h_{fg})_w$는 습구온도에서 물의 증발잠열이다. 습구온도가 0℃ 이하일 때는 $(h_{fg})_w$ 대신 습구온도에서의 얼음의 승화열 $(h_{ig})_w$를 사용한다. 여기서 B는 습공기 선도에서 습구온도선의 기울기이다. 건구온도 T와 수증기분압 P_v가 주어지면 식 (5-19)에서 습구온도를 구할 수 있다. P_{sw}와 $(h_{fg})_w$가 습구온도 T_w의 함수이므로 식 (5-19)는 T_w에 대한 비선형방정식이다. 따라서 이 식에서 T_w를 구하려면 수치해법을 이용하여야 한다.

예제 5-9

건습구온도계로 측정한 건구온도는 30℃, 습구온도는 25℃이다. 대기압은 101.325 kPa이다. 습공기의 포화수증기압, 수증기압, 상대습도, 절대습도, 노점온도, 엔탈피, 증발잠열, 비체적을 계산하여라.

풀 이

1) 포화수증기압 P_{sw}

습구온도 25℃에서 포화수증기압을 식 (5-1)을 이용하여 계산하면

P_{sw} = 3167 Pa

2) 수증기압 P_v

수증기압은 식 (5-19)를 이용하여 구한다.

식 (5-19)는 다음과 같이 정리된다.

$$P_v - P_{sw} = \frac{1006.9254(P_{sw} - P_{atm})(1 + 0.15577\dfrac{P_v}{P_{atm}})}{0.62194(h_{fg})_w}(T - T_w) \qquad (a)$$

위의 식에서 미지항은 수증기 분압 P_v뿐이다. 필요한 값들은 다음과 같다.

P_{sw} = 3167 Pa

$(h_{fg})_w$ = 2443 kJ/kg(식 (5-9)로부터)

식 (a)로부터 P_v를 계산하면, P_v = 2840 Pa

3) 상대습도 $\phi = \dfrac{P_v}{P_s}$

건구온도 30℃에서 포화압력은 식 (5-1)로부터 계산하면 P_s= 4242.2 Pa

상대습도 $\phi = \dfrac{P_v}{P_s}$ = 2840/4242.2 = 66.9%

4) 절대습도

식 (5-7)에서

$$H = \frac{0.6219 P_v}{P_{atm} - P_v} = \frac{0.6219(2840)}{101,325 - 2840} = 0.0179$$

5) 노점온도

습공기의 수증기 분압이 노점온도에서 포화수증기압이다. 따라서 식 (5-3)에 증기압 P_s= 2840 Pa을 대입하여 계산한 포화온도가 노점온도이다. 계산 결과 노점온도 t_{dp}= 23.2℃

6) 엔탈피

식 (5-16)에서

$$h = 1.007t + H(2502.535 + 1.876t)$$
$$= 1.007 \times 30 + 0.0179(2502.535 + 1.876 \times 30) = 76.1 \text{ kJ/kg}$$

7) 증발잠열

식 (5-9)에서

$$h_{fg} = 2,502,535.259 - 2385.76424\, t = 2,502,535.259 - 2385.76424\,(30)$$
$$= 2,431,000 \text{ J/kg} = 2431 \text{ kJ/kg}$$

8) 비체적

식 (5-17)에서

$$v = \frac{287\,T}{P_{atm} - P_v} = \frac{287(30)}{101,325 - 2840} = 0.883 \text{ m}^3/\text{kg}$$

5.3 습공기선도

습공기 성질의 상호관계를 나타낸 선도를 습공기선도(psychromatric chart)라고 한다. 습공기의 성질 중에서 2가지의 독립적인 성질을 알면 다른 모든 성질을 습공기선도를 이용하여 쉽게 구할 수 있다. 습공기선도는 횡좌표축의 건구온도 눈금, 종좌표축의 절대습도 눈금, 좌상경계의 포화선, 좌상의 엔탈피 눈금, 그리고 습공기선도 내의 등건구온도선, 등절대습도선, 등습구온도선, 등상대습도선, 등엔탈피선, 등비체적선으로 구성되어 있다.

5.3.1 포화선

습공기선도에서 횡좌표축은 건구온도이며, 종좌표축은 임시로 수증기압이라고 하자. 수증기표(표 5-1)를 이용하여 그림 5-1과 같이 건구온도에 따른 포화수증기압을 나타내는 포화선을 그릴 수 있다.

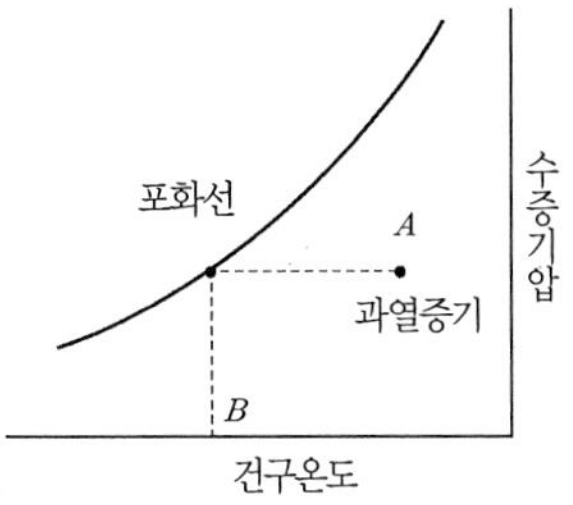

[그림 5-1] 포화선

습공기선도의 좌측 경계가 포화선이며, 상대습도 100%의 등상대습도선이다. 포화선상에 있는 포화공기를 냉각하면 즉시 수증기가 응축되어 물로 변한다. 포화선의 오른쪽에 존재하는 공기는 포화되지 않은 공기이며, 공기 중의 수증기는 과열증기이다. 그림 5-1에서 A 상태의 습공기를 온도 B까지 냉각하면 응축이 일어나기 시작하는데, 이 B점의 온도가 노점온도이다.

5.3.2 등상대습도선

상대습도는 동일 온도에서 포화수증기압에 대한 수증기압의 비이므로, 횡좌표축과 포화선(상대습도 100% 선)까지의 수직거리를 상대습도에 비례하여 등분하면 쉽게 등상대습도선을 그릴 수 있다. 예를 들면, 50%의 상대습도선은 각각의 온도에서 포화선까지의 수직거리를 2등분한 점들을 연결한 곡선이다.

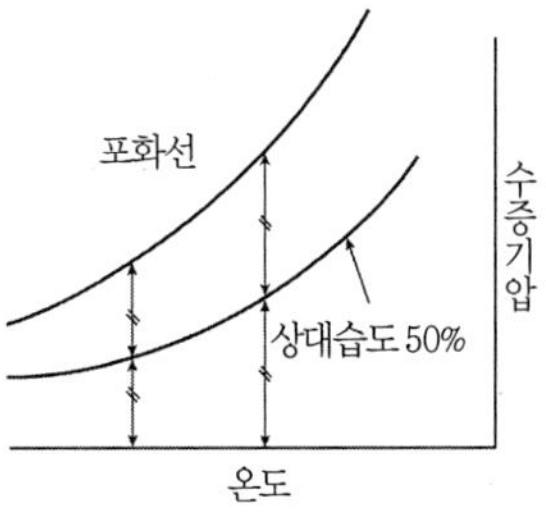

[그림 5-2] 등상대습도선

5.3.3 등절대습도선

식 (5-7)은 습공기의 수증기압과 절대습도의 관계를 나타낸다. 이 식을 이용하여 그림 5-3과 같이 종좌표축의 수증기압 눈금과 평행하게 절대습도 눈금을 그릴 수 있다. 따라서 습공기선도 내에서 횡좌표축과 평행한 선들이 등절대습도선이다. 절대습도와 수증기압의 관계는 완전한 선형이 아니며, 습공기선도에서는

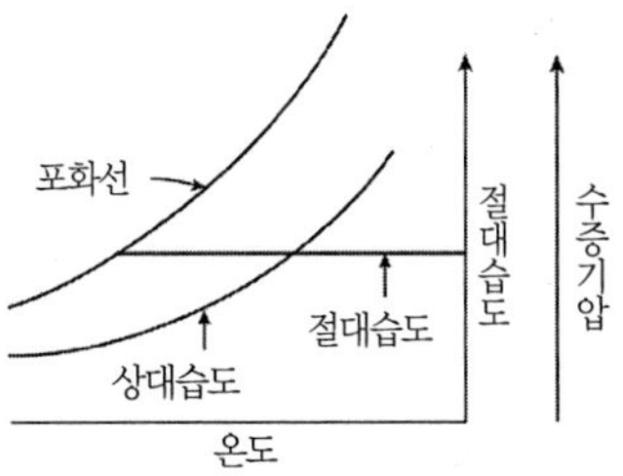

[그림 5-3] 수증기압과 절대습도의 관계식으로부터 절대습도 눈금이 종좌표축에 매겨짐

절대습도의 눈금이 선형적으로 등분되어 있으며, 수증기압의 눈금이 약간 비선형적으로 나뉘어 있다. 식 (5-7)에 대기압이 포함되어 있기 때문에 대기압에 따라서 각기 다른 눈금의 습공기선도가 그려지게 된다.

5.3.4 등엔탈피선

식 (5-16)을 이용하여 등엔탈피선을 습공기선도에 첨가할 수 있다. 예를 들면, 50 kJ/kg의 엔탈피선을 그려보자. 몇 개의 임의의 건구온도를 선택하고, 식 (5-16)을 이용하여 각각의 온도에서 엔탈피 50 kJ/kg일 때 절대습도를 계산한다. 각각의 건구온도와 절대습도에 의하여 습공기선도상의 점이 결정되며, 이 점들을 연결하면 엔탈피 50 kJ/kg의 등엔탈피선이 된다.

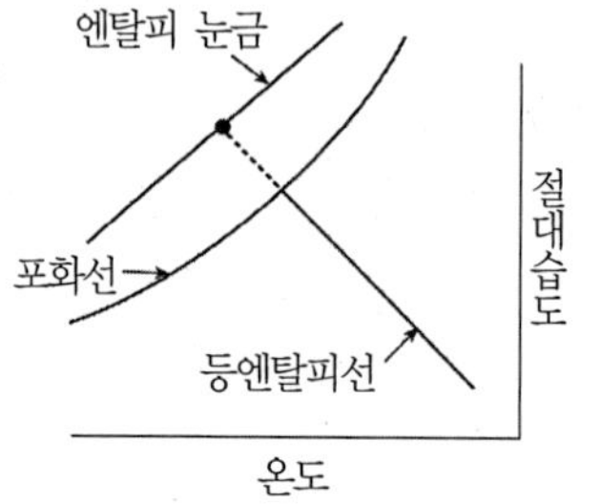

[그림 5-4] 등엔탈피선

습공기선도 내의 실선의 사선들은 등엔탈피선이며, 점선의 사선들은 등습구온도선이다. 등엔탈피선과 등습구온도선 간에는 약간의 편차가 있으나, 동일한 사선으로 그려진 습공기선도가 많이 이용된다. 엔탈피의 눈금은 좌상 경계인 포화선 밖의 경사선에 표시되어 있다.

예제 5-10

건구온도가 30℃일 때, 엔탈피 60 kJ/kg인 습공기의 상태점의 위치를 등엔탈피선상에 표시하여라.

풀 이

식 (5-16)으로부터

$$H = \frac{h - 1.007t}{2501.64 + 1.88t} = \frac{60 - 1.007 \times 30}{2501.64 + 1.88 \times 30} = 0.0116$$

건구온도 30℃와 절대습도 0.0116 kg/kg의 교점이 등엔탈피선상의 위치이다.

5.3.5 등비체적선

식 (5-18)을 이용하여 등비체적선을 그릴 수 있다. 예를 들면, 비체적 0.85 m^3/kg일 때, 대기압, 비체적 v = 0.85 및 임의의 여러 값의 건구온도를 식 (5-18)에 대입하여 절대습도 H를 각각 구한다. 각각의 건구온도와 절대습도의 교점을 연결하면 그림 5-5와 같은 등비체적선이 그려진다.

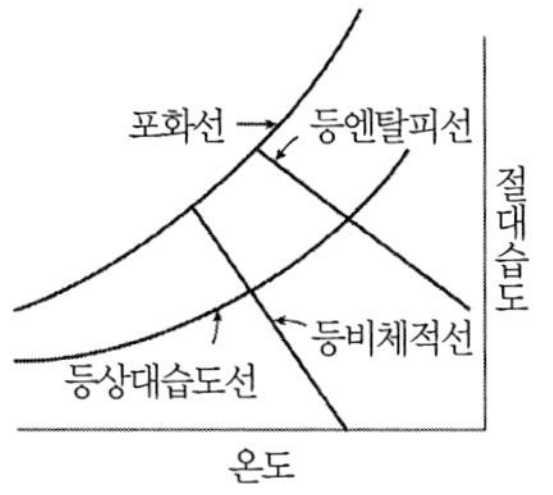

[그림 5-5] 등비체적선

예제 5-11

건구온도 24℃일 때, 비체적 0.85 m^3/kg인 습공기의 상태점의 위치를 등비체적선상에 나타내어라.

풀 이

식 (5-18)에서

$$H=\frac{\frac{v P_{atm}}{287\ T}-1}{1.608}=\frac{\frac{0.85\times 101325}{287\times 297.16}-1}{1.608}=0.00613\ \mathrm{kg/kg}$$

건구온도 24℃와 절대습도 0.00613 kg/kg의 교점이 등비체적선상의 위치이다.

5.3.6 등습구온도선

식 (5-19)를 이용하여 등습구온도선을 그릴 수 있다. 식 (5-19)에서 습구온도가 주어지면, 임의의 여러 점의 건구온도에 대한 수증기압을 각각 구한다. 각각의 건구온도와 수증기압의 교점을 연결하면 그림 5-6과 같이 등습구온도선이 그려진다. 식 (5-19)의 B가 등습구온도선의 기울기이다.

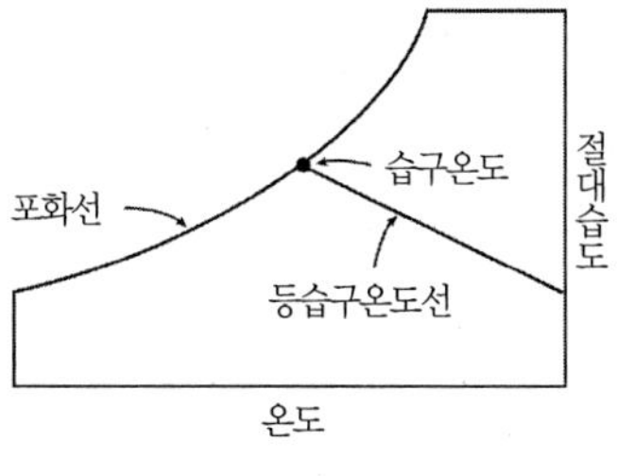

[그림 5-6] 등습구온도선

이상과 같은 방법으로 그린 표준대기압에서의 습공기선도는 그림 5-7과 같다.

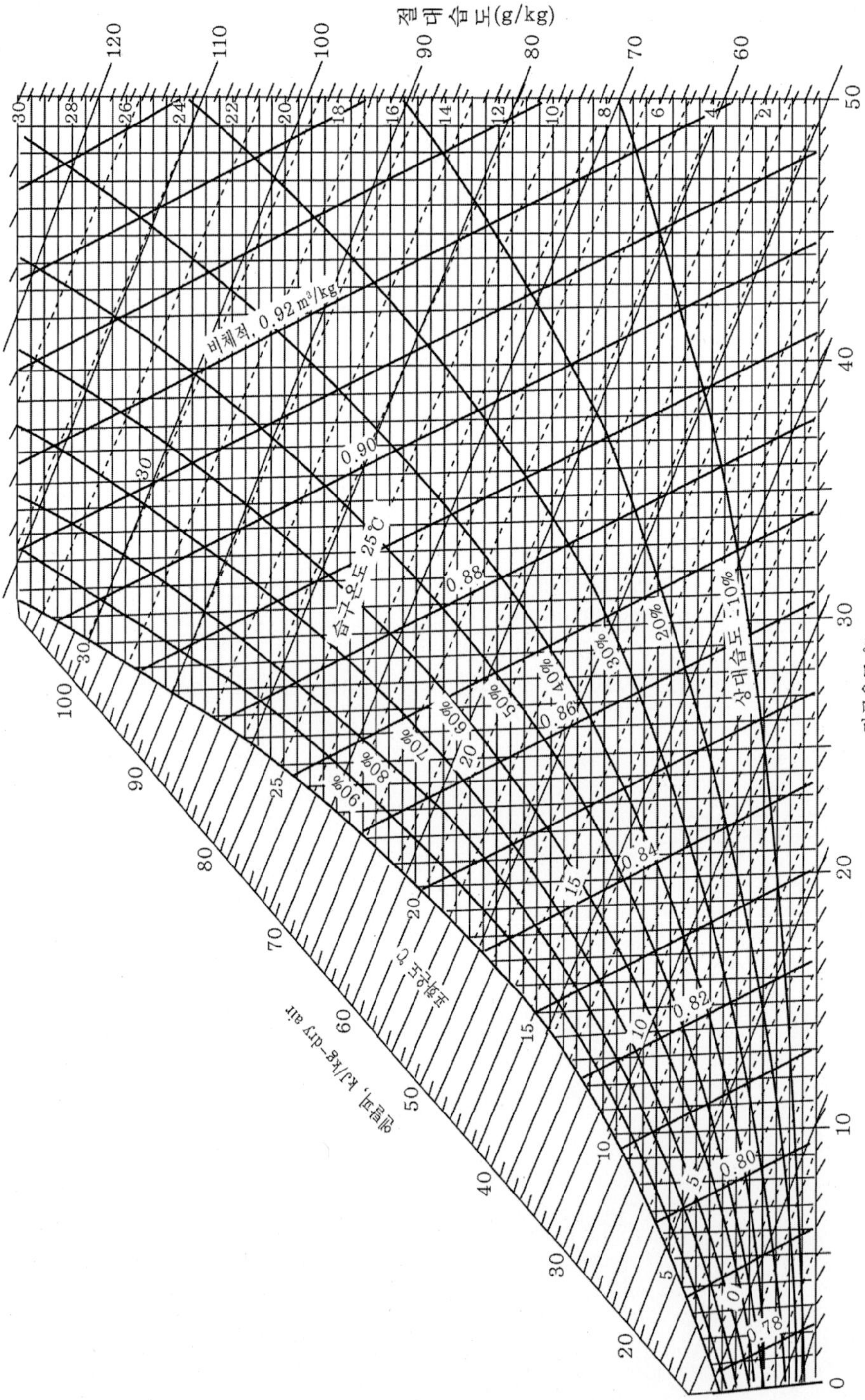

[그림 5-7] 습공기선도

5.3.7 사용방법

습공기의 성질 중에서 2가지의 독립성질이 주어지면 습공기선도상에서 상태점이 결정되며, 다른 성질들은 이 상태점을 통과하는 해당 선의 값을 읽어서 구할 수 있다. 노점온도와 절대습도는 서로 독립적인 성질이 아니므로 이 2가지 성질로는 상태점이 결정되지 않는다.

예제를 통하여 습공기선도에서 상태점을 결정하고 습공기의 성질을 구하는 방법을 알아보자.

예제 5-12

건구온도 t = 20℃, 습구온도 t_w = 17℃인 습공기의 다른 성질들을 구하여라.

풀 이

그림 5-8에서와 같이 습공기선도상에서 20℃의 건구온도선와 17℃의 습구온도선의 교점인 상태점으로부터 다른 습공기 성질을 구하면 다음과 같다.

상대습도 ϕ = 74.5%(상태점을 통과하는 상대습도선의 값)
절대습도 H = 0.011 kg/kg(상태점을 통과하는 수평선을 그려 절대습도 축을 읽음)
노점온도 t_{dp} = 15.3℃(상태점을 통과하는 수평선과 포화선의 교점)
비체적 v = 0.845 m^3/kg(상태점을 통과하는 비체적선의 값)
엔탈피 h = 47.8 kJ/kg(상태점을 통과하는 엔탈피선의 값)

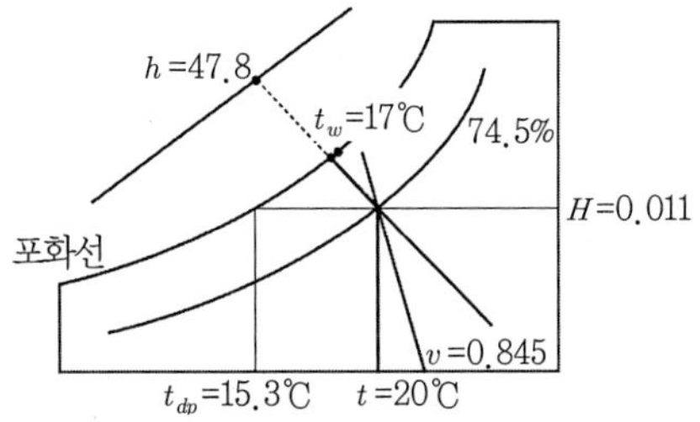

[그림 5-8] 습공기선도의 사용예

5.4 습공기의 상태변화

습공기선도는 습공기의 여러 가지 성질을 구하는 데 사용될 뿐만 아니라, 습공기의 가열, 냉각, 가습, 제습, 혼합 등과 관련된 상태 변화의 해석에 더욱 유용하게 사용된다.

5.4.1 현열가열 또는 현열냉각 과정

가습 또는 제습하지 않고 즉, 절대습도를 일정하게 유지하면서 습공기를 가열 또는 냉각하는 과정을 현열가열 또는 현열냉각이라고 하며, 그림 5-9와 같이 습공기선도에서 수평축과 평행한 직선으로 표시된다.

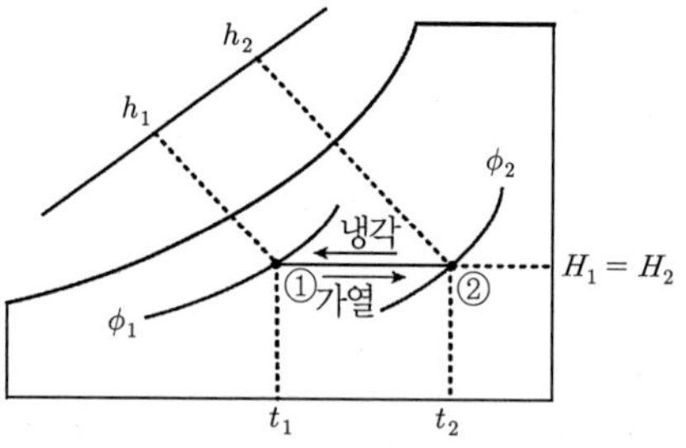

[그림 5-9] 습공기의 현열 가열 및 냉각 과정

습공기를 온도 t_1 에서 t_2로 가열하는 데 필요한 열량(kJ/s)은 다음과 같다.

$$\dot{q} = \dot{m}_a(h_2 - h_1) \tag{5-20}$$

여기서, $\dot{m}_a$는 건공기의 질량유량(kg/s)이다.

현열가열 또는 현열냉각 과정에서는 건구온도, 습구온도, 엔탈피, 비체적, 상대습도의 값은 변하며, 절대습도, 노점온도 및 수증기압의 변화는 없다.

예제 5-13

건구온도 15℃, 습구온도 12℃의 공기를 45℃까지 가열하여 곡물건조에 이용한다. 송풍량 V = 80 m^3/min이다. 가열에 필요한 열량을 구하여라.

풀 이

습공기선도를 이용하여 습공기의 상태량을 구하면 다음과 같다.

v_1 = 0.825 m^3/kg, h_1 = 34.1 kJ/kg

h_2 = 64.7 kJ/kg

따라서, 가열량 $\dot{q} = \dot{m}_a(h_2 - h_1) = \dfrac{V}{60v_1}(h_2 - h_1)$

= 80/(60×0.825)×(64.7−34.1) = 49.5 kJ/s

5.4.2 가열가습과정

습공기의 가열가습장치의 구성은 그림 5-10과 같다. 가열가습과정은 그림 5-11과 같이 상태 ①의 습공기에 열과 수증기가 가해지므로 습공기선도상에서 건구온도와 절대습도가 증가하는 방향으로 표시되며, 가열가습 후의 습공기는 상태 ②로 된다. 이때 공기가 얻은 열량은 현열과 잠열로 구성된다. 현열은 건구온도의 변화와 관련이 있으며, 잠열은 절대습도의 변화와 관련되며 각각 다음 식으로 표시된다.

$$현열 : \dot{q}_s = \dot{m}_a(h_3 - h_1) \tag{5-21}$$

$$잠열 : \dot{q}_\ell = \dot{m}_a(H_2 - H_1)h_{fg} = \dot{m}_a(h_2 - h_3) \tag{5-22}$$

여기서, h_{fg}는 물의 증발잠열이다.

가열가습과정에서는 엔탈피, 수증기압, 습구온도, 노점온도, 비체적이 증가하게 되며, 상대습도의 증감은 상대적인 가열량과 가습량에 따라서 결정된다. 곡물건조기에서 직접가열장치를 이용하여 공기를 가열하는 경우 화석연료의 연소로 소량의 수증기가 첨가되는 가열가습과정이 일어난다. 이 경우 가습량에 비하여 상대적으로 가열량이 많기 때문에 상대습도는 감소한다.

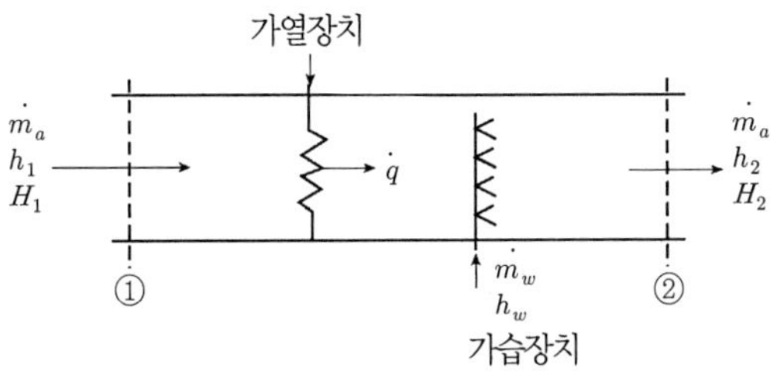

[그림 5-10] 가열가습장치의 구성

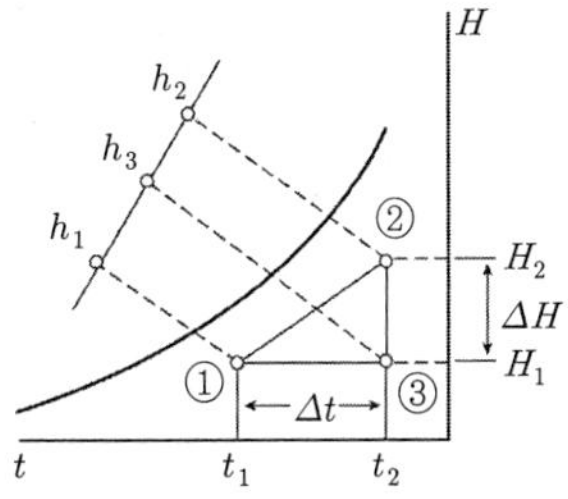

[그림 5-11] 가열가습과정

예제 5-14

건구온도 15℃, 상대습도 75%의 습공기에 열 및 습기를 가하여 온도 30℃, 상대습도 90%가 되었다. 가열량과 가습량을 구하여라.

풀 이

그림 5-11과 같이 습공기의 상태량을 구하면 다음과 같다.

$h_1 = 35.2\ \text{kJ/kg}, \quad H_1 = 0.0079\ \text{kg/kg}$

$h_2 = 92.4\ \mathrm{kJ/kg}$, $H_2 = 0.0244\ \mathrm{kg/kg}$
$h_3 = 50.5\ \mathrm{kJ/kg}$

현열(가열량) $q_s = h_3 - h_1 = 50.5 - 35.2 = 15.3\ \mathrm{kJ/kg}$
잠열 $q_\ell = h_2 - h_3 = 92.4 - 50.5 = 41.9\ \mathrm{kJ/kg}$
공기가 얻은 열량 $= q_s + q_\ell = h_2 - h_1 = 57.2\ \mathrm{kJ/kg}$
가습량 $\Delta H = H_2 - H_1 = 0.0244 - 0.0079 = 0.0165\ \mathrm{kg/kg}$

5.4.3 냉각감습과정

곡물냉각기에서와 같이 습공기가 냉동기의 증발기를 통과하면서 노점온도 이하로 냉각되는 경우가 많다. 습공기는 노점온도 이하로 냉각되는 순간 수증기가 물로 응축되어 이탈하여 나오므로 절대습도가 낮아지는 감습과정이 일어나게 된다. 이러한 냉각감습과정을 습공기선도 위에 표시하면 그림 5-12와 같다. 상태 ① (t_1, H_1)의 습공기가 수평축과 평행하게 이동하면서 냉각되어 노점온도인 상태 ② (t_{dp}, H_1)에 이른다. 노점온도에서 습공기는 포화되며 공기 중의 수증기가 응축되기 시작한다. 상태 ③ (t_3, H_3)까지 더 냉각하면 습공기는 안개상태가 되면서 공기 중의 수증기가 물방울로 변하여 이탈하여 나오게 된다. 상태 ③은 포화공기와 포화액이 혼합된 상태이다.

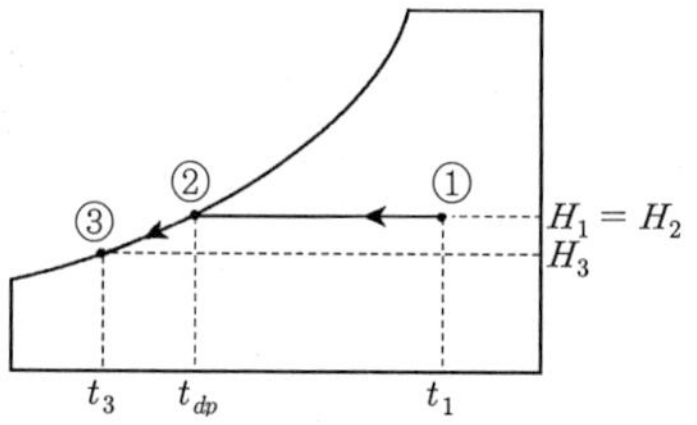

[그림 5-12] 냉각감습과정

습공기에서 배제된 열의 일부는 응축수로 배출되며 일부는 냉각장치의 냉매에 흡수된다.

예제 5-15

건구온도 30℃, 상대습도 40%의 공기가 그림 5-13과 같은 냉각장치에 유입되어 건구온도 5℃, 상대습도 90%의 공기로 냉각되어 배출된다. 냉각장치로 유입되는 습공기의 송풍량은 $25\ \mathrm{m^3/min}$이다. 습공기에서 배제된 열량, 응축수로 배출되는 열량, 냉각장치로 흡수되는 열량, 물의 응축률을 구하여라.

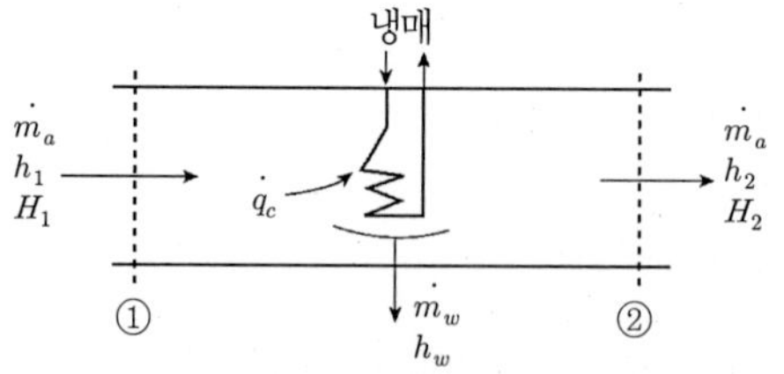

[그림 5-13] 냉각감습장치의 구성

풀 이

그림 5-13의 냉각장치에 대하여 에너지 평형과 수분 평형을 적용하면,

에너지 평형 : $\dot{m}_a h_1 = \dot{q}_c + \dot{m}_a h_2 + \dot{m}_w h_w$

질량 평형 : $\dot{m}_a H_1 = \dot{m}_w + \dot{m}_a H_2$

여기서, $\dot{q}_c$는 냉각장치로 흡수되는 열량, $\dot{m}_w$는 물의 응축률이며, h_w는 응축수의 엔탈피이다. 위의 두 식에서 $\dot{m}_w$를 소거하면,

$$\dot{q}_c = \dot{m}_a(h_1 - h_2) - \dot{m}_a(H_1 - H_2)h_w$$

이 식에서 우변의 첫째 항은 습공기에서 배제된 열량이며 둘째 항은 응축수로 배출된 열량이다. 습공기의 상태량을 습공기선도를 이용하여 구하면 다음과 같다.

$h_1 = 57.3$ kJ/kg　　$H_1 = 0.0106$ kg/kg　　$v_1 = 0.875$ m^3/kg

$h_2 = 17.3$ kJ/kg　　$H_2 = 0.0049$ kg/kg

응축수의 온도를 5℃로 간주하면, 수증기표로부터 응축수의 엔탈피 h_w =21 kJ/kg 이다.

습공기에서 배제된 열량 = $\dot{m}_a(h_1 - h_2) = \dfrac{25}{60(0.875)}(57.3 - 17.3) = 19.0$ kJ/s

응축수로 배출된 열량 = $\dot{m}_a(H_1 - H_2)h_w = \dfrac{25}{60(0.875)}(0.0106 - 0.0049)21 = 0.057$ kJ/s

냉각창치가 흡수한 열량 $\dot{q}_c = \dot{m}_a(h_1 - h_2) - \dot{m}_a(H_1 - H_2)h_w = 19.0 - 0.057 = 18.9$ kJ/s

응축률 $\dot{m}_w = \dot{m}_a(H_1 - H_2) = \dfrac{25}{60(0.875)}(0.0106 - 0.0049) = 0.0027$ kg/s

5.4.4 곡물 건조과정

곡물층의 건조과정은 단열과정으로 간주된다. 이는 곡물 수분의 증발에 필요한 열은 오직 곡물층을 통과하는 공기에 의해서만 공급된다는 것을 의미하며, 주위로부터 전도 또는 복사 열전달은 없다는 뜻이다. 습공기가 곡물층을 통과할 때 곡물로부터 수분을 흡수하여 수증기가 증가하므로 공기 중의 많은 부분의 현열이 잠열로 변환된다. 따라서, 이러한 단열건조과정 중에 공기의 엔탈피와 습구온도의 변화는 없으며, 건구온도는 하강하고, 절대습도, 상대습도, 수증기압, 노점온도는 상승한다(그림 5-14).

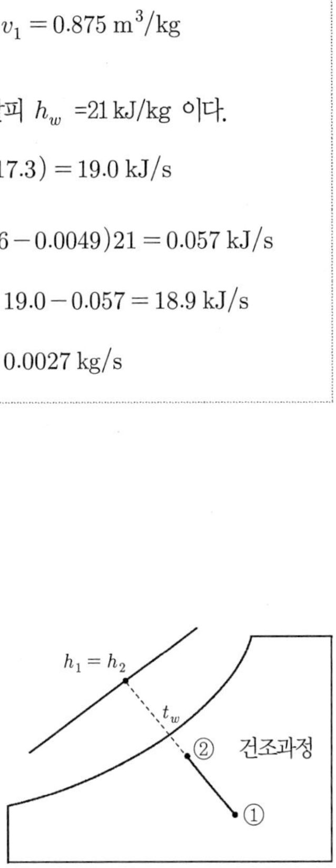

[그림 5-14] 단열건조과정

예제 5-16

곡물빈에서 곡물을 건조하고자 한다. 열풍의 건구온도는 35℃, 송풍량은 15 m^3/min이다. 외기의 건구온도는 15℃, 습구온도는 12℃이다. 곡물층에서 배출되는 공기의 평균 상대습도가 85% 이다. 공기가열에 소요된 열량과 시간당 곡물로부터 제거된 수분량을 구하여라.

풀 이

그림 5-15에서 상태점 ①은 외기상태, 상태점 ②는 가열된 공기의 상태, 상태점 ③은 곡물층 배출 후의 공기의 상태이다. 각 상태점의 습공기 성질은 다음과 같다.

$h_1 = 34.1\ \mathrm{kJ/kg}$ $\quad H_1 = 0.0075\ \mathrm{kg/kg}$ $\quad v_1 = 0.827\ \mathrm{m^3/kg}$

$h_2 = 54.5\ \mathrm{kJ/kg}$ $\quad H_3 = 0.0135\ \mathrm{kg/kg}$

공기가열에 소요된 열량 = $\dfrac{V}{60v_1}(h_2 - h_1) = \dfrac{15}{60(0.827)}(54.5 - 34.1) = 6.2\ \mathrm{kJ/s}$

곡물로부터 제거된 수분량

= $\dfrac{V}{60v_1}(H_3 - H_1) = \dfrac{15}{60(0.827)}(0.0135 - 0.0075) = 0.0018\ \mathrm{kg/s}$

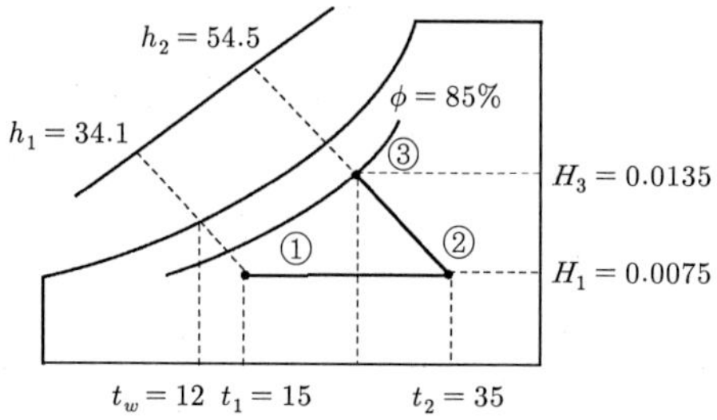

[그림 5-15] 예제 5-16

5.4.5 습공기의 혼합

곡물건조기에서 질량유량, 온도 및 절대습도가 다른 두 공기가 혼합되는 경우가 많다. 이 혼합공기의 상태를 습공기선도에서 바로 결정할 수 있다.

질량유량이 각각 $\dot{m}_1$, $\dot{m}_2$, 건구온도가 각각 t_1, t_2, 절대습도가 각각 H_1, H_2, 엔탈피가 각각 h_1, h_2인 공기가 혼합하여 질량유량, 건구온도, 절대습도, 엔탈피가 각각 $\dot{m}_3$, t_3, H_3, h_3인 혼합공기가 되는 경우를 고려하자.

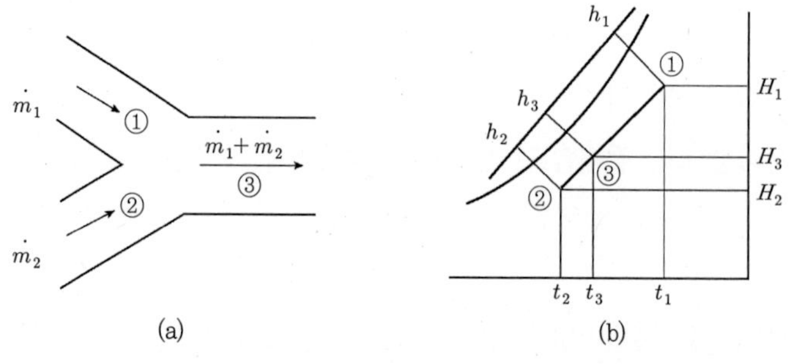

[그림 5-16] 습공기 혼합과정

이 과정에 대한 질량 및 에너지 평형은 다음 식으로 표현된다.

건공기 질량 평형 : $\dot{m}_1 + \dot{m}_2 = \dot{m}_3$ (5-23)

수증기 질량 평형 : $\dot{m}_1 H_1 + \dot{m}_2 H_2 = \dot{m}_3 H_3$ (5-24)

엔탈피 평형 : $\dot{m}_1 h_1 + \dot{m}_2 h_2 = \dot{m}_3 h_3$ (5-25)

위 식에서 $\dot{m}_3$를 소거하면,

$$\dot{m}_1 (H_3 - H_1) = \dot{m}_2 (H_2 - H_3)$$

$$\dot{m}_1 (h_3 - h_1) = \dot{m}_2 (h_2 - h_3)$$

따라서, $\dfrac{\dot{m}_1}{\dot{m}_2} = \dfrac{h_2 - h_3}{h_3 - h_1} = \dfrac{H_2 - H_3}{H_3 - H_1}$ (5-26)

따라서, 혼합공기의 상태는 습공기선도에서 점 (h_1, H_1)과 점 (h_2, H_2)를 연결하는 직선 상에 있다. 점 (h_3, H_3)는 대수적으로 결정하거나 습공기선도에서 삼각형의 비례관계를 이용하여 결정할 수 있다.

예제 5-17

병류형 곡물건조기에서 곡물의 냉각은 곡물이 냉각부를 흐르는 동안 외기를 통풍하여 이루어진다. 에너지 절감을 위하여 냉각부를 통과한 공기를 외기와 혼합한 후 가열기로 가열하여 건조부로 보내어 곡물건조에 이용한다. 냉각부에서 배출되는 공기는 건구온도 35℃, 습구온도 31℃, 송풍량 25 m^3/min 이다. 이 배기와 송풍량 20 m^3/min의 외기(건구온도 13℃, 습구온도 10.0℃)를 혼합하여 가열기로 보낸다. 혼합공기의 건구 및 습구온도를 구하여라.

풀 이

냉각부 배출공기(상태점 ①)와 외기(상태점 ②)의 성질은 다음과 같다.

$v_1 = 0.911\ \text{m}^3/\text{kg}$, $H_1 = 0.0271\ \text{kg/kg}$, $h_1 = 104.8\ \text{kJ/kg}$

$v_2 = 0.819\ \text{m}^3/\text{kg}$, $H_2 = 0.0064\ \text{kg/kg}$, $h_2 = 29.3\ \text{kJ/kg}$

질량유동률은 다음과 같다.

$$\dot{m}_1 = \frac{25}{0.911} = 27.4\ \text{kg/min}$$

$$\dot{m}_2 = \frac{20}{0.819} = 24.4\ \text{kg/min}$$

혼합공기의 절대습도는 다음과 같다.

$$H_3 = \frac{\dot{m}_1 H_1 + \dot{m}_2 H_2}{\dot{m}_1 + \dot{m}_2} = \frac{(27.4)(0.0271) + (24.4)(0.0064)}{27.4 + 24.4}$$
$$= 0.0173 \text{ (kg/kg)}$$

혼합공기의 엔탈피는

$$h_3 = \frac{\dot{m}_1 h_1 + \dot{m}_2 h_2}{\dot{m}_1 + \dot{m}_2} = \frac{(27.4)(104.8) + (24.4)(29.3)}{27.4 + 24.4}$$
$$= 69.2 \text{ kJ/kg}$$

혼합공기의 건구온도와 습구온도는 습공기선도로부터 바로 읽을 수 있다.

$T_3 = 23.5℃$, $T_{w3} = 22.3℃$

혼합공기의 상태점 ③은 습공기선도로부터 바로 구할 수 있다. 혼합공기의 상태점 ③은 상태점 ①과 상태점 ②를 연결하는 직선상에 있으므로 비례관계를 이용하여 상태점 ③의 값을 구할 수 있다.

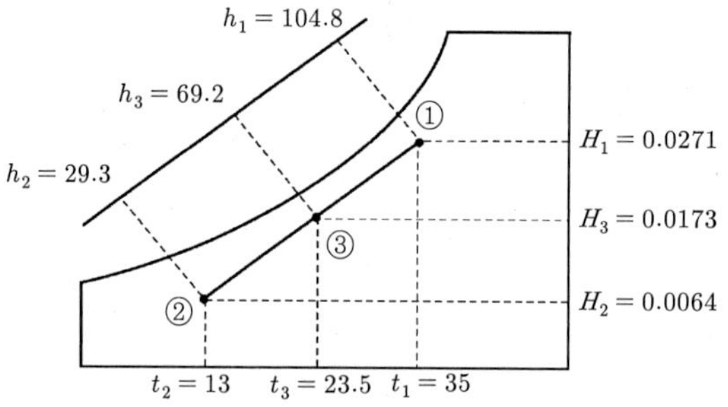

[그림 5-17] 예제 5-17

연 | 습 | 문 | 제

1 건습구온도계로 측정한 건구온도는 30℃, 습구온도는 25℃이다. 대기압은 101.325 kPa이다. 습공기의 포화수증기압, 수증기압, 상대습도, 절대습도, 노점온도, 엔탈피, 증발잠열, 비체적을 습공기 선도와 컴퓨터 프로그램을 작성하여 구하고 비교하여라.

2 50℃, 상대습도 15%의 습공기의 성질을 열역학적 관계식을 이용하여 계산하여라.

3 건구온도 15℃, 상대습도 75%인 공기를 42℃로 가열하여 곡물건조에 이용하며 송풍량은 28 m^3/min이다. 곡물층을 통과하여 건조기에서 배출되는 공기의 상대습도가 85%이다. 공기가열에 소요된 열량과 곡물에서 제거된 수분량을 계산하여라.

4 건구온도 20℃, 상대습도 80%의 습공기가 냉각기를 통과하면서 10℃까지 냉각되어 포화된다. 송풍량이 18 m^3/min일 때 다음을 계산하여라.
(a) 시간당 제거된 수분량 (b) 제거된 현열량 (c) 제거된 전체 열량

5 연속식 곡물건조기에서 냉각부에서 배출된 공기 140 m^3/min와 건조부에서 배출된 공기 225 m^3/min가 혼합된다. 냉각부에서 배출된 공기의 상태는 건구온도 27℃, 상대습도 70%이며, 건조부에서 배출된 공기는 건구온도 46℃, 상대습도 60%이다. 혼합공기의 다음 값을 계산하여라.
(a) 엔탈피 (b) 절대습도 (c) 건구온도 (d) 습구온도

6 곡물냉각기의 증발기에 유입되는 공기의 상태는 건구온도 32℃, 습구온도 18℃이며 송풍량은 40 m^3/min이다. 증발기를 통과하는 공기로부터 11 kW의 에너지가 제거된다. 증발기를 통과한 공기의 건구온도와 습구온도를 구하여라.

7 건구온도 20℃, 습구온도 18℃의 외기가 냉각기를 통과하면서 11℃까지 냉각되어 포화된다. 송풍량은 17 m^3/min이다. (a) 시간당 제거된 수분량, (b) 응축수로 제거된 잠열, (c) 냉각장치에 의하여 제거된 현열량, (c) 제거된 전체 열량을 계산하여라.

참고문헌

1. ASHRAE. 2000. *ASHRAE Handbook of Fundamentals*. Am.Soc. Heating, Refrigeration and Air-Conditioning Engineers, New York.
2. Brooker, D.B. 1967. Mathematical model of psychrometric chart. *Trans. ASAE* 10.
3. Brooker, D.B., F.W. Bakker-Arkema and C.W. Hall. 1992. *Drying and Storage of Cereal Grains and Oilseeds*. AVI.
4. Steltz, W. G. and G. J. Silverstri. 1958. The formulation of steam properties for digital computer application. *Trans. ASME* 80

Post-Harvest Process Engineering

Post-Harvest Process Engineering

Chapter 06 곡물 건조

01 함수율

02 평형함수율

03 수분증발잠열

04 건조 모델

05 곡물 건조와 품질

06 건조장치를 통한 공기압력손실

07 송풍기

08 곡물건조기의 종류

09 상온통풍 건조장치

10 순환식 건조기

11 연속식 건조기

12 원적외선 건조기

13 건조소요 에너지

Chapter

06 곡물 건조

건조는 재료에서 적정한 수분을 제거하여 건조제품을 생산하는 공정을 말한다. 건조의 목적은 장기 저장, 가공성 증대, 포장 및 수송의 효율성 증대, 상품성 증대 등을 들 수 있다.

이 장에서는 곡물건조이론, 송풍기의 종류와 특성 및 공기저항을 다루고, 각종 곡물건조기의 구조와 특성을 살펴보기로 한다.

6.1 함수율

6.1.1 물의 존재 상태

농산물과 식품 중의 수분은 조직 내에서 동일한 상태로 존재하는 것은 아니며, 수분의 존재 상태는 구성물질과 물분자와의 결합력에 따라서 결합수(bound water)와 비결합수(unbound water 또는 free water)로 분류된다.

결합수는 물리·화학적으로 재료의 구성물질에 구속되어 있으며, 결합에너지의 정도에 따라 화학흡착수와 물리흡착수로 구분한다. 화학흡착수는 구성물질과 이온결합 또는 수소결합되어 있으며, 물이 단분자층(monomolecular layer)으로 흡수된 상태로 이 영역의 물은 재료 본래의 구성성분이므로 수분측정의 대상이 아니다. 물리흡착수는 물리적 인력에 의한 결합수로 결합에너지는 화학흡착수에 비하여 적으며, 다분자층(multimolecular layer) 흡착수와 모세관수가 여기에 속한다.

비결합수는 물리·화학적으로 재료의 구성물질에 구속되지 않은 순수한 물에 가까운 물이며, 재료의 표면, 공동 또는 넓은 모세관 등에 존재한다. 비결합수는 수증기압이 순수한 물의 수증기압과 같으며 수분활성도는 1.0이다. 비결합수는 항률건조기간에 제거된다.

또한 결합수와 비결합수의 중간적 상태에 있는 물을 반결합수라고 하는데, 이는 조직 내에 물리적으로 갇혀 있는 물로서 결합력이 극히 약하다. 모관 내의 물과 입자간극수가 여기에 속한다.

6.1.2 함수율 표시법

함수율의 표시방법에는 재료의 전체 중량에 대한 수분중량의 비로 표시하는 습량기준 함수율(wet basis moisture content)과 건물(drymatter)중량에 대한 수분중량의 비로 표시하는 건량기준 함수율(dry basis moisture content)이 있다. 이들을 각각 다음 식으로 표시할 수 있다.

$$M_w = \frac{W_w}{W_w + W_d} \tag{6-1}$$

$$M_d = \frac{W_w}{W_d} \tag{6-2}$$

여기서, M_w : 습량기준 함수율(소수)
M_d : 건량기준 함수율(소수)
W_w : 재료 중의 물의 무게
W_d : 재료 중의 건물 무게

습량기준 함수율과 건량기준 함수율의 상호 환산식은 다음과 같다.

$$M_d = \frac{M_w}{1 - M_w} \tag{6-3}$$

$$M_w = \frac{M_d}{1 + M_d} \tag{6-4}$$

습량기준 함수율은 주로 상업적인 표현에 사용되며, 건조실험 등 비교분석이 요구되는 경우에는 건량기준 함수율이 사용된다.

예제 6-1

함수율 24%(w.b.)의 벼 2000 kg을 15%(w.b.)까지 건조하였다. 건조 후의 벼의 중량을 구하여라.

풀 이

건조 후의 중량을 X라고 하면, 건조 전후의 건물중량은 변화가 없으므로,

$$2000(1-0.24) = X(1-0.15)$$

따라서, 건조 후의 중량 $X = 2000\dfrac{1-0.24}{1-0.15} = 1788.2\ \text{kg}$

예제에서와 같이 건조 후의 중량은 다음 식으로 표시할 수 있다.

$$\text{건조 후 중량} = \text{건조 전 중량} \times \left(\frac{1-M_{wf}}{1-M_{wo}}\right) \tag{6-5}$$

여기서, M_{wo} : 건조 전 함수율(소수, w.b.)

M_{wf} : 건조 후 함수율(소수, w.b.)

식 (6-5)의 우변에서 $\dfrac{1-M_{wf}}{1-M_{wo}}$ 를 중량환산지수라고 한다.

6.1.3 함수율 측정법

함수율 측정법에는 직접측정법과 간접측정법이 있다. 직접측정법은 건조 전후의 무게를 계량하거나 화학적 정량법으로 물을 추출하여 계량하는 방법이며, 간접측정법은 수분함량에 따라 변하는 특정의 물리적 성질과 수분과의 관계를 알아내어 물리적 성질을 측정하여 간접적으로 수분치를 결정하는 방법이다.

직접측정법은 정확도가 높고 신뢰성이 높아 실험실에서 많이 사용되지만 시간과 노력이 많이 소요되는 단점이 있다. 반면에 간접측정법은 신속한 측정이 가능하지만 정확도가 떨어지는 단점이 있다.

(1) 직접수분측정법

1) 상압정온건조법

상압건조법은 대기압하에서 재료 내의 수분을 증발시켜 건조 전후의 무게 차이에서 재료 내의 수분의 무게를 구하는 방법이다. 건조온도가 낮으면 재료 내의 수분이 완전히 증발하지 않고 잔류하므로 수분치는 과소 평가되며, 반대로 건조온도가 높으면 재료에 화학변화가 일어나 탄수화물의 분해 등 물 이외의 성분이 휘발하여 수분치는 높게 평가된다. 그러므로 농산물에 따라서 측정기준이 되는 일정한 건조조건이 필요하다.

표 6-1은 곡물 및 종자의 상압정온건조법에 대한 미국 농공학회의 측정기준(ASAE S352.2)이다. 수분의 측정기준은 대상물뿐만 아니라 국가에 따라서 다르게 설정하고 있으므로 수분측정치에는 측정방법의 표시가 중요하다.

[표 6-1] ASAE(S352.2)기준에 의한 곡물 및 종자에 대한 상압정온건조법의 수분측정기준

곡물 및 종자	오븐온도 ±1℃	가열시간	
		hr	min
보리	130	20	0
옥수수	103	72	0
밀	130	19	0
콩	103	72	0
유채	130	4	0
당근	100	1	40
양파	130	0	50
무	130	1	10
해바라기	130	3	0
알팔파	130	2	30

우리나라에서는 곡물의 수분측정은 5 g분쇄-105℃-5시간법의 상압정온건조법을 기준으로 하고 있다. 105℃ 건조법은 분쇄립을 사용하는 등 측정의 어려움 때문에 10g입자-135℃-24시간법으로 함수율을 측정하여 5 g분쇄-105℃-5시간법의 측정치로 환산한다. 이들 환산은 다음 식으로 표시된다.

$$M_{105} = 100 - \alpha(100 - M_{135}) \qquad (6\text{-}6)$$

$$m_{105} = \frac{1}{\alpha}(100 + m_{135}) - 100 \qquad (6\text{-}7)$$

여기서, M_{105}, M_{135} : 105℃ 건조법 및 135℃ 건조법에 의한 습량기준 함수율(%)
m_{105}, m_{135} : 105℃ 건조법 및 135℃ 건조법에 의한 건량기준 함수율(%)
α : 곡물에 따른 환산계수
벼 : 1.0121 밀, 보리 : 1.0086 맥주보리 : 1.0071
현미 : 1.0122 백미 : 1.0133

2) 감압건조법

고온에서 변질되기 쉽거나 휘발 성분이 많이 포함된 과채류와 가공식품의 수분을 정확히 측정하여야 할 경우 감압건조법을 사용하여 낮은 온도에서 건조하면 휘발과 산화에 의한 측정오차를 방지할 수 있다. 압력 및 온도 조건은 대상물에 따라 다르며, 일반적으로

압력은 절대압력으로 25 mmHg, 50 mmHg, 100 mmHg가 사용되며, 온도는 60~100℃가 사용된다. 채소, 과실, 해초의 건조에는 10g-100 mmHg-70℃-5시간 건조법이 사용된다.

3) 적외선가열 건조법

신속히 측정할 수 있는 상압건조법의 일종으로, 적외선 램프의 방사열로 시료를 가열 건조하는 방법이다. 5 g 또는 10 g의 분쇄 또는 박편의 시료를 사용하며, 측정시간은 10~20분 정도 소요된다. 적외선 수분계는 천평 위에 시료를 올려놓고 증발에 의한 무게 감량을 눈금으로 직접 읽을 수 있는 구조로 되어 있으며, 최근에는 마이크로 컴퓨터를 탑재하여 자동측정이 가능한 것도 있다.

4) 유전가열 건조법

신속히 측정할 수 있는 상압건조법의 일종으로, 소형 전자레인지로 시료에 마이크로파를 조사하여 시료 내부에서의 유전가열에 의하여 건조하는 방법이다. 따라서, 매우 큰 시료를 제외하면 시료를 분쇄하거나 박편으로 만들 필요가 없다. 수분계는 전자레인지 내부에 전자저울을 설치, 증발에 의한 무게 감량을 측정하여 함수율을 산출하고 출력할 수 있는 구조로 되어 있다.

5) 증류법

콩, 육류 및 생선과 이들 가공품과 같이 지질을 많이 포함하고 있는 시료의 경우, 상압건조법으로는 물과 함께 지질이 휘발하므로 정확한 수분측정을 할 수 없다. 증류법은 이와 같은 경우에 사용되는 화학적 방법이다. 일정량의 분쇄시료 또는 액상시료를 유기용매 중에서 가열하면 수증기와 용매의 혼합증기가 발생한다. 혼합증기는 냉각기에서 냉각 액화되어 눈금이 매겨진 관 내에 모인다. 용매와 물은 비중차에 의해 상하로 분리되며, 관 내의 눈금을 읽어서 수분량을 알 수 있다. 용매에는 톨루엔(비점 111℃), 키시렌(비점 139℃) 등이 사용된다.

6) Karl Fisher법

Karl Fisher법(KF법)은 1935년에 Karl Fisher가 발견한 시약으로 수분을 적정하는 방법이며, 실험실에서 가장 널리 사용되는 화학적 방법이다. 이 방법은 정도와 신뢰성이 높으며,

상압건조법으로는 열분해되기 쉬운 농산물 및 식품의 수분측정에 이용된다. 분말 또는 박편으로 만든 시료를 보통 메타놀에 침적하여 시료 중의 물을 충분히 추출하여 Karl Fisher시약(KF시약)으로 적정한다. KF시약은 요소, 이산화황 및 피리딘(pyridin)의 혼합액이다.

(2) 간접측정법

간접측정법에는 재료의 전기적 특성, 광학적 특성 및 방사선의 투과 특성 등을 이용하는 방법과 재료 내의 수소원자수를 검출하는 수소원자 검출법이 있다.

간접측정법 중에서 농산물 및 식품의 수분측정에 실제로 많이 사용되고 있는 방법은 전기적 측정법이며, 이를 이용한 수분계는 다음과 같다.

1) 직류저항식 수분계

직류저항식 수분계는 시료의 수분이 증가함에 따라 저항 값이 감소하는 원리를 이용한 것이다. 농산물의 전기저항 값은 함수율, 산물밀도, 온도, 입력전압, 전극판의 간격 등에 영향을 받는데, 입력전압과 전극판의 간격을 고정하면 전기저항 값은 함수율, 산물밀도 및 온도의 함수로 비교적 간단히 표현된다.

이 수분계는 고함수율(20% 이상)일 때 수분의 변화에 따른 전기저항의 변화가 저함수율보다 상대적으로 적어 측정 값의 오차가 크다는 단점이 있으나 구조가 간단하고 가격이 저렴한 장점이 있다. 전기저항식 수분계는 전극 사이에서 시료를 압쇄하여 함수율을 측정하며, 그림 6-1과 같이 전극에는 평판전극과 롤러전극이 사용된다.

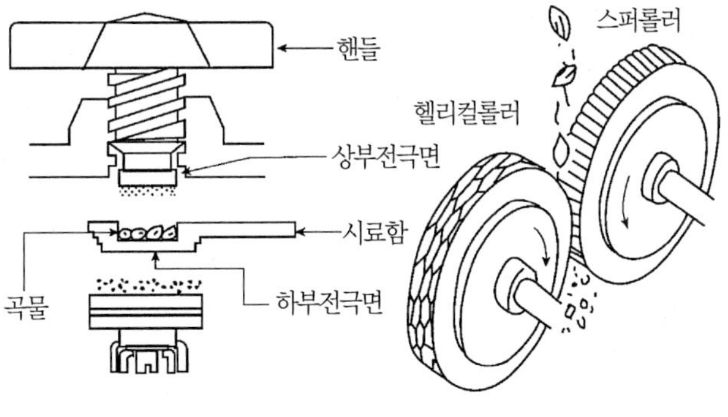

(a) 평판압쇄전극 (b) 롤러압쇄전극

[그림 6-1] 전기저항식 수분계의 평판압쇄전극과 롤러압쇄전극

2) 전기저항식 단립수분계

곡물 입자 개개의 함수율을 측정할 때 단립수분계가 사용된다. 그림 6-2는 단립수분계의 구조와 출력 예를 나타낸 것이다. 검출부는 롤러압쇄에 의한 전기저항식이다. 호퍼에 공급된 시료는 한 입자씩 전극에 보내지며, 전극을 겸한 2 : 1의 회전속도차를 가진 2개의 롤러 사이에서 압쇄되면서 곡립의 전기저항이 측정된다. 25~1000개 낟알의 수분이 측정되어 마이크로 컴퓨터로 연산된 후, 평균수분, 표준편차, 측정곡립수, 도수분포가 출력된다.

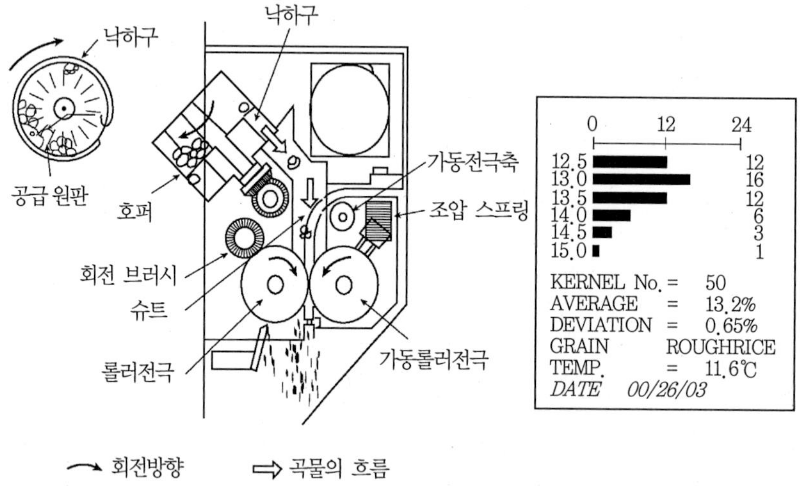

[그림 6-2] 단립수분계의 구조와 출력 예

3) 고주파저항식 수분계

고주파저항식은 시료의 수분에 의한 유전손실계수(dieletric loss factor)의 변화를 고주파 저항의 변화로 측정하는 방식이다. 수분 증가에 따라서 유전손실이 커지며, 유전손실계수와 반비례 관계에 있는 고주파 저항치는 작아진다.

고주파저항식 수분계는 직류저항식에 비하여 전극과 접촉하는 시료표면의 상태, 함수율 분포 및 이물질 포함 정도 등에 영향을 적게 받지만 고주파저항 측정장치를 이용하여야 하므로 측정장치가 고가인 단점이 있다. 또한, 저수분에서 감도가 높은 비파괴 측정이 가능하지만, 고수분인 경우 측정 정도가 고주파 용량식에 비하여 다소 떨어진다.

4) 고주파 용량식 수분계

시료의 수분에 따라 변하는 유전율을 고주파 용량으로 변환시켜 측정하므로 유전율식이라고도 부른다. 측정 함수율 범위가 넓으며(최고 약 40%), 비파괴 측정이고, 시료 양을 많이 할 수 있는 장점이 있다. 함수율이 증가함에 따라 유전상수가 증가하며, 유전상수와 비례관계에 있는 전기용량도 증가한다.

건조한 곡물의 상대유전상수는 3~4 정도인 데 비하여 순수한 물의 유전상수는 80으로 대단히 크다. 농산물 중의 물의 유전율은 결합력 때문에 이보다 작다. 유전율은 기본적으로 유전체의 단위체적당 물분자의 수와 활동상태의 영향을 받기 때문에 시료의 밀도와 온도에 대한 보정이 필요하다.

그림 6-3은 곡물건조기 제어용의 고주파 용량식 자동수분계이다. 건조 중의 곡립수분을 측정할 경우 일반적으로 높은 주파수를 사용하면 곡립 내부에 발생한 수분구배의 영향이 적어진다. 이 수분계는 10 MHz의 주파수를 사용한다. 시료는 건조기의 저장실 하부에서 바이패스 방식으로 채취되어 공급용 바이브레이터로 측정용기에 낙하되어 투입된다. 시료가 낙하 투입되는 사이에 바람에 의하여 짚, 뉘 등이 제거된다. 약 2분 동안 시료가 시료용기에 공급된 후에 정지되며, 전기용량이 측정되고 온도 및 곡물의 종류에 따른 보정이 이루어진다. 밀도보정은 측정용기의 용적이 일정하므로 무게를 측정하여 중량에 의한 보정이 이루어진다. 측정이 완료되면 함수율이 표시되고 배출 셔터가 열리면서 시료는 건조기로 되돌려진다. 1회에 1 kg 정도의 시료를 측정하는 데 이용하므로 청미의 영향이 적으며, 건조 중 수분이 불균일한 시료의 경우에도 안정된 측정이 가능하다.

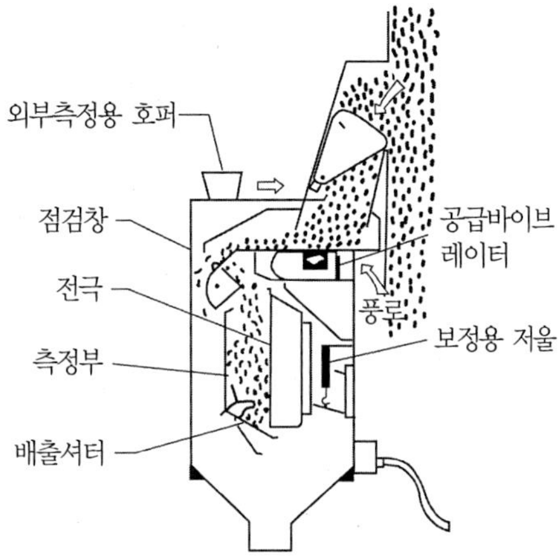

[그림 6-3] 고주파 용량식 자동수분계

6.2 평형함수율

농산물과 식품 중의 수분은 수분함량, 온도 및 구성성분에 따라서 특정 수증기압을 나타낸다. 예를 들면, 30℃, 함수율 16%(w.b.)의 벼는 곡립 내부 수증기압이 3.66 kPa이며, 같은 조건에서 옥수수는 3.46 kPa이다. 재료가 습공기 중에 노출되었을 때 재료 내부의 수증기압이 주위 공기의 수증기 분압보다 크면 수분을 잃게 되며, 반대이면 공기 중의 수분을 흡수하게 된다.

재료 내부의 수증기압이 주위 공기의 수증기 분압과 평형을 이루었을 때 재료의 함수율을 주위 공기에 대한 평형함수율(equilibrium moisture content, EMC)이라 하며, 이때 주위 공기의 상대습도를 평형상대습도(equilibrium relative humidity, ERH)라 한다.

함수율이 높은 재료가 건조한 공기 중에서 수분을 잃으면서 평형상태에 도달했을 때의 함수율을 방습평형함수율(desorption EMC)이라 하며, 반대로 함수율이 낮은 재료가 습한 공기 중에서 수분을 흡수하여 평형상태에 도달했을 때의 함수율을 흡습평형함수율(adsorption EMC)이라 한다. 일반적으로 방습평형함수율이 흡습평형함수율보다 높은 값을 나타내는데, 이와 같이 2가지 평형함수율 간에 차이가 나타나는 현상을 이력현상효과(hysterisis effect)라 한다. 그림 6-4는 20℃에서 벼의 방습 및 흡습평형함수율을 비교한 평형함수율 곡선이다. 그림에서와 같이 방습평형함수율이 흡습평형함수율보다 높은 값을 나타내고 있다.

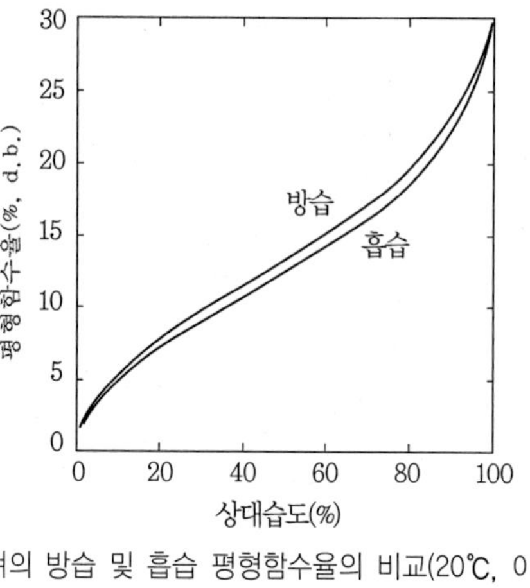

[그림 6-4] 벼의 방습 및 흡습 평형함수율의 비교(20℃, 이력현상효과)

6.2.1 측정방법

평형함수율을 측정하는 방법에는 2가지가 있는데, 함수율을 알고 있는 재료와 평형을 이룬 공기의 상대습도를 측정하는 평형상대습도 측정법과 온도와 습도를 일정하게 조절한 공기 중에 재료를 노출하여 평형상태에 도달한 후 재료의 함수율을 측정하는 평형함수율 측정법이 있다.

평형상대습도 측정법은 일정한 온도에서 밀봉된 상태에 있는 재료 입자 사이 공기의 상대습도를 측정하는 방법이다. 이 방법은 측정 시간이 상대적으로 짧아 고함수율 재료를 부패시키지 않고 평형상대습도를 측정할 수 있는 장점이 있지만 상대습도의 정확한 측정이 어려운 단점이 있다.

평형함수율 측정법에는 동적 방법과 정적 방법이 있다. 동적 방법은 기계적으로 유동시킨 공기 중에 재료를 노출시켜 평형 상태에 이르게 하는 방법이며, 정적 방법은 정지된 공기 중에 재료를 노출시켜 평형 상태에 이르게 하는 방법이다. 동적 방법은 측정시간이 짧은 반면 정온정습의 공기를 발생시키는 장치가 복잡한 단점이 있다. 정적 방법은 평형상태에 도달하는 데 몇 주가 소요되며, 고온고습조건에서 평형 상태에 도달하기 전에 시료에 곰팡이가 번식할 우려가 있으나, 측정장치가 비교적 간단하므로 가장 널리 이용된다.

정적 방법에서 정온정습의 공기를 얻기 위하여 염류포화용액을 이용한다. 일정 온도의 염류포화용액은 주위 공기의 수증기압을 일정하게 조절하여 상대습도를 일정하게 유지한다. 널리 이용되는 염류포화용액의 온도별 주위 공기의 평형상대습도는 표 6-2와 같다.

[표 6-2] 염류포화용액 주위 공기의 온도별 평형상대습도(%)

온도 (℃)	LiCl	CH_3COOK	$MgCl_2$	K_2CO_3	$Mg(NO_3)_2$	KI	NaCl	KCl
20	11.3	23.1	33.1	43.2	54.4	69.9	75.5	85.1
30	11.3	21.6	32.4	43.2	51.4	67.9	75.1	83.6
40	11.2	20.4	32.6	43.1	48.4	66.1	74.7	82.3

정적 방법은 유리용기의 바닥에 염류를 넣고 증류수를 부어서 포화용액으로 만든 후 용기 상부 공기 중에 곡물시료를 위치시키고 용기를 밀폐한다. 이 유리용기를 정온장치에 넣어 일정 온도를 유지하면 용기 내의 공기는 온도와 상대습도가 일정하게 유지된다. 유리용기 내의 시료의 무게를 매주 1회씩 측정하여 무게의 변화가 거의 없을 때의 함수율을 평형함수율로 한다.

주위 공기의 온도와 상대습도가 평형함수율에 가장 크게 영향을 준다. 일반적으로 상대습도가 일정할 때 온도가 높을수록 평형함수율이 낮아지며, 동일 온도에서 상대습도가 높을수록 평형함수율은 높아진다.

곡물의 평형함수율은 곡립의 화학적 조성과 물리적 구조의 영향을 받는다. 지질을 많이 함유한 곡물의 평형함수율은 전분을 많이 함유한 곡물보다 평형함수율이 낮다. 예를 들면, 콩의 평형함수율은 밀의 평형함수율보다 낮으며, 또한 지질을 많이 함유하고 있는 현미는 전분이 많이 포함된 백미보다 평형함수율이 낮다.

6.2.2 평형함수율곡선

평형함수율은 주위 공기의 온도와 상대습도의 함수이다. 일정 온도에서 평형함수율과 상대습도의 관계를 나타낸 곡선을 평형함수율곡선(EMC curve) 또는 등온방습(흡습)곡선(desorption(adsorption)isotherm)이라고 하며, 곡물을 포함한 농산물은 그림 6-5와 같이 대부분 역S자형 곡선(sigmoid curve)을 나타낸다.

그림 6-5에서와 같이 평형함수율곡선은 수분이 재료에 어느 정도 포함되어 있는가에 따라서 3개 영역으로 나눌 수 있다. 곡선의 A 영역에서는 수분이 단분자층으로 결합되어 있는 화학흡착수이며, 농산물에서는 상온에서 보통 평형상대습도 20%까지이다. 이 영역에서는 방습과 흡습 등온선이 거의 일치한다. 이 영역의 물은 일반적으로 동결되지 않으며 화학반응에 이용되지 않는다. 이 영역의 물의 증발잠열은 자유수보다 훨씬 높다.

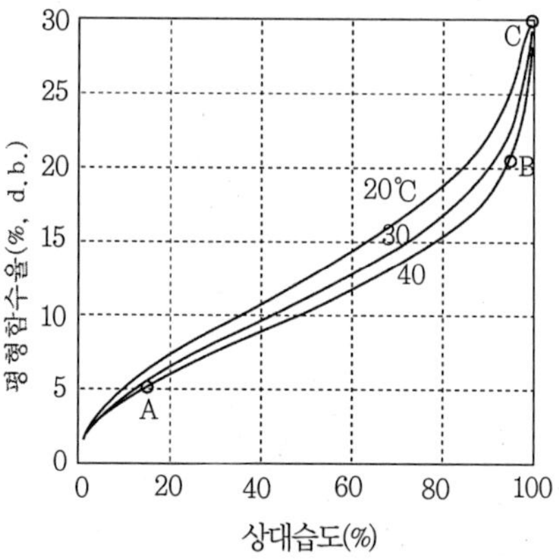

[그림 6-5] 벼의 방습평형함수율곡선

B 영역에서는 수분이 다분자층으로 흡착되어 있는 물리흡착수이며, 평형상대습도 20~90% 구간이다. 물의 증발잠열은 자유수보다 약간 높다. 이 영역의 물은 용질의 용매로 이용되며 생화학반응에 이용된다.

C 영역은 상대습도 90% 이상의 영역이며, 물은 기공과 모세관에 흡수되어 있는 반결합수이다. 평형상대습도 100%에 대응되는 함수율을 초과하면 고체의 표면에 자유수가 나타난다.

6.2.3 평형함수율 모델

평형함수율을 상대습도와 온도의 함수로 나타내기 위한 많은 이론, 반이론 및 실험 모델이 제시되고 있으나, 전 구간의 상대습도에 대하여 평형함수율을 완전하게 나타내는 모델은 아직까지 없다.

일반적으로 반이론 모델이 많이 이용되는데, 곡물의 평형함수율곡선을 가장 적절하게 나타내는 반이론 모델은 다음의 Henderson 모델과 Chung-Pfost 모델이다.

Henderson 모델 : $$ERH = 1 - \exp[-K(T+C)\ (100M_e)^N] \qquad (6\text{-}8a)$$

$$M_e = 0.01\left[\frac{\ln(1-ERH)}{-K(T+C)}\right]^{1/N} \qquad (6\text{-}8b)$$

Chung-Pfost 모델 : $ERH = \exp\left[-\frac{A}{(T+C)}\exp(-BM_e)\right]$ (6–9a)

$$M_e = E - F\ln[-(T+C)\ln(ERH)] \qquad (6\text{-}9b)$$

여기서, ERH : 평형상대습도(소수)
M_e : 평형함수율(소수, d.b.)
T : 온도(℃)
A, B, C, E, F, K, N : 실험상수

각종 곡물에 대한 식 (6–8)과 (6–9)의 실험상수는 표 6–3 및 표 6–4와 같다.

[표 6–3] 각종 곡물에 대한 Henderson 모델 식 (6–8)의 실험상수

구분	K	C	N	출처
벼	0.00007836	13.058	2.1581	(1)
현미	0.00005224	12.844	2.2788	(1)
백미	0.00002076	11.3595	2.3437	(1)
왕겨	0.000196	5.1966	1.9680	(1)
벼	0.000019187	51.161	2.4451	(2)
보리	0.000022919	195.267	2.0123	(2)
옥수수	0.000086541	49.810	1.8634	(2)
밀(연질)	0.000012299	64.346	2.5558	(2)
대두	0.00030533	134.136	1.2164	(2)
땅콩	0.00065041	50.561	1.4984	(2)

※ 자료: (1) 금동혁 등(2000), (2) ASAE(1996)

[표 6–4] 각종 곡물에 대한 Chung–Pfost 모델 식 (6–9)의 실험상수

구분	A	B	C	E	F	출처
벼	260.78	18.379	13.848	0.30272	0.054410	(1)
현미	289.14	18.481	14.281	0.30663	0.054110	(1)
백미	290.96	18.151	11.654	0.31256	0.055093	(1)
왕겨	178.10	19.156	5.0829	0.27053	0.052203	(1)
벼	594.61	21.732	35.703	0.29394	0.046015	(2)
보리	761.66	19.889	31.323	0.33363	0.050279	(2)
옥수수	312.30	16.958	30.205	0.33872	0.058970	(2)
밀(연질)	726.49	23.607	35.662	0.27908	0.042360	(2)
대두	328.30	13.917	100.288	0.41631	0.071853	(2)
땅콩	254.90	29.243	33.892	0.18948	0.034196	(2)

※ 자료: (1) 금동혁 등(2000), (2) ASAE(1996)

6.3 수분증발잠열

흡습성 재료에 흡착된 물 분자를 재료로부터 분리하여 증발시키는 데 필요한 에너지는 자유수의 증발에너지보다 크다. 이러한 재료 내부수분의 증발잠열은 평형함수율 모델을 이용하여 함수율과 온도의 함수로 나타낼 수 있다.

액체가 증발하는 상변화과정에서 2상이 평형을 이룰 때 포화온도와 포화압력의 관계를 나타내는 Clausius-Clapeyron 식에 기초하면 다음의 관계식을 얻을 수 있다.

$$\frac{dP_v}{P_v} = \frac{h'_{fg}}{h_{fg}} \frac{dP_s}{P_s} \tag{6-10}$$

여기서, P_v : 재료내부 수증기압
P_s : 자유수의 포화수증기압
h'_{fg} : 재료 내부수분 증발잠열
h_{fg} : 자유수의 증발잠열

식 (6-10)을 적분하면,

$$\ln P_v = \frac{h'_{fg}}{h_{fg}} \ln P_s + C \tag{6-11}$$

여기서, C는 적분상수이다. 식 (6-11)에서 재료 내부수분의 수증기압(P_v)과 자유수의 포화수증기압(P_s)을 양대수 방안지에 그리면 직선으로 나타나며, 이 직선의 기울기가 자유수에 대한 재료 내부수분의 증발잠열비($\frac{h'_{fg}}{h_{fg}}$)를 나타낸다.

재료의 함수율과 온도가 주어지면, 이 온도에 대한 포화수증기압 P_s를 수증기표 또는 식 (5-1)을 이용하여 구할 수 있다. 재료내부 수증기압 P_v는 다음의 관계를 이용하여 구한다.

$$P_v = P_s \times ERH \tag{6-12}$$

주어진 함수율에 대하여 온도별로 포화수증기압과 재료내부 수증기압을 구하여 양대수 방안지에 그린 직선의 기울기가 주어진 함수율에 대한 재료 내부수분의 증발잠열비이다.

그림 6-6은 벼의 함수율 15%(d.b.)와 30%(d.b.)에 대하여 온도 10~50℃ 범위에서 $\ln P_s$와 $\ln P_v$의 관계를 나타낸 것이다. 그림에서 직선의 기울기, 즉 증발잠열비는 함수율 15%(d.b.)일 때 1.18, 함수율 30%(d.b.)일 때 1.011이다.

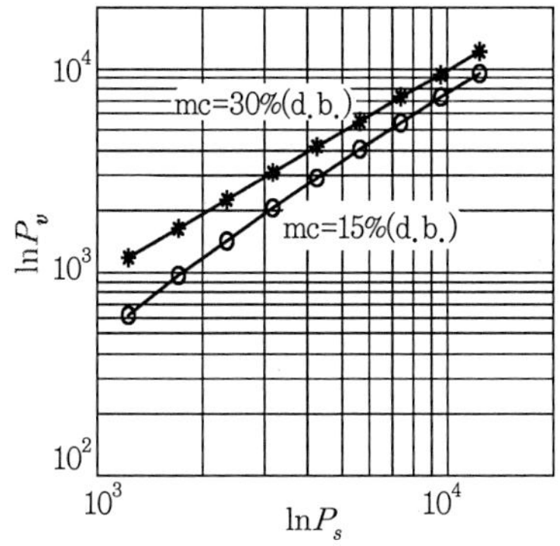

[그림 6-6] 벼에 대한 $\ln P_s$와 $\ln P_v$관계
(Chung-Pfost식 이용, 온도 범위 10~50℃)

증발잠열비는 함수율이 증가함에 따라 지수함수적으로 감소하며, 다음 식으로 표시된다.

$$\frac{h'_{fg}}{h_{fg}} = 1 + a\exp(-bM) \qquad (6\text{-}13)$$

여기서, M은 함수율(소수, d.b.)이며, 각종 곡물에 대한 식 (6-13)의 상수 값은 표 6-5와 같다. 함수율에 따른 증발잠열비의 변화는 그림 6-7과 같다.

[표 6-5] 각종 곡물에 대한 식 (6-13)의 상수

구분	a	b
벼	2.4263	18.3816
현미	2.6322	18.4838
백미	3.0346	18.1492
왕겨	2.7993	19.1630
보리	0.8859	19.9021
옥수수	1.4811	16.9688
밀(연질)	2.8868	23.6263
대두	0.3317	13.9296
땅콩	29.3930	1.0914

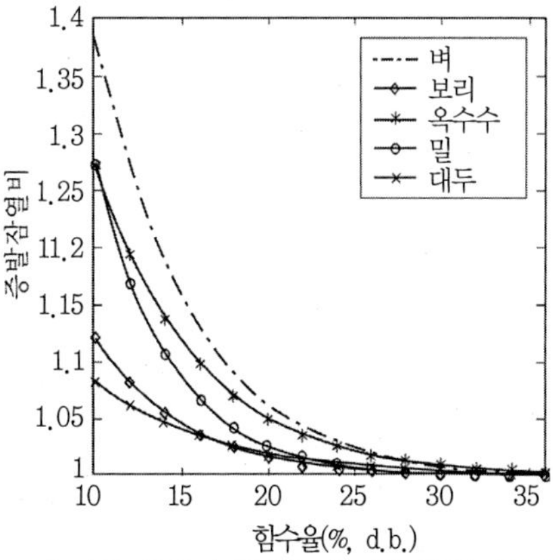

[그림 6-7] 각종 곡물의 함수율에 따른 증발잠열비($\frac{h'_{fg}}{h_{fg}}$)

예제 6-2

함수율 16%(d.b.), 온도 20℃의 벼의 수분증발잠열을 구하여라.

풀 이

식 (6-10) $\frac{dP_v}{P_v}=\frac{h'_{fg}}{h_{fg}}\frac{dP_s}{P_s}$ 를 온도 T_1 에서 T_2 범위에 대하여 적분하면,

$$\frac{h'_{fg}}{h_{fg}}=\frac{\ln P_{v2}-\ln P_{v1}}{\ln P_{s2}-\ln P_{s1}}$$

온도를 T_1=10℃, T_2=30℃를 택하면, 수증기표에서

온도 10℃에서 포화압력 P_{s1} = 1.2280 kPa

온도 30℃에서 포화압력 P_{s2} = 4.2462 kPa

평형상대습도는 다음의 Chung-Pfost 식을 이용하여 구한다.

$$ERH=\exp\left(-\frac{260.78}{(T+13.848)}\exp(-18.379M)\right)$$

M = 0.16(d.b.), T = 10℃일 때,

ERH_1 = 0.561, P_{v1} = $(ERH_1)(P_{s1})$ = (0.561)1.228=0.6889 kPa

M = 0.16(d.b.), T = 30℃일 때,

ERH_2 = 0.730, P_{v2} = $(ERH_2)(P_{s2})$ = (0.730)4.2462=3.0997 kPa

$$\frac{h'_{fg}}{h_{fg}}=\frac{\ln 3.0997-\ln 0.6889}{\ln 4.2462-\ln 1.228}=1.5040/1.2406=1.212$$

20℃에서 자유수의 증발잠열 h_{fg} = 2502.5 − 2.386 T = 2502.5 − 2.386(20)=2454.8 kJ/kg

20℃, 함수율 16%(d.b.) 벼의 수분 증발잠열 h'_{fg} = (2454.8)(1.212)= 2975 kJ/kg

6.4 건조 모델

6.4.1 건조특성곡선

건조과정은 열과 물질의 동시 전달현상이다. 수분증발에 필요한 열이 외부로부터 재료의 표면으로 전달되며, 재료 내부의 수분이 표면으로 이동하여 증발된다.

일정한 건조조건, 즉 일정한 온도, 상대습도 및 풍속에서 건조실험을 수행하여, 건조시간에 따른 시료의 무게 변화를 측정하고, 무게 변화를 함수율 변화로 환산하여 나타내면 그림 6-8(a)와 같다. 건조시간과 함수율 관계곡선을 도해적 또는 수치해법으로 미분하여

건조속도($\frac{d\overline{M}}{dt}$)를 구하고, 건조속도와 함수율, 건조속도와 건조시간의 관계를 나타낸 곡선은 각각 그림 6-8(b)와 그림 6-8(c)이다. 그림 6-8의 곡선을 건조곡선 또는 건조특성 곡선(drying characteristic curve)이라고 한다.

건조과정은 건조속도에 따라서 3단계로 구분한다. 그림의 각 곡선에서 AB 구간을 예열기간(warming-up period), BC 구간을 항률건조기간(constant-rate period), CDE 구간을 감률건조기간(falling-rate period)이라고 한다.

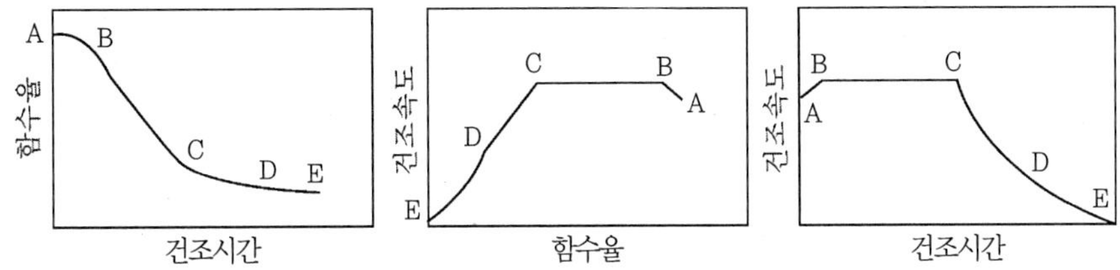

[그림 6-8] 건조곡선과 건조기간

(1) 예열기간

건조가 시작되면 재료의 온도는 건조공기와 평형이 되는 온도에 도달한다. 재료의 온도는 건조공기의 습구온도까지 상승하여 항률건조기간 동안 일정하게 유지된다. 재료의 온도가 초기온도에서 습구온도까지 상승하는 기간이 예열기간이다.

(2) 항률건조기간

예열기간에 뒤이어 재료의 표면에 수막이 존재하는 한 전달열량은 모두 수분 증발에 이용되므로 재료의 온도는 건조공기의 습구온도로 일정하게 유지된다. 따라서 이 기간 동안 함수율은 건조시간에 비례하여 직선적으로 감소하며, 이 직선의 기울기가 건조속도이므로 건조속도는 일정하게 된다.

항률건조기간 동안 재료의 표면에서 증발하는 수분은 재료 내부로부터 공급된다. 이 기간에는 재료 내부의 수분이동속도가 표면의 수분증발속도보다 빠르므로 재료의 표면이 항상 포화상태를 유지하게 된다. 따라서 재료표면에서의 증발은 마치 자유수 표면에서의 증발과 같으며, 습구온도계의 습구에서 물이 증발하는 현상과 같다. 따라서 재료표면의 온도는 공기의 습구온도와 같아지며 항상 일정하게 유지된다.

점 C는 항률건조기간이 끝나고 감률건조기간이 시작되는 점이며, 이 점의 함수율을 임계함수율(critical moisture content)이라 한다.

(3) 감률건조기간

감률건조기간은 임계함수율에서 시작되며, 건조시간이 경과함에 따라 건조속도가 감소하는 기간이다. 점 C에서부터 재료 내부의 수분이동속도가 재료표면의 수분증발속도보다 느려진다. 따라서 재료 표면은 포화상태를 유지할 수 없으며, 재료표면이 점차 건조되기 시작한다. 재료 표면이 건조되기 시작하면 재료의 표면온도는 상승하기 시작하며 결국 건조공기의 온도에 도달한다. 재료의 표면온도가 상승하면 전달열량이 감소하게 되고, 이 열은 수분증발과 재료의 가열에 소비되므로 건조속도는 점차 감소한다.

CD 구간을 제1차 감률건조기간이라 한다. 표면이 완전히 건조된 D점을 지나면 수분증발면은 재료표면에서 재료 내부로 이동하는 제2차 감률건조기간(second falling-rate period)이 시작된다. 재료의 함수율이 건조공기와 평형을 이루는 평형함수율에 도달하면 건조가 종료된다. 감률건조기간에는 건조속도가 느리기 때문에 건조소요시간의 대부분이 감률건조기간이다.

건조조건은 외부조건과 내부조건으로 나눌 수 있다. 외부조건은 열풍의 온도, 습도 및 풍속 등 열전달률과 관련되는 조건이며, 내부조건은 재료의 성분, 구조, 형상, 함유수분, 평형함수율 등이다. 항률건조속도는 자유수의 증발속도와 같으므로 외부조건의 지배를 받으며 내부조건과는 무관하다. 반면에, 감률건조속도는 재료 내부의 수분이동속도와 열전달률이 지배하기 때문에 내·외부 조건의 영향을 모두 받는다.

6.4.2 항률건조 모델

항률건조기간의 건조속도는 다음 식으로 표시된다.

$$\frac{d\overline{M}}{dt} = \frac{h_c A}{h_{fg}}(T_a - T_{wb}) \qquad (6\text{-}14)$$

여기서, $\frac{d\overline{M}}{dt}$: 건조속도(kg-수분/s)

$\overline{M}$: 재료의 평균함수율(소수, d.b.)

h_c : 대류열전달계수(W/m^2·K)

A	:	열전달면적(m^2)
h_{fg}	:	재료표면온도에서의 물의 증발잠열(J/kg)
T_a	:	건조공기의 건구온도(℃)
T_{wb}	:	재료의 표면온도(건조공기의 습구온도, ℃)

6.4.3 감률건조 모델

재료표면에서 수분이 증발하려면 재료 내부의 수분이 재료층을 통과하여 표면으로 이동하여야 한다. 재료 내부에서의 수분이동은 수분의 농도구배에 의한 수분확산(liquid diffusion), 수증기 분압구배에 의한 수증기확산(vapor diffusion), 온도구배에 의해 온도확산(thermal diffusion)에 의하여 이루어진다. 실제 재료 내부에서의 수분이동은 이들 메커니즘이 복합적으로 일어나며 또한 건조가 진행되는 중에도 주 메커니즘이 변하게 된다. 대부분의 건조과정에는 수분농도구배와 온도구배에 의한 수분이동이 가장 중요하게 작용한다. 곡물과 같이 크기가 작은 재료는 건조가 시작되면서 내부의 온도구배는 곧 사라지므로 수분이동은 주로 수분확산에 의존한다.

(1) 수분확산 모델

재료의 형상을 구형으로 간주하면 재료 내부의 수분농도는 다음 식과 같이 구의 반경방향(r)과 시간(t)의 함수로 표시된다.

$$\frac{\partial M}{\partial t} = D\left(\frac{\partial^2 M}{\partial r^2} + \frac{2}{r}\frac{\partial M}{\partial r}\right) \tag{6-15}$$

여기서,	$M(r,t)$	:	재료내부 r지점의 함수율(소수, d.b.)
	D	:	수분확산계수(m^2/hr)
	r	:	반경방향 좌표(m)
	t	:	건조시간(hr)

보통 식 (6-15)의 초기 및 경계조건은 다음과 같이 가정한다.

$$M(r,0) = M_o \tag{6-16a}$$

$$M(R,t) = M_e \tag{6-16b}$$

$$\frac{\partial M}{\partial r}(0,t) = 0 \tag{6-16c}$$

여기서, M_o는 초기함수율, M_e는 평형함수율, R은 구의 반경이다.

식 (6-15)의 해를 변수분리법으로 구하면 구형 재료 내부의 함수율 분포는 다음과 같이 표현된다.

$$\frac{M(r,t)-M_e}{M_o-M_e}=\frac{2R}{\pi r}\sum_{n=1}^{\infty}\frac{(-1)^{n+1}}{n}\sin(\frac{n\pi}{R}r)\exp(-\frac{n^2\pi^2}{R^2}D\ t) \quad (6\text{-}17)$$

재료 내부의 함수율 분포를 나타내는 식 (6-17)을 이용하여 구형 재료의 평균함수율을 구하면 다음 식으로 표시된다.

$$\overline{MR}=\frac{6}{\pi^2}\sum_{n=1}^{\infty}\frac{1}{n^2}\exp[-n^2Kt] \quad (6\text{-}18)$$

여기서, $\overline{M}$: 구형 재료의 평균함수율(d.b.)

$\overline{MR}$: 평균함수비($\frac{\overline{M}(t)-M_e}{M_o-M_e}$)

K : $D\ \pi^2/R^2$

이상의 수분확산방정식의 엄밀해는 피건조물의 형상이 구와 같이 균일하다는 가정하에 구한 것이다. 실제 피건조물의 형상이 불규칙하므로 엄밀해는 감률건조속도를 정확히 나타내지는 못한다. 그러나 구에 가까운 형상을 가진 곡물, 즉 단·중립종 벼, 콩 및 옥수수 등의 경우 엄밀해는 곡립의 건조속도를 잘 나타낸다.

건조실험에서 건조시간(t)에 따른 $\ln\overline{MR}$의 변화를 그래프로 표시하면 직선으로 나타나는데, 이 직선 부분의 기울기가 수분확산계수 D이다. 수분확산계수는 건조온도가 증가할수록 증가하며, 온도의 영향을 나타내는 수분확산계수는 다음의 Arrhenius형으로 표시된다.

$$D=A\exp\left(-\frac{B}{T_{abs}}\right) \quad (6\text{-}19)$$

여기서, D : 수분확산계수(m^2/hr)

T_{abs} : 절대온도(K)

A, B : 실험상수

벼와 그 구성성분의 식 (6-19)의 상수값은 표 6-6과 같다.

(2) 반이론 및 실험 모델

수분확산방정식의 엄밀해인 식 (6-18)의 무한급수에서 제1항은 큰 값을 나타내고 제2, 제3항으로 갈수록 그 값은 급격히 작아진다. 따라서 제1항만을 취하더라도 건조 초기를 제

[표 6-6] 벼와 그 구성성분의 수분확산계수

구성성분	A	B
벼의 전분	2.57 E-03	2880
미강	7.97 E-01	5110
왕겨	4.84 E+02	7380
현미	0.141	4350
단립종 벼	33.6	6420
중립종 벼	9.83 E-03	4151

외하고는 무한급수형의 해와 큰 차이가 없다. 따라서 제1항만을 취한 형태의 반이론식을 축소수분확산 모델이라 하며, 다음 식으로 표시된다.

$$\frac{\overline{M}(t)-M_e}{M_o-M_e}=A\ \exp(-Kt) \tag{6-20}$$

여기서, A와 K는 실험상수이다.

또한, 물체의 냉각속도를 나타내는 Newton의 냉각법칙과 유사한 식이 건조방정식으로 이용된다. 즉, 재료의 건조속도는 재료의 함수율과 건조공기에 대한 평형함수율의 차이에 비례한다고 가정하면, 건조속도는 다음과 같이 표시된다.

$$\frac{d\overline{M}}{dt}=-k(\overline{M}-M_e) \tag{6-21}$$

이 식을 적분하면 다음과 같다.

$$\frac{\overline{M}(t)-M_e}{M_o-M_e}=\exp(-kt) \tag{6-22}$$

식 (6-22)를 Newton 모델이라 한다. 여기서, k를 건조상수라 하며, 건조공기의 온도 또는 온도와 상대습도의 함수로 표시된다.

이상의 반이론식은 건조 초기의 건조속도는 실제보다 느리고 후기에는 평형함수율에 너무 빨리 접근하는 경향이 있어 곡물의 건조곡선을 제대로 나타내지 못하는 경우가 많다. 따라서 식 (6-22)를 변형한 식 (6-23)의 실험식이 이용되는데, 이 식은 벼, 옥수수 등 많은 곡물의 박층건조곡선을 가장 잘 묘사한다.

$$\frac{\overline{M}(t)-M_e}{M_o-M_e}=\exp(-Pt^Q) \tag{6-23}$$

이 식을 Page 모델이라고 한다. 여기서, P, Q는 실험상수이며 건조공기의 온도와 상대습도의 함수로 나타낸다.

예제 6-3

벼의 박층건조실험에서 다음의 데이터를 얻었다. 건조 모델을 식 (6-23)으로 가정하고 실험상수 P, Q를 최소자승법으로 구하여라.

건조시간 (min)	10	20	30	40	50	60	70	80	100	150	200	250	300
함수비	0.84	0.75	0.68	0.62	0.57	0.52	0.48	0.44	0.38	0.28	0.22	0.17	0.13

풀 이

식 (6-23)의 양변에 두 번 대수를 취하면,

$$\ln(-\ln\overline{MR}) = \ln P + Q\ln t$$

여기서, $\ln(-\ln\overline{MR}) = Y$, $\ln P = b$, $Q = a$, $\ln t = X$라 두면, 위 식은 다음과 같은 직선 식이다.

$$Y = aX + b$$

이 직선의 절편이 $\ln P$, 기울기가 Q이다. 최소자승법에 의하면 a와 b는 다음과 같이 계산된다.

$$a = \frac{n\sum XY - \sum X \sum Y}{n\sum X^2 - (\sum X)^2}, \quad b = \frac{\sum Y - a\sum X}{n}$$

여기서, n는 측정치의 수이며, $n = 13$이다. a, b의 값을 계산하면,

$a = 0.7250$, $b = -3.4058$

따라서

$Q = a = 0.7250$, $P = \exp(b) = \exp(-3.4058) = 0.0332$

따라서, 건조 모델은 다음과 같다.

$$\overline{MR} = \exp(-0.0332\ t^{0.7250})$$

함수비의 실험치와 건조 모델에 의한 예측치를 비교하면 그림 6-9와 같다. 그림에서와 같이 실험치와 건조 모델에 의한 예측치가 매우 잘 일치함을 알 수 있다.

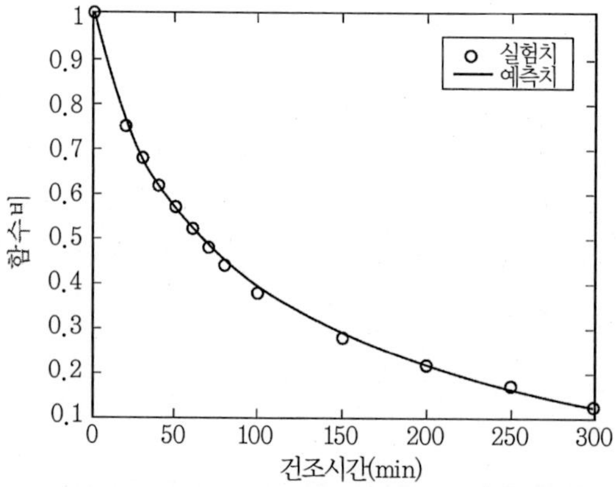

[그림 6-9] 함수비의 실험치와 예측치의 비교

6.4.4 후층건조 모델

곡물건조기에서의 곡물건조는 낟알에 열풍을 통과시켜 건조하는 것이 아니며, 보통 열풍건조기에서는 10~30 cm, 상온통풍건조기에서는 0.5~3 m의 깊이로 퇴적한 곡물층에 건조공기를 통과시켜 건조한다. 이와 같이 실제 건조기에서 곡물의 건조는 후층으로 이루어진다. 후층건조과정을 해석하기 위한 수학식을 후층건조 모델(deep bed drying model)이라고 한다.

건조공기는 곡물층을 통과하는 동안 수분을 얻어 절대습도(H)는 높아지고 온도(T)는 낮아지는 반면, 곡물은 수분을 잃고 곡온은 상승한다. 즉, 곡물의 함수율($\overline{M}$), 곡온(θ), 공기의 온도(T)와 절대습도(H)는 곡물층의 위치와 시간에 따라 변하게 된다. 이들 4개의 미지수를 구하려면 4개의 방정식이 필요하다.

정지되어 있는 곡물층을 열풍이 통과하는 고정층건조기(fixed bed dryer)에 대한 후층건조 모델을 에너지 및 물질 평형에 기초하여 유도하면 다음과 같다.

$$\frac{\partial T}{\partial x} = -\frac{hA}{G_a c_a + G_a c_v H}(T-\theta) \tag{6-24a}$$

$$\frac{\partial \theta}{\partial t} = \frac{hA(T-\theta)}{\rho_p c_p + \rho_p c_w \overline{M}} + \frac{h_{fg} + c_v(T-\theta)}{c_p + c_w \overline{M}} \frac{\partial \overline{M}}{\partial t} \tag{6-24b}$$

$$\frac{\partial H}{\partial x} = -\frac{\rho_p}{G_a} \frac{\partial \overline{M}}{\partial t} \tag{6-24c}$$

$$\frac{\partial \overline{M}}{\partial t} = \text{곡물의 박층건조 모델} \tag{6-24d}$$

여기서, x : 곡물층의 깊이 좌표(m)
h : 곡물층과 공기 사이의 대류열전달계수(kJ/hr·m^2·K)
A : 곡물층의 비표면적(m^2/m^3)
G_a : 건공기의 질량유량(kg/hr·m^2)
c_a : 건공기 비열(kJ/kg·K)
c_w : 물의 비열(kJ/kg·K)
c_p : 곡물의 건물비열(kJ/kg·K)
c_v : 수증기의 비열((kJ/kg·K)
t : 건조시간(hr)
h_{fg} : 곡물 수분의 증발잠열(kJ/kg)
θ : 곡물의 온도(℃)
ρ_p : 곡물의 건물밀도(kg/m^3)

이상의 후층건조 모델의 해는 수치해법을 이용하여 구할 수 있다. 후층건조 모델의 수치해를 구하고 건조기의 성능과 관련된 여러 요인, 예를 들면, 함수율, 곡온, 건조속도, 소요 에너지 및 건조제품의 품질 등을 예측할 수 있도록 작성된 컴퓨터 프로그램이 건조시뮬레이션 모델이다.

건조시뮬레이션의 장점은 많은 비용과 시간이 소요되는 실제 실험(empirical experiments)을 컴퓨터에서 수행되는 수치실험(numerical experiments)으로 대체할 수 있으며, 실제로는 매우 어렵거나 불가능한 실험도 수행할 수 있다는 것이다.

6.5 곡물 건조와 품질

곡물을 열풍 건조하는 경우 ① 동할립 증가 ② 발아율 감소 ③ 식미 저하 등의 변화가 일어난다. 이러한 변화에 영향을 주는 요인은 ① 열풍온도 ② 열풍 노출시간 ③ 열풍습도 ④ 템퍼링 ⑤ 초기 및 최종 함수율 등이다.

열풍온도가 높을수록 열풍 노출시간이 길수록 동할률은 증가하고 발아율은 감소한다. 또한, 동일 온도로 곡물을 건조하는 경우 함수율이 높을수록 동할률이 증가하고 발아율은 감소한다.

6.5.1 동할

(1) 동할기준

쌀의 동할이란 현미의 배유부에 균열이 발생하는 현상이다. 동할립에는 경동할립과 중동할립이 있는데, 경동할립은 백미 가공 시 싸라기 발생위험이 적고 검사기준에 피해립으로 취급되지 않을 정도의 동할립이다. 중동할립은 검사 시 피해립으로 취급되며, 그림 6-10의 기준에 의하여 판단한다.

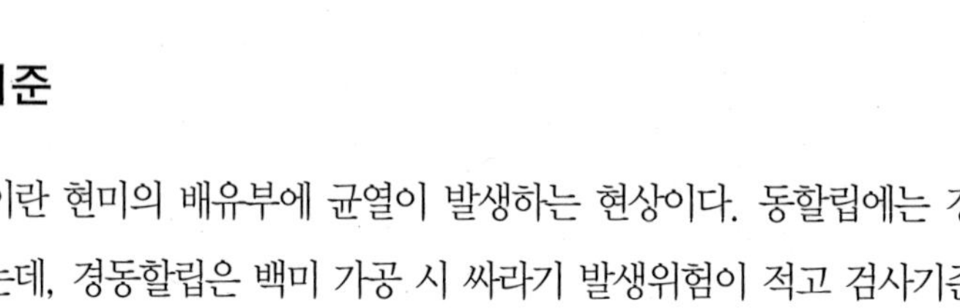

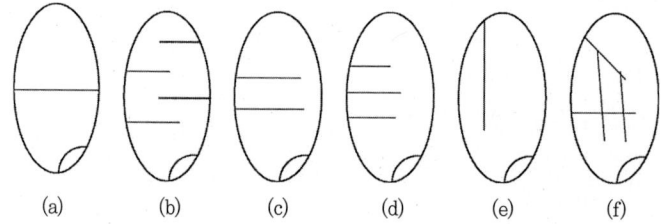

(a) 가로 1줄 완전 균열 (b) 양면 2줄(폭 1/2 이상) 균열 (c) 가로 2줄(폭 2/3 이상) 균열
(d) 가로 3줄 이상 균열 (e) 종 방향 균열 (f) 거북등 균열

[그림 6-10] 중동할립의 기준

중동할립은 도정 중에 싸라기로 변하여 도정수율과 백미의 품질을 저하시킨다. 2줄 균열의 경우 약 50%, 3줄 균열의 경우 약 70%, 1줄로 강한 균열이 발생한 중동할립은 90% 이상이 도정 시 싸라기로 변한다.

(2) 열풍온도, 열풍 노출시간 및 초기함수율과 동할

그림 6-11은 벼를 박층건조할 경우 초기함수율, 열풍온도 및 절대습도가 동할미 발생에 미치는 영향을 나타낸 것이다. 그림에서와 같이 동할미의 발생은 초기함수율이 높을수록, 열풍온도가 높을수록, 절대습도가 낮을수록 증가한다. 함수율 24%의 경우 동할미 발생률을 5%로 제한할 때 열풍온도는 열풍의 절대습도가 0.007 kg/kg, 0.024 kg/kg일 때 각각 36℃, 42℃ 이하를 유지하여야 한다.

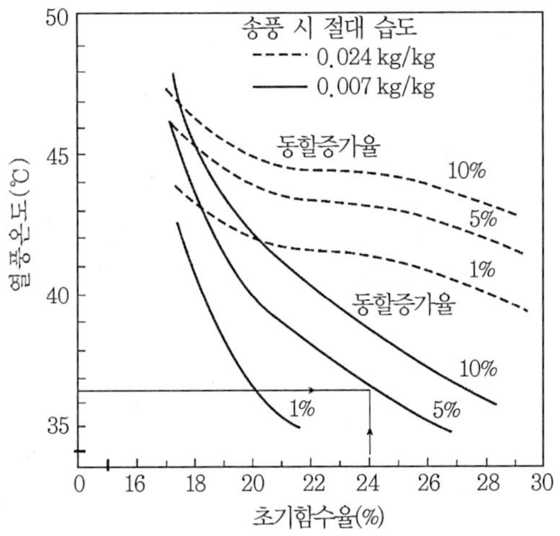

[그림 6-11] 초기함수율, 열풍온도 및 절대습도가 동할미 발생에 미치는 영향

건조 중의 동할미의 발생은 열풍온도뿐만 아니라 열풍에 노출되는 시간에 따라 달라진다. 그림 6-12는 열풍온도와 열풍노출시간이 벼의 동할률에 미치는 영향을 나타낸 곡선이다. 그림에서와 같이 열풍온도 약 40℃에서는 열풍노출시간에 관계없이 동할이 거의 발생하지 않지만, 그 이상의 온도에서는 노출시간이 경과함에 따라 동할이 크게 증가한다. 따라서 동할미의 발생을 줄이려면 열풍온도에 따라 열풍노출시간을 제한해야 한다.

(3) 템퍼링과 동할

곡물을 건조하면 곡립의 표면은 빨리 건조되고 중심부로 갈수록 건조속도가 느려져 곡

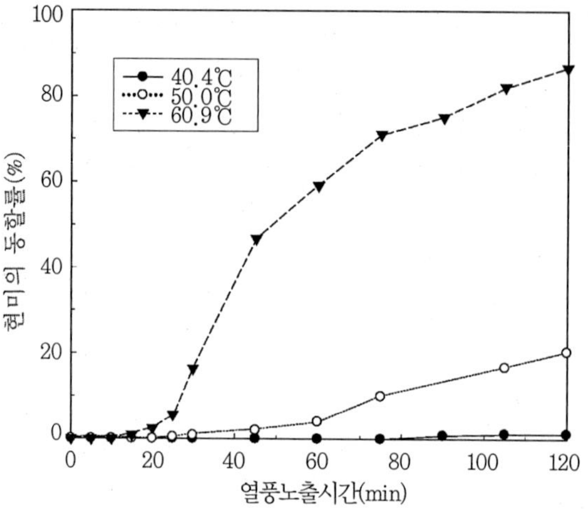

[그림 6-12] 벼의 건조온도와 열풍노출시간이 동할률 증가에 미치는 영향
(초기함수율 22.8%(w.b.))

립 내부에 수분구배가 발생하게 된다. 또한, 현미를 절단하여 상부(배아가 없는 쪽)와 하부(배아가 있는 쪽)로 나누면 건조 전에는 하부의 수분이 높으나 건조 후에는 반대로 하부의 수분이 상부보다 낮아져 현미의 상부와 하부에도 수분구배가 발생한다. 이러한 수분구배로 인하여 곡립 내부에 응력이 발생하고, 이로 인하여 곡립에 금이 가는 동할이 발생한다.

건조과정을 거친 곡물을 일정시간 보관하면 내부수분이 표면으로 확산되어 건조 중에 발생한 곡립 내의 불균일한 수분분포가 완화된다. 이러한 과정을 템퍼링(tempering)이라고 한다. 템퍼링은 곡립 내부의 수분구배에 의하여 발생하는 응력을 완화함으로써 동할을 줄이고 후속 건조과정에서 건조속도를 증대시키는 역할을 한다.

그림 6-13은 초기함수율 29%(d.b.)의 단립종 벼를 온도 50℃, 상대습도 20%의 공기로 30분 건조 후 4시간 템퍼링할 때 곡립 내부수분 변화를 나타낸 것이다. 그림에서와 같이 30분 건조 후에 곡립 표면의 함수율은 16%까지 감소했지만 곡립중심은 초기의 29%를 그대로 유지하고 있다. 곡립중심

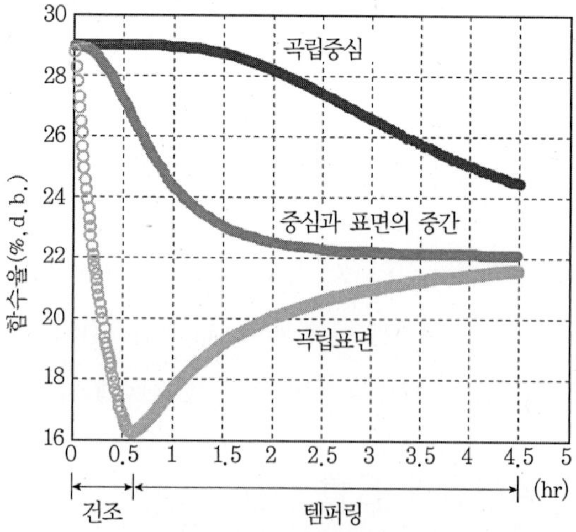

[그림 6-13] 벼 낟알의 건조 및 템퍼링 과정 동안의 곡립 내부수분 변화(50℃, 30분 건조, 4시간 템퍼링)

과 표면 간의 함수율 차이는 13%에 이르고 있다. 4시간 템퍼링을 하는 동안 곡립표면의 함수율은 16%에서 21.5%로 증가하고, 곡립중심의 함수율은 29%에서 24.5%로 감소하여 중심과 표면 간의 함수율 차이가 3%로 크게 감소하였다.

함수율이 높은 벼를 연속적으로 열풍에 노출시켜 건조하는 방법보다 도중에 건조를 중단하여 건조와 건조중단(템퍼링)을 몇 단계 거치면서 건조하는 간단건조(intermittent drying) 방법이 동할미의 발생을 줄이고 수분 불균일을 방지하는 방법이다. 템퍼링 시간이 짧을수록 동할립의 발생이 증가하며, 건조시간을 짧게 하고 템퍼링 횟수가 많을수록 동할의 위험은 줄어든다.

6.5.2 건조와 발아율

현미 정립 100립을 옥시풀로 소독한 후 물로 세척하고, 직경 9~18 cm 샬레에 여과지를 깔고 현미를 올려놓는다. 20℃의 항온기에 넣고 7일(벼, 보리, 옥수수는 7일, 밀, 콩, 귀리는 10일) 이내에 발아한 미립수를 발아율이라 한다.

곡물을 과도한 고온으로 건조하면 배아 단백질의 효소력 저하와 배유 전분층의 가수분해로 인하여 발아력이 저하된다. 곡물의 발아율을 유지할 수 있는 안전한 건조온도는 초기 함수율에 따라 다르다. 초기함수율이 높을수록 안전한 건조온도는 낮아지며, 안전 온도는 38~43℃ 범위이다. 발아율과 식미는 밀접한 관계가 있으며, 벼의 발아율이 낮아지면 식미도 저하된다.

6.5.3 건조와 식미

(1) 건조온도 및 속도와 식미

함수율이 높은 벼를 고온으로 건조하면 식미가 저하되며, 가공용의 쌀인 경우 가공성이 저하되는데, 이는 미립 내의 성분이동이 원인이다. 함수율이 높은 벼를 고온으로 건조하면 마치 쌀을 찌는 것과 비슷한 현상이 나타나 성분이동이 일어난다. 벼를 고온으로 건조하면 저온건조에 비하여 지방과 아미노산이 미강층과 배아로부터 백미의 외주 부위로 크게 이동하게 되며, 당류는 백미의 내부로 크게 이동한다. 이와 같은 성분이동은 식미를 저하시키므로 고수분 상태에서 고온건조하는 것을 피하여야 한다.

건조효율을 고려하면 열풍온도는 허용한도 내에서 가능한 한 높이는 것이 바람직하지만 식미를 고려하면 열풍온도를 무한히 높일 수 없다. 적정한 열풍온도는 곡온을 기준으로 하며, 건조할 때 곡온이 36℃를 넘지 않으면 동할미가 거의 발생하지 않으며, 식미의 저하도 나타나지 않는다.

(2) 식미의 평가

쌀밥의 식미는 관능치로 인종과 개인에 따라 다르다. 식미의 평가방법에는 관능검사법, 화학분석법 및 물성 측정법이 있다.

관능검사법은 잘 훈련된 식미평가자(panel)가 밥의 외관(appearance), 향(aroma), 맛(taste), 찰기(stickiness), 경도(hardness), 종합평가로 나누어 직접 평가하는 방법이다.

화학분석법은 식미를 좌우하는 쌀의 구성성분의 함량을 측정하여 식미를 판정하는 방법이다.

물성 측정법은 밥의 경도, 찰기(점도) 및 점탄성 등을 측정하여 관능검사법에 의한 식미치와의 관련식을 개발하여 간접적으로 식미를 측정하는 방법이다.

쌀의 구성성분 중 식미를 좌우하는 주성분은 아밀로오스 함량, 단백질 함량, 지방산도, 함수율, 마그네슘(Mg)/칼륨(K)의 함량비 등이다.

아밀로오스 함량과 단백질 함량이 낮은 쌀이 일반적으로 찰기가 강하고 식미가 좋다. 쌀의 아밀로오스 함유율은 보통 17.5~22.9%, 단백질 함유율은 5.6~7.7% 범위이며, 아밀로오스 함유율이 18% 이하, 단백질 함유율이 6% 이하인 쌀이 맛이 좋다. 함수율은 일반적으로 15.5~16.5%(w.b.) 범위가 식미에 가장 적절하다. 지방산도는 지방산의 중화에 필요한 수산화칼륨의 무게로 표시하며, 보통 지방산도가 20(KOH mg/건물 100 g) 이상일 때 현미가 부패한 것으로 간주한다. Mg/K의 비는 클수록 식미가 양호하다.

쌀의 구성성분 함량으로부터 밥의 식미를 판정하는 방법은 실제로 밥을 하지 않고 생쌀만으로도 식미 추정이 가능하며 소량의 시료만으로도 단시간 내에 측정이 가능한 이점이 있다.

쌀의 식미를 측정하는 물성 측정법에는 아밀로그래피, 텍스트로미터 및 쿠킹퀄리티 테스트가 있다.

아밀로그래피(amylography)는 쌀가루를 풀로 만들어 일정 온도 또는 온도를 상승시키면서 점도를 측정하는 점도계이다. 그림 6-14에서와 같이 반죽된 시료를 30℃에서 가열하여 온도를 높여 가면 60~80℃에서 호화되기 시작하고, 점도는 계속 올라가 최고 점도 P

에 도달한다. 92~97.5℃에서 10~20분간 유지한 후 온도를 낮추어 가면 최저 점도 H에 도달한다. 더욱 온도를 낮추면 점도가 증가하여 30℃에서 최종 점도 C에 이른다. 이와 같이 가열, 온도유지, 냉각의 3단계를 거치면서 점도를 측정 기록한다. 점도는 BU(Brabender Units)로 기록되며, 1000 BU는 6.85×10^3 dyne-cm의 토크에 해당한다.

점도의 변화를 나타낸 그래프인 아밀로그램(amylogram)에서 중요한 자료는 호화시작온도(gelatinization temperature), 최고점도(peak viscosity, P), 92~97.5℃에서 10~20분간 유지한 후 최저점도(minimum viscosity, H), 냉각 후의 최종점도(final viscosity, C)이다. 이 3가지 자료에서 다음이 계산된다.

- 해체점도(breakdown viscosity) : 최고점도(P) - 최저점도(H)
- 노화점도(setback viscosity) : 최종점도(C) - 최고점도(P)
- 일정유지도(consistency) : 최종점도(C) - 최저점도(H)

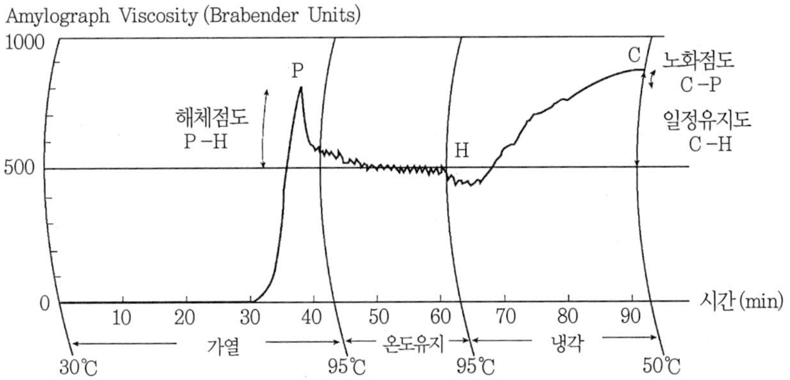

[그림 6-14] 쌀가루의 아밀로그램(P=최고점도, H=95℃에서 조리 후의 최저점도, C=30℃까지 냉각 후의 최종점도)

최고점도는 단백질 및 아밀로오스 함량의 영향을 받는다. 단백질은 호화를 억제하므로 아밀로그래프의 점도와 단백질 함량은 부의 상관관계를 가진다. 아밀로오스 함량이 증가할수록 해체점도는 감소하지만, 최저 점도(H)와 냉각 후의 최종점도(C), 노화점도, 일정유지도는 증가한다.

이러한 특성치로부터 쌀밥의 맛을 어느 정도 추정할 수 있다. 호화개시온도가 낮고, 최고점도가 높으며, 해체점도가 높고, 노화점도가 낮은 것이 일반적으로 밥맛이 좋다.

텍스트로미터(texturometer)는 알루미늄 접시에 밥알을 올려놓은 뒤 눌러 으깨면서 밥알의 경도(hardness)와 점도 또는 끈기(stickiness)를 측정하는 장치이다. 쌀밥의 점도와 경도는 단독으로도 식미와 어느 정도 상관관계를 나타내지만 높은 상관관계는 아니다. 그러나 점도를 경도로 나눈 값(밸런스도)은 관능검사의 수치와 높은 상관관계를 나타낸다. 밸런스도가 높을수록 밥맛이 좋다.

쿠킹퀄리티 테스트(cooking quality test)는 미국 농무성이 개발한 식미 측정법이다. 비커에 160 cc의 물을 넣고 그 안에 백미 8 g을 넣은 작은 금속망을 가라앉혀 비커째로 전기밥솥에 넣어 취사한다. 밥이 되면 금속망을 꺼내어 밥의 흡수량과 팽창용적을 측정하고, 비커에 남은 취사액의 pH, 용해한 고형물의 양 및 요오드 반응을 측정한다. 취사액의 요오드 반응은 취사 시 뜨거운 물에 녹아 나온 탄수화물의 양과 질을 나타내는 것이므로 밥맛과 상당히 높은 상관관계를 나타내며, 일반적으로 색깔이 옅을수록 밥맛이 좋다. 색의 짙고 옅음은 아밀로오스의 양적 차이에 기인한다.

표 6-7은 10종류의 쌀에 대하여 지금까지 예를 들었던 몇 가지의 식미 요소를 측정한 수치이다. 관능검사에서 가장 식미가 좋은 그룹부터 식미가 떨어지는 그룹까지, 각각 2종류의 검정시료가 사용되었다. 표에서와 같이 아밀로오스 및 단백질 함량은 관능검사의 점수가 떨어지는 시료에서 증가하므로 이들 함량이 낮을수록 밥맛이 좋다는 것을 알 수 있다. 아밀로그래피의 해체점도나 텍스트로미터의 밸런스도는 높을수록 밥맛이 좋다. 반대로 쿠킹퀄리티 테스트의 요오드 반응에서는 수치가 높을수록 밥맛이 떨어지는 것으로 나타났다.

[표 6-7] 10종류의 쌀에 대한 식미 요소의 측정 결과

시료	A	B	C	D	E	F	G	H	I	J
관능평가	5	5	4	4	3	3	2	2	1	1
아밀로오스(%)	18.1	18.4	21.3	20.9	20.8	21.6	21.3	22.5	22.7	22.0
단백질(%)	6.42	7.51	7.89	7.25	7.58	7.28	9.00	8.00	7.04	8.68
아밀로그래피										
호화온도(℃)	76.0	66.0	79.0	67.8	80.0	76.5	71.3	78.0	83.0	75.0
최고점도(BU)	552	542	388	502	407	542	410	353	390	337
해체점도(BU)	240	193	110	170	78	182	125	70	68	70
쿠킹퀄리티 테스트										
요오드 반응	0.128	0.157	0.169	0.128	0.189	0.156	0.217	0.109	0.211	0.226
텍스트로미터										
경도	3.02	2.95	3.20	3.05	3.58	3.21	3.28	3.66	3.51	3.58
점도	0.61	0.88	0.44	0.59	0.53	0.56	0.43	0.48	0.38	0.42
밸런스도	0.20	0.22	0.14	0.20	0.15	0.17	0.13	0.13	0.11	0.12

6.6 건조장치를 통한 공기압력손실

송풍기를 떠난 공기가 덕트, 다공철판 및 곡물층을 통과할 때 마찰과 교란 등에 의하여 에너지가 손실되며, 이 손실에너지는 압력손실로 나타난다. 이러한 공기의 흐름에 대한 저항을 공기저항(resistance to airflow)이라 한다.

건조시설에서 주로 나타나는 압력손실은 다음 3가지가 있다.

- 곡물층을 통한 압력손실
- 다공철판을 통한 압력손실
- 덕트를 통한 압력손실

6.6.1 곡물층을 통한 압력손실

곡물층을 통한 압력손실은 공기의 속도, 곡물의 종류, 품종, 함수율, 공극률, 퇴적고, 이물질함유 정도 등의 영향을 받는다. 곡물층 단위깊이당 압력손실 Δp는 공기의 겉보기속도 V가 증가할수록 증가한다. Δp와 V의 관계식은 다음 식 (6-25)로 표시된다.

$$\Delta p = a V^n \tag{6-25}$$

여기서, Δp : 곡물층을 통한 압력손실(Pa/m)
V : 공기의 겉보기속도($m^3/s\cdot m^2$)
a, n : 실험상수

표 6-8은 벼와 보리에 대한 식 (6-25)의 실험상수를 나타낸다.

[표 6-8] 벼와 보리에 대한 식 (6-25) 실험상수

곡 물	a	n	비 고
단립종 벼[1]	7319.0	1.5006	느슨한 채움
중립종 벼[1]	9261.0	1.4628	느슨한 채움
장립종 벼[1]	4832.0	1.1671	느슨한 채움
단립종 벼[2]	6411.19	1.2727	다진 채움(산물밀도 635.9 kg/m^3)
	4537.81	1.3057	느슨한 채움(산물밀도 581.2 kg/m^3)
보리[2]	8054.61	1.2797	다진 채움(산물밀도 769.2 kg/m^3)
	5421.35	1.3057	느슨한 채움(산물밀도 695.2 kg/m^3)

※ 자료: [1] Calderwood(1973)
[2] 김만수(1981)

또한, 곡물층을 통한 압력손실 계산에는 다음 식 (6-26)이 많이 이용되기도 한다.

$$\Delta p = \frac{a V^2}{\ln(1 + bV)} \qquad (6\text{-}26)$$

여기서, Δp : 곡물층을 통한 압력손실(Pa/m)
V : 공기 겉보기속도($m^3/s \cdot m^2$)
a, b : 실험상수

실험상수 a,b는 표 6-9와 같다.

[표 6-9] 식 (6-26)의 실험상수

곡물	a	b	V의 범위 ($m^3/s \cdot m^2$)
벼	2.57×10^4	13.2	0.0056~0.152
보리	2.4×10^4	13.2	0.0056~0.203
유채	3.99×10^4	4.2	0.0056~0.254
옥수수	2.07×10^4	30.4	0.0056~0.304
밀	2.70×10^4	8.77	0.0056~0.203
콩	1.02×10^4	16.0	0.0056~0.304

※자료: ASAE. Standards 2004. ASAE Data : ASAE 271.1

식 (6-26)에 의한 각종 곡물에 대한 공기저항은 그림 6-15와 같다. 그림에서와 같이 낟알의 크기가 작은 유채씨가 매우 높은 공기저항을 나타내고, 낟알의 크기가 큰 콩과 옥수수가 가장 낮은 공기저항을 나타낸다.

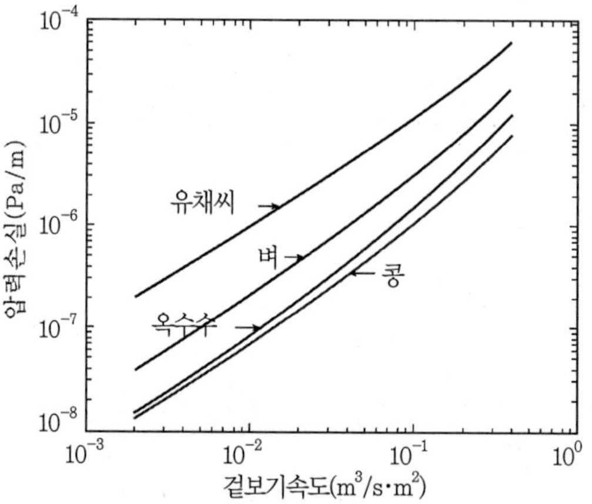

[그림 6-15] 곡물층의 공기저항

6.6.2 다공판을 통한 압력손실

공기가 다공판을 통과할 경우의 압력손실은 다음의 실험식으로 표시된다.

$$\Delta p = 1.071\left(\frac{V}{\epsilon O_f}\right)^2 \qquad (6\text{-}27)$$

여기서, Δp : 다공판을 통한 압력손실(Pa)
V : 공기의 겉보기속도($m^3/s \cdot m^2$)
ϵ : 곡물층의 공극률(소수)
O_f : 다공판의 개공률(소수)

다공판의 개공률(전체 면적에 대한 구멍의 면적 비)이 10%를 넘으면 압력손실은 곡물층을 통한 압력손실에 비하여 매우 작기 때문에 무시할 수 있다.

6.6.3 덕트를 통한 압력손실

공기가 송풍기에서 건조 및 저장 시설로 이송될 때 직선덕트(duct)에서 마찰에 의한 에너지 손실과 덕트 단면적의 변화, 흐름방향의 변화, 덕트의 입구와 출구, 덕트 연결장치 등에서 발생하는 에너지 손실에 기인하여 압력이 손실된다. 직선덕트에서 표면마찰에 의한 압력손실을 마찰손실(friction loss)이라고 하며, 단면의 변화, 흐름방향의 변화 및 덕트 연결장치 등에서 발생하는 압력손실을 동적 손실(dynamic loss) 또는 부차적 손실(minor loss)이라고 한다.

(1) 직선덕트

공기가 직선덕트를 흐를 때 압력손실은 다음 식으로 계산한다.

$$\Delta p = f \frac{L}{D} \frac{\rho V^2}{2} \tag{6-28}$$

여기서, Δp : 직선덕트에서의 압력손실(Pa)
f : 마찰계수
L : 덕트의 길이(m)
D : 덕트의 직경(m)
V : 덕트 내의 공기유속(m/s)
ρ : 공기의 밀도(kg/m^3)

마찰계수 f는 덕트 내면의 상대조도(ϵ/D)와 Reynolds 수($Re = \dfrac{\rho V D}{\mu}$)의 함수이다. 덕트의 재료에 따른 절대조도(ϵ)는 표 6-10과 같다.

Reynolds 수가 2100보다 적으면 층류이며, 2100 이상이면 난류이다. 마찰계수는 층류일 경우 식 (6-29)를 이용하고, 난류일 경우 식 (6-30)의 Colebrook의 식을 이용하여 계산한다.

[표 6-10] 덕트 또는 관 재료의 절대조도

덕트(관) 재료	절대조도 ϵ (mm)
리베트한 철	0.9-9.0
콘크리트	0.3-3.0
나무통널	0.2-0.9
주철	0.26
아연도금 철판	0.15
아스팔트 주철	0.12
상업용철 또는 단철	0.046
스테인리스강철	0.046
인발관	0.0015

$$f = \frac{64}{Re}, \quad Re < 2100 \tag{6-29}$$

$$f = \frac{0.25}{\left[\log_{10}\left(\frac{\epsilon}{3.7D} + \frac{2.51}{Re\,f^{0.5}}\right)\right]^2}, \quad Re > 2100 \tag{6-30}$$

식 (6-30)에는 양변에 f가 포함되어 있으므로 시행착오법 또는 수치해석법으로 f를 구하거나, 마찰계수와 Reynolds 수 및 상대조도의 관계를 그림으로 나타낸 Moody 선도를 이용하여 구한다. 식 (6-30)에 의한 마찰계수의 계산이 어렵고, 또는 Moody 선도에서 매번 읽어야 하는 번거로움 때문에 식 (6-31)(ASHRAE Fundamental Handbook, 1989)을 이용하면 마찰계수를 좀 더 쉽게 계산할 수 있다.

$$f' = 0.11\left(\frac{\epsilon}{D_h} + \frac{68}{Re}\right)^{0.25} \tag{6-31}$$

$f' \geq 0.018$ 이면, $f = f'$

$f' < 0.018$ 이면, $f = 0.85f' + 0.0028$

여기서, ϵ : 재료의 절대조도(mm)

D_h : 동수직경(4A/P, mm)

Re : 표준상태의 공기로 간주하면, $Re = 66.4 D_h V$ (V의 단위는 m/s)

직선덕트에 대한 압력손실을 보다 쉽게 계산하는 방법으로 동압법(velocity pressure method)이 많이 이용된다. 동압법은 식 (6-28)에서 $\frac{f}{D}$를 H_f로 대체한 후, H_f를 계산하기 쉬운 식 (6-33)으로 나타냄으로써 유량과 유속이 주어졌을 때 덕트 1 m당 발생하는 마찰손실을 동압으로 표시하는 방법이다. 이 방법을 이용하여 덕트를 설계하면 초기 설계가 용이할 뿐만 아니라 시스템을 설계할 때도 아주 편리하게 수정할 수 있어 많이 이용되고 있다.

$$\Delta p = f\frac{L}{D}\frac{\rho V^2}{2} = \left(\frac{f}{D}\right)L\ \frac{\rho V^2}{2} = H_f L\frac{\rho V^2}{2} \qquad (6\text{-}32)$$

$$H_f = \frac{f}{D} = a\frac{V^b}{Q^c} \qquad (6\text{-}33)$$

여기서, L : 덕트의 길이(m)
D : 덕트의 직경(m)
V : 유속(m/s)
Q : 유량(m^3/s)
a,b,c : 덕트의 재료에 따른 상수(표 6-11)

[표 6-11] 덕트의 재료에 따른 식 (6-33)의 상수

덕트 재료	a	b	c
알루미늄, 주철, 스테인리스강철	0.0162	0.465	0.602
아연도금 강관	0.0155	0.533	0.612
가변성 덕트, 직물이 덮인 덕트	0.0186	0.604	0.639

덕트가 원형이 아니고 사각형 덕트일 경우의 직경은 다음의 등가직경(D_e)을 사용한다.

$$D_e = 1.3\frac{(a\ b)^{0.625}}{(a + b)^{0.25}} \qquad (6\text{-}34)$$

여기서, a, b : 사각형의 변의 길이(m)

예제 6-4

25℃의 공기가 직경 0.3 m, 길이 10 m의 아연도금 강관으로 만든 덕트를 0.5 m^3/s로 흐른다. 압력손실을 구하여라.

풀 이

$$V = \frac{Q}{A} = \frac{4Q}{\pi D^2} = \frac{4(0.5)}{\pi(0.3)^2} = 7.07\ \text{m/s}$$

$$Re = \frac{\rho VD}{\mu} = \frac{1.2(7.07)(0.3)}{18.26\times10^{-6}} = 139{,}387\ > 2100 : \text{난류}$$

$$\frac{\epsilon}{D} = 0.00015/0.3 = 0.0005$$

$$f' = 0.11\left(\frac{\epsilon}{D_h} + \frac{68}{Re}\right)^{0.25} = 0.11(0.0005 + 68/139{,}387)^{0.25} = 0.0195 > 0.018$$

$$\therefore f = 0.0195$$

$$\Delta p = f\frac{L}{D}\frac{\rho V^2}{2} = 0.0195\left(\frac{10}{0.3}\right)\frac{(1.2)(7.07)^2}{2} = 19.49\ \text{Pa}$$

동압법을 이용하면,

$$H_f = \frac{f}{D} = a\frac{V^b}{Q^c} = 0.0155\frac{7.07^{0.533}}{0.5^{0.612}} = 0.0672$$

$$\Delta p = H_f L\frac{\rho V^2}{2} = 0.0672(10)\frac{(1.2)(7.07)^2}{2} = 20.2 \text{ Pa}$$

(2) 동적 손실

송풍장치의 설계에서 동적 손실은 직선덕트의 압력손실보다 더욱 중요하게 취급된다. 예를 들면, 엘보에서의 압력손실은 길이 3~10 m의 직선덕트에서의 압력손실과 동일하다.

동적 손실은 유속 변화에 의한 에너지 손실이므로, 압력손실은 식 (6-35)와 같이 동압의 형태로 표시된다.

$$\Delta P = K\frac{\rho V^2}{2} \tag{6-35}$$

여기서, K : 압력손실계수
ρ : 공기의 밀도(kg/m³)
V : 평균유속(m/s)

90° 원형 곡관(elbow)에 대한 압력손실계수는 곡관의 곡률반경(R)과 곡관의 직경(D)의 비(R/D)에 따라 다르며 표 6-12와 같다.

[표 6-12] 90° 원형 곡관의 곡률반경비와 압력손실계수

곡률반경비(R/D)	직각관	0.5	0.75	1.0	1.5	2.0	2.5
압력손실계수(K)	1.3	0.90	0.45	0.33	0.24	0.19	0.17

원형 곡관의 각도가 N°일 경우의 압력손실계수는 표 6-12의 값에 N/90을 곱한다.

급확대관(abrupt expansion)의 압력손실계수는 확대의 정도, 즉 확대단면적에 대한 초기단면적의 비에 따라 다음 식 (6-36)으로 계산한다.

$$K = \left(1 - \frac{A_1}{A_2}\right)^2 \tag{6-36}$$

여기서, A_1 : 초기단면적
A_2 : 확대단면적

급축소관(abrupt contraction)의 압력손실계수는 축소의 정도, 즉 초기단면적에 대한 축소단면적의 비에 따르며, 다음 식 (6-37)로 계산한다.

$$K = 0.55\left(1 - \frac{A_2}{A_1}\right) \qquad (6\text{-}37)$$

여기서, A_1, A_2 : 초기단면적 및 축소단면적

급확대관과 급축소관에 식 (6-35)를 적용할 때 평균유속은 각각 상류와 하류에서 계산한 평균유속, 즉 최대 평균유속을 사용한다.

점진확대관(gradual expansion)과 점진축소관(gradual contraction)의 경우는 확대와 축소 각도에 따라 압력손실계수가 다르며, 각각 표 6-13 및 표 6-14와 같다.

[표 6-13] 원형 점진확대관의 압력손실계수

각도(°)	5	7	10	20	30	40	50	60 이상
압력손실계수	0.17	0.22	0.28	0.44	0.58	0.72	0.87	1.0

[표 6-14] 원형 점진축소관의 압력손실계수

각도(°)	10	20	30	40	50	60	70	80
압력손실계수	0.05	0.06	0.08	0.1	0.11	0.13	0.20	0.30

분지덕트에서 주덕트로 유입될 때 압력실계수는 표 6-15와 같다.

[표 6-15] 분지덕트에서의 압력손실계수

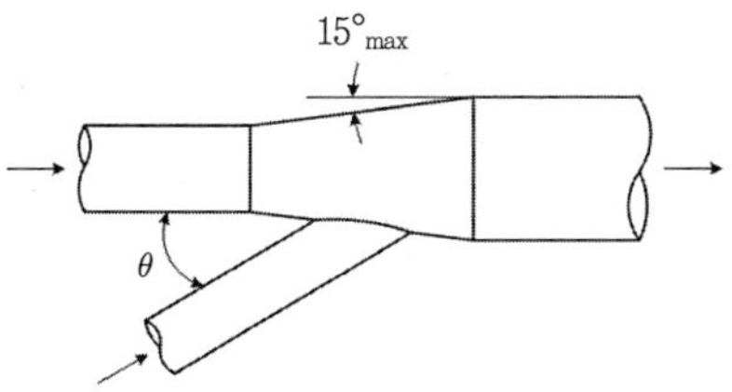

참고사항	합류각도(θ°)	압력손실계수
(그림)	10	0.06
	15	0.09
	20	0.12
	25	0.15
	30	0.18
	35	0.21
	40	0.25
	45	0.28
	50	0.32
	60	0.44
	90	1.00

6.7 송풍기

6.7.1 송풍기의 종류와 특성

송풍기는 공기가 날개(blade)에 유입 및 유출되는 방향에 따라서 축류송풍기(axial-flow fan)와 원심송풍기(centrifugal fan)로 나눈다. 축류송풍기는 송풍기의 회전축과 평행한 방향 즉, 날개 회전면에 직각방향으로 공기가 유입되고 유출된다. 원심송풍기는 공기의 압력을 생성하는 에너지의 일부를 원심작용에서 얻기 때문에 붙여진 이름으로, 공기가 송풍기의 축과 평행한 방향으로 유입되어 날개를 통하여 방사방향으로 회전한 다음 나선형의 하우징(housing)을 통하여 날개의 접선방향으로 유출된다.

축류송풍기는 주로 압력 차이는 작으면서 많은 송풍량이 요구될 때 사용되며, 원심송풍기는 많은 송풍량보다는 비교적 큰 압력이 요구될 때 사용된다.

6.7.2 축류송풍기

축류송풍기에는 그림 6-16과 같이 프로펠러형(propeller fan), 관형(tubular axial fan) 및 베인형(vane axial fan)이 있다.

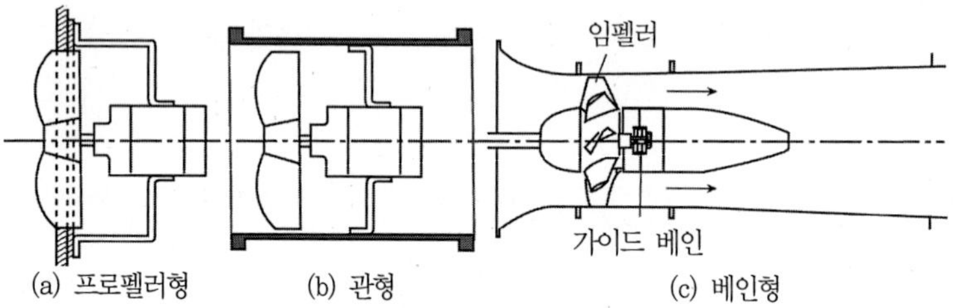

[그림 6-16] 축류송풍기

프로펠러형은 날개 지름에 비하여 상대적으로 작은 지름의 허브에 2개 이상의 프로펠러 모양의 날개가 부착되어 있으며, 보통 전동기에 직결되어 있다. 이 형은 송풍량은 많지만 큰 압력을 발생시킬 수 없으므로 요구 정압이 낮은 환기와 공간 내의 공기순환에 사용된다.

관형 축류송풍기는 원통 내에 날개가 설치되어 있으며, 허브의 지름이 크고 원통과 날개 끝의 간극이 작기 때문에 프로펠러형보다 높은 압력을 발생시킬 수 있으며 효율이 높다.

베인형은 임펠러의 앞 또는 뒤에 가이드 베인(guide vane)이 설치된 점이 관형과 다르다.

고정되어 있는 가이드 베인은 임펠러의 회전 날개로부터 나온 나선형의 공기흐름을 직선화하여 난류에 의한 에너지 손실과 소음을 줄이고 정압을 상승시키는 역할을 한다. 관형보다 높은 압력을 발생시킬 수 있으므로 곡물건조기 등 상당한 압력이 요구되는 장치에 많이 이용된다.

6.7.3 원심송풍기

원심송풍기는 블레이드의 경사방향에 따라 그림 6-17과 같이 전향형(forward-curved centrifugal fan), 후향형(backward-curved centrifugal fan) 및 방사형(radial centrifugal fan)의 세 종류가 있다. 전향형은 상대적으로 낮은 압력에, 후향형과 방사형은 보다 높은 압력에 사용된다.

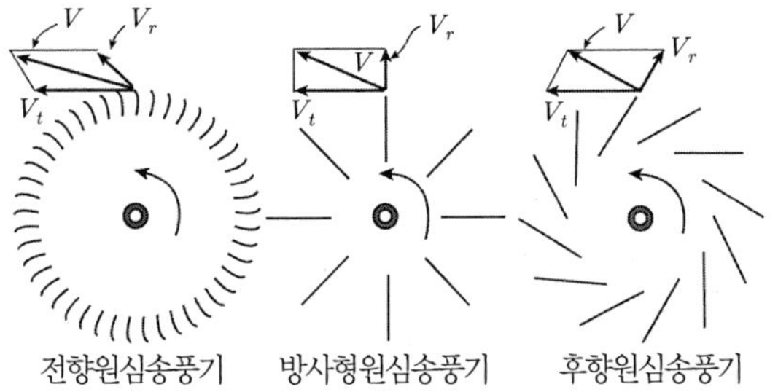

[그림 6-17] 원심송풍기

전향원심송풍기의 임펠러에는 반경방향의 길이는 짧고 축방향의 폭은 긴 약 60개에 달하는 많은 날개가 회전방향을 향하여 설치되어 있다. 이 형은 저속송풍기이며, 보통의 압력에서 작동한다.

후향원심송풍기에는 평평하면서 임펠러의 회전방향과 반대로 향한 약 12개의 날개가 부착되어 있다. 이 형은 고속송풍기이며, 여러 형태의 원심송풍기 중 가장 효율이 높다.

방사형원심송풍기는 비교적 적은 수(6~20개)의 날개가 있으며, 날개의 방사방향의 길이는 폭보다 약 2~3배 길다. 이 형은 보통 다른 형의 송풍기에 비하여 큰 하우징을 가지고 있으며, 또한 고가이지만, 오염된 공기를 취급할 수 있고, 보통의 송풍기 범위를 능가하는 상당한 압력이 필요한 경우에도 사용할 수 있는 장점이 있다.

6.7.4 송풍기 성능시험

그림 6-18은 송풍기에 성능시험용 덕트를 설치하고, 덕트 내에 Pitot관을 설치하여, 일정

한 속도로 작동하는 송풍기의 성능시험 방법을 간략하게 표시한 것이다. 송풍기의 성능은 덕트 출구를 완전히 폐쇄한 상태로부터 완전히 개방한 상태까지 몇 단계로 시행한다. 덕트를 완전히 폐쇄한 상태는 공기저항이 최대이고 송풍량이 전무한 상태이며, 덕트를 완전히 개방한 상태는 공기저항이 전혀 없으며 송풍량이 최대인 상태이다. 덕트 출구에 개폐장치를 설치하여 이 두 조건 사이에서 몇 단계로 공기저항을 변화시켜 가면서 송풍량, 압력 및 동력을 측정한다.

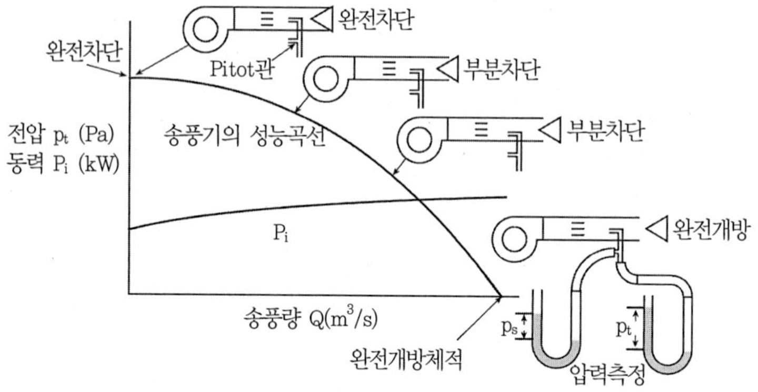

[그림 6-18] 송풍기의 성능 측정방법의 개요

송풍기의 성능은 일반적으로 압력(전압, 정압), 동력 및 효율(전압효율, 정압효율)과 송풍량의 관계를 표나 그림으로 나타낸다. 송풍기의 회전 날개에 의하여 공기에 전달된 에너지는 공기의 정압(static pressure)과 동압(dynamic pressure)을 증가시킨다. 송풍기의 성능시험에 의하여 전압곡선과 정압곡선 중에서 하나가 그려지면, 다른 압력은 다음의 관계식을 이용하여 결정한다.

$$p_t = p_s + p_d = p_s + \frac{\rho V^2}{2} \tag{6-38}$$

여기서, p_t : 전압(Pa)
p_s : 정압(Pa)
p_d : 동압(Pa)
V : 송풍기 출구 공기 평균유속(m/s)
ρ : 공기 밀도(kg/m^3)

동력과 전압효율곡선 또는 동력과 정압효율곡선이 그려지면 다음의 관계식을 이용하여 정압효율 또는 전압효율을 계산한다.

$$\eta_t = \frac{p_t Q}{P_i} \tag{6-39}$$

$$\eta_s = \frac{p_s Q}{P_i} \tag{6-40}$$

여기서, η_t : 전압효율(소수)

η_s : 정압효율(소수)

Q : 송풍량(m^3/s)

P_i : 축동력(W)

따라서, 최소 2개의 곡선이 그려지면 5개의 성능곡선을 그릴 수 있다.

예제 6-5

출구 단면적이 $0.6\,m^2$인 송풍기의 성능시험에서 정압 500 Pa에서 송풍량은 $6.0\,m^3/s$를 나타내었으며 동력은 4200 W로 측정되었다. 전압, 전압효율 및 정압효율을 구하여라.

풀 이

$$V = \frac{Q}{A} = \frac{6}{0.6} = 10\ \mathrm{m/s}$$

$$p_t = p_s + \frac{\rho V^2}{2} = 500 + \frac{1.2(10^2)}{2} = 560\ \mathrm{Pa}$$

$$\eta_t = \frac{p_t Q}{P_i} = \frac{(560)(6.0)}{4200} = 0.8 = 80\%$$

$$\eta_s = \frac{p_s Q}{P_i} = \frac{(500)(6.0)}{4200} = 0.714 = 71.4\%$$

6.7.5 축류송풍기의 성능특성

그림 6-19는 베인형 축류송풍기의 성능곡선의 예이다. 축류송풍기의 성능곡선의 특성은 동력과 압력이 송풍량의 증가와 더불어 감소하다가 반전하여 다시 증가하는 데 있다. 반전점이 송풍기의 안정적인 운전의 한계를 나타내는 점이다. 그림에서 반전점은 송풍량이 개방체적(wide-open capacity, 송풍기 출구덕트를 완전히 개방하였을 때의 송풍량으로 최대 송풍량을 나타냄) $9\,m^3/s$의 45% 정도인 $4\,m^3/s$일 때이다.

그림에서 최대 전압효율은 약 83%, 최대 정압효율은 약 73%이다. 이때 송풍량은 $6\,m^3/s$로 개방체적의 60% 정도이다. 반전점을 지난 구간에서는 효율이 최대일 때 소요 동력도 거의 최대를 나타내므로 송풍기의 구동에 필요한 전동기의 동력은 전압효율이 최대일 때의 축동력에 기초하여 결정한다.

일반적으로 축류송풍기의 적정 작동구간은 반전점을 약간 초과한 개방체적의 50% 이상이 되는 구간이다. 이 구간의 동력곡선은 평평하거나 송풍량이 증가할수록 감소하므로 부하의 변동에 관계없이 과부하를 받을 염려가 없게 된다. 개방체적 50% 이하의 적정 작동구간을 벗어난 구간에서는 동력은 풍량이 감소할수록 증가한다. 이러한 조건하에서는 송풍기의 출구덕트를 차단하여 풍량을 줄이면 공기저항이 증가하여 동력이 증가하게 되며 구동 전동기가 과부하를 받게 된다. 또한 적정 작동구간을 벗어나면 압력곡선이 순간적으로 강하하여 송풍기의 작동상태가 불안정해지기도 한다.

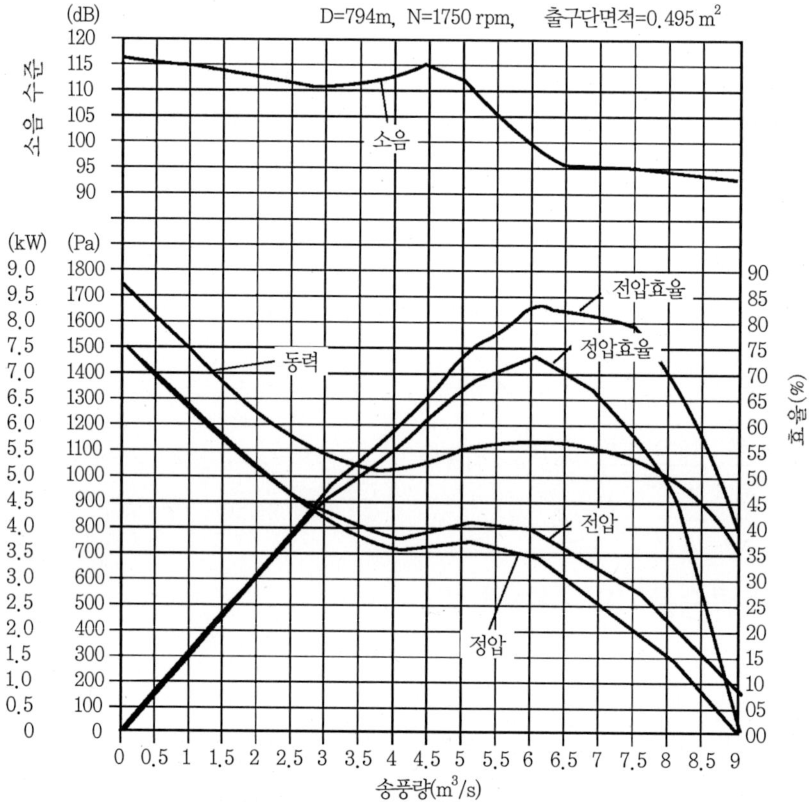

[그림 6-19] 베인형 축류송풍기의 성능곡선

그림 6-19에서 송풍량의 변화에 따른 소음 수준의 변화를 보면, 소음 수준은 송풍기가 최대 전압효율점 이하에서 작동될 때 높으며, 최대 전압효율점에 접근함에 따라 낮아져서 송풍량이 증가하더라도 낮은 값을 유지한다.

6.7.6 원심송풍기의 성능특성

그림 6-20은 후향원심송풍기의 성능곡선의 예이다. 이 성능곡선은 3가지 특징을 나타낸다. ① 최대 효율은 개방체적의 약 60% 점에서 나타나며, ② 압력은 개방체적으로부터 완전 차단점 부근까지 거의 일정하게 증가하며, ③ 소요 동력은 최대 전압효율과 거의 일치하는 점에서 최대 값을 나타낸다.

전압효율이 최대일 때의 정압, 송풍량 및 소요 동력을 기준으로 송풍기를 선택한다. 이 경우 압력 또는 송풍량이 증가하거나 감소하더라도 소요 동력은 감소하게 되므로 과부하를 받지 않는다. 이 점이 후향원심송풍기의 중요한 특징이다.

그림에서 소음곡선을 보면 후향원심송풍기는 효율이 가장 높은 구간에서 가장 조용하게 작동한다.

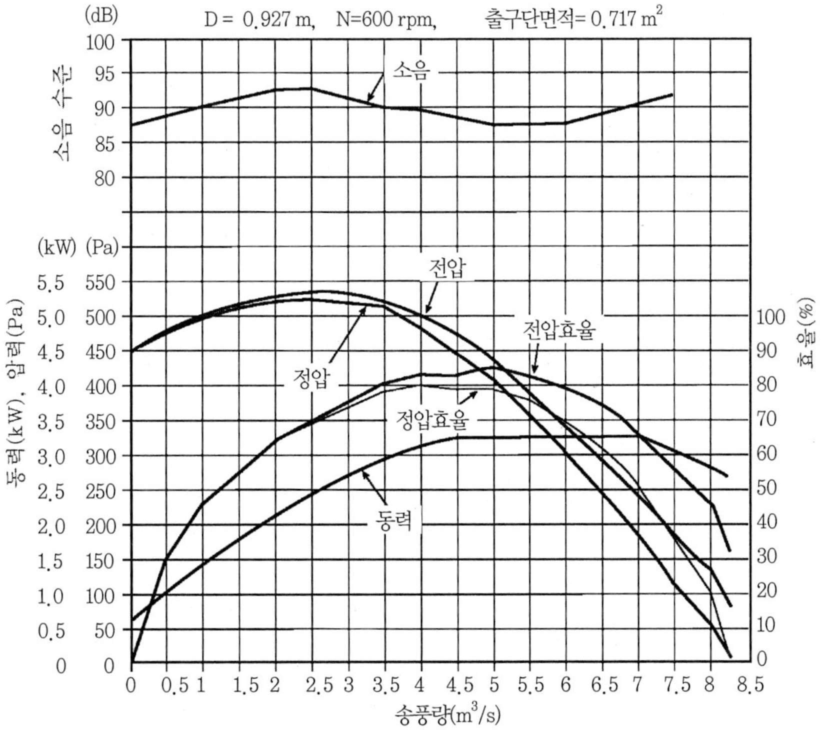

[그림 6-20] 후향원심송풍기의 성능곡선

대부분의 베인형 축류송풍기는 3450 rpm에서 작동하므로 소음이 많으며, 원심송풍기는 1750 rpm에서 작동하므로 소음이 더 적다. 따라서 주거지역 근처에 설치되는 시설에는 원심송풍기의 설치가 바람직하다.

6.7.7 송풍기 상사법칙

원심펌프에서와 같이 상사인 송풍기는 풍량, 압력, 회전수 및 동력 사이에 다음의 관계가 성립한다.

$$\frac{Q_1}{Q_2}=\left(\frac{N_1}{N_2}\right)\left(\frac{D_1}{D_2}\right)^3 \quad (6-41)$$

$$\frac{p_{t1}}{p_{t2}}=\left(\frac{N_1}{N_2}\right)^2\left(\frac{D_1}{D_2}\right)^2 \quad (6-42)$$

$$\frac{P_1}{P_2}=\left(\frac{N_1}{N_2}\right)^3\left(\frac{D_1}{D_2}\right)^5 \quad (6-43)$$

여기서, Q : 송풍량(m^3/s)
D : 송풍기 직경(m)
N : 송풍기 회전속도(rpm)
p_t : 전압력(Pa)
P : 소요동력(W)

송풍기의 성능시험 자료는 일정한 회전수(보통 원심송풍기는 1750 rpm, 베인형 축류송풍기는 3450 rpm)와 표준상태의 공기밀도(1.20 kg/m^3)에 대한 자료이다. 송풍기 법칙은 성능시험 조건과 상이한 회전수 또는 상이한 공기밀도에서 작동할 경우의 송풍기의 성능을 추정하거나, 기하학적 상사인 다른 송풍기의 성능을 추정하는 데 이용할 수 있다.

예제 6-6

그림 6-19의 축류송풍기와 상사인 송풍기의 직경은 1.588 m이며 875 rpm에서 작동한다. 전압효율이 최대인 점에서 송풍량, 전압, 소요 동력을 구하여라.

풀 이

그림 6-19에서 전압효율이 최대인 점에서 다음의 특성치를 얻을 수 있다.

η_s = 83%, Q_1 = 6.0 m^3/s, p_{t1} = 780 Pa,
D_1 = 0.794 m, P_1 = 5.6 kW, N_1 = 1750 rpm

송풍기 상사법칙에서,

$$Q_2 = Q_1\left(\frac{N_2}{N_1}\right)\left(\frac{D_2}{D_1}\right)^3 = 6.0\left(\frac{875}{1750}\right)\left(\frac{1.588}{0.794}\right)^3 = 24.0\ m^3/s$$

$$p_{t2} = p_{t1}\left(\frac{N_2}{N_1}\right)^2\left(\frac{D_2}{D_1}\right)^2 = 780\left(\frac{875}{1750}\right)^2\left(\frac{1.588}{0.794}\right)^2 = 780\ Pa$$

$$P_2 = P_1\left(\frac{N_2}{N_1}\right)^3\left(\frac{D_2}{D_1}\right)^5$$

$$=5.6\left(\frac{875}{1750}\right)^3\left(\frac{1.588}{0.794}\right)^5 = 5.6(4) = 22.4\ \text{kW}$$

6.7.8 시스템 특성곡선

송풍시스템에서 시스템을 통한 압력손실과 송풍량의 관계를 나타낸 곡선이 시스템 특성곡선(system characteristic curve)이다. 시스템을 통한 압력손실은 송풍기의 전압이 된다. 시스템 특성곡선은 송풍기와는 무관하며, 오직 압력손실을 유발하는 시스템의 구성요소와 관련된다. 송풍기는 압력손실을 극복하기 위하여 필요한 에너지를 공급하는 요소이며, 시스템 특성곡선은 송풍기에 의하여 공급하여야 할 에너지를 송풍량의 함수로 나타내 준다.

예제 6-7

그림 6-21과 같이 벼를 퇴적한 곡물빈에 송풍한다. 송풍기와 곡물빈을 연결하는 덕트는 아연도금강관이며 내경 d=0.5 m, 길이 L=5 m이다. 곡물빈의 다공통기마루의 개공률 O_f=10%이다. 곡물빈에 벼가 l = 1.0 m 깊이로 퇴적되어 있으며, 벼 퇴적층의 공극률 ϵ = 0.4이다. 곡물빈의 단면적 A=20 m^{2}이다. 송풍량 Q =0~4 m^3/s 범위에서 시스템 특성곡선을 그려라. 공기의 밀도 ρ= 1.2 kg/m^3, 점성계수 μ= 18.24×10^{-6} Pa·s로 한다.
벼퇴적층 및 다공판의 압력손실은 다음 식으로 표시된다.

$$p_{rice} = \frac{2.57\times10^4 V_s^2}{\ln(1+13.2V_s)} \quad : \text{ 벼퇴적층}$$

$$p_{floor} = 1.071\left(\frac{V_s}{O_f\epsilon}\right)^2 \quad : \text{ 다공 통기마루}$$

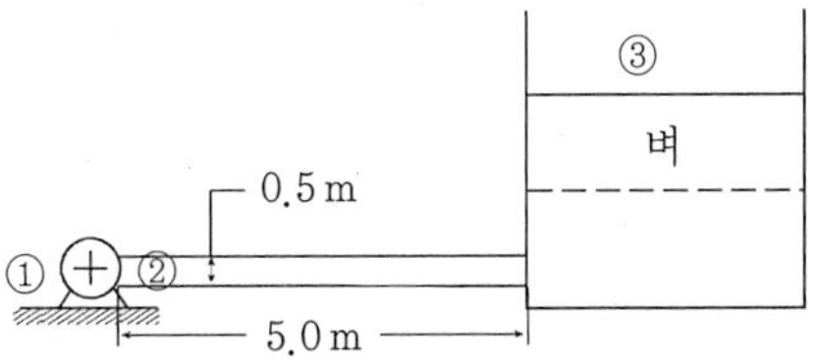

[그림 6-21] 예제 6-7의 송풍 시스템

여기서, p_{rice} : 벼 퇴적층의 압력손실(Pa/m)
p_{floor} : 다공통기마루의 압력손실(Pa)
V_s : 곡물층을 통과하는 공기의 겉보기속도(m^3/s·m^2)
ϵ : 곡물층의 공극률(%)
O_f : 다공판의 개공률(%)

풀 이

이 시스템의 총 압력손실은 덕트, 덕트와 곡물빈의 연결부에서 단면 급확대, 다공판 및 벼 퇴적층을 통한 압력손실의 합이다. 즉,

$$\sum \Delta p = \Delta p_{duct} + \Delta p_{\text{expansion}} + \Delta p_{floor} + \Delta p_{rice}$$

$$=f\frac{L}{D}\frac{\rho V_2^2}{2}+K\frac{\rho V_2^2}{2}+1.071\left(\frac{V_s}{O_f\epsilon}\right)^2+\frac{2.57\times10^4 V_s^2}{\ln(1+13.2V_s)}l$$

여기서, $V_2=\frac{4Q}{\pi d^2}$, $V_s=\frac{Q}{20}$ 이므로 전압을 나타내는 위의 식은 송풍량 Q의 함수가 된다.

마찰계수는 다음의 식 (6-31)을 이용하여 계산한다.

$$f'=0.11\left(\frac{\epsilon}{D_h}+\frac{68}{Re}\right)^{0.25}$$

$f'\geq 0.018$ 이면, $f=f'$

$f'<0.018$ 이면, $f=0.85f'+0.0028$

급확대관의 압력손실계수 K는 다음과 같다.

$$K=\left(1-\frac{A_1}{A_2}\right)^2=\left(1-\frac{0.25\pi(0.5)^2}{20}\right)^2=0.98$$

$\sum\Delta p$가 송풍기 출구(점 ②)에서의 전압(p_t)이다. 따라서, 정압은 다음과 같다.

$$p_s=p_t-\frac{\rho V_2^2}{2}=\sum\Delta p-\frac{\rho V_2^2}{2}$$

컴퓨터 프로그램을 만들어 송풍량 0~4 m^3/s 범위에서 Reynolds 수, 마찰계수, 전압 및 정압의 변화를 계산한 결과는 다음과 같다. 시스템 특성곡선은 그림 6-22와 같다.

Q (m^3/s)	Re	f	p_t (Pa)	p_s (Pa)
0.00	0.0	0.0	0.0	0.0
0.25	42,050.4	0.0030	28.5	27.5
0.50	83,933.3	0.0029	64.6	60.7
0.75	125,816.2	0.0029	108.4	99.6
1.00	167,699.1	0.0029	159.6	144.0
1.25	209,581.9	0.0029	218.1	193.8
1.50	251,464.8	0.0029	283.8	248.7
1.75	293,347.7	0.0028	356.5	308.8
2.00	335,230.6	0.0028	436.3	373.9
2.25	377,113.4	0.0028	522.9	444.0
2.50	418,996.3	0.0028	616.4	519.0
2.75	460,879.2	0.0028	716.7	598.9
3.00	502,762.1	0.0028	823.7	683.6
3.25	544,645.0	0.0028	937.4	772.9
3.50	586,527.8	0.0028	1057.8	867.1
3.75	628,410.7	0.0028	184.8	965.8
4.00	670,293.6	0.0028	1318.3	1069.2

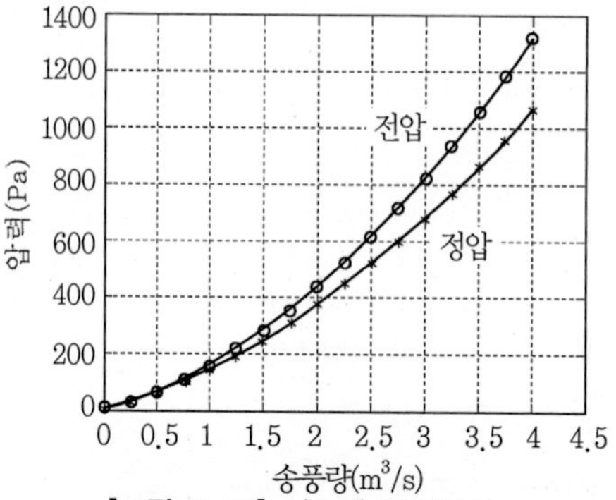

[그림 6-22] 시스템 특성곡선

6.7.9 송풍기의 작동점

송풍기의 성능곡선과 시스템 특성곡선을 하나의 그래프 위에 그릴 때, 송풍기의 전압곡선과 시스템 특성곡선의 교점이 시스템에서의 송풍기 작동점이다. 이 점의 전압과 송풍량에서 송풍기와 시스템이 작동되며, 이 점에 해당하는 송풍량, 효율 및 동력이 송풍기의 송풍량과 효율이며 축동력이다.

그림 6-23은 그림 6-19의 베인형 축류송풍기의 전압 및 전압효율 곡선과 함께 가상의 3가지 시스템 특성곡선을 나타낸 것이다.

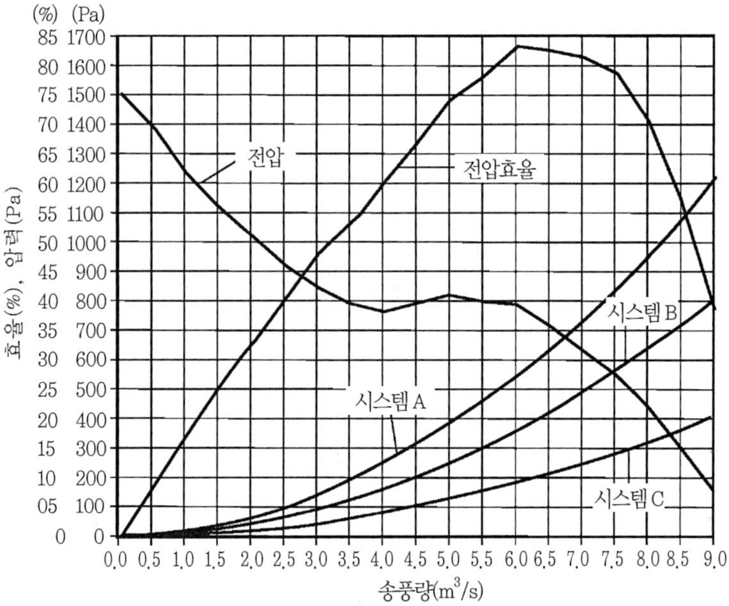

[그림 6-23] 가상의 3가지 시스템에서 축류송풍기의 작동점

시스템 A의 작동점의 송풍량은 6.7 m^3/s, 전압은 680 Pa, 전압효율은 82.5%이다. 시스템 B의 작동점의 송풍량은 7.5 m^3/s, 전압은 560 Pa, 전압효율은 79%이며, 시스템 C의 작동점의 송풍량은 8.3 m^3/s, 전압은 350 Pa, 전압효율은 62.5%이다.

시스템 A가 최대 전압효율점 부근에서 작동하며, 작동점이 최대 전압효율점의 바로 오른쪽에 위치한다. 시스템의 공기저항이 증가하면 효율이 감소하지 않고 오히려 효율이 증가할 수 있도록 작동점을 최대 효율점의 바로 오른쪽에 위치하도록 송풍기를 선택하는 것이 바람직하다. 또한, 작동점이 불안정한 작동구간에 위치하지 않도록 하는 것이 중요하다. 그림 6-23의 경우, 전압 760~810 Pa 구간이 불안정 작동구간이다. 이 압력구간에서는 송풍기가 두 수준 이상의 송풍량을 낼 수 있기 때문이다. 전압 810 Pa 이상의 구간은 안정구간이지만 전압효율이 상대적으로 낮으며, 전압 760 Pa 이하의 구간은 안정구간인 동시에 전압효율이 높다. 따라서, 작동점의 전압이 760 Pa 이하, 송풍량 6.2 m^3/s 이하가 되도록 해야 한다.

6.7.10 송풍기의 직·병렬 운전

(1) 직렬운전

2대 이상의 송풍기가 직렬로 설치될 경우 동일한 풍량이 각각의 송풍기를 통하여 흘러야 한다. 직렬로 설치된 송풍기의 합성전압은 동일한 송풍량에서 개개의 송풍기가 나타내는 전압의 합이다.

그림 6-24는 후향원심송풍기 2대 및 3대를 직렬로 설치하였을 때의 전압곡선과 시스템 특성곡선을 나타낸 것이다. 같은 크기의 송풍기 2대를 직렬로 연결하면 전압은 1대 송풍기 전압의 2배가 된다. 그림에서 1대, 2대 및 3대 송풍기의 작동점은 각각 420 Pa에서 5.3 m^3/s, 610 Pa에서 6.4 m^3/s, 730 Pa에서 7.0 m^3/s이다.

크기가 다른 송풍기를 직렬로 연결할 때는 시스템 작동점의 송풍량은 송풍량이 가장 적은 송풍기의 최대 송풍량 이하가 되도록 하여야 한다. 그렇지 않으면, 송풍량이 적은 송풍기는 공기저항으로 작용하며, 송풍량은 가장 큰 송풍기를 단독으로 사용할 때보다 적게 된다.

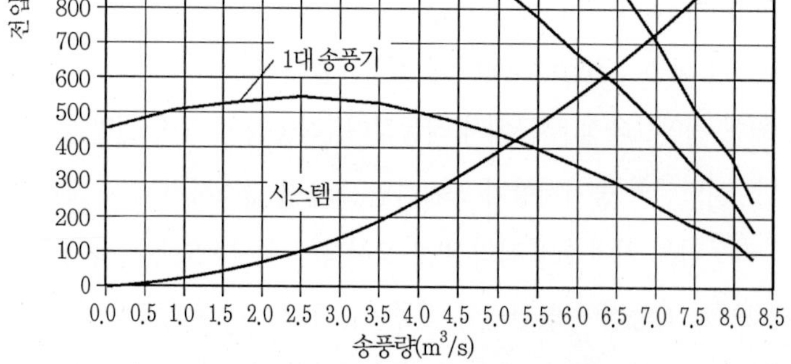

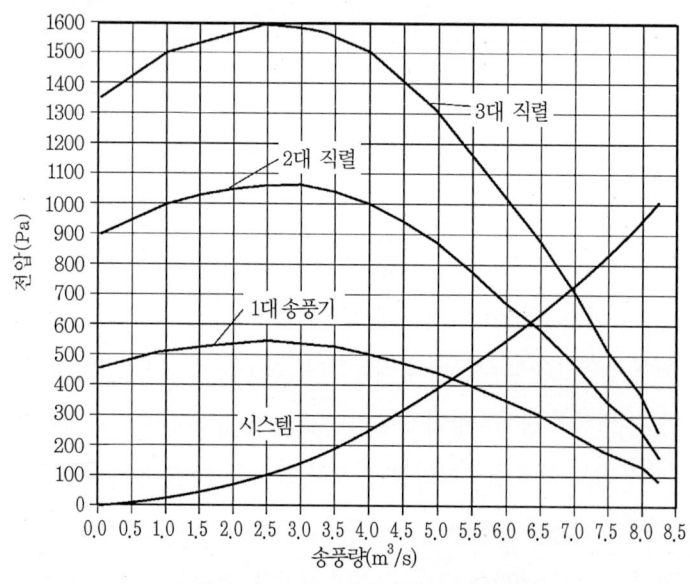

[그림 6-24] 후향원심송풍기의 직렬설치

(2) 병렬운전

한 시스템의 다른 입구에 2대 이상의 송풍기를 설치하여 송풍할 때 송풍기가 병렬로 작동한다. 직경이 큰 곡물건조용 대형빈에는 보통 2대 이상의 송풍기를 설치한다. 동일 빈에 병렬로 설치되는 송풍기는 크기와 송풍량이 동일한 것이 보통이다.

그림 6-25는 후향원심송풍기 2대와 3대를 병렬로 설치하였을 때의 송풍기의 전압곡선과 시스템 특성곡선을 나타낸 것이다. 병렬로 설치된 송풍기는 개별 송풍기가 각각 동일한 전압에서 작동하여야 하며, 총 송풍량은 이 전압에서 개별 송풍기가 발생하는 송풍량의 합으로 나타난다. 2대의 동일한 송풍기가 병렬로 설치될 때 총 송풍량은 1대 송풍기의 송풍량의 2배가 된다. 그러나, 전압이 아주 높을 때는 송풍기의 전압곡선의 피크점의 특성 때문에 총 송풍량이 2배로 나타나지 않으며, 아주 불안정한 작동이 유발된다. 따라서, 그림 6-25의 경우 전압 약 450 Pa 이상에서는 불안정한 작동이 일어난다.

그림 6-25에서 시스템에 대한 송풍기의 작동점은 1대 송풍기의 경우 전압 420 Pa에서 송풍량 5.3 m^3/s, 2대 및 3대의 병렬설치의 경우 각각 전압 530 Pa에서 송풍량 5.95 m^3/s, 전압 520 Pa에서 송풍량 5.9 m^3/s이다. 3대를 병렬로 설치하였을 때의 송풍량과 전압이 2대의 경우보다 적다. 이는 2대의 경우 작동점 부근에서 전압곡선이 상승한 때문이다. 2대와 3대를 병렬설치한 경우 모두 불안정 영역에서 작동되므로 바람직한 작동조건이 아니다.

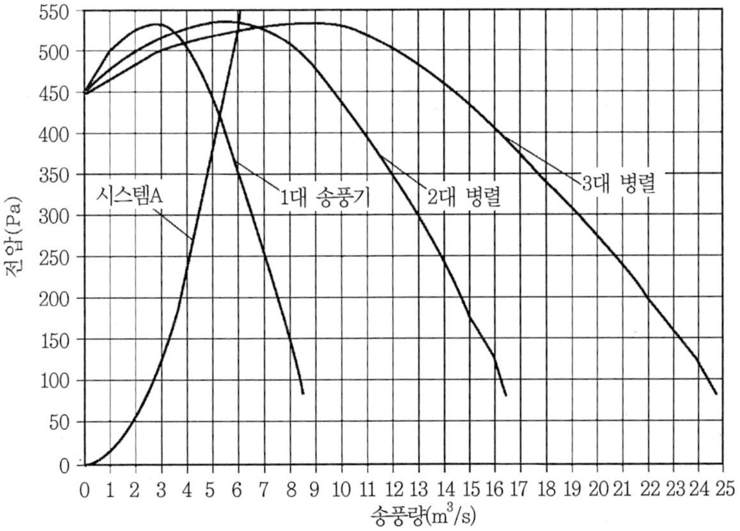

[그림 6-25] 후향원심송풍기의 병렬설치

송풍기를 병렬로 설치할 때 전압이 가장 낮은 송풍기의 최대 전압을 능가하는 압력에서 시스템이 작동되지 않도록 하여야 한다. 이와 같은 규칙을 따르면 송풍기가 서로 다를 때 전압이 낮은 송풍기를 통하여 바람이 역류되는 것이 방지되며, 또한 송풍기가 불안정 영역에서 작동할 위험이 없어진다.

6.8 곡물건조기의 종류

곡물건조기는 곡물과 공기류의 상대적인 유동방향, 열원의 종류, 건조온도의 고저, 곡물의 취급 방법 등에 따라서 다음과 같이 분류된다.

[표 6-16] 곡물건조기의 분류

구 분	종 류
곡물·공기 유동방향	정치형 횡류형 병류형 향류형 혼합류형
열원 종류	열풍건조기 상온통풍건조기 태양열건조기 열펌프건조기 원적외선건조기 마이크로파건조기
가열방법	대류건조기 전도건조기 복사건조기
건조온도	고온건조기 저온건조기
곡물 취급방법	배치식 건조기 연속식 건조기

정치형, 횡류형, 병류형, 향류형을 건조기의 기본형식이라 한다. 그림 6-26은 건조기의 4가지 기본형식에서 곡물과 건조공기의 유동방향을 나타낸 것이다. 그림에서와 같이 정치형(fixed-bed type)은 정지된 곡물층을 열풍이 통과하며, 횡류형(cross flow type)은 곡물과 열풍이 서로 수직으로 교차하여 흐르며, 병류형(concurrent flow type)은 서로 같은 방향으로 평행하게 흐르고, 향류형은 서로 반대 방향으로 흐른다. 혼합류형(mixed-flow type)은

횡류, 병류 및 향류가 혼합된 형태이다. 이외에 회전형(rotary type), 유동층형(fluidized-bed type), 분류층형(spouted-bed type) 등이 있다.

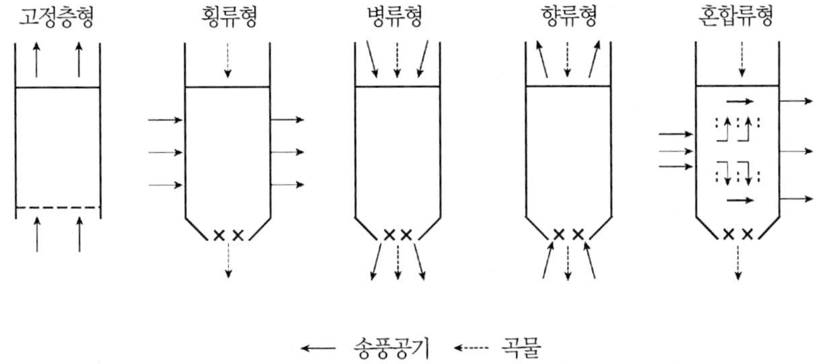

[그림 6-26] 건조기의 기본형식

대류건조기는 열이 대류에 의하여 곡물로 전달되는 건조기로 열풍건조기가 여기에 속한다. 전도건조기는 가열된 모래, 금속 등과 곡물을 혼합하여 전도에 의하여 공급된 열로 건조하게 되며, 복사건조기는 전자파를 조사하여 건조하는 건조기로 적외선건조기와 마이크로파건조기가 있다.

열풍건조기는 건조공기의 온도에 따라서 저온건조기(low temperature dryer)와 고온건조기(high temperature dryer)로 나눈다. 저온건조기는 상온 또는 상온의 공기를 5℃ 이하로 가열한 공기를 이용하는 상온통풍건조기가 여기에 속한다. 고온건조기는 보통 40℃ 이상의 고온의 열풍을 이용하는 열풍건조기(heated-air dryer)이다.

건조기는 곡물을 취급하는 방법에 따라 배치식(batch type)과 연속식(continuous flow type)으로 나누는데, 배치식은 일정량의 곡물을 건조기에 투입하여 목표수분까지 건조가 완료된 후에 배출하는 형식이며, 연속식은 건조기에 곡물을 연속적으로 공급하고 배출하는 형식이다.

6.9 상온통풍 건조장치

상온통풍건조는 상온의 공기 또는 이를 약간 가열한 공기를 통풍하여 느린 속도로 건조하는 방법이다. 상온통풍건조는 곡물빈을 이용하여 저장을 하면서 건조를 수행하므로 저장건조(storage-drying)라고도 하며, 저장시설을 겸용하여 이용하므로 시설비가 저렴하고 구조가 간단하며 관리가 용이한 장점이 있다. 또한, 상온통풍건조는 낮은 온도에서 서서히 건조가 이루어지므로 가열로 인한 곡물의 품질저하를 최소화할 수 있으며, 열풍건조의 1/4 정도의 에너지가 소요되는 가장 에너지 절약적인 건조방법이다. 반면에 상온통풍건조는 기상조건의 제약을 받으며, 건조소요기간이 긴 단점이 있다.

상온통풍건조에는 기온이 다소 낮고 상대습도가 낮은 기상조건이 유리하다. 우리나라 벼 수확기간인 10월의 평균 기온이 13.5~16.5℃, 상대습도가 65~75%이며, 이에 대한 벼의 평형함수율이 13.8~15.9% 범위로 건조잠재력이 매우 높으며 상온통풍건조에 아주 적합한 기상조건이다. 일본이나 동남아 국가는 고온 다습한 관계로 상온통풍건조에 불리한 기상조건이다.

6.9.1 상온통풍 건조장치의 구조

상온통풍건조에는 단면이 원형 또는 사각형인 곡물빈(grain bin)이 사용된다.

원형빈은 그림 6-27과 같이 파형 강철제 링을 조립한 원통 모양의 파형 강철제 빈이다. 원형빈은 다공통기마루(perforated floor), 곡물투입장치(grain loading system), 곡물분산장치(grain spreader), 곡물교반장치(grain stirring system), 곡물배출장치(grain unloading system), 송풍기(fan) 등으로 구성되어 있다.

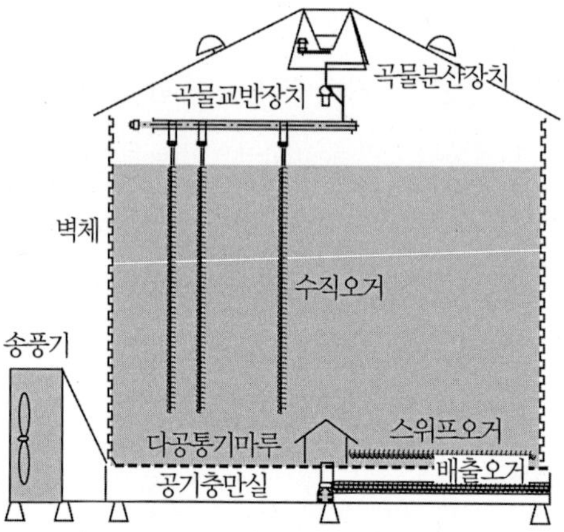

[그림 6-27] 철제 원형빈(사일로)

곡물분산장치는 빈의 상부로 투입되는 곡물을 분산하여 균평하게 퇴적하는 역할을 한다.

곡물교반장치는 빈 바닥 근처의 곡물을 상부로 이동시키는 동시에 상부 곡물을 하부로 이동시켜 혼합하는 기능을 한다. 곡물의 교반은 과건조와 불균일건조를 감소시키며, 공기유동을 원활히 하여 곡물층을 통과하는 송풍량을 10% 정도 증대시켜 건조속도를 빠르게 한다.

곡물의 배출장치는 빈의 중심을 축으로 스위프오거가 서서히 회전하면서 다공통기마루 밑에 설치된 배출구로 곡물을 배출하는 구조이다.

사각빈은 그림 6-28과 같이 단면이 사각형인 것으로 철재 또는 콘크리트재로 만들어지며 바닥의 크기는 3.1×3.1 m, 4×4 m, 3.1×6.1 m의 것이 있다. 곡물의 퇴적깊이는 5 m의 것이 일반적으로 사용되며, 용량은 30~70톤 정도이다.

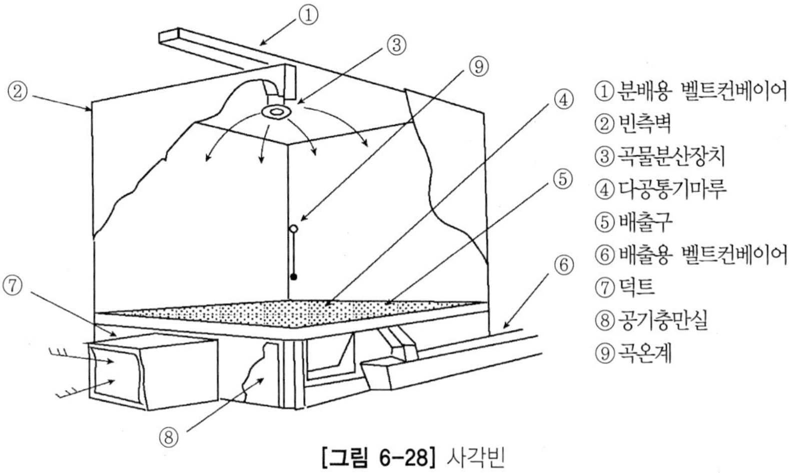

[그림 6-28] 사각빈

사각빈에서의 곡물배출방식은 공기배출식이 이용된다. 다공통기마루의 공기 분출구가 곡물배출구를 향하도록 설치되어 분출되는 기류로 곡물을 밀어 배출하는 방법을 공기배출식이라 한다. 처음에는 중력으로 배출하고 남은 곡물은 바람으로 배출한다. 송풍기를 여러 개의 빈에 개별로 설치하지 않고 대형 송풍기를 1~2대 설치하여, 덕트를 통하여 각 빈에 공기를 분배한다. 곡물을 배출할 때는 다른 빈에 유입되는 공기를 차단하고 집중적으로 하나의 빈에만 송풍하여 배출한다.

6.9.2 최소 풍량비

상온통풍건조에서 송풍량을 크게 하면 건조속도와 냉각속도가 빨라져 함수율과 곡온이 빨리 낮아지므로 안전저장기간이 연장된다. 상온통풍건조 시 안전저장기간 내에 건조를 완료하려면 송풍량을 일정 한계 이상으로 유지해 주어야 하며, 이 경우 절대 송풍량이 중요한 것이 아니라 곡물 단위부피당 또는 단위무게당 송풍량이 중요하다.

곡물의 체적당 또는 중량당 송풍량을 풍량비(specific air flow rate)라고 하며, 단위는 $m^3/min\cdot m^3$(cmm/m^3) 또는 $m^3/s\cdot ton$으로 나타낸다.

곡물을 변질 없이 상온통풍건조할 수 있는 최소한의 풍량비를 최소 풍량비(minimum specific air flow rate) 또는 안전 풍량비(safe specific air flow rate)라고 한다. 최소 풍량비는 곡물의 함수율과 기상조건에 따라 좌우된다. 함수율 및 상대습도가 높을수록 최소 풍량비는 크게 되며, 상대습도가 높더라도 기온이 낮은 지역에서의 최소 풍량비는 낮다.

표 6-16은 우리나라의 10~15년간의 기상자료를 근거로 분석한 권역 및 벼 수확 시의 함수율별 최소 풍량비이다. 표에서와 같이 최소 풍량비는 함수율이 낮아지면 감소하고, 기온이 낮은 북부지역에서 낮은 값을 나타낸다. 최소 풍량비는 상온통풍 건조장치에 설치할 송풍기의 송풍량을 결정하는 기준이 된다.

[표 6-16] 벼 상온통풍건조에 필요한 권역, 초기함수율별 최소 풍량비(cmm/m^3)

권역별	초기함수율(%, w.b.)				
	26	24	22	20	18
북 부	3.9	2.7	1.6	0.9	0.60
중 부	6.0	3.9	2.0	1.0	0.75
남 부	5.9	4.0	2.2	1.2	0.85

※북부 : 강원 및 경기 북부
중부 : 경기, 충남북, 전북, 경북, 경남 및 전남 북부
남부 : 전남 및 경남 남부

예제 6-8

수원지역에서 함수율 24%(w.b.)의 벼를 직경 9.14 m의 빈에 1.5 m의 높이로 퇴적하여 상온통풍건조할 경우 필요한 최소 송풍량을 구하여라.

풀 이

표 6-16에서 함수율이 24%(w.b.)인 중부지역의 벼에 대한 최소 풍량비는 3.9 $m^3/min \cdot m^3$이다.

벼의 체적 : $\pi\ (9.14)^2/4 \times 1.5 = 98.4\ m^3$
최소 송풍량은 : $3.9 \times 98.4 = 384\ m^3/min$

따라서 벼의 퇴적고 1.5 m에서 384 m^3/min의 송풍량을 낼 수 있는 송풍기가 필요하다.

6.9.3 시스템 특성곡선

상온통풍 건조장치에는 대부분 송풍기가 빈에 직결되므로 압력손실은 곡물층과 다공마루를 통과할 때 발생한다. 다음의 예제를 통하여 상온통풍 건조장치에서 시스템 특성곡선을 그리는 방법을 알아보자.

예제 6-9

곡물빈에 송풍기가 직결되어 있다. 다공통기마루의 개공률은 6%이다. 곡물빈에 단립종 벼가 2 m 깊이로 퇴적되어 있으며, 벼퇴적층의 공극률은 0.4이고, 곡물빈의 직경은 11 m이다. 송풍량 0~10 m^3/s 범위에서 시스템 특성곡선을 그려라.

풀 이

이 시스템의 공기저항은 다공통기마루(Δp_f) 및 곡물층(Δp_g)을 통한 공기저항의 합이다. Δp_f는 식 (6-27), Δp_g는 식 (6-25)와 표 6-8을 이용한다.

$$\Delta p = \Delta p_f + \Delta p_g$$
$$= 1.071 \frac{V_s^2}{(O_f \epsilon)^2} + 6411.19\, V_s^{1.2727} D$$

여기서, V_s : 곡물층을 통과하는 공기의 겉보기속도(m/s)

D : 벼 퇴적고(2 m)

송풍량을 Q (m^3/s)라 하면 $V_s = \frac{Q}{A}$이며, A는 빈의 단면적이다.

따라서

$$\Delta p = 1.071 \left(\frac{Q}{A O_f \epsilon} \right)^2 + 6411.19 \left(\frac{Q}{A} \right)^{1.2727} D$$
$$= 0.206\, Q^2 + 38.99\, Q^{1.2727}$$

송풍량 0~10 m^3/s 범위에서 Δp의 변화를 나타낸 시스템 특성곡선은 그림 6-29와 같다. 그림에서와 같이 곡물층을 통한 압력손실이 대부분이며 다공통기마루를 통한 압력손실은 대단히 미미하다.

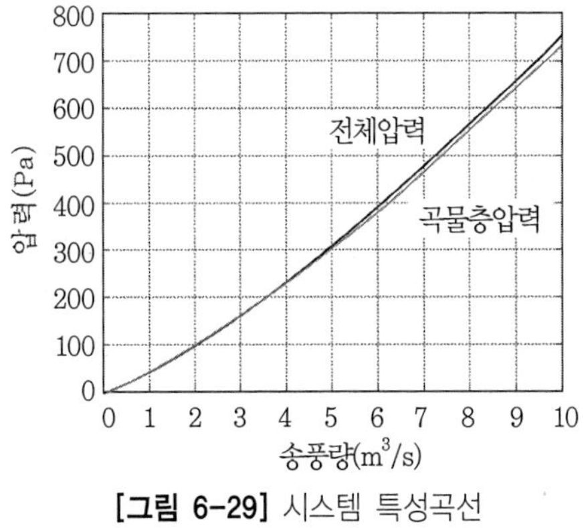

[그림 6-29] 시스템 특성곡선

6.9.4 송풍기의 선택

상온통풍 건조장치에 적합한 송풍기를 선택하려면 건조장치에 필요한 송풍량과 건조장치의 공기저항을 먼저 알아야 하며, 그 외 진동, 소음 및 전력 등을 고려하여야 한다.

상온통풍 건조장치에 설치할 송풍기의 송풍량은 일반적으로 함수율 18%일 때의 최소 풍량비를 기준하여 최대 퇴적고에서의 송풍량을 구하고, 여기에 25%를 가산한 값으로 한다.

상온통풍 건조장치에 송풍기를 직결할 경우에는 건조장치의 공기저항은 송풍기와 빈의 열결부, 다공통기마루 및 곡물층의 공기저항을 고려하여야 하며, 송풍기와 빈을 덕트로 연결하거나 빈의 바닥에 통풍덕트를 설치한 경우는 덕트의 공기저항도 동시에 고려하여야 한다.

송풍기를 빈에 직결하는 경우가 대부분이며, 이 경우의 공기저항은 곡물층의 공기저항에 곡물퇴적고 0.1 m에 상당하는 공기저항을 합한 값을 시스템의 공기저항으로 간주한다. 단립종 벼를 채운 빈의 경우 공기저항은 다음 식으로 표시된다.

$$\Delta p = 6411.2 \left(\frac{Q}{60A}\right)^{1.2727}(D+0.1) \tag{6-44}$$

여기서, Δp : 송풍기 직결 곡물빈의 공기저항(Pa)
Q : 송풍량(m^3/min)
D : 벼 퇴적고(m)
A : 빈의 단면적(m^2)

예제 6-10

수원지역에서 300톤 원형빈(직경 11 m, 최대 퇴적고 5 m)에 설치할 송풍기의 송풍량과 전압을 구하여라.

풀 이

중부지역에서 함수율 18%에 대한 최소 풍량비는 0.75 cmm/m^3이다.

빈의 단면적 $A = \dfrac{\pi 11^2}{4} = 95\ m^2$

빈의 최대 용량 : $AD = 95 \times 5 = 475\ m^3$

송풍량 : $0.75 \times 475 = 356$ cmm

25%를 가산하면 송풍량 $Q = 356 \times 1.25 = 445$ cmm

송풍기의 전압 : $\Delta p = 6411.2 \left(\dfrac{Q}{60A}\right)^{1.2727}(D+0.1)$

$$= 6411.2\left(\frac{445}{60(95)}\right)^{1.2727}(5+0.1) = 1251\ \text{Pa}$$

전압 1251 Pa에서 445 m^3/min 이상의 풍량을 낼 수 있는 성능을 가진 송풍기를 선택한다. 송풍기의 효율 $\eta = 0.7$로 하면 송풍기의 소요동력은 다음과 같다.

$$\text{소요동력} = \frac{Q\Delta p}{60 \times 1000\eta} = \frac{445 \times 1251}{60 \times 1000 \times 0.7} = 13.2\ \text{kW}$$

6.9.5 송풍기의 작동점

송풍기는 공기저항이 증가하면 송풍량이 감소한다. 따라서, 곡물의 퇴적고가 증가하면 공기저항이 증가하므로 송풍량이 감소한다. 곡물 퇴적고에 따라서 송풍량과 풍량비가 어떻게 변하는가를 아는 것은 매우 중요하다.

송풍기의 작동점은 송풍기의 송풍량과 전압의 관계를 나타내는 성능곡선과 곡물빈의 시스템곡선의 교점이다. 송풍기의 성능곡선 위에 곡물 퇴적고별 시스템곡선을 그릴 때 두 곡선의 교점이 송풍기의 작동점이다.

그림 6-30은 직경 11 m의 원형빈에 15 kW의 원심 송풍기를 설치하였을 경우, 송풍기의 성능곡선과 벼의 퇴적고 2.0 m 및 5.0 m일 때의 곡물층의 공기저항을 고려한 시스템곡선을 나타낸 것이다. 그림에서와 같이 시스템곡선과 송풍기의 성능곡선의 교점, 즉 작동점은 퇴적고 2 m일 때 전압 577 Pa, 송풍량 480 m^3/min, 퇴적고 5 m일 때 전압 1160 Pa, 송풍량 414 m^3/min이다.

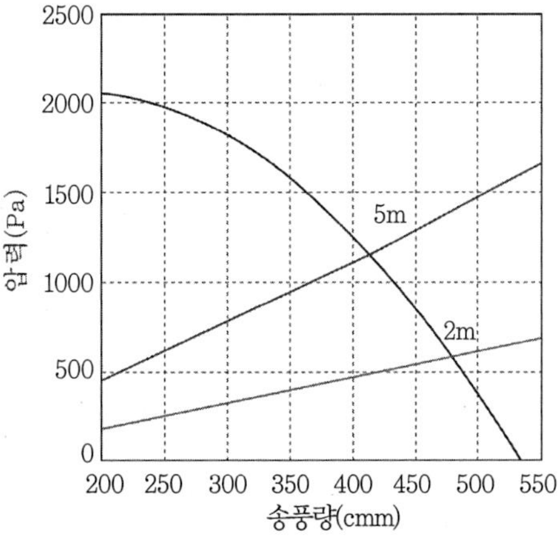

[그림 6-30] 송풍기의 작동점

이상의 도해적 방법 외에 송풍기의 성능곡선식과 시스템곡선식을 알고 있으면, 이들의 교점을 수치해법을 이용하여 구할 수 있다.

벼의 상온통풍건조용 빈의 시스템곡선식과 송풍기의 성능곡선식은 각각 식 (6-44)와 다음의 식 (6-45)로 표시된다.

$$\Delta p = C_0 + C_1\ Q + C_2\ Q^2 \qquad (6\text{-}45)$$

여기서, Δp : 송풍기 전압(Pa)
Q : 송풍량(cmm)
C : 상수

식 (6-44)와 식 (6-45) 두 식의 교점의 Q의 값이 퇴적고가 D(m)일 때의 송풍량이다. 이는 다음의 $f(Q)=0$을 만족시키는 Q의 값이다. 즉,

$$f(Q) = 6411.2\left(\frac{Q}{60A}\right)^{1.2727}(D+0.1) - C_0 - C_1Q - C_2Q^2 \qquad (6\text{-}46)$$

$f(Q)=0$의 해는 수치해법을 이용하여 구할 수 있다.

예제 6-11

직경 11 m의 원형철제빈에 15 kW의 원심송풍기를 설치하였다. 벼를 퇴적할 경우 퇴적고별 공기저항, 송풍량 및 풍량비를 구하여라. 송풍기 제작회사의 성능자료에서 15 kW 원심 송풍기의 송풍량과 전압은 다음의 관계식을 얻었다.

$$\Delta p = 1531.9 + 5.927Q - 0.0165\ Q^2$$

여기서, ΔP : 송풍기 전압(Pa)
Q : 송풍량(m^3/min)

풀 이

시스템곡선과 송풍기의 성능곡선의 교점을 구하기 위하여 두 곡선식을 다음과 같이 함수 $f(Q)$로 나타낸다.

$$f(Q) = 6411.2\left(\frac{Q}{60A}\right)^{1.2727}(D+0.1) - 1531.9 - 5.927Q + 0.0165\ Q^2$$

Newton-Raphson 방법으로 $f(Q)$=0의 해를 구한 결과는 다음과 같다.

벼 퇴적고별 전압, 송풍량 및 풍량비

퇴적고 (m)	전압 (Pa)	송풍량 (cmm)	풍량비 (cmm/m^3)
.50	181.42	517.40	10.889
1.00	322.11	504.53	5.309
1.50	453.78	492.01	3.450
2.00	576.89	479.80	2.520
2.50	691.89	468.00	1.970
3.00	799.21	456.49	1.601
3.50	899.29	445.31	1.339
4.00	992.52	434.40	1.140
4.50	1079.31	423.92	.991
5.00	1160.01	413.69	.871

곡물의 퇴적고와 풍량비의 관계는 그림 6-31과 같다. 그림에서와 같이 퇴적고와 풍량비 사이

에는 반비례 관계가 있으며, a=5.5766, b=-0.2577이다.

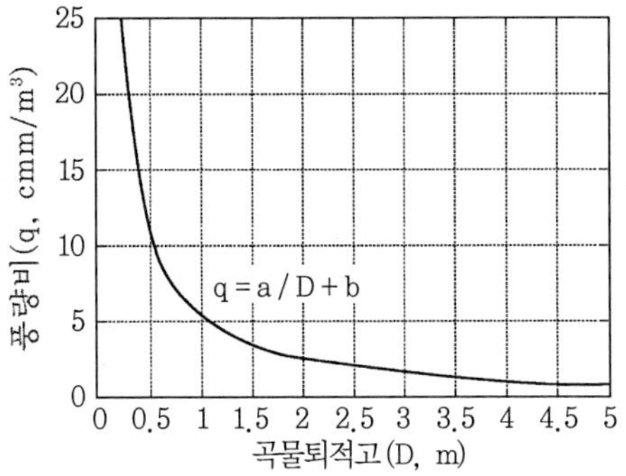

[그림 6-31] 곡물의 퇴적고와 풍량비의 관계

6.9.6 안전퇴적고

함수율이 높은 곡물을 상온통풍건조할 때는 높은 풍량비가 요구되므로 퇴적고를 낮추어야 하는 반면, 함수율이 낮은 곡물은 낮은 풍량비가 요구되므로 퇴적고를 높일 수 있다.

상온통풍건조에서 곡물의 함수율에 따라 곡물퇴적고를 얼마까지 할 수 있는가를 결정하는 것은 매우 중요한 일이다. 건조 중 곡물의 품질을 유지하려면 함수율에 따라 요구되는 최소 풍량비 이상의 송풍이 필요하다. 최소 풍량비를 확보할 수 있는 최대 퇴적고를 안전퇴적고라고 하며, 이는 설치된 송풍기의 성능에 따라 달라진다.

설치된 송풍기의 성능곡선과 상온통풍 건조장치의 시스템곡선으로부터 안전퇴적고를 구할 수 있다. 안전퇴적고를 구하는 방법에는 도해적 방법과 수치해법이 있다.

도해적으로 안전퇴적고를 구하는 순서는 다음과 같다. 그림 6-32에서와 같이,

① 송풍기의 성능곡선 위에 퇴적고가 각각 D_1, D_2 및 D_3일 때의 시스템곡선을 그리고, 작동점을 a_1, a_2 및 a_3라 한다.

② 퇴적고가 D_1, D_2 및 D_3일 때 최소 풍량 Q_{s1}, Q_{s2}, Q_{s3}를 계산한다.

$$Q_{s1} = q_s\ A\ D_1$$

$$Q_{s2} = q_s\ A\ D_2$$

$$Q_{s3} = q_s\ A\ D_3$$

여기서, q_s (m^3/min·m^3)는 최소 풍량비이다.

③ 최소 풍량 Q_{s1}, Q_{s2} 및 Q_{s3}를 수평축에 표시하고, Q_{s1}, Q_{s2} 및 Q_{s3}에서 수직

선을 그려 각각 퇴적고 $D_1, D_2,$ 및 D_3 일 때의 시스템곡선과 교점을 b_1, b_2 및 b_3 이라고 한다.

④ 점 b_1, b_2 및 b_3 를 연결한 곡선과 성능곡선의 교점 a_s 를 구한다. 점 a_s 에 상당하는 퇴적고가 최소 송풍량 $Q_s(q_s\ A\ D_s)$를 확보할 수 있는 안전퇴적고 D_s 이다.

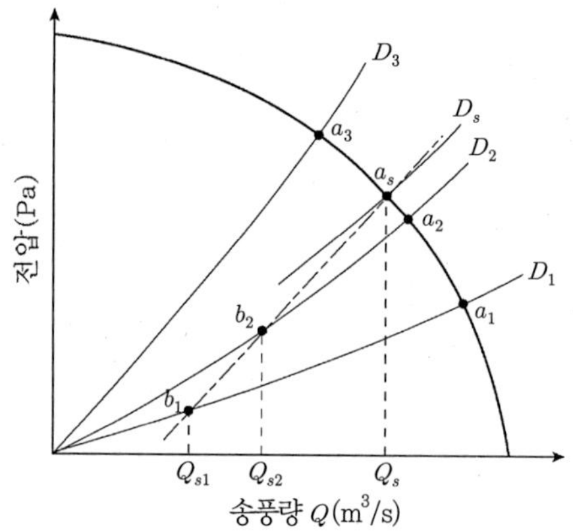

[그림 6-32] 도해적 방법에 의한 안전퇴적고 계산

한편, 앞에서 퇴적고별 송풍량을 구하는 방법과 같은 방법으로 안전퇴적고를 곡물층의 시스템곡선식과 송풍기의 성능곡선식으로부터 수치해법으로 구할 수 있다. 최소 풍량비와 안전퇴적고를 각각 q_s, D_s 라고 하면, 송풍량 $Q = q_s A D_s$ 이다. 이를 식 (6-46)에 대입하면 다음 식으로 표시된다.

$$f(D_s) = 6411.2\left(\frac{q_s D_s}{60}\right)^{1.2727}(D_s + 0.1) - C_0 - C_1(q_s A D_s) - C_2(q_s A D_s)^2 \tag{6-47}$$

여기서, $f(D_s) = 0$를 만족시키는 D_s 의 값이 안전퇴적고이다.

예제 6-12

중부지방에서 직경 11 m의 원형철제빈에 15 kW의 원심송풍기를 설치하였다. 함수율 24%(w.b.), 22%(w.b.), 20%(w.b.) 및 18%(w.b.)의 벼를 상온통풍건조할 때 각각의 함수율에 대한 안전퇴적고를 구하여라.

풀 이

중부지방에서 함수율 24%, 22%, 20% 및 18%의 벼를 품질손상 없이 상온통풍건조하는 데 필요한 최소 풍량비 q_s 는 각각 3.9, 2.0, 1.0 및 0.75 cmm/m^{3}이다(표 6-16).
송풍기의 성능곡선은 예제 6-11에서 주어진 식으로 한다.

① 도해적 방법

함수율 20%일 때의 안전퇴적고를 도해적 방법으로 구하자. 퇴적고별 시스템곡선과 성능곡선은 그림 6-33과 같다. 함수율 20%일 때 최소 풍량비는 1.0 cmm/m^{3}이므로 퇴적고 2, 3, 4 m일 때 안전송풍량은 각각 190, 285, 376 cmm이다. 이 안전송풍량에 대한 각각의 시스템곡선 위의 점 b_1, b_2 및 b_3를 연결한 곡선과 성능곡선의 교점이 a_s이며, 점 a_s에 상당하는 안전퇴적고 D_s=4.5 m이다.

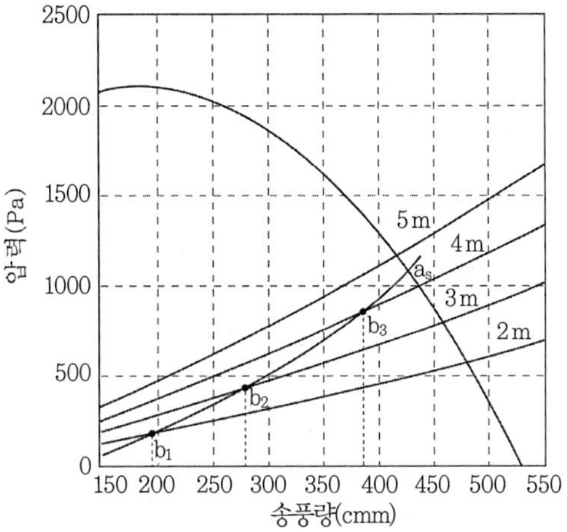

[그림 6-33] 도해적 방법에 의한 안전퇴적고 계산

② 수치해법

$f(D_s)$는 다음과 같이 표시된다.

$$f(D_s) = 6411.2\left(\frac{q_s D_s}{60}\right)^{1.2727}(D_s + 0.1) - 1531.9 - 5.927(q_s A D_s) + 0.0165(q_s A D_s)^2$$

Newton-Raphson 방법으로 각각의 함수율에 대한 안전퇴적고 D_s를 구한 결과는 다음과 같다.

함수율(%,w.b.)	24	22	20	18
최소 풍량비(cmm/m^3)	3.9	2.0	1.0	0.75
안전퇴적고(m)	1.34	2.47	4.47	5.63

6.9.7 건조속도

상온통풍 건조속도를 구하는 방법은 기상조건을 근거로 한 시뮬레이션 방법과 단순열평형 모델에 의한 간략 계산법이 있다. 여기서는 상온통풍건조 소요시간을 개략적으로 계산하는 단순열평형 모델을 알아본다.

공기가 곡물층을 통과하면서 곡물에서 수분을 빼앗게 되며, 증발에 의한 냉각으로 곡물의 온도는 하강한다. 곡물층에서는 함수율구배와 온도구배가 나타난다. 함수율은 초기함수율 M_o에서 유입공기에 대한 평형함수율 M_e까지 하강하며, 송풍공기의 온도는 유입공기

온도 T_a에서 배출공기 온도 T_g까지 하강한다. 배출공기는 곡물의 초기함수율과 평형을 이루며, 곡물층의 어떤 위치에서나 곡물의 온도는 공기의 온도와 같은 것으로 간주한다.

곡물층을 통과한 공기가 잃은 열량은 곡물의 수분증발에 소요된 열량과 같다고 가정하면, 곡물층의 건조과정에 대한 단순 열평형방정식은 다음 식 (6-48)로 표시된다.

$$\frac{60Q}{v}c_a(T_a - T_g)t = h_{fg}D_m(M_o - M_e) \tag{6-48}$$

여기서, Q : 송풍량(m^3/min.)
v : 유입공기의 비체적(m^3/kg)
c_a : 유입공기의 비열(kJ/kg)
T_a : 유입공기의 온도(℃)
T_g : 배출공기의 온도(℃)
t : 건조소요시간(hr)
h_{fg} : 곡물수분 증발잠열(kJ/kg)
D_m : 건물중량(kg)
M_o : 초기함수율(dec., d.b.)
M_e : 유입공기에 대한 평형함수율(dec., d.b.)

식 (6-48)에서 송풍량(Q)은 곡물층의 공기저항 곡선과 송풍기의 성능곡선의 교점으로부터 구할 수 있다. 공기의 비체적(v)과 곡물층을 통과한 공기의 온도강하($T_a - T_g$)는 습공기선도를 이용하여 구할 수 있다. 외기온도(T_a)와 상대습도는 해당 지역의 기상자료를 이용한다. 곡물층에서 배출되는 공기의 온도(T_g)는 습공기선도 위에 함수율에 따른 평형상대습도 곡선을 그려서 구할 수 있다. 그림 6-34는 벼의 평형상대습도 곡선이다. 유입공기의 상태점을 통과하는 습구온도선과 초기함수율에 대한 평형상대습도 곡선과의 교점의 온도가 배출공기온도(T_g)이다.

곡물수분의 증발잠열(h_{fg})은 곡물층의 평균함수율과 평균 온도를 기준으로 곡물의 증발잠열식을 이용하여 계산한다.

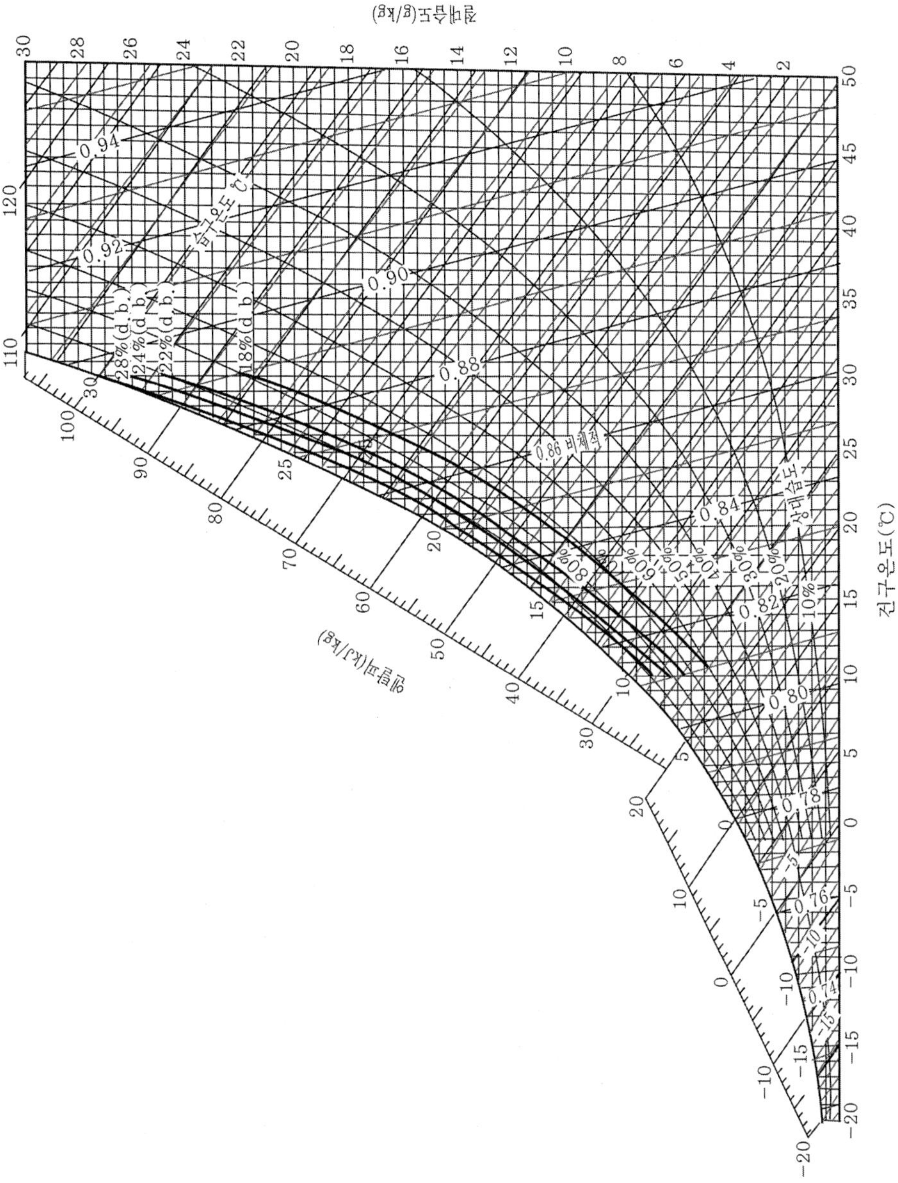

[그림 6-34] 벼의 등함수율 평형상대습도 곡선

예제 6-13

직경 11 m의 빈에 15 kW의 원심송풍기가 설치되어 있다. 함수율 22%(w.b.)의 벼를 2.0 m의 깊이로 퇴적하여 상온통풍 건조한다. 외기는 건구온도 13.4℃, 상대습도 72.7%이다. 건조소요시간을 추정하여라.

풀 이

예제 6-11에서 퇴적고 2.0 m일 때 송풍량은 479.8 cmm이다.

곡물량 = 빈 단면적×퇴적고 = $\frac{\pi 11^2}{4} \times 2.0$ =95 m^3

함수율 22% 벼의 산물밀도는 641 kg/m^3로 가정한다.

건물중량 D_m = 641 × 95 × (1-0.22) = 47,498 kg

습공기 선도에서 외기의 비체적 v = 0.82 m^3/kg

온도 13.4℃, 상대습도 72.7%에 대한 벼의 평형함수율은 18.5%(d.b.)이다.

그림 6-34에서 함수율 22%(28%, d.b.)에 대한 평형상대습도는 95%이다.

따라서, T_g= 11.5℃

곡물수분 증발잠열을 2790 kJ/kg으로 간주하면,

$$t = \frac{h_{fg} D_m (M_o - M_e) v}{60 Q c_a (T_a - T_g)}$$

$$= \frac{2790 \times 47{,}498 (0.282 - 0.185) \times 0.82}{60 \times 479.8 \times 1.007 \times (13.4 - 11.5)} = 191.4\text{시간} = 8\text{일}$$

6.10 순환식 건조기

6.10.1 구조와 원리

그림 6-35와 같이 순환식 건조기는 건조실(drying chamber), 템퍼링실(tempering chamber), 곡물순환용 버킷엘리베이터, 곡물배출장치, 가열기, 가열송풍기, 배진송풍기, 조작반으로 구성되어 있다.

건조실은 열풍이 유입되어 배출되는 다공철판의 구조에 따라 스크린형(screen type), 배플형(baffle type) 및 곡물층의 두께를 달리한 변형 스크린형 등 다양한 구조로 제작되고 있다. 템퍼링실은 건조기 상단의 곡물탱크부로 건조기 용량의 대부분을 차지한다. 순환식 건조기에는 자동 수분검출장치, 자동 정지장치 및 화재경보장치 등이 장착되어 자동화 운전이 가능한 것이 많다.

곡물은 중력에 의하여 연직하향으로 건조실을 통하여 흐르며, 흐르는 곡물층을 열풍이 수평방향으로 통과하면서 건조가 이루어진다. 건조실을 통과한 곡물은 버킷엘리베이터에 의하여 상부의 템퍼링실로 이송되는 동안 버킷엘리베이터의 상부에 설치된 배진송풍기에 의하여 검불과 먼지 등의 이물질이 제거되는 동시에 냉각된다.

템퍼링실을 흘러내리는 동안에는 곡물이 열풍에 노출되지 않으며, 곡립 내부의 수분 및 곡물 내부 온도의 불균일이 완화되는 템퍼링 과정을 거치게 된다. 템퍼링 후 다시 건조실을 통과하면서 재차 건조된다. 이와 같이 곡물순환식 건조기는 건조와 템퍼링 과정이 수차 반복되면서 건조가 이루어지는 횡류순환식 간헐통풍건조기라고 할 수 있다.

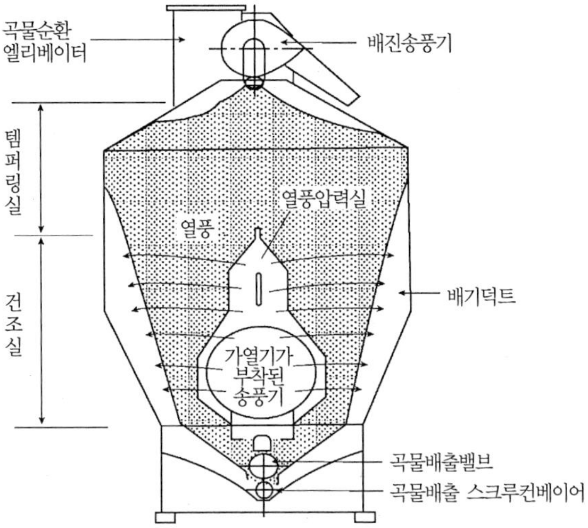

[그림 6-35] 곡물순환식 건조기

6.10.2 성능요인

곡물 순환식 건조기의 성능에 영향을 주는 요인은 송풍량, 열풍온도, 곡물순환속도, 투입곡물량, 외기온도, 곡물의 함수율 등이다. 이들 요인이 건조속도, 건조곡물의 품질 및 건조소요 에너지에 영향을 주게 된다.

송풍량이 2배 증가할 때 구동동력은 거의 5배 증가한다. 송풍량의 증가는 송풍기 동력과 건조소요 에너지를 크게 증가시키므로 적절한 건조속도를 유지하는 범위 내에서 되도록 송풍량을 줄이는 것이 유리하다. 현재의 순환식 건조기의 송풍량은 건조기 용량 1톤당 18~30 m^3/min·ton 범위이다.

열풍온도의 증가는 건감률과 동할률을 급증시키는 반면 소요 에너지를 감소시킨다. 열풍온도는 동할률을 기준으로 제한할 필요가 있으며, 일반적으로 열풍온도는 40~55℃ 범위로 제한된다.

곡물순환속도가 증가하면 건감률은 증가하고, 동할률과 소요 에너지는 약간 감소한다. 이는 순환 시의 곡물이 열풍에 노출되는 시간과 템퍼링 시간이 단축되는 반면, 열풍에 노출되는 횟수와 템퍼링 횟수가 증가하기 때문이다.

곡물투입률이 증가하면 건감률, 소요 에너지 및 동할률 모두가 감소한다. 곡물투입률이 적을 경우 열풍온도를 높이면 동할률이 크게 증가할 수 있으므로 투입률이 적을수록 열풍 온도를 낮추어야 한다. 보통 건조기 용량의 80% 이상 곡물을 투입하여 운전하는 것이 가장 바람직하다.

외기온도가 상승하면 건감률은 약간 감소하며, 동할률은 약간 증가하지만 소요 에너지는 크게 감소한다. 벼 수확기인 10월의 주간(20℃) 작업은 야간(10℃) 작업에 비하여 약 20%의 연료가 절약된다.

초기함수율이 증가할 때 건감률은 직선적으로 증가하며, 소요 에너지는 감소하고, 동할률은 증가한다. 따라서 초기함수율이 높을수록 동할률이 증가하므로 열풍온도를 낮추어야 한다.

순환식 건조기에서 곡물이 건조실을 통과하는 시간은 6~15분, 템퍼링 시간은 30~60분 정도이다. 송풍량은 18~30 m^3/min·ton 정도이다. 벼 수분 1 kg 증발에 소요되는 열에너지(연료에너지)는 4500~6000 kJ/kg 정도이다.

6.10.3 건조능력

순환식 건조기의 1일 건조능력은 다음 식으로 계산한다.

$$Q = \frac{V\ N\ T\ n}{t_1 + t_2 + \dfrac{M_1 - M_2}{a_1}} \tag{6-49}$$

여기서, M_1 : 초기함수율(%, w.b.)
M_2 : 건조 후의 함수율(%, w.b.)
N : 건조기 대수(대)
Q : 1일 건조능력(톤/일)
V : 건조기 1대의 용량(톤)
T : 1일 가동시간(hr)
a_1 : 평균건감률(%/hr)
n : 곡물투입률 = 투입량/건조기 용량
t_1 : 곡물투입시간(hr)
t_2 : 곡물배출시간(hr)

이 식에서 $\dfrac{T}{t_1 + t_2 + \dfrac{M_1 - M_2}{a_1}}$ 는 건조기의 1일 이용 횟수이다. 곡물투입률 n은 미곡종

합처리장에서와 같이 집단처리하는 경우에는 만량 투입(n=1)하는 것으로 간주하며, 개별 처리하는 경우는 평균투입률을 보통 0.8로 가정한다. 평균건감률은 건조기의 용량, 함수율 및 기상조건에 따라 다르다. 보통 건조기의 용량이 클수록 건감률이 낮으며, 용량 10톤 미만 건조기의 평균건감률은 0.7~0.9%(w.b.)/hr 범위이며, 15톤 이상의 건조기는 0.6%(w.b.)/hr 정도이다. 곡물투입 및 배출시간은 용량 10톤 미만의 건조기가 1~2시간, 그 이상의 건조기가 2.5~3.2시간 범위이다.

예제 6-14

6톤 용량 순환식 건조기의 1일 건조능력을 구하여라. 투입벼 함수율은 23%(w.b.), 최종 함수율은 16%(w.b.)로 한다.

풀 이

1회 건조소요시간 = $\dfrac{M_1 - M_2}{a} + (t_1 + t_2)$ = $\dfrac{23-16}{0.8} + 1.5 = 10.25$ 시간

1일 건조횟수 = 1일 작업시간 ÷ 1회 건조소요시간
= 20시간/일 ÷ 10.25시간/회 = 1.95회

1일 건조능력 = 건조기 용량 × 투입률 × 1일 건조횟수
= 6톤/대 × 0.8 × 1.95회/일 = 9.36톤/일

6.11 연속식 건조기

6.11.1 횡류형 연속식 건조기

그림 6-36은 스크린형 연속식 건조기의 개략도이다. 그림에서와 같이 0.25~0.45 m의 간격으로 수직으로 설치된 2매의 스크린 사이를 곡물이 중력에 의하여 흘러내리는 동안 열풍이 곡물층을 수평방향으로 통과하면서 건조가 이루어진다. 냉각부에서도 비슷한 과정으로 상온의 공기에 의하여 곡물이 냉각된다. 건조부의 높이는 3~30 m, 냉각부의 높이는 1~10 m 범위이다.

건조기에는 보통 가열 및 냉각용 송풍기가 각각 설치된다. 송풍량은 스크린의 단위면적당 15~30 $m^3/m^2 \cdot min$, 또는 83~140 $m^3/min \cdot ton$ 범위이다. 요구되는 정압은 상대적으로 낮으며, 0.5~1.2 kPa 범위이다.

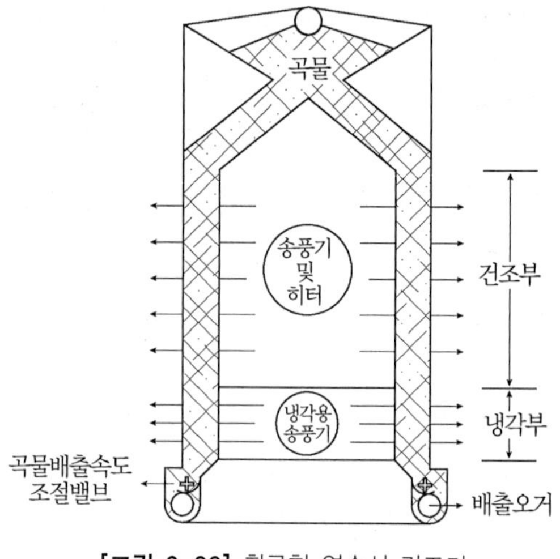

[그림 6-36] 횡류형 연속식 건조기

배출오거의 회전수를 조절하여 곡물의 유하속도, 즉 곡물의 건조기 내 체류시간을 조절한다. 곡물의 유하속도와 체류시간은 곡물의 초기함수율, 열풍온도, 송풍량 및 건조기의 크기에 따라 다르며, 보통 체류시간은 15~30분 범위이다.

6.11.2 병류형 연속식 건조기

그림 6-37은 2단의 건조부와 1단의 냉각부, 건조부와 건조부 사이에 템퍼링부를 설치한 병류형 연속식 건조기다. 건조부에서 곡물과 공기는 동일 방향으로 흐르며, 냉각부에서는 서로 반대 방향으로 흐른다. 이 건조기에는 횡류형 건조기에서와 같은 스크린이 없다. 건조기 상부의 대기탱크에 있는 곡물이 중력에 의하여 건조기 내를 흘러내리며, 곡물의 유하속도는 건조기 하부에 설치된 일련의 배출오거의 회전속도에 의하여 조절된다. 1단 건조부의 길이(곡물층 두께)는 0.6~0.9 m, 템퍼링부의 길이는 4.5~5.5 m 범위이며, 냉각부의 길이는 1.2~1.8 m 범위이다. 곡물의 템퍼링 시간은 0.75~1.50시간 범위이다.

건조부의 송풍량은 곡물층 단위면적당 30~45 $m^3/min \cdot m^2$ 또는 55~85 $m^3/min \cdot ton$ 범위이며, 냉각부의 송풍량은 15~23 $m^3/min \cdot m^2$ 또는 16~24 $m^3/min \cdot ton$ 범위이다. 병류형의 소요 정압은 횡류형에 비하여 상당히 높으며, 1.8~3.8 kPa(175~350 mmAq) 범위이다. 곡물 체류시간은 건조부에서 6~15분, 냉각부에서 12~30분 범위이다.

횡류형 건조기에서는 함수율 곡선이 최대, 최저 및 평균치로 표시된 반면, 병류형 건조기에서는 함수율 곡선이 단지 1개의 곡선으로 표시된다. 병류형 건조기에서는 모든 곡립이 균일한 조건의 열풍에 노출되어 건조되므로 모든 곡립이 균일하게 건조된다. 이와 같이 균일한 건조가 병류형 건조기의 중요한 장점이다.

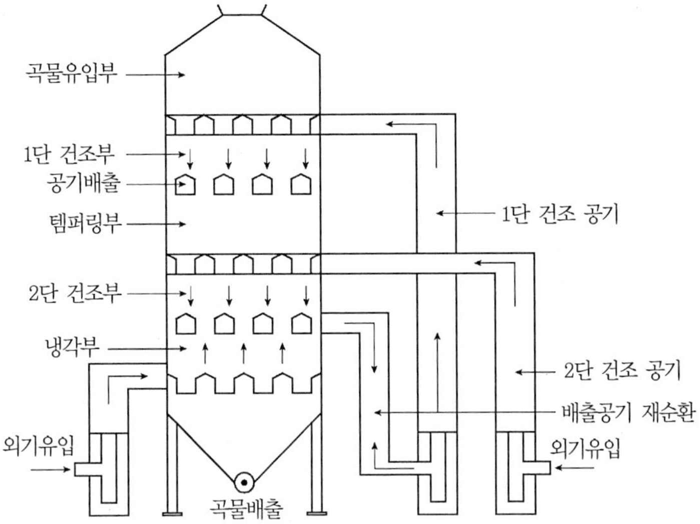

[그림 6-37] 냉각 공기 및 배기의 재순환장치를 구비한 2단 병류형 연속식 건조기

6.11.3 혼합류형 연속식 건조기

혼합류형 건조기는 그림 6-38과 같이 곡물 공급호퍼(1), 건조부(2), 냉각부(3), 곡물배출장치(4), 하부호퍼(5)로 구성되어 있다. 버너(12)로 가열된 열풍은 열풍후드(11)에 의하여 분배되어 건조실로 유입된다. 건조부와 냉각부는 배기후드(6)와 연결되어 있으며, 흡인송풍기(7)에 의하여 건조부로 열풍이, 냉각부로 냉공기(외부공기)가 유입된다. 분진이 혼입된 배기는 집진장치(8)를 거치면서 정화되어 대기로 배출된다.

건조부에는 열풍유입관과 배기관이 교대로 설치되어 있다. 건조부의 높이에 따라 교대로 설치된 역V형관의 한 열은 열풍유입관으로 열풍유입 쪽이 열려 있고 배기 쪽이 닫혀 있으며, 다음 열은 배기관으로 그 반대이다. 곡물이 건조기 내를 흘러내리면서 다수의 역V형관에 의하여 진로가 변경되며 서로 혼합된다. 곡물과 열풍의 상대적인 흐름방향이 병류, 향류 및 횡류의 혼합형태이다. 곡물이 열풍유입관과 배기관을 교대로 통과하면서 최고의 열풍온도와 최저의 배기온도에 노출되므로 비교적 적은 풍량으로도 불균일 건조가 감소되는 장점이 있다.

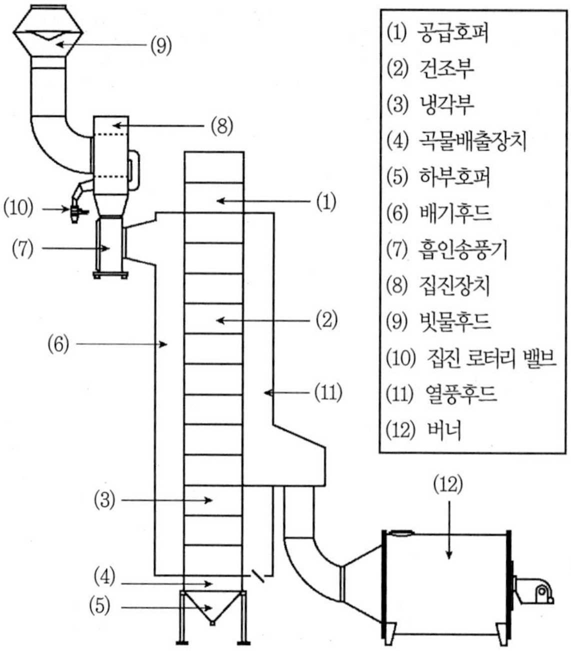

(a) 건조기의 구성

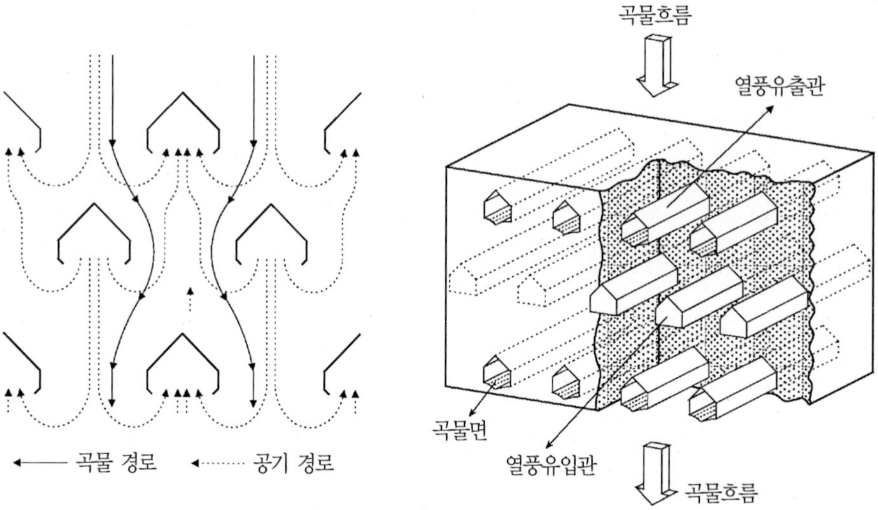

(b) 열풍유입관과 배기관의 배치와 곡물 및 공기 유동방향

[그림 6-38] 혼합류형 연속식 건조기

열풍유입관과 배기관 사이의 배치간격이 공기가 유동하는 거리이며, 이 공기 유동거리는 건조기의 소요정압을 줄이기 위하여 비교적 짧은 0.3 m 정도로 한다. 건조기 내에 부압을 유지하여 공기의 누출을 방지하기 위하여 건조기 내 열풍의 유입은 보통 흡인식을 채택한다.

혼합류형 건조기에 사용되는 열풍온도는 횡류형과 병류형의 중간 정도이다. 혼합류형 건조기에서 곡물이 고온의 열풍에 노출되는 시간이 횡류형보다는 짧으며 병류형보다는 길다. 그러므로 혼합류형에서 사용되는 열풍온도는 횡류형보다는 높으며, 병류형보다는 낮다. 혼합류형에서 사용되는 열풍온도는 45~55℃ 범위이다.

혼합류형 건조기에서 송풍량은 횡류형과 병류형 건조기의 중간 정도이며, 45~78 m^3/min·ton(32~56m^3/min·m^3) 범위이다. 송풍량이 적고 곡물층을 통과하는 공기 유동경로가 짧으므로 요구되는 정압도 상대적으로 낮으며, 0.25~0.50 kPa 범위이다.

6.11.4 연속식 건조기의 건조능력

연속식 건조기의 용량은 3~66톤으로 광범위하다. 연속식 건조기의 성능에 영향을 주는 요인은 건조기 통과시간, 열풍온도, 송풍량, 템퍼링 시간, 건조 후의 냉각 유무 등이다.

연속식 건조기와 템퍼링 탱크를 조합한 다회통과건조방법(multi-pass drying system)으로 건조할 경우 건조기의 건조능력은 다음 식 (6-50)으로 계산한다.

$$Q = \frac{T\ V}{n\ t} \qquad (6\text{-}50)$$

여기서, Q : 1일 이론건조능력(톤/일)
T : 1일 가동시간(hr)
V : 건조기 용량(톤)
n : 소요 통과횟수(회)
t : 1회 통과시간(hr)

건조기 통과횟수 n은 다음 식 (6-51)로 계산한다.

$$n = \frac{M_o - M_f}{a} + 1 \qquad (6\text{-}51)$$

여기서, M_o : 반입곡물함수율(%)
M_f : 건조 종료 시의 함수율(%)
a : 1회 통과당 감소함수율(%)

템퍼링 시간(T_t)은 다음 식 (6-52)와 같이 계산한다.

$$T_t = \frac{T}{n} - t \qquad (6\text{-}52)$$

일반적으로 함수율이 높은 벼는 템퍼링 시간이 너무 길거나 짧아도 품질상의 문제가 발생한다. 너무 짧으면 동할이 많이 발생하며, 너무 길면 부패하여 품질이 저하될 수 있다. 템퍼링 시간은 보통 3~8시간 정도이며, 될 수 있으면 3~4시간 정도가 바람직하다.

예제 6-15

용량 12.5톤 연속식건조기의 1일 처리능력과 템퍼링 시간을 산출하여라. 초기함수율은 24%, 최종함수율 16%, 건조기 통과시간은 30분, 1회 통과당 건감률은 2%/회로 한다.

풀 이

건조기 통과횟수 : $n = \frac{M_o - M_f}{a} + 1 = \frac{24-16}{2} + 1 = 5$ 회

1일 처리능력 : $Q = \frac{T\ V}{n\ t} = \frac{24(12.5)}{5(0.5)} = 120$ 톤/일

1회 템퍼링 시간 : $T_t = \frac{T}{n} - t = \frac{24}{5} - 0.5 = 4.3$ 시간

6.12 원적외선 건조기

6.12.1 원적외선

전자파의 종류와 파장 영역은 그림 6-39와 같다. 태양에서 방출되는 태양광은 자외선, 가시광선 및 적외선으로 구성된 전자파(electromagnetic wave)이다. 우리가 눈으로 볼 수 있는 가시광선은 보라, 남, 파랑, 초록, 노랑, 주황, 빨강의 7가지 색깔로 나누어진다. 그 중에서 보라색의 파장이 가장 짧고 빨간색의 파장이 가장 길다. 빨간색 다음으로 파장이 긴 영역의 전자파가 적외선이다. 적외선의 파장대 영역은 0.76~1000 μm의 범위로 가시광선보다 파장이 길고 마이크로파보다 파장이 짧다.

적외선은 파장대별로 근적외선, 중적외선 및 원적외선으로 구분되며, 국제조명위원회(C.I.E)에 따르면 다음과 같이 분류된다.

- 근적외선 : 0.76 ~ 1.4 μm
- 중적외선 : 1.4 ~ 3.0 μm
- 원적외선 : 3.0 ~ 1000 μm

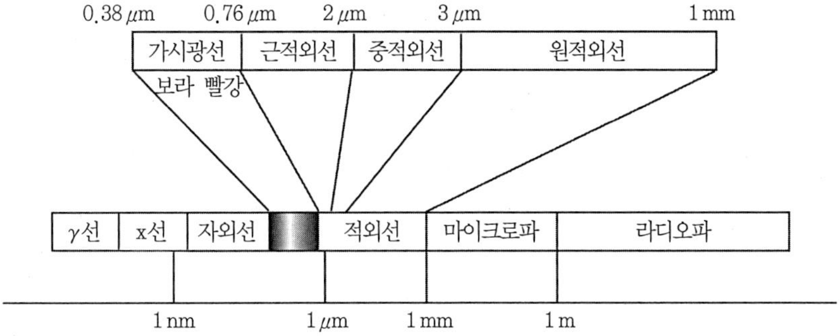

[그림 6-39] 전자파의 종류와 파장 영역

태양광 중에서는 적외선이 특히 강한 열작용을 가지고 있다. 이는 적외선의 진동수가 물질을 구성하고 있는 분자의 고유진동수와 거의 같은 범위로 적외선이 물질에 부딪치면 전기적인 공진을 일으켜 에너지가 거의 손실 없이 물질에 흡수되기 때문이다.

빛은 일반적으로 파장이 짧으면 반사가 잘 되고 파장이 길면 물질에 흡수되는 성질이 강하므로 인체도 적외선을 쐬면 따뜻함을 느낀다. 예를 들면 30℃의 물속에서는 따뜻함을 못 느끼지만, 같은 온도의 햇볕을 쐬면 따스함을 느낄 수 있는데, 그 이유는 햇볕 속에 포함되어 있는 원적외선이 피부 속에 침투, 물 분자를 진동하여 열을 발생시키기 때문이다.

원적외선은 물질 속에 침투하는 열작용 때문에 농산물 건조를 비롯하여 도장건조, 식품 분야, 의료 분야, 섬유 분야 등 산업적으로 다양하게 이용된다. 원적외선을 효과적으로 활용하려면 대상물체에서 요구되는 파장을 선택적으로 방사하여야 한다. 현재 산업적으로 이용되고 있는 원적외선은 파장이 3.0~30 μm 범위이며, 50~1000 μm 범위의 원적외선은 거의 이용되지 않고 있다.

6.12.2 원적외선 방사체

물체가 절대온도 0 K(-273℃) 이상으로 가열되면 적외선을 방사한다. 즉, 지구상의 모든 물질은 절대온도 0 K 이상이므로 모든 물체가 적외선을 방사한다.

물체로부터 방사되는 적외선의 방사에너지는 물체의 절대온도의 4제곱에 비례하여 증대한다. 온도가 낮으면 최고 방사강도를 갖는 중심파장은 장파장인 원적외선 영역에 위치하고, 온도가 높아짐에 따라 단파장인 근적외선 쪽으로 이동한다.

물체를 가열하여 온도가 낮을 때는 눈에 보이지 않는 적외선을 방사하고, 온도가 600℃를 초과하여 1400℃에 이르면 적색에서 청색 및 흰색으로 변하는 가시광선을 방사한다.

더 이상 온도를 높이면 자외선을 방사한다.

적외선은 600℃ 이하의 저온대 영역이다. 우리 주위의 물체 표면의 온도는 대부분 저온대에 있으며 원적외선 영역에 있다. 예를 들면, 체온이 36.5℃인 인체는 3~50 μm 범위의 원적외선을 방사하는 원적외선 방사원이며, 중심파장은 9.4 μm이다.

그러나, 지상의 물체가 원적외선을 방사하지만 방사에너지와 방사율이 낮아 산업적으로 이용할 수 없는 것이 대부분이다. 원적외선 방사체로는 가열방사체와 비가열방사체가 있는데, 가열방사체는 500℃ 근처에서 원적외선을 방사하는 재료이며, 실용적으로 사용되는 대표적인 것이 세라믹이다. 비가열방사체는 일상적인 온도범위(10~30℃)에서 원적외선을 방사하는 재료로 상온 원적외선방사체를 말한다. 식생활 용기인 도기, 자기 및 옹기 등이 있으며, 이는 특히 생체 응용에 적합하다.

세라믹은 비금속 무기물질을 주재료로 하여 고온 처리하여 만든 물질이며, 재료와 첨가물에 따라 많은 종류가 있다. 세라믹 중에서 원적외선 특성을 잘 나타내는 것으로 코디어라이트($2MgO \cdot 2Al_2O_3 \cdot 5SiO_2$) 세라믹과 티탄산알루미늄($Al_2O_3 \cdot TiO_2$) 세라믹이 있다.

6.12.3 원적외선 곡물 건조의 원리와 특징

열풍을 이용한 건조는 대류열전달 방식으로, 농산물은 표면으로부터 가열되어 표면에서 수분증발이 일어나 건조된다. 그러나 원적외선건조는 복사열전달 방식으로, 원적외선이 농산물에 침투하여 내부를 가열하여 건조가 일어난다.

열풍으로 벼의 낟알을 건조하면 가열된 열풍이 표면을 가열하여 표면이 먼저 건조되기 때문에 표면과 내부 사이에 불균일 건조가 일어나 균열이 발생하기 쉽다. 반면에 물에 가장 강하게 흡수되는 3~7 μm 범위의 원적외선을 벼에 조사하면 원적외선은 주위의 공기나 왕겨층에 흡수되지 않고 벼 내부의 수분에 흡수되어 수분을 가열한다. 이와 같이 적절한 파장의 원적외선을 벼에 조사하여 건조에 이용하면 벼의 낟알이 내부로부터 외부로 낟알 전체가 균일하게 건조된다. 따라서 원적외선건조는 열풍건조에 비하여 응력발생이 현저하게 감소하고, 매우 효율적인 열전달이 가능하며, 빠른 속도로 건조되더라도 동할미의 발생이 적다.

일반적으로 원적외선건조는 열풍건조에 비하여 열효율이 높으며, 건조시간이 단축되고 건조소요 에너지가 절약된다. 또한 표면과 내부가 균일하게 건조되므로 변형이나 영양가의 손실이 적어 좋은 품질이 유지되는 특징이 있다.

그림 6-40은 벼의 낟알을 열풍건조할 때와 원적외선건조할 때의 건조속도를 비교한 것이다. 원적외선건조가 열풍건조에 비하여 10~30% 정도 건조시간이 단축된다.

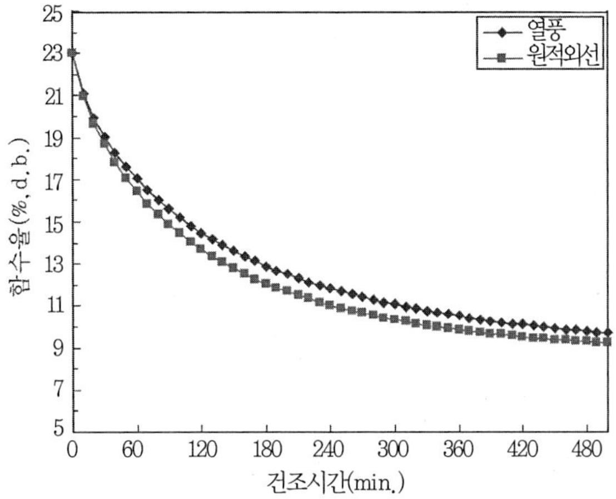

[그림 6-40] 벼의 열풍건조와 원적외선건조의 건조속도 비교(50℃)

원적외선 곡물건조기는 순환식 곡물건조기를 변형하여 버너의 앞부분에 원적외선 방사체를 장착한 형태이다. 그림 6-41과 같이 버너에서 방출된 열이 원적외선 방사체를 가열하고, 가열된 방사체로부터 방사된 원적외선이 벼에 조사되어 복사열전달에 의한 건조가 일어나며, 동시에 방사체를 가열하고 남은 열(배열)을 송풍기로 유도하여 열풍건조하는 방식이다. 즉, 원적외선건조와 열풍건조를 조합한 형태이다.

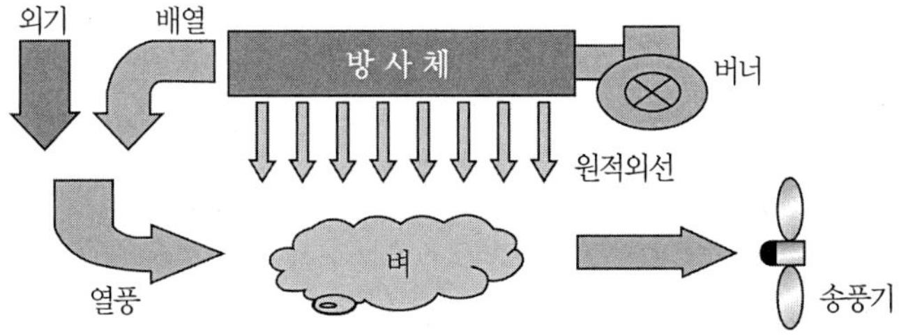

[그림 6-41] 원적외선 곡물건조기의 개념도

원적외선 곡물건조기의 장점을 요약하면 다음과 같다.

- 건감률이 0.7%(w.b.)/hr 정도이며, 조건에 따라 1% 이상 가능하다.
- 열풍건조기에 비하여 연료소비율이 10%, 소비 전력량이 30% 정도 절감된다.
- 소음이 열풍건조기의 약 50% 수준이다.
- 쌀의 점도가 증가하고 식미가 약간 상승한다.

원적외선건조기의 건조속도는 열풍건조기에 비하여 거의 동일한 수준이거나 약간 높은 수준이다. 원적외선건조기는 열효율이 높고, 방사체의 배열을 동시에 이용하며, 송풍량이 적은 송풍기를 이용하므로 연료소비율과 전력소비량이 적다. 연료의 연소가 원적외선 방사체 내부에서 일어나므로 연소음이 외부와 차단되며, 풍량이 적은 원심송풍기가 사용되므로 소음이 적다. 식미의 관능시험 결과 원적외선건조는 열풍건조에 비하여 밥의 경도가 감소하고 점도, 맛 및 외관이 우수하여 종합적인 식미가 좋아지는 것으로 보고되고 있다.

6.13 건조소요 에너지

공기를 가열하여 건조에 이용하는 대류건조기의 건조소요 에너지는 공기가열 에너지, 송풍기 구동 에너지, 재료이송장치 구동 에너지로 구성된다.

공기가열에 소요되는 버너의 열용량은 다음 식으로 계산한다.

$$P_a = \frac{G_a(c_a + c_v H)(T - T_{amb})}{E_b} \tag{6-53}$$

여기서, P_a : 버너 열용량(kW)
G_a : 건공기 질량유량(kg/s)
c_a : 건공기 비열(1.007 kJ/kg·K)
c_v : 수증기 비열(1.868 kJ/kg·K)
H : 공기의 절대습도
T : 열풍온도(℃)
T_{amb} : 외기온도(℃)
E_b : 버너의 열효율(소수)

송풍기의 소요 동력은 다음 식으로 표시된다.

$$P_f = \frac{Q\Delta P}{1000\,E_f} \tag{6-54}$$

여기서, P_f : 송풍기 동력(kW)
ΔP : 송풍기 전압(Pa)
E_f : 효율(0.5)

재료이송장치의 구동동력은 건조기의 구조에 따라 다르며, 일반적으로 작은 동력이 소요된다. 따라서, 건조에 소요되는 에너지의 대부분은 공기가열 에너지와 송풍기 구동 에너지이다. 공기가열 에너지와 송풍기 구동 에너지의 합 P(kJ)는 다음과 같다.

$$P = 3600(P_a + P_f)t_d \tag{6-55}$$

여기서, t_d(hr)는 건조소요시간이다.

가열공기에 의하여 건조기에 공급된 열은 재료의 수분증발잠열 및 재료 가열에 사용되며 일부는 배기열과 건조기 벽체를 통하여 손실된다. 건조기의 열효율은 공급열에 대한 수분증발잠열비로 표시하며, 다음 식으로 계산한다.

$$\eta_{th} = \frac{\text{수분증발잠열}}{\text{공급열량}} = \frac{\Delta M h_{fg}}{3600\ t_d P_a} \times 100 \tag{6-56}$$

여기서, η_{th} : 건조기의 열효율(%)
ΔM : 제거된 수분무게(kg)
h_{fg} : 재료 내의 수분증발잠열(kJ/kg)

건조기의 열효율은 35~70% 정도이다.

건조기의 성능평가에는 건조기 열효율 외에 비소요 에너지(specific energy consumption, SEC), 비소요 열에너지(specific heat consumption, SHC), 비소요 동력(specific power consumption, SPC), 수분제거율(water removal rate, WRR) 등이 사용되며, 이들을 건조기 성능 평가인자라고 한다. 이들은 각각 다음과 같이 정의한다.

$$SEC = \frac{\text{총 소요에너지}}{\text{제거 수분무게}} = \frac{P}{\Delta M} \quad [\text{kJ/kg-수분}] \tag{6-57}$$

$$SHC = \frac{\text{공급열량}}{\text{제거 수분량}} = \frac{3600 P_a t_d}{\Delta M} \quad [\text{kJ/kg-수분}] \tag{6-58}$$

$$SPC = \frac{\text{소요전력량}}{\text{총 처리량}} \quad [\text{kWh/ton}] \tag{6-59}$$

$$WRR = \frac{\text{제거 수분무게}}{\text{건조소요시간}} = \frac{\Delta M}{t_d} \quad [\text{kg/hr}] \tag{6-60}$$

건조기의 비소요 에너지는 건조기 및 재료의 종류, 건조조건에 따라 다르다. 곡물건조기는 3500~6000 kJ/kg 범위이다.

예제 6-16

곡물빈형 열풍건조기로 벼를 건조한다. 빈의 직경 d=11 m, 벼의 퇴적고 D=1.1 m이다. 송풍량은 8 m^3/min·m^{3}이다. 외기온도와 상대습도는 각각 15℃, 75%이며, 열풍온도는 38℃이다.

1) 송풍기 동력을 구하여라.
2) 버너의 열용량을 구하여라.
3) 함수율 24%(w.b.)의 벼를 10시간 건조 후에 18%(w.b.)까지 건조하였다면 건조기의 열효율과 비소요 에너지, 비소요 열에너지, 비소요 동력, 수분제거율을 구하여라.

풀 이

1) 송풍량 $Q = 8(A)(D)/60 = 8\dfrac{\pi 11^2}{4}1.1/60 = 13.9\,\text{m}^3/\text{s}$

공기의 속도 $V = 8\ D/60 = 0.147\,\text{m/s}$

송풍기에 대한 공기저항은 곡물층의 공기저항만 고려한다. 벼 퇴적층의 공기저항은 다음 식으로 계산한다.

$$\Delta P = 6411.2\,V^{1.2727}D = 557.1\,\text{Pa}$$

$$\text{송풍기 동력 : } P_f = \frac{Q\Delta P}{1000\,E_f} = 13.9(557.1)/1000(0.5) = 15.5\,\text{kW}$$

2) 공기의 비체적 $v = 0.825\,\text{m}^3/\text{kg}$

절대습도 $H = 0.008$

건공기 질량유량 $G_a = Q/v = 13.9/0.825 = 16.85\,\text{kg/s}$

버너의 열용량(효율 85%)

$$P_a = \frac{16.85(1.007 + 1.868\times 0.008)(38-15)}{0.85} = 466\ \text{kW}$$

3) 벼의 초기 중량 = 산물밀도 × 체적 = 590 kg/m^3× 104.5 m^3= 61,677 kg

건조 후 중량 = 61,677 (1−0.24)/(1−0.18) = 57,164 kg

건조기 처리능력 = 57,164/10=5716.4 kg/hr = 5.7 ton/hr

제거 수분량 = 61,677−57,164 = 4513 kg

수분 제거에 소요된 에너지= 2500 kJ/kg × 4513 kg = 11,282,500 kJ = 11.3 MJ

공기가열 에너지 = 3600(466)(10) =16,776,000 kJ = 16.8 MJ

건조기의 열효율 = 11.3/16.8 = 67.3%

총소요 에너지 = 공기가열 에너지 + 송풍기 구동 에너지 = 16.8 + 0.6 =17.4 MJ

비소요 에너지 = 총 소요 에너지/제거수분량 = 17.4×10^6/4513 =3767 kJ/kg-수분

비소요 열에너지=공기가열 에너지/제거수분량=16.8×10^6/4513=3721 kJ/kg-수분

비소요 동력 = 소요전력량/총 처리량 = 15.5×10/57톤 = 2.7 kWh/ton

수분제거율 = 제거수분량/건조소요시간 = 4513/10 = 451.3 kg/hr

연 | 습 | 문 | 제

1 함수율 24%(w.b.)의 벼 2톤을 16%까지 건조한다. 건조 후의 무게, 제거된 수분의 무게 및 이 수분을 증발시키는 데 소요된 에너지를 계산하여라.

2 함수율 18%(w.b.)의 벼 2000 kg과 함수율 24%의 벼 1000 kg을 혼합하고, 이를 15%(w.b.)까지 건조하였다. 건조 후의 최종 중량을 계산하여라.

3 함수율 16%(w.b.)의 벼 200톤을 빈에 저장한다. 저장하는 동안 0.2%의 건물중량이 손실되었으며, 빈 상부의 벼 1/3의 함수율이 17%(w.b.)로 상승하였다. 저장 후의 곡물의 중량을 계산하여라.

4 온도 40℃, 상대습도 17%의 공기를 송풍하여 벼의 박층건조실험을 한 결과는 다음과 같다.

건조시간 (min)	무게 (g)
0	125.0
10	122.6
20	121.4
30	120.4
40	119.6
50	118.9
60	118.4
70	117.8
80	117.3
100	116.2
150	113.9
200	112.4
250	110.9
300	109.6

벼의 초기함수율은 23.0%(w.b.)이며 평형함수율은 6.9%(d.b.)이다.
최소자승법을 이용하여 Newton 모델과 Page 모델의 실험상수를 결정하고, 모델의 적합도를 판정하여라. 함수율의 실험치와 예측치를 그림으로 비교하여라.

5 벼의 박층건조방정식은 다음의 Page식으로 표시된다.

$$\frac{\overline{M}(t)-M_e}{M_o-M_e}=\exp(-Pt^Q)$$

$$P=0.0169453+0.000269833\,T-0.0121333\,RH \quad \text{[1/min]}$$

$$Q=0.699294+0.00101583\,T-0.0371889\,RH$$

여기서, RH는 상대습도(소수), T(℃)는 곡온이다. 42℃, 상대습도 20%의 열풍으로 벼를 건조할 때 300분 동안 30분 간격으로 함수율과 건조속도($\frac{d\overline{M}}{dt}$)를 계산하고, 함수율 대 건조시간, 건조속도 대 함수율의 관계를 그림으로 나타내어라.

평형함수율은 다음의 Henderson식을 이용한다.

$$M_e = 0.01\left[-\frac{\ln(1-RH)}{K(T+C)}\right]^{\frac{1}{N}}$$

K = 0.00007836, C = 13.058, N = 2.1581

6 벼의 박층실험 결과 0시간, 1시간 및 2시간 건조 후의 함수율이 각각 25%(d.b.), 21.1%(d.b.) 및 18.1%(d.b.)로 나타났다. 평형함수율과 건조상수를 구하여라. 건조모델은 다음의 Newton 모델로 간주한다.

$$\frac{M-M_e}{M_o-M_e} = \exp(-kt)$$

7 어떤 곡물을 3수준의 온도별로 측정한 평형함수율-상대습도 자료는 다음 표와 같다. $\ln P_v$ 대 $\ln P_s$를 그래프로 나타내고, 각 함수율별로 수분증발잠열비와 수분증발잠열을 계산하여라. 자유수의 증발잠열은 다음 식과 같다.

h_{fg} = 2502.5 − 2.386 T (kJ/kg)

함수율 (%, d.b.)	평형상대습도(%)		
	10℃	20℃	30℃
11	25.28	29.75	36.53
14	57.30	61.16	64.33
18	75.84	77.13	78.08

8 밑면이 단열된 0.5×0.5 m의 상자에 2.5 cm의 깊이로 함수율이 높은 입자물질이 채워져 있다. 상자 상부 표면에 평행하게 건구온도 60℃, 절대습도 0.020 kg/kg의 공기를 6 m/s로 송풍하여 물질을 건조한다. 항률건조속도(kg/hr)를 계산하여라.

9 곡물의 낟알을 구로 간주하고 건조할 때 곡립내부 및 평균함수율의 변화는 다음 식으로 표시된다.

$0 < r < R$:

$$\frac{M(r,t)-M_e}{M_o-M_e} = \frac{2R}{\pi r}\sum_{n=1}^{\infty}\frac{(-1)^{n+1}}{n}\sin\left(\frac{n\pi}{R}r\right)\ \exp\left(-\frac{n^2\pi^2}{R^2}D\ t\right)$$

r=0(구의 중심) :

$$\frac{M(r,t)-M_e}{M_o-M_e} = 2\sum_{n=1}^{\infty}(-1)^{n+1}\exp\left(-\frac{n^2\pi^2}{R^2}Dt\right)$$

평균함수율 :

$$\overline{MR} = \frac{\overline{M(t)} - M_e}{M_o - M_e} = \frac{6}{\pi^2} \sum_{n=1}^{\infty} \frac{1}{n^2} \exp\left[-\frac{n^2\pi^2}{R^2} Dt\right]$$

벼의 경우 수분확산계수 D와 반경 R은 다음과 같다.

$D = 33.6 \exp(-6420/T_{abs})$ $[\mathrm{m^2/hr}]$

$R = 1.77 \times 10^{-3}$ m

반경을 6등분하여 각 위치별 함수율 변화와 평균함수율 변화를 그림으로 나타내는 컴퓨터 프로그램을 작성하고, 건구온도 45℃, 상대습도 15%의 열풍으로 2시간 건조 후 곡립의 표면 부근과 중심의 함수율 차이를 구하여라.

10 쌀의 식미를 좌우하는 성분은 무엇이며, 성분의 최적치를 설명하여라.

11 곡물은 건조 중 품질이 저하되는데, 품질을 나타내는 지표와 영향요인에 대하여 설명하여라.

12 쌀의 식미의 물성측정법 중 아밀로그래피에 대하여 설명하여라.

13 쌀 식미의 관능검사법에 대하여 자세히 설명하여라.

14 곡물퇴적층을 통하여 풍량 1.6 $\mathrm{m^3/s}$를 통풍하는 데 400 Pa의 전압이 소요된다. 전압효율이 75%일 때 송풍기 소요 동력을 구하여라.

15 그림 6-23의 베인형 축류송풍기가 시스템 A에서 송풍량 8.0 $\mathrm{m^3/s}$를 낼 수 있도록 회전속도를 조절할 때, 회전속도, 전압, 정압, 전압효율, 정압효율을 결정하여라.

16 곡물빈에 채워진 벼퇴적층의 깊이는 1.6 m이다. 빈의 단면적은 12 $\mathrm{m^2}$이며, 다공통기마루의 개공률은 10%이다. 송풍기는 빈의 공기충만실에 직결되어 있다. 21℃의 공기를 송풍할 때 송풍량 0~4 $\mathrm{m^3/s}$ 범위에서 시스템 특성곡선을 그려라. 송풍량이 0.1 $\mathrm{m^3/m^2 \cdot s}$일 때 효율 70%인 송풍기의 소요 동력을 구하라.

17 그림 6-20의 후향 원심송풍기와 상사인 송풍기가 전압 500 Pa, 송풍량 3.0 $\mathrm{m^3/s}$, 전압효율 80%에서 작동되게 한다. 필요한 임펠러 직경, 회전속도, 소요 동력을 정하여라.

18 그림 6-20의 송풍기에서 송풍량이 6.0 $\mathrm{m^3/s}$일 때 송풍기 토출구의 풍속을 토출구경과 동압을 이용하여 구하여라.

19 직경 d=11 m의 원형빈에 함수율 22%(w.b.)의 벼를 3 m 깊이로 퇴적하여 상온통풍건조하고자 한다. 빈에 부착하여야 할 송풍기의 송풍량(m^3/min), 송풍기 정압(Pa) 및 송풍기 동력(kW)을 구하여라. 단, 함수율 22%(w.b.)의 벼에 대한 최소 풍량비는 1.9 m^3/min·m^3, 송풍기 효율은 70%로 하며, 다공통기마루의 송풍저항은 무시한다.

20 문제 19의 시스템곡선을 그려라.
송풍량은 50 m^3/min에서 500 m^3/min까지 50 m^3/min 간격으로 변화시킨다.

21 직경 11 m의 원형빈에 15 kW 원심송풍기를 부착하고, 벼를 퇴적하여 통풍한다. 벼의 퇴적고 2 m, 3 m에 대한 시스템 곡선과 송풍기의 성능곡선을 그려라. 각각의 퇴적고에 대한 작동점을 수치해법을 이용하여 구하여라.

곡물층의 공기저항은 다음과 같다.

$$\varDelta P = 6411.2\left(\frac{Q}{60A}\right)^{1.2727}(D+0.1)$$

여기서, $\varDelta P$: 송풍기 직결 곡물빈의 공기저항(Pa)
Q : 송풍량(m^3/min)
D : 벼 퇴적고(m)

15 kW 원심송풍기의 성능곡선은 다음과 같다.

$$\varDelta P = 1531.9 + 5.927\,Q - 0.0165\,Q^2$$

여기서, $\varDelta P$: 송풍기 전압(Pa)
Q : 송풍량(cmm)

22 남부지방에서 직경 11 m의 원형빈에 15 kW의 원심송풍기를 설치하였다. 초기함수율 24%, 22%, 20% 및 18%(w.b.)의 벼를 상온통풍 건조할 때 각각의 함수율에 대한 안전퇴적고를 구하여라. 24%에 대한 안전퇴적고는 도해적 방법과 수치해법 2가지를 사용하고, 기타 함수율에 대하여는 수치해법을 사용하여라.
곡물층의 공기저항과 송풍기의 성능곡선식은 문제21과 같다.
함수율별 최소 풍량비는 다음과 같다.

함수율(w.b.)	최소 풍량비(cmm/m^3)
24	4.0
22	2.2
20	1.2
18	0.85

23 직경 11 m의 빈에 15 kW의 원심송풍기가 설치되어 있다. 함수율 20%(w.b.)의 벼를 3 m의 깊이로 퇴적하여 상온통풍 건조한다. 외기는 건구온도 15℃, 상대습도 75%이다. 건조소요시간을 추정하여라.

24 용량 20톤 순환식건조기의 1일 처리능력을 계산하여라. 초기함수율은 24%(w.b.), 최종함수율은 16%(w.b.)이다.

25 용량 15톤 연속식건조기로 벼를 건조한다. 1일 처리능력과 템퍼링 시간을 계산하여라. 초기함수율은 24%, 최종함수율 16%, 건조기 통과시간은 30분, 1회 통과당 건감률은 2%/회로 한다.

26 원형빈에서 벼를 열풍건조한다. 빈의 직경 d=11 m, 벼의 퇴적고 D=1 m이다. 송풍량은 12 m^3/min·m^3이다. 외기온도와 상대습도는 각각 15℃, 75%이며, 열풍온도는 40℃이다.

1) 송풍기 동력을 구하여라.
2) 버너의 열용량을 구하여라.
3) 함수율 24%(w.b.)의 벼를 10시간 건조 후에 18%(w.b.)까지 건조하였다면 건조기의 열효율과 비소요 에너지, 비소요 열에너지, 비소요 동력, 수분제거율을 구하여라.

참고문헌

1. 금동혁, 김훈. 2000. 벼, 현미, 백미 및 왕겨의 방습평형함수율. **한국농업기계학회지** 25(1)
2. 금동혁, 박춘우. 1997. 곡물 및 버섯류의 평형함수율과 박층건조방정식에 관한 연구. **한국농업기계학회지**. 22(1)
3. 김만수. 1981. 곡물의 물리적 특성 및 열 특성에 관한 연구. 서울대학교 박사학위논문.
4. 이명호. 2003. **유체기계**. 보성각
5. ASAE Standards. 1996.
6. Bala, B.K. 1997. *Drying and Storage of Cereal Grains*. Science Publishers.
7. Brooker, D.B., F.W. Bakker-Arkema and C.W. Hall. 1992. *Drying and Storage of Grains and Oilseeds*. AVI
8. Bruce, D.M. 1985. Exposed layer barley drying: three models fitted to new data up to 150℃. *Journal of Agricultural Engineering Research*. 32
9. Calderwood, D. 1973. Resistance to airflow of rough, brown and milled rice. *Trans. of the ASAE* 16(3)
10. Chung, D.S. and H.B. Pfost. 1967. Adsorption and desorption of water vapor by cereal grains and their products, *Trans. of the ASAE* 10
11. Heldman D.R. and R.P. Singh. 1974. *Food Process Enginerring*. 2nd Edition. AVI
12. Henderson. S.M., R. L. Perry and J.H.Young. 1997. *Principles of Process Engineering* 4th Edition. ASAE

13. Misra, M.K. and B.D. Brooker, 1980. Thin layer drying and rewetting equations for shelled yellow corn. *Trans. of the ASAE.* 23

14. Mohsenin, Nuri N. 1984. *Electromagnetic Radiation Properties of Foods and Agricultural Products.* Gordon and Breach Science Publishers.

15. Nelson, S.O. 1973. Microwave dielectric properties of grain and seed. *Trans. ASAE.* 16(4).

16. Nelson, S.O. 1982. Factors affecting the dielectric properties of grain. *Trans. ASAE.* 25(4).

17. Valentas, K.J., E. Rotstein and R.P. Singh. 1977. *Handbook of Food Engineering Practice.* CRC Press.

18. 堀 克彦. 1986. **工業用電氣加熱**. (財團法人)省エネルギ-センタ-

19. 紫田長吉郎. 1986. **工業用マイクロ波應用技術**. (株)電氣書院

Post-Harvest Process Engineering

Chapter 07 농산물 및 식품 건조

Chapter

07 농산물 및 식품 건조

농산물과 식품의 건조는 효소나 미생물의 활성을 저하하여 농산식품의 보존성을 증가시켜 줄 뿐만 아니라, 중량과 체적을 감소시켜 포장, 수송 및 저장의 효율을 향상시킨다. 농산물과 식품은 건조하는 동안 조직, 색깔, 향, 영양가에 영향을 주는 물리, 화학 및 생물적인 변화가 일어난다. 건조를 합리적으로 수행하면 좋은 품질의 건조제품을 얻을 수 있다. 이 장에서는 기초적인 건조원리를 다루고, 각종 식품건조기의 구조와 특성 및 설계방법을 다루기로 한다.

7.1 기초 건조원리

7.1.1 수분활성도

식품의 수분활성도(water activity, a_w)는 다음과 같이 정의한다.

$$a_w = \frac{p_v}{p_s} \tag{7-1}$$

여기서, p_v : 식품 중의 수증기분압

p_s : 동일온도에서 물의 포화수증기압

즉, a_w는 동일 온도에서 순수한 물의 포화수증기압에 대한 재료 내부의 수증기 분압의 비이다. 따라서 재료가 주위 공기와 평형을 이루고 있는 경우에는 재료 내부의 수증기분압은 공기 중의 수증기분압과 동일하므로 수분활성도는 평형상대습도(*ERH*)를 100으로 나눈 값이 된다.

$$a_w = \frac{ERH}{100} \tag{7-2}$$

신선식품의 수분활성도는 0.85~1.00, 건조과일은 0.6~0.66, 건조식품은 0.6 정도이다. 수분활성도는 생물재료의 수분함량뿐만 아니라 재료의 구조, 물의 결합도에 대한 정보를 준다. 수분활성도가 0.2 이하일 때 화학흡착수, 0.2~0.9일 때 물리흡착수, 0.9 이상이면 반결합수, 1.0 이상이면 자유수이다.

식품에서 미생물의 번식, 효소반응 및 비효소 반응 같은 생물화학적 반응은 절대적인 수분함량보다는 수분활성도에 의하여 좌우된다. 수분활성도는 미생물의 번식, 독소생성, 효소반응, 비효소반응 등에 의한 식품의 품질 변화에 지대한 영향을 미치는 중요한 요인이다. 그림 7-1은 수분활성도가 식품의 화학적, 미생물적 및 효소적 변화에 미치는 영향을 나타낸 것이다. 대부분의 곰팡이류는 수분활성도 0.7 이하, 이스트는 0.8 이하, 박테리아는 0.9 이하에서 번식이 중지된다. 그러나 산화반응, 갈변반응 및 효소작용은 낮은 함수율에서도 일어난다. 산화반응속도는 수분활성도 0.3 근방에서 최저를 나타내며, 최대 갈변속도는 수분활성도 0.6~0.7 근방에서 나타난다.

식품의 경우 가장 안전한 수분함량은 물분자가 단분자층으로 흡착되어 있을 때의 수분함량이며, 이 수분함량은 건조에서 매우 중요한 지표로서 식품의 경우 5~13%(w.b.) 범위이다.

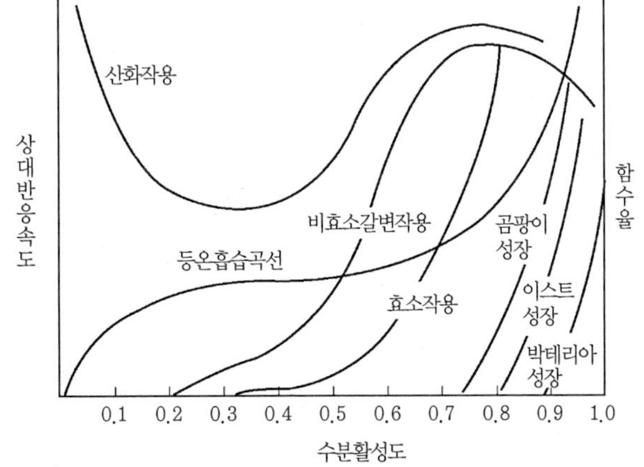

[그림 7-1] 수분활성도가 식품의 품질저하 반응속도에 미치는 영향

7.1.2 건조속도

(1) 항률건조속도

열풍으로부터 대류에 의하여 재료에 전달된 열은 모두 재료 내의 수분을 증발하는 데 이용된다고 가정하면, 항률건조속도는 식 (7-3)으로 계산할 수 있다.

$$R_c = \frac{M_o - M_c}{t_c} = \frac{hA}{h_{fg} W_d}(T - T_w) \tag{7-3}$$

여기서, R_c : 항률건조속도(kg-water/kg-dry solid·s)
M_o : 초기함수율(dec., d.b.)
M_c : 임계함수율(dec., d.b.)
t_c : 항률건조시간(s)
W_d : 재료의 건물중량(kg)
h : 대류열전달계수(W/m^2·K)
A : 열전달 또는 증발 면적(m^2)
h_{fg} : 재료 표면 온도에서의 물의 증발잠열(J/kg)
T : 열풍의 건구온도(℃)
T_w : 재료의 표면온도(열풍의 습구온도, ℃)

t_c에 관하여 풀면, 항률건조시간을 계산할 수 있다.

$$t_c = \frac{h_{fg} W_d (M_o - M_c)}{hA(T - T_w)} \tag{7-4}$$

대류열전달계수 h는 다음의 실험식이 사용된다.

- 평판상 재료(평행흐름)

$$h = 0.0204\, G_a^{0.8} \tag{7-5}$$

- 단일 구형 입자

$$Nu = 2 + 0.65\, Re^{0.5}\,\mathrm{Pr}^{1/3} \tag{7-6}$$

- 단일 실린더형 입자

$$Nu = 0.683 Re^{0.466}\mathrm{Pr}^{1/3} \tag{7-7}$$

여기서, Nu : Nusselt 수(= $\frac{h D_p}{k_a}$)

Re : Reynolds 수(= $\frac{\rho_a V_a D_p}{\mu_a}$)

Pr : Prandtl 수(공기 0.71)

k_a : 공기의 열전도계수(W/m·K)

D_p : 구입자의 직경(m)

V_a : 공기속도(m/s)

ρ_a : 공기밀도(kg/m^3)

μ_a : 공기의 절대 점성계수(Pa·s)

위의 식에서 G_a는 건공기의 질량유량(kg/m^2·hr)이다.

예제 7-1

두께 1 cm, 표면적 5×10 cm의 식품을 건조한다. 초기함수율은 85%(w.b.)이며, 임계함수율은 42%(w.b.)이다. 식품의 밀도는 875 kg/m^{3}이다. 90℃, 절대습도 0.01의 열풍으로 건조한다. 풍속 5 m/s로 한 면으로 평행하게 송풍한다. 항률건조시간을 계산하여라.

풀 이

초기함수율 $M_o = \frac{0.85}{1-0.85} = 5.667(\text{dec., d.b.})$

임계함수율 $M_c = \frac{0.42}{1-0.42} = 0.724(\text{dec., d.b.})$

건물밀도 $\rho_d = \rho(1-0.85) = 875(1-0.85) = 131.25(\text{kg}-\text{dry solid/m}^3)$

90℃ 공기의 비체적 ;

$$v = \frac{287\,T}{P_{atm}}(1+1.608H) = \frac{287(90+273)}{101{,}325}[(1+1.608(0.01)] = 1.045\ \text{m}^3/\text{kg}$$

습구온도 $T_w = 33.6℃$

증발잠열 $h_{fg} = 2422(\text{kJ/kg}-\text{water}) = 2422\times 1000\ \text{J/kg}$(습구온도에서)

건공기 질량유량 ;

$$G_a = \frac{V}{v} = \frac{5}{1.045} = 4.785(\text{kg}-\text{dry air/m}^2\cdot\text{s}) = 17{,}224(\text{kg}-\text{dry air/m}^2\cdot\text{hr})$$

대류열전달계수 $h = 0.0204\,G_a^{0.8} = 0.0204(17{,}224)^{0.8} = 49.95(\text{W/m}^2\cdot\text{K})$

항률건조시간

$$t_c = \frac{h_{fg} W_d (M_o - M_c)}{hA(T - T_{wb})} = \frac{h_{fg}\rho_d d(M_o - M_c)}{h(T-T_{wb})}$$

$$= \frac{2422\times 10^3(131.25)(0.01)(5.667-0.724)}{(49.95)(90-33.6)} = 5577\ \text{s} = 1.55\ \text{hr}$$

(2) 감률건조속도

감률건조는 임계함수율부터 시작하여 평형함수율에 도달할 때까지 계속된다. 감률건조 기간 동안 재료의 온도는 열풍의 습구온도 이상으로 상승하며, 재료 내부로부터 수분의 확산속도가 건조속도를 지배한다.

재료 내부로부터 수분의 확산속도는 재료의 형상에 따라 다르다. 형상에 따른 수분확산 방정식의 해는 다음과 같다.

$$\text{구형 : } \frac{M-M_e}{M_o-M_e}=\frac{6}{\pi^2}\sum_{n=1}^{\infty}\frac{1}{n^2}\exp\left[-\frac{n^2\pi^2D}{R^2}t\right] \quad (7\text{–}8)$$

$$\text{평판 : } \frac{M-M_e}{M_o-M_e}=\frac{8}{\pi^2}\sum_{n=1}^{\infty}\frac{1}{(2n-1)^2}\exp\left[-\frac{(2n-1)^2\pi^2D}{4l^2}t\right] \quad (7\text{–}9)$$

여기서, M : 재료의 평균함수율(dec., d.b.)
M_e : 평형함수율(dec., d.b.)
M_o : 초기함수율(dec., d.b.)
R : 구의 반경(m)
D : 수분확산계수(m^2/s)
ℓ : 평판두께의 1/2
t : 건조시간(s)

식 (7–8)과 (7–9)에서 첫 항만을 취하여 건조시간 t에 관하여 풀면 감률건조시간(t_f)은 다음 식으로 표시된다.

$$\text{구형 : } t_f=-\frac{R^2}{\pi^2D}ln\left[\frac{\pi^2}{6}\left(\frac{M_f-M_e}{M_c-M_e}\right)\right] \quad (7\text{–}10)$$

$$\text{평판 : } t_f=-\frac{4l^2}{\pi^2D}ln\left[\frac{\pi^2}{8}\left(\frac{M_f-M_e}{M_c-M_e}\right)\right] \quad (7\text{–}11)$$

여기서, M_c는 임계함수율, M_f는 최종함수율이다.

한편, 감률건조속도는 재료의 함수율과 평형함수율의 차이에 비례한다고 가정한 식 (7–12)의 실험식이 많이 이용된다.

$$\frac{dM}{dt}=-k(M-M_e) \quad (7\text{–}12)$$

여기서, $M=M_c$일 때, $\frac{dM}{dt}=-R_c$이므로 $k=\frac{R_c}{M_c-M_e}$이다. 따라서

$$\frac{dM}{dt} = -\frac{R_c}{M_c - M_e}(M - M_e) \tag{7-13}$$

적분하여 정리하면,

$$t_f = \frac{M_c - M_e}{R_c} ln \frac{M_c - M_e}{M_f - M_e} \tag{7-14}$$

R_c에 식 (7-3)를 대입하면 다음과 같다.

$$t_f = \frac{h_{fg} W_d (M_c - M_e)}{hA(T - T_w)} ln \frac{M_c - M_e}{M_f - M_e} \tag{7-15}$$

예제 7-2

임계함수율이 20%(d.b.)인 평판 모양의 재료를 3시간 동안에 20%(d.b.)에서 15%(d.b.)로 건조한다. 재료의 두께는 5 cm이며, 한 면으로만 건조가 일어난다. 두께가 7 cm인 동일한 재료가 양면으로 건조가 일어날 때 건조소요시간을 구하여라.

풀 이

두께 5 cm 의 평판 재료에 대한 자료를 이용하여 수분확산계수를 구한다.

평형함수율 $M_e = 0$ 로 가정하면, $MR = \frac{M - M_e}{M_c - M_e} = \frac{M}{M_c} = \frac{0.15}{0.2} = 0.75$

한 면으로 건조가 일어나므로 $\ell = 0.05$ m 이다. D를 구하기 위하여 식 (7-11)을 D에 관하여 풀면,

$$D = -\frac{4\ell^2}{\pi^2 t_f} ln\left(\frac{\pi^2}{8} MR\right) = -\frac{4 \times 0.05^2}{\pi^2 \times (3 \times 3600)} ln\left(\frac{\pi^2}{8} \times 0.75\right) = 7.286 \times 10^{-9}\ \mathrm{m^2/s}$$

7 cm 를 양면으로 건조하면, $\ell = 0.035$ m 이다. 건조시간을 계산하면,

$$t_f = -\frac{4\ell^2}{\pi^2 D} ln\left(\frac{\pi^2}{8} MR\right) = -\frac{4 \times 0.035^2}{\pi^2 \times 7.286 \times 10^{-9}} ln\left(\frac{\pi^2}{8} \times 0.75\right) = 5292\,s = 1.47\ \mathrm{hr}$$

예제 7-3

두께 3 mm의 평판 모양의 사과 절편이 감률건조기간 동안 임계함수율 0.58(dec., d.b.)로부터 최종함수율 0.22(dec., d.b.)까지 건조된다. 사과절편의 수분확산계수는 $6.4 \times 10^{-9}\ \mathrm{m^2/s}$이다. 평형함수율은 0.2(dec., d.b.)이다. 감률건조시간을 추정하여라.

풀 이

주어진 자료는 다음과 같다.

평판두께의 $1/2\ l = 0.0015$ m

수분확산계수 $D = 6.4 \times 10^{-9}\ \mathrm{m^2/s}$

임계함수율 $M_c = 0.58$(dec., d.b.)

평형함수율 $M_e = 0.2$(dec., d.b.)

최종함수율 $M = 0.22$(dec., d.b.)

식 (7-11)을 이용하면,

$$t_f = -\frac{4l^2}{\pi^2 D} ln\left[\frac{\pi^2}{8}\left(\frac{M-M_e}{M_c-M_e}\right)\right] = -\frac{4\times 0.0015^2}{\pi^2\times 6.4\times 10^{-9}} ln\left(\frac{\pi^2(0.22-0.20)}{8(0.58-0.20)}\right) = 390\,\mathrm{s}$$

7.2 건조기의 종류와 구조

식품의 건조방법은 열 공급방법에 따라 열풍건조방법, 접촉건조방법, 복사건조방법, 동결건조방법으로 분류된다.

열풍건조방법은 가장 일반적인 건조방법으로 열풍을 식품에 직접 송풍하여 대류에 의하여 공급된 열로 건조하는 방법이다. 곡물, 채소, 분말우유, 과실 등의 건조에 사용되며, 건조기로는 상자형 건조기, 터널건조기, 벨트건조기, 분무건조기 등이 있다.

접촉건조방법은 가열된 금속표면에 식품을 접촉시켜 전도에 의하여 공급된 열로 건조하는 방법으로 점도가 비교적 높은 액상식품의 건조에 이용된다. 건조기로는 드럼건조기와 로터리건조기 등이 있다.

복사건조방법은 열선이나 전자파를 식품에 조사하여 건조하는 방법으로 적외선건조기와 마이크로파(microwave)건조기 등이 있다.

동결건조방법은 식품 중의 수분을 동결시키고 저온·저압 상태에서 주로 전도에 의하여 전달된 열로 얼음을 승화시켜 건조하는 방법으로 동결건조기가 있다.

[표 7-1] 건조기의 종류와 적용식품

건조기 종류	적용 농산식품
상자형 건조기(tray or cabinet dryer)	과채류, 육류, 과자류
터널건조기(tunnel dryer)	과채류
벨트건조기(belt dryer)	과채류, 곡류, 시리얼, 견과류
회전건조기(rotary dryer)	종자류, 곡류, 전분, 설탕결정
기송건조기(pneumatic or flash dryer)	전분, 펄프, 분발, 입자, 농산물
유동층건조기(fluidized bed dryer)	채소, 입자류, 곡물, 두류
분무건조기(spray dryer)	우유, 크림, 커피, 차, 주스, 계란, 시럽, 추출물
드럼건조기(drum dryer)	우유, 수프, 플레이크, 유아용 시리얼, 주스, 퓌레
기포건조기(foam dryer)	과일주스, 퓌레
팽화건조기(puffing dryer)	과채류
동결건조기(freeze dryer)	플레이크, 주스, 육류, 새우, 커피, 채소, 추출물

이상은 열 공급방법에 따른 건조기의 종류를 언급한 것이며, 그 외 식품건조기는 건조장치의 형식, 제품의 이송방법, 원료의 성질과 상태, 작동조건, 건조기 내 채류시간(residense time) 등에 따라 분류된다. 다양한 식품의 종류와 재료의 특성에 따라 많은 종류의 건조기가 식품산업에 사용되고 있다. 표 7-1은 식품가공공정에 사용되는 대표적인 건조기 및 적용 농산물과 식품을 정리한 것이다.

7.2.1 상자형 건조기

상자형 건조기(tray dryer 또는 cabinet dryer)는 그림 7-2와 같이 1~6 cm의 두께로 재료를 넣은 상자(tray)를 건조실에 넣고 열풍을 통과시켜 건조한다. 열풍은 재료표면에 평행으로 보내는 평행류 건조(parallel-flow drying)와 재료층을 수직으로 통과하는 통기류 건조(through-flow drying)가 있으며, 평행류 건조가 많이 사용된다. 공기유입 및 배출구에 설치된 댐퍼로 유입되는 새로운 공기량과 배기의 재순환율을 조절하여 건조실내의 습도를 조절하고 에너지의 절감을 도모한다. 재료를 통과하는 열풍의 풍량, 온도 및 습도의 차이 때문에 건조기 내의 위치에 따라 불균일하게 건조되는 단점이 있다. 건조공기의 속도는 평행류 건조의 경우 2~5 m/s, 통기류 건조의 경우 0.5~1.3 m/s 범위이다. 이 건조기는 고추, 버섯을 포함하여 각종 과일, 채소의 건조에 사용된다.

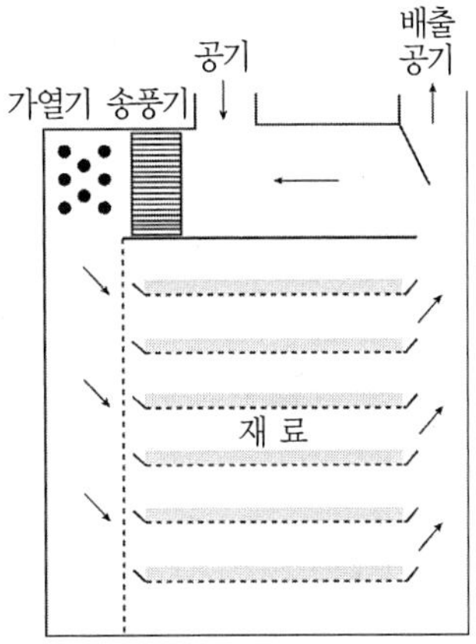

[그림 7-2] 상자형 건조기

7.2.2 터널건조기

터널건조기(tunnel dryer)는 열풍이 통과하는 터널 속을 재료를 실은 카트가 통과하면서 건조가 이루어진다. 재료를 실은 카트는 터널 입구에서 한 대씩 들어와서 소요 건조시간을 고려한 적절한 속도로 터널을 통과하면서 건조가 완료된다.

터널건조기는 열풍의 흐름방향과 재료를 실은 카트의 상대적인 진행방향에 따라 병류식, 향류식 및 혼합류식으로 나눈다.

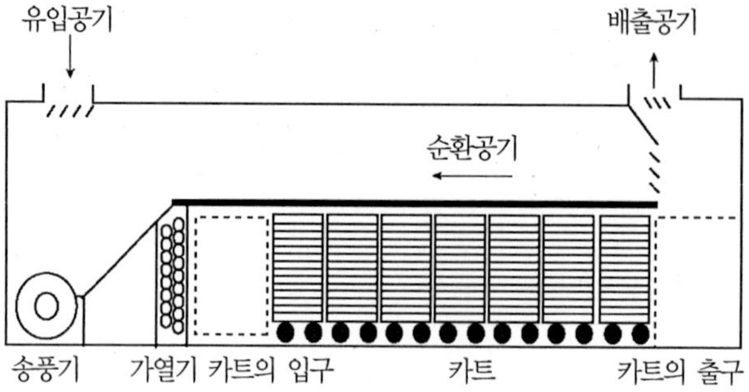

[그림 7-3] 터널건조기

병류식은 카트와 열풍이 같은 방향으로 흐르는 방법으로, 건조 초기에 고함수율의 재료가 고온저습의 열풍에 노출되어 초기 건조속도가 빠르다. 이러한 초기의 빠른 수분증발속도 때문에 재료의 온도는 낮아지게 되며, 동시에 터널을 통과하면서 저온고습의 열풍에 노출되므로 열손상을 적게 받게 된다.

향류식은 열풍과 카트가 서로 반대 방향으로 흐르는 방법으로 재료는 터널입구에서 저온고습의 열풍에 노출되어 건조속도가 느리고 출구 쪽의 건조 말기에는 고온의 건조한 열풍에 노출되므로 낮은 함수율까지 건조할 수 있지만 과열에 의한 열손상을 입기 쉽다.

혼합류식은 병류식과 향류식을 조합한 방법으로, 초기는 병류식으로 빠른 속도로 예비건조하고, 후기에는 향류식으로 건조를 촉진하는 방법이다. 이 방법은 건조시간이 짧고 열효율이 높으며 건조조건을 잘 조절할 수 있으므로 대부분의 식품건조에 적합하지만 시설비가 많이 드는 단점이 있다.

7.2.3 벨트건조기

벨트건조기(belt dryer)는 그림 7-4와 같이 수평으로 이동하는 다공의 벨트 위에 두께 3~15 cm 정도의 재료의 상방 또는 하방향으로 가열 공기가 통과하면서 건조가 이루어진다.

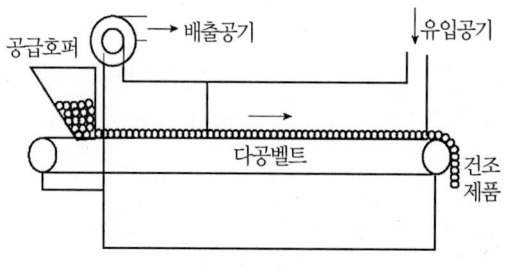

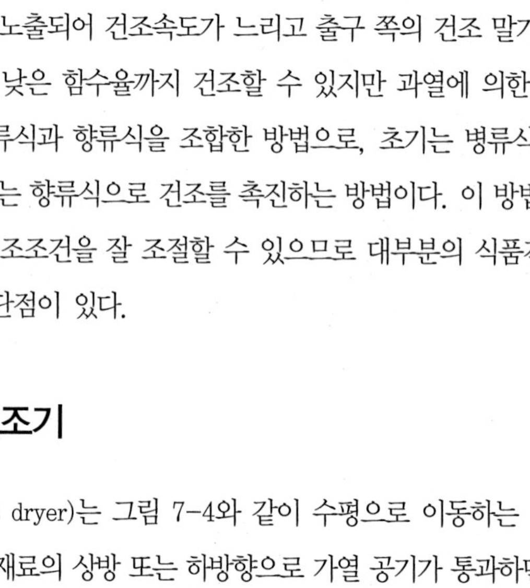

[그림 7-4] 벨트건조기

7.2.4 회전건조기

그림 7-5는 회전건조기(rotary dryer)이다. 피건조물이 약간 경사진 실린더에 투입되고 열풍은 병류 혹은 향류의 형태로 흐른다. 경사진 실린더는 천천히 회전하며, 실린더 내에는 재료 입자를 들어 올려 열풍에 노출시키기 위한 일련의 플라이트(flight)가 설치되어 있다. 피건조물은 입구로 계속 투입되고 건조된 제품은 아래쪽 출구로 배출된다. 이 건조기는 실린더의 회전으로 재료를 교반하므로 건조속도가 빠르고 균일하게 건조된다. 비교적 흐름이 좋은 입자형의 재료에 한하여 사용된다.

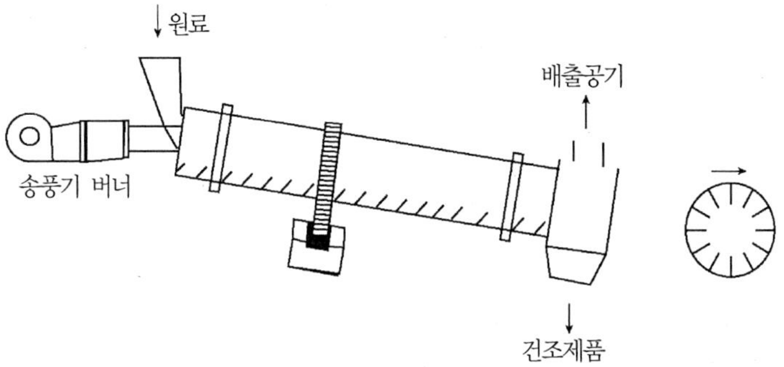

[그림 7-5] 회전건조기

7.2.5 기송건조기

기송건조기(pneumatic dryer)는 피건조물을 열풍으로 이송하면서 건조하는 방식이다. 피건조물은 열풍과 함께 건조실을 통과하는 동안에 건조되어 출구의 사이클론에서 분리되므로 건조와 동시에 이송하는 역할을 한다. 건조실은 수직 또는 수평으로 설치하며 건조에 필요한 체류시간을 확보할 수 있도록 충분한 길이가 필요하다.

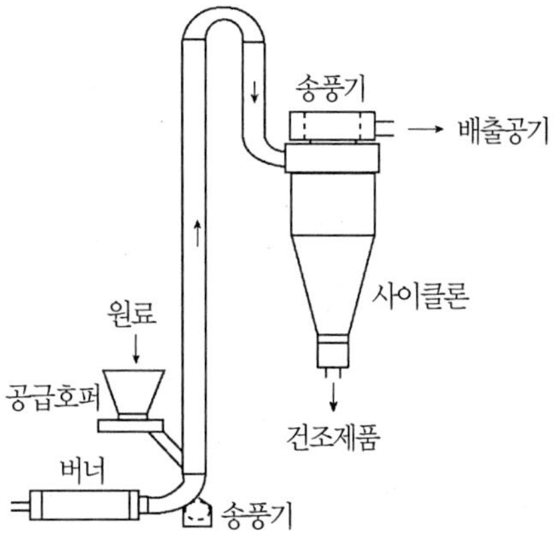

[그림 7-6] 기송건조기

기송건조기에서 일반적으로 열풍과 피건조물의 비율은 0.05~1.0 kg-고형분/kg-공기이며, 풍속은 1~29 m/s 정도이다. 이 건조기는 곡물, 밀가루, 감자, 육류 등의 건조와 우유, 달걀분말 등의 2차 건조에 널리 이용된다.

7.2.6 분무건조기

분무건조(spray drying)는 고온의 열풍에 고수분의 액상식품을 분무하여 건조하는 방법이다. 재료가 건조기 내에 체류하는 시간은 3~10초 정도이며, 열풍에 노출되는 시간은 1초 미만으로 대단히 짧다. 건조기에서 배출되는 최종 분말제품은 즉시 포장이 가능하므로 제품생산능률이 높다는 장점이 있다. 또한 분무입자의 온도가 열풍의 습구온도 이상으로 상승하지 않기 때문에 열에 민감한 식품을 열손상 없이 고온의 열풍으로 건조할 수 있는 장점이 있다.

반면, 분무건조는 에너지가 많이 소요되고, 액상의 미립화가 가능한 식품만 건조할 수 있으며, 건조제품은 건조기 벽에 부착되어서는 안 되며, 건조기에서 배출되는 배기는 제품의 손상이나 공기오염을 방지하기 위하여 여과과정을 거쳐야 하는 단점이 있다.

분무건조는 다음의 4단계로 진행된다.

- 재료의 분무립화과정(atomization)
- 열풍과 분무립의 접촉과정
- 분무립으로부터 수분 증발과정
- 건조제품의 분리 및 회수과정

분무건조기는 그림 7-7과 같이 건조실, 공기가열 및 송풍장치, 액상재료 급송장치, 분무립자 발생장치, 건조제품 분리장치, 건조제품 이송 및 냉각 장치로 구성되어 있다.

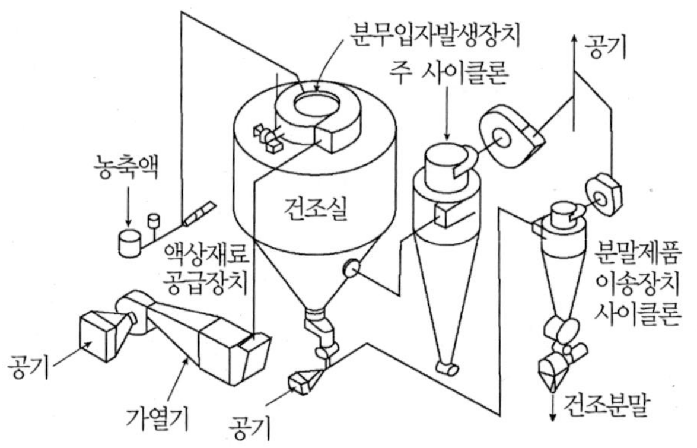

[그림 7-7] 분무건조기의 구성

7.2.7 드럼건조기

드럼건조기는 뜨거운 드럼표면에 피건조물이 직접 닿아 전도로 전달된 열을 이용하는 건조기이다. 피건조물은 드럼이 회전할 때 드럼의 표면에 얇은 두께로 부착되어 건조되며, 건조된 제품은 칼로 제거된다.

드럼은 증기 또는 뜨거운 물로 내부에서 가열되며, 피건조물의 건조 특성에 따라 드럼속도와 증기압력으로 드럼표면의 온도를 조절한다. 드럼건조기는 전도열을 이용하므로 열손실이 투입열의 10% 정도에 불과하므로 열효율은 매우 높지만 건조온도가 높고 피건조물이 얇은 층을 형성하여야 하므로 사용재료의 제한을 받는다. 점도가 비교적 높아 분무건조기로 건조하기 어려운 액상식품인 유아식품과 감자식품 등의 건조에 이용된다.

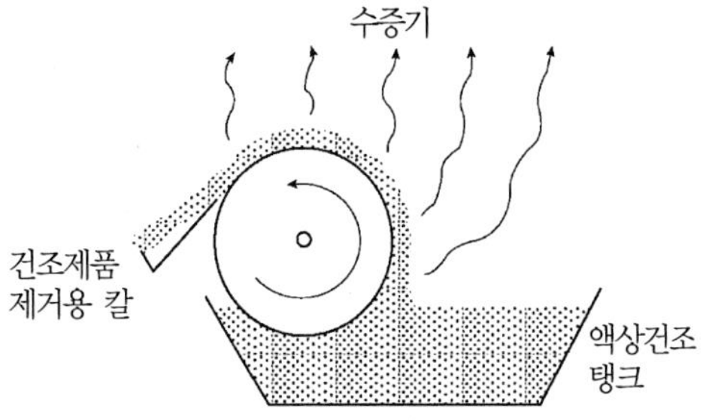

[그림 7-8] 드럼건조기

드럼건조기의 건조속도는 다음 식으로 계산한다.

$$\frac{dM}{dt} = \frac{UA\Delta T_m}{1000 h_{fg}} \tag{7-16}$$

여기서, $\frac{dM}{dt}$: 수분제거속도(kg-water/s)

U : 총열전달계수(1000~2000 W/m^2·℃)

A : 드럼의 표면적(m^2)

ΔT_m : 드럼표면과 피건조물 사이의 평균 온도차(℃)

h_{fg} : 수분증발잠열(kJ/kg)

예제 7-4

드럼건조기로 함수율 88%(w.b.)의 식품을 4%(w.b.)로 건조한다. 20 kg/hr로 건조제품을 생산하기 위한 드럼의 표면적을 구하여라. U=1700 W/m^2·℃, ΔT_m=80℃, h_{fg}=2420 kJ/kg으로 한다.

풀 이

함수율 88%(w.b.)인 재료 식품의 공급률 = $\frac{20(1-0.04)}{1-0.88} = 160$ kg/hr

수분 제거율 $= 160 - 20 = 140\,\text{kg} - \text{water/hr}$

식 (7-16)을 이용하면,

$$\frac{140}{3600} = \frac{1700(A)(80)}{1000(2420)}$$

따라서 $A = 0.69\,\text{m}^2$

7.2.8 유동층 건조기

유동층 건조기는 그림 7-9와 같이 건조실의 아래쪽에서 가압된 열풍을 불어주어 피건조물이 약간 뜨게 유동화시켜 열풍과의 접촉을 좋게 한 건조기이다.

입상재료의 유동층 건조에서 적절한 공기속도는 초기 유동속도보다 약간 높은 범위이다. 과도한 기포가 발생할 정도로 공기속도를 과도하게 하면 연료와 전력의 비효율적인 소비를 초래한다.

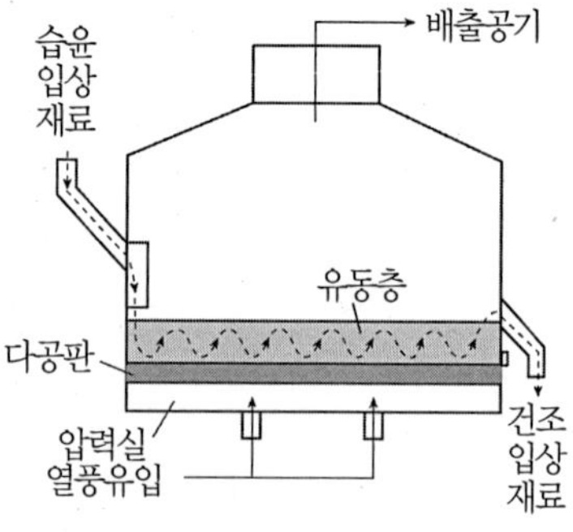

[그림 7-9] 유동층 건조기

유동층 건조기는 다른 건조기에 비하여 다음의 2가지 장점이 있다.

- 입상재료의 빠른 혼합으로 거의 균등한 건조가 이루어진다.
- 공기의 속도가 빠르므로 공기와 입상재료 사이의 열 및 수분 전달속도가 빠르다.

한편 유동층 건조기의 단점은 다음과 같다.

- 공기의 속도가 빠르므로 큰 송풍동력이 요구된다.
- 배기의 상대습도가 낮으므로 건조소요 에너지가 높다.
- 먼지가 많이 발생하므로 사이클론 또는 백필터 등의 집진장치가 필요하다.
- 사용할 수 있는 입상재료의 크기가 제한된다.
- 고함수율의 끈적끈적한 재료는 건조할 수 없다.

7.2.9 팽화건조기

팽화건조기(puffing dryer)는 과채류의 건조에 이용되는 새로운 건조기술이다. 건조기에서 피건조물을 짧은 시간 동안 고온(150~200℃) 고압(100~200 kPa) 상태에 노출시킨 후 건조기를 개방하여 갑자기 상압으로 분출시킨다. 이때 과열 상태의 조직 중 수분이 순간적으로 증발하는데 약 5%의 수분이 증발한다.

건조와 함께 조직이 팽화되어 다공성 구조가 되므로 복원성이 좋다. 팽화건조는 특히 감률건조기간이 긴 식품에 효과적이다. 급속한 증발에 따른 다공성 구조로 인하여 최종 건조 단계에서 수분이 신속하게 증발하여 건조시간이 단축된다.

7.2.10 기포건조기

액상식품을 기포(form)로 변환하는 방법은 비용을 적게 들이면서 품질을 향상시키는 수단이다. 기포의 건조속도가 액체보다 빠르므로 건조온도를 낮출 수 있으며, 건조기 체류시간을 짧게 할 수 있다. 기포의 건조속도가 빠른 것은 표면적의 증가와 더불어 건조액상의 다공구조보다 건조기포의 다공성이 풍부하여 다공을 통한 수분이동이 보다 용이하기 때문이다. 기포에서는 열전달 효율이 떨어지지만 식품의 건조가 주로 내부의 질량전달에 의존하므로 건조속도가 빨라진다. 또한 식품이 건조 중에 열에 노출되는 시간이 짧기 때문에 건조기포는 다공구조를 유지할 수 있으며 이로 인하여 재흡수성이 빠른 특성을 가진다.

기포건조(foam drying)에는 진공팽화건조(vacuum puff drying), 기포분무건조(foam spray drying) 및 기포매트건조(foam mat drying)가 있다. 진공팽화건조는 기포를 형성하기 위하여 진공을 이용한다.

분무건조를 하기에 앞서 상당한 압력하에 있는 액상재료에 가스를 용해하여 분무건조하는 방법을 기포분무건조라 한다. 기포분무건조 제품의 밀도는 1/2로 감소하며, 분무건조 입자는 건조층으로 둘러싸인 중공구(hollow sphere)이다. 기포형성 과정을 통하여 내부에 공간이 많고 얇은 벽을 가진 입자가 형성된다.

기포매트건조에서 액체는 자연적으로 생성되거나 첨가된 표면활성제(surfactants)에 의하여 기포화된다. 안정된 기포를 얇은 매트에 펼쳐 깔고 열풍으로 건조한다.

7.2.11 동결건조기

동결건조(freeze drying)는 재료를 먼저 동결시키고, 3중점(0.01℃, 0.6113 kPa) 이하의 진공상태에서 재료 속의 얼음을 승화시켜 건조제품을 얻는 방법이다. 물은 3중점 이하에서는 고체상태(얼음)에서 바로 기체상태(수증기)로 변하는 승화가 일어난다. 승화는 증발에 비하여 낮은 온도에서 일어나므로 재료가 색상, 맛, 향기, 영양 등의 손실이 거의 없다. 또한, 승화는 고체 상태에서 일어나므로 재료의 수축에 의한 물리적 변형이 거의 없다.

동결건조의 장단점은 다음과 같다.

① 장점

- 낮은 온도에서 건조하므로 단백질, 비타민 등 영양과 색, 맛 및 향기 등의 손실이 거의 없다.

- 동결 상태에서 승화시켜 건조하므로 재료의 구조와 조직의 변화가 거의 없으며, 모양과 크기가 동결 전과 같은 상태를 유지한다.
- 다공성 구조로 건조되므로 재흡수성과 복원성이 뛰어나다.
- 미생물의 오염을 최소화할 수 있다.

② 단점

- 냉동 및 감압 등의 시설로 시설비와 운전비용 등 건조비용이 많이 든다.
- 건조속도가 느리다.
- 건조제품이 부서지기 쉬우며 기계적인 손상을 받기 쉽다.

동결건조는 채소, 과실, 주스류, 육류 등의 가공식품의 건조에 사용된다.

동결건조기의 주요 구성요소는 그림 7-10에서와 같이 승화열을 공급하는 가열판, 건조 중에 생성된 수증기를 얼음으로 응축시키는 응축기, 진공실(건조실), 진공펌프로 구성된다.

건조실 내의 압력은 증기응축기(vapor trap) 온도에 의하여 결정된다. 증기응축기 온도가 얼음의 승화온도이며, 이 온도에 따라 건조실 내의 압력 즉, 승화압력이 결정된다. 진공펌프는 동결건조기의 운전 시작 시에 건조실에서 배기하는 역할과 응축되지 않은 수증기를 제거하는 역할을 한다. 낮은 압력에서 증발한 수증기의 체적은 매우 크므로 진공펌프만으로 수증기를 제거하면 아주 큰 진공펌프가 필요하게 된다. 따라서 증기응축기에서 수증기를 얼음의 형태로 응축하여 배출하고, 응축되지 않은 수증기를 진공펌프로 배출하게 된다.

가열판의 내부에는 가열된 액체가 순환하며, 순환액의 온도와 순환율에 의하여 가열판의 온도가 조절된다. 식품으로 열전달은 가열판으로부터 전도와 진공실의 공기로부터 대류와 복사에 의하여 일어난다.

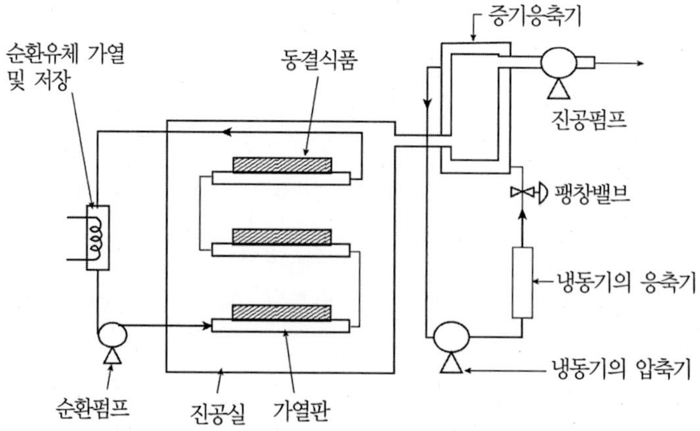

[그림 7-10] 동결건조기의 구성

7.2.12 마이크로파 건조

마이크로파는 재료 내부에 흡수되어 물체 전체를 가열하는 체적가열(volumetric heating) 효과를 나타내며 처리시간이 짧아 활용도가 계속 증가하고 있다.

(1) 주파수 대역

전자기파 중 주파수가 높은 순서는 자외선(UV, ultra-violet), 적외선(IR, infrared), 마이크로파(MW), 라디오주파수(RF, radio frequency)의 순이다. 전자기파는 각각 에너지 전달 기구가 다르다. 자외선과 적외선의 가열효과는 재료의 표면에 나타나며 약간 침투하지만, 마이크로파와 라디오파는 재료에 상당히 침투하여 재료 전체를 가열하는 체적가열효과를 나타낸다. 이러한 차이가 건조에 마이크로파를 이용하는 가장 큰 이유이다.

마이크로파는 주파수 대역이 300 MHz에서 300 GHz인 전자기파를 총칭하며, 파장이 1 cm에서 100 cm에 이르기 때문에 센티미터파라고도 한다. 이 주파수 대역에서 나타나는 가열효과를 마이크로파 가열(microwave heating)이라 한다. MW의 주파수 대역은 라디오파에 접근해 있으며, 레이더의 주파수 대역과 중첩된다. 따라서 이들은 통신, 군사 및 해상 이용과 간섭을 일으킬 수 있으므로 산업, 과학 및 의약 분야의 이용에는 특별한 주파수가 할당된다. 표 7-2는 MW의 산업, 과학 및 의약 분야에 할당된 ISM(Industrial Scientific and Medical Use)대역의 주파수이다.

[표 7-2] 산업, 과학 및 의약 분야 이용에 할당된 MW 주파수

주파수(±허용범위) MHz	국가
896 ± 10	영국
915 ± 13	미국
2375 ± 50	알바니아, 불가리아, 헝가리, 루마니아, 체코
2450 ± 50	2375 MHz를 사용하는 국가를 제외한 전 세계
3390 & 6780±0.6%	네덜란드
5800 ± 75, 24150 ± 125	전 세계
40680	전 세계

국내에서는 915 MHz와 2.45 GHz의 2종류의 주파수가 할당되고 있다. 915 MHz는 주로 냉동식품의 해동용, 2.45 GHz는 가열 및 건조용으로 사용되며 가정용 전자레인지도 여기에 해당된다.

(2) 건조특성과 효과

외부열원으로부터 전도, 대류 및 복사에 의하여 물체에 열에너지를 주어 건조하는 외부가열 건조방식은 열이 피건조물의 표면에서 내부로 전달되어 건조되지만, 마이크로파 건조에서는 마이크로파가 주로 피건조물 내의 물 분자에 의하여 흡수되어 건조되는 내부가열 건조방식으로, 표면 및 내부를 거의 동시에 가열할 수 있다. 함수율이 높은 농산물이 마이크로파를 잘 흡수하는 선택흡수성이므로 품질 손상 없이 단시간에 균일하게 건조될 수 있다.

또한, 마이크로파 건조는 물체 자체가 발열체로 되는 건조방식이기 때문에 열전도에 의하지 않고 내부의 온도를 높일 수 있으므로 가열에 요하는 시간을 크게 단축시킬 수 있고 비교적 일정하게 온도를 올릴 수 있다.

그림 7-11은 마이크로파에 의한 건조효과를 나타낸 것이다. 열풍건조방식에서는 외부로부터 열을 가하여 피건조물 내의 수분을 증발시키므로 건조는 외부에서부터 진행되어 내부까지 건조되며 그림 7-11의 점선과 같이 긴 건조시간이 필요하다. 함수율이 높을 때는 열풍건조만으로도 충분하며, 함수율이 30~50% 이하로 낮아지면 그림 7-11의 실선과 같이 마이크로파의 이용이 효과적이어서 건조시간을 단축시킬 수 있다.

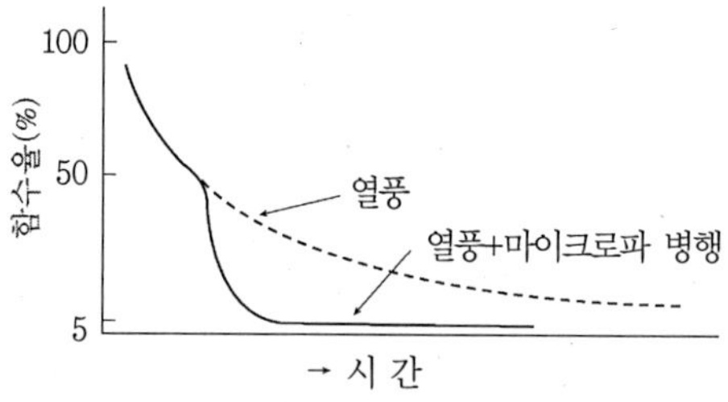

[그림 7-11] 마이크로파 건조와 열풍 건조의 비교

(3) 건조장치

마이크로파의 침투로 가열된 재료는 내부의 수증기압이 증가하여 내부수분을 표면으로 밀어낸다. 표면의 수분을 증발하는 수단을 사용하지 않으면 수분은 표면에 응축된다. 따라서 마이크로파 건조장치는 피건조물의 종류, 형상 및 건조목적에 따라 열풍, 원적외선 및 감압 건조방법과 조합하여 보다 효율이 높은 건조장치가 되도록 고안되어 있다.

가장 대표적인 건조장치는 그림 7-12와 같이 배치식(batch type)과 컨베이어식(conveyor type)이 있다. 마이크로파 발생장치로부터 발진된 마이크로파는 도파관을 통하여 건조실로 유도되어 건조실의 재료를 가열한다. 이와 같이 하나의 도파관을 통하여 공급된 마이크로파는 건조실 내에서 불균일하게 조사되어 불균일 건조가 생기므로 마이크로파 공급부 가까이에 송풍기를 설치하여 마이크로파를 교란하여 공급하거나, 회전식의 테이블을 이용하여 피건조물을 건조실 내에서 회전시키면서 건조한다. 이 두 방식 모두 비교적 대형 블록상의 피건조물을 대상으로 많이 이용된다. 컨베이어식은 긴 건조실을 이용하여 분말상에 가까운 물질을 건조하는 데 적합하며 피건조물이 컨베이어로 이송되면서 건조되므로 연속 생산이 가능하다.

건조실 설계상 가장 중요한 점은 피건조물을 균일하게 필요한 온도까지 승온시켜 건조하는 것이다. 재료의 손실계수, 침투깊이 및 마이크로파 분포의 불균일에 의하여 불균일 건조가 발생하는데, 이 중에서 마이크로파의 불균일 분포에 의한 원인이 가장 크므로 분포의 균일화 수단이 가장 중요하다. 또한, 건조물의 수분함량에 따라 마이크로파 침투깊이가 다르므로 적정 퇴적고를 결정하는 것이 중요하다.

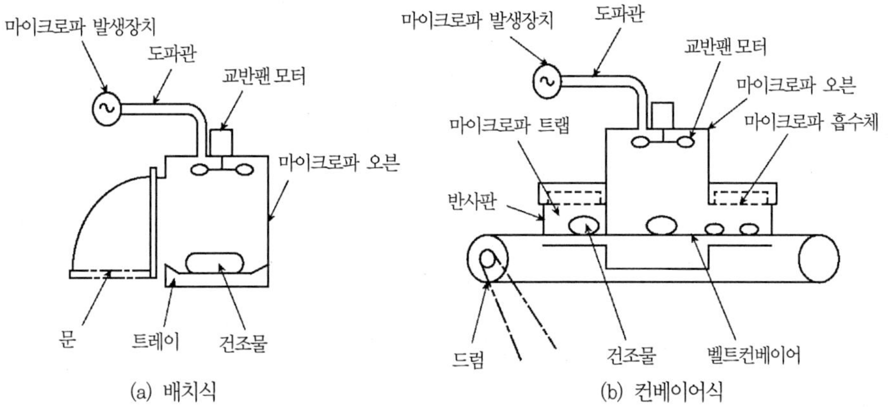

[그림 7-12] 마이크로파 건조장치

7.3 건조기의 설계

7.3.1 에너지 및 질량 평형

그림 7-13과 같이 건조기에 건조공기의 흐름과 건조재료의 흐름이 반대방향인 향류형 건기에 대한 물질 및 에너지 평형을 고려한다.

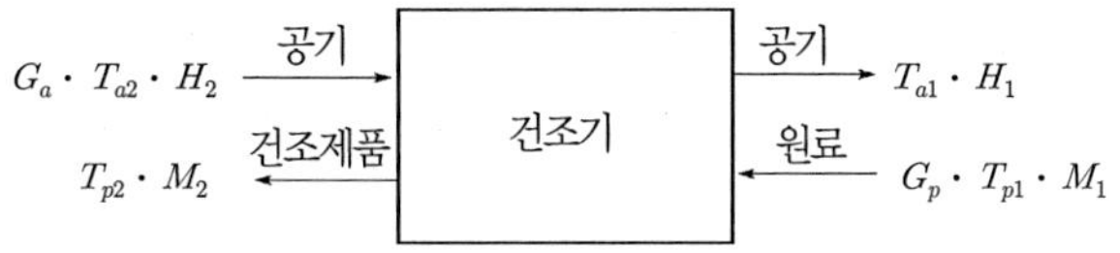

[그림 7-13] 건조기에서 물질 및 에너지 평형

건조시스템에 유입되고 유출되는 수분의 양은 동일하므로 물질평형은 다음과 같다.

$$G_aH_2 + G_pM_1 = G_aH_1 + G_pM_2 \tag{7-17}$$

여기서, G_a : 건공기의 질량유량(kg-dry air/hr)
H : 절대습도(kg/kg)
G_p : 건조재료의 질량유량(kg-dry matter/hr)
M : 재료의 함수율(dec., d.b.)

건조시스템에 유입되고 유출되는 에너지의 양은 동일하므로 에너지평형은 다음과 같다.

$$G_ah_{a2} + G_ph_{p1} = G_ah_{a1} + G_ph_{p2} + Q_l \tag{7-18}$$

여기서, h_a : 공기의 엔탈피(kJ/kg-dry air)
h_p : 건조재료의 엔탈피(kJ/kg-dry matter)
Q_l : 건조기로부터의 손실열(kJ/hr)

공기의 엔탈피는 다음 식으로 표시된다.

$$h_a = 1.007\,T_a + H(2502 + 1.876\,T_a) \tag{7-19}$$

여기서, T_a는 공기의 건구온도(℃)이다.

식품의 엔탈피는 다음 식으로 표시된다.

$$h_p = (c_{ps} + M\,c_w)\ T_p \tag{7-20}$$

여기서, c_{ps} : 식품 건물의 비열(kJ/kg·K)
c_w : 액상수분의 비열(4.187 kJ/kg·K)
T_p : 식품의 온도(℃)

이상의 물질 및 에너지 평형식은 향류형 연속식 건조기를 대상으로 한 것이지만, 병류형 및 횡류형 연속식 건조기에도 적용될 뿐만 아니라 배치형(batch type) 건조기에도 적용된다. 물질 및 에너지 평형식을 이용하여 필요한 송풍량을 계산할 수 있다.

건조기에서 배출되는 공기의 일부를 재순환하여 외기와 혼합하고, 이 혼합공기를 가열하여 건조기에 투입하는 방법, 즉 배기를 재순환하는 방법은 건조 에너지를 절감하고 건조공기의 습도를 제어하는 데 사용된다.

그림 7-14는 배기열 재순환 건조기의 공기 흐름과정이며, 그림 7-15는 습공기선도상에서 공기의 상태 변화를 나나낸다.

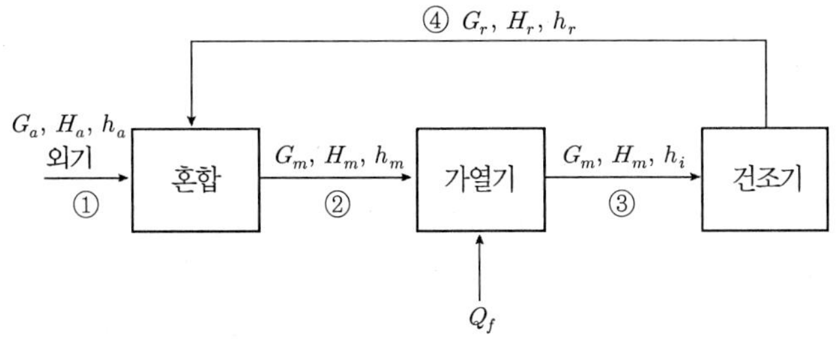

[그림 7-14] 배기 재순환 건조기의 공기흐름

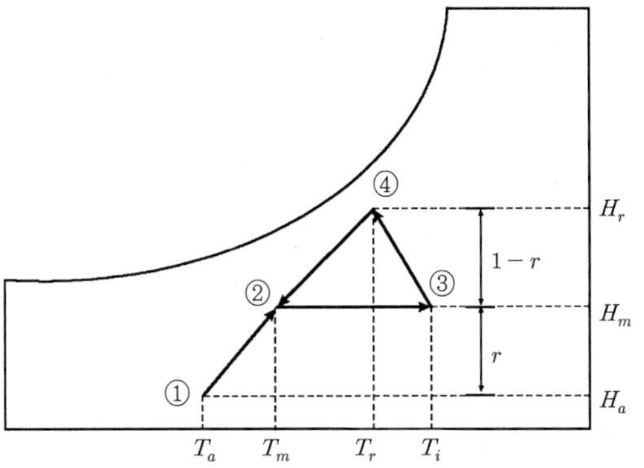

[그림 7-15] 배기 재순환 건조기에서 공기의 상태 변화

배기의 재순환율(r)은 다음과 같이 정의된다.

$$r = \frac{G_r}{G_m} = \frac{G_r}{G_a + G_r} \tag{7-21}$$

여기서, G_a : 외기의 질량유량(kg-dry air/hr)
G_r : 재순환 배기의 질량유량(kg-dry air/hr)
G_m : 혼합공기의 질량유량(kg-dry air/hr)

외기, 배기 및 혼합공기의 절대습도를 각각 H_a, H_r 및 H_m이라 하면, 혼합공기 중의 수증기량은 외기와 재순환공기 중의 수증기량을 합한 양이다. 즉,

$$G_m H_m = G_a H_a + G_r H_r \tag{7-22}$$

양변을 G_m으로 나누고 정리하면,

$$H_m = (1-r)H_a + rH_r = H_a + r(H_r - H_a) \tag{7-23}$$

혼합공기의 절대습도 H_m은 외기의 절대습도 H_a보다 $r(H_r - H_a)$만큼 높아진다. 식 (7-23)을 r에 관하여 풀면,

$$r = \frac{H_m - H_a}{H_r - H_a} = 1 - \frac{H_r - H_m}{H_r - H_a} \tag{7-24}$$

혼합공기의 엔탈피도 절대습도와 같은 방법으로 구한다.

$$h_m = (1-r)h_a + rh_r = h_a + r(h_r - h_a) \tag{7-25}$$

여기서, h_m : 혼합공기의 엔탈피(kJ/kg-dry air)
h_a : 외기의 엔탈피(kJ/kg-dry air)
h_r : 배기의 엔탈피(kJ/kg-dry air)

혼합공기의 온도를 T_m이라 하면,

$$h_m = c_a T_m + (h_{fg} + c_v T_m) H_m \tag{7-26}$$

따라서,

$$T_m = \frac{h_m - h_{fg} H_m}{c_a + c_v H_m} = \frac{h_m - 2502 H_m}{1.007 + 1.876 H_m} \tag{7-27}$$

가열기에서 공급열을 Q_f라고 하면, 가열기에서 에너지평형은 다음과 같이 표시된다.

$$G_m h_i = G_a h_a + G_r h_r + Q_f \tag{7-28}$$

여기서, h_i : 건조기 유입공기의 엔탈피(kJ/kg-건공기)
Q_f : 가열기 공급열(kJ/hr)

Q_f에 관하여 풀어서 정리하면,

$$Q_f = G_m [(h_i - h_a) - r\ (h_r - h_a)] \tag{7-29}$$

배기를 재순환함으로써 $G_m r(h_r - h_a)$의 에너지가 절감된다. 건조과정을 단열과정으로 가정하면 건조기 유입공기의 엔탈피 h_i와 배출공기의 엔탈피 h_r은 같다. 그러나 실제의 건조기에서는 건조기 벽체로 열손실, 곡물과 건조기 자재의 가열에 에너지가 소비되므로 배출공기의 엔탈피는 유입공기의 엔탈피보다 작게 된다.

예제 7-5

상자형 건조기로 함수율 68%(w.b.)의 식품을 5.5%(w.b.)까지 건조한다. 유입공기의 온도는 54℃, 상대습도는 10%이고, 배기의 온도는 30℃, 상대습도는 70%이다. 건조에 소요되는 건물 1kg당 송풍량을 계산하여라.

풀 이

초기함수율 $M_1 = \dfrac{0.68}{1-0.68} = 2.125$ (d.b.)

최종함수율 $M_2 = \dfrac{0.055}{1-0.055} = 0.0582$ (d.b.)

습공기선도에서,

$H_1 = 0.0186$(kg-water/kg-dry air)

$H_2 = 0.0094$(kg-water/kg-dry air)

물질(수분)평형식에서

$$\frac{G_a}{G_p}H_2 + M_1 = \frac{G_a}{G_p}H_1 + M_2$$

$$0.0094\frac{G_a}{G_p} + 2.125 = 0.0186\frac{G_a}{G_p} + 0.0582$$

$$\therefore \frac{G_a}{G_p} = 224.7 \text{(kg-dry air/kg-dry solid)}$$

예제 7-6

고추를 건조하는 상자형 건조기에서 배출된 배기의 일부를 외기와 혼합한 후 가열하여 건조공기로 사용한다. 배기의 건구온도는 50℃, 상대습도는 40%이며, 외기의 건구온도는 25℃, 상대습도는 70%이다. 배기와 외기의 혼합비율은 3:1이다. 혼합공기의 건구온도와 상대습도를 구하여라.

풀 이

습공기선도에서,

외기의 절대습도 $H_a = 0.014$

외기의 엔탈피 $h_a = 61$ kJ/kg

배기의 절대습도 $H_r = 0.032$

배기의 엔탈피 $h_r = 134$ kJ/kg이다.

식 (7-23)을 이용하여 혼합공기의 절대습도를 계산하면

$$H_m = (1-r)H_a + rH_r = (1-3/4)0.014 + 3/4(0.032) = 0.0275$$

식 (7-25)에서 혼합공기의 엔탈피는

$$h_m = (1-r)h_a + rh_r = (1-3/4)61 + 3/4(134) = 115.8 \text{ kJ/kg}$$

식 (7-27)에서 혼합공기의 온도는

$$T_m = \frac{h_m - 2502H_m}{1.007 + 1.867H_m} = \frac{115.8 - 2502(0.0275)}{1.007 + 1.876(0.0275)} = 44.4℃$$

습공기선도로부터 혼합공기의 상대습도는 48%이다.

예제 7-7

배기를 재순환하는 건조기에서 외기, 배기 및 건조기 유입공기의 조건은 다음과 같다.

외기 : 20℃, 상대습도 75%

배기 : 35℃, 상대습도 65%

건조기 유입공기 : 45℃

송풍량 : V = 100 m^3/min

배기의 재순환율 r = 0.7이다.

가열 전 혼합공기의 온도, 상대습도 및 공기가열에 필요한 에너지를 구하여라.

풀 이

습공기선도에서,

외기: 절대습도 $H_a = 0.011$, 엔탈피 $h_a = 48.0$ kJ/kg

배기: 절대습도 $H_r = 0.023$, 엔탈피 $h_r = 95.0$ kJ/kg

식 (7-23)에서 혼합공기의 절대습도

$$H_m = (1-r)H_a + rH_r = (1-0.7)0.011 + 0.7(0.023) = 0.019$$

식 (7-25)에서 혼합공기의 엔탈피는

$$h_m = (1-r)h_a + rh_r = (1-0.7)48 + 0.7(95) = 80.9$$

식 (7-27)에서 혼합공기의 온도는

$$T_m = \frac{h_m - h_{fg}H_m}{c_a + c_v H_m} = \frac{h_m - 2{,}502H_m}{1.007 + 1.876H_m} = 32℃$$

습공기선도에서 상대습도 63%, 비체적 $v = 0.88$ m^3/kg 이다. 혼합공기를 45℃까지 가열한 건조기 유입공기의 엔탈피는 습공기선도에서 $h_i = 95$ kJ/kg이다.

공기가열 에너지는 식 (7-29)로부터

$$Q_f = G_m[(h_i - h_a) - r\ (h_r - h_a)]$$

$$= \frac{60\,V}{v}[(h_i - h_a) - r(h_r - h_a)]$$

$$= 60(100)/0.88[(95-48) - 0.7(95-48)]$$

$$= 6818.2(47 - 32.9) = 320{,}455 - 224{,}319 = 96{,}136 \text{ kJ/hr}$$

배기의 70%를 재순환하여 절감된 에너지는 224,319 kJ/hr이다.

7.3.2 건조소요시간의 계산

(1) 분무건조시간

분무건조의 건조 초기에는 항률건조가 일어나므로 분무입자를 순수물의 입자로 간주할 수 있다. 항률건조속도는 다음 식과 같다.

$$\frac{dW}{dt} = \frac{hA(T - T_w)}{h_{fg}} \tag{7-30}$$

여기서, dW/dt : 물의 증발속도(kg/s)
h : 대류열전달계수(W/m²·℃)
A : 분무입자의 표면적
T : 열풍의 건구온도(℃)
T_w : 열풍의 습구온도(℃)
h_{fg} : 물의 증발잠열(J/kg)

Reynolds 수가 0에 가까운 경우 $h = \frac{2k_f}{D}$ 이다. 이를 위의 식에 대입하여 정리하면,

$$\frac{dW}{dt} = \frac{2\pi k_f D}{h_{fg}}(T - T_w) \tag{7-31}$$

여기서, k_f : 분무입자의 열전도계수(W/m·K)
D : 분무입자의 직경(m)

여기서, $W = \rho\frac{\pi}{6}D^3$ 이므로 $dW = \rho\frac{\pi}{2}D^2\,dD$ 이다. 이를 대입하고 정리하면,

$$dt = \frac{\rho h_{fg}}{4\pi k_f(T - T_w)}D\,dD$$

적분하면,

$$t_c = -\frac{\rho h_{fg}}{4k_f(T - T_w)}\int_{D_o}^{0} D\,dD = \frac{\rho h_{fg} D_o^2}{8k_f(T - T_w)} \tag{7-32}$$

여기서, t_c : 항률건조시간(s)
D_o : 초기 분무입자 직경(m)
ρ : 분무입자의 밀도(kg/m³)

적분의 상한치 0은 순수물의 분무입자가 완전히 증발한 경우이다.

항률건조기간이 끝날 때의 분무입자의 직경을 고려하면 다음 식으로 항률건조시간을 계산할 수 있다.

$$t_c = \frac{h_{fg}}{8k_f(T - T_w)}(\rho_1 D_1^2 - \rho_2 D_2^2) \tag{7-33}$$

여기서, 첨자 1과 2는 각각 항률건조기간의 초기와 말기 조건을 뜻한다.

그림 7-16에서와 같이 분무건조 중에 분무입자의 지름이 일정한 크기에 이르거나 분무입자의 온도가 갑자기 증가할 때, 즉 건조공기의 온도와 분무입자의 온도차 ΔT가 감소할 때가 항률건조기간이 끝나고 감률건조기간이 시작되는 시점이다.

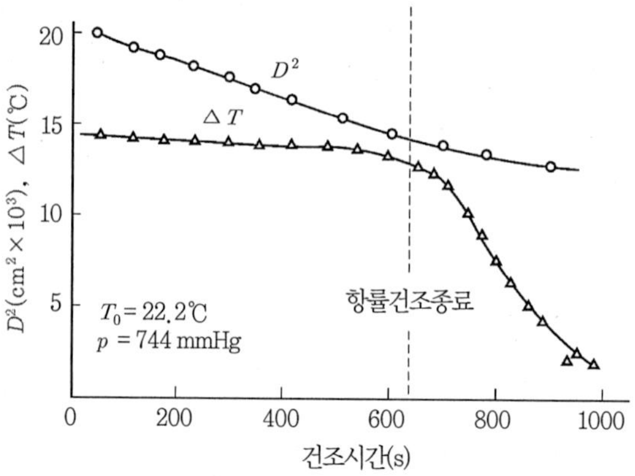

[그림 7-16] 분무입자의 직경과 건조공기 온도와 분무입자 온도차(ΔT)의 변화

항률건조속도는 분무입자의 지름의 감소에 기초하여 계산하였지만 감률건조속도는 분무입자 함수율의 함수로 나타난다.

감률건조기간의 분무입자에 대한 에너지방정식은 다음 식으로 표시된다.

$$\frac{dM}{dt} = \frac{hA(T - T_d)}{\rho_c V_c h_{fg}} \tag{7-34}$$

여기서, M : 함수율(소수, d.b.)
ρ_c : 임계함수율에서 분무입자의 밀도(kg/m^3)
V_c : 임계함수율에서 분무입자의 체적(m^3)
T_d : 분무입자의 온도(℃)

위 식을 적분하여 건조시간에 관하여 풀면,

$$t_f = \frac{\rho_c D_c h_{fg}(M_c - M_f)}{6h\Delta T_{av}} \tag{7-35}$$

여기서, t_f : 감률건조시간(s)
D_c : 임계점에서 분무입자의 지름(m)
M_c : 임계함수율(소수, d.b.)
M_f : 최종함수율(소수, d.b.)
ΔT_{av} : 감률건조기간 동안 열풍의 온도와 분무입자의 평균 온도차(℃)

대류열전달계수는 다음 식으로 계산한다.

$$h = \frac{2k_f}{D} \tag{7-36}$$

여기서, h : 대류열전달계수(W/m²·K)

k_f : 공기의 열전도계수(W/m·K)

D : 입자의 직경(m)

예제 7-12

직경 20 μm의 우유 입자를 건구온도 115℃, 습구온도 41℃의 열풍으로 분무건조한다. 항률건조기간이 끝날 때의 입자 지름은 10 μm이다. 항률건조시간과 감률건조시간을 계산하여라. 단, 물의 증발잠열은 2177 kJ/kg, 우유의 밀도 $\rho_1 = 1035$ kg/m³, 우유의 열전도율 $k_f = 0.035$ W/m·K으로 가정한다.

풀 이

우유의 밀도 $\rho_1 = 1035\ \text{kg/m}^3$, 우유의 열전도율 $k_f = 0.035\ \text{W/m}\cdot\text{K}$

열풍의 건구온도 $T_a = 115℃$, 습구온도 $T_w = 41℃$

분무입자의 초기 체적 $V_1 = \frac{4}{3}\pi(10\times10^{-6})^3 = 4.19\times10^{-15}\ \text{m}^3$

임계점에서 분무입자의 체적 $V_c = \frac{4}{3}\pi(5\times10^{-6})^3 = 5.24\times10^{-16}\ \text{m}^3$

체적감소량 $\Delta V = V_1 - V_c = 3.666\times10^{-15}\ \text{m}^3$

항률건조기간 동안 수분증발량(물의 밀도 992 kg/m³)

$$\Delta W = \rho_w \Delta V = 992\times3.666\times10^{-15} = 3.64\times10^{-12}\ \text{kg}$$

임계점에서 분무입자의 밀도

$$\rho_2 = \frac{\text{초기 중량} - \text{감소 중량}}{\text{임계점에서의 체적}} = \frac{W_1 - \Delta W}{V_c} = \frac{\rho_1 V_1 - \Delta W}{V_c}$$

$$= \frac{1035(4.19\times10^{-15}) - 3.64\times10^{-12}}{5.24\times10^{-16}} = 1329.5\ \text{kg/m}^3$$

항률건조시간 $t_c = \frac{h_{fg}}{8k_f(T_a - T_w)}(\rho_1 D_1^2 - \rho_2 D_2^2)$

$$= \frac{2177\times1000}{8(0.035)(115-41)}[1035(20\times10^{-6})^2 - 1329.5(10\times10^{-6})^2] = 0.0295\ \text{s}$$

감률건조시간을 계산하려면 먼저 임계함수율과 최종함수율을 알아야 한다.

우유의 건물함량을 10%로 하면,

단위체적당 수분함량 $= 0.9(1035) = 931.5\ \text{kg/m}^3$

단위체적당 건물중량 $= 0.1(1035) = 103.5\ \text{kg/m}^3$

분무입자의 건물함량 $= 4.19\times10^{-15}\times103.5 = 4.335\times10^{-13}\ \text{kg}$

초기 분무입자의 수분함량 $= 4.19\times10^{-15}\times931.5 = 3.9\times10^{-12}\ \text{kg}$

임계점에서 분무입자의 수분함량 = 초기수분함량 − 수분증발량

$$= 3.9\times10^{-12} - 3.64\times10^{-12} = 2.66\times10^{-13}\ \mathrm{kg}$$

$$\text{임계함수율} = \frac{\text{수분함량}}{\text{건물중량}} = \frac{2.66\times10^{-13}}{4.335\times10^{-13}} = 0.6135\,(\mathrm{d.b.})$$

최종함수율=평형함수율 $= 5\%\,(\mathrm{w.b.}) = 0.0526\,(\mathrm{d.b.})$

$$\Delta T_{av} = \frac{1}{2}(115-41) = 37℃$$

감률건조시간 ;

$$t_f = \frac{\rho_c D_c h_{fg}(M_c - M_e)}{6h\Delta T_{av}} = \ = \frac{\rho_c D_c^2 h_{fg}(M_c - M_e)}{12k_f \Delta T_{av}}$$

$$= \frac{1329.5(10\times10^{-6})^2(2177\times1000)(0.599-0.0526)}{12(0.035)(37)} = 0.01\ \mathrm{s}$$

(2) 동결건조시간

냉동식품을 13~26 Pa의 진공실 안에서 열을 가하면 식품의 표면으로부터 승화가 일어나 얼음이 수증기로 증발하게 되며, 표면에서부터 얼음면(ice front)이 식품 내부로 진행되어 건조층(dried layer)과 동결층(frozen layer)으로 구분된다. 건조층 표면에서 대류에 의하여 전달된 열은 전도에 의해 건조층을 통과하여 승화면(sublimation front)에 전달된다. 승화면에서 증발한 수증기는 확산에 의하여 건조층을 통과한다. 건조층을 통한 수증기 확산 및 열전달속도가 동결건조속도를 지배한다. 승화면은 얼음면 바로 위에 위치하며, 승화면에서 물이 제거된다.

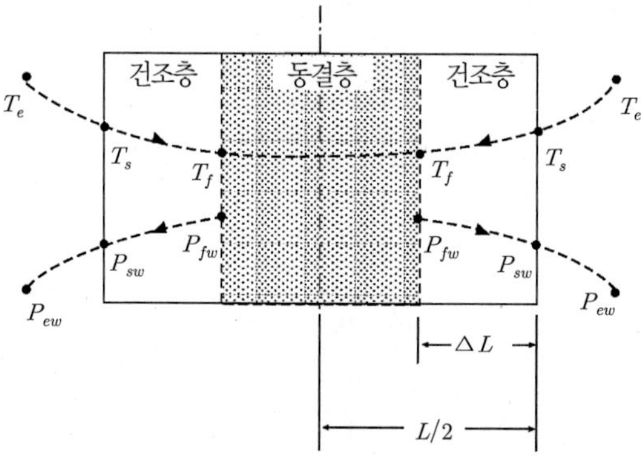

[그림 7-17] 1차원 대칭 동결건조

그림 7-17은 평판 모양의 동결식품을 동결건조하는 동안 열 및 물질 전달상태를 나타낸다. 그림에서와 건조층 표면에서의 대류 열전달률과 건조층을 통한 전도 열전달률은 동일하며 다음 식으로 표시된다.

$$q = h(T_e - T_s) = k\frac{T_s - T_f}{\Delta L} \tag{7-37}$$

이 식에서 T_s를 소거하면 다음과 같다.

$$q = \frac{T_e - T_f}{\dfrac{1}{h} + \dfrac{\Delta L}{k}} \tag{7-38}$$

여기서, q : 열유속(W/m²)
T_e : 외부 기체층 온도(℃)
T_s : 건조층의 표면온도(℃)
T_f : 승화면 또는 얼음면의 온도(℃)
h : 대류열전달계수(W/m²·℃)
k : 열전도계수(W/m·K)
ΔL : 건조층의 두께(m)

승화면에서 증발한 수증기가 건조층을 통과하는 확산속도는 다음 식으로 표시된다.

$$N_W = \frac{D}{RT}\frac{P_{fw} - P_{sw}}{\Delta L} = K_g(P_{sw} - P_{ew}) \tag{7-39}$$

이 식에서 P_{sw}를 소거하면,

$$N_W = \frac{P_{fw} - P_{ew}}{\dfrac{1}{K_g} + \dfrac{RT\Delta L}{D}} \tag{7-40}$$

여기서, N_W : 수증기의 몰유속(kmol/s·m²)
D : 건조층에서 수증기 확산계수(m²/s)
R : 일반기체상수(8314.41 Pa·m³/kmol·K)
T : 건조층의 평균 온도(K)
P_{fw} : 승화면에서의 수증기 분압(Pa)
P_{sw} : 건조층 표면에서의 수증기 분압(Pa)
P_{ew} : 외부 기체 벌크에서의 수증기 분압(Pa)
K_g : 건조층 표면에서의 물질(수증기)전달계수(kmol/s·m²·Pa)

대류열전달계수 h와 물질전달계수 K_g는 기체의 유속과 건조기의 특성에 따라 결정되며, 열전도계수 k와 수증기 확산계수 D는 건조층의 특성에 따라 결정된다. T_e와 P_{ew}는 외부의 작동조건에 의하여 결정된다.

식 (7-38)의 열저항 ($\frac{1}{h}+\frac{\Delta L}{k}$)이 식 (7-40)의 물질전달저항 ($\frac{1}{K_g}+\frac{RT\Delta L}{D}$)보다 큰 경우에는 열전달속도가 동결건조속도를 지배한다. 대부분의 동결건조기에서는 열전달속도가 동결건조속도를 지배한다.

얼음의 승화온도 T_f는 건조실의 압력에 따라서 결정된다. 즉, T_f와 포화수증기압(P_{fw})은 상호 의존적이며 관계식은 다음 식과 같다.

$$\ln P_{fw} = 31.9602 - \frac{6270.3605}{T_f} - 0.46057 \ln T_f \qquad (7\text{-}41)$$

여기서, P_{fw} : 승화절대압력(Pa)
T_f : 승화온도(K)

식 (7-41)의 관계는 그림 7-18과 같다. 그림에서와 같이 얼음이 승화하려면 적어도 압력이 620 Pa 이하로 유지되어야 함을 알 수 있다. 실제 동결건조기에서 건조실 압력은 6~130 Pa 범위이다.

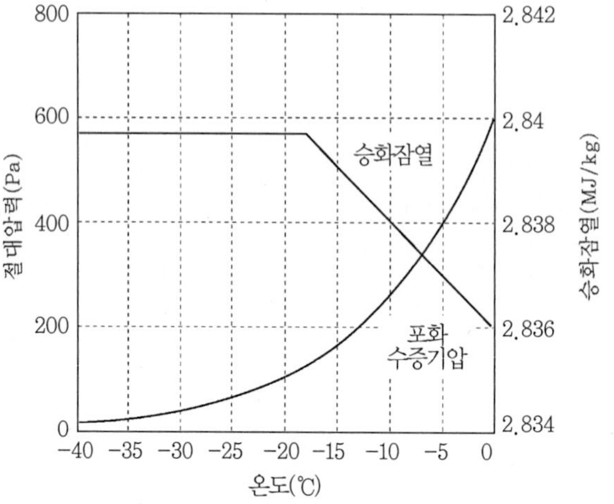

[그림 7-18] 얼음의 승화온도(T_f)와 포화수증기압(P_{fw}) 및 승화잠열(h_{ig})의 관계

동결건조속도가 열전달속도의 지배를 받는다고 가정하고 동결건조시간을 계산하기 위하여 그림 7-17에서와 같이 양면에서 대칭으로 건조가 일어나는 경우를 고려한다. 건조층의 두께 ΔL과 증발수분비(증발수분/총수분) R의 관계는 다음 식과 같다.

$$R = \frac{2(W)(A)(\Delta L)}{W(A)(L)} = \frac{2\Delta L}{L} \qquad (7\text{-}42)$$

여기서, R : 수분증발비
W : 재료의 단위체적당 수분함량(kg-water/m^3)
A : 재료의 단면적(m^2)
L : 재료의 두께(m)

재료의 표면에서 승화면으로 전달된 열은 얼음의 승화열과 같으므로

$$h_{ig} M_o (A L \rho_d) \frac{dR}{dt} = \frac{2A(T_e - T_f)}{\frac{1}{h} + \frac{\Delta L}{k}} \tag{7-43}$$

여기서, $\Delta L = \frac{RL}{2}$ 를 대입하여 정리하고 적분하면 다음 식과 같다.

$$t = \frac{h_{ig} M_o \rho_d L}{2k(T_e - T_f)} \left(\frac{kR}{h} + \frac{LR^2}{4} \right) \tag{7-44}$$

여기서, t : 동결건조시간(s)
h_{ig} : 승화잠열(kJ/kg-ice)
M_o : 초기함수율(소수, d.b.)
ρ_d : 재료의 건물밀도(kg-dry solid/m^3)

이상의 건조시간의 계산 모델은 승화면이 균일하게 후퇴한다는 가정하에 유도된 모델이다. 실제 건조실험과 비교한 결과 이 모델은 초기수분함량의 65~95%까지 건조하는 데 소요되는 시간은 만족스럽게 예측할 수 있었으며, 이 모델을 유도하는 데 가정한 바와 같이 실제 건조실험에서도 승화면의 온도는 일정하게 유지되었다. 그러나 최종 10~35%의 수분함량을 제거하는 동안에는 건조속도가 현저하게 저하되어 실제 건조시간은 상당히 증가하였다.

식 (7-44)를 보면 건조시간은 재료의 두께, 건조층의 표면온도, 건조층의 열전도계수, 대류열전달계수의 영향을 받는다. 건조속도를 증가시키려면 건조실의 온도 T_e를 높이고 동결층의 온도 T_f를 낮추어야 한다. T_e를 높이면 따라서 건조층의 표면온도 T_s가 높아지는데, 건조층의 표면온도는 열에 의한 품질손상을 방지하기 위하여 어느 한계 이상 높일 수 없다. 최고 허용온도는 식품에 따라 다르며 일반적으로 38~65℃ 범위이다.

건조층의 열전도계수는 단열재와 유사한 값으로 매우 낮기 때문에 건조층을 통한 열전도속도는 매우 느리며 더욱이 건조층의 표면온도는 허용온도 이상으로 높일 수 없으므로 건조실의 압력을 낮추어 동결층의 온도를 낮게 유지하여야 한다. 보통 동결층 온도는 −40℃ ~−14℃ 범위이다.

얼음의 온도와 승화잠열의 관계는 다음 식으로 표시된다.

$$h_{ig} = 2839.7 - 0.213(T_f - 255.38) \quad (7\text{-}45)$$

여기서, h_{ig}의 단위는 kJ/kg-ice이며, 승화온도 T_f는 절대온도 K이다.

식 (7-45)는 승화온도 0~-17.8℃ 범위에 적용되며, -17.8℃ 이하의 경우 승화잠열은 거의 일정한 값 2839.7 kJ/kg-ice를 유지한다(그림 7-18).

예제 7-13

밀도 965 kg/m^3, 두께 2.54 cm, 초기함수율 75%(w.b.)인 쇠고기를 4%(w.b.)까지 동결건조한다. 건조실(진공실) 내의 공기온도는 26.7℃이며 절대압력이 500 μmHg이다. 건조쇠고기의 열전도계수는 0.0692 W/m·K이다. 대칭 건조의 경우 건조소요시간을 구하라. 건조가 진행될 때 3 mm 두께의 수증기막이 이 재료표면을 덮는 것으로 간주하여, 대류 열저항이 수증기막의 전도열저항과 동일하다고 가정한다. 수증기막의 열전도율 k_v = 0.0235 W/m·K이다.

풀 이

대류열전달계수 $h = \dfrac{k_v}{\text{수증기막두께}} = \dfrac{0.0235}{0.003} = 7.833\,\text{W/m}^2\cdot\text{K}$

건조실 내의 절대압력 $P_e = 500 \times 10^{-3}\,\text{mmHg}\left(\dfrac{133.3\,\text{Pa}}{\text{mmHg}}\right) = 66.65\,\text{Pa}$

압력 66.65 Pa과 평형을 이루는 얼음의 온도 $T_f = -24.5$℃ 이며, 이 온도에서 승화잠열 h_{ig} = 2840 kJ/kg이다.

초기함수율 $M_o = \dfrac{0.75}{1-0.75} = 3.00(\text{d.b.})$

최종함수율 $M_f = \dfrac{0.04}{1-0.04} = 0.0417(\text{d.b.})$

증발수분비 $R = \dfrac{M_o - M_f}{M_o} = \dfrac{3-0.0417}{3} = 0.986$

건물밀도 $\rho_d = \dfrac{\rho}{1+M_o} = \dfrac{965}{1+3} = 241.25\,\text{kg/m}^3$

건조소요시간 ;

$$t = \frac{h_{ig} M_o \rho_d L}{2k(T_e - T_f)}\left(\frac{kR}{h} + \frac{LR^2}{4}\right)$$
$$= \frac{2840 \times 1000(3)(241.25)(0.0254)}{2(0.0692)(26.7+24.5)}\left(\frac{0.0692(0.986)}{7.833} + \frac{0.0254(0.986)^2}{4}\right)$$
$$= 109{,}660\,\text{s} = 30.5\,\text{hr}$$

대류열전달계수가 대단히 크면 건조시간은 다음과 같이 계산된다.

$$t = \frac{h_{ig} M_o \rho_d L}{2k(T_e - T_f)}\left(\frac{LR^2}{4}\right)$$
$$= \frac{2840 \times 1000(3)(241.25)(0.0254)}{2(0.0692)(26.7+24.5)}\left(\frac{0.0254(0.986)^2}{4}\right)$$
$$= 45{,}484\,\text{s} = 12.6\,\text{hr}$$

7.4 건조 중의 품질 변화

식품건조에서 나타나는 품질 변화는 화학적 변화, 물리적 변화 및 영양의 손실로 분류된다. 화학적 변화에는 갈변반응(browning reaction), 지방산화(lipid oxidation) 및 색소파괴(color loss)를 들 수 있으며, 물리적 변화에는 수축(shrinkage), 조직(texture)의 변화 및 향기 상실(aroma loss)을 들 수 있다. 영양의 손실에는 비타민의 손실과 단백질의 손실을 들 수 있다.

7.4.1 화학적 변화

(1) 갈변반응

갈변반응은 색깔을 변화시키며, 영양가, 유동성 및 풍미를 저하시키고, 조직의 변화를 일으킨다. 갈변반응은 효소반응과 비효소반응으로 나눌 수 있는데, 건조와 관련하여 비효소반응이 더욱 중요하다.

비효소 갈변속도에 영향을 미치는 인자는 수분함량, 온도, pH, 당과 아미노산의 종류 및 함량 등이다. 갈변속도는 중간 정도의 함수율에서 가장 빠르고 함수율이 낮거나 높을 때는 감소한다. 이는 함수율이 낮을 때에는 갈변에 필요한 수분이 충분히 존재하지 않기 때문이며, 높을 때는 반응물의 농도를 희석시키기 때문인 것으로 추정된다. 갈변속도는 온도가 높을수록 빠르며, 온도와 Arrhenius형으로 표현된다.

건조 중에 갈변을 줄이려면 재료가 임계함수율 범위에 있을 때 불필요하게 온도를 상승시키지 않는 것이 가장 중요하며, 또한 건조 후기의 건조온도를 낮추면 갈변을 줄일 수 있다.

(2) 지방의 산화

지방의 산화는 산패, 불쾌취의 발생 및 지용성 비타민과 색소의 파괴와 밀접한 관련이 있다. 지방의 산화속도에 영향을 주는 인자는 함수율, 산소함량 및 온도 등이다.

지방의 산화속도에 함수율이 가장 큰 영향을 준다. 지방의 산화속도는 수분활성도가 낮을 때 크며, 수분활성도가 증가함에 따라 감소하여 0.3 근방에서 가장 낮고 다시 수분활성도가 증가함에 따라 증가한다. 또한, 저온건조보다 고온건조에서 쉽게 산화되어 산패를 일으킨다. 지방의 산화를 줄이려면 재료에서 산소를 상당히 낮은 수준으로 제거하여야 한다.

지방의 산화에 대한 산소의 영향은 재료의 공극과 밀접한 관계가 있다. 냉동건조식품은 공극이 많아 산소에 접촉하기 쉬우며, 열풍건조 식품은 수축으로 표면적이 줄어들어 산소의 존재로 인한 영향은 적다.

지방의 산화를 억제하는 데는 가공공정과 저장하는 동안 산소의 수준을 최소화하고 항산화제(antioxidant)를 사용하면 효과적이다.

(3) 색소의 파괴

카로티노이드(carotenoid)는 녹색 잎과 적색 및 황색 채소에 존재하는 생물색소이다. 건조 중 카로티노이드의 일종인 카로틴(carotene)과 베타닌(betanine) 및 클로로필(chlorophyll) 등이 산화에 의하여 파괴되어 색소로서의 활성을 잃게 된다. 색소의 함유량은 온도와 함수율이 증가할수록 급속히 감소한다.

7.4.2 물리적 변화

(1) 가용성 물질의 이동

건조가 진행됨에 따라 가용성 물질은 수분과 함께 이동한다. 식품 속의 물은 내부로부터 표면으로 이동하는데, 이때 가용성 물질도 이동하여 건조 후에 표면에 축적된다. 또한, 건조 중에 표면의 가용성 물질의 농도가 내부보다 높아지므로 농도 차이에 의하여 가용성 물질이 표면에서 내부로 이동되기도 한다. 가용성 물질의 이동방향은 식품의 성질과 건조조건에 따라 달라지는데 대부분의 경우 양쪽 방향으로 동시에 일어난다.

(2) 수축

건조재료가 물을 흡수하여 복원되는 정도는 건조 중에 나타나는 조직적 · 화학적 변화에 영향을 받는다. 수축과 같은 세포 및 구조적인 붕괴가 최소화될 때 복원력은 최대가 된다. 냉동건조가 다른 건조방법보다 구조적인 변화가 가장 적다.

건조하는 동안 물이 증발하여 배출되면 재료 내에 압력구배가 발생한다. 이 압력구배가 수축응력을 발생하여 재료가 수축된다. 식품은 온도가 상승하여 붕괴온도에 이르면 다공구조가 붕괴되어 수축을 야기한다. 수축은 초기체적에 대한 상대적인 체적 변화로 정의한다.

육류와 채소류는 동결건조를 제외하고 어떤 건조방법을 사용하여도 건조하는 동안 수축된다. 건조하는 동안 40~50%의 수축이 건조 초기에 일어난다. 수축을 줄이려면 낮은 온도로 건조하여 재료 내의 수분구배를 최소화하는 것이 중요하다.

(3) 조직의 변화

조직에 영향을 주는 인자는 함수율, 구성 성분, pH, 숙도(maturity), 크기(dimension) 등이다. 화학적 변화가 셀룰로오스의 결정화(crystallization), 펙틴(pectin)의 변성 및 전분의 젤라틴화를 포함한 과채류 조직의 변화와 관련된다.

또한 조직은 건조방법에 영향을 받는다. 식품은 일반적으로 고온에서 건조할 경우 식품 표면에서의 수분증발속도가 내부로부터의 확산속도보다 매우 커서 표면에 건조된 단단하거나 유리질의 막을 형성하는데 이 현상을 표면경화(case hardening)라고 한다. 과일은 건조 전에 설탕을 주입하면 표면경화를 억제할 수 있다. 설당은 함수율 25% 이하에서 부드럽고 유연한 조직을 유지하는 데 도움이 된다. 표면경화는 당류나 그 밖의 용질의 농도가 큰 식품에서 더욱 현저하다.

(4) 향미의 상실

향기와 풍미와 관련된 휘발성 유기성분의 비등점이 물보다 낮다. 따라서 건조 중에 향과 풍미가 흔히 상실된다. 그러나 건조 초기에 재료의 표면에 얇은 건조층을 형성하면 이 건조층이 수분만을 선택적으로 투과시키므로 풍미 성분의 휘발을 억제할 수 있다.

7.4.3 영양손실

(1) 단백질 변성 및 아미노산의 파괴

단백질의 변성에 영향을 미치는 인자는 수분함량, 온도, 산, 전해질 및 pH 등을 들 수 있는데, 식품의 수분함량이 많으면 비교적 저온에서 변성이 일어나고 적으면 고온에서 일어난다. 예로써 알부민의 경우 수분함량 50%일 때 56℃에서 변성이 일어나는 반면 수분이 없는 경우에는 160℃에서 일어난다.

일반적으로 건조 초기의 식품온도가 55℃ 이상이면 단백질이 변성되는데, 이는 건조식품의 조직감, 보수력, 용해성, 수축 등에 영향을 미친다.

건조공정 중 특히 열에 약한 필수아미노산인 라이신(lysine)이 파괴되며 아울러 건조 중에 아미노산이 환원당과 마이야르(Maillard) 반응을 일으켜 마미노산 함량이 급격히 감소한다. 이러한 건조제품은 단백질 효율비(protein efficiency ratio, PER), 생물가(biological value, BV) 및 소화율이 떨어진다.

(2) 비타민의 파괴

건조 중 비타민 C(ascorbic acid)와 티아민(thiamin)의 파괴율이 높으며, 지용성 비타민은 수용성 비타민에 비하여 손실이 적다. 비타민 C는 수분함량이 높을 때 고온에 민감하므로 건조 초기에 함수율이 높을 때는 건조온도를 낮추어야 하며, 건조가 진행되면서 수분함량이 낮아지면 비타민 C는 보다 안정적이므로 건조 후기에는 건조온도를 높일 수 있다.

(3) 미생물적인 품질

수분활성도가 0.85 이하로 감소하면 미생물의 성장이 억제되지만 살균된 상태는 아니다. 건조 중의 열이 미생물의 수를 줄이지만 식품을 부패시키는 미생물이 재가공 식품에서 문제를 야기할 수 있다. 저온건조가 조직 특성을 유지하는 데 가장 적절하지만 가능한 고온건조를 하면 미생물의 열로 인한 사멸을 최대화할 수 있다.

연 | 습 | 문 | 제

1 식품을 초기함수율 75%(w.b.)에서 임계함수율 30%(w.b.)까지 건조하는 데 10분이 소요되고, 총 건조시간이 15분 소요되었다면 식품의 최종함수율을 구하여라.

2 초기함수율 85.4%(w.b.)인 두께 d=12.7 mm인 사과 절편을 상자형 건조기에서 건구온도 78℃, 습구온도 38℃의 공기로 건조한다. 열풍은 유속 6.5 m/s로 사과절편의 표면과 평행하게 흐른다. 사과절편의 밀도 ρ= 881 kg/m^{3}이다. 사과의 항률건조속도(kg-water/kg-dry solid·hr)를 구하여라.

3 초기함수율 60%(w.b.)의 식품을 300 kg/hr의 속도로 드럼건조기에 공급한다. 드럼의 표면적이 4 m^2, 총 열전달계수는 1500 W/m^2·K이다. 드럼의 표면과 식품 사이의 평균온도 차이가 70℃이고, 수분증발잠열이 2500 kJ/kg일 때 건조식품의 최종함수율을 구하여라.

4 곡물연속식 건조기에서 초기함수율 23%(w.b.)의 벼가 건조기를 1회 통과할 때 20.8%(w.b.)까지 건조된다. 유입열풍의 온도는 50℃, 상대습도 15%이다. 벼의 투입속도는 20 ton/hr이다. 투입 벼의 온도는 15℃, 배출 벼의 온도는 30℃이며, 배기의 온도는 33℃이다. 필요한 송풍량을 구하여라.
벼의 비열 : $c_p = 1.110 + 0.0448M$ [kJ/kg·K], M 함수율(%, w.b.)

5 유동층 건조기로 당근 절편을 건조한다. 당근의 초기함수율은 60%(w.b.), 초기온도는 25℃이다. 건구온도 20℃, 상대습도 60%의 공기를 120℃까지 가열하여 건조에 이용한다. 건조공기의 질량유량은 700 kg-dry air/hr이다. 당근의 최종함수율은 10%(w.b.)이며 건조기에서 배출되는 당근의 온도는 유입공기의 습구온도와 같다. 배출공기의 온도는 배출 당근의 온도보다 10℃ 높다. 당근의 건물비열은 2 kJ/kg·K이다. 건조당근의 생산율(G_p)을 구하여라.

6 직경 15 mm의 구형 식품의 초기함수율은 1.5(dec., d.b.)이다. 상자에 5 cm의 두께로 퇴적하고 함수율 0.1(dec., d.b.)까지 건조한다. 퇴적층의 건물산물밀도는 560 kg-dry matter/m^3이다. 건물의 진밀도는 1400 kg/m^3이다. 건구온도 120℃, 절대습도 0.05 kg/kg의 공기를 유속 0.8 m/s로 통기류 건조를 한다. 임계함수율은 0.5(dec., d.b.)이다. 건조시간을 계산하여라.

7 직경 30 μm의 액체식품 입자를 건구온도 100℃, 습구온도 35℃의 열풍으로 분무 건조한다. 항률건조기간이 끝날 때의 입자 지름은 15 μm이다. 항률건조시간을 계산하여라. 단, 온도 35℃에서 물의 증발잠열은 2419 kJ/kg, 식품 입자의 밀도는 1035 kg/m^3, 식품의 열전도율 k_f= 0.035 W/m·K로 가정한다.

8 밀도 1067 kg/m^3, 두께 15 mm, 초기함수율 80%(w.b.)인 쇠고기를 5%(w.b.)까지 동결건조한다. 건조실(진공실) 내의 공기온도는 35℃이며 절대압력이 250 μmHg이다. 건조 쇠고기의 열전도계수는 0.0692 W/m·K이다. 대류열전달계수는 대단히 크다고 가정하고 대칭건조의 경우 건조소요시간을 구하여라.

참고문헌

1. 변유량 외 14인. 2002. **현대 식품공학**. 지구문화사.
2. Barbosa-Ca'novas, G. V. and H. Vega-Mercado. 1996. *Dehydration of Foods*. Chapman & Hall.
3. Franzen, K., R. K. Singh and M. R. Okos. 1990. Kinetics of noneenzymatic browing in dried skim milk. *J. Food Eng.*, 11.
4. Heldman, D. R. and D. B. Lund. 2007. *Handbook of Food Engineering*, 2nd Edition. CRC.
5. Heldman, D. R. and R. P. Singh. 1981. *Food Process Engineering*. 2nd Edition. AVI.
6. Lee, D. S., D.H. Keum, N. H. Park, and M. H. Park, 1989. Optimum drying conditions of on farm red pepper dryer. *Korean J. Food Sci. Technol.* 21(5).
7. Mujumdar, A. S. 1987. *Handbook of Industrial Drying*. Dekker.
8. Singh, R. P. and D. R. Heldman. 2001. *Introduction to Food Engineering*. 3rd Edition. Academic Press.
9. Valentas, K. J., E. Rotstein and R. P. Singh. 1997. *Handbook of Food Engineering Practice*. CRC.

Post-Harvest Process Engineering

Chapter 08 선별

Chapter

08 선별

수확된 농산물은 주원료(basic material) 이외에 지푸라기, 잔돌, 잡초 씨, 쇠붙이 등 이물질을 포함한다. 이물질은 농산물의 상품가치를 저하시킬 뿐만 아니라, 저장 및 가공과정에서 주원료의 품질 저하, 가공제품의 수율 및 품질 저하, 가공기계의 손상 및 능률 저하 등 많은 문제점을 야기한다.

그리고 주원료의 각 개체는 성숙도, 크기, 색깔, 구성성분 등이 서로 다르다. 주원료의 균일성은 농산물의 상품가치, 가공제품의 수율 및 품질, 가공기계의 능률 등에 큰 영향을 끼치므로 이물질을 제거한 후에 불건전한 원료는 다시 제거하여야 하며, 나아가 주원료는 각 개체의 크기, 무게, 모양, 색깔, 주요성분 등에 따라 품질별 분류가 요구된다.

일반적으로 주원료 이외의 이물질을 제거하는 작업을 정선(cleaning), 주원료를 품질별로 분류하는 작업을 선별(sorting)이라고 정의한다. 그러나 실제 작업과정에서는 특히 곡류의 경우 정선 및 선별이 동시에 이루어지는 경우도 많기 때문에 이들 용어가 혼용되기도 한다.

이 장에서는 농산물의 정선 및 선별작업에 사용되는 각종 기계 및 장치의 종류, 원리 및 설계에 대하여 살펴본다.

8.1 선별원리

8.1.1 선별인자

곡류, 과실류, 근채류, 엽채류 등 각종 농산물의 정선 또는 선별에는 농산물의 기하학적 특성, 기계적 특성, 공기역학적 특성, 광학적 특성, 전기적 특성 등이 이용되며, 각종 농산물의 종류에 따른 구체적인 주요 선별인자는 다음과 같다.

- **곡 류** : 낟알의 크기(두께, 길이, 폭), 모양, 비중, 종말속도, 색깔, 유전율 등
- **과실류** : 낱개의 크기(지름, 높이, 단면적), 모양, 무게, 색깔, 유전율, 당도, 산도, 숙도 등
- **근채류와 엽채류** : 낱개의 크기(길이, 폭, 지름), 무게, 단면적, 색깔 등

8.1.2 선별인자 선정

위에서 열거한 바와 같이 선별인자는 여러 가지가 있지만 이물질 제거의 경우 주원료와 이물질 사이에, 그리고 주원료의 품질별 분류의 경우 품질인자 간에 통계적으로 유의한 차이가 있는 인자를 찾아야 한다. 여기서는 이물질 제거의 경우를 살펴본다.

선별인자를 탐색하기 위하여 선별대상 원료로부터 주원료 N개와 이물질의 종류별(i)로 각각 M_i 개의 시료를 채취하여 각 선별인자의 값을 측정하고, 각 이물질 및 선별인자별로 빈도분포곡선을 작성한다. 그림 8-1은 하나의 선별인자에 대해 나타날 수 있는 3가지 빈도분포도를 나타내며, 식 (8-1)을 이용하여 빈도분포에 따른 분리가능지수(λ_1)를 구할 수 있다. 만약 2가지의 선별인자를 동시에 사용할 경우는 그림 8-2와 같이 빈도분포곡선을 그리고 식 (8-2)를 이용하여 분리가능 지수(λ_2)를 구하여 분리 정도를 예측할 수 있다.

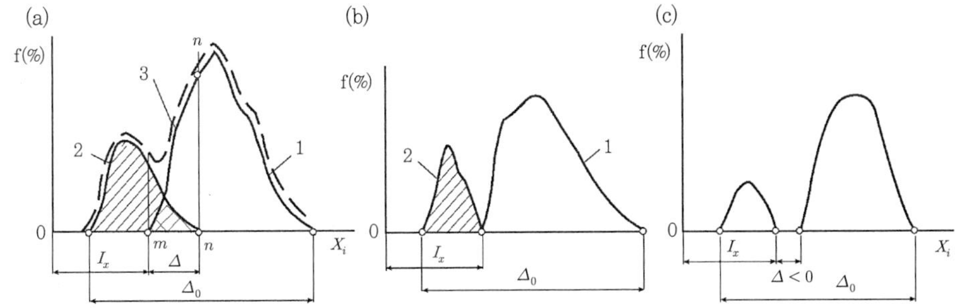

[그림 8-1] 곡류의 분리지수 결정을 위한 선별인자에 대한 3가지(a, b, c) 경우의 빈도분포
(1: 주원료, 2: 잡초 씨, 3: 전체)

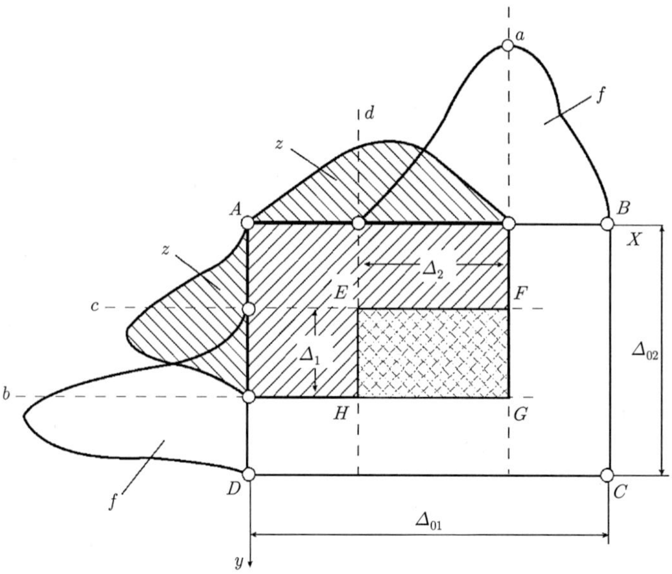

[그림 8-2] 2가지 선별인자의 빈도분포 및 이를 이용한 분리지수의 결정

$$\lambda_1 = \frac{\Delta_o - \Delta}{\Delta_o} = 1 - \frac{\Delta}{\Delta_o} \tag{8-1}$$

$$\lambda_2 = 1 - \frac{\Delta_1 \Delta_2}{\Delta_{01} \cdot \Delta_{02}} \tag{8-2}$$

단 위의 식에서 두 그룹이 완전히 분리되는 경우 Δ, Δ_1, 또는 Δ_2는 음(-)으로 간주한다. 위의 식에서 구한 λ 값에 따라 다음과 같은 결론을 내릴 수 있다.

- $\lambda = 0$: 선별이 불가능
- $0 < \lambda < 1$: 선별이 곤란함
- $\lambda \geq 1$: 선별이 용이함

한편, 통계적으로 선별인자에 대한 두 집단 사이의 차이의 유의성을 판정하기 위하여 다음 식을 이용한다.

$$\delta_\chi = \frac{\mu_1 - \mu_2}{\sqrt{\sigma_1^2 + \sigma_2^2}} \geq 3 \tag{8-3}$$

여기서, δ_χ : 선별인자 값의 차이의 유의성

μ_1, μ_2 : 주원료와 이물질의 선별인자의 평균값

σ_1, σ_2 : 주원료와 이물질의 선별인자의 표준편차

위의 식에서 $\delta_x < 3$일 경우 유의성이 없는 것으로 간주하며, 선별이 곤란한 것으로 판정한다.

예제 8-1

수확한 아마 씨에 들어 있는 잡초 씨를 제거하기 위하여 아마 씨 200개와 아마 씨에 들어 있는 2가지 잡초 씨 각각 100개를 채취하여 길이, 폭 및 두께를 각각 측정하고 각 선별인자 및 대상 물질별로 빈도분포를 조사한 결과 그림 8-3과 같이 나타났다. 이 그림에서 빗금친 빈도분포는 아마 씨이다. 이들 그림에서 폭 및 길이에 대한 분리가능지수를 각각 구하고 폭과 길이를 동시에 선별인자로 사용할 경우 분리가능지수를 구하여라.

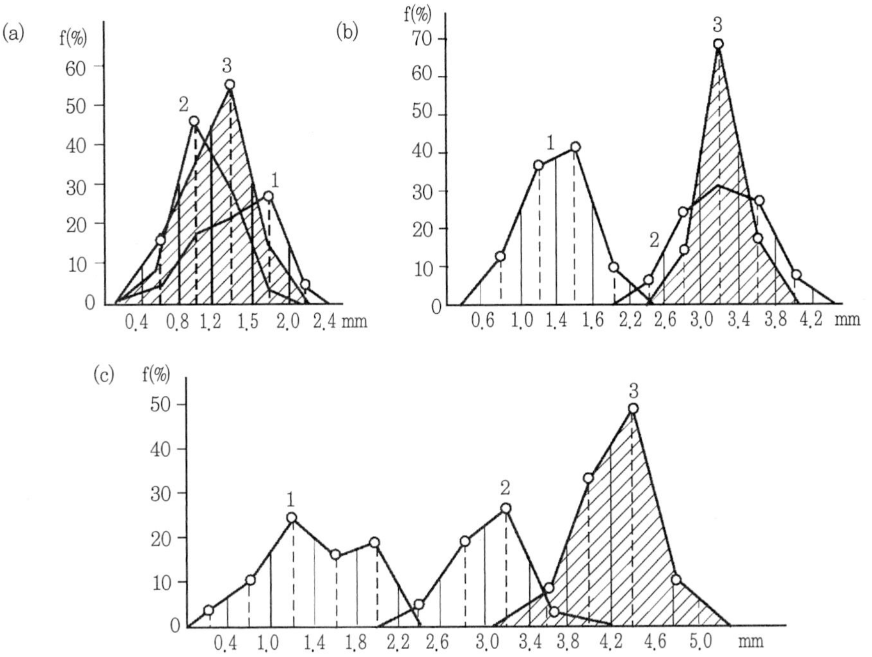

[그림 8-3] 아마 씨(3)와 여기에 포함되어 있는 잡초 씨(1,2)의 두께(a), 폭(b) 및 길이(c)에 대한 빈도분포

풀 이

(1) 폭 또는 길이에 대한 각 대상물질별 Δ_o와 Δ를 구하고 선별가능지수(λ_1)를 구하면 다음과 같다.

1) 폭: 주원료 대 잡초 씨 1 $\lambda_1 = 1 - \dfrac{0}{4.0 - 0.4} = 1$

주원료 대 잡초 씨 2 $\lambda_1 = 1 - \dfrac{4.0 - 2.4}{4.2 - 2.2} = 0.2$

2) 길이: 주원료 대 잡초 씨 1 $\lambda_1 = 1 - \frac{-(3.2-2.4)}{5.2} = 1.15$

주원료 대 잡초 씨 2 $\lambda_1 = 1 - \frac{4.0-3.2}{5.2-2.2} = 0.74$

(2) 길이만 이용하여 주원료와 잡초 씨(1+2)를 선별할 경우

$$\lambda_1 = 1 - \frac{4.0-3.2}{5.2} = 0.85$$

(3) 폭과 길이를 동시에 이용하고 주원료와 잡초 씨(1+2)에 대한 선별가능지수는 잡초 씨 1과 2를 합한 빈도분포를 이용하여 구할 수 있다.

$$\lambda_2 = 1 - \frac{(4.0-2.4)(4.0-3.2)}{(4.2-0.4)(5.2-0.4)} = 0.93$$

이상의 결과를 종합할 때 길이만 사용하는 것보다 폭과 길이를 동시에 이용하는 것이 선별가능률이 높은 것으로 나타나고 있다.

8.1.3 선별공정 구성

위의 예제에서와 같이 선별인자별 빈도분포도와 선별가능지수가 분석되면 선별공정을 설계하여야 한다. 선별공정의 구성 원칙은 주원료의 손실을 최소화하고(분리가능지수의 최대화), 시간당 선별능률을 최대로 하며, 선별공정은 가급적 단순하여야 한다.

위 예제의 경우 선별인자로 길이만 이용할 것인지 또는 길이와 폭을 동시에 이용할 것인지를 고려하여야 한다. 선별능률, 즉 시간당 처리량은 이물질의 구성비, 선별인자의 종류, 선별인자를 이용한 단위선별기의 선별능률 등과 관련된다. 위 예제에서 길이만 이용하는 선별공정을 선택할 경우 전체 원료가 길이의 차이를 이용하는 선별기를 통과하여야 하며, 폭과 길이를 이용할 경우 일차적으로 폭의 차이를 이용하는 선별기를 통과시켜 잡초 씨 1을 거의 대부분, 잡초 씨 2를 일부분 제거한 후에 길이의 차이를 이용하는 선별기를 통과시킴으로써 길이선별기의 부담을 줄일 수 있다. 일반적으로 길이의 차이를 이용하는 홈선별기는 폭의 차이를 이용하는 스크린선별기보다 시간당 선별능률이 훨씬 떨어지므로 폭과 길이를 동시에 이용하는 선별공정의 선별능률이 길이만 이용하는 공정보다 높을 수 있다. 또한 예제에서와 같이 분리율도 향상시킬 수 있으므로 선별공정의 설계에 유의하여야 한다.

8.2 곡물 선별

8.2.1 곡물 선별원리 및 선별인자

수확·탈곡된 곡물혼합물(grain mixture) 내에는 주종 곡물을 비롯하여 이종곡물, 잡초 씨, 짚, 줄기, 잎사귀, 지경 부착립 등과 같은 유기물뿐만 아니라 모래, 돌가루, 흙덩어리 등과 같은 무기물이 포함되어 있다. 또한 주종 곡물 내에도 미숙립, 쇄립, 손상립, 발아립 등과 같은 불건전한 곡립 등이 포함되어 있다.

수확·탈곡된 곡물혼합물로부터 이물질과 불건전립을 분리·제거하는 기계를 통칭하여 곡물선별기(grain separator)라고 한다. 일반적으로 수확·탈곡된 곡물로부터 짚, 줄기, 잎사귀, 지경 부착립, 뿌리 등과 같이 크기와 부피가 비교적 큰 이물질을 분리하여 제거하는 데 사용되는 선별기를 예비선별기(precleaner)라고 하며 예비선별기를 통과한 피선별물에 포함되어 있는 비교적 크기와 부피가 작은 이물질 또는 불건전립을 분리하고 제거하는 선별기를 곡물정선기(grain cleaner, grain separator)라고 한다. 또한 곡물정선기 또는 정선부를 통과한 주종 곡물을 다시 크기, 비중, 모양, 빛깔 등에 따라 등급별로 분류하는 데 사용되는 선별기를 등급선별기(sorter, grader)라고 한다.

곡물의 예비 선별, 정선 및 등급 선별작업 시에는 주종곡물, 불건전립, 이물질의 길이, 폭, 두께, 지름, 모양 등과 같은 기하학적 특성을 비롯하여 종말속도, 비중, 표면의 조직, 마찰계수, 빛깔, 리질리언스, 유전율, 경도 등과 같은 여러 가지 물리적 특성이 선별인자로 이용된다.

곡물 선별작업 시에는 앞서 언급한 바와 같은 여러 가지 선별인자 가운데 1가지 선별인자만 독립적으로 이용되는 경우도 있으나 대부분의 경우에는 2개 이상의 선별인자가 복합적으로 이용된다. 이 경우에는 주종 곡물과 제거하고자 하는 이물질에 대한 정밀한 개체분석을 실시하여 이들 선별인자 가운데 가장 큰 차이를 나타내는 몇 개의 선별인자를 주 선별인자와 부 선별인자로 선정하고 이들에 적합한 선별시스템을 도입하면 선별효율을 향상시킬 수 있다. 예를 들어 벼와 잡초 씨를 분리하고자 할 경우에 길이, 폭, 두께를 적합한 선별인자라고 간주하고 이들에 대한 개체조사를 실시하여 그림 8-4와 같은 분포도를 얻었다고 하면 이 경우에는 길이를 주 선별인자로 선택하여 길이 선별에 적합한 선별시스템을 사용하면 벼와 잡초 씨를 완전하게 분리할 수 있다.

그러나 이와 같이 각 성분의 특정 선별인자분포가 확연하게 차이가 나는 경우는 매우 드물며 선별인자의 분포가 중첩되어 1가지 선별인자만으로는 완전한 분리가 불가능한 경우가 대부분이다.

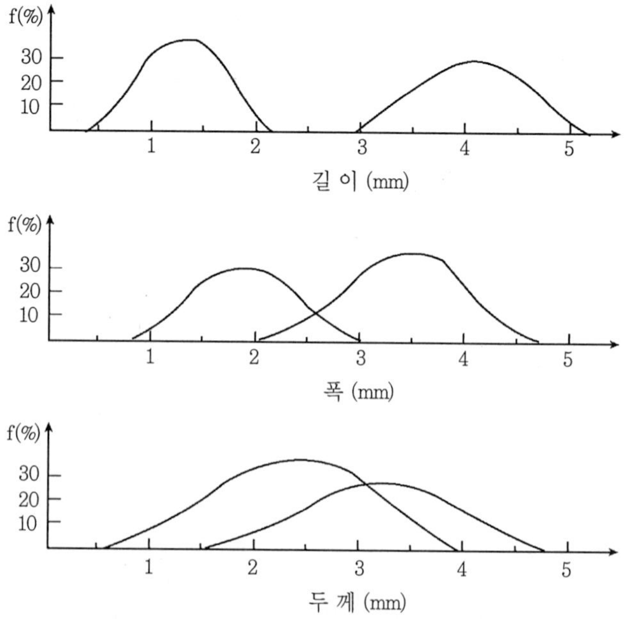

[그림 8-4] 3개의 선별인자의 계급별 빈도분포

따라서 이와 같은 경우에는 분리성능을 향상시키기 위하여 주 선별인자 이외에 여러 개의 부 선별인자를 선정하여 이들을 복합적으로 이용하는 선별방법을 채택하여야 한다. 한편 선별공정을 설계할 경우에는 분리 가능률뿐만 아니라 선별능률을 동시에 고려하여야 한다. 일반적으로 길이를 선별인자로 이용하는 선별시스템의 선별능률은 폭을 선별인자로 하는 선별시스템의 선별능률보다 낮기 때문에 그림 8-4와 같은 경우에는 일차적으로 폭을 선별인자로 하는 선별시스템을 이용하여 선별한 후 이차적으로 길이를 선별인자로 하는 선별시스템을 이용하는 것이 능률적이다.

8.2.2 곡물 선별기의 분류

곡물 선별기는 선별대상 곡물의 종류, 주 선별인자, 선별부의 형상, 사용 목적 등에 따라 다양하기 때문에 체계적으로 분류하기는 어렵지만 일반적으로 주 선별인자 및 선별부의 형상에 따라 분류된다.

곡물 선별작업에 사용되고 있는 곡물 선별기의 종류는 매우 다양하지만 대부분의 곡물 선별작업에는 크기(길이, 폭, 두께, 지름 등) 및 형상을 주 선별인자로 하고 있는 체선별기(screen separator), 종말속도를 주 선별인자로 하고 있는 기류선별기(aspirator 또는 pneumatic separator), 크기, 특히 길이와 형상을 주 선별인자로 하고 있는 홈선별기(indented cylinder separator 또는 indent disc separator), 비중을 주 선별인자로 하고 있는 비중선별기(gravity separator/gravity table) 등이 주로 사용되고 있다.

그러나 곡물 선별작업에는 이들 선별기들이 독립적으로 사용되는 경우도 있으나 이들 가운데 2가지 이상의 선별기를 조합하여 만든 조합형 선별시스템이 주로 이용된다. 특히 예비 선별부, 스크린 선별부, 기류 선별부 및 홈 선별부 등을 한 기체 내에 설치하여 예비 선별에서부터 등급선별까지의 모든 선별작업을 수행하는 조합형 선별기(complex separator)도 있다. 그림 8-5는 예비선별용 체 선별부, 기류 선별부, 원통형 체 선별부, 원통형 홈 선별부를 갖춘 실험실용 조합형 선별기이다.

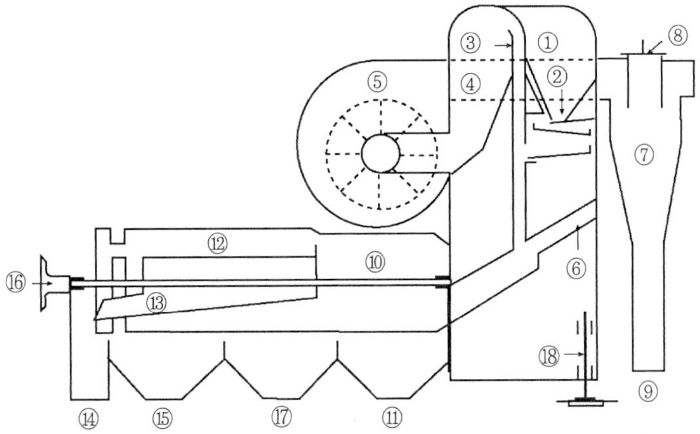

① 시료호퍼 ② 공급량 조절장치 ③ 정선용 스크린 ④ 기류 채널 ⑤ 흡입 팬 ⑥ 흡입 채널 ⑦ 사이클론 ⑧ 공기량 조절장치 ⑨ 가벼운 이물질 ⑩ 원통형 스크린 ⑪ 원통형 스크린 배출물 배출구 ⑫ 원통형 홈 선별부 ⑬ 집적통 ⑭ 집적통에 낙하한 분리물 배출구 ⑮ 홈 선별부 통과 곡물 배출구 ⑯ 집적통 각도 조절장치 ⑰ 원통형 홈선별기 대용 등급선별용 원통형 스크린 사용할 경우 분리물 배출구 ⑱ 기울기 조절장치

[그림 8-5] 실험실용 조합형 곡물 선별기

8.2.3 스크린선별기

(1) 스크린선별기의 구조

스크린선별기는 얇은 철판, 알루미늄판, 또는 플라스틱판 등에 일정한 배열로 특정한 모

양의 구멍을 뚫은 천공 스크린(punched/stamped/perforated screen) 또는 철선, 화학섬유, 천연섬유 등을 엮어 짠 직조 스크린(woven wire-mesh screen), 이들 스크린에 일정한 운동을 주기 위한 구동장치, 호퍼 등과 같은 공급장치, 스크린 경사각 조절장치, 스크린 구멍에 박혀 있는 곡립을 제거하기 위한 스크린 청소장치 등으로 구성되어 있다.

(2) 스크린선별기의 성능에 영향을 미치는 요인

1) 스크린 구멍의 형상 및 배열

① 천공 스크린

천공 스크린에 뚫려 있는 구멍의 모양은 원형, 정사각형, 직사각형, 정삼각형 등이다. 선별인자를 곡립의 폭 또는 지름으로 할 경우에는 원형 또는 정사각형 구멍이 뚫린 스크린을 선택하고 선별인자를 두께로 할 경우에는 직사각형 구멍이 뚫린 스크린을 선택하는 것이 원칙이다. 직사각형 구멍 가운데 단변 부분을 직각으로 처리한 것을 각형 구멍(slotted opening)이라고 하며, 단변을 지름으로 하여 반원형으로 처리한 것을 장원형 구멍(oblong opening)이라고 하는데 이들은 모두 두께를 선별인자로 할 경우에 사용된다. 한편 메밀(buckwheat) 등과 같이 삼각뿔 모양을 한 곡물을 선별할 경우에는 정삼각형 모양의 구멍이 뚫린 스크린을 선택하는 것이 좋다. 따라서 길이를 선별인자로 하여 곡물을 선별할 경우에는 구멍의 모양이 어떤 것이든 간에 천공 스크린을 선택하는 것은 바람직하지 않다.

천공 스크린의 구멍 면적 비율, 즉 개구비, 강도 및 선별효율은 구멍의 배열방법에 따라 달라지므로 구멍 배열 방법을 신중히 선택하여야 한다. 일반적으로 원형 구멍의 배열방법은 그림 8-6(a)에서와 같이 서로 이웃하는 구멍의 중심을 잇는 직선이 60도를 이루도록 서로 엇갈리게 배열하여 하나의 구멍을 둘러싼 6개의 구멍의 중심을 이은 선이 정육각형을 이루고 정육각형의 두 변이 그림에서 화살표로 표시된 곡물의 흐름 방향과 직각이 되도록 배열하는 것이 원칙이다. 한편 스크린의 장변의 길이가 950 mm 이

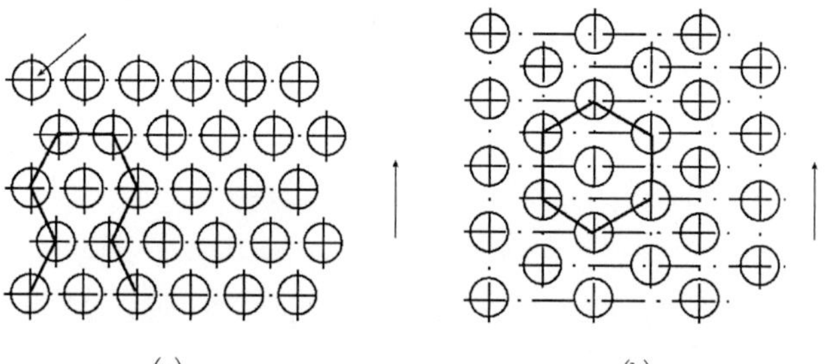

(a) (b)

[그림 8-6] 엇갈린 배열을 하고 있는 원형 구멍 스크린

상인 긴 스크린의 경우에는 (b)에서와 같이 정육각형의 두 변이 스크린의 장변과 나란하게 배열하는 경우도 있다. 이와 같은 배열방법을 명확히 하려면 구멍의 직경(perforation size), 이웃하는 구멍 중심 간의 거리(center-to-center) 및 배열방법(pattern) 등이 명기되어야 한다. 또한 정사각형 구멍의 경우에는 병렬로 배열하거나 서로 엇갈리게 배열한다. 그러나 어느 경우에도 구멍 중심 간의 거리는 같게 하는 것이 원칙이다.

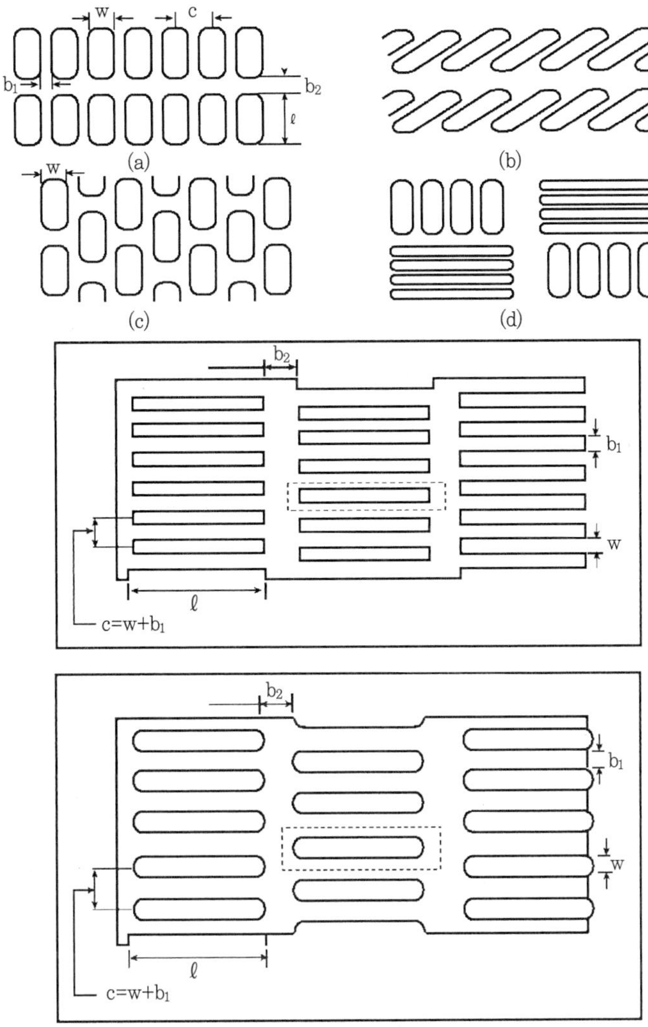

[그림 8-7] 직사각형 스크린 구멍의 여러 가지 배열방법

한편 장원형을 포함한 직사각형 구멍의 배열방법에는 그림 8-7에서 보는 바와 같이 여러 가지 방법이 있으나 가장 일반적인 방법은 그림의 (a)와 (c)에서 볼 수 있는 바와 같이 직사각형의 장변을 피선별물이 흘러가는 방향과 일치하도록 배열하는 것

이다. 이 경우에 그림 8-7에서 보는 바와 같이 서로 이웃하는 열에 배열된 각형 또는 장원형 구멍들을 서로 나란하게 배열하거나 서로 엇갈리게 배열하는 방법(end-staggered arrangement)이 있다. 이와 같은 배열을 명확히 하려면 장변의 길이(length, ℓ), 단변의 길이(width, w), 구멍 중심 간의 길이(center-to-center, c), 장변과 장변 사이의 길이(bridge, b_1), 단변과 단변 사이의 길이(end-bridge, b_2) 및 배열방법(pattern) 등에 관한 정보가 제공되어야 한다.

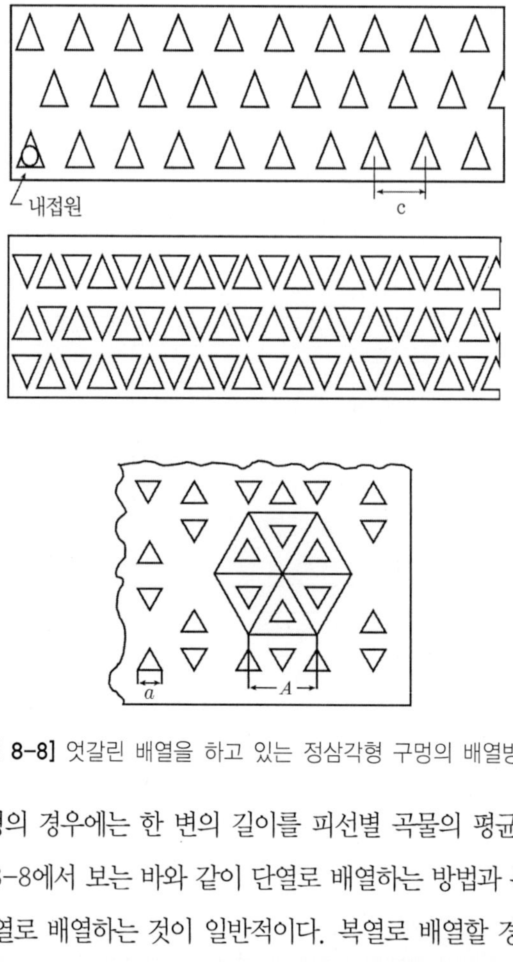

[그림 8-8] 엇갈린 배열을 하고 있는 정삼각형 구멍의 배열방법

또한 정삼각형의 경우에는 한 변의 길이를 피선별 곡물의 평균 폭으로 하는 것이 원칙이며 그림 8-8에서 보는 바와 같이 단열로 배열하는 방법과 복열로 배열하는 방법이 있으나 복열로 배열하는 것이 일반적이다. 복열로 배열할 경우 한 개의 정삼각형 구멍을 둘러싼 6개의 정삼각형 구멍의 중심을 잇는 선이 정육각형을 이루고 이 정육각형을 6등분하였을 때 형성되는 삼각형이 삼각형 구멍과 상사형이 되도록 배열하는 것이 일반적이다. 정삼각형 구멍의 배열을 명확히 하려면 구멍 한 변의 길이, 구멍 중심 간의 길이 또는 브리지의 크기, 내접원의 직경, 배열방법 등에 관한 정보가 제공되어야 한다.

② 그물 체(wire-mesh screen) 및 직조 스크린(woven screen)

철선, 화학사 또는 실크사를 정사각형으로 엮어서 만든 그물 체 또는 직조 스크린은 곡류 또는 제분공정의 정선작업에 주로 사용되고 있으며 특히 곡류의 정선작업에 사용되고 있는 스크린의 유효치수는 0.8~5.0 mm 범위이다. 유효치수란 그물 체와 직조 스크린의 규격을 표시하는 방법의 하나로서 서로 이웃하는 선과 선 사이의 간격을 말하며 유효치수를 이용하여 이들의 규격을 표시하는 경우에는 '몇 mm' 스크린이라고 표시한다. 한편 이들의 규격을 표시하기 위하여 호칭번호(mesh number)를 이용하는 경우가 있다. 그물 체 또는 직조 스크린의 선으로 둘러싸인 사각형 공간을 스크린 구멍(aperture/opening) 또는 체눈이라고 하며 1인치 내에 들어 있는 스크린 구멍의 수를 메시(mesh)라고 한다. 예를 들어 '10mesh체'란 1인치(25.4 mm) 내에 10개의 체 구멍이 있는 스크린을 지칭한다. 이 경우의 유효치수를 구하려면 1개의 체 구멍의 길이, 즉 0.1인치(2.54 mm)에서 선의 굵기(0.889 mm)를 뺀 값, 즉 1.651 mm(1651 μm)가 된다. 따라서 메시란 주로 구멍 크기가 서로 다른 체를 구분하기 위하여 사용되며 스크린의 규격이 메시로 주어졌을 경우 선의 굵기에 관한 정보가 없으면 유효치수를 계산할 수 없다.

2) 스크린의 개구율(opening ratio)

스크린의 개구율이란 스크린의 전체 면적에 대한 총 구멍 면적의 백분율을 말하며 이것은 단위시간당 스크린을 통과하는 피선별물의 양, 즉 선별능률뿐만 아니라 선별판의 강도와도 밀접한 관계가 있다. 구멍의 크기, 구멍 중심 간의 길이, 브리지(end-bridge)의 크기, 구멍 배열방법 등에 관한 정보가 주어지면 스크린의 개구율은 다음과 같은 식을 이용하여 계산할 수 있다.

① 원형 구멍이 뚫린 스크린

구멍 중심 간의 길이를 한 변으로 하는 정육각형의 넓이에 대한 정육각형 내에 있는 3개의 구멍 면적의 백분율

$$\phi = \frac{\pi D^2}{2\sqrt{3}\,(D+b)^2} \times 100(\%) \qquad (8\text{-}4)$$

여기서, ϕ : 개구율(%)
D : 구멍의 직경(mm)

b : 브리지의 크기(mm)
C : 구멍 중심 간의 길이(mm)$=D+b$

② 직사각형 구멍이 뚫린 스크린

단변 길이에 장변 사이의 브리지를 합한 길이와 장변 길이에 단변 사이의 브리지를 합한 길이를 곱하여 얻은 면적에 대한 한 개의 구멍 면적에 대한 백분율

$$\phi = \frac{w\ell}{(w+b_1)(\ell+b_2)} \times 100(\%) \tag{8-5}$$

여기서, ϕ : 개구율(%)
w : 직사각형 구멍의 단변의 길이(mm)
ℓ : 직사각형 구멍의 장변의 길이(mm)
b_1 : 장변과 장변 사이의 브리지(mm)
b_2 : 단변과 단변 사이의 브리지(mm)

③ 정삼각형 구멍이 뚫린 스크린

구멍 각 변의 브리지를 이등분하는 선이 이루는 정삼각형 면적에 대한 한 개의 정삼각형 구멍 면적의 백분율 또는 구멍 사이의 브리지를 이등분하는 선들이 이루는 정육각형의 면적에 대한 이 정육각형 내에 있는 6개의 구멍 면적의 백분율 또는 A를 한 변으로 하는 삼각형의 면적에 대한 정삼각형 구멍의 백분율

$$\phi = \left(\frac{a}{A}\right)^2 \times 100(\%) \tag{8-6}$$

여기서, ϕ : 개구율(%)
A : 구멍 사이의 브리지를 2등분하는 선들이 이루는 정삼각형 한 변의 길이(mm)
a : 정삼각형 구멍의 한 변의 길이(mm)

3) 스크린 구멍의 유효치수(operating size)

스크린 구멍의 유효치수란 구멍의 최소치수를 말하는데, 이는 곧 스크린을 통과할 수 있는 곡물의 최소치수가 된다. 따라서 원형구멍의 경우 유효치수는 원형구멍의 지름이 되며 직사각형 구멍의 유효치수는 단변의 길이가 된다. 한편 정삼각형 구멍의 유효치수는 한 변의 길이가 된다. 이것은 피선별물 가운데 스크린을 통과하는 곡물 몫(lower fraction)과 통과하지 못하는 곡물 몫(upper fraction)을 결정하는 중요한 기준이 되므로 스크린이 어떤 목적으로 사용되느냐에 따라 구멍의 유효치수를 달리하는 것이 좋다. 스크린의 유효치수는 다음과 같이 정하는 것이 일반적이다.

- 주종 곡립보다 큰 이물질 제거용 스크린 : $X+3\sigma$
- 주종 곡립보다 작은 미숙립 및 쇄립 제거용 스크린 : $X-\sigma$
- 주종 곡립보다 훨씬 작은 잔돌과 잡초 씨 제거용 스크린 : $X-3\sigma$

여기서, X : 주종 곡립의 평균 크기
σ : 주종 곡립 크기의 표준편차

예를 들어 위와 같이 구멍의 유효치수가 각기 다른 3개의 스크린을 갖는 3단의 스크린 선별기를 이용하여 곡물혼합물을 선별할 경우 피선별물은 4가지 성분으로 분류된다. 즉 주종 곡물보다 큰 이물질 등은 첫 번째 스크린 위에 남게 되며 첫 번째 스크린을 통과한 곡물혼합물 가운데 충실한 주종 곡립은 두 번째 스크린 위에 남게 된다. 두 번째 스크린을 통과한 미숙립, 쇄립, 잔돌, 잡초 씨 가운데 비교적 크기가 큰 쇄립과 미숙립은 세 번째 스크린 위에 남게 되고 잔돌과 잡초 씨 등은 세 번째 스크린을 통과하므로 투입된 곡물혼합물은 각 스크린 위에 남는 3가지 성분과 세 번째 스크린을 통과한 성분으로 분류된다.

4) 스크린의 경사각

호퍼로부터 흘러내려오는 곡물이 스크린의 경사면을 따라 움직일 수 있도록 대부분의 스크린선별기의 스크린은 일정한 크기의 경사각을 가지고 있으며 경사각의 크기는 스크린의 운동 여부 및 단위시간당 처리량, 즉 선별능률에 따라 달라질 수 있다. 대부분의 스크린선별기는 스크린 경사각을 조절할 수 있도록 되어 있으나 경사각이 고정된 스크린선별기도 있다. 특별한 스크린 운동이 주어지지 않는 고정식 스크린의 경우에는 스크린 경사각은 최소한 선별대상 곡물의 안식각 이상이 되어야 할 것이다.

5) 스크린 및 곡물 입자의 운동

스크린 위에 투입된 곡물의 선별작업이 이루어지기 위해서는 곡물과 스크린 간에는 상대운동이 있어야 한다. 즉 곡물과 스크린은 각기 다른 운동을 하여야 한다. 곡물과 스크린이 상대운동을 하기 위해서는 경사진 고정 스크린에 곡물을 투입하거나 특정한 형태의 운동을 하는 스크린 위에 곡물이 투입되어야 한다.

스크린선별기에 의하여 적절한 선별작업이 이루어지려면 일차적으로 피선별 곡물을 스크린 전체 면적에 일정한 두께로 투입하여야 하며 스크린 위에 있는 구멍의 유효치수보다 크기가 작은 입자(minus mesh)들이 스크린 구멍들을 쉽게 통과할 수 있도록 스크린과 곡물 간에 적당한 상대운동이 주어져야 한다. 스크린의 운동형태로는 상하의 움직임 없이 수평면 내에서만 움직이는 평면운동(plane motion), 수직방향과 수평방향으로 동시에 움직이는 원형 또는 타원형 요동운동(circular or elliptical motion), 오직 수직방향으로만 움직이는 수직운동(vertical motion) 등이 있다.

스크린 운동의 기구학적 파라미터들, 즉 스크린 운동의 주기, 진동수, 진폭, 각속도 등의 크기에 따라 스크린 위에서의 곡립의 운동방향, 운동형태 및 체류시간이 달라지며 이들은 선별성능에 지대한 영향을 미친다. 따라서 효율적인 선별작업이 이루어지기 위해서는 스크린 위의 곡물이 연속적으로 적절한 운동을 하도록 이들 파라미터들의 값을 결정하여야 한다.

곡물의 선별작업에 가장 많이 이용되고 있는 경사진 평판 스크린을 예로 들어 스크린 위에 놓인 곡물 입자의 운동형태와 스크린 운동에 영향을 미치는 기구학적 파라미터들 간의 관계를 살펴보기로 한다.

그림 8-9는 수평면과 β만큼 경사진 스크린이 길이가 r인 크랭크 암, 길이가 ℓ_2인 연접봉, 그리고 길이가 ℓ_3인 2개의 로커(rocker)에 연결되어 있는 크랭크 구동기구(crank mechanism)이다.

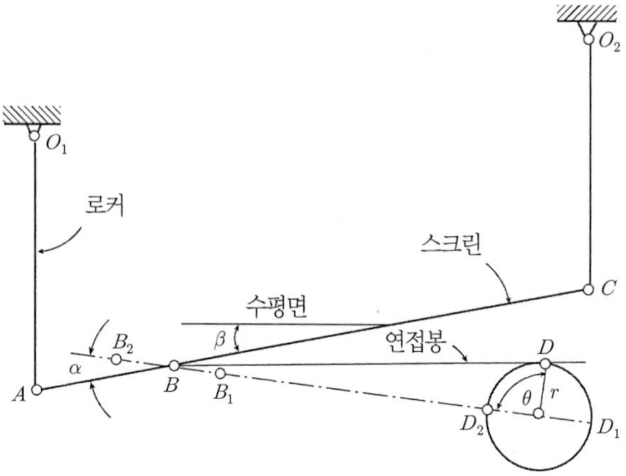

[그림 8-9] 스크린선별기의 스크린 구동기구

여기서 연접봉의 길이와 로커의 길이가 크랭크 암의 길이보다 훨씬 길면 스크린은 직선 왕복운동을 하게 된다. 크랭크 암의 각변위(θ)가 0° 및 180° 일 때 연접봉과 스크린의 연결점(B)의 위치는 각각 B_2와 B_1이 될 것이다. 또한 크랭크 암의 각변위가 $0° < \theta < 90°$ 범위일 때 이에 대응하는 B점의 위치는 B'이 될 것이다. B'의 위치 관계를 좀 더 자세하게 나타낸 것이 그림 8-10이다.

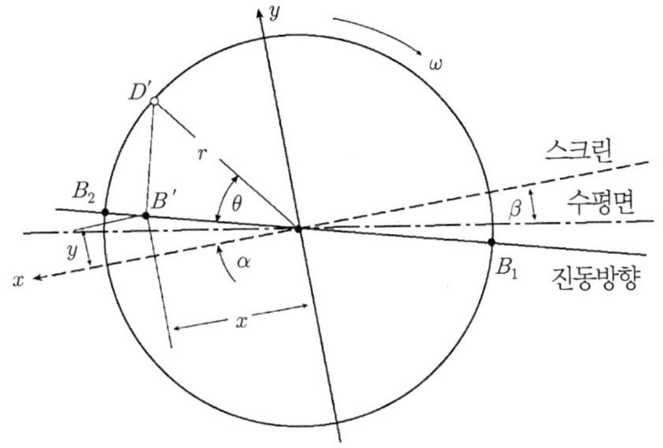

[그림 8-10] 요동 운동을 하는 스크린상의 한 점의 좌표

그림에서 $0° < \theta < 90°$ 범위일 때 B' 점의 x좌표와 y좌표는 다음과 같이 표시할 수 있다.

$$x = r\cos\alpha\cos\theta \tag{8-7}$$

$$y = r\sin\alpha\cos\theta \tag{8-8}$$

여기서 α는 진동방향과 스크린면이 이루는 각이며 θ는 크랭크 암의 각 변위이다.

따라서 B' 점의 x축 및 y축 방향의 속도, V_x와 V_y 및 가속도, a_x 및 a_y는 위 식들을 미분하여 얻을 수 있으며 그 결과는 다음과 같다.

$$V_x = -r\omega\cos\alpha\sin\theta \tag{8-9}$$

$$V_y = -r\omega\sin\alpha\sin\theta \tag{8-10}$$

$$a_x = -r\omega^2\cos\alpha\cos\theta \tag{8-11}$$

$$a_y = -r\omega^2\sin\alpha\cos\theta \tag{8-12}$$

스크린 상에 놓인 질량이 m인 곡물 입자에 작용하는 x방향의 관성력(I_x)과 y방향의 관성력(I_y)은 스크린이 곡물 입자에 작용하는 힘, 즉 $F = ma$와 크기는 같고 방향이 반대인 힘이 될 것이므로 다음과 같이 쓸 수 있다.

$$I_x = -F_x = -ma_x = mr\omega^2\cos\alpha\cos\theta \tag{8-13}$$

$$I_y = -F_y = -ma_y = mr\omega^2\sin\alpha\cos\theta \tag{8-14}$$

그림 8-12에서 볼 수 있는 바와 같이 스크린 위에 놓여 있는 한 개의 곡물 입자에는 관성력(I_x 및 I_y), 자중(mg) 및 마찰력(F_f)이 작용하게 된다. 이 가운데 관성력들은 크랭크 암의 각 변위와 관련이 있는 $\cos\theta$ 항을 포함하고 있으므로 $\cos\theta$ 의 값이 양의 값을 갖게 되는

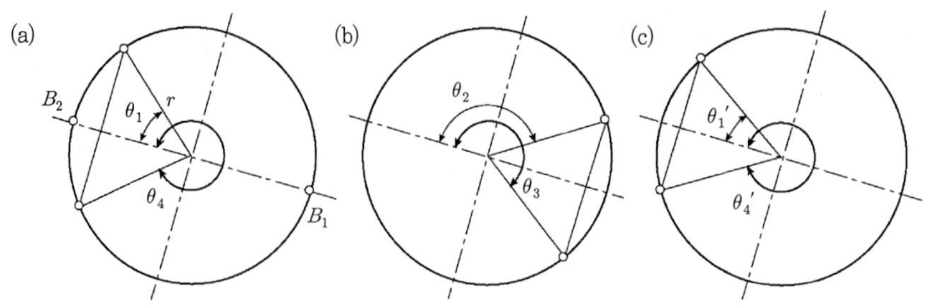

[그림 8-11] 크랭크 암의 각 변위

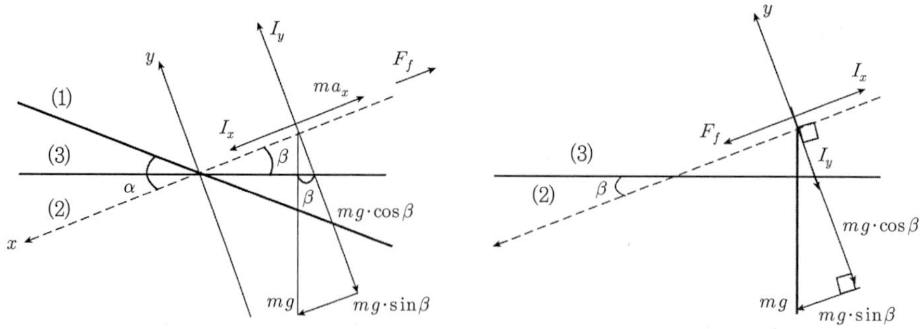

(a) θ 가 1 및 4상한에 있을 경우 (b) θ 가 2 및 3상한에 있을 경우

(1): 스크린의 진동방향 (2): 스크린 면 (3): 수평면

[그림 8-12] 크랭크 암의 각 변위에 따라 스크린상의 곡립에 작용하는 힘들

1상한과 4상한에 있을 때 양의 값이 된다. 곡물 입자에 작용하는 이들 힘들의 영향으로 곡물 입자는 스크린의 경사를 따라 아래쪽으로 흘러내려가기도 하고 오히려 경사를 거슬러 위쪽으로 올라가기도 하며 경우에 따라서는 스크린 면에서 튀어오르기도 한다.

① 곡물 입자가 아래쪽으로 움직이기 위한 조건

그림 8-12(a)에서 알 수 있는 바와 같이 스크린 면을 따라 작용하는 힘들 간의 관계에서 다음 조건이 만족되면 곡물은 스크린 면을 따라 아래쪽으로 움직이게 된다.

$$I_x + mgsin\beta > \mu(mgcos\beta - I_y) \tag{8-15}$$

여기서, I_x : 스크린 면과 나란한 방향의 관성력
I_y : 스크린 면과 수직방향의 관성력
m : 한 개의 곡물 입자의 질량
g : 중력가속도
β : 스크린 경사각
μ : 곡립과 스크린 간의 마찰계수

여기서 μ =tanϕ=sinϕ/cosϕ 임을 고려하고 식 (8-13)과 (8-14)를 식 (8-15)에 대입하여 정리하면 다음과 같은 식이 된다.

$$\frac{r\omega^2}{g} > \frac{1}{\cos\theta}\frac{\sin(\phi-\beta)}{\cos(\alpha-\phi)} \tag{8-16}$$

위 식에서 α , β 및 ϕ를 주어진 값이라고 생각하면 $\cos\theta=1$일 때 우변의 값은 최소가 되는 반면 관성력은 최대가 되기 때문에 곡물 입자가 경사면을 따라 아래쪽으로 움직이기 위한 크랭크 암의 임계각속도, ω_{c1}은 $\cos\theta$ =1로 놓고 양변을 등식으로 놓아 각속도에 관하여 정리하면 얻을 수 있다.

$$\omega_{c1} = \sqrt{\frac{g}{r}\frac{\sin(\phi-\beta)}{\cos(\alpha-\phi)}} \tag{8-17}$$

이 식을 다시 크랭크 암의 임계회전수로 표시하면 다음과 같이 된다.

$$n_{c1} = \frac{30}{\pi}\sqrt{\frac{g}{r}\frac{\sin(\phi-\beta)}{\cos(\alpha-\phi)}} \tag{8-18}$$

한편 식 (8-16)에서 $\cos\theta$ =1일 경우의 운동지수를 $k=\frac{r\omega^2}{g}$ 라고 놓으면 곡립이 아래쪽으로 움직이기 위한 임계속도에 상응하는 운동지수 k_1은 다음과 같이 쓸 수 있다.

$$k_1 = \frac{r\omega_{c1}^2}{g} = \frac{\sin(\phi-\beta)}{\cos(\alpha-\phi)} \tag{8-19}$$

여기서 k 값이 k_1보다 크면 곡립은 스크린 면을 따라 아래쪽으로 움직이게 된다.

② 곡물 입자가 위쪽으로 움직이기 위한 조건

그림 8-11에서 알 수 있는 바와 같이 크랭크 암이 2상한과 3상한에 위치할 경우에는 $\cos\theta < 0$ 이 되어 관성력은 음의 값을 갖게 된다. 따라서 스크린상에 있는 곡립에 작용하는 힘들 가운데 스크린 면과 나란한 방향으로 작용하는 힘들 간에 다음과 같은 식을 만족하면 곡물 입자는 스크린 경사면을 거슬러 위쪽으로 움직이게 된다.

$$-I_x - mg\sin\beta > \mu(-I_y + mg\cos\beta) \tag{8-20}$$

이 식에 $-I_x = -mr\omega^2\cos\alpha\cos\theta$ 및 $-I_y = -mr\omega^2\sin\alpha\cos\theta$를 대입하여 정리하면 다음과 같이 된다.

$$\frac{r\omega^2}{g} > \frac{1}{-\cos\theta}\frac{\sin(\phi+\beta)}{\cos(\alpha+\phi)} \quad (8-21)$$

곡물 입자가 아래쪽으로 움직일 경우와 같은 논리에 의하여 곡물 입자가 위쪽으로 움직이기 위한 크랭크 암의 임계각속도 ω_{c2}, 임계회전수 n_{c2} 및 운동지수 k_2의 값은 다음과 같이 쓸 수 있으며 $k > k_2$일 때 입자는 스크린 경사를 거슬러 위쪽으로 움직이게 된다.

$$\omega_{c2} = \sqrt{\frac{g}{r}\frac{\sin(\phi+\beta)}{\cos(\alpha+\phi)}} \quad (8-22)$$

$$n_{c2} = \frac{30}{\pi}\sqrt{\frac{g}{r}\frac{\sin(\phi+\beta)}{\cos(\alpha+\phi)}} \quad (8-23)$$

$$k_2 = \frac{r{\omega_{c2}}^2}{g} = \frac{\sin(\phi+\beta)}{\cos(\alpha+\phi)} \quad (8-24)$$

③ 곡립이 스크린 면에서 튀어오르기 위한 조건

$\alpha > 0$이고 크랭크 암의 회전각이 1상한과 4상한에 위치할 때 스크린 면과 직각방향으로 작용하는 힘의 합이 양일 때, 즉 $+y$ 방향의 관성력 $+I_y$의 크기가 자중의 y 방향 분력 $mg\cos\beta$보다 커서 다음과 같은 조건을 만족하면 곡립은 스크린 표면을 이탈하여 튀어오르게 된다.

$$mr\omega^2\sin\alpha\cos\theta > mg\cos\beta \quad (8-25)$$

이 부등식을 정리하면 다음과 같이 된다.

$$\frac{r\omega^2}{g} > \frac{\cos\beta}{\sin\alpha\cos\theta} \quad (8-26)$$

이 부등식으로부터 $\cos\theta = 1$일 때, 곡립이 튀어오르기 위한 크랭크 암의 임계각속도 ω_t, 임계회전수 n_t 및 임계운동지수 k_t를 다음과 같이 표시할 수 있으며 $k > k_t$이면 곡립은 스크린 면 위에서 튀어오르게 된다.

$$\omega_t = \sqrt{\frac{g}{r}\frac{\cos\beta}{\sin\alpha}} \quad (8-27)$$

$$n_t = \frac{30}{\pi}\sqrt{\frac{g}{r}\frac{\cos\beta}{\sin\alpha}} \quad (8-28)$$

$$k_t = \frac{r{\omega_t}^2}{g} = \frac{\cos\beta}{\sin\alpha} \quad (8-29)$$

④ 운동지수 k 값에 의한 입자의 운동해석

지금까지의 분석 결과를 종합하면 스크린 위에 놓여 있는 곡립은 운동지수 k값에 따라 다음과 같은 다양한 운동을 한다는 사실을 알 수 있다.

- $k \le k_1$ 이고 $k \le k_2$ 일 경우 : 곡립은 아래쪽으로도 위쪽으로도 움직이지 않는다.
- $k_1 < k < k_2$ 일 경우 : 곡립은 아래쪽으로만 움직인다.
- $k_1 < k_2 < k$ 일 경우 : 곡립은 위쪽과 아래쪽으로 움직이나 아래쪽으로 더 많이 움직인다.
- $k_1 < k_2 < k$ 일 경우 : 곡립은 아래쪽과 위쪽으로 움직이나 위쪽으로 더 많이 움직인다.
- $k_2 < k < k_1$ 일 경우 : 곡립은 위쪽으로만 움직인다.
- $k_t < k < k_2$ 일 경우 : 곡립은 간헐적으로 스크린 표면을 이탈하여 튀어오른다.

6) 스크린 청소장치

스크린 구멍에 곡립, 이물질 등이 박혀서 눈망이 막히게 되면 눈망의 유효치수보다 작은 곡립(minus mesh)이 스크린 구멍을 통과할 기회가 적어져 선별기의 선별효율이 떨어지게 된다. 스크린 눈망에 박혀 있는 곡립 등을 빼내는 데는 브러시(brush), 롤(rolls), 테이퍼(tapers), 노커(knockers), 고무 볼(rubber balls) 등과 같은 다양한 방법이 이용되고 있으며 프레임이나 체인에 설치된 브러시가 가장 많이 사용되고 있다.

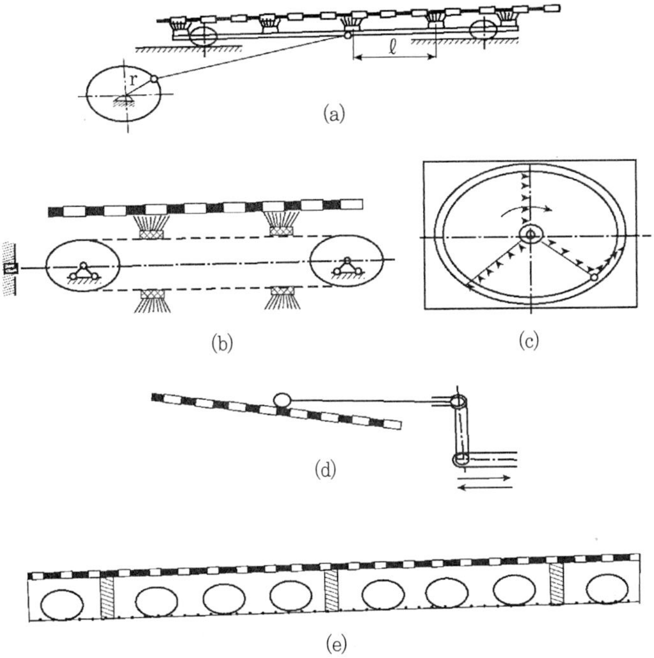

(a) 프레임에 설치된 평면 브러시 (b) 체인에 설치된 브러시 (c) 회전운동을 하는 브러시
(d) 노커형의 청소장치 (e) 고무 볼을 이용한 청소장치

[그림 8-13] 여러 가지 스크린 구멍 청소방법

그림 8-13에서 볼 수 있는 바와 같이 프레임에 설치되어 있는 브러시는 크랭크 메커니즘에 의하여 구동되며 스크린의 아래쪽 면을 따라 일정한 간격에 걸쳐 전·후진 운동을 한다. 프레임은 스크린에 대한 브러시의 위치를 결정하는 가이드를 따라 움직이는 롤러와 함께 움직인다. 브러시에 의하여 스크린에 가해지는 압력은 브러시의 마모 정도에 따라 조절할 수 있다. 그림 8-13에서 크랭크 암의 길이(r)와 이웃하는 두 브러시 간격(ℓ)은 $r \geq \frac{\ell}{2}$ 이 만족되는 범위에서 결정되어야 하나, $\ell = 2r + 5$ (mm)로 정하는 것이 일반적이다.

크랭크 암의 회전수는 브러시의 최대 선속도와의 관계로부터 다음과 같은 식으로 구할 수 있다.

$$V_{max} = \frac{2\pi n r}{60} \tag{8-30}$$

여기서, V_{max} : 브러시의 최대 선속도(m/s)
n : 크랭크의 회전수(rpm)
r : 크랭크 암의 길이(m)

따라서 크랭크 암의 적정 회전수, n은 다음과 같은 식으로 구할 수 있다.

$$n = \frac{30\, V_{max}}{\pi r} \tag{8-31}$$

브러시는 보통 곡물배출 방향과 나란하게 움직이도록 되어 있다. 그림 8-13(b)는 체인에 설치되어 있는 브러시의 개략도를 보여주고 있으며 이 경우에 곡물의 흐름을 방해하지 않도록 브러시는 항상 곡립이 움직이는 방향과 같은 방향으로 움직이도록 되어 있고 브러시의 선속도는 10~15 cm/s 범위이다.

경우에 따라서는 그림에서와 같은 원형 브러시 또는 회전운동을 하는 평면 브러시가 사용되기도 한다. 이들 브러시 외에 노커(knockers), 테이퍼(tappers), 비터(beaters) 등을 사용하여 스크린 아래 면을 주기적으로 타격함으로써 스크린 구멍에 박혀 있는 곡립을 빼내는 경우도 있다. 그러나 이들의 효율은 브러시의 효율보다 낮기 때문에 주로 예비 선별용 스크린의 구멍을 청소하는 데 사용된다.

또 한 가지 방법은 그림에서 볼 수 있는 바와 같이 스크린 아래 면에 설치된 칸막이가 된 케이지(compartment cages)의 한 칸에 2~3개의 고무 볼을 넣는 방법이 있다. 이 경우에 스크린의 운동에 의하여 이들 고무 볼들은 일정한 크기의 관성력을 가지고 튀어올라 스크린 아래 면을 타격함으로써 스크린 구멍에 박혀 있는 곡립을 빼내는 기능을 한다. 이들 케이지들의 아래 면은 고무 볼들이 빠져나가지 않을 정도의 눈망 크기를 가지고 있는 철망으로 되어 있으며 철망과 스크린 면 사이는 수직으로 칸막이가 되어 있다. 고무 볼의 직경은 대략 30~35 mm이며 한 개의 케이지의 크기는 보통 150×150×40~45 mm 정도이다. 그러나 이 형식의 스크린 청소장치는 앞서 언급한 바와 같이 고무 볼에 스크린에 박혀 있는 곡립을 빼낼 수 있을 정도의 운동에너지를 줄 수 있어야 하기 때문에 요동운동을 하는 스크린선별기에 채용할 경우에 효율이 높은 반면 단순 왕복운동을 하는 스크린선별기에 채용할 경우에는 효율이 매우 낮아진다.

예제 8-2

크랭크 암의 길이가 2 cm인 크랭크 기구에 의하여 직선 왕복운동을 하는 스크린 위에 곡립이 놓여 있다. 수평면에 대한 스크린 면의 경사각이 5°이고 운동방향과 스크린 면이 이루는 각이 35°이며 곡립과 스크린 면과의 마찰각이 25°일 경우 다음 물음에 답하여라.

1) 곡립이 스크린 면에서 아래쪽으로만 움직이기 위한 k값과 크랭크 암의 회전속도를 구하여라.
2) 크랭크 암의 회전속도가 280 rpm일 경우 곡립은 어떤 운동을 하는지 밝혀라.

풀 이

1) $\alpha = 35°$, $\beta = 5°$, $\phi = 25°$ 이므로 이 값을 식 (8-19), (8-24) 및 (8-29)에 대입하면 $k_1 = 0.347$, $k_2 = 1.00$, $k_t = 1.737$을 얻는다. 따라서 곡립이 아래쪽으로만 움직이기 위해서는 운동지수 k는 다음과 같은 범위에 있어야 한다.

$$0.347 < k < 1.00$$

이것을 식 (8-19) 및 (8-24)에 대입하여 회전속도 범위로 표시하면 다음과 같이 된다.

$$125\,\text{rpm} < n < 211\,\text{rpm}$$

2) 280 rpm에 상응하는 운동지수의 값을 다음과 같이 구한다.

$$k = \frac{r\omega^2}{g} = \frac{0.02\left(\frac{280 \times 2\pi}{60}\right)^2}{9.8} = 1.755$$

앞의 결과로부터 $k > k_t > k_2 > k_1$이므로 곡립은 스크린 면 위에서 아래쪽으로도, 위쪽으로도 움직이며 또한 스크린 면에서 튀어오르기도 하나 k_1의 값이 가장 작기 때문에 곡립은 결과적으로는 아래쪽으로 이동한다.

8.2.4 기류선별기

기류선별기는 가장 오래된 선별기의 하나로서 일정한 속도와 압력을 갖는 기류(air

stream)에 선별하고자 하는 곡물혼합물을 투입하여 곡물혼합물 내에 포함되어 있는 검불과 같은 가벼운 이물질이나 불건전립 또는 이종곡물들을 흡인하거나 불어내어서 곡물을 선별하는 기계이다.

기류선별기는 흡인식 기류선별기(aspirator)와 송풍식 기류선별기(pneumatic separator)로 구분되며 공급호퍼, 기류를 만드는 팬(fan), 침전실(settling chamber) 또는 풍선실(separating chamber), 기류 채널(air channel), 풍량 조절장치, 사이클론 또는 필터 등과 같이 가볍고 작은 이물질을 포집하는 장치 및 밀봉 요소(sealing elements)들로 구성되어 있다.

그림 8-14는 공급호퍼를 통하여 공급된 곡물혼합물을 완전한 주종 곡물, 비중이 큰 이물질, 비중이 비교적 작은 잡초 씨나 쇄립 등과 같은 이종곡물 또는 불건전립, 먼지 등과 같은 아주 가벼운 이물질 등 4개의 성분으로 분류하는 분할형 흡인식 기류선별기의 모형도이다.

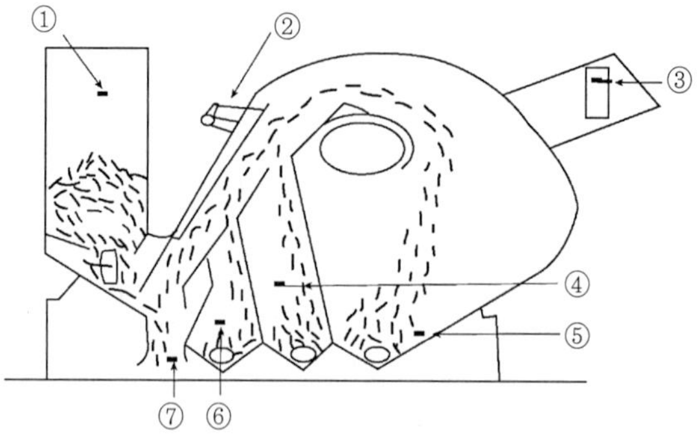

① 공급호퍼 ② 공기량 조절용 댐퍼 ③ 공기량 조절 레버 ④ 쇄립 및 불건전립
⑤ 매우 가벼운 이물질 ⑥ 약간 무거운 이물질 ⑦ 건전한 곡립

[그림 8-14] 분할형 흡인식 기류선별기

흡인식의 경우에는 그림에서 볼 수 있는 바와 같이 침전실 위쪽에 있는 팬을 이용하여 공기를 흡인하므로 침전실 내부와 기류 채널 내의 공기압력은 대기압보다 낮아진다. 흡인 채널을 통하여 흡인된 가벼운 이물질 또는 불건전립 가운데 비교적 비중이 큰 것은 침전실에 가라앉은 후 침전실 아래쪽에 설치되어 있는 스크루컨베이어에 의하여 기외로 배출된다. 한편 침전실로 흡인된 이물질 가운데 비중이 작은 먼지 등은 팬을 거쳐 사이클론 또는 필터로 보내져 이곳에서 포집된다. 따라서 흡인식은 일종의 패쇄형 시스템(closed system)이라고 할 수 있으며 실내에서 이루어지는 정선작업에 적합하다. 한편 흡인식의 경우 팬이 계속적으로 가벼운 이물질이나 먼지 등과 접촉하기 때문에 팬 날개의 마모가 심할 뿐만 아니라 이들이 팬 날개에 달라붙어 팬의 성능을 저하시키는 단점이 있다.

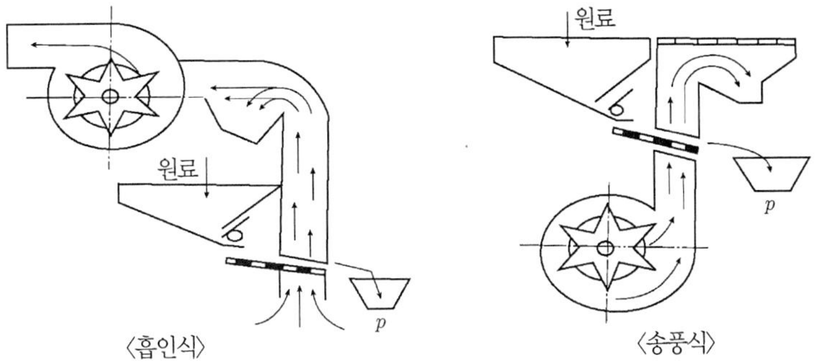

[그림8-15] 흡인식과 송풍식 기류선별기의 개략도

한편 송풍식의 경우에는 선별이 이루어지는 풍선실로 공기를 불어넣기 때문에 풍선실의 공기압력은 대기압보다 높아지게 된다. 또한 흡인식과는 달리 송풍팬이 직접 이물질이나 먼지 등과 접촉하지 않아 팬 날개의 마모나 이물질 부착으로 인한 성능 저하에 대한 염려가 없다. 그러나 이물질이나 먼지 등을 풍선실 밖으로 불어내기 때문에 먼지가 많이 발생하여 환경을 오염시키는 단점이 있다. 따라서 송풍식 기류선별기는 실외에서 실시되는 정선작업에 적합하다고 할 수 있다.

그림 8-16은 기능이 다른 2개의 기류 채널을 갖춘 기류-스크린선별기의 개략도이다. 왼쪽 그림은 1개의 송풍팬과 단면이 다른 2개의 수직채널을 가진 송풍식 기류-스크린선별기(air-screen separator)의 모형도로서 각 채널의 기류속도를 서로 달리하여 두 채널이 각기 다른 선별기능을 갖도록 한 예이다. 이 경우 왼쪽 채널은 단면적이 오른쪽 채널의 단면적보다 커서 오른쪽 채널보다 풍속이 작기 때문에 먼지나 왕겨 등과 같이 가벼운 이물질을 제거하는 기능을 가진다. 한편 상대적으로 풍속이 큰 오른쪽 채널은 스크린을 통과하지 못한 비교적 무거운 미숙립이나 잡초 씨 등을 불어내는 기능을 한다.

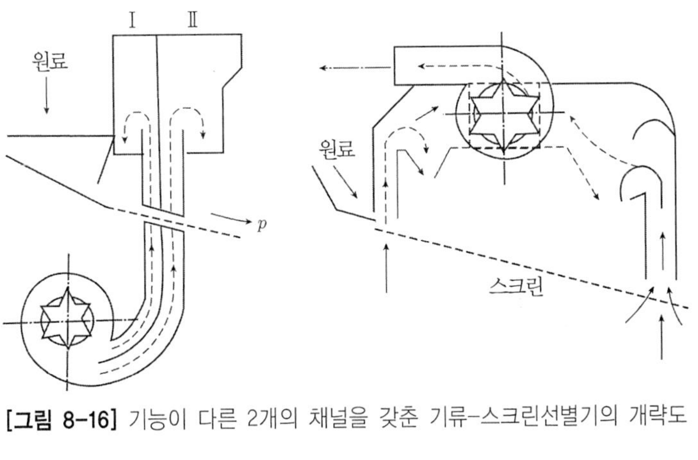

[그림 8-16] 기능이 다른 2개의 채널을 갖춘 기류-스크린선별기의 개략도

한편 오른쪽 그림은 1개의 흡인 팬과 2개의 채널이 설치되어 있는 전형적인 흡인식 기류-스크린선별기의 개략도이다. 2개의 채널 중 단면적이 상대적으로 큰 왼쪽 채널은 투입 호퍼에서 흘러 내려오는 곡물혼합물에 포함되어 있는 가벼운 이물질을 흡인하는 기능을 가지며 단면적이 상대적으로 작은 오른쪽 채널은 건전립이 흘러내려오는 스크린의 끝 부분에 설치되어 건전립과 크기가 비슷하여 스크린을 통과하지 못하였으나 종말속도가 완전립보다 작은 미숙립 또는 잡초 씨 등을 흡인하는 기능을 가진다.

그림 8-17은 송풍식 기류선별기에 사용되는 이중 원통형 및 원추형 풍선실을 나타낸 것이다. 나선형의 경우 기류가 나선운동을 하기 때문에 곡립에는 항력, 중력 및 원심력이 작용함으로써 벽면과의 마찰력이 커지게 되어 곡립은 상대적으로 마찰력이 작은 가벼운 이물질 등과 쉽게 분리된다.

한편 원추형 풍선실의 경우 공급 덕트를 통하여 공급된 곡물혼합물은 상승기류와 접촉하게 되는데 위쪽으로 올라갈수록 기류속도가 빨라지므로 곡물혼합물 속에 포함되어 있는 가벼운 이물질은 빠른 기류에 의하여 쉽게 기외로 배출된다.

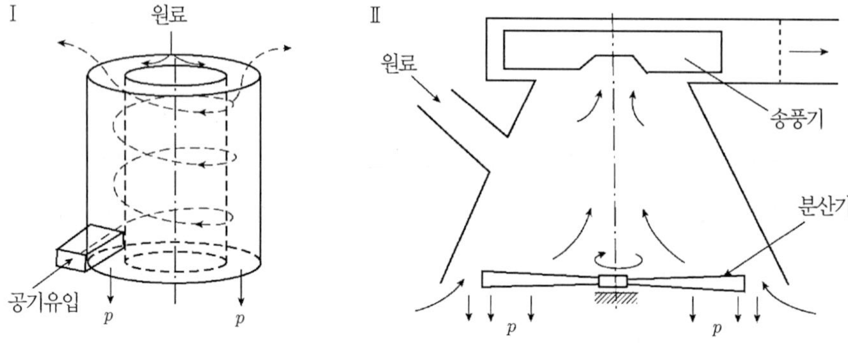

[그림 8-17] 이중원통형 및 원추형 풍선실 개략도

기류선별기의 성능에 영향을 미치는 인자로는 ① 주종 곡물의 물리적 특성, ② 이물질의 종류 및 구성비, ③ 주종 곡물과 이물질의 종말속도(terminal velocity)의 차이, ④ 공급률, ⑤ 주종 곡물과 이물질의 균일성, ⑥ 채널의 형상 및 크기, ⑦ 기류속도 및 기류속도의 균일성, ⑧ 곡물의 선별부 체류시간, ⑨ 기류방향에 대한 원료곡물의 공급각도 등을 들 수가 있다. 기류선별기는 주종곡물과 이물질의 종말속도를 주 선별인자로 하고 있기 때문에 기류선별기의 성능을 향상시키려면 주종 곡물과 이에 포함되어 있는 이물질의 종말속도 분포에 관한 정확한 정보를 바탕으로 하여 적정한 기류속도를 결정하여야 한다.

주종 곡물과 이물질의 종말속도에 관한 자세한 정보를 알고 있는 경우에 이들의 평균 종말속도를 각각 V_b 및 V_f 라고 하면 적정 종말속도 V는 이들의 기하평균, 즉 $V = \sqrt{V_b \cdot V_f}$ 으로 정하기도 한다.

그림 8-18은 옥수수에 포함되어 있는 3가지 성분, 즉 완전립, 쇄립 및 가벼운 이물질의 종말속도 누적분포이다. 이 경우에 완전립의 손실이 전혀 없도록 풍속을 완전립의 최소 종말속도인 7.5 m/s로 할 경우 쇄립의 62%와 가벼운 이물질 2%가 주종 곡물 속에 포함되게 된다.

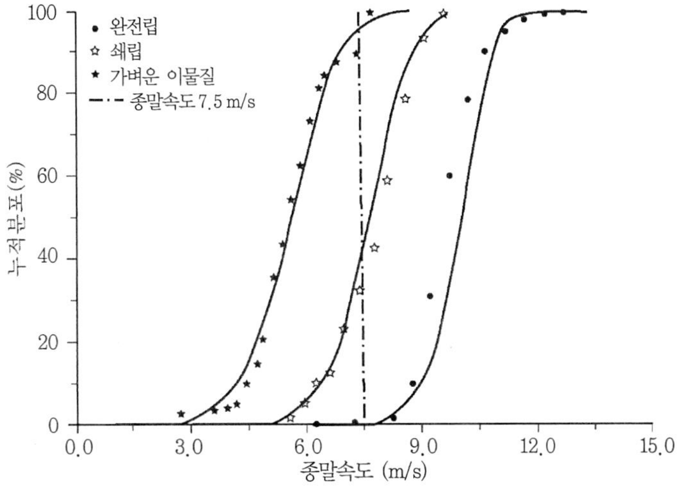

[그림 8-18] 옥수수 수확물에 포함되어 있는 3가지 성분의 종말속도 누적분포

주종 곡물과 이물질의 종말속도 분포가 클 경우에는 기류선별기만으로는 주종 곡물과 이물질을 완벽하게 분리할 수 없다. 따라서 이와 같은 경우에는 분리효율을 높이기 위하여 다른 선별인자를 이용하는 선별시스템과 조합하여 사용하는 것이 바람직하며 그 대표적인 것이 그림 8-19에 보인 바와 같은 기류-스크린선별기이다.

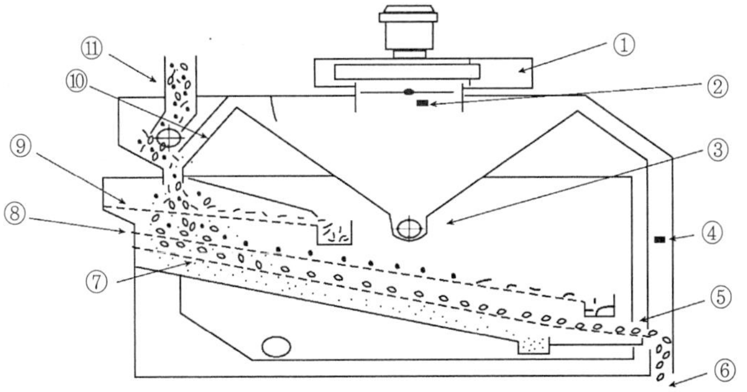

① 사이클론 연결부 ② 흡입공기량 조절장치 ③ 이물질 배출용 스크루컨베이어 ④ 2차 흡입 선별용 채널 ⑤ 흡입공기량 조절장치 ⑥ 건전립 배출구 ⑦ 모래 및 쇄립 ⑧ 중간 스크린 ⑨ 상부 스크린 ⑩ 1차 흡입 선별용 채널 ⑪ 공급호퍼

[그림 8-19] 전형적인 기류-스크린선별기

8.2.5 홈선별기

홈선별기(Indented Separator)는 원통 내벽 또는 원판의 양면에 파여 있는 홈(indent)을 이용하여 곡물의 특성 가운데, 특히 길이를 선별인자로 하여 투입된 곡물을 2개의 곡물군으로 분리하는 선별기로서 길이선별기(length grader)라고 불리기도 한다. 홈선별기는 홈이 있는 선별부의 형상에 따라 구분되며 원통의 내벽에 홈이 파여 있는 것을 원통형 홈선별기(cylindrical indented separator/indented cylinders/cylindrical triers)라고 하며 원판의 양면에 홈이 파여 있는 것을 원판형 홈선별기(disc type indented separator/indented disk/disk triers)라고 한다. 이들 홈선별기에서는 선별과정에서 투입된 곡물 가운데 홈의 크기보다 짧은 곡립은 홈 속에 들어가 적당한 위치에 설치된 집적통(trough)으로 들어 올려지며 홈의 크기보다 긴 곡립은 원통 또는 원판의 아래쪽에 남게 되어 결과적으로 곡물은 2개의 군으로 분리된다.

홈선별기는 오래전부터 제분공장에서 소맥의 전 처리공정에 사용되어 왔으며 최근에는 대규모 미곡종합처리장에서 현미와 정미의 입선별에 이용되기도 하며, 종자센터에서 종자선별에 사용하기도 한다.

(1) 원통형 홈선별기

1) 원통형 홈선별기의 분류

원통형 홈선별기는 투입된 곡물로부터 어떤 성분을 제거하는 것이 목적이냐에 따라 다음과 같이 2가지 그룹으로 분류된다.

- 곡물 내에 포함되어 있는 정해진 길이보다 짧은 곡립을 제거하기 위한 것
- 곡물 내에 포함되어 있는 정해진 길이보다 긴 곡립을 제거하기 위한 것

한편 곡물 가운데 정해진 길이를 기준으로 하여 1회의 작업을 통하여 투입된 곡물을 2개의 곡물군으로 분리하는 것을 단통형 홈선별기(single-action cylindrical triers)라고 하는 반면 직경이 비슷한 2개의 원통형 홈선별기를 직렬로 연결하여 첫 번째 원통에서는 정해진 길이보다 긴 곡립을 제거하고 두 번째 원통에서는 정해진 길이보다 짧은 곡립을 제거하여 결과적으로는 3가지 곡물군으로 분리하는 것을 복통형 홈선별기(double-action cylindrical triers)라고 한다. 또한 원통의 원주속도에 따라 저속용과 고속용으로 분류하기도 한다. 저속용의 원주속도는 0.4~0.6 m/s 범위이며 비교적 선별효율이 낮고 집적통이 상대

적으로 낮은 위치에 설치되어 있으며 원통축의 수평면에 대한 경사각이 상대적으로 크다. 한편 고속용의 원주속도는 1.2 m/s 이상이며 수평면에 대한 경사가 거의 없으며 상대적으로 효율이 높기 때문에 현재 사용되고 있는 대부분의 홈선별기는 고속용에 속한다. 그러나 고속용이라고 할지라도 원통의 길이가 750 mm 이상이거나 유동성이 나쁜 곡물 또는 종자를 취급할 경우에는 2~5° 정도의 경사를 주기도 한다.

2) 원통형 홈선별기의 구조 및 작동 원리

원통형 홈선별기는 그림 8-20에서 보는 바와 같이 원통의 내벽에 일정한 형상과 크기를 갖는 홈(indents)이 있는 원통, 홈에 의하여 들어 올려진 후 낙하하는 입자를 받는 V자 모양의 집적통(trough), 집적통 아래쪽에 설치되어 집적통에 쌓인 곡물을 기외로 배출하기 위한 곡물이송장치, 원통과 이송장치를 회전시키기 위한 구동장치, 집적통의 좌우방향 기울기 조절용 핸들 등으로 구성되어 있다. 원통은 철판, 알루미늄판 또는 아연철판을 일정한 모양을 갖는 다이스(dies)로 펀치하여 홈을 만들거나 프레스 가공을 통하여 홈을 만든 다음 이것을 원통형으로 말아서 용접하여 만든다.

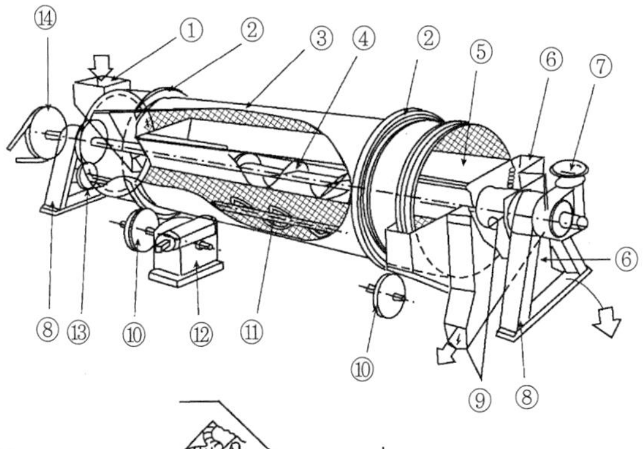

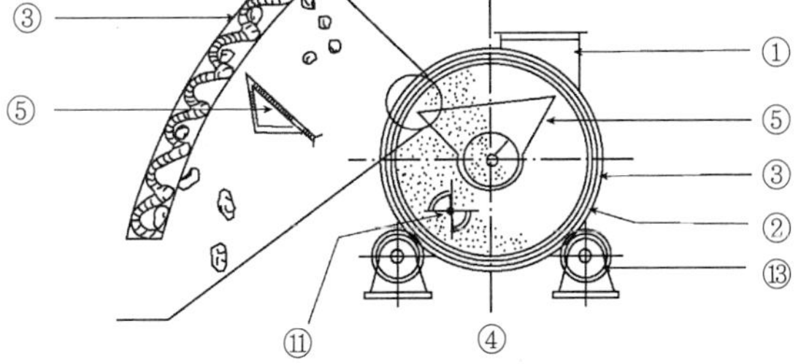

① 공급호퍼 ② 외부 원통 링 ③ 홈이 파여 있는 원통 ④ 스크루컨베이어 ⑤ 집적통 ⑥ 완전립 출구 ⑦ 집적통 조절 핸들 ⑧ 지지대 ⑨ 쇄립 출구 ⑩ 원통 지지용 롤 ⑪ 곡물 확산기 ⑫ 감속기 ⑬ 스크루컨베이어 구동기어 ⑭ 스크루컨베이어 구동 풀리

[그림 8-20] 원통형 홈선별기의 구조

곡물이 공급호퍼를 통하여 회전하는 원통에 공급되면 길이가 짧은 곡립은 홈 속에 완전이 들어가서 안정된 자세를 취하게 되어 원통이 어느 정도 회전한 후에 홈에서 이탈하여 집적통으로 떨어지게 된다. 한편 길이가 긴 곡립은 홈 속에 아예 들어가지 못하거나 들어갔어도 자세가 불안정하기 때문에 원통이 회전하는 도중에 홈으로부터 이탈하여 원통 아래쪽으로 낙하한다. 집적통 안으로 낙하한 곡립은 스크루컨베이어에 의하여 기외로 배출되며 원통 내에 남아 있는 길이가 긴 곡립은 원통의 진동 또는 경사에 의하여 배출구 쪽으로 배출된다.

현재 사용되고 있는 원통형 홈선별기의 길이는 0.6~2.5 m, 직경은 0.4~0.7 m, 회전속도는 30~45 rpm 범위이며 시간당 처리능률은 800~8500 kg/hr, 소요 동력은 0.3~9 ps 범위이다.

3) 홈선별기의 성능에 영향을 미치는 인자

홈선별기의 분리성능 및 선별능률에 영향을 미치는 요인은 여러 가지가 있을 수 있으며 이들을 다음과 같이 분류할 수 있다.

- **설계인자** : 홈의 형상 및 크기, 홈의 배열, 원통의 길이 및 직경, 원통의 회전속도
- **작동인자** : 곡물의 공급률, 선별소요 시간, 원통의 경사각, 집적통의 기울기
- **곡물인자** : 곡립의 크기, 곡립의 모양, 곡립의 마찰계수

이들 가운데 홈선별기의 분리성능 및 처리능률에 영향을 미치는 주요 인자들에 대하여 살펴보기로 한다.

① 홈의 형상 및 크기

원통형 홈선별기의 홈(indents)의 대표적인 형상은 그림 8-21에서 볼 수 있는 바와 같이 말발굽형(U_s type), 반구형(S_1 type), 원통형(S_2 type) 등이 있다. 이들 홈의 크기는 선별대상 곡물의 기하학적 특성을 고려하여 결정한다. 그림 8-21에 표시된 홈의 치수 가운데 폭(W)과 깊이(D)를 홈의 대표치수로 사용한다. 쇄미 선별용 홈의 경우 완전미의 길이를 ℓ 이라고 할 때 다음 식들로 대표치수를 결정한다.

$$W = \frac{2}{3}\ell, \quad D = \frac{1}{2}W \qquad (8\text{-}32)$$

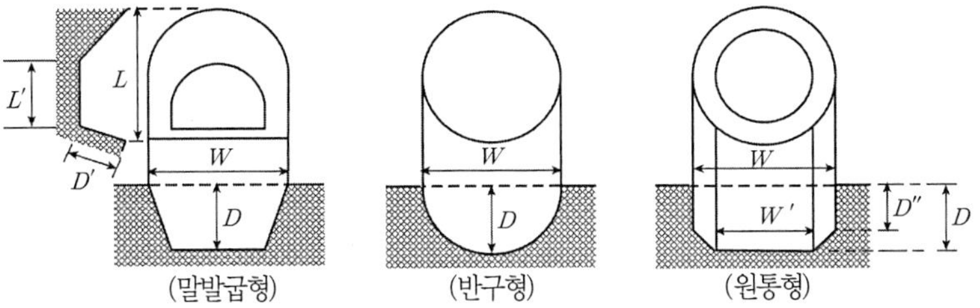

[그림 8-21] 홈의 종류별 치수 측정

표 8-1은 현재 사용되고 있는 현미 및 정미에 포함되어 있는 쇄미를 선별하기 위한 쇄미 선별용 원통형 홈선별기의 홈의 치수에 관한 예이다.

[표 8-1] 원통형 홈선별기의 홈의 치수

홈의 형상	W	W'	D	D'	D''	L	L'
U_s 2.50	2.7		1.2	1.3		2.9	0.5
U_s 3.00	3.2		1.4	1.5		3.2	1.0
U_s 3.50	3.7		1.6	1.7		3.7	1.5
U_s 4.00	4.0		2.0	2.1		4.0	2.0
U_s 4.50	4.5		2.1	2.3		4.5	2.5
S_1 4.75	4.5		2.3				
S_2 3.50	3.5	2.0	1.5		1.0		

② 홈의 배열 및 단위면적당 홈의 수

그림 8-22에서 볼 수 있는 바와 같이 1개의 홈을 둘러싸고 있는 6개 홈의 중심선을 이어서 만든 정육각형의 각 정점에 6개의 홈의 중심이 오도록 홈을 배치하면 단위면적당 홈의 수가 가장 많은 배열이 된다. 동일한 행상에 놓여 있는 이웃하는 2개 홈의 중심 간 길이(center-to-center) t와 동일한 열상에 있는 2개의 홈의 중심 간의 길이 t_1은 다음 식들로 계산할 수 있다.

$$t = 0.6(1+2d)(\text{mm}) \tag{8-33(a)}$$

$$t_1 = \sqrt{3}\,t = 1.04(1+2d)(\text{mm}) \tag{8-33(b)}$$

여기서 d = 홈의 직경(mm)

이와 같이 홈을 배열할 경우 원통 내벽 $1\,\text{m}^2$ 당 홈의 개수 Z와 유효면적률 r_o는 다음 식들을 이용하여 구할 수 있다.

$$Z = \frac{2\times10^6}{r_o} \tag{8-34}$$

$$r_o = \frac{2.5d^2}{(1+2d)^2}\times100(\%) \tag{8-35}$$

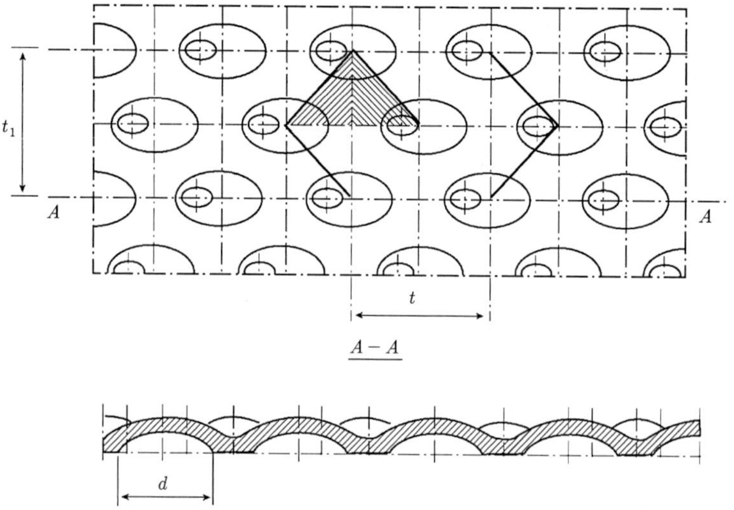

[그림 8-22] 원통형 홈선별기의 홈 배열 방법

③ 원통의 회전속도

홈 속에 들어간 입자에 작용하는 2개의 힘, 즉 원심력($mR\omega^2$)과 곡립의 자중(mg)이 서로 평형을 이루면 곡립은 홈에서 낙하하지 않게 된다. 이때 곡립에 작용하는 두 힘 간의 비를 운동지수, K라고 하며 다음과 같이 표시한다.

$$K = \frac{R\omega^2}{g} = \frac{R\pi^2 n^2}{900g} \tag{8-36}$$

여기서, K : 운동지수(kinematic index)
R : 원통의 반경(m)
ω : 원통의 각속도(rad/s)
g : 중력가속도(m/s^2)
n : 원통의 분당 회전수(rpm)

이 식으로부터 구한 원통의 각속도 및 원통의 회전수는 운동지수 $K=1$일 때의 원통의 각속도 및 회전수가 되며 곡립의 낙하 여부를 결정하는 각속도 및 회전속도가 되기 때문에 임계각속도 및 임계회전수라고 하며 다음과 같이 표시할 수 있다.

$$\omega_c = \sqrt{\frac{g}{R}} \tag{8-37}$$

$$n_c = \frac{30}{\pi}\sqrt{\frac{g}{R}} = \frac{30}{\sqrt{R}} \tag{8-38}$$

다시 말하여 원통의 각속도(ω) 및 회전수(n)가 임계각속도 및 임계회전수보다 작을 경우 곡립은 홈으로부터 이탈하여 낙하하게 된다. 곡물선별을 위한 원통의 실제 회전속도는 적정한 수준의 운동지수 K값을 지정하고 이것으로부터 회전속도를 계산한다. 실제 운동지수의 값은 0.15~0.67 범위이며, 선별능률을 중요시하는 상업용 대용량 원통형 홈선별기의 경우에는 0.8 정도이다.

④ 곡립이 낙하하는 원통의 회전각

홈 속에 들어간 곡립이 낙하하는 원통의 회전각에 관한 정보는 집적통의 위치를 결정하는 데 매우 중요한 정보가 된다. 물론 홈 속에 들어간 곡립의 크기, 홈의 형상 및 크기, 홈 속에 들어가 있는 자세, 입자가 홈을 이탈하는 형태(미끄러짐 또는 회전) 등에 따라 달라지기 때문에 여기서는 말굽형 홈을 가진 원통형 홈선별기의 홈 속에 완전히 들어간 짧은 곡립의 경우와 홈 속에 완전히 들어가지 못한 긴 곡립의 경우를 분리하여 생각해 보기로 한다.

i) 홈 속에 완전히 들어간 짧은 곡립의 경우

홈 속에 완전히 들어간 작은 입자가 미끄러지면서 홈을 이탈하여 원통으로 낙하할 경우 홈의 경사면을 따라 미끄러지려는 순간 곡립에 작용하는 원심력, 자중, 마찰력은 평형을 이룰 것이므로 다음과 같은 힘의 평형방정식이 성립된다(그림 8-23).

$$mgsin\beta - mR\omega^2\cos\gamma - \mu(mgcos\beta + mR\omega^2\sin\gamma) = 0 \qquad (8\text{-}39)$$

이 식을 정리하면 다음과 같은 식이 된다.

$$\sin\beta - \mu\cos\beta = \frac{R\omega^2(\cos\gamma + \mu\sin\gamma)}{g} \qquad (8\text{-}40)$$

여기서, β : 입자가 접촉하고 있는 홈의 경사면과 수평면이 이루는 각
γ : 입자가 접촉하고 있는 홈의 경사면과 입자의 중심을 지나는 반경방향의 직선이 이루는 각(그림 8-21에서 $\gamma \fallingdotseq \cos^{-1}\frac{D}{D'}$)
μ : 홈의 경사면과 입자 사이의 마찰계수

위 식의 우변을 k로 놓고 정리하면 다음과 같이 된다.

$$\sin\beta = \frac{k \pm \sqrt{(k^2 - (1+\mu^2)(k^2-\mu^2)}}{(1+\mu^2)} \qquad (8\text{-}41)$$

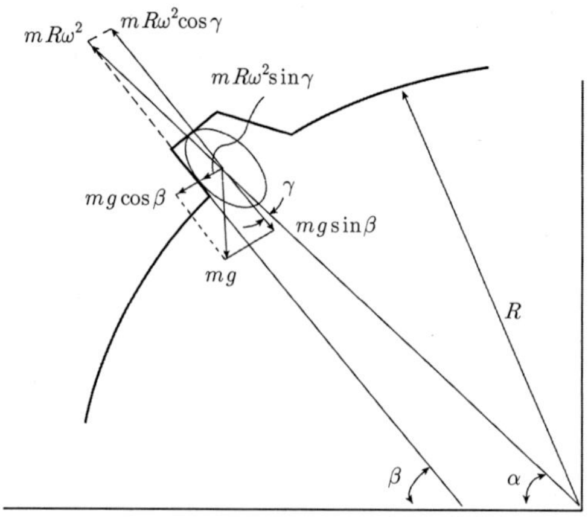

[그림 8-23] 홈에 들어간 작은 곡립이 미끄러지면서 낙하할 때 곡립에 작용하는 힘들

따라서 입자가 미끄러지기 시작할 때의 원통의 회전각 α 는 위 식으로 구한 β 와 다음 식을 이용하여 구한다.

$$\alpha = \beta - \gamma \tag{8-42}$$

ii) 홈 속에 완전히 들어가지 못한 긴 입자가 회전하면서 낙하하는 경우

이 경우에는 곡립에 작용하는 힘은 원심력과 자중이 되며 그림 8-24에서 볼 수 있는 바와 같이 곡립과 홈의 접촉점 P를 중심으로 하여 회전하면서 낙하한다고 생각할 수 있다.

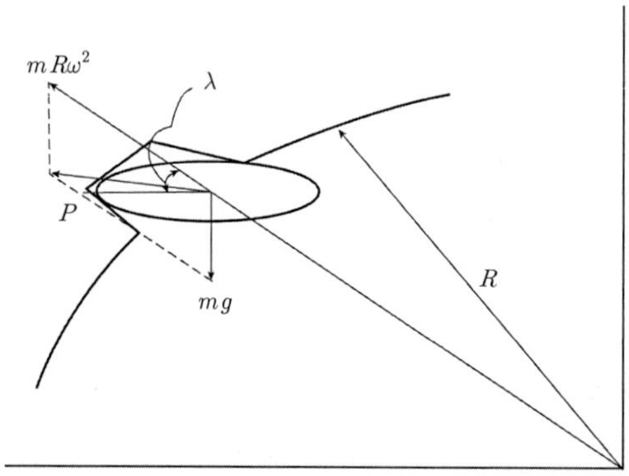

[그림 8-24] 큰 입자가 회전하면서 낙하할 경우 입자에 작용하는 힘

낙하하는 순간 이들 두 힘의 P점에 관한 모멘트는 평형을 이룰 것이므로 이를 다음과 같은 식으로 표시할 수 있다.

$$-mR\omega^2\frac{\ell}{2}sin\lambda+mg\frac{\ell}{2}sin(90°-\lambda+\alpha)=0 \quad (8\text{-}43)$$

여기서, ℓ = 곡물 입자의 길이(입자의 중심은 전 길이의 중앙에 있다고 가정함)
λ = 입자의 중심을 지나는 반경방향의 직선과 중심 및 접촉점 P를 지나는 직선이 이루는 각

이 식을 정리하여 홈 속에 완전히 들어가지 못하고 회전에 의하여 긴 곡립이 낙하할 때의 원통 회전각 α를 구하는 다음 식을 얻을 수 있다.

$$\alpha=\sin^{-1}(\frac{R\omega^2}{g}sin\lambda)+\lambda-90° \quad (8\text{-}44)$$

입자의 크기, 홈의 형상, 홈 속에 들어가 있는 입자의 자세 등에 따라 λ의 값은 달라질 수 있으나 $\lambda=90°$일 때 원심력에 의한 모멘트는 최대 값을 가지며 이때 α는 다음과 같은 값을 갖는다.

$$\alpha=\sin^{-1}(\frac{R\omega^2}{g}) \quad (8\text{-}45)$$

식 (8–44)와 (8–45)에 의하여 계산된 α값의 차이가 크면 클수록 작은 입자의 분리율은 증가하게 된다.

⑤ 원통의 직경과 길이

원통의 직경은 식 (8–38)에서 알 수 있는 바와 같이 회전속도와 밀접한 관계가 있으므로 이 식을 만족시키는 범위 내에서 결정되어야 한다. 한편 원통의 길이 및 직경은 주로 원통 내벽의 단위면적 및 단위시간당 처리량(q_F, kg/m^2·hr)과 단위시간당 처리량(Q, kg/hr)에 따라 달라진다. 원통의 길이와 직경을 구하려면 일차적으로 q_F와 Q를 이용하여 원통 내벽의 표면적 S를 다음과 같은 식을 이용하여 구한다.

$$S=\frac{Q}{q_F} \quad (8\text{-}46)$$

그런데 $S=\pi D\,\ell$ 이므로 위 식에서 구한 S를 이 식에 대입하거나 두 식을 등식으로 놓은 다음 원통의 길이(ℓ) 또는 원통의 직경(D) 가운데 하나의 크기를 미리 정하고 나머지 크기를 구한다. 예를 들어 D를 미리 정하였을 경우에 원통의 길이는 다음과 같은 식으로 구한다.

$$\ell = \frac{S}{\pi D} = \frac{\frac{Q}{q_F}}{\pi D} \tag{8-47}$$

일반적으로 q_F는 원료에 포함되어 있는 작은 입자의 구성비(a), 원통 내벽의 단위 면적당 홈의 수(z), 1개의 홈이 단위시간 동안 처리할 수 있는 작은 입자의 수(i) 등에 따라 달라지며 Q는 원통의 분당 회전수(n), 전체 홈 면적의 이용률(ϵ) 등에 따라 달라진다. 따라서 원통의 직경(D)의 크기를 미리 정하였을 경우에 원통의 길이(ℓ)는 다음과 같은 이론식을 이용하여 구하기도 하지만 실험에 의하여 구하는 것이 일반적이다.

$$\ell = \frac{53aQ}{\epsilon\gamma Dzin} \tag{8-48}$$

여기서, γ= 피선별 곡물의 천립중(kg/1000 립)

⑥ 집적통(trough)의 위치

홈 속에 들어간 작은 입자는 입자에 작용하는 힘들의 평형이 이루어지는 위치까지 올라간 후에 홈을 이탈하여 집적통으로 낙하한 다음 기외로 배출된다. 홈으로부터 낙하하는 입자는 마치 초속도 v_o로 수평면에 대하여 $90-\gamma$의 각도로 던져진 물체와 같은 포물선 경로를 따라 날아가게 된다. 이 포물선 비행경로의 x축 및 y축 좌표는 다음과 같이 표시할 수 있다.

$$x = v_o t \sin\gamma \tag{8-49}$$

$$y = v_o t \cos\gamma - \frac{gt^2}{2} \tag{8-50}$$

한편 홈에 들어간 작은 입자는 입자에 작용하는 원심력과 중력이 평형이 깨지는 2 상한의 어느 위치까지 들어 올려진다고 생각할 때 작은 입자들이 홈에서 이탈하는 최소각도는 다음과 같이 표시할 수 있다.

$$\beta_{kw} = \frac{\pi}{2} + \sin^{-1}K \tag{8-51}$$

집적통의 형상과 조절범위는 위 식과 식 (8-42)에 주어진 바 있는 $\alpha = \beta - \gamma$의 관계를 고려하여 홈에 의하여 들어 올려진 입자의 궤적을 쉽게 결정할 수 있다. 위의 관계에서 원통회전각 α가 증가하면 γ가 감소하게 되고 그 결과 곡립은 홈으로부터 보다 일찍 낙하하게 된다. 집적통을 설계할 때 집적통의 경사진 두 벽의 수평면에 대한 경사각은 작은 입자군의 외부 마찰각보다 크게 하는 것이 좋으며 원통 내벽으로부터 집적통 벽과의 사이는 작은 곡립들이 새어 나가지 않도록 하기 위하여 10 mm를 넘지 않는 범위에서 가능한 한 작게 하는 것이 좋다. 한편 작은 입자들이 홈에서 이탈하는 최소 각도는 앞에서 주어진 식으로 알 수 있으나 실제에는 긴 입자들이 이 각도까지 들어 올려질 수도 있기 때문에 실제의 집적통의 경사각은 이 최소 각도보다 10~20° 정도 크게 하는 것이 좋다.

예제 8-3

백미에 포함되어 있는 쇄미를 원통형 홈선별기를 이용하여 선별하고자 한다. 이때 백미의 평균 길이를 5 mm, 쇄미와 홈 벽면과의 마찰계수를 0.35~0.5로 가정할 경우 다음 물음에 답하여라.

1) 적절한 홈의 치수를 결정하여라.
2) 지름이 0.5 m인 원통형 홈선별기를 이용하여 홈 속에 들어간 쇄미가 30° 회전한 후에 낙하하도록 하기 위한 원통의 회전속도를 구하라. 또한 이 회전속도에서 완전미가 낙하하는 원통 회전각을 구하여라.

풀 이

1) 홈의 치수 결정

$$W=\frac{2}{3}\ell=\frac{10}{3}=3.33\text{ mm}$$

$$D=\frac{1}{2}W=1.67\text{ mm}$$

앞에서 계산된 홈의 치수와 비슷한 것을 표 8-1에서 선택하면 말굽형 홈의 경우에는 Us 3.00과 Us 3.50, 그리고 원형 홈의 경우에는 S_2가 될 것이다.

2) Us 3.50을 선택하면 D=1.6이고 D'=1.7이며, α=30°이기 때문에 γ 와 β 를 다음과 같이 구할 수 있다.

$$\gamma=\cos^{-1}\frac{D}{D'}=\cos^{-1}\frac{1.6}{1.7}=19.7°$$

$$\beta=\alpha+\gamma=30+19.7=49.7°$$

또한 원통의 최대 회전속도를 다음과 같이 구한다.

$$n_{\max}<\frac{30}{\sqrt{R}}=\frac{30}{\sqrt{0.25}}=59.8\text{ rpm}$$

μ=0.35일 경우와 μ=0.50일 경우 홈 속에 들어간 작은 입자가 원통회전각 30° 이상에서 낙하하기 위한 원통의 회전수를 구하면 다음과 같다.

① μ =0.35일 경우

식 (8-41)에 μ =0.35를 대입하여 k값을 구하면

$$\sin 49.7 = \frac{k \pm \sqrt{k^2 - (1+0.35^2)(k^2 - 0.35^2)}}{(1+0.35^2)}$$ 에서 k=0.762±0.226를 구한다.

그런데 $k = \frac{R\omega^2(\cos\gamma + \mu\sin\gamma)}{g}$ 이므로 2개의 k값에 대응하는 각속도 또는 회전수를 구하면 다음과 같이 된다.

k=0.988일 경우 ω=6.048 rad/s, n=57.8 rpm

k=0.536일 경우 ω=4.452 rad/s, n=42.54 rpm

② μ =0.50일 경우

①에서와 같은 방법으로 k값을 구하면 k=0.763±0.324가 되며 2개의 k값에 상응하는 회전속도는 59.18 rpm 및 37.56 rpm이 된다. 따라서 이들 회전속도 계산 결과를 종합하면 적정한 최소 회전속도는 43 rpm임을 알 수 있다.

또한 원통의 회전속도를 43 rpm(4.5 rad/s)으로 할 경우 긴 입자가 낙하할 때의 원통 회전각은 식 (8-44)로 구할 수 있다. 이 식에서 λ 는 홈 속에 들어가 있는 곡립의 자세에 따라 달라지므로 정확한 값을 알 수는 없다.

λ =90°라고 가정하여 원통회전각을 구하면 다음과 같은 값이 된다.

$$\alpha = \sin^{-1}\frac{R\omega^2}{g} + 90 - \lambda = \sin^{-1}\frac{(0.25 \times 4.5^2)}{9.8} = 31.1°$$

λ =80°라고 가정하여 원통회전각을 구하면 다음과 같은 값이 된다.

$$\alpha = \sin^{-1}\left(\frac{0.25 \times 4.5^2}{9.8} \times \sin 80°\right) + 80° - 90° = 20.6°$$

이 결과를 살펴보면 완전립과 같이 길이가 긴 입자는 홈 속에 놓인 자세에 따라 작은 입자와 거의 같은 위치에서 낙하한다는 사실을 알게 된다.

(2) 원판형 홈선별기

원판형 홈선별기(disk type indented separators/indented disks/disk triers)의 선별 원리는 원통형과 같으나 그 구조는 매우 다르다. 그림 8-25에서 볼 수 있는 바와 같이 원판형 홈선별기는 양면에 일정한 형상의 홈이 파여 있는 여러 개의 회전원판, 각 원판에 설치된 작은 입자 배출 안내판 및 유출량 조절 덮개, 곡물이송장치 등으로 구성되어 있다. 곡물배출구 쪽으로 갈수록 홈의 크기가 큰 원판이 설치되어 있으며 필요에 따라 원판을 교체할 수 있도록 되어 있다.

곡물이 공급호퍼로부터 공급되면 작은 입자는 원판의 양면에 있는 홈 속으로 들어가 들어 올려져서 작은 입자 배출 안내판을 따라 유출량 조절 덮개 위로 배출된다. 만약 이때

유출조절 덮개가 열려 있으면 홈에 의해 들어 올려진 작은 입자는 이송오거 쪽으로 떨어져 큰 입자 배출구로 이송된다. 따라서 선별된 입자의 최종적인 크기는 곡물투입구 쪽으로부터 몇 번째 유출조절 덮개까지 닫느냐에 따라 달라진다.

원판형 홈선별기의 선별효율 및 선별능률에 영향을 미치는 인자는 원통형의 경우와 유사하다. 현재 상업적으로 이용되고 있는 원판형 홈선별기의 경우 원판의 매수는 17~27매이고 회전속도는 52~54 rpm이며 소요 동력과 시간당 선별능률은 각각 2~3 ps, 3000~6000 kg/hr 정도이다.

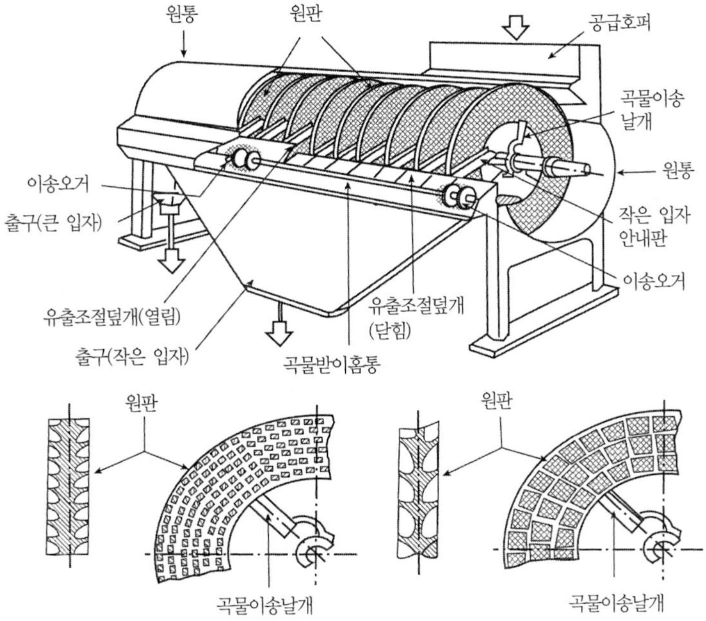

[그림 8-25] 원판형 홈선별기의 구조와 각부의 명칭

8.2.6 비중선별기

크기나 모양이 주종 곡물과 비슷하나 비중이 다른 이물질이 포함되어 있는 경우에는 스크린선별기만으로는 분리가 불가능하다. 따라서 이와 같은 경우에는 비중을 선별인자로 하는 선별기를 이용하는 것이 바람직하다.

비중선별법은 염수를 이용하여 볍씨를 선별하거나 키를 이용하여 곡물에 포함되어 있는 돌가루 등을 분리하는 경우와 같이 오랫동안 사용되어 온 선별방법 중의 하나이다. 따라서 비중을 선별인자로 하여 곡물을 선별하는 선별기를 비중선별기(gravity separator/gravity table)라고 하며 흔히 볼 수 있는 현미분리기, 석발기 등은 일종의 특수목적용 비중선별기라고 할 수 있다. 비중선별기는 비중이 각기 다른 물질을 용기에 담고 좌우로 흔들면 비중이 작은 것은 위쪽으로 이동하는 원리를 이용한 것으로, 키의 선별원리를 체계적으로 기계화한 것이라고 할 수 있다.

여기서는 비중선별기 가운데 가장 많이 이용되고 있는 그래비티 테이블(gravity table)에 대하여 중점적으로 설명한다. 이것은 그림 8-26에서 볼 수 있는 바와 같이 공급호퍼, 길이방향과 가로방향으로 경사진 선별판(deck), 선별판 구동장치, 송풍팬, 공기 덕트, 공기 체임버(air chamber) 등으로 구성되어 있다. 그래비티 테이블은 송풍 기류와 경사진 선별판의 요동운동을 통하여 선별판 위의 곡물을 비중에 따라 층화(stratification)시켜 각 층을 다른 이동경로를 따라 선별판을 이탈하게 함으로써 원료곡물을 비중에 따라 성분별로 분리하는 선별기라고 할 수 있다.

선별판 바닥은 송풍팬에 의하여 발생된 상승기류가 곡물 층에 닿을 수 있도록 하기 위하여 철제 그물망(wire mesh), 천(canvas) 또는 기타의 다공질 재료로 만들어져 있다. 선별판은 선별하고자 하는 곡물의 종류에 적합한 바닥재로 되어 있으며 교환할 수 있도록 되어 있다. 예

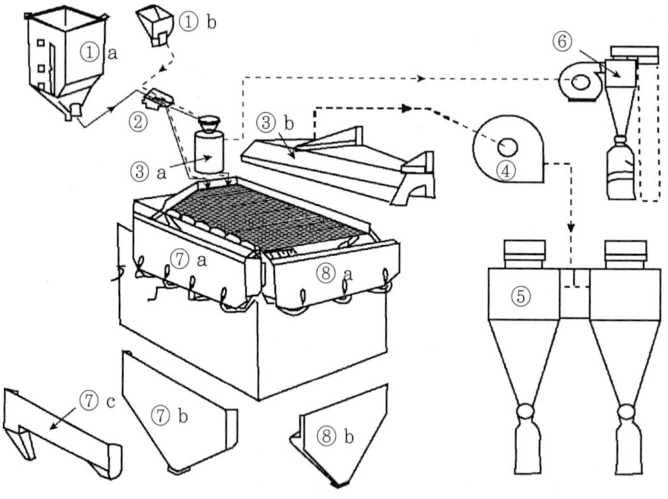

① a 예비호퍼, b 공급호퍼 ② 공급슈트 ③ a 먼지 배출구, b 먼지 배출구용 후드 ④ 팬 ⑤ 사이클론 ⑥ 필터가 장착된 먼지 포집용 사이클론 ⑦ a 건전립을 포대에 담는 호퍼, b 건전립 배출호퍼, c 건전립 배출호퍼 ⑧ a 가벼운 이물질을 포대에 담는 호퍼, b 가벼운 이물질 배출호퍼

[그림 8-26] 그래비티 테이블

를 들어 비중이 작은 씨앗이나 잡초 씨를 선별할 경우에는 직조 천이 깔린 선별판이 이용되며 비중이 비교적 큰 곡물을 선별할 경우에는 바닥에 철제 그물망이 깔린 선별판이 이용된다.

그림 8-26에서와 같이 선별판은 길이방향과 가로방향으로 일정한 경사를 가지고 있다. 따라서 가장 높은 한쪽 끝에서 호퍼를 통하여 선별판에 공급되는 곡물은 바닥재를 통과한 상승기류와 구동장치에 의한 요동운동의 영향으로 비중의 크기에 따라 층화되고 비중별 곡립은 일정한 경로를 따라 배출구 쪽으로 이동하게 된다. 이때 선별판을 통과하는 기류의 속도는 분리하고자 하는 이물질의 종말속말보다 약간 낮게 유지하는 것이 유리하다. 또한 곡물이 선별판 위에서 이동하는 속도는 선별판의 기울기, 기류의 속도, 진폭 및 진동수 등과 같은 선별판의 기구학적 특성에 따라서 달라지며 선별판의 경사각이 크면 클수록 이동속도는 빨라진다. 또한 곡물의 이동속도는 선별판 바닥재의 종류 및 형상에 따라 달라지며 적정 수준의 선별효율을 얻으려면 0.07 m/s 이하로 유지하는 것이 바람직하다.

층화된 곡물의 각 층을 일정한 방향으로 유도함과 동시에 각 성분별로 다른 이동경로를 제공하기 위하여 선별판 위에는 가로방향 또는 세로방향으로 립(rib)이 설치되어 있다. 원료곡물의 종류에 따라 높이가 다른 립이 이용되나 곡물을 선별할 경우에는 15 mm 정도의 립이 이용된다.

한편 립의 방향과 선별판의 요동방향은 일치시키는 것이 원칙이다. 그림 8-27에서 화살표 F는 선별판의 경사방향을 나타내고 있으며, 이것은 곡물에 작용하는 힘의 중력성분과 일치하는 방향이다. 또한 화살표 P는 선별판의 요동방향을 나타내고 있다.

그림 8-27에서 볼 수 있는 바와 같이 립이 가로방향으로 설치되어 있는 경우, 립은 아

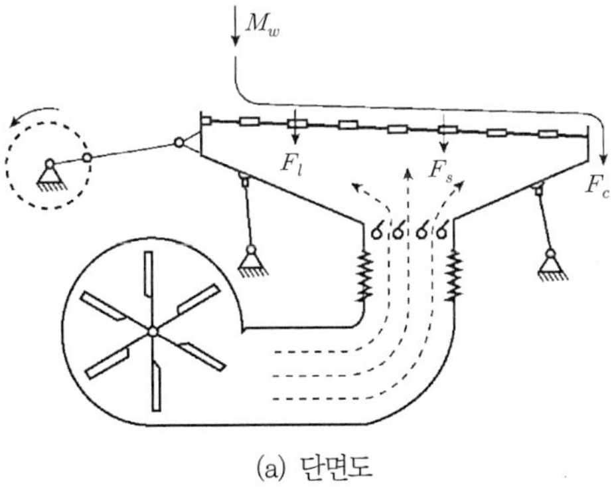

(a) 단면도

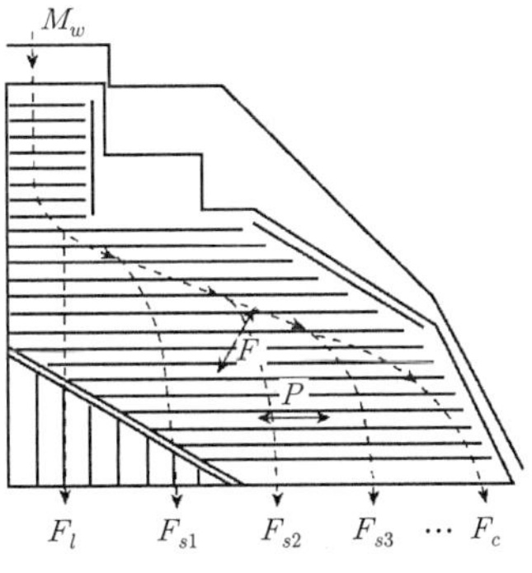

(b) 선별판

M_w : 원료곡물, F_l : 가벼운 이물질, F_c : 건전립 F_{s1}, F_{s2}, F_{s3} · · · F_s : 중간층 성분

[그림 8-27] 그래비티 테이블의 단면도 및 선별판

래층에 있는 비중이 큰 곡립이 선별판 경사방향으로 움직이는 것을 제한하고 립에 평행하게 이동하도록 유도함으로써 가장 먼 경로를 거쳐 선별판으로부터 배출되도록 유도하는 기능을 갖는다. 반면에 기류와 요동운동에 의한 층화작용에 의하여 립의 높이보다 높은 위치에서 층을 이루고 있는 가벼운 입자들은 립의 제어를 받지 않기 때문에 립의 방향과 수직한 방향으로 움직여 가장 짧은 경로를 통하여 기외로 배출된다.

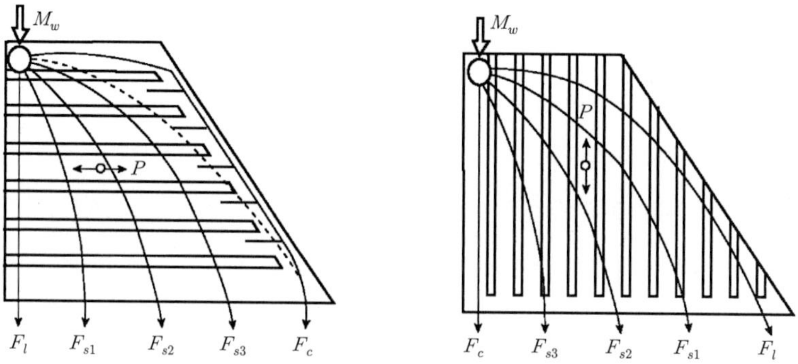

[그림 8-28] 가로방향 립과 세로방향 립

한편 선별판의 아래쪽으로 내려갈수록 낮아지는 곡물 층의 두께를 감안하여 선별판 아래쪽에는 점차 높이가 낮은 립이 설치되어 있기 때문에, 립을 넘어 아래쪽으로 내려간 중간층은 층의 높이와 그 위치에 있는 립 높이와의 관계에 따라 적당한 경로를 따라 이동한 후 배출되도록 되어 있다.

그러나 립이 세로방향으로 설치되어 있는 경우에는 가로방향으로 설치되어 있는 경우와는 반대로 가장 무거운 성분(F_c)은 립을 따라 가장 짧은 경로를 통하여 선별판을 벗어나며 가장 가벼운 성분(F_ℓ)은 가장 먼 경로를 이동한 후 선별판을 벗어난다.

적정 작동조건을 유지하려면 곡물층의 두께는 곡물의 평균 두께의 3~10배 범위에서 립의 높이보다 약간 높게 유지하되 50 mm를 넘지 않도록 하는 것이 좋다. 또한 립의 간격은 25~30 mm 범위로 하는 것이 좋다. 곡물배출구의 수 또는 설치간격은 선별목적에 따라 조정할 수 있다.

선별판의 경사각, 선별판의 진폭 및 진동수, 상승기류의 속도 및 단위시간당 공급량 등이 곡물 비중선별기의 선별성능에 큰 영향을 미친다.

그래비티 테이블은 일반적으로 크기는 같으나 비중이 다른 곡물 또는 밀도는 같으나 크기가 다른 곡물을 분리하는 데 적합하며 비중과 크기가 모두 다른 곡물을 분리하는 데는 부적합하다.

원료곡물의 크기와 비중이 다양하여 불가피하게 정선용으로 사용할 경우에는 선별능률을 높이기 위하여 선별판의 경사를 상대적으로 크게 하는 것이 보통이다. 반대로 원료곡물의 크기와 비중의 범위가 작을 경우에는 보다 정밀한 선별이 이루어질 수 있도록 선별판의 경사를 작게 유지하는 것이 바람직하며 이 경우에는 경사각의 크기에 비례하여 능률도 감소하게 된다.

곡물비중선별기는 선별능률이 낮은 반면 가격이 비싸기 때문에 마감선별용으로 사용하는 것이 바람직하다. 따라서 기류-스크린선별기 또는 홈선별기를 이용하여 정선 작업이 끝난 곡물의 등급선별 또는 양이 많지는 않으나 정밀한 선별이 요구되는 종자 선별작업에 이용하는 것이 바람직하다.

8.2.7 선별기의 성능 평가

곡물선별기는 적용성 및 사용목적, 구조, 선별기 내에 포함되어 있는 선별시스템의 종류 및 수, 크기, 가격, 소요 동력, 선별능률 등에 따라 매우 다양하므로 선별 성능은 분리의 정확도(accuracy), 적용성(applicability), 재현성(repeatability), 분리효율(removal efficiency), 조작의 편의성(ease of operation), 내구성, 구입가격 및 이용비용 등을 종합적으로 고려하여 평가하여야 한다.

이와 같이 선별기의 성능을 종합적으로 평가하려면 TOPSIS(technique for order preference by similarity to ideal solution) 등과 같은 다중 속성 의사결정방법(multiple attribute decision making method)이 이용되기도 한다. 그러나 여기서는 단지 분리성능(removal efficiency)만 평가하는 방법에 대하여 살펴보기로 한다.

일반적으로 선별대상 곡물은 크게 주종 곡물과 이물질로 구분될 수 있으나, 주종 곡물도 크기 또는 비중 등에 따라 여러 개의 등급으로 구분될 수 있다. 만약, 선별기에 투입된 원료 곡물이 선별기에 의하여 n 개의 성분으로 분류되어 각기 다른 배출구로 배출되었다고 하면 이 선별기의 분리효율은 각 성분의 순도(purity)와 각 물질의 수거율(degree of extration)에 의하여 결정된다.

i 번째 출구로 배출된 i 번째 물질의 순도 P_{ii}는 다음과 같은 식으로 계산된다.

$$P_{ii} = \frac{W_i - Q_i}{W_i} \times 100(\%) \tag{8-52}$$

여기서, W_i : i 번째 배출구에서 수거된 물질의 전체 무게

Q_i : i 번째 배출구로 배출된 물질 가운데 i번째 물질 이외의 물질 무게

또한, i 번째 배출구에서 수거된 i 번째 물질의 수거율 D_{ii}는 다음과 같은 식으로 계산된다.

$$D_{ii} = \frac{P_{ii} W_i}{M_i} \times 100(\%) \tag{8-53}$$

여기서, M_i : 원료 곡물에 포함되어 있는 i 번째 물질의 무게

만약에 각 배출구로 배출된 물질의 순도가 100%라고 하면 이는 각 물질이 완전하게 분리된 것을 의미한다.

따라서 곡물선별기의 종합분리성능은 각 배출구로 배출된 물질의 분리율을 종합적으로 고려하여 다음과 같은 식으로 계산할 수 있다.

$$\eta = \sum_{i=1} \frac{W_i}{W_t} \frac{P_{ii-}a_i}{1-a_i} \times 100(\%) \tag{8-54}$$

여기서, η : 곡물선별기의 종합 분리 효율

W_t : 원료곡물의 전체 무게

a_i : 원료에 포함되어 있는 i 번째 물질의 구성비(M_i / W_t)

예제 8-4

건전한 벼 200 kg, 미숙립 10 kg, 잡초 씨 등 이물질 2 kg으로 구성되어 있는 벼 원료를 선별기로 선별한 결과 각 출구에서 수거된 산물의 중량을 측정한 결과는 다음 표와 같다. 이 선별기의 각 출구에서 수거된 각 물질의 순도와 수거율 및 분리효율을 구하여라.

종류	출구명			계
	1번구 (건전립 출구)	2번구 (미숙립 출구)	3번구 (이물질 출구)	
건전립	198.5	1.0	0.5	200
미숙립	1.5	7.5	1.0	10
이물질	0.1	0.5	1.4	2
계	200.1	9.0	2.9	212

풀 이

1) 식 (8-52)와 (8-53)에 의하여 각 배출구에서 수거된 물질의 순도와 수거율을 계산하면 다음과 같이 된다.

건전한 벼 : $P_{11} = \frac{198.5}{200.1} \times 100 = 99.2\%$, $D_{11} = \frac{198.5}{200} \times 100 = 99.3\%$

미숙립　: $P_{22} = \frac{7.5}{9.0} \times 100 = 83.3\%,\ D_{22} = \frac{7.5}{10} \times 100 = 75.0\%$

이물질　: $P_{33} = \frac{1.4}{2.9} \times 100 = 48.3\%,\ D_{33} = \frac{1.4}{2.0} \times 100 = 70\%$

2) 이 선별기의 선별효율을 구하기 위하여 우선 원료에 포함되어 있는 건전한 벼의 구성비(a_1), 미숙립의 구성비(a_2) 및 이물질의 구성비(a_3)를 구한다.

a_1= 200/212 = 0.943, a_2= 10/212 = 0.047, a_3 = 2/212 = 0.009

식 (8-54)에 의해 선별효율을 구하면 다음과 같다.

$\eta = (0.811 + 0.040 + 0.007) \times 100 = 85.8\%$

8.3 청과물 선별

원예작물은 과일, 채소 및 화훼류로 구분되며, 이들 중에서 과일과 채소를 총칭하여 청과물이라고 한다. 과일은 온대과일(사과・배・단감 등), 열대과일(바나나・파인애플・망고 등) 및 소과류(앵두 등)로 구분되며, 채소는 엽채류(배추・양배추・상추 등), 과채류(토마토・오이・멜론・수박 등) 및 근채류(당근・무 등)로 구분된다. 이들 청과물은 같은 포장에서 수확된 것이라도 크기, 모양, 색상, 숙도, 경도, 구성 성분이 각각 다르며, 또한 저장 또는 취급과정에서 변질되거나 기계적 손상을 받는 경우가 있다. 이들 청과물의 부가가치를 향상시키고 상품화하기 위하여 등급별로 구분하여 포장하는 과정을 거친다. 이 장에서는 청과물의 선별에 사용되는 등급 규격, 각종 선별장치의 종류, 작동 원리, 설계 등에 대하여 알아보고자 한다.

8.3.1 청과물의 품질인자 및 등급규격

청과물의 품질을 결정하는 항목은 외관, 조직감, 풍미, 영양가, 안전성 등 여러 항목이 있으며 각 항목에 포함되는 인자는 표 8-2와 같이 여러 가지가 있다. 또한 청과물의 품질은 사용 목적, 사용 분야, 평가 주체 등에 따라 다를 수 있으며 객관적이기보다는 주관적인 개념을 포함하고 있다. 그러나 상거래를 위하여 값어치를 결정하는 기준, 즉 등급규격이 제시되어야 하며, 선별은 이와 같은 등급규격에 맞게 이루어져야 한다. 등급규격은 청과물의 품목뿐만 아니라 지역에 따라 차이가 있으며, 우리나라의 경우 농산물 표준 출하규격집에 과실 및 채소류의 등급규격이 제시되어 있다.

[표 8-2] 청과물의 품질과 관계되는 인자

항 목	인 자(속성)
외 관	크기(부피·무게·길이·폭·높이 등), 모양, 색, 광택, 표면결함 등
조직감	경도, 부드러움(softness), 아삭아삭함(crispness), 즙(juiciness), grittiness, toughness, fibrousness
풍 미	단맛(당도), 신맛(산도), 떫은맛, 쓴맛, 향, 이취 등
영 양	탄수화물, 단백질, 지질, 섬유, 비타민, 무기성분 등
안전성	천연독성물질, 오염물질(잔류농약·중금속 등), 미생물 오염 등

농산물의 표준 출하규격은 농산물을 정해진 등급기준에 의하여 농산물을 등급별로 선별한 후 이를 규격화된 상자에 포장하여 출하함으로써 상품거래의 통일성을 기하기 위한 것으로 우리나라와 일본의 경우 농산물 표준 출하규격은 농산물의 품질을 구분하기 위한 등급규격, 크기를 구분하는 크기규격 및 포장방법을 규정하는 포장규격으로 구분되어 있다. 또한 등급규격은 포장단위의 등급규격과 낱개의 등급규격으로 구분되며, 크기규격은 낱개의 기준무게와 포장단위의 기준 개수(한 상자에 들어가는 청과물의 개수)로 구분하고 있는데 실제 선별에는 낱개의 등급규격과 기준무게가 활용된다. 표 8-3과 표 8-4는 한 예로서 사과의 낱개의 등급규격 및 포장단위의 등급규격을 표시한 것이다.

[표 8-3] 사과 낱개의 등급규격

항목 \ 등급	특	상	보통
색택	착색비율이 표 8-5의 "특" 이상인 것	착색비율이 표 8-5의 "상" 이상인 것	착색비율이 표 8-5의 "보통" 이상인 것
형상	품종 고유의 형상이 뛰어난 것	품종 고유의 형상이 양호한 것	특·상에 미달하는 것
녹	없거나 눈에 띄지 않을 정도로 적은 것	표면적의 1/5 이하인 것	표면적의 1/3 이하인 것
일소	엷은 색으로 지름 1.0 cm 이하인 것	엷은 색으로 지름 2.0 cm이하인 것	심하지 않은 것
열매 점무늬병	지름 0.3 cm 이하의 병반이 2개 이내인 것	지름 0.3 cm 이하의 병반이 5개 이내인 것	지름 0.3 cm 이하의 병반이 10개 이내인 것
반점 낙엽병	없거나, 눈에 띄지 않는 것	지름 0.5 cm 이하의 병반이 2개 이내인 것	지름 0.5 cm 이하의 병반이 5개 이내인 것
기타 병충해	피해가 과육에 미치지 않은 것으로서 두드러지지 않은 것	피해가 과육에 미치지 않은 것으로서 두드러지지 않은 것	피해가 과육에 미치지 않은 것으로서 심하지 않은 것
상해	열상, 자상, 타상이 없는 것 찰상, 압상이 거의 없는 것	열상, 자상, 타상이 없는 것 찰상, 압상이 경미한 것	특·상에 미달하는 것으로서 심하지 않은 것
약해	없는 것	거의 없는 것	심하지 않은 것
꼭지	빠지지 않은 것	빠지지 않은 것 (꼭지 빠진 것으로 색택이 "특"인 것은 상으로 한다)	빠지지 않은 것 (꼭지 빠진 것으로 색택이 "상"인 것은 보통으로 한다)
기타 결점	거의 없는 것	대체로 없는 것	심하지 않은 것

(주) 병충해, 상해, 일소 등의 결점이 산재하거나 여러 가지 결점이 있는 경우에는 합산 판정한다.

[표 8-4] 사과의 포장단위 등급규격

항목 \ 등급	특	상	보통
낱개의 고르기	별도로 정하는 크기 구분표 상 크기가 다른 것이 섞이지 않은 것	별도로 정하는 크기 구분표 상 크기가 다른 것이 섞이지 않은 것	별도로 정하는 크기 구분표 상 크기가 다른 것이 섞인 것
색택	표 8-5 품종별 착색비율에서 정하는 "특" 이외의 것이 섞이지 않은 것	표 8-5 품종별 착색비율에서 정하는 "상"에 미달하는 것이 섞이지 않은 것	표 8-5 품종별 착색비율에서 정하는 "보통"에 미달하는 것이 섞이지 않은 것
당도	후지, 북두는 14% Brix 이상 쓰가루, 조나골드, 세계일, 홍월, 천추는 13% Brix 이상 기타 품종은 12% Brix 이상	(적용하지 않음)	(적용하지 않음)
신선도	뛰어난 것	양호한 것	양호한 것
중 결점과	없는 것	없는 것	없는 것
경 결점과	거의 없는 것(낱개의 등급규격으로 "특"이외의 것이 섞이지 않는 것)	대체로 없는 것(낱개의 등급규격으로 "상"에 미달하는 것이 섞이지 않는 것)	특·상에 미달하는 것

[표 8-5] 착색비율 등급규격

품종 \ 등급	특	상	보통
홍옥	80	60	40
세계일, 홍월, 조나골드	70	50	30
후지, 천추, 국광, 쓰가루, 북두	60	40	20
기타 품종	품종 고유의 색택이 뛰어난 것	품종 고유의 색택이 양호한 것	특·상에 미달하는 것

(주) 착색비율은 전체 면적에 대한 품종 고유의 색깔이 착색된 면적의 비율을 말한다.

청과물의 경우 일반적인 품질판정 인자는 표 8-3에 제시되어 있는 바와 같이 여러 가지가 있으나 사과의 경우 유통에 필요한 등급판별 인자는 주로 색상, 형상, 외부결함 등 외관이며 내부품질에 해당하는 당도가 규정되어 있음을 알 수 있다. 미국의 경우는 숙도와 경도가 등급판별 인자에 포함되어 있다.

8.3.2 선별장치의 종류 및 작동원리

청과물 선별/포장시스템은 청과물의 종류, 관련되는 등급판별 인자, 처리능력 등에 따라 여러 가지 종류의 시스템이 이용되고 있으나 이들 시스템을 구성하는 공정은 ① 원료반입 및 공급 공정, ② 전처리 및 예비선별 공정, ③ 정렬 및 개체화 공정, ④ 계급 및 등급

판별 공정, ⑤ 이송 및 등급별 배출 공정, ⑥ 상자 담기 및 계량 공정, ⑦ 포장 및 출하 공정 등으로 구분된다.

(1) 원료 반입 및 공급

수확된 청과물은 일반적으로 플라스틱 상자(7~20 kg), 벌크 빈(200~500 kg) 등에 담겨 선별라인으로 이송된 후 인력 또는 자동 공급 장치에 의하여 선별라인으로 투입된다.

1) 인력공급

과육이 연약하여 손상을 받기 쉽거나 자동공급이 곤란한 청과물을 인력으로 하나씩 선별라인에 공급하는 것으로 한 사람의 공급능률은 2500~3000개/시간 정도이다. 우리나라의 경우 사과, 배, 복숭아, 수박, 멜론 등은 인력에 의하여 공급된다.

2) 건식공급(dry feeding)

이 방법은 원료가 담긴 상자 또는 빈을 선별라인에 쏟아 붓는 것으로 공급과정에서 과실끼리 서로 부딪쳐 상처가 발생되는 단점이 있다. 상처를 최소화하기 위하여 원료가 담긴 상자 또는 빈을 원료의 안식각(18~20°)까지 빠른 속도로 기울여 한꺼번에 덤핑을 하는 장치가 개발되어 이용되고 있다. 그림 8-29는 자동 건식덤핑장치로서 티핑 케이지(tipping cage), 케이지 덮개컨베이어(lid conveyor), 반입컨베이어, 구동장치 및 제어장치 등으로 구성된다. 원료가 담긴 상자가 케이지 내로 밀려들어오면 케이지와 덮개 컨베이어는 그림과 같이 안식각까지 빠른 속도로 회전을 한 후에 덮개컨베이어가 작동하여 원료 상자를 케이지와 함께 서서히 밀어 올린다. 이때 상자 상단부의 원료는 반입컨베이어로 서서히 밀려들어가며, 회전 브러시에 의해 들어가는 양을 조정할 수 있다. 이 장치에서 덮개컨베이어와 반입컨베이어의 이송속도는 같도록 한다. 덮개컨베이어 상단까지 밀려 올라간 빈 상자는 다른 장치에 의해 수거되며, 티핑 케이지와 덮개컨베이어는 원래 위치로 복귀한다.

3) 습식공급(wet feeding)

이 공급 장치는 원료가 담긴 상자를 물이 담긴 탱크 속에 잠입시켜 물 위로 떠오르는 원료를 수류를 이용하여 반입컨베이어 쪽으로 이동시키거나 원료를 수류에 직접 쏟아 붓는 장치이다. 물을 반입컨베이어 쪽으로 순환시키는 펌프와 물에 남아 있는 나뭇잎 등 부유물

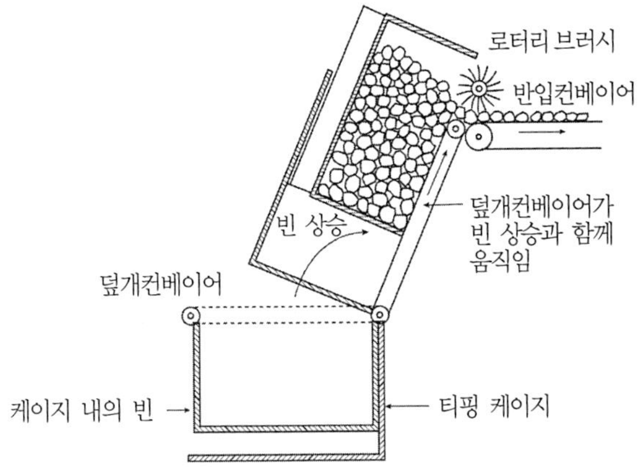

[그림 8-29] 티핑 케이지(tipping cage)를 이용한 자동 건식 덤핑 장치

을 걸려주는 필터가 설치되어 있다. 만약 원료가 물보다 비중이 크면 1~1.5%의 소다 또는 소금을 물에 첨가한다. 습식 공급 장치는 부패균의 전염이 가능하기 때문에 소독제를 물에 첨가하기도 한다.

(2) 전처리 및 예비 선별장치

1) 전처리

선별라인에서 청과물에 묻어 있는 잔류 농약이나 이물질을 세척하거나 과실의 꼭지를 자르는 작업, 즉 이물질이나 상품가치가 없는 것을 제거하는 것을 전처리라 한다. 전처리로 사용되는 세척작업은 기본적으로 물속에 담그는 침적, 수류 분사, 회전식 드럼, 회전식 솔, 요동식 세척 등의 방법 중에서 하나 또는 몇 가지의 조합으로 수행된다. 그림 8-30은 과실에 이용되는 대표적인 세척장치의 하나로 2회의 침적, 수류분사에 의한 세척, 스펀지 롤러에 의한 1차 물기 제거, 강제송풍에 의한 2차 건조 공정으로 구성되어 있다.

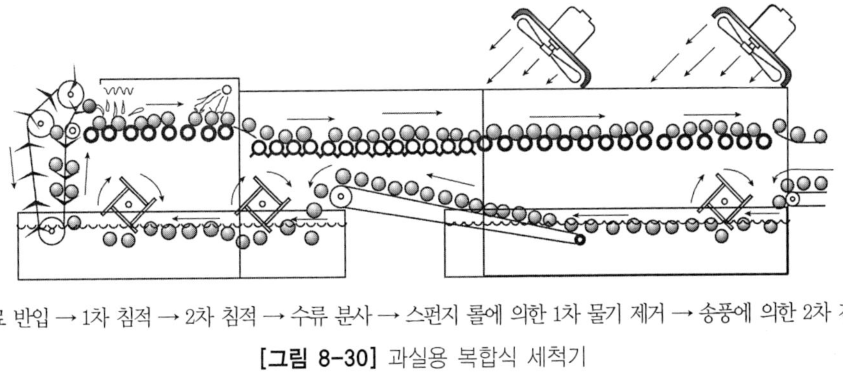

원료 반입 → 1차 침적 → 2차 침적 → 수류 분사 → 스펀지 롤에 의한 1차 물기 제거 → 송풍에 의한 2차 건조

[그림 8-30] 과실용 복합식 세척기

침적용 탱크는 세균 전염의 원인이 될 수 있기 때문에 소독을 위해 감귤류의 경우 sodium-ortho-phenil-phenat(SOPP)의 농도를 0.5~1.5%, pH 11.8, 물 온도 43~48℃ 정도로 유지하고 3~5분 정도의 침적을 한다. 그리고 침적탱크에는 물을 순환 및 교란시키는 장치와 여과장치 등이 설치되어 있다.

2) 예비선별

수확된 청과물에는 일반적으로 병충해에 의하여 손상된 것, 부패된 것, 모양이 기형인 것, 크기가 규정 이하로 작은 것 등 상품가치가 없는 것이 혼합되어 있다. 이와 같은 청과물을 인력 또는 기계장치를 이용하여 제거하는 작업을 예비선별이라고 한다. 표면에 결함이 있거나 모양이 이상한 것은 주로 선별 테이블(sorting table)을 이용하여 인력에 의하여 선별되며, 크기가 작은 것은 벨트식 혹은 드럼식 형상 선별장치가 사용된다.

[그림 8-31] 1차 선별대

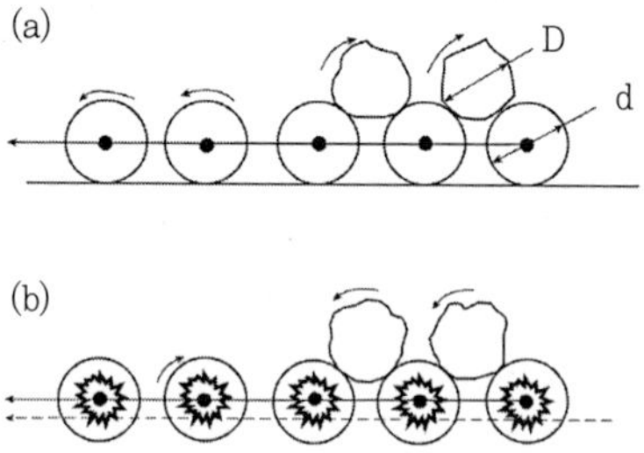

[그림 8-32] 1차 선별대 롤러 설계

그림 8-31은 자전하는 롤러컨베이어, 조명장치 등으로 구성된 선별테이블의 일례이다. 선별테이블은 선별자의 선별효율 및 피로도를 고려하여 설계되어야 한다. 피선별물은 선별테이블 위에서 회전을 하며 다음 공정으로 이송되는데 이때 피선별물은 롤러의 회전방향에 따라 그림 8-32에서와 같이 롤러의 전진방향과 반대방향 또는 전진방향과 같은 방향으로 회전을 한다. 그림 8-32(a)는 지면과의 마찰을 이용하여 롤러를 회전시키는 장치이며, 그림8-32(b)는 별도의 체인과 스프라킷(sprocket)을 이용하여 롤러를 전진방향과 반대방향으로 회전하도록 할 뿐만 아니라 롤러의 회전속도를 전진속도와 관계없이 조절할 수 있도록 한 것이다. 롤러 위의 물체는 롤러의 회전과 반대방향으로 회전을 하며, 롤러와 물체 사이에 슬립이 일어나지 않을 경우 롤러와 물체의 원주속도는 동일하다.

그림 8-32(a)에서 컨베이어가 일정한 거리(s)를 전진하는 동안 롤러의 회전수(N_r)와 직경(d), 물체의 회전수(N_p)와 직경(D) 사이에는 각각 다음과 같은 관계식이 성립된다.

$$N_r = s/(\pi d) \quad (8\text{-}55)$$

$$N_p = s/(\pi D) \quad (8\text{-}56)$$

$$N_p/N_r = (d/D) \quad (8\text{-}57)$$

위 식에 의하면 단위거리를 지나가는 동안 물체의 회전수는 롤러의 전진속도나 직경에 관계없이 물체의 직경에 반비례함을 알 수 있다.

그림 8-32(b)는 롤러의 회전수가 독립적이므로 물체의 회전수는 식 (8-57)과 같이 표현된다. 일반적으로 물체가 선별테이블 위를 구르면서 지나가는 동안 선별자가 결함 부위를 식별할 수 있도록 하기 위하여 롤러의 전진속도와 진행거리당 롤러의 회전수를 표 8-6과 같이 유지한다.

[표 8-6] 예비선별대 롤러의 전진속도별 회전수

롤러의 전진속도(m/min)	롤러의 회전수(rev./m)
7.5	5.0
9.0	4.0
10.0	3.5

선별자의 시각적인 피로도를 줄이기 위하여 그림 8-32(b)와 같이 컨베이어의 전진방향과 물체의 회전방향을 같도록 하고, 롤러의 표면색은 연초록이나 연한 노란색이 권장되며, 선별테이블의 높이는 선별자의 허리높이 정도(70~90 cm), 선별자 1인당 선별작업폭은 30~50 cm 정도가 추천되고 있다.

(3) 크기 및 무게 선별장치

청과물 선별에 사용되는 선별장치는 선별인자 및 사용되는 선별원리에 따라 다음과 같이 구분될 수 있다.

- **크기(지름 · 길이 · 모양 등) 선별기** : 스크린식(회전 스크린식, 진동 스크린식), 롤러식(2조 간격식, 다조간격식, 스파이럴 롤러식 등)
- **비중선별기** : 수류회전식
- **중량선별기** : 저울식, 스프링식, 전자식
- **외관(색상 · 모양 · 표면결함 등) 선별기** : 영상처리식(또는 카메라식)
- **내부품질(당도 · 숙도 · 내부결함 · 경도 등) 선별기** : 분광 스펙트럼식, 고주파 유전율식, 타음식, X-선식, 초음파식

1) 크기 및 형상 선별기

산물상태로 공급되는 원료를 대상으로 원료 개체의 최대 단면의 단축의 치수, 단축의 치수와 단면 형상, 길이의 차이 등을 이용하는 선별기로 선별부의 형상은 평행막대롤러(parallel bar roller), 확산롤러(diverging roller), 천공 스크린 또는 메시, 그로멧롤러(grommet roller), 확산 V-벨트(diverging V-belt) 등이 이용되고 있다.

① 롤러선별기

이 선별기는 막대롤러 또는 그로멧롤러를 서로 평행하게 유지하면서 롤러와 롤러 사이의 간격을 원료 투입구에서 배출구 쪽으로 갈수록 넓어지도록 한 것(그림 8-33)과 한 쌍의 롤러의 간격을 물체가 이송하는 방향으로 갈수록 점점 넓게 한 것이 있다(그림 8-34). 따라서 선별대상 원료의 대표 직경이 클수록 공급구에서 먼 쪽에서 배출된다. 그로멧롤러 선별장치는 그로멧의 프로파일에 따라 선별 대상체의 직경뿐만 아니라 장단축의 비를 고려한 선별이 가능한 장점을 갖고 있다. 롤러의 하부에는 롤러를 통과한 선별물을 각 크기 등급별로 구분하여 받아내는 수거장치 또는 컨베이어가 설치되어 있다.

[그림 8-33] 평행롤러간격 선별기

그림 8-34와 같은 조간 간격 확장식(diverging roller separator)은 1조가 한 쌍의 롤러로 구성되며, 롤러는 서로 반대방향으로 회전한다. 롤러의 상단은 좁고 하단으로 갈수록 간격이 넓어지며, 필요에 따라 간격 조절이 가능하다. 이 선별기는 3~10조로 구성되며 수평 경사각은 10도 정도이고 능률은 당근 등 뿌리채소의 경우 1 ton/hr/조이며, 토마토의 경우 250~350 kg/hr/조 이다.

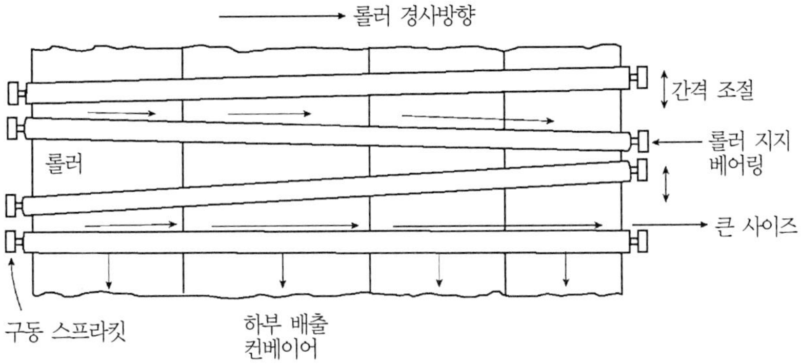

[그림 8-34] 간격확장식 롤러 선별기

② 스크린 또는 메시 선별기

곡물선별기와 같이 크기와 형상이 다른 구멍이 뚫린 철판 스크린 또는 와이어 메시(철망)를 이용하는 선별기로 구조에 따라 평판형, 원통형 또는 컨베이어형으로 구분된다. 평판형은 유효치수가 다른 구멍을 갖는 평판을 여러 층으로 경사지게 설치한 것으로 하층으로 갈수록 유효치수가 작은 구멍을 갖는 스크린이 설치되며, 이들 스크린은 구동장치에 의하여 요동운동을 한다. 각 층 스크린 구멍의 유효치수 및 형상 결정은 곡물용 스크린선별기 설계와 같고, 구동장치는 원료가 스크린상에서 하단으로 이동하면서 토싱(tossing)이 일어나도록 설계되어야 한다.

원통형은 유효치수가 다른 구멍을 갖는 원통형 스크린을 원료가 진행하는 방향으로 여러 개 설치한 것(그림 8-35)으로 구멍의 유효치수는 배출단으로 갈수록 증가하며, 각 원통은 같은 방향으로 회전을 한다. 원료가 투입되면 크기가 작은 것은 투입구 쪽의 원통의 구멍으로, 크기가 클수록 배출구 쪽의 원통으로 빠져들어 간다. 구멍을 통과한 원료는 원통 안쪽에 축방향으로 설치된 벨트컨베이어에 낙하하여 밖으로 이송되며, 벨트의 끝단에 놓인 포장용 박스로 투입된다. 원통의 수는 대상 원료의 크기 등급수와 같고, 원통구멍의 유효치수는 구형 물체의 경우 직경, 타원형의 경우 단축방향의 직경에 따라 결정된다. 구멍의 모

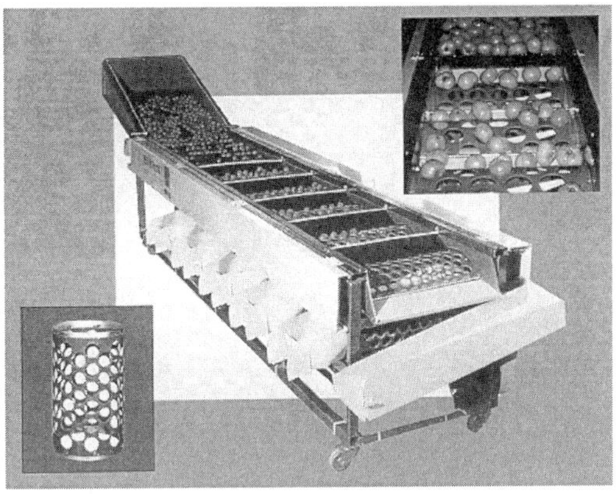

[그림 8-35] 원통형 스크린선별기

양은 원형, 타원형, 정사각형 등이 있으며, 선별 대상체의 형상과 유사한 것이 사용된다. 원통의 직경과 길이는 각각 0.5~1.0 m 및 1~3 m이며, 원통의 주속도는 이론적으로는 물체가 구멍을 완전히 통과하는 데 걸리는 시간과 원통 구멍의 이동거리에 의하여 결정된다. 원통형 스크린선별기는 감귤, 양파, 감자, 토마토 등 구형 및 타원형 물체의 선별에 가장 많이 이용되고 있다. 이 선별기의 단점은 대상체의 크기가 구멍의 유효치수보다 약간 크거나 거의 같을 경우 대상체가 구멍에 끼어 회전할 경우 다음 스크린과의 마찰에 의하여 손상이 발생하는 것으로 이와 같은 현상을 방지하기 위하여 구멍에 끼어 있는 과일을 밖으로 밀어내는 역할을 하는 롤러가 설치되어 있다.

컨베이어형은 유연성이 있는 고무 또는 플라스틱 재료로 만든 스크린을 컨베이어 형태로 만든 것으로, 선별기의 구성과 선별 원리는 원통형 스크린선별기와 유사하다.

2) 중량선별기

중량선별기는 청과물 하나하나의 무게를 측정하여 무게별로 구분하는 장치로서 청과물 개체 공급장치, 개체이송장치, 무게감지장치, 무게별 자동 배출장치 등으로 구성된다. 무게를 측정하는 원리에 따라 과실의 무게를 분동과 같은 기준무게와 비교하는 저울식, 과실의 무게에 따라 스프링의 인장의 차이를 이용하는 스프링식 및 무게에 따라 트랜스듀서(transducer)의 신호 변화를 이용하는 전자식이 있으며, 원료를 공급하는 방식에 따라 인력공급식과 자동공급식이 있다.

중량선별기는 이동하는 접시에 놓여 있는 청과물 개체의 무게를 측정하므로 접시가 무게 감지장치를 지나갈 때 발생하는 진동에 의한 오차가 존재한다. 무게측정 오차는 일반적으로 ±1~10 g으로 제작회사에 따라 차이가 있다. 시간당 선별 능률은 저울식 또는 스프링식의 경우 5000~7000개/시간, 전자식은 10,000~20,000개/시간 정도이다.

① 저울식 중량선별기

저울식은 그림 8-36에서와 같이 과실을 접시에 담고 롤러체인에 의하여 이동하는 이동부와 분동에 의하여 하중을 조정할 수 있는 고정저울부로 구성된다. 이동부는 과실을 담은 접시가 링크기구에 의하여 스탠드에 부착되고 그림의 왼쪽에 설치된 가드레일에 지지되어 체인컨베이어에 의하여 회전한다. 이동저울 조정분동은 과실이 없는 빈 접시가 분동과 평형을 이루도록 조정하기 위하여 사용된다.

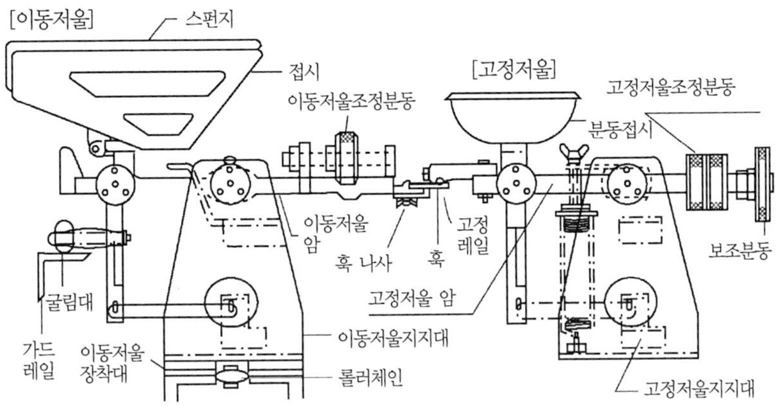

[그림 8-36] 추-스프링 복합식 중량선별기

고정저울부는 분동을 담은 접시가 링크기구에 의하여 스탠드에 부착되어 있고 접시에 올려놓는 분동의 무게에 따라 측정레일 선단에 걸리는 반시계방향의 모멘트가 조절된다. 고정저울 조정분동은 분동이 없는 상태에서 분동접시가 힌지를 중심으로 좌우 평형이 유지되도록 하기 위한 것이다. 고정저울부는 구분하고자 하는 과실의 최대 무게 등급 수만큼 선별장치에 설치된다.

과실의 무게별 선별은 과실을 담은 접시가 가드레일에 지지되어 이동하다가 고정저울부에 도달하면 가드레일이 끊어지고 반시계방향의 모멘트가 훅에 걸리게 한다. 훅에 걸리는 상방향 모멘트와 측정레일에 걸리는 하방향 모멘트의 크기에 따라 과실접시가 왼쪽으로 넘어지든지 혹은 그냥 지나가서 가이드 레일을 다시 올라탄다. 고정저울부의 분동의 무게는 공급구 쪽에 가까울수록 무겁게 조절함으로써 과실의 무게가 무거울수록 공급구 가까이에서 배출판으로 배출된다.

이 선별장치의 선별능률은 10,000개/시간 정도이며, 선별 정밀도는 ±5~10 g으로 보고되고 있다. 이 선별장치는 사과, 배, 양파 등 구형에 가까운 과실 및 과채류의 선별에 이용된다.

② 스프링식 중량선별기

스프링식 중량선별기(그림 8-37)는 접시의 무게에 따라 변화하는 스프링의 길이 변화를 이용하는 것으로 우리나라에서 많이 사용되는 대표적인 예는 다음과 같다.

이 기종은 접시 무게의 개체별 조정이 불가능하기 때문에 측정정밀도는 과중 120~350 g, 1시간당 선별속도 5000~10,000개 범위에서, 20~30 g 정도이다. 이 선별기의 특징은 조작이 간단하고, 선별기의 폭이 작고, 비교적 경량으로 제작이 가능하며, 가격이 싸다는 등의 장점이 있다. 주로 농가단위에서 사과, 단감, 참외, 토마토 등의 선별에 사용된다.

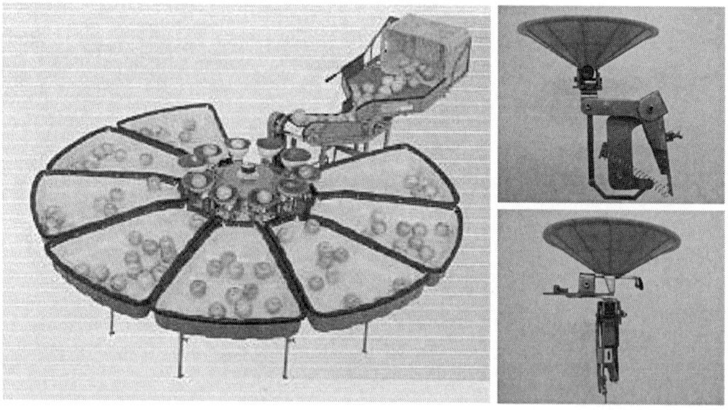

[그림 8-37] 스프링식 중량선별기

③ 전자식 중량선별기

• 구조

전자식 중량선별기는 기존의 저울식, 스프링식 등의 무게 선별기의 선별능률 및 정밀도를 향상시키기 위하여 개발된 것으로 대규모 포장센터에서 가장 많이 사용되고 있는 중량선별장치이다. 이 선별기는 시료를 담은 접시, 접시를 이송하는 구동체인, 접시의 무게를 감지하는 무게 측정센서 및 신호처리부, 접시의 무게 측정 시각과 무게별 배출위치별 배출시각을 결정하는 동기신호 발생장치, 자동배출 액추에이터(actuator) 등으로 구성된다.

• 무게 계측

현재 가장 많이 보급되어 있는 전자식 중량선별기의 무게계측장치(전자저울)는 그림 8-38에서와 같이 접시를 이송하는 체인의 하단부에 설치되어 있다. 접시 몸체는 2조의 체인 사이에 설치되며, 접시의 무게는 체인에 부착된 연결핀에 의하여 지지된다. 핀이 들어가는 접시 몸체에 뚫려 있는 구멍의 직경은 핀의 직경보다 크기 때문에 접시가 무게 감지부에 도달하여 무게 측정판을 올라타면 접시 전체의 무게가 무게 측정센서에 의하여 감지된다.

무게감지센서는 하중변환기와 전자코일이 주로 이용된다. 그림 8-39는 전자코일을 이용한 전자력 평형식 센서의 개략도이다. 이 센서의 작동원리는 이송접시가 무게 측정판에 하중을 가하는 순간 평형링크의 평형상태가 깨지면서 영점검출기에 의하여

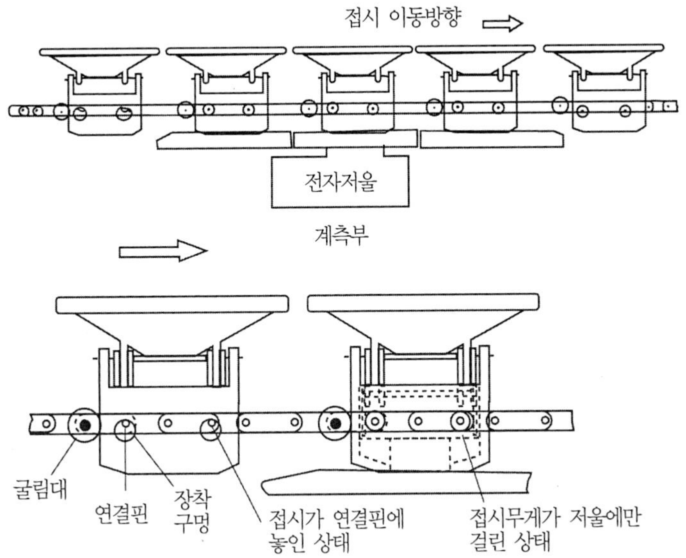

[그림 8-38] 전자식 중량선별기의 무게 계측부

검출된 불평형 신호가 서보 증폭기를 열어 전류를 전자코일에 공급하게 되며, 이 전류에 의하여 코일 내의 코어는 아래쪽으로 힘(복원력)을 받아 평형링크를 수평상태로 유지하게 한다. 전류는 접시의 무게에 비례하며, 이 전류에 의하여 저항에서 나타나는 전압을 증폭하고 AD변환하여 무게를 감지한다. 평형링크가 평형상태에 도달하는 시간은 0.1~0.2초로 매우 짧고, 하중 측정판의 수직변위가 1 mm 이하도 검출되므로 저울식이나 스프링식보다 정밀도가 높고 측정속도도 빠르며, 안정성이 높다.

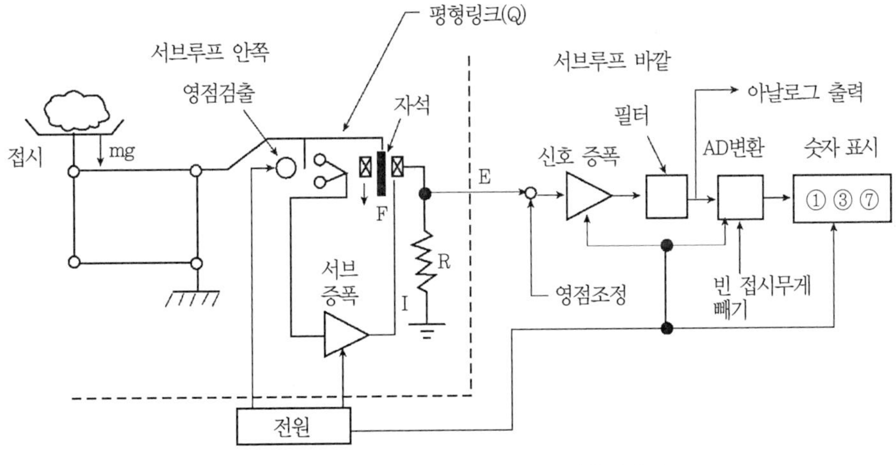

[그림 8-39] 전자코일을 이용한 중량측정센서

• 동기신호 발생

전자저울은 선별라인 1조당 하나가 설치되어 있다. 접시가 장착된 체인컨베이어는 과실공급구 맞은편 끝단에 설치된 전동기에 의하여 구동되며, 컨베이어 라인 상에서 시료접시의 이동위치는 그림 8-40에서와 같이 구동 스프라킷 축에 설치된 클록(clock)원판과 광전스위치를 이용하여 감지한다. 톱니는 접시의 부착 피치에 해당하며 톱니가 하나 감지될 때마다 접시가 하나씩 이송되는 것과 같다. 이 장치를 이용하여 각 접시에 가상번호를 붙일 수 있고, 각 접시가 라인 상에서 주어진 기준 위에서 몇 번째 있는지를 알 수 있다. 이와 같은 장치는 컨베이어의 이송속도에 관계없이 접시의 위치를 파악할 수 있는 장점을 가지고 있다.

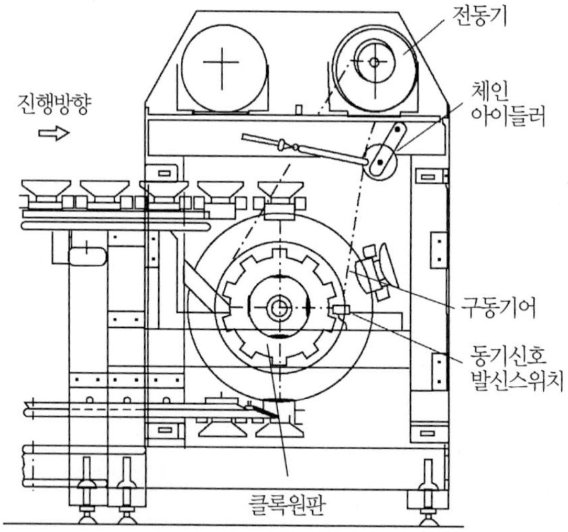

[그림 8-40] 구동부의 클록원판

각 접시의 위치를 파악하는 알고리즘의 한 예는 다음과 같다. 첫째, 1조에 부착되어 있는 접시의 수를 파악한다. 둘째, 컴퓨터 메모리에 접시의 수만큼 일련번호를 설정한다. 셋째, 컨베이어를 공회전시키면서 어느 시각에 기준위치(무게측정센서)를 지나가는 접시를 1번으로 정하고, 그 다음 클록원판에 의하여 인식되는 접시에 순차적으로 번호를 붙인다. 넷째, 이들 접시번호를 설정된 접시번호 입력번지에 순차적으로 입력한다. 이 때 기입력된 접시번호는 우측으로 한 칸씩 이동시킨다. 다섯째, 접시가 한 회전 순환한 후에는 접시가 지나갈 때마다 저장메모리에 저장되어 있는 접시번호를 하나씩 우측으로 이동시킨다(그림 8-42).

이와 같은 알고리즘을 이용하여 기준위치(무게측정센서, 입력번지 1번)에 저장되어 있는 접시번호를 파악함으로써 현재 무게측정센서를 지나가는 접시와 그 외 접시들의 상대적인

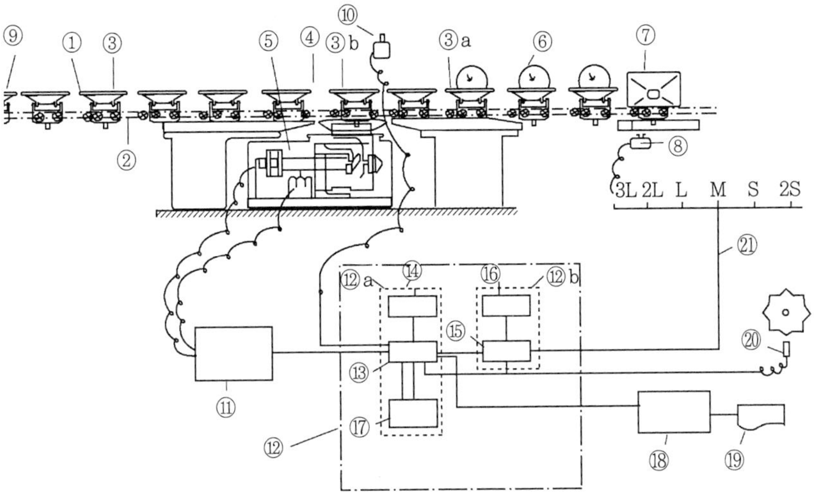

① 접시컨베이어 ② 체인 ③ 접시 ④ 평량부 ⑤ 전자저울 ⑥ 피선별물 ⑦ 배출부 ⑧ 배출장치 ⑨ 공급부 ⑩ 누름 버튼스위치 ⑪ 증폭기 ⑫ 연산 장치 ⑫a 연산 판정부 ⑫b 분류 제어부 ⑬ 연산판정 회로 ⑭ 무게분류 설정 회로 ⑮ 시프트 회로 ⑯ 배출위치 설정 회로 ⑰ 빈 접시무게 기억회로 ⑱ 계수 처리장치 ⑲ 프린터 ⑳ 클록 신호 발신스위치 ㉑ 배출 지령 신호

[그림 8-41] 연산 장치 및 측정 제어회로의 블록선도

위치를 알 수 있다. 나아가서 공회전을 하면서 각 접시의 무게를 측정하여 저장할 수 있다.

• 신호처리

전자저울에 의한 과실의 중량이 측정되고 특정 배출구로 배출되는 신호처리에 대하여 개략적으로 설명한다. 그림 8-41은 연산장치와 측정제어회로의 블록다이어그램이다. 전자저울(5)에서의 무게신호를 증폭기(11)로 증폭하여 디지털신호로 변환하고, 그 펄스신호를 연산장치(12)의 연산판정회로(13)에 입력한다. 그 입력신호는 과일 무게와 빈 접시를 합한 무게이기 때문에 우선 기억회로(17)에 미리 기억되어 있던 빈 접시의 무게를 뺀 다음 과일의 실제 중량으로 하고, 무게분류 설정회로(14)에 설정되어 있는 무게분류 기준과 비교하여 과실의 무게등급을 판정한다. 무게등급신호는 연산장치의 바깥에 설치된 계수처리장치(18)에 전달되어 각 개별 농가별로 과일의 개수, 무게등급 등을 집계하고 그 결과를 출력하는 데 사용한다. 또한 이 신호는 시프트회로(15)로 전달되어 클록 원판의 발신 스위치(20)에서 전송되는 접시신호와 동기되어 시프트되며, 배출위치설정회로(16)에 설정된 해당 무게등급과 비교하여 해당배출구의 솔레노이드에 배출신호를 출력하는 데 이용된다. 즉 무게가 3등급인 과실은 접시에 담겨 이송되다가 3등급 배출구에서 접시가 기울어져 과실이 배출되도록 한다. 개인농가별 선별이 종료되는 단계에서 마지막 청과물의 중량계측이 종료되면, 전자저울부 (4)에 설치된 누름 버튼스위치(10)를 누름으로써 계수출력회로에 확인신호를 보내고, 계수장치에 기억된 개인별 집계결과를 프린트한다.

• 등급별 배출 솔레노이드 작동 알고리즘

예를 들어 그림 8-42와 같이 무게 3등급 선별장치의 경우 배출단이 3개 설치되고 과실이 이송되면서 각 배출단으로 해당 등급의 과실이 배출되도록 접시가 기울어지게 하는 솔레노이드가 설치된다(S1, S2 및 S3). 각 배출단의 폭이 접시 3개의 피치와 같다고 가정할 경우 배출위치 설정 메모리번지에 그림과 같이 무게측정위치를 기준으로 각 솔레노이드까지 접시의 수와 같은 번호를 입력한다. 이 그림에서는 6번째, 9번째 및 12번째 번지에 Sol. 1, Sol. 2 및 Sol. 3가 각각 위치한다. 또한 등급비교 설정 메모리 번지에 각 솔레노이드에 의하여 배출되는 등급(1, 2, 3)을 설정하고 그 외 번지에는 0을 설정한다.

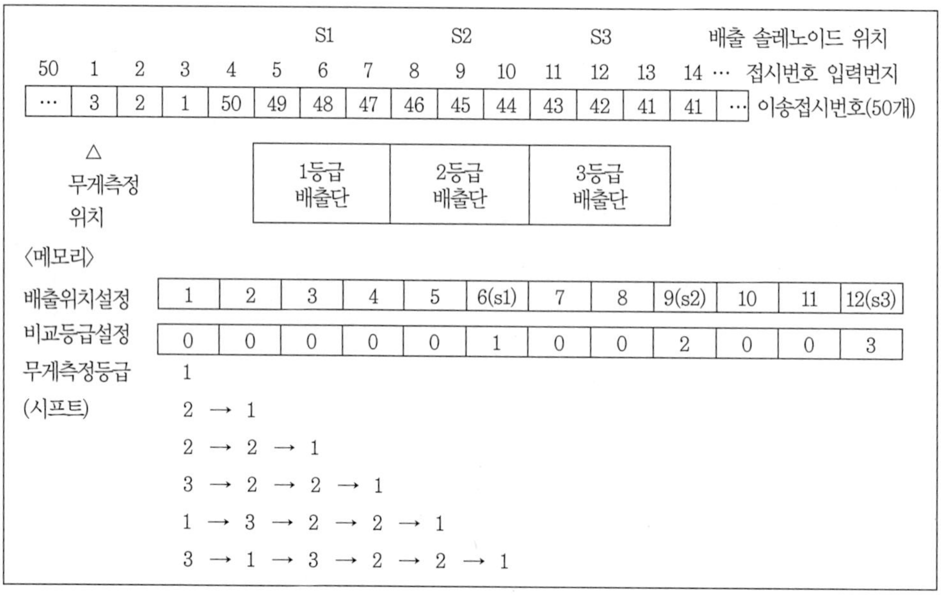

[그림 8-42] 등급별 자동배출을 위한 솔레노이드 작동 알고리즘

상기와 같이 설정된 상태에서 무게 측정센서를 지나가는 과일의 등급을 무게측정등급 메모리번지에 입력한다. 접시가 지나갈 때마다 판별되는 과실의 등급은 무게측정등급 메모리 내의 등급을 한 칸씩 접시가 진행하는 방향으로 이동시키면서 입력하고, 새로운 등급을 입력한 후에 무게측정등급 메모리(시프트 메모리)의 각 번지에 저장

되어 있는 등급 값과 비교등급 설정메모리에 저장되어 있는 등급 값을 비교하여 두 등급이 일치하면 해당 등급 배출 솔레노이드에 작동신호를 출력하도록 한다.

- 배출장치

배출장치의 예로써 가장 많이 보급되어 있는 솔레노이드 작동에 의하여 접시가 기울어지는 방식을 소개한다. 접시 이송컨베이어의 하부에 설치된 배출장치의 평면도와 측면도를 그림 8-43에 나타내었다. 배출장치는 컨베이어 하부의 로터리 솔레노이드와 여기에 부착되어 있는 방향가이드(로터리 솔레노이드 아암) 및 배출가이드와 컵에 내장되어 있는 작동핀, 슬라이드, 경사링크기구로 구성된다.

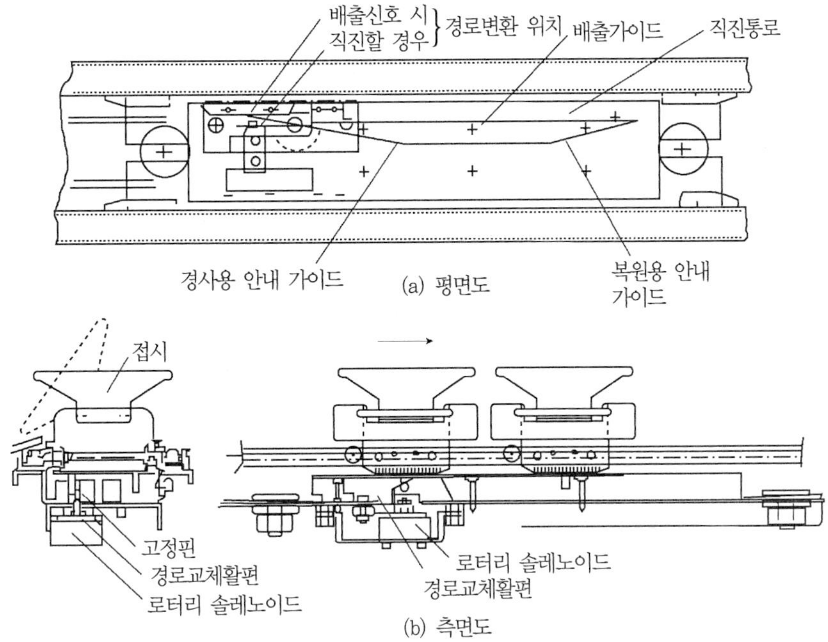

[그림 8-43] 솔레노이드 구동식 배출장치

구동체인에 의하여 직진하는 접시가 특정 등급의 배출구에 도달하면, 그림 8-41의 연산장치에서 발생되는 배출지령신호에 의해 로터리 솔레노이드의 방향가이드가 작동하여 직진하던 접시 하부의 슬라이드핀은 배출가이드 면을 따라 움직이게 된다. 접시의 슬라이드 핀이 배출가이드를 따라 움직이면서 접시를 기울어지게 하는 링크기구가 작동하여 접시가 기울어져 청과물이 배출된다. 슬라이드 핀이 복원용 안내가이드 면을 지나면 슬라이드핀이 원래 위치로 돌아오고 기울어졌던 접시도 바로 서게 된다.

전자식 중량선별기에 사용되는 동기신호 발생장치, 신호처리 장치, 등급별 자동 배출장치 등은 다음에서 설명하는 카메라식 선별장치, 비파괴 내부품질 선별장치 등에도 이용된다. 즉 일정한 간격으로 설치된 이송접시에 과실이 공급되는 모든 선별시스템에 이용된다.

(4) 외관 선별장치

외관선별기는 청과물 개체의 색상, 모양, 표면결함 유무 등을 판별하는 장치로서 주로 카메라를 이용한 영상처리기술이 이용되며, 이 장치를 기계시각식 또는 카메라식 선별장치라고 한다. 이 선별장치는 개체 공급장치, 영상처리장치, 영상분석 소프트웨어, 등급별 배출장치 등으로 구성된다.

1) 카메라식 선별장치의 구성

이 장치는 인간의 눈을 대신할 수 있는 기술로서 그림 8-44와 같이 조명장치, 카메라, 영상처리보드(frame grabber), 컴퓨터 등으로 구성된다. 카메라에는 CCD 매트릭스(matrix) 카메라와 CCD 라인스캔(line scan) 카메라가 많이 이용된다.

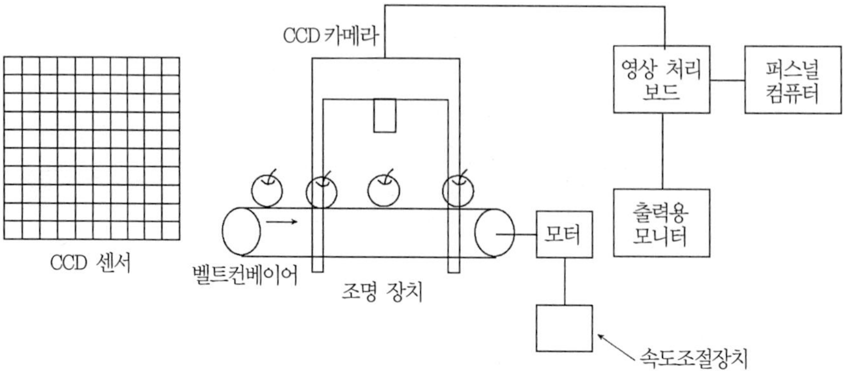

[그림 8-44] 카메라식 선별시스템

매트릭스 카메라는 흑백과 컬러로 구분되며 청과물 선별에는 컬러 CCD카메라가 주로 이용된다. CCD 카메라는 일반 사진기와 같이 렌즈와 조리개가 있고, 사진을 찍을 때 사용하는 필름 대신에 그림에서와 같은 모눈 판 모양의 CCD 센서가 설치되어 있다. CCD 센서는 가로×세로의 크기가 8×6 mm 정도로서 이 안에 256×256개 또는 512×512개의 작은 CCD 소자(화소라고 함)가 매트릭스 형태로 배열되어 있다. 물체의 상은 렌즈를 통하여

CCD 센서 위에 맺힌다. 영상처리보드는 CCD 센서를 구성하는 각 화소(pixel)에서 출력되는 신호를 읽고, 이들 각 화소의 색상 값(컬러 카메라) 또는 명암 값(흑백 카메라)을 메모리에 저장한다. 컴퓨터는 영상처리보드의 메모리에 저장된 영상정보를 이용하여 물체의 단면적, 지름, 둘레, 길이, 색상 등을 계산하고, 분석한다.

라인스캔 카메라는 여러 개(256, 512 또는 1024개)의 CCD 소자가 일렬로 배열된 라인센서가 설치된 것으로 한 번에 매트릭스 카메라의 한 열에 해당하는 영상정보를 읽어들인다. 물체가 카메라 밑을 지나가는 동안 빠른 속도로 수백 번의 스캐닝을 함으로써 대상체의 영상정보를 획득한다.

2) 영상분석의 기초

대상물의 기하학적인 특징을 정확히 영상분석하려면, ① 영상 한 화소의 가로 및 세로에 해당하는 실제 길이를 조사하는 기하학적 측도설정과, ② 화면에서 기하학적 왜곡이 없는 좌표영역(FOV; field of view)을 선정하거나 기하학적 왜곡을 보정하는 과정이 필요하다. 기하학적 왜곡을 이론적으로 보정하는 것은 매우 복잡하고 많은 계산시간이 요구되므로 농산물 선별시스템에서는 왜곡이 없는 좌표 영역을 선정한다.

① 기하학적 측도 설정

영상에서 두 지점 간의 거리는 화소 수보다는 실제 거리로 나타내야 한다. 이를 위하여 화소의 수평길이(x 방향) 및 수직길이(y 방향)에 해당하는 실제 길이를 구하는 것을 기하학적 측도설정이라고 하며, 그 과정은 다음과 같다.

㉠ 길이를 아는 사각형 도형을 제작한다.
㉡ 사각형 도형에 대한 영상을 얻는다. 이때, 사각형의 가로와 세로가 영상에서의 수평선과 수직선에 각각 평행이 되도록 놓는다.
㉢ 영상에서 사각형의 가로와 세로에 대한 화소수를 각각 측정한다.
㉣ 그리고 (실제 사각형의 가로길이)÷(영상에서 사각형 가로방향의 화소 수)와 (실제 사각형의 세로길이)÷(영상에서 사각형 세로방향의 화소 수)를 계산한다.
㉤ 또한, 영상에서 사각형에 해당하는 총화소수를 측정하고, (실제 사각형 면적)÷(면적 내 총 화소 수) 또는 (실제 사각형 면적)÷{(영상에서 사각형 가로방향의 화소 수)×(영상에서 사각형 세로방향의 화소 수)}를 계산한다.

참고로, ㉡의 과정에서 사각형을 영상좌표의 수평 또는 수직방향과 평행이 되도록 놓는 것이 어려울 때는 임의 방향으로 놓고, 기하학적인 관계식을 이용하여 ㉣의 과정을 수행한다. ㉣의 과정이 끝나면 화소당 수평길이 및 화소당 수직길이를 알 수 있으므로, 영상에서 두 지점의 좌표가 주어지면 두 지점 간의 실제 길이를 산출할 수 있다. ㉤의 과정이 끝나면 한 화소에 해당하는 실제 면적을 알 수 있으므로, 영상에서 농산물에 해당하는 총 화소수를 알면 실제 면적을 계산할 수 있다.

② 히스토그램(histogram)

히스토그램은 영상의 각 화소가 갖는 명암 또는 색상 값(화소 값 또는 화소치라고 함)을 0~255로 표시하고 각 화소 값마다 영상에서 나타난 화소의 빈도를 나타낸 것이다. 즉, 그래프로 나타내면, x축은 화소 값(0~255)이 되고 y축은 각 화소 값의 빈도수가 된다. 히스토그램은 영상의 화소 값 분포에 대한 평균적인 특징을 나타내며, 각 영상마다 얻을 수 있다.

그림 8-45는 사과 영상에 대한 히스토그램의 예이다. 사과 영상에서 배경에 해당하는 화소의 화소 값이 105~160에 분포하고 사과에 해당하는 화소가 38~98에 분포하며, 히스토그램은 2개의 봉우리로 구성됨을 알 수 있다. 그리고 사과와 배경을 구분하는 데 기준이 되는 화소 값을 문턱 값이라고 하는데 이 경우에는 99~104 범위에 존재함을 알 수 있다. 문턱 값을 기준으로 오른쪽은 배경 영역에, 왼쪽은 사과 영역에 해당한다.

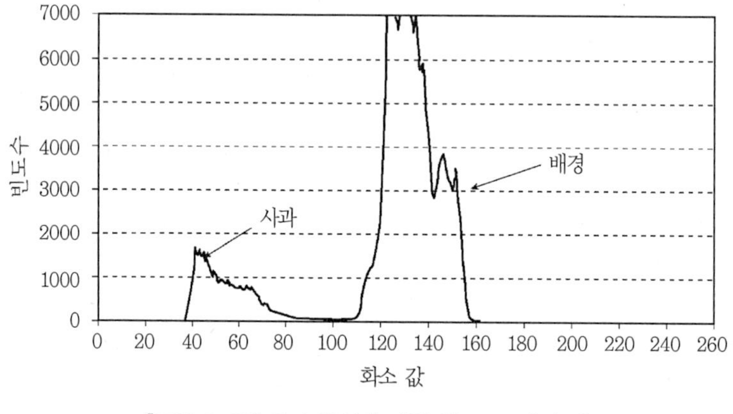

[그림 8-45] 사과 영상에 대한 히스토그램의 예

③ 영상 영역화

농산물 영상은 농산물 영역과 배경 영역으로 나눌 수 있는데, 두 영역을 나누는 것을 영상의 영역화라고 한다. 색채영상의 경우, R, G, B 각각의 영상프레임에 대한 문

턱 값을 구할 수 있으며, 가장 영상 영역화가 잘 이루어지는 프레임을 이용하여 영상을 영역화한 후 다른 프레임에 대해 영역화된 화소의 좌표를 일치시킴으로써 영상 영역화를 용이하게 할 수 있다. 영상 영역화를 수행하는 기법에는 ㉠ 문턱 값을 이용하는 방법, ㉡ 영역 분리 병합법 및 ㉢ 영역 확장법 등이 있으나, 농산물 영상에서는 주로 ㉠의 방법이 이용된다.

• 문턱 값 결정

문턱 값은 육안에 의하여 영상을 조사하여 결정하는 방법과 통계적인 기법을 동원하여 소프트웨어적으로 자동 설정하는 방법이 있다. 농산물 영상과 같이, 농산물 영역과 배경 영역의 화소 값이 명확히 구분되는 경우에는 어느 방법으로도 좋은 결과를 얻는다. 통계적인 방법에는 ㉠ 히스토그램 클러스터링 방법, ㉡ 영상통계방법, ㉢ 모멘트보존방법, ㉣ 최대 엔트로피 방법, ㉤ 지역 최소법, ㉥ p-타일법 및 ㉦ 미분 히스토그램 등 여러 가지 기법이 있다. 이들 기법에 대한 자세한 알고리즘은 관련 논문이나 서적을 참조하기 바란다.

• 이치화

농산물 영상에서 농산물 영역과 배경 영역을 각각 서로 다른 2개의 화소 값으로 나타내는 것을 영상의 이치화라고 하며, 흑과 백 등 2개의 값으로 나타낸 영상을 이치화 영상(binary image)이라고 한다.

④ 경계추출

농산물의 크기, 면적, 형상 등을 계산하려면 농산물과 배경 영역의 경계에 해당하는 화소를 추출한 후 경계화소에 대한 좌표들을 구하여야 한다. 그런데, 경계 또는 윤곽에 해당하는 화소는 화소 값이 급격히 변화하는 특징을 가진다.

• 경계후보화소 탐색방법

만일 배경과 농산물의 영상영역화가 수행된 경우라면, 경계화소는 이미 결정된 상태이므로 경계화소의 좌표를 구하면 된다. 그렇지 않는 경우에는 n×n 마스크 형태의 연산자(operator)를 이용하면 경계후보화소(화소 값이 변화하는 정도가 큰 화소)를 탐색하는 데 도움이 된다. 이를 위한 연산자에는 ㉠ 기울기 연산자(gradient operator), ㉡ 라플라시안 연산자(Laplacian operator), ㉢ Zero-crossing detector 및 ㉣ Stochastic gradient 등이 있다. 이들에 대한 자세한 내용은 생략하기로 한다.

• 체인코딩

카메라식 농산물 선별시스템에서는 조명단계에서부터 농산물과 배경의 광반사 특성이 확실히 구분되도록 함으로써 정확한 영상 영역화가 가능하며, 고속의 영상처리가 가능하다. 따라서 복잡한 연산과 경계후보화소로부터 경계화소를 결정하는 경계후보화소 탐색방법을 적용하지 않고 영상 영역화 후 곧바로 경계좌표를 구하기 위한 체인코딩(chain coding)을 수행한다. 체인코딩은 선에 대한 좌표를 기억하는 선분의 방향에 부호를 주는 체인코드(chain code)를 사용하면 편리하다. 즉, 이웃하는 화소 간의 방향을 8가지로 구분하고 각 방향에 번호를 부여한다. 그리고 어느 한 경계화소를 시작으로 반시계방향(또는 시계방향)으로 이동하면서 이웃경계화소와의 이동방향에 따라 0~7번 중 하나를 부여하면서 시작한 경계화소에 이를 때까지 진행한다. 이러한 과정을 체인코딩이라고 한다. 체인코딩이 완료되면, 시작 경계화소의 좌표와 체인코드로부터 모든 경계화소에 대한 좌표를 쉽게 계산할 수 있다. 화소 간의 방향을 간단하게 4가지로도 구분할 수 있다.

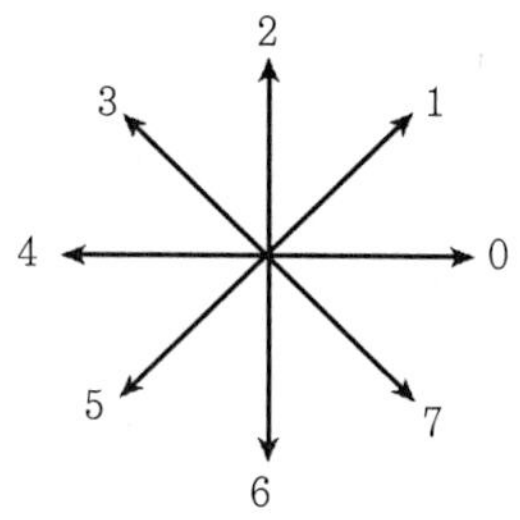

[그림 8-46] 8방향 체인 코드

3) 형상해석

기하학적 측도설정과 FOV 선정이 이루어진 후, 영상입력 → 문턱 값 설정 → 영상 영역화 → 체인코딩의 과정이 끝나면, 농산물의 각종 형상인자를 분석할 수 있다.

① 면적

히스토그램에서 농산물에 해당하는 곡선 영역의 면적이 곧 농산물의 면적에 해당한다. 실제 영상처리에서는 히스토그램을 저장하고 있는 배열변수(dimension variable)에서 미리 결정된 문턱 값을 기준으로 농산물 영역에 해당하는 화소 값의 배열요소(dimension element)의 값을 합산하여 얻은 값과 기하학적 측도 설정에서 결정된 화소당 실제 면적의 값을 곱하면 실제 면적을 얻을 수 있다.

또 다른 방법으로 이미 체인코딩 등으로 물체의 경계를 추출한 경우에는 물체의 총 화소수를 측정하기 위하여 영상 전체를 검색하지 않고 이미 추출한 경계화소의 좌표만으로 물체의 면적을 측정할 수 있다. 이는 선적분 형태로 면적을 계산하는 원리를 이용한 것으로 경계 좌표에 의한 물체의 면적 측정공식은 다음과 같다.

0번 방향 : y× 화소 수평 길이× 화소 수직길이
1번 방향 : (y−0.5)× 화소 수평 길이× 화소 수직길이
2번 방향 : 0
3번 방향 : −(y−0.5)× 화소 수평 길이× 화소 수직길이
4번 방향 : −y× 화소 수평 길이× 화소 수직길이
5번 방향 : −(y+0.5)× 화소 수평 길이× 화소 수직길이
6번 방향 : 0
7번 방향 : (y+0.5)× 화소 수평 길이× 화소 수직길이
물체의 면적 = 각 방향이 갖고 있는 면적의 합

여기서, y : 체인코드의 y좌표

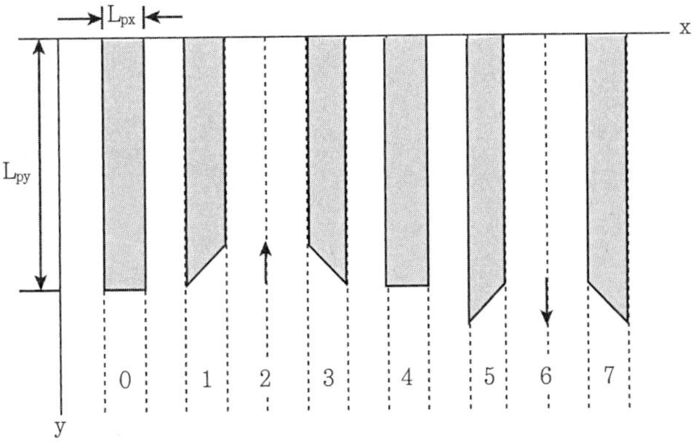

[그림 8-47] 경계좌표와 8-방향 체인코드(반시계방향)를 이용한 물체 면적 계산

② 길이

영상 내의 두 지점 $P(x_1, y_1)$, $Q(x_2, y_2)$ 사이의 길이는 다음과 같이 얻을 수 있다.

$$길이 = \sqrt{(x_1 - x_2)^2 \times HPL^2 + (y_1 - y_2)^2 \times VPL^2} \quad (8\text{-}58)$$

여기서, HPL : 화소의 수평길이 , VPL : 화소의 수직길이

③ 둘레길이

윤곽화소에 대한 체인코드 중 수평방향, 수직방향 및 대각선 방향의 화소 수를 각각 구한 후 다음 식으로 계산한다.

둘레길이 = (수평방향 코드의 총개수 × 화소의 수평길이당 실제길이) +
(수직방향 코드의 총개수 × 화소의 수직길이당 실제길이) +

$$(\text{대각선방향 코드의 총개수}) \times \sqrt{(\text{화소의 수평길이당 실제길이})^2 + (\text{화소의 수직길이당 실제길이})^2} \quad (8\text{-}59)$$

한편 둘레 길이는 요철에 매우 민감하므로 측정 값이 실제 측정 값보다 크게 측정되는 것이 일반적이다. 따라서 경계좌표를 평활화시켜 심한 요철이 있는 부분은 제거한 후 측정하여야 한다.

④ 도심

농산물 영상을 도형으로 보고 다음 식을 이용하여 도심의 위치, (C_x, C_y)를 구할 수 있다.

$$C_x = \frac{\sum \text{윤곽의 } x\text{좌표}}{\text{면적}} \quad (8\text{-}60)$$

$$C_y = \frac{\sum \text{윤곽의 } y\text{좌표}}{\text{면적}}$$

⑤ 장단축 길이

장단축 길이는 정의하는 방법에 따라 각기 다르게 측정될 수 있다. 장단축 길이를 정의하는 방법으로는 도형의 면적 모멘트를 최소로 하는 선분, 개체의 중심을 지나는 선분 중에서 길이가 가장 긴 선분, 모든 선분 중에서 가장 긴 선분 등으로 구분할 수 있다. 여기서는 개체의 중심을 지나는 선분을 장단축으로 간주하고 이를 측정하는 방법에 대하여 설명하기로 한다.

장단축 길이를 측정하려면 먼저 체인코딩 방법 등을 사용하여 경계좌표를 알아내야 한다. 추출된 경계 좌표를 사용하여 물체의 도심을 구한 후 도심에서 각 경계좌표 사이의 길이를 측정하여 그림 8-48과 같은 반경 프로파일 곡선을 만든다.

프로파일 곡선이 만들어지면 1도에서 180도까지 1도씩 증가하면서 해당 각도에서의 길이와 이 각도에서 180도 증가시킨 각도에서의 길이를 더하여 하나의 축 길이를 계산한다. 장축은 연산 결과 얻어진 180개의 축 길이 중에서 가장 긴 것을, 단축은 가장 짧은 것을 사용한다. 연산속도를 증가시키기 위하여 각도 증가분을 1도 이상으로 설정할 수 있다.

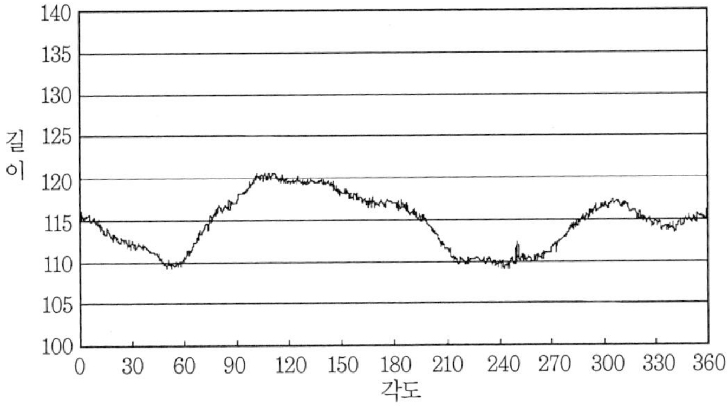

[그림 8-48] 장단축 길이 측정을 위한 반경 프로파일

⑥ 물체방향(orientation)

물체의 방향을 구하려면 앞서 계산한 장축길이 측정방법을 사용한다. 즉 장축으로 측정된 두 화소의 x축에 대한 기울기로 물체의 방향을 정의할 수 있다. 한편 모멘트에 의한 방법을 사용할 경우 다음 식을 사용한다.

$$\theta = \frac{1}{2}tan^{-1}\left[\frac{2\mu_{11}}{\mu_{20} - \mu_{02}}\right] \tag{8-61}$$

여기서, $\mu_{11} = \sum\sum(x-\overline{x})(y-\overline{y})$

$\mu_{20} = \sum\sum(x-\overline{x})^2$

$\mu_{02} = \sum\sum(y-\overline{y})^2$

⑦ 형상 판별

과실류의 형상은 정상적인 것과 사축과, 돌출과 등 비정상적인 것이 있다. 과실의 모양이 비정상적인 것은 과육의 영양생장이 균일하게 이루어지지 못한 데 기인하기 때문에 과실의 모양은 맛과 관계가 있다. 특히, 우리나라 배의 경우 모양은 중요한 선별인자 중의 하나이다. 청과물의 형상은 위에서 구한 값들로부터 원형도, 구형도, 복잡도 등을 구하여 판정한다. 나아가서 과실은 평면상에 놓이는 자세 및 보는 각도에 따라 단면 영상이 다르게 보이므로 입체적인 형상을 판별하려면 2대의 카메라를 이용하는 스트레오 영상, 3대 이상의 카메라를 이용하는 다중영상, 레이저 구조광을 이용하는 구조광 영상 등을 이용하는 장치가 개발되고 있다.

4) 색상 판별

① 색 측정

국제조명위원회(CIE)는 1931년 빛의 3원색인 RGB의 가감 혼색법으로 모든 색의 표시가 가능함을 실험적으로 증명하였다. 그러나 사용의 편의를 위하여 RGB 표색계를 근거로 이론적인 XYZ 표색계를 만들었다. 식 (8-62)는 이들 간의 변환 행렬이다.

$$\begin{bmatrix} X \\ Y \\ Z \end{bmatrix} = \begin{bmatrix} 0.490 & 0.310 & 0.200 \\ 0.177 & 0.813 & 0.011 \\ 0.000 & 0.010 & 0.990 \end{bmatrix} \begin{bmatrix} R \\ G \\ B \end{bmatrix} \quad (8-62)$$

그림 8-49는 XYZ 표색계의 3자극치($\bar{x}, \bar{y}. \bar{z}$)의 파장별 분포도이며, 이들은 물체의 반사율 스펙트럼(R(λ))과 광원의 스펙트럼(E(λ))을 이용하여 식 (8-63)과 같이 물체의 XYZ 색상 값을 구하는 데 이용된다.

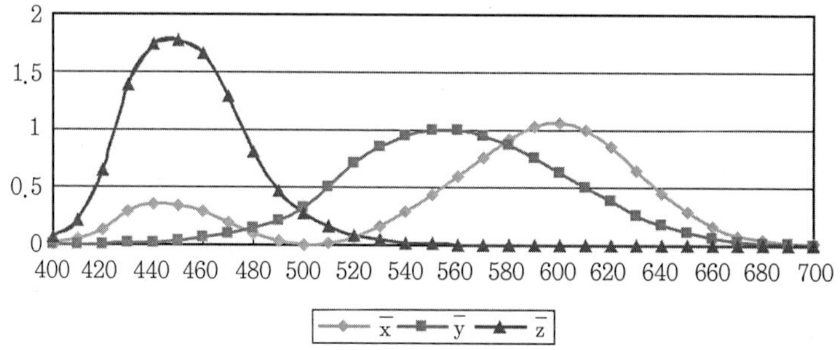

[그림 8-49] XYZ의 3자극치($\bar{x}, \bar{y}, \bar{z}$) 스펙트럼

$$X' = \int_{380}^{780} R(\lambda)E(\lambda)\bar{x}(\lambda)\,d\lambda$$

$$Y' = \int_{380}^{780} R(\lambda)E(\lambda)\bar{y}(\lambda)\,d\lambda \quad (8-63)$$

$$Z' = \int_{380}^{780} R(\lambda)E(\lambda)\bar{z}(\lambda)\,d\lambda$$

$$X = \frac{X'}{S}, \quad Y = \frac{Y'}{S}, \quad Z = \frac{Z'}{S}$$

여기서 S = $\int_{380}^{780} E(\lambda)\bar{y}(\lambda)d\lambda$ 로서 광원의 밝기를 나타낸다.

XYZ의 색채 값은 식 (8-64)와 같이 정규화하여 그림 8-50과 같은 2차원 색좌표계(chromaticity diagram)에 표시함으로써 색상, 채도 및 순도를 알 수 있다. 색채의 밝기는 Y값으로 표시된다.

$$x = \frac{X}{X+Y+Z},\quad y = \frac{Y}{X+Y+Z},\quad z = \frac{Z}{X+Y+Z} \qquad (8-64)$$

$$x + y + z = 1$$

RGB 색채 값도 이와 같이 정규화하여 2차원 평면상에 표시한다. 이들 값에는 색의 밝기는 포함되지 않는다.

$$r = \frac{R}{R+G+B},\quad g = \frac{G}{R+G+B},\quad b = \frac{B}{R+G+B} \qquad (8-65)$$

인간의 눈이 색을 감지하는 원리에 바탕을 둔 색 좌표계로서 색채를 색상(Hue), 채도(Saturation) 및 명도(Intensity)로 표시하는 HSI 좌표계가 이용된다. 이 표시법은 그림 (8-51)과 같이 6가지의 기본색상이 적색을 기준으로 60도 각도로 표시되며, 채도는 색 6각형(color hexagon)의 중심부에서 반경방향의 거리로 표시된다. RGB 색채값에서 HSI로의 색 변환은 식 (8-66)과 같다.

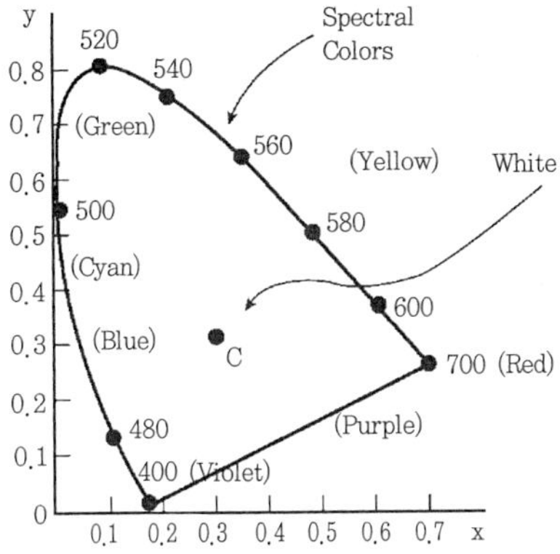

[그림 8-50] CIE 색좌표계

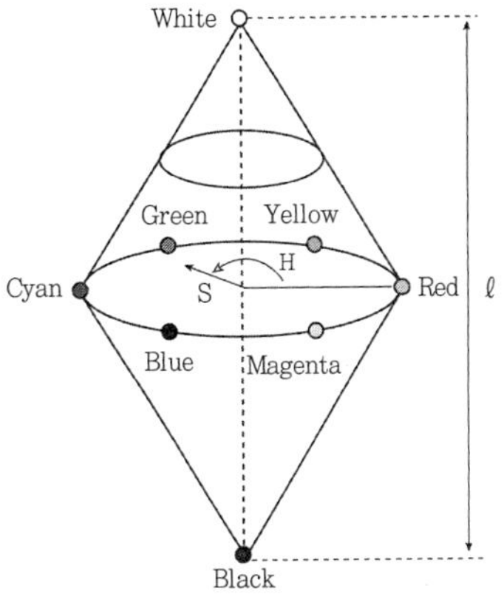

[그림 8-51] HSI 색좌표계

$$\begin{bmatrix} I \\ V_1 \\ V_2 \end{bmatrix} = \begin{bmatrix} \sqrt{3}/3 & \sqrt{3}/3 & \sqrt{3}/3 \\ 0 & 1/\sqrt{2} & -1/\sqrt{2} \\ 2/\sqrt{6} & -1/\sqrt{6} & -1/\sqrt{6} \end{bmatrix} \begin{bmatrix} R \\ G \\ B \end{bmatrix} \qquad (8-66)$$

$$H = \tan^{-1}(V_2/V_1)$$

$$S = \sqrt{V_1^2 + V_2^2}$$

YIQ 좌표계는 Y(Luminance), I(In-phase), Q(Quadrant)를 의미하며 Y는 명암정보

를, I와 Q는 색 정보를 나타낸다. YIQ는 컬러 TV방송을 위하여 고안된 색 좌표계로서 인간의 시각은 색채 정보보다는 명암정보에 민감하다는 특성을 이용한 것이다. 이를 위하여 Y는 상대적으로 넓은 주파수 영역을 가지고 있다. 또한 영상평활화 수행 시 Y 요소에 대해서만 이를 수행함으로써 색 성분은 보존할 수 있다는 장점을 가지고 있다. RGB에서 YIQ로의 변환행렬은 식 (8-67)과 같다.

$$\begin{bmatrix} Y \\ I \\ Q \end{bmatrix} = \begin{bmatrix} 0.299 & 0.587 & 0.114 \\ 0.596 & -0.275 & -0.321 \\ 0.212 & -0.523 & 0.311 \end{bmatrix} \begin{bmatrix} R \\ G \\ B \end{bmatrix} \tag{8-67}$$

$L^* a^* b^*$ 좌표계는 붉은색, 녹색, 노란색 및 청색을 기준으로 색을 표시하는 좌표계로서 농산물의 색을 표시하는 데 유용하게 사용된다. 식 (8-68)은 XYZ 색채 값과 $L^* a^* b^*$ 의 변환식이다.

$$L^* = 25\left(\frac{100Y}{Y_0}\right)^{\frac{1}{3}} - 16, \quad 1 \leq 100Y \leq 100 \tag{8-68}$$

$$a^* = 500\left(\frac{X}{X_0}\right)^{\frac{1}{3}} - 500\left(\frac{Y}{Y_0}\right)^{\frac{1}{3}}$$

$$b^* = 200\left(\frac{Y}{Y_0}\right)^{\frac{1}{3}} - 200\left(\frac{Z}{Z_0}\right)^{\frac{1}{3}}$$

여기서 X_o, Y_o 및 Z_o는 각각 표준 흰색을 대상으로 측정한 X, Y, 및 Z 값이다. 한편 $L^* a^* b^*$ 표색계에서는 식 (8-69)를 이용하여 두 물체 사이의 색의 차이를 계산할 수 있다.

$$\Delta E = \sqrt{(L^* - L_o^*)^2 + (a^* - a_o^*)^2 + (b^* - b_o^*)^2} \tag{8-69}$$

여기서 L^*, a^*, b^*는 시료의 색상 값, L_o^*, a_o^*, b_o^* 는 기준색의 색상 값이다. 계산된 색차는 그 값에 따라 두 색의 관계를 설명할 수 있으며 색차가 0~1.5 이내에는 두 색 사이에 근소한 차이가 있음을, 1.5~3.0 이내는 감지할 수 있을 정도의 차이를, 3.0~6.0까지는 현저한 차이, 6.0~12.0까지는 극히 현저한 차이, 12.0 이상은 다른 계통의 색을 의미한다.

② 과실의 색상 판별

과실류의 색상 등급을 판정하는 알고리즘에는 여러 가지가 있을 수 있으나 대표적인 방법은 다음과 같다. 영상데이터로부터 물체에 해당하는 각 화소의 색상 값을 구하고, 이들 값들을 이용하여 착색정도와 상관관계가 높은 색좌표 또는 판별변수를 구한 다음 이 값을 기준으로 각 화소의 색상등급을 판별하고, 전체 화소의 색상등급의 구성비를 이용하여 최종적으로 색상등급을 결정한다.

예를 들면 후지사과의 경우 착색 정도를 잘 나타낼 수 있는 판별변수를 구한 결과 표 8-7과 같이 나타났다. 이 표에서 Mahalanobis 거리 값이 클수록 착색 정도를 잘 판별할 수 있음을 의미한다. 즉 여러 가지 색좌표 또는 지수 중에서 b^*/a^*가 가장 좋은 판별인자로 밝혀졌다. 이 값이 클수록 착색이 잘 되었음을 의미한다. 후지사과의 착색 정도에 따른 $L^*a^*b^*$ 및 $Y\ x\ y$ 값의 예는 표 8-8과 같다.

[표 8-7] 후지사과의 착색 정도 판별을 위한 색상 값 및 색상지수별 Mahalanobis 거리

색좌표별 색상		Mahalanobis 거리	색좌표별 색상		Mahalanobis 거리
RGB	R	17.8	rgb	r	74.2
	G	125.0		g	130.7
	B	18.2		b	0.7
L*a*b*	L*	96.2	Yxy	Y	83.1
	a*	123.2		x	57.4
	b*	69.5		y	113.4
G/(G+B)		108.4	y/x		121.5
b*/a*		493.2			

주) Mahalanobis 거리 값이 클수록 색상 판별이 용이함을 나타냄

[표 8-8] 후지사과의 착색 정도별 색상 값

착색 등급*	L*	a*	b*	Y	x	y
1	36.5	35.1	16.0	9.42	0.47	0.31
2	49.0	27.8	26.9	17.89	0.46	0.35
3	61.8	15.0	28.1	30.64	0.41	0.37
4	58.5	7.2	39.8	26.54	0.43	0.41
5	69.1	−8.1	53.3	39.96	0.41	0.45

카메라가 인식하는 색상 값은 조명장치(형광등 조명, 백열등 조명 등)와 카메라 CCD 센서의 특성에 따라 차이가 있고, 색상을 표시하는 방법도 여러 가지가 사용될 수 있다. 따라서 동일한 물체에 대한 색상 값은 주어진 시스템마다 서로 다르게 나타날 수 있기 때문에 동일 시료에 대한 색상 등급판정 결과도 다르게 나타날 수 있다.

5) 표면 결함 검출

표면 결함은 건전한 면과 결함면과의 색상의 차이를 이용하거나 근적외 영상 등 특정 파장대역에서의 영상 정보를 이용하여 검출한다. 건전한 표면과의 색상 비교에 의한 검출은 색상이 유사한 경우 검출이 불가능하기 때문에 색상과는 무관한 근적외 파장대역의 영상을 이용하여 타박상, 자상, 병반점 등을 검출하는 방법을 사용한다.

① 결점의 분광 특성

근적외선은 780~2500 nm 대역의 파장으로 물질 내부 성분의 흡수와 밀접한 관련이 있다. 근적외선 영상을 이용하여 결점을 검출하려면 일차적으로 근적외선 대역에서 결점의 흡수대역을 구명하여야 한다. 그림 8-52는 후지사과의 대표적인 결점과 정상적인 부위에 대한 흡광 스펙트럼을 측정한 것으로 700 nm 이상에서 정상 부위의 흡광도는 결점 부위보다는 낮은 것을 보여준다. 따라서 근적외선 영상을 획득할 경우 정상 부위가 결점 부위보다는 밝게 나타나며, 화소 값 차이를 이용하여 결점을 검출할 수 있음을 예측할 수 있다.

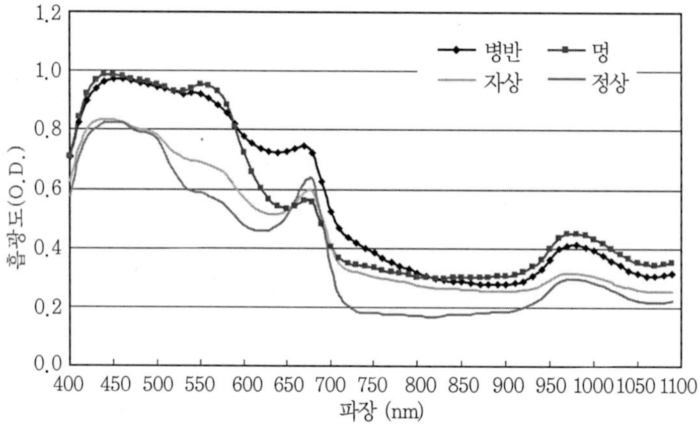

[그림 8-52] 후지사과 결점 부위의 흡광도 스펙트럼

② 근적외선 영상에 의한 결함 검출

근적외선 영상은 흑백 CCD카메라, 광학필터, 광원 등을 이용하여 획득할 수 있으며, 카메라에 장착된 CCD소자는 정상부와 결점 부위의 스펙트럼 분석에서 흡광도의 차이가 가장 큰 파장대역(유의파장이라고 함)에서 감응도가 높아야 한다. CCD소자의 감응도는 획득한 영상의 품질과 관련된다.

특정한 파장대역에서 근적외선 영상을 획득하려면 일반적으로 그림 8-53에서 보는 바와 같이 카메라의 렌즈 전면부에 대역 통과 필터(band pass filter)를 부착한 상태에서 영상을 획득한다. 이때 필터의 중심파장은 유의파장과 일치하여야 하며 유효 밴드 폭은 10~20 nm가 적당하다.

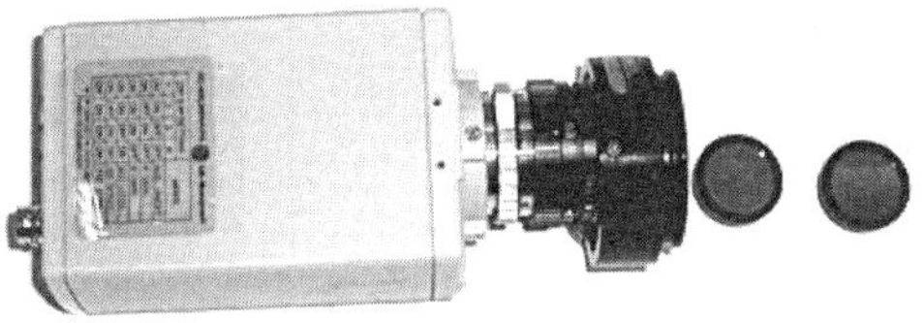

[그림 8-53] 근적외선 대역통과 필터 및 필터 홀더

근적외선 영상을 얻으려면 근적외선 파장을 발광하는 백열등이나 텅스텐 할로겐 등을 사용한다. 이들 광원은 매우 많은 열을 방출하므로 환풍기를 사용하여 광원 및 측정 장치를 냉각해 주는 것이 바람직하다.

그림 8-54는 후지사과의 멍든 부위를 특정 파장대역의 필터를 이용하여 획득한 영상이다. 그림에서 보는 바와 같이 가시광 영역의 550 nm 대역에서는 멍든 부위를 전혀 관찰할 수 없었으며 사과의 빨간색 착색 부위가 두드러지게 나타난 것을 볼 수 있다. 720 nm 대역의 영상에서는 사과의 착색 부위의 색상은 전혀 나타나지 않으며, 970 nm 대역에서는 3개의 멍이 뚜렷하게 나타남을 볼 수 있다.

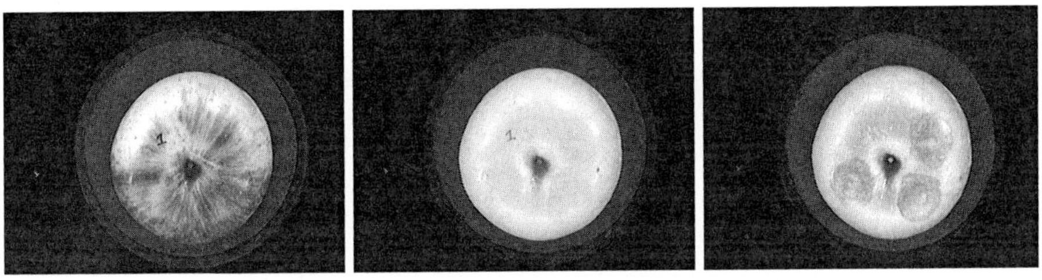

(a) 550 nm (b) 720 nm (c) 970 nm

[그림 8-54] 후지사과의 멍에 대한 파장별 필터 영상

이와 같은 필터 영상을 획득한 후 이치화를 수행하여 결점을 검출한다. 그림 8-55는 멍과 기계적 상처가 있는 후지사과를 대상으로 970 nm 대역의 필터 영상을 획득한 후 이치화를 한 영상으로 결점

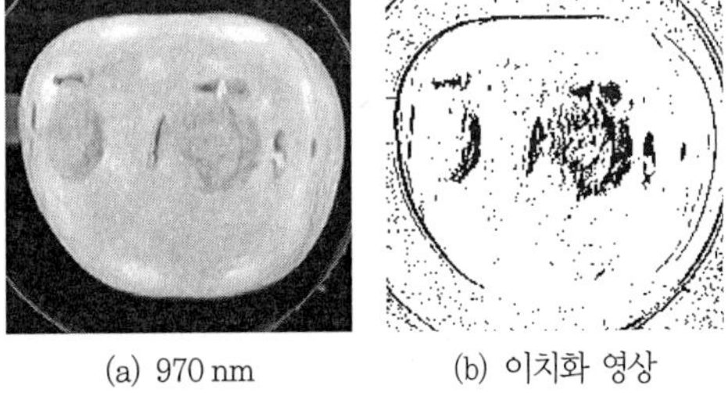

(a) 970 nm (b) 이치화 영상

[그림 8-55] 근적외선 영상을 이용한 결점검출 결과

이 비교적 뚜렷하게 검출됨을 관찰할 수 있다. 결점에 대한 보다 뚜렷한 영상을 얻으려면 고립점 제거 등 후처리 과정이 수반되어야 한다.

(5) 내부품질 판별장치

청과물의 내부품질인자는 청과물의 종류에 따라 다르지만 당, 산, 전분, 수분 등 주요 성분과 내부의 갈변, 부패, 공동 등 내부결함을 들 수 있다. 이들 인자를 비파괴적으로 측정하기 위하여 전자기 복사선의 흡수원리를 이용하는 기술이 이용된다. 전자기 복사선은 파장대역에 따라 자외선, 가시선, 근적외선, 중적외선, 원적외선 등 여러 대역으로 구분되며, 농산물에 포함되어 있는 수분, 당, 산, 지방 등은 성분에 따라 특정한 파장들을 흡수하는 특성을 지니고 있다(표 8-9). 이와 같은 특성을 이용하여 내부성분을 측정하거나 결함 유무를 판별한다. 현재 농산물을 파괴시키지 않고 성분을 측정하기 위하여 가시광 및 근적외선 영역이 이용된다. 가시광 영역의 일부를 사용하는 이유는 농산물이 성숙됨에 따라 내부 성분뿐만 아니라 색깔이 변화되기 때문이다.

[표 8-9] 수분, 당 및 엽록소의 흡수파장

항목	흡수파장 (nm)
수분	770, 970, 1180, 1450, 1940
당	838, 888, 913, 978, 1005, 1380, 1437, 1687, 2080, 2202, 2275, 2320
엽록소	675

1) 분광스펙트럼에 의한 내부품질 판별

① 투과스펙트럼 방식

투과스펙트럼을 이용하는 내부품질 판별장치는 그림 8-56과 같이 물체에 빛을 비추기 위한 광원, 물체를 투과한 광을 포집하는 프로브(probe), 포집된 빛을 광검출기로 전달하기 위한 광섬유와 슬릿(slit), 분광기 등으로 구성된다. 슬릿, 분광기, 광검출기, A/D변환기 등을 총칭하여 분광기(spectrometer)라 부른다. 이 방식은 빛이 시료를 투과하는 동안 산란 또는 흡수에 의하여 약화되어 프로브 쪽으로 투과되는 빛은 매우 미약하다. 따라서 많은 투과광을 포집하기 위하여 광원의 강도가 강해야 하고, 광검출기의 감도가 높아야 한다.

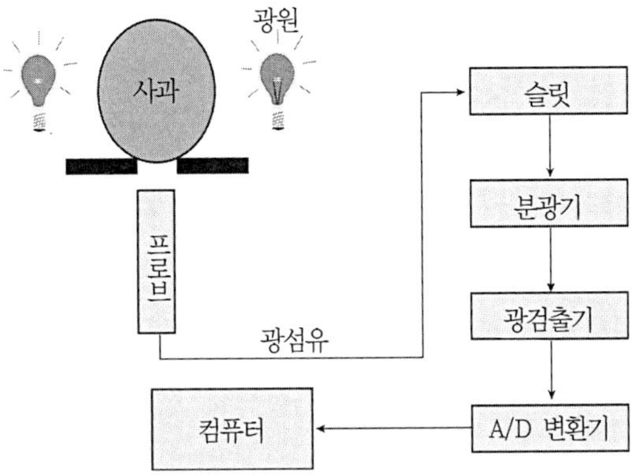

[그림 8-56] 투광광식 내부품질 판별 장치 구성도

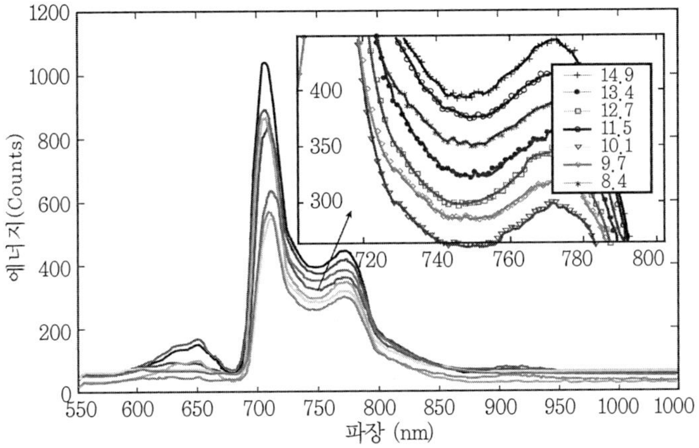

[그림 8-57] 7개 사과 시료의 당도별 측정 스펙트럼

당도가 서로 다른 과실을 대상으로 분광투과 에너지 스펙트럼을 측정하면 그림 8-57과 같은 스펙트럼을 얻는다. 이들 스펙트럼을 대상으로 노이즈 제거, 산란보정 등을 위하여 평활화, 산란보정, 미분 등의 전처리를 수행한다. 전처리된 데이터를 대상으로 MLR(다중회귀 분석), PCR(주성분 분석), PLS(부분 최소 자승법) 등의 회귀분석법을 이용하여 당도를 예측하는 검량식(또는 회귀식이라고 함)을 개발한다. 이 식을 이용하여 미지의 시료를 대상으로 당도를 예측하고 굴절당도계 등으로 당도를 실측한 다음 검량식의 측정오차를 검증한다(그림 8-58). 검량식의 성능 검증은 SEC(standard error of calibration), 결정계수(R^2), SEP(standard error of prediction), 바이어스(bias) 등을 이용한다. 성능이 검증된 식은 온라인 선별기의 당도 예측에 이용된다. 내부품질 측정을 위한 검량식 개발과정을 요약하면 그림 8-59와 같다.

투과광식의 장점은 과실 전체를 대표하는 당도, 산도 등의 측정이 가능할 뿐만 아니라, 과실의 씨방 주위의 부패, 갈변 등 내부 결함의 판별이 가능하다. 단점은 투과광이 매우 미약하여 투과광 이외의 광이 외부에서 직접 프로브로 들어갈 경우 치명적인 오차가 발생하기 때문에 누광을 철저히 차단하여야 한다.

투과 스펙트럼을 이용하여 5대 과실(사과, 배, 복숭아, 감 및 밀감) 및 멜론, 수박 등 구형 과채류의 당도 측정이 가능하며, 사과와 배의 경우 당도뿐만 아니라 산도, 숙도, 밀병, 갈변, 수침 등의 측정 및 판별이 가능하다. 선별능률은 초당 2~5개이고, 측정오차는 과실의 종류에 따라 차이가 있으나 당의 경우 표준예측오차(SEP)가 0.5 Brix%, 산의 경우 0.05~0.1%로 제시되고 있다.

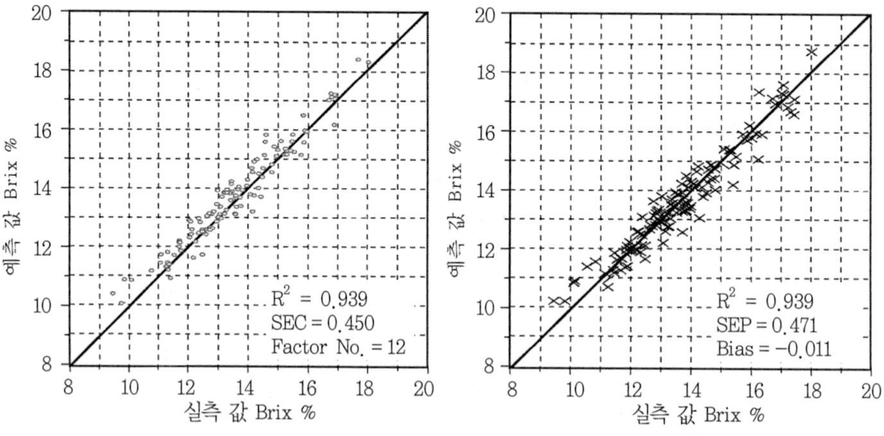

[그림 8-58] 사과당도의 실측 값과 품질 판정장치에 의한 예측 값의 비교

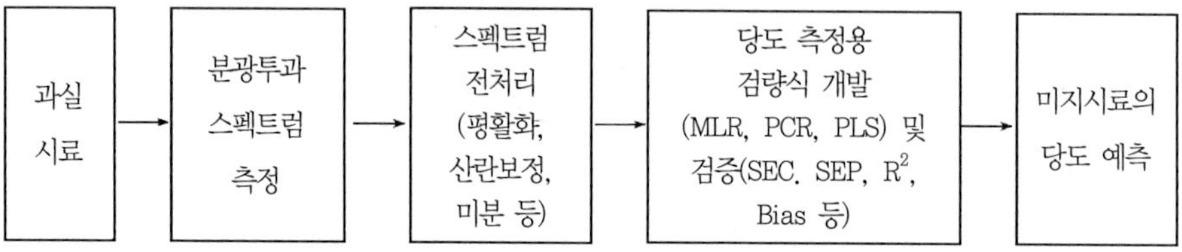

[그림 8-59] 분광 스펙트럼을 이용한 검량식 개발과정

② 반사 스펙트럼 방식

반사 스펙트럼을 이용하는 내부품질 판별장치는 투과 스펙트럼 측정장치와 유사하게 물체에 빛을 비추기 위한 광원, 물체에서 반사된 빛을 포집하는 프로브, 포집된 빛을 광검출기로 전달하기 위한 광섬유, 슬릿(slit), 분광기 등으로 구성된다(그림 8-60). 측정된 반사스펙트럼의 분석법은 위에서 설명한 바와 같다.

근적외선 영역의 파장은 농산물을 침투하는 깊이가 10 mm 이하로 알려져 있다. 따라서 반사광식은 프로브에 의하여 반사광이 포집되는 과육 부분의 정보만을 수집하므로 과실 전체를 대표하는 성분 예측은 불가능하며, 내부 결함을 검출하는 데는 한계를 갖는 단점이 있다. 일반적으로 과실의 당도는 부위별로 차이가 있다.

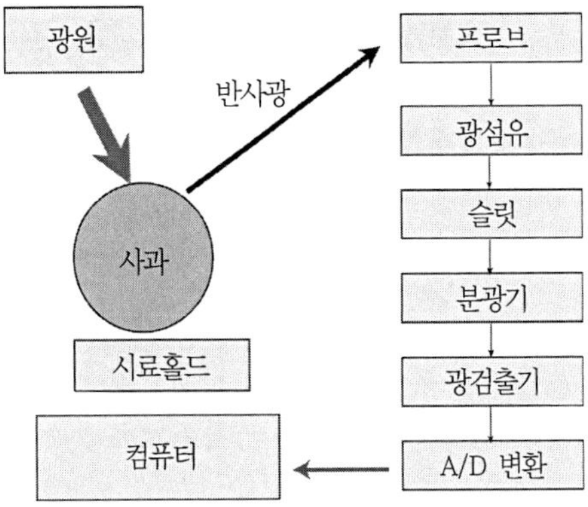

[그림 8-60] 반사광식 내부품질 판별장치 구성도

2) 타음에 의한 내부품질 판별

전통적으로 수박의 숙도를 판정하는 데 타음, 색깔 등을 이용해 왔다. 이를 근거로 일본에서 해머장치, 타음센서(마이크로 폰), 타음 해석장치 등을 이용하여 수박의 숙도 및 내부 공동 판정장치를 개발하였다. 일차적으로 수박의 적도부를 감지하기 위하여 높이를 측정하고, 그림 8-61에서와 같이 해머와 센서부를 적도부까지 자동으로 하강시킨 다음 해머로 타격을 가한 후 센서부에서 음파를 감지한다. 음파센서는 수박의 적도부를 3등분하여 3개가 설치되어 있다. 컴퓨터는 센서부를 통하여 입력된 파형을 해석하고, 공동과, 미숙과, 적숙과 및 과숙과를 판정한다. 그림 8-62는 정상과와 공동과의 음파분석 결과이다.

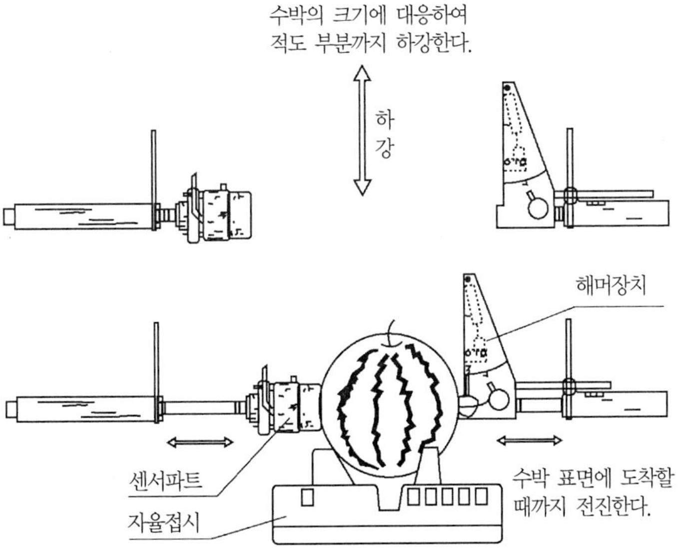

[그림 8-61] 수박의 타음에 의한 내부품질 판별 장치

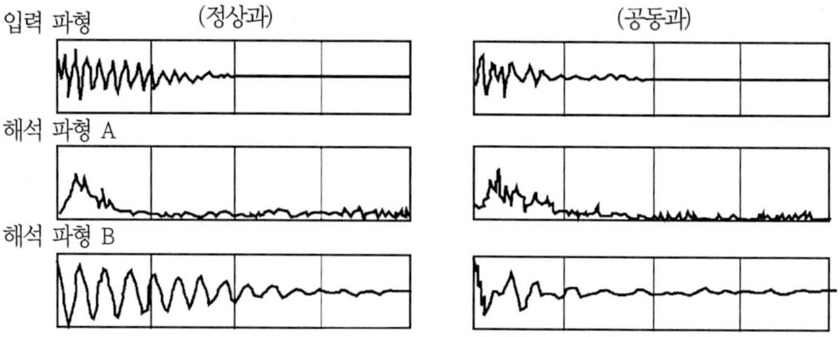

[그림 8-62] 수박의 정상과와 공동과의 음파 차이

3) 초음파, X-선 CT 및 자기공명영상(MRI)에 의한 내부품질 판별

의료 분야에서 인체의 내부를 가시화하기 위하여 초음파 진단장치, X-선 단층촬영장치, 자기공명단층촬영장치가 개발되어 활용되고 있다. 이와 같은 의료용 진단장치를 농산물, 축산물 등을 대상으로 내부품질을 판정하는 데 응용하기 위한 연구가 활발히 진행되고 있다.

초음파 진단기술은 쇠고기, 돼지고기 등 육류의 품질뿐만 아니라 살아 있는 가축의 피하지방층의 두께 등 육질을 판정하는 데 이미 활용되고 있으며, 이 기술을 이용하여 과실류의 경도를 예측하기 위한 연구가 수행되고 있다.

X선 CT 및 자기공명영상 기술은 농산물, 축산물 및 가공식품의 내부 조직 및 결함 등의 판정이 가능하지만 현재로는 가격이 고가이므로 실용화되지 못하고 있다.

8.4 화훼 선별

화훼류는 다른 농산물에 비하여 취급에 보다 많은 주의를 요하며, 유통기간이 짧아 저온저장시설이 갖추어지지 않은 경우에는 수확 당일에 선별작업을 수행하는 것이 일반적이다. 기계 선별의 대상이 되는 화훼류는 주로 꽃대가 절단된 상태로 유통되는 절화류로서 작목에 따라 적용되는 선별방식에 차이가 있다.

절화는 하나의 꽃대에 몇 개의 봉오리가 형성되는가에 따라 스탠더드형과 스프레이형으로 구분된다. 스탠더드형은 꽃대에 하나의 봉오리가 형성되며, 스프레이형은 다수의 봉오리가 형성된다. 절화의 선별기준은 작목과 봉오리의 수에 따라 다르게 적용되며, 절화선별기는 크게 길이선별기, 중량선별기(스프레이형 절화에 적용됨) 및 형상선별기로 구분할 수 있다. 여기에서는 절화의 선별기준에 대하여 살펴보고, 대표적인 절화선별기의 형태에 대하여 설명한다.

8.4.1 절화 선별기준

국립농산물품질검사원에서 제정한 농산물 표준규격에는 국화, 카네이션, 장미 등 19개 화훼작목에 대한 등급과 포장규격이 포함되어 있다. 등급규격은 꽃의 모양과 색택, 줄기의 굵기와 휨, 꽃대의 길이, 꽃봉오리의 개화 정도, 마른 잎이나 이물질의 제거 상태 및 가벼운 결점의 비율에 따라 절화를 특, 상, 보통으로 구분한다. 또한 1 묶음당 꽃대의 평균 길이에 따라 1~4급으로 구분한다.

기계를 사용하여 선별하는 대표적인 절화류에 해당하는 스탠더드형 장미에 대한 표준규격은 표 8-10과 같다.

표 8-10에서 보는 바와 같이 꽃대의 길이를 제외한 대부분의 등급규격은 수치화되어 있

[표 8-10] 장미(스탠더드) 등급규격

<table>
<tr><th>등급
항목</th><th>특</th><th>상</th><th>보통</th></tr>
<tr><td>꽃</td><td>품종 고유의 모양으로 색택이 선명하고 뛰어난 것</td><td>품종 고유의 모양으로 색택이 선명하고 양호한 것</td><td rowspan="6">「특·상」에 미달한 것</td></tr>
<tr><td>줄기</td><td>세력이 강하고, 휘지 않으며, 굵기가 일정한 것</td><td>세력이 강하고, 조금 휘고, 굵기가 약간 일정한 것</td></tr>
<tr><td>꽃대 길이</td><td>2급 이상으로 다른 크기가 섞이지 않은 것</td><td>4급 이상으로 다른 크기가 섞이지 않은 것</td></tr>
<tr><td>개화 정도</td><td>꽃봉오리가 1/5 정도 개화된 것</td><td>꽃봉오리가 2/5 정도 개화된 것</td></tr>
<tr><td>손질</td><td>마른 잎이나 이물질이 깨끗이 제거된 것</td><td>마른 잎이나 이물질이 깨끗이 제거된 것</td></tr>
<tr><td>가벼운 결점</td><td>3.0%</td><td>5.0%</td></tr>
</table>

[정의]

- 백분율: 전체에 대한 개수(본) 비율을 말한다.
- 가벼운 결점: 약해, 일소, 상처, 형상불량 등이 품위에 영향을 미치는 정도가 경미한 것을 말한다.

[길이 구분]

호칭 구분	1급	2급	3급	4급	1묶음의 본수	1상자 본수
1묶음 평균의 꽃대 길이 (cm)	80 이상	80 미만 70 이상	70 미만 50 이상	50 미만	10 또는 20	200~700

지 않다. 따라서 같은 장미라고 하더라도 품종에 따라 줄기의 굵기, 꽃봉오리의 색과 개화 정도에 대한 별도의 선별기준을 설정하여야 한다. 표준화된 선별기준이 널리 활용되면 재배 농민과 유통업자 간에 보다 정확한 의사전달이 가능해져서 유통의 효율이 증대되며, 전 유통망에 대한 상품의 균일성이 확보될 수 있다(Holstead-Klink, 1991, 1992).

절화류에 대한 표준 규격이 제정되어 있으나, 국내에서는 잘 활용되고 있지 않은 반면 해외로 수출되는 백합 등 일부 절화류의 경우에는 보다 상세한 선별기준이 적용되고 있다. 국내에서 표준 규격이 잘 활용되지 않는 이유는 꽃대가 긴 절화에 대한 소비자의 선호도가 높지 않으며, 유통과정에서 기계 선별에 따르는 비용이 보전되지 않기 때문에 선별기의 사용을 기피하거나, 적절한 가격과 성능의 선별기가 보급되어 있지 않기 때문이다(Bae, 1996).

절화선별에서 가장 중요한 두 인자는 꽃대의 길이와 꽃봉오리의 개화 정도이다. 적기에 수확된 상품의 장미의 경우 가격을 결정하는 가장 중요한 인자는 꽃대의 길이가 될 것이다. 한편, 꽃봉오리의 개화 정도는 절화의 품질과 수명에 영향을 미친다. 너무 일찍 수확되어 개화가 덜된 장미는 영양이 부족하여 완전개화 단계에 이르지 못할 것이며, 너무 늦게 수확되어 개화가 많이 진행된 장미는 유통기간과 수명이 짧아지게 될 것이다. 따라서 적절한 개화 정도의 절화를 선별하여 출하하면 이를 구입한 소비자가 동시에 만개하는 꽃을 오래 즐길 수 있게 된다.

8.4.2 길이선별기

길이선별기는 국화나 카네이션과 같이 줄기가 비교적 곧게 형성되는 절화류에 적용되며, 봉오리를 포함하는 절화의 전체 길이에 따라 등급을 선별한다. 대표적인 것은 그림 8-63과 같이 절화가 놓이는 적재판에 일정한 간격으로 많은 홈이 있으며, 각 적재판의 양단이 체인에 연결되어 회전하는 형태를 들 수 있다. 적재판의 하단부에는 각 배출 위치마다 하나의 마이크로 스위치가 설치되어 있으며(그림 8-64), 적재판의 진행방향을 따라 최장 등급에서 최단 등급까지 순차적으로 길이 선별기준에 따라 마이크로스위치의 위치를 조절할 수 있다. 적재판이 회전하여 기계의 하부에 위치하였을 때 길이가 판정되며, 절화의 길이에 따라 마이크로스위치가 동작되면 솔레노이드의 동작으로 적재판을 뒤집어 지정된 배출 위치에 절화가 낙하된다. 한 사람이 작업하는 경우에 작업능률은 시간당 2500~5000본 정도이며, 선별 등급수는 4~12이다.

[그림 8-63] Olimex사의 절화 길이선별기

[그림 8-64] 길이 검출용 마이크로스위치

8.4.3 형상선별기

장미 등의 절화류를 선별하는 데 컬러 CCD 카메라를 이용한 영상처리방법이 적용되고 있다. 선별인자는 주로 꽃대(길이, 굵기와 휨 정도)와 꽃봉오리(색, 크기와 모양, 개화정도)에 집중되어 있다. 영상처리에 의하여 절화를 선별함에 있어서 다음과 같은 사항을 고려하여 프로그램을 작성할 필요가 있다(Bae, 1996).

꽃대가 부분적으로 잎에 의해 가려질 수 있기 때문에 전체적인 꽃대의 형상을 알 수 없으며, 꽃대의 하단부가 가려지면 줄기의 끝점을 찾기가 어렵다. 장미와 같이 줄기에 가시가 있는 경우에는 줄기의 굵기를 측정하기가 쉽지 않다. 꽃대가 길면 카메라의 공간 분해능이 저하되므로 측정의 정확도가 떨어지게 된다. 꽃봉오리의 경우에는 봉오리의 형상이 대칭이 아니며, 꽃받침에 의하여 꽃잎이 가려지는 패턴이 품종과 개화 정도에 따라 다르며, 개화의 진행에 따른 꽃봉오리 형상의 변화가 품종에 따라 다르다. 따라서 장미의 경우에는 품종별로 서로 다른 등급판정기준이 설정되어야 한다.

세계 최대의 절화류 수출국가인 네덜란드의 Olimex사와 Aweta사에서는 고성능의 영상처리식 장미선별기를 생산하고 있다. 꽃봉오리와 꽃대의 굵기 및 길이를 처리하는 데 별도의 CCD 카메라를 사용하며, 반사경을 이용하여 꽃봉오리와 꽃대를 여러 각도에서 관찰할 수 있도록 하고 있다. 선별된 동일 등급의 장미들을 일정한 본수로 묶은 다음, 각 묶음 중 최단 길이에 해당하는 것을 기준으로 꽃대를 절단하는 작업이 일괄 처리되는데, 시간당 8000~9500 본을 처리할 수 있다(그림 8-65). 이러한 선별 시스템에 의하여 최종적으로 배출되는 것은 개화 정도가 균일하며, 꽃대의 길이와 굵기가 일정한 장미 다발이다.

[그림 8-65] Aweta사의 장미 선별 및 결속 시스템

연 | 습 | 문 | 제

1 건전한 벼, 보리, 콩 100립씩을 무작위로 추출하여 길이, 폭, 두께를 측정하고 그 결과를 10개의 계급구간으로 빈도 분포를 그린 다음 어느 것을 이들의 선별인자로 하는 것이 합당한지 검토하여라.

2 원형, 직사각형(각형 및 장원형) 및 정삼각형의 구멍을 갖는 스크린의 개구율을 계산하는 공식들을 유도하여라.

3 크랭크 암의 길이가 18 mm이고 회전속도가 250 rpm인 요동운동을 하는 스크린 위에 곡립이 놓여 있다, 스크린 면의 수평면에 대한 경사각이 5°이고 진동방향과 수평면이 이루는 각이 45°이며 곡립과 스크린 면과의 마찰계수가 0.58이다. 다음 물음에 답하여라.

1) 곡립이 아래쪽 및 위쪽으로 움직이면서 종래에는 아래쪽으로 이동하기 위한 k값과 이에 상응하는 회전수를 구하라.

2) 곡립이 아래쪽으로만 움직이기 위한 k값과 이에 상응하는 회전속도를 구하여라.

3) 곡립이 스크린 면 위에서 tossing하기 위한 k값과 이에 상응하는 회전속도를 구하여라.

4 원통형 홈선별기의 가로방향 홈 중심 간의 거리를 t라고 하고 세로방향의 홈 중심 간의 거리를 t_1이라고 할 때 다음 2가지 경우의 단위 면적당 홈의 수를 계산하고 결과를 비교하여라. 단 홈의 직경을 d라고 할 때 $t=0.6(1+2d)$로 한다.

1) $t_1 = t$일 경우

2) $t_1 = t\sqrt{3}$일 경우

5 백미의 평균 길이가 5.0 mm이고 홈 벽면과 쇄미의 마찰 계수가 0.4일 때 $\gamma = 19.7°$인 말발굽형 홈을 갖는 홈선별기를 이용하여 백미를 선별하고자 한다. 홈 속에 들어간 쇄미 입자가 원통 회전각 35° 이상에서 낙하하도록 하기 위한 회전수를 구하여라.

6 우리나라의 농산물 검사규격에서는 완전립 길이의 1/2 이하인 것을 쇄미, 1/2 이상인 것을 완전미로 규정하고 있다. 완전미가 190 kg이고 쇄미가 10 kg인 유통미 200 kg을 홈선별기로 선별한 결과가 다음 표와 같을 때 완전미와 쇄미의 순도 및 수거율을 구하고 이 홈선별기의 분리 효율을 구하여라.

성분	출구		계
	완전미 출구	쇄미 출구	
완전미	186.2	3.8	190
쇄미	1.3	8.7	10
계	187.5	12.5	200

7 농산물표준출하규격집에 표시된 배와 감귤의 낱개의 등급규격과 포장단위의 등급규격을 근거로 이들 과일의 선별인자를 열거하여라.

8 과실류의 예비선별대 설계에 필요한 설계기준은 표 8-6과 같다. 사과의 평균 지름이 8 cm일 경우 사과가 선별자의 앞 50 cm를 지나가는 동안 2회전하도록 하고자 한다. 예비선별대 롤러의 전진속도에 따른 롤러의 직경 및 회전속도를 구하여라.

9 이송접시를 이용하는 전자식 중량선별기의 등급별 자동배출을 위한 솔레노이드 작동알고리즘을 그림 8-42에 표시하였다. 한편 이송접시를 이용하지 않고 과실을 평벨트와 같은 이송컨베이어에 일렬로 정렬 공급하여 등급별로 자동 배출하는 선별장치가 이용되고 있다. 이 선별장치의 경우 등급판정부로 공급되는 과실과 과실 사이의 거리가 일정하지 않으며, 자동 배출을 위하여 각 등급별 배출단의 솔레노이드 앞쪽에 지나가는 과실을 인식하는 인식장치가 설치되어 있다. 이와 같은 선별시스템의 등급별 자동배출을 구현하기 위한 시스템의 구성에 대해 조사하고, 알고리즘을 개발하여라.

10 CCD 컬러카메라 장치로 후지사과의 색상을 측정한 결과 다음과 같은 값을 얻었다.

사과 #1: R=157, G= 90, B=78,　사과 #2: R=168, G=142, B=88
이들 색상 값으로부터 x, y, z 색상 값을 구하고, 그림 8-50와 같은 CIE 색좌표계에 표시하고, 어느 사과의 색상이 좋은지 판별하여라.

11 선과장에 설치된 색상판별장치를 이용하여 농산물의 색상을 측정할 경우 똑같은 농산물일지라고 색상 값이 다르게 나타난다. 그 이유를 설명하여라.

12 현재 우리나라 청과물 종합처리장에서 사용되고 있는 비파괴 내부품질 판별장치의 종류, 과실 종류별 내부 품질판별 인자(당도, 산도, 숙도, 내부공동, 내부 부패 등)와 판별 성능에 대하여 조사하고, 개선방안에 대하여 논하여라.

참고문헌

1. 고학균외 6인 공저. 1990. **농산가공기계학**. 향문사
2. 김만수, 금동혁, 김기복, 김명호, 노상하, 조용진, 조한근. 2006. **생체물성공학**. 문운당
3. 배영환, 구현모. 1999. 영상처리에 의한 장미 선별. **한국농업기계학회지**. 24(1)
4. 이수희. 2000. "사과 외관품질 인자의 온라인 검출 및 정량화를 위한 기계시각 시스템". 서울대학교 박사학위 논문
5. 이종호, 조용진, 김만수. 1990. 곡물의 공기선별에 관한 공기동력학적 연구(II). **한국농업기계학회지** 15(1)
6. 전북대학교. 2001. "RPC 내 정밀쇄미선별공정 개발. 농림부 연구용역보고서."
7. 정창주외. 1992. **농작업기계의 분석과 설계**. 서울대학교 출판부
8. 최승묵, 서상룡, 조남홍, 박종률. 2003. 기계시각을 이용한 장미와 국화 절화의 품질 계측장치 개발. **한국농업기계학회지**. 28(3)
8. 한국농업기계학회. 1998. **농업기계핸드북**. 문운당.
9. Bae, Y. H. and H. M. Koo. 1996. Factors and developments in grading cut flowers. In. Proc. *1996 International Conference on Agricultural Machinery Engineering*. Seoul, Korea. 12-15 November.
10. Bae, Y. H., H. S. Seo and K. H. Choi. 2000. Sorting cut roses with color image processing and neural network. *Agricultural and Biosystems Engineering*. 1(2)
11. Balls R. C. 1986. *Horticultural Engineering Technology*, Macmillan.

12. Chung, Do Sup and Chong Ho Lee. 2000. A review of principles and parameters for grain cleaning and separation. Uniformity by 2000, Highlights of International Workshop on Maize and Soybean Quality. Scherer Communications.
13. FAO. 1983. World List of Seed Processing Equipment. FAO, Rome, Italy
14. Feller, R. 1977. Clogging rate of screens as affected by particle size. *Transactions of the ASAE* 20(4)
15. Feller, R. and A. Foux. 1976. Screening duration and size distribution effects on sizing efficiency. *J. of Agric. Engg.* Res. 21(4)
16. Gonzalez, R. C. 2002. *Digital Image Processing*, 2nd Ed. Prentice Hall
17. Grochowicz, J. 1980. *Machines for Cleaning and Sorting of Seeds*, PWRIL, Warszawa
18. Henderson, S. M. and R. L. Perry. 1976. *Agricultural Process Engineering*, 3rd Ed. AVI Publishing Co. Inc.
19. Holstead-Klink, C. 1991. Grands and standards. *Florists' review*. 182(13): 14, 16, 23, 110.
20. Holstead-Klink, C. 1992. Cut flower grands and standards update. *Florists' review*. 183(12): 16, 22, 24, 128.
21. Iwao, Toshio., et al. 1971. Motion of grain on the screen surface under elliptical motion(II). *JSAM* 33(2).
22. Kansas State University. 1986. Grain Cleaning Equipment/Specifications and Manufacturers. Research Report supported by the Federal Grain Inspection Service, USDA.
23. Kim, S. H., et al. 1984. Study on the characteristics and separating performance of oscillating sieve for optimization of separating loss of combine. *J. of KSAM*, 9(2).
24. Peleg, K. 1985. *Produce Handling, Packaging and Distribution*. AVI Publishing Co. Inc.
25. USDA. 1996. *Equipment Handbook*. USDA
26. JA全農施設·資財部. 1994. **公選施設のてびき-青果物共同選別包裝施設-**, 日本東京 全農管 財株式會社

Post-Harvest Process Engineering

Post-Harvest Process Engineering

Chapter 09 도정과 분쇄

Chapter

09 도정과 분쇄

벼의 조제·가공은 건조 후 제현공정과 정백공정으로 분류되는 데 이 두 공정을 도정이라고 한다. 여기서 제현(탈부)은 벼에서 껍질인 왕겨를 벗겨 내어 현미로 가공하는 공정이고, 정백은 현미에서 겨층(강층)을 벗겨 내어 백미로 가공하는 공정이다.

벼는 껍질인 왕겨와 현미의 겨층 중 제일 바깥층인 과피와는 완전히 분리되어 있고, 벼를 탈부하여 현미로 가공하는 기계를 현미기라 한다.

현미기에는 압축에 의한 전단력을 이용하는 고무롤러형 현미기와 마찰력을 이용하는 원판형 현미기, 충격력과 원심력을 이용한 임펠러식 현미기가 있지만, 고무롤러형이 일반적으로 많이 사용되고 있으며, 원판형과 임펠러식은 시험용 현미기에 일부 사용되고 있는 정도이다.

현미를 백미로 가공하는 기계를 정미기라 하고, 정미기는 연삭식, 마찰식으로 대별된다. 한편 1990년도 초에 세라믹 날을 이용하여 깎는 방식의 정미기가 개발되어 보급되었다.

도정공정 중 품질의 손상을 줄이고 도정효율을 향상시키기 위한 조질공정에는 벼의 함수율, 현미의 곡온과 함수율, 백미의 함수율을 조정하는 방법이 있다.

이 장에서는 벼 가공공정 및 이와 관련된 단위기계의 종류, 원리 및 설계인자, 구조와 작동원리, 품질 등에 대하여 서술한다. 또한 곡물가공에 필요한 분쇄이론과 분쇄기 종류 및 제분공정에 대하여도 간략히 서술한다.

9.1 벼와 현미의 구조 및 특성

9.1.1 벼의 구조

벼를 백미로 조제·가공하기에 앞서 가공대상물인 벼와 현미의 구조, 구성성분 및 물리적 특성 등을 이해하는 것은 관련 기계 및 공정 설계, 운전조작 및 품질관리 등을 위한 매우 중요한 사항이다.

벼의 외형과 현미의 구조는 그림 9-1에 나타낸 바와 같고, 벼는 껍질인 왕겨와 알맹이인 현미로 구성되어 있다. 왕겨는 큰껍질(외영, 外穎)과 작은껍질(내영, 內穎)로 형성되어 있으며, 개화 시에는 끝 부분이 열려 있으나 결실이 되면 봉합되어 현미를 감싸게 된다. 따라서 왕겨는 세로방향으로 분리되기 쉬운 구조로 되어 있다.

왕겨의 성분은 분석자에 따라 약간의 차이는 있으나, 대략 함수율이 10% 전후, 회분이 18~20%, 섬유질이 39~41%, 가용무질소물(可溶無窒素物, 전분 같은 것) 19~35%, 단백질과 지방이 각각 2~3.5%, 0.5~1.2% 함유된 것으로 보고되어 있다. 한편 회분 중에 약 95% 정도가 규소(SiO_2) 성분이므로 사료로써의 소화성 저하와 잘 썩지 않기 때문에 퇴비화 등이 곤란하여 처리에 어려움이 많은 부산물이다.

한편 벼 낟알과 각 부분을 구성하는 무게의 비는 왕겨가 16~26%, 겨층(과피에서 호분층까지)이 5~6%, 배아가 2~3%, 전분층(내배유라고도 함)이 65~80%이다.

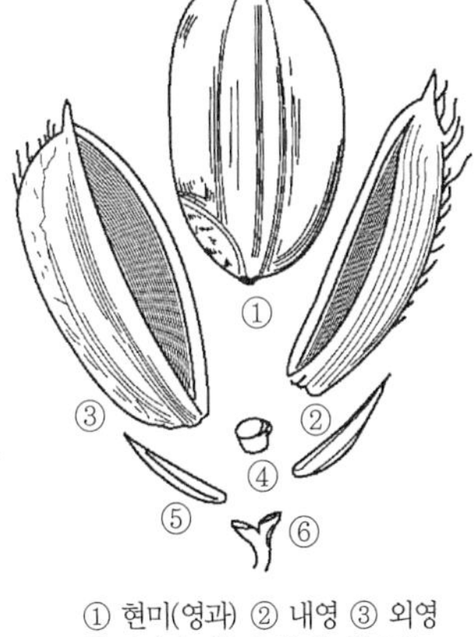

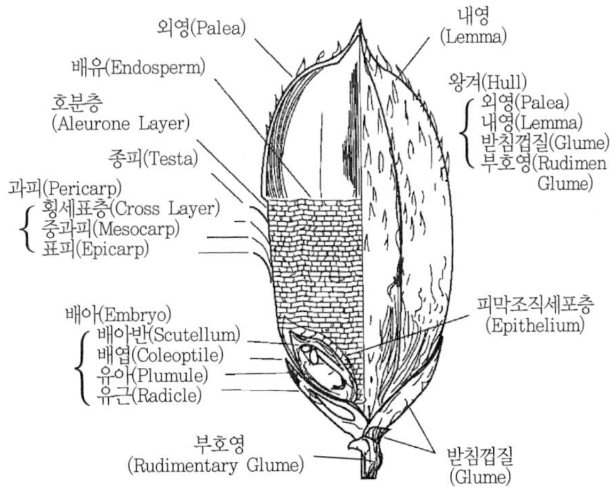

[그림 9-1] 벼의 내외부 구조

9.1.2 현미의 외형과 분류

현미의 각부 명칭은 그림 9-2에서와 같이 배아가 있는 쪽을 '배'라 하고, 그 반대쪽을 '등'이라고 한다. 배아가 있는 주위를 기부(基部), 반대쪽을 머리부라 하며, 표면에 있는 가는 세로홈을 '골'이라고 한다. 골의 깊이는 일반적으로 충실하게 완숙된 현미의 경우 얕고, 병충해나 미숙립의 경우 골이 깊다.

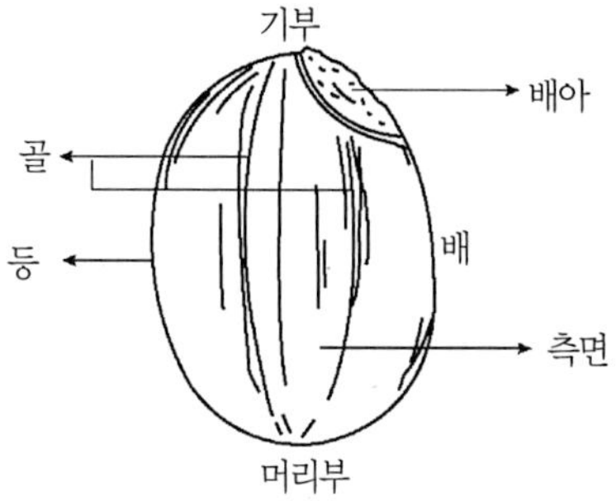

[그림 9-2] 현미의 외형

미립의 크기를 나타내는 기준으로 등과 배 사이의 거리인 폭, 기부에서 머리부 사이의 거리인 길이와 양 측면 사이의 거리인 두께가 사용된다.

국제식량농업기구(FAO)에서는 낟알의 크기에 따라 현미를 분류하는데, 길이가 7 mm 이상인 것을 최장형(最長形), 6~7 m인 것을 장형(長形), 5~6 mm인 것을 중간형(中間形), 5 mm 미만의 것을 단형(短形)이라 한다. 단형은 자포니카 타입으로 분류하며 끈기가 있고 주로 동북아 지역에서 재배하고, 장형은 인디카 타입으로 끈기가 없고 동남아 및 기타 지역에서 재배되고 있다.

한편 현미의 두께에 대한 길이의 비가 3.0 이상이면 장형, 2.0~3.0이면 중간형, 2.0 미만이면 원형으로 분류한다. 폭에 대한 길이의 비로도 분류하는데, 1.8 이상이면 장형, 1.6~1.8이면 중간형, 1.59 이하이면 단형으로 분류한다.

9.1.3 현미의 내부구조

배아를 제외한 현미의 내부구조는 그림 9-3과 같이 표면으로부터 과피(果皮), 종피(種皮), 외배유(外胚乳), 호분층(糊粉層), 내배유(전분층)로 구성되어 있다.

(1) 과·종피

과피는 그림에서와 같이 여러 층으로 형성되어 있고, 층의 두께는 20~30 μm이며, 내과피는 횡세포(미숙립에서는 엽록소)와 관상세포로 구성되어 있다. 다음 층에 얇은 종피가 있고, 층의 두께는 1 μm 정도로 완숙 후에는 과피층과 결합되어 분리하기가 어렵다. 종피의 안쪽에 접하여 두께가 2 μm 정도인 외배유층이 형성되어 있다. 한편 종피에 색소가 들어가면 앵미(赤米)가 된다.

주요 역할은 배아 및 배유를 적당한 수분 상태로 조절하고, 병균 등의 침입을 방지한다.

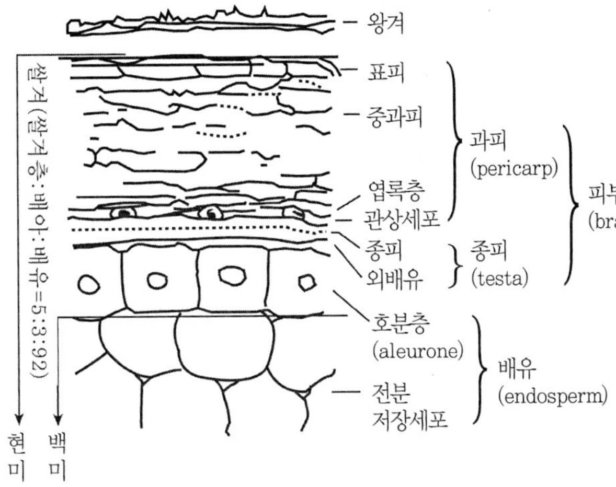

[그림 9-3] 현미의 내부 구조

(2) 호분층

호분층은 종피의 안쪽에 접해 있으며, 층의 두께는 25~45 μm 정도로 전분의 축적이 적고, 단백질, 지방, 비타민, 무기성분 등이 많이 포함되어 있다. 그러나 이 층은 세포막이 두껍고, 소화가 잘 안 될 뿐만 아니라 끈기를 감소시켜 밥맛을 좋지 않게 하므로 도정할 때 제거된다. 이 층은 현미의 배 부근에서는 2~3층, 등 부근에서는 5~6층으로 형성되어 있다.

호분층은 수분을 많이 함유하고, 곡온이 올라가면 전분층의 수분을 흡수하고, 곡온이 내려가면 전분층으로 수분을 방출하는 성질이 있다.

(3) 내배유(전분층)

주로 전분을 저장하는 기능을 갖고 있으며, 1~3 μm 정도인 단백질 과립을 저장하고 있다. 저장물질 중에 주로 90~92%가 전분이고, 6~9%가 단백질로 구성되어 있으며, 현미에서 겨층을 제거하면 백미가 되어 식용으로 이용하는 부분이다. 씨젖이라고도 한다.

전분세포는 중심에서 배와 등 쪽으로 방사상 배열을 하고 있으며, 중심부에 가까울수록 세포가 크다. 세포 속에 포함되어 있는 전분립 중 작은 것은 1~2 μm 정도이고, 큰 것은 9~10 μm 정도로 알려져 있다.

(4) 배아

현미의 각 부분 중에 가장 우수한 영양가를 함유하고 있는 부분으로, 비타민 B_1, 단백질, 지방 등이 함유되어 있다.

배아의 기능은 현미와 외부와의 평형함수율 상태를 유지하는 기능이 있으며, 곡온이 올라가면 수분을 흡수하고, 곡온이 내려가면 수분을 방출하는 성질이 있다.

9.2 제현

9.2.1 고무롤러 현미기

(1) 탈부 원리 및 인자

벼는 앞에서 서술한 바와 같이 외영과 내영으로 이루어져 있고, 건조되어 함수율이 낮거나 현미 완숙도가 높을수록 쉽게 갈라질 수 있기 때문에 압축력과 전단력 또는 충격력을 탈부에 이용한다.

탈부작용은 벼가 현미기 고무롤러에 접촉되는 길이와 롤러의 주속도차율에 영향을 받는다. 이에 대하여 구체적으로 설명하면 다음과 같다.

그림 9-4에서와 같이 벼와 현미기 롤러 간격의 역학적인 관계를 살펴보면 롤러 반경이 r, 두 롤러의 간격이 c, 벼의 두께나 폭이 k라고 할 경우 벼가 롤러 사이를 통과하면서 접촉하는 길이 ℓ은 피타고라스 정리를 이용하여 정리하면 식 (9-1)과 같다.

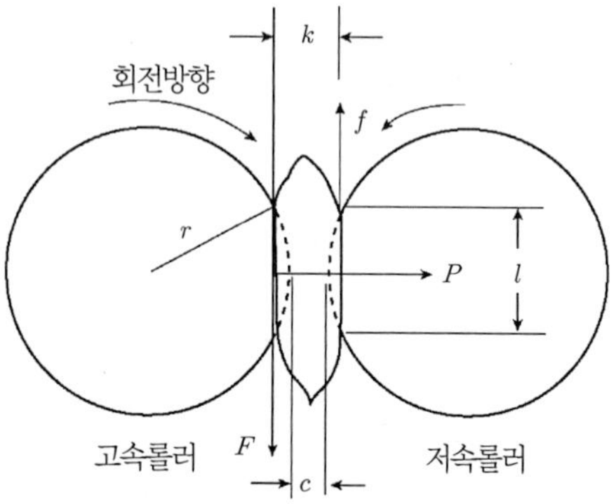

[그림 9-4] 벼와 현미기 롤러 간격의 역학 관계

$$r^2 = \left[r - \frac{(k-c)}{2}\right]^2 + \left(\frac{\ell}{2}\right)^2$$

$$\ell = 2\sqrt{r^2 - \left[r - \frac{(k-c)}{2}\right]^2} \qquad (9\text{-}1)$$

식 (9-1)로부터 벼의 접촉길이는 롤러의 지름이 크고 곡립의 두께가 두꺼우며, 고무롤러의 간격이 좁을수록 길어지는 것을 알 수 있다.

예제 9-1

현미기 고무롤러 직경이 250 mm, 두 롤러의 간격이 0.6 mm, 벼의 두께가 2.3 mm일 때 벼가 롤러 사이를 통과하면서 접촉하는 길이를 구하여라.

풀 이

벼가 고무롤러와 접촉하는 길이는 식 (9-1)로부터

$$\ell = 2\sqrt{125^2 - \left[125 - \frac{(2.3-0.6)}{2}\right]^2} = 29.1\ \text{mm}$$

벼가 탈부 시 고속으로 회전하는 고정롤러(고속롤러)의 주속도가 V_f 인 경우 이때 벼의 접촉 소요 시간을 t 라고 하면 접촉길이는 $l = V_f t$ 가 된다.

주속도는 일반적으로 회전하고 있는 물체의 표면에 발생하고 있는 속도를 의미하는 것으로 고무롤러의 직경을 D(m), 회전수를 N(rpm, Hz)이라고 하면 다음 식으로 나타낼 수 있다.

$$V_f(\text{m/s}) = \frac{\pi \cdot D \cdot N(\text{rpm})}{60} = \pi \cdot D \cdot N(\text{Hz}) \tag{9-2}$$

한편 저속으로 회전하는 유동롤러의 주속도가 V_s 일 때 벼가 유동롤러와 접촉하는 길이는 $\ell' = V_s \times t$ 와 같다. 따라서 곡립이 탈부지역을 통과할 때 고정롤러와 유동롤러에 접촉되는 길이의 차이 ℓ_d 는 ℓ' 에 $t = \dfrac{l}{V_f}$ 을 대입하여 다음과 같이 나타낼 수 있다.

$$\ell_d = \ell - \ell' = \ell - V_s \frac{\ell}{V_f} = \ell\left(\frac{V_f - V_s}{V_f}\right) \tag{9-3}$$

식 (9-3)에서 ℓ_d 는 벼 탈부 시 마찰력과 전단력을 유발시키는 중요한 설계인자로 ℓ 과 $(V_f - V_s)/V_f$ 에 비례한다. 여기서 고속롤러(고정롤러)의 주속도에 대한 저속롤러(유동롤러)의 주속도가 얼마나 느린가를 비율로 나타낸 것을 고무롤러 간의 주속도차율(회전차율)이라고 하며 다음 식으로 나타낸다.

$$K(\%) = \frac{V_f - V_s}{V_f} \times 100 \tag{9-4}$$

여기서, 저속롤러의 직경을 d(m), 회전수를 N(rpm)이라고 하면, V_s는 다음 식으로 나타낸다.

$$V_s(\mathrm{m/s}) = \frac{\pi \cdot d \cdot N(\mathrm{rpm})}{60} = \pi \cdot d \cdot N(\mathrm{Hz}) \quad (9\text{–}5)$$

따라서 주속도차율 K는 다음과 같이 나타낼 수 있다.

$$K = \frac{(D \cdot N) - (d \cdot n)}{D \cdot N} \times 100 \quad (9\text{–}6)$$

여기서, V_f : 고속롤러의 주속도
V_s : 저속롤러의 주속도
D : 고속롤러의 지름
d : 저속롤러의 지름
N : 고속롤러의 회전수
n : 저속롤러의 회전수

두 롤러의 지름이 같은 경우, 즉 $D = d$일 때 위에 식 (9–6)은 다음과 같이 나타낸다.

$$K(\%) = \frac{N - n}{N} \times 100 \quad (9\text{–}7)$$

이상에서 살펴본 바와 같이 고무롤러 현미기의 탈부와 관계되는 인자는 고무롤러의 지름, 벼의 두께, 롤러의 간격, 주속도차율 등이 있으며, 이외에 벼에 작용하는 압축력과 관계가 있는 롤러의 고무 경도가 있다.

주속도차율이 일정하고, 벼의 두께가 일정하면 롤러 간격이 좁을수록 벼의 접촉길이가 길어져서 탈부율이 향상된다. 또 같은 벼로 롤러 간격이 일정하고, 회전차율이 클수록 탈부율은 향상된다.

롤러 간격은 벼 두께의 1/2보다 작은 0.5~1.2 mm로 유지하는 것이 적당하고, 주속도차율은 23~25%가 적절하다.

예제 9–1

현미기의 고속롤러와 저속롤러의 반경이 같은 250 mm이고, 회전수가 각각 1000 rpm과 770 rpm일 때 현미기 롤러의 주속도차율을 구하여라.

풀 이

현미기 롤러의 회전수를 이용한 주속도차율은 식 (9–7)로부터

$$K(\%) = \frac{1000 - 770}{1000} \times 100 = 23\%$$

롤러의 주속도를 이용한 주속도차율을 구할 수 있다.

$$V_f = \frac{\pi \times D \times N}{60} = \frac{\pi \times 0.25(\mathrm{m}) \times 1000(\mathrm{rpm})}{60} = 13.08\ \mathrm{m/s}$$

$$V_s = \frac{\pi \times d \times n}{60} = \frac{\pi \times 0.25(\mathrm{m}) \times 770(\mathrm{rpm})}{60} = 10.07\ \mathrm{m/s}$$

따라서 주속도를 이용한 주속도차율 K는 식 (9-4)로부터 다음과 같이 나타낼 수 있다.

$$K(\%) = \frac{13.08 - 10.07}{13.08} \times 100 = 23\%$$

(2) 구조와 작동원리

고무롤러 현미기의 구조는 그림 9-5와 같이 호퍼, 공급장치, 한 쌍의 고무롤러, 고무롤러 간격 조절핸들, 안전장치로 롤러 간격을 넓히는 압축 스프링과 비상 클러치가 있고, 전동장치, 배출구 등으로 구성되어 있다. 탈부 후의 혼합물은 풍구에서 왕겨와 미숙립, 검불, 먼지 등이 제거된 후 현미분리기로 이송된다.

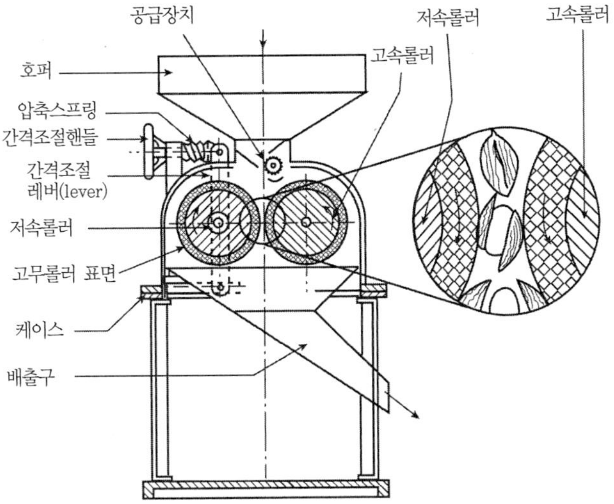

[그림 9-5] 고무롤러 현미기의 구조

① 공급부

호퍼에 투입된 벼는 공급량 조절기의 열림 정도에 의하여 벼의 공급량을 균등하게 고무롤러에 공급한다. 현미기의 작동 유무는 호퍼 내에 설치된 레벨 센서에 의하여 벼의 유무를 감지하여 결정한다.

② 고무롤러

한 쌍의 고무롤러 중에서 하나는 위치가 고정된 주축에 설치되어 있고, 다른 하나는 유동이 가능한 부축에 설치되어 간격 조절장치에 의하여 롤러 간격 조절이 가능하다. 전자를 고정롤러(고속롤러), 후자를 유동롤러(저속롤러)라고 한다. 이 두 롤러는 서로 반대 방향으로 회전하며, 벼가 두 롤러 사이에 공급되면 압축력과 롤러의 주속도 차율에 의하여 발생하는 전단력으로 탈부가 일어난다.

롤러의 간격은 탈부율을 좌우하므로 간격이 좁으면 탈부율은 향상되나 동할 등으로 품질 저하의 원인이 될 수 있고, 반면에 너무 넓으면 탈부율이 낮아져 작업능률이 저하된다.

적당한 롤러의 간격은 벼 두께의 1/2을 기준으로 이보다 작은 0.5~1.2 mm 범위로 하고, 탈부율은 80~90%로 하는 것이 바람직하다.

고무롤러는 주철제 철심에 고무를 고착한 것으로 치수는 KS B 9124에 규정되어 있고, 폭은 63 mm(2.5인치)~254 mm(10인치), 외경은 153~254 mm이다. 고무의 경도는 75~90°, 인장강도 10 MPa 이상, 신장률은 13% 이상, 80±2℃에서 1~2시간 가열하였을 때 경도가 67° 이상 유지되어야 한다. 고무의 재질은 생고무에 실리콘계를 혼합한 것과 폴리우레탄 합성고무가 사용되고 있다.

고무롤러의 간격 조절은 자동식과 수동식이 있다. 자동식은 롤러가 마모되면 부하의 감소를 전류 값으로 감지하여 원래의 부하가 걸리도록 롤러 간격이 조절되는 방식이고, 후자는 탈부량의 변화를 같은 방법으로 감지하여 변화 후 탈부량에 적합한 부하가 걸리도록 롤러간격을 조절하는 방식이다.

③ 안전장치

롤러 간격조절 핸들에 설치된 압축스프링은 부축에 일정한 힘을 가할 뿐만 아니라 롤러 사이에 돌 등 큰 이물질이 끼거나, 일시에 다량의 벼가 투입되어 과부하가 걸릴 경우 스프링이 압축되면서 롤러의 간격을 넓혀 회전을 원활하게 한다. 부축에 가해지는 스프링 압력은 고무롤러 폭 25.4 mm 당 120~150 N 이상이 요구된다.

비상 클러치는 롤러 사이에 이물질이 끼어 과부하 시 롤러의 간격을 순간적으로 넓혀 주기 위한 안전장치이다.

④ 분산판과 풍구

현미기의 롤러를 통과한 벼는 현미, 왕겨, 미탈부된 벼로 구성되어 있고, 분산판에 의하여 균일하게 비산되면서 현미와 왕겨의 분리효과를 향상시킨다.

풍구는 탈부된 후 혼합물인 현미, 왕겨, 미탈부된 벼로부터 왕겨 등 가벼운 이물질을 송풍으로 분리하여 왕겨 집진실로 배출한다. 풍구의 송풍이 너무 강하면 현미가 왕겨에 혼입되어 배출될 우려가 있고, 너무 약하면 왕겨가 현미에 혼입되어 이송되므로 송풍량을 적정히 조절하여야 한다.

현미와 미탈부된 벼는 드로어(thrower)나 버킷엘리베이터에 의하여 선별부인 현미 분리기로 이송된다.

(3) 고무롤러 마모와 상호교환

지름이 같은 롤러에서 롤러 마모량은 일반적으로 고속롤러가 저속롤러의 2배 정도이므로 고속롤러가 빨리 마모된다. 따라서 점차 회전차율이 작아지고 탈부 성능도 저하된다. 이런 경우에 그림 9-6에서와 같이 고속롤러와 저속롤러를 상호 교환하는데, 마모가 덜된 저속롤러를 고속롤러 축에 끼운다.

교환작업은 고속롤러의 고무두께가 신품일 경우와 비교하여 1/2 정도 마모되었을 때 하는 것이 효과적이며, 또는 저속고무롤러와 고속고무롤러의 지름 차이가 5 mm일 때 교환한다.

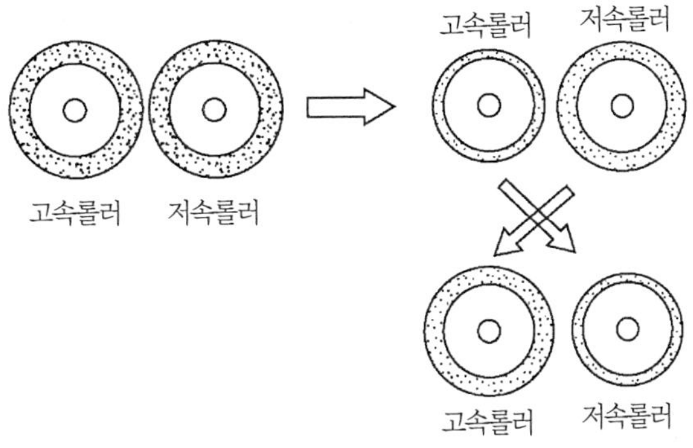

[그림 9-6] 현미기 고무롤러의 교환 방법

(4) 고무롤러 현미기의 전동방식

고정롤러(고속롤러)와 유동롤러(저속롤러)의 전동방식은 기어 전동, 체인 및 V-벨트 전동이 있다.

그림 9-7(a)는 기어전동방식의 구조를 나타낸 것이다. 원동기가 주축을 회전시키면 2개의 보조치차를 통하여 부축에 설치된 유동롤러의 기어에 동력이 전달된다. 두 롤러 사이의

간격 조절은 부축과 맞물려 회전하는 기어축을 중심으로 간격 조절 핸들에 의하여 부축을 좌우로 이동시켜 실시한다.

안전장치는 앞에서 설명한 압축스프링에 의한 것과 과부하 시 롤러의 간격을 순간적으로 넓힐 수 있는 비상클러치가 있다. 부축에 가해지는 스프링의 압력은 고무롤러 폭 25 mm 당 12 kg 이상이 요구된다.

체인전동 방식을 그림 9-7(b)에 나타냈다.

전동 원리는 기어전동과 같으며 롤러 간격은 부축하단의 지점을 중심으로 간격조절핸들에 의하여 조절할 수 있고, 과부하 시에는 인장스프링이 늘어나면서 롤러 간격이 넓어진다.

벨트전동은 체인전동에서 스프로킷과 체인을 풀리와 V벨트로 교체한 것과 같다.

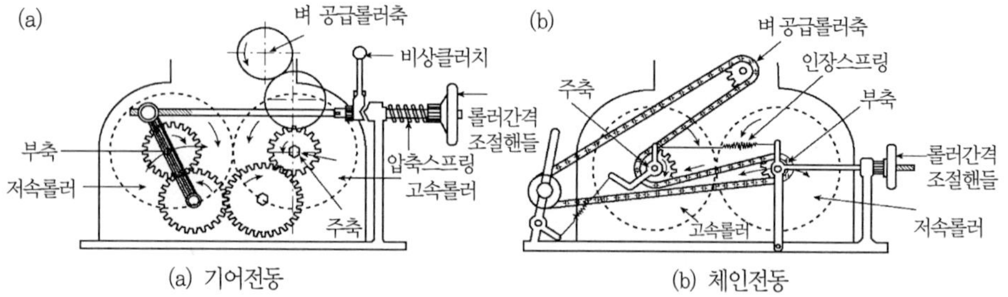

[그림 9-7] 고무롤러 현미기의 전동장치

(5) 현미 분리

현미 분리는 탈부 후 풍구로 왕겨를 분리하고, 현미와 벼의 혼합물로부터 현미와 벼의 비중, 크기 및 마찰의 차이를 이용한 요동식 현미분리기가 주로 사용되고 있다.

현미 분리 선별기는 그림 9-10에서와 같이 전자동 현미기에 부착되어 조립된 경우와 대형인 경우 별도로 설치하지만 기능은 같다.

현미와 벼의 혼합물이 선별판에 공급되면 요동운동에 의하여 비중이 크고 벼보다 작은 현미는 선별판 홈 속으로 들어가고, 비중이 작고 현미보다 큰 벼는 현미의 상층에 놓이게 된다. 진동에 의하여 현미는 배출단의 상부로, 벼는 하부로, 그리고 미분리된 혼합물은 중간부로 배출되어 각각 현미 탱크, 현미기, 현미분리기로 이송된다. 상세한 기능과 구조는 선별기를 참조한다.

9.2.2 충격식 현미기

충격식 현미기는 그림 9-8에서와 같이 가속원판이라고 하는 회전차(impeller)와 그의 외주에 탈부판이라고 하는 원추형 고무벽으로 구성되어 있으며, 회전차의 안쪽 면에는 나선형의 안내깃(guide vane)이 부착되어 있다. 그림(b)는 회전원판에 다수의 안내깃을 설치하고 충격벽면은 회전차와 직각이 되게 개조한 것이다.

벼가 공급호퍼로부터 회전차의 중심부로 공급되면, 곡립은 회전차에 의하여 회전하면서 원심력에 의하여 가속되어 안내깃을 따라 원판의 바깥쪽으로 튀어나가 약 45도의 경사를 가진 고무 벽면에 충돌하면서 탈부된다. 현재는 거의 사용되고 있지 않다.

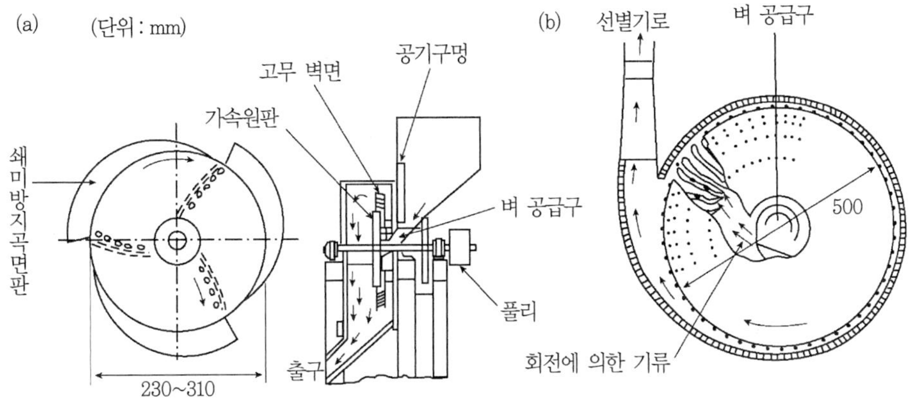

[그림 9-8] 충격식 현미기의 구조

회전차식 또는 임펠러(impeller)식은 1980년부터 일본 농가에 보급되어 수확한 후 처리체계에 새로운 방향을 제시하였다. 탈부율이 높고, 수분이 약간 높은 벼에도 적용할 수 있는 특징이 있다.

회전차식 현미기의 구조는 그림 9-9에 나타낸 임펠러를 회전시켜 팬 내부의 우레탄 라이닝에 벼를 충돌시키면 탈부작용이 일어난다. 앞에서 설명한 충돌식과 같이 원심력을 이용하고 있지만, 회전차 날개에 의하여 압축력과 마찰력이 부가되어 탈부작용이 진행되는 방식이다.

특징은 높은 탈부율과 수분이 약간 높은 벼에도 적용할 수 있는 점이다. 탈부는 임펠러부에서 20~50%와 주라이너 충돌 후 나머지가 탈부된다.

9.2.3 전자동 현미기

전자동 현미기는 고무롤러 현미기와 현미기 분리기를 일체화한 방식으로 공급되는 벼의

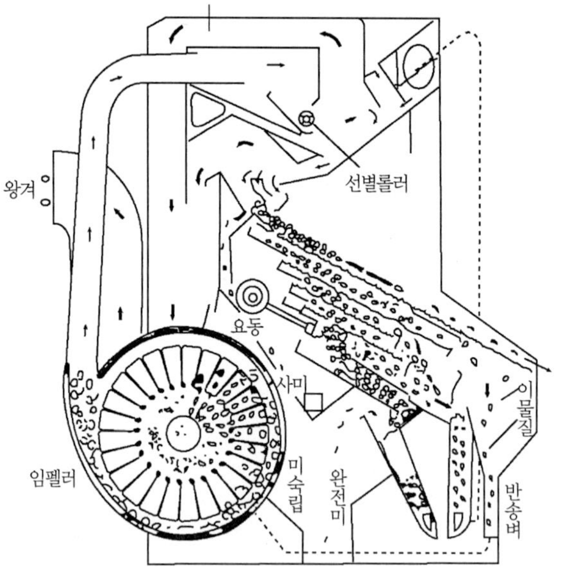

[그림 9-9] 회전차식(임펠러식) 현미기의 구조

일정량을 최적의 탈부율로 탈부하고, 선별하여 현미로 가공한다. 전자동 현미기는 현미 가공시설을 단순화하여 설치면적을 줄이는 이점이 있다.

그림 9-10과 9-11에 현미선별기가 부착된 전자동 현미기의 구조와 흐름도를 나타내었다.

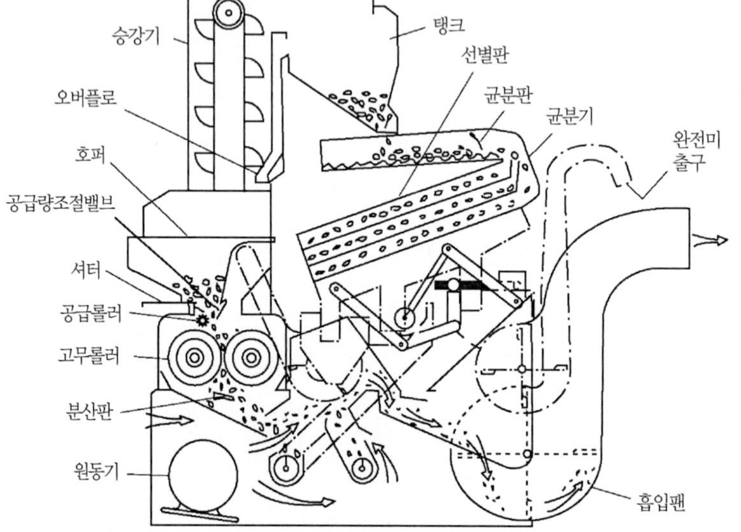

[그림 9-10] 전자동 현미기의 구조

(1) 탈부량 제어

현미 선별부의 성능을 높이려면 탈부된 후 일정량을 선별기에 공급할 필요가 있다. 현미기를 최적의 상태로 운전하려면 그림 9-11에 나타냈듯이 탈부량과 탈부율을 제어하여야 한다. 탈부량을 정확하게 계량하는 것은 어렵지만, 다음과 같이 선별부에서 탈부된 양을 관측한다. 선별부 공급탱크를 스프링에 매달고, 탱크 내에 탈부된 벼의 양 증감을 계측한다. 선별부 호퍼에 탈부된 벼가 과잉 투입되면, 유입구의 저항판이 열려서 감지한다. 탱크 또는 저항판의 움직임에 따라서 와이어로 현미기 벼 공급부의 공급량 조절 밸브의 개폐를 조절하여 공급량을 조절한다.

레벨 스위치가 탈부된 벼 공급탱크의 투입량을 체크하고, 광센서 또는 회전차로 선별망 위의 흐름을 감지한다. 탈부된 벼의 투입량이 과다하면 공급량 조절밸브 또는 셔터를 닫아서 벼의 공급을 막고, 탈부량이 정상적으로 돌아오면 벼 공급을 재개하는 방법으로 탈부량을 조절한다.

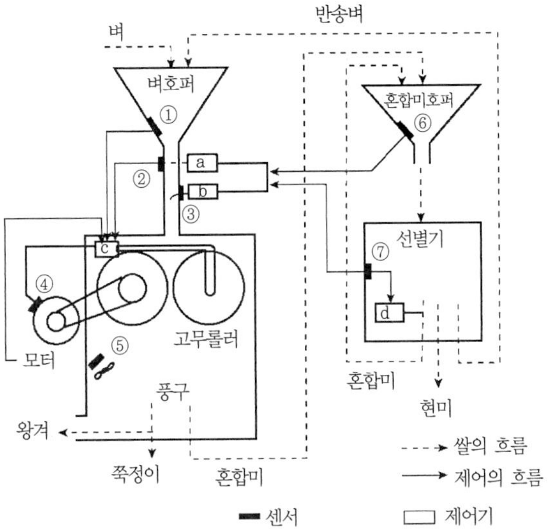

① 레벨 스위치 ② 셔터센서 ③ 밸브개폐센서 ④ 전류계 ⑤ 탈부율계 ⑥ 레벨 스위치 ⑦ 유량센서
a. 셔터 b. 공급량 조절밸브 c. 롤러 간격조절기 d. 혼합미 양 조절기

[그림 9-11] 전자동 현미기의 흐름 및 탈부 제어 개략도

(2) 탈부율 제어

고품질 현미를 효율적으로 얻으려면 적정 탈부율을 유지할 필요가 있다. 탈부율의 자동 계측은 샘플링한 탈부된 벼의 반사광으로 현미와 벼의 개수를 계측하는 방식이 있다. 탈부율의 제어는 롤러식 현미기의 경우 롤러 간격으로, 임펠러식 현미기는 임펠러의 회

전수로 조절한다. 롤러 간격의 자동 조절은 간격이 좁으면 모터 부하가 커지므로 모터 전류를 제어하는 방식과 롤러 간격 조절용 에어 실린더의 압력에 의하여 제어하는 방식이 있다. 또 공급호퍼가 비게 되면 벼 공급 셔터가 닫혀 벼 공급이 정지되고 롤러가 접촉하지 않도록 롤러 간격이 자동적으로 벌어진다.

9.2.4 현미기의 탈부효율

현미기의 탈부효율은 탈부율과 생산된 현미의 완전미수율과의 관계로 다음과 같이 나타낸다.

$$\text{탈부율} = \frac{\text{투입된 벼의 무게} - \text{미탈부된 벼의 무게}}{\text{투입된 벼의 무게}} \times 100(\%) \quad (9\text{-}8)$$

$$\text{완전미수율} = \frac{\text{완전한 현미의 무게}}{\text{생산된 현미의 무게}} \times 100(\%) \quad (9\text{-}9)$$

$$\text{탈부효율} = (\text{탈부율} \times \text{완전미수율}) / 100 \quad (9\text{-}10)$$

한편 탈부성능은 탈부율로 나타내며, 보통 80~90%가 적정하고, 탈부율을 너무 증가시키면 현미에 동할을 발생시켜 싸라기 발생률이 증가한다. 싸라기 발생률이 1%를 넘으면 현미부의 이상 유무를 점검하여야 한다.

탈부성능은 벼의 품질, 건조상태에 따라 영향을 받는다.

그림 9-12에서와 같이 탈부율은 함수율이 낮은 벼가 함수율이 높은 벼보다 우수한 것을 알 수 있다. 한편 탈부 시 함수율이 낮은 벼는 동할미, 현미 표면 벗겨짐의 발생이 적고, 함수율이 높으면 탈부성능이 저하되고 현미의 표면이 벗겨지는 비율이 증가한다.

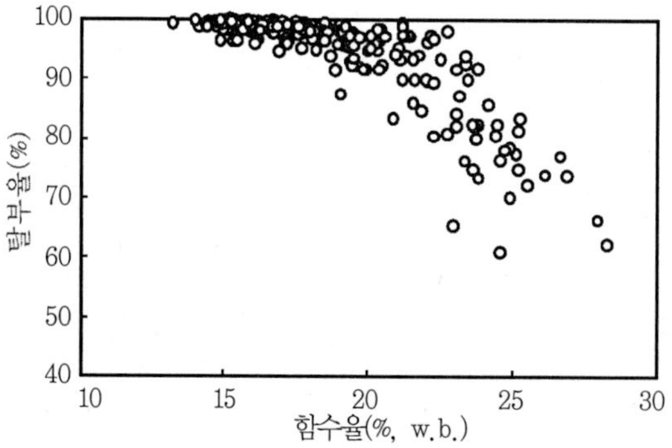

[그림 9-12] 벼 함수율 변화에 따른 탈부율 비교

한편 탈부율과 유사한 의미로 제현율(製玄率)을 사용하는데, 제현율은 벼의 품위와 관련된 용어로 현미기의 탈부 성능과는 의미가 다르다. 우리나라의 농산물 검사·검정의 표준계측 및 감정방법(2002.7)에 의하면 제현율은 벼 50 g을 시료로 채취하여 완전 탈부한 후 1.6 mm 줄체를 사용하여 현미를 선별한다. 체위에 남은 현미(활성현미와 사미)와 체를 통과한 것 중에서 활성현미를 각각 계량하여 다음 식과 같이 제현율을 산출한다.

$$\text{제현율} = \frac{\text{체위에 남은 현미무게} + \text{체를 통과한 현미 중 활성현미 무게}}{\text{시료의 무게}} \times 100(\%) \tag{9-11}$$

그러나 통상적으로 현장에서는 체를 통과한 것 중에서 활성현미를 선별하는 것이 용이하지 않으므로 체위에 남은 현미(활성현미와 사미) 무게만 고려하여 제현율을 산출한다.

예제 9-3

고무롤러식 현미기로 벼 10 kg을 탈부한 후 배출물을 분리한 결과 미탈부된 벼 1.7 kg이었다. 이 현미기의 탈부율을 구하여라.

풀 이

현미기의 탈부율은 식 (9-8)으로부터 다음과 같이 구할 수 있다.

$$\text{탈부율} = \frac{10 - 1.7}{10} \times 100 = 83\%$$

예제 9-4

고무롤러식 현미기로 벼 100 kg을 탈부한 후 생산된 현미가 82 kg, 선별된 미숙립 등이 3 kg이었다. 완전미수율과 탈부효율을 구하여라. 탈부율은 83%로 한다.

풀 이

현미기의 완전미수율은 식 (9-9)를 이용하여 다음과 같이 구한다.

완전미 중량 = 생산된 현미 총 중량 − 미숙립 중량

$$\text{완전미수율} = \frac{82 - 3}{82} \times 100 = 96.3\%$$

현미기의 탈부효율은 식 (9-10)을 이용하면 다음과 같다.

$$\text{탈부효율} = \frac{83 \times 96.3}{100} = 79.9\%$$

9.3 정백과 품질

정백(精白)이란 현미의 겨층인 과피, 종피 및 호분층과 배아를 기계적인 힘으로 제거하여 현미의 전분층을 노출시키는 것으로 현백이라고도 한다. 겨층은 현미 중량의 5~6%로 섬유질이 많고, 단단하여 조리 및 소화가 잘 되지 않는다. 정백을 하는 목적은 이와 같은 현미 겨층을 제거함으로써 기호에 맞고, 소화가 잘 되는 식품으로서 부가가치를 높이는 데 있다. 정백작용에 의하여 가공된 정미는 현미의 겨층(강층, 糠層)을 제거하여 가공한 것으로 백미라고도 한다.

현미를 백미로 가공하는 단위기계를 정미기라고 하고, 정미기에는 마찰식과 연삭식이 있으며 금강사 롤러를 사용하는 연삭식과는 달리 세라믹 날을 이용하여 현미 겨층을 긁어내는 방식(깎는 방식)의 정미기가 있다. 여기에서는 정백작용과 정미기의 원리 및 특성에 대하여 서술하기로 한다.

9.3.1 정백작용의 인자

정백작용에 이용하는 기계적인 힘은 마찰력, 찰리력, 절삭력, 충격력으로 분류한다. 이 작용력은 단독으로 작용하는 것이 아니라 복수가 조합된 상태에서 작용한다. 정백에 작용하는 인자는 다음과 같다.

(1) 마찰력

마찰력(摩擦力)은 현미에 회전력과 압력이 작용할 때 발생하는 작용력으로 미끄럼마찰과 회전마찰력이 발생한다. 이것은 현미끼리 접촉하면서 상대운동을 할 때 현미 표면에 발생하는 힘이다. 미끄럼마찰력은 겨층을 박리(剝離)하는 데, 회전마찰력은 백미를 성형하는 데 유효하다.

어느 한도 이상의 강한 마찰력이라야 정백효과를 얻을 수 있으며, 그 이하의 마찰력은 백미로 가공되면서 표면이 매끄럽게 되면 정백작용이 감소하고 가해지는 힘은 대부분 열에너지로 변하여 곡온을 상승시킨다. 전자를 유효마찰력이라고 하고 찰리작용으로도 정의되며, 후자를 무효마찰력이라고 한다.

(2) 찰리력

현미의 표면에 작용하는 접촉압력이 어떤 값 이상이 되면 접촉면은 미끄러지지 않고 표면마찰력에 의하여 현미의 겨층에 형성되는 전단응력 때문에 강층이 얇은 조각 상태로 벗겨진다. 이와 같은 현상은 전분층(배유부)과 접촉하고 있는 호분층이 지방과 단백질을 많이 함유하고 있어 그 조직이 연약한 반면, 전분층은 단단하기 때문에 발생하며 현미 정백에 유효한 작용력이 된다. 이와 같이 겨층을 벗겨 낼 수 있는 일정 수준 이상의 마찰력을 표면마찰력과 구분하여 찰리력(擦離力)이라고 하며, 현미와 정백실의 금속부가 접촉하여 발생하는 작용력으로 저속계 마찰식 정미기로 정백할 때 유효한 작용력이다.

(3) 절삭력

절삭력은 금강사 표면의 입자를 이용하여 현미의 강층을 절삭 또는 연삭하고, 고속으로 회전하는 금강사 롤러를 이용한 연삭식 정미기에서 발생한다. 또한 절삭력은 비교적 낮은 압력에서 작용하는 힘으로 깨지기 쉬운 인디카 타입의 장립종 및 자포니카 타입의 초기정백에 유효하다. 이 작용력의 특징은 금강사 롤러의 회전수와 현미에 가해지는 압력을 조절함에 따라서 백미의 형상을 구형, 봉상, 판상 등으로 가공할 수 있다.

(4) 충격력

2개의 물체가 급격히 접촉할 때 그 물체가 보유하고 있는 운동량에 급변현상을 일으키는 작용으로 곡립이 정미기 내부에서 충돌로 곡립 상호 간의 운동량에 변화를 일으켜 도정효과를 발생시키는 힘이다. 그러나 곡립들 사이에 또는 곡립과 금망 사이에 일어나는 충격력에 의한 정백작용은 아주 미미하다.

9.3.2 곡립 전체면 가공을 위한 교반작용

일반적인 기계가공은 가공재료와 가공날이 고정되어 있지만, 정백할 경우 미립은 고정되어 있지 않고 이동하면서 미립 상호 간에 간섭을 받으면서 가공된다. 전체 미립을 균일하게 정백하고, 낟알의 표면이 불균일하게 정백되는 것을 방지하기 위하여 교반작용이 필요하다.

저속계 정미기의 경우 고압 부분에서는 찰리·절삭에 의한 정백이 이루어지고, 저압 부분에서는 주로 곡립 전면을 균일하게 정백하는 데 도움이 되는 교반이 이루어진다.

고속계 정미기에서는 직접 연삭면에 접촉하는 미립 이외에 대부분 박리현상이 발생하지 않으므로 미립이 교대로 연속하여 연삭면에 순환되지 않으면 불균일한 도정이 될 수 있다. 즉 교반이 원활하지 않으면 표면이 불균일한 정미로 가공된다. 고속계에서는 주로 롤러면에 충격에 의한 미립반발작용, 연삭작용의 미립회전 유도작용 등이 교반작용을 한다. 연삭롤러의 교반작용은 금강사 입자의 미세한 돌기에 의하여 일어나므로 저속계의 정백롤러 돌기부의 교반력에 비하여 매우 미약하다.

9.3.3 정백작용의 분류

정백작용력 조합에 따라서 정백작용을 분류하면 마찰력과 찰리력을 중심으로 한 마찰계(압력계, 저속계)와 절삭력과 충격력을 중심으로 한 연삭계(속도계, 고속계)로 분류하고, 시대에 따라 정미기가 변화하면서 주속도와 압력의 범위가 변화하였다.

1940년에 사타케의 작용 분류는 정백롤러의 주속도 152 m/min(500 ft/min) 이하, 정백롤러와 미립 간의 압력 200 gf/cm^2(1.96×10^4 Pa) 이상인 것을 압력계 정백작용으로 분류하였고, 609 m/min(2000 ft/min) 이상의 정백롤러 주속도와 정백롤러와 미립 간의 압력 50 gf/cm^2(4.9×10^3 Pa) 이하인 것을 속도계 정백작용으로 분류하였다. 이것을 1964년에 압력 100 gf/cm^2(9.8×10^3 Pa) 이상, 주속도 600 m/min 이하를 고압계(마찰식) 정백작용과 압력 100 gf/cm^2(9.8×10^3 Pa) 이하, 주속도 600 m/min 이상을 고속계(연삭식) 정백작용으로 분류하였다.

한편 정백롤러와 금강사롤러의 주속도에 따라서 600 m/min 이하인 것은 저속계 정백작용, 그 이상인 것은 고속계 정백작용으로도 분류한다. 특히 연삭식 정미기는 롤러의 주속도에 따라 정백작용이 크게 달라지므로 롤러의 주속도 관리가 매우 중요하다.

평균 압력 100 gf/cm^2 이상에서 주속도가 600 m/min 이하의 저속계의 경우 겨층의 박리가 깊고, 절삭행정이 길어 미강이 거칠다. 이에 비하여 평균 압력 100 gf/cm^2 이하에서 주속도가 600 m/min 이상의 고속계의 경우는 겨층의 박리가 얕고, 미강이 미세하며 속도가 증가함에 따라서 더욱 미세해진다.

그림 9-13에 정미작용의 분류와 주속도의 사용 범위를 나타내었다.

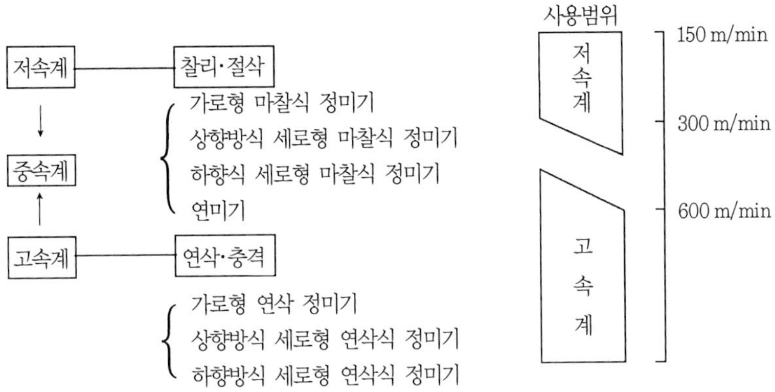

[그림 9-13] 정미작용의 분류와 주속도의 사용 범위

9.3.4 마찰식 정미기

(1) 마찰식 정미기의 특성

마찰식은 쌀과 금망 간 또는 쌀 상호 간에 작용하는 마찰력과 찰리력을 이용하여 쌀의 겨층을 박리시키는 방식으로, 쌀이 어느 정도의 강도가 있어야 하고 표층의 마찰계수가 커야 한다. 마찰계수가 너무 작아 미끄러지면 겨층의 박리가 어려워지고 많은 동력을 필요로 한다.

실제로 마찰식 정미기(3.7 kW용)의 정백실 내 미립에 가해지는 압력의 실용범위는 4.4~5.4×10^4 Pa(450~550 gf/cm^2)이고, 회전 롤러 주속도의 실용범위는 190~240 m/min이다.

마찰력을 높이기 위하여 쌀에 강한 압력을 가하면 쌀이 갖고 있는 강도의 한계를 넘기 때문에 싸라기가 발생하고, 마찰열이 발생한다. 그러나 자포니카 타입인 단립종은 비교적 강도가 크고, 현미 표층의 마찰계수가 커서 비교적 낮은 압력으로 간단히 겨층을 박리할 수 있으므로 마찰식 정백이 효과적이며, 능률적이라고 할 수 있다. 또 마찰식 도정의 우수한 점은 현미의 골 부분을 박리시킬 뿐만 아니라 배아 제거가 용이하고, 쌀끼리의 마찰이므로 백미 표면에 상처를 주지 않고, 깨끗하고 균일하게 쌀을 가공할 수 있다.

현미는 어느 정도 겨층이 벗겨지기 시작하면 순조롭게 정백이 진행되지만, 이 상태까지는 시간도 걸리고 곡온도 상승한다. 겨층이 벗겨지는 상태까지 빨리 진행시키려고 하면 싸라기가 발생하고, 특히 곡온이 낮거나 저함수율인 경우에는 정백 중 곡온상승이 현저하며, 정백효율이 저하된다.

또한 순환식 마찰정미기의 정백과정에서도 절반쯤은 순조롭게 능률적으로 정백이 진행되지만, 도정완료 직전의 정백도에 도달하면 좀처럼 도정이 진행되지 않는다. 그 사이에 곡온은 급상승하고, 표면이 매끄러운 상태로 되어 가면서 마찰계수가 작아지기 때문에 도정에너지의 대부분이 무효마찰력, 즉 쌀의 발열에너지로 변한다.

마찰식 정백은 표면의 마찰계수가 클 때 매우 효율적이고 유효하지만, 강도가 낮은 쌀이나 마찰계수가 작아졌을 때의 도정작업에서는 효율이 저하된다.

(2) 종류와 구조

마찰식 정미기의 종류는 원통마찰식, 자동순환식, 1회 통과식, 분풍 또는 흡인마찰식 등이 있다. 분풍 또는 흡인마찰식은 원통마찰식을 개량한 것으로 가로형과 세로형이 있으며, 세로형의 경우는 원료의 공급방식에 따라 하향식과 상향식이 있다. 국내에서는 일부 세로형이 사용되고 있지만 가로형 흡인마찰식 정미기가 주종을 이루고 있다.

그림 9-14는 가로형 흡인마찰식 정미기의 개략도를 나타낸 것이다.

원료를 정백실 내로 밀어넣는 공급스크루와 정백 회전롤러, 롤러를 둘러싸고 있는 금망(金網, screen), 정백실 내의 압력을 조절하는 배출구 분동 또는 저항조절장치, 쌀겨를 제거하기 위한 송풍장치 등으로 구성되어 있다.

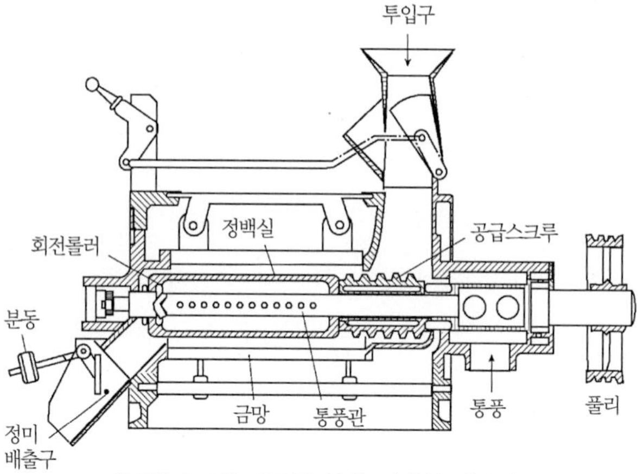

[그림 9-14] 가로형 흡인 마찰식 정미기

정백롤러와 금망 사이의 공간을 정백실이라 하고, 정백실의 단면도는 그림 9-15와 같으며, 금망은 육각, 팔각형, 원형으로 되어 있으며, 직사각형 형태의 작은 구멍(slot)이 뚫려 있다.

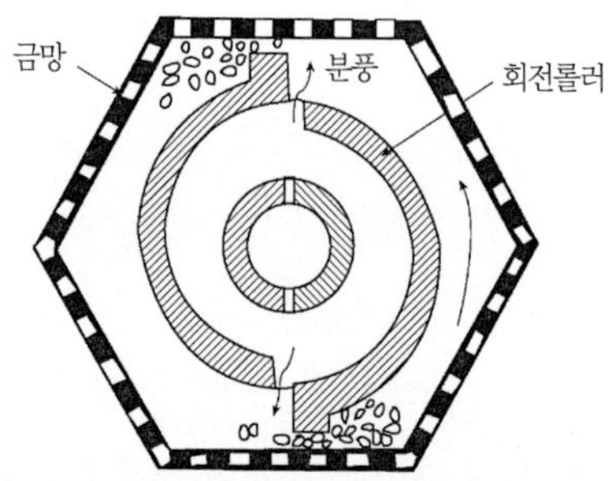

[그림 9-15] 마찰식 정미기의 정백실 구조

또한 기류는 중공 회전롤러로 유입되어 정백실을 거쳐 금망을 통하여 흡입팬으로 흡인되며,

이때 미강과 함께 흡인되어 배출된다.

그림 9-16은 세로형(수직형) 마찰식 정미기의 구조를 나타낸 것이다. 세로형은 원료의 공급 방식에 따라서 원료가 위에서 아래로 자연스럽게 공급되는 하향방식인 (a)와 나사롤러에 의해 아래서 위로 강제로 정백실 내로 공급되는 상향방식인 (b)가 있다.

두 방식 모두 구조와 작동원리는 흡인마찰식 정미기와 큰 차이가 없으나, 상향방식은 정백시스템으로 정미공장에 설치할 경우 1차 정미기에서 2차 정미기로 이송할 때 각각 배출구와 투입구가 같은 위치에 있으므로 기존의 정미기와 같이 버킷엘리베이터를 이용하여 상부에 있는 보조탱크로 이송할 필요가 없다. 따라서 버킷엘리베이터가 필요 없고, 이에 따른 설치면적을 줄일 수 있다.

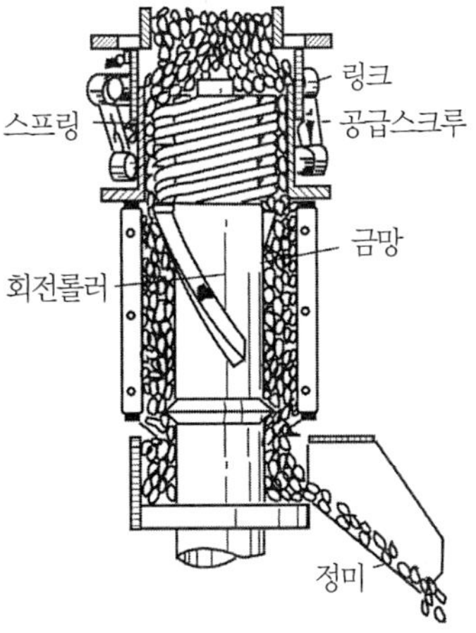

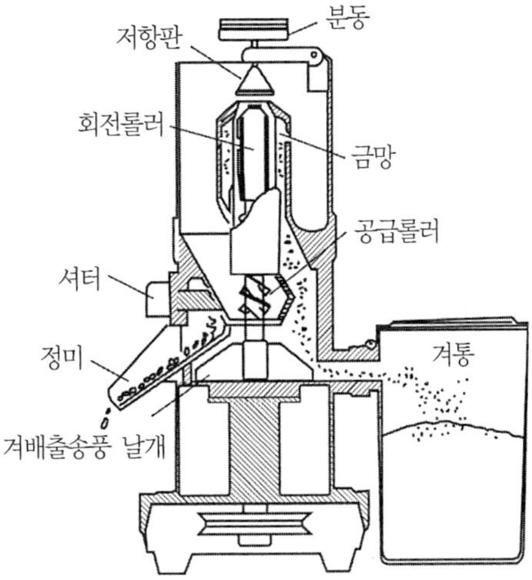

[그림 9-16] 세로형 마찰식 정미기의 구조

(3) 정백공정

세로형이나 가로형 마찰식 정미기의 정백공정은 큰 차이가 없다.

원료가 호퍼로부터 공급스크루에 의하여 정백실로 이송되면 곡립과 곡립, 곡립과 금망 사이에 형성되는 마찰력과 찰리력에 의하여 현미의 겨층이 벗겨진다. 이때 쌀겨는 중공으로 가공된 공급스크루를 통하여 정백롤러로부터 흡입되는 기류와 함께 금망의 구멍을 통하여 흡입팬을 거쳐 사이클론으로 이송되고 가공된 백미는 배출구로 배출된다.

정백할 때 겨층의 제거 정도는 곡립이 받는 압력과 밀접한 관계가 있으며 출구의 저항조절장치나 분동을 이용하여 배출구에 압력을 가하면 정백실 내에 곡립이 머무는 시간과 압력을 조절할 수 있어 강층의 제거 정도, 즉 정백도를 조절할 수 있다.

(4) 분풍의 역할

중공의 정백롤러에 흡입된 기류는 정백롤러의 분출구로 분출되어 정백실인 롤러와 금망 사이에 가공되고 있는 곡물에 혼입되면서 냉각시키므로 곡온상승 방지와 동시에 미립의 마찰면에서 쌀과 쌀겨를 분리하는 작용을 한다. 분풍의 역할은 쌀겨를 효과적으로 제거하므로 쌀겨 부착이 적은 쌀을 가공할 수 있고, 쌀겨를 정백실에서 원만히 밖으로 배출시키기 때문에 도정능률의 향상과 동력의 부하도 안정시킨다. 또한 가공 중 곡온상승에 의하여 쌀의 강도가 약해지는데 이것을 냉각시켜 동할 및 싸라기 발생을 감소시킨다. 백미 백도를 40으로 하였을 경우 표 9-1에서 알 수 있듯이 모든 면에서 통풍마찰식 정미기의 정백 특성이 양호한 것으로 나타났다.

그러나 지나친 분풍은 오히려 쌀의 품위 손상 및 식미를 저하시킬 우려가 있으므로 분풍량은 기종에 따라 약간의 차이는 있지만, 정해진 양을 준수하는 것이 바람직하다.

[표 9-1] 마찰식 정미기의 통풍이 정백 특성에 미치는 영향

측정 항목 / 통풍 여부	정백수율 (%)	상승곡온 (℃)	싸라기율 (%)	함수율 손실(%)	정백효율 (kg/hr·HP)	실험 조건
통풍마찰식정미기 (HPR5A 5 HP)	90.5	15.5	3.2	0.4	62.0	롤러주속도 200 m/min 현미백도 20.8 함수율 14.1% 현미곡온 18.2℃
동일기종 무통풍 슬롯 없는 금망	90.1	17.5	6.8	0.5	53.5	

(5) 롤러의 주속도와 회전수

마찰식 정미기의 정백 특성은 정백압력에 큰 영향을 받고, 주속도 또한 정백실의 구조 및 현미의 조건에 따라서 최적 주속도가 필요하다. 표 9-2와 같은 조건에서 롤러의 주속도 범위가 150~300 m/min인 경우 주속도가 빠를수록 정백압력을 낮추어야 과부하를 줄일 수 있으나, 무효마찰력의 증가로 곡온이 상승하고 함수율 손실이 증가한다. 주속도를 느리게 하면 마찰력을 크게 하기 위하여 정백압력을 높여야 하므로 싸라기율과 정백효율은 증가하는 것으로 보고되어 있다. 따라서 정백롤러의 주속도는 250 m/min 내외가 적정하다.

정백할 때 곡립에 가해지는 마찰력이 유효하도록 정백롤러의 주속도는 정해져 있다. 보통 정백롤러의 주속도는 300 m/min 이하가 되도록 롤러의 회전수를 조정한다. 정백롤러 주속도와 회전수와의 관계는 다음과 같다.

[표 9-2] 마찰식 정미기의 주속도가 정백 특성에 미치는 영향

측정 항목 / 주속도 (m/min)	정백수율 (%)	상승곡온 (℃)	싸라기율 (%)	함수율 손실(%)	정백효율 (kg/hr·HP)	조 건
150	89.3	16.0	5.8	0.4	67.8	롤러 ϕ 80×143 mm
200	89.8	17.5	5.0	0.4	65.0	현미백도 20.8
250	90.2	18.0	4.6	0.6	64.1	함수율 14.1%
300	89.9	23.0	3.8	0.8	62.0	현미곡온 18.2℃

$$\text{정백롤러의 적정 회전수(rpm)} = \frac{\text{정백롤러의 주속도}}{\text{정백롤러의 원주둘레}} \qquad (9\text{-}12)$$

여기서 정백롤러의 원주둘레는 정백롤러의 직경 × π 이다.

예제 9-5

마찰식 정미기의 정백롤러 직경이 80 mm일 경우 정백롤러의 적정 회전수(rpm)를 계산하여라. 단 정백롤러의 주속도는 200 m/min으로 한다.

풀 이

식 (9-12)를 이용하면

$$\frac{\text{정백롤러의 주속도}}{\text{정백롤러의 원주둘레}} = \frac{200(\text{m/min})}{(0.08\text{m} \times 3.14)} = 796\,\text{rpm}$$

따라서 1분간의 정백롤러의 적정 회전수는 796회전 내외로 조정하여야 정백롤러의 주속도를 200 m/min으로 유지할 수 있다.

(6) 마찰식 정미기의 정백 특성

1) 현미 곡온 변화에 따른 도정 특성

현미 곡온이 낮을수록 현미의 조직은 단단해져서 경도가 증가하기 때문에 특히 동절기에 도정효율과 품질을 저하시키고, 정백 소비전력량을 증가시키는 원인이 된다.

일반적으로 정백 후 함수율은 정백 중 마찰열과 분풍에 의하여 0.5% 내외 감소한다. 그러나 동절기에 실내온도는 낮고, 정백 후 곡온이 20℃ 내외로 상승하면 저온 외기와 접촉하면서 결로가 발생되므로 온도가 너무 낮은 동절기에 쌀 가공은 품질 저하의 우려가 있다.

현미 곡온 차이에 따른 정백 후 싸라기율은 그림 9-17과 같이 현미 곡온이 낮을수록 증가하여 품질을 저하시킨다. 이것은 현미 곡온이 낮으면 강도가 증가하여 조직이 단단해지므로 정백압력을 높여서 가공하여야 하고, 현미 곡온이 낮으면 그림 9-18에서와 같이 정

백 중에 곡온이 급상승하면서 쌀의 강도가 약해져 쉽게 깨질 수 있기 때문이다.

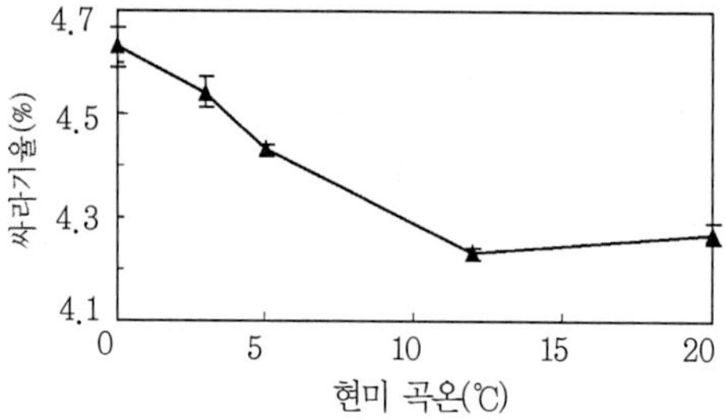

[그림 9-17] 현미 곡온에 따른 정백 후 싸라기 발생률
(상대습도 45.4~64.6%, 가공실온도 1.5℃)

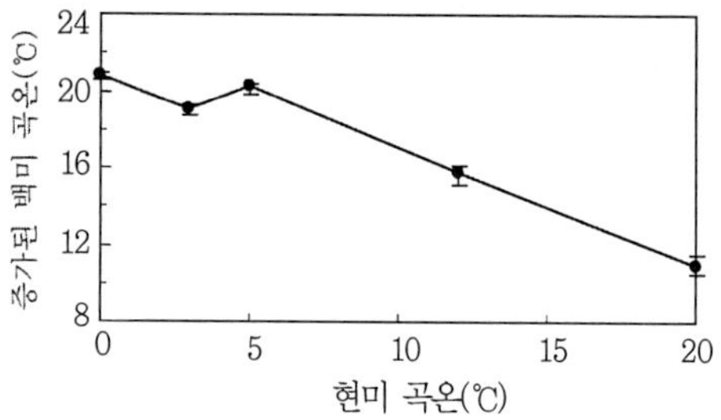

[그림 9-18] 현미 곡온에 따른 정백 후 백미곡온 상승 값

2) 현미함수율 변화에 따른 도정 특성

현미함수율이 낮을수록 현미의 조직은 단단해져서 경도가 증가하므로 곡온이 낮은 현미와 같이 도정효율과 품질을 저하시키고, 정백 소비전력량을 증가시킨다.

그림 9-19에서 현미함수율 변화에 따른 정백 후 싸라기율은 초기함수율이 낮은 것이 약간 높은 경향을 나타낸다. 함수율이 낮은 원료는 그림 9-20에서와 같이 강도가 강하여 조직이 단단하므로 정백 중 높은 압력으로 가공하여야 하고, 정백시간이 길어지면서 그림 9-21과 같이 곡온이 높아 조직이 물러지면서 쌀이 깨지기 때문이다.

따라서 정백 후 곡온 상승 범위는 정백 전보다 12~15℃ 이상 상승되지 않는 것이 바람직하며, 가공 중 백미 온도가 너무 높으면 싸라기가 증가하고 수분손실이 많아져 품질이 저하된다. 또한 정백할 때 소비전력량은 초기함수율이 낮을수록 증가하고, 함수율이 높은 현미조직은 강도가 낮아 작은 정백압력으로도 강층 제거가 용이해져 부하가 적게 걸리기 때문에 정백 소비전력량이 감소한다.

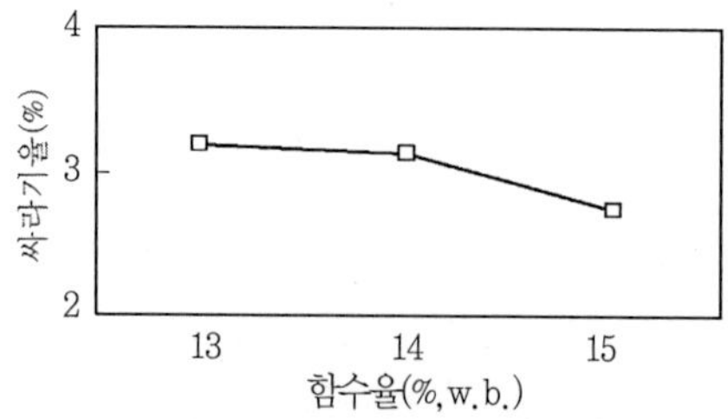

[그림 9-19] 함수율 변화에 따른 정백 후 싸라기율
(현미 곡온 20℃)

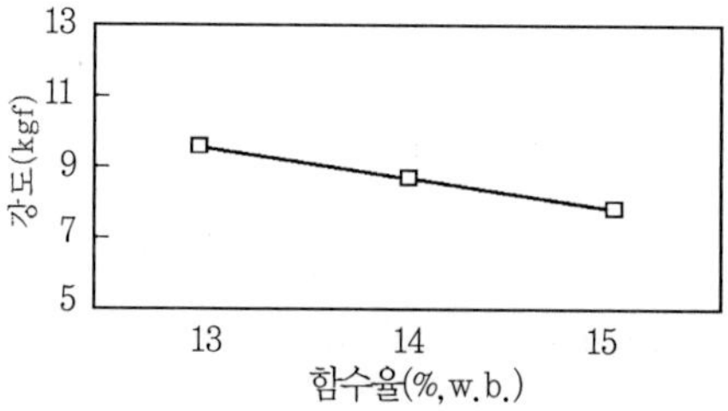

[그림 9-20] 함수율 변화에 따른 완전현미의 강도

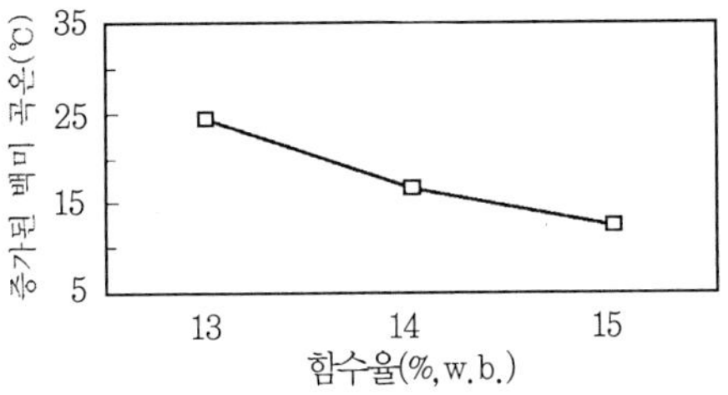

[그림 9-21] 함수율 변화에 따른 정백 후 백미 곡온 상승 값

9.3.5 연삭식 정미기

(1) 연삭식 정미기의 특성

연삭식 정미기는 고속으로 회전하는 금강사롤러로 쌀의 표면을 깎아 도정하는 방식을 말한다. 실제로 연삭식 정미기(연삭롤러 36번, 15 kW용)의 정백실 내의 미립에 가해지는 압력의 실용범위는 2.0~2.7×10^3 Pa(20~28 gf/cm^2)이고, 금강사 롤러의 주속도 실용범위는 650~750 m/min이다.

연삭식 정미기의 특성은 현미의 표피연삭은 물론 호분층의 연삭이 가능하고, 주조미(酒造米)와 같은 전분층의 연삭 등 마찰계수가 작은 쌀의 경우에도 도정이 가능한 장점이 있다. 또한 강도가 약하고 저함수율인 쌀을 정백할 경우 싸라기 발생이 적으며, 도정효율이 높다. 이것은 연삭식 도정이 쌀에 강한 압력을 가하지 않고 강층을 깎기 때문에 강도가 약한 쌀이라도 충분히 그 강도의 한계 내에서 정백작용을 진행할 수 있기 때문이다.

따라서, 장립종이나 품위가 낮아 싸라기가 발생하기 쉬운 쌀, 깨지기 쉬운 쌀, 주조미 정백에는 연삭식 정미기가 적합하다.

단점은 금강사 롤러의 구성 입자 끝이 작은 돌기군으로 되어 있어, 정백 후 쌀의 표면에 긁힌 흔적이 남아 있고 외관이 마찰식 정미기로 가공한 것보다 떨어진다. 이것은 쌀의 용도가 취사용인 경우 표면에 상처가 있으면 취사 후 외관과 식미가 저하되는 것으로 평가되고 있다. 현미 골 부분의 미강 및 배아 제거가 용이하지 않지만, 배아미 가공에는 적합하다.

(2) 종류와 구조

절삭력을 이용하여 정백을 하는 연삭식 정미기는 구조에 따라 수평연삭식과 수직연삭식이 있다.

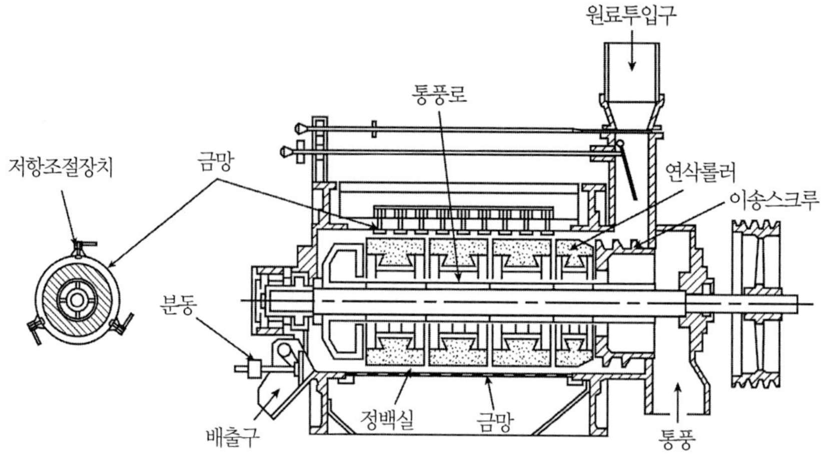

[그림 9-22] 가로형 통풍 연삭식 정미기

수평연삭식 정미기는 그림 9-22에서 보는 것과 같이 마찰식 정미기에서 회전롤러 대신 금강사롤러가 부착되어 있고, 마찰식에서 육각 또는 팔각형인 금망이 원통형으로 부착된 것 외에는 비슷한 구조로 되어 있다. 연삭식에는 통풍장치가 설치되어 있는 것과 없는 것이 있다.

금강사롤러는 탄화규소(SiC), 알루미나(Al_2O_3)에 점토, 장석류의 분말 및 결합제 등을 혼합하여 1300~1400℃ 정도에서 소성하여 제작한다. 표면의 입도는 길이 25.4 mm 내에 들어갈 수 있는 입자의 개수를 번호로 표시하여 나타내는 데, 일반 백미의 경우 30~40번, 배아미의 경우 40~60번, 양조용 백미의 경우 40~80번, 보리의 경우에는 20~30번이 주로 사용된다.

금망과 롤러 사이의 간격은 10 mm 정도이고, 롤러의 주속도는 연삭효과를 높이기 위하여 600 m/min 이상으로 유지된다. 회전속도의 증가는 연삭효과를 증가시키지만, 싸라기 발생이 증가하기 때문에 원료에 따라 적절한 회전속도를 선택하여야 한다.

(3) 작동원리

원료가 공급스크루에 의하여 금강사롤러와 금망 사이를 통과하는 동안 회전하는 금강사롤러에 의하여 곡물의 표면이 연삭되며, 연삭된 쌀겨는 금망의 구멍을 통하여 밖으로 배출되어 사이클론으로 흡입된다. 이때 곡물의 정백 정도는 곡물이 정백실 내에 머무르는 시간에 비례하며, 머무르는 시간은 출구저항조절장치(분동)에 의하여 조절된다.

연삭식 정미기의 출구저항장치(분동)의 역할은 마찰식 정미기와 같이 정백실 내의 압력을 조절하기 위한 것이라기 보다는 정백미의 배출량의 조절 및 균일성을 유지함으로써 안정적인 부하를 유지하는 데 있다.

(4) 금망 내부의 저항 조절장치

그림 9-23에 정백실 내의 곡물흐름과 곡물밀도를 조절하기 위하여 금망내벽에 여러 개의 철편이 부착되어 있다. 저항조절 철편의 각도는 정백실 외부에서 조절이 가능하도록 되어 있고, 각도 조절에 따라 곡립이 받는 저항 및 곡립의 배출속도가 달라진다.

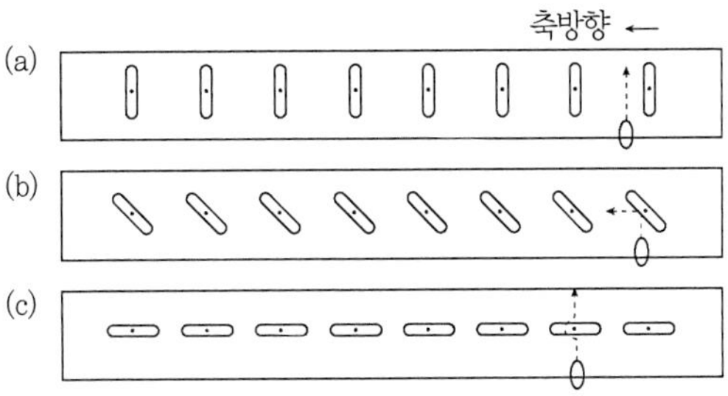

[그림 9-23] 연삭식 정미기 정백실 내부의 저항 조절장치의 각도

그림 (c)의 경우 곡립이 받는 저항이 가장 크고, (b)의 경우 배출속도가 가장 빠르다. 한편 저항조절 철편을 곡물 흐름이 용이한 각도로 금망 내벽에 용접하여 고정한 기종도 있다.

(5) 연삭식 정미기의 정백 특성

그림 9-24는 정백 시 수분감소량을 나타낸 것이다.

수분감소량은 연삭식 정미기에 의한 도정비율이 0%, 즉 마찰식 정미기로만 도정했을 때 0.37%로 가장 크고, 연삭식 정미기에 의한 도정비율이 증가할수록 수분감소량도 감소하는 경향을 나타낸다. 수분감소는 앞에서 서술한 정백 중 분풍과 마찰에 의한 발열에 기인한다.

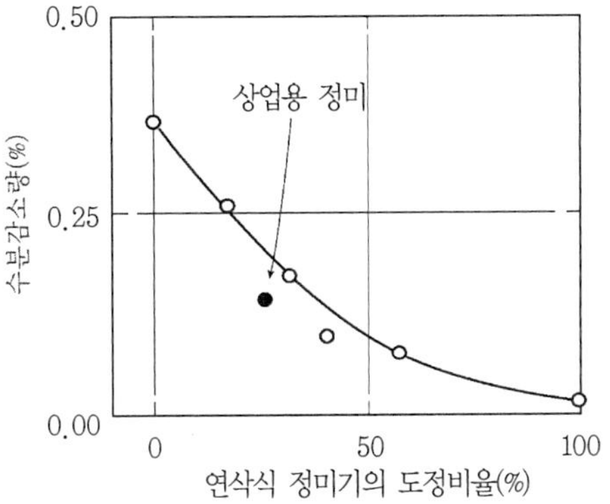

[그림 9-24] 연삭식 정미기에 의한 도정비율과 수분 감소량과의 관계

싸라기 발생도 그림 9-25와 같이 연삭식 정미기에 의한 도정비율이 증가함에 따라 감소된다. 이와 같이 연삭식 정미기만으로 정백할 경우 수분감소량, 싸라기 발생률이 마찰식 정미기보다 낮은 것은 연삭력에 의하여 낮은 정백압력으로 제강되고, 발열이 덜 되기 때문이다.

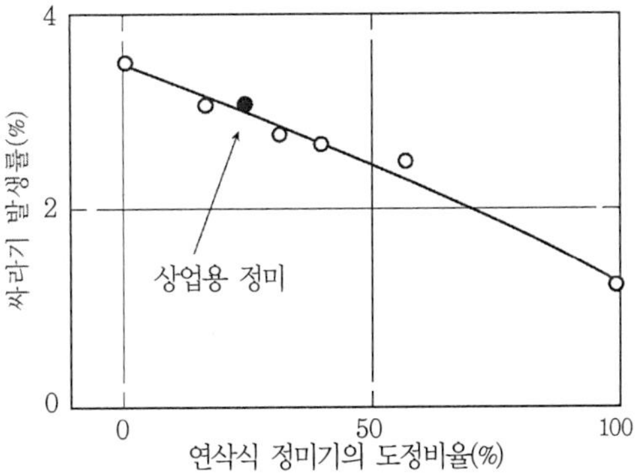

[그림 9-25] 연삭식 정미기에 의한 도정비율과 싸라기 발생과의 관계

그림 9-26에 도정방식에 따른 백미의 외관상태는 연삭식 정미기에 의한 도정비율이 증가함에 따라 백미의 외관이 나쁘게 나타난다. 이것은 연삭식 정미기의 특성상 금강사롤러에 의하여 제강되면서 백미표면이 거칠게 가공되기 때문이다.

따라서 연삭식 정미기의 도정비율은 현미의 조건과 백미의 품질을 고려하여 30% 내외에서 적절히 조절할 필요가 있다.

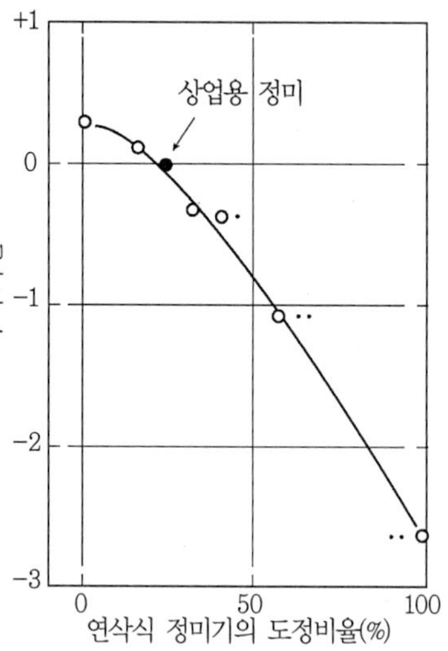

[그림 9-26] 연삭식 정미기에 의한 도정비율과 백미 외관과의 관계

9.3.6 세라믹 정미기

(1) 세라믹 정미기의 특성

앞에서 서술한 마찰식과 연삭식은 일반적으로 이용되고 있는 방식이다. 세라믹 정미기는 연삭식과는 다른 깎는 방식을 도입한 점이다. 세라믹 정미방식은 그림 9-28에서와 같이 세라믹 날로 현미표면의 겨층을 깎아 내는 방식이다. 이 방식은 세라믹 날로 쌀겨층을 깎아 긁어서 박리하기 때문에 작은 압력으로 정백이 가능하여 곡온 상승이 크지 않고, 쌀표면에 상처를 주지 않고 겨층을 박리할 수 있다. 이 방식은 연삭식과 같은 초기 도정과정에 유효하다.

한편 세라믹 날은 가공 중에 이물질에 의해 깨질 수가 있고, 세라믹 날의 길이가 10 mm 정도여서 부분 교환이 용이하지 않은 면이 있다.

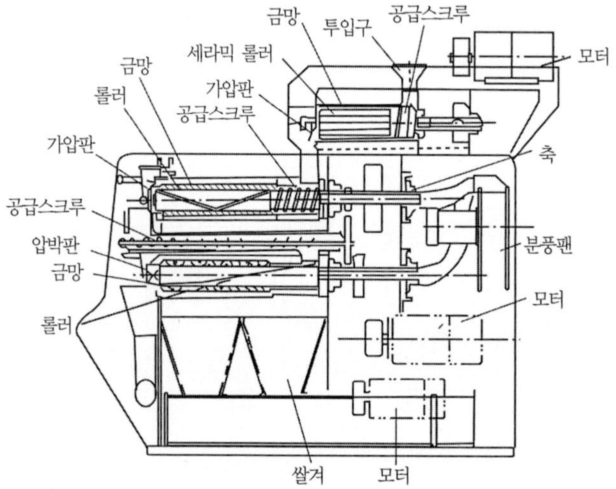

[그림 9-27] 세라믹 정미기

(2) 구조

구조는 그림 9-27과 같이 원료를 정백실 내로 밀어 넣는 공급스크루, 연삭식 정미기의 금강사롤러 대신 세라믹 날이 일렬로 끼워져 있는 롤러가 부착되어 있고, 세라믹 롤러를 둘러싸고 있는 금망, 가압장치 등으로 구성되어 있다. 세라믹 롤러의 형태와 정백 원리는 그림 9-28과 같다.

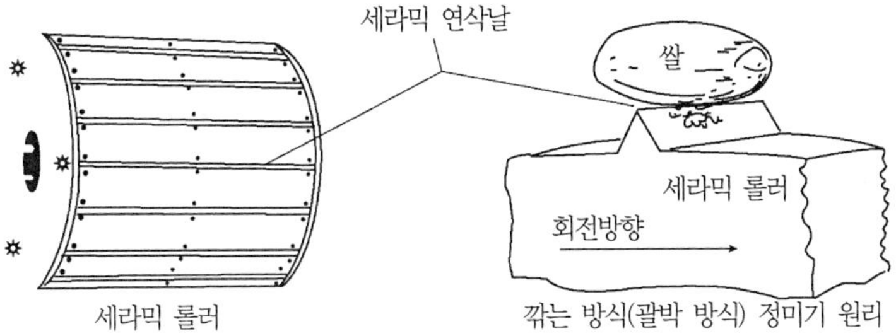

[그림 9-28] 세라믹 롤러와 정백원리

9.3.7 정미기의 효율

정미기를 이용하여 현미를 가공하면 배아(쌀눈)와 겨층이 제거되면서 중량이 감소한다. 현미는 정백 후 완전미(백미)와 싸라기 및 쌀겨로 가공되고, 완전미와 싸라기는 체선별기나 원통형 홈선별기에 의하여 분리되고, 쌀겨는 정미기의 금망을 통하여 외부로 배출된다.

정미기에 대한 평가는 정백수율(현백률), 완전미수율 및 정백효율을 기준으로 하며 다음과 같이 나타낸다.

$$\text{정백수율(현백률)} = \frac{\text{생산된 백미의 무게}}{\text{투입된 현미의 무게}} \times 100(\%) \qquad (9\text{-}13)$$

$$\text{완전미 수율} = \frac{\text{생산된 백미 중 완전미 무게}}{\text{투입된 현미의 무게}} \times 100(\%) \qquad (9\text{-}14)$$

$$\text{정백효율} = \frac{\text{단위시간당 생산된 백미의 무게}}{\text{단위시간당 에너지소모량}} \qquad (9\text{-}15)$$

$$\text{도정수율(도정률)} = \frac{\text{제현율} \times \text{정백수율}}{100} \qquad (9\text{-}16)$$

예제 9-6

정백 시스템을 이용하여 현미 100 kg을 가공하였다. 생산된 백미의 총 중량은 90.5 kg이었고, 이 중에 싸라기가 4 kg이었다. 정백수율(현백률)과 완전미수율을 구하여라.

풀 이

정백수율은 식 (9-13)을 이용하면

$$\text{정백수율(현백률)} = \frac{90.5\ \text{kg}}{100\ \text{kg}} \times 100\% = 90.5\%$$

완전미수율은 식 (9-14)를 이용하여 다음과 같이 구한다.

$$\text{완전미수율} = \frac{90.5 - 4.0}{100} \times 100\% = 86.5\%$$

예제 9-7

예제 9-6을 이용하여 제현율이 80%인 원료의 도정수율(도정률)을 구하여라.

풀 이

도정수율은 식 (9-16)을 이용하여 다음과 같이 구한다.

$$\text{도정수율} = \frac{80 \times 90.5}{100} = 72.4\%$$

9.3.8 연미기

(1) 연미기의 특성

도정 후 정미에는 미세한 쌀겨가 부착되어 있어 외관과 저장성을 저하시킨다. 미세한 쌀겨를 제거하기 위하여 초기에는 건식으로 가죽이나 벨트에 연마하였으나 완전히 제거하기가 어려웠다.

1970년도 후반에 습식연미방식이 개발되어 부착된 쌀겨와 잔류 쌀겨를 효과적으로 제거하게 되었고, 연미가공 중에 0.2~0.5분도 정도의 정백이 이루어진다. 따라서 가공손실을 방지하기 위하여 최종 정백수율보다 약간 높게 정미기에서 가공한 후, 연미기로 가공하는 것이 바람직하다.

(2) 구조와 작동원리

그림 9-29에 연미기의 개략도를 나타내었다. 노즐로부터 분무된 수분과 기류가 중공주축을 통하여 정백실 내의 백미표면에 직접 분무되는 방식과 정백실 입구에 해당되는 원통내의 주변에 소량의 수분을 분무하여 이곳에서 쌀겨가 연점토와 같이 뭉쳐져 쌀표면을 효과적으로 연미하는 간접분무방식이 있다. 기본구조는 분무장치를 제외하고 마찰식 정미기와 동일하다.

연미기는 수분을 사용하는 일종의 정미기이므로 제거된 쌀겨는 수분함량이 매우 높고, 또한 쌀겨에는 많은 영양소가 함유되어 있기 때문에 곰팡이나 세균이 번식될 수 있다. 따라서 가공 후에 쌀겨 흡입팬은 바로 정지시키지 말고 연미기 주변에 습기를 제거한 후 정지시키는 것이 바람직하며, 자주 점검하고 청소를 하여야 한다. 수분을 공급하는 물통은 덮개를 하고, 여과장치 부착 및 부식되지 않는 재료를 사용하여야 한다.

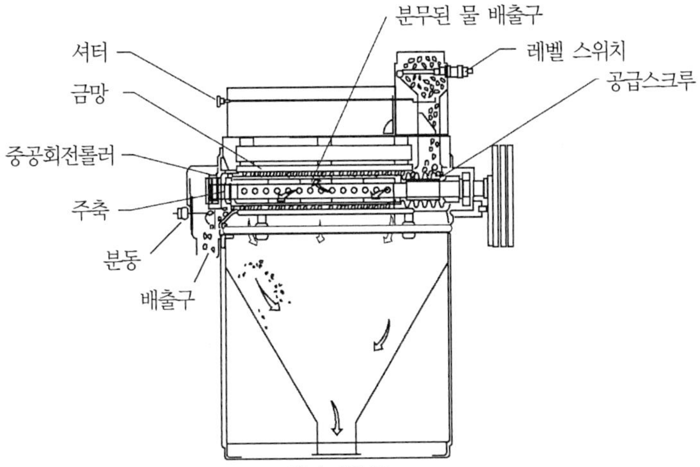

[그림 9-29] 연미기 구조

(3) 연미의 효과

연미 후 백미에 부착된 미세한 쌀겨의 제거는 다음과 같은 효과를 얻을 수 있다.

① 쌀의 표면이 매끄럽고 광택이 나므로 외관이 양호해져 소비자가 선호한다. ② 취반시 씻는 횟수를 줄일 수 있어 뜸물로 인한 오염을 경감시킨다. ③ 쌀 표면의 쌀겨는 영양소가 함유되어 있어 특히 하절기나 실내에서 장기간 보관하면 이취 등 변하기 쉬운데 이것을 제거함으로써 저장성이 향상된다. 또한 묵은쌀에서 나는 냄새를 경감시킬 수 있다.

9.4 정백시스템

정백시스템은 현미를 고품질의 백미로 가공하기 위하여 연삭식 정미기와 마찰식 정미기를 일렬 또는 계단식으로 배열, 설치한다. 정백시스템은 연삭식 및 마찰식 정미기의 설치

대수와 배열 형태에 따라 정백효율, 생산능력 및 품질 등에 영향을 미친다.

일반적으로 연삭식 정미기는 낮은 압력에서 절삭작용에 의하여 겨층을 제거하므로 싸라기 발생률이 낮고 정백효율이 좋은 반면, 백미의 표면이 매끄럽지 못한 결점이 있다. 마찰식 정미기는 높은 압력에서 찰리 및 마찰작용에 의하여 겨층을 제거하므로 싸라기 발생률은 높지만, 생산된 백미의 표면이 매끄럽다. 따라서 정백시스템은 이 두 종류의 정미기를 효율적으로 배열하는 것이 매우 중요하다.

국내의 경우 일반적인 정백시스템은 크게 나누어 마찰식 정미기만을 이용하는 마찰식 정백시스템과 연삭식 및 마찰식 정미기를 이용하는 복합식 정백시스템으로 구분할 수 있다.

마찰식 정백시스템은 흡인 또는 분풍마찰식 정미기 2~4대를 연좌식으로 설치하여 연속적으로 정백하는 시스템으로 이 방식은 비교적 기준함수율(15%, w.b.) 이상인 원료 가공에 적합하고, 도정 물량이 적은 중소규모 도정공장에 적합하다.

복합식 정백시스템은 1~2대의 연삭식 정미기와 2~4대의 마찰식 정미기를 연좌식으로 설치하여 연속적으로 정백이 가능한 시스템이다. 이 시스템은 마찰계수가 작은 현미를 연삭식으로 도정한 후, 마찰계수가 큰 중과피부터 마찰식 정미기로 도정하는 방식으로 연간 가공물량이 많은 도정공장에서 사용하고, 기준함수율 이하인 원료도 효율적으로 가공이 가능한 시스템이다. 또한 마찰식 정백시스템보다는 함수율이 낮은 원료 가공 시 곡온 상승폭이 낮고, 싸라기 발생률도 낮은 것으로 평가되고 있다.

표 9-3은 연좌식 단계별 도정비율을 나타낸 것이다.

한편 정백시스템의 설비경향 및 정미기의 개발경향은 불필요한 설비 및 부대설비 등을 줄여서 단순화, 자동화하고, 효율 및 성능을 향상시키는 원패스 방향으로 개발하고 있다. 이와 같은 대표적인 방식으로 가로형 연삭식 정미기와 마찰식 정미기를 각각 1대씩 내장시킨 것과 세로형 연삭식과 마찰식 정미기가 한 세트의 시스템으로 된 것이 있다. 이 시스템은 다음 정미기로 이송할 때 중간 버킷엘리베이터가 필요 없어 설치 면적을 줄일 수 있고, 주로 소규모 도정에 적합하다. 한편 1단계 연삭식 정미기에서 현미 겨층의 30% 정도를 제강한 후 연삭식 정미기를 통과한 원료는 스크루컨베이어에 의하여 마찰식 정미기로 이송되어 나머지 겨층인 70%가 제강된다.

가로형 복합식 정백시스템은 앞에서 서술한 그림 9-27과 같이 1단계 세라믹 정미기가 내장되어 있고, 2단계는 기존의 가로형 마찰식 정미기의 정백롤러의 돌기부를 v자로 개량하여 정백실 내의 압력을 적절히 분산시켜 낮은 압력으로 정백실 중간에서 원료가 가공되

[표 9-3] 연좌식 단계별 도정비율(%)

종 류	1 단계	2 단계	3 단계
원패스식	30 (연삭)	70 (마찰)	–
3연좌식	15~25(연삭)	55~65(마찰)	15~25(마찰)

※ 3연좌식에서 도정이 잘 안 되는 현미, 배아 제거가 잘 안 되는 현미, 미숙립이나 동할미가 많은 현미는 1단계 (연삭식)의 비율을 5~10% 증가시키는 것이 도정수율과 품질 향상에 유리하다.

도록 마찰식 정미기가 내장되어 있다. 3단계는 연미기가 내장되어 있어 최종 제품이 가공되는 방식이다.

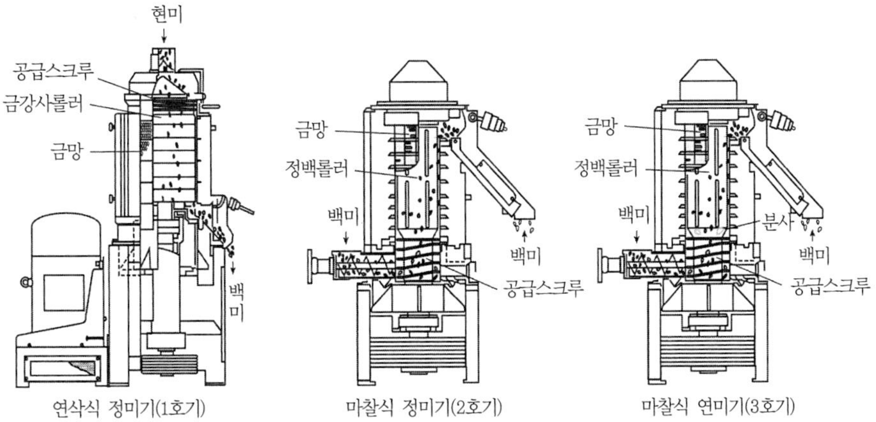

[그림 9-30] 세로형 복합식 정백시스템

그림 9-30의 세로형 복합식 정백시스템은 1단계 세로형 하향식 연삭식 정미기를 설치하고, 2단계는 세로형 상향식 마찰식 정미기를 설치하여 1단계에서 가공원료가 버킷엘리베이터 없이 이송스크루를 통하여 마찰식 정미기 하부로 투입되어 정백실로 상향 이송되면서 가공된다. 3단계는 상향식 연미기가 내장되어 있어 최종 제품이 가공되는 방식이다.

이 시스템들은 제강부터 연미까지 한 세트의 정백시스템으로 가공할 수 있는 장점이 있고, 연미기를 제외하면 원패스 방식이라고 할 수 있다. 기존의 복합식 정백시스템의 경우 연삭식 및 마찰식 정미기와 연미기를 포함하여 4~6대이던 것이 3대로 단순화되어 가공과정이 완료되는 시스템이다. 그리고 다음 정미기로 이송할 때 중간 버킷엘리베이터가 필요 없어 설치 면적을 줄일 수 있으며 주로 도정 규모가 큰 공장에 적합하다. 이와 같이 정백시스템이 점점 단순화되어감에 따라 백미의 품질 균일화 및 수율 향상을 위하여 원료의 품질, 함수율, 곡온 등이 균일하여야 하고, 정미기 특성을 고려하여 도정하는 것이 바람직하다.

9.5 조질

현미의 함수율과 곡온이 너무 낮거나, 원료 간 함수율 차이가 큰 것을 정백하면 정백 소비전력량의 증가와 가공 중에 곡온이 상승하고, 함수율 감소, 품질 저하 등의 현상이 나타난다. 이러한 현상들을 방지하기 위하여 도정 전에 현미의 온도와 함수율을 균일하게, 적정 수준까지 조절하는 작업을 조질(conditioning 또는 rewetting)이라고 한다.

9.5.1 조질방식

조질방식에는 간접방식과 직접방식이 있다. 간접방식은 현미를 목재빈에 넣고 가온 가습된 습공기를 빈 하부에 강제 송풍하는 방식이고, 직접 방식은 현미를 이송시키면서 현미에 직접 가온 가습 후 배출하는 방식과 탱크 내에서 순환시키면서 가온 가습하는 방식이 있다.

간접조질방식에 이용되는 목재빈은 목재판과 목재판 사이가 천공된 스테인리스판으로 연결되어 있고, 빈 하부에 대형 팬을 부착하여 가온 가습된 습공기를 강제 송풍하여 현미의 곡온과 함수율을 조절하는 방식이다. 이 방식은 직접조질방식보다 조질 후 동할률이 낮은 반면, 조질 시간이 2~3일 정도로 길어 가공량이 많은 공장일수록 조질 탱크의 수가 많아야 하고, 시설비 증대로 일반화된 시설은 아니다.

직접조질방식 중 현미를 이송시키면서 직접 가수 가온하여 배출시키는 방식의 조질기는 현미투입호퍼, 노즐, 물펌프, 공급피더, 제어반, 초음파 가습기, 히터, 스크루컨베이어 등으로 구성되어 있고 그림 9-31과 같다.

노즐은 현미투입호퍼의 하단부에 위치하고, 현미가 공급피더에 의하여 조질관으로 투입될 때 가수된다. 가수된 현미는 스크루컨베이어에 의하여 이송 혼합되면서 흡습되고, 동시에 수분증발을 방지하기 위하여 조질관 내에 초음파 가습기로 가습을 한다.

한편 현미 탱크 내에서 순환시키면서 가온 가습하는 조질방식은, 원료 이송

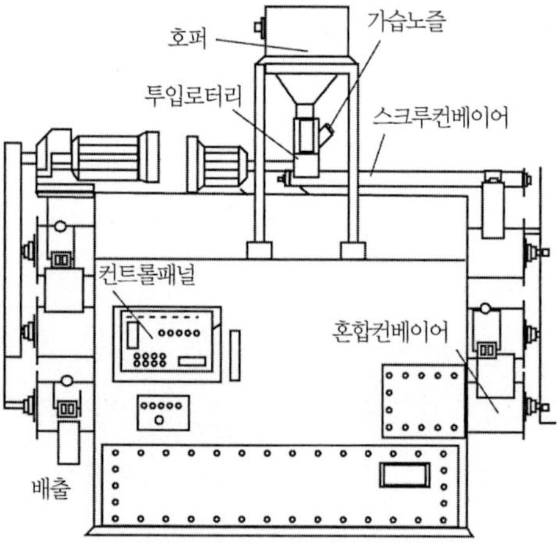

[그림 9-31] 일회 통과식 현미 조질기

스크루의 주위와 상단부는 그림 9-32에서와 같이 현미상승용 이송스크루가 고정 설치되어 있고, 상단부는 나팔 모양으로 확장되어 있다. 스크루 상단에는 원료의 혼합을 위한 혼합봉이 스크루와 함께 회전하도록 되어 있다. 따라서 스크루에 의하여 이송된 원료에 수분첨가노즐로부터 수분이 분사되며, 혼합봉에 의하여 균일하게 혼합이 되면서 탱크 내부로 낙하된다.

한편 이송스크루 상단부의 나팔 모양 확장부 뒷면은 가열히터가 부착되어 곡온을 상승시키는 역할을 한다.

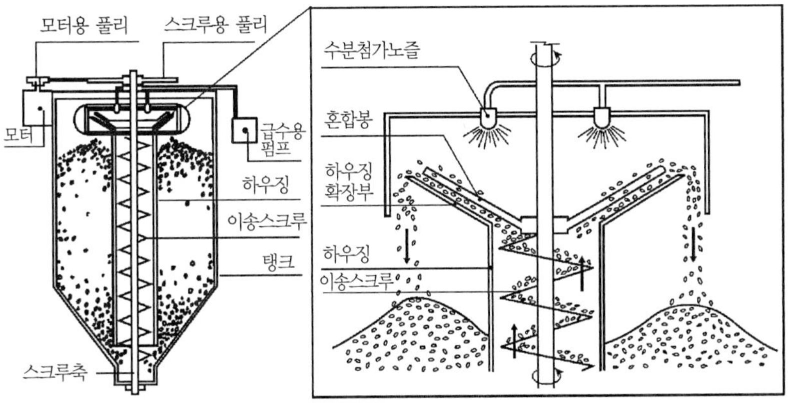

[그림 9-32] 순환식 현미 조질기

그림 9-33은 가온가압에 의한 백미 조질기의 개략도로 원료곡이 승강기를 타고, 공기 차단밸브가 부착된 가압탱크에 원료곡이 공급된다. 압축기와 수분공급장치에 의하여 가압가습된 공기를 가압탱크 내에 공급하여 원료에 흡습시킨다. 하단의 공기 차단밸브를 통하여 배출되면서 반복된다. 흡습량의 제어는 가압탱크 하부에 설치되어 있는 수분계에 의하여 제어된다. 가압은 0.2기압 정도이고 이 상태에서 미세 분무를 실시하면 30분 동안 1% 내외의 흡습이 가능하도록 되어 있다.

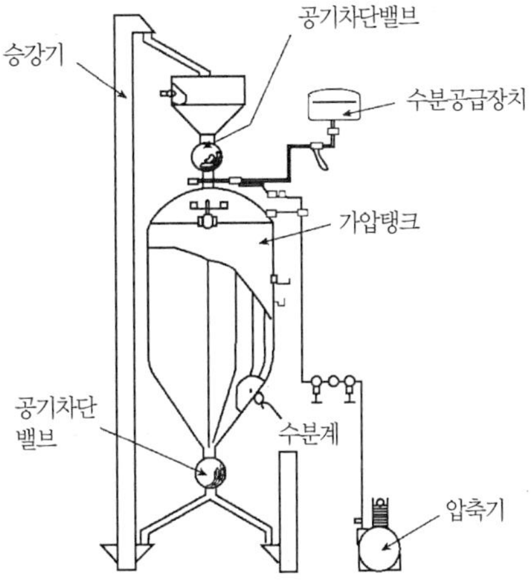

[그림 9-33] 가압식 백미조질기

9.5.2 조질과 정백

현미함수율과 곡온이 낮을수록 강도는 강해져 정백 중 정백압력을 높여야 제강이 되며, 앞에서 설명한 바와 같이 정백시간도 길어지고 곡온이 급상승하면서 조직이 물러져 싸라기 발생과 함께 품질을 저하시킨다. 따라서 도정 전의 원료곡에 대하여 적절한 함수율 및 곡온 조절은 계절에 관계없이 품질이 균일한 백미 생산과 소비전력량의 절감, 가공중 백미 온도 상승의 억제, 함수율 손실을 경감시키는 등의 장점이 있다.

정백할 때 현미 곡온이 10℃ 이하로 낮은 경우 강도가 매우 강하므로 함수율 조절만으로 현미 표면조직을 연화시키지 못하여 높은 정백압력이 필요하다. 정백 후 백미 곡온상승은 15℃ 이내인 것이 품질 유지에 바람직하지만, 높은 정백압력으로 인한 마찰열 때문에 그림 9-34와 같이 백미 곡온이 상승하여 품질을 저하시킨다. 따라서 고품질 쌀로 가공하려면 정백전 함수율 조절뿐 아니라 현미 온도(그림 9-17, 18 참조)를 조절할 필요가 있다.

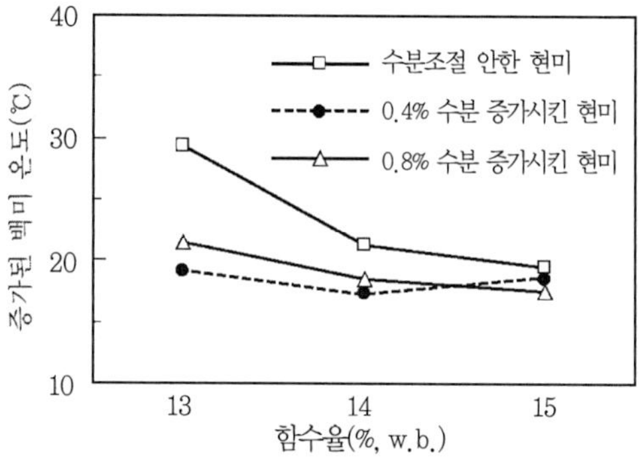

[그림 9-34] 함수율 조절에 따른 정백 후 상승 곡온(현미 곡온 3℃)

한편 함수율을 과다하게 높이면 동할 및 싸라기 발생이 증가하여 오히려 정백수율의 감소와 품질이 저하되며, 유통 및 보관 중 곰팡이의 발생 등 변질될 가능성이 있다.

9.6 분쇄

분쇄에는 압쇄, 절단, 조쇄(粗碎), 미분쇄 등의 의미가 포함되며, 재료의 화학성분의 변화 없이 절삭, 압축, 충격, 전단 등의 기계적 방법으로 입자를 작게 하는 공정을 말한다.

분쇄는 농수산물, 식품, 사료 가공분야 외에 광물 등에도 필수적인 공정이다. 분쇄 목적은 분야별로 용도가 다르지만 농산물의 경우에는 다음과 같다.

- 농산물의 유효성분 추출을 용이하게 한다.
- 농산물을 용도에 적합한 크기로 가공한다.
- 농산물의 비표면적을 증가시켜 물리적·화학적 반응속도를 촉진한다.
- 성분, 재료의 혼합과 조제를 용이하게 한다.

9.6.1 분쇄이론

분쇄는 하나의 재료에 대한 작용이 아니고, 불균일한 입자 집단에 대한 작용이다. 따라서 분쇄 시 입자 하나를 추적해서 해석하는 것은 불가능해서 분쇄이론을 확립하는 데 어려움이 있다. 그러나 입자에 가해지는 유효일, 분쇄효과나 분쇄량과의 사이에 관계가 성립한다는 것이 합리적이다. 분쇄효과와 분쇄량은 어떻게 나타낼 수 있을까? 분쇄물은 크기가 다른 입자로 구성되어 있기 때문에 분쇄량은 표면적의 증가로 나타내는 것이 편리하다. 입자의 크기가 어느 정도 비슷하다고 가정하고, 입경이 x_o이고 n_o개의 입자로 구성된 분체가 입경이 x이고 n개의 입자로 구성된 분체로 분쇄되었을 경우 분체의 체적은 다음과 같다.

$$V = n_o \cdot \frac{4}{3}\pi\left(\frac{x_o}{2}\right)^3 = n \cdot \frac{4}{3}\pi\left(\frac{x}{2}\right)^3 \tag{9-17}$$

분쇄 전후의 체적을 같게 놓고 정리하면 다음과 같다.

$$n_o \cdot x_o^3 = n \cdot x^3 \tag{9-18}$$

한편 표면적의 증가는 다음과 같다.

$$\Delta S = n \cdot 4\pi\left(\frac{x}{2}\right)^2 - n_0 \cdot 4\pi\left(\frac{x_0}{2}\right)^2 \tag{9-19}$$

식 (9-19)를 정리하면

$$\Delta S = n\pi x^3\left(\frac{1}{x} - \frac{1}{x_0}\right) = 6V\left(\frac{1}{x} - \frac{1}{x_0}\right) \tag{9-20}$$

를 얻을 수 있다. 따라서 표면적의 증가는 분쇄 전후의 입경의 역수의 차$(1/x - 1/x_o)$에 비례하는 것을 알 수 있고, 표면적의 증가를 분석하면 분쇄 전후의 입경 변화와 분쇄효과를 표현할 수 있다.

(1) 입자 분쇄 시 발생 응력

원주 혹은 각주의 양 단면을 평행한 평판 사이에 끼워 파괴하는 경우에는 압축응력, 재료를 갈아 으깨는 경우에는 전단응력에 의해 파괴된다.

탄성체의 구를 2개의 평행한 평판 사이에 끼워 압축할 경우 파괴되기까지 구내에 축적되는 파쇄에너지 E와 구의 압축강도 S_s의 관계는 다음과 같이 나타낼 수 있다.

$$\frac{E}{V} = 0.898(\frac{1-\nu_1^2}{Y_1} - \frac{1-\nu_2^2}{Y_2})^{2/3}\pi^{2/3}S_s^{5/3} \tag{9-21}$$

$$S_s = \frac{0.7P}{\pi r_1^2} \tag{9-22}$$

여기에서, V : 재료의 체적
Y : 탄성계수(영율)
ν : 포아송의 비
첨자 1, 2 : 재료와 가압판
S_s : 압축강도
P : 파괴하중

그리고 2개의 구가 충돌하는 경우 입자에 발생하는 최대압축응력 σ_{max}은

$$\sigma_{max} = 0.098^{1/5}(\frac{1-\nu_1^2}{Y_1} - \frac{1-\nu_2^2}{Y_{2)}})^{-4/5} \times (\frac{r_1 r_2}{r_1+r_2})^{-3/5}(\frac{m_1 m_2}{m_1+m_2})^{1/5} v_n^{2/5} \tag{9-23}$$

여기에서, Y_1, Y_2 : 각 입자의 탄성계수
ν_1, ν_2 : 각 입자의 포아송의 비
m_1, m_2 : 각 입자의 질량
r_1, r_2 : 충돌점에서 각 입자의 반경
v_n : 재료의 접촉점에서 법선방향의 상대속도

식 (9-23)에서 최대압축응력 즉 분쇄응력을 최대로 증가시키는 방법은 다음과 같다.

- 충돌점에서 입자의 반경을 감소시킨다.
- 충돌 입자의 질량을 증가시킨다.
- 충돌 속도를 증가시킨다.
- 분쇄 재료의 물리적 특성은 조절이 용이하지 않지만, 건조 또는 냉동 등을 이용한다.

(2) 분쇄 동력

1) Rittinger의 법칙

Rittinger(1867)는 분쇄를 고체의 전단과정으로 가정하여 분쇄할 때 소요 동력은 새로 생성된 표면적에 비례한다고 가정하였다.

소요 동력 W와 표면적 증가 ΔS와의 관계는

$$W \propto \Delta S \qquad (9-24)$$

$$W \propto \left(\frac{1}{x} - \frac{1}{x_0}\right) \qquad (9-25)$$

$$W = C_1\left(\frac{1}{x} - \frac{1}{x_0}\right) \qquad (9-26)$$

식 (9–26)을 Rittinger의 법칙이라 하고, 이 법칙은 표면적이 많이 늘어나는 미세한 분쇄에 적합한 것으로 알려져 있다.

2) Kick의 법칙

Kick(1885)는 기하학적으로 닮은 2개의 물체가 매우 닮은 변형을 일으킬 경우, 분쇄 동력은 두 물체의 체적 또는 중량에 비례한다고 가정하였다. 분쇄의 각 단계별 분쇄비를 r, 분쇄 n단계에서 전분쇄비는 r^n이 된다.

초기 육면체의 길이를 D로 하고, 분쇄 후 길이를 d로 하면

$$r^n = \frac{D}{d} \qquad (9-27)$$

$$n \cdot \log r = \log\left(\frac{D}{d}\right) \qquad (9-28)$$

1단계 분쇄에 필요한 동력을 W_1이라고 하면 분쇄에 필요한 전동력은

$$W = nW_1 = \frac{W_1}{\log r} \cdot \log\left(\frac{D}{d}\right) \qquad (9-29)$$

여기서 W_1과 r은 각 분쇄 단계에서 일정하기 때문에

$$W \propto \log\left(\frac{D}{d}\right) \qquad (9-30)$$

따라서

$$W = C_2 \log\left(\frac{D}{d}\right) \qquad (9-31)$$

또는 입경 x_o, x로 나타내면 소요동력은 다음 식으로 나타낼 수 있으며, 이를 Kick의 법칙이라고 한다.

$$W = C_2 \log\left(\frac{x_o}{x}\right) \qquad (9-32)$$

Kick의 법칙은 화강암과 같은 재료 분쇄에 적합하고, 일반적으로 거치른 분쇄에 적합한 것으로 알려져 있다.

3) Bond의 법칙

Bond(1885)가 제안한 법칙은 Rittinger의 법칙과 Kick의 법칙의 절충안이지만, 이 절충안보다도 Bond의 동력 지수를 제안하고 막대한 현장 데이터를 이용하여 설계식을 제안하였기 때문에 가치가 있다.

입경이 x_o인 것을 x로 분쇄하였을 때 분쇄 동력 W는 다음 식으로 나타낸다.

$$W = C_3\left(\sqrt{\frac{1}{x}} - \sqrt{\frac{1}{x_0}}\right) \qquad (9-33)$$

예제 9-8

분쇄기로 평균 입경이 7 mm인 옥수수를 2 mm로 분쇄하는 데 10 kW의 동력이 필요하다면, 0.5 mm의 입경으로 분쇄하는 데 필요한 동력을 구하라. 단지 분쇄기의 공운전 동력은 1 kW로 하고, 분쇄량은 동일한 것으로 한다.

풀 이

미세한 분쇄이므로 식 (9-26)의 Rittinger의 법칙을 적용하면

$$W = C_1\left(\frac{1}{x} - \frac{1}{x_0}\right)$$

$$10 - 1 = C_1\left(\frac{1}{2} - \frac{1}{7}\right) \qquad \therefore C_1 = 25.2$$

C_1과 최종 분쇄입경을 (9-26)에 대입하여 정리하면 분쇄동력은

$$W = 25.2\left(\frac{1}{0.5} - \frac{1}{7}\right)$$

$$W = 46.8 \text{ kW}$$

(3) 분쇄입자의 분석

분쇄기의 성능을 분석하기 위해서는 분쇄입자의 크기나 모양을 결정할 수 있는 방법이 필요하다. 그러나 분쇄된 곡물 입자의 크기나 모양은 곡물의 물리적 성질이나 생육과정 중의 환경과 이력, 분쇄 방법에 따라 결정되며, 더욱이 입자 중에 일부분이라도 간단한 기하학적 형상으로 표시하기가 매우 어렵다. 그러나 이론적으로 분쇄를 규명할 경우에는 불규칙한 입자를 등가의 구, 입방체, 혹은 다른 기하학적인 형상으로 표면적 또는 체적을 입자

의 비교 기준으로 한다.

표 9-4에 분쇄물의 입도 분석을 위해 기본적으로 사용되고 있는 시험용 체의 특성을 나타내었다. 체의 구멍은 정사각형이고, 크기는 한 변의 길이로 나타낸다.

분쇄물의 입자의 특성은 입경의 분포 상태로 나타낼 수 있으며, 입도계수(modulus of fineness; MF)와 균일계수(modulus of uniformity; MU)로 나타낸다. 이 계수를 구하는 가장 간단한 방법은 Tyler 체에 의한 체가름 방법이다.

미국농공학회 표준규격 ASAE(S319.3)에 의하면 입도분석기로는 Tyler 체가름기(Ro-tap)를 사용하여 100 g의 시료를 10분간 체가름하고, 1분 간격으로 제일 작은 구멍 체에 0.1% 이하의 중량 변화가 있으면 분석을 완료하도록 규정하고 있다. 체가름에 사용하는 체 구멍의 크기는 표 9-5의 크기를 1조로 하여 사용한다.

체가름 후 체위에 잔류물은 중량 백분율을 이용하여 표 9-5에서와 같이 잔류율 (a)로 나타낸다. 체가름 결과 분쇄물의 35.1%가 8메시 체를 통과하였고, 14메시 체는 통과하지 못하였다. 따라서 이 부분의 최소 입경은 2.36~1.17 mm 사이이다.

분쇄물 입자의 평균 크기를 나타내는 입도계수는 다음 식으로 나타낸다.

$$\text{입도계수}(MF) = \frac{\sum(\text{잔류율}\times\text{승수})}{100} \tag{9-34}$$

한편 입도계수는 분쇄물 중에 거친입자와 미세입자의 분포 상태를 나타낼 수가 없으므로 균일계수를 이용하여 나타낼 수 있다. 균일계수는 분쇄물 중에 거친입자(粗粒), 중간입자(細粒), 미세입자(微粒)의 상대적인 비율을 나타내는 것으로 다음 식으로 구한 후에 가장 가까운 정수로 반올림하여 나타낸다.

$$\text{균일계수}(MU) = \frac{(\text{잔류율의 소계})}{10} \tag{9-35}$$

예제 9-9

분쇄물의 특성을 알아보기 위하여 Tyler의 체가름 방법으로 분석한 결과 표 9-5와 같은 잔류율 구성을 나타내었다. 분쇄물의 입도계수와 균일계수를 계산하여라.

풀 이

분쇄물의 입도계수는 식 (9-34)와 표 9-5의 값을 이용하여 정리하면

$$\text{입도계수}(MF) = \frac{\sum(\text{잔류율}\times\text{승수})}{100} = \frac{370.2}{100} = 3.702$$

균일계수는 식 (9-35)와 표 9-5의 값을 이용하여 입자분포 상태별로 정리하면

$$\text{거친입자비} = \frac{(\text{거친입자 잔류율 소계})}{10} = \frac{28.9}{10} = 2.89$$

$$\text{중간입자비} = \frac{(\text{중간입자 잔류율 소계})}{10} = \frac{53.5}{10} = 5.35$$

$$\text{미세입자비} = \frac{(\text{미세입자 잔류율 소계})}{10} = \frac{17.6}{10} = 1.76$$

따라서 입자비를 가장 가까운 정수로 수정하여 나타내면 균일계수는 3 : 5 : 2가 된다.

[표 9-4] 시험용 체 규격의 비교

ISO3310-1 보완(mm)	Tyler 체 메시 (inch당 체 구멍수)	Tyler 체 구멍의 크기(mm)	미국 체 No	미국 체 구멍의 크기(mm)
6.70	3	6.68	3	6.73
4.75	4	4.70	4	4.76
3.35	6	3.33	6	3.36
2.36	8	2.36	8	2.38
1.70	10	1.65	12	1.68
1.18	14	1.17	16	1.19
0.850	20	0.883	20	0.841
0.600	28	0.589	30	0.595
0.425	35	0.417	40	0.420
0.300	48	0.295	50	0.297
0.212	65	0.208	70	0.210
0.150	100	0.147	100	0.149
0.106	150	0.104	140	0.105
0.075	200	0.074	200	0.074
0.053	270	0.052	270	0.053

[표 9-5] 입도계수와 균일계수의 계산 예

Tyler 체 메시 (inch당 체 구멍수)	Tyler 체 구멍의 크기(mm)	잔류율(%) (a)	승수 (b)	잔류율×승수 (a×b)	a 소계/10 (c)	c 값에 가장 가까운 정수
−	(3/8")9.41	0	7	0.0		
4	4.70	5.7	6	34.2		거친입자
8	2.36	23.2	5	116.0		(coarse)
		소계 28.9			2.89	3
14	1.170	35.1	4	140.4		중간입자
28	0.589	18.4	3	55.2		(medium)
		소계 53.5			5.35	5
48	0.295	9.3	2	18.6		
100	0.417	5.8	1	5.8		미세입자
받침용기	−	2.5	0	0.0		(fine)
		소계 17.6			1.76	2
		계 100.0		계 370.2		

9.6.2 분쇄기의 종류

분쇄는 외력에 의하여 고체원료를 작게 파쇄하여 직경 감소와 표면적을 증대시키는 기계적인 단위 조작이다. 기계로서 분쇄기는 다양하지만, 분쇄는 압축력, 충격력, 전단력 등 하나 또는 복합적인 형태로 힘이 작용하면서 이루진다.

(1) 해머밀

해머밀(hammer mill)은 곡물의 분쇄나 제분작업 등에 다양하게 이용되는 분쇄기로서 주로 사료의 조제에 이용된다. 이 밖에 석회석, 철강석, 비료 원료의 분쇄 등 공업용으로도 많이 이용되고 있다.

해머밀은 그림 9-35와 같이 해머, 회전판, 충격판과 스크린으로 구성되어 있다.

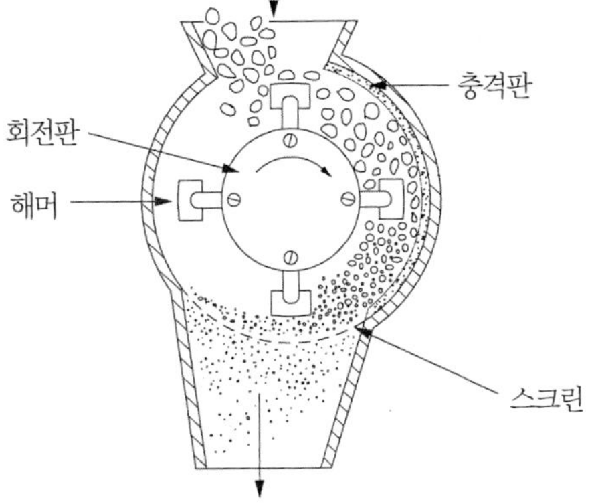

[그림 9-35] 해머밀의 구조

원료를 해머밀 입구에 투입하면 여러 개의 해머(hammer)가 2500~4000 rpm의 속도로 회전하면서 원료가 충격판 주위에 있는 스크린을 통과할 때까지 분쇄된다. 장 등(1984)에 의하면 해머밀의 성능에 가장 큰 영향을 끼치는 설계인자는 해머 끝의 회전속도로서 적정 속도가 75 m/s 내외라고 보고하였다.

그리고, 분쇄물의 균일계수는 스크린의 구멍의 크기와, 스크린과 해머 끝 간의 간격에 의하여 크게 영향을 받는데, 스크린의 구멍은 스크린 전체의 40% 내외를 차지하게 되고 구멍의 크기로 분쇄물의 크기를 조절할 수 있다. 스크린과 해머 끝 간의 간격은 8 mm가

적당하다. 이 밖에 해머의 배열, 해머의 두께, 원료 투입률 등이 성능과 균일계수에 영향을 끼친다.

해머밀의 장점은 구조가 간단하고, 용도가 다양하다. 이물질에 의하여 심한 손상을 일으키지 않고, 공회전을 해도 고장이 적다. 해머의 마모가 분쇄기의 효율을 심하게 감소시키지 않는다. 단점은 분쇄물 입도의 균일성이 떨어지고, 소요 동력이 크다.

(2) 원판마찰분쇄기

원판마찰분쇄기(disk attrition mill)는 버밀(burr mill)로 그 구조는 그림 9-36에서 보는 바와 같이 고정원판과 회전원판으로 구성되어 있으며, 두 원판이 서로 역회전하는 것도 있다. 원판은 주로 냉간주철로 제작되고 원판에는 다양한 분쇄에 적합하도록 그림 9-37과 같은 홈이 파여 있다.

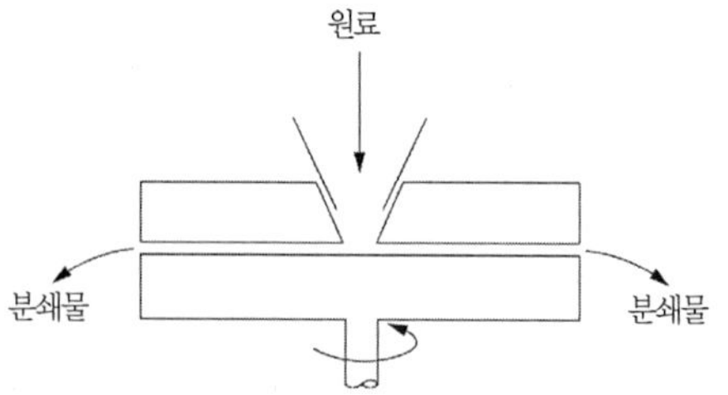

[그림 9-36] 원판마찰분쇄기의 구조

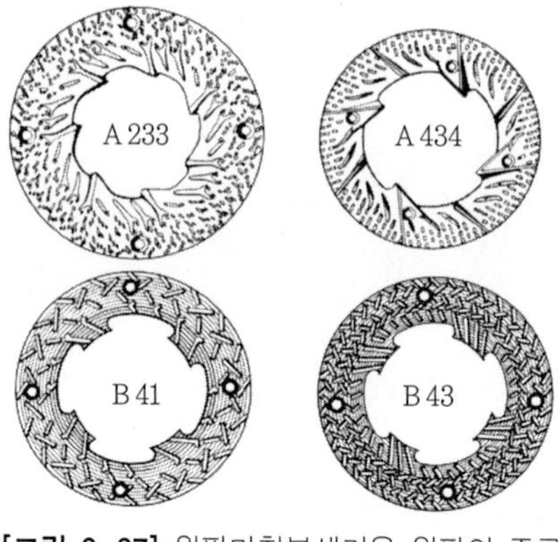

[그림 9-37] 원판마찰분쇄기용 원판의 종류

원료가 두 원판 사이에 투입되면 압축력과 전단력에 의하여 분쇄되는데 원료의 투입량이 충분하지 못하면 주로 전단에 의하여 분쇄되고, 투입량이 원판의 홈에 꽉 찰 정도이면 전단과 압축에 의하여 분쇄되며, 과투입이 되면 분쇄기의 효율이 떨어지고 과열문제가 발생한다.

대체로 원판마찰분쇄기의 회전속도는 2000 rpm이고, 분쇄물의 입도는 원판의 형태와 두 판 사이의 간격에 의하여 조정되며, 두 판 사이의 간격조절나사는 스프링으로 되어 있어서 과부하나 이물질이 분쇄기에 들어갈 경우에는 자동적으로 두 원판 사이의 간격이 조절되도록 되어 있다.

원판마찰분쇄기의 장점은 분쇄물이 비교적 균일하며, 소요동력이 작고, 가격이 저렴하다. 단점은 이물질이 투입되면 쉽게 고장이 나고, 공회전 시 원판의 마모가 심하다. 원판이 마모되면 효율이 크게 떨어진다.

(3) 롤러분쇄기

그림 9-38에서 보여주는 롤러분쇄기(roll crusher)는 크러셔(crusher)라고도 하며, 역방향으로 회전하는 2개의 롤러 사이에 원료를 투입하면 압축에 의하여 분쇄가 된다. 2개의 롤러 회전속도는 동일한 경우가 많지만, 2개의 롤러 회전수가 다른 고속롤러와 저속롤러인 경우 압축과 전단에 의하여 분쇄가 된다.

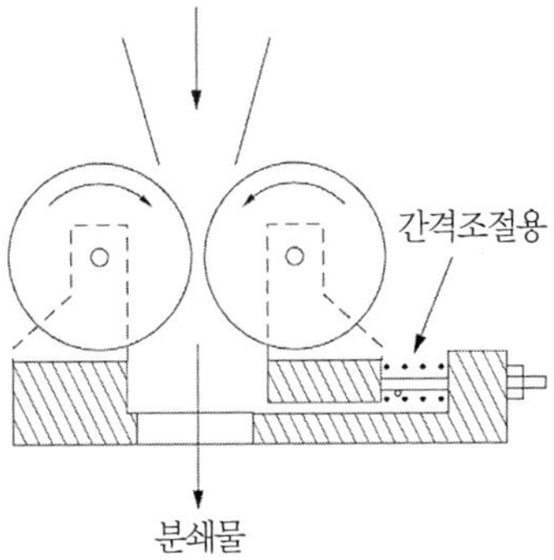

[그림 9-38] 롤러분쇄기의 구조

롤러분쇄기의 성능은 롤러의 지름과 길이, 그리고 회전속도에 의하여 좌우되는데, 대형일 경우에는 50~300 rpm이 대부분이다. 두 롤러의 간격은 압력스프링에 의하여 조절되어 과부하를 방지할 수 있도록 되어 있다.

9.6.3 제분기

제분(製粉, flour milling)이란 곡물을 분쇄하고 과피, 종피 등을 분리한 후 식용가루를 만드는 것을 말한다. 그러나 일반적으로 밀가루 제조를 의미하며, 이에 필요한 기계를 제분기라고 한다.

소맥립(밀알)은 배유부 85%, 밀기울부 12.5%, 배아 2.5%로 이루어져 있다.

제분은 밀을 한 번에 분쇄하여 제품으로 가공하는 것이 아니라, 다수의 분쇄장치와 체분리장치를 통해서 과피를 가능한 한 손상하지 않는 범위에서 배유부를 추출하고, 분쇄와 체분리를 여러 번 반복해야 제분이 완료된다.

최종 제품인 밀가루를 얻기까지의 제분공정은 원료인 밀의 전처리공정, 분쇄 및 체분리공정, 제품 후 처리공정으로 분류된다.

(1) 전처리 공정

1) 정선 및 선별

정선은 원료 소맥 이외의 불순물과 손상립 및 미숙립을 제거하는 공정이다. 제일 먼저 진동식 체선별기를 이용하여 밀짚·잔돌 등 곡물 이외의 이물질을 가려내고, 애스퍼레이터(aspirator)를 사용해서 먼지와 같은 가벼운 이물질을 제거한다. 그리고 곡물 이외의 이물질을 가려낸 후 원통 또는 원판식 선별기를 이용하여 소맥 이외의 곡물 등을 제거한다.

그다음은 소맥립에 붙어 있는 이물질을 분리하기 위하여 스카우러(scourer)를 사용한다. 스카우러는 원통형 금망과 금망 내에서 회전하는 비터(beater)로 구성되어 있다. 또한, 원료에 포함되어 있는 금속성 물질은 자력선별기를 이용하여 제거한다. 정선의 최종 단계로 세척기를 사용하여 기계적인 선별기로 선별되지 않은 물질을 제거한다. 세척기는 고속으로 회전하는 회전자에 세척용 솔을 달아 물과 원료를 고속회전시켜 원료 내에 남아 있는 잔돌과 곡립의 표면에 부착되어 있는 이물질을 제거한다.

2) 조질

조질(conditioning)이란 원료 소맥립을 분쇄하기 좋은 연질상태로 만들기 위해 가수 또는 건조하거나 적당히 가열하는 공정을 의미한다. 조질과정은 가열, 건조 또는 냉각하는 열처리과정과 첨가된 수분이 소맥립의 과피로부터 내부로 균일하게 스며들 때까지 타워사일로(tower silo)와 같은 템퍼링빈에 20~30시간 정도 방치하는 템퍼링(tempering)과정으로 구분된다. 한편 조질공정 중 원료 밀의 과피와 배아부의 박리성을 좋게 해주고, 품질과 제분효율을 향상시킴과 동시에 밀에 함유된 단백질(글루텐)을 개선할 목적으로 가열하는 공정도 이루어진다.

분쇄 전 밀의 최적함수율은 경질밀의 경우 16~17%, 연질밀의 경우에는 14~16%가 적당하다.

(2) 분쇄 및 체분리 공정

소맥을 분쇄하고 밀가루와 밀기울로 분리하는 공정(그림 9-39 참조)은 파쇄공정(breaking system), 체선별 공정(grading system), 정제공정(purification) 및 압쇄공정(reduction)으로 크게 분류된다.

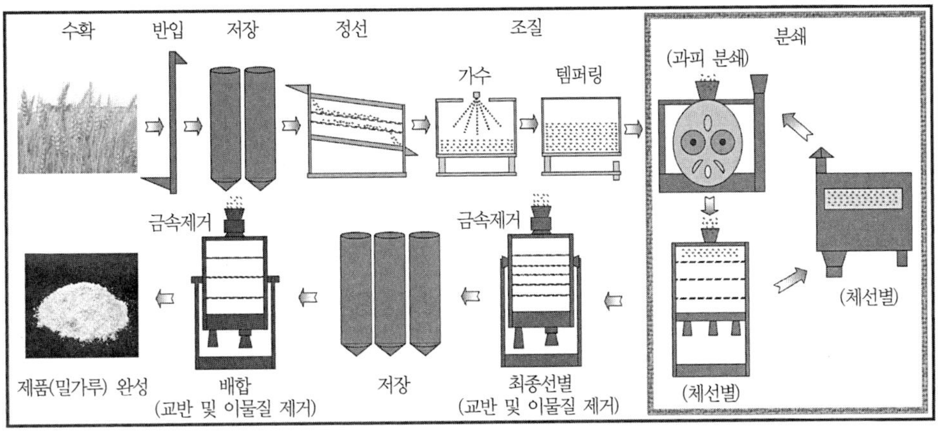

[그림 9-39] 제분공정

파쇄공정에서는 파쇄롤러를 이용하여 소맥입자를 큰 조각으로 분쇄한 후 배유부를 분리할 수 있도록 하는 공정이다. 파쇄롤러는 일반적으로 5~6단계를 사용하고, 최초의 파쇄롤러에서는 과피를 약간 여는 정도, 2~3단계 롤러에서 과피와 배아입자를 추출한다. 4~6단계에서는 과피의 내측에 남아 있는 배아를 박리해 추출한다.

파쇄롤러의 저속롤러와 고속롤러의 회전비는 보통 1:2.5 정도이고, 고속롤러의 회전수는 미국식 롤러(9인치)인 경우 450~550 rpm, 유럽식 롤러(직경 250 mm)는 300 rpm 전후이다.

체분리 공정에서는 파쇄공정을 거쳐 생산되는 배유에 붙은 밀기울·배유덩어리·분말 등을 진동체를 사용해서 크기별로 분리한다. 분리된 분쇄물 중에서 크기가 큰 것은 제2 파쇄기로 이송되고, 중간 크기의 입자(middlings)는 정제기(purifier)로 이송되며 분말은 배출된다.

체선별에 사용되는 체는 평면 체를 다중으로 겹친 것으로서, 수평면에서 원운동을 하면서 입자의 자중에 의해 체를 통과한다. 20~30장의 체의 틀을 중첩하여 3~7종류의 입도로 나누고, 제품인 밀가루는 96~140 메시 정도의 체를 통과시킨 것이 일반적이다.

정제공정에서는 기류 이용 진동체를 사용해서 크기가 비슷한 입자로부터 순수 밀기울, 배유가 붙은 밀기울과 순수 배유입자를 분리한다. 순수 밀기울은 배출되고, 밀기울이 붙은 배유는 3차 파쇄기나 압쇄기로 이송되며, 순수 배유덩어리는 압쇄기로 이송되어 분말로 만들어진다.

압쇄공정은 압력 및 전단작용을 이용하여 배유를 분말로 하는 동시에 밀기울 조각으로부터 배유를 분리시키고 밀기울 조각은 더 이상 분쇄되지 않도록 하는 것이 목적이다. 이와 같은 작업이 여러 번 반복되면, 소맥분・밀기울・배아가 분리 생산되고, 소맥분은 밀기울 분말의 함유 정도에 따라 2~3등급으로 분류되며, 밀기울도 크기 및 배유가 붙어 있는 정도에 따라 조분(粗粉)・세분(細粉) 등으로 분류 생산된다.

(3) 후처리 공정

밀가루 제품의 후처리로서는 체선별, 표백, 영양강화, 살충처리 등이 있다.

체선별은 파쇄공정으로부터 나오는 품질이 다른 가루를 혼합하여 균일한 제품으로 만들고, 이송 중에 혼입된 이물질을 제거한다. 밀가루는 품종과 제분조건에 의해 고유의 색깔을 갖고, 밀가루의 색조를 개선하면 상품가치를 향상시킬 수 있기 때문에 과산화질소・오존・염소 등을 이용하여 표백한다. 영양강화는 비타민, 미네랄 등을 첨가한다.

밀가루 안에 들어 있는 해충과 그 알의 살충처리는 수평으로 고속회전하는 원판 위에 밀가루를 공급하여 원심력으로 외벽에 충돌시켜서 그 충격력으로 살충 및 알을 파괴하는 방법을 이용한다.

연 | 습 | 문 | 제

1 현미의 내부 구조를 그리고 각부의 명칭과 특징을 서술하여라.

2 벼가 현미기 롤러 사이를 통과하면서 접촉하는 길이를 구하는 공식을 유도하여라.

3 현미기 고무롤러 간의 주속도차율(회전차율)에 대하여 서술하여라.

4 탈부율과 탈부효율에 대하여 서술하여라.

5 정백작용에 대하여 서술하여라.

6 마찰식 정미기와 연삭식 정미기의 특성을 비교 서술하여라.

7 현미 곡온과 함수율 변화에 따른 도정 특성에 대하여 설명하여라.

8 세라믹 정미기의 특성에 대하여 서술하고 구조를 그려라.

9 정백수율(현백률), 완전미수율 및 정백효율에 대한 공식을 서술하여라.

10 정백시스템을 간단히 서술하여라.

11 조질시스템의 종류를 간단히 설명하여라.

12 분쇄기의 종류에 대하여 서술하여라.

13 입도계수와 균일계수를 설명하여라.

14 제분공정 중 전처리공정에 대하여 서술하여라.

15 제분공정 중 분쇄공정에 대하여 서술하여라.

참고문헌

1. 고학균외 6인. 1990. **농산가공기계학.** 향문사.
2. 고학균외 12인. 1995. **미곡종합처리시설. -이론과 실제-.** 문운당.
3. 김성래, 장동일, 권순구. 1985. 해머밀의 해머 두께 및 폭이 분쇄성능에 미치는 영향. **충남대학교 농업기술연구보고서** 12(1) : 101~107.

4. 김종순 외 2인. 1998. 단립종 벼의 수분흡습특성. **농업기계학회지.** 23(5):465-472.
5. 박호석외 5인. 1994. **미곡종합처리장의 이론과 실무.** 중앙문예사.
6. 장동일, 김성래, 김만수, 이규장, 1984. 농가용 소형 사료분쇄기 개량에 관한 연구(II). **한국농업기계학회지** 9(2) : 81~88.
7. 한충수 외 3인. 2002. 현미 조질에 관한 연구 (II) 함수율 조질후 8시간 숙성에 따른 정백특성. **한국농업기계학회지.** 27(1). 39~46.
8. 한충수 외 3인. 2003. 현미온도 조질 후 정백 특성. **한국식품공학회지.** 7(1). 31~36.
9. ASAE. 1997. S319. 3 Method of determining and expressing fineness of feed materials by sieving. *ASAE standars Volume II*.
10. Henderson, S.M. and R.L. Perry. 1985. *Agricultural Process Engineering*. AVI Publishing Company. Inc.
11. Pfost, H.B. and D. Pickering. 1976. *Feed Manufacturing Technology*. Feed Production Council. American Feed Manufacturers Association. Inc.
12. 伊藤和彦 外 2人. 1985. 玄米に關する研究(第1報)-薄い層の調質實驗. **日本農機 械學會誌.** 47(2).
13. 川村周三. 1990. 米の搗精と精白米の品質および食味(2報)搗精特性. **北海道大學邦文紀要.** 17(1). 25-49.
14. 川村周三. 1991. 米の搗精と精白米の品質および食味(3報)精白米の品質および食味. **北海道大學邦文紀要.** 17(3). 229-261.
15. 川村 周三. 1991. 米の搗精と精白米の品質および食味(4報)最適搗精方法と最適玄米條件. **北海道大學邦文紀要.** 17(4). 517-530.
16. 穀物の收穫後處理技術協力高度化研究會. 1995. 米のポストハーベスト技術
17. 佐竹利彦. 1990. 近代精米技術に關する研究. 東京大學出版會
18. 日本 農林省食糧研究所(1969), 米の品質と貯藏·利用, **食糧技術普及シリーズ** 第7号. 1-122.
19. 日本東洋精米機製作所. 第3の精米方式 東洋セラミックス精米機の原理.
20. 全農 施設 資材部. 1985. **共乾施設のてびき.** 第II分冊.
21. 全農 施設 資材部. 1987 **共乾施設のてびき.** 第III分冊.
22. 山下律也외 10인. 2000. **新版 農産機械學.** 文永堂出版.
23. 山下律也. 1991. **米のポストハーベスト新技術.** 日本農業機械學會.

Post-Harvest Process Engineering

Post-Harvest Process Engineering

Chapter 10 곡물 저장

Chapter 10

곡물 저장

수확 후 저장된 곡물은 살아 있는 생명체로서 산소를 흡수하여 계속 호흡함으로써 이산화탄소, 수분, 열을 배출하고, 생체 내 탄수화물 등의 유기물이 분해, 소모되어 품질이 저하된다. 곡물 저장의 목적은 품질을 향상시키는 데 있는 것이 아니라, 수확 및 건조 직후 곡물의 맛과 영양성분 등의 감소를 최소화하고 품질을 유지·보존하는 데 있다.

여기서는 저장 중인 곡물의 품질 변화에 영향을 주는 요인을 분석하고, 저장 중에 나타나는 품질 변화와 저장 곡물의 저장성을 판단하는 방법을 다룬다. 또한 곡물의 여러 가지 저장방법을 살펴보고, 저장시설로 가장 널리 사용되는 곡물빈의 설계 문제를 다룬다. 저장 곡물의 저장성에 가장 큰 영향을 주는 요인이 저장온도이므로 저장 중인 곡물의 곡온을 예측하는 수학적인 방법을 다룬다.

이상의 모든 내용에 대하여 주로 벼의 저장을 중심으로 다루도록 한다.

10.1 저장 곡물의 품질 변화 요인

10.1.1 벼와 쌀의 품질

쌀을 포함한 곡물의 품질에는 1차적 품질(외관 품질)과 2차적 품질(내부 품질)이 있다. 1차적 품질은 곡물의 형태적 품질 또는 물리적 품질이라고도 하는데, 상품으로서 시장에서 취급하는 품질이다. 함수율, 피해립, 사립, 착색립, 이종 곡립, 이물질의 함유 정도에 따라 부여하는 등급이 여기에 속하며, 품질이라기보다는 품위를 나타낸다.

표 10-1 및 표 10-2는 각각 우리나라 벼 및 현미 품위 검사규격이며, 표 10-3은 쌀 등급규격 기준이다.

표 10-1에서 벼의 품위 검사규격을 보면 가장 중요한 요소가 제현율이다. 제현율은 벼를 탈부하였을 때 정상 현미의 비율을 나타내는데, 이는 벼의 충실도 및 건전도를 나타낸다.

표 10-3에서와 같이 쌀의 등급은 특, 상, 보통으로 나누며, 함수율의 상한은 모두 16%이다. 함수율의 상한은 안전 저장을 위해서는 15%가 적절하지만, 식미를 고려해 16%로 한 것이다. 표 10-4에서 최고 등급 쌀의 등급 기준을 외국과 비교해보면, 함수율은 외국의 경우 15~15.5%인 데 비하여 우리나라는 16%이며, 특히 우리나라는 싸라기 함량이 3%로 외국(4~13.5%) 기준에 비하여 엄격하다. 분상질립 함유율의 상한도 일본의 9%에 비하여 우리나라는 2%로 아주 엄격한 기준을 채택하고 있다.

[표 10-1] 우리나라 벼 검사기준

항목 등급	최저한도		최 고 한 도				
	형질	제현율 (%)	수분 (%)	피해립 · 착색립(%)		이종곡립 (%)	이물 (%)
				계	착색립		
특등	특등표준품	82.0	15.0	1.0	0.0	0.2	0.2
1등	1등표준품	78.0	15.0	4.0	0.0	0.5	0.5
2등	2등표준품	74.0	15.0	7.0	0.1	1.0	1.0
3등	3등표준품	65.0	15.0	10.0	0.5	2.0	2.0

[표 10-2] 우리나라 현미 검사기준

항목 등급	최저한도			최 고 한 도							
	형 질	용적중 (g)	정립 (%)	수분 (%)	피해립·사미·착색립			뉘 (%)	이종 곡립 (%)	이 물	
					계 (%)	사미 (%)	착색립 (%)			계 (%)	돌 (1.5kg 중 개)
1등	1등표준품	810	75.0	15.0	10.0	7.0	0.0	0.2	0.3	0.1	2
2등	2등표준품	800	70.0	15.0	20.0	10.0	0.1	0.3	0.5	0.2	2
등외	등외표준품	780	60.0	15.0	25.0	15.0	0.5	0.5	1.0	0.7	2

[표 10-3] 우리나라 쌀 등급 규격기준

	최 고 한 도					
	수분 (%)	싸라기 (%)	분상질립 (%)	피해립 (%)	열손립 (%)	기타 이물 (%)
특	16.0	3.0	2.0	1.0	0.0	0.1
상	16.0	7.0	6.0	2.0	0.1	0.3
보통	16.0	20.0	15.0	6.0	0.5	1.0

※ 자료: 농림부고시 제2005-59호.

[표 10-4] 외국 쌀과의 등급 규격 비교

	등급	수분	싸라기	피해립	분상질립	이물
우리나라	특	16.0	3.0	1.0	2.0	0.1
미 국	1등	15.0	4.0	0.5	2.0	0.1
일 본	1등	15.0	5.0	1.0	9.0	0.0
중 국	특	15.5	13.5	3.0	–	0.2

2차적 품질은 수요자가 요구하는 이용상의 품질을 말한다. 식용 곡물은 맛, 영양, 신선도, 수분 등의 품질이 중요하고, 가공용 곡물은 가공성이 좋아야 하며, 종자용은 발아력과 생명력이 높아야 한다. 즉, 곡물의 2차적 품질은 이들의 종류, 용도 및 소비자의 기호에 따라 정의가 달라진다.

쌀의 경우 2차적 품질은 일반적으로 다음 3가지로 평가한다.

- 식 미 : 취반식미, 외관(백도, 광택, 피해립 등)
- 영양성 : 전분, 단백질, 비타민, 섬유 등
- 안전성 : 해충독성, 잔류농약, 카드늄 등의 중금속

10.1.2 곡물의 저장성 측정 방법

저장 곡물의 품질이 손상되지 않고 잘 저장되고 있는지를 판단하기 위하여 일반적으로 발아율, 지방산도 및 신선도 등을 측정한다.

(1) 발아율

완전한 종자 100립을 소독하고 물로 세척한 후 샤례에 여과지를 깔고, 종자를 올려놓은 다음 20℃의 항온기에 넣어, 7일 후 발아한 종자 수를 발아율이라 한다.

발아율은 종자의 생명력을 나타내는 척도이며, 발아율이 저하할수록 식미가 감소한다. 발아율은 저장 곡물의 함수율과 저장온도가 높을수록, 저장기간이 길수록 빠르게 감소한다. 보통 저장 후의 발아율이 저장 초기의 발아율에 비하여 5% 이상 감소하면 곡물의 품질 손상이 일어난 것으로 간주한다.

간단한 방법으로 TTC(2, 3, 5-triphenyl-tetrazolium-chloride, TZ라고도 부름) 시약을 이용한 배아의 활성도를 조사하는 방법도 있다. 이 방법은 TZ시약 0.25% 수용액에 25℃에서 24시간 담근 후에 엷은 분홍색으로 변한 배아(살아 있는 배아)의 종자 수를 측정하는 방법이다. 이 방법은 발아율을 짧은 시간 내에 측정할 수 있는 것이 특징이다. 일반적으로

곡물은 높은 온도에서 저장할수록, 저장일수가 길어질수록 배아 활성도가 낮아진다.

(2) 지방산도

곡물을 분쇄하여 10 g을 채취하고, 삼각 플라스크에 50 ml의 벤젠과 함께 넣어 일정 시간 흔든 후 여과지로 여과한 다음, 여과액 25 ml에 같은 양의 95% 에탄올(0.04%의 페놀프탈레인을 포함)을 첨가한다. 이 여과액에 KOH를 넣으면서 표준색(증류수 50 ml에 0.01% 과망간산칼륨 1.5 ml을 첨가한 것을 표준색으로 함)에 맞춘다. 시료 건물 100 g당 사용한 KOH의 양을 mg으로 나타낸 것을 지방산도라 한다.

벼는 저장 중에 지방이 가수분해하거나 산화하여 지방산도가 증가한다. 수확 직후 신선한 벼의 지방산도는 보통 10 이하이다. 저장 중에 지방산도가 증가하여 20에 육박하면 벼의 품질이 저하하는 징후로 간주한다.

(3) 신선도

현미와 백미의 신선도를 판별하는 방법에는 1% Cuajakol 수용액과 과산화수소를 이용하여 착색 정도에 따라 신선도를 판별하는 방법이 있다. 신선도가 좋은 쌀은 적갈색으로 변하고 묵은 쌀 또는 신선도가 떨어지는 쌀은 착색이 안 된다. 신선도가 좋은 것과 나쁜 것을 혼합할 경우, 신선도가 좋은 쌀의 혼합률이 높을수록 착색이 빠르고, 짙은 적갈색을 나타낸다. 신선도가 좋은 쌀의 혼합률이 낮을 경우 착색이 느리고, 엷은 적갈색을 나타낸다. 이 방법은 신선도가 좋은 쌀(햅쌀)과 신선도가 나쁜 쌀(묵은 쌀)의 혼합 여부를 판단하는 방법이며, 혼합률까지 판단하기는 어렵다. 햅쌀이라도 수확기에 따라서 착색 반응에 차이가 있으므로 주의할 필요가 있다.

10.1.3 품질 변화 요인

저장 중인 곡물의 품질 변화에 영향을 주는 요인은 크게 다음 4가지로 나눈다.

- 생리적 요인 : 호흡
- 화학적 요인 : 산소, 이산화탄소, 산화
- 물리적 요인 : 함수율, 온도, 습도, 곡온, 곡물 건전도
- 생물적 요인 : 미생물, 해충, 쥐, 새

곡물이 산물 상태로 저장되어 있는 사일로는 생명체와 환경이 상호 작용하는, 인간이 조성한 생태계이다. 저장 곡물은 물리, 화학 및 생물적 요인이 상호작용하여 품질이 저하된다. 이 생태계에서 가장 중요한 생명체가 곡물 자체이며, 그 외의 생명체로는 곰팡이, 박테리아, 해충, 쥐, 조류 등이 존재한다.

환경조건으로는 곡물 온도 및 함수율과 같은 물리적 조건, 이산화탄소 및 산소의 함량, 상대습도 같은 공기 조성 등이 있다.

저장 곡물의 품질 저하를 막기 위해서는 곡물을 포함한 생명체의 생명활동이 억제되도록 적절한 환경조건의 조절이 관건이 된다.

10.2 생리·화학적 요인

10.2.1 호흡에 의한 중량 감소 및 영양 소모

곡물은 하나의 생명체로서 호흡을 하며, 이 과정에서 탄수화물이 분해되어 열, 수분 및 이산화탄소를 발생하는데, 이 관계식은 다음과 같다.

$$C_6H_{12}O_6 + 6O_2 \rightarrow 6CO_2 + 6H_2O + 2833.4\ \mathrm{kJ/mole} \quad (10\text{-}1)$$

$$(1\,\mathrm{g}) \qquad (1.4667\,\mathrm{g}) \quad (0.6\,\mathrm{g}) \quad (15.74\,\mathrm{kJ})$$

곡물 호흡은 탄수화물을 분해하므로 중량이 감소하고 영양분이 소모된다. 호흡의 결과로 열과 물이 발생하므로 곡물의 온도와 함수율이 증가하여 호흡을 촉진시킨다. 또한 호흡은 수분과 열을 발생하여 곰팡이와 해충의 생육에 적절한 조건을 제공해준다. 곰팡이와 해충의 호흡에 의하여 발생되는 열량은 곡물 호흡열량에 비하여 상당히 크다. 그 결과로 호흡의 총량이 증대하여 발열하게 되고, 이 열이 2차적으로 곡물의 변질을 유발하는 원인이 된다.

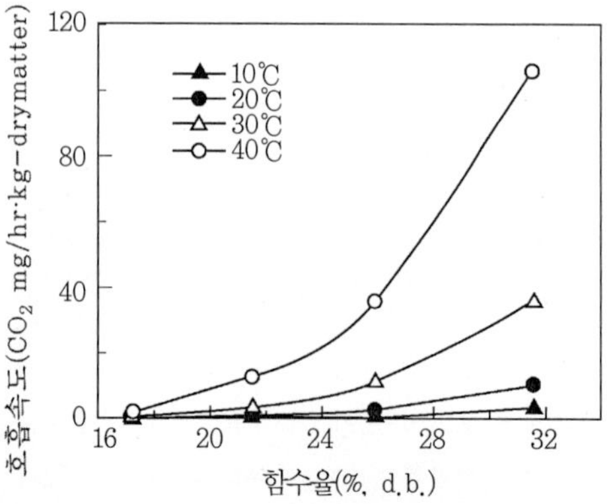

[그림 10-1] 벼의 함수율과 곡온에 따른 호흡속도

곡물의 호흡속도를 알면 감소 중량, 발생한 물의 양 및 발생열을 추정할 수 있

다. 곡물의 호흡속도는 저장 곡물의 이산화탄소 발생률로 표시하는데, 함수율 및 곡온별 벼의 호흡속도를 측정한 결과는 그림 10-1과 같다.

그림에서와 같이 벼의 호흡속도는 곡온과 함수율이 증가할수록 증가한다. 저장온도가 10℃일 경우에는 함수율과 관계 없이 호흡속도가 아주 낮으며, 함수율이 16%일 때는 저장 온도와 무관하게 호흡속도가 느림을 알 수 있다. 보통 함수율 15~16%의 벼는 저장온도가 15℃ 이하일 경우 호흡이 극도로 억제된다. 보통 온도가 20℃로 상승하면 호흡량은 2배, 30℃로 상승하면 3배 정도 증가한다. 온도 15℃는 해충의 번식 한계온도와 대략 일치하는 점을 고려하면, 함수율 15~16% 벼의 적절한 저장온도는 15℃ 이하임을 유추할 수 있다.

그림 10-1의 벼의 호흡속도를 함수율과 온도의 함수로 나타내면 다음과 같다.

$$R = (a + bM + cM^2)\ \exp(-dt + eMt + fM^2t) \qquad (10-2)$$

여기서, R : 호흡속도(CO_2 mg/hr·kg-drymatter)
M : 함수율(%, d.b.)
t : 벼의 온도(℃)
$a \sim f$: 실험상수
$a = 2.560669912$
$b = -0.276310788$
$c = 7.415241 \times 10^{-3}$
$d = 0.577460313$
$e = -3.2345437 \times 10^{-2}$
$f = 5.5687 \times 10^{-4}$

10.2.2 발아율의 저하

곡물은 저장 중에 호흡과 각종 효소적 변화가 진행되어 생명력, 즉 발아율이 저하된다. 그림 10-2는 벼의 함수율과 저장온도에 따른 발아율의 변화를 나타낸 실험 결과이다.

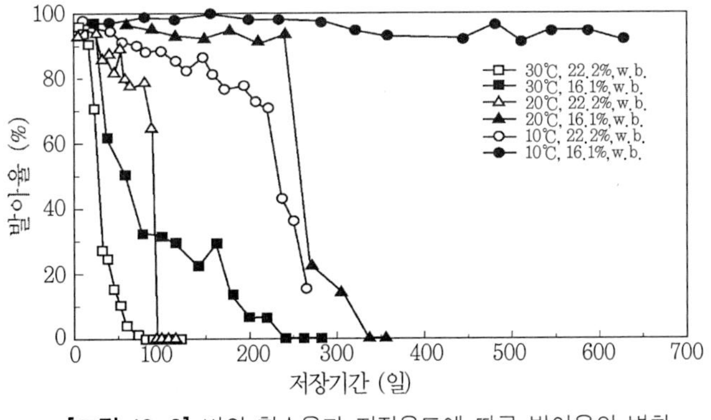

[그림 10-2] 벼의 함수율과 저장온도에 따른 발아율의 변화

그림에서와 같이 함수율 16.1%(w.b.)의 벼를 10℃에서 저장할 경우 약 300일 후에도 발아율은 95% 이상을 유지하고 있으나, 20℃로 저장하면 약 60일 후에 발아율이 95%로 감소하며, 30℃로 저장하면 수일 내로 발아율이 95% 이하로 하강한다.

함수율 22.2%(w.b.)의 벼는 10℃에 저장할 경우 10일 정도 저장 후에 발아율이 95% 이하로 감소하며, 20℃와 30℃로 저장할 경우 수일 내로 발아율이 급격히 저하됨을 알 수 있다.

10.2.3 지방산도의 증가

곡물은 저장 중에 현미에 포함된 지방이 산패하여 지방산도가 증가한다. 그림 10-3은 벼의 저장일수에 따른 지방산도의 변화에 대한 실험 결과이다. 그림에서와 같이 함수율과 저장온도가 증가할수록 지방산도는 빠르게 증가한다.

수확 직후의 벼의 지방산도는 10(mg-KOH/100g-drymatter) 정도이며, 저장 벼의 지방산도가 보통 20(mg-KOH/100g-drymatter)을 상회하면 산패가 심하여 품질이 저하된 것으로 간주한다.

저장 벼의 지방산도가 20(mg-KOH/100g-drymatter)에 도달하는 저장일수를 보면, 함수율 16.1%, 저장온도 10℃일 경우 약 350일 정도이지만, 20℃로 저장하면 약 250일 정도로 단축된다.

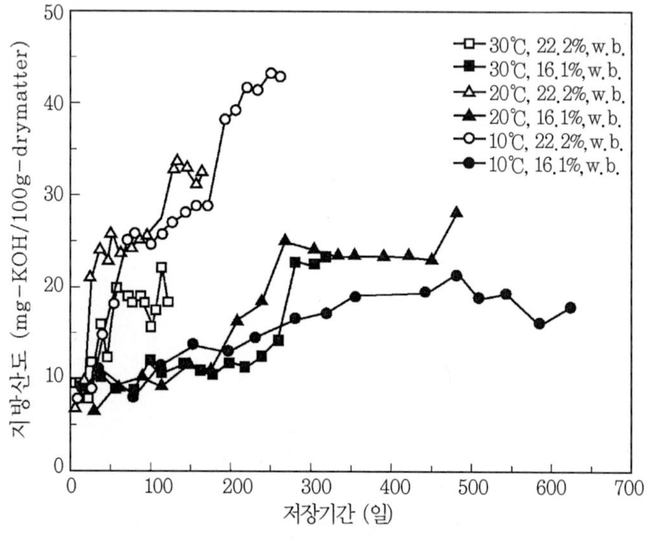

[그림 10-3] 벼의 함수율 및 저장온도별 지방산도의 변화

10.3 저장 곡물과 관련된 미생물과 해충

10.3.1 미생물

곡물에 착생하는 곰팡이와 박테리아 등의 미생물은 수백 종류가 있다. 곰팡이는 눈에 보이지 않지만 포장 시 이미 곡물에 붙어 오는 포장곰팡이(field fungi)와 저장시설에 있는 저장곰팡이(storage fungi)로 구분되는데, 대부분의 포장곰팡이는 열풍건조에 의하여 쉽게 박멸되나 저장곰팡이는 저장 중에 온도와 습도의 조건에 따라서 번식 여부가 결정된다.

곰팡이는 곡물의 수분이 많고 곡온이 높으면 발생하여 번식이 왕성해진다. 빙점 하에서도 생육이 가능한 곰팡이도 있는 등 적응 온도 범위는 넓지만, 습도의 적응 범위는 좁다. 상대습도 65% 이하와 평형을 이루는 함수율 13%(w.b.) 이하의 곡물에서는 곰팡이가 생육하지 못한다.

곰팡이와 박테리아의 번식에 필요한 온도와 습도의 범위는 표 10-5와 같다. 박테리아와 곰팡이의 번식 최적 온도는 22.5~27.5℃이다. 박테리아의 번식에 필요한 습도는 90~95%이며, 곰팡이는 종류에 따라서 다르나 65~88% 범위이다.

상대습도 70~75%와 평형을 이루는 함수율 15~16%의 벼를 상온에서 저장하면 푸른곰팡이와 누룩곰팡이가 번식할 가능성이 높으며, 15℃ 이하로 유지되는 저온 저장고에서는 곰팡이의 피해를 피할 수 있다.

[표 10-5] 곰팡이와 박테리아의 번식에 필요한 온도와 습도

병균의 종류		최적 온도(℃)	번식에 필요한 습도	주요 균종
박테리아(세균)		15~27.5~45	90~95% 이상	
곰팡이균	호습성	15~22.5~45	88% 이상	적(赤)곰팡이
	중습성	〃	80% 이상	누룩곰팡이, 푸른곰팡이
	저습성	〃	65~75% 이상	〃

곰팡이의 성장에는 곡물의 함수율과 온도, 곡물의 상태, 곡물 속 이물질의 양 등과 같은 요인도 관련된다. 곰팡이의 침입을 받은 곡물은 발아력 저하, 변색, 변질, 독성(mycotoxins), 발열, 악취를 생성하고 결국 부패를 초래한다.

10.3.2 해충

곡물 저장 중 해충의 피해는 직접적인 양적 손실과 배설물에 의한 냄새 등 간접적인 피해, 배설물에 의한 곰팡이와 세균의 번식 등이 있다.

우리나라에 분포하여 피해를 주는 해충은 쌀바구미, 좀바구미, 화랑곡나방, 보리나방, 장두, 톱가슴머리대장 등이 있으며, 다음으로 쌀도둑, 거짓쌀도둑, 그라나리바구미 등이 있다.

[표 10-6] 쌀과 보리에 피해를 주는 해충의 종류

곡 물 종 류	주 요 해 충 명
벼	화랑곡나방, 보리나방, 쌀바구미
현미	화랑곡나방, 쌀바구미, 거짓쌀도둑
쌀	쌀바구미, 화랑곡나방, 톱가슴머리대장, 좀바구미, 쌀도둑, 장두
보리	보리나방, 쌀바구미, 톱가슴머리대장
보리쌀	쌀바구미, 톱가슴머리대장, 보리나방, 거짓쌀도둑, 화랑곡나방

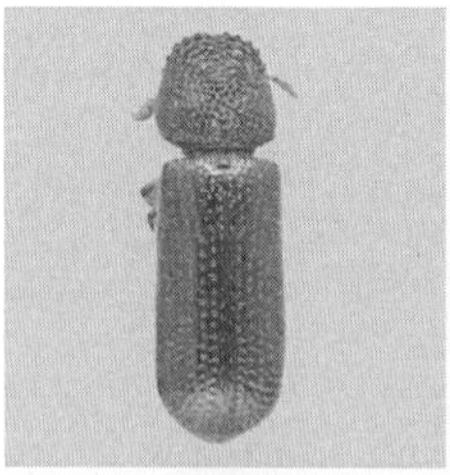
장두

화랑곡나방

톱가슴머리대장

쌀바구미

쌀도둑

거짓쌀도둑

보리나방

그라나리바구미

[그림 10-4] 주요 저장 곡물 해충

표 10-8은 해충의 번식 온도와 습도, 월동하는 형태와 장소를 나타낸다. 표에서와 같이 일반적으로 해충이 활동하는 최저 한계온도는 13~15℃, 상대습도는 30~60% 범위이다. 해충은 종류에 따라 보통 수분이 낮은 건조 상태에서는 비교적 강하고, 저온에는 비교적 약하다. 온도가 20℃ 이상 상승하여야 생육하고 번식이 활발해진다. 40℃ 이상의 온도에

[표 10-7] 주요 저장 곡물 해충의 학명과 영명

우리 이름	학 명	영 명
쌀바구미	Sitophilus oryzae	Rice weevil
그라나리바구미	Sitophilus granarius	Granary weevil
좀바구미	Sitophilus sasaki	Small rice weevil
장두	Rhyzopertha dominica	Lesser grain borer
쌀도둑	Tenebroides mauritanicus	Candelle
톱가슴머리대장	Oryzaephilus	Sawtoothed grain beetle
거짓쌀도둑	Tribolium confusum	Confused flour beetle
보리나방	Sitotroga cerealella	Angoumois grain moth
화랑곡나방	Plodia interpunctella	Indian meal moth

서는 대부분 해충이 죽는다. 예를 들면, 해충을 60℃에서 10분간 놓아두면 거의 죽게 된다. 쌀바구미는 성충의 형태로 월동하지만, 기타 해충은 유충 형태로 월동한다.

[표 10-8] 저장 곡물 해충의 번식 조건

해 충	번식 온도		번식 습도		월 동	
	최저	적온	최저	적습	형태	장소
쌀바구미 좀바구미	13℃ 15℃	27~30℃ 28~32℃	60%	85%	성충 일부 유충	창고 주위 목재 및 돌 밑 저장고 내의 곡물, 목재 밑
화랑곡나방	18℃	28~32℃			유충	저장고 내, 기둥, 목재 갈라진 곳 폐지 등에 휴면
보리나방	14℃	26~30℃	30%		유충	곡립

표 10-9은 유럽에서 약 50년간 저장 경험을 토대로 함수율과 저장온도에 따른 안전저장기간을 종자용과 식용으로 구분하여 나타낸 자료이다.

[표 10-9] 함수율과 저장온도에 따른 안전저장기간

구 분	종 자 용		식 용	
함수율(%, w.b.)	저장온도(℃)	저장기간	저장온도(℃)	저장기간
12~15	9~12	영구	10~14	영구
15~16.5	8~10	1~1.5년	10~12	영구
16.5~18	5~7	4~6월	8~10	6~13월
18~20	5	2~3월	8~10	3~9월
20~22	5	3~4주	8~10	10~25주
22~25	5	1~2주	5~8	5~20주
25~30	4~5	2~3일	4~5	14~30일

우리나라에서 벼는 식미를 중요시하여 보통 함수율 15.5~16.5%(w.b.)로 저장하는데, 1년 정도의 장기 저장을 위한 저장온도는 표 10-9에 의하면 10~12℃가 적절하다.

저장 초기의 곡물 상태가 미생물과 해충의 번식에 큰 영향을 미친다. 완전한 곡물은 곰팡이와 해충이 배아의 전분에 도달하기 어려워 쉽게 손상되지 않으나, 곡물 껍질이 파열 또는 벗겨져 손상을 입은 곡립은 미생물과 해충의 침입이 쉬워지므로 저장성이 매우 떨어진다. 따라서 수확 후 처리 및 이송 과정 등에서 곡물에 물리적인 손상이 가지 않도록 주의하여야 한다.

10.4 곡온과 함수율 변화

곡온과 함수율은 저장 곡물의 품질과 관련하여 가장 중요한 물리적 요인이다. 곡물의 함수율이 저장에 안전한 수준으로 낮을지라도, 기상 변화의 영향으로 함수율과 곡온은 저장고 내의 위치와 저장일수에 따라 변하게 된다. 저장 곡물에서 수분 이동은 불균일한 온도 분포로 야기된다. 따라서 저장 곡물의 안전한 관리와 저장시설의 설계에 필요한 자료를 얻기 위해선 기상 조건의 변화에 따른 저장고 내의 곡온 분포를 예측할 필요가 있다.

10.4.1 수분 이동

곡물 저장고 내의 불균일한 곡온 분포는 수분 이동의 원인이 되며, 이동한 수분은 한 곳에 축적되어 곡물의 품질 손상을 일으킨다.

저장고에 저장된 건조 곡물은 좋은 단열재 역할을 하므로 자연적인 방법으로 균일하게 곡온을 유지하거나, 냉각시키는 것은 불가능하다. 저장고 벽체 주위의 곡물은 중앙의 곡물보다 외기온도에 따라서 빠르게 온도가 변한다. 따라서 저장고 내의 곡물은 온도 차이가 생기게 되는데, 이러한 곡온 차이는 고온 곡물에서 저온 곡물 쪽으로 공기가 이동하는 대류현상을 일으킨다.

곡물 저장고 내의 공기 이동 방향은 겨울과 같이 외기온도가 낮아서 곡물이 냉각될 때와 봄여름과 같이 외기온도가 높아서 곡물이 가열될 때에 따라 달라진다. 공기는 찰 때보다 따뜻할 때 더 많은 수분을 함유한다. 수분을 많이 포함하고 있는 따뜻한 공기가 찬 곡물을 통과하면 곡온은 상승하고 공기 중 수분은 찬 곡물 위에 응축하게 된다.

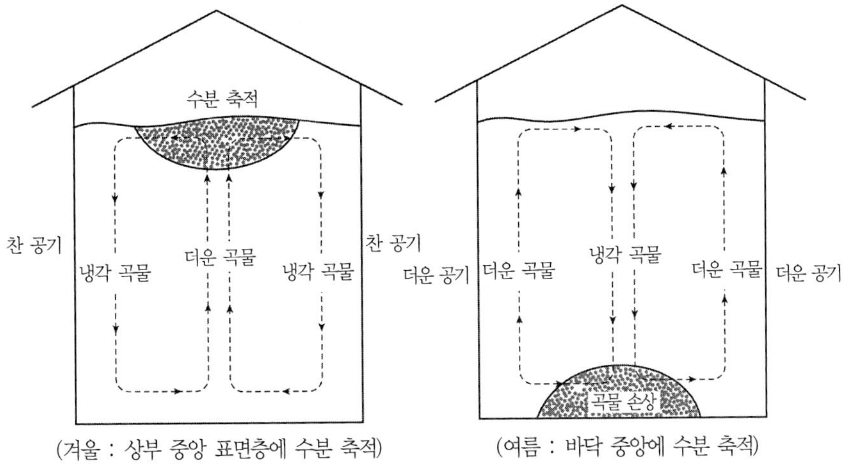

[그림 10-5] 벼 저장 사일로 내의 공기 이동과 수분 축적

곡온의 변화와 수분 이동현상은 외기온도가 낮은 겨울철과 외기온도가 높은 여름철에 많이 발생한다. 그림 10-5와 같이 늦가을 또는 초겨울이 되면, 벽체 주위의 냉각 공기는 빈 바닥을 따라서 곡물빈 중앙으로 이동하여 중앙부의 곡물층을 통하여 천천히 상승하며, 상승한 공기는 곡물층 표면의 차가운 곡물과 부딪치면서 공기 중 일부 수분이 응축되어 곡물층에 축적된다. 따라서 사일로의 상부 중앙 표면층(약 30~50 cm 두께)의 함수율이 증가하고, 곰팡이가 발생한다. 여름철에는 겨울철과 반대로 사일로 바닥 중앙부의 함수율이 증가한다.

이와 같은 자연대류에 의한 수분 이동을 방지하기 위해서는 곡물층 내의 급격한 온도구배를 제거하여야 한다. 수분 이동은 큰 사일로에서보다 작은 사일로에서 적게 일어나는데, 이는 사일로 벽체와 중앙부의 온도 차이가 적기 때문이다. 응축에 의한 수분 축적을 방지하기 위해서는 저장 시기에 관계 없이 곡온을 평균 외기온도의 5~8℃ 이내로 유지하여야 한다.

10.4.2 곡온 변화

곡온이 해충, 곰팡이 및 기타 미생물의 성장을 억제하여 곡물의 품질 저하를 방지하는 데 가장 큰 영향을 주는 인자이다. 외기온도의 계절적인 변화가 저장고 내의 곡온 분포를 변화시키는데, 겨울철에는 벽체 부근과 곡물층 표면 아래 중앙부의 곡온이 낮고, 여름철에는 사일로 바닥 중앙부의 곡온이 낮다.

여름철에는 작은 빈에 저장된 곡온이 보다 빠르게 상승되어 곡물의 품질이 저하될 가능성이 높아진다. 그러나 겨울철에는 작은 빈이 큰 빈보다 곡온이 더욱 빨리 하강하므로 균일하면서도 낮은 곡온 유지가 용이하고, 겨울을 지나는 동안 대부분 해충이 죽게 된다. 직경이 큰 빈은 겨울철에도 국부적으로 곡온이 높은 부분이 존재하며 여기에 해충이 모여 번식할 가능성이 높게 된다.

10.4.3 곡온 예측

장기적인 기상 자료에 근거하여 저장고 내의 곡온 분포를 예측하게 되면 저장고의 직경에 따른 벽체의 단열 여부 또는 단열층의 두께를 결정하거나 저장고의 설계와 통풍 계획을 수립하는 등 품질 저하를 최소화하는 운영에 큰 도움이 된다.

저장 곡물의 온도를 예측하는 방법에는 엄밀해를 구하는 해석법과 근사해를 구하는 수치해법이 있다. 해석해는 외기온도가 주기적인 변화를 할 경우에만 적용될 수 있지만, 수치해는 불규칙하게 변하는 실제 외기온도에도 적용될 수 있다. 여기서는 수치해법을 다루도록 한다.

(1) 원통 좌표계에서 열전도방정식

곡물 저장고 내의 열전달은 저장고 내의 자연대류현상을 무시하면 열전도에 의하여 일어난다. 단면이 원형인 빈에 저장된 곡물의 온도 변화를 예측하기 위하여 원통 좌표계에서 열전도 방정식을 유도하기로 한다. 열은 반경방향, 원주방향 및 축방향으로 흐른다.

그림 10-6과 같이 미소체적요소 $r\,d\phi\,dr\,dz$를 고려하자.

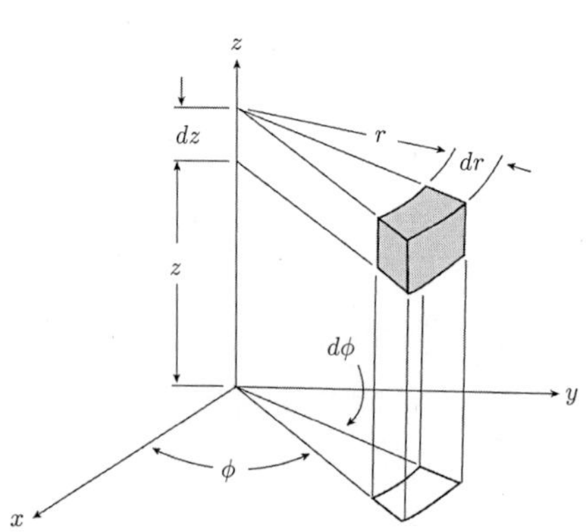

[그림 10-6] 원통 좌표계의 미소체적요소에서의 열전도

미소체적요소에 대하여,

반경방향 유입열 : $dQ_r = -k\, dz\, r\, d\phi \frac{\partial T}{\partial r}$

원주방향 유입열 : $dQ_\phi = -k\, dr\, dz \frac{\partial T}{\partial \phi}$

축방향 유입열 : $dQ_z = -k\, r d\phi\, dr \frac{\partial T}{\partial z}$

반경방향 유출열 : $dQ_{r+dr} = -k\, dz\, r\, d\phi \frac{\partial T}{\partial r} + \frac{\partial}{\partial r}(-k\, dz\, r d\phi \frac{\partial T}{\partial r})dr$

원주방향 유출열 : $dQ_{\phi+d\phi} = -k\, dr\, dz \frac{\partial T}{\partial \phi} + \frac{\partial}{\partial \phi}(-k\, dr\, dz \frac{\partial T}{\partial \phi})d\phi$

축방향 유출열 : $dQ_{z+dz} = -k\, r d\phi\, dr \frac{\partial T}{\partial z} + \frac{\partial}{\partial z}(-k\, r d\phi\, dr \frac{\partial T}{\partial z})dz$

미소체적요소에 저장열 : $r\, d\phi\, dr\, dz\, \rho_g\, c_g \frac{\partial T}{\partial t}$

미소체적요소에 발생열 : $q' r d\phi\, dr\, dz$

위의 식을 미소체적요소에 대한 에너지평형식에 대입하면 다음의 미분방정식이 유도된다.

$$\frac{\partial T}{\partial t} = \alpha \left(\frac{\partial^2 T}{\partial r^2} + \frac{1}{r}\frac{\partial T}{\partial r} + \frac{1}{r^2}\frac{\partial^2 T}{\partial \phi^2} + \frac{\partial^2 T}{\partial z^2} \right) + \frac{q'}{\rho_g c_g} \quad (10\text{-}3)$$

여기서, T : 곡물 온도(℃)
t : 시간(s)
r : 반경방향 거리(m)
ϕ : 원주방향 각도(radian)
z : 축방향 거리(m)
α : 열확산계수(m^2/s)
q' : 곡물 단위체적당 발생열(kJ/m^3)
ρ_g : 곡물의 산물밀도(kg/m^3)
c_g : 곡물의 비열(kJ/kg·K)

열이 반경방향으로만 전도되고, 발생열이 없다면 다음과 같이 단순화된다.

$$\frac{\partial T}{\partial t} = \alpha \left(\frac{\partial^2 T}{\partial r^2} + \frac{1}{r}\frac{\partial T}{\partial r} \right) \quad (10\text{-}4)$$

(2) 수치해석

식 (10-4)의 과도 열전도방정식의 엄밀해는 특수한 경계조건일 경우에만 구할 수 있으며,

이 엄밀해가 매우 복잡한 급수로 표현되므로 실제에는 이용할 수 없는 경우가 대부분이다. 따라서 수치해가 주로 이용된다. 여기서는 식 (10-4)의 수치해를 구하는 방법을 다룬다.

사일로의 반경 R을 n 등분하면 반경방향 증분(distance step size) $\Delta r = \dfrac{R}{n}$ 이다. 반경방향의 절점(node)에 기호 i를 부여하고, 시간증분(time step size)을 Δt 라 하고 기호 j를 부여하면 다음과 같다.

$$r_i = (i-1)\Delta r, \quad i = 1,\ 2,\ \dots\ n+1$$
$$t_j = (j-1)\Delta t, \quad j = 1,\ 2,\ \dots$$
$$T(r_i,\ t_j) = T_{i,j}$$

식 (10-4)에 포함된 미분항을 점$(r_i,\ t_j)$에서 유한차분식으로 표시하면 다음과 같다.

$$\left.\frac{\partial T}{\partial r}\right|_{i,j} = \frac{T_{i+1,j} - T_{i-1,j}}{2\Delta r} \tag{10-5}$$

$$\left.\frac{\partial^2 T}{\partial r^2}\right|_{i,j} = \frac{T_{i-1,j} - 2T_{i,j} + T_{i+1,j}}{\Delta r^2} \tag{10-6}$$

$$\left.\frac{\partial T}{\partial t}\right|_{i,j} = \frac{T_{i,j+1} - T_{i,j}}{\Delta t} \tag{10-7}$$

위의 유한차분식을 식 (10-4)에 대입하면,

$$\frac{T_{i,j+1} - T_{i,j}}{\Delta t} = \alpha\left(\frac{T_{i-1,j} - 2T_{i,j} + T_{i+1,j}}{\Delta r^2} + \frac{1}{(i-1)\Delta r}\frac{T_{i+1,j} - T_{i-1,j}}{2\Delta r}\right) \tag{10-8}$$

$T_{i,j+1}$에 관하여 풀면 다음과 같다.

$$T_{i,j+1} = \frac{\alpha\Delta t}{\Delta r^2}\left[1 - \frac{1}{2(i-1)}\right]T_{i-1,j} + \left(1 - 2\frac{\alpha\Delta t}{\Delta r^2}\right)T_{i,j} + \frac{\alpha\Delta t}{\Delta r^2}\left[1 + \frac{1}{2(i-1)}\right]T_{i+1,j} \tag{10-9}$$

식 (10-9)는 경계에 위치한 절점, 즉 $i = 1$, $i = n+1$을 제외한 내부 절점(i = 2, 3, 4, …, n)에 적용되는 식이다.

$r = 0\,(i = 1)$일 때는 식 (10-4)가 정의되지 않기 때문에, 다음과 같이 식 (10-4)를 변형하여 이용한다.

$\dfrac{\partial T}{\partial r}$을 $r=0$에 대하여 Taylor 급수로 전개하여 처음 두 항만을 취하면,

$$\left.\frac{\partial T}{\partial r}\right|_r = \left.\frac{\partial T}{\partial r}\right|_{r=0} + r\left.\frac{\partial^2 T}{\partial r^2}\right|_{r=0}$$

여기서, 경계조건 $\left.\dfrac{\partial T}{\partial r}\right|_{r=0} = 0$ 이므로,

$$\left.\frac{\partial T}{\partial r}\right|_r = r\left.\frac{\partial^2 T}{\partial r^2}\right|_{r=0}$$

즉, $r=0$에서 식 (10-4)에 포함된 $\dfrac{1}{r}\dfrac{\partial T}{\partial r}$은 다음과 같이 나타낼 수 있다.

$$\frac{1}{r}\frac{\partial T}{\partial r} = \frac{\partial^2 T}{\partial r^2} \qquad (10\text{-}10)$$

이 식을 식 (10-4)에 대입하면 다음과 같다.

$$\frac{\partial T}{\partial t} = 2\alpha\frac{\partial^2 T}{\partial r^2} \qquad (10\text{-}11)$$

이 식이 $r = 0$일 때 적용되는 지배방정식이다. 식 (10-11)을 유한차분식으로 표시하면,

$$\frac{T_{1,j+1} - T_{1,j}}{\Delta t} = 2\alpha\frac{T_{0,j} - 2T_{1,j} + T_{2,j}}{\Delta r^2}$$

$T_{1,j+1}$에 관하여 풀면,

$$T_{1,j+1} = T_{1,j} + \frac{2\alpha\Delta t}{\Delta r^2}(T_{2,j} - 2T_{1,j} + T_{0,j}) \qquad (10\text{-}12)$$

한편 $r = 0$에서 $\dfrac{\partial T}{\partial r} = 0$을 유한차분식으로 표시하면 다음과 같다.

$$\frac{T_{2,j} - T_{0,j}}{2\Delta r} = 0$$

따라서 $T_{0,j} = T_{2,j}$이다. 이를 식 (10-12)에 대입하면 다음과 같다.

$$T_{1,j+1} = T_{1,j} + \frac{4\alpha\Delta t}{\Delta r^2}(T_{2,j} - T_{1,j}) \qquad (10\text{-}13)$$

사일로 표면, 즉 $r=R(i=n+1)$에서 경계조건은 공기와 접촉하고 태양 복사열을 받게 된다. 여기서는 공기와 접촉하는 대류경계 조건을 고려한다.

대류경계 조건은 다음 식으로 나타낼 수 있다.

$$-k\frac{\partial T}{\partial r}\bigg|_{r=R} = h_c[T(R,t)-T_f] \tag{10-14}$$

여기서, k : 곡물의 열전도계수(W/m·K)

h_c : 사일로 벽체와 외기 사이의 대류열전달계수(W/m²·K)

R : 사일로의 반경(m)

T_f : 외기온도(℃)

식 (10-14)를 유한차분식으로 나타내면,

$$-k\frac{T_{n+1,j+1}-T_{n,j+1}}{\Delta r} = h_c(T_{n+1,j+1}-T_f)$$

$T_{n+1,j+1}$에 관하여 풀면 다음과 같다.

$$T_{n+1,j+1} = \frac{1}{\left(1+\frac{h_c\Delta r}{k}\right)}\left(T_{n,j+1}+\frac{h_c\Delta r}{k}T_f\right) \tag{10-15}$$

이상의 결과를 정리하면 다음과 같다. 여기서, $S=\frac{\alpha\Delta t}{\Delta r^2}$, $\beta=\frac{h_c\Delta r}{k}$이다.

- 중앙절점($i=1$) : 식 (10-13)에서

$$T_{1,j+1} = (1-4S)T_{1,j}+4ST_{2,j} \tag{10-16}$$

- 내부절점($i=2,\ 3,\ \cdots,\ n$), 식 (10-9)에서

$$T_{i,j+1} = \left(1-\frac{1}{2(i-1)}\right)ST_{i-1,j}+(1-2S)T_{i,j}+\left(1+\frac{1}{2(i-1)}\right)ST_{i+1,j} \tag{10-17}$$

- 표면절점($i=n+1$) : 식 (10-15)에서

$$T_{n+1,j+1} = \frac{1}{1+\beta}T_{n,j+1}+\frac{\beta}{1+\beta}T_f \tag{10-18}$$

위에서 설명한 방법을 양함수법(explicit method)이라고 하는데, 이 방법은 계산은 간단하지만 안정적인 해를 얻기 위해서는 시간증분(Δt)과 거리증분(Δr)을 아주 작게 취하여야 하는 결점이 있다.

음함수법(implicit method)인 Crank-Nicolson 방법은 시간증분(Δt)과 거리증분(Δr)에 제한을 두지 않더라도 안정적인 해를 얻을 수 있기 때문에 많이 이용된다.

Crank-Nicolson 방법을 식 (10-4)에 적용하면 다음 식 (10-19)와 같이 표시된다.

$$\frac{T_{i,j+1}-T_{i,j}}{\Delta t}=\frac{\alpha}{2}\left[\frac{T_{i+1,j}-2T_{i,j}+T_{i-1,j}}{\Delta r^2}+\frac{T_{i+1,j+1}-2T_{i,j+1}+T_{i-1,j+1}}{\Delta r^2}\right]$$

$$+\frac{\alpha}{2}\left[\frac{1}{(i-1)\Delta r}\frac{T_{i+1,j}-T_{i-1,j}}{2\Delta r}+\frac{1}{(i-1)\Delta r}\frac{T_{i+1,j+1}-T_{i-1,j+1}}{2\Delta r}\right] \quad (10\text{-}19)$$

정리하면 다음과 같다.

$$\frac{1}{2}S\left[1-\frac{1}{2(i-1)}\right]T_{i-1,j+1}-(1+S)T_{i,j+1}+\frac{1}{2}S\left[1+\frac{1}{2(i-1)}\right]T_{i+1,j+1}$$

$$=-\frac{1}{2}S\left[1-\frac{1}{2(i-1)}\right]T_{i-1,j}-(1-S)T_{i,j}-\frac{1}{2}S\left[1+\frac{1}{2(i-1)}\right]T_{i+1,j} \quad (10\text{-}20)$$

중앙절점에 대한 식 (10-11)은 다음 식으로 나타낼 수 있다.

$$\frac{T_{1,j+1}-T_{1,j}}{\Delta t}=2\alpha\frac{1}{2}\left(\frac{T_{0,j}-2T_{1,j}+T_{2,j}}{\Delta r^2}+\frac{T_{0,j+1}-2T_{1,j+1}+T_{2,j+1}}{\Delta r^2}\right) \quad (10\text{-}21)$$

여기서, $T_{o,j}=T_{2,j}$, $T_{0,j+1}=T_{2,j+1}$ 이므로, 정리하면,

$$(1+2S)T_{1,j+1}-2ST_{2,j+1}=(1-2S)T_{1,j}+2ST_{2,j} \quad (10\text{-}22)$$

표면노드의 경우 식(10-14)의 대류경계조건을 적용하여 정리하면 다음과 같다.

$$-\left(\frac{k}{\Delta r}+h_c\right)T_{n+1,j+1}+\frac{k}{\Delta r}T_{n,j+1}=-h_cT_f \quad (10\text{-}23)$$

식 (10-20), 식 (10-22) 및 식 (10-23)은 (n+1)개의 방정식으로 구성된 연립방정식이다. 이 연립방정식의 계수행렬은 주대각선 원소를 중심으로 1행에 미지수가 3개인 삼대각 행렬(tridiagonal matrix)이다.

예제 10-1

벼를 직경 6 m, 높이 23 m의 콘크리트 사일로에 저장한다. 사일로 벽체의 두께는 15 cm이다. 사일로 내부온도가 20℃이고 외기온도가 25℃일 때 벽체 단위길이당 유입열을 계산하여라. 콘크리트의 열전도계수는 1.106 W/m·K이다.

풀 이

식 (10-4)에서 시간항을 무시하면,

$$\frac{d^2T}{dr^2}+\frac{1}{r}\frac{dT}{dr}=0$$

바꾸어 쓰면,

$$r\frac{d^2T}{dr^2}+\frac{dT}{dr}=\frac{d}{dr}\left(r\frac{dT}{dr}\right)=0$$

적분하면 다음과 같다.

$$r\frac{dT}{dr}=C_1 \rightarrow T=C_1\ln r+C_2$$

경계조건은 $r=r_1$일 때 $T=T_1$, $r=r_2$일 때 $T=T_2$이므로, 해는 다음과 같다.

$$T=\frac{T_2-T_1}{\ln(r_2/r_1)}\ln(r/r_1)+T_1$$

열전달률은 다음과 같다.

$$q=-kA\frac{dT}{dr}=2\pi kL\frac{T_1-T_2}{\ln(r_2/r_1)}$$

$$=2\pi(1.106)(1)\frac{20-25}{\ln(3.15/3.00)}=-0.712\ \text{kW/m}$$

예제 10-2

직경 5 m의 벽체 두께 15 cm의 원형 콘크리트 빈에 벼를 저장한다. 빈의 내부온도는 20℃, 외기온도는 40℃이다. 열전도계수 0.065 W/m·K의 유리섬유로 단열한다. 열 유입을 80% 차단하는 데 필요한 단열층의 두께를 구하여라.

풀 이

앞의 예제에서와 같이 열전달률은 다음 식으로 계산한다.

$$q_{no\ insulation}=2\pi kL\frac{T_1-T_2}{\ln(r_2/r_1)}$$

$$=2\pi(1.106)(1)\frac{20-40}{\ln(2.65/2.5)}=-2385.22\ \text{W/m}$$

한편, $\frac{q_{insulation}}{q_{no\ insulation}}=0.2 \rightarrow q_{insulation}=0.2(-2385.22)=-477.04\ \text{W/m}$

벽체와 단열층의 두 층일 경우 열전달률은 다음 식으로 나타낼 수 있다.

$$q=\frac{2\pi(T_1-T_3)}{\ln(r_2/r_1)/k_A+\ln(r_3/r_2)/k_B}$$

여기서, $q=477.04\ \text{W/m}$, $T_1=20℃$, $T_3=40℃$, $k_A=1.106\ \text{W/mK}$, $k_B=0.065\ \text{W/mK}$
$r_1=2.5\ \text{m}$, $r_2=2.65\ \text{m}$

$$\ln(r_3/r_2)=\left[\frac{2\pi(T_3-T_1)}{q}-\frac{\ln(r_2/r_1)}{k_A}\right]k_B$$

$$= \left[\frac{2\pi(40-20)}{477.04} - \frac{\ln(2.65/2.5)}{1.106} \right] 0.065 = 0.13698$$

$r_3 = r_2 \times 1.013729 = 2.68655\ \mathrm{m}$

단열층의 두께 : $r_3 - r_2 = 3.65\ \mathrm{cm}$

예제 10-3

직경 10 m의 철제 원형 빈에 함수율 16%(w.b.)의 벼를 저장한다. 저장 벼의 온도가 20℃이고, 외기온도가 30℃로 유지된다. 3개월 동안 저장할 때 곡온 예측 프로그램을 작성하여 벼의 곡온 변화를 예측하여라. 벼와 공기의 물성 및 빈 벽체 외부의 열전달계수는 다음과 같다. 외부 바람의 풍속은 5 m/s로 간주한다.

벼의 열전도계수 : $k = 0.10000 + 0.00111\,M$ (W/m·K)

M = 함수율(%, w.b.)

벼의 비열 : $c_p = 1.269 + 0.0349\ M$ (kJ/kg·K)

빈 벽체 외부의 열전달계수 : $N_u = 0.227 Re^{0.633}$

여기서, N_u : Nusselt수 $= \dfrac{h_c D}{k_f}$, Re : Reynolds수 $= \dfrac{\rho_f V D}{\mu_f}$

h_c : 대류열전달계수(W/m^2·K), D : 빈의 직경(m)

V : 풍속(m/s), ρ_f : 공기의 밀도(1.2 kg/m^3)

k_f : 공기의 열전도계수(0.0261 W/m·K),

μ_f : 공기의 점성계수(1.824×10^{-5} kg/m·s)

풀 이

첨부된 프로그램 'SILOGTEMP'은 양함수법을 이용하여 MATLAB으로 작성한 곡온 예측 프로그램이다. 이 프로그램을 이용하여 곡온 변화를 계산한 결과를 그림 10-7에 나타내었다.

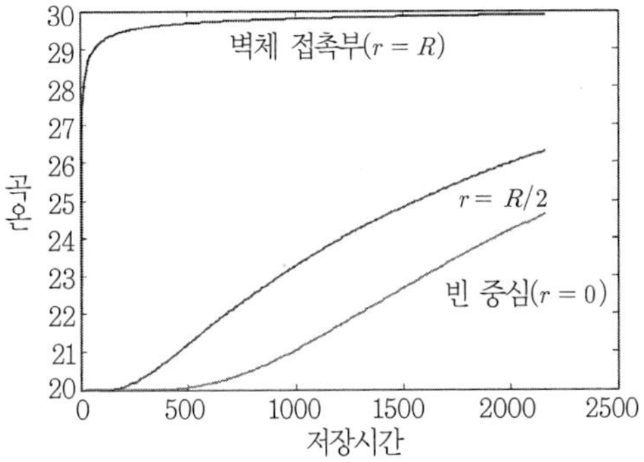

[그림 10-7] 저장시간에 따른 벼의 곡온 변화

그림 10-7은 저장시간에 따른 벼의 온도 변화를 나타낸 것이데, 사일로 벽체 근처의 곡온($r = R$), 사일로 중앙과 벽체 사이의 가운데 점($r = R/2$), 사일로 중앙점($r = 0$)의 곡온을 나타낸다. 그림에서와 같이 벽체 근처의 곡온은 1~2일 내로 외기온도 30℃에 접근한다. $r = R/2$ 지점의 온도는 서서히 상승하여 1500시간(약 62일) 후에 20℃에서 25℃로 상승한다. 중앙점($r = 0$)의 온도는 아주 서서히 상승하는데, 500시간(약 20일)까지 초기온도를 유지하며, 약 2160시간(90일) 후에 약 5℃ 상승한 25℃에 도달한다.

```
function silogtemp
% SILOGTEMP predicts grain temperatures in steel silo
% using explicit finite difference method

ri=2.5;                          % radius(m) of silo

% physical and thermal properties of grain
cs=1.269+0.0011*16;              % specific heat(kJ/kg.K)
ks=(0.1+0.0011*16)*3.6;          % thermal conductivity(kJ/m.hr.K)
rhos=600;                        % density(kg/m^3)
alpha=ks/(rhos*cs);              % thermal diffusivity(m^2/hr)
tso= 20;                         % initial grain temperature(C)

% physical and thermal properties for air
tf= 30;                          % ambient air temperature(C)

kf=0.0261;                       % thermal conductivity(W/m.K)
muf=18.24e-06;                   % viscosity(Pa.s)
rhof=1.2;                        % density(kg/m^3)
v= 5;                            % velocity(m/s)

% convection heat transfer coefficient
re=rhof*v*2*ri/muf;              % Reynolds number
nu=0.37*re^0.6;                  % Nusselt number
hc=kf/(2*ri)*nu;                 % convection heat transfer coefficient(W/m^2.K)
hc=hc*3.6;                       % convection heat transfer coefficient(kJ/hr.m^2.K)

% number of segmements in r-direction
ndr=100;
dr=ri/ndr;
np=ndr+1;

% storage time and printing interval
tstop=input('Enter storage time(hr) :');
tprint=input('Enter printing interval(hr) :');

% caculate time step based on stability criteria
% for the constant surface temperature problem.

dtmax=dr*dr/(4*alpha);
fprintf('Calculated maximum time step = %10.7f₩n',dtmax)
dt=input('Enter time step that you wish to use :');

% calculate constants
S=alpha*dt/(dr*dr);
beta=hc*dr/ks;
r=0:dr:ndr*dr;

% set initial conditions
ts(1:np,1)=tso;
```

```
time(1)=0 ;
tp=0 ;
ndt=tstop/dt+1;

% start time loop
for j=2:ndt
   time(j) = time(j-1) + dt;
   tp=tp+dt;
   for i=2:np-1
       b=1/(2*(i-1));
       ts(i,j)=S*(1-b)*ts(i-1,j-1)+(1-2*S)*ts(i,j-1)+S*(1+b)*ts(i+1,j-1);
   end
   ts(1,j)=(1-4*S)*ts(1,j-1)+ 4*S*ts(2,j-1);
   ts(np,j)=1/(1+beta)*ts(np-1,j)+beta/(1+beta)*tf;

   % see if time to print out the results
   while tp >= tprint
      fprintf('time=%6.1f ₩n',time(j));
      x=ts(1:20:np,j);
      temp=[x'];
      fprintf('%6.1f %6.1f %6.1f %6.1f %6.1f %6.1f ₩n', temp)
      tp=0;
   end
end
tt=time(1:50:ndt);
plot(tt,ts(1,1:50:ndt),tt,ts(ndr/2,1:50:ndt),tt,ts(ndr,1:50:ndt));
xlabel('Storage time(hr)'), ylabel('Temperature(C)')
gtext('Center'), gtext('Middle'), gtext('Wall surface')
```

10.5 곡물빈의 설계

곡물빈은 곡물의 산물 저장시설이다. 빈의 단면은 원형이 일반적으로 사용되며, 정사각형 또는 직사각형도 사용된다. 빈의 구조 재료는 철재와 철근 콘크리트가 사용된다. 곡물빈은 구조적으로 안전하지 않으면 전도되거나 좌굴되는 사고가 종종 발생하여, 막대한 재산과 인명의 피해를 초래한다.

저장 곡물은 일반적으로 곡립 간의 점착력을 무시할 수 있는 비점착성 입자로 취급한다. 저장빈의 벽체, 마루 및 푸터(footer)에 작용하는 저장 곡물의 수평 및 수직하중은 저장빈의 구조 설계에서 가장 큰 비중을 차지한다. 곡물하중 외에 적설, 바람 및 지진 등의 하중이 있다.

여기서는 빈의 구조적인 세부 설계를 다루는 것이 아니라, 빈의 구조물에 작용하는 곡물

하중의 분석에 초점을 두기로 한다. 곡물 등의 입상 재료는 하중–변형의 거동이 고체 또는 유체와 다르므로 흔히 반유체(semifluid)라고 부른다. 따라서 하중을 받고 있는 입상 재료의 거동은 고체역학 또는 유체역학의 원리로 적절히 표현할 수 없다.

저장 곡물에 의하여 작용하는 하중에는 ① 정하중, ② 동하중(곡물 투입 및 배출 하중), ③ 곡온 변화에 따른 하중, ④ 함수율 변화에 따른 하중, ⑤ 기계 진동하중이 있다.

곡물의 동하중은 정하중에 과압계수(over–pressure factor)를 적용하여 계산하며, 과압계수는 실험을 통하여 결정된다. 또한 곡온 변화에 따른 하중은 정하중에 과압계수를 적용하거나 무시하며, 함수율 변화에 따른 하중과 진동에 따른 하중은 보통 무시한다.

10.5.1 Rankine의 압력이론

곡물압력이론에는 Rankine 이론, Janssen 이론 및 Reimbert 이론이 있다. Rankine의 압력이론은 얕은 빈(shallow bin)에 적용되며, Janssen 및 Reimbert 이론은 깊은 빈(deep bin)에서 수직 및 수평 압력을 계산하는 데 적용된다.

Rankine의 압력이론을 먼저 고찰하자. 그림 10–8(a)와 같이 수직압축응력 σ_1과 수평압축응력 σ_3를 받고 있는 곡물층 내 임의 지점의 미소면적요소를 고려하자. x축에서 반시계 방향으로 임의의 θ각을 이루는 면을 절단한 미소요소는 그림 10–8(b)와 같다.

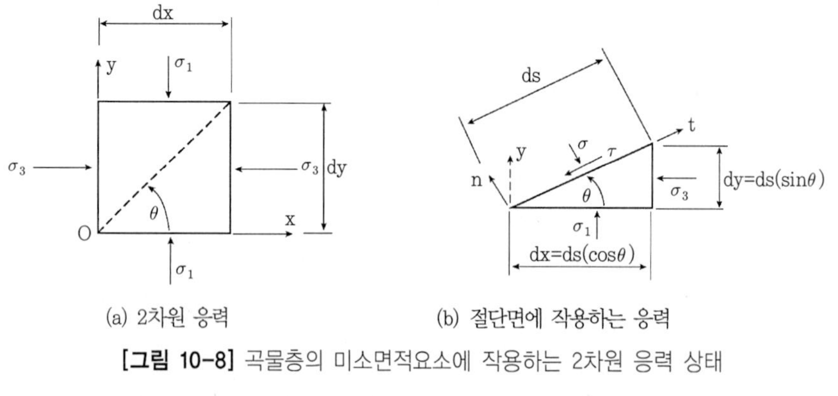

(a) 2차원 응력　　　(b) 절단면에 작용하는 응력

[그림 10–8] 곡물층의 미소면적요소에 작용하는 2차원 응력 상태

그림 10–8(b)에서 절단면의 법선(n) 및 접선(t) 방향에 대하여 평형조건을 적용하면,

$$\sum F_n = 0;\ \sigma ds - \sigma_1 ds(\cos^2\theta) - \sigma_3 ds(\sin^2\theta) = 0 \qquad (10\text{–}24)$$

$$\sum F_t = 0;\ \tau ds - \sigma_1 ds(\sin\theta\cos\theta) + \sigma_3 ds(\sin\theta\cos\theta) = 0 \qquad (10\text{–}25)$$

여기서, σ는 $n-t$평면에 작용하는 법선응력이며, τ는 전단응력이다. 여기서,

$$\cos^2\theta = \frac{1}{2}(1+\cos 2\theta)$$
$$\sin^2\theta = \frac{1}{2}(1-\cos 2\theta)$$
$$\sin 2\theta = 2\sin\theta\cos\theta$$

의 관계를 대입하고 정리하면 다음 식을 얻는다.

$$\sigma = \frac{\sigma_1+\sigma_3}{2} + \frac{\sigma_1-\sigma_3}{2} cos 2\theta \qquad (10\text{–}26)$$

$$\tau = \frac{\sigma_1-\sigma_3}{2} sin 2\theta \qquad (10\text{–}27)$$

위의 두 식을 정리하면 다음과 같다.

$$\left(\sigma - \frac{\sigma_1+\sigma_3}{2}\right)^2 + \tau^2 = \left(\frac{\sigma_1-\sigma_3}{2}\right)^2 \qquad (10\text{–}28)$$

식 (10–28)은 $\sigma-\tau$ 좌표계에서 중심이 $(\frac{\sigma_1+\sigma_3}{2}, 0)$, 반경이 $\frac{\sigma_1-\sigma_3}{2}$인 원의 방정식이다. 이 원은 그림 10–9와 같으며, 이를 Mohr의 원이라고 한다.

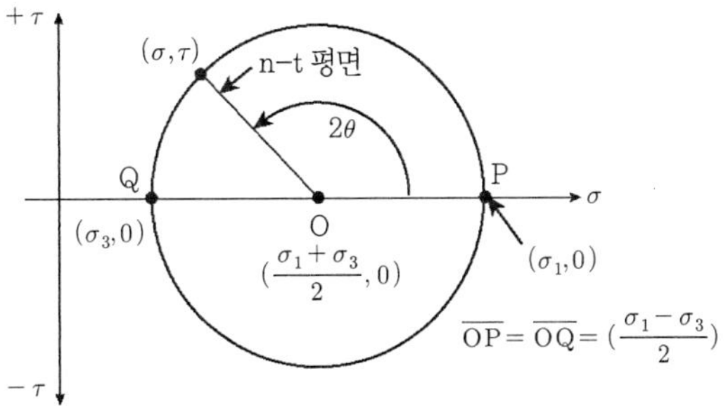

[그림 10–9] 곡물층 내의 임의의 점에 대한 Mohr 원

x축으로부터 반시계방향으로 θ각을 이루는 $n-t$평면 위에 작용하는 응력 σ와 τ는 σ축(OP, σ_1이 작용하는 면)으로부터 반시계방향으로 2θ 회전한 원주상의 좌표이다.

한편, 파괴 시의 전단응력과 법선응력 사이의 관계는 다음 Coulomb식으로 표시된다.

$$\tau = \sigma\tan\phi \qquad (10\text{–}29)$$

여기서 ϕ는 곡물층의 내부 마찰각이며, 이는 직접 전단시험 또는 3축 전단시험을 통하여 측정한다.

식 (10-29)를 $\sigma-\tau$ 좌표계에 나타낸 그림 10-10의 직선은 입상 재료층의 파괴 한계 상태를 나타낸다. $\tau=\pm\sigma\tan\phi$의 두 직선 내 응력 상태는 안정적이며 가능한 상태이지만, 두 직선 경계 밖의 응력 상태는 불가능한 상태이다.

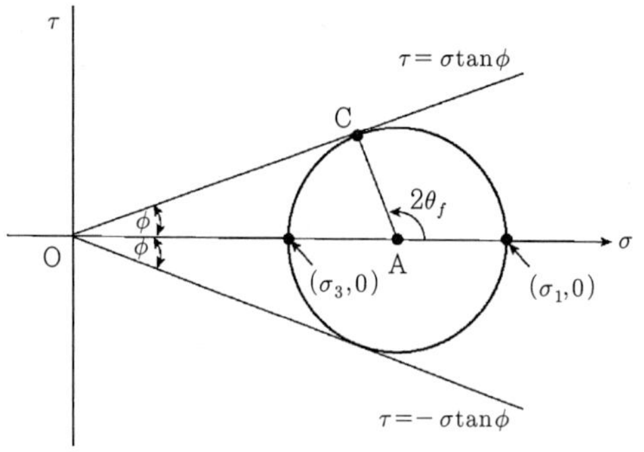

[그림 10-10] Rankine의 파괴응력 상태

그림 10-13에서 파단면은 σ_1-평면(x축)으로부터 $2\theta_f$ 경사진 $\overline{AC}$ 면이다. 그림에서 $2\,\theta_f = 90° + \phi$이므로,

$$\theta_f = 45° + \frac{\phi}{2} \tag{10-30}$$

이는 파단면이 수평축으로부터 $45° + \frac{\phi}{2}$ 경사진 면임을 의미한다.

파단 상태의 수평응력(σ_3)은 다음의 기하학적 관계를 이용하여 구할 수 있다.

$$\sin\phi = \frac{\overline{AC}}{\overline{AO}} = \frac{(\sigma_1-\sigma_3)/2}{(\sigma_1+\sigma_3)/2} = \frac{\sigma_1-\sigma_3}{\sigma_1+\sigma_3}$$

$\frac{\sigma_3}{\sigma_1}$에 관하여 풀면,

$$\frac{\sigma_3}{\sigma_1} = \frac{1-\sin\phi}{1+\sin\phi} = \tan^2\left(45° - \frac{\phi}{2}\right) \tag{10-31}$$

따라서,

$$\sigma_3 = \sigma_1 \tan^2\left(45° - \frac{\phi}{2}\right) \tag{10-32}$$

깊이가 얕은 곡물빈에서는 수직응력 $\sigma_1 = \rho g y$이다. 따라서 곡물층 내에서 수평응력은 다음 식으로 표시된다.

$$\sigma_3 = \rho g\, y \tan^2\left(45° - \frac{\phi}{2}\right) = k\rho g y \tag{10-33}$$

여기서, σ_3 : 수평응력(Pa)
ρ : 곡물의 산물밀도(kg/m^3)
g : 중력가속도(9.8 m/s^2)
k : Rankine의 압력비($\tan^2(45° - \frac{\phi}{2})$)
y : 곡물층 표면 하의 깊이(m)

식 (10-33)으로 나타낸 수평응력이 곡물층에 작용하는 수평압력이다.

곡물빈의 벽체에 작용하는 수평압력과 수직압력은 다음 식으로 표시된다.

$$P_h = \rho g y \tan^2(45° - \frac{\phi}{2}) \qquad (10\text{-}34)$$

$$P_w = \mu P_h \qquad (10\text{-}35)$$

여기서, P_h : 빈의 수직 벽체에 작용하는 수평압력(Pa)
P_w : 빈의 수직 벽체에 작용하는 수직압력(Pa)
μ : 빈의 벽체와 곡물 간의 마찰계수

10.5.2 얕은 빈과 깊은 빈

Rankine의 압력이론에서 곡물층의 파단면은 수평면과 $45° + \frac{\phi}{2}$ 경사진 면이라는 사실을 알았다. 그림 10-11과 같이 곡물이 정지 상태에 있는 경우 파단면은 빈의 하부 모서리에서 시작하여 수평면과 $45° + \frac{\phi}{2}$ 경사진 면이다. 이 파단면이 반대쪽 벽체를 통과하기 전에 곡물층의 상면을 지나면 얕은 빈이다. 즉, 직경이 D인 빈에서, 빈의 높이(H)가 $D \cdot \tan(45° + \frac{\phi}{2})$보다 작으면 얕은 빈(shallow bin)이다.

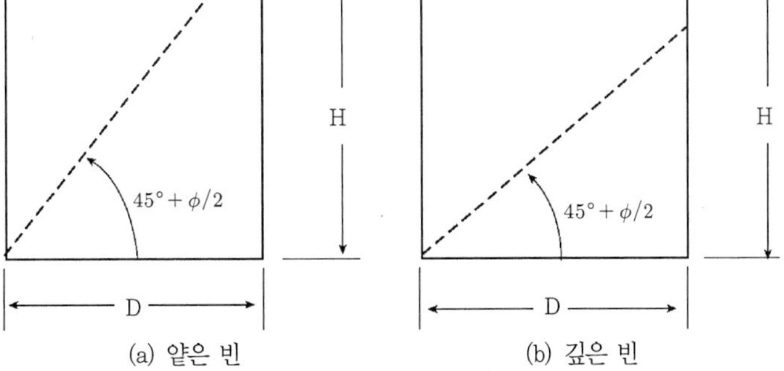

(a) 얕은 빈 (b) 깊은 빈

[그림 10-11] 깊은 빈과 얕은 빈의 정의

그림 10-12와 같이 곡물을 배출하는 경우 파단면은 배출구의 가장자리로부터 시작된다. 마찬가지로 파단면이 빈 벽체와 교차하기 전에 곡물층 표면과 교차하면 얕은 빈이며, 그렇지 않으면 깊은 빈(deep bin)이다.

빈(bin), 사일로(silo) 및 벙커(bunker) 등의 용어가 보통 같은 용어로 쓰이기도 하고 구분하여 사용되기도 한다. 사일로는 여러 가지 방법으로 정의한다. 구조적인 관점에서 보통 높이가 직경의 2배 이상인 경우 사일로라고 부르기도 하고, 깊은 빈을 사일로, 얕은 빈을 벙커라고 하기도 한다. 빈, 사일로, 벙커라는 용어는 나라마다 다르게 정의하여 사용하고 있다. 어떤 국가에서는 사일로와 벙커를 포함하여 빈이라고 부르기도 한다. 유럽의 사일로 설계기준(Eurocode 1)을 적용할 수 있는 사일로의 한계를 $H/D < 10$, $H < 100\text{ m}$, $D < 50\text{ m}$로 두고, $H/D > 1.5$이면 슬렌더 사일로(slender silo), $H/D < 1.5$이면 스콰트 사일로(squat silo)라고 정의하고 있다.

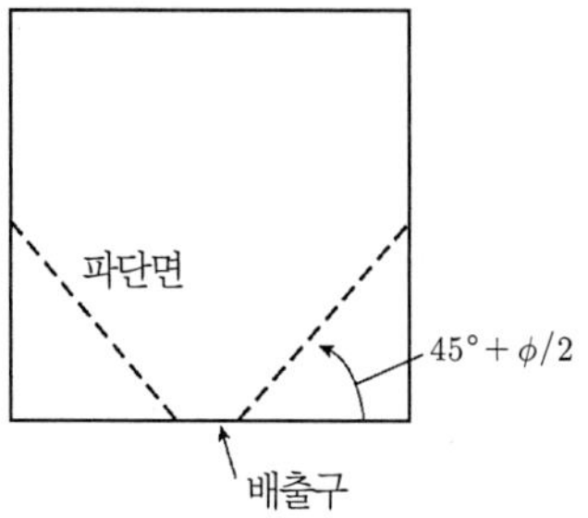

[그림 10-12] 곡물 배출 시 깊은 빈의 정의

10.5.3 Janssen의 압력이론

깊은 빈에서 수직 및 수평압력을 계산하는 데 가장 널리 사용되는 식이 Janssen 식이다. 원통형빈에 대하여 Janssen 식을 유도하기로 한다.

곡물의 산물밀도(ρ), 내부 마찰각(ϕ), 벽체와 곡물 간의 마찰계수(μ)가 전체 곡물층에서 일정하다고 가정한다. 압력 분포는 대칭이고 깊이 방향만의 함수이며, 원주방향과 반경방향으로는 변화가 없다고 가정한다. 그림 10-13은 원형빈에서 하중 상태의 개략도와 곡물층 표면으로부터 y깊이의 미소곡물층에 대한 자유체선도이다.

미소곡물층의 자유체선도에서 수직방향의 평형 조건을 고려하면,

$$\sum F_v = 0 \ :$$

$$(P_v + dP_v)\pi r^2 + k\mu P_v 2\pi r dy - P_v \pi r^2 - \rho g \pi r^2 dy = 0 \tag{10-36}$$

여기서, P_v : 곡물층의 수직압력(Pa)

r : 빈의 반경(m)

정리하면 다음과 같다.

$$\frac{dP_v}{dy} = \rho g - k\left(\frac{2\pi r}{\pi r^2}\right)\mu P_v \tag{10-37}$$

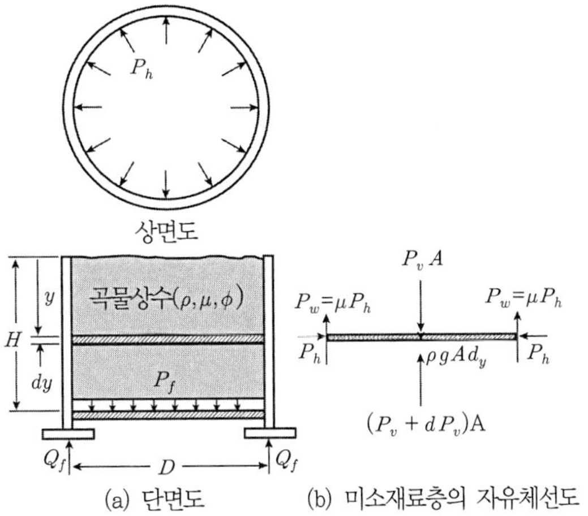

[그림 10-13] 원형빈의 하중 상태와 미소곡물층에 대한 자유체선도

또는,

$$\frac{dP_v}{dy} = \rho g - \frac{k\mu}{R} P_v \tag{10-38}$$

여기서, R : 동수반경(면적/원둘레)

$y = 0$일 때 P_v=0이다. 식 (10-38)를 적분하여 정리하면,

$$P_v(y) = \frac{\rho g R}{k\mu}\left(1 - e^{-k\mu y / R}\right) \tag{10-39}$$

곡물층 내의 수평압력은 다음 식으로 표시된다.

$$P_h = k P_v = \frac{\rho g R}{\mu}\left(1 - e^{-k\mu y / R}\right) \tag{10-40}$$

벽면에 작용하는 수직마찰압력 P_w는 다음과 같다.

$$P_w = \mu P_h = \rho g R\left(1 - e^{-k\mu y / R}\right) \tag{10-41}$$

그림 10-14는 곡물층 표면으로부터 깊이 y까지 빈의 벽면에 작용하는 수평압력 분포를 나타낸다.

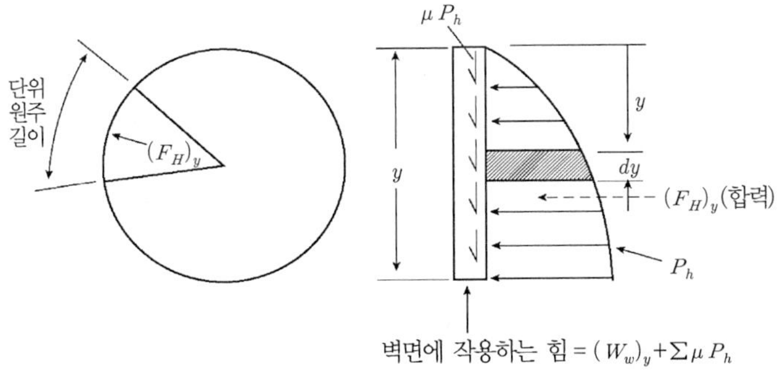

[그림 10-14] 곡물 표면으로부터 y 깊이까지 빈의 벽체에 작용하는 수평압력 분포

곡물 표면으로부터 y 깊이까지 빈 벽체에 작용하는 원주의 단위길이당 수평방향의 합력 $(F_H)_y$는 다음 식으로 계산된다.

$$(F_H)_y = \int_0^y P_h(1)dy \tag{10-42}$$

식 (10–40)를 식 (10–42)에 대입하여 적분하면 다음과 같다.

$$(F_H)_y = \frac{R\rho g}{\mu}\left[y - \frac{R}{k\mu}(1-e^{-k\mu y/R})\right] \tag{10-43}$$

따라서 곡물 표면으로부터 y 깊이까지 빈 벽체에 작용하는 원주 단위길이당 수직하중 $(F_v)_y$는 다음과 같다.

$$(F_v)_y = \mu(F_H)_y = R\rho g\left[y - \frac{R}{k\mu}(1-e^{-k\mu y/R})\right] \tag{10-44}$$

원주 단위길이당 푸터에 작용하는 수직하중(Q_f)은 벽체의 자중에 $(F_v)_{y=H}$ 를 합한 값이다. 즉, 다음과 같다.

$$Q_f = W_w + (F_v)_{y=H} = W_w + R\left[\rho gH - \frac{\rho gR}{k\mu}(1-e^{-k\mu H/R})\right] \tag{10-45}$$

여기서, Q_f : 원주 단위길이당 푸터 하중(N/m)
W_w : 원주 단위길이당 벽체의 자중(N/m)
H : 곡물층의 깊이(m)

빈의 통기 마루 위에 작용하는 수직력($P_f A$)은 마루 위에 작용하는 곡물하중에서 벽체에 작용하는 수직하중을 제한 값이다. 즉,

$$P_f \pi r^2 = \rho gH\pi r^2 - 2\pi r(F_v)_{y=H}$$

따라서 마루 위에 작용하는 압력은 다음과 같다.

$$P_f = \rho gH - \frac{1}{R}(F_v)_{y=H} = \rho gH - \rho g\left[H - \frac{R}{k\mu}(1-e^{-k\mu H/R})\right]$$

$$= \frac{\rho gR}{k\mu}(1-e^{-k\mu H/R}) \tag{10-46}$$

식 (10–46)은 식 (10–39)에 $y = H$를 대입하여 구한 곡물의 수직압력이다.

정하중을 받는 원통형 빈에서 식 (10-39)는 곡물의 수직압력, 식 (10-40)은 곡물의 수평압력, 식 (10-41)은 벽면에 작용하는 수직(마찰)압력, 식 (10-44)는 벽체에 작용하는 원주 단위길이당 수직하중, 식(10-45)는 곡물빈의 푸터에 작용하는 수직하중, 식 (10-46)은 빈의 마루에 작용하는 수직압력을 계산하는 데 사용된다.

예제 10-4

바닥이 평평한 원형 빈의 직경 D=10 m이다. 산물밀도 ρ=800 kg/m^{3}인 곡물을 H=15 m의 깊이로 퇴적한다. 벽체와 곡립 간의 마찰계수 μ= 0.2이며, 곡물층의 내부마찰계수 ϕ=20°이다. 곡물층 표면으로부터 3, 8, 13 m의 깊이에 작용하는 곡물의 수직압력, 수평압력, 벽면에 작용하는 수직압력을 구하고, 푸터에 작용하는 수직하중, 빈의 통기마루에 작용하는 수직압력을 구하여라.

풀 이

$$R = \frac{\pi D^2}{4\ \pi D} = \frac{D}{4} = 2.5\ \text{m}$$

$$k = \frac{P_h}{P_v} = \tan^2\left(45° - \frac{\phi}{2}\right) = \tan^2(45° - \frac{20°}{2}) = 0.4903$$

수직압력 :

$$P_v = \frac{\rho g R}{k\mu}(1 - e^{-k\mu y/R}) = \frac{800(9.81)(2.5)}{0.4903(0.2)}\left(1 - e^{-\frac{0.4903(0.2)y}{2.5}}\right)$$

$$= 200{,}816\,(1 - e^{-0.0392y})\ \ \text{Pa} = 201\,(1 - e^{-0.0392y})\ \text{kPa}$$

수평압력 :

$$P_h = k P_v = 98.6\,(1 - e^{-0.0392y})$$

벽면에 작용하는 수직(마찰)압력 :

$$P_w = \mu P_h = 19.7(1 - e^{-0.0392y})$$

푸터에 작용하는 수직하중 :

$$Q_f = W_w + (F_v)_{y=H} = W_w + R[\rho g H - (P_v)_{y=H}]$$

$$= \rho g H \pi r^2 + R[\rho g H - \frac{\rho g R}{k\mu}(1 - e^{-k\mu H/R})]$$

$$= \rho g H \pi r^2 + \rho g R[H - \frac{1}{k\mu}(1 - e^{-k\mu H/R})]$$

$$= (800)(9.81)(15)(\pi)(5^2)$$
$$+800(9.81)(2.5)\left(15 - \frac{1}{0.4903(0.2)}(1 - e^{-\frac{(0.4903)(0.2)(15)}{2.5}})\right)$$

$$= 9245.7 + 205.3 = 9451\ \text{kN}$$

마루에 작용하는 압력 :

$$P_f = \frac{\rho g R}{k\mu}(1 - e^{-k\mu H/R}) = 201\,(1 - e^{-0.0392(15)}) = 89.4\ \text{kPa}$$

곡물층 표면으로부터 각각 3, 8 및 13 m 깊이에서 곡물의 수직 및 수평압력, 빈의 벽면에 작용하는 수직압력을 구하면 다음과 같다.

y=3 m일 때, P_v = 22.3 kPa, P_h = 10.3 kPa, P_w = 2.2 kPa

y=8 m일 때, P_v = 54.1 kPa, P_h = 26.5 kPa, P_w = 5.3 kPa

y=13 m일 때, P_v = 80.3 kPa, P_h = 39.4 kPa, P_w = 7.9 kPa

10.5.4 Reimbert의 압력이론

Reimbert(1987)는 다양한 모양과 크기의 빈을 이용한 광범위한 실험을 수행하여 Janssen 식이 곡물빈에서 곡물 하중을 과소 평가한다는 사실을 발견하고, 다음의 결론을 얻었다.

- 수직압력에 대한 수평압력의 비(k)는 일정하지 않으며 빈의 모양과 곡물층의 깊이에 따라서 변한다.
- 사각빈에서 수평압력은 인접 벽체 간에 서로 다르다.
- 다각형 또는 원형빈에서 동수반경은 빈의 모양에 대한 적절한 정의가 될 수 없다.

이러한 결론에 기초하여 그림 10-15에서 나타낸 z축과 y축에 관한 곡물의 수직 및 수평압력을 계산하는 식이 유도된다.

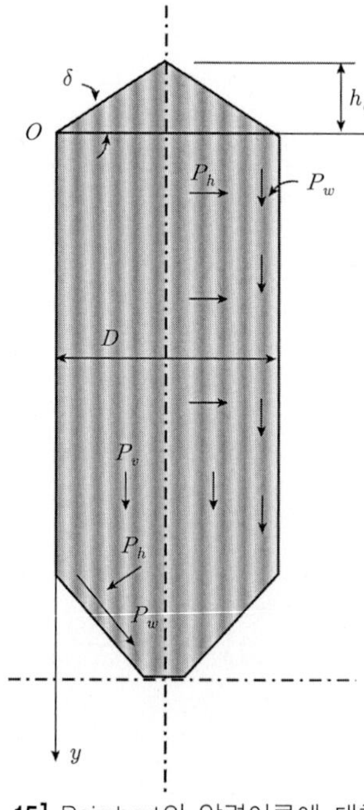

[그림 10-15] Reimbert의 압력이론에 대한 기호의 정의

그림 10-15에서와 같이 z축 위 곡물층 정상의 원추부(cone) 높이(h_c)는 다음 식으로 표시된다.

$$h_c = \frac{D}{2}\tan\delta \tag{10-47}$$

여기서, D : 빈의 직경(m)
δ : 곡물층 정상 원추부의 곡물 안식각(도)

곡물층 정상의 원추부에 있는 곡물의 무게(Q_o)는 다음과 같다.

$$Q_o = \rho g A \frac{h_c}{3} \tag{10-48}$$

여기서, Q_o : 원추부 곡물의 무게(N)
ρ : 곡물의 산물밀도(kg/m^3)
g : 중력가속도(9.8 m/s^2)
A : 빈의 단면적(m^2)
h_c : 원추부 높이(m)

곡물과 벽체 사이에 마찰이 없다면, 깊이 y에서의 최대 수직하중은 다음과 같다.

$$Q_y = \rho g A y + Q_o = \rho g A\left(y + \frac{h_c}{3}\right) \tag{10-49}$$

여기서, Q_y : 곡물 깊이 y에서 곡물의 최대 수직하중(N)
y : 곡물층의 깊이(m)

$F(y)$를 마찰에 의하여 벽체에 작용하는 수직하중이라고 하면, 미소곡물층의 두께 Δy에서 벽체에 작용하는 미소수직하중 $\Delta F(y)$는

$$\Delta F(y) = P_h C \mu \Delta y \tag{10-50}$$

여기서, $\Delta F(y)$: 마찰에 의해 벽체에 작용하는 미소수직하중(N)
P_h : 곡물층의 수평압력(Pa)
C : 빈의 둘레(m)
Δy : 곡물층의 미소 두께(m)
μ : 곡물층과 벽체의 마찰계수(무차원)

따라서,

$$P_h = \frac{1}{C\,\mu}\frac{\Delta F}{\Delta y} = \frac{F'(y)}{C\,\mu} \tag{10-51}$$

여기서, $F'(y) = \frac{dF}{dy}$ 이다.

따라서 곡물의 수직하중은 곡물 자체의 무게에서 마찰에 의하여 벽체에 작용하는 수직하중을 빼면 된다. 이 수직하중을 빈의 단면적 A로 나누면 수직압력이 된다. 즉,

$$P_v = \rho g \left(y + \frac{h_c}{3}\right) - \frac{F(y)}{A} \tag{10-52}$$

실험에 의하면 벽체에 작용하는 수직하중은 곡물의 깊이에 따라서 다음 관계식으로 표시된다.

$$F(y) = \frac{\rho g A y^2}{y + A_1} \tag{10-53}$$

식 (10-53)을 식 (10-52)에 대입하면,

$$P_v = \rho g \left[y \left(\frac{y}{A_1} + 1 \right)^{-1} + \frac{h_c}{3} \right] \tag{10-54}$$

여기서, A_1은 다음 식으로 정의한다.

$$A_1 = \frac{Q_{\max} - Q_0}{\rho g A} \tag{10-55}$$

여기서, $Q_{\max}$: 빈의 바닥에 작용하는 최대 수직하중(마찰이 없는 경우)

한편, 식 (10-53)을 미분하여 식 (10-51)에 대입하면 곡물층의 수평압력은 다음 식으로 표시된다.

$$P_h = \frac{F'(y)}{C\mu} = \frac{\rho g A}{C\mu} \left[1 - \left(\frac{y}{A_1} + 1 \right)^{-2} \right] \tag{10-56}$$

여기서 최대 수평압력 $P_{\max}$는 다음과 같이 계산한다. 두께 dy인 미소곡물층에 작용하는 수평하중은 $P_h C dy$이다. 이 수평하중은 깊이에 따라 증가하여 최대치 $P_{\max}$에 이르며, 미소체적 내의 실제 곡물 무게와 균형을 이룬다. 즉,

$$P_{\max} C dy\, \mu = \rho g A dy$$

따라서,

$$P_{\max} = \frac{\rho g A}{C\mu} \tag{10-57}$$

식 (10-56)에 P_{max}를 대입하면 다음과 같이 정리된다.

$$P_h = P_{max}\left[1-\left(\frac{y}{A_1}+1\right)^{-2}\right] \qquad (10\text{-}58)$$

Q_{max}은 다음과 같이 표시된다.

$$Q_{max} = \frac{AP_{max}}{k} = \frac{\rho g A^2}{C\mu \tan^2(45-\frac{\phi}{2})} \qquad (10\text{-}59)$$

원형 빈에서

$$Q_{max} = \frac{\rho g A^2}{C\mu \tan^2(\frac{\pi}{4}-\frac{\phi}{2})} = \frac{\rho g DA}{4\mu \tan^2(\frac{\pi}{4}-\frac{\phi}{2})} = \frac{\rho g DA}{4k\mu} \qquad (10\text{-}60)$$

따라서 원형 빈에서 A_1은 다음 식으로 표시된다.

$$A_1 = \frac{Q_{max}-Q_o}{\rho g A} = \frac{D}{4\mu k} - \frac{h_c}{3} \qquad (10\text{-}61)$$

예제 10-5

D = 10 m, H = 15 m, ρ = 800 kg/m^3, ϕ = 20°, μ = 0.2, h_c = 0일 때 Reimbert식을 이용하여 곡물의 수직 및 수평압력을 계산하여라.

풀 이

$$k = \tan^2(45° - \frac{\phi}{2}) = \tan^2(35°) = 0.4903$$

$$A_1 = \frac{D}{4\mu k} - \frac{h_c}{3} = \frac{10}{4(0.2)(0.49)} = 25.51$$

$$P_{max} = \frac{\rho g A}{C\mu} = = \frac{\rho g D}{4\mu} = \frac{800(9.81)(10)}{4(0.2)} = 98100 = 98.1 \text{ kPa}$$

$$P_v = \rho g\left[y\left(\frac{y}{A_1}+1\right)^{-1} + \frac{h_c}{3}\right] = 7.85\left[y\left(\frac{y}{25.51}+1\right)^{-1}\right] \text{ kPa}$$

$$P_h = P_{max}\left[1-\left(\frac{y}{A_1}+1\right)^{-2}\right] = 98.1\left[1-\left(\frac{y}{25.51}+1\right)^{-2}\right] \text{ kPa}$$

$$P_w = \mu P_h$$

y = 3 m일 때, P_v = 21.1 kPa, P_h = 19.6 kPa, P_w = 3.9

y = 8 m일 때, P_v = 47.8 kPa, P_h = 41.3 kPa, P_w = 8.3

y = 13 m일 때, P_v = 67.6 kPa, P_h = 55.1 kPa, P_w = 11.0

10.5.5 곡물빈 설계기준

많은 국가에서는 곡물빈의 표준설계기준을 정하여 시행하고 있는데, 미국농공학회의 설계기준(ASAE EP 433), 미국콘크리트협회 설계기준(ACI 313), 독일의 국가설계기준(DIN 1055), 캐나다의 농가건축설계기준(CFBC 1990) 등이 그것이다. 이들 설계기준에서 곡물하중 계산을 위하여 채택하고 있는 계산식은 다음과 같다.

- 미국농공학회(ASAE) : Janssen 식
- 미국콘크리트협회(ACI) : Janssen 식 또는 Reimbert 식
- 독일국가표준(DIN) : Janssen 식
- 캐나다 농가건축설계기준(CFBC) : Janssen 식

일반적으로 사용되고 있는 곡물의 물성은 표 10-10와 같다.

[표 10-10] 곡물빈 설계에 필요한 곡물의 특성

곡물 종류	단위 중량 (kN/m^3)	내부 마찰각 (degree)
벼	5.75	36
쌀	9.00	33
보리	6.00	27
밀	8.50	28
옥수수	8.00	27

여기서는 미국농공학회에서 채택하고 있는 설계기준을 요약하여 소개한다.

미국농공학회 설계기준은 곡물이 빈의 중앙으로 투입되고 중앙으로 배출되는 곡물빈에 대한 곡물 압력을 계산하는 데 제한적으로 적용되며, 빈을 직경에 대한 높이의 비에 따라 깔때기형 흐름(funnel flow) 빈과 플러그형 흐름(plug flow) 빈으로 구분한다.

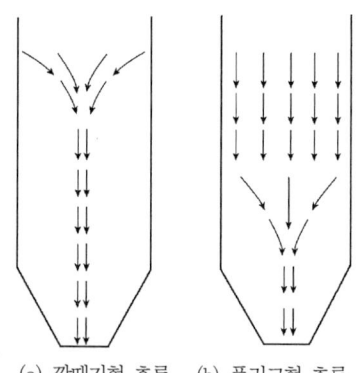

(a) 깔때기형 흐름 (b) 플러그형 흐름

[그림 10-16] 빈에서의 곡물 배출 형태

직경에 대한 높이의 비가 보통 2.0 이하인 얕은 빈의 경우, 곡물은 그림 10-16(a)에서와 같이 주로 깔때기형 흐름으로 배출된다. 이 경우 곡물을 배출하는 동안 빈의 벽체에 작용하는 수평하중은 정적 곡물하중에 비하여 그다지 크지 않다. 깔때기형 흐름의 경우, 표면의 곡물이 역원추 모양을 형성하며, 표면 부근의 곡물은 서서히 벽 근처에서 중앙으로 흘러서 곡물

깔때기의 중앙을 통하여 배출된다. 깔때기형 흐름에서는 상부 표면의 곡물이 가장 먼저 배출된다.

깊은 빈은 빈의 깊이가 충분히 깊기 때문에 배출 초기에 깔때기형이 형성될 수 없다. 곡물이 배출되면서 곡물의 깊이가 낮아져, 직경에 대한 곡물 깊이의 비가 2.0에 접근하면 깔때기형 흐름이 시작된다. 깊은 빈으로부터 곡물 배출은 그림 10-16(b)에서와 같이 플러그형 흐름 형태이다.

미국농공학회의 설계기준 중에서 중요한 사항을 정리하면 다음과 같다.

- 빈 상부의 원추형 곡물 더미의 영향은 곡물 퇴적고에 원추 높이의 1/3을 추가하여 계산한다.
- 직경에 대한 높이의 비가 2.0 이하인 빈을 깔때기형 흐름 빈으로 정의한다. 빈의 높이는 곡물 배출구(빈의 마루)로부터 곡물층 상부의 원추형 곡물 더미 높이 1/3까지의 거리이다. 깔때기형 흐름 빈에서 배출하중은 정하중과 동일하다.
- 직경에 대한 높이의 비가 2.0 이상인 빈을 플러그형 흐름 빈으로 정의한다. 동하중은 Janssen식으로 계산한 정하중에 과압계수(F)를 곱하여 계산한다(표 10-11).

[표 10-11] ASAE에서 설계기준으로 채택한 빈의 벽체 재료별 마찰계수, 압력비 및 과압계수

벽체 재료	마찰계수(μ)	압력비(k)	과압계수(F)
강판	0.30	0.5	1.4
콘크리트	0.40	0.5	1.4
파형강판	0.37	0.5	1.4

- 플랫형 빈에서 과압계수 F는 빈 바닥으로부터 D/4 지점부터 직선적으로 감소하며, D/4 지점에서 1.4, 빈 바닥에서 1.0이다.
- 일반적인 빈의 설계에 곡물 산물밀도(ρ)의 최대치로 834 kg/m^{3}를 사용한다. 곡물의 표준 산물밀도를 사용할 때는 1.08의 다짐계수를 곱하여 사용한다.
- 깔때기형 흐름의 호퍼빈에서 호퍼의 경사면에 수직으로 작용하는 정압력(P_n)은 다음 식 (10-62)와 호퍼빈의 접합부에서 동수반경을 사용하여 계산한다.

$$P_n = P_v \cos^2\alpha + P_h \sin^2\alpha \tag{10-62}$$

여기서, α는 호퍼의 경사면이 수평과 이루는 각이다.

- 호퍼빈 연결부에서 동하중은 표 10-11의 과압계수를 적용하여 계산한다. 과압계수는 깊이에 따라 직선으로 감소하여 호퍼 바닥에서 1.0이다.
- 호퍼 벽면에 작용하는 마찰압력은 다음 식 (10-63)으로 계산한다.

$$P_t = \mu P_n \tag{10-63}$$

여기서, P_t = 호퍼 마찰압력(Pa)

- 온도 변화에 의하여 벽체에 작용하는 수평하중의 증가는 외기온도 하강률이 각각 10℃/hr 및 20℃/hr일 때 각각 정하중의 8% 및 15%로 추정한다.

예제 10-6

Janssen식을 이용하여 직경이 각각 5, 10 및 15 m인 플랫 원형빈에 작용하는 수평압력을 높이(최대 높이 H = 50 m)에 따라 계산하고, 이를 그래프로 나타내어라. ASAE의 설계기준에 따라 곡물의 산물밀도 $\rho = 834\ \text{kg/m}^3$, 마찰계수 $\mu = 0.37$, 압력비 $k = 0.5$로 한다. 과압계수 $F = 1.4$로 하되, 빈 바닥으로부터 D/4 지점에서 빈 바닥 사이는 직선적으로 감소하는데, D/4 지점에서는 1.4, 빈 바닥에서는 1.0이다.

풀 이

식 (10-40)에서

$$P_h = F\,\frac{\rho g\ R}{\mu}(1-e^{-k\,\mu y\,/\,R}) = F\frac{(834)(9.81)D}{4\mu}\left(1-\exp(-\frac{4(0.5)(0.37)y}{D})\right)$$

$$= F\ 2045.39\frac{D}{\mu}\left(1-\exp(-\frac{0.74y}{D})\right)$$

과압계수 F는 $y \geq D/4$이면, F=1.4, $y < D/4$이면, $F = \frac{1.6}{D}(H-y)+1.0$이 된다.

직경 D = 5, 10, 15 m에 대하여 P_h를 계산하여 도시하면 다음 그림과 같다.

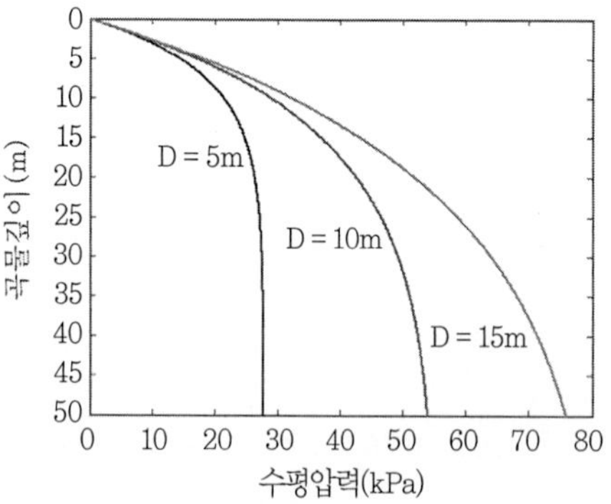

[그림 10-17] 빈의 직경에 따른 수평압력의 변화

10.6 곡물 저장시스템

곡물의 저장 방법은 포대저장(bag storage system)과 산물저장(bulk storage system)으로 나눌 수 있는데, 두 방법 중 지역의 특성에 따라 선택한다. 즉, 곡물의 종류, 곡물가치, 저장 기간, 기후 조건, 운송시스템, 노임, 포대 비용, 쥐와 해충의 침입 가능성 등을 고려하여 선택한다.

포대저장과 산물저장의 일반적인 장단점은 표 10-12와 같다.

[표 10-12] 포대저장과 산물저장 방법의 장·단점 비교

포 대 저 장	산 물 저 장
① 저장에 융통성이 있음	① 저장에 융통성이 없음
② 부분적인 기계화 가능	② 기계화 가능
③ 취급이 느림	③ 취급이 빠름
④ 상당한 손실	④ 손실이 거의 없음
⑤ 저렴한 투자비용	⑤ 높은 투자비용
⑥ 높은 운영비용	⑥ 낮은 운영비용
⑦ 쥐 등의 피해 가능성이 높음	⑦ 쥐 등의 피해 가능성이 없음
⑧ 관리가 어려움	⑧ 관리가 용이함

현대적 저장시스템은 저장 구조물의 형태, 입·출고 시설 및 저장 환경의 조절 방법에 따라서 다음과 같이 분류할 수 있다.

- 포대저장시스템
- 사일로저장시스템
- 밀폐저장시스템
- 통풍저장시스템
- 저온저장시스템
- CA저장시스템

10.6.1 포대저장시스템

포대저장시스템은 곡물을 포대에 담아 평창고에 저장하는 방법이다. 포대저장의 중요한 단점 중 하나는 습한 여름철에 포대 바깥층의 곡물에서 재흡습이 일어나고, 이로 인하여 미생물의 활동이 촉진되어 품질 손상이 일어나기 쉽다는 데 있다. 또한 기온이 매우 높은 여름철에 저장고의 지붕과 벽체의 온도가 극도로 상승하여 벽체와 지붕 근처의 곡물은 가열된다. 이로 인하여 수분 이동이 발생하여 곡물의 품질 손상을 일으키게 된다.

우리나라의 평창고는 많은 경우 잘 단열되어 있어 위와 같은 품질 손상의 우려는 낮다.

10.6.2 사일로저장시스템

사일로저장시스템은 입·출고가 기계화되고, 많은 사일로를 유기적으로 설치한 저장시스템이다. 사일로 저장시설을 미국에서는 컨트리 엘리베이터(country elevator) 또는 터미널 엘리베이터(terminal elevator)라고 하는데, 이는 곡물을 상하로 이송하는 데 높은 엘리베이터를 이용하는 데서 붙은 이름이다.

실험과 경험에 의하면 적절한 통풍과 곡온 감시장치가 설치된 철제 또는 콘크리트 사일로에서 곡물을 수년간 안전하게 저장할 수 있다는 사실이 밝혀지고 있다.

현대적인 사일로저장시스템은 반입 피트, 많은 컨베이어 시설, 무게와 함수율 계량장치 등을 갖추고 있으며, 건조시설과 연계된 시설이 많다. 우리나라의 미곡종합처리장, 일본의 컨트리 엘리베이터가 그 예이다.

수출입 터미널에 설치된 사일로 저장시스템을 터미널 엘리베이터라고 하는데, 이 시설에서는 짧은 기간 동안 저장하면서 연속적인 입고와 출고 작업을 수행하므로 이송과 처리 능력이 큰 시설이 요구된다. 즉, 이 시설의 주된 기능은 곡물 저장이 아니라 신속한 대량 처리가 목적이므로 일반적으로 높이가 높은 수직 사일로(vertical silo)를 설치하여 중력을 이용해 배출을 용이하게 한다. 장기 저장을 목적으로 할 경우에는 높이가 제한된 수평 사일로(horizontal silo)를 설치하는 것이 유리하다.

10.6.3 밀폐저장시스템

밀폐저장(airtight storage system)은 저장고를 밀폐시켜 보통 21%인 산소 농도를 낮춰 곡물의 호흡과 미생물의 번식을 억제함으로써 곡물의 품질 저하를 방지하는 저장 방법이다.

곰팡이를 포함한 대부분의 미생물은 산소가 희박하면 사멸하든지 적어도 번식을 중단한다. 그러나 산소 농도가 아주 희박하더라도 성장이 가능한 곰팡이도 있으며, 이스트와 박테리아를 포함한 다른 미생물은 산소가 완전히 없는 소위 혐기성 호흡(anaerobic respiration)을 할 수 있다. 혐기성 호흡은 호기성 호흡에 비하여 탄수화물을 완전히 분해하지는 못하므로, 그 결과 탄수화물이 분해되어 에틸알코올과 이산화탄소, 열을 발생한다. 이 반응식은 식 (10-64)와 같다.

$$C_6H_{12}O_6 \rightarrow 2C_2H_5OH + 2CO_2 + 22\ \text{kcal} \qquad (10-64)$$

발효(fermentation)라고 알려진 혐기성 호흡은 밀폐 저장고 안의 곡물 수분이 높아서 상대습도가 높을 때 일부 미생물에서 일어난다.

함수율의 고저에 관계 없이, 밀폐저장의 성패는 미생물이 번식하기 전에 저장고의 산소 농도를 미생물의 치사 수준까지 희박하게 만들어주느냐에 달려 있다. 일반적으로 해충 중에서 성충은 산소 농도가 체적비율로 약 2% 이하에서는 모두 사멸하며, 유충은 산소 부족에 아주 민감하여 산소 농도 5.5%일 때 50%가 사멸한다.

그러나 함수율이 높은 곡물에 붙어 있는 대부분 곰팡이는 산소 농도가 0.2%로 하강할 때까지 번식을 계속한다. 심지어는 이스트와 박테리아는 공기가 완전히 없어도 혐기성 호흡을 하므로 밀폐저장을 하더라도 함수율을 낮추어 이들이 번식할 수 있는 환경을 만들어 주지 않아야 한다.

밀폐저장은 산소 농도가 15~21%로 높더라도 이산화탄소의 농도를 높여주면 해충의 사멸률은 높아지는데, 이산화탄소 농도를 36%로 높일 때 해충은 대부분 사멸한다.

곡물을 밀폐저장하면 산소 농도는 희박해지고 이산화탄소 농도는 증가한다. 그림 10-18은 밀의 밀폐저장 실험에서 저장일수에 따라 산소와 이산화탄소의 농도 변화를 나타낸 것이다. 이 실험은 저장 시작 시에 바구미 성충을 1 kg당 133마리와 13마리를 미리 혼입한 2가지 형태로 수행되었다. 그림에서와 같이 133마리의 성충을 혼입한 경우는 단지 4일 경과 후에 산소 농도가 2% 이하로 감소하였으며, 13마리를 혼입한 경우는 21일 경과 후에 산소 농도가 바구미의 치사 수준으로 하강하였다. 일반적으로 곡물의 함수율이 높을수록 이산화탄소 농도의 증가 속도와 산소 농도의 감소 속도가 증가한다.

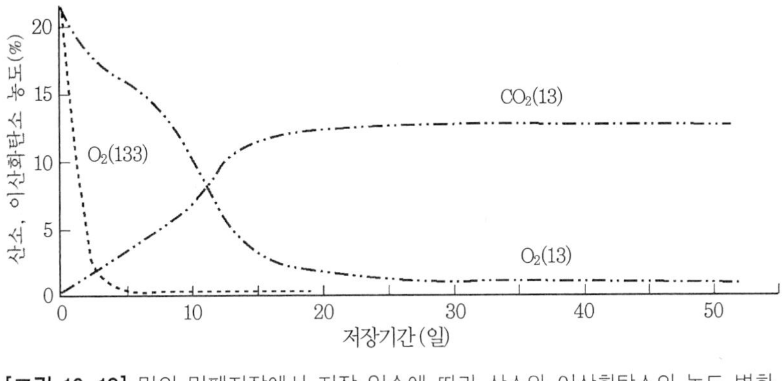

[그림 10-18] 밀의 밀폐저장에서 저장 일수에 따라 산소와 이산화탄소의 농도 변화

10.6.4 통풍저장시스템

통풍저장시스템(areated storage system)은 곡물빈에 적절한 통풍장치를 설치하고 자연의 공기 또는 냉각기로 냉각된 공기를 곡물층에 보내 저장에 적절한 곡온을 유지하는 저장 시설이다. 통풍의 주된 목적은 저장빈 내 전체 곡물의 온도와 함수율을 균일하게 하고, 곡온을 낮추어 곡물의 호흡과 미생물의 번식을 억제하여 안전하게 저장하기 위함이다. 통풍저장은 통풍을 통하여 안전저장함수율을 1~2% 정도 높일 수 있기 때문에 함수율이 16%

내외인 곡물도 수개월간 안전하게 저장할 수 있는 수단이다. 냉각기 등을 이용하여 10℃ 이하로 냉각한다면, 고함수율의 곡물도 상당 기간 저장할 수 있다. 또한 통풍은 곰팡이 냄새, 곡물 훈증제 등의 냄새를 효과적으로 제거할 수 있으며, 함수율 차이가 있는 곡물의 수분 이동과 함수율 평형을 달성할 수 있다. 통풍장치를 이용하여 사일로에서 곡물을 훈증할 수도 있다.

(1) 곡물 냉각 소요시간

통풍을 통해 곡물을 냉각하는 데 요구되는 시간은 시뮬레이션을 통하여 정확히 예측할 수 있다. 그러나 시뮬레이션 모델이 매우 복잡하기 때문에 여기서는 근사적으로 냉각시간을 예측하는 단순열평형모델을 소개한다.

단순열평형모델에서는 다음과 같이 가정한다.

- 곡물층을 통과하는 공기와 곡물은 온도와 습도가 평형 상태에 있다.
- 외기온습도는 통풍 기간 동안의 평균 온도 T_{inlet}와 평균 절대습도 H_{inlet}로 한다.
- 배출 공기의 절대습도 H_{outlet}는 알고 있으며 통풍 기간 내내 일정하다.
- 배출 공기의 온도는 초기 곡온과 같다.

단순열평형모델은 다음과 같이 나타낼 수 있다.

$$[G_a\rho_a c_a(\theta_{initial}-T_{inlet})+G_a\rho_a h_{fg}(H_{inlet}-H_{outlet})]t$$
$$=W_g c_g(\theta_{initial}-\theta_{final})$$

여기서, 좌변의 첫째 항은 냉각 공기가 얻은 열량, 둘째 항은 수분증발잠열이며, 우변은 곡물이 잃은 열량이다.

따라서,

$$t=\frac{W_g c_g(\theta_{initial}-\theta_{final})}{G_a\rho_a c_a(\theta_{initial}-T_{inlet})+G_a\rho_a h_{fg}(H_{inlet}-H_{outlet})} \quad (10\text{-}65)$$

여기서, t : 냉각 소요 시간(min)
W_g : 곡물의 중량(kg)
c_g : 곡물의 비열(kJ/kg·K)
G_a : 송풍량(m^3/min)
ρ_a : 공기의 밀도(kg/m^3)
c_a : 공기의 비열(kJ/kg·K)

h_{fg} : 수분증발잠열(kJ/kg)
H_{inlet} : 곡물층 유입 공기의 절대습도(kg/kg)
H_{outlet} : 곡물층 배출 공기의 절대습도(kg/kg)
$\theta_{initial}$: 곡물 초기 온도(℃)
θ_{final} : 곡물 최종 온도(℃)
T_{inlet} : 냉각 공기 유입 온도(℃)

통풍 과정 동안 수분 증발이 없다면 $H_{inlet} = H_{outlet}$이므로 다음과 같이 단순화된다.

$$t = \frac{W_g c_g (\theta_{initial} - \theta_{final})}{G_a \rho_a c_a (\theta_{initial} - T_{inlet})} \tag{10-66}$$

곡물을 외기온도까지 냉각한다면, 즉 $\theta_{final} = T_{inlet}$이 될 때까지 냉각에 소요되는 시간은 다음과 같다.

$$t = \frac{W_g c_g}{G_a \rho_a c_a} \tag{10-67}$$

예제 10-7

벼 1톤을 송풍량 0.11 m³/min·ton으로 냉각한다. 공기의 밀도 ρ_a = 1.15 kg/m³이다. 벼의 비열은 1.83 kJ/kg·K, 공기의 비열은 1.0 kJ/kg·K이다. 곡물의 수분 증발은 없으며, 외기온도까지 냉각하는 데 소요되는 시간을 계산하여라.

풀 이

식 (10-67)을 이용하면,

$$t = \frac{W_g c_g}{G_a \rho_a c_a} = \frac{1000(1.83)}{0.11(1)(1.15)(1.0)} = 14{,}466 \text{ min} = 241 \text{ hr}$$

예제 10-8

함수율 16%의 벼(비열 1.83 kJ/kg·K)를 27℃로부터 10℃까지 냉각하는 데 소요되는 시간을 계산하여라. 냉각 공기의 온도는 10℃, 송풍량은 0.11 m³/min·ton, 공기의 밀도 ρ_a = 1.15 kg/m³이다. 곡물층을 통과하는 공기의 절대습도는 0.008 kg/kg 상승한다. 곡물 수분의 증발잠열을 3489 kJ/kg으로 가정한다. 곡물로부터 제거된 수분의 양과 최종함수율을 구하여라.

풀 이

식 (10-65)로부터,

$$t = \frac{W_g c_g(\theta_{initial} - \theta_{final})}{G_a\rho_a c_a(\theta_{initial} - T_{inlet}) + G_a\rho_a h_{fg}(H_{inlet} - H_{outlet})}$$

$$= \frac{(1)(1.83)(1000)(27-10)}{(0.11)(1.15)(1.0)(27-10) + (0.11)(1.15)(1.0)(3{,}489)(0.008)}$$

$$= \frac{31{,}110}{2.15 + 3.53} = 5477\ \text{min} = 91.28\ \text{hr}$$

91.28시간 동안 1톤의 곡물로부터 제거된 수분은

$G_a\rho_a \Delta H\ t\ =\ 0.11(60)(1.15)(0.008)(98.28) = 5.54\ \text{kg}$

초기함수율이 16%(w.b.)이므로 1000 kg 중에 물의 무게가 160 kg이며, 건물의 무게가 840 kg이다. 이중에서 물의 무게가 5.54 kg 증발하였으므로 최종 물의 무게는 160−5.54 = 154.46 kg이다.

따라서 최종함수율 $M_f = \frac{154.46}{840 + 154.46} \times 100 = 15.53\%\,(\text{w.b.})$

초기함수율 16%에서 0.47% 감소하였다. 곡물을 냉각하는 동안 보통 함수율이 0.5% 정도 감소한다.

식 (10−65)와 (10−66)은 냉각 공기의 배출 온도가 곡물의 초기 온도와 동일하다고 가정하고 냉각 소요 시간을 계산하는 식이다. 배출 공기의 온도는 냉각 초기에는 초기 곡온과 같을 수 있으나, 냉각 시간이 경과할수록 낮아진다. 따라서 실제에는 $(\theta_{initial} - T_{inlet})$의 값이 식 (10−65)와 식 (10−66)에서 사용한 값보다 작아지므로 이들 식으로 계산한 냉각 소요 시간은 실제보다 짧아진다. 따라서 이들 식으로 계산한 냉각 소요 시간에 1.25를 곱하여 냉각시간으로 한다. 예제 10−7의 냉각 소요 시간은 241×1.25=301시간, 예제 10−8에서는 91.28×1.25=114시간이 된다.

(2) 풍량비

통풍저장 시에 필요한 풍량비는 일반적으로 곡물을 건조하기 위하여 필요한 풍량비의 $\frac{1}{10} \sim \frac{1}{40}$만이 요구된다. 곡물의 통풍에 적절한 풍량비는 표 10−13과 같이 기후 조건에 따라 다르다.

[표 10−13] 곡물 통풍에 필요한 풍량비(m^3/min·ton)

곡물빈의 형태	온대성 기후	아열대 기후
수평형 사일로(얕은 빈)	0.055~0.112	0.100~0.200
수직형 사일로(깊은 빈)	0.027~0.055	0.050~0.100

열대 및 아열대 지역에서는 온대 지역보다 풍량비를 크게 하여야 한다. 풍량비가 증가하면 냉각 시간은 단축되지만 소요 동력이 크게 증가한다는 사실에 유의하여 풍량비를 선택하여야 한다. 풍량비를 선택하는 데 고려하여야 할 사항은 다음과 같다.

- 온대 지역에서는 30일 이내, 열대와 아열대 지역에서는 15~20일 이내에 일평균 온도의 3~5℃ 이내로 냉각되도록 한다.
- 적절한 1일 냉각 시간은 10시간이다.
- 곡물빈이 완전히 채워지기 전에라도 가능한 한 빨리 송풍기를 가동한다.
- 송풍기는 비가 오는 날이나 안개가 짙은 날은 가동을 중단한다.
- 최소 소요 송풍량은 송풍기의 소요 동력이 최소가 되도록 선택한다.

통풍은 수확 직후 곡물이 건조되기 전에 고수분의 곡물을 일시적으로 저장하는 데도 이용된다. 이 경우 통풍의 목적은 냉각을 위한 통풍과 다르다. 고수분에 곡온이 높은 곡물은 호흡열을 많이 발산하고 곰팡이의 번식이 급격히 진행되므로 비교적 많은 풍량비(0.25~0.5 m^3/min·ton)로 통풍한다. 함수율에 따라 다르지만 온대기후에서 통풍을 통하여 고수분의 곡물을 3~7일 동안 일시 저장할 수 있다.

(3) 송풍기 선택

송풍기 선택은 풍량비, 곡물의 종류 및 퇴적고에 의하여 좌우된다. 이러한 3가지 요인에 따라 곡물층을 통한 압력 손실과 송풍기의 동력이 결정된다.

압력 손실을 고려하여 송풍기 동력을 산출할 경우에는 다음 사항들을 고려하여야 한다.

- 곡물 함수율이 높을 경우 낮은 함수율에서 계산한 압력 손실의 80%를 사용한다.
- 곡물이 다져져 있을 경우 느슨한 채움에서 얻은 압력 손실에 50%를 가산한다.
- 이물질의 함유 정도에 대한 특별한 기준은 없지만, 일반적으로 이물질의 크기가 곡물보다 작으면 저항이 증가하고 크면 감소한다.

(4) 통풍장치

통풍장치는 송풍기, 공기공급덕트 및 통풍덕트로 구성된다. 통풍장치의 설계에는 덕트의 길이, 단면 크기, 구멍 크기, 개공률, 균일한 공기 공급을 위한 덕트의 배치 등이 포함된다.

일반적으로 공기공급덕트는 덕트에서 과도한 압력 손실이 발생하지 않도록 공기 유속이 7.6~10.1 m/s 범위를 넘지 않도록 단면적을 결정한다.

공기는 통풍덕트나 다공통기마루를 통하여 곡물에 분배된다. 그림 10-19는 많이 사용되는 통풍덕트의 예이다. 호퍼빈은 특이한 덕트 구조를 갖는데, 그림 10-20과 같이 빈의 하부에서 공기를 송풍하기 위하여 호퍼 안쪽에 두 개의 원형 덕트가 설치된다. 다공통기마루보다 통풍덕트는 비용은 저렴하지만 공기가 균일하게 분배되지 못하는 단점이 있다.

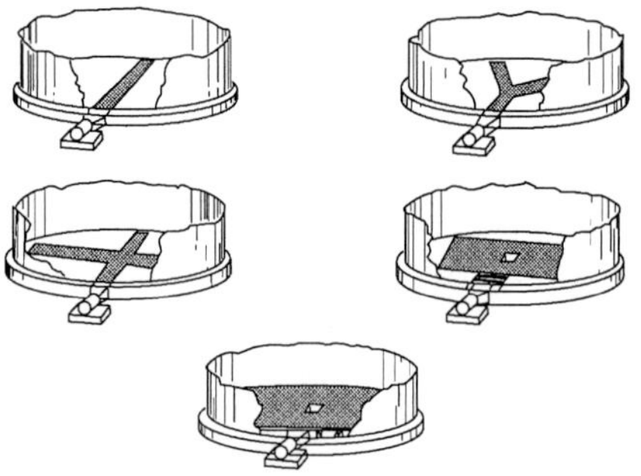

[그림 10-19] 곡물빈의 다양한 통풍덕트와 다공통기마루

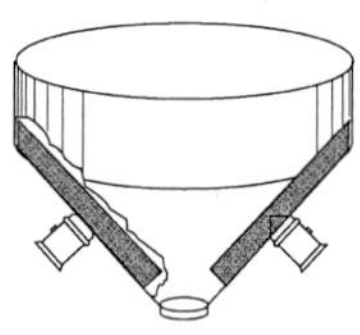

[그림 10-20] 호퍼빈의 통풍덕트

바닥 전체에 통기마루를 설치한 경우는 퇴적 곡물의 표면이 평평하고 곡물에 이물질이 균일하게 분포되어 있으면 균일한 통풍이 이루어진다. 원형빈이나 평창고의 바닥에 통풍덕트를 설치할 경우 균일한 통풍을 위하여 통풍덕트의 설치 수와 설치 간격에 특별히 유의하여야 한다. 통풍덕트의 설치 간격은 다음과 같은 원칙을 따른다(그림 10-21 참고).

- 덕트의 설치 간격은 덕트로부터 곡물 표면까지 곡물층을 통과하는 공기 경로의 길이를 가능한 한 비슷하도록 설치한다.
- 통풍덕트의 최적 설치 간격은 최장 공기 경로에 대한 최단 공기 경로의 비에 기초를 두고 결정하며, 일반적으로 이 비가 1.5가 넘지 않도록 한다.
- 덕트의 설치 간격은 곡물층의 깊이 이하로 한다.
- 저장고 벽체에서 가장 가까운 통풍덕트는 벽체와의 거리가 곡물층 깊이의 1/2을 초과하지 않도록 한다.

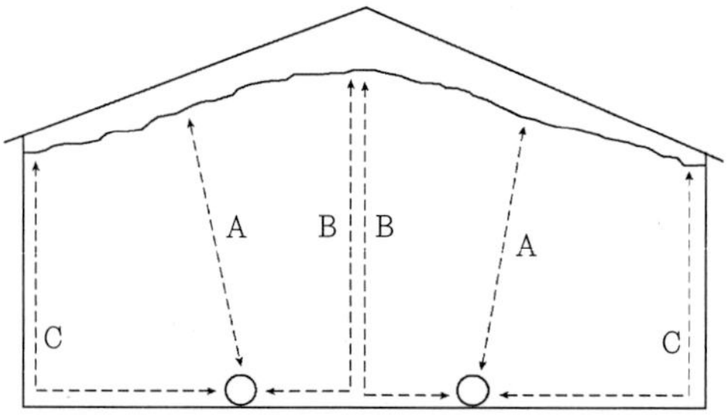

A : 최단 공기 경로　　B와 C : 최장 공기 경로

[그림 10-21] 평창고에서 통풍덕트의 설치

다공통기마루나 통풍덕트의 개공률은 7~10% 이상이어야 하는데, 대부분의 덕트는 이보다 약 2배의 개공률을 갖는다. 일반적으로 덕트의 전체 표면적은 공기량(m^3/s)을 덕트의 전체 표면적으로 나눈 값이 0.15~0.25 m/s를 넘지 않도록 충분히 하는 것이 바람직하다. 통풍덕트는 일반적으로 바닥 위에 설치되므로, 원형덕트의 유효 표면적은 20% 정도 감소한다. 필요한 덕트의 표면적은 공급할 분당 송풍량(cmm)을 8.5에서 14.25 사이의 값으로 나누어 결정하는데 보통 평창고에 대해서는 8.5의 값이 추천된다.

(5) 통풍 관리

곡물 저장시설에서 통풍장치의 적절한 운영은 그 설계만큼이나 중요하다. 효율적인 통풍 관리를 위하여 다음 사항을 미리 결정하여야 한다.

- 통풍장치의 전반적인 관리 사항이다. 언제 통풍을 하여야 하는가? 어떤 온도로 곡물을 냉각하여야 하는가? 겨울에도 송풍기를 가동하여야 하는가? 봄에 또는 곡물이 저장고에서 배출되기 바로 전에 가온해야 하는가? 이러한 결정을 한 후에 송풍기 작동 계획을 수립하여야 한다.
- 송풍기의 가동 시간과 1일 작동 방법이다. 송풍기를 연속적으로 운전할 것인지, 또는 가동 시간을 정하여 간헐적으로 운전을 할 것인지를 결정하고, 운전을 수동 또는 자동제어로 할 것인지를 결정한다.

1) 저장 직후

수확 및 건조 시에 가열된 곡물을 냉각하기 위하여 곡물을 저장고에 넣은 후 가능한 한 빨리 통풍하여야 한다. 여름에 수확된 곡물의 온도는 15~20℃까지, 가을에 수확된 곡물은 10~15℃까지 균일하게 하강시켜야 한다. 여름에 수확된 곡물은 일반적으로 가을이 오기 전에 10~15℃까지 재냉각하는 것이 바람직하다. 기온이 낮고 건조한 공기가 지속되는 기간이 일반적으로 통풍의 최적기이며, 곡물을 계절 평균 기온보다 낮게 냉각할 필요가 있다.

2) 늦가을

늦가을에는 곡물을 1~4℃까지 냉각되도록 통풍하는데, 0.08 cmm/m^3의 풍량비로 약 1주일 정도 연속적인 통풍이 필요하다. 일반적으로 11월 말에서 12월 초의 날씨는 평균 겨울 온도에 가까워 냉각하기에 적절하다. 이때에 냉각이 이루어지면, 특별한 저장에 문제가 발생하지 않는 한 통풍이 봄까지 더 이상 필요하지 않게 된다.

곡물 저장 전문가들은 빙점보다 낮은 온도에서는 냉각을 권장하지 않는다. 이는 결로를 방지하기 위하여 곡온과 외기의 온도차를 8℃ 이내로 유지하여야 하기 때문이다.

3) 봄

3월이나 4월에 곡온을 10~15℃로 상승시키기 위하여 통풍한다. 많은 저장 곡물 관리자들은 봄에 곡온을 상승시키는 데 동의하지 않으며, 일부는 겨울 동안의 온도에서 곡온을 유지하기를 선호한다. 그러나 곡물을 여름을 지나 저장하게 되면 저장고 내에서 수분 이동이 일어날 수 있다. 그리고 찬 곡물을 이송하거나 배출하면, 곡물에 수분 응축현상이 쉽게 발생할 수 있으므로 곡온을 상승시킬 필요가 있다.

봄철에는 곡온이 평균 외부 공기 온도에 근접할 때까지 통풍을 계속하는 것이 바람직하다. 이때 곰팡이의 성장에 좋은 따뜻한 공기가 곡물을 통과하면 찬 곡물에 수분이 응축하게 된다. 따라서 통풍을 지속적으로 실시해 응축된 수분을 배출시켜서 곡물의 심각한 손실을 방지하여야 한다.

곡온이 10~15℃ 정도까지 상승되고 난 후 다른 문제가 없다면 여름철에는 더 이상 통풍하지 않는 것이 바람직하다.

4) 일상 통풍 계획

앞에서 논의된 계절 통풍 일정은 매일 24시간 송풍기를 작동하는 것을 기초로 하고 있다. 보통 가을과 봄의 평균 상대습도는 곡물의 안전저장함수율(14~15%)을 넘지 않으면서 계속적으로 송풍기를 작동시킬 수 있는 조건이 된다.

공기 흡입구에 가까운 곡물은 밤이나 우기 중 일시적으로 함수율이 증가할 수 있는데, 이때에는 상대습도가 낮은 날 송풍기를 가동하여 증가된 수분을 제거할 필요가 있다. 공기의 상대습도는 곡온이 공기 온도보다 높은 경우는 그렇게 중요하지 않다.

평균 상대습도가 수일 동안 높은 상태를 유지하면, 상대습도가 70~80% 이하일 때를 제외하고는 송풍기를 가동하지 않도록 한다.

송풍기의 자동 제어는 일반적으로 타이머 혹은 온도조절기와 습도조절기의 조합으로 이루어진다. 타이머는 장기간의 기상 자료에 기초하여 통풍에 알맞은 기간 동안에만 송풍기를 가동하는 데 사용한다. 온도조절기는 공기 온도가 설정한 최저 온도(일반적으로 빙점 온도)와 곡온보다 낮게 설정한 최대 온도 사이일 때 송풍기를 가동하게 한다. 습도조절기는 온도조절기에 부가적으로 설치되어 습도가 너무 높을 때에는 송풍기의 가동을 멈추도록 한다. 습도 설정은 너무 제한하지 않는 것이 바람직한데, 보통 상대습도가 85%나 90% 이상일 때 송풍기의 가동을 중지하는 것이 바람직하다.

10.6.5 저온저장시스템

저온저장시스템(low temperature storage system)은 냉동기가 설치된 저장시스템이며, 보통 2~10℃ 정도의 저온에서 현미나 쌀을 저장하거나, 일부 건조 전 혹은 화학약품 처리를 하지 않고 고수분의 곡물을 수주간 저장하기 위하여 수행된다. 저온저장은 냉각저장(chilled storage)이라고도 한다. 표 10-14는 냉각저장 시 함수율별 허용할 수 있는 최고 저장온도를 나타낸 것이다.

[표 10-14] 냉각저장 곡물의 함수율별 최고 저장온도

함수율(%)	온도(℃)	
	8주 저장 후 품질 변화 없음	곰팡이의 번식은 없으나 5% 발아율 감소
16	13	15
18	7	10
20	4	7
22	2	4

연 | 습 | 문 | 제

1 저장 곡물의 품질 변화에 영향을 주는 요인들에 대해 설명하여라.

2 일본, 미국 및 중국 쌀의 등급기준을 우리나라와 비교하고, 특징을 설명하여라.

3 쌀의 완전립, 싸라기 및 분상질립을 정의하여라.

4 함수율 16%(w.b.)의 벼 1000 kg을 20℃에서 30일 동안 저장하였다. 저장 초기의 곡온은 20℃이다. 저장 기간 동안의 호흡량, 건물중량 손실률, 저장 후의 함수율과 곡온을 구하여라.

5 저장 곡물에서 번식하는 박테리아와 곰팡이의 최저 생육 조건에 대하여 설명하여라.

6 저장 곡물 해충의 종류를 열거하고, 번식에 필요한 최저 및 최적 온·습도를 설명하고, 이들의 피해를 없애기 위하여 벼의 저장온도를 얼마로 하면 적절한지 설명하여라.

7 직경 10 m의 원형 철제빈의 벽체는 3개의 재료로 구성된다. 내부 벽체는 아연도금강판(두께 2 mm, 열전도계수 45.8 W/m·K), 중간층은 단열재 폴리우레탄폼(열전도계수 0.0198 W/m·K), 바깥층은 단열재 보호 덮개이며 두께는 1 mm, 열전도계수는 아연도금강판과 동일하다. 벽체를 통한 열손실을 50% 줄이는 데 필요한 단열층의 두께를 계산하여라.

8 직경 11 m의 철제 원형빈에 함수율 16%(w.b.)의 벼를 저장한다. 저장 벼의 온도는 15℃이고, 외기의 온도는 20℃에서 35℃ 사이를 다음과 같은 sine 곡선으로 변한다.

$$T = 27.5 + 7.5\sin\left(\frac{\pi}{12}(t+18)\right)$$

여기서, T : 온도(℃)

t : 시각(0~24)

3개월 동안 저장할 때 프로그램(silogtemp)을 이용하여 곡온 변화를 예측하여 그림으로 나타내고 그 특성을 설명하여라. 벼와 공기의 물성 및 빈 벽체 외부의 열전달계수는 예제 10-3에서 주어진 자료를 이용한다. 외부 바람의 풍속은 5 m/s로 간주한다.

9 바닥이 평형한 원형빈의 직경 D=10 m이다. 산물밀도 ρ=834 kg/m^{3}인 곡물을 H=15 m의 깊이로 퇴적한다. 벽체와 곡립 간의 마찰계수 μ=0.37이며, 곡물의 내부마찰계수 ϕ=36°이다. 곡물층 표면으로부터 3, 8, 13 m의 깊이에 작용하는 곡물의 수직압력, 수평압력, 벽면에 작용하는 수직압력을 구하고, 푸터에 작용하는 수직하중, 빈의 통기마루에 작용하는 수직압력을 구하여라.

10 직경 10 m 빈에 높이 5 m로 곡물을 채운다. 곡물의 산물밀도 834 kg/m^3, 벽체와 곡물 사이 마찰계수 μ=0.37, 곡물의 내부마찰각 ϕ=36°이다. Janssen식과 Reimbert식을 이용하여 깊이별 수평하중을 계산하여 비교하여라.

11 함수율 20%의 벼(비열 1.97 kJ/kg·K)를 30℃로부터 15℃까지 냉각하는 데 소요되는 시간을 계산하여라. 냉각 공기의 온도는 10℃, 송풍량은 0.15 m^3/min·ton, 공기의 밀도 ρ_a=1.15 kg/m^{3}이다. 곡물층을 통과하는 공기의 절대습도는 0.008 kg/kg 상승한다. 곡물 수분의 증발잠열을 3489 kJ/kg으로 가정한다. 곡물로부터 제거된 수분의 양과 최종함수율을 구하여라.

12 폭 10 m, 길이 20 m의 평창고에 벼를 4 m 깊이로 퇴적하여 저장한다. 저장고 바닥에 원형 통풍덕트를 설치하여 통풍저장을 한다. 풍량비를 합리적으로 가정하고, 통풍덕트의 직경과 설치 간격을 결정하고, 설치 위치를 표시한 도면을 그려라. 필요한 송풍기의 풍량, 압력, 소요 마력을 계산하여라.

13 곡물의 계절별 통풍 관리 방법에 대하여 설명하여라.

참고문헌

1. 고학균, 금동혁 외. 1990. **농산가공기계학.** 향문사
2. 고학균, 금동혁 외. 1995. **미곡종합처리시설 - 이론과 실제-.** 문운당
3. 고학균, 정창주, 1980. In-Bin 건조 및 저장 체계에 관한 실험적 연구. **한국농업기계학회지** 5(2).
4. 금동혁. 2007. 곡물 빈의 구조설계 방법(I)-곡물하중 계산 방법-. **RPC 기술과 경영** 10호. 한국 RPC연구회
5. 금동혁, 김재열, 1991. 시뮬레이션에 의한 산물 저장 벼의 온도, 함수율 및 품질의 변화의 예측. **한국농업기계학회지** 16(1).
6. 김동철. 1999. 곡물냉각기를 이용한 벼 건조 및 저온저장시스템의 최적화. 박사학위논문. 성균관대학교
7. 대한건축학회. 2006. **건축구조설계기준 및 해설.**
8. ACI. 1991. Standard and practice for design and construction of concrete silos and stacking tubes for storing granular materials(ACI 313-91). Am. Concrete Institute.
9. ASAE. 2004. Loads exerted by free-flowing grain on bins(EP 433). Am. Soc. of Agric. Eng.
10. Bala.B. K. 1997. *Drying and Storage of Cereal Grains*. Science Publishers, Inc.
11. Brooker, D. B. ,F. W. Bakker-Arkema and C. W. Hall. 1992. *Drying and Storage of Cereal Grains and Oilseeds*. AVI.
12. Burrell, N. N. 1974. *Aeration in : Storage of Cereal Grains and Their Products*, 2nd ed. Am. Assoc. Cereal Chem.
13. Chung, J.H. 1989. Modeling, simulation, and automatic control for optimum drying and storage of rough rice in a bin system. Dissertation, Louisiana State University, Baton Rouge, La, USA.
14. Cloud, H. A. and R. V. MOREY. 1980. Management of stored grain with aeration. M-165. Agric. Ext. Serv., Univ. Minn.
15. CFBC. 1990. Canadian farm building code. National Research Council of Canada.
16. DIN. 1987. Design loads for buildings-loads in silo bins(DIN 1055). Deutsche Normen.
17. European Committee for Standardization. 1991. Eurocode 1-Actions on structures Part4 : Silos and tanks.
18. Foster, G. H. 1967. Moisture changes during aeration of grain. *Trans. ASAE* 10(3).
19. Foster, G. H. and B. A. Mckenzie. 1979. Managing grain for year round storage. AE-90. Coop. Ext. Serv., Purdue Univ.
20. Jayas, D.S., N.D.G. White and W.E. Muir. 1995. Stored Grain Ecosystems. Dekker.
21. Leet, K. M. and C.M. Uang. 2004. *Fundamentals of structural analysis*. McGraw Hill.
22. Reimbert, M. and A. Reimbert. 1976. *Silos: Theory and Practice*. Trans Tech Publications.
23. Teter, N.C. 1981. Grain Storage. College, Laguna, Philippines, SEARCA.
24. 日本食糧保管研究會. 2005. **米麥保管管理の 手引き.**

Post-Harvest Process Engineering

Chapter 11 냉동기와 저온저장

Chapter

11 냉동기와 저온저장

청과물은 수확 이후에도 호흡작용, 증산작용 등 생명체로서 기능을 수행하는데, 이를 위하여 체내 영양분을 소모하게 되고 시간이 경과함에 따라 신선도와 품질이 저하된다. 따라서 질적·양적 손실을 최소화하려면 수확 후 가능한 한 신속하게 청과물의 품온을 낮추거나 주위의 기체조성을 통하여 호흡작용을 억제하는 것이 중요하다.

수확 직후에 품온이 높은 청과물은 왕성한 호흡에 따른 발열에 의해 호흡작용이 더욱 가속된다. 따라서 청과물의 품질을 유지하려면 수확 후 빨리 포장열(field heat)을 제거하여 품온을 낮추어 호흡작용을 억제하여야 하는데, 이를 위한 냉각을 예냉(precooling)이라고 한다. 예냉을 통하여 신속히 품온이 낮아진 청과물은 저온저장을 하게 된다.

예냉과 저온저장에 필수적인 장치가 냉동기(refrigerator)이다. 냉동(refrigeration)은 물체나 일정한 공간으로부터 열을 빼앗아 온도를 저하시킴으로써 주위 온도 이하로 낮추거나 유지하는 조작이다. 냉동기는 농산물의 예냉, 저온저장, 냉동건조, 가정용 냉장고, 공기조화장치 등 다방면에 이용된다.

이 장에서는 냉동기의 작동 원리, 열역학적인 분석 및 주요 구성 요소를 다룬다. 또한 청과물 예냉의 이론적인 분석과 예냉시설을 다루고, 저온저장고의 냉각부하 계산 방법에 대하여 서술하기로 한다.

11.1 냉동기

옛날에는 냉각을 위해 얼음을 이용하였다. 식품을 담은 단열 상자 내에서 얼음을 녹이면, 얼음이 고상에서 액상으로 변하는데 약 333.4 kJ/kg의 융해열이 필요하다. 이 열을 식품으로부터 빼앗으면 식품이 냉각된다. 이와 같은 방법을 자연 냉동법(natural refrigeration)이라고 한다. 오늘날에는 냉매를 이용하여 저온 영역에서 열을 흡수하고 고온 영역으로 열을 방출하여 냉동효과를 연속적으로 얻는 기계적 냉동법(mechanical refrigeration)이 사용되며, 이러한 역할을 하는 장치를 냉동기라 한다.

기계적 냉동법에는 공기압축식, 증기압축식, 증기분사식, 흡수식 및 열전냉동법이 있으나, 증기압축식 냉동법이 가장 많이 사용된다. 가정용 냉장고, 가정용 공기조화장치, 자동차 공기조화장치 등은 대부분 증기압축식이다.

저온 영역에서 고온 영역으로 열을 이동시키는 매체를 냉매(refrigerant)라 하는데, 물과 달리 냉매의 증발온도는 아주 낮다. 예를 들면 공장의 대형 냉동시설에 냉매로 많이 사용되는 암모니아의 증발온도는 −33.4℃이다.

11.1.1 냉매

냉동 사이클의 작동 유체로서 저온 물체에서 열을 빼앗아 고온 물체로 열을 운반하는 매체를 총칭하여 냉매라고 한다. 일반적으로 냉동장치는 냉방에서 초저온에 이르기까지 용도가 광범위하므로 사용되는 냉매 역시 압축기의 종류, 증발온도 및 압력, 응축온도 및 압력 등 열역학적 조건에 따라 여러 가지 종류가 사용된다.

(1) 냉매의 종류

냉매는 화학적으로 무기화합물, 탄화수소, 할로겐화 탄화수소, 공비혼합물로 분류되며 그 특성은 다음과 같다.

1) 무기화합물 냉매

무기화합물(inorganic compound) 냉매에는 암모니아, 탄산가스, 아황산가스, 물 등이 있다. 이 중 암모니아는 독성이 큰 단점을 제외하면 우수한 냉매로 널리 사용되고 있다.

탄산가스는 비교적 안전하고 냉동기의 장치가 작아도 된다는 장점 때문에 과거에는 주로 선박용 냉동기에 사용되었으나 극히 고압이 필요하고 임계온도(31℃)가 낮은 결점 때문에 할로겐화 탄화수소의 출현과 더불어 사용되지 않고 있다. 그러나 탄산가스를 고체화한 드라이아이스는 저온용 냉매로서 널리 사용되고 있다.

아황산가스는 소형 냉동기에 사용된 적이 있으나 독성이 심하여 현재는 사용되지 않고 있다. 물은 증기분사 냉동기나 흡수식 냉동기의 냉매로 널리 쓰이고 있다.

2) 탄화수소 냉매

탄화수소(hydrocarbon)계 냉매로는 메탄, 에탄, 프로판, 부탄 등이 있으며 공기액화분리나 천연가스 등을 액화시킬 때 다단 냉동시스템의 냉매로 사용되거나 석유화학공업에 사용되고 있다. 이들은 모두 연소성이 있어 안전에 주의를 요한다. 최근에는 R12와 냉동 사이클 특성이 비슷한 프로판을 자동차와 냉장고용 냉매로 사용하는 연구가 일부 행해지고 있다.

3) 할로겐화 탄화수소 냉매

할로겐화 탄화수소(halocarbon compound)란 1개 이상의 할로겐원소(Cl, F, Br, I)를 포함하는 탄화수소 계열 냉매군이다. 이 냉매군을 프레온(freon)이라고 부르며, 비교적 독성, 폭발성, 연소성이 없어 안전하고 열 특성도 뛰어나다.

프레온 냉매란 CFC(chloro fluoro carbon, 염화불화탄소), HCFC(hydro chloro fluoro carbon, 수소염화불화탄소), HFC(hydro fluoro carbon, 수소불화탄소) 계열의 냉매를 총칭한 듀퐁사의 브랜드 명이다. 프레온 냉매군은 탄화수소가 1개인 메탄(CH_4)과 2개인 에탄(C_2H_6)에 할로겐 원소들이 치환된 냉매로 대별된다. 메탄계 할로겐 냉매는 R12(CCl_2F_2), R13(CF_3Cl), R22(CHF_2Cl) 등이 있고, 에탄계 할로겐 냉매는 R134a(CF_3CH_2F), R142b($C_2H_3F_3Cl$) 등이 있다.

프레온을 구성하는 원자들은 고유의 물성치를 갖고 있어 각 원자의 수에 따라 어느 정도 프레온 가스의 특성이 결정된다. 즉, 수소 원자가 많을수록 가연성이 강하게 되고, 염소 원자는 독성이 강해지며, 불소 원자는 화학적 안정성이 증대되는 등의 성질을 갖는다.

4) 공비혼합물 냉매

공비혼합물(azeotropic compound)은 증발점이나 응축점이 각기 다른 2종 이상의 냉매를 일정 조성으로 혼합한 것으로 단일 냉매와 같은 물리적 특성을 갖는다. 현재 R500, R501, R502 등이 사용되고 있다.

(2) 냉매 명명법

국제적으로 합의된 냉매의 명칭은 R(또는 CFC, HCFC, HFC, HC 등)과 숫자의 조합으로 이루어진다. 프레온계 냉매의 분자식은 다음과 같이 표시된다.

$$C_mH_nF_pCl_q$$

이때 n+p+q=2m+2를 만족하며, R(m−1)(n+1)(p)로 표시한다. 예를 들면, 다음과 같다.

CCl_3F → R11 또는 CFC11 (m=1, n=0, p=1)

CCl_2F_2 → R12 또는 CFC12 (m=1, n=0, p=2)

$CHClF_2$ → R22 또는 HCFC22 (m=1, n=1, p=2)

$C_2Cl_3F_3$ → R113 또는 CFC113 (m=2, n=0, p=3)

브롬이 포함된 냉매는 끝에 B와 숫자를 추가하여 몇 개의 염소가 브롬으로 대체되었는지를 표시한다. 따라서 R13B1은 R13에서 한 개의 염소를 브롬으로 대체한 것을 의미하며 화학식은 CF_3Br이다.

이성체(isomer), 즉 화학식은 같지만 분자 구조가 틀린 경우 a, b 등을 숫자 뒤에 첨가한다.

냉매의 혼합물이지만 순수 물질과 같이 거동하는 공비혼합물은 R500부터 개발된 순서대로 R501, R502…와 같이 일련번호를 붙인다.

n+p+q = 2m인 불포화 화합물은 (m−1) 앞에 숫자 1을 첨가하여 구분한다. 예를 들어 에틸렌은 R1150이다.

무기화합물은 700에 분자량을 더한 숫자로 표현한다. 암모니아는 R717, 물은 R718, 이산화탄소는 R744이다. 부탄의 경우 다른 탄화수소계열의 물질과 동일한 이름을 가질 수 있기 때문에 임의로 n−butane은 R600, Isobutane는 R600a로 표현한다.

(3) 냉매의 선정

냉매는 독성이 없어야 하며 또한 불연성이어야 한다. 냉매를 선택할 때 고려하여야 할 중요한 물리적 및 화학적 특성은 다음과 같다.

- **증발온도** : 냉매는 증발온도가 낮아야 한다. 증발온도가 높은 물질이 증발압력과 응축압력이 낮으며 증발잠열이 크다.
- **중발잠열** : 증발잠열이 커야 한다. 주어진 냉동 용량에 대하여 증발잠열이 크면 냉매의

순환율을 줄일 수 있다.

- **증발압력** : 대기압보다 약간 높은 것이 바람직하다. 증발압력이 대기압보다 너무 낮으면 흡입 냉매의 비체적이 너무 크게 되고, 외부로부터 공기가 새어들어 냉매와 혼합할 위험이 있다.
- **응축압력** : 응축압력이 적당히 낮아야 한다. 응축압력이 높으면 압축기, 응축기 및 배관 등을 내압 구조로 해야 되므로 제작 경비가 상승한다.
- **임계온도** : 임계온도가 충분히 높아야 한다. 임계온도 이상의 온도에서는 냉매가 액화될 수 없다. 이론적으로 *p–h* 선도에서 응축온도선이 임계점에서 멀수록 냉동 사이클의 성능계수가 높기 때문에 임계온도는 높을수록 좋으며, 임계압력은 낮은 것이 좋다. 표 11–1에서와 같이 이산화탄소를 제외하고 대부분의 임계온도는 통상적인 응축온도보다 훨씬 높다.
- **응고온도** : 응고온도는 낮아야 한다. 냉동 사이클은 냉매의 응고점 이상에서 작동하여야 하며, 물을 제외하면 모든 냉매가 응고점이 상당히 낮다.
- **증기의 비체적** : 증기의 비체적이 적당히 작아야 한다. 비체적이 작으면 압축기의 단위냉동톤당 비체적이 작아져서 압축기가 소형으로 되기 때문이다.
- **가연성** : 냉매는 가연성이 없어야 한다. 메탄, 에탄, 프로판, 부탄 등과 같은 탄화수소계 냉매는 폭발성과 가연성이 있다. CFC 계열의 냉매와 R134a는 불연성 물질이다.
- **독성** : 냉매는 독성이 없어야 한다. R12, R114, R13B1은 독성이 없으나, 이산화황은 독성이 아주 강하다. 가연성과 독성 때문에 암모니아는 가정용 냉장고나 에어컨 등에 사용되지 않는다.
- **화학적 안정성** : 냉매는 금속, 물 및 기름 등과 화합해서는 안 된다.
- **부식성** : 배관 등 냉동장치를 구성하는 물질에 대한 부식성이 없어야 한다. 암모니아는 구리를 부식시키지만 강철에 대한 부식성은 없다. 따라서 배관, 배관연결장치, 밸브는 철을 사용하여야 한다. 대부분의 불화탄소계열의 물질은 안정성이 높다.

표 11–1은 많이 사용되는 냉매의 특성을 나타낸다.

[표 11–1] 주요 냉매의 특성

기호	범 주	화 학 식	증발온도 NBP (℃)	증발압력 (kPa)	응축압력 (kPa)	임계온도 (℃)	임계압력 (kPa)	응고점 (℃)	증발잠열 (kJ/kg)	증기 비체적 (m^3/kg)	냉동톤 당 증기 체적유량 (m^3/h·RT)	가연성
물	무기화합물	H_2O	100	0.874	7.38	374.15	22130	0.0	2342.5	147.2	825.6	불연성
R113	CFC	$C_2Cl_3F_3$	45.9	19.03	78.09	214.1	3415	−36.6	111.8	1.649	186.9	불연성
R11	CFC	CCl_3F	23.7	49.67	174.8	197.78	4370	−111	148.3	0.772	65.9	불연성
R114	CFC	CF_2ClCF_2Cl	3.6	106.9	345.4	145.8	3275	−94	88.6	0.263	37.6	불연성
R600a	HC	$(CH_3)_3CH$	−11.9	188	536.1	135.0	3645	−159.6	238.0	0.3993	21.24	가연성
R152a	HFC	CH_3CHF_2	−24.7	314.9	909.2	113.3	4520	−117.0	226.5	0.207	11.572	약가연성
R134a	HFC	CF_3CH_2F	−26.2	350	1016.7	101.06	4056	−96.6	139.8	0.12	10.867	불연성
R12	CFC	CCl_2F_2	−29.8	362	960	112.04	4115	−136	108.4	0.093	10.857	불연성
R717	무기화합물	NH_3	−33.4	516	1554	133.0	11297	−77.7	1053.4	0.509	6.124	가연성
R22	HCFC	$CHClF_5$	−40.8	583.6	1533.1	96.02	4988	−160	108.4	0.0775	6.668	불연성
R290	HC	C_3H_8	−42.1	547.8	1366.4	96.8	4256	−187.1	252.4	0.15425	7.737	가연성
R744	무기화합물	CO_2	−78.4			31.1	7372	−56.6	158.7	0.0166	1.33	불연성
R13	CFC	CF_3Cl	−81.5			28.78	3880	−180	49.1	0.012	3.1	불연성

주) 증발온도는 표준대기압에서의 값임.
R600a는 이소부탄, R717은 암모니아, R290은 프로판, R744는 이산화탄소를 나타냄.
증발압력은 5℃, 응축압력은 40℃에서의 값임.
증발잠열과 증기 비체적은 물은 5℃, 이산화탄소는 25℃, 기타는 −15℃에서의 값임.

(4) CFC 대체 냉매

CFC 계열의 냉매는 화학적으로 매우 안정적이고 냉동장치에서 누출된 후 대기 중에 오랫동안 존재한다. 대기 중의 CFC 냉매는 성층권에 도달하면 단파장 자외선의 작용에 의하여 염소 원자가 분자로부터 분리되고 자유염소가 성층권에서 오존과 반응하여 산소로 변형되어 오존층을 파괴한다. 반응 과정은 다음과 같다.

$$CCl_2F_2 \rightarrow CClF_2 + Cl$$
$$O_3 + Cl \rightarrow ClO + O_2$$

성층권의 오존층은 태양광선 중에 유해한 자외선 성분을 흡수한다. CFC 계열의 냉매는 종류에 따라 오존층 파괴의 정도가 다른데 이를 오존파괴지수(Ozone Depletion Potential, ODP)라고 한다. CFC는 지구온난화를 유발하므로 지구온난화지수(Global Warming Potential, GWP)로도 분류한다. 오존파괴지수는 R11을 기준으로 타 냉매의 상대적인 오존파괴도를 나타낸 것이고, 지구온난화지수는 R12를 기준으로 하여 타 냉매의 온실효과 발생 정도를 나타낸 것이다.

CFC 계열 냉매가 오존층을 파괴한다는 사실이 알려지면서 오존층 보호를 위한 국제기구인 유엔환경계획(UNEF)에서 1990년 CFC 폐기 일정을 정하였는데, 오존파괴도가 큰 R11, R12, R113, R114, R502 등 CFC 계열의 물질은 2000년 이후에는 사용하지 못하도록 하고 있으며, HCFC 계열의 전 품목도 2020년에서 2040년 사이에 사용을 금지할 것을 규정하였다. HCFC 계열인 R22는 오존파괴도가 R12의 5%에 불과하지만 지구온난화도가 크기 때문에 2030년까지는 다른 물질로 대체하도록 하였다.

CFC 계열의 냉매 분자에서 1개의 염소 원자가 수소 원자로 대체되면 분자 안정성이 훨씬 줄어들고 오존파괴효과가 아주 작아진다. 이러한 이유로 CFC 계열의 냉매 사용이 완전 중단되기 전에 중간 단계로 HCFC 계열의 사용이 권장되고 있다. 이에 따라 HCFC 계열의 R22가 광범위하게 사용되고 있다.

표 11-2는 냉매의 ODP, 염소 중량비 및 공기 중 반감수명을 나타낸다.

CFC 또는 HCFC계의 냉매를 대체하기 위한 물질은 우수한 열역학적, 물리화학적 특성을 가짐과 동시에 친환경적인 화합물이어야 한다.

탄화수소(HC)와 염화불화탄소(HFC)는 CFC의 대체 냉매이다. 이 두 물질은 염소가 전혀 없기 때문에 오존파괴지수가 0이다. 수소염화불화탄소(HCFC)는 비록 염소를 포함하고 있

[표 11-2] 냉매의 오존파괴지수(ODP) 및 공기 중 반감수명

냉매	ODP	염소 중량비(%)	대기 중 반감수명(연)
CFC 계열			
R11	1.0	77.4	65
R12	1.0	58.6	146
R113	0.8	56.7	90
R114	0.8	41.5	185
R115	0.4	22.9	380
HCFC 계열			
R22	0.05	41.0	20
R142b	0.06	35.2	13
R141b	0.1	60.6	10
R125	0.02	26.0	4
R123	0.02	46.3	2
HFC 계열			
R152a	0	0	1
R134a	0	0	0

지만 수소 원자도 포함하고 있기 때문에 오존파괴지수가 상당히 낮다. 수소 원자가 대기권 하부에서 냉매의 분리를 유발하고, 분리된 염소가 빗물에 흡수되기 때문에 대기권 상부에 도달하는 염소가 감소된다. 그러나 HCFC는 지구온난화지수가 크기 때문에 결국 사용이 금지되어야 한다.

오존파괴도지수가 큰 대표적인 물질인 R11과 R12를 대체하는 냉매는 분자량이 커야 하고 R11의 증발온도(23.7℃)에 근접하여야 한다. 따라서 R123, R123a가 적합하다. 가정용 냉장고 및 자동차 에어컨 등에 널리 사용되고 있는 R12를 대체할 수 있는 냉매는 HFC 계열의 R134a, R152a이다.

11.1.2 브라인

브라인(brine)이란 원래 소금물을 의미하나 냉동에서는 프레온 등의 1차 냉매와 열교환에 의하여 상변화 없이 저온 열을 전달하는 2차 매체로서 물이나 공기 등을 총칭한다. 2차 냉매인 브라인은 제빙과 공기조화 등에 널리 사용된다.

브라인은 통상 빙점 강하를 위하여 특정 물질을 물에 용해시킨다. 빙점 강하를 위하여 사용되고 있는 물질은 염화칼슘, 염화나트륨, 탄산칼슘, 염화마그네슘 등 고체 물질과 에틸렌글리콜, 프로필렌글리콜, 메틸알코올, 에틸알코올, 글리세롤 등 액체 물질이 있다.

브라인의 동결점은 냉매의 증발온도보다 적어도 5~6℃ 낮아야 하는데, 만일 그렇지 못하면 브라인 중의 수분이 증발기의 관벽에 동결되어 열전달을 나쁘게 하거나 장치를 파괴하게 된다. 예를 들어 냉매를 -15℃에서 증발시키려면 사용되는 브라인의 동결점은 -21~-22℃ 이하가 적절하다.

고체 브라인 중의 염화칼슘($CaCl_2$)은 부식성이 비교적 적고, 동결점도 아주 낮아(29.9%에서 -55℃) 일반적으로 널리 사용된다. 그러나 쓴맛이 있으므로 브라인이 접촉할 염려가 있는 식품의 동결에는 사용되지 않는다. 염화나트륨($NaCl$)은 금속 재료를 부식시키고 동결점도 염화칼슘에 비하여 높은 결점이 있으나 무해하므로 식품 동결에 이용된다. 염화칼슘 대신 염화마그네슘($MgCl_2$) 용액을 사용하기도 한다.

액체 브라인 중 에틸렌글리콜 수용액은 낮은 부식성과 화학적 안정성, 저렴한 가격 등으로 널리 쓰이며, 프로필렌글리콜 수용액은 식품에 무해한 특성을 갖는다.

11.1.3 증기압축 냉동 사이클

그림 11-1에서와 같이 증기압축식 냉동기는 압축기(compressor), 응축기(condenser), 팽창밸브(expansion valve), 증발기(evaporator)로 구성된다. 전동기로 압축기를 구동하여 기체 상태인 냉매를 압축하여 응축기로 보내고, 이것이 응축기에서 외부의 물이나 공기와 접촉함으로써 냉각되어 액화된다. 이 액체 상태의 냉매가 팽창밸브에서 증발기로 분사되면 급팽창하여 기화되고, 증발기 주위로부터 열을 흡수하여 주위를 냉각한다. 이와 같이 냉매의 압축, 응축, 팽창, 기화의 4단계 변화가 반복되며 이를 냉동 사이클이라 한다.

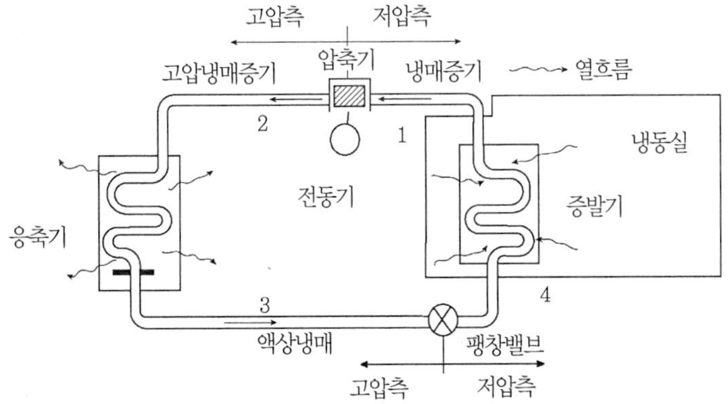

[그림 11-1] 증기압축식 냉동기

증기압축식 냉동기는 현재 가장 일반적으로 사용되고 있는 냉동기이다. 증기압축식 냉동기는 냉동 사이클 중 증발된 냉매 증기를 압축하는 횟수에 따라 1단 압축, 2단 압축, 3단 압축 등으로 부른다. 이 장에서는 구조가 단순한 1단 압축 냉동 사이클(single stage compression refrigeration cycle)을 다룬다.

1단 압축 냉동기는 압축기에 유입되는 냉매증기의 상태(습증기, 건포화증기, 과열증기)에 따라 작동 사이클을 각각 습압축, 건조압축, 과열압축식 냉동 사이클로 구분하는데, 이 중 건조압축 냉동 사이클은 증기압축식 냉동 사이클의 기본 사이클이다.

냉동기 내에서 냉매는 액체와 기체의 상변화를 반복하며 냉동 사이클을 수행한다. 냉매의 상태 변화의 분석에 $T-s$ 선도(온도-엔트로피 선도)와 $p-h$ 선도(압력-엔탈피 선도)를 사용한다.

(1) 증기압축 냉동 사이클

냉매는 냉동기를 구성하는 여러 요소를 통과하면서 온도와 압력이 변한다. 그림 11-2는 이상적인 증기압축 냉동 사이클의 $T-s$ 선도와 $p-h$ 선도를 나타낸 것이다. 그림과 같이 압축기가 상태 1인 건포화증기를 흡입하여 과열증기가 될 때까지 압축을 행하는 사이클이므로 증기압축식 건조압축 냉동 사이클이라고 한다.

사이클의 각 과정을 요약하면 다음과 같다.

1) 단열압축 과정(1-2 과정)

증발기를 통과한 저압의 건포화증기(점 1) 상태의 냉매를 액화하기 쉽도록 압축기에서 고온·고압의 과열증기(점 2) 상태로 만드는 단열압축 과정(등엔트로피 과정).

등엔트로피 과정 : $s_1 = s_2$

압축일 : $w_c = h_2 - h_1$ (11-1)

2) 등압응축 과정(2-3 과정)

압축기에서 고압으로 압축된 과열증기(점 2)의 냉매가 응축기에서 냉각되어 포화액(점 3)으로 변하는 등압응축 과정.

정압 과정 : $p_2 = p_3$

방출열량 : $q_H = h_2 - h_3$ (11-2)

3) 팽창 과정(3–4 과정)

고압의 포화액(점 3) 상태의 냉매가 팽창밸브를 통과하면서 교축 변화로 저압의 습증기(점 4) 상태로 변하는 등엔탈피 과정.

$$\text{등엔탈피 과정 : } h_3 = h_4 \tag{11-3}$$

4) 증발 과정(4–1 과정)

증발기에서 저압의 습증기(점 4) 상태의 냉매가 주위로부터 열을 흡수하여 증발하면서 건포화증기(점 1)로 변하는 등온정압 과정.

$$\text{냉동효과 : } q_L = h_1 - h_4 \tag{11-4}$$

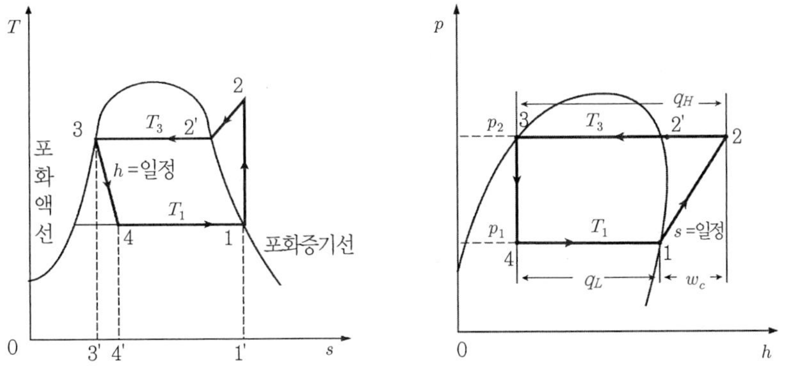

[그림 11-2] 이상 증기압축식 건조압축 냉동 사이클의 *T–s* 선도 및 *p–h* 선도

증발기에서의 냉동효과(흡수열량)와 압축기에서의 압축일의 비를 냉동기 성능계수(coefficient of performance of refrigerator, COP_R) 또는 냉방성능계수라고 하며, 응축기에서의 방출열량과 압축기에서의 압축일의 비를 열펌프 성능계수(coefficient of performance of heat pump, COP_H) 또는 난방성능계수라고 한다. 즉,

$$COP_R = \frac{q_L}{w_c} = \frac{h_1 - h_4}{h_2 - h_1} \tag{11-5}$$

$$COP_H = \frac{q_H}{w_c} = \frac{h_2 - h_3}{h_2 - h_1} \tag{11-6}$$

순환하는 냉매의 질량유량이 $\dot{m}$(kg/s)일 때 압축기 소요동력, 응축기의 방열능력 및 증발기의 냉동능력은 다음과 같이 표시된다.

$$\dot{W} = \dot{m}(h_2 - h_1) \tag{11-7}$$

$$\dot{Q}_H = \dot{m}(h_2 - h_3) \tag{11-8}$$

$$\dot{Q}_L = \dot{m}(h_1 - h_4) \tag{11-9}$$

여기서, $\dot{W}$: 압축기 소요동력(kW)

$\dot{Q}_H$: 응축기의 방열능력(kW)

$\dot{Q}_L$: 증발기의 냉동능력(kW)

냉동기의 냉동능력은 단위시간의 냉동부하를 말하며, 냉동의 표준단위로 냉동톤(RT)이 사용된다. 1 냉동톤, 즉 1 RT란 0℃의 물 1톤을 24시간에 0℃의 얼음으로 만드는 냉동능력을 말한다.

$$1\,\text{RT} = 333.40\,\text{kJ/kg} \times 1000\,\text{kg/24 hr}$$
$$= 13{,}890\,\text{kJ/hr} = 3320\,\text{kcal/hr}$$

이것은 0℃의 얼음 1톤을 1일에 0℃의 물로 만들 때 소요되는 융해열과 같다.

압축기에서 압축 후의 온도 T_2와 엔탈피 h_2는 $p-h$ 선도에서 구하거나, 과열증기표를 이용하여 이미 알고 있는 엔트로피 차 $(s_2 - s'_2)$에 해당하는 과열도 $(T_2 - T'_2)$를 보간하여 구한다.

예제 11-1

증발기 출구 온도 T_1 =-15℃, 응축기 출구온도 T_3 =40℃인 냉동기에서 R22를 냉매로 사용할 때의 성능계수를 구하여라.

풀 이

1) 그림 11-2를 참고하여, 상태 1에서 엔탈피와 엔트로피를 R22의 증기표에서 읽는다.

$h_1 = h_{g(-15℃)} = 399.60$ kJ/kg

$s_1 = s_{g(-15℃)} = 1.7754$ kJ/kg·K

2) 상태 3에서 엔탈피와 압력을 구한다. 상태 3은 온도 $T_3 = 40℃$ 의 포화액이므로 증기표에서 읽는다.

$h_3 = h_{f(40℃)} = 249.08$ kJ/kg

$p_3 = p_2 = 15.335$ bar $= 1.5335$ MPa

3) 상태 2에서 엔탈피를 구한다.

40℃의 포화증기와 과열도 30℃의 과열증기의 엔트로피와 엔탈피를 증기표에서 읽으면 다음과 같다.

$s'_2 = s_{g(40℃)} = 1.6995$ kJ/kg·K, $h'_2 = h_{g(40℃)} = 415.95$ kJ/kg

$s_{(30)} = 1.7817$ kJ/kg·K, $h_{(30℃)} = 442.1$ kJ/kg

$s_2 = s_1 = 1.7754 < s_{(30)} = 1.7817$이므로 증기는 30℃ 이하로 과열되었다.

따라서 온도에 대해 보간하면,

$$T_2 = 40 + \frac{1.7754 - 1.6995}{1.7817 - 1.6995}(30) = 67.7℃$$

$$h_2 = 415.95 + \frac{27.7}{30}(442.1 - 415.95) = 440.10 \text{ kJ/kg}$$

4) $h_3 = h_4$이므로 성능계수는,

$$COP_R = \frac{q_L}{w} = \frac{h_1 - h_4}{h_2 - h_1} = \frac{399.60 - 249.08}{440.10 - 399.60} = 3.72$$

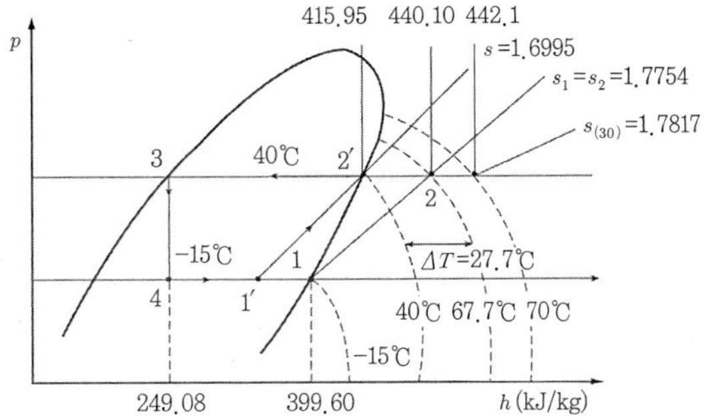

[그림 11-3] 예제 11-1의 *p-h* 선도

예제 11-2

암모니아 제빙설비가 응축기 온도 35℃, 증발기 온도 −15℃에서 운전된다. 이 설비는 30℃의 물을 −5℃의 얼음으로 하루에 10톤을 생산할 수 있다. 압축기 효율이 80%일 때 다음을 구하여라.

(1) 냉동설비의 냉동용량
(2) 냉매의 질량유량
(3) 냉매의 압축기 출구온도
(4) 이론 *COP*와 실제 *COP*

풀 이

(1) 냉동용량

30℃의 물 10톤을 −5℃의 얼음으로 만들기 위하여 흡수하여야 하는 열량은 다음과 같다.

$$\dot{Q}_L = \frac{10 \times 1000}{24}\{4.1868 \times (30-0) + 333.4 + 2.04 \times 5\} = 195{,}501\ \text{kJ/hr} = 54.3\ \text{kW}$$

여기서 4.1868 kJ/kg℃은 물의 비열, 333.4 kJ/kg는 물의 응고열, 2.04 kJ/kg℃는 얼음의 비열이다.

(2) 냉매의 질량유량

암모니아 증기표에서

$h_1 = h_{g(-15℃)} = 1443.9$ kJ/kg

$s_1 = s_{g(-15℃)} = 5.8223$ kJ/kg·K

$h_3 = h_4 = h_{f(35℃)} = 366.1$ kJ/kg

$q_L = h_1 - h_4 = 1443.9 - 366.1 = 1077.8$ kJ/kg

질량유량 $\dot{m} = \frac{\dot{Q}_L}{q_L} = \frac{195{,}501\,(\text{kJ/hr})}{1077.8\,(\text{kJ/kg})} = 181.4\ \text{kg/hr}$

(3) 암모니아 증기표로부터 35℃의 포화증기와 과열도 50℃, 100℃인 과열증기의 엔트로피와 엔탈피는 각각 다음과 같다.

$s_{g(35℃)} = 5.2086$ kJ/kg·K　　　$h_{g(35℃)} = 1488.6$ kJ/kg

$s_{(50℃)} = 5.648$ kJ/kg·K　　　$h_{(50℃)} = 1634$ kJ/kg

$s_{(100℃)} = 5.982$ kJ/kg·K　　　$h_{(100℃)} = 1762$ kJ/kg

$s_2 = s_1 = 5.8223 > 5.6466$ 이므로 증기는 과열도 50℃ 이상 과열되었다.

온도에 대해 보간하면,

$$T_2 = 35 + 50 + \frac{5.8223 - 5.648}{5.982 - 5.648}(50) = 111.1\ ℃$$

(4) 이론 COP와 실제 COP

보간법으로 압축 후의 과열증기 냉매의 엔탈피를 구하면,

$$h_2 = h_{(50℃)} + \frac{26.1}{50}(h_{(100℃)} - h_{(50℃)})$$

$$= 1634 + 0.52(1762 - 1634) = 1700.6\ \text{kJ/kg}$$

압축기의 소요동력 $\dot{W} = \frac{\dot{m}(h_2 - h_1)}{3600\eta} = \frac{181.4(1700.6 - 1443.9)}{(3600 \times 0.8)} = 16.2\ \text{kW}$

이론 $COP_R = \frac{h_1 - h_4}{h_2 - h_1} = 1077.8/256.7 = 4.20$

실제 $COP_R = \frac{\dot{Q}_L}{\dot{W}} = 54.3/16.2 = 3.35$

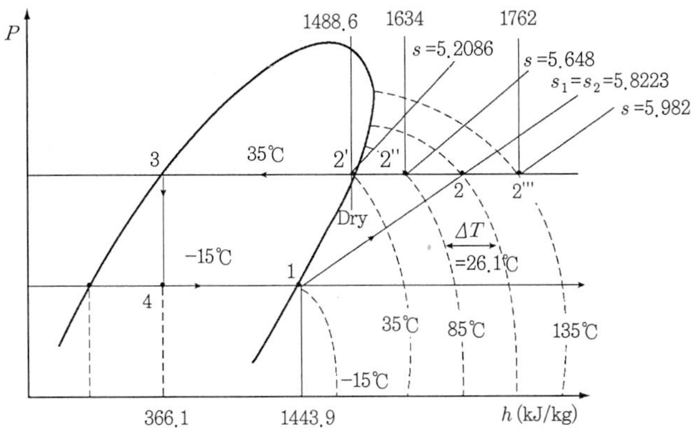

[그림 11-4] 예제 11-2의 *p*-*h* 선도

(2) 과냉각 증기압축 냉동 사이클과 표준 냉동 사이클

과냉각 사이클(sub-cooled refrigeration cycle)은 응축기에서 응축된 냉매 포화액을 다시 냉각(열교환기를 사용하기도 함)하여 포화온도 이하로 과냉각시켜 팽창밸브로 보내면 팽창 후 증발기 입구에서 냉매의 건도가 감소하므로(점 4′의 건도 < 점 4의 건도) 냉동효과를 증대시킬 수 있다. 이러한 사이클을 과냉각 사이클이라 한다. 여기서 점 3′의 온도 T'_3를 과냉각 온도라 부르고, $T_3 - T'_3$을 과냉각도라 부른다.

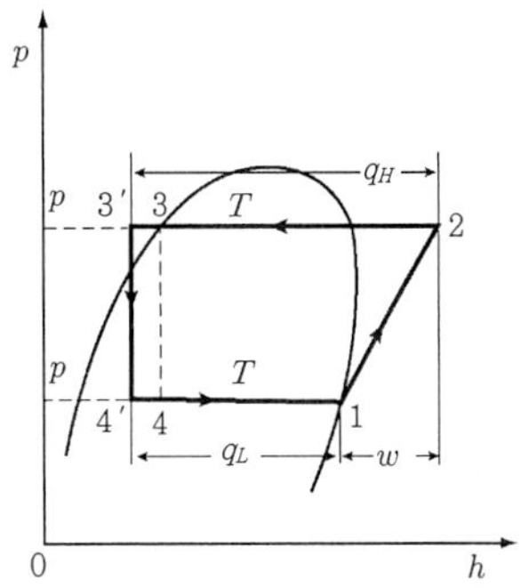

[그림 11-5] 과냉각 증기압축 냉동 사이클

그림 11-5는 과냉각 사이클을 나타낸 것이며, COP_R는 식 (11-10)과 같다.

$$COP_R = \frac{q_L}{w} = \frac{h_1 - h'_3}{h_2 - h_1} \tag{11-10}$$

그림과 같이 단순포화 냉동 사이클에 비하여 $\Delta q_L = h_3 - h'_3$의 냉동효과 증대를 나타낸다.

냉동기의 냉동능력과 소요동력은 증발온도, 응축온도, 과열도, 과냉각도 등 온도 조건에 따라 다르다. 그러므로 냉동설비를 계획하거나 성능을 비교할 경우에는 동일한 온도 조건하에서 실시하여 판단한다. 이와 같이 온도 조건을 동일하게 정한 상태에서 이루어지는 냉동 사이클을 표준 냉동 사이클(standard refrigeration cycle)이라 한다.

표준 냉동 사이클의 온도 조건은 나라마다 약간 차이는 있지만 증발온도, 응축온도, 과냉각도는 거의 같으며, 표준 증발온도는 −15℃, 표준 응축온도는 30℃ 또는 40℃, 과냉각도는 5℃로 하고 있다.

예제 11-3

증발온도 −15℃, 응축온도 30℃, 과냉각도 5℃인 표준 냉동 사이클에 대한 증발압력 p_1, 응축압력 p_2, 압축비 γ , 압축기 출구온도 T_2, 냉동열량 q_L, 압축일 w_c, 방출열량 q_H, 성능계수를 구하여라. 냉매는 암모니아이다.

풀 이

암모니아 증기표에서,

증발압력 $p_1 = 237.09$ kPa (포화온도 −15℃)

응축압력 $p_2 = 1168.6$ kPa (포화온도 30℃)

압축비 $\gamma = \dfrac{p_2}{p_1} = \dfrac{1168.6}{237.09} = 4.93$

엔탈피 $h_1 = h_{g(-15℃)} = 1443.9\,\text{kJ/kg}$, $s_1 = s_{g(-15℃)} = 5.8223\,\text{kJ/kg·K}$

$h'_2 = h_{g(30℃)} = 1486.1\,\text{kJ/kg}$ $s'_2 = s_{g(30℃)} = 5.2624\,\text{kJ/kg·K}$

$h_{(\text{과열도}50℃)} = 1628\,\text{kJ/kg}$ $s_{(\text{과열도}50℃)} = 5.697\,\text{kJ/kg·K}$

$h_{(\text{과열도}100℃)} = 1754\,\text{kJ/kg}$ $s_{(\text{과열도}100℃)} = 6.030\,\text{kJ/kg·K}$

$s_2 = s_1 = 5.8223 > s_{(\text{과열도}50℃)} = 5.697$이므로, 과열증기는 50℃ 이상 과열되었다.

보간법을 이용하여 T_2를 구하면,

$$T_2 = 30 + 50 + \frac{5.8223 - 5.697}{6.030 - 5.697}(50) = 98.81$$

$$h_2 = 1628 + \frac{18.81}{50}(1754 - 1628) = 1675.4$$

$$h_2 = 1890.20\ \text{kJ/kg}$$

$$h'_3 = h_{f(25℃)} = h'_4 = 317.7\ \text{kJ/kg}$$

냉동효과 $q_L = h_1 - h'_4 = 1443.9 - 317.7 = 1126.2$ kJ/kg

소요일 $w = h_2 - h_1 = 1675.4 - 1443.9 = 231.5$ kJ/kg

방출열량 $q_H = h_2 - h'_3 = 1675.4 - 317.7 = 1357.7$ kJ/kg

성능계수 $COP_R = \dfrac{q_L}{w} = \dfrac{1126.2}{231.5} = 4.86$

(3) 실제 증기압축 냉동 사이클

응축기, 증발기 및 배관을 통하여 냉매가 흐르는 동안 압력 강하가 일어나며, 또한 냉매와 주위의 온도차에 의하여 열손실 또는 열취득이 발생한다. 따라서 압축 과정은 등엔트로피 과정이 아닌 마찰과 열전달을 동반한 폴리트로픽 과정이 된다. 실제 증기압축 냉동 사이클의 $p-h$ 및 $T-s$ 선도는 각각 그림 11-6 및 그림 11-7과 같다.

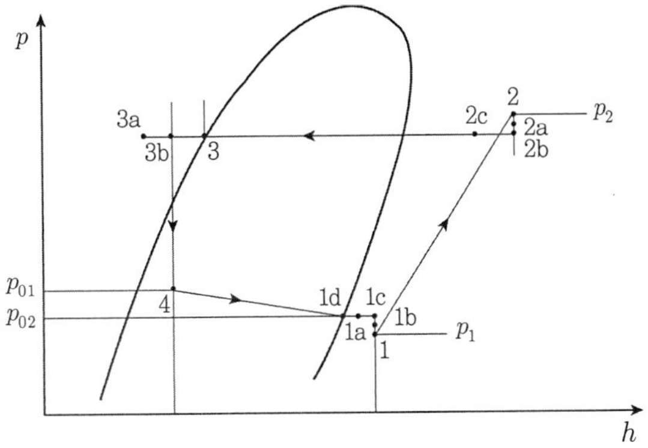

[그림 11-6] 실제 증기압축 냉동 사이클의 p-h 선도

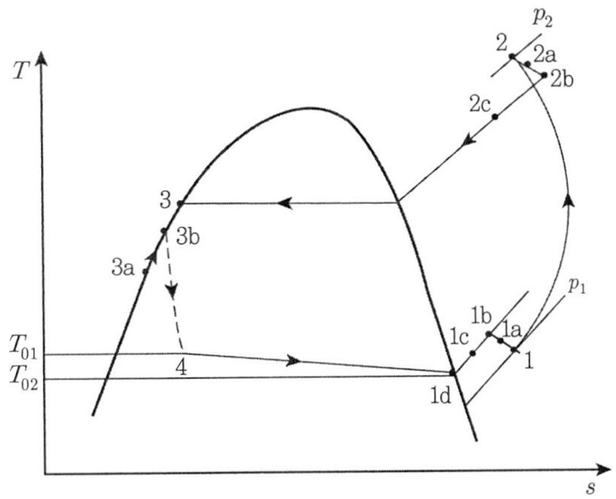

[그림 11-7] 실제 증기압축 냉동 사이클의 T-s 선도

실제 냉동 사이클은 다음에 열거한 요소 중 몇 가지 또는 전부에 의하여 이상 냉동 사이클로부터 변형된다.

- 증발기 내 증기의 과열(1d→1c)
- 흡입관 내 증기의 과열과 열취득(1c→1b)
- 흡입관 내의 압력 강하(1b→1a)
- 압축기 밸브에서 압력 강하(1a→1)
- 등엔트로피 압축 대신 열전달과 마찰이 있는 폴리트로픽 압축(1→2)

- 압축기 배출밸브에서 압력 강하(2→2a)
- 전달관 내에서 압력 강하(2a→2b)
- 전달관 내 증기의 열손실 및 과열도 감소(2b→2c)
- 응축기 내의 압력 강하(2b→3)
- 응축기, 과냉기 내 액체의 과냉(3→3a)
- 액체관 내의 열취득((3a→3b), 3→3a, 3a→3b는 *T–s* 선도의 포화액선을 따라 그려진다.
- 증발기 내의 압력 강하(4→1d)

증발기 내의 압력 강하는 마찰 압력 강하와 운동량 압력 강하가 원인이다. 증발이 진행됨에 따라 체적이 증가하고 속도가 증가한다. 운동에너지의 증가는 엔탈피의 감소, 즉 더 큰 압력 강하를 초래하는데, 이것을 운동량 압력 강하라 한다. 증발기 내에서 p_{01}에서 p_{02}까지 압력이 떨어지기 때문에 증발기의 온도가 일정하게 유지되지 못하고 T_{01}에서 T_{02}로 변환된다.

응축기 내 압력 강하는 마찰 압력 강하는 양이고, 운동량 압력 강하는 음이기 때문에 압력 강하는 그리 크지 않다. 체적과 운동에너지의 감소는 엔탈피로 전환되며 압력 또한 상승한다. 응축기는 압력을 낮게 유지하고 저장기 역할을 하도록 크기를 크게 하여야 한다.

압축기 실린더는 대개 주위보다 고온이므로 열을 뺏긴다. 압축기의 냉각은 압축일을 감소시키므로 프레온 압축기는 주조 과정에서 압축기 실린더 표면에 포물선 모양의 핀을 부착하여 공기의 자연대류에 의하여 압축기가 냉각되도록 한다. 암모니아 압축기에는 물 재킷을 만들어준다. 압축일은 기체의 엔탈피 증가와 냉각에 의한 열손실의 합으로 표시된다.

이와 같이 여러 가지 압력 강하로 설비의 용량이 감소하고 냉동톤당 소비동력이 증가하므로 실제 사이클의 COP도 감소한다.

11.1.4 증기압축 냉동기의 구조

냉동기는 압축기, 응축기, 증발기, 팽창밸브와 많은 부속기기 및 제어장치들로 구성되어 있다. 여기서는 냉동장치의 핵심이라 할 수 있는 압축기, 응축기, 증발기, 팽창밸브의 구조와 작용에 관하여 알아보기로 한다.

(1) 압축기

냉동기 구성 요소 중 압축기는 가장 핵심이 되는 기계로서 냉매압축 방식에 따라 왕복식, 회전식, 스크루식, 원심식으로 나눈다.

1) 왕복식 압축기

왕복식 압축기(reciprocating compressor)는 소용량에서 수백 kW의 대용량까지 증기압축식 냉동기에 가장 널리 쓰여왔으나 중·대형 용량에 적절한 스크루식 압축기에 비하여 소음과 효율이 낮아 3~4 RT(10~15 kW)급 이하에 주로 사용되고 있다.

왕복식 압축기는 그 구조에 따라 압축기와 원동기가 완전히 밀폐된 하나의 용기 내에 들어 있는 밀폐형 압축기(hermetic compressor), 압축기와 원동기가 별개로 되어 있는 밀폐형 압축기(open type compressor), 압축기의 밸브와 피스톤의 보수가 가능하도록 실린더 헤드가 볼트 조임으로 되어 있는 반밀폐형 압축기(semi-hermetic compressor)가 있다. 밀폐형 압축기는 압축기에서 냉매의 누출이 완전히 차단되고 소음이 적은 장점이 있으나 완전 밀봉으로 수리가 곤란한 단점이 있으며, 주로 소형 냉동기, 가정용 냉장고, 소형 선박의 어류 냉동기 등에 사용되고 있다. 개방형 압축기는 일반 대형 냉동기나 선박용 냉동기에 사용되고 있다.

2) 회전식 압축기

회전식 압축기(rotary compressor)는 회전자의 회전으로 냉매를 흡입하고 압력을 가하여 토출시키는 방식으로 고속 회전할 수 있고 기계 용량에 비하여 그 크기가 작은 것이 특징이다. 왕복식에 비하여 구조가 간단하고, 부품 수가 적으며, 작동 시 소음과 진동이 적다. 흡입밸브가 없고, 연속적인 압축이 가능하여 진공펌프로도 사용이 가능하다.

회전식 압축기의 종류에는 회전 피스톤형(rolling piston type)과 회전 베인형(rotating vane type)이 있다. 회전 피스톤형은 가정용 냉동기 혹은 2 kW 이하의 소형 냉동기에 널리 사용되고 있으며 대형 냉동기에는 주로 2단 압축냉동기의 저압용 압축기로 사용되고 있다.

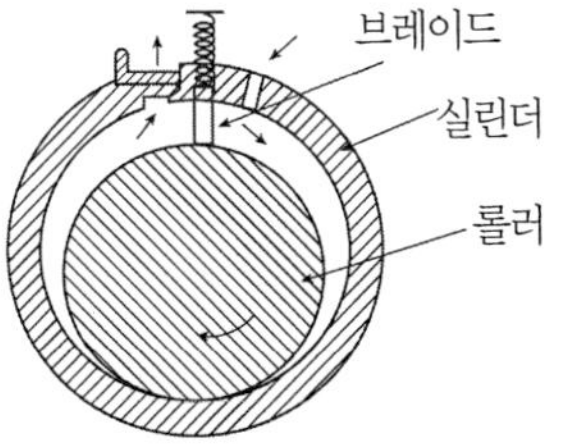

(a) 회전 피스톤형

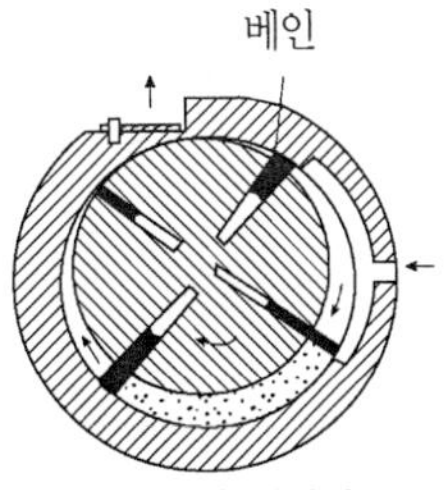

(b) 회전 베인형

[그림 11-8] 회전식 압축기

3) 스크루식 압축기

그림 11-9와 같이 하우징 안에 회전하는 2개의 나선형 홈을 갖는 회전자(rotor)로 구성되어 있다. 구동 회전자는 돌출부(lobe)로 구성되어 있으며, 피동 회전자는 홈(gully)을 가지고 있다. 4개의 돌출부를 가진 구동 회전자는 6개의 홈을 가진 피동 회전자를 자신의 2/3의 속도로 돌릴 수 있다.

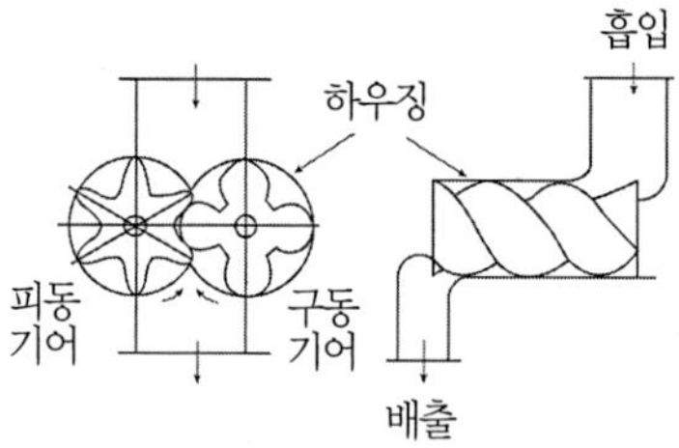

[그림 11-9] 스크루식 압축기

구동 회전자가 구동되면 피동 회전자가 따라 회전하면서 냉매증기를 압축기로 흡입한 후, 흡입된 가스를 돌출부 내부에 차단하고 축을 따라 압축하여 다른 쪽 배출구로 배출한다. 스크루식 압축기의 압축비는 최대 25:1로 높으며 광범위한 압축비의 설계가 가능하다. 이는 대부분의 냉매에 적절하며, 용량은 50 RT급 이상부터 100~1000 RT급의 냉동기에 주로 적용된다. 이는 설비가 간단하고 내구성이 양호하여 산업용 냉동기에서 지속적으로 수요가 증가하고 있다.

4) 원심 압축기

원심 압축기(centrifugal compressor, turbo-compressor)는 1920년 처음 냉동시스템에 적용된 이후 대용량 냉동시스템 및 5~12℃ 냉수를 순환시키는 공기조화 냉방시스템에 주로 사용되어왔다. 사용 냉매는 밀도가 낮은 R11이나 R113 등이다.

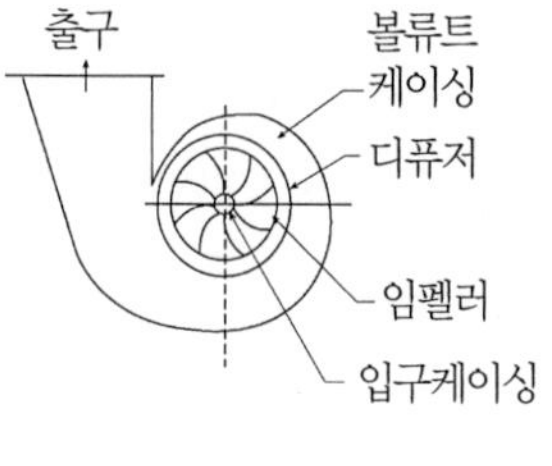

[그림 11-10] 원심 압축기 구성 요소

원심식 압축기의 구조 및 작동은 원심 펌프(centrifugal pump)와 유사하다. 그림 11-10은 1단 원심 압축기의 한 예이며, 다음 4개의 요소로 구성된다.

- 임펠러 입구로 유체를 가속하는 입구 케이싱
- 정압 증가 형태로 에너지를 유체로 전달하는 임펠러
- 임펠러 출구에서 운동에너지를 엔탈피로, 결국 압력 상승으로 바꾸는 디퓨저
- 유체를 수집하여 잔여 운동에너지를 엔탈피로 바꾸는 볼류트 케이싱

원심 압축기의 단수는 보통 2~3단이고, 냉방용 냉수를 만들 경우에 사용되는 압축기는 2단, 0℃ 이하의 브라인을 냉각할 때에는 3단이 사용된다. 최근에는 3단 이상의 다단식이

나 전동기가 냉매 중에서 회전하는 밀폐식 원심 압축기도 제작되고 있다. 통상 3000~18,000 rpm의 고속으로 운전되어 작은 크기에도 대용량 증기를 압축한다.

예제 11-4

R-134a 냉매를 사용하는 냉동기의 압축기는 3단 원심 압축기로 50 RT의 냉동능력을 내기 위한 실소요동력을 구하여라. 단 압축기 전압축효율은 70%이며, 증발온도 및 응축온도는 -10℃ 및 30℃이며 과냉각은 없는 것으로 한다.

풀 이

냉동효과 : $q_L = h_1 - h_4$ = 399.28 − 241.56 = 157.72 kJ/kg

50 RT의 냉동능력을 내기 위하여 필요로 하는 냉매 순환량을 구하면,

$\dot{m} = \dfrac{\dot{Q}_L}{q_L}$ = 50 (RT) × 3.86 (kW/RT) / 157.72 (kJ/kg) = 1.22 kg/s

가역단열 압축일(w), 이론소요동력($\dot{W}$), 실소요동력($\dot{W}_a$)을 구하면,

$w = h_2 - h_1$ = 420.5 − 399.28 = 21.2 kJ/kg

$\dot{W} = \dot{m}\,w$ = 1.22 (kg/s) × 21.2 (kJ/kg) = 25.9 kW

$\dot{W}_a = \dfrac{\dot{W}}{\eta}$ = 25.9 / 0.7 = 36.9 kW

(2) 응축기

응축기(condenser)는 압축에 의하여 고온·고압이 된 냉매가스를 냉각해 액체냉매로 만드는 장치이다. 응축기에서 냉매가스로부터 방출되는 열량은 증발기에서 흡입한 열과 압축 과정의 압축일에 상당하는 열량의 합이며, 응축기는 이 열을 물 또는 공기에 전달하여 외부로 방열한다.

따라서 응축기는 열교환기(heat exchanger)의 일종이며 열교환매체에 따라 수냉식(water cooled type), 공랭식(air cooled type), 증발식(evaporative type)으로 나뉜다. 증발식은 응축기 표면에 물을 살포하여 증발 기화시키며, 기화된 증기는 대기로 확산된다.

1) 수냉식

수냉식 응축기에는 이중관형(double-pipe type), 각-관형(shell-tube type), 각-코일형(shell-coil type)이 있다. 이중관형은 그림 11-11과 같이 내부 관에 냉각수를 외부관에 냉

매를 흐르게 하는 방식이다. 각-관형은 그림 11-12와 같이 각 속에 냉매를, 관속에 냉각수를 흐르게 하는 방식으로 가격이 저렴하고 유지·관리가 쉬운 장점이 있다. 각-코일형은 각 속에 핀(fin)이 부착된 코일 모양의 관이 설치된 것으로 구조는 각-관형과 유사하다.

현재 냉동용으로 사용되고 있는 응축기의 대부분은 수냉식 응축기 중 각-관형이다. 각-관형의 경우 냉각수 유속은 1.0~1.5 m/s, 냉각수의 출구와 입구의 온도차는 4~7℃, 응축냉매와 냉각수의 평균 온도차는 5~8℃ 정도로 한다.

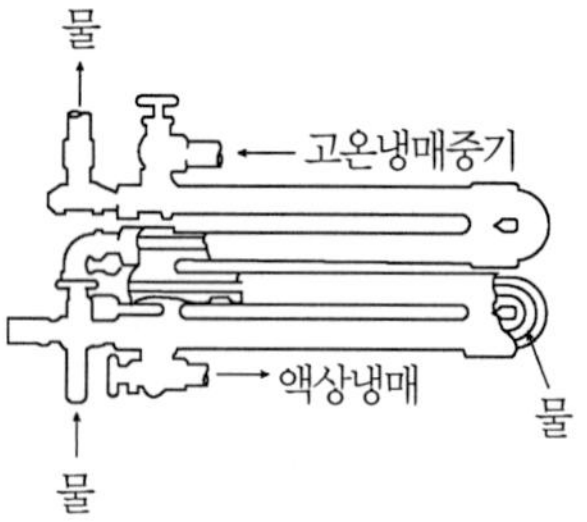

[그림 11-11] 이중관형 응축기

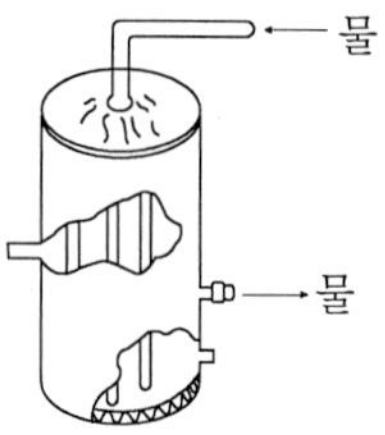

[그림 11-12] 각-관형 응축기

2) 공랭식

공랭식 응축기에는 그림 11-13에서 보는 바와 같이 판형과 관-핀형이 있다. 관-핀형은 핀이 달린 관을 사용하여 열전달효과를 높인 것이고, 판형은 구조가 간단하여 가격이 저렴하고 유지·관리가 편리한 이점이 있다.

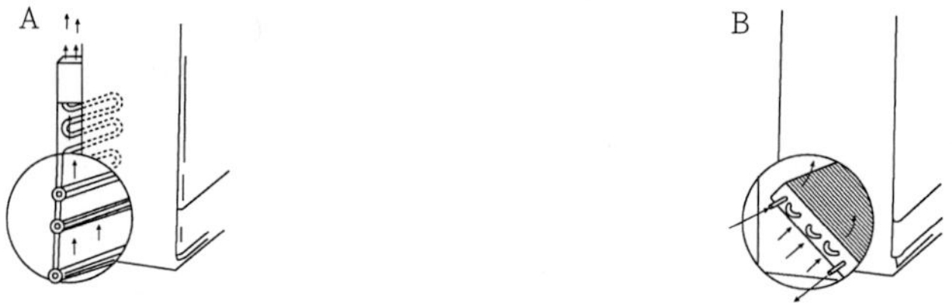

(a) 판형 (b) 관-핀형

[그림 11-13] 공랭식 응축기

3) 증발식

증발식 응축기는 수냉식과 공냉식을 겸한 것으로 방열용 핀이 부착된 관 위로 물을 분사함과 동시에 공기를 송풍하여 물의 증발잠열과 대류에 의한 냉각작용을 동시에 이용하는 방식이다. 그림 11-14는 증발식 응축기의 구조를 나타낸다.

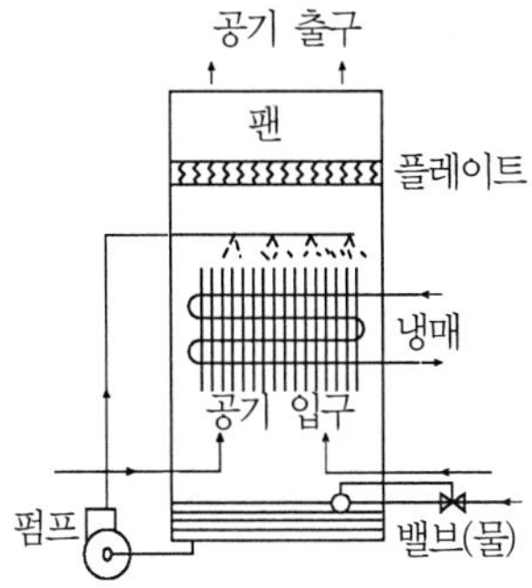

[그림 11-14] 증발식 응축기

(3) 팽창밸브

팽창밸브는 2가지 기능을 한다. 응축기에서 액화된 고압의 냉매액을 증발압력까지 감압·팽창시키고, 증발기의 부하에 따라 증발기에 공급되는 냉매 유량을 조절하는 역할을 한다. 팽창밸브는 보통 교축밸브(throttling valve)가 사용된다. 팽창밸브는 크게 수동식 팽창밸브, 자동식 팽창밸브, 모세관의 3종으로 분류한다.

1) 수동식

수동식 팽창밸브(hand expansion valve)의 구조는 그림 11-15와 같이 밸브헤드가 바늘 모양으로 되어 있고 냉매의 유량은 밸브의 개폐 정도에 따른 입·출구의 압력 차이에 의하여 조절된다. 이 밸브는 증발기 내 냉동부하의 변화에 대하여 자동으로 조절되지 않으므로 냉매가 과다 또는 부족하게 되어 압축기를 가동하거나 중단할 때는 밸브를 수동으로 조작하여야 한다. 이러한 특성 때문에 부하가 일정한 대형 냉동시스템에 사용되거나 간헐적 용도인 보조 냉매주입 설비 등에 사용한다.

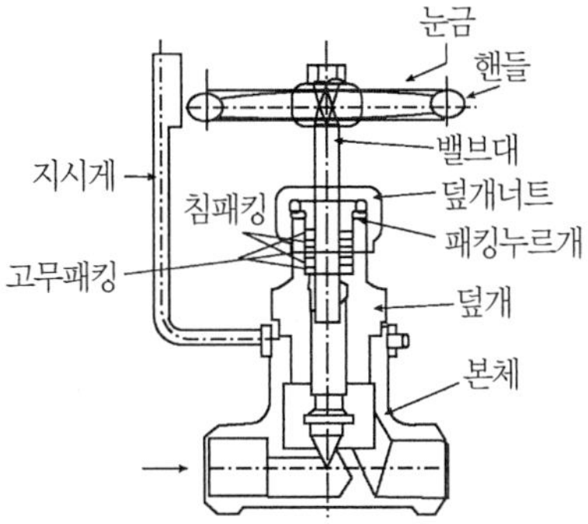

[그림 11-15] 수동식 팽창밸브

2) 자동식

자동식 팽창밸브(automatic expansion valve)는 온도식 팽창밸브(thermostatic expansion valve), 정압식 팽창밸브(constant pressure expansion valve), 플로트식 팽창밸브(float type expansion valve)가 있다.

정압식 팽창밸브는 냉동기 운전 중 압축기가 정지하면 증발기에서 증발된 냉매의 압력이 밸브에 전달되는데, 이 압력이 밸브의 설정 압력보다 높으면 밸브가 닫히면서 압축기로 냉매 공급이 중단된다. 압축기가 재차 가동되면 증발기의 압력이 낮아지고 이에 따라 밸브가 열려 냉매가 증발기로 공급된다. 냉동부하의 변동에 따라 유량 제어가 불가능하지만 증발기 내 압력을 항상 일정하게 유지한다는 것이 특징이다. 그림 11-16은 정압식 팽창밸브의 구조를 나타낸 것이다.

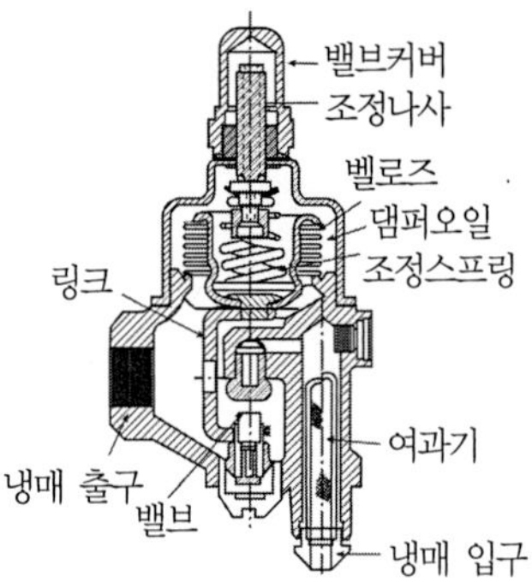

[그림 11-16] 정압식 팽창밸브

온도식 팽창밸브는 그림 11-17과 같이 증발기가 설치된 냉동실의 온도를 유체팽창형 감온부를 설치하여 감지하고 그 온도에 따라 내부 압력의 변동에 따라 격막(diaphram)이나 벨로즈(bellows)가 상하로 움직이면 밸브가 열리고 닫힘으로써 증발기 내부의 압력을 조절하게 되어 있다. 이는 비교적 높은 효율과 편리성 때문에 모든 냉동 시스템에 널리 쓰이고 있다.

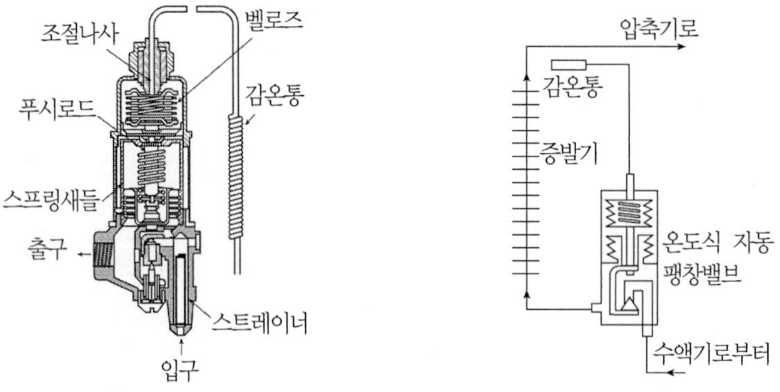

[그림 11-17] 온도식 팽창밸브

플로트식 팽창밸브는 만액식 증발기에 사용되는 냉매 유량 제어장치로, 증발기 액면의 수위를 플로트에 전달하고 이를 이용하여 밸브의 개폐를 조절하는 방식이다. 그림 11-18은 플로트식 팽창밸브의 구조를 나타낸 것이다.

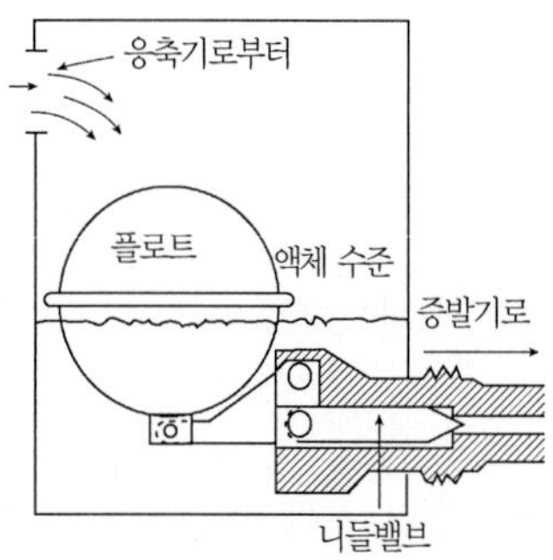

[그림 11-18] 플로트식 팽창밸브

3) 모세관

모세관(capillary tube)은 팽창밸브 기능을 하는 좁은 유로를 형성하는데, 이를 흐르는 고압의 액체냉매는 큰 유동마찰에 의하여 압력이 저하되고 유속이 증가하게 된다. 이때 냉매액의 압력은 포화압력 이하로 강하하여 일부가 기화된다. 모세관의 크기는 보통 안지름이 0.5~2 mm, 길이는 1~6 m 정도로 증발기의 요구 온도와 냉매의 종류에 따라 구경과 길이를 적절히 선정하여 사용하며, 그림 11-19와 같이 설치한다. 일단 설치 후에는 증발기 압력, 온도 등의 변화에 대한 조절이 불가능한 반면 구조가 간단하고 저가인 이유로 10 kW 이하의 모든 소형 시스템, 즉 가정용 냉장고 및 에어컨디셔너 등에 널리 쓰인다.

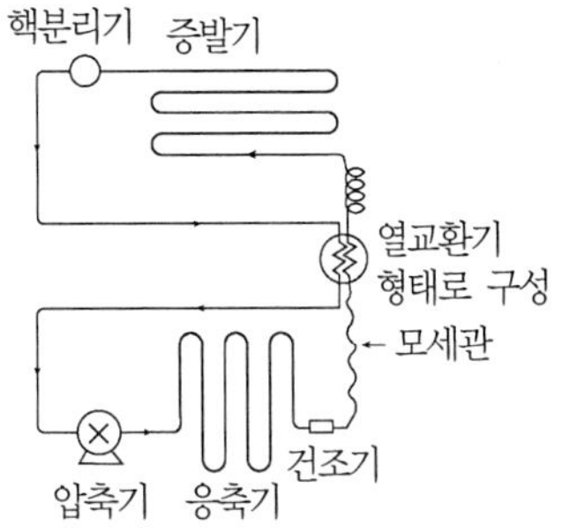

[그림 11-19] 모세관을 팽창밸브로 사용한 증기압축식 냉동장치

(4) 증발기

증발기는 팽창밸브에서 공급된 저온저압의 냉매가 증발되면서 피냉각물 또는 공간에서 열을 흡수하여 냉동 목적을 달성하는 장치이다. 일종의 열교환기로 열의 이동 방향만 다를 뿐 응축기와 같은 원리이며 장치의 구조도 같다.

증발기는 냉매 상태에 따라 건식(dry expansion type), 만액식(flooded expansion type)으로 분류되고, 구조에 따라 그림 11-20과 같이 관형(bare-pipe type), 핀이 달린 관형(finned-tube type), 판형(plate type)으로 분류된다.

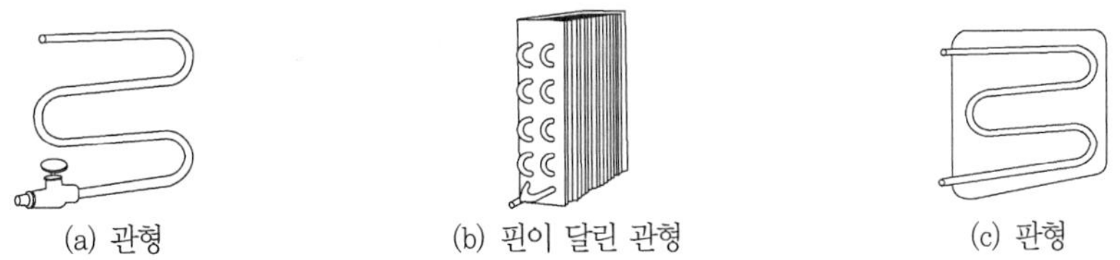

(a) 관형 (b) 핀이 달린 관형 (c) 판형

[그림 11-20] 증발기의 구조에 따른 종류

1) 건식

건식은 팽창밸브로부터 냉매가 액과 가스로 분리되지 않고 혼합 상태로 유입되고, 입구에서 액체 상태인 냉매가 주위의 열을 흡수하여 출구에서 전부 가스로 배출되는 방식이다.

액체냉매와 열교환하는 방식과 비교할 때 전열효과는 다른 방식보다 낮으나 증발관 내의 냉매 순환량이 적어도 되므로 프레온과 같이 고가의 냉매에는 이 방식이 많이 사용된다. 주로 소형 냉장고나 소형 공기조화기에 사용한다. 그림 11-21은 건식 증발기의 구조를 나타낸다.

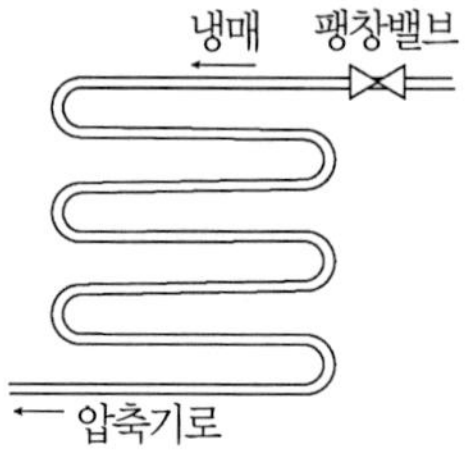

[그림 11-21] 건식 증발기

2) 만액식

만액식은 팽창밸브를 통과한 냉매를 액분리기로 공급하여 냉매증기는 압축기로 회수하고 냉매액만 증발기로 공급하여, 냉동효과를 얻는 구조이다. 구조상 냉매액이 아래에서 위로 공급되므로 증발기 내에 체류하는 경우가 있을 수 있으므로 액분리기에서 윤활유를 압축기로 회수하는 장치가 필요하다. 그림 11-22은 만액식 증발기의 구조를 나타낸다.

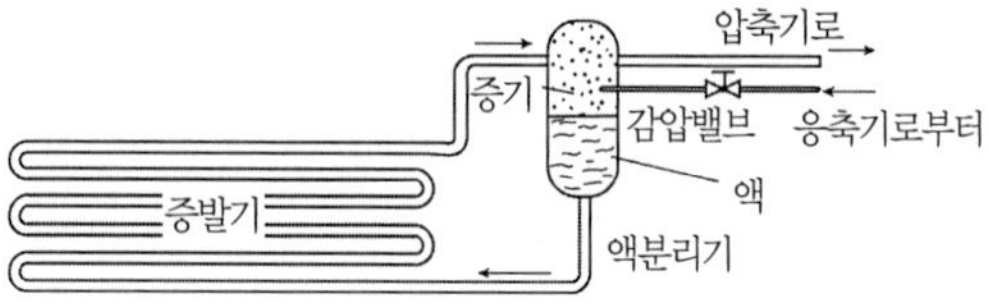

[그림 11-22] 만액식 증발기

11.2 청과물 예냉

청과물은 수확 후 영양 보급이 끊어진 상태에서도 호흡작용을 계속하여 영양 성분의 감모 및 시듦 등 품질이 저하된다. 호흡작용은 온도, 습도, 가스 환경, 미생물, 빛, 바람과 같은 환경요인에 좌우되지만 온도의 영향이 가장 크다.

정상적인 호흡작용은 식 (11-11)과 같이 산소의 존재 하에서 당이 분해되고 탄산가스와 물을 생성한다. 이 반응은 발열반응으로 호흡작용에 의하여 발생하는 탄산가스 1g에 대하여 약 0.4 g의 물이 생성되고 2.6 kcal가 발열되며, 이 발열에 의하여 호흡작용은 더욱 가속된다. 따라서 청과물의 품질을 유지하려면 수확 후 빨리 포장열을 제거하여 품온을 낮추고 호흡작용을 억제하여야 하며, 이를 위한 냉각을 예냉(precooling)이라고 한다.

$$C_6H_{12}O_6 + 6O_2 \rightarrow 6CO_2 + 6H_2O + 688\,\text{kcal} \qquad (11-11)$$

청과물의 품온과 호흡작용의 관계는 식 (11-12)와 같이 나타낼 수 있다. 품온의 상승에 따라 호흡속도는 지수 함수적으로 상승하며, 청과물 종류에 따라 차이는 있지만 품온이 10℃ 증가할 때마다 호흡속도는 2~4배 증가한다.

$$Q = q_o 10^{aT} \qquad (11\text{-}12)$$

여기서, Q : 호흡속도(CO_2 mg/kg·hr)
q_o : 0℃에서의 호흡속도(CO_2 mg/kg·hr)
T : 청과물 품온(℃)
a : 상수

11.2.1 저온유통시스템과 예냉

청과물을 수확 직후부터 소비에 이르기까지 전 유통 과정을 신선도 유지에 적합한 저온 상태로 유지해 수확 직후의 품질 상태로 소비자에게 공급하는 시스템을 저온유통시스템(cold chain system)이라고 한다. 예냉은 저온저장, 저온수송 등에 앞서 실시되는 공정으로서 저온유통시스템의 시발점이다.

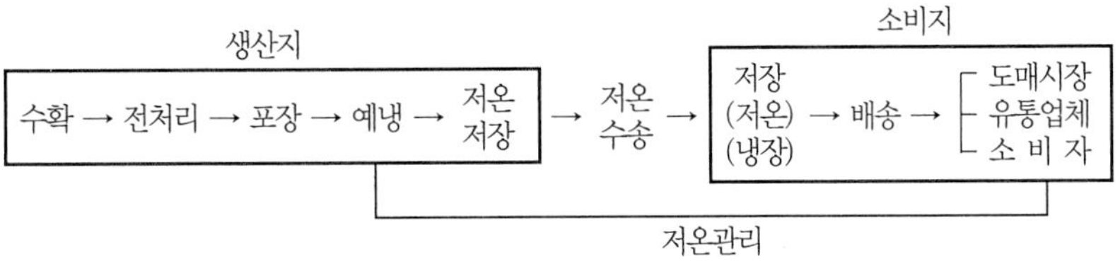

[그림 11-23] 저온유통시스템

예냉을 생략하면 저장과 수송 시 저온 기술을 도입하여도 원하는 온도까지 품온을 저하시키는 데 장시간이 소요되며, 때로는 품온이 상승하여 품목에 따라서는 치명적인 품질 저하를 초래할 수 있다. 표 11-3은 상온유통과 저온유통 시 청과물의 신선도 유지효과를 비교한 것이다.

[표 11-3] 상온유통과 저온유통의 신선도 유지효과 비교

항목	품목	상온유통	저온유통
영양 성분	시금치	30℃에서 3일 유통으로 비타민 C의 85% 손실	예냉 후 10℃에서 21일 유통으로 비타민 C의 20% 손실
중량 감소	체리	10℃에서 3일 유통으로 4.4%의 감모 발생	0.6℃에서 예냉한 후 3일 유통으로 1.9%의 감모 발생
변 색	시금치	30℃에서 3일 유통으로 클로로필의 55% 손실	예냉 후 10℃에서 3일 유통으로 클로로필의 2% 손실
수송 중 손상	딸기	10 kg 상자를 3단 상태로 상온에서 수송 시 65%의 손상과 발생	예냉 후 500g 소포장으로 수송 시 5% 미만의 손상과 발생
유통기간	양상치	15℃에서 유통 시 3일	예냉 후 1℃에서 유통 시 35일

11.2.2 냉각속도

(1) 개체 냉각속도

예냉 과정에서 청과물의 냉각속도(cooling rate)는 산물의 형상과 크기 및 포장 조건, 냉각매체와 산물 간의 접촉 형태, 산물과 냉각매체 간의 온도차, 냉각매체의 종류 및 유속 등에 따라 달라진다.

사과, 배, 양파 등의 청과물을 일정한 온도의 냉각매체로 냉각할 때 품온 변화는 Newton의 냉각법칙에 의하여 식 (11-13)과 같이 나타낼 수 있다.

$$\frac{T_s - T_f}{T_{so} - T_f} = F\exp(-k\ t) \tag{11-13}$$

여기서, T_s : 고체 입자의 온도(℃)

T_{so} : 고체 입자의 초기온도(℃)

T_f : 냉각유체의 온도(℃)

F : 지연계수(lag factor, 이상적인 경우 1.0)

$k = \dfrac{h_c A_s}{\rho_s V_s c_s}$: 냉각상수(cooling constant, s^{-1})

h_c : 대류열전달계수($W/m^2 \cdot K$)

A_s : 고체 입자의 표면적(m^2)

ρ_s : 고체 입자의 밀도(kg/m^3)

V_s : 고체 입자의 체적(m^3)

c_s : 고체 입자의 비열($J/kg \cdot K$)

냉각상수는 냉각속도를 비교하는 지표가 된다. $TR = \dfrac{T_s - T_f}{T_{so} - T_f}$를 온도비(temperature ratio)라고 하며, 1.0과 0 사이의 값이다.

식 (11-13)을 시간 t에 관하여 정리한 후 $TR = 0.5$를 대입하면 반냉각 시간($t_{0.5}$, half-cooling time)을 얻을 수 있다.

$$t_{0.5} = -\frac{\ln(TR/F)}{k} = \frac{\ln(2F)}{k} \tag{11-14}$$

반냉각 시간은 온도비가 1.0에서 0.5까지 감소하는 데 소요되는 시간을 나타내며, 냉각속도를 비교하는 데 사용된다. 표 11-4는 냉각 실험 결과이며, 냉각상수는 실험 결과로부터 계산한 값이다.

[표 11-4] 청과물의 반냉각 시간과 냉각상수

청과물	냉각 방법	반냉각 시간 (min)	F (lag factor)	냉각상수(s^{-1})	
				F를 고려함	F를 고려하지 않음
사과(중심)	공기 강제통풍	42.5	1.33	3.8381×10^{-4}	2.7193×10^{-4}
사과(mass ave.)	공기 강제통풍	15.0	0.78	4.9410×10^{-4}	7.7016×10^{-4}
사과(표면)	공기 차압냉각	25.2	1.16	5.5659×10^{-4}	4.5843×10^{-4}
사과	수냉	19.7	1.38	8.5457×10^{-4}	5.8346×10^{-4}
복숭아(표면)	수냉	59.1	1.02	8.6105×10^{-4}	8.3713×10^{-4}
복숭아(중심)	수냉	22.0	1.40	7.7942×10^{-4}	5.2471×10^{-4}
셀러리	수냉	10.8	1.00	1.0697×10^{-3}	1.0697×10^{-3}
옥수수	수냉	43.2	1.00	2.6742×10^{-4}	2.6742×10^{-4}
오이	수냉	3.2	1.32	5.0826×10^{-3}	3.6290×10^{-3}

어떤 청과물의 냉각상수를 알면 그 청과물의 냉각 시간을 구할 수 있다. 냉각상수의 정확한 값은 냉각 실험을 통해 구할 수 있다. 그러나 냉각상수의 정의로부터 개략적으로 그 값을 추정할 수 있다. 청과물의 냉각상수를 추정하려면 청과물의 열전도계수, 대류열전달계수 등의 열특성 값과 표면적, 체적, 크기 등을 알아야 한다. 이 중에서도 측정하기가 어렵고 자료도 빈약한 물리량이 대류열전달계수이다.

대류열전달계수는 청과물 주위의 유체 유속, 청과물의 형상, 크기 및 표면 거칠기 등 여러 가지 요인에 따라 변하기 때문에 대부분 실험식에 의존하고 있다. 표 11-5는 몇몇 청과물의 대류열전달계수의 실험 값과 실험식을 요약한 것이다.

예제 11-5

초기 온도 30℃의 귤을 5℃의 공기로 냉각할 때 반냉각시간을 구하여라. 이때 공기 속도는 V_f = 0.5 m/s, 귤의 평균직경 D_s = 0.05 m, 비열 c_s = 3668 J/kg·℃, 밀도 ρ_s = 1047 kg/m^3, k_s = 0.574 W/m·℃이다.

풀 이

평균온도(17.5℃)에서 공기의 물성 값을 기준으로 계산한다.

$\rho_f = 1.169\ \mathrm{kg/m^3}$, $\mu_f = 18.240 \times 10^{-6}\ \mathrm{Pa \cdot s}$

$k_f = 0.0251\ \mathrm{W/m \cdot ℃}$

$V_f = 0.5\ \mathrm{m/s}$

$$Re = \frac{\rho_f V_f D_s}{\mu_f} = \frac{1.169(0.5)(0.05)}{18.240 \times 10^{-6}} = 1602.2$$

$$Nu = 1.17 Re^{0.529} = 1.17(1602.2)^{0.529} = 58.01$$

$$h_c = \frac{k_f}{D_s} Nu = \frac{0.0251}{0.05}(58.01) = 29.12\ \mathrm{W/m^2 \cdot ℃}$$

냉각상수 $k = \frac{h_c A_s}{\rho_s c_s V_s} = \frac{h_c}{\rho_s c_s L_s} = \frac{29.12}{1047(3668)(0.05/6)} = 9.0991 \times 10^{-4} s^{-1}$

반냉각 시간 $t_{1/2} = \frac{\ln 2}{k} = \frac{\ln 2}{9.0991 \times 10^{-4}} = 761.8\,s = 12.7\ \mathrm{min}$

[표 11-5] 청과물의 열전달계수 및 관계식

청과물	특성 길이(mm)	유체	온도 또는 온도차(℃)	유속(m/s)	열전달계수 (W/m²·℃)	$Nu = f(Re, \mathrm{Pr})$
사과	구형(62)	공기	$T = 27.0$	0.0	11.4	-
				0.9	26.1	
				5.1	50.5	
	구형(75)	물	$T = 0, \Delta T = 25.6$	0.27	79.5	-
배	구형(60)	공기	$T = 4.0$	1.0	12.6	$Nu = 1.56 Re^{0.426} \mathrm{Pr}^{0.333}$
				1.5	15.8	
				2.0	19.5	
오렌지	구형	공기	$T = 0, \Delta T = 32.7$	0.05~2.03	-	$Nu = 1.17 Re^{0.529}$
토마토	구형(70)	공기	$T = 4.0$	1.0	10.9	$Nu = 1.56 Re^{0.426} \mathrm{Pr}^{0.333}$
				1.5	13.6	
				2.0	17.3	
감자	타원체	공기	$T = 4.4$	0.66	14.0	$Nu = 0.264 Re^{0.558} \mathrm{Pr}^{0.333}$
				1.23	19.1	
				1.36	20.2	
오이	원통형(38)	공기	$T = 4.0$	1.0	18.2	$Nu = 0.291 Re^{0.592} \mathrm{Pr}^{0.333}$
				1.5	21.3	
				2.0	26.6	

※ 자료: ASHRAE Handbook. 2002. Refrigeration

$$Nu(Nusselt\ No.) = \frac{h_c L_s (D_s)}{k_f},\quad Re(Reynolds\ No.) = \frac{\rho_f V_f L_s (D_s)}{\mu_f}$$

$$\mathrm{Pr}(Prandtl\ No.) = \frac{\nu_f}{\alpha_f}$$

여기서, h_c : 열전달계수(W/m²·℃)
k_f : 유체의 열전도계수(W/m·℃)
V_f : 유체의 유속(m/s)
ν_f : 유체의 동점성계수(m²/s)
D_s : 구형 청과물의 직경(m)
L_s : 청과물의 특성 길이(m)
ρ_f : 유체의 밀도(kg/m³)
μ_f : 유체의 점성계수(Pa·s)
α_f : 유체의 열확산계수(m²/s)

(2) 퇴적층 냉각속도

실제로 청과물을 냉각할 때 개체로 냉각하지 않고 상자에 담아서 산물상태로 냉각한다. 냉각 공기는 상자에 퇴적된 청과물 층을 통과하면서 청과물을 냉각한다. 이때 공기는 청과물층을 통과하면서 온도가 상승하게 되고, 청과물은 냉각 공기가 유입되는 입구에서부터 냉각되기 시작한다. 즉, 일정한 높이로 퇴적된 청과물층에 찬 공기를 통풍하여 냉각할 때 청과물의 품온과 공기의 온도는 퇴적 깊이 방향의 위치와 시간의 함수다.

청과물의 품온과 냉각 공기의 온도 변화에 대한 미분방정식을 에너지 평형을 고려하여 유도할 수 있으며, 식 (11-15)와 식 (11-16)으로 표시된다.

$$\frac{\partial T_s}{\partial t} = -\frac{h_c a (T_s - T_f)}{\rho_s c_s (1-\epsilon)} \tag{11-15}$$

$$\frac{\partial T_f}{\partial x} = \frac{h_c a (T_s - T_f)}{V_f \rho_f c_f \epsilon} \tag{11-16}$$

여기서, T_s : 청과물의 품온(℃)
T_f : 냉각유체의 온도(℃)
h_c : 대류열전달계수($W/m^2 \cdot K$)
a : 비표면적(단위체적당 표면적, m^2/m^3)
t : 시간(s)
ρ_s : 청과물 개체의 밀도(kg/m^3)
c_s : 청과물의 비열($J/kg \cdot K$)
ϵ : 퇴적층의 공극률(소수)
ρ_f : 유체의 밀도(kg/m^3)
V_f : 유체의 겉보기속도(m/s)
c_f : 유체의 비열($J/kg \cdot K$)

식 (11-17)과 식 (11-18)을 Schumann 방정식이라 하는데, 이 방정식의 해를 구하여 청과물(고체)과 유체의 온도를 무차원으로 나타내면 그림 11-24 및 그림 11-25와 같다. 그림에서 y와 z는 각각 무차원 퇴적 깊이와 무차원 시간을 나타낸다.

$$y = \frac{h_c a x}{\rho_f c_f V_f} \text{ : 무차원 퇴적 깊이} \tag{11-17}$$

$$z = \frac{h_c a}{\rho_s c_s (1-\epsilon)} \left(t - \frac{x \epsilon}{V_f} \right) \text{ : 무차원 시간} \tag{11-18}$$

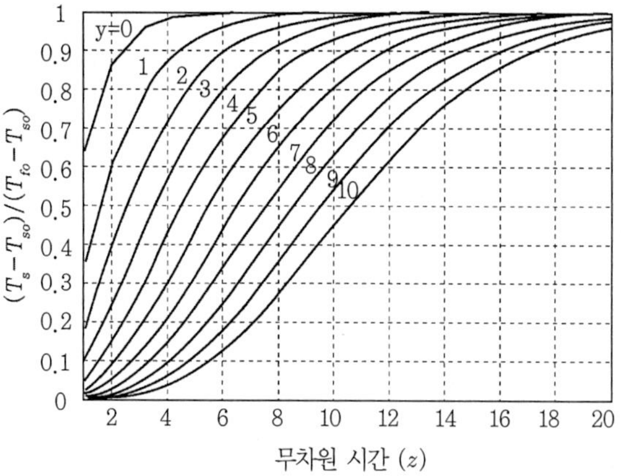

[그림 11-24] Schumann 곡선(고체 입자의 무차원 온도 변화)

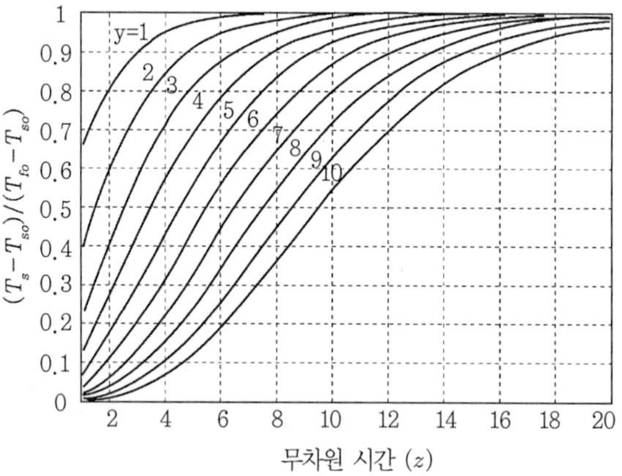

[그림 11-25] Schumann 곡선(유체의 무차원 온도 변화)

그림에서 T_{fo}는 냉각유체의 퇴적층 유입구에서의 온도이며, T_{so}는 청과물의 초기 온도이다.

구형 입자 퇴적층을 공기가 통과할 경우의 대류열전달계수는 식 (11-19)와 식 (11-20)과 같은 실험식을 사용하여 계산한다.

Meek식 :

$$St = 2.06\,Re^{-0.42},\ 900 \le Re \le 4000 \tag{11-19}$$

여기서, $St = \dfrac{h_c}{\rho_f V_f c_f} = \dfrac{Nu}{Re\,\mathrm{Pr}}$: Stanton number

Lőf와 Hawley식 :

$$h_c\ a = 7.6\left(\frac{\rho_f V_f}{D_s}\right)^{0.7}\ (\text{kJ/hr}\cdot\text{m}^3\cdot\text{K}),\quad 50 < Re < 500 \qquad (11\text{–}20)$$

예제 11-6

Schumann 곡선을 이용하여 다음 조건의 청과물 퇴적층에서 4시간 냉기 통풍 후의 온도 분포를 구하여라.

퇴적고 H = 1.2 m, $h_c a$ = 4852.1 kJ/hr·m³·K

T_{so} = 32.2℃, T_{fo} = 4.44℃

V_f = 305 m/hr, ε = 0.4, c_s = 3.891 kJ/kg·K

ρ_s = 1011 kg/m³, c_f = 1.003 kJ/kg·K

ρ_f = 1.2847 − 0.0032358 T_f

= 1.2847 − 0.0032358 × 0.5 (4.44 + 32.2) = 1.225 kg/m³

풀 이

무차원 깊이 y와 무차원 시간 z는 다음과 같다.

$$y = \frac{h_c a x}{\rho_f c_f V_f} = \frac{4852.1\,x}{1.225(1.003)(305)} = 12.95\,x$$

$$z = \frac{h_c a}{\rho_s c_s(1-\epsilon)}\left(t - \frac{x\ \varepsilon}{V_f}\right) = \frac{4852.1}{(1011)(3.891)(1-0.4)}\left(t - \frac{0.4x}{305}\right)$$

$$= 2.056(t - 0.0013x) \fallingdotseq 2.056t = 2.056(4) = 8.22$$

4시간 후의 무차원 시간 z는 8.22로 일정하며, 무차원 깊이 y는 깊이 x의 함수이다. 깊이별로 무차원 깊이 y를 계산하고, Schumann 곡선에서 무차원 온도를 읽어서 고체의 온도와 유체의 온도를 나타낸 결과는 표 11-6과 같다. 그림 11-26은 4시간 냉각 후 청과물 퇴적층의 깊이별 청과물 온도와 공기 온도를 나타낸 것이다.

[표 11-6] 깊이별 퇴적층의 온도(T_s)와 공기의 온도(T_f)

x(m)	z	y	$\frac{T_s - T_{so}}{T_{fo} - T_{so}}$	T_s	$\frac{T_f - T_{so}}{T_{fo} - T_{so}}$	T_f
0	8.22	0	0.99	4.7	1.00	4.4
0.2	〃	2.59	0.93	6.4	0.97	5.3
0.4	〃	5.18	0.72	12.2	0.82	9.4
0.6	〃	7.77	0.52	17.8	0.61	15.3
0.8	〃	10.36	0.26	25.0	0.38	21.7
1.0	〃	12.95	0.13	28.6	0.16	27.8
1.2	〃	15.54	0.07	30.3	0.08	30.0

4시간 냉각 후 최하층의 냉각 공기 유입구(x=0 m)의 청과물 온도는 4.7℃로 냉각 공기 4.4℃와 비슷하게 냉각되었지만, 최상층(x=1.2 m)의 청과물 온도는 30.0℃로 거의 초기 온도 32.2℃ 수준을 유지하고 있다.

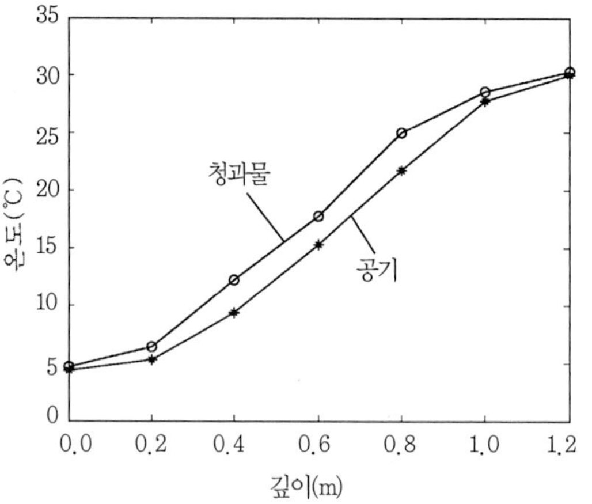

[그림 11-26] 4시간 냉각 후 청과물 퇴적층의 깊이별 청과물 온도와 공기 온도

예제 11-7

Degreening(에틸렌 가스를 사용하여 과실 표피의 엽록소를 분해하는 조작) 후 22℃로 승온된 오렌지를 14℃의 외기를 통풍하여 15℃ 이하로 냉각하고 싶다. 8시간 만에 냉각을 완료할 수 있는 냉기 송풍량을 구하여라.

오렌지를 담은 가로×세로×높이 = 0.51×0.36×0.30 m의 플라스틱 상자(20 kg용)를 가로, 세로 각각 11상자, 높이 9단으로 쌓고 상하 방향으로 통풍한다.

풀 이

단면적 = (0.51×11)×(0.36×11) = 22.2 m^2

전체 체적 = 단면적×(0.3×9) = 60.0 m^3

퇴적고 H = 0.30×9 = 2.7 m

전체 질량 = (20+2)×11×11×9 = 23,958 kg (플라스틱 상자 질량 2 kg을 포함)

오렌지의 밀도 ρ_s = 1047 kg/m^3 (실측치)

오렌지 퇴적층의 밀도 $\rho_s(1-\epsilon)$ = 23,598÷60.0 = 399.3 kg/m^3

플라스틱과 오렌지가 동일한 열특성을 갖는다고 가정하면,

$1-\epsilon$ = 399.3÷1047 = 0.381, 따라서 ϵ = 0.619

오렌지를 구로 간주하면(직경 D_s = 0.07 m),

비표면적 $a = \dfrac{6(1-\epsilon)}{D_s} = \dfrac{6(1-0.619)}{0.07} = 32.7\ m^2/m^3$

비열은 Siebel식을 사용하면, 함수율 M = 85%일 때

$c_s = 0.008M + 0.20 = 0.008(85)+0.20 = 0.88$ kcal/kg·℃

$= 0.88(4.186) = 3.6837$ kJ/kg℃

$h_c = 80$ kJ/m²·hr·℃로 가정하면,

$$z = \frac{h_c a}{\rho_s c_s (1-\epsilon)}\left(t - \frac{x\,\epsilon}{V_f}\right) \fallingdotseq \frac{h_c a}{\rho_s c_s (1-\epsilon)} t$$

$$= \frac{80(32.7)}{1047(3.6837)(1-0.619)}(8) = 1.78(8) = 14.2$$

$$\frac{T_s - T_{so}}{T_{fo} - T_{so}} = (15-22)/(14-22) = 0.875$$

Schumann 곡선에서, $z = 14.2$와 0.875의 교점에서 $y = 7.3$이다.

$$y = \frac{h_c a x}{\rho_f c_f V_f}$$ 이므로

$$V_f = \frac{h_c a H}{\rho_f c_f y}$$

여기서, $\rho_f = \dfrac{P_a}{R_a T_f} = \dfrac{101325}{287(18+273.16)} = 1.2125\ \text{kg/m}^3$

$c_f = 1.007$ kJ/kg·℃

$$V_f = \frac{80(32.7)(2.7)}{1.2125(1.007)(7.3)} = 792.4\ \text{m/hr}$$

이것이 제1차 근사값이다. $V_f = 792.4$를 이용하여 h_c를 계산한다.

$$Re = \frac{\rho_f V_f D_s}{\mu_f} = \frac{1.2125(792.4/3600)(0.07)}{18.24\times 10^{-6}} = 1024$$

Meek식을 이용하여 대류열전달계수를 구하면,

$St = 2.06\,Re^{-0.42} = 2.06\,(1024)^{-0.42} = 0.1121$

$h_c = St\ \rho_f V_f c_f = 0.1121\,(1.2125)\,(792.4)\,(1.007) = 108.4$

이 값을 사용하여 제 2차 근사값을 계산하면,

$z = 19.3$

$y = 12.2$

$V_f = 642$ m/hr

$V_f = 642$를 이용하여 다시 반복 계산하면 다음과 같다.

$Re = 830$

$St = 0.1224$

$h_c = 95.9$

$z = 17.1$

$y \quad = 10.5$

$V_f \quad = 660.4\,\text{m/hr}$

계속 반복 계산하면 일정치에 수렴하지만, 설계에서는 이 정도의 값이면 충분하다.

풍량은 $660.4 \times 22.2 = 14{,}660\ \text{m}^3/\text{hr} = 4.1\ \text{m}^3/\text{s}$ 이다.

11.2.3 예냉시설의 종류 및 특징

현재 보편적으로 사용되고 있는 예냉 방식을 냉각매체별로 분류하면 저온 공기를 사용하는 공기냉각(air cooling), 공기의 압력이 저하하면 물의 증발온도가 낮아지는 원리를 이용한 진공냉각(vacuum cooling), 냉수를 사용하는 냉수냉각(hydrocooling)이 있다. 일부 청과물에는 쇄빙을 채워 냉각하는 빙냉(ice cooling) 방식도 사용되고 있다. 공기냉각 방식에는 정지 공기를 사용하는 실내냉각(room cooling)과 강제적으로 공기를 순환하거나 취출하는 강제통풍냉각(forced-air cooling), 차압냉각(pressure cooling)으로 나눌 수 있다. 표 11-7은 예냉 방법 중 가장 널리 사용되고 있는 차압, 진공 및 냉수냉각 방식의 청과물에 대한 적용성을 나타낸 것으로서, 차압냉각이 범용성이 가장 높은 방식이다.

[표 11-7] 품목별 예냉 방식의 적용성

품목	강제통풍	차압	진공	수냉	비고
양상추	△	○	◎	×	
고랭지 배추	△	◎	◎	×	
딸기	○	◎		×	
버섯류	△	◎	◎	×	손상품은 진공예냉이 곤란함
토마토	△	◎	×	△	
오이	△	◎	×		
포도	△	◎	×		
피망	△	◎	×		
셀러리	△	◎	○	○	
브로콜리	△	◎	○	×	빙냉도 적합함
콜리플라워	△	◎	○	×	
잎상추	△	◎	◎		최소 가공 시는 수냉 가능
시금치	△	◎	◎	×	
쑥갓	△	◎	◎		
스위트콘	△	◎	◎	○	빙냉도 적합함
당근	△	◎		◎	
무	△	◎		◎	
파	△	◎	◎	△	
양배추	△	◎	○		
결구배추	△	◎	○	×	
비결구배추	△	◎	◎	×	
풋고추	△	◎		○	수냉 시 꼭지 손상 주의
복숭아	△	◎		○	
자두	△	◎		○	
최소가공 청과물	△	○	○	◎	가공 전 예냉도 필요함

주) ◎ 최적, ○ 적합, △ 가능, × 불가능

11.2.4 차압예냉

통기공이 있는 용기 주위를 차단하고, 팬을 이용하여 강제적으로 냉기를 흡입하면 정압차에 의하여 냉기는 통기공을 통하여 내부를 통과하며, 청과물은 강제대류전열에 의하여 냉각된다. 이때 용기 내를 통과하는 냉기량을 유효공기량이라고 하며, 청과물을 담은 용기 전후의 정압차를 차압이라 한다. 이와 같이 차압을 이용하여 통기공이 있는 용기 내로 유입되는 유효공기량을 증가시켜 청과물을 목표 온도까지 냉각하는 예냉방법을 차압냉각이라고 한다.

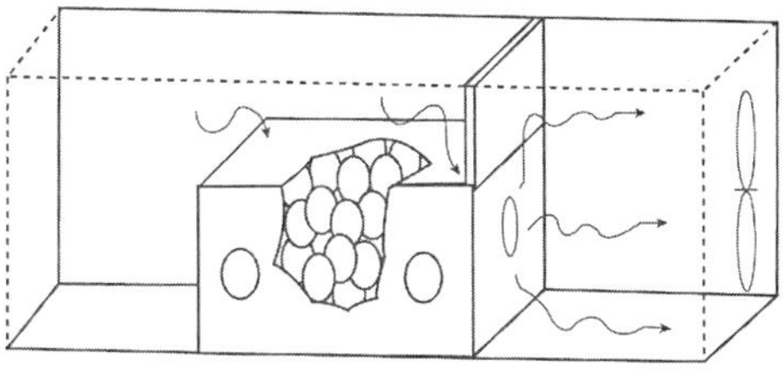

[그림 11-27] 차압에 의한 공기 유동

표 11-8은 여름철 골판지 상자로 포장한 30℃ 전후의 품온을 가진 청과물을 실용 규모의 차압 및 강제통풍 예냉장치로 5℃까지 냉각하는 데 소요되는 시간을 나타낸 것이다. 표에서 알 수 있듯이 차압예냉은 예냉 시간도 짧고 어떠한 청과물에도 적용이 가능하므로 최근에는 공기예냉의 주류가 되고 있다.

[표 11-8] 강제통풍 및 차압통풍냉각 방식에 의한 예냉 소요시간

품 목	냉각 소요 시간(hr)		비 고
	차압냉각	강제통풍냉각	
배	5~6	24~48	
포도	5~6	20~25	
플럼	5~6	15~20	
복숭아	6~8	24~48	
딸기	3~4	10~15	
풋콩	3~4	20~24	
사탕수수	6~8	20~24	
브로콜리	3~5	10~15	
쑥갓	10~15	24~28	
시금치	2~3	10~15	무포장
시금치	8~12	20~24	폴리에틸렌 소포장
무	7~10	20~24	
당근	3~5	24~28	

주) 예냉 시간은 조건에 따라 차이가 날 수 있음

(1) 구 조

차압냉각시스템은 크게 청과물 냉각에 필요한 용량의 냉동기기와 차압을 만들 수 있는 차압발생부로 나눌 수 있다. 냉동기기는 저온저장고와 동일한 구조로서 콘덴싱 유닛(condensing unit) 및 유닛 쿨러(unit cooler) 등으로 구성되어 있다. 그러나 청과물 냉각에 소요되는 시간이 짧으므로 냉동부하는 동일 규모의 저온저장고에 비하여 약 5배 이상 크다. 차압발생부는 차압실, 차압팬, 흡기구, 차압시트, 중앙흡기 통로 등으로 구성되어 있다. 차압팬은 적정한 정압 및 송풍량을 갖는 축류송풍기가 많이 사용된다. 차압시트는 방습성이 높고 저온에서도 유연성이 있는 재질로서 방수 코팅된 천막지 등이 이용되고 있다. 그림 11-28은 중앙흡입형 차압냉각시스템을 나타낸 것으로서 통기공이 있는 용기를 흡기구를 중심으로 좌우 2열로 적재한 다음 차압 시트로 용기 상부를 덮고 차압팬을 가동하면 유닛 쿨러에서 냉각된 공기가 통기공을 통하여 용기 내로 유입된다. 냉기는 청과물을 냉각한 후 중앙흡기 덕트로 빠져나간다. 이 냉기는 흡기구 및 차압실을 통하여 차압팬으로 토출된다.

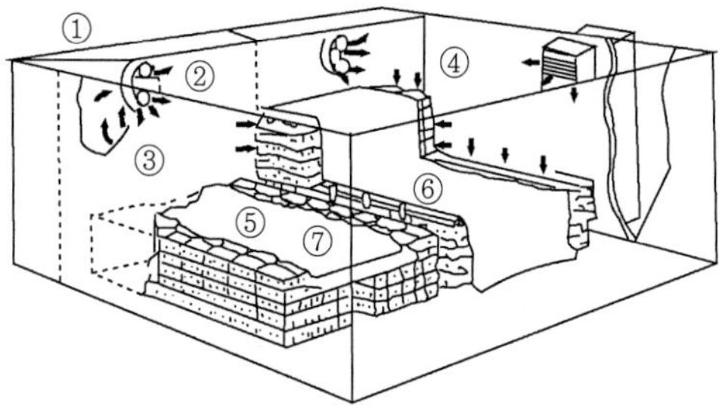

① 차압실 ② 차압팬 ③ 흡기구 ④ 유닛 쿨러
⑤·⑥ 차압시트 ⑦ 용기통 기공

[그림 11-28] 중앙흡입형 차압냉각시스템

(2) 정압강하

차압팬의 흡입측인 차압실의 정압은 예냉실의 정압에 비하여 부압을 갖게 된다. 따라서 예냉실에서 송풍 저항에 의한 정압강하가 많이 발생할수록 차압은 더욱 커져 동일 용량의 차압팬에서 송풍량은 감소하고 냉각속도는 저하된다. 정압강하 인자 중 용기의 통기공, 청과물 퇴적 및 용기의 적재 방법 등에 가장 영향을 받는다. 용기의 통기공에서는 개공률, 통기공의 크기, 형상 및 수량 등이, 청과물 충전층에서는 청과물의 형상, 퇴적 방법, 공극률 등이 정압강하에 영향을 미친다. 청과물 퇴적층에서 정압강하는 일반적으로 식 (11-21)로 나타낼 수 있다.

$$\Delta P = K V_f^m H^n \tag{11-21}$$

여기서, ΔP : 정압강하(mmAq)
V_f : 겉보기속도($m^3/hr \cdot m^2$)
H : 퇴적 높이(m)
K, m, n : 실험상수

또한 적재 방법별로는 중앙의 흡기구를 중심으로 2열로 적재된 폭방향의 용기 수가 정압강하에 가장 큰 영향을 미친다. 폭방향의 적재 길이가 길수록 예냉고 바닥 면적의 이용률은 높아지지만 정압강하가 커지고 냉각 편차가 발생하기 쉽다. 따라서 폭방향의 적재 길이는 90~120 cm를 넘지 않는 것이 좋다. 한편, 중앙의 흡기구를 중심으로 2열로 적재된 용기 사이의 중앙흡기 통로의 거리, 즉 통로 폭은 예냉실 바닥 면적의 효율적인 사용 및 정압강하와도 관계가 있다. 따라서 통로 폭의 결정에는 식 (11-22)와 같은 경험식이 사용되고 있다.

$$L = \frac{V}{152\,H} \qquad (11-22)$$

여기서, L : 통로 폭(m)
V : 총송풍량(m^3/min)
H : 상자의 퇴적 높이(m)

(3) 유효공기량

냉각속도는 품목, 용기, 퇴적 방법이 같으면 단위중량당 유효공기량에 따라 결정된다. 유효공기량이 많아지면 냉각속도는 빨라지지만 일정 통풍량까지는 냉각속도가 급속히 빨라지다가 그 후에는 통풍량이 증가하더라도 냉각속도가 빨라지지 않는다. 골판지 1상자당 200~300 ℓ/min 정도가 유효하다는 연구 결과가 있다. 그러나 채소류 등 조직이 연약한 품목은 냉기속도가 빨라질수록 시듦이 발생하기 쉬우므로 대상 청과물에 따라 적정한 유효공기량을 선정하여야 한다. 또한 골판지 상자의 경우 청과물의 하중, 용기의 불균일 등으로 용기 사이에 틈이 발생하여 냉기가 다량 유출될 수 있으므로 상자 적재 시 주의하여야 한다.

(4) 냉기온도

냉기는 직접 청과물에 닿으므로 냉기온도가 지나치게 낮으면 수분 증발에 따른 기화열에 의하여 냉해를 받을 위험이 크다. 또한 저온 장해를 받기 쉬운 품목은 저온 장해 발생 온도 이하로는 낮추지 않도록 하여야 하므로 품목별로 적절한 냉기온도를 검토하여야 한다. 품목에 따라 차이는 있지만 예냉 목표 온도보다 냉기온도가 2.2℃ 정도 높은 것이 효율적이며, 채소의 경우 1℃ 이하로 유지하지 않는 것이 좋다.

(5) 용기

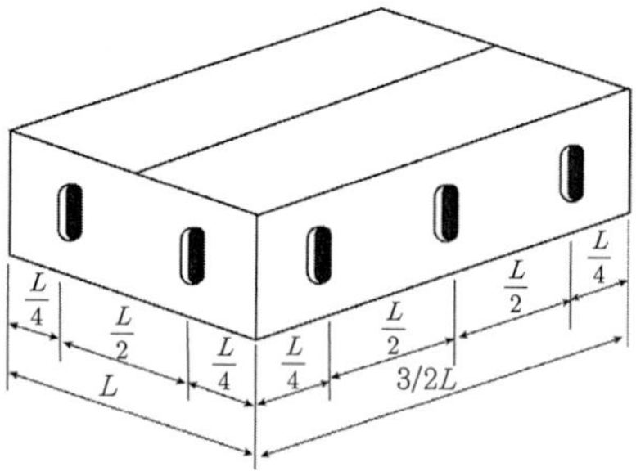

[그림 11-29] 차압냉각용 골판지 상자

차압냉각용 용기로는 PVC 상자나 골판지 상자 등을 사용할 수 있다. PVC 상자는 개공률이 높아 용기에서의 정압강하는 무시할 수 있지만, 골판지 상자는 강도 문제 때문에 개공률을 크게 할 수 없다. 예냉 시 골판지 상자의 함수율은 1~2% 정도 증가하게 되는데, 함수율이 1% 증가할 때마다 압축강도는 10% 정도 감소하게 된다. 또한 통기공의 위치에 따라 최대 10%의 강도차가 발생하게 된다. 미국의 경우 냉각속도를 고려하여 개공률을 4% 이상으로 추천하고 있으나 국내의 경우 골판지 상자의 원료 배합률이 달라 강도에 차이가 있으므로 적정한 개공률에 관한 연구가 필요하다. 그림 11-29는 통기공을 뚫은 골판지 상자의 대표적인 예이다.

11.2.5 진공냉각

표 11-9에서 알 수 있듯이 공기 압력이 낮아지면 물의 증발온도가 낮아진다. 진공펌프로 진공조 내를 배기하여 청과물의 주위 압력을 품온에 상당하는 포화수증압 이하로 낮추면 청과물에서 수증기가 증발하고 증발잠열에 의하여 청과물이 냉각된다. 공기 중의 수증기는 콜드 트랩에서 냉각되어 배출되고, 수분이 제거된 공기는 진공펌프로 배기된다.

이 원리를 이용한 예냉 방식이 진공냉각으로 양상추와 같이 비표면적이 큰 엽채류에 적합하며, 품목에 따라 다르지만 냉각 시간은 약 20분으로 대단히 빠른 예냉 방법이다. 그러나 수분이 1% 증발할 때 품온이 약 6.1℃ 저하하므로 진공냉각 중 3% 정도의 감량은 피할 수 없다.

[표 11-9] 압력에 따른 물의 비점과 증발잠열

압력(mmHg)	비점(℃)	증발잠열(kcal/kg)	승화잠열(kcal/kg)
760.0	100.0	538.8	
400.0	83.0	549.3	
50.0	38.1	575.6	
20.0	22.1	584.7	
10.0	11.2	590.8	
7.0	6.0	593.9	
6.0	3.8	595.0	
4.6	0	597.1	676.9
3.0	-5.1		681.2

(1) 구조

진공냉각장치는 그림 11-30과 같이 진공조, 진공펌프, 콜드 트랩, 냉동기, 부속기기 및 제어부로 구성된다.

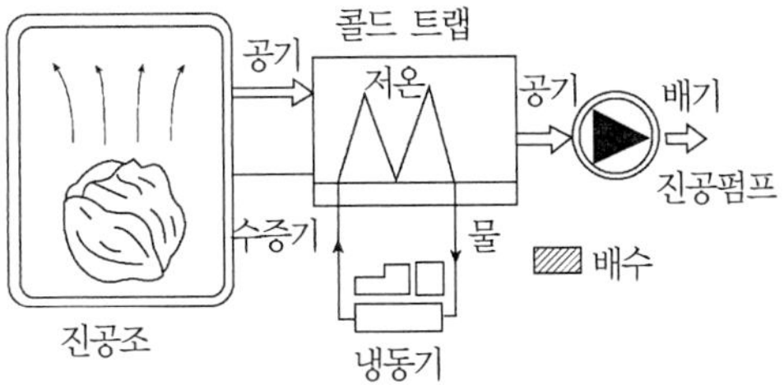

[그림 11-30] 진공냉각장치의 개략도

(2) 진공조

진공조는 내부가 진공이 되므로 외압에 견딜 수 있도록 설계되어야 한다. 형태는 2톤 이하일 경우 원통형, 대형일 경우 각형을 주로 사용한다. 문은 스윙식, 수직 및 수평 슬라이드식 등이 있으며 하역 설비 등을 고려하여 효율적인 방법을 채용한다.

(3) 진공펌프

급격한 진공에 의한 냉각은 내부 자유수의 이동에 의한 수분 공급 이전에 표면 근처 세포 내부의 수분이 증발하여 표면세포가 손상을 일으킨다. 청과물에 따라 냉각속도도 달라지므로 품목에 맞는 진공펌프의 기능과 냉각 시간을 고려하여야 한다.

진공펌프로는 유회전식, 수봉식, 스팀 이젝터 등을 고려할 수 있으나 진공조 내를 760

mmHg에서 5 mmHg까지 비교적 단시간에 배기할 수 있는 유회전식 진공펌프가 많이 사용된다. 펌프의 크기는 진공조의 내용적과 소요압력에 도달하는 시간에 따라 결정할 수 있다. 분당 배기속도는 진공조 내용적의 1~$\frac{1}{2}$정도가 좋으며, 배기시간은 식 (11-23)으로 구할 수 있다.

$$t = \frac{2.303\ V}{S+\frac{S_o}{2}}\log\left(\frac{P_o}{P}\right) \qquad (11\text{-}23)$$

여기서, t : 배기시간(s)

V : 배기용적(ℓ)

S_o : 대기압 하의 배기속도(ℓ/s)

S : 소요압력 하의 배기속도(ℓ/s)

P : 소요압력(mmHg)

P_o : 대기압(mmHg)

한편, 진공조 내의 압력을 낮추면 청과물로부터 조금씩 수분이 증발하고 청과물이 냉각하기 시작하는 플래시 포인트(flash point)는 진공조 내의 압력이 20~22 mmHg, 배기 시작 후 약 3~6분 정도에 나타나므로 플래시 포인트 후에는 배기량이 초기의 $\frac{1}{3}$ 이하가 되도록 제어하는 것이 좋다.

(4) 콜드 트랩

진공조 내의 압력이 낮으면 수분 증발이 많아지고 압력이 증가하게 되므로 수증기를 제거하여야 한다. 수증기가 제거되지 않은 상태로 진공펌프로 진공조 내의 공기를 흡입하면 수증기 부피가 대단히 커져 대규모 진공펌프를 사용하여야 하며, 일반적으로 사용되는 유회전식 진공펌프에서는 윤활유에 수분이 섞이게 되어 펌프 성능이 저하하게 되고 내구성도 떨어지게 된다. 따라서 진공조와 진공펌프 사이에 냉각기를 설치하여 이 수증기를 물방울 또는 서리 형태로 포집하게 되는데 이를 콜드 트랩이라고 한다.

진공조 내의 압력이 10 mmHg 이하가 되면 수증기의 흐름은 점성류가 아닌 확산현상을 나타내므로 콜드 트랩의 온도를 낮추어도 수증기 회수율은 상승하지 않는다. 콜드 트랩의 표면온도는 약 −4~1℃ 정도가 적절하다. 콜드 트랩의 전열면적 A(m^2)는 식 (11-24)로 구할 수 있다.

$$A = \frac{Q}{h_o \, \Delta T} \quad (11-24)$$

여기서, h_o : 대류열전달계수(kcal/m^2·hr·℃)

ΔT : 평균온도차(℃)

Q : 열전달률(kcal/hr)

(5) 냉동기

청과물로부터 증발된 수증기는 냉동기에 의하여 냉각된 콜드 트랩에서 95% 이상 응축되어 배수된다. 진공냉각장치에서 냉동기는 콜드 트랩의 냉각용으로만 사용되므로 냉동기 용량은 이 수증기를 응축시킬 수 있는 능력이 필요하다. 냉동부하 Q(kcal/hr)는 플래시 포인트에 도달된 후부터 문을 개방할 때까지 t분 만에 걸리는 부하로서 식 (11-25)와 같다.

$$Q = \beta \left(h_L \times \frac{T_1 - T_2}{100\,\alpha} \times W\right) \times \frac{60}{t} \quad (11-25)$$

여기서, T_1, T_2 : 청과물의 초기 및 최종 품온(℃)

W : 청과물의 질량(kg)

β : 안전계수(=1.2)

h_L : 물의 평균 증발잠열(=590 kcal/kg)

α : 청과물의 수분이 1% 증발 시마다 강하되는 품온(=6.1℃)

(6) 부속기기

부속기기로는 오일미스트 트랩(oil mist trap)과 유수(油水)분리기, 반입 및 반출장치 등이 있다. 오일미스트 트랩은 배기와 함께 비산되는 윤활유 회수를 위하여 사용된다. 유수분리기는 수증기가 콜드 트랩에서 응축되지 않고 윤활유에 침입하여 윤활유를 열화시키는 것을 막기 위하여 사용된다.

11.2.6 냉수냉각

물은 공기에 비하여 열용량이 크다. 냉수냉각은 냉수를 청과물의 표면에 고르게 접촉시켜 대단히 빠른 냉각속도를 얻을 수 있는 방식으로 구조가 간단하고 운전비도 비교적 저렴하다. 그러나 탈수가 부족하면 유통 중 부패하기 쉽고, 예냉 중 물리적인 손상을 받기 쉬워 비교적 적게 보급되어 있으며, 당근 등 근채류를 중심으로 세정 및 예냉 겸용으로 사용되고 있다. 최근에는 근채류 이외에도 버섯류, 채소류 및 과일 등 최소 가공(minimal processing)된 제품의 유통 증가와 함께 활성화가 기대되고 있다.

(1) 구조

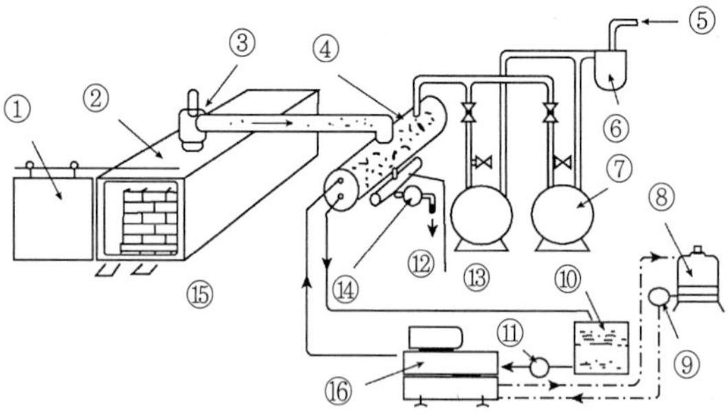

① 문 ② 진공조 ③ 주밸브 ④ 콜드 트랩 ⑤ 공기 ⑥ 오일미스트 트랩 ⑦ 진공 펌프 ⑧ 쿨링 타워 ⑨ 냉각수 펌프 ⑩ 브라인 탱크 ⑪ 브라인 펌프 ⑫ 물 ⑬ 수액기 ⑭ 응축수 배수 펌프 ⑮ 반출입장치 ⑯ 냉동기

[그림 11-31] 냉수냉각장치의 개략도

청과물과 냉수의 접촉 형태에 따라 살수식, 분무식, 침지식의 3가지 방법이 있다. 이 중 가장 넓게 사용되고 있는 살수식은 냉각수를 상부의 탱크로부터 청과물에 살수하여 냉각하는 방식으로 망이나 나무 상자, 골판지 상자 등에 담긴 청과물이 벨트컨베이어 위를 통과하는 동안 냉각된다. 적정 수량은 약 500~600 ℓ/min·m^2 정도가 유효하다는 연구 결과가 있다. 분무식은 조직이 연약해 물리적 손상을 받기 쉬운 품목에 적합하며 가압된 냉수를 상부의 분무 노즐에서 분무하여 냉각한다. 한편, 침지식은 냉수가 담긴 냉각수조에 용기에 담긴 청과물을 침지하여 냉각하는 방식으로 회분식과 연속식이 있지만 작업성, 냉각속도의 측면에서 연속식이 일반적이다.

또한 대량의 청과물을 냉각하기 위하여 개발된 살수 및 침지 겸용 방식은 냉각 과정 전반에는 세정을 겸한 침지식을 이용하고, 그 후에는 살수식으로 냉각을 완료한다. 침지 중 열전달의 촉진을 위하여 침지중의 분류(噴流) 등을 이용하여 냉수 유속을 약 0.1 m/s로 유지하는 것이 효과적인 것으로 알려져 있다.

(2) 크기

냉수냉각장치의 길이 L(m)은 식 (11-26)으로 구할 수 있다.

$$L = \frac{Mt}{WHS \times 60} \qquad (11-26)$$

여기서, M : 단위시간당 냉각할 청과물의 중량(kg/hr)

t : 냉각시간(min)
W, H : 수로 내 청과물의 폭 및 높이(m)
S : 단위체적당 산물 중량(kg/m^3)

또한 벨트 속도 V(m/min)는 식 (11-27)로 구할 수 있다.

$$V = \frac{L}{t} \tag{11-27}$$

(3) 냉동 능력

냉동 부하로는 청과물의 냉각열량, 냉각수의 냉각열량, 모터 및 펌프의 발열량, 외부로부터의 침입열 등이 있지만 대부분이 청과물의 냉각열량만을 고려한다. 그러나 실제 냉수 냉각에서 열효율은 50% 정도에 불과하므로 냉각열량보다는 큰 냉동기가 필요하다.

11.3 청과물 저장

대부분의 청과물에서 발생하는 발열량과 호흡속도는 주위 온도에 의하여 큰 영향을 받는데, 저장 기간을 증가시키려면 저온 장애 및 동결을 일으키지 않는 한 저장온도를 낮추는 것이 바람직하다. 청과물의 호흡에 의하여 체내에 수분이 증발하게 된다. 특히 표피 조직이 연약할수록 체내 수분 증발이 많이 발생하므로 건조를 방지하기 위하여 저장 중에 수분을 공급해 주어야 한다. 이와 같이 청과물 저장에 있어서 적정한 온도뿐만 아니라 적정한 습도의 유지가 중요하다.

11.3.1 청과물의 저장 요인

청과물 저장에 영향을 주는 요인으로는 품종, 재배 조건, 저장 환경 등이 있다. 일반적으로 조생종 과일보다 만생종이, 남부 지방보다 북부 지방에서 생산된 과일이, 평지보다 경사지에서 생산되는 과일이, 그리고 습한 지역보다 건조한 지역에서 생산된 과일이 상대적으로 우수한 저장성을 보이는 것으로 알려져 있다. 이것은 과일의 조직과 숙기 정도의 차이, 성숙기에서의 기온 차이 그리고 배수나 질소의 흡수력 차이에서 기인하는 것으로 보인다.

저장 중 온도가 높으면 과일의 호흡작용이 활발해져서 과일 내 성분의 변화가 많아 경도가 낮아지고 부패균의 생육이 왕성해져서 저장력이 저하된다. 저장고 내의 온도 변화는 과일의 호흡열뿐만 아니라 외기의 온도 변화에 큰 영향을 받으므로 열전도를 방지할 수 있는 구조로 저장고를 만들어야 한다. 저장고 내 습도가 낮거나 표피 조직 중의 수증기압과 외부의 수증기압의 차가 클수록 증산량이 증가함으로써 과일의 시듦 현상이 많이 나타난다. 또한 공기 유통이 잘될수록 과일의 표피가 건조되기 쉽고 증산량이 많아지며, 반대로 습도가 너무 높으면 부패가 발생하므로 적정한 상대습도를 유지하는 것이 매우 중요하다.

과일에서 발생하는 유해가스, 과다한 습도, 지나친 고온 등으로 저장 중인 과일에 여러 가지 장해가 일어나기 쉽기 때문에, 환기가 잘될 수 있도록 저장고의 구조, 저장용 용기의 설계 및 적재 방식에 유의하여야 한다.

11.3.2 청과물의 저장 방법

청과물의 저장 방법에는 상온저장, 저온저장, MA포장(Modified Atmosphere packing) 및 CA저장(Controlled Atmosphere storage)이 있다. 이 외에도 청과물의 종류나 저장 목적 등에 따라 다양한 저장 방법이 있다.

상온저장이란 자연 상태의 온도와 습도 아래에서 청과물을 저장하는 방법으로, 특별한 시설이나 관리가 필요하지 않고 매우 적은 비용으로 저장이 이루어지지만 저장 청과물의 질적·양적 손실이 크고 저장 기간이 짧으며 저장 용량을 크게 할 수 없다.

대부분의 청과물은 저온에서는 호흡이 억제되어 체성분의 소모가 적어지고 부패 박테리아의 번식이 억제되므로 물리적, 화학적인 변화가 지연된다. 따라서 저온저장은 안전 저장의 유용한 수단이 된다. 저온저장은 일반적으로 냉장이라고 하며, 식품 상태에 따라 냉각저장과 냉동저장으로 대별하는데 냉각저장은 농산물을 0~17℃의 냉각 상태로, 냉동저장은 식품을 −25~−15℃의 동결 상태로 저장하는 것을 주로 말한다.

CA저장은 온도, 습도, 공기 조성의 3가지를 조절함으로써 청과물의 호흡작용에 변화를 가져와 저온저장의 효과를 극대화하는 방법이다. 일반적으로 과일이나 경제성 있는 고급 채소의 저장에 사용된다. CA저장에 알맞은 공기 조성은 과일의 종류와 품종에 따라 차이가 있는데, 사과의 경우 산소와 이산화탄소의 농도를 각각 2~3% 및 1~5%로 하고 온도를 0℃로 하고 있다.

MA저장이란 각종 필름이나 피막제를 이용하여 청과물을 외부 공기와 차단하고 호흡에 따른 산소 농도의 저하 및 이산화탄소 농도의 증가로 품질 변화를 억제하는 기술이다. 이 때 사용하는 필름이나 피막제는 가스 확산을 저해하므로 MA 처리는 극도로 압축된 CA저장이라 할 수 있다. 현재 사용되고 있는 MA 기술은 주로 포장재의 개발과 함께 발달되었고 실제로도 유통기간의 연장 수단으로 많이 이용된다. 따라서 대부분 청과물의 경우 MA 저장이라기보다는 MA포장이 적절한 표현이다.

11.3.3 저온저장고의 설계

저온저장을 위한 냉각 양식으로는 그림 11-32에서 보는 바와 같이 자연대류식, 벽체냉각식 및 단위냉각식이 있다. 자연대류식은 천장 공간에 냉각관을 배열함으로써 자연대류에 의하여 냉각 공기를 이동시키면서 냉각하는 방법으로 현재 많이 이용되고 있는 방식이다. 그러나 저장실 내 온도의 편차가 크고 청과물의 건조가 심하며 냉각관에 부착된 서리의 제거가 어렵다. 벽체냉각식은 냉각관과 칸막이를 저장고의 측면에 설치하고 송풍기를 부착하여 공기를 순환시키는 방법이며, 단위냉각식은 단위냉각기(unit cooler)를 저장고의 일부에 설치하여 송풍기로 공기를 순환하는 방법이다.

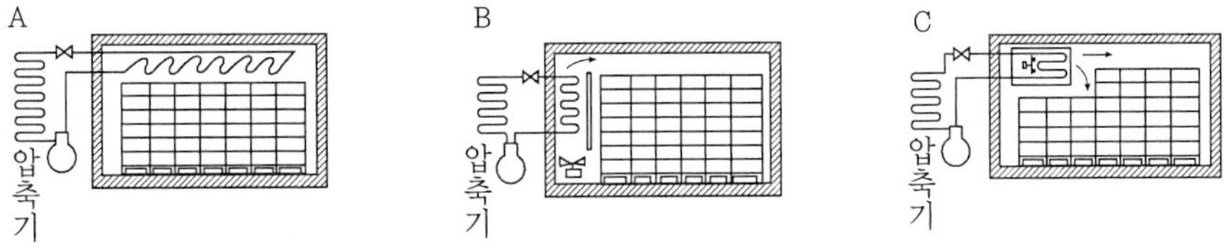

A : 자연대류식　　B : 벽체냉각식　　C : 단위냉각식

[그림 11-32] 저온저장고의 냉각 양식

(1) 저온저장시설의 구조

1) 저장고의 크기

대부분의 저온저장고는 철판 또는 콘크리트를 이용하여 설치하는데, 단열 성능을 우선적으로 고려하되 냉동기나 환풍기 등에 의한 하중을 충분히 견딜 수 있는 구조가 되어야 한다. 저장고의 높이는 적재 방식에 따른 안전 적재 높이에 적재물 상단과 천장 사이의 공간 확보를 위한 높이를 추가하여 결정한다. 예를 들면 사과를 인력으로 적재할 경우 안전 높이는 3.6 m 이하이고 지게차를 이용한다면 6 m 높이까지 적재가 가능한데 적재물 상단과 천장까지는 최소한 60 cm 정도의 공간 확보가 필요하므로 저장고 높이는 각각 4.2 m 와 6.6 m 로 국한된다. 대부분 저온저장고의 높이는 약 7 m이다.

한편 저장고의 폭을 9~10 m 이상으로 할 경우, 천장을 지지하기 위해 저장고 내에 기둥이나 적절한 지지 구조물을 설치하여야 한다.

저장고의 크기는 설계 저장 용량뿐만 아니라 저장시설 운영 방식, 자본력, 지형적인 특수성을 고려하여 결정된다. 1~2가지 청과물을 집중적으로 저장하여 일시에 입출고하는 경우에는 저장시설의 대형화가 경제적이며, 여러 작물을 취급하거나 장기간에 걸쳐 계획 출하할 경우에는 작은 규모의 저장시설을 여러 개 운영하거나 대형 저장고를 분할하여 운영하는 것이 바람직하다.

2) 지붕 구조

천장 외벽에 설치한 방습막에 수분이 응결되면 이를 제거하기 위하여 천장과 지붕 사이에는 환기를 위한 공간이 필요하다. 자연적인 대기의 흐름을 이용하거나 환풍기를 사용하여 환기를 하는데, 환기통의 크기나 환풍기의 용량을 고려하여 환기량을 조절한다. 환풍기의 용량은 천장 공간의 공기를 시간당 4~5회 정도 완전히 환기할 수 있어야 한다. 만일 저장고와 선별장이 연결된 건물이라면 선별장 천장의 환기도 같은 방식을 이용한다.

(2) 저온저장고의 단열 및 방습

1) 단열재

골조재료 및 단열재의 열전도 차단 성능은 표 11-10에 보는 바와 같이 전도열저항 값(*R* value)으로 표시할 수 있다.

[표 11-10] 저장고에 사용되는 골조재료, 단열재의 전도열저항(R)

종 류	R 값(m^2 K/W)
골조재료	
콘크리트 블록(20 cm)	1.1
합판(2.5 cm)	1.3
유리(홑겹)	0.1
단열재	
파이버글라스(2.5 cm)	2.5~4.0
스티로폼(2.5 cm)	4.2~5.3
폴리우레탄(2.5 cm)	6.3
공기층	
외부 공기막	0.2~0.3
중간 공기층	0.7

저온저장고에 요구되는 단열 정도는 저장고 부위별 및 계절별로 상이하다. 온대지방에서 가을, 겨울, 봄 동안 저장고를 운영할 경우, 저장고 부위별로 요구되는 최저 R(m^2 K/W) 값은 지면이 10, 벽이 20, 천장이 30 정도이다. 연중 운영되는 저장고라면 각 부위별 R

값을 5 정도씩 증가시켜야 한다. 여름에만 운영되는 저장고는 단열효과가 가장 우수하여야 하는데, 최저 R 값은 지면이 20, 벽이 30, 천장이 40 정도이다.

저장고에 사용된 재료의 종류와 두께에 따라 골조재료와 단열재의 R 값을 합산할 때 저온저장고에서 요구되는 R 값보다 큰 값이 되도록 하여야 한다. 따라서 시중에 판매되는 저온저장고용 단열재의 R 값을 정확히 알아야 필요한 저장고를 설계할 수 있다.

예제 11-8

가을에서 봄 사이에 운영하는 저온저장고를 축조하기 위하여 20 cm 두께의 콘크리트 블록에 5 cm 두께의 폴리우레탄을 살포하였다. 저장고 내의 온도가 0℃, 바깥 온도가 25℃라면 열손실률을 구하여라.

풀 이

벽체가 복합재료로 구성될 경우 전체 R 값은 각각의 R 값의 합이다.

$$R = R_1 + R_2 = 1.1 + 2(6.3) = 13.7(\mathrm{m^2 \cdot K/W})$$

따라서 벽체 단위면적당 열손실률은 다음과 같다.

$$q = \frac{\Delta T}{R} = \frac{25}{13.7} = 1.82\ \mathrm{W/m^2}$$

2) 방습재

방습막은 단열된 내부 공간에 습기가 차고 물방울이 생기는 응결현상을 방지하기 위하여 필요하다. 유리섬유나 합판과 같은 다공성 재료는 습기를 흡수하기 때문에 단열효과가 감소되고 철근이나 목재 등 구조물의 부식을 초래하게 된다.

우리나라의 경우 겨울철 일부 기간을 제외하고는 저장고 밖의 기온이 높으므로 콘크리트나 철판으로 축조된 저장고에는 구조물과 단열재 사이에 설치하여 외부에서 안으로 응결되어 들어오는 수분을 막아야 한다. 따라서 폴리에틸렌 필름과 같은 방습재를 온도가 높은 벽체 쪽에 설치하여 습기가 단열재와 접촉하는 것을 방지하도록 한다.

방습막은 전면에 걸쳐 연결하여야 하는데 벽, 천장 및, 바닥의 방습이 동시에 이루어질 수 있는 재료의 선택이 중요하다. 또한 방습막 위에 단열재나 기타 장비를 설치할 때는 방습막이 손상되지 않도록 주의하여야 한다. 최근 저온저장고에는 폴리우레탄폼이나 폴리우레탄 패널을 단열재로 사용하는데, 이들은 거의 수분을 흡수하지 않기 때문에 방습막을 따로 설치하는 경우는 드물다.

(3) 냉각부하의 계산

저장 청과물의 호흡작용, 입출고 작업으로 인한 외부 공기 유입, 출입문이나 벽체를 통한 열전도, 서리에 의한 냉동기 효율 저하, 제상 작업을 위한 냉동기 정지 등의 여러 가지 요인에 의하여 저온저장실의 온도는 변화가 일어난다.

냉장 용량은 저장고의 크기, 저장 작물의 호흡량, 일일 입고량, 입고 청과물의 냉각부하 및 저장고의 단열 정도 등을 고려하여 결정된다. 저온저장의 효과를 극대화하려면 필요에 따라 급격한 냉장이 필요하므로 이를 고려하여 냉동기의 용량을 결정하여야 한다.

저장고의 열부하는 24시간 동안 저장고 내에서 흡수되는 열량(J/24 hr)으로 표시되는데, 다음과 같이 방열벽에 의한 열손실, 환기에 의한 열손실, 청과물의 호흡열, 입고 청과물의 냉각부하, 작업자 및 각종 장비에 대한 열부하를 계산할 수 있다.

1) 방열벽을 통한 유입 열량(Q_1)

저장고의 외부 온도가 저장고 내보다 높은 경우에 외부로부터 열이 저장고 내로 전도되어 저장온도를 상승시키므로 이를 지속적으로 제거해주어야 한다. 이러한 전도열량은 저장고의 방열벽 크기, 외기온도와 저장고 내 온도의 차이 및 단열재의 종류와 두께에 따라 상이하다. 추운 겨울에는 오히려 저장고에서 열손실이 일어나지만 냉장 용량 산출에는 유입 열량만을 고려하면 된다.

방열벽을 통한 유입 열량은 식 (11-28)과 같이 계산한다.

$$Q_1 = \frac{kA(T_o - T_i)}{D} \qquad (11-28)$$

여기서, Q_1 : 방열벽을 통한 열손실(W)
k : 열전도계수(W/m·K)
T_o, T_i : 외기온도와 저장고 내 온도(°K)
A : 방열벽의 면적(m^2)
D : 벽의 두께(m)

2) 환기에 의한 열손실(Q_2)

주로 청과물을 입출고하는 과정에서 외기가 저장고 내로 유입되는데, 외기와 내부의 냉기가 혼합되어 일어나는 대류현상을 통하여 발생하는 열손실은 식 (11-29)와 같이 계산된다.

$$Q_2 = \frac{(h_o - h_i)\,Vn}{24\ \times 3.6 \times v_o} \tag{11-29}$$

여기서, Q_2 : 환기에 의한 열손실(W)
v_o : 외기의 비체적(m^3/kg)
h_o, h_i : 각각 외기 및 저장고 내 공기의 엔탈피(kJ/kg)
V : 저장고 체적(m^3)
n : 1일 동안의 환기 횟수

3) 입고 청과물의 냉각부하(Q_3)

포장열(field heat)이란 수확한 청과물이 지니고 있는 열로서, 수확 당시의 외기온도와 입고 전의 처리 방법에 따라 달라진다. 예냉 단계를 거치지 않은 경우 포장열을 얼마나 빨리 제거하느냐에 따라 저온저장의 효과가 달라진다.

입고 청과물의 냉각부하는 저장고에 입고되기 전의 품온을 저장고 내 설정온도로 낮추기 위해서 제거되어야 할 열부하를 말하는데, 식 (11-30)과 같이 입고 전 청과물의 품온, 1일 입고량, 청과물의 비열, 설정 냉각온도에 의하여 계산한다.

여름에서 초가을 사이에 수확하는 청과물은 품온이 높기 때문에 1~2일 이내에 온도를 0℃로 낮추는 데 필요한 냉각부하는 전체 냉각부하의 80% 이상을 차지한다.

$$Q_3 = \frac{mc(T_o - T_f)}{H \times 3.6} \tag{11-30}$$

여기서, Q_3 : 냉각열량(W)
m : 1일 입고량(kg)
c : 저장 청과물의 비열(kJ/kg·℃)
T_o, T_f : 입고 청과물의 온도 및 냉각 목표 온도(℃)
H : 냉각 소요 시간(hr)

4) 청과물의 호흡열(Q_4)

호흡열(respiration heat)은 청과물의 생리현상에 의해 지속적으로 방출되는 열로서, 저장고 내 온도에 의하여 조절되는 열 요인이다. 일단 청과물이 입고되어 품온이 낮아지면 호흡열도 감소하다가 설정된 냉각온도에 도달하면 호흡열은 일정 수준에서 유지된다. 호흡열은 식 (11-31)을 이용하여 계산한다.

[표 11-11] 과채류의 최적 저장 조건 · 저장기간 및 물성치

구분	최적 조건		저장 가능 기간	동결온도 (℃)	함수율 (%)	비열 (kcal/kg·℃)
	온도(℃)	RH(%)				
오렌지(캘리포니아산)	3.3~8.9	85~90	3~8 w	-1.3	87.2	0.90
오렌지(플로리다·텍사스산)	0	85~90	8~12 w	-0.8	87.2	0.90
레몬	14.4~15.6	85~90	1~6 m	-1.4	89.3	0.91
사과	-1.1~4.4	90	3~8 m	-1.5	84.1	0.87
서양배	-1.1~-0.6	90~95	2~7 m	-1.6	82.7	0.86
복숭아	-0.6~0	90	2~4 w	-0.9	89.1	0.91
살구	-0.6~0	90	1~2 w	-1.0	85.4	0.88
자두	-0.6~0	90~95	2~4 w	-0.8	85.7	0.89
포도	-1.1~-0.6	90~95	3~6 m	-2.2	81.6	0.85
감	-1.1	90	3~4 m	-2.2	78.2	0.83
양딸기	0	90~95	5~7 d	-0.8	89.9	0.92
참외(칸다로브)	2.2~4.4	85~90	15 d	-1.2	92.0	0.94
수박	4.4~10.0	80~85	2~3 w	-0.9	92.6	0.94
바나나(녹색)	13.3~14.4	90~95		-0.8	74.8	0.80
바나나(황색)	13.3~14.4	85	2~4 d			
파인애플	7.2~12.8	85~90	2~4 w	-1.1	85.3	0.83
토마토(미숙)	12.8~21.1	85~90	1~3 w	-0.6	93.0	0.94
토마토(성숙)	7.2~10.0	85~90	4~7 d	-0.5	94.1	0.95
오이	7.2~10.0	90~95	10~14 d	-0.5	96.1	0.97
가지	7.2~10.0	90	1 w	-0.8	92.7	0.94
완두	0	90~95	1~3 w	-0.6	74.3	0.79
옥수수	0	90~95	4~8 d	-0.6	73.9	0.79
배추	0	90~95	2~2 m		95.0	0.96
양배추(봄에 수확)	0	90~95	3~6 w	-0.0	92.4	0.94
양배추(가을에 수확)	0	90~95	3~4 m	-0.9	92.4	0.94
서양상추	0	95	2~3 w	-0.2	94.8	0.96
시금치	0	90~95	10~14 d	-0.3	92.7	0.94
셀러리	0	90~95	2~3 m	-0.5	93.7	0.95
아스파라거스	0	95	2~3 w	-0.6	93.0	0.94
양파	0	65~70	1~8 m	-0.8	87.5	0.90
마늘	0	65~70	6~7 m	-0.8	61.3	0.69
당근	0	90~95	4~5 m	-1.4	88.2	0.91
호박	10.0~12.8	70~75	2~3 m	-0.8	90.5	0.93
감자(봄에 수확)	10.0	90	2~3 m	-0.6	81.2	0.85
감자(가을에 수확)	3.3~4.4	90	5~8 m	-0.6	77.8	0.82
버섯	0	90	2~4 d	-0.9	91.1	0.93

주) w : 주, m : 월, d : 일

$$Q_4 = m\left(\frac{10.7f}{3600}\right) \times \left(\frac{9}{5}t_p + 32\right)^g \tag{11-31}$$

여기서, Q_4 : 청과물의 호흡열(W)

m : 청과물의 입고량(kg)
t_p : 청과물의 품온(℃)
f, g : 청과물에 따른 상수(무차원)

[표 11-12] 청과물에 따른 호흡열 계산식의 상수

작물	f	g
사과	5.6871×10^{-4}	2.5977
배	6.3614×10^{-5}	3.2037
복숭아	1.2996×10^{-5}	3.6417
포도	3.5828×10^{-3}	1.9982
토마토	2.0074×10^{-4}	2.8350
딸기	3.6683×10^{-4}	3.0330
감자	1.7090×10^{-2}	1.7690
양파	3.6680×10^{-4}	2.5380
당근	5.0018×10^{-2}	1.7926

※ 자료: ASHRAE Handbook. 2002. Refrigeration

청과물의 호흡에 의하여 발생되는 호흡열은 표 11-13에서 보는 바와 같이 청과물의 종류와 저장온도에 따라 상이하다. 사과를 저장온도 0℃로 저장할 경우, 표에서 호흡열 값을 44J/kg·hr로 하면 1톤당 사과의 호흡에 따른 발열량은 (1000 × 24) × (44 J/kg·hr × 0.24 cal/J) = 254 kcal/ton·24 hr 또는 1056 kJ/ton·24 hr로 계산된다.

[표 11-13(a)] 과채류의 호흡열

구 분	호흡열(J/kg·hr)				
	0℃	5℃	15℃	20℃	25℃
사과	22~44	53~78	145~329	179~373	-
살구	-	87~402	402~732	640~1330	-
돼지감자	267~480	373~640	1010~1550	1460~2490	1640~3210
아스파라거스	300~640	630~1119	1240~2500	1860~2870	3960~5070
아보카도(열매)	-	213~320	659~1670	785~3700	1250~4560
바나나(녹색기)	-	-	233~247	349~	-
바나나(성숙기)	-	-	267~800	349~1510	533~2620
라이마콩	111~320	208~383	1070~1330	1410~1910	-
라이마콩(껍질 속에 든)	189~373	310~649	-	2250~2830	-
스냅빈	267~436	446~552	1560~2140	2200~2570	-
딸기	131~189	174~354	756~984	1090~2090	1800~2240
양배추	48~68	82~131	199~276	296~523	518~678
당근	102~218	136~281	276~572	489~1010	-
셀러리	78	116	397	688	-
그레이프프루트	-	34~63	107~194	136~276	204
레몬	24~44	29~92	111~242	199~271	218~300
오렌지	19~53	39~78	136~252	237~363	262~431
단옥수수(껍질이 있는)	320~548	455~887	1670~1860	2860~3310	3000~4640

[표 11-13(b)] 과채류의 호흡열

구 분	호흡열(J/kg·hr)				
	0℃	5℃	15℃	20℃	25℃
오이	–	–	160~354	150~514	204~586
마늘	44~150	97~354	150~310	141~267	–
포도(미국종)	29	58	170	239	412
포도(유럽종)	15~24	34~63	107~126	–	267~320
부추	102~179	208~310	882~1250	–	1140~1260
결구상추	63~179	141~213	339~480	543~640	780~974
잎상추	204~291	257~368	548~790	877~1260	1280~1840
망고	–	107~233	480	257~426	1,280
파인애플	–	15~24	141~194	257~426	378~669
자두	19~34	44~97	126~136	179~276	300~756
감자(미숙 상태)	–	126	141~329	194~480	–
감자(완숙 상태)	–	29~92	63~126	87~170	–
무(지상 하부)	155~184	204~223	746~829	1323~1450	1690~2050
무(지상부 제거)	34~102	63~141	237~451	475~615	644~945
수박	–	34~44	–	184~267	–
버섯	300~465	756	–	2810~3370	–
양파(건조 후)	29~34	34~39	111~121	150~204	291~310
양파(미건조)	111~237	184~727	703~1040	838~1660	1040~2230
복숭아	44~68	68~97	354~451	630~1090	867~1300
배(바틀레트)	34~73	53~107	160~640	320~746	–
배(키프)	19~24	–	116~257	165~296	208~305
완두(깍지 속에 들어 있는)	325~499	586~814	1900~2160	2620~3850	3660~4020
완두(깍지를 제거한)	504~804	843~1040	–	3720~5930	–
고추(피망류)	–	53~228	213~611	242~693	383~790
감	–	63	126~150	213~257	310~426
시금치	204~237	368~615	1430~2380	1840~3060	–
호박(버터너트)	–	–	–	–	703~1300
호박(옐로스트레이트넥)	126~135	150~199	800~969	906~1040	–
고구마(넌큐어드)	–	–	305	–	557~780
고구마(큐어드)	–	–	208~257	–	–
토마토(녹순)	–	53~87	174~300	300~441	368~543
토마토(완숙)	–	63	257~310	257~470	320~557
미나리	208~281	465~518	1760~2180	–	–

5) 작업자, 지게차, 조명등 및 전동기 등에 의한 발열량(Q_5)

저장고 내에서 지속적으로 작동되는 기기에 의하여 발산되는 열량뿐만 아니라 저장고 내의 작업 인력, 지게차 및 조명등 등에 의한 발열량도 냉각부하를 결정하는 데 추가되어야 한다.

작업자의 발열량은 식 (11-32)로 계산한다.

$$q_p = 272 - 6 \times T_i \qquad (11-32)$$

여기서, q_p : 작업자 일인당 발생열량(W/인)
T_i : 저장고 내의 온도(℃)

조명등은 사용 개수만큼 발열량을 계산해주면 되고, 전동기기는 저장고 내에 있는지 아니면 저장고 밖에 있는지에 따라 발열량의 차이가 크고 또한 전동기의 마력 수에 따라서도 차이가 있다. 냉장실 내에서 작동되는 전동기에 의한 발열량은 그 용량에 따라 달라지는데, 용량이 0.1~0.4 kW이면 1880 kJ/hr·kW로, 0.4~2.2 kW이면 5270 kJ/hr·kW로, 2.2~15 kW이면 4180 kJ/hr·kW로 본다. 자세한 자료는 ASHRAE HandBook Refrigeration에 수록되어 있다.

저장고 내 전동기, 지게차, 조명 등과 같은 장비열(equipment load)의 경우 장비의 효율을 고려하여야 하고, 작업자의 발열량이나 각종 용기의 잠열 등을 정확하게 산출하기 어려운 경우에는 간단히 사용 요인(service factor)에 대한 비율을 냉각부하의 산출에 적용한다.

6) 총냉각부하

총냉각부하(cooling load)는 식 (11-33)과 같이 모든 냉각부하를 합한 후 안전율(10~20%)을 고려한다.

$$Q = \beta\,(Q_1 + Q_2 + Q_3 + Q_4 + Q_5) \tag{11-33}$$

여기서, Q : 총냉각부하(W)
β : 안전계수(= 1.1~2.2)

저온저장고 내에 축적되는 서리나 얼음을 제거하는 동안 냉동기의 작동을 정지하여야 하므로 그만큼 냉각부하가 증가한다. 보통 청과물을 입고하는 날에는 하루에 4회 정도 제상 작업을 하는데 1회 제상 작업 시간이 30~60분이라면, 2~4시간 동안 냉동기를 정지하게 되므로 24시간을 기준으로 실제 냉각부하는 1.1~1.2배 높아야 한다.

예제 11-9

딸기 4톤을 다음과 같은 저장고 및 저장 조건에서 품온 28℃ 에서 3시간 동안에 24℃ 로 예냉시킬 때 냉각부하는 얼마인지 계산하여라.

- 저장고의 크기 : 7m (L) × 5.5m (W) × 4.5m (H)
- 저장고의 벽체, 지붕 및 바닥면 : 폴리우레탄 보드(k = 0.025 W/m·℃, 두께 7.5 cm)

- 저장고 내의 온도, 습도 : 1℃, 상대습도 90%
- 환기회수 및 작업 인원 : 4회/일, 4인 작업
- 외기온도, 습도 : 30℃, 상대습도 60%
- 전등 및 전동기 : 100 W 5개, 10 hp 저장고 내 전동기 가동
- 호흡열 : 28℃ 와 24℃ 의 평균인 26℃ 에서 계산

풀 이

- 벽체, 바닥 및 지붕의 면적

  벽체 : $(7\times 4.5\times 2)+(5.5\times 4.5\times 2)=112.5\ m^2$

  지붕 및 바닥 : $7\times 5.5\times 2=77\ m^2$

  총전열면적 : $112.5+77=189.5\ m^2$

  저장고의 체적 : $7\times 5.5\times 4.5=173.25\ m^3$

- 저장고 벽체를 통한 열전달(Q_1)

$$Q_1=\frac{kA(T_o-T_i)}{D}=\frac{0.025(189.5)(30-1)}{0.075}=1831.83\ W$$

- 환기에 의한 열량(Q_2)

  외기 30℃, 상대습도 60% → $h_o=71.192\ kJ/kg$, $v_o=0.881\ m^3/kg$

  저장고 내의 온도 1℃, 상대습도 90% → $h_i=10.197\ kJ/kg$

$$Q_2=\frac{(h_o-h_i)\,Vn}{24\ \times 3.6\times v_o}=\frac{(71.192-10.197)173.25(4)}{24(3.6)(0.881)}=555.31\ W$$

- 딸기의 냉각부하(Q_3)

$$Q_3=\frac{mc(T_o-T_f)}{H\times 3.6}=\frac{4000(3.93)(28-24)}{3(3.6)}=5822.22\ W \rightarrow \text{3시간 만에 예냉}$$

$$=\frac{4000(3.93)(28-24)}{2(3.6)}=8733.33\ W \rightarrow \text{2시간 만에 예냉}$$

$$=\frac{4000(3.93)(28-24)}{1(3.6)}=17466.67\ W \rightarrow \text{1시간 만에 예냉}$$

- 딸기의 호흡열량(Q_4)

$$Q_4=m\left(\frac{10.7f}{3600}\right)\times\left(\frac{9}{5}t_p+32\right)^g$$

$$=4000\left\{\frac{10.7(3.6683\times 10^{-4})}{3600}\right\}\left(\frac{9}{5}(26)+32\right)^{3.033}$$

$$=2464.73\ W$$

- 전등, 전동기 및 작업자에 의한 열량(Q_5)

  전등 : $100\ W\times 5=500\ W$

전동기 (저장고 안에 있는 10 hp 전동기가 저장고 밖에 있는 장비 가동) : 1315 W/each

작업자에 의한 열량 : $q_p = 272 - 6 \times 1 = 266$ W/person

$Q_p = 4(266) = 1064$ W

기타 총열량 : $Q_5 = 500 + 1315 + 1064 = 2879$ W

- 총냉각부하(Q)

$$Q = 1.1(Q_1 + Q_2 + Q_3 + Q_4 + Q_5)$$
$$= 1.1(1831.83 + 555.31 + 5822.22 + 2464.73 + 2879)$$
$$= 14{,}908.4 \text{ W} = 14{,}908.4 \times \frac{1 \text{ RT}}{3861.16 \text{ W}} = 3.86 \text{ RT}$$

연 | 습 | 문 | 제

1 냉매 R134a 가 증발온도 −15℃, 응축온도 30℃의 건조압축 냉동 사이클로 작동할 때 (1) 냉동효과, (2) 압축일, (3) 성능계수를 구하여라.

2 냉매 R22가 증발온도 −40℃, 응축온도 20℃, 과냉각도 5℃의 냉동 사이클로 작동할 때 1 냉동톤(13,890 kJ/hr)에 대한 (1) 냉동효과, (2) 냉매 순환율, (3) 압축기에서 배출하여야 할 가스 용량, (4) 압축기 소요 동력, (5) 성능계수를 구하여라.

3 R22냉매를 사용하는 표준증기압축 사이클이 응축온도 40℃와 증발온도 5℃에서 작동한다. 냉동 용량이 15RT일 때 다음을 계산하여라.

(1) 냉매 순환율(kg/s)
(2) 압축기 소요 동력(kW)
(3) 성능계수
(4) 압축기 흡입구 냉매 채적 유량
(5) 압축기 출구 온도

4 사과, 배, 귤, 딸기 개체의 크기, 밀도, 비열, 열전도계수를 문헌을 통하여 조사하고, 냉각상수와 반냉각 시간을 계산하여라.

5 빈에 들어 있는 체리를 냉각하고자 한다. 송풍 공기의 온도는 7℃, 풍속은 305 m/hr이다. 6시간 동안에 체리를 30℃에서 10℃로 냉각시키기 위한 최대 퇴적고를 Schumann 곡선을 이용하여 구하여라. 체리와 공기의 성질은 다음과 같다.

$\epsilon = 0.4$ $\rho_s c_s = 4024$ kJ/m³ ℃

$\rho_f c_f = 1.207$ kJ/m³ ℃ $h_c a = 1350$ W/m³ ℃

6 퇴적고 0.6 m의 딸기를 4℃의 공기를 송풍하여 8시간 동안에 초기 온도 30℃에서 10℃로 냉각시키고자 한다. Schumann 곡선을 이용하여 송풍 공기의 소요 겉보기속도를 구하여라. 딸기와 공기의 열 및 물리적 성질은 다음과 같다.

$\epsilon = 0.38$ $\rho_s c_s = 3353.3$ kJ/m³ ℃

$\rho_f c_f = 1.207$ kJ/m³ ℃ $h_c a = 7.6\left(\frac{\rho_f V_f}{D_s}\right)^{0.7}$

$D_s = 0.03$ m $\rho_f = 1.282$ kg/m³

7 2000 kg의 양배추를 5℃로 저장하고자 한다. 호흡열을 계산하여라.

8 30톤의 배 저온저장고의 냉각부하를 계산하여라. 저장 조건은 다음과 같다.
저장고의 크기 : 8×8×4 m
저장고의 벽체, 지붕 및 바닥면 : 스티로폼 5 cm
저장고 내의 온도, 습도 : 3℃, 90%
환기회수 및 작업 인원 : 4회/일, 4인 작업
외기온도, 습도 : 25℃, 75%
전등 및 전동기 : 100 W 5개, 10 hp 전동기 저장고 내 가동
호흡열 : 28℃와 24℃의 평균인 26℃에서 계산

9 청과물을 저장하는 방법에는 무엇이 있으며, 각각의 장단점을 비교하여라.

10 장기 저장을 하려면 청과물의 품온을 낮추는 것이 중요한데, 그 이유를 설명하여라.

참고문헌

1. 고학균 외. 1990. **농산가공기계학**. 향문사.
2. 김동춘, 조운. 2002. **냉동공학**. 명원.
3. 김무근, 신지영, 하옥남. 2002. **냉동 및 공기조화**. 진영사.
4. 김병삼. 2002. 농산물 저온유통과 예냉. '02 저온시설연구회 기술 워크숍.
5. 김성철, 노주석. 윤세창, 장인성. 2002. **냉동공학**. 원창출판사.
6. 김의웅. 1997. 청과물 차압예냉시스템의 최적화. 성균관대학교.
7. 농수산물유통공사. 1992. 청과물 종합유통시설의 현대화를 위한 기술개발 및 보급방안.
8. 농수산물유통공사. 1995. 농산물 포장센터시설 기본모델개발에 관한 연구.
9. 농업협동조합중앙회. 1993. **산지유통시설설치추진교육교재**.
10. 서정윤, 최병륜. 1993. **공업열역학-제3판-**. 도서출판 희중당.
11. 송현갑외 2002. **열에너지공학**. 문운당.
12. 오후규. 1999. **완성냉동공학**. 도서출판 한미.
13. 윤홍선. 1994. 차압통풍식 예냉 청과물의 송풍저항 및 냉각특성. 경북대학교.
14. 한국농업기계학회. 1998. **농업기계 핸드북**. 문운당.
15. ASHRAE. 2002. ASHRAE Handbook – Refrigeration Systems and Applications.
16. Barker. J. J. 1965. Heat transfer in packed beds. *Industrial and Engineering Chemistry* Vol. 57(4).
17. Gordon J. Van Wylen and Richard E. Sonntag. 1976. *Fundamentals of Classical Thermodynamics*. Tower Press.
18. Henderson S. M, R. L. Perry and J. H. Young, 1997, *Principles of Process Engineering*. ASAE.
19. Huang, T., and Gunkel, W. W. 1974. Theoretical and experimental studies of the heating front in a deep bed hygroscopic product. *Trans. of ASAE*.
20. Lof. G. O. G. and R. W. Hawley. 1948. Unsteady-state heat transfer between air and loose solids. *Industrial and Engineering Chemistry*. Vol. 40(6).
21. Nuri N. Mohsenin. 1980. *Thermal Properties of Foods and Agricultural Materials*. Gordon and Breach, Science Publishers, Inc., New York.
22. Murata, S. 1975. Cooling theory of bulk farm products. *Refrigeration* Vol. 50(568).
23. Rumsey, T. 1987. Computer aided instruction of heat transfer in packed beds. *ASAE Paper* NO. 87-6568.
24. Schmidt, F. W., and A. J. Willmott. 1981. *Thermal Energy Storage and Regeneration*. McGraw Hill.
25. 福迫尚一郎 외. 1990. **冷凍空調工學**. 森北出版株式會社.

Post-Harvest Process Engineering

Post-Harvest Process Engineering

Chapter 12 식품 냉동

Chapter

12 식품 냉동

저장 중인 식품의 품질 변화는 저장온도의 영향을 받는다. 온도를 낮추면 미생물과 효소의 활성이 낮아지고, 그 결과 식품의 변질속도가 느려진다. 또한 식품이 동결되면 식품 속의 수분이 결정화되므로 식품 내 활용될 수 있는 액체가 감소되어 2차적으로 미생물의 성장이나 효소 활성을 억제할 수 있다.

식품 동결장치를 설계하기 위해서는 동결속도를 예측할 수 있어야 하며, 동결속도를 예측하기 위해서는 식품이 동결되는 동안 열 및 물리적 특성의 변화를 알아야 한다. 동결식품의 품질은 동결속도뿐만 아니라 저장온도의 영향을 크게 받는다. 따라서 적절한 동결식품의 저장 조건에 대한 이해가 필요하다.

이 장에서는 동결식품의 물성, 동결속도의 예측, 동결장치, 동결식품의 품질에 대하여 다루도록 한다.

12.1 동결식품의 물성

12.1.1 빙점 강하

식품에는 여러 가지 용질이 함유된 수분이 포함되어 있기 때문에 식품 내에 있는 물의 빙점은 순수한 물보다 다소 낮다. 이 빙점 강하는 용질의 농도와 분자량의 함수이다. 빙점 강하를 추정하는 식은 계의 상태가 평형일 때의 열역학적 관계로부터 얻을 수 있다.

Heldman(1974)은 2성분 이상용액(ideal binary solution)의 빙점강하를 다음 식으로 나타내었다.

$$\frac{1}{T_o} - \frac{1}{T_f} = \frac{R}{L} \ln X_w \qquad (12\text{-}1)$$

여기서, L : 순수물의 융해열(6003 kJ/kmol)
R : 일반기체상수(8.314 kJ/kmol·K)
T_o : 순수물의 빙점(273.16 K)
T_f : 용액의 빙점(K)
X_w : 식품 중의 물의 몰분율(소수)

식품 중 물의 몰분율은 다음 식으로 표시된다.

$$X_w = \frac{m_w/18}{m_w/18 + m_s/M_s} \qquad (12\text{-}2)$$

여기서, m_w : 물의 질량분율
m_s : 용질의 질량분율
M_s : 용질의 분자량

식 (12-1)은 용질의 질량분율과 분자량을 알고 있을 때 초기 동결온도를 계산하는 데 사용된다.

묽은 용액에 대해서는 식 (12-1)이 간단하게 된다. $T_f - T_o$의 값이 적을 때에 $T_f T_o \simeq T_o^2$이므로 식 (12-1)은 다음과 같이 수정된다.

$$\frac{L}{R}\frac{T_f - T_o}{T_o^2} = \ln(1 - X_s) \qquad (12\text{-}3)$$

여기서, X_s는 용질의 몰분율이다. 용액이 $X_s \ll 1$인 희박 용액일 때 $-\ln(1-X_s)$는 다음과 같이 전개된다.

$$-\ln(1 - X_s) = X_s + \frac{1}{2}X_s^2 + \frac{1}{3}X_s^3 + \cdots \simeq X_s \ll 1 \qquad (12\text{-}4)$$

이므로

$$T_o - T_f = \frac{RT_o^2}{L} X_s \qquad (12\text{-}5)$$

몰랄농도(molality) m은 용매 1000 g에 용해된 용질의 몰수로 정의한다. 즉,

$$m = \frac{1000g\text{의 용매 중 용질의 무게}}{\text{용질의 분자량}} = \frac{\frac{m_s}{m_w} \times 1000}{M_s}$$

따라서, 식 (12-5)는 다음과 같이 나타낼 수 있다.

$$\Delta T_f = T_o - T_f = \frac{RT_o^2 M_w m}{1000L} = K_f\ m = 1.86\ \mathrm{m} \qquad (12\text{-}6)$$

여기서, $K_f = \frac{RT_o^2 M_w}{1000L}$ 를 몰빙점상수(moral freezing point constant)라고 하며 빙점강하를 ℃로 나타낼 때 물에 대하여 1.86의 값을 갖는다.

식 (12-1)과 (12-6)은 다음의 경우에 이용된다.

① 용액 구성 성분의 질량분율과 분자량을 알고 있을 때 초기 동결온도의 계산
② 빙점 이하에 있는 식품의 초기 동결온도를 알고 있을 때 동결률의 계산
③ 초기 동결온도와 용질의 질량분율을 알고 있을 때 용질의 유효분자량 계산

각종 식품의 초기 동결온도는 표 12-1과 같다.

[표 12-1] 식품의 초기 동결온도

식 품	함수율(%, w.b.)	초기 동결온도(℃)
Meat	55 ~ 70	−1.0 ~ −2.2
Fruits	87 ~ 95	−0.9 ~ −2.7
Cranberry	85.1	−1.11
Plum	80.3	−2.28
Raspberry	82.7	−1.22
Peach	85.1	−1.56
Pear	83.9	−0.61
Strawberry	89.3	−0.89
Egg	74	−0.50
Milk	87	−0.50
Fish	65 ~ 81	−0.6 ~ −2.0
Isotonic		−1.8 ~ −2.0
Hypotonic		−0.6 ~ −1.0
Vegetables	78 ~ 92	−0.8 ~ −2.8
Onion	85.5	−1.44
Asparagus	92.6	−0.67
Spinach	90.2	−0.56
Carrot	87.5	−1.11
Juices		
Cranberry	89.5	−1.11

Cherry	86.7	−1.44
Raspberry	88.5	−1.22
Strawberry	91.7	−0.89
Apple	87.2	−1.44
Apple puree	82.8	−1.67
Apple concentrate	49.8	−11.33
Grape must	84.7	−1.78
Orange	89.0	−1.17
Tomato pulp	92.9	−0.72

예제 12-1

아이스크림 혼합물의 구성 성분이 우유의 지방분이 10%이고 지방이 없는 고형분 12%, 설탕 15%, 안정제 0.22%일 때 초기 빙점을 구하여라. 설탕과 분유 중에 포함된 유당이 빙점을 강하시키는 주성분이며, 당분의 평균 분자량은 342이다. 유당은 고형분의 54.5% 함유되어 있다.

풀 이

용질(설탕+유당)의 질량분율 $m_s = 0.15 + 0.545(0.12) = 0.2154$ g/g−product

용매(물)의 질량분율 $m_w = 0.6278$ g/g−product

물의 몰분율 $X_w = \dfrac{0.6278/18}{0.6278/18 + 0.2154/342} = 0.98226$

식 (12-1)로부터,

$$\frac{1}{T_f} = \frac{1}{T_o} - \frac{R}{L} ln X_w = \frac{1}{273.16} - \frac{8.314}{6003} ln(0.98226) = 0.0036858$$

$\therefore\ T_f = 271.31$

$\Delta T_f = 273.16 - 271.31 = 1.85$℃

식 (12-6)의 이용 :

$$\text{몰랄농도} : m = \frac{\frac{m_s}{m_w} \times 1000}{M_s} = \frac{(0.2154/0.6278)(1000)}{342} = 1.003$$

$\Delta T_f = 1.86\ \text{m} = 1.86(1.003) = 1.86$℃

12.1.2 동결률

식품의 동결 과정에서 미동결수는 항상 존재한다. 미동결수는 식품의 특성뿐만 아니라 동결에 필요한 엔탈피에 영향을 주기 때문에 매우 중요하다. 식품 온도가 빙점 이상일 때 식품은 동결되지 않은 수분과 용질로 구성된다. 식품이 빙점 이하로 하강하면 식품 내 수분의 일부는 얼음 결정으로 변하게 되므로 미동결수의 질량은 줄어들고 용액은 농축된다. 용액이 농축됨에 따라 식품의 빙점은 더욱 강하된다.

식품의 초기 빙점과 함수율을 알고 있을 때 온도가 빙점 이하로 하강함에 따라 함유 수분의 동결률을 계산할 수 있다. 식품 중 미동결수의 질량분율과 몰분율을 각각 m_u와 X_u로 나타내면, 온도가 하강함에 따른 동결률을 계산하는 순서는 다음과 같다.

(1) 식품의 초기 빙점을 이용하여 수분의 유효몰분율(X_u, effective mole fraction)을 다음 식 (12-7)을 이용하여 계산한다.

$$X_u = \exp\left[\frac{L}{R}\left(\frac{1}{T_o} - \frac{1}{T_f}\right)\right] \tag{12-7}$$

(2) 식 (12-2)를 M_s에 관하여 풀어서 용질의 유효분자량(effective molecular weight)을 계산한다.

$$M_s = \frac{18X_u m_s}{m_u(1-X_u)} \tag{12-8}$$

(3) 식품의 온도를 초기 빙점 이하 T까지 하강시키고, 수분의 새로운 유효몰분율 X_u을 식 (12-7)을 이용하여 계산하는데, 이때 T_f를 T로 대체한다.

(4) 미동결수의 질량분율(m_u)을 계산한다. 식 (12-8)을 m_u에 관하여 풀면,

$$m_u = \frac{18X_u m_s}{M_s(1-X_u)} \tag{12-9}$$

(5) 함유 수분의 동결률을 계산한다.

$$\text{동결률} = \frac{\text{초기 함수율} - m_u}{\text{초기 함수율}} \times 100 \tag{12-10}$$

예제 12-2

체리 주스의 함수율은 86.7%, 초기 빙점은 −1.444℃이다. 용매(물)의 유효몰분율과 용질의 유효분자량을 구하여라. 온도가 낮아지면 함유된 수분의 일부는 빙결되고 빙결되지 않은 수분의 양은 감소하게 된다. 온도가 −3℃와 −5.5℃로 낮아질 때 수분의 동결률을 구하여라.

풀 이

초기에 빙결되지 않는 수분의 질량분율 m_u = 0.867, 용질의 질량분율 m_s = 0.133이다.

(1) 초기 미동결수의 유효몰분율(effective mole fraction) :

$$X_u = \exp\left[\frac{L}{R}\left(\frac{1}{T_o} - \frac{1}{T_f}\right)\right]$$

$$= \exp\left[\frac{6003}{8.314}\left(\frac{1}{273.16} - \frac{1}{273.16 - 1.444}\right)\right] = 0.9861$$

(2) 용질의 유효분자량 :

$$M_s = \frac{18X_u m_s}{m_u(1 - X_u)} = \frac{18(0.9861)(0.133)}{0.867(1 - 0.9861)} = 195.89$$

(3) T = −3℃일 때

미동결수의 몰분율 :

$$X_u = \exp\left[\frac{6003}{8.314}\left(\frac{1}{273.16} - \frac{1}{273.16 - 3.0}\right)\right] = 0.9711$$

미동결수의 질량분율 :

$$m_u = \frac{18X_u m_s}{M_s(1 - X_u)} = \frac{18(0.9711)(0.133)}{195.89(1 - 0.9711)} = 0.4102$$

$$동결률 = \frac{0.867 - 0.4102}{0.867} = 0.527$$

(4) T = −5.5℃일 때

미동결수의 몰분율 :

$$X_u = \exp\left[\frac{6003}{8.314}\left(\frac{1}{273.16} - \frac{1}{273.16 - 5.5}\right)\right] = 0.9471$$

미동결수의 질량분율 :

$$m_u = \frac{18X_u m_s}{M_s(1 - X_u)} = \frac{18(0.9471)(0.133)}{195.89(1 - 0.9471)} = 0.2188$$

$$동결률 = \frac{0.867 - 0.2188}{0.867} = 0.748$$

이상과 같은 방법으로 온도를 낮추어 가면서 동결률을 계산할 수 있다. 컴퓨터 프로그램을 작성해 온도를 −40℃까지 낮추었을 때 동결률을 계산하여 나타내면 그림 12-1과 같다.

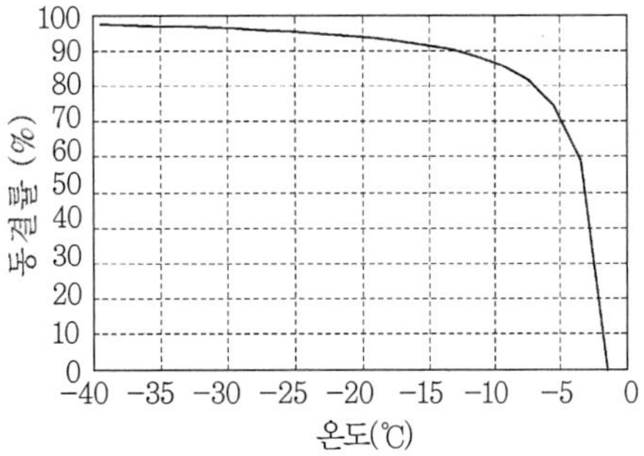

[그림 12-1] 체리 주스의 온도 하강에 따른 동결률의 변화

12.1.3 동결곡선

식품의 실제 동결 과정은 순수한 물의 동결 과정보다 다소 복잡하다. 식품을 냉각하면서 온도가 가장 낮은 점, 즉 온도중심점(thermal center)에 온도계를 꽂고 온도를 기록하면 그림 12-2의 동결곡선을 얻는다.

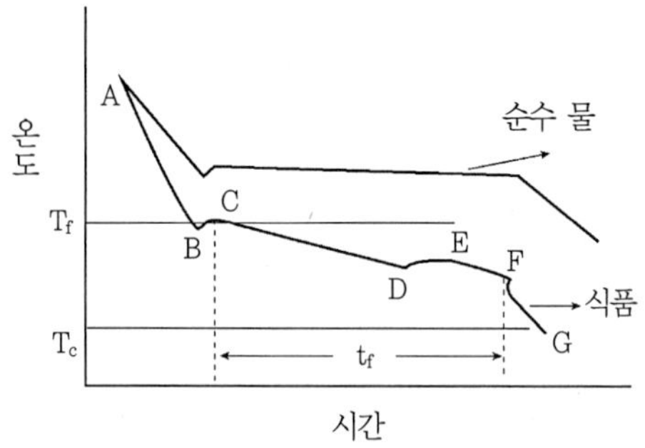

[그림 12-2] 물과 식품의 동결곡선

순수한 물과 식품의 동결곡선을 비교하여 보면, 그림 12-2에서와 같이 순수한 물은 열이 제거되면 빙점 이하인 과냉각(super cooling)에 이를 때까지 온도가 하강하며, 얼음 결정이 형성되기 시작하면서 빙점(freezing point)까지 온도가 상승한다. 빙점에서 잠열이 제거되면서 온도가 일정하게 유지된다. 얼음이 완전히 형성되면 온도는 다시 하강한다.

식품의 경우도 열을 제거하면 순수한 물에서와 같이 빙점 이하로 과냉각된다. 과냉각 상태인 점 B에서는 온도가 빙점 이하이지만 식품 내의 수분이 액상으로 존재한다. BC 기간 동안 얼음 결정이 형성되고 결정화(crystallization)에 따른 잠열이 방출되면서 온도가 급격히 빙점(점C)으로 상승한다. 이때 빙점은 순수한 물의 빙점보다 강하된다. CD 기간 동안은 식품에서 열이 잠열로 계속 제거되면서 얼음 결정이 형성된다. 식품 속의 물이 결정화되면서 용액이 농축됨에 따라 빙점은 계속 하강하게 되며, 이 기간 동안 대부분의 얼음 결정이 형성된다. DE 기간 동안 용질 중의 한 성분이 과포화(super saturation)되고 결정화된다. 이 용질의 결정화에 따라 잠열이 방출되면서 온도가 약간 상승하여 안정된 평형 상태인 용질의 공정점(eutectic point, 점E)에 도달한다. EF 기간 동안 얼음 결정뿐만 아니라 용질의 결정도 형성되는데, 2성분계인 설탕 용액의 경우 얼음 결정과 설탕 결정이 일정한 비율로 형성된다. 이 기간 동안 미동결 용액의 양은 감소하나 용액의 농도에는 변함이 없기 때문에 2성분계인 경우 온도는 일정하게 유지된다. F점에 이르러 이 계가 모두 결정화된다. 이 점을 지나면 온도는 다시 내려간다. 실제 식품에서는 1가지 용질보다는 여러 가지 용질이 함유된 경우가 훨씬 많으므로 동결 과정 중 몇 개의 공정점이 나타나며 공정점에 도달하는 온도가 분명하지 않다.

12.1.4 얼음 결정의 형성

냉동에 의한 생물체의 생명력 손실이나 냉동식품의 품질 저하는 얼음 입자의 형성에 기인하므로 얼음 결정화 과정을 잘 이해하는 것이 매우 중요하다.

결정화 과정은 핵 형성(nucleation) 또는 결정 형성(crystal formation) 단계와 결정 성장(crystal growth)의 두 단계를 거친다. 핵 형성은 동결의 초기 단계로 과냉각된 물 분자가 일정하게 모여서 결정으로 성장할 수 있는 미세한 얼음핵을 형성하는 과정이다. 결정의 성장은 형성된 핵에 물 분자가 일정하게 첨가되어 핵이 커지는 현상이다.

(1) 얼음의 핵 형성

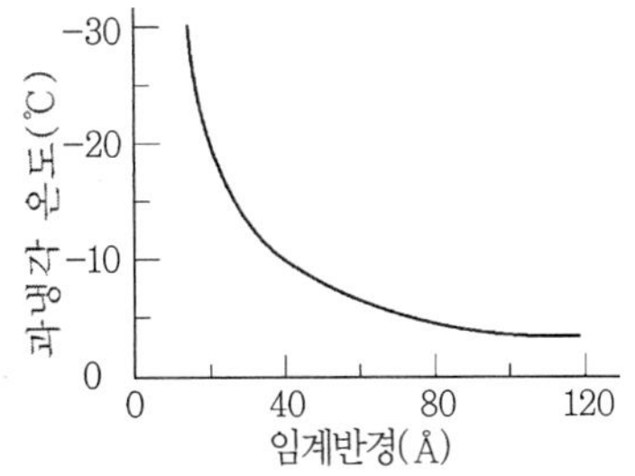

[그림 12-3] 온도에 따른 얼음핵의 임계반경

0℃에서 순수한 물과 얼음이 섞여 있는 상태에서 열을 제거하면 물이 얼음으로 변하여 결국 전체 계가 얼음으로 변하게 된다. 이 경우에는 얼음 입자가 이미 형성되어 있으므로 핵의 형성 과정 없이 물이 얼음 입자로 변할 수 있다. 그러나 최초에 얼음이 없었다면 핵 형성과정을 거친 다음에 얼음 입자의 성장이 가능하다. 얼음핵의 형성에 과냉각이 반드시 필요한 이유는 얼음핵의 형성에 앞서서 자유에너지의 변화가 필요하기 때문이다. 과냉각이 크게 될수록 작은 얼음핵이 물과 평형을 이룰 수 있다. 다시 말하면 0℃ 부근에서는 얼음핵의 크기가 상당히 커야 물과 평형을 이뤄 존재할 수 있다. 얼음핵은 임계반경(critical radius)을 가지는데, 임계반경보다 작은 입자는 소멸되기 쉽고 큰 입자는 성장하게 된다. 임계반경은 온도가 낮을수록 작게 되며, -5℃에서 70Å, -10℃에서 40Å 정도이다.

1) 동질성 얼음핵 형성

얼음핵의 형성이 순수한 물과 얼음의 계에서 일어날 경우 동질성 얼음핵 형성(homogeneous nucleation)이라고 한다. 동질성 얼음핵 형성이 0℃에서 일어날 확률은 0%이며, 온도가 0℃ 이하로 내려갈수록 확률이 증가하여 -41℃에 이르면 확률이 100%에 접근한다. 따라서 순수한 물이 과냉각될 수 있는 한계를 -41℃로 볼 수 있다.

2) 이질성 얼음핵 형성

불순물이 섞여 있는 물에서 얼음핵 형성이 일어난 경우를 이질성 얼음핵 형성(heterogeneous nucleation)이라고 한다. 이 경우에 물 분자가 물 속에 있는 이물질에 결정 모양으로 모여서 얼음핵을 형성하게 된다. 식품을 냉동할 때 이질성 얼음핵 형성이 주종을 이룬다. 이질성 얼음핵 형성이 0℃에서 일어날 확률은 0%이며, −25℃에서 확률이 100%에 접근한다. 이질성 얼음핵 형성이 높은 온도에서 일어나는 이유는 물속에 존재하는 얼음핵 형성을 촉진하는 화합물이 얼음핵 형성에 필요한 활성화 에너지를 낮추어주기 때문이다.

(2) 결정의 성장

미세한 얼음핵의 형성과 마찬가지로 결정의 성장(crystal growth)에는 과냉각이 필요하나 그 정도는 얼음핵의 형성보다 훨씬 낮다. 결정의 성장은 빙점과 매우 가까운 온도에서 일어난다. 결정의 성장은 물분자가 얼음핵에 첨가되어 이루어지며, 첨가된 물 분자가 결정화되려면 이에 필요한 잠열을 제거하여야 한다. 얼음 결정의 성장속도는 열의 제거속도와 온도에 영향을 받는다. 결정의 성장속도는 열의 제거속도가 증가할수록 증가하는데, 결국 얼음 결정의 표면온도와 주위 미동결 물질의 온도와의 차이가 클수록 결정의 성장속도는 빨라진다.

(3) 얼음 결정 입자의 크기

얼음 결정 입자의 크기는 얼음핵의 수와 함수 관계이다. 얼음핵의 수가 많으면 크기가 작은 얼음 결정이 많이 형성되고, 얼음핵의 수가 적으면 적은 수의 크기가 큰 얼음 입자가 형성된다. 얼음핵의 수는 열의 제거속도와 함수 관계이다. 그림 12-4는 과냉각이 얼음핵의 형성속도와 얼음결정의 성장속도에 미치는 영향을 나타낸 것이다. 얼음핵의 형성속도는 어떤 임계점 A에 도달한 후에 핵형성이 시작되고 온도가 하강함에 따라 그 속도는 급속히 증가한다. 얼음 결정의 성장은 융점 부근의 온도에서 일어나고 속도는 온도가 하강함에 따라 서서히 증가한다. 열의 제거속도가 클수록 얼음핵의 수는 증가한다. 열 제거속도가 느리고 온도가 0℃와 A 사이를 유지하면 적은 수의 얼음핵이 형성되어 큰 얼음 결정으로 성장한다. 반대로 열의 제거속도가 빠르면 식품의 온도는 급속히 점 A 아래로 하강하고,

많은 수의 얼음핵이 형성되어 제한된 크기로 성장한다. 즉, 얼음 결정의 크기는 핵의 수에 따라 역으로 변하게 되며, 핵의 수는 열 제거 속도로 조절할 수 있다.

식품을 급속냉동하면 수많은 작은 얼음 입자들이 형성되고, 반면에 서서히 냉동하면 크기가 크고 적은 수의 얼음 입자가 형성된다. 액체 식품의 경우 작은 얼음 결정을 형성하려면 냉동 중 식품을 교반(agitation)하여 주면 된다. 냉동 중 액체 식품을 교반하면 열의 제거속도를 증가시킬 수 있으므로 온도가 낮아져 얼음핵 형성을 촉진해 작고 균일한 얼음 결정을 얻을 수 있다.

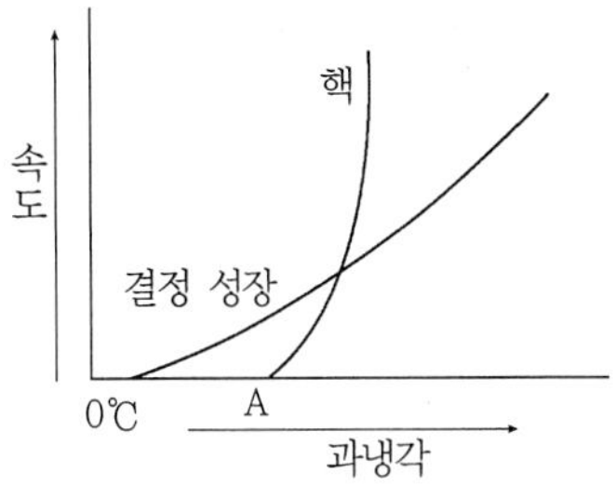

[그림 12-4] 과냉각이 얼음핵 형성속도와 얼음 결정의 성장속도에 미치는 영향

(4) 재결정

얼음 결정과 관련된 하나의 현상은 재결정(recrystallization)이다. 얼음 결정은 식품을 냉동저장하는 동안 또는 해빙의 초기 단계에 커지는 경향이 있다. 재결정속도는 초기 빙점 부근에서는 매우 빠르고 아주 낮은 온도에서는 느리게 나타남으로써 높은 온도 의존성을 보인다. 재결정은 동결식품을 저장할 때 저장온도를 매우 낮게 하여 일정하게 유지하면 아주 효과적으로 조절할 수 있다.

(5) 얼음 결정의 위치

식품의 조직이나 미생물과 같은 세포의 현탁액에서 얼음 입자의 위치는 냉동속도에 의하여 결정된다. 식품을 서서히 냉동하면 큰 얼음 입자가 거의 모두 세포 밖에 형성되며, 이때 세포 안에 있던 수분이 세포 밖으로 이동하게 되어 세포의 외관이 오그라든다. 세포 밖에 큰 얼음 입자가 형성되면 해동 시에 수분이 손실되어 좋은 조직의 품질을 유지할 수 없게 된다. 뿐만 아니라 생물체(미생물, 세포, 적혈구, 정충 등)을 서서히 냉동하면 생명력을 잃게 된다.

식품을 급속냉동하면 작고 수많은 얼음 입자가 세포의 내부와 외부에 균일하게 분포하고, 조직 내의 수분 이동을 극소화할 수 있으며, 냉동식품의 외관이 동결 전과 비슷해진다.

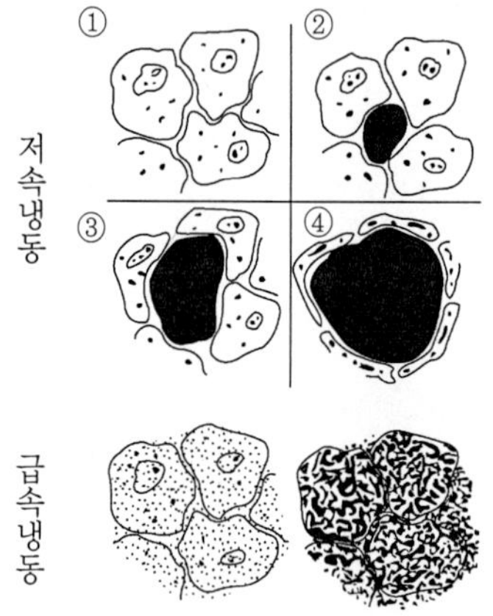

[그림 12-5] 조직에서 냉동속도에 따른 얼음 입자의 크기와 위치

12.2 동결 과정 중 열 특성의 변화

냉동의 영향을 받는 식품의 성질은 밀도, 열전도계수, 비열, 엔탈피 등이다. 이들 식품의 성질은 식품이 동결되는 동안 온도에 따라 변하며, 이 변화 경향은 동결 시간의 계산과 동결시스템을 설계하는 데 매우 중요한 인자로 작용한다.

12.2.1 밀도

얼음의 밀도(0℃에서 916.9 kg/m^3)는 물의 밀도(997.2 kg/m^3)보다 낮다. 따라서 식품의 밀도는 물의 동결률에 비례하여 감소한다.

그림 12-6은 밀도에 대한 온도의 영향을 나타낸 것이다. 그림에서와 같이 식품의 밀도는 온도가 초기 빙점으로부터 하강함에 따라 감소하며, 초기 빙점 부근에서 가장 급격하게 감소한다. 온도가 더욱 하강함에 따라 동결률의 변화가 완만하기 때문에 밀도의 변화도 완만해진다. 밀도의 변화량은 식품 중 물의 양에 비례한다.

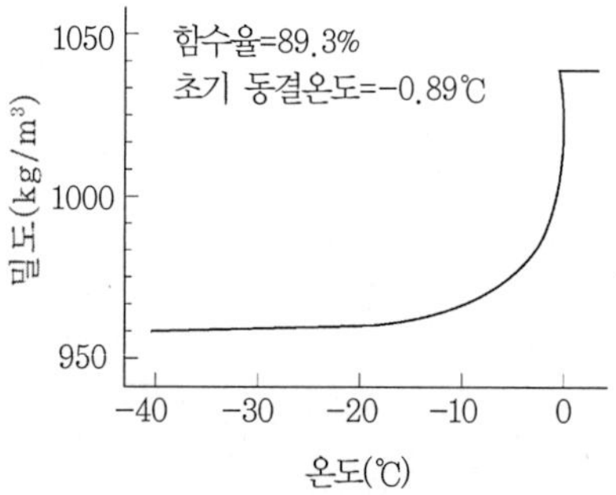

[그림 12-6] 냉동에 따른 딸기의 밀도 변화

12.2.2 열전도계수

얼음의 열전도계수(0℃에서 2.22 W/m·K)는 물의 열전도계수(0.57 W/m·K)의 약 4배에 이르기 때문에 냉동하는 동안 열전도계수의 변화가 크게 나타난다. 그림 12-7에서와 같이 초기 빙점 이하 10℃ 내에서 열전도계수가 대부분 증가하며, 그 이하로 온도가 하강함에 따라 식품 내 물의 상변화가 서서히 일어나기 때문에 열전도계수의 변화도 같은 형태를 나타낸다. 섬유질을 포함하고 있는 식품의 경우 섬유조직에 평행한 방향의 열전도계수는 직각 방향보다 크다.

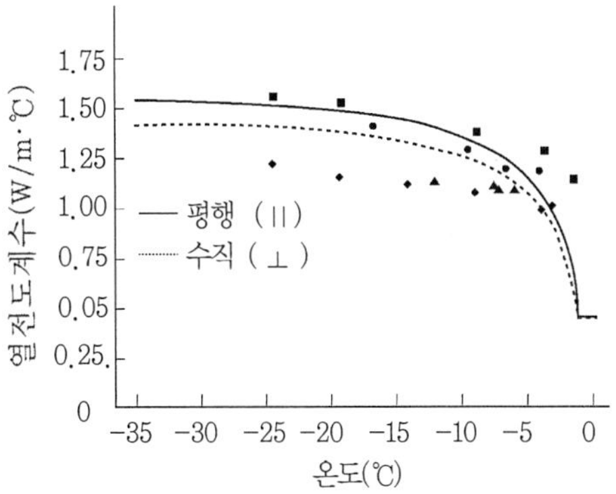

[그림 12-7] 냉동에 따른 쇠고기의 열전도계수의 변화

12.2.3 엔탈피

엔탈피는 냉동부하를 계산하는 데 직접 관련되는 열 특성이다. 빙점 이상의 온도에서 빙점 이하의 온도로 식품의 온도를 내리는 데 요구되는 총엔탈피는 다음 식으로 나타낼 수 있다.

$$H = H_S + H_U + H_I + H_L \qquad (12\text{-}11)$$

여기서, H : 냉동식품의 엔탈피(kJ/kg)
H_S : 식품의 고형분의 엔탈피(kJ/kg)
H_U : 미동결수의 엔탈피(kJ/kg)
H_I : 얼음의 엔탈피(kJ/kg)
H_L : 얼음의 융해잠열(kJ/kg)

엔탈피와 관련된 비열과 동결수와 미동결수의 질량분율이 온도의 함수이기 때문에 적분이 필요하다. 기준 온도 −40℃에서 엔탈피의 값을 0으로 하여, 식품의 엔탈피를 나타내면 다음과 같다.

$$H = m_s c_{ps}(T_i - T_r) + m_u c_{pu}(T_i - T_f) + \int_{T_r}^{T_f} m_u(T) c_{pu}(T) dt$$
$$+ m_i(T)L + \int_{T_r}^{T_f} m_i(T) c_i(T) dT \qquad (12\text{-}12)$$

여기서, m_s : 고형분의 질량분율(소수)
m_u : 미동결수의 질량분율
m_i : 동결수의 질량분율
c_{ps} : 고형분의 비열(kJ/kg·K)
c_{pu} : 미동결수의 비열
c_i : 얼음의 비열
T_i : 식품의 초기 온도(℃)
T_r : 기준 온도(보통 −40℃)
T_f : 빙점
L : 얼음의 융해열(333.4 kJ/kg)

우변의 첫째 항은 식품 고형분의 엔탈피로 고형분의 비열은 온도의 함수가 아니므로 빙점 이상 또는 빙점 이하의 모든 온도 영역에 적용된다.

우변의 둘째 및 셋째 항은 미동결수의 엔탈피로, 미동결수의 질량분율 m_u는 빙점 이하의 온도 범위에서는 온도의 함수이며, 빙점 이상의 온도에서는 일정한 값을 갖는다. 따라서 미동결수의 엔탈피는 빙점 이하와 빙점 이상의 온도 영역을 나누어 계산하여야 한다.

우변의 넷째 항은 얼음의 융해잠열로 빙점 이하의 온도에서 동결된 물의 질량에 비례한다는 것을 나타낸다.

우변의 마지막 항은 얼음의 엔탈피로 동결수의 질량분율과 얼음의 비열은 온도의 함수이다.

상기 식을 이용하여 −40℃로부터 빙점 이상의 온도까지 계산한 스위트 체리의 엔탈피를 그림 12-8에 나타내었다. 그림에서와 같이 엔탈피는 낮은 온도에서는 서서히 증가하지만 초기 빙점에 접근함에 따라 급격히 증가한다. 초기 빙점을 지나면 다시 엔탈피는 서서히 증가한다.

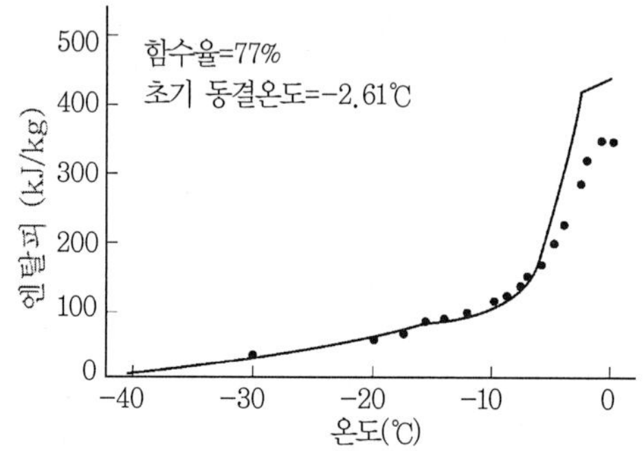

[그림 12-8] 온도에 따른 스위트 체리의 엔탈피 변화

표 12-2는 각종 동결식품의 온도에 따른 엔탈피 변화를 나타낸다.

[표 12-2] 동결식품의 온도에 따른 엔탈피(kJ/kg) 변화

온도 (℃)	쇠고기	양고기	닭고기	생선	콩	브로콜리	완두	간 고구마	쌀밥
−28.9	14.7	19.3	11.2	9.1	4.4	4.2	11.2	9.1	18.1
−23.3	27.7	31.4	23.5	21.6	16.5	16.3	23.5	21.6	31.9
−17.8	42.6	45.4	37.7	35.6	29.3	28.8	37.7	35.6	47.7
−12.2	62.8	67.2	55.6	52.1	43.7	42.8	55.6	52.1	70.0
−9.4	77.7	84.2	68.1	63.9	52.1	51.2	68.1	63.9	87.5
−6.7	101.2	112.6	87.5	80.7	63.3	62.1	87.5	80.7	115.1
−5.6	115.8	130.9	99.1	91.2	69.8	67.9	99.1	91.2	133.0
−4.4	136.9	157.7	104.4	105.1	77.9	75.6	104.4	105.1	158.9
−3.9	151.6	176.8	126.8	115.1	83.0	80.7	126.8	115.1	176.9
−3.3	170.9	201.6	141.6	128.2	90.2	87.2	141.6	128.2	177.9
−2.8	197.2	228.2	142.3	145.1	99.1	95.6	142.3	145.1	233.5
−2.2	236.5	229.8	191.7	170.7	112.1	107.7	191.7	170.7	242.3
−1.7	278.2	231.2	240.9	212.1	132.8	126.9	240.9	212.1	243.9
−1.1	280.0	232.8	295.4	295.1	173.7	165.1	295.4	295.1	245.6
1.7	288.4	240.7	304.5	317.7	361.9	366.8	304.5	317.7	254.9
4.4	297.9	248.4	313.8	327.2	372.6	377.5	313.8	327.2	261.4
7.2	306.8	256.3	323.1	336.5	383.3	388.2	323.1	336.5	269.3
10.0	315.8	263.9	332.1	346.3	393.8	398.9	332.1	346.3	277.2
15.6	333.5	279.6	350.5	365.4	414.7	420.3	350.5	365.4	292.8

12.2.4 비열

열역학의 정의에 따르면 비열은 다음과 같이 정의한다.

$$c_p(T) = \frac{dH}{dT} \quad (12\text{–}13)$$

여기서 사용되는 비열은 겉보기 비열(apparent specific heat)이라고 하는데, 이는 엔탈피 변화에 동결 동안에 제거되는 잠열이 포함되기 때문이다. 얼음의 비열(0℃에서 2.06 kJ/kg·K)은 물의 비열(4.18 kJ/kg·K)의 절반 정도이다. 또한 엔탈피가 온도의 함수이므로 비열도 온도 변화에 따라 크게 변한다.

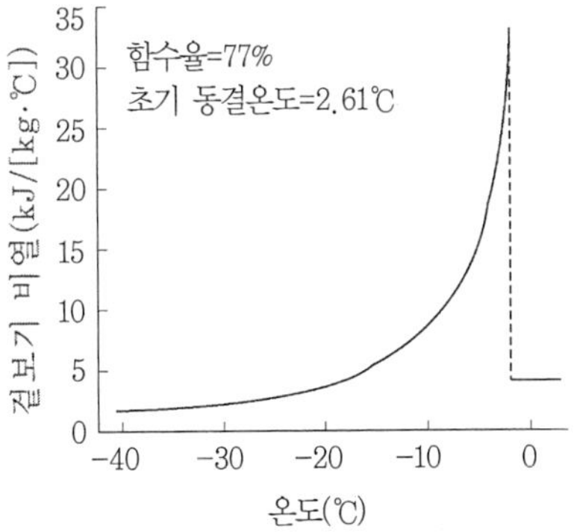

[그림 12-9] 냉동에 따른 스위트 베리의 비열 변화

그림 12-9는 스위트 베리(sweet berry)의 비열 변화를 나타낸다. 그림에서와 같이 매우 낮은 온도(초기 빙점으로부터 20℃ 이하의 온도)에서는 동결식품의 비열이 미동결식품의 비열보다 조금 낮은 값을 나타내지만 차이가 거의 없다. 이 온도를 지나 초기 빙점에 이르는 동안 비열은 급격히 증가하고 초기 빙점을 경계로 미동결식품의 비열과 불연속현상을 나타낸다.

수분 함량을 알고 있으면 냉동되지 않은 상태와 빙점 이하로 냉동된 상태의 식품 비열을 다음 Siebel식에 의하여 근사적으로 구할 수 있다.

$$\text{빙점 이상 : } c_p = 0.0335M + 0.837 \tag{12-14}$$

$$\text{빙점 이하 : } c_p = 0.0126M + 0.837 \tag{12-15}$$

여기서, c_p : 비열(kJ/kg·K)
M : 함수율(%, w.b.)

12.3 동결시간의 예측

동결속도, 즉 동결시간은 동결식품의 조직을 결정하고 동결공정을 설계하는 데 가장 중요한 요인이다. 식품이 동결되는 동안 열이 식품의 내부로부터 표면으로 전도된 후에 냉각매체에 의하여 제거된다. 동결시간에 영향을 주는 인자는 다음과 같다.

- 식품의 크기, 모양 및 열물성치
- 식품 내부 및 외부로의 전열 형태
- 식품과 냉각매체 사이의 온도 차이
- 식품 포장의 형태 및 포장필름의 종류

동결시간을 정확히 정의하기란 매우 어렵다. 유효동결시간(effective freezing time)은 온도중심점의 초기 온도를 원하는 목표인 최종 온도까지 내리는 데 소요되는 시간으로 정의한다. 유효냉동시간은 식품이 실제 동결장치 안에 머무는 시간이다. 공칭동결시간(nominal freezing time)은 표면이 0℃가 된 후 온도중심점의 온도가 초기 빙점보다 10℃ 낮아질 때까지 걸리는 시간으로 정의한다. 공칭동결시간은 식품의 손상 정도를 측정하는 데 사용된다.

온도가 하강함에 따라 밀도, 열전도계수, 비열, 열확산계수가 변하고 식품 부위에 따라서 동결점과 얼음 결정이 다르기 때문에 동결시간의 예측은 대단히 어렵다.

동결시간을 예측하는 방법은 실험적인 방법, 이론적인 방법, 반이론식을 이용하는 방법이 있다. 실험적으로 동결시간을 측정하는 방법은 많은 시간과 복잡한 측정장치가 필요하다. 이론적인 방법에는 여러 가지 가정을 통하여 문제를 단순화하고 이용하기 편리한 간단한 이론식를 유도하는 방법과 수치해석적 방법이 있다. 전자는 이용이 간편하지만 정확도가 낮은 단점이 있으며, 후자는 식품이 동결되는 동안 밀도, 열전도계수, 비열, 열확산계수의 변화를 정확히 예측하여야 하는 단점이 있다. 반이론식은 이론적으로 유도한 간단한 이론식을 실험을 통하여 수정한 식으로 이용하기 쉽고 정확도도 높기 때문에 많이 이용된다.

동결시간을 예측하는 데 간단하면서도 가장 많이 사용되는 이론 및 반이론식은 Plank 식, Nagaoka 식 및 Pham 식 등이 있다. 여기에서 동결시간을 추정하는 데 다음을 가정한다.

- 초기 온도는 균일하다.
- 냉각매체의 온도는 일정하다.
- 식품 내에서는 전도에 의해서만 열이 전달된다.
- 대류열전달계수는 일정하다.
- 열 및 물리적 성질은 동결과 미동결 상태로 구분하여 일정한 값을 갖는다.
- 모든 잠열은 하나의 빙점에서 제거된다.

12.3.1 Plank 식

그림 12-10과 같이 두께가 a인 무한평판형 식품의 1차원 동결을 고려한다. 열은 동결층을 통하여 표면으로 전도되며, 표면에서는 대류에 의하여 방열된다. 동결층의 두께는 시간이 경과함에 따라 증가하며, 임의의 시간 t에서 두께 x의 동결층이 양면에 형성된다. 초기 동결온도는 T_f로 일정하다. 비동결층의 온도도 T_f이다.

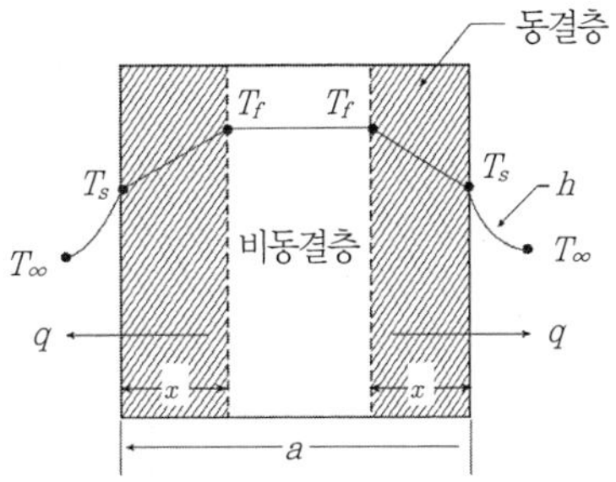

[그림 12-10] Plank 식을 유도하기 위한 무한평판에서의 1차원 동결

동결층을 통한 전도에 의한 열전달률은 다음과 같다.

$$q = \frac{k_f A}{x}(T_f - T_s) \tag{12-16}$$

여기서, q : 열전달률(J/s)

k_f : 동결층의 열전도계수(W/m·K)

A : 열전달 면적(m^2)

x : 동결층의 두께(m)

T_f : 초기 동결온도(℃)

T_s : 식품 표면온도(℃)

식품 표면에서 주위로 대류에 의하여 전달되는 열은 다음과 같다.

$$q = hA(T_s - T_\infty) \tag{12-17}$$

여기서, h : 식품 표면의 대류열전달계수(W/m^2·K)

T_∞ : 냉각매체 온도(℃)

식 (12−16)과 식 (12−17)에서 T_s를 소거하면 다음과 같다.

$$q = \frac{A(T_f - T_\infty)}{\frac{1}{h} + \frac{x}{k_f}} \tag{12-18}$$

식 (12−18)의 분모는 대류열저항과 전도열저항의 합이다.

동결층이 dx/dt의 속도로 전진한다면 융해잠열의 발생률은 다음과 같다.

$$q = AL\rho_f \frac{dx}{dt} \tag{12-19}$$

여기서, L : 얼음의 융해잠열(J/kg)

ρ_f : 동결식품의 밀도(kg/m^3)

발생되는 모든 잠열은 냉각매체로 전달되어야 하므로, 식 (12−18)과 (12−19)를 등치시키고 변수를 분리하여 정리하면,

$$dt = \frac{L\rho_f}{T_f - T_\infty}\left(\frac{1}{h} + \frac{x}{k_f}\right)dx \tag{12-20}$$

동결전선(freezing front)이 평판의 중심(a/2)까지 전진하면 동결이 종료된다. 적분하면,

$$\int_0^{t_f} dt = \int_o^{a/2} \frac{L\rho_f}{T_f - T_\infty}\left(\frac{1}{h} + \frac{x}{k_f}\right)dx \tag{12-21}$$

적분하여 정리하면 다음과 같다.

$$t_f = \frac{L\rho_f}{T_f - T_\infty}\left(\frac{a}{2h} + \frac{a^2}{8k_f}\right) \tag{12-22}$$

무한 평판에 대하여 식 (12-22)를 유도하였다. 같은 방법을 사용하여 무한 원통, 구에 대한 식을 유도할 수 있으며, 기하학적 형상을 나타내는 상수 값이 다르게 된다. 또한 식 (12-22)를 함수율이 m_m 인 식품에 적용할 때는 얼음의 융해잠열 L 대신 다음의 L_f를 사용하여야 한다.

$$L_f = m_m L \tag{12-23}$$

여기서, m_m은 식품의 함수율(w.b.)이다.

따라서 Plank 식의 일반적인 표현은 다음과 같다.

$$t_f = \frac{L_f\rho_f}{T_f - T_\infty}\left(\frac{Pa}{h} + \frac{Ra^2}{k_f}\right) \tag{12-24}$$

여기서 a는 특성 길이(characteristic length)이며, 무한 평판은 두께, 무한 원통과 구는 직경, 직육면체는 가장 짧은 변의 길이이다. P와 R은 식품의 기하학적 형상에 따른 형상계수이며, 표 12-3과 같다.

[표 12-3] 식 (12-24)의 기하학적 형상계수 P와 R의 값

기하학적 형상	P	R
무한 평판	1/2	1/8
무한 원통	1/4	1/16
구	1/6	1/24

식 (12-24)에서 알 수 있는 바와 같이, 밀도 ρ_f, 빙결잠열 L_f 및 크기 a가 증가할수록 동결시간이 증가한다. 반면에 온도차, 대류열전달계수 h 및 열전도계수 k_f가 증가할수록 동결시간은 감소한다.

Plank 식을 직육면체의 식품에 적용할 경우 P와 R의 값은 그림 12-11을 이용하여 구한다. β_1과 β_2는 각각 둘째로 긴 변과 가장 긴 변의 길이를 가장 짧은 변의 길이 a로 나눈 값이다.

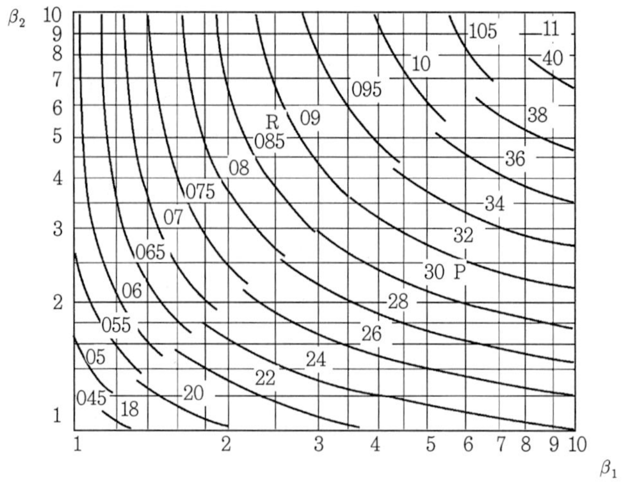

[그림 12-11] 직육면체에 적용되는 P와 R의 값

식품이 포장된 경우에는 포장재에 의한 열저항을 고려하기 위하여 식 (12-24)에서 대류 열전달계수 h를 총열전달계수(overall heat transfer coefficient) U로 대체하여야 한다. U는 다음 식으로 계산한다.

$$U = \frac{1}{1/h + x_p/k_p} \tag{12-25}$$

여기서, U : 총열전달계수(W/m^2·K)

x_p : 포장재의 두께(m)

k_p : 포장재의 열전도계수(W/m·K)

예제 12-3

초기온도 10℃의 구형 식품을 강제 송풍 동결장치를 이용하여 동결한다. 냉풍 온도는 −40℃이다. 식품의 직경은 7 cm, 밀도는 1000 kg/m^{3}이다. 초기 빙점은 −1.25℃, 냉동식품의 열전도계수는 1.2 W/m·K이며 대류열전달계수는 50 W/m^2·K이다. 동결시간을 계산하여라.

풀 이

초기 온도 T_i = 10℃

주위 온도 T_∞ = −40℃

초기 동결온도 T_f = −1.25℃

식품의 직경 a = 0.07 m

식품 밀도 ρ_f = 1000 kg/m^3

동결식품의 열전도계수 k = 1.2 W/m·K

융해잠열 L_f = 250 kJ/kg (함수율 75%(w.b.)로 가정)

구에 대한 형상상수 P = 1/6, R = 1/24

대류열전달계수 h = 50 W/m^2·K

Plank 식을 이용하면 다음과 같다.

$$t_f = \frac{L_f \rho_f}{T_f - T_\infty}\left(\frac{Pa}{h} + \frac{Ra^2}{k}\right)$$

$$= \frac{(250 \times 1000)1000}{-1.25 - (-40)}\left[\frac{0.07}{6(50)} + \frac{0.07^2}{24(1.2)}\right] = 2600\ \mathrm{s} = 43.3\ \mathrm{min}$$

12.3.2 Nagaoka 식

Plank 식을 사용하는 데는 한계가 있다. Plank 식은 식품의 초기 온도가 초기 동결온도일 때 동결시간을 만족스럽게 예측한다. Plank 식은 식품의 초기 동결온도만을 이용하고 이 온도 이상에서 현열을 제거하는 데 필요한 전냉각(precooling)시간과 후냉각(post cooling) 시간을 무시하였다.

전냉각, 상변화 및 후냉각 과정 중에 제거되는 열을 고려하기 위하여 Plank 식에서 상수인 융해잠열을 초기와 최종 온도 사이의 전체 엔탈피 변화로 대체하는 방법이 Nagaoka에 의하여 제시되었다.

Nagaoka는 Plank 식을 수정한 다음 식을 제시하였다.

$$t_f = \frac{\Delta H \rho_f}{T_f - T_\infty}\left(\frac{Pa}{h} + \frac{Ra^2}{k}\right) \tag{12-26}$$

여기서, ΔH : 초기 온도와 최종 온도 사이의 엔탈피 변화(J/kg)

ΔH는 전냉각, 상변화 및 후냉각 기간 동안에 제거되는 열량과 같으며 다음과 같다.

$$\Delta H = [1 + 0.008(T_i - T_f)][c_{pu}(T_i - T_f) + Lm_m + c_{pf}(T_f - T)] \tag{12-27}$$

여기서, T_i : 식품의 초기 온도(℃)

m_m : 함수율(dec., w.b.)

c_{pu} : 미동결식품의 비열(J/kg·K)

c_{pf} : 동결식품의 비열(J/kg·K)

T : 최종 온도(℃)

예제 12-4

초기 온도 15℃의 직육면체(0.3×0.6×0.9 m)의 쇠고기를 온도 −29.8℃의 액체 R12에 담가서 −15℃까지 냉동한다. 다음의 경우에 동결시간을 계산하여라.

(1) 포장되지 않은 경우, Plank 식 이용
(2) 포장되지 않은 경우, Nagaoka 식 이용
(3) 1 mm 두께의 포장지(cardboard)로 포장되어 있을 경우
(4) −196℃의 액체질소에 담겨 있을 경우

열 및 물리적 성질은 다음과 같다.

함수율 m_m = 0.68(w.b.)
비열(미동결) c_{pu} = 3.5 kJ/kg·K
(동 결) c_{pf} = 2.05 kJ/kg·K
초기 온도 T_i = 15℃
초기 동결온도 T_f = −1.7℃
밀도 ρ_f = 1050 kg/m^3
대류열전달계수 h = 170 W/m^2·K
동결식품의 열전도계수 k_f = 1.1 W/m·K
포장지의 열전도계수 k_p = 0.04 W/m·K
포장지의 두께 x_p = 1 mm

풀 이

형상계수 P와 R를 구하기 위하여 β_1과 β_2를 계산하면,

β_1 = 0.60/0.3 = 2, β_2 = 0.9/0.3 = 3

그림 12-11에서, P = 0.275, R = 0.078

(1) 포장되지 않은 경우, Plank 식

냉각매체 온도 T_∞ = −29.8℃
응고잠열 L_f = 0.68(333.4) = 226.7 kJ/kg
식 (12-24)를 이용하면,

$$t_f = \frac{L_f \rho_f}{T_f - T_\infty}\left(\frac{Pa}{h} + \frac{Ra^2}{k_f}\right)$$

$$= \frac{226.7(1000)(1050)}{-1.7+29.8}\left[\frac{0.275(0.3)}{170} + \frac{0.078(0.3^2)}{1.1}\right] = 58{,}170 \text{ s} = 16.2 \text{ hr}$$

(2) 포장되지 않은 경우, Nagaoka 식

냉각매체 온도 T_∞ = −29.8℃
최종 온도 T = −15℃
식 (12-27)로부터,

$$\Delta H = [1+0.008(T_i - T_f)][c_{pu}(T_i - T_f) + Lm_m + c_{pf}(T_f - T)]$$

$$= [1+0.008((15+1.7)][3.5(15+1.7)+0.68(333.4)+2.05(-1.7+15)]$$
$$= 354.14\ \text{kJ/kg}$$

식 (12-26)으로부터,

$$t_f = \frac{\Delta H \rho_f}{T_f - T_\infty}\left(\frac{Pa}{h} + \frac{Ra^2}{k_f}\right)$$
$$= \frac{354.14(1000)(1050)}{-1.7+29.8}\left[\frac{0.275(0.3)}{170} + \frac{0.078(0.3^2)}{1.1}\right] = 90{,}871\ \text{s} = 25.2\ \text{hr}$$

(3) 포장된 경우

총열전달계수 $U = \dfrac{1}{1/h + x_p/k_p} = \dfrac{1}{\dfrac{0.001}{0.04} + \dfrac{1}{170}} = 32.38\ \text{W/m}^2\cdot\text{K}$

식 (12-26)에서 h 대신 U를 대입하면,

$$t_f = \frac{\Delta H \rho}{T_f - T_\infty}\left(\frac{Pa}{U} + \frac{Ra^2}{k_f}\right)$$
$$= \frac{354.14(1000)(1050)}{-1.7+29.8}\left[\frac{0.275(0.3)}{32.38} + \frac{0.078(0.3^2)}{1.1}\right] = 118{,}250\ \text{s} = 32.8\ \text{hr}$$

(4) −196℃의 액체질소에 담겨 있는 경우

T_∞ = −196℃

$$t_f = \frac{\Delta H \rho_f}{T_f - T_\infty}\left(\frac{Pa}{h} + \frac{Ra^2}{k_f}\right)$$
$$= \frac{354.14(1000)(1050)}{-1.7+196}\left[\frac{0.275(0.3)}{170} + \frac{0.078(0.3^2)}{1.1}\right] = 13{,}142\ \text{s} = 3.7\ \text{hr}$$

12.3.3 Pham의 방법

Pham의 방법은 불규칙한 모양의 식품에 적용할 수 있는데, 불규칙한 모양을 타원체에 근사시켜 적용한다. 이 방법은 사용하기 쉬울 뿐만 아니라 정확도가 높은 장점이 있다. 그림 12-12와 같은 동결곡선을 고려하자. 동결곡선을 2부분으로 분할하기 위하여 평균동결온도(mean freezing temperature) T_{fm}을 사용한다. 첫째 부분은 약간의 상변화를 수반하는 전냉각기간(precooling period)이며, 둘째 구간은 대부분의 상변화가 일어나는 상변화기간과 후냉각기간(postcooling period)이다.

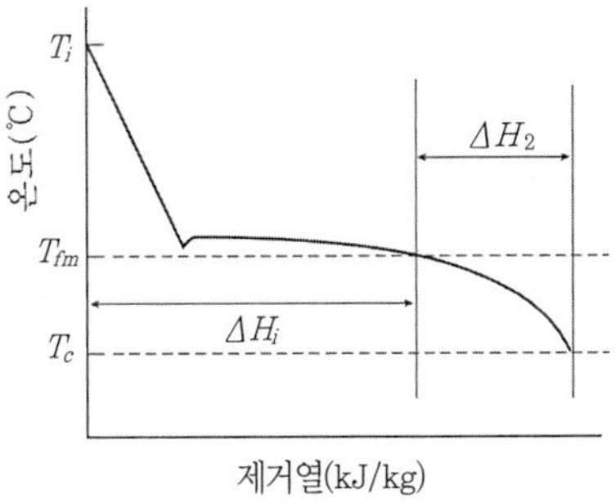

[그림 12-12] 동결곡선

광범위한 식품에 대한 실험 자료를 이용하여 Pham은 평균동결온도를 다음 식으로 제시하였다.

$$T_{fm} = 1.8 + 0.263\,T_c + 0.105\,T_\infty \qquad (12\text{–}28)$$

여기서, T_c : 최종 중심온도(℃)
T_∞ : 냉각매체 온도(℃)

식 (12–28)은 함수율이 높은 대부분의 식품에 유효하게 적용되는 실험식이다.

단순한 모양의 식품에 대한 동결시간은 다음 식으로 계산한다.

$$t_f = \frac{d_c}{E_f\,h}\left[\frac{\Delta H_1}{\Delta T_1} + \frac{\Delta H_2}{\Delta T_2}\right]\left(1 + \frac{B_i}{2}\right) \qquad (12\text{–}29)$$

여기서, t_f : 동결시간(s)
d_c : 특성 길이, 중심까지의 최단거리 또는 반경(m)
E_f : 형상계수, 등가 열전달 길이(무한 평판 1, 무한 원통 2, 구 3)
ΔH_1 : 전냉각 기간 동안의 체적엔탈피 변화(J/m^3)
ΔH_2 : 상변화 및 후냉각 기간 동안의 체적엔탈피 변화(J/m^3)
ΔT_1 : 전냉각 기간 동안의 온도구배(℃)
ΔT_2 : 상변화 및 후냉각 기간 동안의 온도구배(℃)
B_i : biot 수

ΔH_1은 다음 식으로 계산한다.

$$\Delta H_1 = \rho_u c_u (T_i - T_{fm}) \qquad (12\text{–}30)$$

여기서, ρ_u : 미동결식품의 밀도(kg/m^3)
c_u : 미동결식품의 비열(J/kg·K)
T_i : 식품의 초기 온도(℃)

ΔH_2는 다음 식으로 계산한다.

$$\Delta H_2 = \rho_f [L_f + c_f (T_{fm} - T_c)] \qquad (12\text{–}31)$$

여기서, ρ_f : 동결식품의 밀도(kg/m^3)
L_f : 식품의 융해잠열(J/kg)
c_f : 동결식품의 비열((J/kg·K)

ΔT_1과 ΔT_2는 각각 다음 식으로 계산한다.

$$\Delta T_1 = \left(\frac{T_i + T_{fm}}{2}\right) - T_\infty \tag{12-32}$$

$$\Delta T_2 = T_{fm} - T_\infty \tag{12-33}$$

예제 12-5

구형의 식품을 강제 송풍 동결장치(air-blast freezer)를 이용하여 동결한다. 식품의 초기 온도는 10℃, 냉풍의 온도는 -40℃이다. 식품의 직경은 7 cm, 초기 빙점은 -1.25℃, 미동결식품의 비열은 3.6 kJ/kg·K, 동결식품의 비열은 1.8 kJ/kg·K, 동결식품의 열전도계수는 1.2 W/m·K이며 대류열전달계수는 50 W/m²·K이다. 미동결식품의 밀도는 1000 kg/m³, 동결식품의 밀도는 950 kg/m³이다. 함수율은 75%다. 최종 중심온도는 -18℃이다. 동결시간을 계산하여라.

풀 이

초기 온도 T_i = 10℃
냉각매체 온도 T_∞ = -40℃
초기 동결온도 T_f = -1.25℃
식품의 반경 d_c = 0.035 m
미동결식품 밀도 ρ_u = 1000 kg/m³
동결식품 밀도 ρ_f = 950 kg/m³
동결식품의 열전도계수 k_f = 1.2 W/m·K
함수율 m_m = 0.75
대류열전달계수 h = 50 W/m²·K

(1) 평균동결온도 T_{fm}의 계산

$$T_{fm} = 1.8 + 0.263\,T_c + 0.105\,T_\infty = 1.8 + 0.263(-18) + 0.105(-40) = -7.134℃$$

(2) ΔH_1과 ΔH_2의 계산

$$\Delta H_1 = \rho_u c_u (T_i - T_{fm}) = 1000(3.6 \times 1000)[10 - (-7.134)] = 61{,}682{,}400\ \mathrm{J/m^3}$$

$$\Delta H_2 = \rho_f [L_f + c_f(T_{fm} - T_c)] = 950[0.75(333.2 \times 1000) + 1.8 \times 1000(-7.134 - (-18)]$$
$$= 255{,}895{,}860\ \mathrm{J/m^3}$$

(3) ΔT_1과 ΔT_2의 계산

$$\Delta T_1 = \left(\frac{T_i + T_{fm}}{2}\right) - T_\infty = \frac{10 + (-7.134)}{2} - (-40) = 41.43℃$$

$$\Delta T_2 = T_{fm} - T_\infty = -7.134 - (-40) = 32.87$$

(4) Biot 수의 계산

$$B_i = \frac{h\,d_c}{k_f} = \frac{50(0.035)}{1.2} = 1.46$$

(5) 동결시간의 계산

$$t_f = \frac{d_c}{E_f h}\left[\frac{\Delta H_1}{\Delta T_1} + \frac{\Delta H_2}{\Delta T_2}\right]\left(\frac{1+B_i}{2}\right)$$

$$= \frac{0.035}{3(50)}\left(\frac{61,682,400}{41.43} + \frac{255,985,860}{32.87}\right)\left(1+\frac{1.46}{2}\right) = 3745.06\ \mathrm{s} = 62.4\ \mathrm{min}$$

Pham의 방법은 유한 원통(finite cylinder), 무한 사각막대(infinite rectangular rod), 사각 브릭(rectangular brick)과 같이 식품 냉동에서 흔히 접하게 되는 모양의 식품의 동결시간도 계산할 수 있다. 식 (12-29)에서 적당한 형상계수 E_f를 구하여 동결시간을 계산한다.

형상계수 E_f는 다음 식으로 계산한다.

$$E_f = G_1 + G_2 E_1 + G_3 E_2 \tag{12-34}$$

G의 값은 표 12-4와 같다.

[표 12-4] 각종 형상에 대한 G의 값

형상	G_1	G_2	G_3
유한 원통, 높이 < 직경	1	2	0
유한 원통, 높이 > 직경	2	0	1
사각막대	1	1	0
사각브릭	1	1	1

E의 값은 다음 식으로 계산한다.

$$E_1 = \frac{X_1}{\beta_1} + (1 - X_1)\frac{0.73}{\beta_1^{2.5}} \tag{12-35}$$

$$E_2 = \frac{X_2}{\beta_2} + (1 - X_2)\frac{0.73}{\beta_2^{2.5}} \tag{12-36}$$

여기서, β_1과 β_2는 각각 둘째로 긴 변과 가장 긴 변의 길이를 가장 짧은 변의 길이로 나눈 값이다.

X_1과 X_2는 다음 식으로 계산한다.

$$X_1 = \frac{2.32\beta_1^{-1.77}}{(2B_i)^{1.34} + 2.32\beta_1^{-1.77}} \tag{12-37}$$

$$X_2 = \frac{2.32\beta_2^{-1.77}}{(2B_i)^{1.34} + 2.32\beta_2^{-1.77}} \tag{12-38}$$

예제 12-6

큰 평판형(1×0.6×0.25 m)의 쇠고기를 냉풍으로 동결한다. Biot 수는 2.5이다. 형상계수를 계산하여라.

풀 이

(1) β_1과 β_2의 계산

$$\beta_1 = \frac{0.6}{0.25} = 2.4,\ \beta_2 = \frac{1}{0.25} = 4$$

(2) X_1과 X_2의 계산

$$X_1 = \frac{2.32\beta_1^{-1.77}}{(2B_i)^{1.34} + 2.32\beta_1^{-1.77}} = \frac{2.32 \times 2.4^{-1.77}}{(2 \times 2.5)^{1.34} + (2.32 \times 2.4^{-1.77})} = 0.05393$$

$$X_2 = \frac{2.32\beta_2^{-1.77}}{(2B_i)^{1.34} + 2.32\beta_2^{-1.77}} = \frac{2.32 \times 4^{-1.77}}{(2 \times 2.5)^{1.34} + (2.32 \times 4^{-1.77})} = 0.02256$$

(3) E_1과 E_2의 계산

$$E_1 = \frac{X_1}{\beta_1} + (1 - X_1)\frac{0.73}{\beta_1^{2.5}} = \frac{0.05393}{2.4} + (1 - 0.05393)\frac{0.73}{2.4^{2.5}} = 0.09987$$

$$E_2 = \frac{X_2}{\beta_2} + (1 - X_2)\frac{0.73}{\beta_2^{2.5}} = \frac{0.02256}{4} + (1 - 0.02256)\frac{0.73}{4^{2.5}} = 0.027938$$

(4) 표 12-4로부터 $G_1 = G_2 = G_3 = 1$

(5) 형상계수 E_f의 계산

$$E_f = G_1 + G_2E_1 + G_3E_2 = 1 + 0.09987 + 0.02794 = 1.128$$

유한 평판형에 대한 형상계수 1.128은 1보다는 크지만 무한 원통 2보다는 작은 값이다.

예제 12-7

함수율 74.5%의 1×0.6×0.25 m의 쇠고기를 강제 송풍 동결장치에서 동결한다. 대류열전달계수 h = 30 W/m^2·K, 공기 온도는 −30℃이다. 초기 품온은 5℃이다. −10℃까지 동결하는 데 필요한 시간을 계산하여라. 초기 동결온도는 −1.75℃, 동결 쇠고기의 열전도계수는 1.5 W/m·K, 미동결 쇠고기의 비열은 3.5 kJ/kg·K, 동결 쇠고기의 비열은 1.8 kJ/kg·K이다. 밀도는 1050 kg/m^{3}이다. Pham의 모델을 이용한다.

풀 이

주어진 자료는 다음과 같다.

길이 d_2 = 1 m

폭 d_1 = 0.6 m

두께 a = 0.25 m
대류열전달계수 h = 30 W/m^2·K
냉기 온도 T_∞ = −30℃
초기 품온 T_i = 5℃
최종 품온 T_c = −10℃
초기 동결온도 T_f = −1.75℃
동결 및 미동결 식품의 밀도 ρ = 1050 kg/m^3
융해잠열 L_f = 0.745(333.2) = 248.25 kJ/kg
동결 쇠고기의 열전도계수 k_f = 1.5 W/m·K
미동결 쇠고기의 비열 c_{pu} = 3.5 kJ/kg·K
동결 쇠고기의 비열 c_{pf} = 1.8 kJ/kg·K

$$B_i = \frac{h(0.5a)}{k_f} = 30(0.5 \times 0.25)/1.5 = 2.5$$

E_f = 1.1278 (예제 12-6에서)

$$T_{fm} = 1.8 + 0.263\,T_c + 0.105\,T_\infty = 1.8 + 0.263(-10) + 0.105(-30) = -3.98$$

$$\Delta H_1 = \rho_u c_u (T_i - T_{fm}) = 1050(3.5 \times 1000)[10 - (-3.98)]$$
$$= 33,001,500\ \text{J/m}^3$$

$$\Delta H_2 = \rho_f [L_f + c_f(T_{fm} - T_c)] = 1050[248.25 \times 1000) + 1.8 \times 1000(-3.98 - (-10)]$$
$$= 27,202,000\ \text{J/m}^3$$

$$\Delta T_1 = \left(\frac{T_i + T_{fm}}{2}\right) - T_\infty = \frac{10 + (-3.98)}{2} - (-30) = 30.51℃$$

$$\Delta T_2 = T_{fm} - T_\infty = -3.98 - (-30) = 26.02℃$$

$$t_f = \frac{d_c}{E_f h}\left[\frac{\Delta H_1}{\Delta T_1} + \frac{\Delta H_2}{\Delta T_2}\right]\left(1 + \frac{B_i}{2}\right)$$
$$= \frac{0.125}{1.1278(30)}\left(\frac{33,001,500}{30.51} + \frac{27,202,000}{26.02}\right)\left(1 + \frac{2.5}{2}\right)$$
$$= 95,895\ \text{s} = 26.6\ \text{hr}$$

Plank 식에서 나타난 바와 같이 여러 가지 요인이 동결시간에 영향을 준다. 첫째 요인은 냉각매체의 온도이며, 이온도가 낮을수록 동결시간이 현저하게 단축된다. 또한 식품의 형상과 크기가 동결시간에 상당한 영향을 준다. 형상계수가 클수록 동결시간은 단축되는데 동결시간은 구형(형상계수 3), 무한원통형(형상계수 2), 무한 평판(형상계수 1)의 순으로 동결시간이 단축된다.

동결시간에 가장 중요한 영향을 주는 요인은 대류열전달계수이다. 대류열전달계수의 값이 작은 경우에 이 값이 조금만 변화하더라도 동결시간은 크게 변한다. 또한 초기 및 최종 품온이 동결시간에 약간 영향을 주는데, Plank의 식에서는 이를 고려하지 않고 있다.

식품의 성질, 즉 초기 동결온도, 밀도 및 열전도계수가 동결시간에 영향을 주는데, 이들이 동결장치 설계의 변수로 사용되지는 않지만 정확한 동결시간을 예측하기 위해서는 이들 값을 적절히 선택하는 것이 매우 중요하다.

12.4 동결식품의 저장

식품을 빙점 이하로 냉동저장하면 저장기간 중 여러 가지 물리적·화학적 변화가 진행된다. 이러한 변화의 속도는 저장온도와 식품의 종류에 따라 다르며, 저장온도가 낮을수록 변화속도가 감소한다. 일반적으로 냉동된 식품의 품질을 장기간 보존하려면 -18℃에서 저장하는 것이 표준으로 되어 있으며, 이보다 낮은 온도에서 저장하면 저장기간을 더 연장할 수 있다.

12.4.1 냉동저장 중 물리·화학적 변화

냉동식품의 저장 중 발생하는 중요한 물리적 변화는 냉동변질(freezer burn)과 재결정(recrystallization)을 들 수 있다.

냉동된 육제품을 플라스틱 필름으로 포장하지 않고 저장하면 육제품의 표면으로부터 얼음 입자가 승화하여 투박한 흰색의 건조표면이 나타나는데, 이런 현상을 냉동변질이라고 한다. 냉동변질은 보통 육류 섬유질 사이에 있는 공기주머니(air pockets)에서 물이 증발하여 발생하는데, 얼음 입자가 증발한 건조표면은 미세한 다공조직을 가지며 곰팡이가 발생한 것으로 오인될 수 있다. 냉동변질이 심각하지 않으면 조리하는 과정에서 물을 흡수하여 원상으로 복원된다. 표면건조 또는 냉동변질은 송풍냉동장치에서 공기의 속도를 약 2.5 m/s로 유지하지 않고 또한 공기에 노출되는 시간을 조절하지 않고 포장하지 않은 식품을 냉동할 때 발생할 수 있다. 이러한 건조현상은 가습하고, 저장온도를 낮추거나 포장을 잘하면 방지할 수 있다. 냉동변질의 발생속도는 식품 표면 얼음의 수증기압과 주위 공기의 수증기압의 차이, 냉동속도, 저장온도의 영향을 받는다. 일반적으로 저속 냉동은 급속 냉동보다 냉동변질을 서서히 일으킨다. 시금치와 콜리플라워는 -17.8~-6.7℃ 사이에서 온도를 2.8℃ 증가할 때 마다 수분 손실량이 약 1.5배 증가하는 것으로 보고되고 있다. 수분 손실은 냉동저장 온도를 일정하게 유지할 때보다 온도가 주기적인 변화를 할 때 훨씬 빠르게 진행된다.

얼음 입자는 불안정하여 저장 중에 여러 가지 변화를 일으키는데, 이들 변화를 망라하여 얼음 입자의 재결정이라 부른다. 즉, 재결정이라 함은 최초의 얼음 입자 형성 후에 생기는 얼음 입자의 수, 크기, 모양, 결정의 재배열 등의 변화를 의미한다. 혈액을 급속 냉동한 후 −10℃에 저장하면서 현미경으로 얼음 입자의 크기를 측정하면 저장기간이 증가함에 따라 얼음 입자의 크기가 증가하는 것을 관찰할 수 있다.

재결정은 계(system)의 자유에너지(free energy)가 최소에 이르는 평형 상태를 유지하려는 경향 때문에 생기는데, 재결정을 통하여 얼음 입자의 자유에너지는 감소한다.

얼음의 재결정은 몇 가지 형태로 구분된다. 얼음 입자의 무게에는 변화가 없으나 모양이나 내부 구조가 변하는 재결정을 동질량 재결정(iso-mass recrystallization)이라 한다.

크기가 작은 얼음 입자가 크기가 큰 얼음 입자에 섞여 있을 때 작은 입자가 큰 입자에 흡수되면서 얼음 입자의 크기가 증가하는 현상을 이동성 재결정(migratory recrystallization)이라고 한다. 이 경우 얼음 입자의 평균 크기는 증가하고 수는 감소하여 결정의 자유에너지는 감소하게 된다. 급속 냉동한 식품에는 작은 얼음 입자들이 많이 형성되므로 일정한 온도에서 저장할 때 이동성 재결정이 생기게 된다. 2 nm 이하인 얼음 입자가 아주 많은 경우 이동성 재결정이 아주 빠른 속도로 진행된다. 저장 중에 온도 변화가 심하거나 이에 따른 증기압의 변화가 클 경우 이동성 재결정이 일어난다.

서로 접촉하고 있는 얼음 입자들이 결합되어 그 크기가 커지고 수가 감소하는 현상을 부착성 재결정(adhesive recrystallization)이라고 한다. 냉동식품에는 수많은 얼음 입자들의 표면이 서로 접촉하고 있으므로 부착성 재결정이 흔히 일어난다.

액상 재료를 적당한 조건에서 냉동하면 비결정 상태에서 고체화된다. 이것을 어느 특정한 온도로 가열하면 결정화가 갑자기 이루어지는데, 이런 현상을 돌발성 결정화(irruptive recrystallization)라고 한다.

냉동식품을 저장하면 저장 중에 여러 가지 화학적 변화가 진전되어 냉동식품의 품질에 영향을 준다. 냉동저장 중에 생기는 중요한 화학적 변화는 지방의 산화(산패), 효소적 갈변, 향미 성분의 파괴, 단백질의 불용화(insolubilization), 엽록소와 비타민의 파괴 등을 들 수 있다. 이러한 변화는 전 냉동 과정을 통하여 발생한다. 냉동식품을 −18℃에서 저장한다면 저장 중의 화학적 변화는 냉동 또는 해동 시에 발생하는 변화에 비하여 훨씬 적다. 반면에 저장온도가 −18℃ 이상이면 저장 중의 화학적 변화가 냉동 또는 해동 시의 변화보다 훨씬 크게 된다.

[표 12-5] 냉동식품의 저장 온도별 실용저장수명(PSL)

냉동식품	실용저장수명(월)		
	-12℃	-18℃	-24℃
Fruits			
Raspberries/Strawberries(raw)	5	24	>24
Peaches, Apricots, Cherries(raw)	4	18	>24
Fruit juice concentrate	-	24	>24
Vegetables			
Asparagus(with green spears)	3	12	>24
Beans, green	4	14	>24
Broccoli	-	15	>24
Carrots	10	18	>24
Cauliflower	4	12	>24
Corn-on-the cob	-	12	18
Cut corn	4	15	>24
Mushrooms(cultivated)	2	8	24
Peas, green	6	24	>24
Pepper, red and green	-	6	12
Potatoes, French fried	9	24	>24
Onions	-	10	15
Meats and poultry			
Beef carcass(unpackaged)	8	15	24
Ground beef	6	10	15
Lamb, carcass	18	24	>24
Lamb steaks	12	18	24
Pork, carcass(unpackaged)	6	10	15
Sliced bacon(vacuum packed)	12	12	12
Chicken, whole	9	18	>24
Seafood			
Fatty fish, glazed	3	5	>9
Lean fish	4	9	>12
Lobster, Crab, Shrimps in shell(cooked)	4	6	>12
Clams and Oysters	4	6	>9
Eggs			
Whole egg magma	-	12	>24
Milk and milk products			
Butter, Lactic, unsalted pH 4.7	15	18	20
Cream	-	12	15
Ice cream	1	6	24
Bakery and confectionary products			
Cakes(cheese, chocolate, fruits)	-	15	24
Breads	-	3	-
Raw dough	-	12	18

※ 자료: IIR(1986)

12.4.2 냉동식품의 저장수명

동결 과정이 동결식품의 품질에 지대한 영향을 미치는 것과 마찬가지로 저장 조건도 품질에 영향을 준다. 식품이 동결실에서부터 소비될 때까지 적절한 저장 조건을 유지하지 못하면 상당한 품질 저하를 초래한다. 동결식품의 품질에 결정적인 영향을 미치는 요인은 저장온도의 변동이다. 냉동식품을 변동하는 온도 조건에서 저장하게 되면 저장수명은 현저하게 저하된다.

냉동식품의 수명을 표시하는 데는 보통 실용저장수명(practical storage life, PSL)이 사용된다. IIR(1986)에서는 '실용냉동수명은 식품이 동결 이후 그 특성(characteristic properties)을 유지하고 소비 또는 다른 공정에 대한 적합성을 유지하는 냉동저장 기간'이라고 정의하고 있다. 표 12-5는 각종 냉동식품의 실용저장수명을 나타낸다. 냉동 생선의 저장수명은 다른 식품에 비하여 현저히 낮다. 상업시설에서 냉동식품의 통상적인 저장 온도는 -18℃이다. 해산물의 경우는 품질 유지를 위하여 이보다 낮은 온도에서 저장하는 것이 바람직하다.

12.5 동결장치

식품 동결장치는 냉각매체로 공기를 사용하는 것과 다른 냉각매체를 사용하는 것으로 크게 두 종류로 분류할 수 있다. 냉각매체로 공기를 사용하는 공기 동결장치(air freezers)에는 정지공기 동결장치(still-air freezer), 송풍실 동결장치(air-blast room freezer), 송풍터널 동결장치(air-blast tunnel freezer), 스파이럴 벨트 동결장치(spiral-belt freezer), 유동층 동결장치(fluidized bed freezer)가 있으며, 공기 외에 다른 냉각매체를 사용하는 동결장치에는 판형 동결장치(plate freezer), 침지식 동결장치(immersion freezer), 극저온 동결장치(cryogenic freezer) 등이 있다.

공기 동결장치는 냉각 공기가 순환하는 냉동실이나 터널에서 식품을 동결시키는 동결장치로 가장 널리 사용된다. 공기 동결장치의 장점은 구조가 간단하고 식품의 종류, 크기, 모양, 포장 종류에 따라 다양하게 사용될 수 있다는 점이다. 단점은 공기를 사용하기 때문에 식품 표면에서 열전달률이 제한되며, 많은 송풍에너지가 소요되고, 균일한 공기 분포가 어렵다는 점이다. 또한 포장하지 않은 식품을 동결할 경우 증발에 의한 중량 손실이 많으며, 포장식품의 경우 포장이 부풀어오르는 등 포장 상태가 불량해질 수 있다. 또한 동결장치의 증발기 코일에 발생하는 서리를 제거하는 수단이 필요하다.

12.5.1 정지공기 동결장치

가장 단순한 동결장치 중의 하나로 샤프(sharp) 동결장치라고도 한다. 보통 냉동식품을 저장하는 데 사용하는 냉동실에 설치된 선반 위에 식품을 놓고 직접 냉동한다. 식품 위를 통과하는 공기량이 아주 적기 때문에 냉동속도가 느리다.

12.5.2 송풍실 및 송풍터널 동결장치

이들 동결장치는 보통 식품의 크기로 인하여 동결속도가 제한되는 중간 크기의 식품 동결에 사용되며, 식품의 모양이 불규칙한 경우에도 사용이 편리하다. 식품을 랙(rack)에 설치된 상자에 담거나 공중에 매달아서 개별 식품 주위로 냉공기를 유동시킨다. 그림 12-13은 배치식의 송풍터널 동결장치이며, 식품 선반 사이를 수평방향으로 공기가 유동한다. 그림 12-14의 배치식 송풍터널 냉동장치에서는 생육을 매달아놓고 공기가 수직방향으로 유동한다. 그림 12-15는 연속식 송풍터널 냉동장치로 식품 상자는 수평으로 공급 및 배출되고 냉각 공기는 식품 상자를 가로질러 흐르는 횡류형(cross-flow type)이다.

연속식 터널 냉동장치에서는 터널을 통하여 랙을 주기적으로 움직이는 기계장치를 구비하고 있으며, 식품의 공급과 배출이 자동으로 이루어진다. 배치식에서는 냉동실이나 터널에서 식품 선반이 수동으로 설치된다.

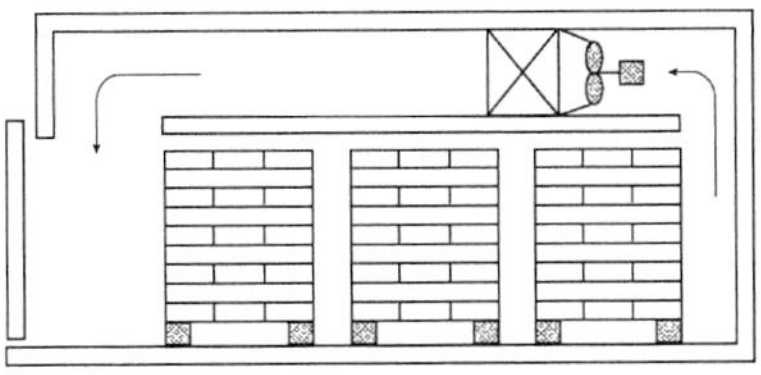

[그림 12-13] 송풍터널 동결장치(배치식, 수평방향 송풍)

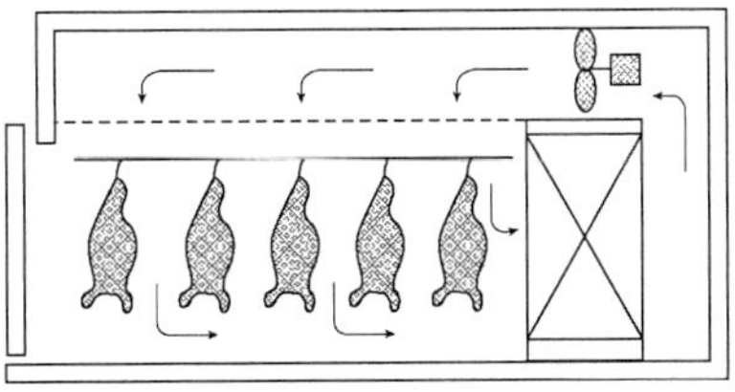

[그림 12-14] 송풍실 동결장치(배치식, 수직방향 송풍)

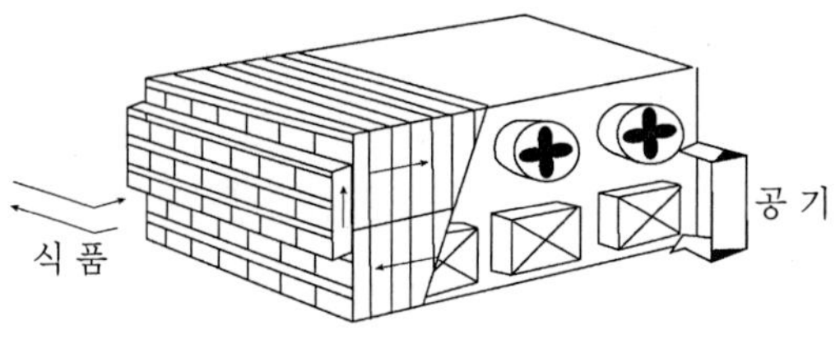

[그림 12-15] 송풍터널 동결장치(연속식, 횡류형 송풍)

12.5.3 스파이럴 벨트 동결장치

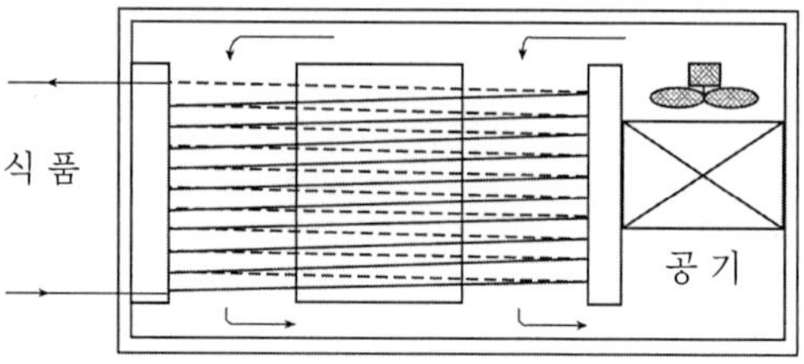

[그림 12-16] 스파이럴 벨트 동결장치

스파이럴 벨트 동결장치는 그림 12-16과 같이 50단까지 벨트를 나선 모양으로 설치한 벨트 동결장치의 일종이다. 식품은 구멍이 많이 뚫린 벨트 위에서 이송되면서 동결된다. 냉풍이 벨트와 식품층을 수직으로 통과한다. 식품이 한 벨트에서 다른 벨트로 이송될 때 식품이 벨트 위에 균일하게 분포되도록 하기 위한 기계장치가 설치되기도 한다. 벨트의 속도는 식품의 동결속도에 따라 조절될 수 있는데, 벨트 위의 식품 두께가 균일하게 유지되어야 한다. 이 장치는 좁은 장소에서 벨트를 아주 길게 설치할 수 있으므로 식품이 동결장치에 체류하는 시간을 길게 할 수 있다. 따라서 이 장치는 긴 동결시간이 요구되는 식품, 즉 크기가 크고 포장된 식품에 적합하다.

12.5.4 유동층 동결장치

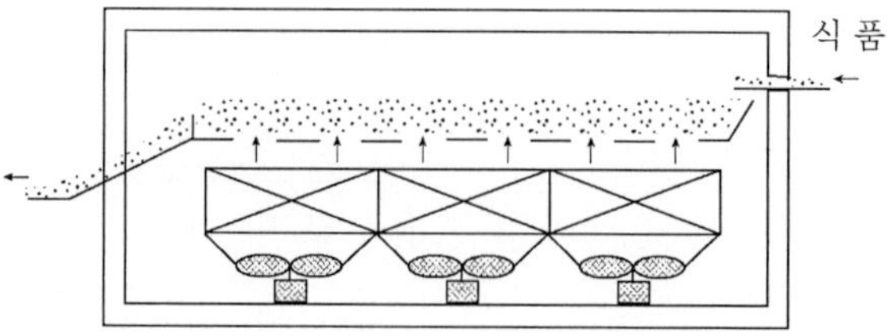

[그림 12-17] 연속식 유동층 동결장치

유동층 동결장치는 크기가 작고, 모양이 균일하며, 냉동속도가 빠르고, 유동화에 과도한 에너지가 소요되지 않는 포장하지 않은 과일과 야채의 동결에 적합하다. 벨트 동결장치에서와 같이 공기가 다공판과 식품층을 통과하는데, 식품층이 유동화될 수 있도록 송풍량이 충분하여야 한다. 식품이 동결장치의 한쪽 끝에서 공급되어 다른 쪽 끝으로 흘러 나간다. 유동화(fluidization)는 함수율이 아주 높은 식품도 균일하게 분포하게 하고, 대류열전달계수를 아주 높게 한다. 식품은 다공판 위에서 약간 떠서 이동하는데, 다공판에 진동을 주거나 경사지게 하여 식품의 흐름을 원활하게 한다. 식품은 유동 형태에 따라서 체류시간을 달리한다. 평균 체류시간은 공급속도와 식품층의 체적에 따라서 결정되는데, 식품층의 체적은 오버플로 웨어(overflow weir)로 조절한다.

12.5.5 판형 동결장치

판형 동결장치는 그림 12-18과 같이 일련의 평행한 평판으로 구성되는데, 평판을 통하여 냉각매체가 흐른다. 평판은 수평 또는 수직으로 설치된다. 식품이 두 장의 냉동평판 사이에서 동결된다. 냉동평판과 식품 사이의 열전달은 둘 사이의 접촉 정도에 따라 영향을 받기 때문에 압력을 가하여 열전달효과를 향상시킨다. 평판 사이의 간격을 넓히거나 압착하기 위하여 유압장치가 사용된다.

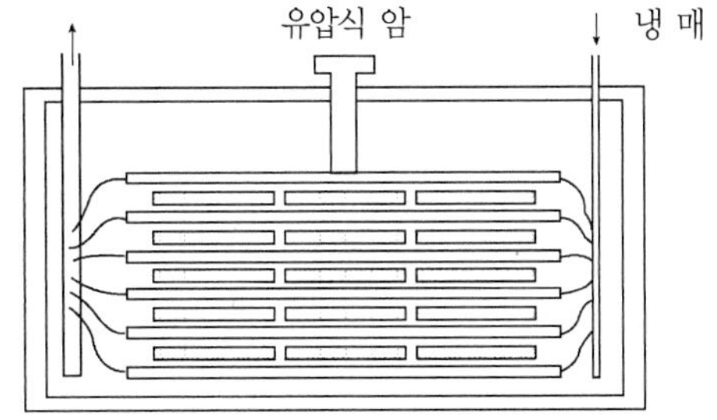

[그림 12-18] 배치식 판형 동결장치

12.5.6 침지식 동결장치

침지식 동결장치에서는 브라인(brine) 또는 글리콜(glycol) 같은 냉각 액체에 식품을 직접 담그거나 분무해준다. 보통 식품은 냉각 액체와 식품의 오염을 방지하기 위하여 포장하며, 보통 불규칙한 모양의 식품을 동결한다. 동결속도가 매우 빠르지만 생선, 육류 및 가금류를 제외하면 지금은 거의 이용되지 않고 있다.

12.5.7 극저온 동결장치

가장 많이 쓰이는 냉동제(cryogen)는 액화질소(LN_2), 액화이산화탄소(LCO_2), 오존층 파괴효과 때문에 사용이 금지된 R12와 같은 염화불화탄소(CFC) 등이다. 증발온도는 액화질소가

−196℃, 액화이산화탄소가 −79℃로 냉동제의 증발온도는 매우 낮으며, 식품과 내동제의 큰 온도 차이로 인하여 열전달속도가 매우 빠르다. 냉동제는 무색, 무취하고 화학적으로 불활성이며 보통의 농도에서는 독성이 없는 중요한 특성을 가지고 있다. 그러므로 냉동제는 식품과 직접 접촉하여도 안전하다. 식품을 대기압 하에서 냉동제에 담그거나 분무하는데, 이산화탄소는 밀도가 낮은 눈(snow)을 형성하기 때문에 주의가 필요하다. 극저온 동결장치는 그림 12-19와 같이 식품이 냉동터널을 통하여 연속적으로 이송되면서 동결된다.

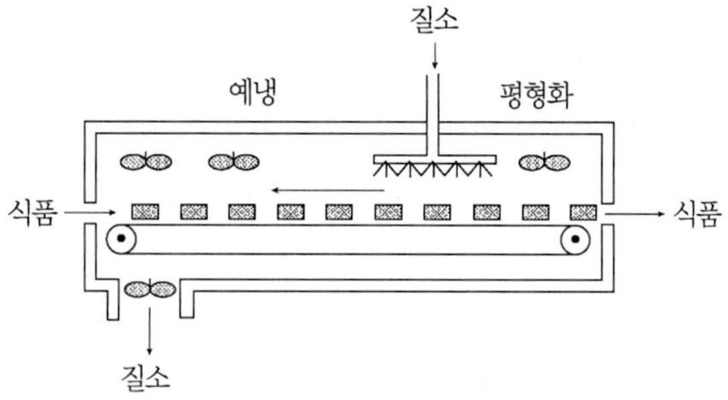

[그림 12-19] 연속식 액체질소 동결장치

극저온 동결장치는 일반적으로 크기가 작은 식품부터 중간 크기의 식품에만 사용되는데, 이는 크기가 큰 식품에서는 식품 내부의 느린 열전달속도로 인하여 동결속도가 느려지기 때문이다. 극저온 동결은 냉동속도가 빠르기 때문에 식품의 높은 품질을 유지할 수 있다.

또한 구조가 간단하고 조작이 용이하며, 장치의 구입비가 저렴하고, 유지 관리비가 저렴하다는 장점이 있다. 그러나 냉동제의 가격이 비싸다는 단점이 있다.

연 | 습 | 문 | 제

1 아스파라거스의 빙점이 −0.67℃이고 함수율이 92.6%이다. −5℃와 −10℃에서 동결률을 계산하여라. 온도 변화(−40℃까지)에 따른 동결률을 계산하는 컴퓨터 프로그램을 작성하고, 동결률과 온도의 관계를 그래프로 나타내어라.

2 대류열전달계수가 20 W/m^2·K인 송풍 동결장치로 4×10 cm의 캔에 들어 있는 오렌지 주스를 냉동한다. 공기의 온도는 −20℃이며, 식품의 초기 온도는 2℃, 최종 온도는 −10℃, 초기 빙점은 −1.17℃, 함수율은 89%이다. Plank의 식과 Nagaoka의 식을 이용하여 동결시간을 계산하여라.

3 함수율 82%의 식품을 냉동한다. 수분의 80%가 동결된 −10℃에서의 비열을 추정하여라. 고형분의 비열은 2.0 kJ/kg·℃이며, −10℃의 물의 비열은 0℃의 물의 비열(4.18 kJ/kg·℃)과 같다고 가정한다. −10℃에서 얼음의 비열은 2.0 kJ/kg·℃이다.

4 구형의 식품을 송풍 동결장치를 이용하여 동결한다. 초기 온도가 10℃의 식품을 −10℃까지 동결한다. 냉풍의 온도는 −40℃이다. 식품의 직경은 7 cm, 밀도는 1000 kg/m^3이다. 초기 빙점은 −1.25℃, 냉동식품의 열전도계수는 1.2 W/m·K이다. 대류열전달계수가 30, 50, 80, 100 W/m^2·K일 때 Nagaoka 식을 이용하여 동결시간을 계산하여라.

5 다음의 물체에 대한 형상계수 E_f를 계산하여라. Biot 수는 1.33으로 가정한다.

(1) 길이 25 cm, 폭 12 cm, 두께 10 cm의 직육면체

(2) 직경 12 cm, 길이 25 cm의 실린더

(3) 직경 12 cm의 구

(4) 이상 3개 형상에 대한 계산 결과로부터 얻은 결론은?

6 Pham의 방법을 이용하여 쇠고기의 동결시간을 계산하여라. 조건은 다음과 같다.

함수율 : 85%, 치수 : 25×12×10 cm, 초기 온도 : 10℃, 최종 온도 −18℃

초기 동결온도 : −1.8℃, 대류열전달계수 : 40 W/m^2·K, 냉풍 온도 : −40℃

동결 쇠고기의 열전도계수 : 1.5 W/m·℃, 밀도 : 1020 kg/m^3

비열 : 미동결 쇠고기 3.4 kJ/kg·℃, 동결 쇠고기 1.9 kJ/kg·℃

참고문헌

1. 공재열. 1980. **단위조작공정중심식품공학**. 형설출판사.
2. 이영춘. 1999. **식품냉동공학**. 신광출판사.
3. ASHRAE Handbook. 1989. Fundamentals.
4. Heldman, D.R. 1974. Predicting the relationship between unfrozen water fraction and temperature during food freezing using freezing point depression. *Trans. ASAE* 17.
5. Heldman, D. R. and D. B. Lund. 2007. *Handbook of Food Engineering*, 2nd Edition. CRC.
6. Hill, J. E., J. E. Litman and J. E. Sutherland. 1967. Thermal conductivity of various meats. *Food Technol.* 12.
7. IIR. 1986. Recommendations for the processing and handling of frozen foods. 3rd ed. International Institute of Refrigeration, Paris, France.
8. Lentz, C. P. 1961. Thermal conductivity of meats, fats, gelatin gels and ice. *Food Technol.* 15.
9. Sharma, S. K., S. J. Mulvaney and S. H. Rizvi. 2000. *Food Process Engineering–Theory and Laboratory Experiments.* John Willey & Sons, Inc.

10. Singh, R. P. and D. R. Heldman. 2001. *Introduction to Food Engineering*. 3rd Edition. Academic Press.
11. Valentas, K. J., E. Rotstein and R. P. Singh. 1977. *Handbook of Food Engineering Practice*. CRC.

Post-Harvest Process Engineering

Post-Harvest Process Engineering

Chapter 13 농산물 포장 및 수송

Chapter

13 농산물 포장 및 수송

우리나라 농산물의 물류비는 농산물 소비자 구입 총액의 약 14%를 점유하고 있고, 농산물 물류비의 약 63%를 수송과 포장비가 차지하고 있다.

농산물의 물류 합리화를 위한 기본적인 전제조건이 유닛로드시스템(Unit Load System, ULS), 차량 적재함의 표준화, 표준출하 규격화 등인데, 이 중 가장 기본은 단위화물에 해당하는 겉포장 상자의 표준화라고 할 수 있다.

따라서 농산물 포장(packaging)은 물류 합리화를 전제로 이루어져야 하며, 물동량의 흐름에 있어 기본 매체인 단위포장이 표준화 혹은 규격화되어 있지 않다면, 수송, 하역, 적재, 보관 등의 제반인자가 아무리 잘 정비되어 있더라도 큰 효과를 기대할 수 없다.

농산물 포장-수송-물류 합리화는 각각을 별개의 문제로 취급할 수 없다. 따라서 여기에서는 농산물 포장, 수송과 하역 과정 중의 포장역학(packaging dynamics), 농산물 포장 표준화와 유닛로드시스템, 농산물 수송과 수송환경 평가에 대하여 공학적인 문제를 중심으로 알아보기로 한다.

포장에서의 공학적인 문제들은 주로 가전제품의 완충포장설계와 수송포장설계에서 다루어 왔는데, 여기서는 농산물 포장에 적용 가능한 문제에 중점을 두되, 전체적인 이해를 돕기 위하여 농산물 외적인 문제들도 함께 다룬다.

13.1 농산물 포장

포장의 목적은 그림 13-1에 나타낸 적정포장 설계의 개념으로부터 쉽게 이해할 수 있다. 즉, 적정한 포장의 보호능력 수준은 물류(physical distribution) 중에 제품이 받는 외력의 크기 수준과 제품강도 수준의 차보다 아주 약간 큰 것이 이상적이다. 이 아주 약간의 차이가 안전여유인데, 안전여유가 적절한 포장을 적정포장(appropriate packaging)이라고 한다.

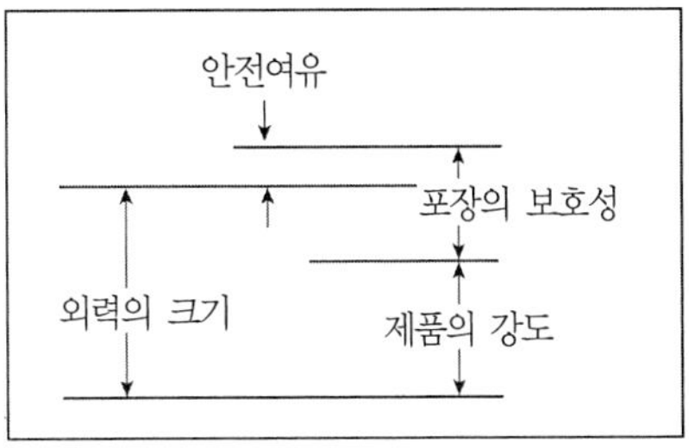

[그림 13-1] 적정 포장설계의 개념

적정포장설계 문제에 공학적으로 접근하기 위해서는, 외력의 크기와 제품의 강도를 정확하게 규명하는 것이 중요하다.

오늘날 농산물도 팔레트 화물(palletized unit load) 단위의 취급이 늘어나면서 수송, 하역, 적재, 보관 중에 유닛로드 상태로 충격과 진동을 받으며(그림 13-2), 보관 중에 적재하중을 받는 경우가 빈번하므로, 이에 대응하는 적정 포장설계를 어떻게 달성하느냐가 중요한 문제이다.

[그림 13-2] 팔레트 화물 단위의 수송

13.1.1 농산물 포장의 특성과 분류

(1) 농산물 포장의 특수성

한국산업규격에서 포장은 아래와 같이 3가지로 분류한다. 농산물 포장은 수송과 보관이 목적인 수송포장(공업포장)의 성격과 소비자의 기호를 중요시하는 소비자포장(상업포장)의 성격을 함께 가진다.

- 단위포장 또는 낱포장 (item packaging) (예, 폴리에틸렌망에 의한 개체포장)
- 내(부)포장 또는 속포장 (intermediate packaging) (예, 트레이, 패드 등의 완충)
- 외(부)포장 또는 겉포장 (outer packaging, shipping container) (예, 겉포장상자 포장)

농산물 포장의 특성을 포장설계상의 관점에서 보면, ① 품질 규격화가 어려워 개체 간에 포장성의 차이가 존재, ② 강도적 자립성이 부족(필요압축강도 추정이 어려움), ③ 공산품처럼 제품설계와 포장설계가 상호보완적이지 못하여 농산물의 특성과 형태에 의존하는 일방성 포장의 특성을 가진다. 이외에도 포장 환경적인 측면에서는 ④ 산지 물류를 포함하여 물류환경의 열악성, ⑤ 포장의 역할과 기능의 단명성과 생명체로 품질 유지의 어려움 등을 들 수 있다.

(2) 농산물 포장과 RFID

포장의 여러 기능, 즉 제품 보호·보전성, 취급편리성, 판매촉진성, 정보성 등에 보태어 최근에는 검증(identification) 기능이 강조되어 농산물의 생산 이력에 대한 정보까지도 소비자에게 제공하여야 한다.

라벨이나 바코드를 통하여 농산물 제품의 이름, 품목, 등급, 무게, 규격, 생산자, 원산지와 같은 정보를 제공하는 것이 관례이다. 특히 포장 라벨로 널리 적용되고 있는 바코드(bar code)가 RFID(Radio Frequency IDentification)로 점차적으로 대치되고 있다.

품질보증 및 신뢰도를 확보할 수 있는 RFID를 이용한 농산물 이력관리시스템은 농산물의 생산, 유통, 판매 등 전 과정의 이력 정보를 현장에서 실시간으로 반영하여 농산물 유통경로의 투명성을 확보하고 품질안전성 제공을 목적으로 한다.

농산물 겉포장 상자에 IC 태그(RFID tag) 부착 문제에 대하여 많은 연구가 진행되고 있는데, 가장 큰 문제점으로는 농산물 포장원가 상승과 고속으로 생산되는 골판지 상자에 어떻게 IC 태그를 부착하는가의 기술적인 문제이다.

IC 태그가 상품 인식을 하는 바코드시스템과 다른 점은 비접촉식과 접촉식이라는 것이다. 바코드의 경우 리더기(reader) 가까이에 대어야 개개의 데이터를 읽어내어 처리할 수 있으며 데이터량이 적다. 이에 비해 IC 태그는 일정 거리 떨어진 상태에서 데이터를 처리할 수 있으며, 데이터 처리량도 많아 바코드시스템에서 제공하는 정보 외에 농산물 생산이력에 대한 상세한 정보까지 제공할 수 있으며, 더욱이 거리가 먼 위치에서도 잘 정리된 정보를 일괄 처리할 수 있다.

특수인쇄 방식에 의한 RFID 태그 부착 문제에 대해 많은 관심을 두고 있으나 부가가치가 크지 않은 농산물의 경우 태그 단가의 최소화가 이 시스템 확산에 중요한 역할을 할 것이다.

13.1.2 농산물 포장재의 종류와 특성

농산물 포장재의 대부분은 골판지와 플라스틱 제품인데, 현재 우리나라 농산물 표준규격 중 골판지 포장재가 약 90%를 차지하고 있다.

(1) 겉포장재

1) 골판지 상자

골판지 상자(corrugated fiberboard box)가 농산물의 겉포장재로서 많이 사용되는 이유로 물류효율 측면에서 보면, ① 대량생산과 품질규격화의 용이성, ② 정보성의 우수성, ③ 보관과 수송 시 용적효율 양호성, ④ 포장 자동화가 유리한 점 등이다.

골판지에는 라이너(liner)와 골심지(corrugating medium)의 결합방식에 따라 편면골판지(single-faced corrugated fiberboard), 양면골판지(single-wall corrugated fiberboard, SW), 이중양면골판지(double-wall corrugated fiberboard, DW), 중량물 포장재인 삼중골판지(triple-wall corrugated fiberboard) 등이 있다.

골판지가 농산물의 포장재로서 요구되는 특성에는 수직압축강도, 평면압축강도 및 완충성 등이 있는데, 일반적으로는 평면압축강도는 A골을 100%로 하였을 때 B골은 150%, C골은 125%, E골은 350%이며, 수직압축강도는 A골을 100%로 하였을 때 B골은 75%, C골은 85%, E골은 60%이다. 한편 완충성은 A골이 가장 우수하고, 그 다음이 C골, B골 순이다.

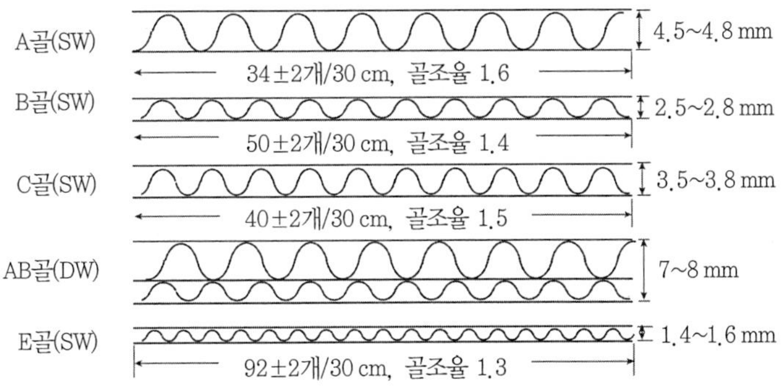

[그림 13-3] 골판지의 종류와 제원

여기서 골판지의 수직압축강도(edgewise crush resistance, ECT)는 그림 13-4의 (a)와 같은 골판지 시험편을 만들어 압축시험기의 압축판 사이에 놓고 하중재하속도 12.5±2.5

mm/min로 시험편이 완전히 꺾일 때까지 하중을 증대시켜, 그때의 최대값으로 표시한다. 한편, 평면압축강도(flat crush resistance)는 그림 13-4의 (b)처럼 골판지 시험편을 가공한 후, 하중재하속도 12.5±2.5 mm/min로 시험편을 평면으로 압축하였을 때의 최대값으로 표시한다.

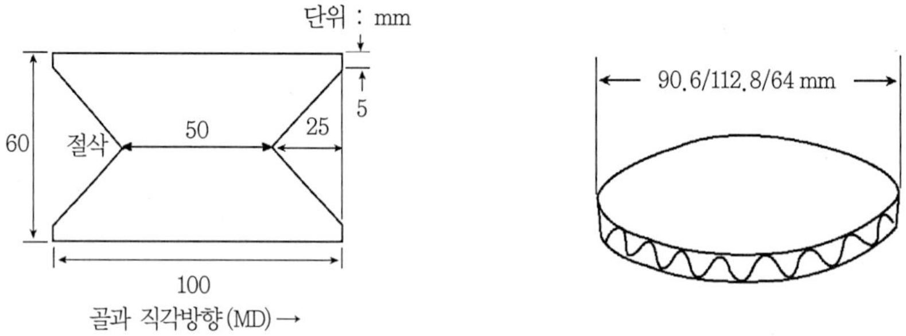

(a) 수직압축강도 (b) 평면압축강도

[그림 13-4] 골판지의 수직압축강도와 평면압축강도 시험편의 치수

골판지의 품질은 골판지의 수직압축강도와 파열강도(bursting strength)를 기준으로 한다(표 13-1). 이 두 물리량 사이에는 어느 정도 상관관계가 있지만, 농산물에서도 팔레트를 이용한 단위화물 적재 상태로 하역과 수송이 늘어나면서 수직압축강도의 중요성이 더욱 높아지고 있어, 향후에는 수직압축강도 위주의 품질 기준이 보편화될 전망이다.

[표 13-1] 골판지의 품질 기준

종류		기호	파열강도 (kPa)	(이론)수직압축강도(kN/m) A골	B골	C골	함수율 (%, d.b.)
양면 골판지	1종	S-1	638 이상	3.41 이상	3.30 이상	3.35 이상	10±2
	2종	S-2	785 이상	3.53 이상	3.43 이상	3.47 이상	
	3종	S-3	1177 이상	5.12 이상	4.98 이상	5.04 이상	
	4종	S-4	1570 이상	7.14 이상	6.98 이상	7.06 이상	
				AB골		BC골	
이중양면 골판지	1종	D-1	785 이상	4.96 이상		4.90 이상	
	2종	D-2	981 이상	5.29 이상		5.20 이상	
	3종	D-3	1373 이상	6.39 이상		6.35 이상	
	4종	D-4	1766 이상	8.53 이상		8.47 이상	
	5종	D-5	2159 이상	10.02 이상		9.94 이상	

※ 자료: KS A 1502

※ 골판지의 AA골과 AC골의 (이론)수직압축강도는 AB골을, EB골과 BB골 등 기타 골은 BC골을 각각 기준으로 함

※ 골판지의 파열강도[Pa] = 0.95 × Σ(라이너 각각의 파열강도)

※ (이론)수직압축강도[kN/m] = $\{\Sigma RC_\ell + \Sigma(RC_f \cdot t_x)\}$/152.4 mm (여기서, RC_ℓ = 라이너의 링크러시[N], RC_f = 골심지의 링크러시[N], t_x = 골조율)

골판지 원지의 링크러시(ring crush)는 원지로부터 폭 12.7 mm, 길이 152.4 mm를 잘라 링 모양으로 하여 압축하였을 때의 최대 하중으로 표시한다(KS M ISO 12192).

예제 13-1

포장 단위 100개인 오이의 겉포장상자 치수가 L×W×D=500×300×240 mm(AB골)이다. 상자의 원지 구성을 SK180/K200/B150/K200/K180로 할 때, 다음의 자료를 활용하여 표준 상태(23℃, rh 50%)에서 이 오이상자의 파열강도, (이론)수직압축강도 및 상자의 실중량을 각각 구하여라. 또한 표 13-1을 기준으로 할 때 이 상자의 품질 등급은 어떻게 되겠는가?

원지 특성

구분	원지	두께(mm)	링크러시(N)	파열강도(kPa)	구분	원지	두께(mm)	링크러시(N)	파열강도(kPa)
라이너	SK180	0.22	212.88	382.59	골심지	K200	0.26	222.69	323.73
	B150	0.21	146.17	186.39					
	K180	0.24	198.16	274.68					

풀 이

AB골-DW이므로, 그림 13-3에서 골조율은 A골이 1.6, B골이 1.4이다. 예를 들어, SK180에서 180은 평량(g/m^2)을 의미하므로 다음과 같이 계산된다.

골판지의 파열강도 = 0.95×Σ(라이너 각각의 파열강도) = 0.95×(382.59+186.39+274.68) = 801.48 kPa

(이론)수직압축강도 = $\{\Sigma RC_\ell + \Sigma(RC_f \cdot t_x)\}/152.4$ mm = {(212.88+146.17+198.16+222.69×1.4 +222.69×1.6)}/152.4 = 8.04 N/mm = 8.04 kN/m

상자는 1개소 접합의 RSC형이고, 상자 접합 부분의 폭은 보통 F = 50 mm를 적용하므로 골판지의 소요 면적(상자의 실면적)은 다음과 같다.

상자의 실면적 = {2(L+W)×(W+D)}+(D×F)={2(0.50+0.30)×(0.30+0.24)}+(0.24×0.05) = 0.88 m^2

골판지의 단위면적당 실중량 = Σ(라이너 평량) + Σ(골심지 평량 × 골조율)
= 1.77+1.47+1.77+1.96×1.4+1.96×1.6 = 10.89 N/m^2

골판지 상자의 실중량 = (골판지의 단위면적당 실중량)×(상자의 실면적) = 10.89×0.88 = 9.58 N

따라서, 이 상자의 원단인 골판지는 파열강도 기준으로는 DW 1종에 해당되고, 수직압축강도 기준으로는 DW 3종에 해당되어, 압축강도 위주의 원지 구성을 하고 있음을 알 수 있다.

골판지 상자의 형식에는 02형(홈판형, slotted-type boxes) 11종, 03형(씌운형, telescope-type boxes) 9종, 04형(접는형, folder-type boxes) 7종, 05형(미닫이형, slide-type boxes) 6종, 06형(고정형, bliss-type boxes) 3종, 07형(호부조립형, ready-glued type boxes) 3종으로 총 39종이 한국산업규격에 규정되어 있다. 그림 13-5는 이중 농산물 상자에 가장 많이 적용되는 상자들이다(KS A 1003).

즉, 0201형(regular slotted container, RSC)은 모든 날개의 길이가 같고, 바깥 날개는 서로 맞닿는 홈판 상자로 농산물 겉포장 상자의 대부분을 차지한다. 0320형(two-pieces caselid case)은 한쪽 날개를 모두 제거한 0201형 상자 2개를 서로 덮어 씌운 형태로 상자 압축강도를 특별히 요구하는 수출 농산물 포장에 사용되며, 0435형은 포장단위 10kgf 미만의 소포장에 적용되는 개방형 상자로 주로 다이 커팅(die cutting) 방식으로 제작한다.

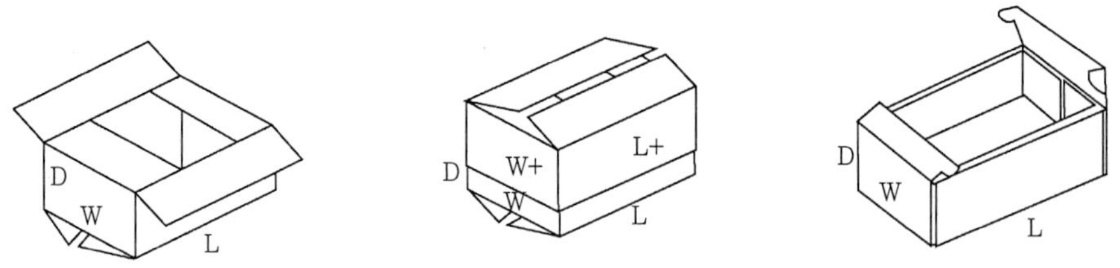

(a) 0201형　　(b) 0320형　　(c) 0435형

[그림 13-5] 농산물 겉포장용 골판지 상자의 종류

농산물 구매 기준의 다양화, 농산물 유통 정보기술의 급속한 발달, 인터넷 전자상거래 및 저온유통의 확대에 따라 농산물의 포장단위의 세분화를 통한 소포장화, 단층형, 통기공이 있는 개방형 포장이 확대되고 있다.

그림 13-6은 포장 단위 5 kgf의 과실 소포장 · 개방형 포장의 일례를 보여주고 있다.

[그림 13-6] 과실의 소포장·개방형 포장의 일례 (포장단위 : 5 kgf)

2) 플라스틱 용기

외력에 대하여 자립성이 있는 근채류와 그 자체에 완충성이 있는 엽채류 등의 겉포장재로 폴리에틸렌(PE)을 재료로 하는 네트(net), 자루 또는 바구니 형태가 사용되고 있다. 이것은 골판지 상자에 비하여 농산물이 상처 나기 쉽고 하역에 불편함이 있지만, 가격이 저렴한 것이 특징이다. 하지만 최근에는 환경친화적인 포장재를 사용하려는 경향과 물류 합리화를 위하여 골판지포장으로 전환되는 추세이다.

플라스틱 상자는 산지 농산물유통시설에서 저장 시 적층형 용기로 혹은 산지에서 농산물 운송용 용기로 주로 사용되는데, 빈 상자의 보관 시 공간을 많이 차지한다는 문제점이 있다.

(2) 내포장재

내포장(intermediate packaging)이란 청과물의 보호와 상품성을 높일 목적으로 혹은 소매 단위로 정리하기 위하여 외포장(outer packaging) 속에 행하는 포장이다.

사용되는 재료로는 종이, 0.22~0.25 mm의 염화비닐 트레이(tray), 플라스틱 필름 등이 있다. 특히, 플라스틱 필름 포장은 신선도 유지 등 기능성을 목적으로 한다.

(3) 완충재

청과물 포장에서는 수송 중에 발생하는 물리적 손상을 막기 위하여 완충재가 사용되고 있다. 완충재는 크게 플라스틱계 완충재와 지류 완충재로 구분한다.

플라스틱계 완충재에는 폴리염화비닐(PVC) 트레이와 여러 가지 플라스틱 발포체(발포 PE, 발포 PU, 발포 PS, 발포 PVC)가 있으며, 지류 완충재에는 펄프몰드(pulp mould)와 골판지 완충재가 있다.

펄프몰드는 원하는 형상으로 금형을 제작하고, 고지 및 폐지를 물에 대하여 3~4% 중량 정도로 분해시킨 펄프용액을 진공탈수 성형 및 고열 압착시켜서 만든 성형품이다. 한번 하중을 받으면 복원성이 작은 압괴형 완충재이지만, 하중이 적은 범위 내에서는 우수한 완충성을 나타내며, 과실 포장 시 주로 시트로 사용되고, 가격과 가공성 면에서 유리한 점이 있다.

펄프몰드의 종류와 주요 용도는 그림 13-7에서 보는 바와 같다.

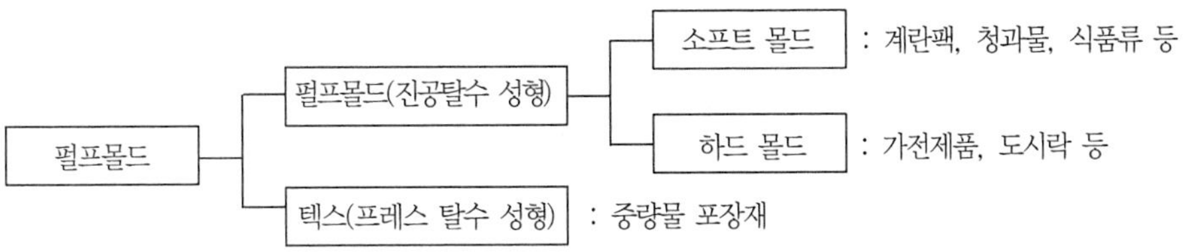

[그림 13-7] 펄프몰드의 종류와 용도

예제 13-2

다음의 포장과 물류에 관련된 용어를 한국산업규격을 참조하여 설명하여라.
① 포장 물품, ② 포장 무게, ③ 물류, ④ 물류 모듈, ⑤ 유닛로드(시스템), ⑥ 포장화물, ⑦ 수송, ⑧ 운반, ⑨ 하역

풀 이

한국산업규격의 포장 용어(KS A 1006)와 물류 용어(KS A 0013)에서 규정하는 위의 용어에 대한 정의는 다음과 같다.

용 어	영 문	정 의
포장 물품	packaging good	포장된 물품
포장 무게	tare mass	포장 물품에 사용된 용기, 기타 포장재료의 무게
물류	physical distribution	물자를 공급자로부터 수요자에게 물리적으로 이동시키는 과정의 활동을 말하며, 일반적으로 수송, 포장, 하역, 보관 등 여기에 수반되는 정보의 모든 활동으로 이어짐
물류 모듈	physical distribution module	물류합리화 및 표준화를 위해 물류시스템의 각종 요소의 치수를 수치적으로 관련시키기 위한 기준 척도
유닛로드	unit load	수송, 하역, 보관 등의 물류 활동을 합리적으로 추진하기 위하여 여러 개의 물품 또는 포장화물을 기계·기구에 의해 취급이 용이하도록 하나의 단위로 정리한 화물
유닛로드시스템	unit load system	유닛로드화함으로써 하역을 기계화하고 수송, 보관 등을 일관하여 합리화하는 구조(palletization, containerization)
팔레트 화물	palletized unit load	팔레트에 일정한 패턴으로 포장화물을 적재하여 만든 단위적재화물
포장화물	packaged cargo (freight)	수송을 목적으로 포장된 화물(bulk cargo와 대응)
수송	transportation	화물을 자동차, 선박, 항공기 등의 기관을 이용해 어떤 지점에서 다른 지점으로 이동시키는 것
운반	carrying	물품을 비교적 짧은 거리로 이동시키는 것
하역	material handling	물품을 상·하차, 운반, 쌓기, 반출(꺼내기), 분류, 정리 등의 작업 및 여기에 수반되는 작업

13.1.3 청과물의 포장 방법

(1) 상자 적입 방법

과실의 포장에서 상자에 적입하는 방법을 결정하는 데는 과실의 형태, 포장 원가, 기체 조성의 필요성, 압축, 충격 또는 마찰로부터 자립성 또는 보호 정도, 마케팅과 포장 치수 등이 주요 인자이다.

① 개체 랩-포장적입(individual packing)

수송 중 마찰로부터 과실의 보호, 과실의 기체 조성(수분, 이산화탄소, 산소 등)이 필요 시 또는 수확 후 병 예방을 위하여 약품 처리된 랩 사용 시에 적용하는 방법이다.

② 랜덤적입(random packing, jumble packing)

과실 개체 사이에 완충재 없이 랜덤하게 채우는 방법으로 원가가 가장 저렴하고 쉬운 포장 방법이다. 반면, 수송 중 과실의 보호기능이 없어 손상의 위험성이 높다. 포장단위는 과실의 포장중량으로 결정하고, 적입밀도가 낮으며, 과실의 크기가 불균일할 때 주로 적용한다.

③ 규격적입(pattern pack)

상자에 규정된 적입 방식으로 채우는 방식이다. 주로 상품성이 있고, 크기와 모양이 일정한 규격으로 선별된 과실에 적용한다. 크기 기준으로 여러 등급의 과실에 대하여 동일한 포장단위 및 동일 규격을 결정하는 일은 매우 어려운 일이다. 따라서 여러 포장관련 규격에서는 포장 과실의 적입 수로서 포장 등급 규격을 나누고 있다.

우리 나라에서도 과실의 포장 등급을 표 13-2에서 보듯이, 과실을 무게 기준으로 특대, 대, 중, 소로 나누고, 색택과 당도가 어느 기준 이상이 되면 이들 과실의 수로 특, 상, 보통으로 구분하고 있다.

[표 13-2] 우리나라 주요 과실의 표준규격

과실	등급규격			포장규격
	특	상	보통	
사과 (후지)	무게-'대' 이상 색택-60% 이상 당도-14°Bx 이상	무게-'중' 이상 색택-40% 이상 당도-12°Bx 이상	특, 상에 미달	5 kgf : 550×366×110 mm 10 kgf : 510×360×190 mm 15 kgf : 510×360×280 mm
배 (신고)	무게-'대' 이상 당도-12°Bx 이상	무게-'중' 이상 당도-10°Bx 이상	특, 상에 미달	5 kgf : 440×330×130 mm 10 kgf : 440×330×240 mm 15 kgf : 510×360×240 mm
단감 (부유)	무게-'대' 이상 색택-80% 이상 당도-13°Bx 이상	무게-'중' 이상 색택-60% 이상 당도-11°Bx 이상	특, 상에 미달	5 kgf : 440×330×100 mm 10 kgf : 420×325×190 mm 15 kgf : 440×330×230 mm

과실	무게 구분(g)
사과(후지)	특대 : 375이상, 대 : 300이상, 중 : 250이상, 소 : 215이상
배(신고)	특대 : 750이상, 대 : 600이상, 중 : 500이상, 소 : 375이상
단감(부유)	특대 : 250이상, 대 : 190이상, 중 : 150이상, 소 : 125이상, 극소 : 125미만

※ 자료: 농산물 표준규격(농림부, 2006)

과실의 규격적입에는 트레이(tray)가 사용되는데, 상하 트레이에 의하여 형성된 주머니에 과실이 위치함으로써 서로 다른 트레이 혹은 같은 트레이에 있는 과실 사이의 직접 접촉을 방지한다.

그림 13-8과 같이 트레이에는 과실 자체가 상단의 과실 무게를 지탱하는 구조와 과실이 어떠한 하중도 받지 않도록 하중지지 기둥을 갖는 트레이 등 두 종류가 있다. 전자는 사과나 배와 같이 어느 정도의 강도적 자립성이 있는 과실에 적합하며, 여기에는 하나의 과실이 단지 2개의 과실에 의해 지지되는 바둑무늬 배열(in-line arrangement)과 1개의 과실이 4개의 과실에 의하여 지지되는 면심입방 배열(face-centered cubic, fcc)이 있다.

후자의 경우, 트레이는 개체의 과실에 대하여 완전히 독립된 주머니가 만들어지며, 각자의 과실은 주머니에서 자유롭기 때문에 수송 시 표면손상이나 멍손상이 발생할 위험성이 있다.

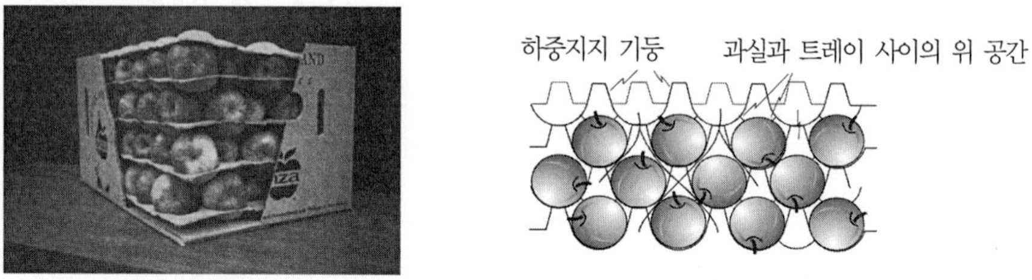

(a) 압력-팩 트레이 (b) 기둥 타입 트레이

[그림 13-8] 과실 포장용 트레이의 종류

④ 셀-적입(cell pack)

칸막이에 의해 포장물품이 서로 분리되며, 물품의 형상에 따라 정사각형 혹은 삼각형의 셀을 적용한다. 수직 칸막이는 상자의 압축강도를 보강하는 데도 기여하는데 포장 원가가 높은 것이 단점이다.

(2) 적입밀도

청과물을 비롯한 많은 농산물의 형상이 회전타원형(spheroid)이다. 즉, 회전타원체의 정의는 그것의 3주축 중 한 방향으로 원형단면을 가지는 타원체(ellipsoid)가 되며, 구(sphere)는 주축의 모든 방향으로 원형단면을 갖는 회전타원체의 특수한 경우이다.

이러한 형상을 갖는 농산물의 포장 설계에 있어 적입밀도(packing density)와 포장 농산물 사이의 접촉점의 수가 매우 중요한데, 전자는 과실의 수송이나 포장효율 측면 즉, 경제적 측면에서 중요한 인자가 되고, 후자는 포장 농산물의 품질보호 측면에서 중요한 인자가 된다.

1) 규격적입의 적입밀도 함수

규격적입은 일정한 크기로 잘 선별되고, 상품성이 있는 과실에 적용되는 방법으로 상자 내 높이 방향으로 과실이 놓이는 형태에 따라 기둥형(column)과 포켓형 적입 패턴(pocket stack)으로 구분할 수 있다. 즉, 기둥형 적입 패턴은 상하 과실이 1:1로 접촉하는 결정학에서의 입방적입구조(cubic packing structure)이며, 여러 형태의 적입 패턴 중 적입밀도나 과실의 품질보호 측면에서 가장 좋지 않은 방법으로 농산물 포장에서는 잘 사용되지 않는다.

한편, 포켓형 적입 패턴은 각 층간에 과실이 과실 사이에 생기는 포켓에 놓이는 형태로 홀수층과 짝수층이 서로 다른 적입 패턴을 하고 있다. 이 방법은 상하 과실 사이의 접촉점이 최소 2개 이상이 되어 접촉하중을 분산하는 효과가 있어 품질보호 측면에서 유리하고, 적입밀도도 비교적 높아서 보통 규격 적입이라고 하면 이 방법을 일컫는다.

회전타원형의 과실에 대한 규격적입 패턴을 수학적으로 모델링하기 위해서는 모든 가능한 규격적입 패턴을 설명할 수 있는 변수를 선택해야 한다. Peleg(1985)는 그림 13-9에서와 같이 상자의 길이, 폭 및 높이 방향으로의 서로 엇갈린 회전타원체 간의 간격인 $\triangle x$, $\triangle y$ 및 $\triangle z$를 사용하였다. $\triangle x$와 $\triangle y$는 회전타원체가 접촉하는 $x-y$ 평면 내의 모든 점 (x, y)에 대하여 식 (13-1)과 (13-2)와 같이 하나의 단일식으로 각각 표현되나, $\triangle z$는 단일식으로 표현할 수 없으므로, 적입 패턴의 임계값인 $\triangle x$와 $\triangle y$의 최소 및 최대값인 0과 1.46, 그리고 면심입방구조(fcc) 조건인 0.82를 기준으로 표 13-3과 같이 2가지 영역으로 나누어 표현하였다.

$$\triangle x = 4x - 2a \qquad (13\text{-}1)$$

$$\triangle y = 4y - 2b \qquad (13\text{-}2)$$

영역 I 에 대하여,

$$\triangle z_1 = \sqrt{16b^2 - (2b + \triangle y)^2} - 2b = 4\sqrt{b^2 - y^2} - 2b \qquad (13\text{-}3)$$

영역 II 에 대하여,

$$\triangle z_2 = 4y - 2b \qquad (13\text{-}4)$$

[표 13-3] 규격적입 패턴의 영역 구분

구분	$\triangle x$	$\triangle y$	$\triangle z$	x	y
영역 I	$1.46a \ge \triangle x \ge 0.82a$	$0 \le \triangle y \le 0.82b$	$1.46b \ge \triangle z \ge 0.82b$	$\frac{\sqrt{3}}{2}a \ge x \ge \frac{\sqrt{2}}{2}a$	$\frac{1}{2}b \le y \le \frac{\sqrt{2}}{2}b$
영역 II	$0.82a \ge \triangle x \ge 0$	$0.82b \le \triangle y \le 1.46b$	$0.82b \le \triangle z \le 1.46b$	$\frac{\sqrt{2}}{2}a \ge x \ge \frac{1}{2}a$	$\frac{\sqrt{2}}{2}b \le y \le \frac{\sqrt{3}}{2}b$

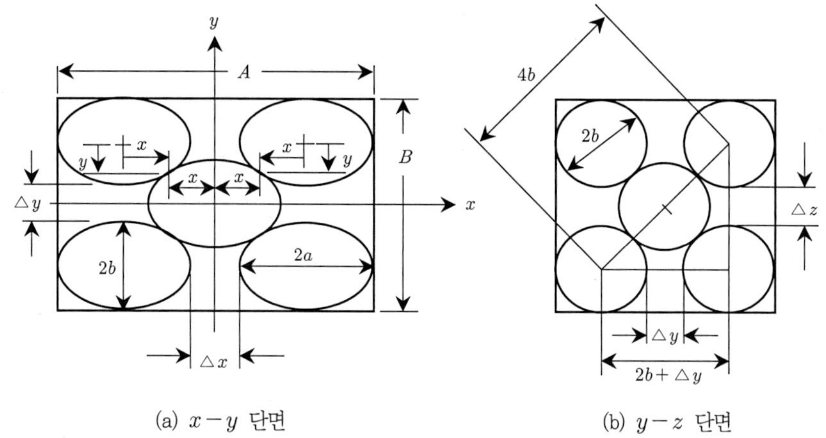

(a) $x-y$ 단면 (b) $y-z$ 단면

[그림 13-9] 회전타원체의 규격적입 패턴

예제 13-3

규격적입 패턴의 임계값인 0.82, 1.46은 각각 어느 경우인지 설명하여라.

풀 이

면심입방구조는 아래의 그림 13-10의 (a)와 같이 하나의 과실이 같은 층에서 4개, 상하층 각각에서 4개씩 모두 12개와 같은 조건으로 접촉하는 형태이다. 이 경우 엇갈리는 열 사이의 간격인 $\triangle x$와 $\triangle y$는 다음과 같이 각각 계산된다.

$\triangle x = 2a\sqrt{2} - 2a \fallingdotseq 0.82a,\ \ \triangle y = 2b\sqrt{2} - 2b \fallingdotseq 0.82b$

그림 13-10의 (b)에서 $\triangle x$=0일 때 $\triangle y$는 최대가 되고, 역으로 $\triangle y$=0일 때 $\triangle x$가 최대가 된다. 따라서 이 각각의 경우에 대한 최대값인 $\triangle x$와 $\triangle y$는 다음과 같이 각각 계산된다.

$\triangle x = 2a\sqrt{3} - 2a \fallingdotseq 1.46a,\ \ \triangle y = 2b\sqrt{3} - 2b \fallingdotseq 1.46b$

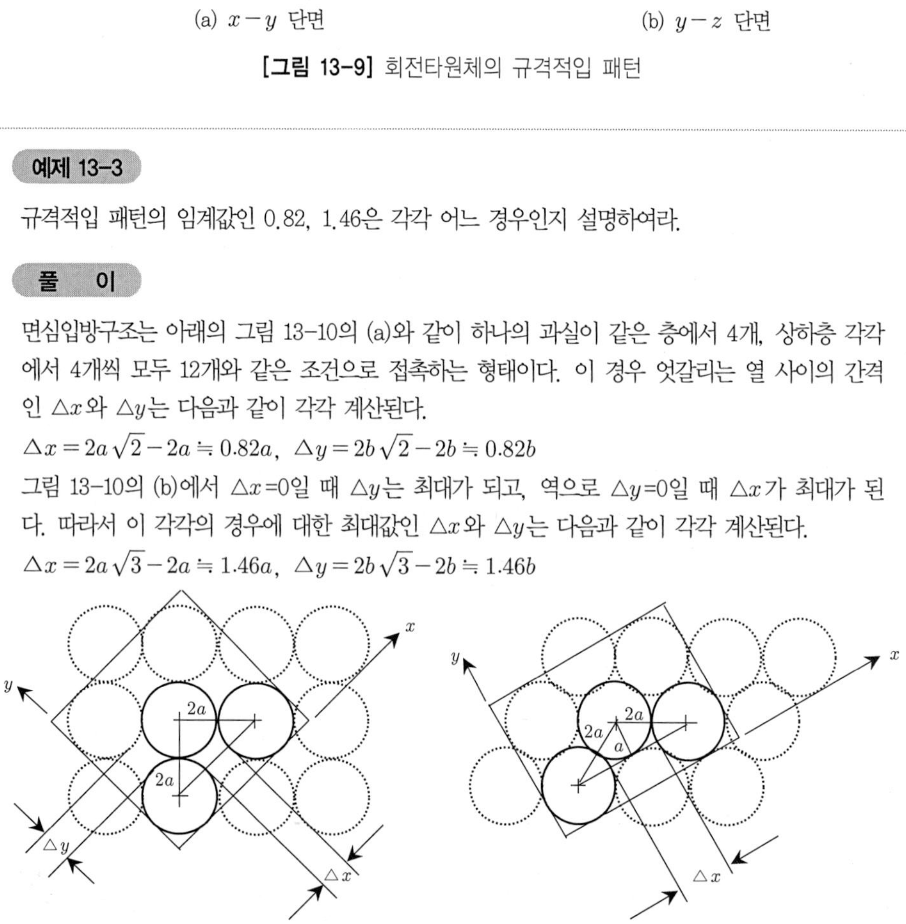

(a) 면심입방구조($\triangle x = \triangle y = \triangle z = 0.82a$) (b) $\triangle x$=최대, $\triangle y$=0일 때의 규격적입

[그림 13-10] 규격적입 패턴의 예

그림 13-11의 규격적입에서 상자의 길이, 폭 및 높이인 A, B 및 C는 각각 다음과 같이 표현된다.

$$A = 2a + (N_A - 1)d_A = 2a + (N_A - 1)\left(\frac{1}{2}\triangle x + a\right) \tag{13-5}$$

$$B = 2b + (N_B - 1)d_B = 2b + (N_B - 1)\left(\frac{1}{2}\triangle y + b\right) \tag{13-6}$$

$$C = 2b + (N_C - 1)d_C = 2b + (N_C - 1)\left(\frac{1}{2}\triangle z + b\right) \tag{13-7}$$

여기서, a, b : 각각 회전타원체의 장 및 단반경(m)
$N_A \sim N_C$: 각각 상자의 A, B 및 C에 수직한 회전타원체 열의 수
(x, y, z) : 회전타원체 사이 접촉점의 좌표

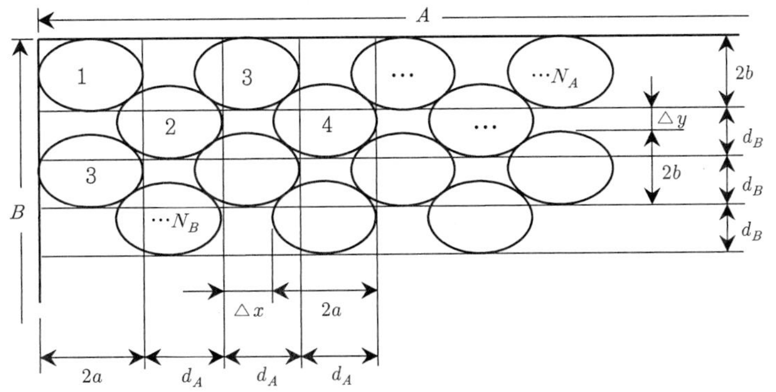

[그림 13-11] 회전타원체의 규격적입에 대한 평면도

식 (13-1)~(13-4)를 활용하여 위의 식들을 다시 정리하면 다음과 같다.

$$A = 2\left\{a + (N_A - 1)\frac{a}{b}\sqrt{b^2 - y^2}\right\} \tag{13-8}$$

$$B = 2\{b + (N_B - 1)y\} \tag{13-9}$$

영역Ⅰ에 대하여, $C_1 = 2\left\{b + (N_C - 1)\sqrt{b^2 - y^2}\right\}$ (13-10)

영역Ⅱ에 대하여, $C_2 = 2\{b + (N_C - 1)y\}$ (13-11)

따라서, 영역Ⅰ과 영역Ⅱ의 각각에 대해 소요되는 상자 체적은 다음과 같다.

$$V_1 = ABC_1 = 8\left\{a + (N_A - 1)\frac{a}{b}\sqrt{b^2 - y^2}\right\}\{b + (N_B - 1)y\}$$
$$\left\{b + (N_C - 1)\sqrt{b^2 - y^2}\right\} \tag{13-12}$$

$$V_2 = ABC_2 = 8\left\{a + (N_A - 1)\frac{a}{b}\sqrt{b^2 - y^2}\right\}\{b + (N_B - 1)y\}$$
$$\{b + (N_C - 1)y\} \qquad (13\text{–}13)$$

포켓형 규격적입은 그림 13–12의 예에서와 같이 대칭(symmetrical layer pack) 혹은 비대칭(nonsymmetrical layer pack) 구조를 하는데, 대칭 구조는 $N_A \sim N_C$가 모두 홀수일 때이며, 비대칭 구조는 $N_A \sim N_C$ 중 최소한 1개 이상이 짝수일 경우이다.

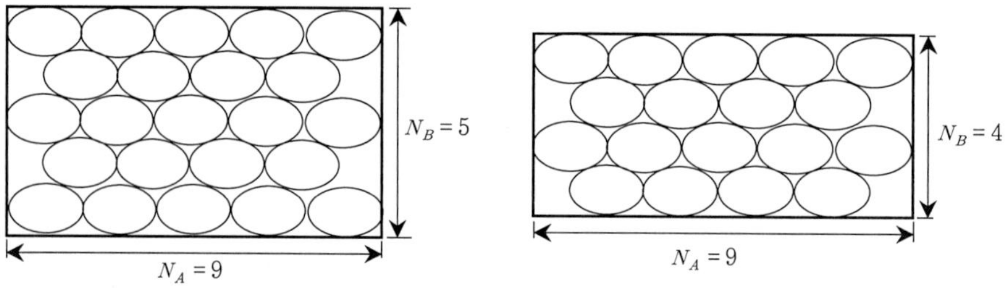

(a) 대칭 구조 (b) 비대칭 구조

[그림 13–12] 규격적입의 대칭과 비대칭

대칭 구조의 경우는 각 층의 열이 돌아가며 ±1개씩 증감하는 플러스–원 열(plus–one row)과 마이너스–원 열(minus–one row) 구조를 하고 있고, 각 층의 회전타원체의 수도 번갈아 가며 ±1개씩 증감하는 플러스–원 층(plus–one layer)과 마이너스–원 층(minus–one layer) 구조를 하고 있다. 따라서 단위상자 내 회전타원체의 총수는 다음과 같다.

$$N_{sym} = \frac{1}{2}(N_A N_B N_C + 1) \qquad (13\text{–}14)$$

한편, 비대칭 구조의 경우는 모든 층에서 회전타원체의 수가 같고, 단위상자 내 회전타원체의 총수는 다음과 같다.

$$N_{nsym} = \frac{1}{2}(N_A N_B N_C) \qquad (13\text{–}15)$$

단위상자 내 회전타원체의 총체적은 $V_K = (4/3)\pi ab^2 \times N$이므로, 영역 I, II의 각각에 대한 적입밀도 함수(packing density function)는 다음과 같다.

$$S_1 = \frac{V_K \mid_{N = N_{sym}}}{V_1} \text{ 또는 } \frac{V_K \mid_{N = N_{nsym}}}{V_1} \qquad (13\text{–}16)$$

$$S_2 = \frac{V_K \mid_{N=N_{sym}}}{V_2} \text{ 또는 } \frac{V_K \mid_{N=N_{nsym}}}{V_2} \tag{13-17}$$

만일, 매우 작은 회전타원형의 과실을 포장할 경우 과실에 비해 단위상자의 크기는 매우 크므로, $N_i \to \infty$라 가정할 수 있으므로, 이 경우 영역 I, II 각각에 대한 극한값을 취하면 다음과 같다.

$$\lim_{N_i \to \infty} S_1 = \lim_{N_i \to \infty} \frac{(\pi/12)ab^2}{\left\{\frac{ab^2}{N_A N_B N_C} + \ldots + \left(\frac{a}{b}\sqrt{b^2-y^2}\, y\sqrt{b^2-y^2}\right) + \ldots\right\}} \fallingdotseq \frac{\pi b^3}{12y(b^2-y^2)} \tag{13-18}$$

$$\lim_{N_i \to \infty} S_2 = \lim_{N_i \to \infty} \frac{(\pi/12)ab^2}{\left\{\frac{ab^2}{N_A N_B N_C} + \ldots + \left(\frac{a}{b}\sqrt{b^2-y^2}\, y^2\right) + \ldots\right\}} \fallingdotseq \frac{\pi b^3}{12y^2\sqrt{b^2-y^2}} \tag{13-19}$$

식 (13-16)~(13-19)에서 $a = b = R$로 놓으면, 바로 구에 대한 식으로 변하며, 식의 형태에서도 알 수 있듯이 $S = f(y)$에 전혀 영향을 주지 않으므로, 구와 회전타원체에 대한 적입밀도는 동일한 값을 가진다.

이상의 각 경우에 대한 적입밀도 함수들을 그래프로 나타내면 그림 13-13과 같다. 그림 속의 상단의 그래프는 식 (13-18)과 (13-19)의 상자의 크기가 무한대로 가정된 경우의 적입밀도 함수이며, 중간과 하단의 그래프는 식 (13-16)과 (13-17)을 통해 각각 대칭과 비대칭 규격적입에 대한 한 예를 나타낸 것이다.

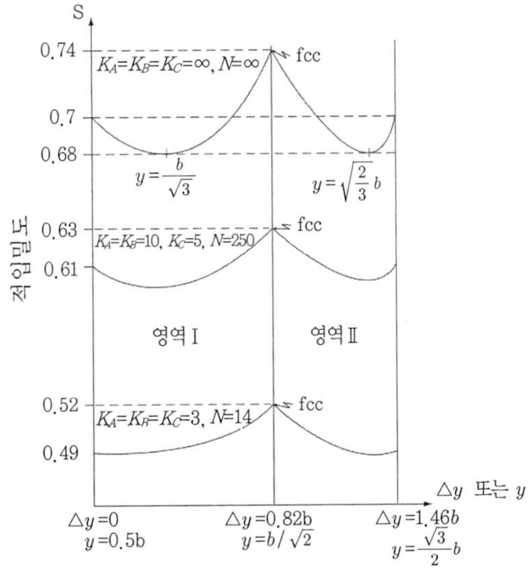

[그림 13-13] 규격적입의 적입밀도 함수

그림에서 보듯이, 적입밀도는 상자의 크기가 증가할수록 커진다. 일정 규격의 단위상자에서는 크기가 무한대로 가정된 경우의 최대 적입밀도는 0.74인데, 각 경우의 최대값들은 모두 $y = b/\sqrt{2}$ 일 때 즉, $\triangle x = \triangle y = \triangle z = 0.82b$ 인 면심입방구조(fcc)에서 가진다.

한편, 적입밀도의 최소값은 무한정 크기의 상자에서는 0.68, 일정 크기의 상자에서는 0.49를 갖는데, 최소값을 갖는 조건은 식 (13-16)~(13-19)의 미분을 통해 알 수 있다.

$$\frac{dS_1}{dy} = \frac{\pi}{12}\frac{-b^3\{(b^2-y^2)+y(-2y)\}}{\{y(b^2-y^2)\}^2} = 0 \rightarrow y = \frac{b}{\sqrt{3}} \tag{13-20}$$

$$\frac{dS_2}{dy} = \frac{\pi}{12}\frac{-b^3\left(2y\sqrt{b^2-y^2} - \frac{1}{2}y^2\frac{2y}{\sqrt{b^2-y^2}}\right)}{\left(y^2\sqrt{b^2-y^2}\right)^2} = 0 \rightarrow y = \frac{\sqrt{2}\,b}{3} \tag{13-21}$$

실제 과실의 포장에서 포장 과실수의 범위는 대략 $50 < N < 300$ 범위이다. 따라서 적입밀도는 0.55~0.68 사이의 값을 가진다.

예제 13-4

호박(pumpkin)의 구형률(sphericity)이 98%로 구에 가깝다. 이 호박의 등가반경은 8 cm이고, 호박 포장 시 0.18 mm의 플라스틱 필름으로 내포장하여 겉포장상자에 포장한다. 만일 상자의 가로, 폭 및 높이 방향에 수직한 호박의 열의 수를 각각 6, 5 및 3으로 할 경우 최대적입밀도와 적입 패턴을 결정하여라.

풀 이

열의 수로부터 비대칭 규격적입임을 알 수 있으므로, 총 적입수는 N_A=6, N_B=5, N_C=3이므로 다음과 같다.

$$N_{nsym} = \frac{1}{2}(N_A N_B N_C) = \frac{1}{2}(6\times5\times3) = 45$$

최대적입밀도는 fcc일 때이므로, 이 경우 $\triangle x = \triangle y = \triangle z = 0.82R$이다. 접촉점의 좌표 $(x,\ y)$는 표 13-3이나 식 (13-1)과 (13-2)로부터 다음과 같이 계산된다.

$\triangle x = 4x - 2a \rightarrow 4x = 0.82R + 2R,\ x = 5.64$ cm

$\triangle y = 4y - 2b \rightarrow 4y = 0.82R + 2R,\ y = 5.64$ cm

$$V_1 = 8\left\{a + (N_A - 1)\frac{a}{b}\sqrt{b^2-y^2}\right\}\{b + (N_B - 1)y\}\left\{b + (N_C - 1)\sqrt{b^2-y^2}\right\}$$

$$= 8\left\{8 + (6-1)\frac{8}{8}\sqrt{8^2-5.64^2}\right\}\{8+(5-1)5.64\}\left\{8+(3-1)\sqrt{8^2-5.64^2}\right\} = 172{,}023.07\ \text{cm}^3$$

호박의 내포장재인 플라스틱 필름의 두께의 영향을 무시하면, 단위상자 내 호박이 차지하는 총

체적은 $V_K = \frac{4}{3}\pi ab^2 \times N = \frac{4}{3}\pi \times 8 \times 8^2 \times 45 = 96,460.80\ \text{cm}^3$ 이다.

따라서, 적입밀도는 식 (13-16)으로부터 다음과 같이 계산하면 약 56%가 된다.

$$S_1 = \frac{V_K|_{N=N_{nsym}}}{V_1} = \frac{96,460.80}{172,023.07} = 0.5607$$

2) 랜덤적입의 적입밀도

랜덤적입(random packing)은 포장효율의 2가지 측면 즉, 적입밀도와 접촉점의 수에서 매우 비효율적이며, 또한 미관상으로도 좋지 않다. 랜덤적입은 주로 크기가 균일하지 않거나, 상품성이 낮은 농산물에 적용되는데, 가공 비용이 낮다는 장점이 있다.

과실의 랜덤적입에서 적입밀도는 약 50% 이하가 되며, 크기 면에서 약 7배 이상의 차이가 나는 다양한 크기의 제품을 랜덤적입할 경우 큰 제품 사이의 공간을 작은 제품이 채움으로써 적입밀도를 크게 높일 수 있는데, 과실의 경우는 같은 품종에서 크기 비율이 1:2 이하인 점을 감안하면 과실에서의 이러한 효과는 기대할 수 없다.

또한, 과실의 랜덤적입의 경우는 과실의 품질 보호와 큰 관련성이 있는 과실 사이의 접촉점의 수가 7개 이하로 이는 과실의 면심입방 적입의 접촉점의 수 12와 비교하면 크게 작아 규격적입에 비해 접촉하중을 분산하는 데 크게 불리하다.

(3) 포장과 포장 과실의 보호

물류 중 포장화물이 받는 외력의 형태에는 동적 하중으로 충격과 진동, 정적 하중으로 적재하중이 있다.

포장화물의 수송과 하역 중의 동적 하중에 대한 포장공학 문제는 이어지는 13.2절에서 구체적으로 다루고, 여기서는 개략적인 충격과 진동의 문제를 소개하면서, 주로 정적 하중과 기타 조건에 대한 문제를 중심으로 알아보기로 한다.

1) 충격 조건

포장 과실이 충격을 받는 경우는 포장화물의 하역 과정에서 거친 취급과 수송 중의 충격이다. 그림 13-14의 낙하 충격의 확률곡선에서도 보듯이 일반적으로 포장 단위가 작을수록 더 큰 충격을 더 자주 받게 된다.

충격에 대한 완충은 포장재료의 주요 기능이며, 완충의 목적은 접촉시간을 길게 함으로써 감가속도의 수준을 줄여 충격하중을 감소시키는 것이다. 즉, 감가속도에 의한 G값(중력가속도의 배수)을 제품이 손상을 입지 않는 허용 수준 이하로 낮추는 역할을 한다.

이상적인 포장재료는 동작거리(working length)가 완충재 두께에 도달(bottom out)되기 전에 속도를 0으로 감소시킬 만큼 충분한 두께여야 한다.

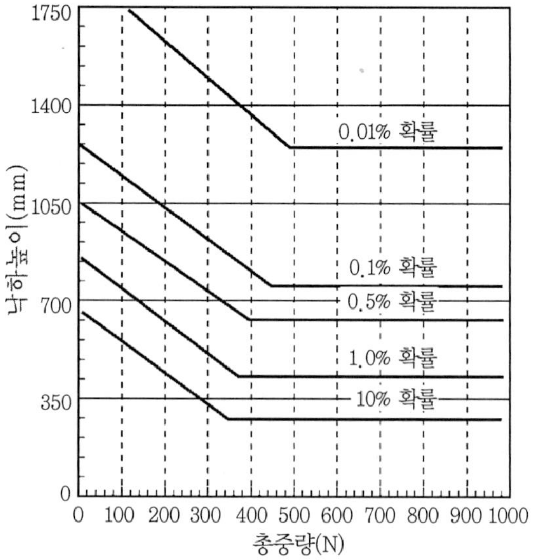

[그림 13-14] 낙하충격의 확률곡선(Soroka, 1996)

2) 진동 조건

물류과정 중 받게 되는 수송기관(트럭, 철도, 선박, 항공기 등)의 진동가속도는 하역 중의 낙하충격가속도에 비하여 비교적 작다. 그러나 제품의 고유진동수(natural frequency)가 수송 중의 진동수와 일치하면 공진상태(resonance)가 되어 진동은 몇 배로 확대되어 포장물에 전달된다. 그리고 이 상태가 장시간 계속되면 포장물은 진동피로의 축적으로 손상을 입게 된다.

수송 중의 진동피로는 단지 제품뿐만 아니라 겉포장 상자의 압축강도를 저하시키는 원인이 되는데, 여기에 관련되는 주요 인자로는 진동수, 진동시간 및 적재하중 등이 있으며, 이중 적재하중의 영향이 가장 큰 것으로 알려져 있다.

3) 적재하중 조건

과실 포장화물이 유닛로드 상태로 저온·다습한 조건하에서 장기간 적재되어 있으면, 골판지 상자는 수분흡수로 인하여 압축강도가 현저히 저하되어, 결국 저층 상자의 압상으로 포장 과실의 손상을 초래하게 된다.

일반적으로 상자의 압축강도는 표준 상태(23℃, rh 50%)에서 측정된 값을 기준으로 관리된다. 표준 상태에서 골판지 함수율은 대략 9.5%이며, 수분 함량 15% 전후가 되면 상자의 압축강도는 1/2 이하로 저하되는 특성이 있다.

골판지의 함수율과 상자압축강도의 관계는 다음 식과 같다(Kellicutt 등, 1951).

$$P = P_1 \times \frac{(10)^{3.01x_1}}{(10)^{3.01x}} \tag{13-22}$$

여기서, P : 함수율 x(d.b., 소수)일 때 압축강도(N)
P_1 : 함수율 x_1(d.b., 소수)일 때 압축강도(N)

그림 13-15는 국내에서 사과와 배 포장 상자로 많이 사용되고 있는 골판지 상자에 대하여 온도와 상대습도에 따른 상자압축강도를 분석한 결과이다(박종민, 1995). 대체로 상자압축강도는 온도보다는 상대습도에 큰 영향을 받으며, 함수율의 증가에 따라 2차 함수적으로 감소하는 경향을 보인다. 이러한 실험 데이터를 중심으로 표준 상태와 3℃-rh 86%에서의 이들 골판지 상자의 함수율은 각각 7.19~7.27%와 19.13~18.79%인데, 표준 상태에서의 압축강도에 비하여 약 33~44% 저하된다.

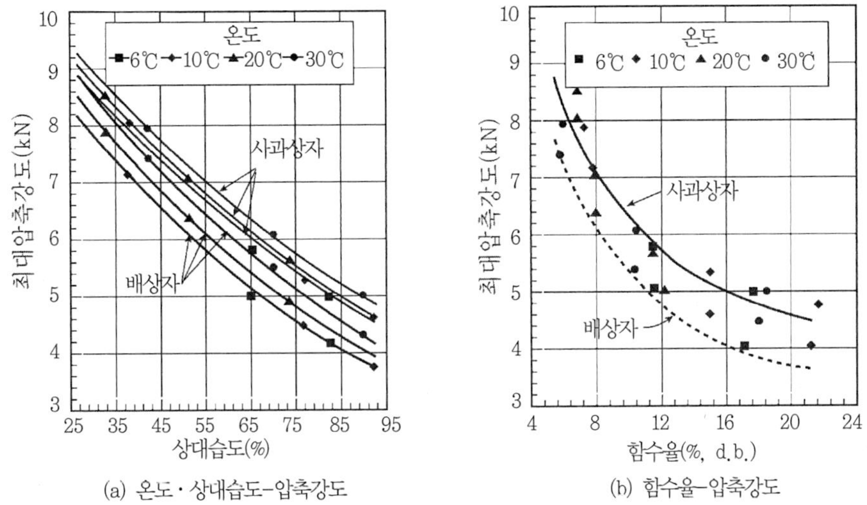

(a) 온도·상대습도-압축강도　　(b) 함수율-압축강도

[그림 13-15] 온도, 상대습도 혹은 함수율 변화에 따른 골판지 상자의 압축강도 변화
(사과상자: 505 × 355 × 280 mm(AB골-DW)-KA210/AS210/S125/AS250/KA210,
배상자: 505 × 350 × 240 mm(AB골-DW)-SC240/AS250/AS180/AS250/KA240)

청과물은 자체가 수분을 많이 함유하고 있어서, 수확 후 포장된 상태에서도 수분 증발이 발생하며, 골판지의 수분 흡수로 인한 골판지 상자의 강도가 저하된다. 그림 13-16의 한

예에서도 보듯이 감귤을 포장한 골판지 상자의 함수율이 포장하지 않은 상자에 비하여 40시간 경과 후 약 2배의 차이가 난다. 따라서 수분을 많이 함유하거나 수분 발생이 심한 청과물일수록 골판지 상자의 원단설계 시 라이너의 발수도(water repellency)를 특별히 고려하여야 한다.

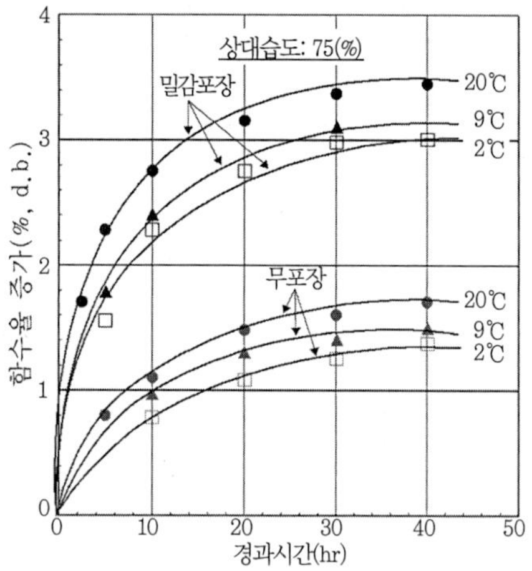

[그림 13-16] 포장 과실(밀감) 유무에 따른 골판지 상자의 함수율 변화(樽谷 등, 1990)

예제 13-5

골판지 상자가 표준상태(23℃, rh 50%)에서 함수율이 8%(d.b.)이며, 이때 압축강도는 6.38 kN이다. 이 골판지 상자의 함수율이 20%(d.b.)가 될 때, 상자 압축강도는 얼마가 되는지 구하여라.

풀 이

주어진 조건으로부터, 식 (13-22)에서 x_1=0.08, P_1=6.38 kN, x_2=0.20이므로, 이 값들을 대입하여 계산하면 다음과 같다.

$$P = P_1 \times \frac{(10)^{3.01x_1}}{(10)^{3.01x}} = 6.38 \times \frac{(10)^{3.01\times0.08}}{(10)^{3.01\times0.20}} = 2.78\ \text{kN}$$

즉, 표준 상태에서의 압축강도대비 약 56%가 저하됨을 알 수 있다.

4) 기타 조건

일반적으로 과실의 저장 조건이 저온·다습한 상태이므로, 이러한 조건에서 골판지 상자가 적재되어 있으면, 적재기간, 상대습도 및 상하 상자 간의 불일치 등으로 인해 압축강도가 현저하게 저하된다.

미국의 ASTM(American Society for Testing and Materials) 규격에서는 표 13-4와 같이 표준상태(23℃, rh 50%)에서의 압축강도를 기준으로 적재기간, 상대습도, 상하 상자 간 불일치 정도에 따라 강도수정계수를 규정하고 있다. 여기에 따르면 적재기간이 12개월일 때, 적재 피로에 의한 압축강도 저하율은 50%이고, 상하 상자가 완전히 불일치할 때의 압축강도는 완전히 일치할 때의 50% 정도에 불과한 것을 알 수 있다.

[표 13-4] 골판지 상자의 압축강도 수정계수(기준 : 23℃-rh 50%)

적재기간	수정계수(%)	상대습도	수정계수(%)	상하 일치도	수정계수(%)
단기간	100	건조	125	완전 일치	100
10일	65	25%	110	완전 불일치	50
30일	60	50%	100		
100일	55	75%	80		
365일	50	85%	60		
		90%	50		

※ 자료: ASTM D 642

상하 상자의 불일치 정도와 적재 방법에 따른 압축강도 저하를 좀 더 자세히 알아보면 표 13-5와 같다. 특히, 팔레트와 접하는 골판지 상자는 팔레트 적재판을 벗어나는 정도에 따라 상자의 강성 저하가 매우 크므로 농산물 포장에서도 규격화된 팔레트와 상자 규격에 세심한 주의가 필요하다.

[표 13-5] 골판지 상자의 적재 방법에 따른 압축강도지수

적재방법	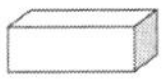	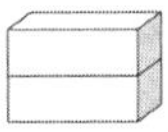	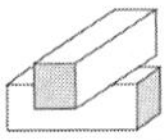	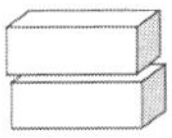	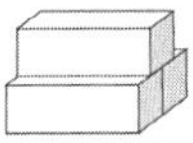	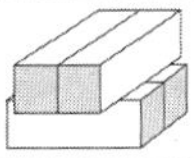
지수(%)	100	80~85	30~40	1 cm : 50~60 3 cm : 40~50	50~60	40~50

(4) 팔레트 화물의 구성

팔레트 적재 방식은 팔레트에 단위포장화물을 적재하는 배열 방식으로, 즉 팔레트 화물(palletized unit load)을 구성하는 기본적인 방법에는 그림 13-17에서 보듯이 블록적재, 교대배열적재, 벽돌적재 및 풍차형 적재가 있으며, 변형적인 방법으로 분할적재가 있다.

① 블록적재(block pattern, row pattern)

가장 단순한 쌓기 방식으로 포장 방향과 모양이 모든 층에서 같도록 쌓는 방법이며, 포장이 맞물리지 않는 탓에 팔레트 상에서 포장화물이 갈라지기가 쉽고 안정감이 없다. 장방형과 정방형 팔레트 모두에 적용 가능하다.

② 교대배열적재(alternate tirerow pattern)

한 층의 포장화물을 모두 같은 방향으로 배열할 수도 있지만, 홀수층과 짝수층을 90° 회전시켜가며 쌓는 방식으로 포장화물이 갈라질 염려는 없으나 정방형에만 적용할 수 있는 방법이다.

③ 벽돌적재(brick pattern)

한 층은 포장화물을 가로, 세로로 조합하여 쌓고, 다음 층에서는 방향을 180° 바꾸면서 교대로 겹쳐 쌓는 방식으로 장방형의 팔레트에 적합한 패턴이다.

④ 풍차형 적재(핀휠적재)(pinwheel pattern)

중앙에 공간을 두고 그곳을 둘러싸며 풍차형으로 쌓아 올리는 방식이다. 보통 각 층을 교대로 방향을 바꾸면서 겹쳐 쌓는 방식이며, 정방형 팔레트에 적합한 패턴이다.

⑤ 분할적재(split pattern)

별도 적재의 경우에 물품 상호 간에 공간이 생기는 방식으로, 장방형과 정방형 팔레트 모두에 적합한 패턴이다.

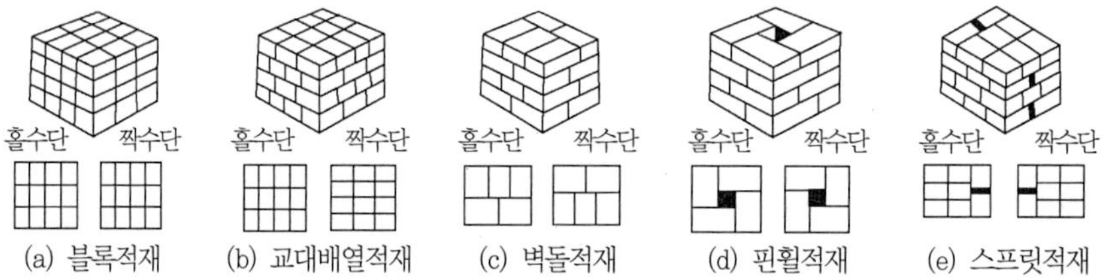

[그림 13-17] 팔레트 적재 형태

상자의 압축강도는 상자의 네 수직 모서리에서 하중의 약 64%를 지탱한다. 따라서 상자의 네 수직 모서리의 강성정도가 상자압축강도를 결정짓는 가장 큰 요인이 된다(五十嵐清一, 1996). 이러한 측면에서 볼 때 블록적재의 경우는 네 수직 모서리가 모든 층에서 일치하므로 강도적으로 가장 유리하다. 이에 반하여 다른 적재 방식에서는 상·하층 사이에 상자의 수직 모서리와 수평 모서리가 서로 수직을 이룬 상태로 적재하중을 받는다.

즉, 그림 13-18에서 보듯이 상자에서 가장 강한 부분인 수직 모서리 C_2와 D_2가 상단 상자의 가장 약한 부분인 주변부 A_1과 접촉하므로, 강한 C_2와 D_2, A_2와 B_2 부분이 약한 A_1과 D_1 부분을 밀고 들어와 그곳을 변형시켜 상자 전체의 강성저하를 초래한다.

농산물의 경우는 특성상 저온·다습한 조건에서 장기간 저장을 위하여 적재가 이루어지는데, 이러한 환경 조건에 대응하는 적합한 팔레트 화물의 구성을 위하여 다음의 조건들을 만족시켜야 한다.

- 저층 상자들의 하중 지탱능력과 팔레트 화물의 안정성 확보가 가능한 패턴 적용
- 상자의 배부름현상
- 공기유동성
- 적재의 자동화 및 기계작업성

그림 13-18은 위의 조건들을 고려한 적재 패턴의 일례를 보여주고 있다. 즉, 저층의 1, 2단 상자들은 상자의 네 수직 모서리가 상하 일치하는 블록적재를, 그리고 3단 이상에서는 팔레트 화물의 안정성 확보를 위하여 서로 돌려쌓기 패턴으로 하는 혼합적재 방식이다.

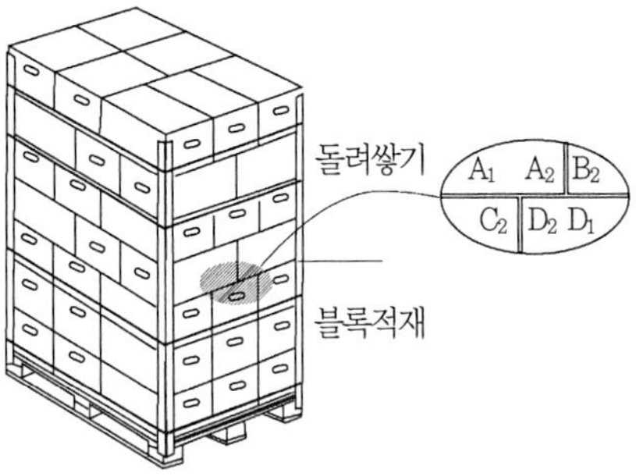

[그림 13-18] 팔레트 화물 구성 방법의 예

(5) 저온유통 포장 상자의 설계

농산물의 저온유통을 위하여 가장 기본적인 사항은 저온유통환경에 적합한 상자를 설계하는 것으로, 미국의 자료를 바탕으로 상자의 통기공(ventilating hole)에 대한 보편적인 기준을 살펴보면 다음과 같다.

- 통기공의 크기와 형태는 포장물에 의한 막힘이 없을 것
- 원형보다는 장방형이 양호
- 여러 개의 작은 통기공보다는 몇 개의 큰 통기공을 설계
- 통기공은 1 cm 이상
- 통기공은 상자의 모서리로부터 4~7 cm 떨어질 것
- 통기공은 측면적 대비 5% 이상으로 할 것(일본의 경우는 2~3% 이상)
- 돌려쌓기 시에도 냉기 교환이 가능하도록 통기공을 배치

일반적으로 상자에 통기공을 가공하게 되면 상자의 압축강도가 저하된다. 따라서 통기공은 상자의 압축강도 저하를 최소로 하면서 통기성이 양호하도록 위치, 형태 및 크기가 결정되어야 한다.

통기공의 위치와 형태는 다음의 기준으로 한다(박종민, 2002; KS A 1061).

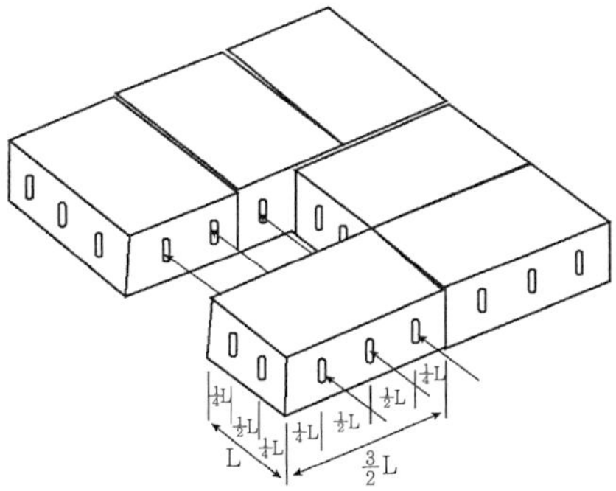

[그림 13-19] 돌려쌓기에서의 통기공의 배열

- 손잡이 구멍(hand hole) : (위치) (D/3~D/2, W/2)
- 통기공 : (위치) (L/4~L/3, D/2), (형태) 수직장원형(L_1=장방향, L_2=단방향),
  (크기) L_2/L_1=1/3.5~1/2.5 ($L_1 < \frac{1}{4}D$, L_2=12~25 mm)
- 통기공의 수는 짝수로 하며, 상자에 좌우 대칭된 구조
- 상자 교차 시 상자 간 냉기교환 : 통기공을 네 측면의 수직 모서리로부터 L/4 위치에 배치(그림 13-19)

13.1.4 농산물의 적정포장강도

(1) 골판지 상자의 압축강도

골판지 상자의 압축강도는 사용 원지의 물성, 상자 원단인 골판지의 구조적 인자 및 상자의 제원에 따라 결정되는 공학적 구조물(engineering structure)이다. 이러한 골판지 상자의 압축강도를 추정하기 위한 모형들이 일찍부터 여러 학자들에 의하여 개발되어왔다.

이들 모형 중 지금까지 포장 실무에서 많이 사용되는 모형을 중심으로 살펴보는데 모형 개발 당시 사용된 단위체계에 충실하는 것이 이 모형들을 더 잘 이해할 수 있고, 또한 지금의 SI 단위체계로 모형을 전환하는 데는 한계가 있으므로, 여기서는 모형 개발 당시의 단위체계에 따라 기술한다.

골판지 상자의 압축강도 모형으로서 가장 오래된 것은 Kellicutt 등(1951)이 개발한 모형으로, 이 모형은 골판지 구성원지들의 링크러시(ring crush)가 기준이 된다.

$$F = P_x \left\{ \frac{A_x^2}{\left(\frac{Z}{4}\right)^2} \right\}^{1/3} \cdot J \cdot Z \qquad (13\text{–}23)$$

여기서, F : 골판지 상자의 압축강도(lb)
P_x : 사용 원지들의 링크러시 총합[={ΣRC$_\ell$ + Σ(RC$_f$·t$_x$)}/6](lb/in)
Z : 상자의 주변 길이{=(L+W)×2}(in)
A_x : 골상수(A골=8.36, B골=5, C골=6.10, AB골=13.36)
J : 상자의 상수(A골=0.59, B골=0.68, C골=0.68, AB골=0.55)
t_x : 골조율(A/F=1.6, B/F=1.4, C/F=1.5)

McKee 등은 골판지의 수직압축강도(edgewise crush resistance, ECT)와 휨강성(flexural stiffness)을 중심으로 상자 압축강도 모형을 만들었으며, 골판지의 휨강성은 측정하기가 어려운 물리량이므로, 그 후 이들(McKee 등, 1963)은 다음과 같은 수정된 모형을 제시하였다.

$$F = 5.87 P_m \sqrt{T} \sqrt{Z} \qquad (13\text{–}24)$$

여기서, P_m : 골판지의 수직압축강도(ECT)(lb/in)
T : 골판지 두께(=Σt$_\ell$+Σh$_f$)(in)
t_ℓ : 라이너의 두께(in)
h_f : 골 높이(in)

Wolf(1974)는 골판지 CD방향(cross-machine direction)의 수직압축강도와 골판지의 두께를 기본 물성으로 하고, 여기에 상자의 구조적인 요인으로 주변 길이, 길이/폭 비 및 높이를 인자로 하는 상자 압축강도 모형을 다음과 같이 제시하였다.

$$F = \frac{5.2426P\sqrt{Z}\,(0.3228A - 0.1217A^2 + 1)}{D^{0.041}} \qquad (13\text{-}25)$$

여기서, $P = \sqrt{\mathrm{T}} \cdot ECT$

A : 상자의 길이/폭 비{=(L/W)}

D : 상자의 높이(in)

이 모형에서 골판지의 ECT, 두께 및 상자의 주변 길이를 인자로 하는 것은 McKee 식과 동일하지만, 상자의 구조적인 인자로 길이/폭 비와 높이가 요인으로 들어간 것이 특징이며, 다른 식에 비하여 복잡하고 계산이 까다롭지만, 상자의 여러 요인을 포함하고 있다는 것이 중요하다.

보통 ECT는 직접 측정한 값이지만, 골판지 구성 원지의 링크러시로부터 다음과 같이 계산하여 사용하기도 한다.

$$ECT = 1.2 \times [\Sigma RC_\ell + \Sigma(RC_f \cdot t_x)/6] = 1.2 \times P_x \qquad (13\text{-}26)$$

McKee 모형은 Kellicutt 모형에 비하여 포장 실무에서 분명한 장점을 가지고 있는데, 이것은 골판지 원지로부터 골판지 생산 과정에서의 품질 차이가 반영되었기 때문이다. 그러나 현재는 골판지 생산 기술이 많이 발전하였고, 보통 골판지 원지의 품질로 골판지 상자의 압축강도를 관리하는 것이 포장 실무에서 편리하므로 Kellicutt 모형이 많이 사용되고 있다.

예제 13-6

(예제 13-1)의 오이포장에 관한 문제에 대하여, 오이포장용 골판지 상자의 압축강도를 Kellicutt 식, McKee 식 및 Wolf 식으로 각각 추정하여, 이들 값들을 서로 비교하여라. 단, McKee 식과 Wolf 식에서의 ECT는 골판지 원지의 총 링크러시로부터 계산된 값을 사용한다.

풀 이

AB골-DW이므로 그림 13-3에서 골조율은 A골이 1.6, B골이 1.4이다. 따라서 총 링크러시는 다음과 같이 계산된다.

총 링크러시 $= \{\Sigma RC_\ell + \Sigma(RC_f \cdot t_x)\}/152.4$ mm

$= (212.88+146.17+198.16+222.69\times1.4+222.69\times1.6)/152.4$

$= 8.04\ N/mm = 8.04\ kN/m$

Kellicutt 식에서, P_x=8.04 N/mm = 45.89 lb/in, Z=(L+W)×2=(440+320)×2 = 1520 mm = 59.84 in 이므로,

$$F = P_x \left\{ \frac{A_x^2}{\left(\frac{Z}{4}\right)^2} \right\}^{⅓} \cdot J \cdot Z = 45.89 \left\{ \frac{13.36^2}{\left(\frac{59.84}{4}\right)^2} \right\}^{⅓} \times 0.55 \times 59.84 = 1{,}400.63\ \mathrm{lb} = 6.23\ \mathrm{kN}$$

McKee 식에서, P_m = 1.2×[{ΣRC$_\ell$ + Σ(RC$_f$·t$_x$)}/6]=1.2×45.89=55.07 lb/in, 골판지 두께 T = Σt$_\ell$+Σh$_f$ = (0.22+0.21+0.24)+(2.6+4.6)=7.87 mm = 0.31 in이므로,

$$F = 5.87 P_m \sqrt{T}\ \sqrt{Z} = 5.87 \times 55.07 \times \sqrt{0.31} \times \sqrt{59.84} = 1{,}392\ \mathrm{lb} = 6.20\ \mathrm{kN}$$

Wolf 식에서, ECT = 1.2×[{ΣRC$_\ell$+Σ(RC$_f$·t$_x$)}/6] = 1.2×45.89 = 55.07 lb/in, 골판지 두께 T = 0.31 in, A = L/W = 440/320 = 1.38, Z = 59.84 in, P = $\sqrt{\mathrm{T}}$·ECT = $\sqrt{0.31}$ ×55.07 = 30.66이므로,

$$F = \frac{5.2426 P\sqrt{Z}\,(0.3228A - 0.1217A^2 + 1)}{D^{0.041}}$$

$$= \frac{5.2426 \times 30.66\sqrt{59.84}\,(0.3228 \times 1.38 - 0.1217 \times 1.38^2 + 1)}{9.06^{0.041}} = 13{,}787.74\ \mathrm{lb} = 6.14\ \mathrm{kN}$$

따라서, 상자압축강도는 Kellicutt식 6.23 kN, McKee식 6.20 kN, Wolf식 6.14 kN으로 각각 계산되어, Kellicttt식과의 차이는 McKee식에서 0.5%, Wolf 식에서 1.4%이다.
상자압축강도의 적정화 문제는 농산물 포장설계에서 가장 중요한 요소로 포장 원가와 직접적인 관련성이 있다. 따라서 상자압축강도를 최적화하는 조건을 잘 이해하는 것이 필요하므로, 이에 대한 연습문제를 이 장의 끝에 제시해 놓았다.

(2) 필요압축강도

농산물 포장에서 적정포장강도를 설정하는 문제는 포장 원가와 직접 관련되므로 매우 중요하다. 설정된 포장강도에 따라 골판지 상자의 원지 구성이 결정되기 때문이다.

농산물 포장 상자의 필요압축강도를 결정하는 가장 일반적인 방법은 정적 상태에서 최하층 상자 1개가 받는 압축하중을 기준으로 여기에 여러 강도 저하 요인을 고려하여 결정하는 것이다.

$$P = k \cdot w(n-1) \leq P_1 \qquad (13\text{-}27)$$

여기서, P : 필요압축강도(N)
w : 포장물 중량(N)
n : 포장화물 적재단수(=H/D, H는 적재 총 높이, D는 상자의 높이)
P_1 : 피포장물의 실제압축강도(N)
k : 안전계수(보통 3~5)[=1/{(1-a)(1-b)(1-c)(1-d)(1-e)}]

일반적으로 안전계수 k는 골판지 상자의 압축강도에 대한 가변 요소와 유통 과정 중의 제반 요소를 고려하여 표 13-6과 같이 결정하며, 미국 규정에서는 표 13-7과 같이 1.5~8로 규정하고 있다.

[표 13-6] 요인별 강도저하지수

기 호	a	b	c	d	e
내 용	골판지 상자 제조 시 저하율	보관 및 저장기간에 의한 저하율 (3개월 기준)	보관 장소의 환경 조건에 의한 저하율 (30℃, rh 80%)	적재 방법에 의한 저하율	수송 및 취급에 의한 저하(진동 및 낙하 충격)
저하율(%)	5~8	35~45	20~30	(정상인 경우, 15), 15~20	10~15

※ 자료: 한국포장기술편람(한국포장학회, 2003)

[표 13-7] 미국 ASTM 규격의 안전계수

포장화물의 구조	안전계수 레벨(F)		
	Ⅰ	Ⅱ	Ⅲ
① 골판지, 판지, 플라스틱으로 만든 용기(내장재료 유무에 무관). 포장 내용물에는 하중이 작용하지 않는 포장화물	8.0	4.5	3.0
② 목재와 같은 견고한 재료를 사용한 내장이 있는 골판지, 판지, 플라스틱으로 만든 용기	4.5	3.0	2.0
③ 내열, 내습성이 있는 용기(골판지, 판지, 플라스틱 제품 이외의 것) 또는 제품이 압축하중을 직접 받는 포장(예, 압축포장)	3.0	2.0	1.5
④ 제품이 어느 정도 비율로 압축하중을 받는 경우(자립성 있는 제품)	$F=P(F_P)+C(F_C)$		

※ 자료: ASTM D 4169

※ Ⅰ=시험부하 레벨이 높고, 손상 발생의 확률이 높은 경우, Ⅲ=시험부하의 정도가 낮고, 손상 발생의 확률이 낮은 경우, Ⅱ=Ⅰ과 Ⅲ의 중간

※ F_P=상기 타입 Ⅲ의 압축포장에 부여한 계수, P=제품에 따라 지지된 하중의 비율, F_C=상기 타입의 Ⅰ 또는 Ⅱ에 부여된 계수, C=용기에 의해 지지되고 있는 하중의 비율

예제 13-7

포장 상자의 바깥 치수는 L×W×D=530×240×250 mm, 단위포장화물의 중량 15 kgf(147.15N), 창고에서 포장화물이 6층 적재된 팔레트 화물(2×3×6단) 2단 적재, 정상 적재이며, 적재기간은 10일, 저장 시 최고습도를 75%라 할 때 상자의 필요압축강도를 계산하여라. 단, 팔레트 1개의 중량은 360 N이다.

풀 이

위의 조건으로부터 안전계수 k의 결정 시, 각 요소별 강도저하지수는 a=5%, b=35%, c=30%, d=15%, e=0이다.

$$k = \frac{1}{(1-a)(1-b)(1-c)(1-d)} = \frac{1}{(1-0.05)(1-0.35)(1-0.3)(1-0.15)} = 2.72$$

팔레트의 중량을 고려한 최하층의 상자가 받는 하중을 중심으로 필요압축강도를 계산하면 다음과 같이 약 4.56 kN이 된다.

$$P = k \cdot w(n-1) = 2.72 \times \left\{147.15 \times (12-1) + \frac{360}{2 \times 3}\right\} = 4.56\ \text{kN}$$

13.2 수송과 하역 과정 중의 포장역학

포장제품은 하역, 보관, 수송을 거치면서 주로 충격과 진동의 물리적 스트레스를 받게 되며, 이러한 스트레스로부터 제품을 보호하기 위한 적정포장설계(appropriate packaging design)를 위해서는 제품 자체의 특성과 외부 스트레스의 크기를 정량화하고, 이에 대한 적정한 완충을 하여야 한다.

포장제품이 진동과 충격의 동적 하중을 받게 되는 요인을 보면, 수동하역(manhandling) 시의 거친 취급, 포크리프트(fork lift)나 컨베이어(conveyor) 등 기계 하역장비에서의 충격, 수송차량에 의한 충격과 진동 등이다.

이 절에서는 농산물을 포함한 일반제품에 대하여 주로 진동과 충격에 대한 이론을 바탕으로 수송과 하역 과정에서 포장제품의 거동과 손상 방지를 위한 포장역학(packaging dynamics) 문제를 다루고자 한다.

13.2.1 포장화물의 낙하와 기계적 충격

포장화물의 낙하 시 충격속도는 포장과 화물 손상에 밀접한 관련이 있으며, 충격속도와 낙하시간은 다음과 같이 표현된다.

$$\begin{cases} V_{IMP} = \sqrt{2gh} \\ \triangle t = \sqrt{\dfrac{2h}{g}} \end{cases} \qquad (13\text{-}28)$$

여기서, V_{IMP} : 지면과의 충돌속도(m/s)

$\triangle t$: 낙하소요 시간(s)

h : 낙하 높이(m)

낙하 혹은 기계적 충격(mechanical shock)은 가속도의 급속한 변화(감소 혹은 증가)를 가져오는데, 포장화물의 충격 손상은 그림 13-20과 같이 정점가속도(peak acceleration), 충격지속시간(shock duration) 및 속도변화량(velocity change)의 3가지 요소와 관련 있다.

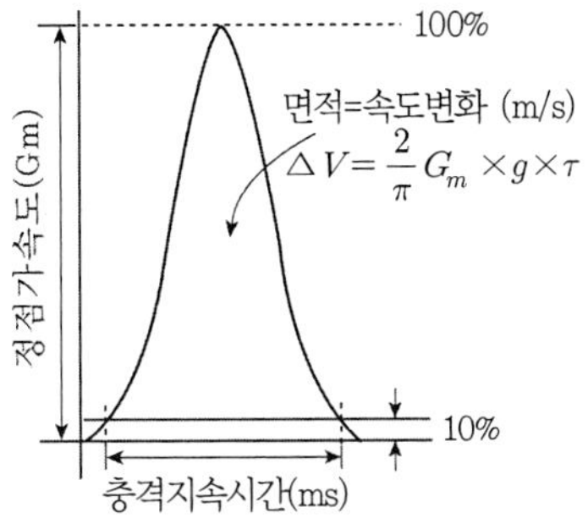

[그림 13-20] 기계적인 충격특성을 나타내는 인자

과실 포장화물의 수학적 분석을 위한 과실-포장시스템은 그림 13-21의 모형으로 간단히 나타낼 수 있다.

여기서 등가스프링상수 K_{eq}는 과실-포장시스템이 겉포장상자, 골판지 시트(패드) 및 완충재를 각각 선형스프링으로 보고 이들이 서로 직렬 연결된 상황을 표현한 값이다.

$$\frac{1}{K_{eq}} = \frac{1}{K_1} + \frac{1}{K_2} + \frac{1}{K_3} \tag{13-29}$$

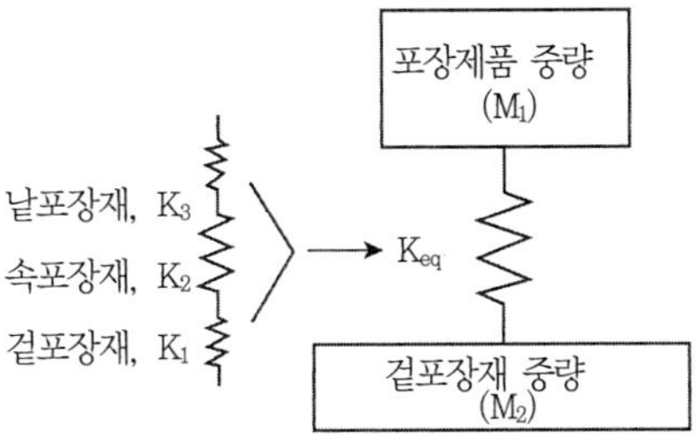

[그림 13-21] 과실 포장화물의 모형화

겉포장 상자의 무게는 포장물에 비하여 매우 작다고 무시하고, 완충시스템의 각 구성 요소도 충격 후 영구변형되지 않는다고 가정하면, 과실 포장화물이 높이 h에서 낙하하여 단단한 바닥에 충격을 받는다고 할 때, 높이 h에서의 위치에너지(E_P)와 바닥에 닿는 순간의 운동에너지(E_K)는 다음과 같다.

$$E_P = M_1 gh = W_1 h \tag{13-30}$$

$$E_K = \frac{1}{2} M_1 V_I^2 \tag{13-31}$$

포장화물이 바닥에 떨어져 닿은 후 완충시스템이 가장 압축된 위치에서는 이 완충시스템이 포장화물의 운동에너지를 전부 흡수하게 되고, 포장 과실의 속도는 0에 접근하게 된다. 따라서 완충시스템의 최대동적변위 d_m은 다음과 같이 정리할 수 있다.

$$E = \frac{1}{2} K_{eq} x^2 \rightarrow E_{\max} = \frac{1}{2} K_{eq} d_m^2 \tag{13-32}$$

여기서, x : 완충시스템의 총변위(m)

완충시스템에 의하여 흡수된 최대 에너지량은 충격 순간 포장화물의 운동에너지와 같으므로, 즉 식 (13-31)과 (13-32)로부터 완충시스템의 최대동적변위는 다음과 같다.

$$d_m = \sqrt{\frac{2W_1 h}{K_{eq}}} = \sqrt{2h\delta_{st}} \tag{13-33}$$

여기서, δst : 선형완충시스템의 총 정적 변위(static deflection)($= W_1/K_{eq}$)(m)

포장물에 의하여 완충시스템에 가해진 힘에 저항하는 최대반발력 $P_{\max}$는 $x = d_m$ 일 때 일어나므로, 이를 구하면 다음과 같다.

$$P_{\max} = K_{eq} d_m = \sqrt{2K_{eq} W_1 h} \tag{13-34}$$

제품에 작용되는 최대 가속도(감가속도) G_m은 중력가속도의 배수로 낙하 높이의 제곱근에 비례한다. 이로부터 낙하 높이를 2배로 하더라도 충격의 크기는 2배가 되지 않고, $\sqrt{2}$배 정도 증가한다.

$$G_m = \frac{P_{\max}}{W_1} = \sqrt{\frac{2K_{eq}h}{W_1}} = \sqrt{\frac{2h}{\delta_{st}}} \tag{13-35}$$

식 (13-33)과 (13-35)로부터 최대동적변위는 최대가속도와 낙하 높이의 함수로 다음과 같이 표현된다.

$$d_m = \frac{2h}{\sqrt{\frac{2K_{eq}h}{W_1}}} = \frac{2h}{G_m} \tag{13-36}$$

위와 같은 완충시스템으로 포장된 제품의 고유진동수(natural frequency)는 식 (13-37)로 표현되고, 자유진동지속시간 T는 충격지속시간 τ 의 2배에 해당되므로 $T = 2\tau = 1/f_n$이다. 이로부터 충격지속시간은 식 (13-38)로 나타낼 수 있고, 낙하 높이와는 독립이 된다.

$$f_n = \frac{1}{2\pi}\sqrt{\frac{K_{eq}g}{W_1}} \tag{13-37}$$

$$\tau = \frac{1}{2f_n} = \pi\sqrt{\frac{W_1}{K_{eq}g}} \tag{13-38}$$

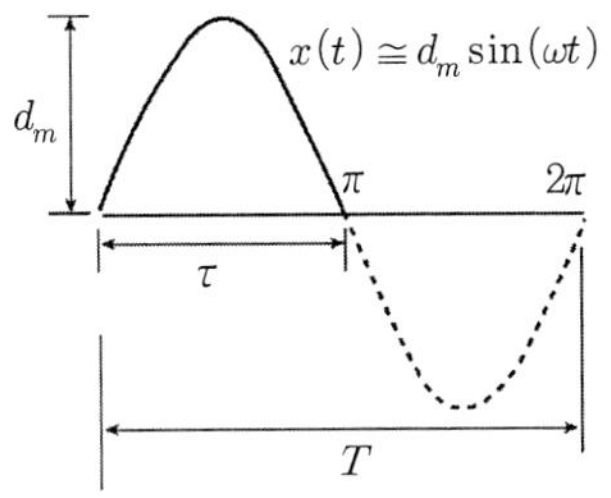

[그림 13-22] 충격지속시간과 진동의 고유주기

예제 13-8

포장단위 15 kgf의 배포장화물이 하역작업 중 높이 1.2 m에서 자유낙하할 경우, 지면과의 충돌 속도와 낙하하는 데 소요되는 시간은 각각 얼마인가? 또한 낙하로 인하여 콘크리트 바닥과의 접촉시간을 6 ms라 하였을 때 포장화물이 받는 충격가속도는 얼마인가?

풀 이

위의 식 (13-28)로부터 충돌속도와 낙하소요 시간을 각각 계산하면 다음과 같다.

$$V_{IMP} = \sqrt{2gh} = \sqrt{2 \times 9.81 \times 1.2} = 4.85 \text{ m/s}$$

$$\triangle t = \sqrt{\frac{2h}{g}} = \sqrt{\frac{2 \times 1.2}{9.81}} = 0.5 \text{ s}$$

충격가속도는 접촉시간의 $\frac{1}{2}$ 동안 4.85 m/s의 속도로부터 0으로 변하였으므로 다음과 같이 계산된다.

$$a = \frac{0 - 4.85}{0.006/2} = -1{,}616.67 \text{ m/s}^2 = -165 \text{ G}$$

즉, 배포장화물이 바닥과 충돌하면서 포장화물에는 포장중량의 약 165배에 해당하는 순간하중이 작용하게 된다.

예제 13-9

포장단위 15 kgf의 배포장화물이 높이 1.5 m에서 낙하 시 포장물이 받는 최대가속도를 40 G 이하로 한정하고 싶을 때, 완충시스템의 최대동적변위와 등가스프링상수 값을 구하여라. 단, 포장된 배는 모두 일체가 되어 운동하고 있고, 바닥과의 충돌 시 겉포장 상자의 밑면 전체와 면 접촉한다고 가정한다.

풀 이

이 문제에서 W_1=147.15 N, h=1.5 m, G_m=40 G이므로, 앞의 식 (13-35)와 (13-36)으로부터 d_m과 K_{eq}를 각각 구하면 다음과 같다.

$$d_m = \frac{2h}{G_m} = \frac{2 \times 1.5}{40} = 0.075 \text{ m}$$

$$K_{eq} = \frac{W_1 G_m^2}{2h} = \frac{147.15(40)^2}{2 \times 1.5} = 78{,}480 \text{ N/m}$$

즉, 15 kgf의 배포장화물이 1.5 m에서 낙하했을 때 받는 최대가속도를 40 G 이하로 하고자 할 때, 이론상으로 사용된 겉포장상자, 골판지 패드 및 완충재의 등가스프링상수는 78,480 N/m, 완충시스템의 총두께는 7.5 cm가 되어야 하는데, 두께가 이에 미치는 못하는 만큼의 충격이 포장물에 직접 전달된다.

예제 13-10

위의 문제에서와 같은 조건에서 포장 과실의 충격지속시간은 얼마가 될지 구하여라.

풀 이

완충시스템의 등가스프링상수 값이 78,480 N/m이므로, 식 (13-38)로부터 충격지속시간을 계산하면 약 43 ms가 된다.

$$\tau = \pi\sqrt{\frac{W_1}{K_{eq}g}} = \pi\sqrt{\frac{147.15}{78{,}480 \times 9.81}} = 0.0434\ \text{s}$$

13.2.2 포장화물의 진동

(1) 자유진동과 포장화물 거동

선형스프링과 같이 거동하는 완충재 위에 한 물체가 놓여 단순조화진동(simple harmonic motion)을 한다고 가정하였을 때, 그 물체의 변위, 속도 및 가속도는 다음과 같이 각각 표현된다.

$$x = A\sin(\omega_n t) \rightarrow x_{\max} = A \tag{13-39}$$

$$v = \dot{x} = A\omega_n \cos(\omega_n t) \rightarrow v_{\max} = A(2\pi f_n) = A\sqrt{\frac{Kg}{W}} \tag{13-40}$$

$$a = \ddot{x} = -A\omega_n^2 \sin(\omega_n t) \rightarrow a_{\max} = -A(2\pi f_n)^2 = -A\left(\frac{Kg}{W}\right) \tag{13-41}$$

여기서, A : 진폭(m)
ω_n : 고유원진동수(=$2\pi f_n$)(rad/s)
f_n : 고유진동수(Hz)

즉, 물체의 운동은 완충재의 정적처짐량 δ_{st}(=mg/K, K는 강성계수[N/m])를 평형 지점으로 하여 운동하는데, 운동의 양 끝점에서 가속도가 최대가 되어 이때 물체에 미치는 힘도 최대가 된다.

선형 완충재 위의 제품은 자유진동하에서 항상 동일한 진동수로 진동한다. 이것이 시스템의 특성을 나타내는 고유진동수(natural frequency)로 다음과 같이 나타낸다. 즉, 제품을 완충재 위에 올려놓았을 때의 정적 처짐량을 측정함으로써 간단히 파악할 수 있다.

$$\omega_n^2 = \frac{Kg}{W} \tag{13-42}$$

$$f_n = \frac{\omega_n}{2\pi} = \frac{1}{2\pi}\sqrt{\frac{Kg}{W}} = 0.50\sqrt{\frac{1}{\delta_{st}}} \tag{13-43}$$

예제 13-11

선형 완충재로 포장한 150 N의 제품이 있다. 만일 포장 전보다 완충재가 0.5 cm 더 눌러졌다고 하였을 때, 시스템의 고유진동수와 완충재의 강성계수를 각각 구하여라. 그리고 이 평형 위치에서 제품을 다시 0.5 cm 아래 방향으로 눌렀다고 하자. 이때 마찰이나 다른 충격 등의 감쇠 요인이 없다면, 제품의 최대속도와 최대가속도는 각각 얼마인지 구하여라.

풀 이

문제로부터 정적처짐량 δ_{st}=5×10^{-3} m 이므로 식 (13-40)~(13-43)을 활용하여 이를 차례로 풀면 다음과 같다.

시스템의 고유진동수, $f_n = 0.50\sqrt{\frac{1}{\delta_{st}}} = 0.50\sqrt{\frac{1}{0.5\times 10^{-2}}} = 7.07\ \text{Hz}$

완충재의 강성계수, $\delta_{st} = \frac{W}{K} \rightarrow K = \frac{W}{\delta_{st}} = \frac{150}{0.5\times 10^{-3}} = 30{,}000\ \text{N/m}$

최대속도, $v_{\max} = A(2\pi f_n) = 0.5\times 10^{-3}(2\pi\times 7.07) = 0.22\ \text{m/s}$

최대가속도, $a_{\max} = -A(2\pi f_n)^2 = -0.5\times 10^{-3}(2\pi\times 7.07)^2 = -9.86\ \text{m/s}^2 \fallingdotseq 1\ \text{G}$

예제 13-12

골판지 상자에 들어 있는 수박이 아랫부분만 1단 골판지 적층패드에 의하여 완충되어 있다. 골판지가 모두 선형스프링과 같이 거동하며, 수박과의 접촉 부분은 직경 10 cm이고, 골판지 적층패드의 탄성계수는 10 kN/m, 겉포장 상자의 탄성계수는 30 kN/m라 가정할 때, 이 완충시스템의 정적처짐량과 자유진동 시 어떤 진동수로 진동하겠는가? 단, 수박의 무게는 120 N이다.

풀 이

2개의 재료가 직렬로 연결되어 있으므로, 등가스프링상수 값을 구하면 다음과 같다.

$\frac{1}{K_{eq}} = \frac{1}{K_1} + \frac{1}{K_2} \rightarrow \frac{1}{K_{eq}} = \frac{1}{10{,}000} + \frac{1}{30{,}000} \rightarrow K_{eq} = 7500\ \text{N/m}$

따라서, 정적 처짐량과 고유진동수는 식 (13-43)으로부터 구하면 다음과 같다.

$$\delta_{st} = \frac{W}{K_{eq}} = \frac{120}{75{,}000} = 1.60 \times 10^{-3}\ \text{m}$$

$$f_n = 0.50\sqrt{\frac{1}{\delta_{st}}} = 0.50\sqrt{\frac{1}{1.60\times 10^{-3}}} = 12.5\ \text{Hz}$$

(2) 강제진동과 포장화물 거동

과실 포장화물의 수송 시 과실의 동적 거동을 묘사하기 위하여, 과실 포장시스템을 다음과 같이 간단한 진동 모형으로 나타낼 수 있다.

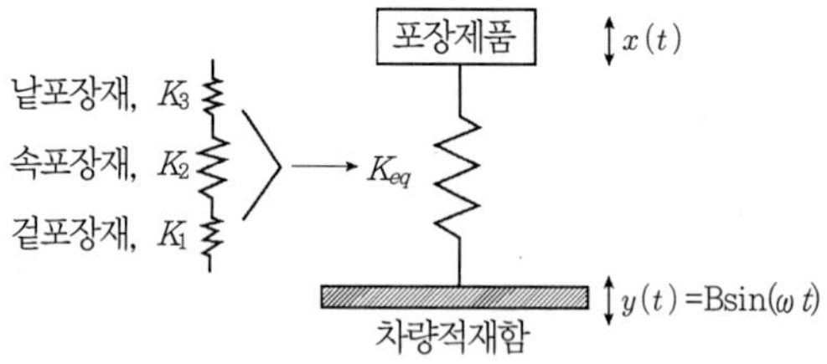

[그림 13-23] 과실 포장화물의 진동모형

차량적재함이 강제조화 진동 $y(t)$=Bsin(ωt)를 한다면, 이 가진력에 대한 포장제품의 진동방정식은 다음과 같다.

$$\ddot{x} + \omega_n^2 x = \omega_n^2 y(t) \tag{13-44}$$

위의 미분방정식의 해는 다음과 같으며, 강제진동수 ω 에 주로 지배된다.

$$x(t) = D\sin(\omega t),\ \ D = \frac{B}{1-(\omega/\omega_n)^2} \tag{13-45}$$

이 경우, 포장제품의 진동은 포장시스템의 고유진동수가 아닌 차량의 강제진동수에서 일어나며, 포장제품의 진폭과 최대가속도는 각각 강제진동의 진폭과 최대가속도에 증폭계수(magnification factor)를 곱한 크기가 된다.

즉, 포장제품의 진폭(output)=적재함의 진폭(input)×증폭계수, 포장제품의 최대가속도(output)=적재함의 최대가속도(input)×증폭계수가 된다.

여기서, 증폭계수 M은 입력과 출력비로서 식 (13-45)로부터 다음과 같이 유도되며, 증폭계수 M은 시스템의 고유진동수를 기준으로 다음과 같이 3가지 유형으로 나타난다.

$$M = \frac{D}{B} = \frac{1}{1-(f_f/f_n)^2} \tag{13-46}$$

여기서, f_n : 포장시스템의 고유진동수(Hz)
f_f : 적재함 진동수(Hz)

- 강제진동수≪고유진동이면, M≒1이 되며, 적재함과 포장제품이 같은 위상으로 진동(in-phase)
- 강제진동수≒고유주파수이면, M=∞이 되어, 포장제품의 진동이 공진 상태(resonance)에 이름
- 강제진동수≫고유진동수이면, M은 음의 값을 가지며, 적재함과 포장제품이 반대 위상으로 진동(out-of-phase)

강제진동은 포장화물의 물류 과정에서 모든 수송기관에서 발생한다. 따라서 포장제품과 포장화물이 커다란 증폭계수를 갖게 되는 것을 피하기 위하여 고유진동수와 강제진동수가 유사한 값을 갖지 않도록 하여야 한다. 이러한 점을 수송포장 설계 시 반드시 고려되어야 할 사항이다(공진설계).

실제 현상에서는 감쇠가 존재하므로 증폭계수의 실제값은 이보다 더 작은 값이 된다. 따라서 고전적인 방법에 의존하게 되면 포장제품의 사전실험을 거치지 않은 경우 과대포장(overpackaging)이 될 가능성이 크다.

예제 13-13

1 G의 일반적인 상태에서 완충재가 1 cm 변형되는 포장제품이 있다. 만약 이 포장화물이 2.5 Hz에서 강제진동되고, 적재함 진동이 0.5 G를 갖는 트럭으로 수송된다면, 완충재 위에서 제품의 최대 변위와 최대 가속도는 얼마가 될지 구하여라.

풀 이

이 문제를 정리하여보면, $\delta_{st}=1\,\text{cm}$, $f_f=2.5\,\text{Hz}$, 최대입력가속도 $a_I=0.5\,\text{G}$이다. 우선 주어진 데이터로부터 고유진동수를 계산하면 다음과 같다.

$$f_n=0.50\sqrt{\frac{1}{\delta_{st}}}=0.50\sqrt{\frac{1}{1\times10^{-2}}}=5\text{ Hz}$$

포장시스템의 고유진동수가 차량 적재함의 강제진동수보다 크므로, 포장시스템과 차량은 같은 위상으로 진동하고, 이때 증폭계수는 다음과 같이 계산된다.

$$M=\frac{1}{1-(f_f/f_n)^2}=\frac{1}{1-(2.5/5)^2}=1.33$$

따라서, 제품의 최대가속도를 계산하면 다음과 같다.

$$a_0=M\times a_I=1.33\times0.5\text{ G}=0.67\text{ G}$$

강제진동수로 진동하는 완충재 위의 제품의 최대가속도는 $a_0=A_0(2\pi f_f)^2$로 표현되므로, 제품의 최대 변위는 다음과 같다.

$$A_0=\frac{a_0}{(2\pi f_f)^2}=\frac{0.67\times9.81}{(2\pi\times2.5)^2}=0.0267\text{ m}$$

즉, 강제진동하에서 이 제품은 평형 지점으로부터 ±0.0267 m를 차량 적재함과 같은 위상으로 진동하며, 제품이 최대로 움직이는 거리(working length)는 0.0267×2=0.0534 m로 완충재의 두께가 이에 못 미치면 제품이 적재함 바닥(bottom out)을 치게 된다.

13.2.3 완충재 역학

완충은 낙하나 충격에 의하여 발생된 에너지를 완충재의 변형에너지 형태로 흡수하는 것이다. 즉, 포장제품에 손상이 생기지 않게 하기 위하여 발생된 에너지를 어떤 방법으로 흡수하여 발생가속도 값을 제품의 허용 가속도 이하로 억제하는 것이 완충의 목적이다. 완충에서 가장 중요한 것은 그러한 물리적 환경에 대한 가장 적절한 완충재와 사용량을 결정하는 것으로, 완충재의 양은 포장비용뿐만 아니라 포장치수에도 영향을 주어 물류효율에 크게 관련된다.

완충재의 단위두께당 흡수에너지와 제품에 전달되는 힘, 즉 완충재료에 가하는 하중과의 비를 완충효율(cushioning efficiency)이라 하며, 완충효율이 높은 재료일수록 동일 조건에서 재료의 사용을 최소로 할 수 있다. 이러한 완충효율을 포장설계에 응용하기 위한 것이 완충계수(cushion factor)인데, 완충계수는 완충재의 단위체적당 흡수에너지와 응력의 비율로 재료의 완충효율을 그대로 계산되기 때문에 완충포장설계에서 가장 중요시된다.

완충재의 완충계수 결정 방법에는 정적 시험과 동적 시험의 2가지 방법이 있으나, 동적 시험에 의한 완충계수가 완충재의 사용 상황에 가까운 조건으로 시험하므로 보다 더 실용성 있는 결과가 얻어진다.

(1) 정적 완충계수

압축시험을 통한 압축응력-변형 그래프로부터 완충계수를 산출해서 정적 완충계수-압축응력 선도를 그려 이로부터 사용 완충재의 두께와 면적을 결정할 수 있다.

표 13-8은 그림 13-24의 (a)에 나타낸 EPS 완충재(밀도: 0.019 g/cm^3)의 압축응력-변형 선도로부터 (b)의 정적 완충계수-압축응력선도를 산출하는 과정을 나타낸 것이다.

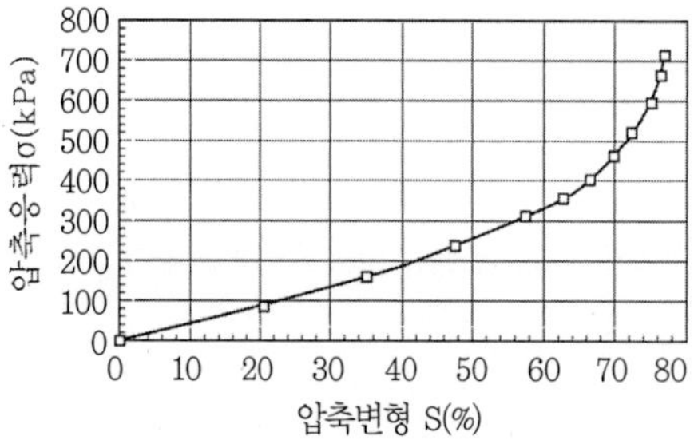

(a) 압축응력-변형선도

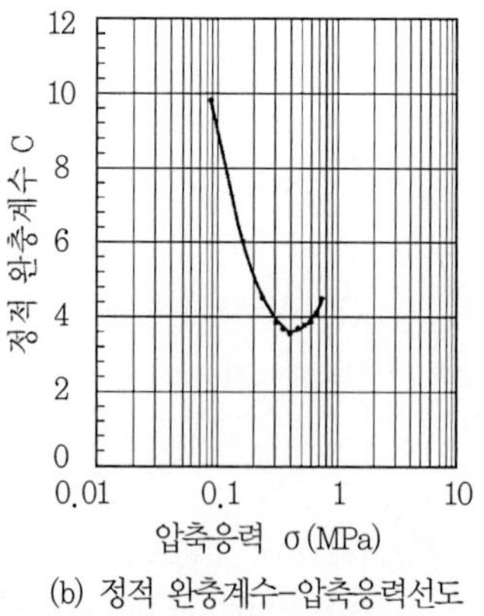

(b) 정적 완충계수-압축응력선도

[그림 13-24] 정적 완충계수-압축응력선도 사례

[표 13-8] 정적 완충계수의 계산 순서

항목 / 구분	① 압축변형 S(%)	② ΔS	③ 압축응력 σ (MPa)	④ Δσ	⑤ Δe (J)	⑥ 에너지 e (J/cm³)	⑦ 정적 완충계수 (③/⑥) C
	0	0	0	0	0	0	∞
1	0.205	0.205	0.088	0.088	0.009	0.009	9.8
2	0.350	0.145	0.162	0.074	0.018	0.027	6.0
3	0.475	0.125	0.235	0.074	0.025	0.052	4.5
4	0.575	0.100	0.309	0.074	0.027	0.079	3.9
5	0.625	0.050	0.353	0.044	0.017	0.096	3.7
6	0.665	0.040	0.402	0.049	0.015	0.111	3.6
7	0.700	0.035	0.461	0.059	0.015	0.126	3.7
8	0.725	0.025	0.520	0.059	0.012	0.138	3.8
9	0.750	0.025	0.598	0.078	0.014	0.152	3.9
10	0.765	0.015	0.667	0.069	0.010	0.162	4.1
11	0.770	0.005	0.735	0.069	0.004	0.165	4.5

(2) 동적 완충계수

동적 시험을 하려면 일정 무게의 중추를 누가적으로 자유 낙하시킬 수 있는 기계적 장치와 짧은 시간(1~50 ms)에 가속도 변화량을 고속 측정 및 분석할 수 있는 계측시스템이 필요하다.

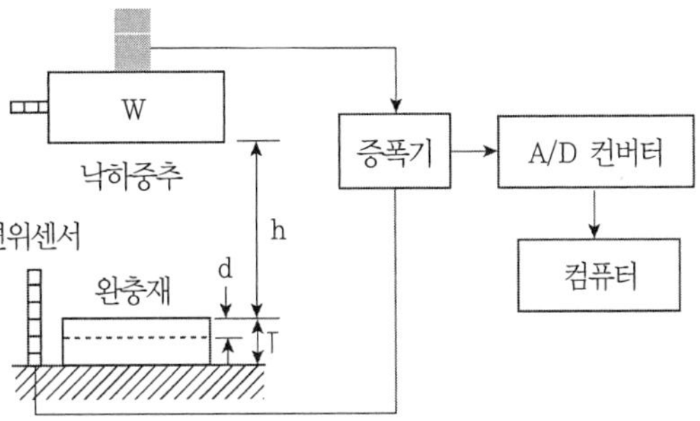

[그림 13-25] 동적 압축시험장치의 개념

그림 13-26의 (a)의 최대가속도-정적 응력선도를 바로 완충포장설계에 적용할 수 있지만 이로부터 계산된 동적 완충계수-최대응력선도가 완충재의 양(두께, 면적)을 결정하는데 더욱 편리하다.

동적 시험에 의한 완충계수(C)는 Newton의 운동법칙과 에너지 균형 식으로부터 다음과 같이 유도된다.

$$W(h+d_m) = ATe \rightarrow e = \frac{W(h+d_m)}{AT}$$

$$\sum F = ma \rightarrow F_t - W = ma = WG \rightarrow F_t = (G+1)W$$

$$\sigma = \frac{F_t}{A} = \frac{(G+1)W}{A} \rightarrow \sigma_m = \frac{W}{A}(G_m+1)$$

$$C = \frac{\sigma_m}{e} = \frac{T}{h+d_m}(G_m+1) \fallingdotseq \frac{G_m}{h}T \qquad (13\text{-}47)$$

여기서, W : 낙하중추의 무게(N)
h : 낙하 높이(m)
d_m : 완충재의 최대변위(m)
A : 완충재의 단면적(m^2)
T : 완충재의 두께(m)
e : 완충재의 단위체적당 흡수에너지(J/m^3)
σ_m : 동적 최대응력(Pa)

표 13-9는 그림 13-26의 (a)에 나타낸 두께가 5 cm와 10 cm의 EPE(밀도 : 0.035 g/cm^3) 완충재에 대한 최대가속도-정적 응력선도로부터 (b)의 동적 완충계수-최대응력선도를 산출하는 계산과정을 나타낸 것이다.

완충계수-최대응력선도에서 완충계수의 최적치에 대응하는 최대응력값이 결정됨에 따라 많은 재료의 완충계수-최대응력선도 중에 최대응력치가 가장 적합한 재료가 선택될 때 가장 경제적인 완충을 할 수 있고, 완충계수의 최소치 부근이 완만할수록 넓은 범위의 응력에 사용할 수 있는 완충재가 된다.

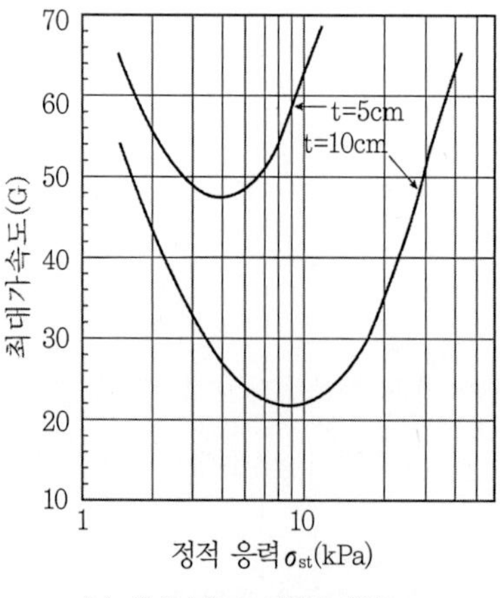

(a) 최대가속도-정적응력선도

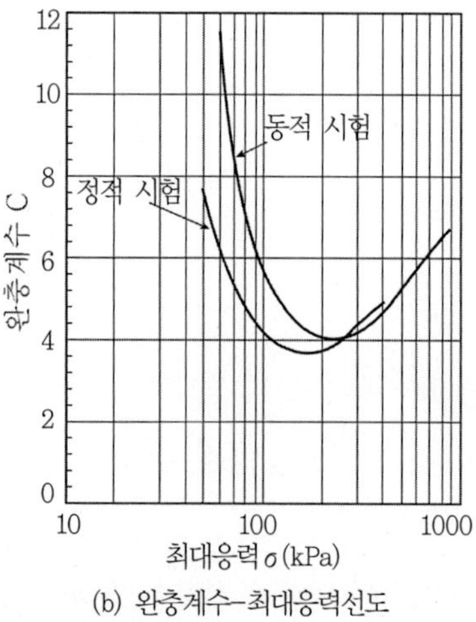

(b) 완충계수-최대응력선도

[그림 13-26] 동적 완충계수-최대응력선도 사례

[표 13-9] 동적 완충계수의 계산 순서

항목 / 구분	① 정적 응력(kPa) σ_{st}=W/A	② 가속도 (G)	③ 시료두께 T(cm)	④ 낙하높이 h(cm)	⑤ 완충계수 C=G·T/h	⑥ 최대응력(kPa) σ_{max}=G·W/A
1	1.37	65	5	60	5.4	89.27
2	1.96	56	5	60	4.7	109.87
3	2.94	48	5	60	4.0	141.26
4	3.92	47	5	60	3.9	184.43
5	4.91	49	5	60	4.1	240.35
6	6.87	54	5	60	4.5	369.84
7	9.81	67	5	60	5.6	657.27
8	0.98	60	10	60	10.0	76.52
9	1.96	45	10	60	7.5	88.29
10	2.94	33	10	60	5.5	97.12
11	4.91	25	10	60	4.2	122.63
12	7.85	23	10	60	3.8	180.50
13	9.81	24	10	60	4.0	235.44
14	19.62	33	10	60	5.5	647.46
15	29.43	45	10	60	7.5	1324.35

13.2.4 청과물의 내충격성 평가와 포장

제품의 내충격성(shock fragility)이란 유통 과정에서 무포장 상태로 제품 자신이 충격에 저항할 수 있는 능력을 나타내는 지표로 포장을 위한 기준값이 된다.

제품의 충격에 의한 내충격성은 손상경계곡선(damage boundary curve, DBC)으로, 진동에 의한 내충격성은 공진진동수 곡선으로 평가하는 것이 일반적이다.

일반 제품과는 달리 청과물의 내충격성 평가에는 어려운 점이 많다. 즉, 충격에 대한 청과물 손상은 주로 멍(bruising)의 형태로 나타나는데, 이는 충격 후 일정기간 뒤에 나타나며, 멍을 정량화하여 손상 유무의 한계를 정하기가 어렵고, 더욱이 과실 자체 내에 뚜렷한 민감 요소(critical element)가 없어 규정된 시험법의 적용이 곤란하여 연구자마다 방법에 차이가 있다.

(1) 충격에 의한 내충격성

1) 손상경계곡선의 구성

제품의 내충격성은 과거에는 주로 가속도 레벨(G-factor)의 단일 값으로 평가하였지만, 현재는 가속도-속도-파형의 3요소 간의 상호관계를 파악하여 나타낸 손상경계곡선으로 표시한다.

손상경계곡선의 평가법은 제품의 내충격성을 제품이 견딜 수 있는 한계속도 변화(critical velocity change, V_c)와 한계가속도(critical acceleration, G_c)로 표시하는 것이다(그림 13-27). 즉, 제품이 손상에 견딜 수 있는 최대속도를 한계속도 변화, 제품에 가해진 충격가속도 레벨에 대하여 손상에 견딜 수 있는 최대치를 한계가속도라 하여, 제품의 손상 영역과 비손상 영역으로 구분한 경계로 표시한다.

- **Ⓐ지점** : 정점가속도와 속도변화량이 모두 파손을 일으키는 영역에 포함되어 있어, 이 범주에 들면 제품이 손상된다.
- **Ⓑ지점** : 비록 정점가속도는 상당히 크지만 속도변화량이 상대적으로 적어서 충격펄스 지속시간이 매우 짧아, 이 범주에 들면 제품이 짧은 시간 동안 반응하지 않으므로 손상되지 않는다.
- **Ⓒ지점** : 충격지속시간은 길지만 가속도가 제품에 손상을 줄 만큼 크지 못하다.

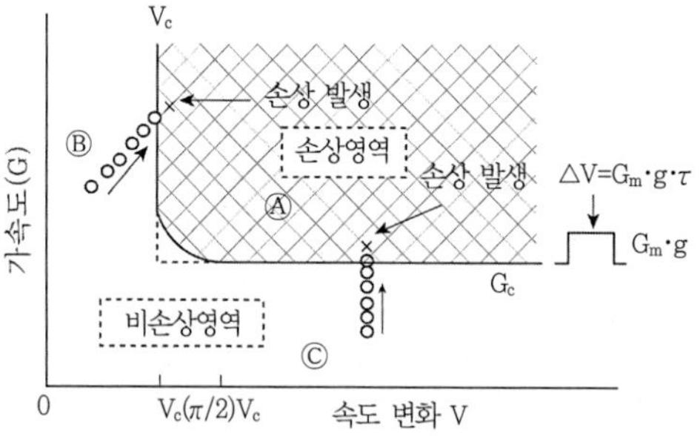

[그림 13-27] 손상경계곡선의 구성과 작도 방법

2) 손상경계곡선의 작성

제품에 대한 손상경계곡선은 충격시험기(shock machine)(그림 13-30의 (b))의 충격펄스 프로그래머에 의하여 가속도-시간충격펄스의 파라미터를 조절함으로써 다음과 같은 단계를 거쳐 얻는다.

① [한계속도 변화시험] 먼저 한계속도 변화를 결정하여야 하는데, 이를 위하여 매우 짧은 시간 동안(2ms 이내) 충격펄스를 일으키는 충격시험기가 사용된다. 제품을 충격시험기의 테이블에 고정하고 낙하 높이를 점차 높이면서 제품이 손상을 받을 때까지 낙하시킨다. 낙하높이에 따라 점 (V, G)으로 표시되며, 제품이 손상을 일으키는 바로 직전의 점이 한계속도 변화가 되어 속도변화축에 수직한 수직선을 그린다. 여기서는 반정현파 충격펄스(half-sine shock pulse)가 이용된다.

② [한계가속도시험] 충격시험기의 낙하 높이를 속도 변화가 최소 $(\pi/2)V_c$ 이상 되는 위치에 놓고, 이 속도 변화를 유지하면서(가속도와 충격지속시간은 변화) 충격시험기의 프로그래머에 의하여 저가속도의 직사각형 충격파형(rectangular shock pulse)을 이용하여 가

속도 수준을 높여가며 파손이 발생할 때까지 (V, G)를 점으로 표시한다. 파손되기 직전의 가속도가 한계가속도가 되며, 이 점에서 속도변화축에 나란하게 선을 긋는다.

③ 두 직선이 만나는 코너 부분의 점 (V_c, $2G_c$)와 ((π/2)V_c, G_c)를 곡선으로 연결한다.

예제 13-14

충격시험기에 이용되는 반정현파 충격펄스와 직사각형 충격펄스가 다음과 같을 때, 이들 파형에 대한 속도변화를 각각 구하여라.

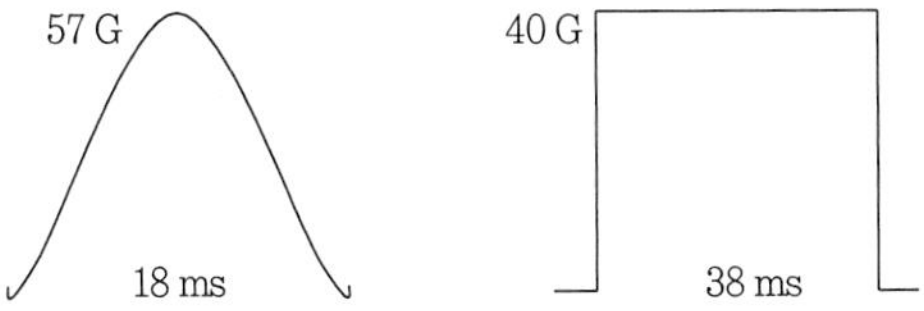

풀 이

반정현파 충격펄스와 직사각형 충격펄스의 속도 변화는 그림 13-23과 13-27을 활용하여 각각 계산하면 다음과 같다.

반정현파, $\triangle v = \dfrac{2}{\pi} G_m \times g \times \tau = \dfrac{2}{\pi} \times 57 \times 9.81 \times 18 \times 10^{-3} = 6.41\ \mathrm{m/s}$

직사각형파, $\triangle v = G_m \times g \times \tau = 40 \times 9.81 \times 38 \times 10^{-3} = 19.91\ \mathrm{m/s}$

3) 청과물의 손상경계곡선

과실의 경우는 공산품과는 달리 제품 자체 내에 민감 요소(critical element)가 없어 과실 개체에 대한 시험은 어렵고, 포장화물이나 혹은 일정 수의 과실을 용기에 담아 시험한 후, 과실의 손상 여부를 판단하여 한계속도변화와 한계가속도를 평가하는 방법이 있다(Turczyn 등, 1986).

좀 더 구체적인 것은 예제 13-15를 통해 알아보기로 한다.

예제 13-15

다음의 자료는 감자 2.5 kgf을 폴리에틸렌 백에 담아 다른 감자와 구분하여 골판지 상자에 포장한 후 충격시험을 실시한 결과이다. 백에 담긴 시험 감자는 상자의 가장 아래층 중앙에 위치시킨다. 이 자료를 토대로 손상경계곡선을 작성하고, 만일 이 감자 포장화물이 높이 80 cm, 지면과의 충격가속도가 20 G로 예측되는 조건에서 낙하된다면, 이 포장 감자가 안전할지 알아보아라.

A. 충격시험기의 반정현파 충격펄스에 의한 낙하 높이별 포장감자의 손상 정도

낙하높이 (cm)	속도 변화 (cm/s)	등가낙하 높이 (cm)	시료 2.5 kgf 중의 평균 손상 정도		
			손상 시료수	멍 길이(mm)	멍 깊이(mm)
12.7	347	47	0	–	–
25.4	457	80	0	–	–
38.1	495	90	0	–	–
50.8	605	140	1	22	4
63.5	627	151	8	21	4
76.2	640	157	8	25	4

B. 충격시험기의 직사각형 펄스에 의한 충격가속도별 포장감자의 손상 정도

가속도(G)	시료 2.5 kgf 중의 평균 손상 정도		
	손상 시료수	멍 길이(mm)	멍 깊이(mm)
10	0	–	–
20	0	–	–
30	3	21	5
40	2	27	7

풀 이

표 A의 시험 자료를 보면 손상이 발생하지 않는 한계속도 변화는 V_c=605 cm/s, 표 B에서 손상이 발생하지 않는 한계가속도는 G_c=30 G이다. 그리고 두 곡선이 만나는 꼭지점은 점(605 cm/s, 60 G)와 (950 cm/s, 30 G)를 곡선으로 연결하여 다음과 같은 손상경계곡선이 작성된다.

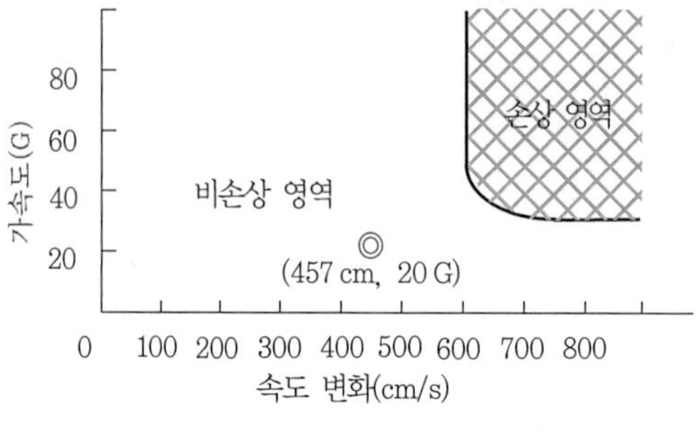

등가낙하 높이 80 cm, 충격가속도 20 G에 해당하는 점(457 cm/s, 20 G)을 그림표 상에 찍어보면, 이 점은 비손상 영역에 속하므로, 이러한 낙하 조건에서는 손상을 입지 않는다.

(2) 진동에 의한 내충격성

물류 과정에서 받는 수송기관의 진동가속도는 하역 중의 충격가속도에 비하여 비교적 작다. 그러나 포장 과실의 고유진동수가 수송 중의 진동수와 일치하게 되면 공진 상태가 되어 진동은 몇 배로 증폭된다. 이러한 상태가 계속되면 결국 진동피로의 축적으로 손상을 입게 된다.

무포장 과실의 진동 특성시험과 관련하여 ASTM 규격(ASTM D 3580)을 많이 이용한다. 이 규격에 따르면 과실의 공진진동수(resonance frequency)와 정점가속도(peak acceleration)는 정현함수적인 운동(sinusoidal motion)을 하는 진동시험기의 테이블에 단단하게 고정한 상태에서 다음에 나타낸 시험 조건으로, 낮은 진동수에서 높은 진동수로 스위프시켰다가(up-sweep) 다시 낮은 진동수로 되돌아오는 방법(down-sweep)으로 시험한다.

- 가속도 수준 : 0.25~0.5 g(zero-to-peak amplitude)
- 가진 진동수 : 3~100 Hz
- 스위프율(sweep rate) : 0.5 혹은 1 octave/min, 대수함수적 스위프 진동시험

아래의 그림 13-28은 배에 대한 스위프 진동시험을 하는 광경이다. 그림 13-29는 배 공진진동수 시험 결과의 한 예를 나타낸 것으로(정현모, 2003), 배의 공진진동수는 약 40~89 Hz, 정점가속도는 약 1.38~2.26 G-rms 범위의 값이었고, 공진진동수와 정점가속도는 과실의 질량과 체적이 증가함에 따라 감소하는 경향이다.

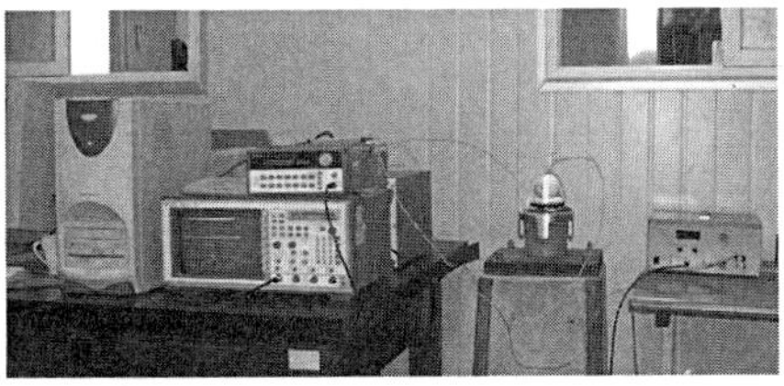

[그림 13-28] 과실의 진동시험장치

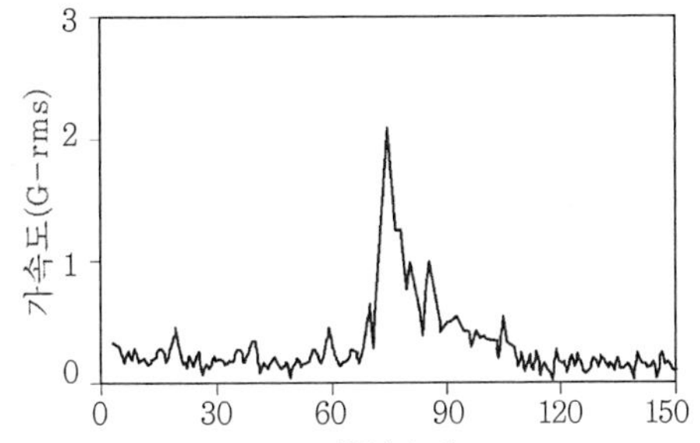

[그림 13-29] 스위프 진동시험을 통한 배(pear)의 공진진동수 곡선의 예

13.2.5 단위포장화물과 적재화물의 평가

단위포장화물과 적재화물에 대한 실제 물류 과정에서 접할 수 있는 여러 물적 환경에 대하여 이들의 내구성과 제품 보호성능을 평가하기 위한 다양한 시험법들이 있다. 여기서는

농산물 포장화물과 팔레트 화물에 적용할 수 있는 시험법을 중심으로 살펴보도록 한다.

(1) 진동시험

단위포장화물과 적재화물에 대한 진동시험(vibration test) 방법에는 다음의 3가지 시험법이 적용된다.

1) 고정 저주파수 진동시험(vibration test at fixed low frequency)

실제 유통 환경에서 일어날 수 있는 저주파 진동 위험과 반복적인 충격을 견딜 수 있는 단위포장화물이나 적재화물의 저항성을 평가하는 시험으로 시험시 최대가속도는 0.5~1.0 G 범위이다(KS A ISO 2247).

2) 가변 주파수 정현파 진동시험(sinusoidal vibration test using a variable frequency)

단위포장화물과 적재화물에 대하여 가변 주파수의 진동을 가하여 공진진동수를 찾고, 이 공진진동수에서 포장제품의 보호성능을 평가하기 위한 시험이다(KS A ISO 8318). 전자를 정현파 스위프 진동시험, 후자를 정현파 드웰시험(sinusoidal dwell test)이라 한다.

제품을 진동 테이블에 단단하게 고정한 상태에서 시스템을 0.2~0.5 G(zero-to-peak amplitude)의 최대가속도 수준으로 3~100 Hz 사이의 진동수를 대수함수적으로 스위프시켜 공진점을 찾는다.

다음 단계에서는 여러 개의 공진점 중 가장 가혹한 공진점 1개를 택하여 이 공진진동수의 ±10% 범위 내에서 스위프한 다양한 진동수하에서 포장화물의 내구성을 평가한다.

3) 수직랜덤 진동시험(vertical random vibration test)

수직랜덤 진동하에서 포장의 제품 보호기능을 평가하는 시험으로, 물적 유통 과정에서의 진동을 생산지에서 소비지까지 정밀하게 측정하여 수송 중의 진동 환경을 재현할 수 있는 가장 실제적인 시험법이다(KS A ISO 13355).

이 시험에서는 실제 유통 과정에 이용되는 수송 차량으로부터 측정한 값을 적용하지만, 만일 시험 데이터가 없을 경우나 시험의 초기에는 표 13-10의 파워스펙트럼밀도(PSD)를 적용한다.

[표 13-10] 수직랜덤 진동시험 시 PSD

진동수(Hz)	레벨(G^2/Hz)	기울기(dB/octave)	스펙트럼
3	0.0005	—	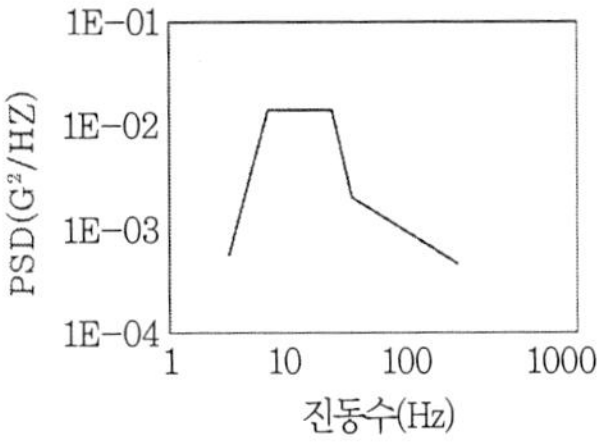
3~6	—	+13.75	
6~18	0.012	—	
18~40	—	-9.34	
40	0.001	—	
40~200	—	-1.29	
200	0.0005	—	

(2) 적재시험(stacking test)

1) 정적 하중에 대한 적재시험

단위포장화물이나 적재화물의 다단 적재 시 내용물에 가해지는 힘이나 포장의 보호성을 구명하는 시험으로, 적재하중의 영향, 즉 변형, 갈라짐, 붕괴, 파손을 검사하는 단순시험이나 유통시스템에서 적재 위험성을 포함한 측정시험이다(KS A ISO 2234).

하중 지지대를 이용하여 시험재료에 등분포 하중을 가하면서 포장화물의 상태를 검사한다.

2) 압축시험기에 의한 압축시험과 적재시험

유통 과정의 보관, 적재 시에 발생되는 하중에 의한 포장의 압축강도 평가와 내용물의 보호성능 평가에 적용함으로써 변형, 붕괴, 파손을 방지하는 데 적용된다. 개개의 포장화물 및 용기뿐만 아니라, 평팔레트 위에 적재된 유닛화된 포장화물의 적재시험으로도 이용된다(KS A ISO 12048).

이 시험법에는 압축시험과 적재시험의 2가지 방법이 있는데, 압축시험은 하중재하속도 10±3 mm/min로 시료에 파손이 일어날 때까지 누가적으로 하중을 가하는 시험이고, 적재시험은 예정된 하중을 예정된 시간 동안 지속적으로 가하는 방법이다.

(3) 수평충격시험

수평충격에 대한 포장화물의 능력을 측정하는 시험으로, 포장화물을 탑재하여 수평충격(horizontal impact)을 가하는 방법으로는 경사식, 수평식 및 진자식이 있다. 경사면과 수평식 시험기는 레일식 활주대, 활주차 및 충격판으로 구성되어 있고, 진자식 시험기는 공시품을 탑재하는 지지대와 충격판으로 구성된다(KS A ISO 2244).

(4) 낙하시험

포장된 화물의 낙하시험(drop test) 방법으로 자유낙하 방법과 충격시험 방법이 있다. 자유낙하시험은 원하는 높이에서 포장화물을 직접 낙하하는 방법이고, 충격시험 방법은 그림 13-30의 (b)에서 보듯이 시료를 충격대에 고정하여 함께 가이드를 따라 낙하하는 방법이다(KS A 1011).

두 시험 모두 화물의 모서리 및 각 낙하 시에는 화물의 중력 방향선이 충격을 주는 모서리 또는 각을 통과하도록 하는 낙하 자세 유지 기구를 이용한다.

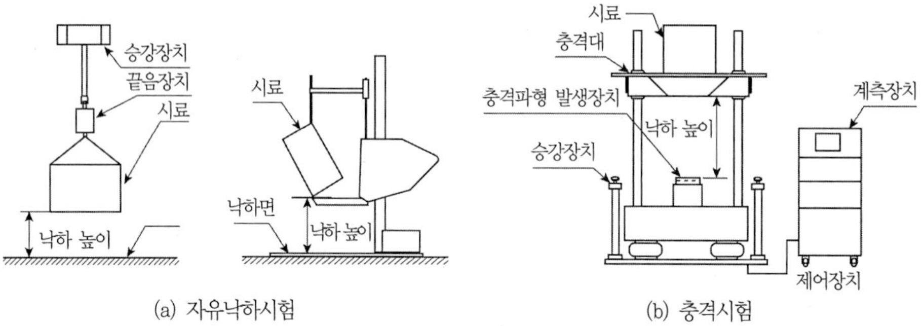

[그림 13-30] 포장화물의 낙하시험 방법

1) 충격시험기 구조

제품이나 포장화물의 충격내구성 시험에는 충격시험기(shock machine)를 이용하는 것이 가장 합리적이다. 충격시험기의 주요 부분은 그림 13-30의 (b)에서 보듯이 시료를 고정하고 일정 높이에서 낙하하기 위한 충격대, 충격대와 직접 충돌하여 규정된 충격을 제품에 주기 위한 충격파형, 가속도, 충격 주기 및 속도 변화 등의 매개 변수를 조절할 수 있는 충격파형 발생장치(shock pulse programmer) 및 2차 충돌방지장치들로 구성된다.

2) 등가낙하시험 이론

충격시험기에 의한 화물 낙하시험은 시료대에 화물을 실어 충격을 가함에 따라 자유낙하시험과 동등한 효과를 얻을 수 있고, 낙하 시 포장화물의 낙하 자세, 충격강도의 재현성이 극히 우수한 방법이다.

자유낙하시험과 충격시험기에 의한 등가낙하시험을 모형화하면 그림 13-31과 같다. 자유낙하의 경우에는, 포장화물이 딱딱한 바닥면과 충돌하면 속도를 급격하게 잃게 되므로 단시간에 속도 변화가 커진다.

반면, 충격시험기의 등가낙하시험의 경우는 시료대가 탄성체 위에 낙하하므로 딱딱한 바닥과는 달리 반발하여 시료대 위의 포장화물에는 낙하에 의한 속도와 반발하는 속도를 합계한 속도 변화가 부여된다. 그리고 낙하와 반발이 극히 짧은 시간 간격(작용시간 3 ms 이하)에서 발생하는 경우에는 낙하에 의한 속도 변화와 반발에 의한 속도 변화가 합쳐져 포장제품에 전달된다고 간주할 수 있다. 따라서 등가낙하시험에서는 자유낙하시험에서보다도 낮은 낙하 높이에서 동등한 충격을 포장제품에 가할 수 있다.

등가낙하시험에서는 완충체의 탄성재료 선정 및 시료대에 실제 가해지는 속도 변화를 정확히 설정하여 임의의(자유낙하에 있어서) 낙하 높이에 상당하는 충격이 정확하게 가해지도록 제어하는 기구가 핵심 사항이다.

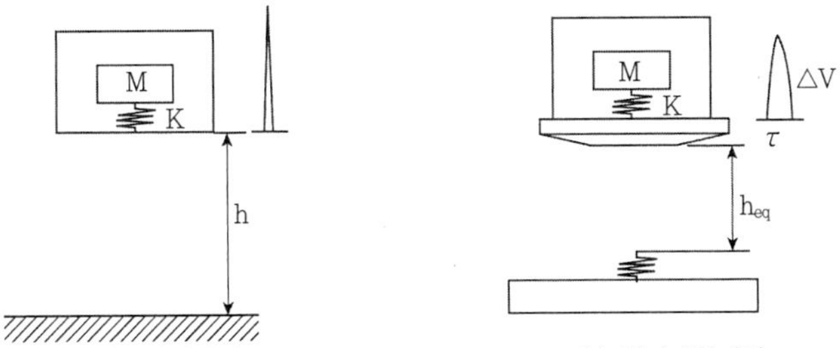

[그림 13-31] 포장화물의 자유낙하시험과 등가낙하시험의 모형

13.3 농산물 포장 표준화와 유닛로드시스템

농산물 물류는 일반 공산품의 물류와는 여러 면에서 특수성이 있다. 즉, ① 공산품과 농산물은 물동량의 흐름이 정반대이고(도시⇄농촌), ② 농산물은 공산품처럼 정형화되어 있지 못하고 부정형이며, 크기가 매우 다양하므로 포장형태 또한 다양하다. ③ 생산자가 다수이고 출하량은 소량이므로 규모의 경제에 미치지 못하여 운송비용이 크고, 하역, 보관의 기계화가 미흡하다. ④ 농업인의 고령화 및 이농현상의 심화로 농산물 물류작업의 자동화·기계화가 필수이다. ⑤ 농산물의 선도유지관리를 위해 적정온도 유지와 유통기간 단축이 필수사항이다.

농산물의 물류가 위와 같은 특수성을 갖고 있지만, 물류 합리화를 위해서는 다음 페이지에 나타낸 바와 같이 생산 후 여러 처리공정에서 표준 팔레트에 의한 팔레트 화물 단위로 처리되어야 하고, 이를 위한 제반 기계 및 시설들도 모듈화되어야 한다.

농산물 생산 → 규격포장 → 표준 팔레트 적재 → 광폭차량적재(팔레트 화물 2열 적재) → 도매시장 수송 → 지게차 하역→ 팔레트 화물 단위의 경매 → 판매장 수송 → 지게차 하역 → 진열·보관

현대 물류의 기본단위는 유닛로드(unit load)이지만, 유닛로드가 포장의 집합체라는 개념에서 본다면 물류의 기본단위는 포장(packaging)이라고 할 수 있고, 물류 합리화는 포장 표준화, 즉 물류의 제반요소를 감안한 포장 표준화를 먼저 시행함으로써 이루어진다.

즉, 농산물의 물류 합리화를 이루기 위한 기본적인 전제조건은 포장 표준화를 기반으로 한 유닛로드시스템(unit load system, ULS)의 적용이다.

13.3.1 농산물의 포장 표준화

물동량의 흐름에서 기본 매체인 단위포장이 표준화 혹은 규격화되어 있지 않다면 수송, 하역, 적재, 보관 등에서도 큰 효과를 기대할 수 없다.

(1) 목적과 대상

포장 표준화의 목적은 품목별로 표준 팔레트와의 정합성이 높도록 포장재료, 중량, 포장 치수, 강도 등을 설정함으로써, 팔레트 화물(palletized unit load) 단위로 일관 수송체계를 구축하여 물량의 대량운송과 신속하고 공정한 거래를 유도하고, 유통비용 절감 등 물류효율을 제고하기 위함이다.

따라서 포장 표준화 대상은 치수, 강도, 재료 및 기법의 표준화 등 네 종류로 구분되나, 이 중 치수와 강도의 표준화가 가장 중요하다.

(2) 대상별 주요 사항

농산물에 대해 4개 표준화 대상을 바탕으로 포장 표준화를 실현하여 포장 규격화(거래단위 포장 치수, 포장재료, 포장 방법, 포장설계 및 표시 사항)하고, 여기에 농산물을 무게, 당도, 색택, 결점, 신선도 등을 바탕으로 품질을 구분하여 등급 규격화한 것이 우리나라의 농산물 표준 규격이다.

표 13-11은 표준화의 대상별 주요 내용과 현재 농산물 표준 규격의 내용을 요약한 것이다.

[표 13-11] 농산물 포장 표준화의 대상별 주요 내용과 포장 규격화 내용

표준화 대상	표준화 대상별 내용	포장규격화 내용
치 수	• 물류효율과 직접 관련(수송 및 하역기기 등의 효율) • 겉포장치수가 주요 대상이며, 표준 팔레트의 적재효율을 극대화하는 치수	• 한국산업규격에서 정한 수송포장계열치수 69개 모듈과 T11형 표준 팔레트의 평면적재 효율 90% 이상 • 농산물별 포장 단위 세분화(예, 사과의 경우 3, 5, 10, 15 kgf)
강 도	• 겉포장 상자가 주요 대상이나, 낱포장과 속포장재의 재질 적정화도 해당 • 강도적 자립성 여부를 포함한 적정 필요압축강도 선정이 중요	• 골판지 상자의 경우는 포장 단위에 따라 골판지의 수직압축강도와 파열강도 기준 • P.E대는 포장단위별 두께, P.P대는 인장강도, 그물망은 포장단위별 무게, 지대는 평량과 겹수, 플라스틱 상자는 상자압축강도가 기준
재 료	• 강도 표준화와 연계하여 추진 • 포장제품의 특성(형태, 포장단위)에 따라 결정되나, 포장재의 친환경성 고려 • 포장재료가 골판지인 경우는 필요압축강도를 결정한 후 이에 맞는 골판지 종류와 적정 원지 구성 결정(포장 원가와 관련)	• 농산물표준규격 중 골판지 포장재가 약 90% 이상 차지 • 겉포장 상자의 발수도 기준 강화(R2~R6)
기 법	• 치수 표준화와 연계하여 추진 • 포장단위가 15 kgf 이상인 경우는 수송포장의 관점에서 제품의 보호성이 중요 • 포장단위가 작은 소포장은 소비자 포장의 관점에서 소비자의 기호성이 중요	• 농산물의 포장 특성, 포장단위에 따라 골판지 상자, P.E대, P.P대(직물제 포대), 지대, 플라스틱 상자 포장으로 구분 • 표시 사항의 기준 : 품목, 산지, 등급, 무게 또는 개수, 생산자(성명과 전화번호)

※ 자료: 농산물표준규격(농림부, 2006)

13.3.2 유닛로드시스템

유닛로드시스템은 낱개 단위의 물동량을 일정 규모의 유닛로드로 만들어 일관된 수송, 보관, 하역체계를 구축해서, 하역의 기계화 및 합리화, 화물의 파손 방지, 적재 작업의 신속화, 차량 회전율을 향상시키는 것이 목적이다.

이 시스템은 일관협동수송(intermodal transportation)을 가능케 하는 체제로서 전형적인 하역과 수송을 합리화하는 시스템으로 수단에 따라 크게 팔레트와 컨테이너에 의한 2가지 방법이 있다. 팔레트에 적재한 화물을 환적하지 않고 출발지에서 도착지까지 수송하는 방법이 일관 팔레트화(palletization)이고, 컨테이너에 의해 유닛화된 것이 컨테이너화(containerization)이다.

일반적으로 유닛로드시스템은 다음의 3가지 원칙을 기반으로 한다.

- **기계화의 원칙** : 하역과 운반의 체계화
- **표준화의 원칙** : 팔레트를 표준화하고, 적재화물의 포장치수와 하역 작업의 표준화
- **하역의 최소원칙** : 출발지와 도착지 사이에서 하역을 최소화

(1) 일관 팔레트화

1) 팔레트의 종류

일관 팔레트화는 표준화된 팔레트를 기본 베이스로 유닛로드화하여 화물을 생산지에서 소비지까지 수송하는 방법이다.

팔레트는 상부 구조물이 없는 평팔레트(flat pallet)와 상부구조물을 갖춘 기둥형 팔레트(post pallet), 상자형 팔레트(box pallet), 메시 팔레트(cage pallet)로 분류되며, 이는 다시 용도와 팔레트 재질에 따라 분류할 수 있다.

물류 모듈(physical distribution module) 체계와 관련하여 평팔레트가 가장 중요한데, 평팔레트는 표 13-12에 나타낸 바와 같이 팔레트를 사용하는 면, 차입구의 방향 및 날개의 유무 등 세 측면에서 구분된다.

[표 13-12] 평팔레트의 형식 및 기호

형 식			기호	비 고
사용면	단면형		S	적재판이 윗면에만 있는 것
	양면형	편면사용형	D	적재판이 양면에 있는 것으로 적재면이 한 면에만 있는 것
		양면사용형	R	적재판이 양면에 있는 것으로 적재면이 양면에 있는 것
차입구의 방향	2방향 차입식		2	차입구가 팔레트의 상대하는 2방향에 있는 것
	4방향 차입식	토막형[1]	4	토막을 사용하며, 차입구가 전후좌우 4방향에 있는 것
		받침목 뽑는형[1]	P4	차입구가 전후좌우 4방향에 있고, 2방향은 받침목을 빼낸 것
날개유무[2]	날개 없는 형		–	날개가 없는 형
	한쪽 날개형		U	윗면 적재판에 날개가 있는 것
	양쪽 날개형		W	양면 적재판에 날개가 없는 것

※ 자료: KS A 2156
※ 1)금속과 플라스틱제 평팔레트에는 미적용, 2)플라스틱제 평팔레트에는 미적용

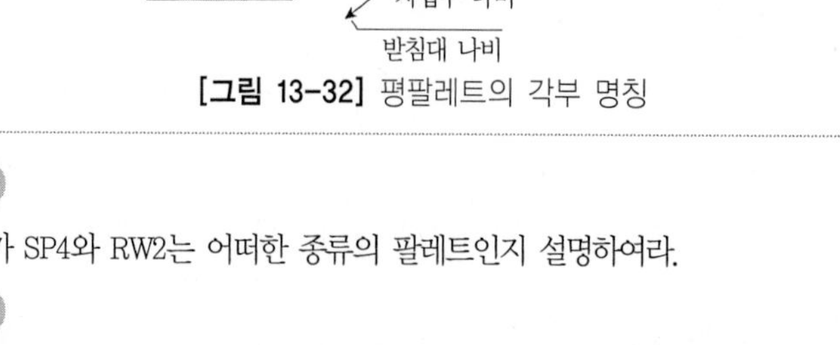

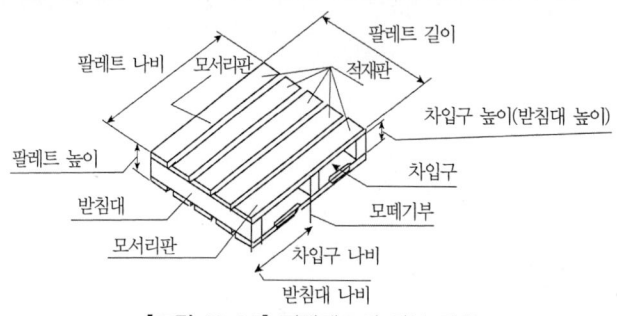

[그림 13-32] 평팔레트의 각부 명칭

예제 13-16

팔레트 기호가 SP4와 RW2는 어떠한 종류의 팔레트인지 설명하여라.

풀 이

표 13-12를 참고하면, SP4는 단면 사용형 받침목 도려낸 형이며, RW2는 양면사용 양쪽 날개형 2방향 차입식이다.

2) 유닛로드 치수, 물류모듈 및 팔레트

유닛로드 치수의 표준화는 트럭, 해상 컨테이너, 철도 컨테이너 및 화차의 치수와 정합성을 유지하여야 한다. 특히, 농산물 시장의 개방으로 농산물의 국제 거래 활성화에 따라 농업 부문의 국제 복합 일관 수송에서 이러한 필요성이 높아지고 있다.

국제 대형 컨테이너의 경우, 높이와 길이의 치수는 형식에 따라 다르지만 외부 폭이 2438 mm이고, 내부 치수의 최소치는 2330 mm로 되어 있다. 2330 mm에서 짐을 싣고 부리는 하역에 필요한 최소치수 50 mm를 감하면 2280 mm가 되며, 이것이 정방형 단위적재에서 1140×1140 mm 즉, 1100×1100 mm가 되고, 장방형 단위적재에서 1240×1040 mm 즉, 1200×1000 mm라는 물류 모듈이 결정된다.

ISO(International Standard Organization) 6780에서 채택하고 있는 유닛로드의 기본 치수에는 정방향 팔레트 3종(1100×1100 mm, 1140×1140 mm, 1067×1067 mm)과 장방향 팔레트 3종(1200×800 mm, 1200×1000 mm, 1219×1016 mm) 등 총 6종이 있으며, 이 중 1200×800 mm은 유럽, 1219×1016 mm은 미국, 1100×1100 mm은 한국, 일본 등 동아시아 지역에서 주로 사용하고 있다.

유닛로드 치수에는 네트 유닛로드 치수(net unit-load size)와 평면 치수(plan-view size)가 있는데, 네트 유닛로드 치수는 그림 13-33의 (a)와 같이 유닛로드를 구성하는 물품 또는 포장화물을 적절히 바르게 나열된 상태에서 계산 상의 길이와 나비를 의미하고, 평면치수는 그림 13-33(b)에서 보듯이 유닛로드의 가장 돌출된 부분을 둘러싸고, 서로 직각을 이루는 4개의 수직면과 바닥면의 교차에 의하여 결정되는 평면의 길이와 나비의 실측 값을 의미한다.

이 평면 치수를 기준으로 하는 배수계열 치수(물류모듈배수 치수)에는 컨테이너 내부 치수, 트럭적재함 치수, 보관용 랙 규격과 운반・하역장비의 규격이 있고, 네트 유닛로드 치수를 기준으로 하는 분할계열 치수(포장모듈분할 치수)에는 포장단위 치수가 있다. 이들이 물류 전반을 통하여 치수의 정합화(계열화), 즉 표준화가 이루어질 때 유닛로드시스템의 효율화를 도모할 수 있다.

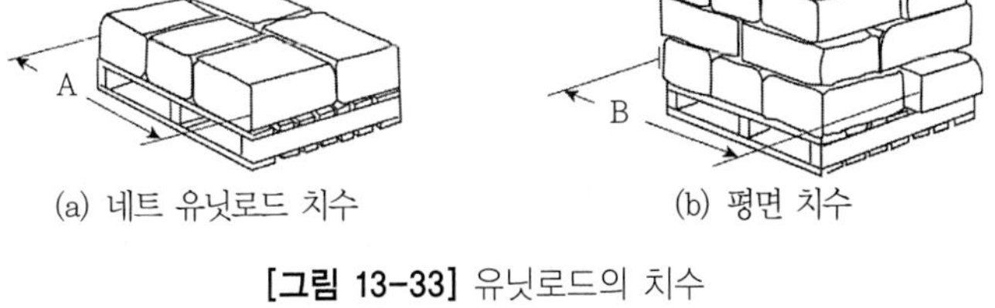

(a) 네트 유닛로드 치수 (b) 평면 치수

[그림 13-33] 유닛로드의 치수

3) 수송포장계열 치수

한국산업규격(KS A 1608)에서는 유닛로드 치수를 평면 치수 기준으로 1140×1140 mm (기호: 11-11)를 규정하고 있고, 유닛로드의 길이 및 나비에서 허용 치수로 -40 mm까지 정하고 있다.

따라서 수송포장계열 치수의 기초수치는 유닛로드의 최소 평면 치수인 1100×1100 mm (일관수송용 표준 팔레트)로 정하고, 이로부터 분할된 길이와 폭의 크기는 200 mm 이상으로 규정하고 있다.

표 13-13은 일관수송용 표준 팔레트 1100×1100 mm을 정수(1, 2, 3,…)로 분할한 수치를 조합하여 포장단위의 가로와 폭을 정한 69가지의 포장 모듈을 나타낸 것이다.

예제 13-17

현 농산물표준규격(농림부, 2006) 상의 사과, 배 및 단감의 포장단위 15 kgf에 대하여 표준 팔레트의 적재효율과 적정팔레트 적재 방법을 결정하여라.

풀 이

문제의 농산물 겉포장재의 규격도 표 13-13의 포장계열 치수를 우선적으로 고려하여 정해진 규격이다. 역으로 이의 규격을 검토하면, 단감상자 L×W=440×330 mm는 적재효율이 96%이고, 적재 방법은 블록쌓기와 핀휠쌓기가 가능하다. 만일 포장 상태로 저온저장고에 저장된다면 블록쌓기의 경우가 강도에서 유리하므로 이 방법을 택한다. 그러나 사과와 배상자 L×W=510×360 mm는 69 모듈 중에 없는 규격이므로, 이럴 경우에는 적재효율 분석을 위하여 상용 패키지가 활용된다(그림 13-34).

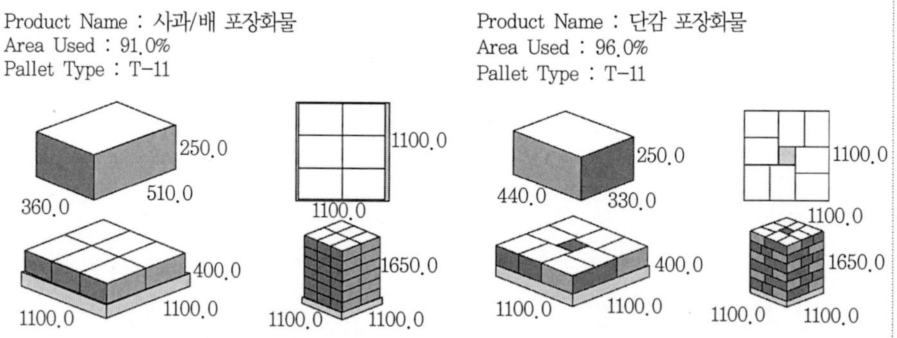

(a) 사과/배 포장화물 (b) 단감 포장화물

[그림 13-34] 적재효율분석 결과[CAPE(CAPE Systems., Inc.)]

[표 13-13] 수송포장계열 치수 일람표(1100×1100 mm, KS A 1002)

호칭 번호	길이×너비 (mm)	1단 적재수	적재효율 (%)	적재 패턴	호칭 번호	길이×너비 (mm)	1단 적재수	적재효율 (%)	적재 패턴
11-1	1100×1100	1	100	B, -	11-36	458×213	3×4	96.7	B, P
11-2	1100×550	2	100	B, K	11-37	450×325	2×4	96.7	B, P
11-3	1100×366	3	99.8	B, K	11-38	450×216	3×4	96.4	B, P
11-4	1100×275	4	100	B, K	11-39	440×330	2×4	96.0	B, P
11-5	1100×220	5	100	B, K	11-40	440×220	3×4	96.0	B, P, S
11-6	733×366	4	88.7	B, P	11-41	412×343	2×4	93.4	B, P
11-7	711×388	4	91.2	B, P	11-42	412×275	2×4+2	93.6	B, S
11-8	687×412	4	93.6	B, P	11-43	412×229	3×4	93.6	B, P
11-9	687×206	2×4	93.6	B, P	11-44	388×355	2×4	91.1	B, P
11-10	660×440	4	96.7	B, P	11-45	388×237	3×4	91.2	B, P
11-11	660×220	2×4	96.7	B, P	11-46	366×366	3×3	99.6	B, -
11-12	650×450	4	97.1	B, P	11-47	366×275	3×4	99.8	B, K
11-13	650×225	2×4	97.1	B, P	11-48	366×244	3×4+4	95.9	B, S, P
11-14	641×458	4	97.8	B, P	11-49	366×220	3×5	99.8	B, K
11-15	641×229	2×4	97.6	B, P	11-50	343×206	2×2×4	93.8	B, P
11-16	628×471	4	98.6	B, P	11-51	330×220	2×2×4	96.0	B, P
11-17	628×235	2×4	98.6	B, P	11-52	325×225	2×2×4	96.7	B, P
11-18	611×488	4	99.2	B, P	11-53	320×229	2×2×4	96.9	B, P
11-19	611×244	2×4	99.2	B, P	11-54	314×235	2×2×4	97.6	B, P
11-20[1)]	600×500	4	99.6	B, P	11-55	305×244	2×2×4	98.4	B, P
11-21[1)]	600×250	2×4	99.4	B, P	11-56[1)]	300×250	2×2×4	99.2	B, P
11-22	576×523	4	100	B, P	11-57[1)]	300×200	(2+3)×4	99.2	B, P
11-23	576×261	2×4	99.8	B, P	11-58	293×220	3×5+3	95.9	B, S
11-24	550×550	2×2	100	B, -	11-59	288×261	2×2×4	99.4	B, P
11-25	550×366	2×3	100	B, K	11-60	275×275	4×4	100	B, -
11-26	550×275	2×4	99.6	B, K	11-61	275×220	4×5	100	B, P
11-27	550×220	2×5	99.2	B, K	11-62	275×206	4×4+5	98.3	B, S
11-28	523×288	2×4	99.2	B, P	11-63[1)]	250×200	2×3×4	99.2	B, P
11-29[1)]	500×300	2×4	98.4	B, P	11-64	244×203	2×3×4	98.2	B, P
11-30[1)]	500×200	3×4	98.2	B, P	11-65	235×209	2×3×4	97.4	B, P
11-31	488×305	2×4	97.8	B, P	11-66	229×213	2×3×4	96.7	B, P
11-32	488×203	3×4	97.6	B, P	11-67	229×206	2×3×4+1	97.4	B, P
11-33	471×314	2×4	96.9	B, P	11-68	225×216	2×3×4	96.4	B, P
11-34	471×209	3×4	96.7	B, P	11-69	220×220	5×5	100	B, -
11-35	458×320	2×4	96.7	B, P					

※ 자료: KS A 1002
※ 부호의 B는 블록쌓기, K는 교대열쌓기, P는 핀휠쌓기, S는 스프릿쌓기
※ 1) 1100×1100 mm와 1200×1000 mm에 공통되는 치수

(2) 컨테이너화

물류 부문의 합리화의 필요성으로 화물수송의 대형화·고속화·전용화 등으로 수송기능이 전문화되었다. 컨테이너화는 컨테이너를 기본으로 하여 컨테이너 적재 상태로 일관 수

송하는 시스템이다.

컨테이너는 해상수송에서 가장 많이 적용되며, 적재하는 화물에 따라 일반화물 컨테이너, 서멀 컨테이너(thermal container), 특수 컨테이너로 구분한다.

일반화물 컨테이너, 드라이 카고 컨테이너(dry cargo container)는 액체 화물을 제외하고 온도 조절이 필요 없는 일반 잡화를 대상으로 하는 가장 대표적인 컨테이너로 대부분의 컨테이너가 여기에 속한다.

서멀 컨테이너에는 냉동 컨테이너, 보냉 컨테이너, 통풍 컨테이너가 있고, 특수 컨테이너에는 오픈톱 컨테이너(open top container), 플랫랙 컨테이너(flat rack container), 플랫폼 컨테이너(flatform container), 탱크 컨테이너(tank container), 벌크 컨테이너(bulk container), 동물용 컨테이너, 자동차용 컨테이너 등이 있다.

ISO에서는 표 13-14에서와 같이 컨테이너의 바깥 치수를 기준으로 국제운송용 화물 컨테이너를 분류하고, 그 분류에 따른 최대 중량 그리고 이에 적합한 최소 안쪽 치수 및 문개구부 치수에 대하여 규정하고 있다.

우리나라에서도 국제 화물용으로 ISO 규격을 채택하고 있으며(KS A ISO 668), 1A형(40피트)과 1C형(20피트)을 많이 사용하나 수송비용의 절감을 위하여 점차 대형화되고 있는 추세이다. 한편, 국내 일반화물 컨테이너의 규격을 표 13-15에 나타낸 바와 같이 1종 4종류, 2종 3종류로 모두 7종을 규정하고 있다.

[표 13-14] 대형 컨테이너의 국제규격

구분	바깥 길이			바깥 폭		바깥 높이			최대 중량		최소 안쪽 치수(mm)		
	mm	ft	in	mm	ft	mm	ft	in	kgf	lb	길이	폭	높이
1AAA	12,192	40		2438	8	2896	9	6	30,480	67,200	11,998	2330	바깥 높이
1AA	12,192	40		2438	8	2591	8	6	30,480	67,200	11,998	2330	−241 mm
1A	12,192	40		2438	8	2438	8		30,480	67,200	11,998	2330	
1AX	12,192	40		2438	8	< 2438	<8		30,480	67,200			
1BBB	9125	29	$11\frac{1}{4}$	2438	8	2896	9	6	25,400	56,000	8931	2330	바깥 높이
1BB	9125	29	$11\frac{1}{4}$	2438	8	2591	8	6	25,400	56,000	8931	2330	−241 mm
1B	9125	29	$11\frac{1}{4}$	2438	8	2438	8		25,400	56,000	8931	2330	
1BX	9125	29	$11\frac{1}{4}$	2438	8	< 2438	<8		25,400	56,000			
1CC	6058	19	$10\frac{1}{2}$	2438	8	2591	8		20,320	44,800	5867	2330	바깥 높이
1C	6058	19	$10\frac{1}{2}$	2438	8	2438	8		20,320	44,800	5867	2330	−241 mm
1CX	6058	19	$10\frac{1}{2}$	2438	8	< 2438	<8		20,320	44,800			
1D	2991	9	$9\frac{3}{4}$	2438	8	2438	8		10,160	22,400	2802	2330	바깥 높이
1DX	2991	9	$9\frac{3}{4}$	2438	8	< 2438	<8		10,160	22,400			−241 mm

※ 자료: ISO 668

※ 호칭길이 : A(40ft), B(30ft), C(20ft), D(10ft)/높이 : AAA~BBB(9ft 6in), AA~CC(8ft 6in), A~D(8ft), AX~DX(8ft 미만)

[표 13-15] 국내 일반화물 컨테이너

종류 및 명칭		바깥 치수(mm)			최대 적재 무게 (kgf)	최소 안쪽 치수(mm)		
		길이	폭	높이		길이	폭	높이
1종	1D1	2991	2438	2438	5000	2801	2330	바깥 높이 −241 mm
	1D2	2991	2438	2591	5000	2801	2330	
	1C1	6054	2438	2438	10,000	5867	2330	
	1B1	9125	2438	2438	10,000	8931	2330	
2종	2E1	2438	2438	2438	5000	2248	2330	바깥 높이 −241 mm
	2E2	2438	2438	2591	5000	2248	2330	
	2C2	6058	2438	2591	14,000	5867	2330	

※ 자료: KS A 1720
※ 명칭설명 : (예) 1D2 (1-1종, D-길이, 2-높이)
※ 종(1종-화물자동차 + 철도차량용, 2종-화물자동차 + 철도차량 + 선박용), 길이(B-30ft, C-20ft, D-10ft, E-8ft), 높이(1-2438 mm, 2-2591 mm)

예제 13-18

국내에서 생산된 채소류를 골판지 상자에 포장한 후 1A형 보냉 컨테이너를 사용하여 동남아 지역에 수출하려고 한다. 작업효율의 관점에서 T11형(1100×1100 mm)과 T12형(1200×1000 mm) 팔레트를 비교하여라.

풀 이

40 ft 컨테이너의 내부 치수는 길이×폭=11,998×2330 mm이므로, 모두 2열×10행=20 팔레트 적재가 가능하다. 컨테이너 적입효율은 T11형이 T12형보다 약 0.8% 정도 높지만 무시할 정도이다. 다만, 적입방법에서 T11형은 2열로 나란히 적입할 수 있지만, T12형은 지그재그 방식으로 적입하여야 하므로 작업시간이 더 소요되어 작업효율 면에서 T11형이 우수하다.

13.4 농산물 수송과 수송환경의 평가

13.4.1 수송환경 계측과 평가방법

수송환경(온·습도, 진동, 충격)을 평가하여 자료화함으로써 포장의 적정화와 수송 방법의 개선을 이루려는 노력이 과거로부터 꾸준히 진행되어 왔다.

근래에는 각종 센서기술, 마이크로컴퓨터 및 전기 · 전자기술의 발달로 수송환경을 계측할 수 있는 일체화된 기자재들이 개발되어 수송환경의 데이터베이스 구축에 많이 기여하고 있다.

(1) 수송 중의 진동현상

진동과 충격은 서로 비슷한 동적 현상이지만 포장의 측면에서 보면 현상 면에서나 제품에 대한 영향이란 관점에서 크게 다르다.

수송 중의 진동은 전체 포장물이 피할 수 없는 것이며, 진동에 의한 포장제품의 손상은 주로 누적된 진동피로와 공진현상에서 기인한다.

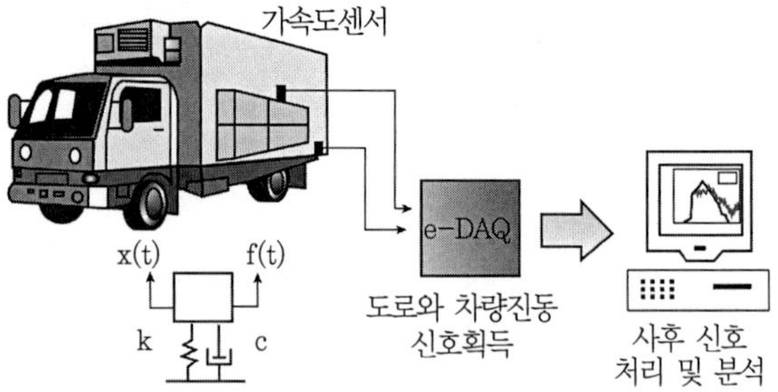

[그림 13-35] 수송환경평가 시스템의 개략도

(2) 수송 중 진동계측과 정량화

1) 진동 계측과 평가

농산물의 각 수송환경에 대한 수송차량의 진동특성을 계측하려면 그림 13-35에서 보듯이 세 축의 가속도센서, 계측된 진동신호를 증폭시켜 주는 증폭기, 일정 구간의 진동수를 계측하기 위한 컨트롤러 및 아날로그 신호 입력이 가능한 A/D보드가 내장된 컴퓨터 기반의 데이터 수집장치가 필요하다.

근래에는 이러한 것들이 일체화된 소형의 기자재가 발달되어 수송 중 진동파형을 기록해 두었다가 실험실에서 분석하는 방법이 일반적으로 적용된다.

주어진 시간에 대하여 함수의 값이 정확히 알려져 있는 경우를 확정적(deterministic) 함수라고 하며, 함수의 값이 통계적으로만 알려져 있는 신호를 랜덤신호(random signal)라고 한다. 수송 중에 발생되는 진동신호는 확정적 함수로는 해석할 수 없는 랜덤신호로 단지 통계적인 방법에 의하여 분석이 가능하다.

진동신호 해석에서 임의성(randomness)은 동일한 환경 및 실험 방법으로 수행된 일련의 실험들이 각각 다른 응답 특성을 보여주며, 이러한 진동 특성을 기술하려면 모든 가능한 통계적 기술이 필요하다.

랜덤신호의 특성은 시간 영역에서는 평균과 제곱평균값(mean square value)으로, 진동수 영역에서는 스펙트럼 밀도로 그 특성을 예상할 수 있다.

그림 13-36과 같은 정상 상태(stationary)인 랜덤진동신호 $x(t)$의 평균과 제곱평균값은 식 (13-48)과 (13-49)로 각각 정의된다. 여기서 랜덤진동신호가 정상 상태라고 함은 신호의 평균 값이 시간에 따라 변하지 않음을 의미한다.

$$\bar{x} = \lim_{T \to \infty} \frac{1}{T} \int_0^T x(t)dt \tag{13-48}$$

$$\overline{x^2} = \lim_{T \to \infty} \frac{1}{T} \int_0^T x^2(t)dt \tag{13-49}$$

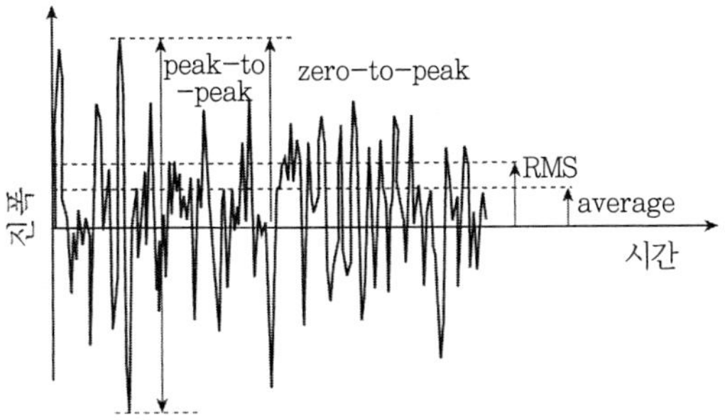

[그림 13-36] 임의진동신호의 예

식 (13-49)와 같은 제곱평균값을 랜덤진동신호의 분산(variance)이라고 하며, 신호 $x(t)$의 변동의 크기를 판단하는 척도가 된다. 또한 제곱평균값에 대한 평방제곱근(root mean square, RMS)은 분산의 제곱근으로서 식 (13-50)과 같다.

$$x_S = \sqrt{\overline{x^2}} \tag{13-50}$$

랜덤진동신호를 분석하기 위한 또 하나의 척도는 신호가 얼마나 빨리 변하는가를 판단하는 것으로 이는 랜덤진동신호를 통계적으로 처리하는 데 필요한 표본변수의 측정 소요 시간을 의미한다.

$R_{xx}(\tau)$로 표시되는 자기상관함수(autocorrelation function)는 신호 $x(t)$가 얼마나 빨리 변하는가를 판단하는 척도로서, 이때, τ 값은 신호 $x(t)$가 수집되는 시간 간격으로, 식 (13-51)과 같이 정의되고, 그림 13-37은 그림 13-36의 자기상관함수를 도시한 것이다.

$$R_{xx}(\tau) = \lim_{T \to \infty} \frac{1}{T} \int_0^T x(t)x(t+\tau)dt \tag{13-51}$$

시간 영역에서의 신호를 푸리에 변환(Fourier Transform)하면 진동수 영역으로 바뀌게 된다. 랜덤신호의 특성은 진동수 영역에서 스펙트럼 밀도로 그 특성을 예상할 수 있다.

식 (13-51)의 자기상관함수를 푸리에 변환하면, $R_{xx}(\tau)$의 적분은 실수 τ를 진동수 영역의 변수 ω로 변경하면 파워 스펙트럼 밀도(power spectral density, PSD)인 $S_{xx}(\omega)$를 구할 수 있다.

푸리에 변환 식에 의한 PSD의 정의는 식 (13-52)와 같으며, 그림 13-38은 그림 13-36의 랜덤진동신호에 대한 PSD를 보여주고 있다.

$$S_{xx}(\omega)=\frac{1}{2\pi}\int_{-\infty}^{+\infty}R_{xx}(\tau)e^{-j\omega\tau}d\tau \qquad (13\text{-}52)$$

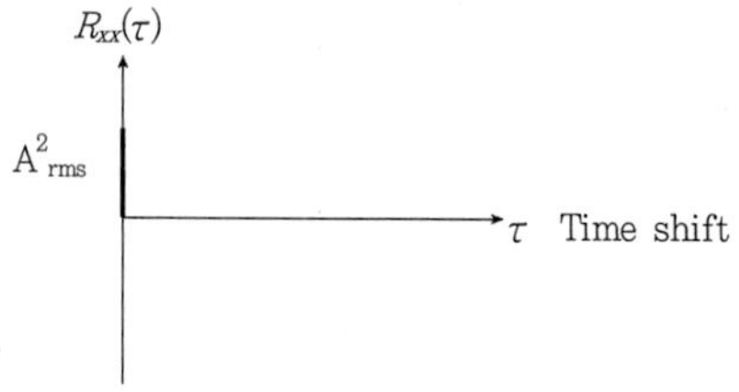

[그림 13-37] 자기상관함수

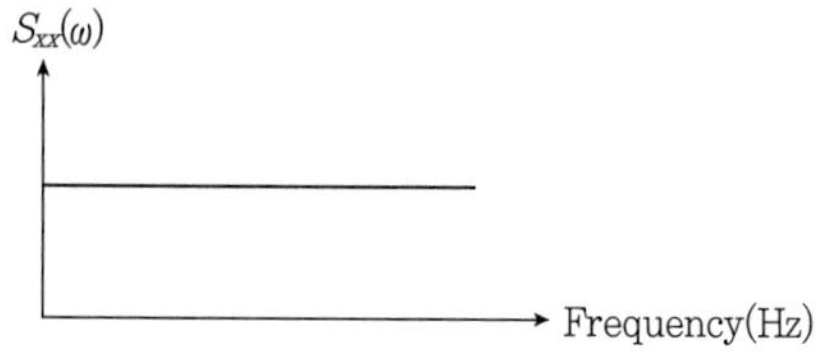

[그림 13-38] 파워 스펙트럼 밀도 38

주행 중 계측되어 저장된 진동신호를 분석하려면 잡음이 제거된 PSD가 널리 이용된다. $PSD(\mathrm{G}^2/\mathrm{Hz})$는 어느 진동수의 대역폭에서 랜덤진동 진폭의 제곱평균값을 대역폭으로 나눈 값으로, 랜덤진동의 강도(intensity)를 나타내며 식 (13-53)과 같이 표현된다.

$$PSD=\frac{1}{BW}\left\{\sum\left(RMS_{gi}^2\right)/N\right\} \qquad (13\text{-}53)$$

여기서, RMS_{gi}는 정해진 진동수 구간 중 임의의 순간에 계측된 가속도 G 값의 RMS 값이며, N은 계측실험 중 계측된 데이터의 수, 그리고 BW는 신호의 대역폭(bandwidth, Hz)을 의미한다.

예제 13-19

정지해 있는 트럭 적재함에서 측정된 진동이 정현함수적이라고 가정할 때, 진폭 1.2 mm, 진동수 20 Hz 이었다면, 이 진동의 크기를 최대값(zero-to-peak, peak-to-paek), 실효값(RMS) 및 평균값으로 각각 나타내어라.

풀 이

zero-to-peak 값은 진폭(A)과 같으므로 식 (13-41)로부터, $A(2\pi f)^2=1.2\times10^{-3}(2\pi\times20)^2=18.93\ m/s^2=1.93\ G$, peak-to-peak는 $2\times A=3.86\ G$, 평균값 $=0.637\times A=1.23\ G$, 실효값$=0.707\times A=1.36\ G$가 된다.

2) 수송 중의 진동과 포장의 이상

국내 농산물 수송의 대부분은 트럭에 의한 도로수송이다. 주행 중의 트럭은 그림 13-39의 (a)에서 보듯이 현가장치(suspension), 타이어, 적재함을 포함한 차체 등 여러 요소들이 복합적으로 작용하여 적재함 진동을 나타낸다.

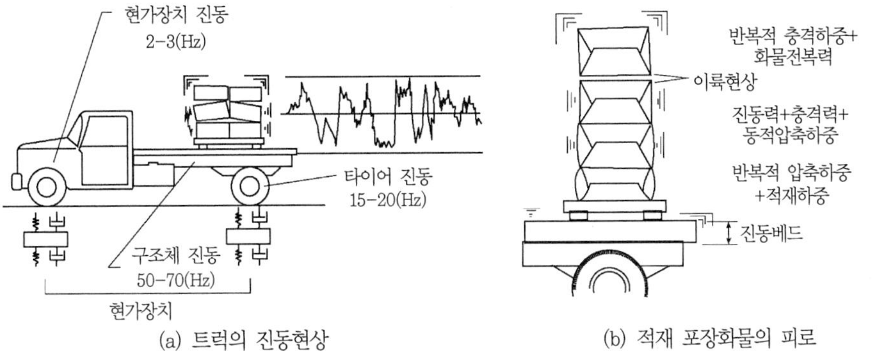

[그림 13-39] 트럭의 진동과 적재함 포장화물의 진동 특성

트럭의 적재함 진동을 결정하는 가장 중요한 요소인 현가장치는 차체와 적재함의 화물 중량을 지지함과 동시에 노면 불규칙 등에 의한 차륜의 상하 진동을 완화하고 흡수하여 진동이 차체 및 적재함의 화물에 직접 전달되는 것을 방지한다. 이는 적재물의 보호, 차체 각 부의 동적 응력의 저감을 위한 것으로, 차륜의 진동을 억제하여 주행안전성을 향상시킨다. 현가장치는 차륜의 상하진동에 대하여 적당한 부드러움을 가지는 탄성요소로서의 탄력(spring)과 적당한 정도의 진동감쇠 요소인 댐퍼(damper, shock absorber)로 구성된다.

트럭에 적재된 화물은 위치에 따라 작용하는 외력의 형태가 다르므로 이에 대한 화물의 반응도 달리 나타난다. 즉, 그림 13-39의 (b)에 나타낸 바와 같이 상단부의 포장화물은 반복적인 충격하중과 다른 화물과 분리되어 전도되려는 힘이 작용하고, 중간부의 포장화물은 진동력, 충격력 및 동적 압축하중이 조합되어 작용한다. 반면, 적재함과 접하는 화물에는 주기적 압축하중과 상층부 포장화물로 인한 적재하중을 받는다.

주행 중의 트럭 적재함의 진동은 적재량, 적재함 위치, 주행속도 및 도로 조건에 큰 영향을 받는데(그림 13-40), 주행속도보다 도로 조건에 따른 영향이 매우 큰 것으로 알려져 있다.

국내의 과실 수송 환경에 대한 진동계측의 실험 결과를 보면(김기석, 2006), 과실 수송용 1톤 트럭의 경우, 적재함의 위치별 진동은 도로 조건이 열악할수록 적재함의 후미에서 크게 나타나고, 고속도로, 일반도로 구분 없이 상하방향의 진동이 차량 진행의 전후방향과 좌우방향에서보다 5~9배 크게 나타났다.

즉, 주행 차량의 상하방향 진동의 최대 가속도는 고속도로 5.4 G, 시멘트 지방도로 8.2 G, 비포장 흙길 14.16 G로 각각 조사되었으며, 이 값들은 주행도로에 관계 없이 대략 진동수 2.4 Hz 부근에서 발생되었다.

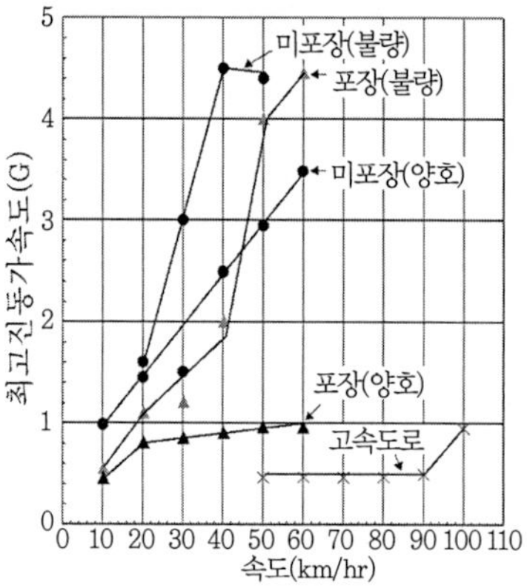

[그림 13-40] 속도 및 도로조건에 따른 2톤 트럭 적재함의 상하진동
(※자료 : 樽谷 등, 1990)

그림 13-41은 도로 조건별 진동의 입력방향에 따른 *PSD* 선도로서, 최대 *PSD*는 아스팔트 고속도로는 0.0075 G^2/Hz, 콘크리트 지방도로는 0.0587 G^2/Hz이고, 비포장 흙길은 0.2460 G^2/Hz로 나타나 비포장 흙길에서 가장 큰 값을 보였다. 계측 결과에서 알 수 있듯이 *PSD* 선도는 차량의 속도, 도로 상태 및 트럭의 종류에 영향을 받는다.

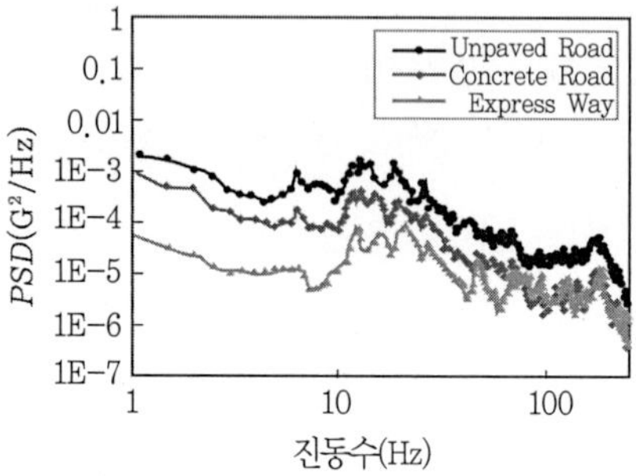

(a) 아스팔트 고속도로

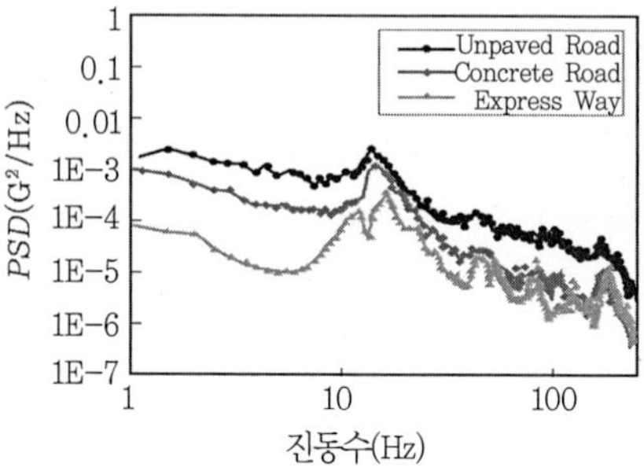

(b) 콘크리트 지방도로

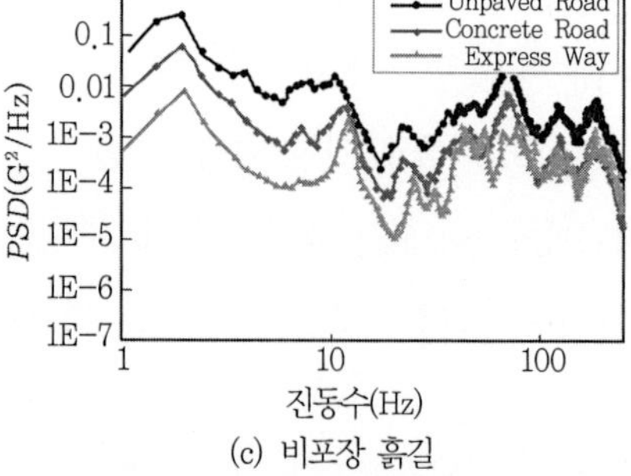

(c) 비포장 흙길

[그림 13-41] 도로 조건별 트럭 적재함 상하진동의 *PSD*

앞의 13.1 절에서도 설명하였듯이, 수송 중의 진동으로 인한 피로현상은 포장제품뿐만 아니라 겉포장 상자의 압축강도 저하에도 관여한다. 또한 수송 중 진동은 청과물의 생리현상에도 영향을 주는데, 한 예로, 토마토를 3시간 진동시켜 진동 전후의 호흡 상태를 조사하였을 때, 진동의 시작과 함께 호흡이 상승되고, 중지 후에도 상승하다 일정 시간 뒤 완만하게 회복되는 것으로 보고된 바 있다(樽谷 등, 1990).

13.4.2 수송 시뮬레이션

진동에 의한 제품 손상은 주로 피로 축적에 의한 손상이므로 청과물의 내진동성을 진동 시뮬레이션을 통하여 평가하는 것이 가능하다.

일반 제품에 대한 수송 시뮬레이션의 내용을 살펴보면, 설계된 제품의 완충 성능을 실증하거나, 기존 완충의 문제점 혹은 개선점을 추론하는 방법으로 종전에는 실제규모의 수송을 반복하는 수송시험을 실시하였다. 그러나 이 방법은 시간과 노력을 많이 요구하는 것이어서 반복 시험이 어렵고, 재현성 있는 데이터를 획득하기 어렵다는 데 문제가 있다.

수송 시뮬레이션은 이들 실제 규모의 수송시험에서의 문제점을 해결하기 위하여, 현장에서 발생하는 진동, 충격, 온도, 습도 등의 수송환경 요인을 재현하고, 수송기술의 개선을 효율적으로 하고자 하는 것이다.

완충포장의 관점으로 수송 시뮬레이션에서 가장 중요시하여야 할 요인은 수송 중의 진동과 충격이며, 이 시험에는 진동시험기(vibration table)가 이용된다.

연 | 습 | 문 | 제

1 우리나라 농산물표준규격 공동출하사업의 목적과 내용을 설명하여라.

2 한 대형마켓에서 창고에 수박을 다단식 목재상자(multilayer wooden container)를 이용하여 창고에 임시 보관하려고 한다. 이 경우 가장 바람직한 적입방법과 그때의 적입밀도는 얼마인지 구하여라.

- 수박의 크기 : (장반경) 18 cm, (단반경) 12 cm
- 컨테이너의 가로, 폭, 높이에 수직한 수박의 열의 수는 각각 5, 5, 3

3 종이 및 판지의 발수도(water repellency) 시험 방법을 설명하고, 우리나라 농산물표준규격을 중심으로 농산물별 요구되는 겉포장 상자의 발수도를 조사하여라.

4 상자의 주변 길이가 1540 mm일 때, 상자의 길이/폭 비율 1.0~2.0 사이에서 0.2 mm, 상자 높이 200~400 mm 사이에서 40 mm씩 각각 증가시킬 때, 각 조합에 대하여 Kellicutt 식, McKee 식 및 Wolf 식으로 상자 압축강도를 추정하기 위한 컴퓨터 프로그램을 작성하고, 추정된 값을 기준으로 그래프를 그려 상자의 길이/폭 비와 상자의 높이에 대한 이들 모형들의 민감성을 분석하여라. 단, McKee 식과 Wolf 식에서의 ECT는 골판지 원지의 총 링크러시로부터 계산된 값을 활용한다.

- 상자 형식 : AB골-DW
- 원지 구성 : SK180/S120/S120/S120/K200
- 원지의 물성 :

구분	원지	링크러시(N)	두께(mm)	구분	원지	링크러시(N)	두께(mm)
라이너	SK180	215.82	0.22	골심지	S120	88.29	0.19
	S120	88.29	0.19				
	K200	225.63	0.26				

5 문제 4와 같은 조건에 대하여 상자의 소요면적당 압축강도의 변화를 wolf 식으로 추정하여 상자의 길이/폭 비–상자높이–소요면적당 압축강도의 3차원 그래프로 나타내어라. 단, 상자는 1개소 접합의 RSC형이다.

6 고속도로를 달리는 대형 트레일러 트럭이 있다. 트럭의 몸체는 선형스프링과 같이 거동하며, 정현함수적인 진동을 한다고 하자. 만약 트레일러의 하중이 80 kN이고, 200 kN의 화물을 적재하면, 적재함이 밑으로 4 cm 눌린다.

① 트럭의 강성계수는 얼마인지 구하여라.
② 시스템의 고유진동수는 얼마인지 구하여라.
③ 트레일러가 6 cm 사이에서 진동한다면, 최대가속도가 얼마인지 구하여라.

7 골판지 상자의 바깥 치수는 360×300×250 mm, 포장단위 10 kgf, 적재 제한높이 4 m, 안전계수는 3으로 간주하고, 필요압축강도를 구하여라.

8 치수 25×20×5 cm인 완충재의 스프링상수 값은 K=20 kN/m이다. 이 완충재의 탄성계수(modulus of elasticity)는 얼마인가? 또한 동일한 완충재가 25 cm 측을 수직으로 세웠다면, 이 때의 스프링상수 값은 얼마인지 구하여라.

9 중량 150 N의 한 물체의 허용충격량은 50 G이다. 90 cm의 낙하 높이를 가정하였을 때, 이 물체를 완충하기 위한 선형완충재의 강성계수(K)를 구하여라. 또한 충격지속시간(τ)과 완충재의 최대 처짐량을 구하여라.

10 중량 50 N의 화물이 선형완충재 위에 놓여 있다. 이때 완충재는 0.5 cm 압축된 것으로 측정되었다.

① 완충재의 강성계수는 얼마인지 구하여라.

② 만일, 이 시스템이 자유롭게 진동한다면, 얼마의 진동수로 진동하겠는지 구하여라.

③ 완충재 위에 50 N에 40 N과 10 N의 무게가 더 놓인다면, 완충재의 정적 처짐량은 얼마인지 구하여라.

④ ③번 시스템의 고유진동수는 어떻게 변하는지 구하여라.

11 완충 포장된 제품이 그 완충재를 1 cm 압축하고 있다. 이 제품-포장시스템의 고유진동수를 구하라. 만일 4 Hz에서 강제진동이 0.5 G인 차량으로 수송한다면, 이때 제품의 최대가속도와 진폭을 구하여라. 또한 4 Hz의 진동과 제품 사이의 위상관계는 어떻게 되겠는가?

12 다음에 나타낸 자료를 활용하여 동적 완충계수를 산출하고, 완충계수-최대응력선도를 그려라.

- 재료명 : ETHAFOAM 220
- 두께 : 5 cm
- 낙하 높이 : 90 cm

정적 응력(kPa)	1.38	2.07	2.76	3.45	4.14	4.83	5.03	6.21	6.90	10.35	13.79	17.24
최대가속도(G)	70	53	45	44	42	45	46	49	50	64	79	92

13 다음은 한 제품에 대하여 충격시험기에 의한 한계속도 변화와 임계가속도 시험의 결과이다. 아래에 주어진 충격시험기의 측도 설정값으로 손상경계곡선을 그려라.

시험결과

한계속도 변화 시험 결과			임계가속도 시험 결과		
낙하 순서	낙하 높이(cm)	결과	낙하 순서	가스압력(kPa)	결과
1	5	none	7	0.3	none
2	7.5	none	8	0.6	none
3	10	none	9	0.9	none
4	12.5	none	10	1.2	none
5	15	none	11	1.5	none
6	17.5	damage	12	1.8	none
			13	2.1	damage

충격시험기의 측도 설정값

2ms 반정현파 프로그래머			가스 프로그래머			
낙하 높이(cm)	속도 변화(m/s)	가속도(G)	낙하 높이(cm)	속도 변화(m/s)	가스압력(MPa)	가속도(G)
5.0	1.43	171	7.5	2.02	0.3	8
7.5	1.76	218	15	2.73	0.6	16
10.0	2.04	260	30	3.55	0.9	23
12.5	2.28	297	45	4.30	1.2	31

15.0	2.50	332	60	5.05	1.5	39
17.5	2.71	364	75	5.79	1.8	47
20.0	2.90	395	90	6.53	2.1	55
22.5	3.08	424	105	7.27	2.4	63
25.0	3.25	451			2.7	70
27.5	3.41	479			3.0	78
30.0	3.56	504			3.3	86
32.5	3.71	529			3.6	94
35.0	3.85	553			3.9	102
37.5	3.99	577			4.2	109
40.0	4.13	600			4.5	117
42.5	4.26	622			4.8	125
45.0	4.38	644			5.1	133
47.5	4.50	665				
50.0	4.62	686				

14 농산물 물류에서 기계하역이 부진한 이유와 이를 촉진하기 위한 대책을 정리하여라.

15 우리나라 물류표준설비 인증제도(LS)의 목적과 인증품목 중 농산물과 관련된 설비에는 어떤 것이 있는지 정리하여라.

참고문헌

1. 김기석. 2006. "과실과 포장화물의 진동거동 및 모의수송환경에서의 품질변화". 2006. 충남대학교 박사학위논문
2. 박종민. 1995. "크리이프에 의한 과실포장용 골판지 상자의 층적내구성 분석". 한국학술진흥재단연구보고서
3. 박종민 외 1. 2002. "통기성 상자 구조물에 대한 유한요소해석", 한국농업기계학회지 27(6) : 557-564
4. 정현모. 2003. "청과물 포장화물의 진동거동과 골판지 상자의 내구성". 충남대학교 박사학위논문
5. 한국포장학회. 2003. 한국포장기술편람
6. ASAE. *CIGR HANDBOOK of Agricultural Engineering Volume Ⅳ* : Agro-Processing Engineering. 1999
7. ASTM D 4169. *Standard practice for performance testing of shipping containers and systems*
8. ASTM D 3580. *Standard test methods for vibration (vertical linear motion) test of products*
9. Brandenburg, R. K. and Julian Jung-Ling Lee. 1991. *Fundamentals of Packaging Dynamics*. 4th Edition. L.A.B.

10. ISO 668. *Series 1 freight containers : classification, dimensions and ratings*
11. ISO 6780. *Flat pallets for intercontinental materials handling : principal dimensions and tolerances*
12. Kellicutt, K. Q. and E. F. Landt. 1951. Basic design data for use of fiberboard in shipping containers. Fibre Containers 36(12) : 67–68, 70
13. KS A 1502; KS M ISO 12192; KS A 1061; KS A 1003; KS A 1006; KS A 0013; KS A ISO 2247; KS A ISO 8318; KS A ISO 13355; KS A ISO 2234; KS A ISO 12048; KS A ISO 2244; KS A 1011; KS A 1608; KS A 1002; KS A ISO 668
14. McKee, R. C., J. W. Gander and J. R. Wachuta. 1963. *Compression strength formula for corrugated boxes. Paperboard Packag. Aug.* : 144–159
15. Peleg, K. 1985. *Produce Handling, Packaging and Distribution.* AVI Publishing Company, Inc.
16. Soroka, W. 1996. *Fundamentals of Packaging Technology.* Herndon, VA: Institute of Packaging Professionals
17. Turczyn, M. T., S. W. Grant, B. H. Ashby, and F. W. Wheaton. 1986. *Potato shatter bruising during laboratory handling and transport simulation.* Trans. *of the ASAE 29(4)* : 1171~1175
18. Wolf, M. 1974. *Here's a quick way to calculate box compression strength. Packaging Engineering*(Feb) : 44–45
19. 五十嵐清一. 段ボール包裝技術. 1996. 日報
20. 樽谷隆之·北川博敏. 1990. 園藝食品の流通·貯藏·加工. 養賢堂發行

Post-Harvest Process Engineering

Chapter 14 이송장치

Chapter

14 이송장치

미곡종합처리시설, 청과물종합처리시설 및 축산물종합처리시설 등은 여러 개의 공정이 연관되어 하나의 작업체계를 이루게 되며, 각 공정을 연결하는 장치가 필요하다. 이와 같이 각 공정을 연결하여 원료를 이동시키는 기계를 이송장치(conveyer system)라고 한다.

14.1 이송방법의 분류

농산물의 이송방법에는 입상재료, 분상재료 등의 벌크이송(bulk conveying), 상자나 포대 등에 담아서 이송하는 배치이송(batch conveying)이 있다. 농산물 가공공장에서 사용되는 예는 표 14-1과 같으며, 실제에는 많은 이송장치가 복합적으로 이용된다.

[표 14-1] 각종 이송장치의 사용

이송장치	이송방향	미곡종합처리장	청과물종합처리장	축산물종합처리장
벨트컨베이어	수평	입재, 포대	개체, 포대	입재, 포대
스크루컨베이어	수평, 경사	입재		
진동컨베이어	수평, 경사	입재	개체, 상자	입재
스크레이퍼컨베이어	수평	입재		
체인컨베이어	수평	입재		입재
버킷엘리베이터	수직	입재	개체	입재
공기컨베이어	수평, 수직, 경사	입재		
롤러컨베이어	수평, 경사		상자	상자
슈트	중력이송	입재	상자	입재, 포대
팔레트 리프터	수직, 수평		상자	

이 장에서는 곡물을 중심으로 벌크이송에 한하여 다루도록 한다. 곡물 이송에 사용되는 대표적인 이송장치에는 버킷엘리베이터, 벨트컨베이어, 스크루컨베이어, 플라이트컨베이어, 공기컨베이어, 스로어 등이 있다.

이송장치는 곡물을 손상하지 않고 필요한 능력을 발휘할 수 있도록 선택, 설계 및 이용에 유의하여야 한다. 이를 위하여 이송물의 입도, 안식각, 산물밀도, 마찰계수 등의 물성을 알아야 하고, 각종 이송장치의 특성과 성능을 충분히 이해할 필요가 있다.

14.2 버킷엘리베이터

14.2.1 구조와 특징

버킷엘리베이터(bucket elevator)는 곡물 등의 수직이송에 적합하며, 소요동력이 적고 이송효율이 높아 미곡종합처리장에서 많이 이용된다.

버킷엘리베이터는 버킷을 연결하는 띠의 재질에 따라 벨트식과 체인식이 있으며, 벨트식은 산물밀도 1 t/m^3이하 곡물 등의 입재와 분재 이송에 이용되며, 체인식은 산물밀도가 큰 덩어리 이송에 이용된다.

버킷엘리베이터는 이송물의 배출 방법에 따라 원심배출형, 완전배출형 및 유도배출형의 3종류로 구분된다.

- **원심배출식** : 버킷이 상부의 벨트풀리를 통과할 때 원심력에 의하여 재료를 슈트로 배출하는 방식이다.
- **완전배출형** : 버킷이 상부의 벨트풀리를 통과할 때 버킷이 완전히 아래로 향하게 하여 배출하는 방식이다.
- **유도배출형** : 배출 시에 재료가 앞 버킷의 뒷면에 있는 돌기에 의하여 유도되어 배출된다.

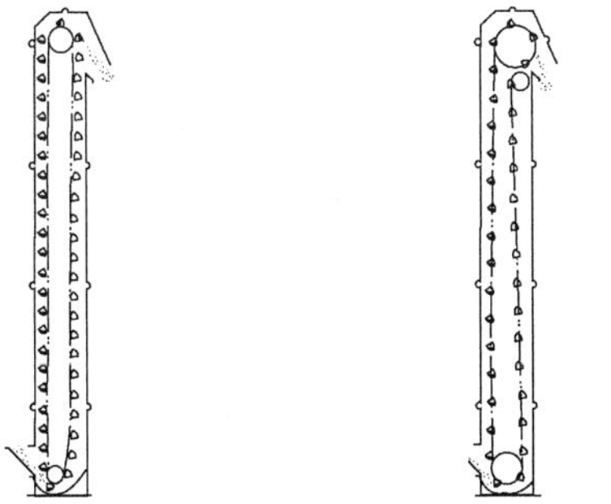

(a) 원심배출식 (b) 완전배출식

[그림 14-1] 버킷엘리베이터

14.2.2 이송능력과 소요동력

버킷엘리베이터의 이송능력은 다음 식으로 계산한다.

$$Q = \frac{60\ vq\ \phi\rho}{p} \tag{14-1}$$

여기서, Q : 이송능력(t/hr)
v : 버킷의 이송속도(m/min)
q : 버킷 1개의 용적(m^3)
ϕ : 버킷의 용적효율(소수)
ρ : 이송물의 산물밀도(t/m^3)
p : 버킷의 피치(m)

버킷의 용적효율은 곡물의 경우 0.8~1.0 범위이다. 이송속도 v는 원심배출형이 다른 배출형에 비하여 빠르며 80~180 m/min 범위이다. 산물밀도는 벼는 0.55 t/m^3, 현미는 0.8 t/m^3 정도이다. 표 14-2는 버킷의 표준 치수이다.

[표 14-2] 버킷의 표준 치수(A형)

길이(L) (mm)	폭(W) (mm)	깊이(D) (mm)	두께(t) (mm)	버킷 용적(m^3)
150	110	100	2.3	0.00087
200	110	100	〃	0.00116
150	140	125	3.2	0.00144
200	140	125	〃	0.00192
200	160	150	〃	0.00266
250	160	150	〃	0.00333
300	160	150	〃	0.00400
350	160	150	〃	0.00466
300	185	175	〃	0.00545
350	185	175	〃	0.00636
400	185	175	〃	0.00727
350	215	200	〃	0.00855
400	215	200	〃	0.00980
450	215	250	〃	0.01104

※ 참고:

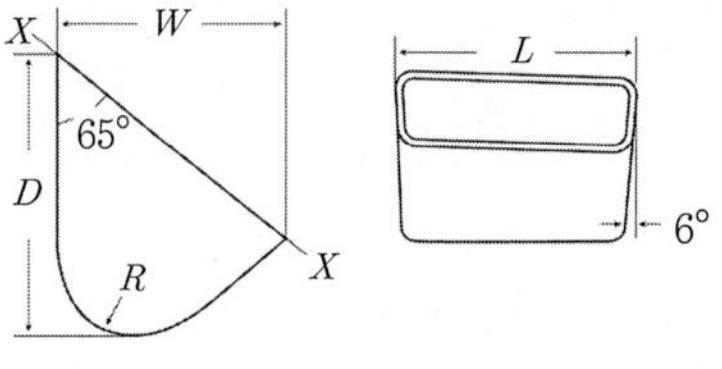

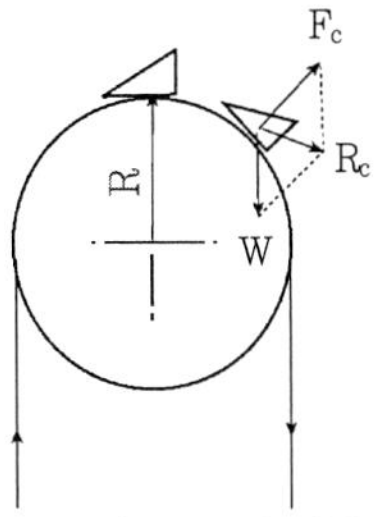

[그림 14-2] 버킷에 작용하는 힘

곡물 이송에는 원심배출형이 주로 이용되며, 이 경우 상부 벨트풀리의 회전속도는 다음과 같이 계산할 수 있다.

버킷이 상부 풀리축의 수직 위에 위치할 때 버킷에 담긴 재료의 무게와 원심력이 일치하며, 서로 반대 방향으로 작용하여 균형을 이루며, 이때 버킷에 담긴 재료는 위로 비산되거나 넘쳐흐르지 않는다. 더 회전하여 버킷이 배출구 쪽에 위치할 때 재료의 무게(W)와 원심력(F_c)의 합력(R_c)에 의하여 버킷에 담긴 재료를 압출한다.

재료의 무게와 원심력이 일치하는 균형 상태에 있을 경우 $W = F_c$이므로 다음 식이 성립한다.

$$mg = mr\omega^2 \tag{14-2}$$

여기서, m : 1개의 버킷에 담긴 재료의 질량(kg)
r : 벨트풀리의 반경(m)
ω : 풀리의 각속도(rad/s)
g : 중력가속도(9.8 m/s^2)

각속도는 다음 식으로 표시된다.

$$\omega = \frac{2\pi N}{60} \tag{14-3}$$

여기서, N : 벨트풀리의 회전수(rpm)

식 (14-3)을 (14-2)에 대입하여 정리하면,

$$N = \frac{29.89}{\sqrt{r}} \tag{14-4}$$

벨트풀리의 주속도 v(m/min)와 각속도의 관계는 다음과 같다.

$$v = 60r\omega = 2\pi rN \tag{14-5}$$

식 (14-4)와 (14-5)에서 r을 소거하면 다음과 같다.

$$N = \frac{5615}{v} \tag{14-6}$$

재료의 이송속도 v 가 주어지면 식 (14-6)을 이용하여 회전속도 N을 구하고, 식 (14-4)를 이용하여 풀리의 반경을 구한다.

소요동력은 개략적으로 다음 식으로 계산한다.

$$L = \frac{QgH}{3600\,\eta} \tag{14-7}$$

여기서, L : 소요동력(kW)
Q : 이송능력(t/hr)
H : 양정(m)
η : 기계효율

기계효율(η)은 원심배출형과 완전배출형은 0.5, 유도배출형은 0.55 정도이다.

예제 14-1

원심배출형 버킷엘리베이터를 이용하여 벼를 10 t/hr로 이송한다. 이송 높이(양정)는 5 m, 이송속도는 80 m/min이다. 버킷의 용적, 피치, 벨트풀리의 직경, 소요동력을 결정하여라.

풀 이

식 (14-1)에서 $Q = \frac{60\ vq\ \phi\rho}{p} \rightarrow p = \frac{60\ vq\ \phi\rho}{Q}$

여기서, $Q = 10$ t/hr, $v = 80$ m/min, $\phi = 0.8$, $\rho = 0.55$ t/m^{3}으로 하고, 버킷 용적 $q = 0.00087$ m^{3}을 선택하면, 버킷의 피치는 다음과 같이 계산된다.

$$p = \frac{60\ vq\ \phi\rho}{Q} = \frac{60(80)(0.00087)(0.8)(0.55)}{10} = 0.184 \text{ mm}$$

벨트풀리의 회전수는 식 (14-6)을 이용하면,

$$N = \frac{5615}{v} = \frac{5615}{80} = 70 \text{ rpm}$$

벨트풀리의 직경은 식 (14-4)를 이용하면,

$$N = \frac{29.89}{\sqrt{r}} \rightarrow r = \left(\frac{29.89}{N}\right)^2 = \left(\frac{29.89}{70}\right)^2 = 0.182 \text{ m} = 182 \text{ mm}$$

직경은 360 mm 가 적절하다.

소요동력은 식 (14-7)을 이용하면,

소요동력 $L = \frac{Q\ g\ H}{3600\ \eta} = \frac{10(9.81)(5)}{3600(0.5)} = 0.27$ kw

14.3 벨트컨베이어

14.3.1 구조와 특징

벨트컨베이어(belt conveyer)는 가장 널리 이용되는 이송장치로 건조·저장시설과 도정 시설에서 곡물의 수평이송에 주로 이용되며, 경사운송 및 포대운송에도 널리 사용된다. 벨트컨베이어는 이송 재료가 손상되지 않고 대용량·장거리 이송이 가능하지만, 완전밀폐형이 아니므로 재료가 비산되는 단점이 있다.

벨트의 재료로서 고무, 직물, 강철, 금망, 케이블 등이 사용되며, 이 가운데 고무벨트가 가장 널리 사용된다.

벨트컨베이어는 그림 14-3과 같이 헤드풀리(head pulley)와 테일풀리(tail pully) 사이에 무한궤도식의 벨트를 연결한 것으로, 벨트 위에 운반물을 올려놓고 이송하는 구조이다. 헤드풀리에는 운반물의 낙하구가 있으며, 이 풀리가 전동기로 구동된다. 테일풀리에는 벨트의 장력을 조정하는 장력조절장치가 부착되어 있다. 풀리의 폭은 벨트폭보다 60~100 mm 정도 크다.

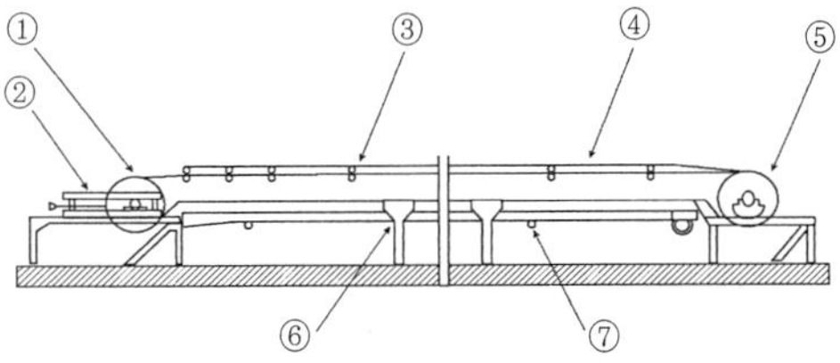

①, ⑤ : 풀리　　② : 장력조절장치　　③ : 캐리어 아이들러
④ : 벨트　　⑥ : 지지대　　⑦ : 리턴 아이들러

[그림 14-3] 벨트컨베이어의 구조

아이들러(idler)에는 운반물의 하중을 지지하는 캐리어 아이들러(carrier idler)와 벨트의 하중을 지지하는 리턴 아이들러(return idler)가 있다. 곡물과 같은 산물을 이송하는 경우에는 그림 14-4 (a)의 상단과 같은 트로프(trough)형 캐리어 아이들러가 사용된다. 그림에서와 같이 양측의 캐리어 아이들러가 경사져 있는데 이 경사각을 토로프각이라 한다. 측각은 재료가 붕괴되지 않고 안전하게 이송될 수 있는 경사각으로, 보통 재료의 안식각이 30° 이하일 경우에는 10°, 30°~40°일 경우에는 20°, 40° 이상일 경우에는 30° 정도이다.

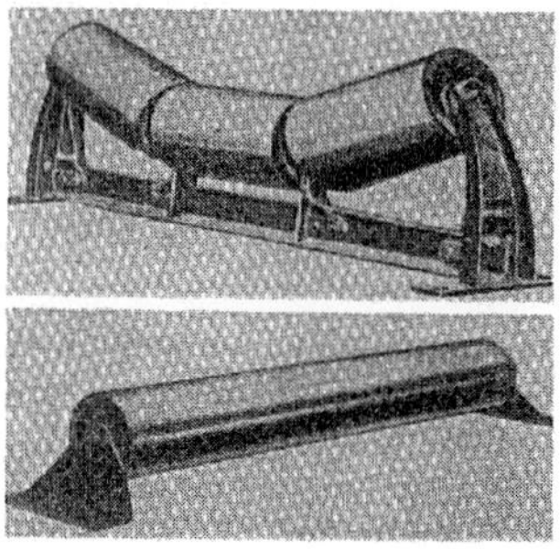

(a) 트로프형 및 평면형 아이들러

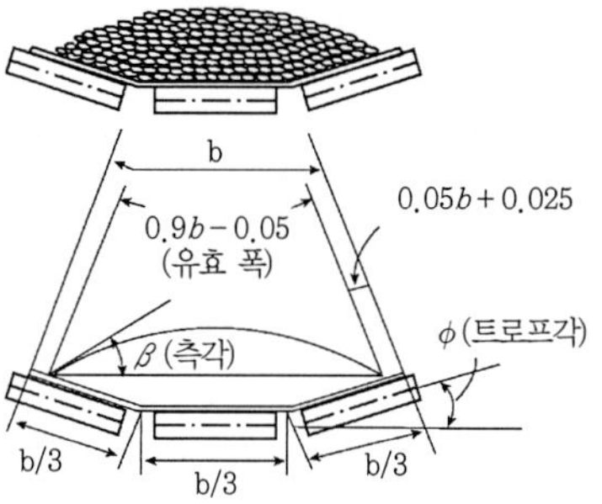

(b) 트로프형 벨트의 적재단면적

[그림 14-4] 벨트컨베이어의 아이들러와 트로프형의 적재 단면적

14.3.2 이송능력과 소요동력

벨트컨베이어의 이송능력은 다음 식으로 계산한다.

$$Q = Av\rho = 60K(0.9b - 0.05)^2 v\rho \qquad (14\text{–}8)$$

여기서, Q : 이송능력(t/hr)
A : 적재 단면적(m^2)
b : 벨트의 폭(m)
v : 벨트 속도(m/min)
ρ : 이송물의 산물밀도(t/m^3)
K : 벨트 위 이송물의 측각과 트로프각에 따른 계수(표 14–3)

식 (14–8)에서 $0.9b - 0.05$는 적재 유효폭(m)이다.

[표 14-3] K의 값

이송물의 측각	트로프각		
	0°	20°	45°
5°	–	–	0.1392
10°	0.0295	0.0963	0.1484
20°	0.0591	0.1244	0.1698
30°	0.0906	0.1538	–

벨트 속도는 곡물의 경우 50~60 m/min을 표준으로 하며, 표준이송능력은 표 14–4와 같다. 이 표는 벼의 경우 함수율 14~26%, 소맥은 13~30%를 기준으로 한 것이다.

[표 14-4] 벨트컨베이어의 표준이송능력

벨트폭(mm)	벨트 속도(m/min)	트로프각(deg)	표준이송능력(t/hr)	
			벼	밀
350	35	20	10	12
350	42	20	12	14
350	50	34	16	19
350	66	30	20	24
400	50	34	20	24
450	50	34	40	48
450	66	30	30	36
500	50	34	40	48
550	50	34	50	60
600	60	30	40	48

벨트컨베이어의 소요동력은 다음 식으로 나타낼 수 있다.

$$L = L_1 + L_2 \pm L_3 + L_4 \tag{14-9}$$

여기서, L_1 : 무부하 시의 벨트 구동동력(kW)
L_2 : 수평이송에 필요한 동력(kW)
L_3 : 수직이송에 필요한 동력(kW)
L_4 : 트리퍼 동력(kW)

트리퍼 동력(벨트폭 500 mm 이하일 경우 0.75 kW)을 제외하면 소요동력은 다음 식으로 표시된다.

$$L = \frac{fwg(l+l_0)v}{60000} + \frac{fQg(l+l_0)}{3600} \pm \frac{Qgh}{3600} \tag{14-10}$$

여기서, L : 소요동력(kW)
f : 롤러의 회전마찰계수
w : 운반물 이외 운동 부분의 중량(kg/m)
v : 벨트 속도(m/min)
l : 수평이송거리(m)
l_0 : 컨베이어의 중심거리수정치(m)
Q : 이송능력(t/hr)
h : 연직이송거리(m)
g : 중력가속도(9.81 m/s^2)

[표 14-5] 운반물 이외의 운동 부분의 질량(w)

벨트폭(mm)	300	350	400	450	500	600
운동 부분의 질량(kg/m)	18.0	21.0	24.0	28.3	31.3	37.3

[표 14-6] 롤러의 회전마찰계수 f와 중심거리수정치(l_o)

f	l_o	장치의 구조상 특징
0.03	49	회전저항이 보통인 롤러를 사용한 장치로 설치 상태가 양호한 것
0.022	66	회전저항이 특히 작은 롤러를 사용한 장치로 설치 상태가 양호한 것
0.012	156	하역용 컨베이어의 제동력을 계산하는 경우

축동력은 감속기 등의 기계적 손실을 고려한 기계효율을 이용하면 다음과 같다.

$$L_s = \frac{L}{\eta} \tag{14-11}$$

여기서, 기계효율 η는 보통 0.7~0.85 정도이다.

예제 14-2

벼를 벨트컨베이어로 15 m를 수평이송한다. 산물의 측각 20°, 산물밀도 0.55 t/m³, 트로프각 20°, 벨트의 폭 400 mm, 벨트의 속도는 50 m/min로 가정할 때, 이송능력과 소요동력을 계산하여라.

풀 이

이송능력 : $Q = 60K(0.9b - 0.05)^2 v\rho = 60 \times 0.1244[0.9(0.4) - 0.05]^2(50)(0.55) = 19.7$ t/hr

소요동력 : $L = \dfrac{fwg(l + l_0)v}{60000} + \dfrac{fQg(l + l_0)}{3600}$

$= \dfrac{0.03(24)(9.81)(15+49)(50)}{60000} + \dfrac{0.03(19.7)(9.81)(15+49)}{3600}$

$= 0.38 + 0.10 = 0.48$ kW

예제 14-3

벼를 6 t/hr로 20 m의 수평거리를 이송하는 벨트컨베이어의 폭과 이송속도 및 소요동력을 결정하여라.

풀 이

벼의 산물밀도 $\rho = 0.55$ t/h, 이송물의 측각과 트로프각을 20°로 하면, $K = 0.1244$이다.

이송능력 : $Q = 60K(0.9b - 0.05)^2 v\rho$에서

$6 = 7.464(0.9b - 0.05)^2 v(0.55) \rightarrow (0.9b - 0.05)^2 v = 1.462$

여기서, 벨트폭 b = 300 mm = 0.3 m로 하면, 이송속도는

$v = \dfrac{1.462}{[0.9(0.3) - 0.05]^2} = 30.2$ m/min

벨트의 중량 $w = 18\,kg/m$, $f = 0.03$, $l_o = 49\,m$로 가정하면,

소요동력 : $L = \frac{f w g (l + l_0) v}{60000} + \frac{f Q g (l + l_0)}{3600}$

$= \frac{0.03(18)(9.81)(20+49)(30.2)}{60000} + \frac{0.03(6)(9.81)(20+49)}{3600}$

$= 0.18 + 0.03 = 0.21\,kW$

14.4 스크루컨베이어

14.4.1 구조와 특징

스크루컨베이어(screw conveyer)는 트로프(trough) 또는 관 내에서 스크루를 회전시켜 분재나 입재 등의 재료를 이송시키는 장치이다. 이송이 밀폐 상자 속에서 이루어지므로 이송물이 흩어질 염려가 없으며, 밀폐 트로프 내에 가스, 열풍 및 공기 등을 순환시켜 이송 중에 탈색, 건조 및 냉각 등도 할 수 있는 장점이 있다. 그러나 컨베이어 내부에 이송물이 다소 많이 잔류하므로 미맥 겸용 종합처리시설의 이송장치로는 적합하지 않으며, 또한 마모성이 큰 재료의 이송에도 적합하지 않다.

스크루컨베이어의 일반적인 구조는 그림 14-5와 같다. 트로프의 길이는 2~3 m 정도가 많으며, 그 이상의 것은 축이 휘는 것을 방지하기 위하여 중간에 베어링을 설치한다.

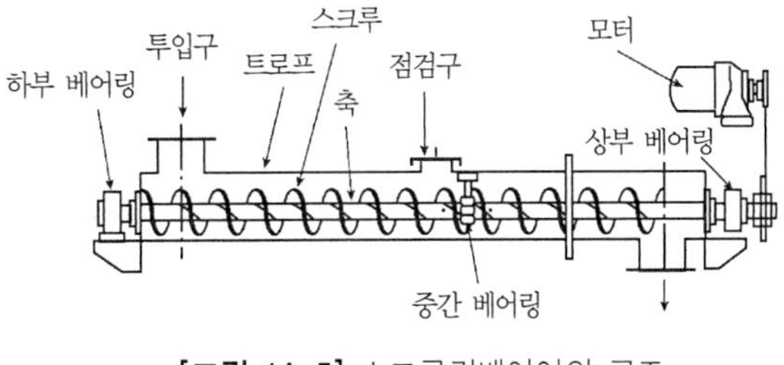

[그림 14-5] 스크루컨베이어의 구조

트로프의 윗부분에 투입구를 만들면 어디서든 재료의 투입이 가능하며, 트로프 밑바닥에 배출구를 설치하면 쉽게 배출이 가능하다. 스크루 날개와 트로프의 간격은 곡물의 경우 6~9 mm 정도가 적당하다.

스크루는 외경의 1/6~1/3 정도의 강관에 연강으로 만든 날개를 나사 모양으로 굽혀 강관의 외주에 용접한 것이다. 나사 날개의 종류는 그림 14-6과 같다. 곡물용은 그림 14-6 (a)의 표준형이 사용되며, 날개의 피치는 날개 직경의 0.75~1.2배로 표준 사양은 표 14-7과 같다.

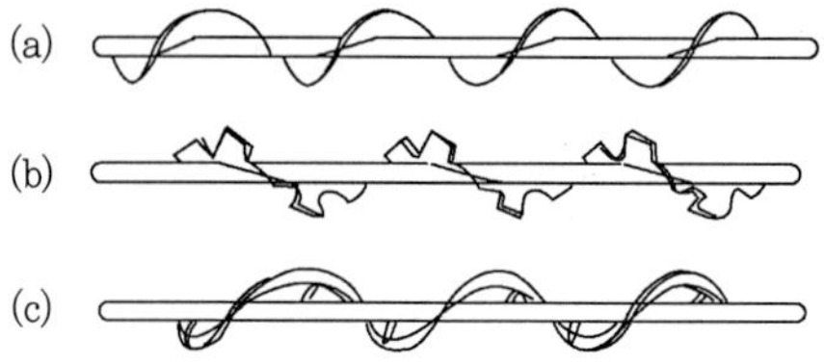

(a) 표준형 (b) 커트 플라이트 스크루 (c) 리본 플라이트 스크루

[그림 14-6] 스크루 날개의 모양

[표 14-7] 표준형 스크루컨베이어의 표준 사양(mm)

외경 D		100	125	140	165	180	210	240
축경 d		34	34	45	45	50	60	75
피치 P		80	100	110	130	145	160	200
스크루의 두께	내측	1.8	1.8	2.0	2.0	2.0	2.5	3.5
	외측	3.5	3.5	4.0	4.0	4.0	4.5	4.5

배출구 측에서 운반물이 정체되는 것을 방지하기 위하여 피치를 배출구 측에 크게 한 것도 있다. 미세한 분말 또는 연한 이송물로 굳어지기 쉬운 물건을 이송할 때는 그림 14-6 (b)와 같은 커트 플라이트 스크루(cut flight screw)가 사용된다. 유동성 수송물, 예를 들면, 당밀, 아스팔트, 콜타르 등의 수송에는 여분의 마찰을 피하기 위하여 운반물을 추진하는 데 필요한 날개의 주변 부분만을 남기고 중앙 부분을 생략한 그림 14-6 (c)와 같은 리본 플라이트 스크루(ribbon flight screw)가 사용된다.

14.4.2 이송능력과 소요동력

스크루컨베이어의 이송능력은 다음 식으로 계산한다.

$$Q = 15\pi\phi D^2 pN\rho \tag{14-12}$$

여기서, Q : 이송능력(t/hr)

N : 스크루 회전수 (rpm)

ϕ : 용적효율(소수)

p : 스크루 피치(m)

ρ : 이송물의 산물밀도(t/m^3)

D : 스크루 외경(m)

곡물의 용적효율은 0.33~0.45 정도이다. 스크루의 회전수는 다음과 같다.

$$N = \frac{45}{\sqrt{D}} \tag{14-13}$$

곡물에서 한계회전속도는 스크루의 외경 100 mm에서 180 rpm, 600 mm에서 95 rpm 정도이다.

스크루컨베이어의 소요동력은 이송물의 종류, 컨베이어의 길이, 이송능력에 따라 다르며 다음 식으로 계산한다.

$$L = \frac{Q\ g(kl+h)}{3600\eta} \tag{14-14}$$

여기서, L : 소요동력(kW)

k : 이송물의 종류에 따른 실험상수(곡물 1.2~3.0)

l : 스크루컨베이어의 길이(m)

h : 이송 높이(m)

Q : 이송능력(t/hr)

η : 기계효율(0.5)

스크루컨베이어 곡물의 표준 이송능력은 표 14-8과 같다.

[표 14-8] 스크루컨베이어의 표준 이송능력

날개외경(mm)	피치(mm)	회전수(rpm)	곡물속도 (m/min)	표준이송능력(t/hr)	
				벼	밀
200	200	110	22	10	12
250	200	98	20	20	24
300	250	142	35	30	36
350	350	135	47	40	48

예제 14-4

다음 조건의 스크루컨베이어의 벼 수평이송능력과 소요동력을 구하여라.
날개외경 204 mm, 피치 150 mm, 회전수 125 rpm, 이송거리 14 m
벼의 산물밀도 0.55 t/m^3

풀 이

스크루 축의 외경을 무시하고, 용적효율 ϕ=0.5로 하면 이송능력은 다음과 같다.

이송능력 : $Q = 15\pi\phi D^2 p N\rho = 15(\pi)(0.5)(0.204)^2(0.15)(125)(0.55) = 10.1$ t/hr

소요동력 : $L = \frac{Q\ g(kl+h)}{3600\eta} = \frac{10.4(9.81)(1.2)(14)}{3600(0.5)} = 0.93$ kW

예제 14-5

벼를 6 t/hr로 20 m의 수평거리를 이송하는 스크루컨베이어의 날개 직경, 회전수 및 소요동력을 계산하여라.

풀 이

용적효율 $\phi = 0.45$, 피치 $p = 0.8D$로 가정하면, 식 (14-12)에서

$Q = 15\pi D^2 \phi\, p N \rho \;\rightarrow 6 = 15\pi D^2 (0.45)(0.8D)(N)(0.55) \;\rightarrow D^3 N = 0.643$

$\rightarrow D^3 \dfrac{45}{\sqrt{D}} = 0.643 \;\rightarrow D^{2.5} = 0.01429$

따라서 날개 직경 $D = 0.182\text{ m} = 180\text{ mm}$

회전수 $N = \dfrac{45}{\sqrt{D}} = \dfrac{45}{\sqrt{0.18}} = 106\text{ rpm} : 110\text{ rpm}$

소요동력 $L = \dfrac{Q\,g\,k\,l}{3600\eta} = \dfrac{6(9.81)(1.2)(20)}{3600(0.5)} = 0.78\text{ kW}$

14.5 플라이트컨베이어

14.5.1 구조와 특징

플라이트컨베이어(flight conveyer)는 밀폐된 케이스 내부에 체인의 일정 간격마다 강판재의 날개를 붙여서 이송물을 운반하는 장치이다. 그림 14-7과 같이 곡물의 이송에 이용되는 스크레이퍼(scraper), 스크레이퍼가 부착된 체인, 체인을 구동하는 스프로킷(sproket), 케이스 및 구동장치로 이루어진다. 현재 미곡종합처리시설에서 이용되는 스크레이퍼는 철 또는 우레탄(urethane)이 사용되고 있으나 곡물과의 잦은 마찰로 인하여 마모가 심하기 때문에 내마모성의 재질을 사용하는 것이 바람직하다.

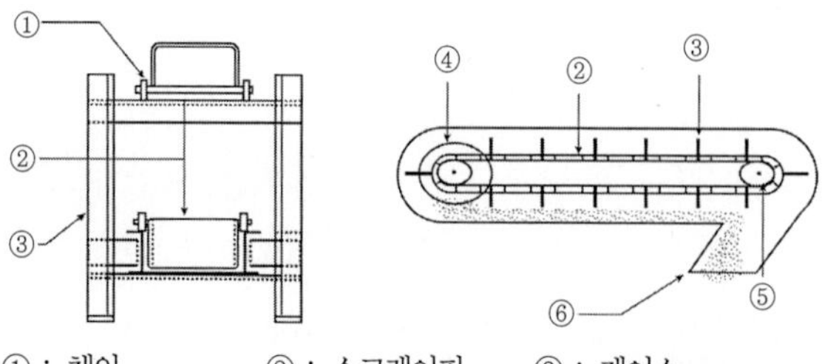

① : 체인 ② : 스크레이퍼 ③ : 케이스
④ : 공급구 ⑤ : 스프로킷 ⑥ : 배출구

[그림 14-7] 플라이트컨베이어의 구조

케이스가 밀폐되어 있으므로 이송 과정 동안 분진이 비산할 우려가 없다. 마모성이 적은 입재 또는 분재의 이송에 적합하다. 한편, 케이스의 중간에 배출구를 설치하면 배출구의 개폐에 따라 이송물을 소정의 지점으로 배분시킬 수 있다.

14.5.2 이송능력과 소요동력

플라이트컨베이어의 이송능력은 다음 식으로 계산한다.

$$Q = 60 A v \phi \rho \qquad (14-15)$$

여기서, Q : 이송능력(t/hr)
A : 케이스 단면적(m^2)
v : 체인속도(m/min)
ϕ : 용적효율
ρ : 이송물의 산물밀도(톤/m^3)

식 (14-15)에서 용적효율은 0.9로 하며, 체인 속도는 곡물의 경우 30 m/min 정도가 적당하다. 소요동력은 수평이송의 경우 다음 식으로 계산한다.

$$L = \frac{EQgl}{3600\eta} \qquad (14-16)$$

여기서, L : 소요 동력(kW)
l : 이송길이(m)
E : 계수
Q : 이송능력(t/hr)

식 (14-16)에서 계수 E는 벼의 경우 2.0, 밀의 경우 1.5 정도의 값을 사용한다.

14.6 스로어

14.6.1 구조와 특징

스로어(thrower)는 탈곡기, 건조기 및 콤바인 등과 같은 농업기계에 주로 곡물의 이송에 이용되는 장치이다. 스로어의 구조는 그림 14-8과 같다. 그림에서와 같이 스로어는 2~6매의 날개가 부착된 회전차의 회전에 의하여 곡물에 가해진 원심력으로 수직 또는 경사지게 설치된 도관을 따라서 곡물을 배출하는 양곡장치이다.

양정의 높이는 1~7 m이며, 이송능력은 0.2~6 t/hr이지만 효율이 매우 낮고(5~20%), 소요동력이 매우 크다. 날개의 직경은 200~400 mm, 원주속도는 2~25 m/s이지만 18 m/s 이상이면 곡물의 손상이 급증한다.

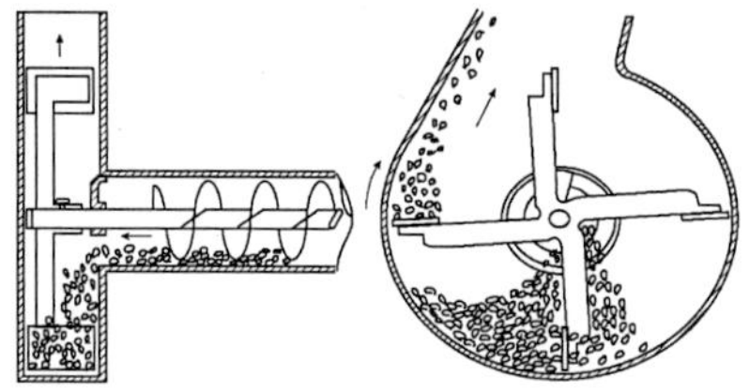

[그림 14-8] 스로어의 양곡작용

스로어는 스크루컨베이어와 연결하여 수평이송된 곡물을 수직이송하는 데 주로 이용되는데, 표 14-9는 실제 스로어가 사용된 예이다.

[표 14-9] 스로어의 사용 예

회전 직경 (mm)	날개				클리어런스 (mm)	이송 각도 (도)	양정 (m)	회전수 (rpm)	이송 능력 (t/hr)	소요 동력 (kW)	용도
	수	폭 (mm)	길이 (mm)	재질							
270	4	56	45	강	8.4	48	0.57	1195	0.5	0.37	콤바인
304	4	63	84	강	7.2	50	0.51	1210	0.7	0.52	콤바인
240	4	42	35	강	5.0	수직	1.05	1287	0.4	0.74	현미기
282	3	46	85	강	9.0	수직	1.22	1223	0.6	0.74	탈곡기
340	4	46	55	고무	3.5	수직	4.50	1200	4.6	0.74	건조기
345	4	56	89	강	6.7	수직	4.00	1100	4.0	0.59	건조기
198	4	37	30	고무	1.0	수직	0.80	1080	0.3	0.07	현미기
246	4	38	35	고무	0.4	수직	0.99	680	0.9	-	현미기
254	4	45	34	고무	1.0	수직	1.20	850	1.2	0.15	현미기

14.6.2 양곡 높이와 소요동력

회전날개의 운동에너지가 곡물의 운동에너지로 변환되며, 이것이 다시 곡물의 위치에너지로 변환된다. 에너지 평형을 고려하면 다음 식이 성립한다.

$$V = (1+\mu_2)v_0 \qquad (14\text{-}17)$$

$$v_0^2 = 2gh(1+\mu_1) + v_1^2 \qquad (14\text{-}18)$$

여기서, V : 회전날개 주속도(m/s)
v_0 : 곡물 초속(m/s)
v_1 : 곡물 배출속도(m/s)
h : 양곡 높이(m)

μ_1 : 도관 내 에너지 손실계수(실험치 : 0.5~0.9)
μ_2 : 속도 변환에 따른 속도손실계수(실험치 : 0.2~0.3)

회전날개의 반경 r(m), 회전속도 N(rpm)이라 하고, 식 (14-3)과 (14-5)의 관계를 이용하면, 양곡 높이와 회전속도의 관계는 다음과 같이 나타낼 수 있다.

$$N = 30(1+\mu_2)\sqrt{2gh(1+\mu_1)+v_1^2}/(\pi r) \quad (14\text{-}19)$$

경사지게 양곡할 경우, 도관의 경사각을 θ라고 하면,

$$N = 30(1+\mu_2)\sqrt{2gh(1+\mu_1)+v_1^2}/(\pi r \sin\theta) \quad (14\text{-}20)$$

소요동력(kW)은 다음의 실험식으로 계산한다.

$$L = V^{4/3}M^{1/3}/45.3 \quad (14\text{-}21)$$

여기서 M은 양곡능력(t/hr)이다. 이 식은 양곡 높이 1.6~9 m, 양곡량 1.5~6.5 t/hr의 범위에 적용된다.

14.7 공기컨베이어

14.7.1 구조와 특징

공기컨베이어(pneumatic conveyer)는 공기의 유동에너지와 운반물의 부력을 이용하여 분재 또는 입재를 관 내에서 이송하는 장치이다. 공기컨베이어의 장점은 구조가 간단하고, 초기 설치비용이 적게 들며, 관을 설치할 수 있는 곳이면 어디에서나 이용할 수 있을 뿐만 아니라 이송 경로의 변경이 용이하고 기류에 의한 자체 청소가 가능한 장점이 있다. 반면에 이송량에 따른 소요동력이 크고, 효율이 낮으며(20~30%), 기류에 의한 운송물 손상의 우려가 큰 단점이 있다.

공기컨베이어는 그림 14-9와 같이 이송관, 송풍기, 흡인노즐, 분리기(사이클론)로 구성되며, 송풍기의 설치 위치에 따라 압송식(positive pressure system), 흡인식(negative pressure system) 및 복합식(combination system)으로 분류한다.

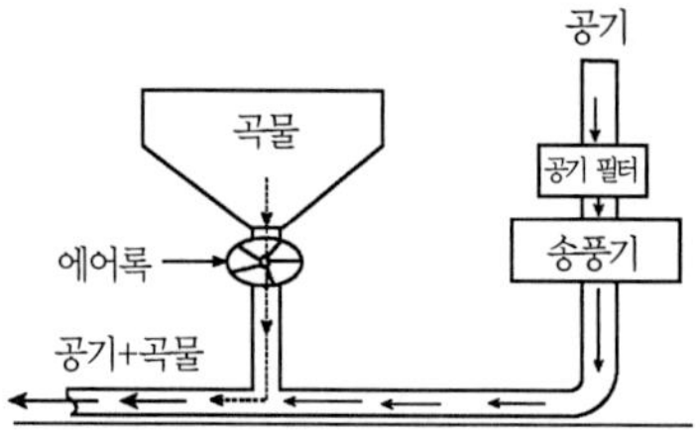

압송식

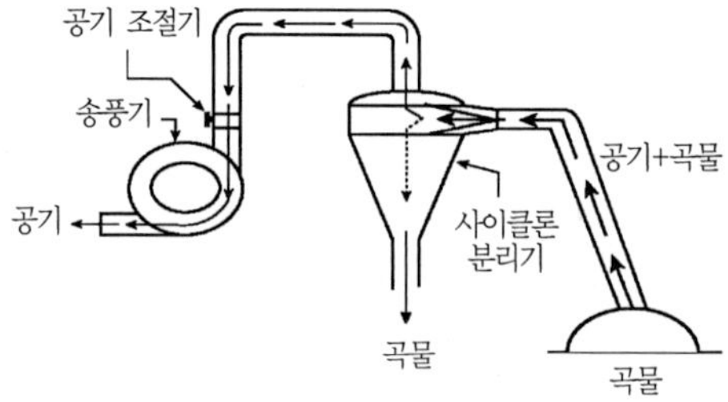

흡인식

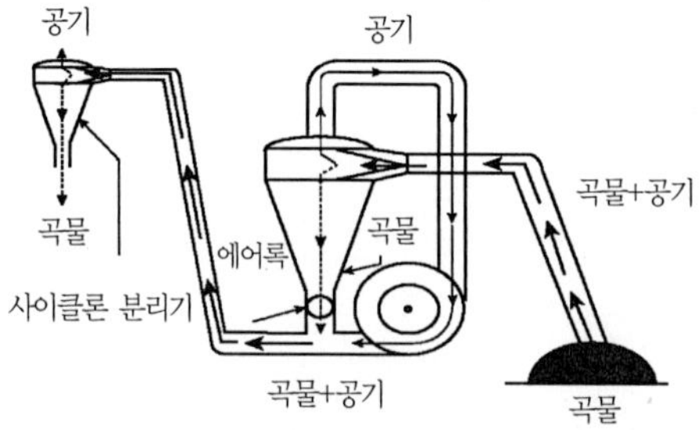

겸용식

[그림 14-9] 공기컨베이어의 이송 방식

압송식은 송풍기를 이송관의 입구 근처에 설치하고 공기의 역류를 방지하는 밸브가 장착된 공급탱크로부터 재료를 공급한다. 압송식에는 0.002 MPa 정도의 저압의 기류를 사용하는 저압식과 0.7 MPa 정도의 고압의 기류를 사용하는 고압식이 있다.

흡인식은 배풍기를 이송관의 출구에 부착하여 이송관 내에 대기압 이하의 진공 기류를 생성하여 노즐로부터 재료를 흡인하여 이송하는 방식이다. 저진공식은 −0.02 MPa 이하의 압력이며 고진공식은 −0.04 MPa의 압력을 사용한다.

14.7.2 이송능력과 소요동력

공기컨베이어의 이송능력은 다음 식으로 계산한다.

$$Q = 3.6\,\alpha\,Q_a \rho_a \tag{14-22}$$

여기서, Q : 이송능력(t/hr)
Q_a : 공기유량(m^3/s)
ρ_a : 공기밀도(kg/m^3)
α : 혼합비

혼합비는 공기유량에 대한 재료 이송량의 비이다. 혼합비가 너무 작으면 기류를 발생시키는 동력에 비하여 이송량이 적은 것이며, 과대하게 크면 동력에 비하여 이송량이 많아 이송관이 막힐 위험이 있으므로 적정한 선택이 필요하다. 혼합비는 저압식에서 0.5~8, 고압식에서 40, 저진공식에서 3~5, 고진공식에서 20 정도를 사용한다.

공기유량은 다음 식으로 계산한다.

$$Q_a = \frac{\pi D^2}{4} V_a \tag{14-23}$$

여기서, D : 관의 직경(m)
V_a : 공기속도(m/s)

공기속도는 재료의 종말속도, 즉 부유속도의 두 배 이상을 보통 사용한다. 공기속도의 경험식은 다음과 같다.

$$V_a = c\sqrt{\rho_m} \tag{14-24}$$

여기서, ρ_m : 재료의 진밀도(kg/m^3)
c : 재료에 따른 정수(곡물은 0.9~1.0)

곡물의 경우 공기속도는 15~30 m/s 범위이다.

소요동력은 다음 식으로 계산한다.

$$L = \frac{\Delta P Q_a}{1000\eta} \tag{14-25}$$

여기서, L : 소요동력(kW)
ΔP : 소요정압(Pa)
η : 기계효율(소수)

압력손실은 이송관 내의 압력손실 ΔP_t와 사이클론 분리기의 압력손실 ΔP_s의 합이다.

$$\Delta P = \Delta P_t + \Delta P_s \tag{14-26}$$

이송관 내에 공기만이 흐를 때의 압력손실을 ΔP_a라 하면, ΔP_t는 다음과 같다.

$$\Delta P_t = \gamma \Delta P_a = (1 + k\alpha)\Delta P_a \tag{14-27}$$

여기서, γ는 압력손실비로 혼합비의 1차식으로 표시된다. 비례정수 k는 수직관의 경우 1~2, 수평관에서는 1 이하이며, 일반적으로 혼합비가 클수록 감소하는 경향을 나타낸다. ΔP_a는 다음과 같다.

$$\begin{aligned}\Delta P_a &= \Delta P_{a1} + \Delta P_{a2} + \Delta P_{a3} \\ &= \frac{\rho_a V_a^2}{2} + f\frac{l}{D}\frac{\rho_a V_a^2}{2} + \beta\frac{\rho_a V_a^2}{2}\end{aligned} \tag{14-28}$$

여기서, ΔP_{a1} : 가속손실(Pa)
ΔP_{a2} : 직관부의 관마찰에 의한 압력손실(Pa)
ΔP_3 : 곡관부에서 관마찰에 의한 압력손실(Pa)
f : 직관부의 관마찰계수
l : 직관부의 길이(m)
β : 곡관부에서 압력손실계수

직관부의 관마찰계수는 난류 영역에서 매끄러운 관일 때 다음 식으로 계산한다.

$$Re < 10^5 \ : \ f = \frac{0.3164}{Re^{1/4}} \tag{14-29}$$

$$Re > 10^5 \ : \ f = 0.0032 + \frac{0.221}{Re^{0.237}} \tag{14-30}$$

여기서, Re는 Reynolds 수이며, 다음과 같다.

$$Re = \frac{\rho_a V_a D}{\mu} \tag{14-31}$$

μ는 공기점성계수(kg/m·s)이다. 곡관부에서 압력손실계수 β는 다음과 같다.

$$\beta \fallingdotseq 0.131\left(\frac{\theta}{90}\right) \tag{14-32}$$

θ는 곡관의 힘각(도)이다.

ΔP_s는 분리기로 사이클론을 사용할 경우 1~3 kPa 정도이다.

예제 14-6

벼를 6 t/hr로 20 m의 수평이송하는 공기컨베이어의 소요동력을 계산하여라.

풀 이

공기의 밀도 $\rho_a = 1.2\text{kg/m}^3$, 혼합비 $\alpha = 4$로 가정하면,

이송능력 $Q = 3.6\alpha\, Q_a \rho_a$에서

공기유량 $Q_a = \dfrac{Q}{3.6\alpha\rho_a} = \dfrac{6}{3.6(4)(1.2)} = 0.347\ \text{m}^3/\text{s}$

공기속도 $V_a = c\sqrt{\rho_m} = 0.9\sqrt{550} = 20\ \text{m/s}$

관의 직경 $D = \sqrt{\dfrac{4Q_a}{\pi V_a}} = \sqrt{\dfrac{4(0.347)}{\pi(20)}} = 0.15\ \text{m}$

Reynolds수 $Re = \dfrac{\rho_a V_a D}{\mu} = \dfrac{1.2(20)(0.15)}{1.98\times 10^{-5}} = 1.8\times 10^5$

관마찰계수 $f = 0.0032 + \dfrac{0.221}{Re^{0.237}} = 0.0158$

가속손실 $\Delta P_{a1} = \dfrac{\rho_a V_a^2}{2} = \dfrac{1.2(20)^2}{2} = 240\ \text{Pa}$

직관부 압력손실 $\Delta P_{a2} = f\dfrac{l}{D}\dfrac{\rho_a V_a^2}{2} = 0.0158\dfrac{20}{0.15}\dfrac{1.2(20)^2}{2} = 506\ \text{Pa}$

곡관부의 압력손실 $\Delta P_{a3} = 0$

이송관 내의 압력손실 $\Delta P_t = (1+k\alpha)\Delta P_a = (1+4)746 = 3730\ \text{Pa}$

사이클론에서의 압력손실 $\Delta P_s = 1000\ \text{Pa}$로 가정하면, 필요정압은 4730 Pa이다.

소요동력 $L = \dfrac{\Delta P Q_a}{1000\eta} = \dfrac{4370(0.347)}{1000(0.25)} = 6.1\ \text{kw}$

연 | 습 | 문 | 제

1 원심배출형 버킷엘리베이터를 이용하여 벼를 20 t/hr로 이송한다. 이송 높이(양정)는 7 m, 이송속도는 80 m/min이다. 버킷의 용적, 피치, 벨트풀리의 직경, 소요동력을 결정하여라.

2 벼를 20 t/hr로 10 m의 수평거리를 이송하는 벨트컨베이어의 폭과 이송 속도 및 소요동력을 결정하여라.

3 벼를 10 t/hr로 8 m의 수평거리를 이송하는 스크루컨베이어의 날개 직경, 회전수 및 소요동력을 계산하여라.

4 벼를 20 t/hr로 10 m의 수평이송하는 공기컨베이어의 공기유량, 이송관의 직경, 소요동력을 계산하여라.

참고문헌

1. 고학균, 금동혁 외 5인. 1990. **농산가공기계학**. 향문사.
2. 고학균, 금동혁 외 11인. 1995. **미곡종합처리시설**. 문운당
3. 山下律也, 西山喜雄 外. 1994. **新版 農産機械學**. 文永堂出版
4. 全農 施設·資材部. 1994. **共乾施設の てびき** –II 分册–. 全農管材株式會社
5. Henderson, S.M., R.L. Perry and J.H. Young. 1997. *Principles of Process Engineering*. 4th Edition. ASAE.

Post-Harvest Process Engineering

Chapter 15 미곡종합처리시설

Chapter

15 미곡종합처리시설

미곡종합처리시설(Rice Processing Complex: RPC)은 다수의 농가가 수확한 벼를 공동으로 건조, 저장, 도정, 포장하여 제품으로 출하하는 일련의 공정을 일관작업으로 수행할 수 있도록 기계화 또는 자동화한 농산가공시설이다.

공동건조저장시설(Drying Storage Complex, DSC)은 벼의 건조 및 저장 공정만을 공동으로 수행하는 시설이며, 단독으로 설치되기도 하지만 대부분 RPC의 위성시설로 설치되어 RPC에 원료 벼를 공급하는 역할을 한다.

15.1 설치목적

농산물의 시장개방 확대와 고품질의 안전한 쌀에 대한 소비자의 요구가 증대하면서 쌀의 가격 및 품질 경쟁력의 제고가 절실해졌다. 이러한 시대적 요청에 부응하기 위하여 1991년 농어촌구조개선사업의 일환으로 RPC가 설치되기 시작하였다.

RPC의 설치 목적을 요약하면 다음과 같다.

- **노동력과 비용 절감** : 수확한 벼가 산물 상태로 취급되고 건조와 저장 작업을 공동으로 수행함으로써 수확 후 관리비용과 노동력을 절감한다.
- **고품질 쌀 생산** : 현대화된 건조, 저장 및 도정 시설과 합리적인 작업으로 수확 후의 양 및 질적인 손실을 최소화하여 품질이 좋은 쌀을 생산한다.
- **쌀 유통구조 개선** : 수확기의 산지 홍수출하 흡수, 산지 출하물량 규모화, 직거래 확대, 유통단계축소 등을 통하여 유통비용을 절감하는 등 산지유통의 거점 시설의 기능을 수행한다.

- **미곡 생산의 조직화** : 재배품종수의 조정, 육묘, 이앙 및 수확 작업을 집단화·공동화하는 등 개별생산을 지양함으로써 미곡생산을 조직화하여 생산비를 절감한다.
- **경영규모 및 복합영농 확대** : 생산비의 절감, 공동작업 및 농작업의 수·위탁을 통하여 이룩한 자금과 노동력의 여유로 경영규모의 확대와 복합영농의 확대가 가능하다.

1991년 충남 합덕과 경북 안계 농협에서 시범사업으로 시작한 RPC는 2001년까지 328개소(농협운영 200개소, 민간운영 128개소)가 설치되었다. 2001년을 끝으로 도정시설을 갖춘 RPC의 설치는 중단되었으며, 각 RPC에 건조저장 전용시설인 DSC를 증설하거나 RPC의 위성시설로 별도의 DSC를 설치하는 사업이 1995년부터 시작되어 2006년 말 현재 799개소가 설치되었다.

[표 15-1] 연도별 RPC와 DSC 설치 개소 수

구 분	'91	'92	'93	'94	'95	'96	'97	'98	'99	'00	'01	'02	'03	'04	'05	'06	계
RPC	2	30	48	66	39	35	33	48	11	12	4	–	–	–	–	–	328
DSC	–	–	–	–	22	25	64	81	90	85	76	81	44	71	50	110	799

15.2 기본공정

미곡종합처리시설은 그림 15-1과 같이 물벼의 반입공정, 건조공정, 현미가공공정, 백미가공공정, 포장공정으로 구성된다.

반입공정은 개별농가에서 수확한 벼를 미곡종합처리장에 반입하는 공정으로 반입호퍼, 조선기 및 계량장치로 구성된다. 건조공정은 반입된 벼를 열풍건조 또는 상온통풍건조하는 공정이며, 저장공정은 건조가 완료된 벼를 저장하는 시설로 구성된다. 도정공정은 현미가공공정, 백미가공공정 및 포장출하공정으로 구성된다.

15.3 반입시설

원료 벼의 반입시설은 개별농가에서 수확한 벼를 RPC로 반입하는 시설이며, 반입호퍼, 조선기 및 계량장치로 구성된다.

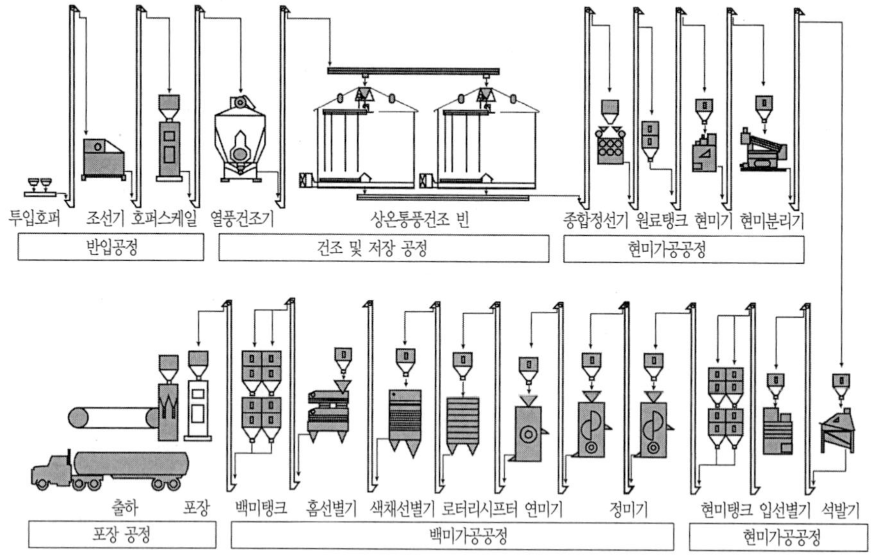

[그림 15-1] 미곡종합처리장의 기본공정과 흐름도

산물상태의 물벼가 반입호퍼를 통하여 반입되면 조선기에서 이물질이 제거되어 계량장치를 통과한다. 계량장치에서 중량과 함수율이 계측되어 기록된다. 또한 계량장치에서 자동으로 시료가 채취되며, 채취된 일정량의 시료는 건조, 현미가공 및 선별과정 또는 성분분석과정을 거치면서 품위와 품질이 평가된다.

15.3.1 반입호퍼

반입호퍼의 구조는 그림 15-2와 같다. 반입호퍼의 투입부에는 끈, 지푸라기 등 크기가 큰 이물질을 제거하기 위하여 철제의 격자가 설치되며, 호퍼의 하부에는 곡물의 수평이송용 벨트컨베이어와 수직이송용 버킷엘리베이터가 설치된다. 또한 반입호퍼 위에는 벼가 투입될 때 발생하는 많은 분진을 제거할 수 있도록 집진덕트가 설치된다.

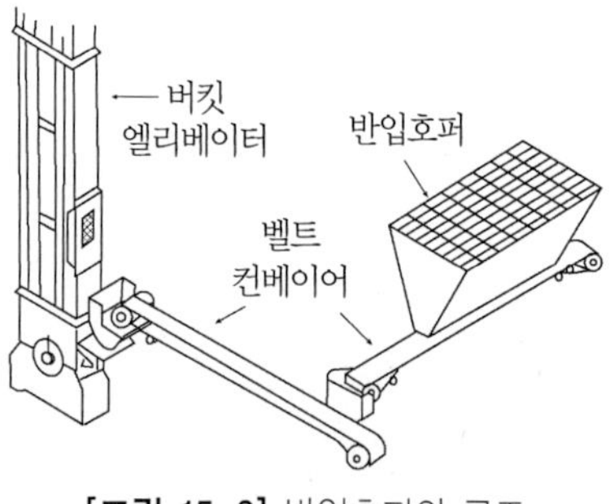

[그림 15-2] 반입호퍼의 구조

반입호퍼의 반입능력은 호퍼 하부의 벨트컨베이어에 부착된 변속모터로 컨베이어의 이송속도를 제어하여 조절한다. 또는 변속모터를 설치하지 않은 시설은 호퍼출구에 설치된

물량조절 게이트를 이용한다.

15.3.2 조선기

콤바인으로 수확한 벼에는 지푸라기, 쭉정이, 돌 등 매우 다양한 이물질이 혼입되어 있다. 이러한 이물질을 제거하는 장치를 조선기(precleaner) 또는 예비 정선기라고 한다.

수확한 벼에 혼입된 이물질은 곡립의 유동성을 악화시키고, 이송, 건조, 도정 공정을 거치면서 많은 단위기계의 손상은 물론 작업효율을 저하시키게 된다. 특히 이물질이 건조기에 투입되면 건조효율을 저하시키며, 저장 중에는 벼의 변질을 촉진하게 된다. 이물질이 제거되지 않으면 호퍼스케일에서 벼와 함께 무게가 계량되어 이물질이 벼와 동일하게 취급된다. 따라서 이물질을 제거하는 조선작업은 매우 중요하다.

조선기는 흡인선별송풍기(aspirator), 회전원통형 스크린(rotating drum screen) 및 진동체(oscillating sieve)의 3요소로 구성되는데, 이 구성요소 중 2개 또는 3개를 조합한 구조를 가진다.

그림 15-3은 흡인선별송풍기와 회전원통형 스크린으로 구성된 조선기이다. 상부의 호퍼로 공급된 원료는 공급롤러에 의하여 균일하게 흘러서 회전원통형 스크린의 외주로 공급되며, 여기서 지푸라기와 같은 큰 이물질은 회전원통의 스크린 위에 잔류하여 원통의 회전방향으로 흘러서 출구로 배출된다. 정립, 쭉정이 및 기타 작은 이물질은 스크린을 통과하여 하부의 공기 흡입부로 유하한다. 여기서 흡인선별송풍기의 기류에 의하여 선별되어 정립은 기체 하부의 배출구로 낙하하고, 비교적 가벼운 이물질은 분리실로 유입된다. 분리실에서 기류가 풍속이 느려지면서 쭉정이 등의 이물질은 분리실의 하부로 낙하하여 배출되고 분진은 송풍기에 의하여 흡인되어 배기관으로 배출된다. 이 조선기의 운전에서 중요한 요소는 원료의 공급량과 흡인풍량의 조절이다. 원료공급량은 공급량 조절장치로 조절하는데, 공급량이 많을 경우 정립이 지푸라기 등과 함께 배출될 수 있다. 흡인풍량은 흡인풍량 조절셔터로 조

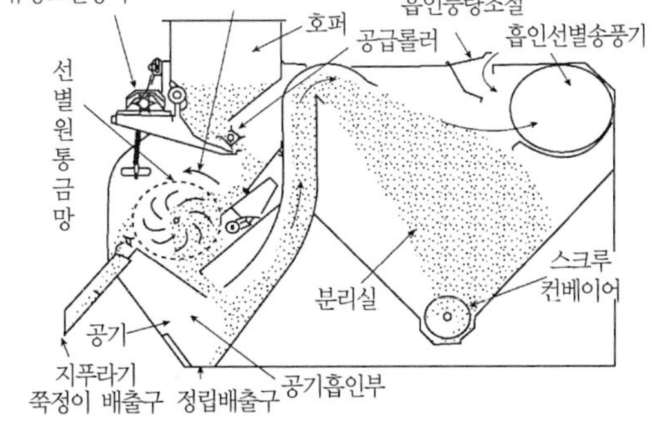

[그림 15-3] 조선기(회전원통형 스크린+흡인선별송풍기)

절되는데, 풍량이 많으면 정립이 쭉정이 등과 함께 분리실 하부로 배출될 수 있다. 풍량이 너무 적으면 정립에 쭉정이, 분진 등의 혼입이 많아진다. 회전원통형 스크린을 2단으로 2개 설치한 구조의 조선기도 있다.

그림 15-4는 흡인선별송풍기와 3단 진동체로 구성된 조선기다. 흡인선별송풍기에서는 쭉정이와 가벼운 이물질이 선별되고, 1단 진동체는 정립보다 큰 지푸라기 등의 이물질이 선별되며, 정립은 2단 진동체의 출구로 배출되고 정립보다 작은 이물질은 2단 진동체를 통과한다. 3단 철판은 2단 진동체를 통과한 모래 등의 작은 이물질을 모아 배출한다.

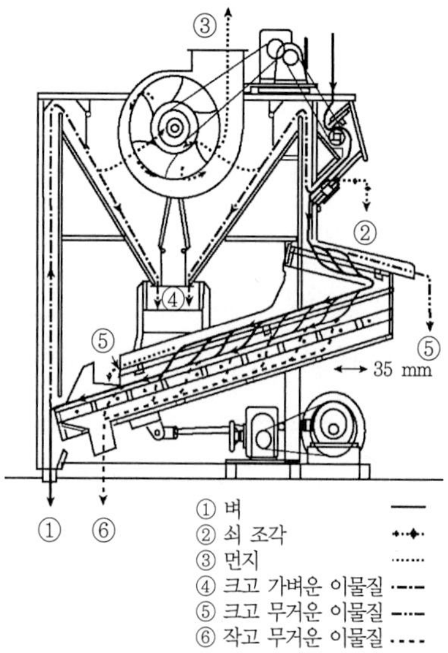

[그림 15-4] 조선기(흡인선별송풍기+진동체)

그림 15-5는 회전원통형 스크린과 흡인선별송풍기에 진동체가 부착된 구조의 조선기다. 원료 가운데 포함된 큰 지푸라기, 수절립 등은 회전원통형 스크린 위에서 분리되어 외부로 배출된다. 스크린을 통과한 곡립, 쭉정이 또는 작은 지푸라기 가운데 가벼운 물질은 흡인송풍기에 의하여 흡인되어 외부로 배출되며, 정립과 지푸라기 등은 경사 스크린의 요동운동에 의하여 분리된다.

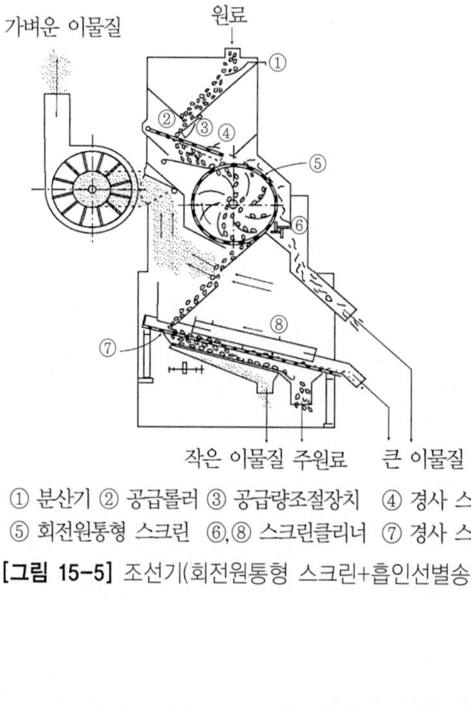

① 분산기 ② 공급롤러 ③ 공급량조절장치 ④ 경사 스크린(고정)
⑤ 회전원통형 스크린 ⑥,⑧ 스크린클리너 ⑦ 경사 스크린(요동운동)

[그림 15-5] 조선기(회전원통형 스크린+흡인선별송풍기+진동체)

흡인선별송풍기는 주로 벼에서 쭉정이와 가볍고 작은 이물질을 선별하는 데 이용되는데, 효율적인 선별을 위하여 적정한 풍속의 유지가 중요하다. 적정한 풍속은 다음 식으로 계산한다.

$$v = \sqrt{v_g \, v_i} \tag{15-1}$$

여기서, v : 적정 풍속(m/s)
v_g : 정립의 종말속도(m/s)
v_i : 이물질의 종말속도(m/s)

보통 함수율 20~24 %(w.b.) 벼의 종말속도는 4.0~4.8 m/s이며, 쭉정이의 종말속도는 1.4~1.8 m/s이다. 따라서 적정 풍속은 2.4~3.0 m/s 범위이다.

15.3.3 호퍼스케일

호퍼스케일(hopper scale)은 반입된 벼의 중량과 함수율을 동시에 측정할 수 있는 장치이다. 반입되는 벼는 호퍼스케일에서 로드셀(load cell)을 이용하여 100 kg 또는 200 kg 단위로 무게가 측정되는 동시에 전량의 수분치가 자동 측정되어 중량과 함께 출력된다.

미곡종합처리장에 반입되는 벼의 수분은 함수율 편차가 커서 소량의 시료로는 큰 오차가 발생한다. 이러한 오차를 줄이기 위하여 전체량을 모두 측정하는 고주파 용량식 전량수분계가 사용된다. 벼의 수분을 측정하기 위하여 호퍼의 양측 벽에 각각 1~3개의 발신 및 수신용 고주파센서를 설치하거나, 호퍼 중간에 2개의 동판 전극이 설치된다. 함수율에 따라 변화하는 유전율을 고주파 용량으로 변환시켜 함수율을 측정한다.

그림 15-6은 현재 대부분의 미곡종합처리장에서 벼의 수분측정에 사용되고 있는 고주파 용량식 전량수분계의 수분검출기구를 표시한 것으로, 호퍼의 중간에 동판전극이 설치된 구조이다.

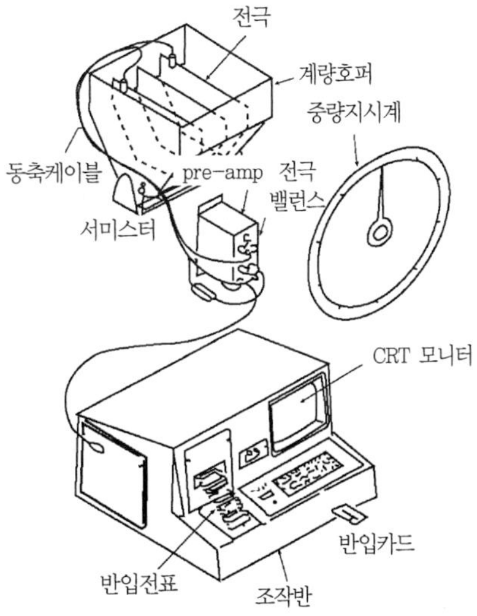

[그림 15-6] 호퍼스케일(전량수분계)

15.4 건조 및 저장 시설

미곡종합처리시설에는 대부분 우리나라의 기상조건을 잘 반영한 조합건조시설을 갖추고 있다. 조합건조(combination drying)란 열풍건조와 상온통풍건조를 조합하는 방법으로, 건조속도가 느린 상온통풍건조의 단점을 열풍건조로 보완하고, 에너지 소비가 많고 동할 발생의 위험이 높은 열풍건조의 단점을 상온통풍건조로 보완할 수 있는 장점이 있다.

열풍건조기로는 용량 5~30톤 규모의 순환식 건조기와 용량 10~20톤 규모의 연속식 건조기가 주로 이용되며, 상온통풍건조와 저장을 겸용하는 시설로 저장용량 300~500톤 규모의 철제 원형빈이 이용된다.

조합건조방법은 크게 2가지 방법으로 나눌 수 있다.

제1 조합건조방법은 그림 15-7(a)와 같이 고함수율의 물벼를 함수율 20% 정도까지 열풍 건조한 후 빈으로 이송하여 저장에 적합한 16%까지 상온통풍건조하고, 상온통풍건조로 16%까지 건조되기 전에 도정이 필요한 경우, 도정이 요구되는 일부 물량만을 16%까지 다시 열풍건조하여 도정공정으로 이송하는 방법이다.

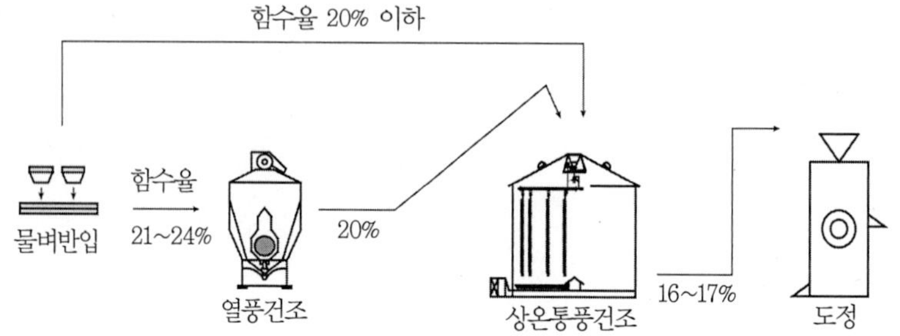

(a)제1 조합건조방법

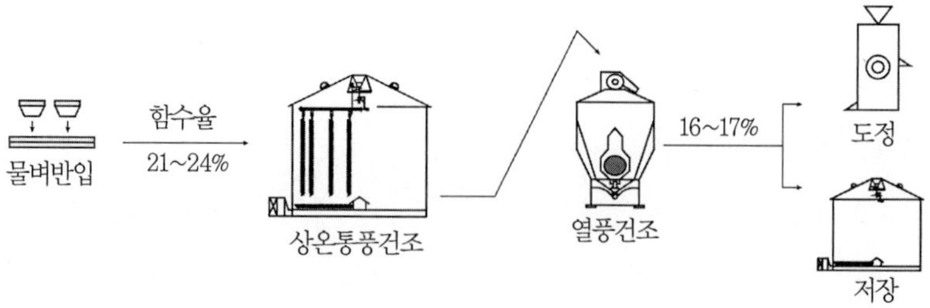

(b) 제2 조합건조방법

[그림 15-7] 조합건조방법

제1 조합건조방법의 특징은 다음과 같다.

- 열풍건조기로 함수율 20%까지만 건조하므로 함수율 15~16%까지 건조할 경우에 비하여 열풍건조기의 건조능력을 1.5~2.0배 증가시킨다.
- 건조에너지가 가장 적게 소비되는 고함수율일 때 열풍으로 건조하고, 에너지 소비가 많은 저함수율일 때 상온통풍건조하므로 건조에너지가 절감된다.
- 상온통풍건조는 상대적으로 낮은 온도에서 느린 건조속도로 건조하므로 동할미의 발생이 최소화된다.
- 함수율 20% 정도의 벼를 빈에 투입하므로 빈을 만량으로 채워서 상온통풍건조가 가능하다.

제2 조합건조방법은 반입물량 전체를 빈에 투입하여 상온통풍건조를 수행하면서 도정하여야 할 물량만을 열풍건조기로 마무리 건조하고 나머지 물량은 상온통풍건조를 하면서 저장하는 방법이다. 이 방법은 높은 함수율일 때 온도가 낮은 상온의 공기로 건조하므로 미질 유지 측면에서 유리하지만, 고함수율의 벼를 빈에 투입할 때는 퇴적고의 제한을 받게 되므로 투입량의 조절에 특별히 유의하여야 한다.

이상의 두 가지 방법을 반입되는 벼의 물량과 시설능력에 따라 적절히 조합하면 벼가 집중반입될 때 가장 효과적으로 대응할 수 있다.

15.5 도정시설

15.5.1 현미가공시설

도정공정은 현미가공시설, 백미가공시설 및 포장시설로 구성된다. 현미가공시설은 종합정선기, 현미기, 현미분리기, 입선별기, 현미석발기 및 현미탱크 등으로 구성된다.

(1) 종합정선기

RPC에 반입되는 벼에 혼입된 이물질은 조선기에서 1차 정선되고, 건조기에서 일부 정선이 이루어지지만 완전히 제거하기는 어렵다. 종합정선기는 가공 초기에 벼에 혼입된 쭉정이, 지푸라기, 돌, 모래 등의 이물질을 제거하여 원료의 흐름을 원활하게 하고 현미기나 정미기 등 가공기계에 손상을 주지 않도록 하여 전체 시스템의 효율을 향상시키기 위한 단위기계이다.

종합정선기의 구조는 그림 15-8과 같다.

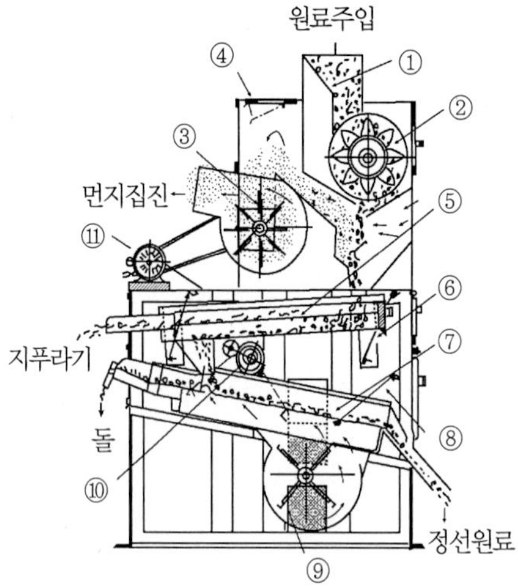

[그림 15-8] 종합정선기

종합정선기는 그림에서와 같이 기류, 크기 및 비중 선별을 복합적으로 이용하며, 대부분 2~3단의 선별체와 송풍기를 조합한 구조이다.

(2) 현미기

현미기에는 고무롤러 현미기와 충격식 현미기가 사용되며, 미곡종합처리장과 같은 대형 시설에는 고무롤러 현미기가 주로 설치된다(현미기 구조와 작동 원리는 9장 참고).

(3) 왕겨분리기

왕겨분리기(husk separator)는 현미기 하단에 설치되어 탈부된 현미와 섞여 있는 왕겨를 기류선별방식으로 분리하는 장치이다. 현미기와 일체화되어 있으나 하나의 단위기계로 취급되기도 한다. 왕겨분리기는 왕겨를 직접 흡인하여 배출시키는 풍구식과, 송풍기 풍압을 이용하여 체임버 내부를 진공상태로 만들어 왕겨를 포집하는 반진공식이 있다. 풍구식은 종래에 많이 사용되었으나 왕겨를 송풍기

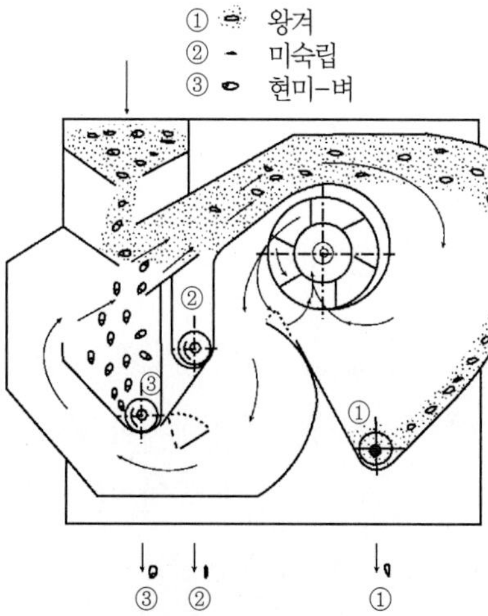

[그림 15-9] 왕겨분리기

가 직접 흡인하여 배출하므로 날개의 마모가 심하여 거의 사용하지 않고 있으며, 대부분 반진공식이 사용된다.

반진공식 왕겨분리기의 구조는 그림 15-9와 같다. 그림에서와 같이 현미기의 하단에 설치되어 현미기를 통과한 벼, 현미 및 왕겨가 하단 기류선별장치를 통과하면서 왕겨는 호퍼형 진공체임버로 포집되어 체임버 하단에 부착된 로터리밸브를 통하여 배출된다. 현미와 미탈부된 벼는 현미분리기로 이송된다.

(4) 현미분리기

현미기에 공급되는 벼는 함수율의 편차가 있고 곡립의 크기 등이 달라 균일한 탈부가 어렵다. 현미기에 한 번 통과로 모든 벼를 탈부하게 되면 동할 현미가 크게 발생한다. 따라서 일반적으로 현미기는 탈부율이 80~95%가 되도록 조절하게 되며, 현미기를 통과한 현미에는 5~20%의 벼가 혼입되어 있다. 미탈부된 벼는 분리하여 현미기로 재투입되어야 한다.

현미분리기(paddy separator)는 요동식(oscillating type), 칸막이식(compartment type), 스크린식(screen type)이 있다.

요동식 현미분리기는 그림 15-10과 같이 균분기, 선별판, 선별판의 경사각 조절장치, 배출구 간격조절판, 요동장치로 구성된다. 선별판은 반원형, 반구형, 지그재그형 등의 요철모양을 한 철판이며, 전후와 좌우 방향으로 경사지게 설치되어 있다. 이 경사각은 경사조절장치에 의하여 조절이 가능하며, 전후 경사각(front angle)은 4~9° 범위에서 고정되며, 좌우 경사각(side angle)은 6~11° 범위에서 조절한다. 선별판은 경사 방향으로 아치형 왕복운동을 한다.

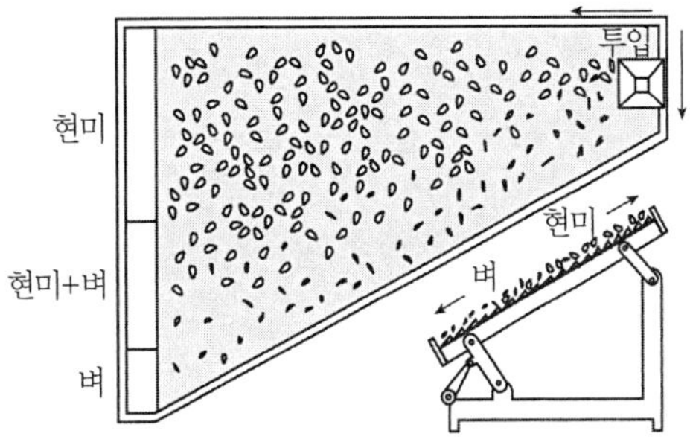

[그림 15-10] 요동식 현미분리기

현미와 벼의 혼합물이 선별판 위로 공급되면 선별판의 요동운동에 의하여 표면에 얇게 깔리면서 1차적으로 비중분리가 일어난다. 즉, 비중이 크고 크기가 작은 현미는 요철면의 홈 속으로 들어가고, 비중이 작고 크기가 큰 벼는 현미의 상층에 위치하게 된다. 요동장치에 의하여 일정한 형태의 진동이 가해지면 홈 속에 들어간 현미는 요철면과의 마찰이 커서 선별판의 상단으로 이동하여 배출된다. 반면, 벼는 마찰력이 크게 작용하지 않아 선별판의 하단으로 이동하여 배출된다. 즉, 현미는 배출단의 상부로, 벼는 하부로, 미분리된 혼합물은 중간부로 각각 배출되는데, 배출되는 현미와 벼의 순도를 고려하여 배출구 간격을 조절한다.

요동식 현미분리기의 성능은 요동기구의 기하학적 인자뿐만 아니라 선별판의 홈의 모양 및 치수, 공급률 등의 영향을 크게 받는다. 처리능력을 증가시키기 위하여 선별판을 5 cm 간격으로 여러 단으로 설치한다. 처리능력은 벼의 모양, 즉 단립종과 장립종에 따라 다르며, 0.75 kW의 전동기를 부착한 것은 단립종의 경우 3180 kg/hr, 장립종은 2270 kg/hr이다. 이 현미분리기는 소요동력이 작고, 다루기 쉬우며, 설치면적이 좁은 장점이 있으나, 진동이 있기 때문에 설치할 때 기초를 튼튼히 하여야 한다.

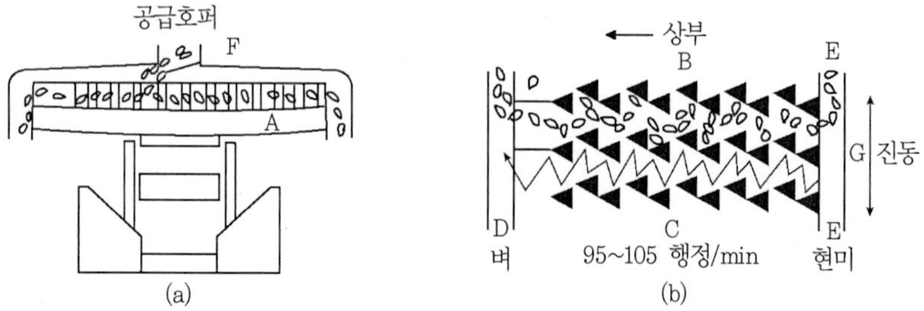

[그림 15-11] 칸막이식 현미분리기

칸막이식 현미분리기의 구조는 그림 15-11과 같다. 이는 선별판, 선별판 요동장치 및 선별판의 경사각 조절장치 등으로 구성되어 있다. 선별판은 삼각주가 지그재그 모양으로 배열되어 있는 여러 조의 칸막이로 구성되어 있으며, 선별판의 표면은 매끄러운 철판이나 합판이다. 지그재그 모양의 벽면은 수평축과 약 30° 경사를 이루고 있으며, 선별판은 칸막이와 직각으로 직선왕복운동을 한다. 칸막이의 수가 처리능력을 결정하는데, 칸막이 하나의 현미 처리능력은 단립종인 경우 60 kg/hr이며, 장립종은 40 kg/hr이다. 단립종 현미를 시간당 2톤을 처리하는 데 필요한 칸막이의 수는 50조이다.

선별판(A)은 D부분이 약간 높게 경사져 있다. 벼와 현미의 혼합물이 선별판의 중간부에 있는 호퍼(F)에서 각 칸막이에 공급되면 진동에 의하여 삼각주의 벽면에 부딪히면 지그재그 운동을 한다. 이때 비중이 낮고 표면이 거친 벼는 경사진 선별판의 위쪽(D)으로 이동하고, 반면에 비중이 크고 표면이 매끄러운 현미는 자중에 의하여 아래쪽(E)으로 이동하여 배출된다. 선별판의 경사는 벼의 크기와 함수율에 따라서 조절한다. 선별판의 진동수는 일반적으로 95~105 행정/min 정도이다. 최근에는 진동수를 조절하여 처리능력을 약 1.5배까지 증가시킨 것도 있다.

칸막이식 현미분리기는 현미기준으로 1~1.5 kW/ton 정도의 작은 소요동력이 요구된다. 또한 한 대의 장치로 여러 종류의 곡물에 사용할 수 있으며, 마모 부품이 적으므로 운전 및 유지비가 저렴한 장점이 있다. 요동식은 벼와 현미의 흐름 방향이 동일하여 크기가 작은 장점이 있으나 선별률이 낮아 재순환이 필요한 반면, 칸막이식은 벼와 현미의 흐름 방향이 달라 처리능력에 비하여 장치가 비교적 크지만 선별율이 높으며 재순환이 거의 불필요하다. 선별률과 장치의 크기를 고려하여 비교적 강도가 커서 재순환을 하여도 동할이나 싸라기 발생이 적은 단립종에서는 요동식이 주로 사용되고, 잘 부러지는 장립종의 경우에는 칸막이식이 많이 보급되어 있으며, 우리나라의 RPC에는 모두 요동식이 설치되어 있다.

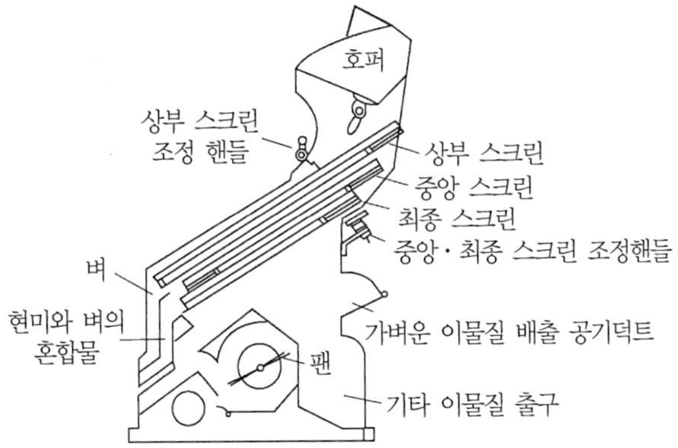

[그림 15-12] 스크린식 현미분리기

그림 15-12와 같이 스크린식 현미분리기(screen separator)는 한 세트의 고정 스크린으로 구성되어 있는데, 2~4장의 스크린이 상부, 중간 및 하부에 31~35°의 경사각으로 설치되어 있다. 상부 스크린에 벼가 흘러내리고, 중간부와 최종 스크린 위에는 벼와 현미의 혼합물이 흘러내리며, 현미는 최종 스크린을 통과하여 수집된다. 벼는 현미기로 재투입되고, 벼와 현미의 혼합물은 현미분리기로 재투입된다. 스크린의 메시의 크기는 스크린 30 mm 당 와이어의 수로 나타내는데, 측면 방향으로 상부 스크린은 5.5~6.0개, 중간 스크린은 6.0~7.0개, 최종 스크린은 7~7.25개이며, 길이 방향의 와이어 수는 30 mm당 7.5~8.0개이다.

스크린식 현미분리기는 구조가 아주 간단하다는 장점은 있으나, 원료의 공급률, 스크린의 각도, 메시의 크기가 적절치 못하면 성능이 저하된다. 보통 소형의 가정용 자동현미기에 설치된다.

(5) 입선별기

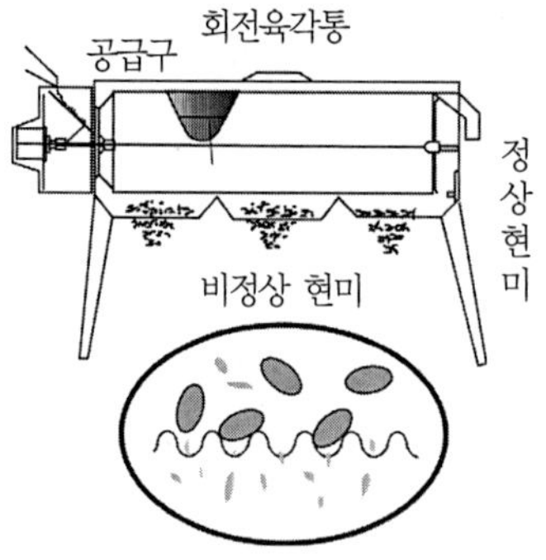

[그림 15-13] 입선별기

입선별기는 현미에 혼입된 미숙립, 사미 등 비정상립과 현미기 등에서 발생한 싸라기나 기타 이물질을 제거하기 위하여 설치하는 선별기이다.

그림 15-13의 입선별기는 현미와 비정상립의 두께 차이로 선별하는 두께 선별기(thickness grader)이다. 선별망은 개공률 25~40%로 타공된 철판으로 만든 6각형의 회전통이며, 선별망의 체눈의 폭은 1.60~1.85 mm 정도이다.

(6) 현미석발기

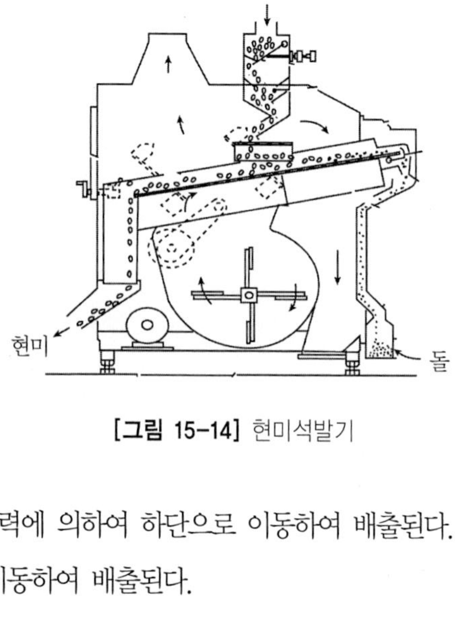

[그림 15-14] 현미석발기

현미 입자와 크기가 같은 돌 등의 무거운 이물질은 보통의 선별기로는 선별이 거의 불가능하다. 현미석발기(destoner)는 현미 속에 포함되어 있는 돌을 골라내는 기계이며, 구조는 그림 15-14와 같다. 이 석발기는 현미와 돌의 비중차이를 이용하는 선별기로 요철판, 요동장치 및 송풍기로 구성된다.

경사진 요철판의 중간 부위로 돌이 섞인 현미가 공급되면, 요철판을 통과하는 기류에 의하여 돌보다 가벼운 현미는 약간 부유하여 중력에 의하여 하단으로 이동하여 배출된다. 반면, 돌은 요철판의 진동에 의하여 상단으로 이동하여 배출된다.

15.5.2 백미가공시설

백미가공시설은 정미기, 연미기, 로터리 시프터, 색채선별기 및 홈선별기로 구성된다.

(1) 정미시스템

현미를 백미로 가공하기 위하여 연삭식 정미기와 마찰식 정미기를 일렬 또는 계단식으로 여러 대 설치하는데, 이를 정미시스템이라고 한다. 일반적으로 연삭식 정미기는 싸라기 발생률이 낮고 정백효율이 좋은 반면, 백미의 표면이 매끄럽지 못한 결점이 있다. 마찰식 정미기는 싸라기 발생률은 높지만, 생산된 백미의 표면이 매끄럽다. 따라서 정미시스템은 이 두 종류의 정미기를 효율적으로 배열하는 것이 매우 중요하다.

정미시스템은 마찰식 정미기만을 이용하는 마찰식 정미시스템과 연삭식 및 마찰식 정미기를 이용하는 복합식 정미시스템으로 구분할 수 있다.

마찰식 정미시스템은 마찰식 정미기 2~4대를 연좌식으로 설치한 시스템으로, 비교적 도정 물량이 적은 중소규모 도정공장에 적합하다. 이 시스템은 함수율이 높은 현미의 가공에 적합하며, 함수율이 적합하면 가공한 쌀의 표면이 깨끗하여 상품성은 향상될 수 있으나, 함수율이 낮을 경우 미강 제거가 어렵고, 곡온상승으로 싸라기 발생량이 증가하며, 도정능률도 저하된다.

복합식 정미시스템은 1~2대의 연삭식 정미기와 2~4대의 마찰식 정미기를 연좌식으로 설치하거나, 1~4대의 원패스 정미기와 1~2대의 마찰식 정미기를 연좌식으로 설치한 시스템이다. 이 시스템은 가공물량이 많은 도정공장에 적합하며, 기준 함수율 이하인 원료도 효율적으로 가공이 가능하다(정미기와 연미기의 구조와 작동 원리 등은 9장 참고).

(2) 싸라기 선별기

정미기에서 배출된 백미의 표면에 부착되어 있는 미강 등의 미세 입자는 연미기에서 제거된다. 연미기를 거쳐 나온 백미 중에는 각종 크기의 싸라기가 포함되어 있다. 싸라기의 분리 수준은 소비시장의 요구에 따라 결정된다. 싸라기의 분리가 전혀 불필요한 국가도 있으며, 작은 싸라기와 큰 싸라기를 모두 제거한 완전미를 요구하는 시장도 있다. 일반적으로 몇 퍼센트 정도의 싸라기가 포함된 쌀이 유통된다. 백미에서 싸라기를 선별하는 기계를 싸라기 선별기라고 하며, 진동체 분리기(oscillating sieve), 로터리 시프터(rotary shifter) 및 원통형 홈선별기(indent cylinder separator) 등이 있다.

진동체 분리기는 다공 철판 또는 와이어 메시로 된 분리체를 4~12° 경사지게 설치하고 3.3~6.6 Hz로 진동하는 구조이다. 진동체는 분리체가 1단인 것과 체눈의 크기가 다른 2단 분리체를 가진 것이 있다. 1단 진동체 분리기는 분리체 위에는 완전미와 큰 싸라기가 남고 작은 싸라기는 체 아래로 통과하여 분리된다. 2단 진동체는 완전미, 큰 싸라기, 작은 싸라기를 각각 분리한다.

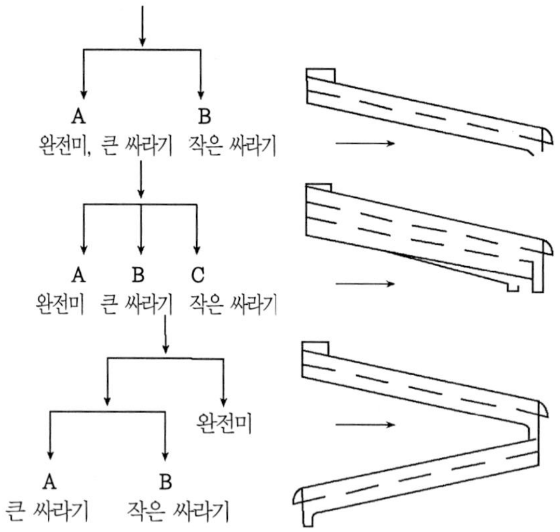

[그림 15-15] 진동체 싸라기 선별기

로터리 시프터(rotary shifter)는 체선별기의 일종으로, 사각철제상자형의 선별체가 2~8단으로 구성되어 있다. 단일 체눈의 크기를 가진 선별체를 조합한 구조의 것이 많아 작은 싸라기를 분리하는 데 주로 이용된다.

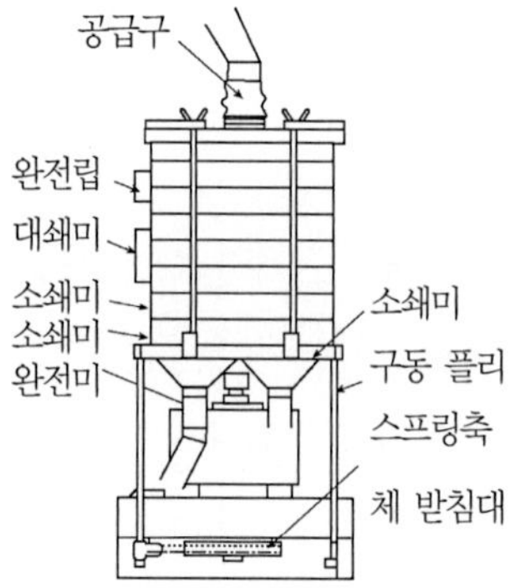

[그림 15-16] 로터리 시프터

회전원통형 홈선별기는 곡립길이의 차이를 이용하는 선별기로 길이선별기(length grader)라고도 한다. 이 선별기의 구조는 그림 15-17과 같다.

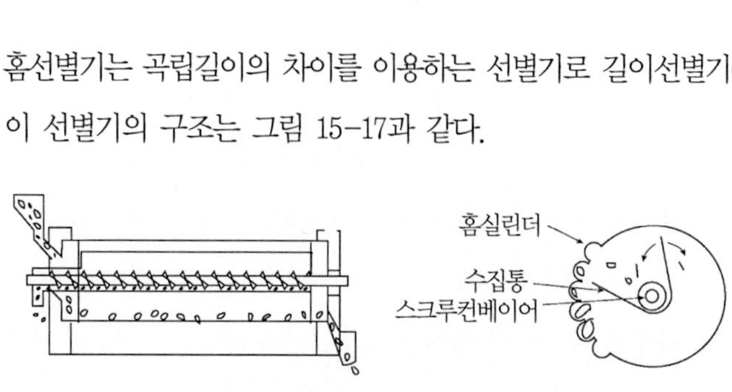

[그림 15-17] 회전원통형 홈선별기

안쪽 벽면에 일정한 모양의 홈이 파여 있는 회전원통, V자형 수집통, 스크루컨베이어로 구성되어 있다. 곡물이 회전원통에 공급되면 길이가 짧은 싸라기는 홈 속에 들어가 원통이 어느 정도 회전한 후에 수집통으로 떨어져서 스크루컨베이어에 의하여 배출되며, 홈 속에 들어가지 못하는 길이가 긴 완전미는 원통이 회전하는 도중에 일찍 원통 내로 낙하하여 경사진 원통을 따라 배출구로 배출된다. 원통은 30~45 rpm으로 회전하며, 소요동력은 0.37 ~2.2 kW, 처리능력은 0.8~8.5 ton/hr 범위이다.

(3) 색채선별기

비중이나 크기를 이용하는 비중 선별, 두께 선별 및 길이 선별 등의 기계적 선별만으로는 비중이나 크기가 정립과 거의 같고 색의 차이만 있는 피해립, 사미 등의 불량품과 이종 곡립, 쌀에 혼입된 돌, 유리, 수지 및 자기파편 등은 완전하게 제거하기 어렵다.

색채선별기(color sorter)는 이러한 기계적 선별법으로 제거할 수 없는 현미나 백미 중에 포함된 불량립, 이종 곡립 및 이물질을 현미분리나 백미가공의 후속공정에서 식별·제거하는 광학적 선별기(optical separator)이다.

그림 15-18과 같이 색채 선별기는 원료 공급부, 분광검출부, 신호처리부, 선별부의 네 부분으로 구성된다.

원료 공급부	① 저장통 ② 전자피더 ③ 슈트
분과검출부	④ 광학렌즈와 광학필터 ⑤ 광센서 ⑥ 광원 ⑦ 배경판
신호처리부	⑧ 신호처리기판
선별부	⑨ 분사노즐 ⑩ 전자밸브

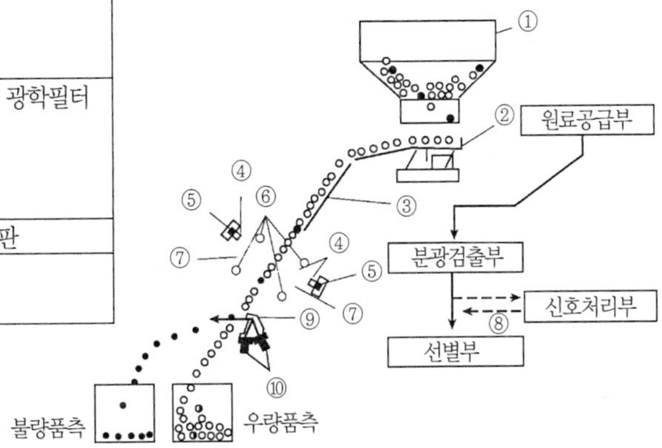

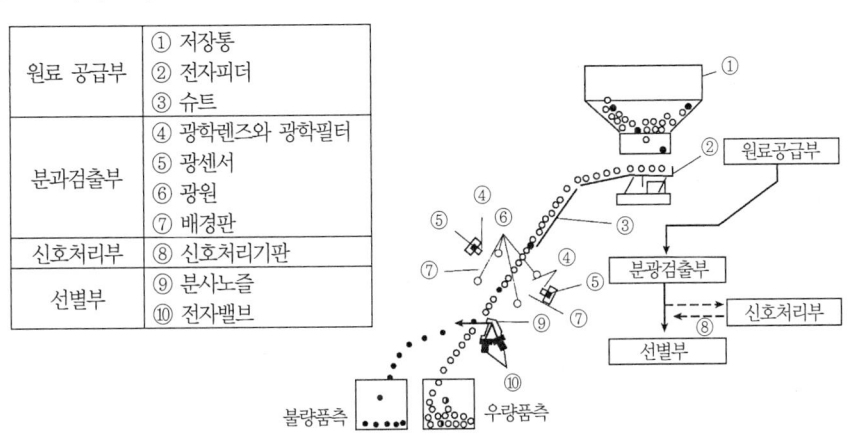

[그림 15-18] 색채 선별기의 구성

1) 원료공급부

원료공급부는 전자피더와 슈트로 구성된다. 전자피더는 쌀을 호퍼에서 연속적으로 슈트 위로 정량 공급한다. 공급된 쌀은 슈트를 따라 내려와 일정한 속도로 분광검출부에 공급된다.

2) 분광검출부

분광검출부는 광원, 광센서, 광학필터, 광학렌즈, 배경판으로 구성된다. 분광검출부에서는 낙하하는 쌀 중에서 불량품을 식별한 후, 그 검출신호를 신호처리부에 보낸다. 사용되는 광학필터, 광센서 및 광원의 사양은 선별재료의 분광 특성에 의하여 결정된다. 광센서, 광학 필터 및 광학렌즈로 구성된 것을 검출기라고 부른다. 광원으로는 형광등과 할로겐램프가 사용되며, 가시광선대역으로부터 근적외선대역까지의 빛을 쌀에 조사하는 역할을 한다. 광센서는 광학필터와 함께 렌즈통에 수납되어 쌀에 조사된 빛의 반사광과 투과광을 수광하고, 그 수광량의 차이에 기초하여 불량품을 검출한다. 배경판은 광센서가 불량품을 검출하기 위한 배경의 밝기 기준으로서 광센서의 맞은편에 설치된다.

3) 신호처리부

신호처리부의 기능은 광센서의 출력신호에서 불량품을 식별하고, 식별부에 불량품을 제거하기 위한 출력신호를 보내는 것이다.

광센서로부터 출력신호는 증폭기로 증폭되며, 정품과 불량품의 출력신호를 비교함으로써 불량품을 판정한다. 그 결과에 근거하여 분사시간 설정회로에서는 불량품의 결함부(착색부나 이물질) 크기에 맞는 전자밸브의 작동시간이 설정되고 노즐 분사시간이 제어된다.

전자밸브 구동회로는 미리 설정된 지연시간 경과 후에 전자밸브의 구동신호를 출력하며, 전자밸브가 작동하면 분사 지연시간 경과 후에 분사노즐로부터 고압공기가 분사된다.

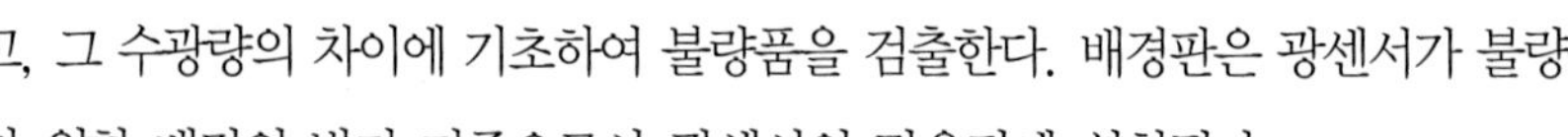

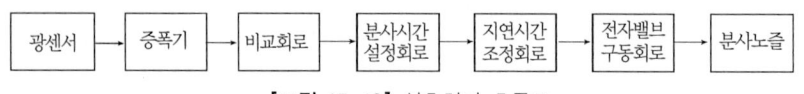

[그림 15-19] 신호처리 흐름도

4) 선별부

선별부는 분사노즐과 전자밸브로 구성된다. 선별부의 기능은 신호처리부에서의 전자밸브 구동신호에 의하여 분사노즐로부터 고압공기를 분사하여 불량품을 제거한다. 그림 15-20에서와 같이 분사노즐의 분사 개시시간은 불량품을 검출하고 나서 전자밸브를 구동할 때까지의 지연시간을 두어 미리 조정한다. 이 지연시간은 미리 지연시간 조정회로에 의하여 설정된다.

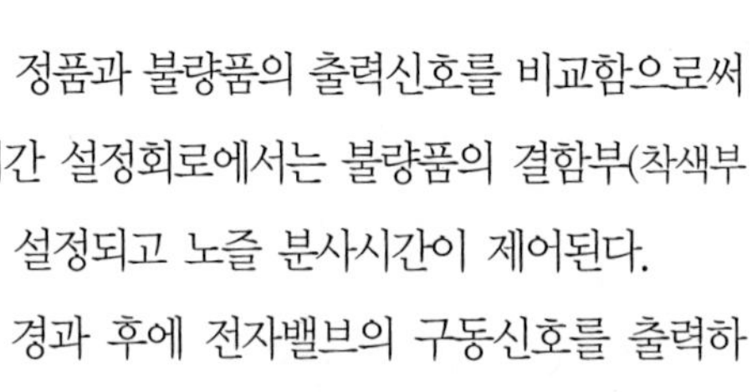

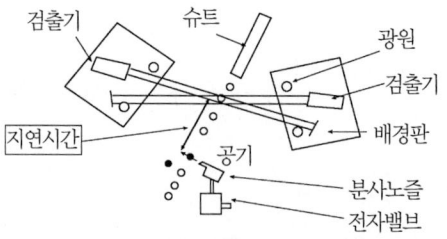

[그림 15-20] 분사 지연시간

15.5.3 제품계량 및 포장시설

제품계량 및 포장시설은 생산된 백미를 계량하는 제품계량기, 지대미 포장을 위하여 사용되는 재봉기, 1~20 kg 단위로 소포장하는 비닐포장기 그리고 벨트컨베이어 등 이송장치로 구성된다.

제품계량기는 최종 제품의 계량 및 지대미 포장을 실시하는 기계로서 계량능력은 10~40 kg, 11~8포/분을 기본으로 한다. 재봉기는 지대미 포장의 재봉에 사용된다. 이송용 컨베이어와 재봉선 자동절단기가 부착된 반자동식이 주로 이용된다. 소포장기는 최종제품계량 및 비닐포장에 사용된다. 소포장기의 계량능력은 0.1~15 kg, 6포/분으로서 반자동식이 많이 이용된다.

15.6 왕겨 처리시설

도정과정 중에 발생하는 왕겨는 벼 1톤당 1.4~2.0 m^3 정도이므로, 그 양이 많고, 옥외에 퇴적할 경우 바람에 날리게 되며, 옥내에 보관할 경우 부피가 커서 보관시설의 건설비가 과다하게 소요된다. 또한 왕겨는 내외피가 규소로 치밀하게 피복되어 있으므로 잘 부패되지 않고 소화효율이 낮아 퇴비나 가축의 사료로는 부적합하다.

벼 중에 왕겨가 차지하는 중량비율은 18~20% 정도이다. 우리나라 벼 총 생산량을 625~690만 톤으로 보면 왕겨 생산량은 125~140만 톤으로 추정된다. 최근에는 흡수성이 낮은 왕겨를 파쇄, 압쇄 또는 탄화하여 흡수성, 보수성 및 통기성을 높여 축사의 바닥 깔개, 육묘용 상토, 버섯 재배용 배지, 퇴비 원료, 조사료 등 다양하게 이용되고 있다. 또한 왕겨는 에너지원으로 적당한 특성을 가지고 있어 직접 연소하여 에너지로 이용하거나 가스화하여 이용하는 등 사용처를 넓혀 가고 있다.

15.6.1 왕겨의 성질

왕겨의 물리적 성질은 품종과 함수율에 따라 약간의 차이가 있으며, 동진벼 품종의 왕겨의 물리적 성질과 함수율과의 관계식은 표 15-2와 같다.

[표 15-2] 왕겨의 물성과 함수율과의 관계식(동진벼)

물 성	관 계 식	값의 범위
산물밀도	$\rho = 41.7M + 89.5$	91.7~98.3(kg/m^3)
동마찰계수	$\mu = 2.5532M - 0.0392$	0.15~0.54
동안식각	$\phi = 44.27M + 36.35$	40.2~47.6(도)
종말속도	$v_t = 2.47M + 1.19$	1.36~1.73(m/s)

주) M : 함수율(dec., w.b.)
값의 범위 : 함수율 7.4~22.6(%,w.b.)에 대한 값
동마찰계수 : 마찰판이 연강일 경우임

왕겨의 산물밀도는 92~100 kg/m^3 범위이다. 왕겨의 동마찰계수는 함수율이 12.1%(w.b.)일 때 스테인리스 0.166, 연강 0.251, 아연도금강 0.258, PVC 0.286 정도이다. 왕겨의 동안식각은 45~50° 범위이며 고함수율에서 급격히 증가하는 경향을 나타낸다. 왕겨의 종말속도는 1.5 m/s 정도로 보리짚이나 밀짚(약 1.3 m/s)보다 조금 더 큰 값을 나타내며 함수율이 증가할수록 약간 증가한다.

왕겨의 화학적 조성은 벼의 품종이나 재배지역에 따라 조금씩 차이는 있으나 큰 차이는 없다. 표 15-3은 우리나라의 여러 지역에서 생산된 여러 품종의 벼에서 얻은 왕겨의 화학적 조성 평균치이다.

[표 15-3] 왕겨의 화학적 조성(중량기준, %)

회분	수분	탄소	수소	질소	황	산소	기타	합계
14.76	10.19	36.10	5.54	0.34	0.03	32.3	0.74	100

왕겨의 성분 중 유기물(셀룰로오스, 리그린 등)을 형성하는 탄소, 수소, 산소가 70% 정도를 차지한다. 회분이 15% 정도인데, 이 회분의 약 89~92%가 규소(SiO_2)이다. 즉, 왕겨의 성분은 유기물(70%), 규소(14~15%) 및 수분(12~13%)이 대부분을 차지한다.

왕겨의 발열량은 15,000 kJ/kg(3600 kcal/kg) 정도이며, 1시간에 1톤의 왕겨를 연소하면 약 1500만 kJ(360만 kcal)의 막대한 에너지가 발생한다. 따라서 많은 양의 발열량을 흡수하려면 연소로 내부의 연소면적을 적정하게 설계하여야 하며, 내열성이 높은 재료로 연소로를 제작하여 열손상을 방지할 수 있어야 한다.

15.6.2 왕겨 압쇄장치

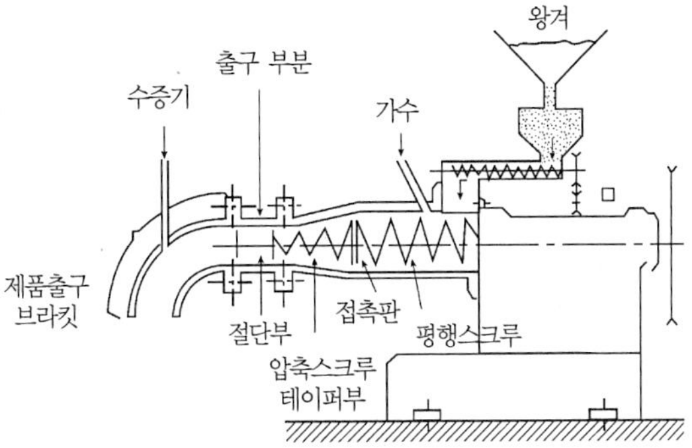

[그림 15-21] 왕겨 압쇄장치(팽연화장치)

왕겨는 원형 그대로는 흡수성이 아주 낮기 때문에 분쇄하여 축사의 바닥 깔개, 육묘용 상토, 버섯 재배용 배지, 퇴비 원료, 조사료 등 다양하게 이용되고 있다. 왕겨의 분쇄장치로는 압쇄장치와 파쇄장치가 있다.

압쇄장치는 일반적으로 팽연화장치(膨軟化裝置)라고 부르며, 구조는 그림 15-21과 같다. 호퍼로부터 공급된 왕겨는 평행스크루를 거쳐 테이퍼부의 압축스크루에 의하여 압쇄된다. 이때 압축부가 고온이 되는 것을 방지하기 위하여 물을 가해 주며, 이 물은 수증기가 되어 방출된다. 압쇄 왕겨는 출구에서 커터에 의하여 세단되어 작은 덩어리 형태로 방출된다. 팽연 왕겨의 입도는 출구간극에 의하여 조정된다. 팽연 왕겨는 조직 내부까지 파괴되므로 흡수성, 보수성 및 통기성이 크게 증가한다. 산물밀도는 235 kg/m^3 정도로 부피는 왕겨의 절반 이하로 감소한다. 함수율은 약 18%(w.b.) 정도가 된다.

압쇄장치의 처리능력은 출구간극 7 mm의 경우, 대형 압쇄기(37 kW)는 800 kg/hr, 중형 압쇄기(22 kW)는 350 kg/hr 정도이다. 처리능력 150 kg/hr의 소형(11 kW)도 있다.

왕겨는 규소를 많이 함유하고 있어 압축스크루를 마모시키는데, 압축스크루가 마모되면 소정의 입도로 압쇄할 수 없는 문제가 발생하므로 압축스크루를 교환할 필요가 있다. 압축스크루의 내구연한은 100~150시간 정도이다. 또한 왕겨에 돌이 섞여 있으면 스크루를 손상시킬 수 있으므로 주의하여야 한다.

15.6.3 왕겨 파쇄장치

왕겨 파쇄장치의 구조는 그림 15-22와 같다. 스크루피더에 의하여 공급된 왕겨는 이물질제거 장치를 거쳐 파쇄부로 들어간다. 파쇄부에는 고정날과 회전날이 있는데, 회전날은 원판에 의하여 고속회전한다. 왕겨는 고정날과 회전날에 충돌하여 파쇄되는데, 바깥에 설치된 스크린 구멍의 가장자리에 의하여 파쇄된다.

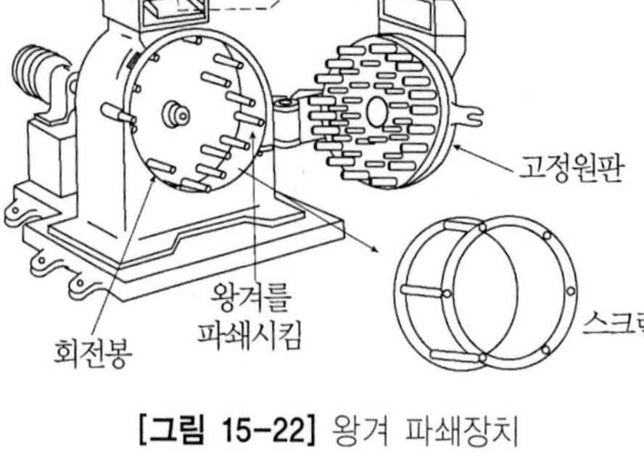

[그림 15-22] 왕겨 파쇄장치

스크린 구멍의 크기는 3.0, 3.5, 4.0 mm의 세 종류가 있으며, 퇴비용에는 4 mm, 축사의 깔개용에는 3 mm 또는 3.5 mm를 겸용한다.

처리능력은 3.5 mm의 스크린을 사용하는 경우 소형 파쇄장치(7.5 kW)는 0.4 t/hr, 대형 파쇄장치(37 kW)는 1.8 톤/hr 정도이다. 스크린이 잘 마모되므로 소형 파쇄기는 약 60톤, 대형 파쇄기는 80~100톤 정도를 처리한 후 교환하여야 한다. 고정날 부분도 소형은 약 500톤, 대형은 약 3000톤 정도를 처리한 다음 교환하여야 한다.

파쇄 왕겨의 함수율은 왕겨보다 1.5~2.0% 감소하여 약 12%(w.b.) 내외이며, 산물밀도는 184 kg/m^3 정도이다.

15.6.4 왕겨 탄화장치

왕겨 탄화장치는 왕겨를 연소하여 왕겨숯을 만드는 장치로, 구조는 그림 15-23과 같다.

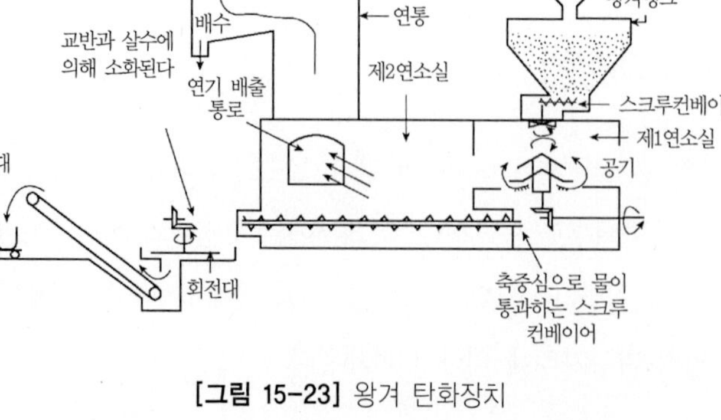

[그림 15-23] 왕겨 탄화장치

그림에서와 같이 왕겨 이송관 및 사이클론을 통하여 왕겨 탱크에 공급된 왕겨는 제1연소실에 공급되어 착화·연소되며, 다시 제2연소실로 이동하면서 연소된다. 연소 중에 왕겨는 스크루컨베이어에 의하여 밖으로 송출되는데, 이때 회전대에서 교반되면서 살포한 물에 의하여 소화되어 탄화 왕겨가 된다. 또한 연도를 통하여 유입된 연기 중에 포함된 미립자를 제거하기 위한 살수기가 설치된다.

15.6.5 왕겨 열풍발생장치

왕겨 열풍발생장치는 직접가열방식과 간접가열방식이 있다. 그림 15-24는 왕겨의 연소열풍을 직접 곡물의 건조에 이용하는 구조이다.

간접가열방식이 열풍에 왕겨재 등 이물질이 혼입되는 것을 방지할 수 있고, 온도조절이 편리한 점 때문에 많이 이용된다. 가스화 연소식 왕겨 열풍발생장치도 사용되는데, 왕겨를 열분해 가스화온도 400~500℃를 유지하는 가스화로에 연속적으로 공급하면 왕겨는 열분해하여 가스화된다. 왕겨의 열분해로 생성된 가스는 가연성 가스로 CO, H_2, HC 화합물로 구성된다. 생성된 가스는 별도의 연소로에서 연소한다.

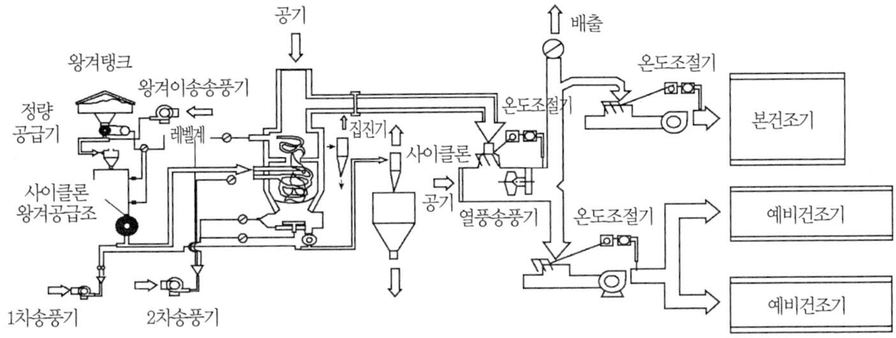

[그림 15-24] 왕겨연소열을 곡물건조에 직접 이용하는 시스템

15.7 집·배진 장치

15.7.1 분진농도 기준

분진은 공기 중에 부유하고 있는 고체의 미립자를 의미한다. 작업장 내 분진의 허용농도는 산업안전보건법에서 총 분진과 호흡성 분진으로 구분하여 명시하고 있다.

총 분진은 광물성 분진, 석면 분진 및 기타 분진으로 구분된다. 광물성 분진은 유리규산 농도에 따라 제1종, 제2종 및 제3종으로 나뉜다. 제1종 분진은 유리규산이 30% 이상 포함된 분진을 의미하여, 제2종은 30% 미만, 제3종은 1% 이하의 분진에 해당되는데, 곡물의 가공과 관련하여 발생하는 분진은 제3종에 해당된다.

산업안전보건법에 명시된 총 분진의 허용농도는 제1종은 2 mg/m^3 이하, 제2종은 5 mg/m^3 이하, 제3종은 10 mg/m^3 이하이다.

호흡성 분진은 입자의 평균 크기가 0.5 μm 이하로서 건강에 커다란 영향을 미칠 수 있다. 호흡성 분진의 허용농도는 분진의 종류에 따라 다르게 규정하고 있다.

한편, 집진시설을 통하여 외기로 배출되는 비산 먼지의 농도는 대기환경보존법에서 1994년 12월까지 1.5 mg/Sm^3 이하, 1998년 12월까지 1.0 mg/Sm^3 이하, 1999년 이후에는 0.5 mg/Sm^3 이하로 명시하고 있다. 여기서 S는 0℃, 1기압의 표준상태를 의미한다.

미곡종합처리장에서는 반입호퍼, 조선기, 저장건조빈, 건조기, 집진실 부근의 분진농도가 높게 나타나며, 벼의 투입 및 배출과정 동안 다량의 분진이 발생한다. 발생하는 분진 입자는 직경 5 μm 이하의 것이 60~80%이며, 분진농도는 50 mg/m^3 이상을 나타내는 개소가 많다. 위생상의 3종 분진 허용농도인 10 mg/m^3 이하가 되도록 분진을 제거할 필요가 있다.

집진은 집진발생개소에 흡인덕트를 설치하고, 송풍기의 풍력으로 포집된 분진을 집진장치로 압송하여 이루어진다.

집진장치의 집진효율은 다음 식으로 나타낸다.

$$\eta = \frac{M_i - M_o}{M_i} \times 100 = \frac{L_i - L_o}{L_i} \times 100 \qquad (15\text{-}2)$$

여기서, η : 총괄 집진효율(%)
M_i : 집진장치로 유입되는 분진의 질량유속(g/s)
M_o : 집진장치에서 유출되는 분진의 질량유속(g/s)
L_i : 집진장치로 유입되는 분진농도(g/m^3)
L_o : 집진장치에서 유출되는 분진농도(g/m^3)

분진의 크기별 분포를 안다면, 집진장치의 효율은 분진크기의 함수이며 총괄 집진효율은 다음과 같이 나타낼 수 있다.

$$\eta = \sum \eta_j m_j \qquad (15\text{-}3)$$

여기서, η_j : j번째 분진크기 영역에서의 집진효율
m_j : j번째 분진크기 영역에서의 분진질량분율

집진장치는 집진 원리에 따라 여러 가지로 분류되며, 미곡종합처리장에는 중력집진장치, 원심력집진장치, 세정집진장치, 여과집진장치가 주로 이용된다. 분진은 입자의 크기에 따라서 미세 입자(fine particle, 입경< 2.5 μm)와 조대 입자(coarse particle, 입경> 2.5 μm)로 나눌 수 있는데, 여과집진장치와 세정집진장치는 미세 입자, 중력집진장치와 원심력집진장치는 조대 입자를 효과적으로 제거할 수 있다.

15.7.2 중력집진장치

(1) 구조와 특징

중력집진장치(gravity settling chamber)는 함진 공기를 침강실로 천천히 이동시켜 크고 무거운 입자들을 중력에 의하여 침강시켜 분리·포집하는 장치이며, 주로 입자 크기가 50 μm 이상인 조대 입자의 경우 집진효율이 높지만, 미세 입자의 경우 집진 효율이 매우 낮다.

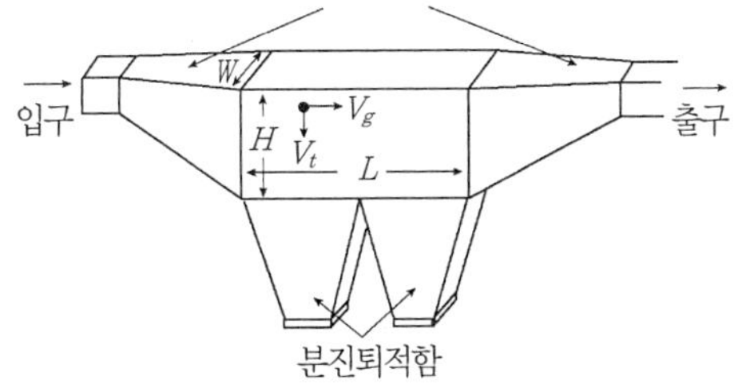

[그림 15-25] 중력침강장치

보통 세정집진장치나 여과집진장치와 같은 고효율 집진장치 앞에 설치하여 조대 입자를 집진하게 하고, 고효율 집진장치는 미세 입자만 집진하게 한다. 포집된 입자가 집진장치 안에서 재비산하는 것을 방지하기 위하여 유입 및 배출 공기속도는 1~3 m/s 의 범위를 유지한다.

(2) 침강속도

중력을 이용하여 유체와 고체 입자의 혼합물에서 고체 입자를 침강하여 분리하는 것을 침강분리(sedimentation separation)라 한다. 입자가 침강할 때 침강속도는 빠른 시간에 종말속도에 이르므로 침강속도는 종말속도와 같다.

구형 입자가 낙하할 때 입자에 작용하는 힘은 중력(gravitational force ; F_g), 저항력인 항력(drag force ; F_d) 및 부력(buoyance force ; F_b)이 작용한다. 이들 힘이 균형을 이룰 때의 입자의 낙하속도가 침강속도(settling velocity) 또는 종말속도(terminal velocity)라고 한다.

즉,

$$F_g = F_d + F_b \tag{15-4}$$

중력, 항력 및 부력은 다음 식으로 나타낼 수 있다.

$$F_g = \frac{1}{6}\pi d_p^3 \rho_p g \tag{15-5}$$

$$F_d = \frac{1}{2} A_p C_d \rho_g V_t^2 = \frac{1}{8} C_d \pi d_p^2 \rho_g V_t^2 \tag{15-6}$$

$$F_b = \frac{1}{6}\pi d_p^3 \rho_g g \tag{15-7}$$

여기서, F_g : 중력(N)
F_d : 항력(N)
F_b : 부력(N)
d_p : 구형 입자의 직경(m)
ρ_p : 입자의 밀도(kg/m^3)
ρ_g : 유체의 밀도(kg/m^3)
g : 중력가속도(9.8 m/s^2)
A_p : 구형 입자의 투영면적($\frac{\pi d_p^2}{4}$, m^2)
C_d : 항력계수(무차원수)
V_t : 구형 입자의 침강속도(m/s)

이 식들을 식 (15-4)에 대입하고 V_t에 관하여 풀어서 정리하면 다음과 같다.

$$V_t = \left[\frac{4 g d_p (\rho_p - \rho_g)}{3 \rho_g C_d} \right]^{\frac{1}{2}} \tag{15-8}$$

여기서, 항력계수 C_d는 실험에 의하여 결정되며, 다음과 같이 Reynolds 수(Re)의 함수로 표시된다.

(1) $Re < 2.0$: $C_d = \frac{24}{Re}$ (15-9)

(2) $2.0 < Re < 1000$: $C_d = \frac{18.5}{Re^{0.6}}$ (15-10)

(3) $1000 < Re < 20{,}000$: $C_d = 0.44$ (15-11)

여기서, Reynolds 수는 다음과 같이 정의한다.

$$Re = \frac{V_t d_p \rho_g}{\mu} \tag{15-12}$$

여기서, μ : 유체의 절대점성계수(Pa·s)

식 (15-9)~(15-12)를 식 (15-8)에 대입하여 정리하면 다음의 결과를 얻는다.

(1) $Re < 2.0$: $V_t = \frac{g d_p^2}{18\mu}(\rho_p - \rho_g)$ (15-13)

(2) $2.0 < Re < 1000$: $V_t = \frac{0.153 g^{0.714} d_p^{1.142} (\rho_p - \rho_g)^{0.714}}{\rho_g^{0.286} \mu^{0.428}}$ (15-14)

(3) $1000 < Re < 20,000$: $V_t = 1.75 \left[\frac{g d_p (\rho_p - \rho_g)}{\rho_g} \right]^{\frac{1}{2}}$ (15-15)

보통 고체 입자는 정지된 유체 속에서 느린 속도로 침강하므로 Reynolds 수는 1보다 적다. $Re < 1.0$인 영역을 Stokes 영역이라고 하는데, 이 경우의 항력계수는 식 (15-9), 침강속도는 식 (15-13)이다. Stokes 영역에서 항력은 식 (15-6)에 (15-9)를 대입하면 다음 식을 얻을 수 있다.

$$F_d = 3\pi d_p \mu V_t \tag{15-16}$$

Stokes 영역에서 고체입자의 크기에 최저한계가 있다. 입자가 기체의 평균자유거리(mean free path) λ와 비교해서 더 클 때 기체는 연속체(continuum)로 인정된다. 그러나 입자 직경이 λ와 비슷한 크기일 때 입자는 더 이상 연속체로서 기체를 감지하지 못하고 분산분자로 감지한다. 입자는 기체분자 사이를 미끄러져 통과할 수 있고, 이 미끄러지는 정도가 입자의 실제 항력을 감소시킨다. 즉, 작은 입자(입경 < 5 μm)는 기체에 의한 항력을 덜 받게 되는데, 실제 항력은 식 (15-16)을 이용하여 계산한 값보다 작아지므로 이를 보정하여 주어야 한다. 즉, 항력은 다음 식으로 표현된다.

$$F_d = \frac{3\pi d_p \mu V_t}{K_c} \tag{15-17}$$

여기서, K_c : Cunningham 보정계수(correction factor)

Cunningham 보정계수는 다음 식으로 계산한다.

$$K_c = 1 + \frac{2\lambda}{d_p}\left\{1.257 + 0.4\exp\left(-0.55\frac{d_p}{\lambda}\right)\right\} \tag{15-18}$$

여기서, λ : 기체의 평균자유거리(m)

평균자유거리는 기체분자가 충돌할 때 이동한 평균거리를 뜻하며, 25℃, 1 atm에서 공기의 λ = 0.067 μm이다.

입자의 크기와 Cunningham 보정계수와의 관계는 표 15-4와 같다.

[표 15-4] Cunningham 보정계수(1기압, 25℃)

입경(μm)	Cunningham 보정계수(K_c)
0.01	22.5
0.05	5.02
0.10	2.89
0.50	1.334
1.0	1.166
2.0	1.083
5.0	1.033
10.0	1.017

표 15-4에서와 같이 입자가 1 μm 이하일 때는 Cunningham의 미끄럼 보정계수가 매우 중요하지만 입자 크기가 5 μm 이상으로 증가할 때는 급속히 1에 가까워진다. 보정된 항력계수는 Stokes 항력계수 식 (15-9)를 보정계수 K_c로 나누어 주어야 한다. 이 경우의 침강속도는 식 (15-13)에 Cunningham 보정계수를 곱한다. 즉,

$$V_t = K_c\frac{g\,d_p^2}{18\mu}(\rho_p - \rho_g) \tag{15-19}$$

(3) 최소 입경과 집진효율

그림 15-25와 같이 길이 L, 폭 W, 높이 H인 침강실로 함진 공기가 V_g의 속도로 수평으로 유입되고, 분진은 V_t로 침강할 경우를 고려하자. 부분 집진효율은 채집되는 분진량을 유입되는 분진량으로 나눈 값이다. 유입되는 분진량은 유입유량($V_g\,WH$)에 비례하고, 침강실에서 채집되는 분진량은 V_tLW에 비례한다. 즉, 다음 식으로 나타낼 수 있다.

$$\eta_j = \frac{\text{침강분진량}}{\text{유입분진량}} = \frac{V_t L W}{V_g W H} = \frac{V_t L}{V_g H} \quad (15-20)$$

여기서, η_j : 입경 d_p에 대한 부분 집진효율

식 (15-20)에 의하면 집진효율을 높이려면 침강실의 길이(L)를 길게 하고, 침강실 높이(H)는 낮추어야 하며, 또한 공기 유입속도는 느리게, 침강속도는 빠르게 하여야 한다.

식 (15-20)에 식 (15-13)을 대입하면

$$\eta_j = \frac{V_t L}{V_g H} = \frac{g\, d_p^2 L}{18 \mu H V_g}(\rho_p - \rho_g) \quad (15-21)$$

식 (15-21)에 의하면, 부분 집진효율은 입자경의 자승에 비례한다. 100% 집진할 수 있는 가장 작은 입자경은 $\eta = 1.0$으로 하여 구할 수 있다. $\eta = 1.0$으로 하고 식 (15-21)을 d_p에 관하여 풀면, 분진 입자의 한계직경 $d_{p,\min}$을 구할 수 있다.

$$d_{p,\min} = \sqrt{\frac{18 \mu H V_g}{g L(\rho_p - \rho_g)}} \quad (15-22)$$

$d_{p,\min}$는 중력침강장치에서 100% 집진 가능한 최소 입경이다.

예제 15-1

길이 $L = 6\,\text{m}$, 폭 $W = 3.0\,\text{m}$, 높이 $H = 0.5\,\text{m}$인 침강실에 $V_g = 0.5\,\text{m/s}$ 수평속도로 함진 공기가 유입된다. 분진 입자의 진밀도 $\rho_p = 3\,\text{g/cm}^3 = 3000\,\text{kg/m}^3$이다. 유입공기유량과 입자의 직경에 따른 집진효율 곡선을 그려라. 단, $\rho_g = 1.2\,\text{kg/m}^3$, $\mu = 18.26 \times 10^{-6}\,\text{Pa·s}$이다.

풀 이

(1) 처리공기유량 $Q = WHV_g = 3(0.5)(0.5) = 0.75\ \text{m}^3/\text{s} = 45\ \text{m}^3/\text{min}$

(2) 부분 집진효율 및 최소 입경

$$\eta_j = \frac{g d_p^2 L}{18\,\mu H V_g}(\rho_p - \rho_g) = \frac{9.8(6)}{18(18.26 \times 10^{-6})(0.5)(0.5)}(3000 - 1.2) d_p^2 = 2145.9 \times 10^6 d_p^2$$

$\eta_j = 1.0$로 하여 최소 입경을 구하면,

$$d_{p,\min} = \sqrt{\frac{1}{2145.9 \times 10^6}} = 21.6 \times 10^{-6}\ \text{m} = 21.6\ \mu\text{m}$$

$Re < 1.0$인 Stokes 영역인지를 확인하여야 한다.

$$Re = \frac{V_g d_p \rho_g}{\mu} = \frac{0.5(21.6\times 10^{-6})(1.2)}{18.26\times 10^{-6}} = 0.71 < 1.0$$

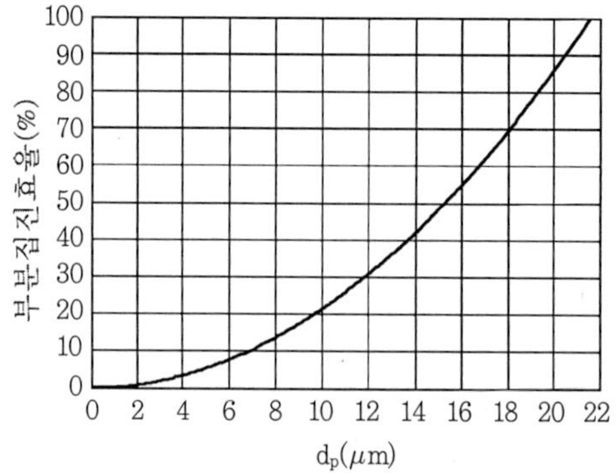

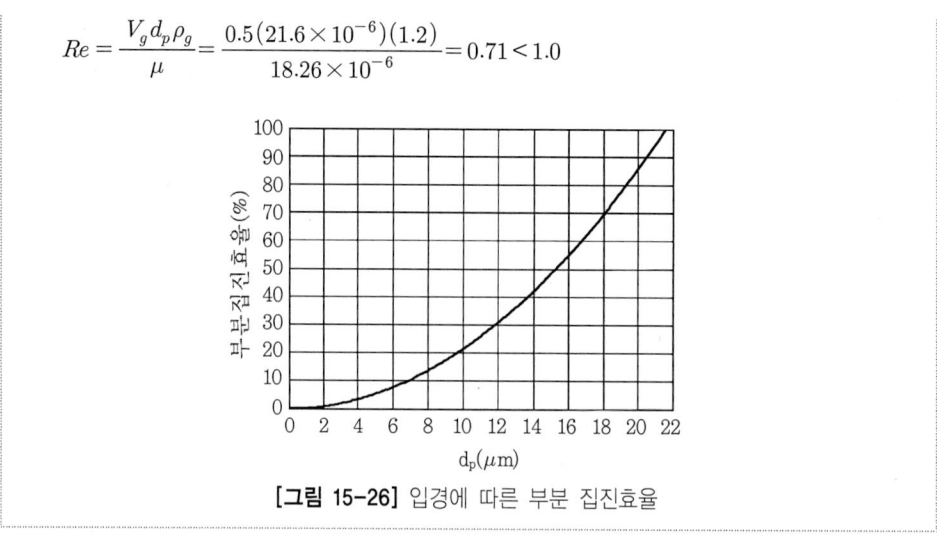

[그림 15-26] 입경에 따른 부분 집진효율

15.7.3 원심력집진장치

(1) 구조와 특징

원심력집진장치(centrifugal collector)는 분진이 함유된 공기를 회전운동시켜 입자의 원심력에 의하여 분진을 분리 및 제거하는 장치이다. 원심력에 의하면 중력의 수백 배의 침강속도를 용이하게 얻을 수 있으므로 뛰어난 집진성능을 기대할 수 있다.

원심력집진장치에서는 일반적으로 기류를 접선 방향으로 도입하여 회전운동을 발생시키는 사이클론(cyclone)이 널리 사용된다. 사이클론은 구조가 간단하고, 성능이 우수하며, 제작비가 적게 드는 장점이 있다. 사이클론은 압력손실을 고려하여 송풍기 또는 배풍기의 선택에 주의가 필요하며, 대상 분진에 적합한 사이클론의 설계 여하가 성능에 크게 작용한다.

사이클론은 그림 15-27과 같이 상부의 원통부와 하부의 원추부로 이루어진다. 함진 공기가 사이클론의 위쪽에 있는 유입구를 통하여 접선 방향으로 원통부에 유입된다. 유입된 함진 공기는 원통의 주위를 나선형으로 회전하며 하향선회류(vortex)를 형

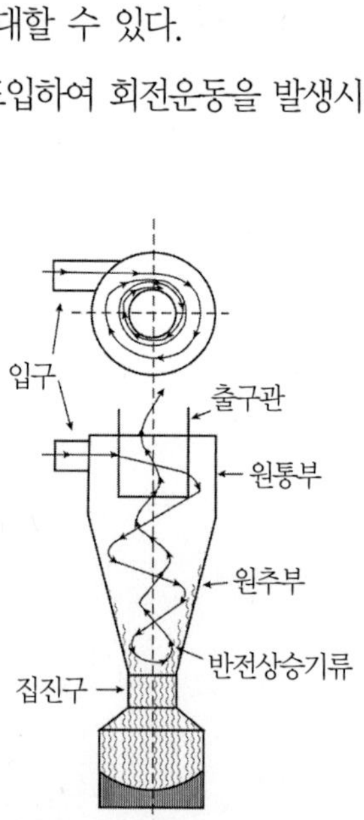

[그림 15-27] 사이클론 내의 공기흐름

성한다. 공기는 원통부의 내벽을 따라 회전하면서 하강하여 원추부에 도달한다. 원추부에 도달하면 회전반경이 작아지므로 운동량보존의 법칙에 따라 속도가 증가한다. 원추부의 하단에 도달하면 흐름이 반전되어 상향 선회류를 형성하면서 사이클론의 중심부를 통과하여 위쪽 출구관으로 배출된다. 하향선회류를 외부선회류(outer vortex)라고 하고, 원추부에서 방향이 변하여 상향하는 상향선회류를 내부선회류(inner vortex)라고 한다. 함진 공기 내의 크고 무거운 입자들은 원심력에 의하여 원통부의 내벽에 충돌하여 바닥으로 떨어지게 되고, 조금 작거나 가벼운 입자는 외부선회류를 따라 선회운동을 몇 번 더하면서 원추부의 벽면에 충돌하여 바닥으로 배출된다. 제거되지 못한 입자들은 원추부에서 회전속도가 빨라지면서 내부선회류를 따라 상승하여 위쪽 배출구로 배출된다.

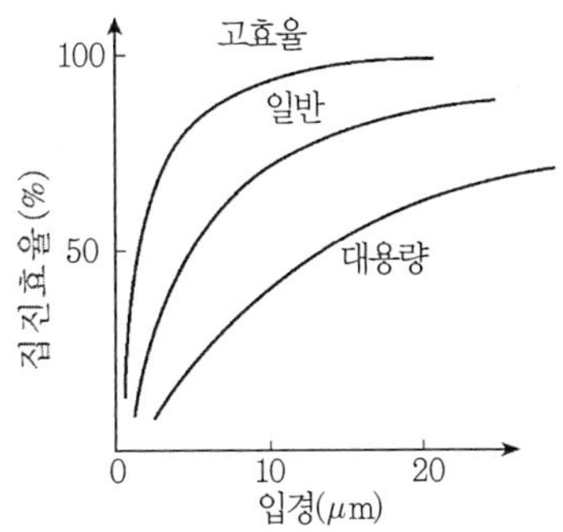

[그림 15-28] 사이클론에서 분진 입자 지름과 집진효율의 일반적 관계

사이클론의 효율은 설계와 분진의 크기에 따라 다양하다. 일반적으로 효율이 증가할수록 운전비용도 증가한다. 사이클론은 크게 고효율, 일반, 고용량 사이클론 등 3가지로 분류한다. 3종류의 사이클론의 일반적인 효율곡선은 그림 15-28과 같다. 일반 원심력집진장치는 25 μm 이상의 입자에 대하여 90% 이상의 집진효율을 나타내고 있으며, 고효율 원심력집진장치는 8 μm 이상의 입자에 대하여 80% 이상의 집진효율을 나타낸다.

(2) 표준 사이클론의 치수

사이클론의 상대치수는 원통부 직경(D)에 대한 치수비로 표시한다. 전술한 3종류의 표준 사이클론의 치수는 표 15-5와 같다. 표 15-5의 원심력집진장치의 치수를 선택하려면 ① 유량 및 압력손실 ② 분진농도 및 입경 분포 ③ 집진효율 등을 고려하여야 한다.

[표 15-5] 표준 사이클론의 치수(원통부 직경 D에 대한 치수비)

구 분	고효율 사이클론		일반용 사이클론		대용량 사이클론	
	(1)	(2)	(3)	(4)	(5)	(6)
원통부 직경(D)	1.0	1.0	1.0	1.0	1.0	1.0
입구높이(H)	0.5	0.44	0.5	0.5	0.75	0.8
입구폭(W)	0.2	0.21	0.25	0.25	0.375	0.35
가스 출구직경(D_e)	0.5	0.4	0.5	0.5	0.75	0.75
선회류 출구길이(S)	0.5	0.5	0.625	0.6	0.875	0.85
원통부 길이(L_b)	1.5	1.4	2.0	1.75	1.5	1.7
원추부 길이(L_c)	2.5	2.5	2.0	2.0	2.5	2.0
분진출구 직경(D_d)	0.375	0.4	0.25	0.4	0.375	0.4

※자료: (1)과 (5) : Stairmand(1951), (2), (4) 및 (6) : Swift(1969), (3) : Lapple(1951)

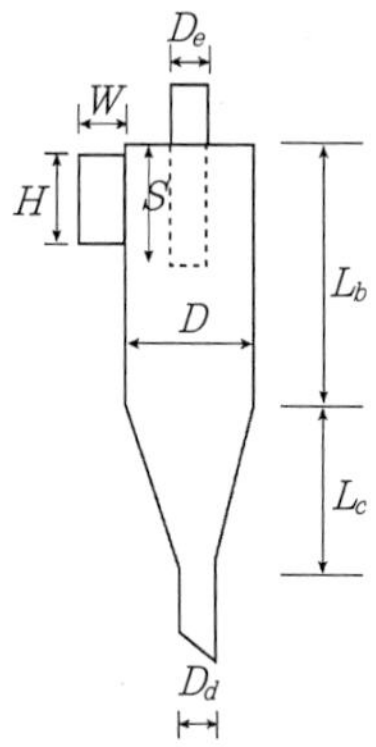

[그림 15-29] 표준 사이클론의 치수

(3) 집진효율

사이클론에 유입된 함진 공기가 외부선회류를 따라 몇 번 회전할 것인지가 집진효율에 영향을 미친다. 이 회전수의 근사치는 다음 식으로 계산한다.

$$N_e = \frac{1}{H}\left[L_b + \frac{L_c}{2}\right] \qquad (15-23)$$

여기서, N_e : 외부선회류 회전수
H : 유입구 높이(m)
L_b : 원통부 길이(m)
L_c : 원추부 길이(m)

입경 d_p인 모든 입자들을 100% 포집하려면 외부선회류의 회전이 끝나기 전에 모든 분진 입자가 원추부의 벽면에 충돌하여 바닥으로 떨어지도록 하여야 한다. 공기가 외부선회류에서 체류하는 시간은 다음과 같다.

$$\Delta t = \frac{2\pi R N_e}{V_g} \tag{15-24}$$

여기서, Δt : 공기의 체류시간(s)
R : 원통부의 반경(m)
V_g : 공기 유입속도(m/s)

한 입자가 운동하는 반경 방향의 최대 거리는 외부선회류 반경(R)과 내부선회류 반경(R_i)의 차이와 같으며, 이는 유입구 폭(W)과 같다. 원심력이 반경 방향으로 입자를 종말속도까지 빠른 속도로 가속시킨다고 가정하면, 원심력과 항력이 같은 크기일 때 입자는 종말속도에 도달하게 된다. Δt시간 내에 집진이 이루어지도록 종말속도는 다음과 같아야 한다.

$$V_t = \frac{R - R_i}{\Delta t} = \frac{W}{\Delta t} = \frac{WV_g}{2\pi R N_e} \tag{15-25}$$

여기서, V_t : 반경 방향의 입자의 종말속도

원심력집진장치에서 입자에는 중력(F_g), 항력(F_d) 및 부력(F_b)뿐만 아니라 원심력(F_c)이 작용한다. 이 중에서 중력은 원심력에 비하여 매우 작기 때문에 무시할 수 있다. 따라서 원심력집진장치에서는 원심력과 항력 및 부력이 균형을 이룰 때 입자의 속도가 종말속도가 된다. 원심력을 받는 구형 입자의 종말속도는 중력가속도를 받는 구형 입자의 종말속도를 나타내는 식 (15-13)~(15-15)에서 중력가속도 대신 각가속도 $\frac{V_g^2}{R}$을 대입하여 구할 수 있으며, Stokes 영역($Re < 1.0$)에서의 종말속도는 다음과 같다.

$$V_t = \frac{d_p^2(\rho_p - \rho_g)\, V_g^2}{18\mu R} \tag{15-26}$$

식 (15-25)와 (15-26)을 등치시키고 입자 직경 d_p에 관하여 풀면 다음 식을 얻는다.

$$d_{p,\min} = \sqrt{\frac{9\mu W}{\pi N_e V_g (\rho_p - \rho_g)}} \tag{15-27}$$

여기서, $d_{p,\min}$는 100% 집진이 가능한 최소 입경이다. 최소 입경은 공기 점성계수(μ)와 유입구 폭(W)에 비례하고, 외부선회류 회전수(N_e), 공기 유입속도(V_g) 및 입자밀도(ρ_p)에 반비례함을 알 수 있다.

50% 집진효율을 갖는 입자 직경을 절단 입경(cut diameter, d_{pc})이라고 하며, Lapple이 개발한 다음 식으로 계산한다.

$$d_{pc} = \sqrt{\frac{9\mu W}{2\pi N_e V_g(\rho_p - \rho_g)}} \quad (15\text{-}28)$$

표준형 일반 원심력집진장치에서 특정 입경에 대한 분진의 부분 집진효율은 Lapple이 개발한 다음 식을 이용하여 구할 수 있다.

$$\eta_j = \frac{1}{1 + (\frac{d_{pc}}{d_{pj}})^2} \quad (15\text{-}29)$$

여기서, η_j : 입자 직경 j번째 크기 영역의 부분 집진효율
d_{pj} : 입자 직경 j번째 크기 영역의 평균 직경

식 (15-29)를 그림으로 나타내면 그림 15-30과 같다.

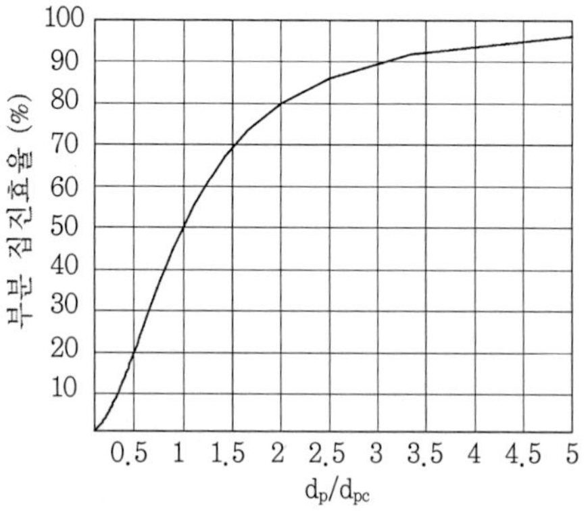

[그림 15-30] 표준 일반 사이클론의 입경별 집진효율

사이클론의 총괄 집진효율은 여러 입경에 대한 부분 집진효율의 가중 평균치이며, 식 (15-3)으로 계산한다.

사이클론으로 제거 가능한 분진의 크기는 사이클론 원통부 직경과 기하학적 상대치수에 의하여 좌우되는데, 포집에 적당한 입경은 10~200 μm 범위이다. 사이클론은 많은 경우에 입구유속이 10~20 m/s 범위일 때 최대 집진효율을 나타내며, 고속일 때는 압력손실이 크고 저속일 때는 분진 입자가 입구관 내에 퇴적될 우려와 더불어 장치가 크게 되어 좋지 않으므로 실용상 입구유속은 15 m/s 부근을 채택하는 경우가 많다.

(4) 압력손실

사이클론을 통한 압력손실은 100~200 mmAq 범위이며 압력손실이 클수록 포집효율이 증가한다. 압력손실은 추정이론과 실험식이 있지만, 사이클론의 마찰계수 등이 분명하지 않으므로 다음의 실험식이 사용된다.

$$\Delta P = F \frac{\rho_g V_g^2}{2} \quad (15\text{-}30)$$

여기서, ΔP : 압력손실(Pa)

$$F = \frac{30A\sqrt{D}}{D_e^2\sqrt{L_b + L_c}} \text{ : 손실계수}$$

A : 입구 단면적(m^2)

식 (15-30)의 실험식을 이용하여 계산한 압력손실은 안전을 고려해 1.2~1.3배 한다.

예제 15-2

함진 공기의 체적유량 $Q = 150\,m^3/min$이다. 분진 입자의 밀도 $\rho_p = 1600\,kg/m^3$이다. 입경 분포는 다음과 같다. 사이클론의 각부 치수를 결정하고, 사이클론의 압력손실과 총괄 집진효율을 계산하여라.

입자 직경 크기 영역(μm)	입경별 질량백분율(%)
0 ~ 2	1.0
2 ~ 4	9.0
4 ~ 6	10.0
6 ~ 10	30.0
10 ~ 18	30.0
18 ~ 30	14.0
30 ~ 50	5.0
50 ~ 100	1.0

풀 이

입구유속 V_g = 15 m/s, Lapple식을 이용하는 표준 일반 사이클론으로 한다.

(1) 각부 치수

입구 단면적 $A = \frac{Q}{V_g} = \frac{200}{15(60)} = 0.222\ m^2$

원통부 직경 $A = H \times W = 0.5D(0.25D) = 0.125\,D^2 = 0.222\ m^2 \quad \therefore D = 1334\ mm$

입구높이 $H = 0.5D = 667\ mm$

입구폭 $W = 0.25D = 334\ mm$

출구관 직경 $D_e = 0.5D = 667\ mm$

원통부 길이 $L_b = 2.0D = 2668\ mm$

원추부 길이 $L_c = 2.0D = 2668\ mm$

집진구 직경 $D_d = 0.25D = 334\ mm$

선회류 출구길이 $S = 0.625D = 834\ mm$

(2) 사이클론의 압력손실

$$\Delta P = \frac{30A\sqrt{D}}{D_e^2\sqrt{L_b+L_c}}\frac{\rho_g V_g^2}{2} = \frac{30(0.222)\sqrt{1.334}}{0.667^2\sqrt{2.668+2.668}}\frac{1.2(15)^2}{2} = 1011\ \text{Pa} = 103\ \text{mmAq}$$

(3) 총괄 집진효율

외부선회류 회전수 $N_e = \frac{1}{H}\left[L_b + \frac{L_c}{2}\right] = \frac{1}{0.667}\left[2.668 + \frac{2.668}{2}\right] = 6$ 회

절단경 $d_{pc} = \sqrt{\frac{9\mu W}{2\pi N_e V_g(\rho_p - \rho_g)}} = \sqrt{\frac{9(18.16\times10^{-6})(0.334)}{2\pi(6)(15)(1600-1.2)}} = 7.8\times10^{-6}\ \text{m} = 7.8\ \mu\text{m}$

식 (15-29)를 이용하여 각 입경에 대한 집진효율을 계산한다.

j	입자 크기 영역(μm)	d_{pj}(μm)	$\frac{d_{pc}}{d_{pj}}$	η_j	m_j(%)	$\eta_j m_j$(%)
1	0 ~ 2	1	7.8	0.02	1.0	0.02
2	2 ~ 4	3	2.6	0.13	9.0	1.16
3	4 ~ 6	5	1.56	0.29	10.0	2.91
4	6 ~ 10	8	0.9750	0.51	30.0	15.4
5	10 ~ 18	14	0.5571	0.76	30.0	22.9
6	18 ~ 30	24	0.3250	0.90	14.0	12.7
6	30 ~ 50	40	0.1950	0.96	5.0	4.82
8	50 ~100	75	0.1040	0.99	1.0	0.99
						60.83

이 사이클론의 총괄 집진효율은 60.8%이다.

15.7.4 세정집진장치

세정집진장치(scrubbing dust collector)는 세척액을 분산하여 생성된 액적, 액막 및 기포 등으로 분진 입자를 포집하는 장치로 습식집진장치라고도 한다. 세정집진장치는 효율의 고저를 임의로 조절할 수 있고, 다양한 설계를 할 수 있어 그 종류가 다양하다.

세정집진장치에서 효율이 높아지면 가동비가 증가하고, 세정집진에서 발생하는 부산물의 회수가 매우 어려우며, 또한 폐수를 처리하여야 하는 단점이 있다. 비용면에서 사이클론 집진장치보다는 다소 비용이 많이 소요되지만, 전기집진장치 또는 여과집진장치보다는 적게 소요된다.

그림 15-33은 간이 세정집진장치이다. 덕트를 통하여 유입된 함진 공기는 제1차 및 제2차 집진실에서 유속이 급격히 감소하면서 입자가 비교적 큰 분진은 중력에 의하여 침강한다. 집진실을 경유한 미세 분진은 세정실에 이른다. 세정실은 물이 막을 형성하여 흐르는데, 미세 분진이 수막을 통과하면서 포집된다. 포집된 분진은 낙하하여 침전탱크 내에 퇴적된다.

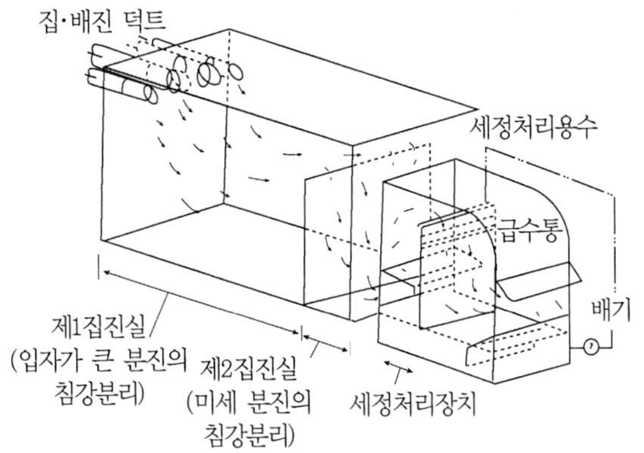

[그림 15-31] 간이 세정집진장치

그림 15-32는 살수탑세정장치의 구조를 간단히 나타낸 것이다. 3~4개의 분무단을 설치한 구조로, 구조와 보수가 간단하다. 액기비는 0.5~1.5 L/m^3 범위이며, 압력손실은 10~50 mmAq로 낮은 편이다.

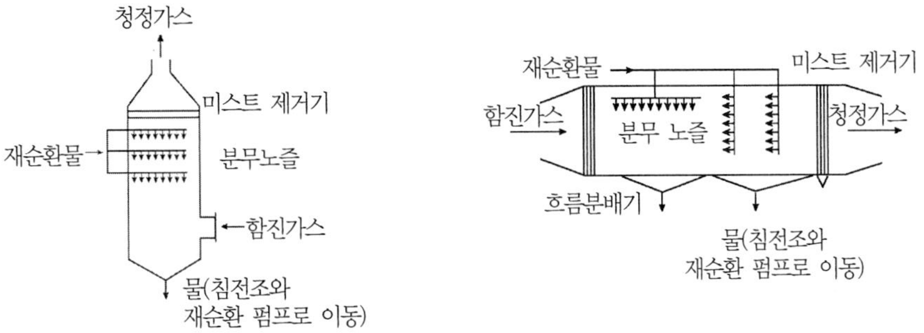

(a) 연직분무세정장치(향류형)

(b) 수평분무세정장치(횡류형)

[그림 15-32] 살수탑 세정장치

세정집진장치는 3개의 중요 포집기구, 즉 관성충돌(inertial impaction), 직접차단(direct interception) 및 확산(diffusion)에 의하여 이루어진다.

함진 공기가 액적에 접근할 때 유선은 액적의 주위를 돌아갈 것이다. 공기 중 분진 입자는 관성 때문에 유선을 따라가지 않고 입자의 진행 방향으로 나아가 액적과 충돌하게 되고 포집된다. 이를 관성충돌이라 한다. 미세 입자는 액적과 충돌하지 못하고 액적을 벗어나는 유선을 따라 이동하게 된다. 이때 입자의 유한한 크기 때문에 입자는 액적에 부딪히게 된다. 이를 직접차단이라고 한다. 함진 공기 중 입자농도의 차이가 있으면 입자는 고농도 영역에서 확산 이동함으로써 입자농도를 균일화하려는 성질을 가진다. 아주 미세한 입자는 액적을 통과하는 동안 액적을 향하여 확산이 일어난다.

1 μm 이상의 입경을 갖는 입자에는 관성력이 주로 작용하고, 0.1 μm 이하의 미세한 입자의 분리에는 확산의 효과가 지배적으로 작용한다. 세정장치에는 관성력, 확산력, 응집력 및 중력 등이 이용되는데, 관성력과 중력은 입자경이 클수록, 확산력과 응집력은 입자경이 작을수록 큰 집진작용을 한다. 대부분의 산업용 세정집진장치의 핵심 메커니즘은 관성충돌이다.

15.7.5 여과집진장치

여과집진장치(fabric filter)는 진공청소기와 같은 원리로 작동하는데, 분진이 함유된 공기를 나란히 설치된 여러 개의 여과포에 통과시키면 먼지는 여과포에 쌓이고 공기는 정화된다. 섬유 자체도 약간의 분진을 포집하지만 직물 위에 쌓인 먼지층이 중요한 역할을 한다. 미세 분진은 먼지층에 의하여 더욱 효과적으로 집진된다.

여과집진장치의 장단점은 다음과 같다.

- 여과집진장치로 처리가능한 입자 크기는 0.1~20 μm이며, 미세 입자에 대한 집진효율이 높다(90~99%). 또한 여러 형태의 분진을 처리할 수 있다.
- 압력손실이 비교적 낮다(100~200 mmAq)
- 설계 및 설치가 용이하고, 처리용량을 다양화할 수 있고, 대용량 처리가 가능하다.
- 넓은 설치 공간이 필요하다.
- 여과포 교환비용과 운전비용이 많이 든다.

여과집진장치는 여과포의 종류, 집진장치 내의 여과포의 배열 및 함진 공기가 여과포로 유입되는 방법에 따라 여러 가지 종류가 있다. 여과포의 표면에 쌓인 분진은 주기적으로 떨어서 제거하여야 하는데, 탈진하는 방법에 따라 역기류식(reverse air fabric filter), 진동식(shakerfabric filter) 및 충격분출식(pulse jet fabric filter) 등으로 나눈다

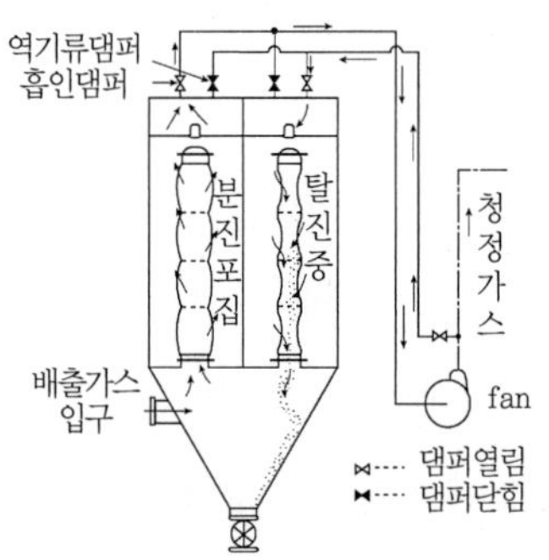

[그림 15-33] 역기류식 여과집진장치

그림 15-33은 역기류식 여과집진장치의 구조이다.

역기류식에서 여과포는 모직이나 견직으로 짜여진 자루형이다. 함진 공기를 여과자루의 내측으로 유입하여 포집하고, 깨끗한 공기를 여과자루의 외부에서 내부로 유입하면 여과

자루의 내벽에 형성된 분진층이 역기류에 의하여 탈진된다. 함진 공기의 유입을 중단한 후 함진 공기의 유입 방향과는 반대 방향으로 저압 공기를 불어넣어 주면 여과포에 채집된 집진층이 역기류에 의하여 탈진된다. 이 장치의 공기/여과재비(air/cloth ratio)는 매우 낮다. 공기/여과재비는 주어진 시간에 여과포 면적을 통과하는 함진 공기량으로 정의한다. 역기류식의 여과속도는 0.5~1.5 cm/s이고, 진동식은 1~3 cm/s로서 역기류식이 진동식보다 여과포를 많이 사용한다.

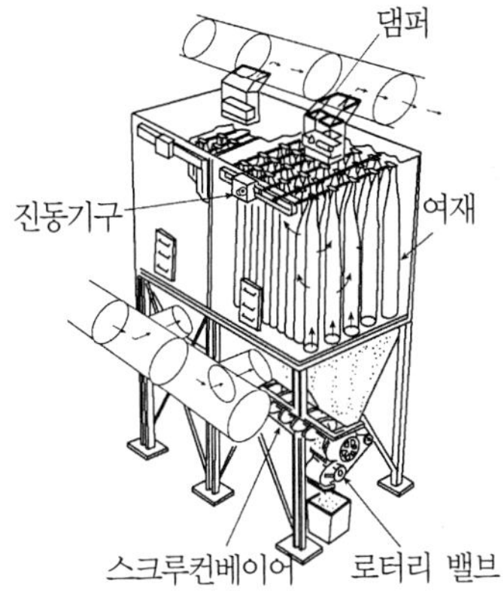

[그림 15-34] 진동식 여과집진장치

진동식 여과집진장치는 여과포를 진동시켜 이미 채집된 분진을 탈진시키는 방법을 사용한다. 일반적으로 역기류식은 탈진효율이 양호하지만, 진동식은 탈진효율이 다소 떨어진다.

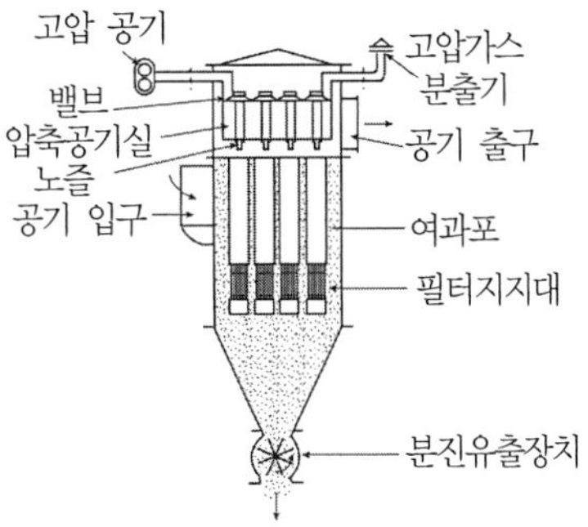

[그림 15-35] 충격분출식 여과집진장치

충격분출식 여과집진장치(pulse jet fabric filter)의 구조는 그림 15-35와 같다. 그림에서와 같이 입구로 흡인된 함진 공기가 여과포를 통과하여 공기 출구로 배출되는데, 이때 여과포 벽에 분진이 쌓이게 되어 여과포를 통과하는 공기에 압력손실이 점점 커지므로 적당한 간격으로 분진을 털어 주어야 한다. 이 집진장치는 여과포 상부에 여과포 개수와 같은 수의 노즐들이 설치되어 있으며, 이 노즐로 짧은 시간(약 0.2초) 동안 많은 압축 공기를 분출하면 충격파가 발생하여 여과포 속으로 전파되어 격렬한 충격에 의하여 먼지가 탈진된다.

15.8 품질검사장비

벼의 품질검사의 목적은 시설 내에 반입된 벼에 대하여 반입단위별로 품질을 평가하여 개인별 대금정산에 필요한 기초자료를 얻는 데 있다. 품위 및 품질 평가의 항목으로는 벼의 반입단위별 무게, 함수율, 벼의 이물질 혼입률, 현미의 품위, 현미의 성분 등이 포함된다.

현미의 품질검사과정을 개략적으로 살펴보면 원료 벼가 반입되면 조선기에서 이물질이 선별된 후 호퍼스케일에서 중량과 함수율이 측정되고 품질검사에 필요한 시료가 채취된다. 채취한 시료를 시료건조기에서 16%(w.b.) 내외로 건조한 후 시험용 현미기로 탈부하여 제현율과 현미 정상립 비율 등이 측정되고, 성분분석기를 이용하여 단백질, 지방산가 및 아밀로오스 함량이 분석된다.

품질검사장비는 자동화 정도에 따라 수동식, 반자동식 및 전자동식으로 구분한다.

(1) 수동식

수동식 품질검사에 필요한 기기는 시료건조기, 시험용 현미기, 시험용 입선별기, 성분분석기 및 전자저울 등이다.

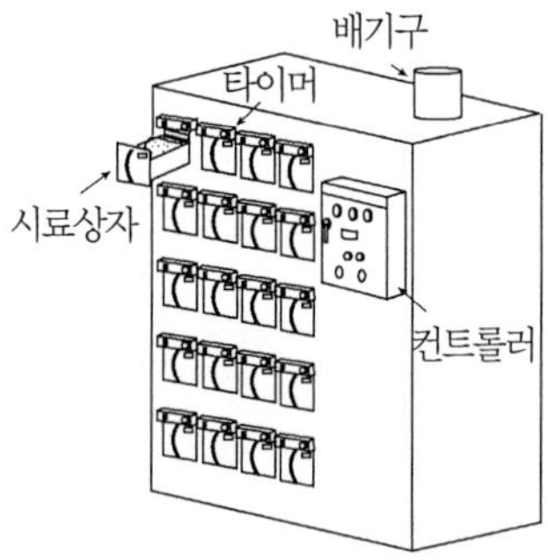

[그림 15-36] 상자식 시료건조기

시료건조기는 시료 500 g을 담을 수 있는 50~100개의 시료상자로 구성되어 있으며, 이들 시료를 동시에 건조할 수 있는 정치식 건조기이다. 시료건조기는 1대의 송풍기로 시료상자 전체에 열풍을 공급하는 방식과, 시료상자마다 각각 소형 송풍기를 부착하여 개별적으로 열풍을 공급하는 형태가 있다. 송풍기를 공동으로 사용하는 형태는 시료 수에 따라 송풍량의 조절과 균일한 송풍량의 배분이 어려워 불균일 건조가 발생하는 단점으로 인하여 거의 사용되지 않고 있다.

또한, 회전 체인궤도에 500 g 정도의 소형 시료포대를 약 30 cm 간격으로 고정하여 회전하면서 건조하는 시료건조기가 있으며, 회전속도를 조절하여 1회전으로 목표하는 함수율까지 건조가 가능하다. 시료건조기의 건조온도는 외기 온도보다 15℃ 정도 높게 설정하되, 35℃를 넘지 않도록 한다.

시료건조기에서 건조된 시료를 균분하여 200~300 g 정도를 시험용 현미기로 탈부한다. 시험용 현미기로는 고무롤러식과 임펠러식이 사용된다.

시험용 현미기에서 탈부된 현미는 시험용 입선별기로 현미의 정상립과 비정상립으로 분리된다. 시험용 입선별기는 채눈의 크기가 1.6 mm인 요동채 선별기와 회전식이 있다.

최근에는 현미 품위측정기가 많이 이용되는데, 이는 영상 또는 광학적 특성을 이용하여 정상립과 비정상립(미숙립, 사미, 피해립, 열손립)을 구분하고, 이들의 중량비를 측정하는 기기이다.

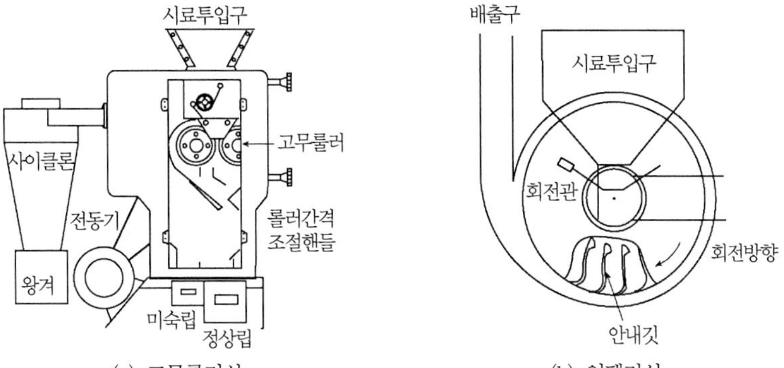

[그림 15-37] 시험용 현미기

(2) 자동식

자동품질검사장치는 현미 품위 측정과정을 자동화한 장치이다. 기존의 수작업으로 현미의 품위를 판정하는 방법 대신 제현과 입선별을 자동으로 처리하고, 품위판정 결과를 자동으로 출력하므로 수작업에 비하여 개인 오차가 적으며, 품질평가의 균등성 및 정도가 높게 나타난다.

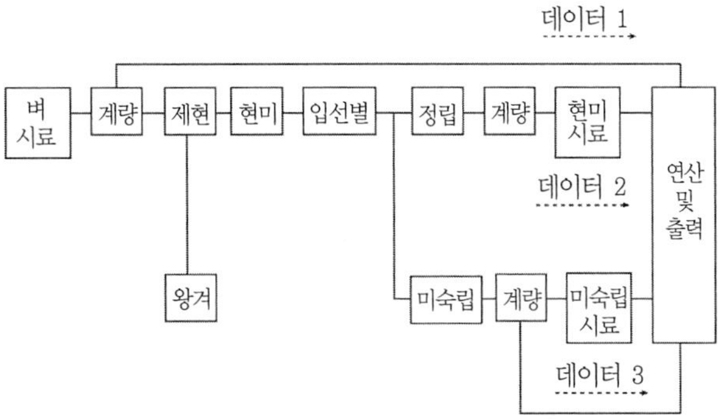

[그림 15-38] 현미의 자동품질검사장치의 흐름도

자동품질검사장치의 흐름도와 구조는 각각 그림 15-38 및 그림 15-39와 같다. 건조된 시료를 투입하면 시료의 무게 측정, 제현, 왕겨분리, 입선별, 완전현미와 쇄립의 무게 계량, 완전현미와 쇄미가 차지하는 비율 산출, 반입전표의 출력이 자동으로 이루어진다.

RPC에서 처리되는 자료는 반입자료와 품질검사자료로 구분되는데, 그림 15-40은 자료를 처리하는 시스템에 대한 계략도이다. 농가고유번호, 반입일, 반입 벼의 무게 및 함수율, 품종 등은 반입자료에 해당되고, 반입번호, 시료의 무게, 정현미 중량 및 비율, 쇄미 중량 및 비율, 단백질 함량 등은 품질검사자료에 해당한다. 반입조작반에 의하여 입력된 반입자료와 품질검사자료는 주 컴퓨터에서 신속하게 처리되어 반입된 벼의 품질 및 농가의 몫을 결정하는 데 이용되며, 처리된 결과는 출력되어 농가에 제공된다. 자동품질검사장치에서 시료의 투입량은 300~500 g 정도이며, 시간당 40~60개의 시료처리가 가능하다.

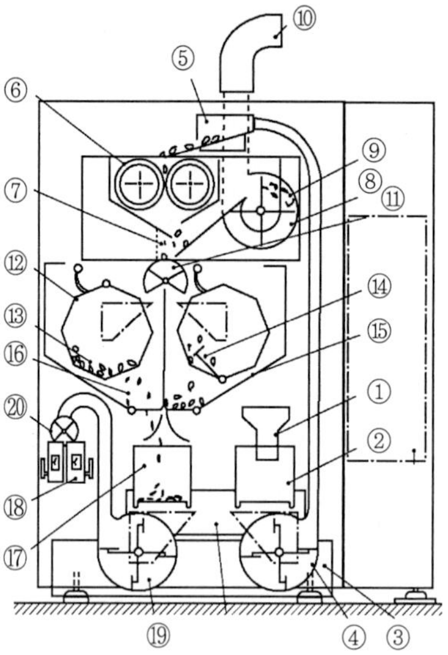

1 : 벼투입호퍼
2 : 계량기(1)
3 : 계량기 받침대
4 : 양곡기
5 : 공급장치
6 : 제현용 롤러
7 : 현미
8 : 풍선용 팬
9 : 왕겨
10 : 왕겨배출구
11 : 입선별금망 전환밸브
12 : 입선별금망
13 : 정립
14 : 금망 밸브
15 : 입선별호퍼
16 : 미숙립
17 : 계량기(2)
18 : 정립시료 채취구
19 : 시료용 양곡기
20 : 시료전환밸브

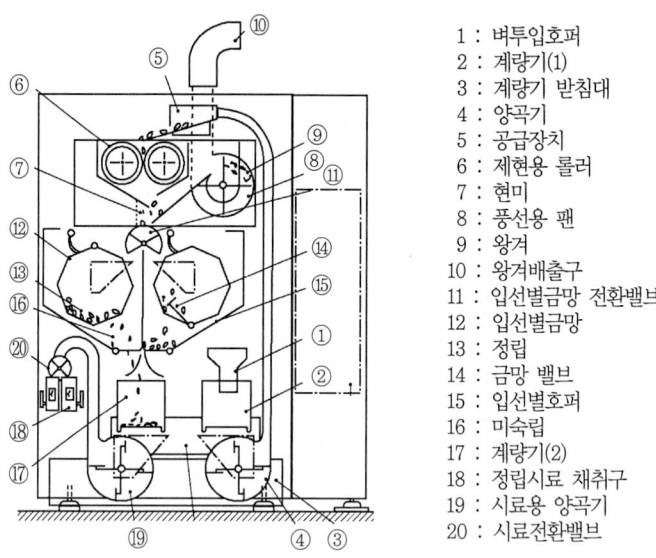

[그림 15-39] 현미의 자동품질검사장치의 구조

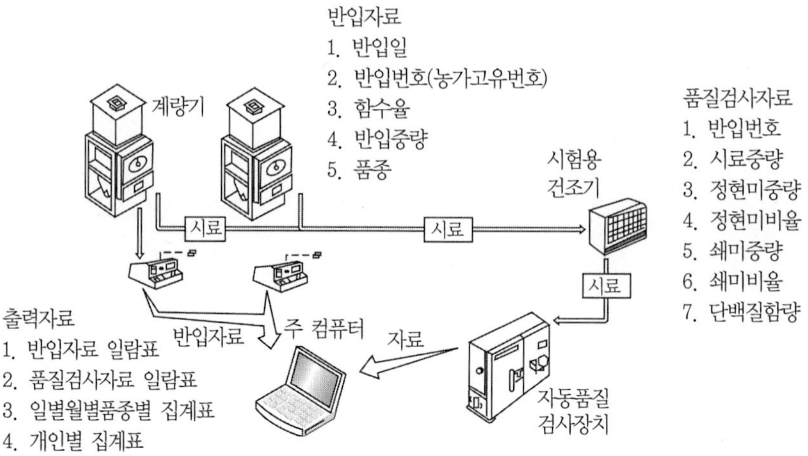

[그림 15-40] RPC에서 반입자료와 품질검사자료의 처리 시스템

(3) 전자동식

전자동식 품질검사장치는 품질검사와 관련된 모든 작업이 자동화된 장치를 의미한다. 즉, 호퍼 스케일에 부착된 자동시료채취기에 의하여 시료가 채취되면 시료의 이송을 포함

하여 시료의 건조, 제현, 선별, 수율의 측정 및 기록, 시료의 포장에 이르는 모든 작업이 자동으로 수행된다.

15.9 기본설계

미곡종합처리장을 설치하려면 설치할 지역의 농업 현황을 파악하여 보다 나은 경영을 위한 기초자료를 먼저 수집하여야 한다. 기초자료에는 지역 내 농가의 농업경영 현황, 재배품종, 수확량, 수확기간, 실수확일수, 농기계 보유 현황, 작목반 등 공동조직 현황이 포함된다.

수집된 기초자료를 분석하여 다음 사항이 포함되는 RPC 도입계획을 작성한다.

- **농지의 효율적 이용 계획** : 재배품종수의 조정, 농기계 작업효율의 극대화를 위한 재배품종의 지구별 집단화, 계약재배 협약.
- **재배기술 교육 계획** : 육묘, 시비, 방제, 적기수확 등의 교육계획
- **농업기계화 계획** : 지역 전체를 대상으로 하여 주요 농작업, 즉 육묘, 이앙 및 수확작업의 공동기계화계획
- **작목반의 조직** : 벼농사 조직화계획

미곡종합처리장의 기본계획에 이어 기본설계를 하게 된다. RPC의 기본설계에서는 RPC의 연간 처리능력, 1일 반입능력, 1일 건조능력, 연간 저장능력, 1일 도정능력을 계산하게 된다. 이와 같은 계산을 위하여 필요한 자료는 대상지역의 벼의 품종수, 수확기간, 실수확일수, 수확 시 함수율, 수확량 등이다. 또한 지역의 기상조건, 농업환경 및 경제성 등을 검토하여 가장 합리적인 건조 및 저장방법을 결정하여야 한다.

15.9.1 시설처리능력

(1) 연간 처리능력

연간 처리능력은 대상면적(ha)에 평균 수확량(톤/ha)을 곱하여 산출한다. 우리나라의 경우 벼 평균 수확량은 6.5톤/ha 내외이다.

(2) 1일 반입능력

RPC의 1일 반입능력은 평균반입능력과 최대반입능력으로 나누어 계산한다. 1일 평균반입능력(톤/일)은 다음 식으로 계산한다.

$$1\text{일 평균반입능력} = \frac{\text{연간 처리능력(톤/년)}}{\text{수확일수(일/년)} \times \text{수확작업 가능일수율(소수)}} \qquad (15\text{-}31)$$

수확작업 가능일수율은 수확일수에 대한 실수확일수의 비율이며, 실수확일수는 수확기간 중 비가 오거나 비온 다음 날 등 콤바인의 수확작업이 불가능한 일수를 제외한 일수이다. 벼 수확기간인 9월과 10월의 수확작업 가능일수율은 표 15-6과 같다.

1일 최대반입능력은 1일 평균반입능력에 반입변동률을 곱하여 계산한다. 실제 RPC에 1일 반입되는 물량은 수확작업의 조직화 정도, 이용농가의 영농 형태 및 콤바인의 이용률에 따라 변동하며, 또한 강우, 공휴일 및 명절 후에 반입이 집중되는 등의 원인으로 평균반입량과 상당한 차이를 나타낸다. 반입변동률은 이러한 상황을 고려한 계수로서 다음 식으로 표시된다.

$$\text{반입변동률} = \frac{1\text{일 최대반입량(톤/일)}}{1\text{일 평균반입량(톤/일)}} \qquad (15\text{-}32)$$

반입변동률은 RPC의 1일 최대처리능력을 결정하는 요소이다. 실제 RPC의 반입변동률은 1.25~3.1 정도이며, 벼농사의 조직화가 잘된 경우에는 1.25 정도이다. 벼의 품종으로 조생종, 중생종 및 만생종을 균형 있게 재배하여 수확기간이 25~30일 정도가 되도록 할 필요가 있으며, 계획적인 이앙과 수확작업으로 일시에 반입이 집중되지 않도록 하여야 한다.

(3) 반입시설의 반입능력

벼가 RPC에 반입되면 반입구에 투입되어 버킷엘리베이터 또는 벨트컨베이어 등 이송장치를 통하여 조선기, 무게 및 함수율 측정장치로 이송되는데, 이와 같은 일련의 장치를 반입시설이라고 한다. 반입시설의 반입능력은 다음 식으로 계산한다.

$$\text{반입능력} = \frac{1\text{일 최대 반입량}}{1\text{일 최대 반입시간} \times \text{반입시설의 작업능률}} \ \text{(톤/hr)} \qquad (15\text{-}33)$$

[표 15-6] 지역별·시기별 수확작업 가능일수율(%)

도별	지역별	9월		10월		평균
		하순	상순	중순	하순	
경기	평택	82.1	81.2	86.2	80.5	82.5
	이천	85.3	80.4	83.6	82.0	82.8
	김포	88.8	81.4	87.4	89.6	86.8
충청	공주	82.9	83.2	94.3	81.9	85.5
	서산	83.2	80.8	85.4	80.2	82.4
	논산	84.6	83.8	88.4	86.2	85.7
전라	정읍	81.4	78.2	83.8	89.6	83.2
	김제	82.2	78.0	82.5	75.8	79.6
	나주	80.4	71.4	81.7	79.7	78.3
경상	칠곡	92.1	83.2	92.3	90.7	89.5
	영일	85.7	78.2	80.4	82.8	81.7
	김해	77.3	84.8	96.1	88.8	86.7

1일 최대반입시간은 보통 10시간 정도이며, 반입시설의 작업능률은 0.7 정도이다. 반입시설의 반입능력은 RPC에 설치되는 많은 이송장치의 이송능력이 된다.

(4) 건조시설의 처리능력

하루에 반입되는 원료 벼를 효과적으로 건조할 수 있도록 건조시설을 설치하여야 한다. RPC에 설치되는 화력건조기에는 배치형의 순환식 건조기와 연속식 건조기가 있다. 또한 상온의 공기를 통풍하여 건조하는 상온통풍건조 시설로 원형 철제빈이 사용된다. RPC의 규모에 따른 경제성을 고려하여 적절한 건조기를 선택하여야 한다.

순환식 건조기의 건조능력은 다음 식으로 계산한다.

$$Q = \frac{VNT\eta}{t_1 + t_2 + \dfrac{M_o - M_f}{R}} \tag{15-34}$$

여기서, Q : 1일 건조능력(톤/일)
V : 건조기 용량(톤)
N : 건조기 대수(대)
T : 1일 건조기 가동시간(hr/일)
η : 곡물투입률(투입량/건조기용량)
t_1, t_2 : 곡물투입 및 배출시간(hr)
M_o : 건조기 투입곡물의 함수율(%, w.b.)
M_f : 건조기 배출곡물의 함수율(%, w.b.)
R : 평균건감률(%, w.b./hr)

RPC에 설치되는 순환식 건조기의 곡물투입률은 1.0으로 간주하며, 평균건감률은 건조기의 용량에 따라 0.6~0.8%(w.b.)/hr이다. 곡물 투입과 배출시간을 합하여 1~2시간 정도이다.

연속식 건조기는 템퍼링 탱크와 조합하여 다회통과 건조방법(multi-pass drying system)을 이용하는데, 1일 건조능력은 다음 식으로 계산한다.

$$Q = \frac{TV}{nt} \tag{15-35}$$

여기서, Q : 1일 건조능력(톤/일)
T : 1일 건조기 가동시간(hr/일)
V : 건조기 용량(톤/대)
n : 목표 수분까지 건조에 필요한 건조기 통과횟수(회)
t : 1회 건조기 통과시간(hr/회)

건조기 통과횟수는 다음 식으로 계산한다.

$$n = \frac{M_o - M_f}{a} + 1 \tag{15-36}$$

여기서 a는 건조기 1회 통과당 감소함수율(%)로 통과횟수에 따라 다르며 1.5~2.2%(w.b.) 범위이다. 우변에 더해 준 1회는 곡물의 냉각을 위한 통과횟수이며, 냉각부가 있는 건조기의 경우는 건조기를 통과하면서 냉각이 이루어지고, 조합건조를 할 경우는 상온통건조빈으로 이송되어 건조와 동시에 냉각이 되므로 냉각을 위한 통과횟수 1회는 생략된다.

템퍼링 시간(T_t)은 다음 식으로 계산한다.

$$T_t = \frac{T}{n} - t \tag{15-37}$$

일반적으로 함수율이 높은 벼에서는 템퍼링 시간이 너무 길어도 또는 짧아도 품질상의 문제가 발생한다. 너무 짧으면 동할이 많이 발생하며, 너무 길면 부패하여 품질이 저하될 수 있다. 템퍼링 시간은 보통 3~8시간 정도이며 될 수 있으면 3~4시간 정도가 바람직하다.

15.9.2 기본설계의 예

(1) 설계 전제조건

① 설치 지역 : 경기도 평택

② 대상 면적 : 500 ha

③ 벼 수확량 : 500 ha × 6.5톤/ha = 3250톤

④ 수확기간 : 30일

⑤ 수확 시 함수율 : 24%(w.b.)

⑥ 반입변동률 : 1.5

(2) 연간 처리능력

대상지역의 벼 총 수확량 3250톤을 처리할 수 있는 건조저장시설을 설계한다.

(3) 반입시설

1) 실반입일수

수확일수 × 수확작업 가능일수율 = 30일 × 0.825 = 25일

2) 1일 반입량

① 평균반입량 = 3250톤/25일 = 130톤/일

② 최대반입량 = 130톤/일 × 1.5 = 195톤/일

3) 시간당 반입량

① 평균반입량 = 130 톤/일 ÷ 8 시간/일 = 16.3 톤/시간

② 최대반입량 = 195 톤/일 ÷ 10 시간/일 = 19.5 톤/시간

4) 반입 및 이송능력

① 시간당 최대반입량 ÷ 작업효율 = 19.5톤/시간 ÷ 0.7 = 28톤/시간
15 톤/시간의 반입 및 이송능력을 가진 2라인의 반입시설로 한다.

5) 조선 및 계량능력

시간당 15톤을 처리할 수 있는 조선 및 계량 시설을 2라인 설치한다.

(4) 건조시설

1) 건조공정

순환식 건조기를 이용한 열풍건조와 원형 철제빈을 이용한 상온통풍건조의 조합건조공정으로 한다. 함수율 24%의 벼를 20%까지 열풍건조하고 그 이후에는 상온통풍건조한다.

2) 순환식 건조기

① 용량(V) : 20톤/대

② 설치 대수

- 1일 건조능력은 1일 최대반입량 195톤을 24%에서 20%까지 건조할 수 있는 능력으로 한다.
- 순환식 건조기 설치대수 산출에 필요한 기타 항목은 다음과 같이 설정한다.

초기함수율(M_1) : 24%
목표함수율(M_2) : 20%
건감률(R) : 0.8%/시간
투입 및 배출시간(t) : 1.5시간
건조기 투입률(n) : 1.0
1일 작업시간(T) : 20시간

설치대수 N은 다음 식으로 계산한다.

$$N = \frac{Q\left(t + \dfrac{M_1 - M_2}{R}\right)}{V\ \eta\ T} = \frac{195\left(1.5 + \dfrac{24-20}{0.8}\right)}{20(1.0)(20)} = 3.2 = 4\text{대}$$

- 20톤 순환식 건조기를 설치할 경우 4대가 필요하며, 10톤 순환식 건조기를 설치할 경우 7대가 필요하다. 설치할 공간이나 경제성을 고려하여 건조기 용량을 결정한다.
- 연속식 건조기를 설치할 경우
  - 초기함수율 M_o = 24%(w.b.), 최종함수율 M_f = 20%(w.b.), 건조기 1회 통과시간 t = 0.5 hr, 건조기 1회 통과당 감소함수율 a = 1.8%로 가정하면, 건조기 통과횟수 n은 다음과 같다.

$$n = \frac{M_o - M_f}{a} = \frac{24-20}{1.8} = 2.2\text{회} = 3\text{회}$$

3회는 건조를 위한 통과횟수이며, 건조기에는 냉각부가 설치된 경우이다.

- 건조기 용량

$$V = \frac{Qnt}{T} = \frac{195(3)(0.5)}{24} = 12.2\text{톤}$$

용량 12.2톤의 연속식 건조기 1대의 설치가 필요하다.

- 템퍼링 시간

$$T_t = \frac{T}{n} - t = \frac{24}{3} - 0.5 = 7.5\text{시간}$$

건조기를 통과한 벼는 7.5시간 템퍼링한 후에 다시 건조기를 통과하는 반복을 3회 실시하고 상온통풍건조를 위하여 빈으로 이송된다. 연속식 건조기를 설치할 경우에는 템퍼링빈을 별도로 설치하여야 한다.

3) 상온통풍건조시설

① 용량 및 크기 : 상온통풍건조시설은 건조와 저장을 겸용하므로 반입물량 전체를 저장한다고 가정하면 용량 300 톤(내경 11 m) 사일로 10기가 필요하다.

② 송풍기 : 상온통풍건조시설에 설치할 송풍기는 설치지역의 기상조건을 고려하여 결정된 최소풍량비를 기준으로 결정한다.

중부지역에서 함수율 18%에 대한 최소풍량비는 q_s = 0.75 cmm/m^{3}이다. 빈의 직경 D = 11 m, 곡물퇴적 깊이 H = 5 m로 하면, 송풍량은 다음과 같이 계산된다.

$$Q = \frac{\pi D^2}{4} H\ q_s = \frac{\pi(11)^2}{4}(5)(0.75) = 356\ \mathrm{m^3/min}$$

손실을 고려하여 25%를 가산하면 송풍량은 $Q = 356 \times 1.25 = 445\ \mathrm{m^3/min}$이다. 송풍기에 필요한 전압은 곡물퇴적층의 압력손실만을 고려하여 다음 식으로 계산한다.

$$\Delta P = 6411.2\left(\frac{Q}{60A}\right)^{1.2727}(H + 0.1)$$

$$= 6411.2\left(\frac{445}{60(95)}\right)^{1.2727}(5 + 0.1) = 1251\ \mathrm{Pa}$$

여기서, A는 빈의 단면적이다.

따라서, 전압 1251 Pa에서 445 m^3/min 이상의 송풍량을 낼 수 있는 성능을 가진 원심송풍기를 선택한다.

(5) 저장시설

저장시설은 상온통풍건조 시설로 설치된 용량 300톤 10기의 원형 철제 사일로를 이용한다. 이 저장시설 중 보통 장기 저장에 대비하여 4~6기는 벽체와 지붕을 단열하는 것이 바람직하다. 단열의 기준으로 총열저항($\frac{1}{U}=R_t A$)의 최소치를 규정하는데, 벽체는 총열저항이 1.75 $m^2 \cdot h \cdot ℃/kcal$이상, 지붕은 2.1 $m^2 \cdot h \cdot ℃/kcal$ 이상이 되도록 단열층의 두께를 결정하도록 권장하고 있다.

연 | 습 | 문 | 제

1 미곡종합처리시설의 기능과 설치 목적을 기술하여라.

2 미곡종합처리시설에서 사용되는 선별기의 종류와 특성을 설명하여라.

3 마찰식 정미시스템과 복합식 정미시스템의 특성을 설명하여라.

4 조합건조(combination drying)의 특성을 설명하여라.

5 색채선별기의 구조와 선별원리를 설명하여라.

6 쌀등급규격에 의하면 쌀의 등급은 특, 상 및 보통이 있는데, 등급의 세부 기준을 조사하여라.

7 쌀의 완전립, 싸라기, 분상질립을 정의하여라.

8 입자 크기가 0.2 μm와 10 μm인 입자들이 1 g/cm^{3}의 밀도를 가지고 있다. 이 입자들이 25℃, 1 atm의 공기 중에서 자유낙하할 때 작용하는 중력, 부력 및 항력을 구하고, 침강속도를 구하라. 단, 공기의 밀도 1.2 kg/m^3, 절대점성계수 $\mu = 18.26 \times 10^{-6}$ Pa·s이다.

9 중력집진장치를 이용하여 입경 50 μm, 밀도 2.0 g/cm^{3}인 입자를 95%의 집진효율로 포집하려고 한다. 함진 공기의 속도가 30 cm/s, 침강실의 높이가 2.5 m일 때 침강실의 길이를 구하여라.

10 다음과 같은 입경분포 자료를 가정하고, Lapple이 제시한 표준형 일반 원심력 집진장치의 치수를 결정하고, 집진효율을 계산하여라. 함진 공기의 유량 2.5 m^3/s, 입자밀도 1.5 g/cm^3, 공기의 밀도 1.2 kg/m^3, 절대점성계수 $\mu = 18.26 \times 10^{-6}$ Pa·s이다.

입자 크기(μm)	누적질량도수(%)	입자 크기(μm)	누적질량도수(%)
0 ~ 2	3	6 ~ 10	91
2 ~ 4	42	10 ~ 20	100
4 ~ 6	74		

11 연간 24%(w.b.)의 벼 2000톤을 처리하는 미곡종합처리장의 건조저장시설의 기본설계를 하여라. 건조공정은 조합건조로 한다. 열풍건조기는 용량 10톤의 순환식 건조기 또는 연속식 건조기를 사용한다.

참고문헌

1. 고학균, 금동혁 외. 1990. **농산가공기계학**. 향문사
2. 고학균, 금동혁 외. 1995. **미곡종합처리시설**. 문운당
3. 구윤서, 김기현 외. 2002. **신제 대기오염방지공학**. 향문사
4. 구재학, 김문찬 외. 2006. **대기환경장치설계 II**. 동화기술
5. 김동철, 김의웅, 김훈. 2006. **RPC 시설 및 운영기술 매뉴얼**. 농림부·한국식품연구원
6. 박승제. 2005. 왕겨의 특성과 처리 이용 기술. **RPC 기술과 경영** 제6호. 한국RPC연구회
7. 이강진, 조영길 외 번역. 2007. **분광선별기의 개발과 설계**. 농촌진흥청 농업공학연구소
8. Calvert, S. 1977. *Air Pollution*. vol. IV, A.C. Stern. Ed. New York, Academic Press.
9. Cooper, C.D. and F.C. Alley. 2002. *Air Pollution Control: A Design Approach*. 3rd edition. PWS Engineering.
10. Juliano, B.O. 1994. *Rice Chemistry and Technology*. AACC.
11. Lapple, C.E. 1951. Processes use many collector types. *Chemical Engineering*, 58(5)

12. Stairmand, C.J. 1951. The design and performance of cyclone separator. *Transactions of Industrial Chemical Engineers*, 29.
13. Swift, P. 1969. Dust control in industry. *Steam Heating Engineering*, 38.
14. 山下律也, 西山喜雄 外. 1994. **新版 農産機械學**. 文永堂出版
15. 全農 施設·資材部. 1994. **共乾施設の てびき** –II 分册–. 全農管材株式會社

Post-Harvest Process Engineering

Chapter 16 청과물 산지유통센터

Chapter

16 청과물 산지유통센터

16.1 산지유통센터의 기능

16.1.1 기능

청과물 산지유통센터(Agricultural Product Processing Center : APC)는 농가별로 생산된 청과물을 한곳에 수집하여 품질손상이 없도록 보관하면서 일정한 규격 · 기준에 따라 선별하고 포장하여 상품화하고, 생산된 상품을 계획에 따라 출하하여 그로부터 얻어진 판매대금을 생산자에게 정산하는 등의 일련의 작업을 수행하는 공동이용 농업시설이다. 청과물 산지유통센터를 국가적 관점에서 보면 국민의 일상적 먹을거리인 청과물의 계획적 안정공급을 도모하기 위한 시설이며, 생산자 측면에서 보면 생산자의 소득을 극대화하기 위하여 유리한 가격을 형성하고 판매량의 증대를 도모하며 경비를 절감하기 위한 시설이다.

산지유통센터의 본래 목적은 수확기에 생산자의 출하노력을 경감시키기 위한 것이지만, 최근에는 생산지의 유통거점으로서의 기능이 더욱 중요시되고 있다. 즉, 생산자 개별적으로는 단순한 영세농 농산물에 지나지 않는 청과물을 대량으로 수집하고, 일정 기준에 따라 선별 · 포장하여 규격화된 청과물을 소비자에게 계획적 · 안정적으로 공급하는 유통거점의 기능을 수행한다.

산지유통센터의 유형이나 규모는 대상 작물이나 추구하는 목적에 따라 매우 다양하게 발전되고 있지만 그 공통된 역할은 다음과 같다.

- 산지유통거점으로서 청과물의 집·출하 기능
- 청과물의 부가가치를 향상시키는 상품화 기능
- 노력경감 및 일자리 창출기능
- 생산자의 단결과 조직강화 기능
- 생력화·효율화된 작업공정에 의한 비용절감 기능 등을 들 수 있다.

16.1.2 최근의 발전 경향

오늘날의 산지유통센터는 소비 동향의 변화와 유통경로의 다양화·광역화 등과 같은 유통조건의 변화에 대처하면서, 한편으로는 시설을 이용·운영하는 농가나 사업주체가 안고 있는 지역사회의 제반문제를 구조적으로 개선하기 위하여 기능을 강화하고 다양화하는 경향이 있다.

(1) 유통관련 시설의 집단화

지역 유통센터로서의 기능을 강화하고 새로운 판매 채널의 개척과 유리한 가격형성을 위한 계획출하를 실현하기 위하여 다방면에 걸쳐 기능을 제휴·강화한다. 이를 위하여 그림 16-1에서와 같이 선별, 포장, 예냉, 저장 등의 유통관련 설비뿐만 아니라, 농업자재 공급센터, 농산가공시설, 신기술연구센터, 직판장, 토양검사실, 영농상담실, 연수·집회실, 복지후생시설 등을 통합한 다목적 집단화가 이루어지고 있다.

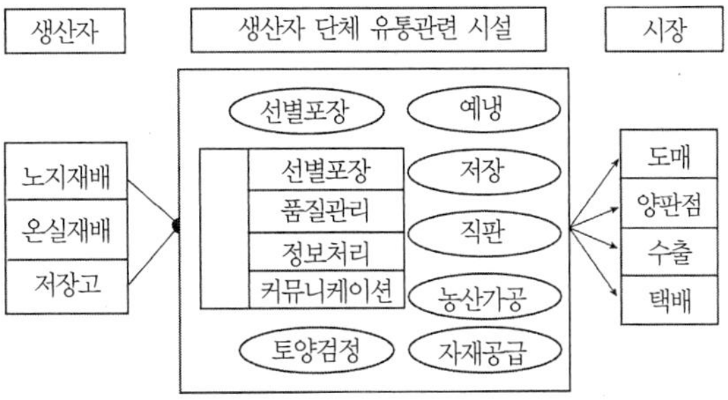

[그림 16-1] 유통관련 시설의 집단화

(2) 품질관리 센터로서의 기능 강화

출하되는 상품의 품질유지, 품질보증 및 품질차별화와 경쟁력을 확보하기 위하여 재배부터 마케팅에 이르기까지의 품질관리 및 상품화를 담당하는 센터로서의 기능이 강화되고 있다. 청과물은 수확 후에 품질이 쉽게 열화되는 특징이 있으므로 예건·예냉·저온저장·저온수송 등의 수확 후 품질관리 기술을 도입하여 청과물의 변질과 상품으로서의 가치손실을 최소화하고, 토양진단이나 선별·예냉·저온저장·유통·판매 등에 관한 자료를 생산자에게 제공하여 원물의 실질적인 품질을 개선하는 기능을 수행한다. 또한 농가별로 생산된 원료 농산물을 일정한 규격과 기준에 따라 선별·포장하여 상품화함으로써 부가가치를 높이는 기능을 수행한다.

(3) 통신·정보 센터로서의 기능 강화

종래의 산지유통센터에서 다루는 정보의 대부분은 정산사무에 필요한 수량·등급·시장가격·수수료 등에 관한 것이었다. 최근에는 이러한 정보에 더하여 품질관리, 출하품목의 가격 형성이나 유통 형태, 생산지역의 기상정보, 개별 농가의 영농에 관한 정보 등을 수집하여 데이터베이스화하는 방향으로 발전되고 있다. 이러한 정보는 생산자가 이해하기 쉬운 형태로 처리되어 품질향상을 위한 재배관리법, 시설의 이용계획, 품목별 생산조합의 연수활동, 농가의 영농상담, 지역의 토지이용이나 농업구조개선 사업계획 등 다방면에 걸쳐 이용된다.

(4) 커뮤니케이션 센터로서의 기능 강화

산지유통센터 내에 영농상담실, 연수·오락·복지후생 설비 등을 설치하여 유통거점으로 모이는 농업인들에게 정보전달·상담·연수·각종 이벤트를 효과적으로 실시하고 생산자 상호 간의 커뮤니케이션을 촉진함으로써 농가나 지역이 안고 있는 제반 문제의 상호이해와 해결책을 생산자 단계에서 검토하고 나아가서는 개별 농가의 문제의식을 높이고 출하조직의 단결을 강화하는 커뮤니케이션 센터로서의 기능을 강화하고 있다.

16.2 산지유통센터의 공정과 기계·설비

16.2.1 처리공정의 분류

산지유통센터에 반입된 청과물을 처리하는 공정은 크게 반입·선별·포장·저장·출하의 공정으로 나누어지며, 산지유통센터의 운영방법에 따라 다음의 3가지 유형의 처리공정으로 구분할 수 있다. 대부분의 산지유통센터에서는 가동기간을 늘리면서 다양한 유통조건의 변화에 신속하게 대응하기 위하여 이들 유형을 복합한 공정으로 설치하는 곳이 많다.

- 단기 출하형 : 집하 → 선별 → 포장 → 출하
- 장기 출하형 : 집하 → 저온저장 → 선별 → 포장 → 출하
- 시장대응 출하형 : 집하 → 선별 → 저온저장 → 포장 → 출하

(1) 단기 출하형

농산물이 반입되면 즉시 선별·포장하여 단기간에 출하하는 형태이며, 해당 지역뿐만 아니라 다른 지역의 농산물을 선별·포장하는 작업을 수탁하여 행하기도 한다. 대규모 저온저장 설비를 설치하지 않아도 되는 장점이 있으며, 해당 지역에서 수확기가 다른 여러 품종 또는 작물이 지속적으로 생산되거나 원료의 확보가 가능한 경우에 유용한 형태이다. 그러나 지속적으로 원료 농산물을 확보하지 못할 경우 가동기간이 짧아지는 단점이 있다.

(2) 장기 출하형

수집된 농산물을 장기간 저장하면서 계획에 따라 출하하는 형태이며, 농산물이 반입되면 우선 저온저장고에 입고시켜 저장하고 필요에 따라 선별·포장하여 출하한다. 산지유통센터의 가동기간을 늘릴 수 있는 장점이 있으나 저온저장고의 시설면적이 크고 급작스러운 시장의 출하요구나 포장규격의 변경 등에 대처하는 능력이 떨어진다.

(3) 시장대응 출하형

수집된 농산물을 선별하고 등급별로 분류하여 저장하다가 시장의 출하요구에 따라 해당 등급의 청과물을 요구되는 규격에 따라 포장하여 출하하는 형태로서 급작스러운 시장의 출하요구나 포장규격의 변경 등에 신속하게 대응할 수 있는 장점이 있다.

16.2.2. 작업공정별 기계·설비

청과물 산지유통센터의 작업공정은 처리할 청과물의 종류, 규모, 기계화 정도 등에 따라 다양하게 구성되지만 현대화된 산지유통센터의 개략적인 작업공정은 그림 16-2와 같이 나타낼 수 있다.

(1) 집하

생산자로부터 수집된 청과물을 받아들이는 일련의 공정으로서 농가확인, 계량, 전표발행, 검사, 임시보관 등의 기능을 수행하는 공정이다. 농가로부터 집하되는 청과물은 10~20 kg용의 소형 플라스틱 상자나 팔레트빈(pallet bin), 벌크로리(bulk lorry) 등의 다양한 용기에 담아서 반입된다.

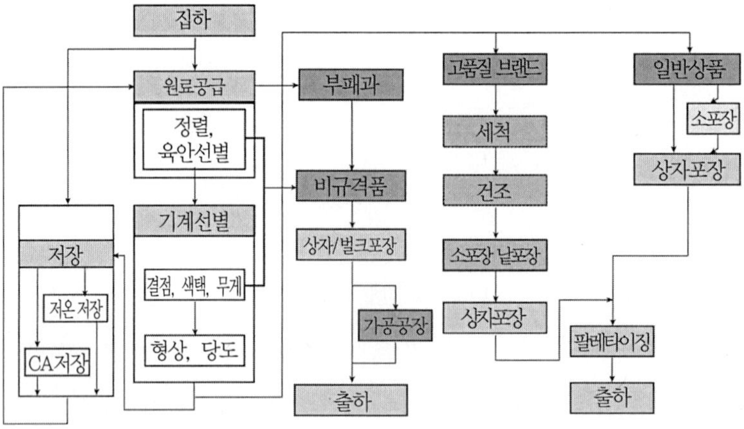

[그림 16-2] 청과물 산지유통센터의 작업공정

반입된 청과물의 계량에는 트럭계량대(truck scale)를 많이 사용하며, 반입된 청과물을 트럭에 적재한 상태에서의 총중량을 계량하고 적재물을 하역하고 난 후의 트럭의 중량과 빈 상자 중량(=상자개수×단위중량)을 감하여 그 차이로서 반입된 농산물의 중량을 계산한다.

집하작업이 이루어지는 공간에는 수송차량의 대기 및 하역, 반입용기나 팔레트의 적재, 물품의 검사, 지게차의 이동 등에 필요한 공간이 확보되어야 하며, 트럭이 하역을 위해 대기하는 중에 청과물이 햇빛에 노출되거나 비를 맞아 품질이 손상되는 것을 막기 위하여 차양시설을 설치한다. 또 품질 변화가 급격하게 일어나는 청과물의 경우 하역과 동시에 통풍이나 냉각을 할 수 있는 시설을 설치하고, 하역작업을 효율적으로 수행할 수 있도록 트럭을 접안시킬 수 있는 독(dock)을 설치한다. 현대화된 산지유통센터에서는 집하용 용기에 바코드(bar code)를 부착하여 집하에서부터 선별·포장·저장·출하 및 정산에 이르기까지의 전체 데이터를 농가별로 관리한다.

(a) 플라스틱 상자 (b) 팔레트빈 (c) 벌크로리

[그림 16-3] 청과물 집하용기

(2) 원료공급

집하된 청과물을 일정한 속도로 선별기에 공급하기 위하여 집하용기를 투입구에 공급하여 청과물을 투입구에 비우고, 투입된 청과물은 컨베이어를 사용하여 선별기까지 이송시키며, 청과물을 비운 용기는 별도의 보관장소로 이송한다.

1) 상자 공급

소형의 플라스틱 상자는 인력에 의하여 한 상자씩 컨베이어 위에 올려서 투입구까지 이송시켜 공급하거나, 반입장소에서 팔레트에 적재한 다음에 지게차로 컨베이어 위에 올려놓으면 이송되는 동안에 디팔레타이저(de-palletizer)와 디스태커(de-stacker)에 의하여 자동으로 한 상자씩 분리되어 투입구로 공급된다. 디팔레타이저는 팔레트에 적재된 상자를 1층씩 들어 내려 1상자씩 분리하는 것과, 팔레트에 적재된 상자를 1열씩 분리시킨 다음 디스태커로 1상자씩 들어 내리는 것이 있다.

팔레트빈은 지게차를 사용하여 1개씩 투입구에 공급하거나, 여러 단으로 쌓아서 컨베이어 위에 올려놓으면 디스태커에 의하여 자동으로 1개씩 분리되어 투입구로 공급된다.

(a) 디팔레타이저(1) (b) 디팔레타이저(2) (c) 디스태커

[그림 16-4] 소형 플라스틱 상자 공급장치

(a) 낱개 공급

(b) 디스태커

[그림 16-5] 팔레트빈 공급장치

2) 상자 비움

청과물이 담긴 상자를 비우는 방법으로는 상자를 기울여 컨베이어(dry dumping)나 수조(wet dumping)에 붓는 방식, 상자를 물속에 담가서 부력에 의하여 청과물을 물에 띄워서 비우는 방식 등이 사용된다. 충격에 약하거나 무거운 과실들은 수작업으로 1개씩 집어서 직접 선별기의 이송장치에 올려놓기도 한다.

(a) 상자 기울임식(소형 상자)

(b) 상자 기울임식(벌크로리)

(c) 담금식(팔레트빈)

[그림 16-6] 상자 비움장치

비워진 상자는 컨베이어에 의하여 별도의 공간으로 배출시키고 인력 또는 스태커(stacker)를 사용하여 팔레트에 위에 쌓아서 보관한다.

3) 청과물 이송

상자에서 비워진 청과물은 컨베이어나 수류에 의하여 선별기로 이송된다. 수류에 의하여 이송되는 청과물은 선별기에 공급되기 전에 컨베이어에 의하여 물속에서 건어 올려진다. 또 청과물을 컨베이어로 이송하는 동안에 비상품과를 육안으로 선별하여 제거한다.

(a) 컨베이어식

(b) 수류식

[그림 16-7] 청과물 이송 및 비상품과 제거

(3) 선별

선별공정은 미리 정해진 기준에 따라 기준 이상의 것과 기준에 미달되는 것을 구분하는 공정이며, 선별라인은 투입부, 이송부, 등급판정부, 배출부로 구성된다.

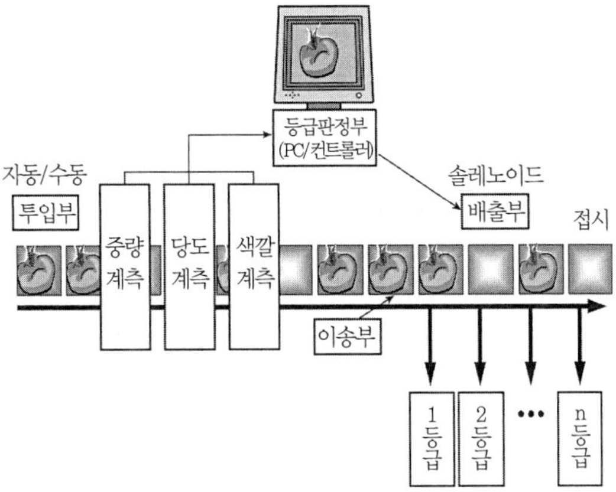

[그림 16-8] 선별라인 구성도

1) 투입부

투입부는 선별 대상물을 선별기에 올려놓는 부분이며, 작업자가 1개씩 집어서 올리거나, 컨베이어에 의하여 이송된 과실을 자동으로 1개씩 개체화하여 투입한다. 작업자가 직접 선별기에 투입하는 경우에는 별도의 예비선별부를 두지 않고 투입 시에 작업자가 육안으로 확인하여 예비선별을 수행한다.

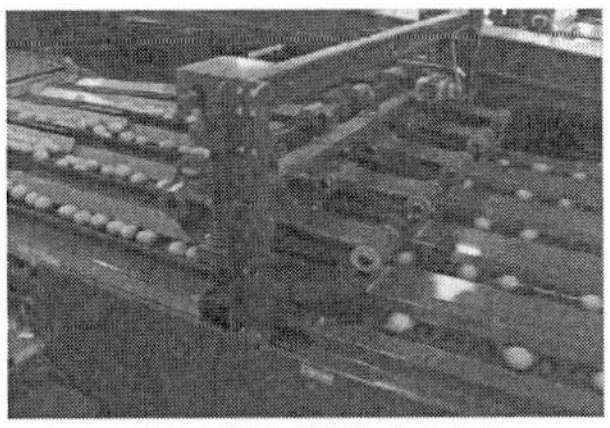

(a) 자동 개체화 투입

(b) 수동 투입

[그림 16-9] 투입부

2) 이송부

이송부는 선별 대상물을 탑재하여 이송하는 부분이며, 작물의 특성이나 선별방식에 따라 여러 개의 접시·롤러·집게·건반 등을 연결한 컨베이어나 자유이송 트레이(free tray) 등의 장치를 사용한다.

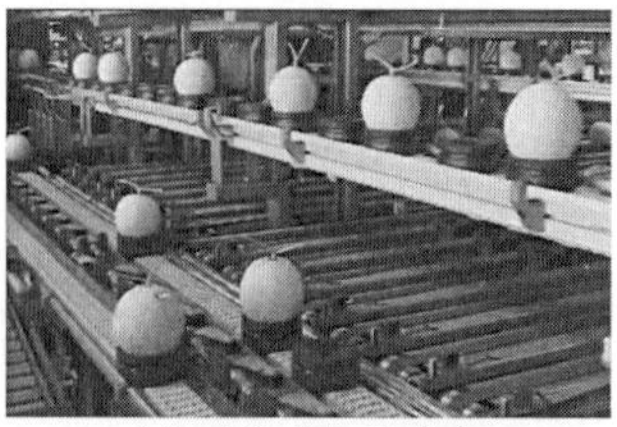

(a) 자유이송 트레이

(b) 롤러 컨베이어

[그림 16-10] 이송부

3) 등급판정부

등급판정부는 중량이나 크기, 색택, 당도 등을 계측하여 그 신호를 컴퓨터로 전송하여 등급을 연산하는 부분이며, 일반적으로 시간당 1만 개 내외의 등급판정이 가능하다.

중량은 로드 셀(Load cell)을 이용하여 계측하고, 크기나 색택은 CCD카메라로 찍은 영상을 컴퓨터로 영상처리하여 계측하며, 당도나 내부부패 등은 근적외광선을 청과물에 반사 또는 투과시킬 때 변화되는 광스팩트럼을 분광분석하여 계측한다.

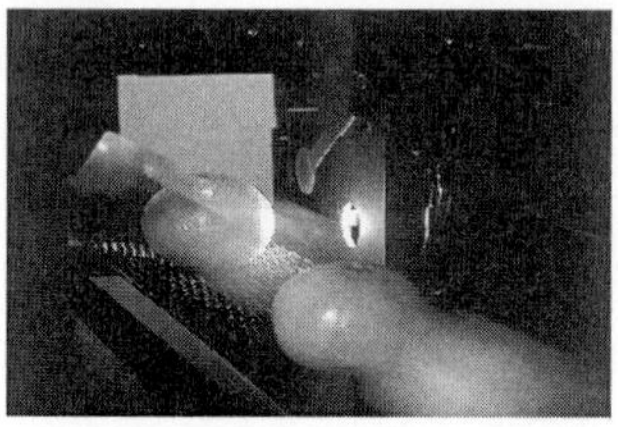

(a) 근적외선분광

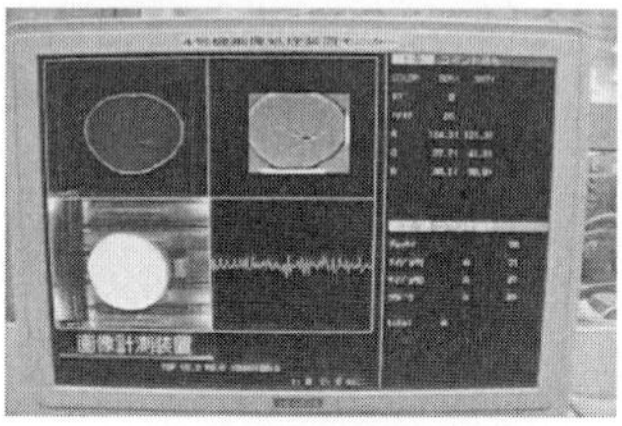

(b) 영상처리

[그림 16-11] 비파괴 등급판정

4) 배출부

배출부는 등급이 결정된 과일을 등급에 따라 구분된 영역에 배출시키는 부분이며, 대부분 이송장치를 기울임으로써 선별 대상물을 낙하시켜 배출한다. 이때 과일이 낙하되는 지점에는 슈트, 브러시, 수조 등을 설치하여 낙하되는 과일이 충격을 받지 않도록 한다. 자유이송 트레이를 사용하는 경우에는 트레이 자체가 등급별로 구분되어 배출된다.

(a) 자유이송 트레이식

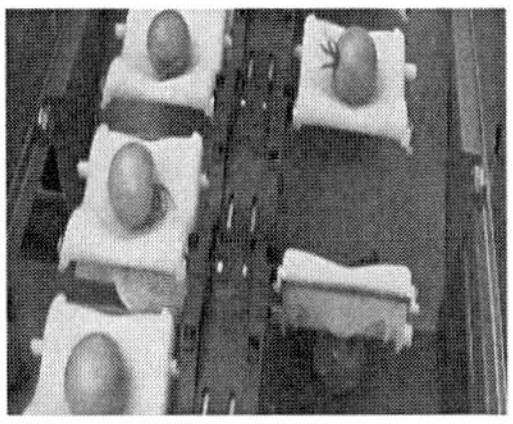

(b) 접시식

(c) 수류식

[그림 16-12] 배출부

(4) 포장

포장공정은 포장 상자를 조립하여 공급하고, 선별기로부터 배출된 청과물을 등급별로 포장 상자에 담고, 청과물을 담은 포장 상자를 봉함하여 등급별로 분류하여 이송하고, 팔레트에 적재하는 과정으로 이루어진다.

1) 상자담기

선별기에서 배출된 청과물을 등급별로 모아서 포장 상자에 담는 작업은 주로 수작업으로 이루어지지만 대형시설에서는 자동화된 장치가 사용되기도 한다.

- **수동식 상자담기** : 선별기로부터 등급별로 배출된 과실을 평판식 작업대, 회전식 작업대(turn table), 벨트컨베이어(belt conveyor), 팔레트빈 등에 모으거나 과실이 탑재된 상태로 배출된 자유이송 트레이를 등급별로 모아 과실을 손으로 집어 상자에 담는다.
- **자동식 상자담기** : 컨베이어로 과실을 이송하여 상자에 담으면서 중량을 자동으로 계량하여 일정량만큼 상자에 담는 정량포장(volume packing) 방식과 과실을 일정한 양식으로 정렬시키고 진공흡인장치로 집어 상자 또는 상자 내에 있는 난좌에 담는 정형포장(pattern packing)방식이 있다.

(a) 중량식

(b) 진공흡인식

(c) 컨베이어식

[그림 16-13] 상자담기장치

2) 제함 및 봉함

제함은 골판지 상자를 조립하는 작업으로서, 소규모 시설에서는 인력에 의존하지만 중·대형시설에서는 자동화된 제함기를 사용하는 곳이 많다. 제함기는 주로 선별장 상부의 2층에 설치하고, 조립된 골판지 상자를 포장부로 내려 보내기 위하여 활강로(chute)를 설치한다.

봉함은 골판지 상자를 밀봉시키는 작업을 말하며, 봉함방식에는 스테이플러(stapler)식, 핫멜트(hot melt)식, 접착테이프(tape)식이 있다.

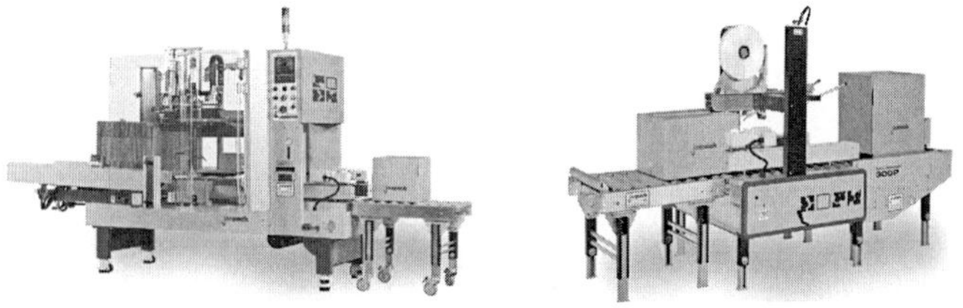

(a) 제함기 (b) 봉함기

[그림 16-14] 제함기 및 봉함기

3) 팔레타이징(palletizing)

팔레타이징은 포장 상자를 팔레트 위에 일정한 패턴으로 쌓아 주는 작업을 말하며, 1단을 쌓을 수 있는 분량의 포장 상자를 일정한 패턴으로 정렬하고 한 번에 1단씩 팔레트에 적재하는 플로어(floor)식과 1~3개의 포장상자를 기계로 들어올려서 팔레트 위에 직접 패턴을 만들면서 적재하는 로봇식이 있다. 플로어식은 포장 상자를 팔레트에 공급하는 높이에 따라 고상식과 저상식으로 구분되고, 또 포장 상자를 상부에서 하부로 내리면서 적재하는 하향(top down)식과 하부에서 밀어 올리면서 적재하는 상향(buttom up)식이 있다. 팔레타이징은 포장 상자 발생빈도가 많은 등급에서는 팔레타이저를 사용하고 발생빈도가 낮은 등급의 경우 인력 작업에 의존하는 경우가 많으며, 팔레타이징이 끝나면 팔레트에 적재된 포장 상자를 고정하기 위하여 팔레트 밴딩기(pallet bending machine)로 모서리에 각대를 대고 위·아래를 끈으로 묶어 주거나 팔레트 래핑기(pallet rapping machine)로 상자 주위를 랩으로 싸서 고정한다.

(a) 플로어식 (b) 로봇식 (c) 팔레타이징 시스템

[그림 16-15] 팔레타이저

[그림 16-16] 팔레트 밴딩기

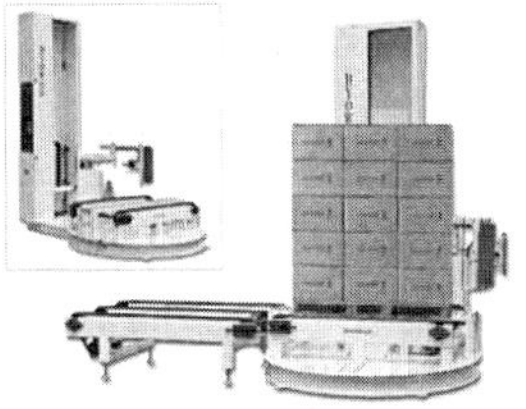

[그림 16-17] 팔레트 래핑기

(5) 출하

포장이 완료된 청과물은 시장으로 출하시키기 위하여 바로 트럭에 적재하거나 단기간 동안 보관하게 된다. 출하대기를 위한 보관시설은 여러 계열의 컨베이어를 설치하고 그 위에 팔레트화물을 등급별로 구분하여 적재하여 보관하거나, 저장고에 보관한다. 저장고에 보관할 경우에는 포장된 화물을 다층으로 쌓으면 포장 상자가 손상될 우려가 있으므로 팔레트 랙(pallet rack)을 설치하여 다층으로 쌓을 수 있도록 하면 공간 이용효율을 높일 수 있다. 또 저온저장고에 보관하는 경우에는 출고 시에 화물이 노점온도보다 높은 상온에 노출되면 화물의 표면에 결로가 발생되어 상자가 수분을 흡수함으로써 상자가 붕괴되거나 청과물의 부패를 초래할 수 있으므로 냉장수송차를 사용하는 것이 좋다. 또 냉장수송차에 적재하는 동안에 화물이 상온에 노출되지 않도록 냉장수송차를 접안시킬 수 있는 독(dock) 시설을 갖추는 것이 좋다.

(a) 팔레트 랙

(b) 독 시설

[그림 16-18] 팔레트 랙과 독 시설

16.3 산지유통센터의 기본설계

산지유통센터시설은 규모가 크고 고가의 기계장치가 설치되어 초기 투자비와 시설 운영비가 많이 소요되므로 철저한 조사 결과에 기초하여 기본설계를 작성하고 평가하여 설치하여야 한다. 산지유통센터의 기본설계는 ① 시설의 기능설정 ② 집하 및 조업계획 ③ 작업공정의 편성 ④ 규모·처리능력의 결정 ⑤ 시설의 인력배치 계획 ⑥ 기계설비의 선정과 배치계획 ⑦ 자금 조달계획 등의 순서로 작성한다.

16.3.1 시설의 기능설정

도입할 시설이 구비할 기능을 설정함에 있어서는 지역 농산물의 유통거점으로서의 기능을 고려하고, 도입할 시설에서 처리할 작물의 종류와 이들의 상품화 방안 및 판매계획을 세워 그에 맞도록 청과물을 처리할 수 있는 시설의 종류와 규모 등을 설정하여야 한다. 또한 전국적인 산지유통센터 시설의 동향, 지역 농업의 현황과 장래계획, 특히 이미 설치되어 있는 농업관련 시설과 설치하고자 하는 시설과의 역할분담과 그 기능을 충분히 발휘할 수 있는 방안 등을 종합적으로 검토하고, 사업비·부지·운영 등에 관한 제한요인 등도 고려하여야 한다.

16.3.2 집하 계획 수립

계획적이고 안정적인 조업과 출하를 달성하려면 대상 작물에 대한 집하 계획과 시설의 조업계획을 수립하여야 하며, 집하 계획은 연차별·순별·일별로 수립한다.

연간 집하 계획은 작목별로 집하지역의 재배면적, 전년도 생산량 및 집하실적, 연차별 생산량의 확대가능성 등을 감안하여 산출한다.

순별 집하 계획은 월별로 상·중·하순으로 나누어 작목 및 품종별로 산출한다.

1일집하량은 기존에 집하장이 있거나 유통실적 자료가 있는 경우에는 이로부터 산출할 수 있지만, 파악하기 곤란한 경우에는 순별 계획집하량을 계획 가동일수(1주에 6일간 가동하는 것을 가정하면 8.57)로 나눈 집하량(순별 일평균 집하량)을 산출하여 사용하는 것이 바람직하다.

표 16-1은 배 생산지에 건설될 산지유통센터의 품종별 집하기간과 순별집하량을 나타낸 것이다. 조업은 9월 중순부터 11월 중순에 걸쳐 행해지며 성수기는 10월 중순부터 11월 상순까지이다. 조업기간 동안의 1일당 평균 집하량은 주 6일의 조업을 가정해 35.3톤이며, 출하 성수기 동안에는 1일당 49.6톤으로 최대 조업일이 나타난다. 이러한 계획처리량에

기초하여 1일 6시간 작업을 기준으로 시설의 1일집하능력을 50톤으로 설정하고, 이를 초과하는 작업일에는 작업원의 증원과 잔업으로 대처하는 것으로 계획한다. 그러나 최대 조업일에 노동력의 확보가 곤란할 경우에는 집하능력을 보다 높게 설정하여야 한다.

그런데 실제의 산지유통센터에서의 1일집하량은 변동이 심하여 최대 조업일의 집하량이 어떤 기간의 평균 집하량, 예를 들어 순별 평균 집하량보다 매우 커지는 경우도 많다. 이와 같이 순별 평균 집하량과 일일집하량, 특히 최대 조업일의 집하량이 현저하게 차이가 나는 경우에는 1일집하량에 기초하여 시설의 집하능력을 계획하여야 한다. 또, 집하능력과 선별공정의 처리능력을 비교하여 집하 당일에 처리하지 못하는 물량과 부족한 물량을 계산하고 이를 조절할 수 있는 저장시설을 설치한다.

[표 16-1] 배의 품종별 순별 집하량 사례

(단위 : 톤)

구분	9월			10월			11월			합계
	상순	중순	하순	상순	중순	하순	상순	중순	하순	
황금		100	130							230
영산				128	180					308
신고		104	120	100						324
추황					120	100	80			300
금촌추					104	120	90			314
만삼길						200	280	160		640
합 계		204	250	228	404	420	450	160		2116

16.3.3 조업계획 수립

집하계획이 수립되면 이 계획에 기초하여 시설의 연간 조업계획을 세운다. 이때 유의하여야 할 점은 조업기간을 최대한 연장시키고 균일한 조업이 가능하도록 해야 하는 점이다. 이를 위하여 대상 작물이나 품종 구성을 다양화하여 조업기간을 연장시키거나, 저장시설을 이용하여 피크(peak) 조업을 해소시켜 조업의 균등화를 꾀하여야 한다.

종합처리시설의 가동상태를 분석하는 데 사용되는 지수로서 ① 가동률 ② 조업도 ③ 선별능률 ④ 선별경비 등이 사용된다. 이들 지표는 계획 단계에서 시설의 이용효율을 높이기 위한 조업계획을 검토하는 데 필요할 뿐만 아니라, 계획한 시설이 실제로 가동될 때 조업·경영 실태를 파악·분석할 때에도 필요한 지표이다.

(1) 가동률

특정기간 동안에 시설이 가동된 기간의 비율을 나타내는 지수이며, 구체적으로는 연간,

월별, 순별 가동률이 사용된다. 농산물은 계절적 생산물이므로 시설의 이용기간은 일반적으로 2~5개월 정도로 공산품을 생산하는 제조공장 등의 가동률과 비교하여 매우 낮다. 따라서 연간가동률을 높이는 것은 농산물과 관련된 시설을 운영하는 데 있어서 대단히 중요한 과제이다.

$$연간가동률(\%) = 가동일수/365 \times 100 \quad (16-1)$$

(2) 조업도

시설을 어느 정도 활용하고 있는지를 나타내는 지수로서, 기계설비의 공칭처리능력에 대한 실제 처리량의 비율로 나타낸다. 조업도를 높이려면 주어진 가동기간에 처리량을 최대한으로 늘려야 한다. 일반적으로 대부분의 종합처리장에서 조업도가 50% 이하로 나타나고 있으며, 그 원인으로는 ① 공칭처리능력에 비해 반입량이 적은 경우 ② 공정의 어딘가에 처리 능력의 병목이 발생하고 있는 경우 ③ 휴식, 투입대기, 고장 등으로 인한 작업 정지 시간이 긴 경우를 들 수 있다. ①의 경우에는 적정한 처리능력의 결정과 계획출하의 실현이, ②의 경우에는 공정을 구성하는 기계설비의 처리능력의 균형을 유지하는 것이, ③의 경우에는 관리의 효율성을 높이는 것이 중요하다.

$$조업도(\%) = 가동기간\ 중의\ 실\ 처리량/(공칭\ 1일처리능력 \times 가동일수) \times 100 \quad (16-2)$$

여기서, 공칭 1일처리능력은 제조회사가 제시하는 1일처리능력으로서 최대 성능에 해당된다.

16.3.4 작업공정의 편성

청과물의 처리공정에는 기계화된 공정 사이에 인력에 의존하는 공정이 있고, 이러한 공정들은 각종 반송장치에 의하여 연결되어 전체적인 처리공정이 형성된다. 그러나 처리공정이 형성되어 있어도 각각의 공정 사이에 처리능력의 불균형이 발생되면 중간에 대기공정을 설치하거나, 일부 공정을 일시적으로 정지시켜 과부하 공정을 처리한 후에 다시 가동시키거나, 또는 전체 공정의 처리능력을 낮추어서 가동하여야 하므로 전체 처리공정이 원활하게 가동되도록 하려면 각 공정의 처리방식·능력을 상세하게 검토하여야 하고, 또 기계설비도 공정 간의 처리능력의 균형이 유지되도록 설계되어야 한다. 작업공정의 편성에 있어서 고려하여야 할 사항은 다음과 같다.

(1) 집하

합리적인 집하는 지역 내에 산재하는 생산자로부터 그 생산물을 저렴하고 안전한 방법으로 또한 선별라인을 원활하게 가동할 수 있는 시간대에 계획한 처리량을 수집하는 방식이라고 할 수 있다. 농산물의 수확시기는 계절이나 날씨 등의 자연조건이나 시장가격의 변동 등에 의하여 좌우되므로, 수집량의 경시적 변동폭을 줄이기 어려운 경우가 많다. 그러나 시설의 가동률이나 조업도를 향상시키려면 최선의 계획 수집이 이루어져야만 하므로 수집량의 변동폭을 최소한으로 유지하기 위한 방법을 구체적으로 검토하여 지역의 여건에 맞는 시스템화된 방식을 구축하여야 한다.

수집 상자는 운반노력, 상자 유지경비, 처리공정의 투입방식 등을 검토하여 통일된 형태의 용기를 사용하는 것이 바람직하다.

수집·운반법에는 생산자가 직접 운반하는 방법, 생산자가 중간 집하장까지 가져온 것을 산지처리장이나 위탁업자의 트럭으로 운반하는 방법, 산지처리장이나 위탁업자의 트럭으로 생산자로부터 직접 수집하여 운반하는 방법 등이 있으며, 노력·시간·비용과 시설의 조업계획 등을 고려하여 선택한다.

운반차량의 용량은 지역 내의 도로·교통사정, 생산자수, 1일당 계획처리량, 저장공간, 트럭계량대(truck scale)의 용량, 차량의 이동·주차공간 등을 검토하여 선정한다.

조업을 원활하게 하려면 대상 품목마다의 수집·처리·출하 시간계획을 세워두고 생산자에게도 그 중요성을 인식시키는 것이 중요하다. 그 이유는 원료공급이 중단되어 작업공정이 중지되거나 시설의 처리능력 이상으로 반입되어 장시간에 걸쳐 재고가 발생되는 것을 방지할 수 있기 때문이다.

(2) 전처리

전처리란 등급선별 공정 이전에 처리가 필요한 작업공정으로서 세척·표면말림·왁스처리 등이나 봉지 벗기기, 꼭지 자르기, 비상품과 제거 등의 작업을 말한다. 이러한 전처리 공정은 대부분 기계화되고 있지만 수작업이 필요한 경우에는 1인당 작업속도와 소요 작업공간을 고려하여 설계에 반영하며, 앞뒤 공정과 연결되어 연속적으로 작업이 이루어지고 처리속도도 균형을 유지하도록 설계한다.

(3) 선별

선별등급은 가능하면 적은 것이 작업의 간소화나 기계설비의 이용효율을 높이기 위하여 바람직하며, 표준규격, 수요처의 주문, 판매계획, 선별기의 성능 등을 고려하여 결정한다.

선별기의 사양을 결정하려면 해당 지역의 출하량과 등급별 출하비율을 파악하고 이를 기초로 하여 1일당 계획처리량과 등급별 처리량을 결정해 두는 것이 필요하다. 1일당 계획처리량의 결정방법에 관한 내용은 뒤에서 설명한다.

선별기를 선정함에 있어서는 우선 해당 작물의 기계선별에 관한 최신의 정보를 수집하는 것이 중요하며, 제작회사와의 정보교환이나 선진시설의 시찰·조사 등을 통하여 카탈로그 등에 기재된 기계설비의 기능이나 선별능력과 이것을 실제로 사용하고 있는 현장에서 나타나는 차이점을 파악하는 것이 중요하다. 이러한 정보·조사·체험에 기초하여 대상작물의 등급선별 요인과 판별방법 등을 결정하고, 기계적 선별이 어려운 부분은 인력에 의한 선별대책을 수립한다. 또한 색깔, 흠, 당도, 산도, 숙도, 내부부패 등 기계선별의 도입수준은 대상품목·품종에 대한 적용 가능성뿐 아니라 마케팅이나 시설의 운영 측면에서의 경제성 등을 종합적으로 검토하여 결정하여야 한다.

선별기의 처리능력은 선별접시의 충전율에 크게 영향을 받으므로 100%의 충전율을 유지하기 위한 대책을 세워야 한다.

(4) 포장

포장공정은 인력의존도가 매우 높으며, 자동화의 정도는 청과물을 상자에 담는 방식과 포장양식에 따라 달라진다. 귤과 같이 중량을 계량하여 골판지 상자에 담는 경우는 포장자동화가 많이 이루어져 있다. 이에 비하여 사과, 배와 같은 낙엽과실의 경우에는 수송 중의 손상을 막기 위한 완충용 난좌에 맞추어 적절한 과경의 과실을 담아야 하므로 기계화가 늦어지고 있으나, 최근에 진공흡인식의 자동 상자담기장치가 공급되고 있다.

일반적으로 총 작업인원 중에서 포장공정에 투입되는 작업인원의 비율이 대단히 높으며, 포장공정의 능률이 그 시설의 1인당 평균 작업능률을 좌우하게 된다. 따라서 포장공정의 효율화는 시설운영 측면에서 매우 중요하므로 등급별 배출구수, 기계화 정도, 작업 인원수, 포장형태, 포장자재의 구입·저장·공급 등에 대하여 구체적인 계획을 세워야 한다.

또 마케팅 전략이 다양화됨에 따라 농산물의 포장에도 선물용, 택배용 등으로 세분화된 포장형태가 요구되어 '소량다품목' 출하에 대응하여야 할 필요성이 높아지고 있다. 이에 따라 포장자재나 선별등급의 변경빈도도 많아져서 조업도와 작업능률이 낮아지므로 포장형태를 고려한 작업시간표와 조업방법을 계획하여 조업손실이 최소가 되도록 한다.

(5) 출하

출하공정에서는 제품의 취급방법, 출하대기 공간, 출하시간, 수송방법 등을 고려하여야 한다. 대규모 시설에서는 자동화된 팔레타이저와 이것에 제품을 자동으로 공급하는 장치를 설치하며, 팔레타이징 이후의 출하작업은 전부 지게차를 사용하는 방식이 채택되고 있다. 반면에 소규모 시설에서는 인력으로 제품을 팔레트 위에 적재하고 지게차로 운반하는 방식을 사용하고 있다. 기계화의 정도는 작업인력 확보의 난이도, 기계 가격과 노임의 손익분기점 등을 고려하여 결정한다.

출하대기 공간은 1일당 계획처리량, 등급별 비율, 출하시각 등의 데이터를 이용하여 각 등급별 상자수를 산출하고, 이것을 팔레트에 적재할 때 소요되는 면적에 통로나 작업공간 등을 합하여 산출한다.

출하시각은 적어도 제품의 대기량이 1회 수송량보다 많은 시점에서 시작되도록 하고, 출하작업이 연속적으로 원활하게 진행되어 트럭의 대기시간이 최소화되도록 하며, 출하장소까지의 수송시간, 출하량, 상·하차 소요시간 등을 고려하여 계획한다.

(6) 정산

시설에 반입된 농산물의 대가를 생산자에게 지불하기 위한 기준을 계산하는 것으로, 물량과 등급의 계측과 정산방법이 생산자가 납득할 수 있도록 계획되어야 하며, 시설을 운영하기 전에 생산자와 평가·정산 방식에 대한 합의를 이루는 것이 필요하다.

16.3.5 규모와 처리능력의 결정

시설 전체의 처리능력은 각 공정 중에서 최소 처리능력을 가지는 공정에 의하여 좌우되지만 대부분의 시설에서는 선별공정의 처리능력이 규모 결정의 근거가 된다.

(1) 규모 결정

시설의 규모는 원료의 반입량과 선별·포장 능력이 균형을 이루도록 하여 높은 조업도와 처리능력을 유지하면서 장래의 확장계획에도 탄력적으로 대응할 수 있도록 계획하는 것이 중요하다.

일반적으로 처리능력의 표시에는 회사가 제시한 공칭처리능력이 사용되고 있는데, 공칭처리능력은 기계의 이론적인 운전속도에 기초하여 산출된 값이고 실제의 능력은 이것의 50%에도 미치지 못하는 경우도 많다. 즉, 공칭능력은 조업실태를 반영하지 않고 표시되는 경우가 많다. 예를 들어 사과 중량선별기 1대의 시간당 처리능력이 1만 개라 하고 과실의 평균과중을 200 g이라고 하면 처리능력은 2톤/시간이 된다. 1일당 실제 운전시간을 7시간으로 하면 1일당의 처리능력은 14톤이 된다. 그리고 선별접시의 이론적 충전율이 85%이면 14 × 0.85 = 11.9톤이 되고 공칭능력은 12톤/일이라고 표시된다. 이와 같이 계산된 공칭능력에 비하여 실제 능력이 미달되는 이유로서는 투입 또는 선별 인력의 숙련도가 낮거나 작업인원이 부족하여 작업속도가 느리거나, 전체 운전시간 중에서 농가별 반입물을 구분하여 투입하기 위한 대기시간이 크거나, 선별기의 비효율적 운영 등을 들 수 있다. 시설의 규모는 이러한 점을 고려하여 실제 처리능력을 기준으로 하여 결정하여야 하며, 그 방법에는 조업도에 기초하는 방법, 표준편차를 사용하는 방법, 일별처리량과 조업시간에 기초하는 방법이 있다.

1) 조업도에 기초하는 방법

식 (16-3)으로부터 1일계획처리량을 구할 수 있으나, 조업도에는 불확실한 요인이 많이 포함되어 있고, 계획처리량도 절대적인 것이 아니므로 다음에 설명하는 다른 방법들과 함께 검토하는 것이 좋다.

$$P = X/(n \cdot \eta) \qquad (16\text{-}3)$$

여기서, η : 조업도(소수)
X : 조업기간 중 처리물량(톤)
n : 가동일수(일)
P : 1일계획처리량(톤/일)

2) 표준편차를 사용하는 방법

일별 평균 처리량과 표준편차를 사용하고 여기에 변동폭을 고려하는 방법이다. 이 방법에서 1일계획처리량은 다음 식으로 구한다.

$$P = X' + k \cdot \sigma \qquad (16\text{-}4)$$

여기서, X' : 일별처리량의 평균치(=X/n)

k : 정수(1 또는 2)
σ : 일별처리량의 표준편차
c : 변동계수(=σ/X)

이 방법의 전제조건은 시간외 초과작업을 필요로 하는 일수가 조업일수의 1/3 이상을 넘지 말 것, 시간외 초과작업 시간이 1일 2시간을 초과하는 날이 조업일수의 10% 이상이 되지 않을 것, 시간외 초과작업 시간이 4시간을 초과하는 날이 생기지 말 것 등이다. 이러한 조건에서 변동계수 $c<0.3$인 경우에는 $k=1$, $c\geq0.3$인 경우에는 $k=2$를 사용한다.

조사에 의하면 변동계수 c는 귤·사과·토마토 등의 처리시설에서는 0.3~0.5, 배 처리시설에서는 0.1~0.4 정도이고, 계획출하가 이루어지는 곳일수록 그 값이 작다.

3) 일별처리량과 조업시간에 기초하는 방법

이 방법은 시설 설치를 계획하는 단계에서 가장 권장되는 방법이다. 우선 피크 조업기간이 포함되도록 일정한 기간을 정하여, 그 기간 동안의 1일당 처리량과 평균 처리량을 산출하고, 이에 기초하여 잔업이 필요한 일수와 잔업시간을 산출한다. 예를 들어, 그림 16-19에서 처리능력을 1일 평균 처리량과 같이 30.0톤/일로 하면 잔업이 필요한 일수가 33일이 되고, 처리능력을 40톤/일로 하면 잔업이 필요한 일수가 12일이 된다. 이러한 산정 결과와 해당 지역에서의 작업인력 확보의 난이도, 잔업시간의 허용도 등의 조건을 고려하여 적정규모를 선택한다.

여기에 말한 3가지의 방법은 각각 장단점이 있고, 1가지의 방법만으로 규모결정을 하려면 위험을 동반하게 된다. 가능하면 3가지의 방법을 병용하고 시설 운영상의 제한조건, 예를 들어 경영수지 계획이나 산정되는 이용요금 등을 고려하여 종합적으로 검토하여 최종결정에 이르는 것이 바람직하다.

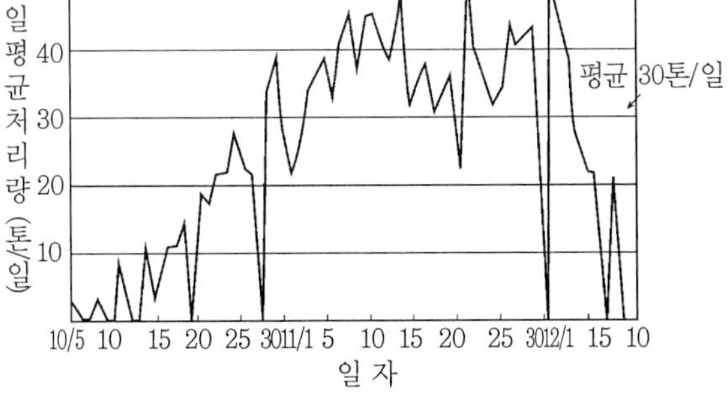

[그림 16-19] 일별처리량

(2) 선별기 능력

선별기의 소요대수는 시설의 규모결정 방법에 의하여 계산된 1일 계획처리량을 기준으로 결정한다. 최근에 주로 설치되고 있는 농산물 전량을 계측하는 중량·형상·당도 선별기로 등·계급선별을 실시하고 비상품과 제거 등은 인력작업으로 하는 경우에 선별기 소요계열수를 결정하는 방법에 대하여 설명한다.

사과 비파괴선별기를 사용하여 하루에 48톤을 선별하여 10 kg 골판지 상자에 포장하여 출하하는 경우의 선별기 소요 계열수는 다음과 같이 계산한다. 작업방법은 인력으로 비상품과를 제거하면서 선별기에 투입하는 것으로 가정한다.

① 1일 계획처리량(P) : 1상자당 중량이 10 kg이므로 총 상자수는 P = 4800 상자

② 이론 버킷(bucket) 충전율(a) : 선별기 1조당의 공칭작업속도에 대한 투입작업속도의 비로 계산한다. 일반적으로 비파괴선별기의 공칭작업속도는 10,800(개/시간)이고, 작업인 1인이 비상품과를 제거하면서 투입하는 속도는 3000~3500(개/시간)의 범위에 있으므로 이론적으로 버킷을 채워서 작업하려면 4명의 작업인력이 필요하다. 이 경우의 이론 버킷충전율은 다음과 같이 계산한다.

a = 작업인원수 × 1인당 투입속도 / 1조당 공칭처리능력 × 1000
= (4명)(3000개/시간/인) / (10,800개/시간) × 100 = 111% (16-5)

③ 손실률(ϵ) : 실제 작업에 있어서 농가별 물품의 변환시간, 등급비율의 경시변동, 선별 작업자의 능력차, 기계의 조정·수리 등에 의한 각종의 손실시간이 있고, 이러한 손실률은 다음과 같은 범위에 있다.

- 농가별 물품 변환 9~16%
- 등급비율 변동 8~15%
- 작업자 능력차 5%
- 기계 조정 1~5%

이상의 손실률을 취합하면 23~41%가 되지만 시설마다 차이가 있으므로 통상적으로 30~40%를 적용하며, 여기서는 시설을 운영한 경험이 있고, 조업실적과 작업인의 숙련 정도도 양호하다고 가정하여 ϵ = 0.3을 사용한다.

④ 포장상자당 과수(n) : 사과 1개당의 평균과중을 300 g이라고 하면 10 kg 용기 1상자당의 개수는 약 34개이다.

⑤ 선별기의 운전 속도(s) : 선별 작업의 관행을 토대로 결정하며, 여기서는 s = 9000 개/시간으로 가정한다.

⑥ 소요 계열수(N) : 소요 계열수는 다음 식으로 계산한다.

$$N = \frac{P \cdot n}{s \cdot L \cdot H \cdot (1-\epsilon) \cdot a} \tag{16-6}$$

여기서, 1일당 조업시간 H = 6.5(시간), 선별라인의 조수를 L = 2조라고 하면 소요계열수 N = 2가 된다. 그러나 계열수를 늘리는 것보다 1계열당의 조수를 늘리는 쪽이 경제적으로 유리하므로 L = 3으로 하여 재계산하여 N = 1.06이 되고, 따라서 1계열 3조식 선별기를 선택한다.

16.3.6 기계설비의 선정과 배치계획

공정의 편성과 규모 · 처리능력이 확정되면 다음은 도입할 기계설비의 기능 · 사양 · 수량을 결정하고 이들을 배치할 계획을 세운다. 우선 공정의 편성에 따라서 주요한 기계설비를 선정하고, 다음으로 이것을 반송기계류와 결합하여 주어진 건물의 공간에 합리적으로 배치하는 방안을 검토하고, 최종적으로 평면배치도를 작성한다. 여기에서 얻어지는 주요 기계설비의 목록은 사업비 계산의 기초가 되고, 평면배치도는 건물의 기초설계 및 공사비의 견적에 꼭 필요한 자료가 된다.

기계설비의 배치계획을 작성할 때는 부지의 제약조건, 저장고나 사무실 등 부대설비의 종류와 용적, 청과물과 자재의 흐름, 작업원과 반송차량의 동선, 시설 내 작업 형태와 공간이용방법 등을 고려하여 결정한다.

16.3.7 사과 선별 · 포장시설 기본설계의 사례

(1) 설계의 기초자료

	항 목	내 용	비 고
1	품목	사과	
2	품종	후지	
3	1일처리량	70톤	최대 87.5톤, 변동률 1.25
4	연간처리량	7000톤	
5	대상면적	280 ha	피크 기간 상당면적
6	10 a당 수량	2.5톤	
7	조업기간		
8	실조업일수	100일	
9	조업시간	9시간	8:00~17:00
10	실조업시간	7.5시간	휴식 1.5 h
11	1일 반입횟수	180회	1회당 평균 390 kg
12	1회 반입당 컨테이너수	20개	최대 30개, 변동률 1.5
13	반입물 교체시간	20초	
14	1일당 품종 교체횟수	1회	1일 2품종
15	품종 교체시간	15분	
16	시간당 처리량	9.3톤	70톤/7.5시간
17	1과당 평균과중	270 g	
18	등급		
	① 등급명	수, 우, 양, 등외	당도 2등급(높음, 낮음) (저당도는 1등급 낮춤)
	② 등급수	3등급	
	③ 등급별 비율	40, 35, 20, 5%	
19	계급		
	① 계급명	26, 28, 32, 36, 40, 46, 50, 56	1상자당 과일 개수
	② 계급수	8계급	
	③ 계급별 비율	4, 13, 26, 32, 14, 6, 3, 2%	
20	등 · 계급별 1일당 처리량	별표 참조	70톤×등급비율×계급비율
21	원료 수집 상자 용량	18 kg	
22	원료 수집 상자 크기	522(L)×365(W)×311(H)	단위: mm
23	포장 상자 종류	골판지 상자	A형
24	포장 상자 크기	430(L)×360(W)×210(H)	단위: mm
25	포장 단위	10 kg	2단 적재
26	1일당 처리 포장 상자수	6650상자	7000상자×0.95
27	시간당 처리 포장 상자수	867상자	

(2) 기본적인 공정 및 설비의 기준

공 정	설비기준	설비의 내용	성능
1. 반입 (1) 반입적재 (2) 반입컨베이어	(1) 반입된 컨테이너를 생산자별로 팔레트에 쌓음 (2) 컨테이너 인력공급	(1) 팔레트 (2) 슬랫(slat)컨베이어	5계열
2. 선별 (1) 수선별 (2) 중량선별 (3) 내부품질측정 (4) 외부품질측정	(1) 원료는 수작업으로 버킷 또는 트레이에 올림 (2) 중량에 따라 3등급으로 구분 충진율 80% (3) 당도 측정(2등급) (4) 색, 형상의 측정	(1) 롤러컨베이어 (2) 벨트컨베이어 버킷, 트레이 등 (3) 당도센서 (4) 컬러 선과기	(1) 1500개/시간/인 (2) 10,800개/시간 × 5조 (3) 3~5개/초 (4) 3~5개/초
3. 빈 컨테이너 반환 (1) 컨테이너 반환 (2) 컨테이너 하치장	(1) 컨베이어, 슈트 등으로 반송 (2) 1일분 이내	롤러컨베이어, 슈트 등 팔레트에 적재	1500개/시간
4. 포장 (1) 자동포장 (2) 수동포장	(1) 하루 처리량의 70% 상자, 완충재 자동공급 가동효율 80% (2) 하루 처리량의 30%	자동포장 로봇 컨베이어, 작업대	(1) 75상자/시간 (2단포장)×12대 (2) 1000개/시간/인
5. 제품 반송·출하 (1) 등·계급 표시 (2) 봉함기 (3) 제품정보 취득 (4) 제품적재 (5) 출하	(1) 바코드 및 자동인쇄 (2) 핫멜트 또는 스테이플러 (3) 바코드 읽음 (4) 1일 처리량의 50% 일부 등·계급 대상 (5) 자동 팔레트적재	(1) 바코드 라벨러 및 발행기, 자동 인쇄기 (2) 자동 봉함기 (3) 바코드 스캐너 (4) 롤러컨베이어 (5) 바코드 스캐너 팔레타이저	(1) 20매/분 (2) 250 mm/초 (3) 1200상자/시간/대 (4) 21 m × 60조 (5) 1100상자/시간/대
6. 제함·빈 상자 공급 (1) 제함기 (2) 상자 반송 (3) 부자재공급	(1) 핫멜트식(조정형) (2) 제함된 상자는 포장작업자 또는 자동포장기까지 자동 공급	(1) 자동 제함기 (2) 자동 공급장치 (3) 부자재 반송컨베이어	1200상자/시간/대
7. 데이터 처리설비 (1) 계수처리 시스템 (2) 제품관리 시스템 (3) 생산자지도 시스템	(1) 생산자별 입출고 집계관 (전표발행, FD기록) (2) 제품의 재고관리와 배송장 발행 (3) 생산자별 선과 데이터	(1) 자동 계수처리장치 (2) 바코드 독취식 제품관리장치 (3) 생산지도 데이터베이스	

(3) 규모산출 근거

1) 등·계급 비율과 1일 처리 개수

- 1일 처리 개수 : 259,260개

등·계급	수	우	양	등외	비율
26과	1.6 %(4,148개)	1.4%(3,630개)	0.8%(2,074개)	0.2%(519개)	4%
28	5.2%(103,720)	4.6%(11,798)	2.6%(6,742)	0.65%(1,685)	13%
32	10.4%(26,967)	9.1%(23,596)	5.2%(13,484)	1.3%(3,371)	26%
36	12.8%(33,190)	11.2%(29,042)	6.4%(16,595)	1.6%(4,149)	32%
40	5.6%(14,521)	4.9%(12,706)	2.8%(7,260)	0.7%(1,815)	14%
46	2.4%(6,223)	2.1%(5,445)	1.2%(3,112)	0.3%(778)	6%
50	1.2%(3,112)	1.05%(2,723)	0.6%(1,556)	0.15%(389)	3%
56	0.8%(2,074)	0.7%(1,815)	0.4%(1,037)	0.1%(259)	2%
비율	40.0%	35.0%	20.0%	5.0%	100%

2) 작업인원

작업부서	인원(인)	작업내용
반입부	5	간이 디팔레타이저 3명, 지게차 2명
인력 선별부	25	259,260개/일 ÷ 7.05시간 ÷ 1500개/인/시간 ≒ 25인
빈 컨테이너 처리부	2	쌓기작업
포장부	14	수동포장, 부자재공급
제품 봉함부	2	난좌 넣기, 붙임
출하부	3	제품 적재 1명, 지게차 2명
제함부	2	골판지 상자 공급
전산부	1	전산사무 처리
오퍼레이터	2	오퍼레이터, 기계보수·점검
관리자	1	
계	57	

3) 선과기 규모결정 근거

- 계획처리량 : 7000톤
- 1일당 처리량 : 70톤(259,260개)
- 시간당 처리량 : 9.3톤(34,444개)
- 실조업시간 : 7.5시간
- 농가별 반입물 교체 등 손실시간 : 180회 × 20초/회 ÷ 5 라인 + 0.25시간(품종교체) = 0.45시간
- 실가동시간 : 7.5시간 − 0.45시간 = 7.05시간/일
- 충진효율 : 80%
- 유효기계능력 : 10,800개/시간 × 80% = 8640개/시간
- 선과기 필요조수 : 259,260과/일 ÷ (8640과/시간×7.05시간/일) = 4.25 ≒ 5조

4) 포장로봇 소요대수 결정

• 1상자당 평균 과수

과수(개)	비율(%)	개수	1상자당 평균 과수
26	4	104	36
28	13	364	
32	26	832	
36	32	1152	
40	14	560	
46	6	276	
50	3	150	
56	2	112	
계	100	3550	

• 시간당 생산 상자수(최대)

– 시간당 생산 상자개수 = 10,800개/시간 × 5조 × 80% × 0.94(손실시간 고려) ÷ 36개/시간 = 1128상자

계급	등급				계	로봇 대수
	수	우	양	등외		
26과	18	16	9	2	45	
28	58	52	29	7	146	1
32	117	103	59	15	294	4
36	144	126	72	18	360	5
40	63	55	32	8	158	2
46	27	24	14	3	68	
50	14	12	7	2	35	
56	9	8	5	1	23	
계	450	396	227	56	1,129	12대

– 등외는 실제는 포장라인을 통과하지 않는 계산치임
– 포장로봇 능력 = 75 상자/대 · 시간
– 로봇포장 대상 상자수 = 738 상자
– 소요 로봇 대수 = 738 상자/75 상자×80% = 12대
– 비율 : 738/1129 = 75%
– 소요 인력포장 인원 = (1128상자 – 738상자 – 56상자) × 36개/상자 ÷ 1000개/인 ≒ 12명

5) 보관 · 출하설비 규모 결정

• 등 · 계급별 생산 상자수

– 보관량은 하루 처리량의 50% 3500상자(6650상자/2) × 발생비율

계급	등급				계
	수	우	양	등외	
26과	56	49	28	7	140
28	182	161	91	22	456
32	364	318	182	45	909
36	448	392	224	56	1120
40	196	171	98	24	489
46	84	74	42	10	210
50	42	37	21	5	105
56	28	25	14	4	71
계	1400	1227	700	173	3500

- 보관량은 굵은 선 부분의 3083상자
- 보관비율 = 3083/6650 = 46%

• 보관컨베이어 길이

- 56상자(8상자 × 7단)/팔레트
- 1개 팔레트 보관에 필요한 컨베이어 길이 = 56상자 × 0.36 m ≒ 21 m

• 보관컨베이어 라인수

- 필요 라인수 = 발생상자수 ÷ 56상자/라인

계급	등급				계
	수	우	양	등외	
26과	1	0	0	0	1
28	4	3	2	0	9
32	7	6	4	0	17
36	8	7	4	0	19
40	4	3	2	0	9
46	2	2	1	0	5
50	0	0	0	0	0
56	0	0	0	0	0
계	26	21	13	0	60

(4) 시설 설계내용 요약

1) 처리량

사과 선별기가 1시간 동안 처리해야 할 양은 9.3톤(34,444개)이다. 1일 실작업시간은 7.5시간으로서 1일 처리량은 70톤이다. 변동률을 1.25로 하면 최대 처리량은 87.5톤이 된다. 처리기간 100일 동안의 전체 처리량은 7000톤이다.

2) 실조업일수, 대상면적

실조업일수는 피크 기간인 100일을 설정하면 기간 전체 처리량은 7000톤이다. 10 a당 처리량을 2.5톤이라 한다면 대상면적은 280 ha가 된다.

3) 등급

등급은 상·중·하의 3등급으로, 계급은 8계급으로 하여 26, 28, 32, 36, 40, 46, 50, 56과로 한다. 당도는 고당도와 저당도의 2개로 구분하지만, 각 등급을 2개로 구분하는 것이 아니고, 저당도의 사과는 1등급을 낮춘다.

4) 선과기의 규모

유효기계능력은 1조당 10,800개/시간이지만, 충진효율을 80%로 보면 실제의 능력은 8640개/시간이 된다. 하루 동안의 기계의 실제 가동시간은 화물교체 등 손실시간을 고려하면 7.05시간이다. 따라서 1일 선과능력은 1조당 60,912개(8640개×7.05시간)가 된다. 또 1일당 전체 처리량은 70톤(259,260개)이므로 선과기의 필요 조수는 5조가 된다.

5) 상자담기 로봇의 대수

사과의 계급별 개수와 계급비율로부터 산출된 100상자당 개수는 3550개이므로, 한 상자당 평균 개수는 36개가 된다. 1시간당 최대 발생 상자수는 5조의 선과기능력·충진효율·손실시간 등을 고려하여 1상자당 36개로부터 산출하면 1128상자이다.

로봇작업 대상 상자수는 수, 우 등급에서 시간당 발생 상자수가 55상자 이상인 것과 '양' 등급에서 가장 발생이 많은 36과를 대상으로 하면 738상자가 되며, 이것은 전체 처리량의 75%에 상당한다.

상자담기 로봇의 능력은 75상자/시간이지만 효율을 80%로 하면 필요한 로봇의 수는 12대이다.

6) 보관·출하설비의 규모

수·우·양 등급의 발생비율이 높은 계급을 대상으로 보관라인을 설치하며 규모는 1일 처리량의 약 50% 정도로 한다. 따라서 여기서는 상자 발생량이 74상자 이상인 것을 대상으로 하면 보관량은 3083상자가 된다. 1개 보관라인당 컨베이어 길이는 21 m로서 56상자(1팔레트 분량)를 보관할 수 있으며, 총 60라인을 필요로 한다.

7) 선과·포장시설의 작업인원

시설의 작업인원은 모두 57명이다. 수선별이 25명, 상자결속에 14명이 필요하다. 수선별부는 시간당 최대 발생수 40,608개(10,800개/시간 × 5조 × 80% × 손실률 0.94)에서 로봇포장 및 등외품을 제외한 개수 12,024개{(1128상자 − 738상자 − 56상자) × 36개/상자}를 1인의 시간당 상자 포장능력인 1000개로 나누면 12명이 필요하지만, 포장로봇의 보조, 부자재 공급을 포함하면 14명이 필요하다.

(5) 설계시설 평면도

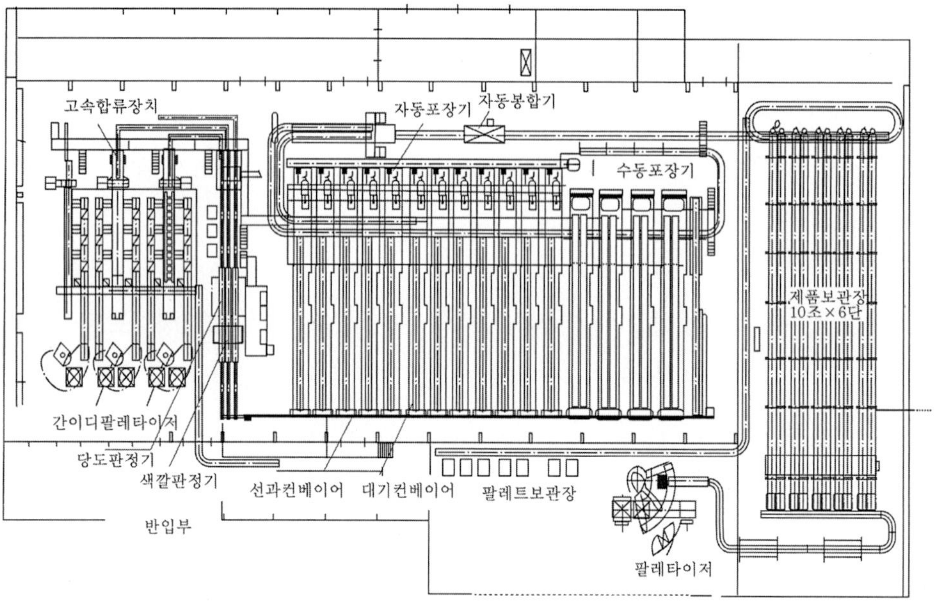

16.4 운영의 효율화

산지유통센터는 다양한 시설과 신기술의 도입에 따른 막대한 자본이 투자되므로 안정적인 경영이 무엇보다도 중요하다. 안정적인 경영을 위해서는 다음과 같은 몇 가지 운영조건에 대한 검토가 필요하다.

16.4.1 원료조달 기능

산지유통센터의 운영에 있어서 처리 물량의 안정적 확보는 대단히 중요하며, 이를 위하여 전속이용체계, 공동선별/공동계산제, 다양한 원료조달방식 등이 검토되어야 한다.

(1) 전속이용체계 도입

농업인과 회원제 협약을 맺어 원료를 전속적으로 조달할 수 있는 시스템을 구축하여야 한다. 즉, 이용자를 회원제로 조직화하고 품종, 재배조건, 수확 및 물량 인도시기 등이 명시된 협약을 추진하여야 한다. 이용자와의 협약에는 농산물의 가격결정방식, 정산방식 및 공동선별/공동계산 적용 여부 등이 포함되며, 판매사업을 효율적으로 수행하기 위한 공동경비의 조달 및 자조금 징수에 대한 내용이나 계약위반에 대한 벌칙 등의 내용도 반영될 수 있다.

(2) 공동선별/공동계산제 도입

선진국의 산지유통시설들은 공동선별/공동계산제의 도입으로 농산물의 출하권을 위임받아 품질관리를 엄격히 하고 시설의 활용도를 높이고 있다. 공동계산제의 추진과 관련하여 산지유통센터의 운영 주체는 과학적인 품질인자의 파악에 의한 합리적인 등급 및 정산기준 개발, 충분한 선도금 확보, 생산자 수취가격을 높이기 위한 효과적인 마케팅의 수행, 공동계산 프로그램 개발 등의 준비를 갖추어야 한다. 또 출하시기의 종료 후에는 단순한 정산 결과만을 생산자에게 통보할 것이 아니라, 등급별 출하 현황, 당도, 색택 등에 관한 분석 자료를 제공함으로써 생산자의 품질개선 노력을 지원하도록 하여야 한다.

(3) 다양한 원료조달 방식

원료조달의 기본은 협약을 맺은 회원들로부터의 수탁을 통하여 원료를 확보하고 판매하는 것이 원칙이지만, 이 경우에 단순히 생산된 농산물의 판매만을 위탁받는 것이 아니라 생산단계에서부터 개입하여 생산지도, 공동육묘, 공동생산 등을 통해 고품질의 농산물 생산을 유도하는 등 보다 적극적인 활동이 필요하다. 또한 수탁에만 의존하지 않고 운영상 필요할 경우에는 적극적인 매취를 통한 원료 확보도 추진하여야 한다.

16.4.2 수확 후 관리

소비자가 요구하는 신선, 안전, 고품질 농산물의 공급과 상품성 향상으로 부가가치를 높이려면 청과물의 수확 후 관리를 위한 대책을 강화하여야 한다. 신선 청과물의 품질관리를 위하여 예냉, 예건, 저온저장, 저온수송 등의 수확 후 관리기술과 기계장치를 도입하고, 농산물의 상품성과 부가가치 향상을 위하여 정확한 선별관리와 다양한 포장을 개발하여야 한다. 또한 세척, 박피, 절단 등의 가공기술을 도입하여 소비자의 기호에 맞는 다양하고 신선한 청과물을 공급하도록 하여야 한다.

또한 GAP(Good Agricurtural Practices; 우수농산물관리제도) 및 GMP(Good Manufacturing Practices; 우수제조관리제도)의 운영을 통하여 유통센터 작업장의 위생관리, 용수의 수질관리, 퇴비나 농약의 적절한 사용, 작업자의 건강과 위생관리, 기계장치의 청결관리, 이력추적시스템 등을 실천하여 소비자가 신뢰하고 먹을 수 있는 청과물을 공급할 수 있도록 기반을 조성하여야 한다.

아울러 물류유통에 ULS(Unit Load System; 단위화물화)를 구축하여 물류비를 절감하고, 취급 품목이나 품종의 다양화를 통하여 운영의 주년화를 달성할 수 있도록 하여야 한다.

16.4.3 판매 및 마케팅

산지유통센터는 시장지향적인 마케팅 위주로 운영되도록 마케팅 전략을 수립하고, 소비자에 대한 체계적 마케팅을 통하여 수집한 정보를 바탕으로 소비자 만족을 최우선으로 하여 청과물을 출하 판매하여야 한다. 이를 위하여 소비자들이 요구하는 건강, 영양, 안전, 품질 등의 요인들이 반영된 차별화된 상품을 원료조달, 선별·포장·저장 관리, 판매관리 단계에 걸쳐서 체계적으로 상품을 기획·생산하고 마케팅을 추진하여야 한다.

유통경로 측면에서도 기존의 도매시장, 대형유통업체뿐만 아니라 단체급식, 외식, 수출, 전자상거래 등으로 다양화하고 유통경로별로 차별화된 상품을 공급하는 전략을 수행하여야 한다. 또한 저장을 통한 단기적 수급조절을 도모하여야 하고, 장기적으로는 생산자들과의 계열화와 산지유통센터 운영 주체 간 연합회의 결성을 통하여 수급조절을 도모하여야 한다.

연 | 습 | 문 | 제

1 산지유통센터의 기능과 기능강화의 동향에 대해 설명하여라.

2 사과 산지유통센터의 작업공정을 조사하고, 공정별로 사용되는 기계설비의 기능에 대해 설명하여라.

3 산지유통센터 건립을 위한 기본설계에서 고려해야 할 사항에 대해 설명하여라.

4 산지유통센터의 규모와 처리능력을 결정하기 위해 고려해야 할 사항에 대해 설명하여라.

5 사과 비파괴선별기를 사용하여 하루에 100톤을 선별하여 10 kg 골판지 상자에 포장하여 출하하는 경우에 선별기의 소요 계열수 및 조수를 계산하여라. 사과는 인력으로 비상품과를 제거하면서 선별기에 투입하는 것으로 가정한다.

참고문헌

1. 김동환 외. 2005. “권역별 거점산지유통센터 최적배치방안 및 운영지침 연구”
2. 농업공학연구소. 2006. “농산물 산지유통센터의 역할과 개선방향”
3. 농촌진흥청. 2007. “농산물 수확 후 처리 기계”
4. 全國農業協同組合聯合會. 1994. 共選施設のてびき
5. 農業施設學會. 1990. 農業施設 ﾊﾝﾄﾞﾌﾞｸ

Post-Harvest Process Engineering

Post-Harvest Process Engineering

Chapter 17 축산가공시설 및 기계

Chapter

17 축산가공시설 및 기계

축산은 우리나라에서 수도작 다음으로 큰 농업이다. 특히 가축에게 공급되는 사료의 가공과 가축으로부터 얻은 우유의 가공은 축산업 중에서도 가장 큰 분야다. 사료의 가공은 초식동물에게 급여를 하는 조사료 가공과 닭이나 돼지의 사료인 곡물을 가공하는 배합사료로 구분된다. 우유의 가공은 착유에서부터 우유 및 분유 가공 공정까지 여러 공정을 거친다. 본 장에서는 조사료 가공, 배합사료 가공 그리고 유가공에 소요되는 주요공정과 이에 관련 되는 기계 및 시설을 위주로 설명을 하였다.

17.1 조사료의 저장 및 가공

조사료는 일반적으로 영양소의 함량이 낮고, 조섬유의 함량이 높은 사료로 초식 가축(반추위 동물)에 급여되는 사료이다. 이러한 조사료는 실제로 생초를 그대로 사용하는 것이 가장 이상적이지만 생초의 재배가 불가능한 계절에 대비하여 여러 가지 형태로 가공하고 저장을 하는데, 가능한 본래의 영양소를 함유한 상태로 저장을 하는 것이 매우 중요하다. 다음은 조사료의 저장을 위하여 가공이 되는 여러 가지 방법이다.

- 목초를 예취한 후 초지에 널린 상태에서 태양열 등에 의하여 자연건조
- 목초를 예취한 후 상온통풍 또는 화력 등으로 건조
- 사일리지 가공
- 건조 후 펠릿(pellet)나 헤이큐브 등으로 2차 가공
- 프로피온산, 요소, 암모니아 등에 의한 화학 처리

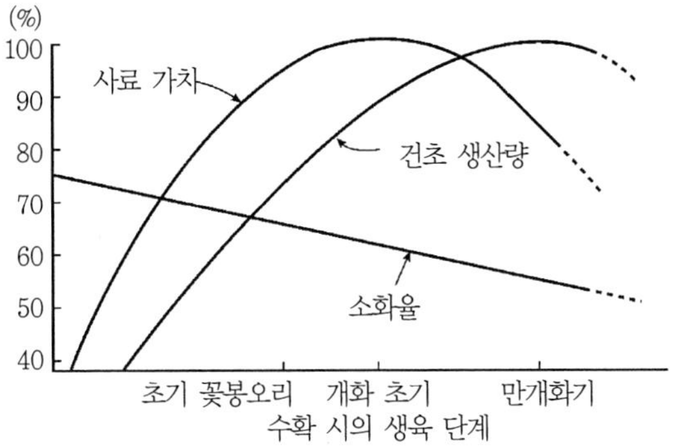

[그림 17-1] 알팔파의 예취 시기에 따르는 사료 가치 및 소화율의 변화
(자료: 사료가공학, 1993)

17.1.1 건초의 건조 및 저장

(1) 조사료의 예취 시기에 따른 성분 변화

목초의 영양 상태는 성숙 단계에 따라 많은 차이가 있다. 따라서 양질의 목초를 건조·저장하려면 적절한 예취 시기의 선택이 매우 중요하다. 일반적으로 예취 시기에 따른 목초의 성분은 생육이 진행됨에 따라 잎의 비율과 단백질의 함량이 급격히 감소되고, 반대로 줄기와 섬유질이 급격히 증가한다. 또한 목초의 예취 시기를 각각 달리할 경우에 이를 섭취한 가축의 소화율도 각각 달라진다. 착유우가 알팔파를 섭취할 경우의 소화율을 예로 들면 그림 17-1에 나타난 바와 같은데, 개화 초기의 소화율은 75.6%지만 말기에는 54.2%까지 떨어진다. 반면 사료의 가치는 개화 초기에 최대점을 이루고 건초의 생산량은 만개화기에 최대점이 나타난다.

(2) 저장 중 품질 변화

건초는 초지에서의 수확 방법, 수확 중 기후 조건, 건초사에서의 건조 및 저장 방법 등에 따라 양적인 변화뿐 아니라 질적인 변화를 초래하는데 일반적으로 건물량, 단백질 및 카로틴 함량을 목초의 품질을 측정하는 기준으로 한다. 예를 들어 알팔파의 여러 가지 처리 방법에 따른 품질 상태를 표 17-1에 나타내었다.

(3) 곰팡이에 의한 손실

건초의 함수율이 20~35% 사이에 곰팡이가 많이 발생하는데 곰팡이에 의한 피해는 ①

건물량, 영양분 및 에너지를 감소시키고, ② 내부 발열의 요인이 되며, ③ 가축에 해를 끼치는 독소를 만들고, ④ 사람에게 질병을 유발시킬 수 있는 포자를 생산하고, 무엇보다도 ⑤ 건초의 판매가격을 하락시킨다.

[표 17-1] 알팔파 목초의 여러 가지 수확 및 저장 방법에 따른 사료 가치의 변화

수확 및 저장 방법	보존된 잎의 양(%)	보존된 건물량(%)	보존된 단백질(%)	보존된 카로틴(%)	보전된 TDN(%)	우유 감소율(%)
초지 처리, 비 맞음	38	60	55	2	52.5	13.6
초지 처리, 비 맞지 않음	62	80	72	3	59.1	6.7
건초사 건조, 열풍	73	80	75	6	57.8	6.1
건초사 건조, 자연통풍	73	84	78	10	58.0	8.8
열풍건조	93	90	81	23	59.8	6.4

※ 자료: Shephered 등, 1955.

(4) 건초의 평형함수율

건초의 품질 변화는 함수율과 직결되고 함수율은 대기의 조건에 따라 변하는데 특히 상대습도에 매우 민감하며 표 17-2와 같다. 따라서 건초를 낮은 함수율로 유지하기 위하여 습도를 낮게 유지하는 것이 매우 중요하다.

[표 17-2] 저장온도와 상대습도에 따르는 알팔파의 평형함수율 (%)

온도(℃)	상대 습도(%)			
	30	50	70	90
21.1	10	13	21	39
26.7	8	12	20	38
29.4	7	10	18	37
35.0	5	8	16	36

※ 자료: Hill 등, 1976.

(5) 건초의 수확 후 발생되는 건물량의 손실

건초를 수확하여 가축에 급여하기까지 여러 가지 공정 중에 발생되는 건물량의 손실은 개개의 상황에 따라 다르지만 일반적으로 건초의 제조법, 목초의 종류, 목초의 초기 상태, 기상 조건, 저장 방법 등에 의해 차이가 난다. 여러 보고에 의하면, 오븐에 의한 건조의 경우 10%, 열풍에 의한 건조의 경우 13%, 상온 통풍에 의한 인공건조의 경우 15%, 비를 맞지 않은 자연건조의 경우 24%, 비를 맞은 경우 23~50% 정도의 고형물 손실이 일어나는 것으로 알려졌다(Slack, 1960; Moore, 1958; Turk 등 1951).

17.1.2 목초의 건조

목초는 대부분 초지에서 예취 후 널린 상태에서 건조가 된다. 초지에서는 약 40% 정도 건조를 하고 후에 건초사(barn)로 옮긴 후에 20% 정도가 될 때까지 건조가 이루어지는 것이 일반적이다. 이처럼 건초사에서 목초를 건조하는 것을 건초사 건조, 건초사 처리 또는 마지막 건조라고 한다. 목초의 저장 중 가장 위험한 것 중 하나가 내부 발열(spontaneous combustion) 현상이다. 이러한 위험은 건초사의 목초 건조기를 적절히 사용함으로써 줄일 수 있다.

(1) 포장에서 태양에 의한 자연건조

포장에서 태양에 의한 건조 방법은 ① 자연건조, ② 압착 후 건조, ③ 갈색건조 등 주로 3가지 방법이 있으며 건초의 손실을 최소화하는 방법은 가능한 한 빨리 건조하는 것이다.

1) 자연(무처리)건조

목초를 베어낸 후에 포장에 얇게 널어 태양에 건조하는 방법이다. 일기의 조건에 크게 영향을 받는다. 특히 건조기간 중 1~2번의 반전은 건조효과를 높여준다. 일반적으로 목초의 수분 함량은 초기에는 약 80% 정도이며 목초가 건조되는 과정에도 계속 호흡을 한다. 이때 아래의 식 (17-1)과 같이 목초에 생성된 탄수화물이 분해가 되어 영양 손실과 건물량의 감량이 크게 발생한다.

$$\underset{\text{당분}}{C_6H_{12}O_6} + \underset{\text{산소}}{6O_2} \rightarrow \underset{\text{탄산가스}}{6CO_2} + \underset{\text{물}}{6H_2O} + \underset{\text{열}}{674\text{cal}} \tag{17-1}$$

그림 17-2는 목초의 초기함수율과 일기조건에 따르는 영양분 손실량(%)을 보여주고 있다. 초기함수율이 80%인 경우, 건조 일기가 정상일 경우 손실량은 30% 정도에 이르는 것으로 나타나고 있다.

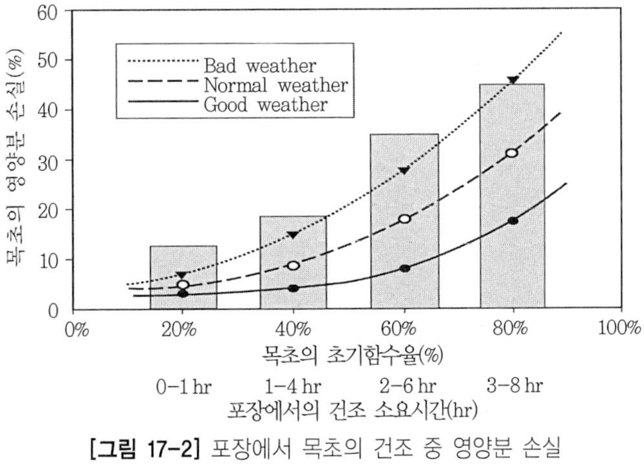

[그림 17-2] 포장에서 목초의 건조 중 영양분 손실

2) 압착 후 건조

줄기가 굵은 목초의 건조는 잎의 건조에 비하여 많은 시간이 소요된다. 따라서 이미 건조된 잎은 줄기가 건조되는 기간 중에 부스러지거나 바람에 날리는 등 질적·양적인 손실이 발생된다. 따라서 이러한 목초의 건조에는 수확 시에 헤이컨디셔너를 이용하여 목초를 압착하는 방법을 많이 쓴다. 일기가 좋은 날에는 약 50% 이상의 건조시간을 단축할 수 있다. 그림 17-3은 헤이컨디셔너의 목초 압착 부분으로 몇 가지 종류를 보여주고 있다. 또한 그림 17-4는 압착한 목초와 무처리한 목초를 초지에서 건조하였을 때 시간별 건조 상태를 보여주고 있는데, 압착한 목초가 빨리 건조됨을 보여준다.

(a) 크림퍼와 압쇄의 복합형 (b) 크림퍼형 (c) 크림퍼형과 압쇄 2중형

[그림 17-3] 헤이컨디셔너의 몇 가지 롤러

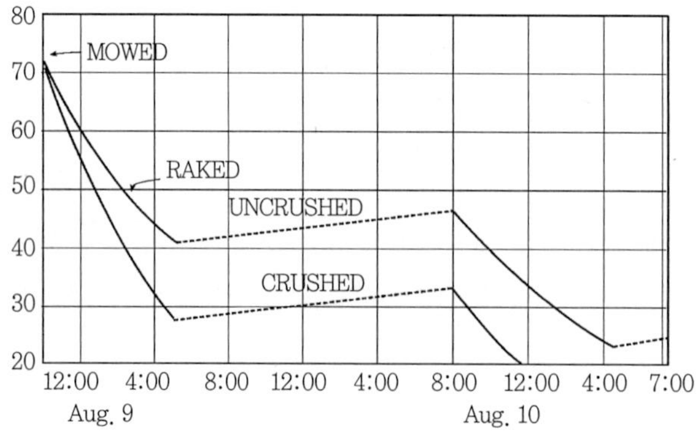

[그림 17-4] 압착한 목초와 무처리한 목초의 초지에서 건조 상태 ※자료: Montford, 1947.

3) 갈색건조

목초를 벤 후에 함수율이 50% 정도가 될 때까지는 포장에서 건조한다. 이후에 목초를 모아서 3~6 m 정도로 퇴적하여서 빗물이 고이지 않도록 멍석이나 짚단으로 덮으면 발효가 일어나는데, 6주 내지 8주가 지난 후에 바람에 건조하면 맛과 향기를 가진 갈색의 건초가 생성된다. 발효 중에 발효열에 의한 조직의 파괴가 일어나기 때문에 많은 영양소의 손실이 있는 반면 건조가 빨리 되는 이점이 있다(박경규 외, 1993).

(2) 인공건조

1) 상온통풍건조

포장에서 하루나 이틀 정도 태양건조를 한 후에 함수율이 약 40~50% 정도가 되면 건초사로 옮겨서 인위적으로 통풍시켜 건조를 하는 방법이다. 실제로 포장에서 건조할 때 함수율이 40% 미만에서 손실이 가장 많이 일어나기 때문에 건초사 건조를 잘 실시하면 목초의 손실을 최소화할 수 있다. 그림 17-5는 구미 등지에서 많이 이용되는 건초사의 도면이다. 그러나 건초사에서의 효과적인 건조를 위하여 적당한 송풍량 및 건초의 송풍저항을 극복할 수 있는 즉 소기의 정압을 낼 수 있는 송풍시스템이 설치되어야 한다. 일반적으로 적정 송풍량은 0.07~0.10 m^3/sec·m^3 또는 0.156~0.26 m^3/sec·ton가 적당하다.

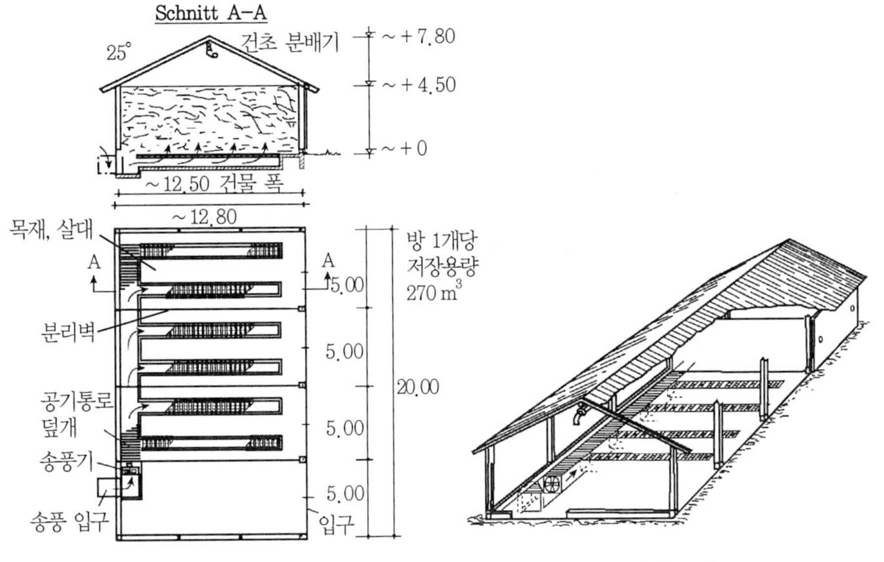

[그림 17-5] 구미 지역에서 많이 이용되는 건초사의 도면

2) 열풍건조

열풍건조는 상온 통풍에 의한 건조에 비하여 어느 정도 시설비 및 에너지 비용이 소요되지만 곰팡이에 의한 손실, 카로틴의 감량, 호흡에 의한 건물량의 감량 및 영양소의 손실 등을 줄일 수가 있다. 목초의 호흡은 함수율이 대체로 40%에 이르면 정지하게 되는데 화력건조는 이 기간을 단축시킴으로써 양질의 원료를 확보하는 방법이다. 건조온도는 600~800℃의 범위에서 건조하는 고온건조법과 40~120℃에서 건조하는 저온건조법이 있다. 고온건조법은 시간이 단축되는 이점이 있으나 단백질의 소화효율이 떨어지는 등 영양소의 손실을 가져오기도 한다.

17.1.3 조사료의 가공

조사료는 영양소의 함량이 낮고 또한 소화효소에 의하여 분해되기가 어려워 직접 가축에게 급여할 경우 사료의 가치가 매우 낮아진다. 또한 물리적으로도 부피가 많아 다루기가 곤란하고 또한 운반에도 어려움이 있다. 따라서 물리적·화학적인 처리를 통하여 사료 가치를 증진시키고 또한 운반에 효율성을 기할 수 있는 방법으로는 주로 목초밀, 건초 펠릿, 헤이큐브 그리고 사일리지 등이 있다.

(1) 목초밀

목초밀(grass meal) 이란 건초의 운반 및 저장을 용이하게 하고 배합사료 등에 쉽게 첨가하기 위하여, 함수율을 10% 미만으로 건조하여 분쇄한 것이다. 재료에 따라 라디노 클로버(ladino clover), 레드 클로버(red clover) 등과 같은 두과 목초와 오차드 그래스, 이탈리안 라이그래스 등과 같은 화본과 목초가 목초밀의 제조에 많이 이용되는데, 알팔파 밀이 대표적으로 카로틴, 단백질, 미네랄 등이 풍부하여 가축의 사료로 널리 이용된다.

(2) 헤이펠릿, 큐브, 웨이퍼

건초를 부피가 작고 쉽게 처리할 수 있도록 펠릿(pellet), 큐브(cube) 또는 웨이퍼(waper)의 형태로 가공을 하는데 미국의 농공학회 표준(ASAE Standard)에 의하면 다음과 같이 구분하고 있다.

- **펠릿** : 분쇄된 한 가지의 원료 또는 분쇄 후 혼합된 여러 원료들을 증기와 압력을 가하여 성형한 덩어리로 동물의 사료로 쓰인다. 사료 밀(meal)에 비하여 체적이 1/2 이하로 줄어들어 취급이 용이하고, 사료의 섭취량이 증가하고 아울러 사료효율도 상당히 좋은 것으로 알려지고 있다.
- **헤이큐브, 웨이퍼** : 분쇄되지 않은 섬유 원료를 원판상의 덩어리로 성형한 것을 웨이퍼라고 하고, 각형으로 성형한 것을 큐브라고 한다. 펠릿과 마찬가지로 ① 용적이 적어 저장이 용이하고(건초 베일 밀도의 1/3 정도), ② 취급이 용이하며, ③ 섭취량이 증가하고, ④ 배합사료와 배합이 용이하며, ⑤ 가공 중에 곰팡이 등이 제거되어 최소 6개월 이상 저장이 가능하다.

(3) 베일

1) 사각 베일

베일의 품질에 가장 중요한 영향을 미치는 인자는 베일의 밀도와 함수율이다. 곰팡이가 없는 완전한 베일의 조건은 베일 작업 전 건초의 함수율이 최소 20%(w.b.) 이하이고 밀도는 96 kg/m^3 이어야 한다. 실제로 크기가 0.34×0.46×1 m 인 베일의 무게가 15 kg이 될 때 밀도는 96 kg/m^3이 된다. 그러나 이러한 베일은 매우 취급하기가 곤란하고 현실적이지 못하다. 또한 상품으로 판매하지 않고 직접 가축에게 공급하는 자체 급여의 경우, 건초는 완벽한 조건을 가질 필요는 없다. 단지 취급하기에 편할 정도로 너무 단단하지 않게 압축을 한 느슨한 베일을 만드는 것이 좋다. 초지에 널린 목초를 베일로 하는 방법으로 ① 단단히 포장된 베일(tight-packed), ② 느슨히 누른 베일(loose-stacked), ③ 헬터-스켈터(helter-skelter) 등 3가지 방법이 있다.

2) 라운드 베일

베일로 가공된 후에 포장에 방치하거나 또는 목장 내에 저장한 후에 필요에 따라 저장장소로 또는 사용처로 옮길 수 있도록 대형의 원통으로 가공되는 라운드 베일이 있다. 작은 것의 규격은 1.3×1.3 m이고 무게는 386 kg가 되며, 표준 규격은 1.8×1.8 m이고 무게는 680 kg이다. 그러나 규격은 제조회사에 따라 많은 차이가 있다. 베일 가공 시에 잎의 손실을 방지하고 또한 내부 발열에 의한 손실을 방지하기 위하여 함수율 15~22% 정도에서 가공을 하는 것이 바람직하다. 함수율이 20~30%인 건초를 베일로 만들 경우에는 유기산을 사용하여 건초의 품질 저하를 방지하기도 한다.

건초를 저장할 때 품질 저하 또는 손실을 방지하려면 보통 다음의 방법으로 라운드 베일을 가공하면 좋다.

- 균일한 밀도를 가질 것.
- 균일한 원통형을 만들 것. 원추형 또는 한쪽이 넓은 타원형은 바람직하지 못하다.
- 베일의 밀도를 가능하면 높게 할 것. 밀도가 높은 베일을 야외에서 저장할 경우, 수분의 침투가 용이하지 않고, 베일의 형태를 오래 유지할 수 있고 또한 지면과 접촉면이 작기 때문에 그만큼 품질이 떨어질 비율이 낮아진다.
- 베일의 형태를 유지할 수 있도록 적당한 인장력이 필요하다. 그러나 포장에서 사료로 직접 가축에게 공급할 경우에 대비하여 가능한 포장 끈을 사용하지 않거나 최소로 하는 것이 좋다.
- 야외에서 저장을 할 경우에는 바람과 마주치는 접촉면이 적도록 바람의 방향과 베일의 축 방향과 같은 방향으로 할 것 등이다.

그림 17-6은 원형 베일을 생산하는 원형 베일러로 걷어올림 원통, 송입롤러, 성형벨트, 결속장치로 구성이 되어 있으며, 그림 17-7은 라운드 베일 성형 과정이다. 베일의 지름을 임의로 변경할 수 있는 가변지름식과 변경을 할 수 없는 고정식이 있다.

[그림 17-6] 라운드 베일러

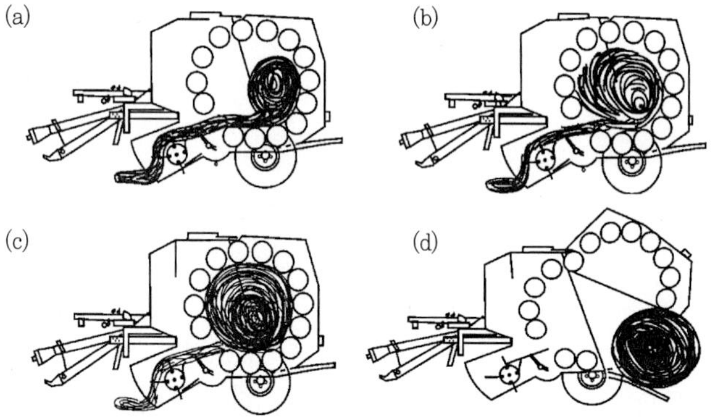

[그림 17-7] 라운드 베일러의 성형 과정

(4) 사일리지

사일리지(silage)는 엔설리지(ensilage)라고도 하며 목초가 많이 생산될 때 저장하였다가 풀이 없는 시기에 건초와 같이 가축에게 급여하는 저장용 다즙사료이다. 사일리지는 여러 가지 특징이 있는데 중요한 몇 가지를 들면 다음과 같다(박경규 외, 1985).

- 생초를 다즙 상태로 저장할 수 있으며 연중 양질의 사료를 가축에게 공급할 수 있다.
- 사일리지는 다른 사료에 비하여 가공할 때 영양소의 손실이 적다.
- 건초를 만들기에 곤란한 악천후에도 제조가 가능하다.
- 저장 공간이 건초에 비하여 적다.

반면 사일리지는 ① 많은 소요 시설이 필요하고, ② 비타민 D의 함량이 적고, ③ 건초에 비하여 수분 함량이 많아 무게가 무거워 취급하기가 곤란하며, ④ 수확 시에 노동력이 집중되는 등 어려움이 있다.

1) 사일리지의 발효 과정

사일리지를 만드는 주목적은 ① 사일리지로부터 산소를 제거하여 젖산 발효를 촉진시키고, ② 목초의 pH를 3.8~5.0으로 급격하게 감소시키는 데 있다(NRAES-5, 1990). 그림 17-8은 목초가 사일리지로 발효되는 이상적인 과정을 보여주고 있는데 보통 4단계로 구분한다.

① 호기성기(Aerobic Phase)

사일로 속, 즉 다진 목초 내외부에 산소가 있는 기간으로, 목초가 산소를 호흡하고 그 결과 사일로 속의 온도가 상승하게 된다. 호흡기라고도 하고 식 17-1과 같은 과정을 거친다.

사일리지 재료를 잘 다져서 공기를 최소로 줄이고 밀폐하여 외부 공기를 단절시키면 산소에 의한 호흡이 중지되고 호흡에 의하여 발생된 탄산가스가 사일리지 내부의 산소와 대체된다. 탄산가스는 생화학적인 변화를 일으켜 좋은 당분을 함유한 즙액을 만드는데 이것은 미생물의 좋은 영양원이 된다. 이 기간 중에는 아직은 산소가 조금 남아 있으므로 미생물은 호기성 활동을 하여 초산, 유산, 알코올 등을 생성하는데 사일리지를 담은 후 약 2~3일간 지속된다.

② 지체기(Lag Phase)

산소가 제거된 사일로 내부에는 적당한 온도와 습기, 그리고 충분한 당분이 있어 혐기성 미생물, 특히 초산균 등이 증식을 하여 초산을 생산한다. 그러나 아직은 식물세포 내의 합성산소 등에 의하여 호흡발효가 생기며 열도 계속적으로 발생한다.

③ 발효기(Fermentation Phase)

사일로 내부가 질소와 탄산가스로 채워지면 호흡도 중지하게 된다. 유산균이 급격히 증식하게 됨에 따라 pH가 4.1~4.3으로 낮아지는데 이 기간을 발효기라고 하며 담근 지 10일 전후이다. 또한 온도도 떨어지고 생성된 유산의 양도 재료의 1~1.5%에 이른다. 그러나 사일리지 재료의 질이 떨어지거나 제조 방법이 좋지 않으면 유산이 초산으로 바뀌면서 단백질이 분해되고, 아미노산의 탈아미노화가 되어 휘발성 지방산이 생성되면서 품질이 떨어지는 경우가 있는데 약 30일 이후에 나타난다.

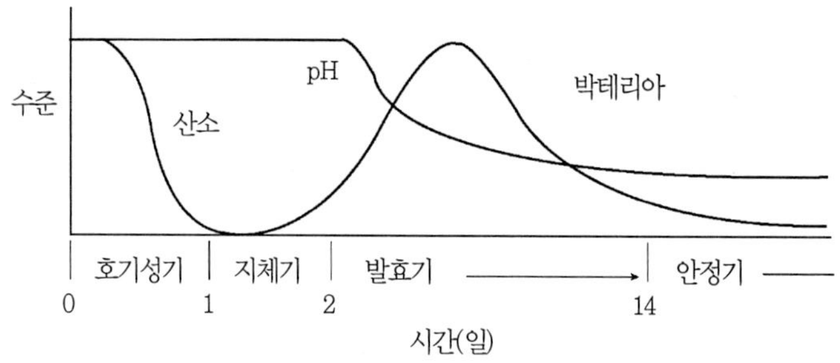

[그림 17-8] 좋은 발효 조건에서의 사일리지 변화 과정

2) 사일리지의 가공 방법 및 종류

사일리지의 기본 개념은 앞에서 설명한 바와 같이 당성분이 많은 생초를 밀폐된 공간에 공기가 거의 빠져나갈 정도로 압착을 한 후에 공기와 접촉하지 못하도록 표면을 비닐과 같은 재료로 차단하고, 내부에서는 유산균 발효를 촉진시켜 장기간 저장이 가능하게 하는 것이다. 가공 방법은 크게 기존의 시설물을 이용하는 방법과 최근에 소개된 베일로 압착한 후에 비닐로 래핑하는 랩-사일리지(곤포 사일리지) 방법이 있다.

① 시설물을 이용하는 방법

기존의 사일리지 가공 방법으로 아직도 대부분의 낙농가는 이러한 방법을 선호하고 있다. 가공 시설은 사일리지를 저장하는 용기에 따라 재료별로, 형상별로, 설치 위치별로 각각 구분이 되지만 주로 많이 쓰이는 종류로는 탑형 사일로, 트렌치 사일로, 벙카 사일로, 기밀 사일로로 구분이 된다. 그림 17-9는 여러 가지 사일로의 대략적인 그림이다. 사일로의 종류의 선택은 설치장소, 농가의 사육두수, 초지면적 등에 따라 결정하여야 한다. 크기의 선택은 사일리지의 비중을 기준으로 연간 소요량을 나누어 필요한 크기로 결정하면 되는데 손실량을 감안하여 약 25% 정도 여유를 두고 계산하면 된다(박경규 외, 1993).

- 탑형 사일로(tower silo)

원통형 사일로라고도 하며 우리나라에 많이 보급되어 있는 형태이다. 재료는 주로 콘크리트가 많으며 지상식과 반지하식이 있다. 사일로의 높이는 직경의 2~3배가 좋으며 지상부에는 사일리지를 꺼낼 수 있도록 1.0~1.5 m마다 문을 만들어 재료를 투입할 때는 밀폐를 할 수 있도록 하여야 한다.

• 트렌치 사일로

지면에 구덩이를 파고 여기에 직접 담는 방법이다. 빗물과 공기의 접촉에 의하여 많은 손실이 발생하므로 반드시 비닐을 깔아두는 것이 좋으며 영구적인 시설을 위하여 벽과 바닥은 콘크리트로 설치하는 것이 좋다. 길이가 짧고 구덩이가 원형인 것을 피트(pit) 사일로라고 한다. 설치 장소는 우사에서 가까운 곳과 지하 수위가 낮은 지역을 택하여 우사의 바닥과 같은 높이나 또는 약간 높은 곳에 위치하도록 한다. 예취된 목초를 트렌치에 퇴적한 후에 트랙터와 같은 무거운 차량으로 차곡차곡 다진 후에 비닐로 덮어서 가공한다.

• 벙커 사일로

트렌치 사일로는 지하에 설치하는 데 반하여 벙커 사일로는 지상에 설치하는 것으로 바닥은 콘크리트로 하고, 양 측면과 한쪽 끝면은 견고한 벽으로 만든다. 바닥은 약간 경사지게 하여 액즙의 배출을 용이하게 한다. 사일리지를 담근 후에는 비닐로 완전히 피복을 하고 무거운 돌로 눌러놓으면 좋은 품질의 사일리지를 만들 수 있는 이점이 있다. 탑형 사일로에 비하여 건축비용이 적게 들어 여러 가지 장점이 있으나 표면적이 넓고 잘 압착이 되지를 않아 폐기량이 많은 결점도 있다(박경규 외, 1986).

• 기밀 사일로

완전히 기밀 상태에서 재료를 저장할 수 있는 장치로 진공 사일로라고도 하며, 영양소의 손실이 적어 품질이 좋고, 아래로부터 자동으로 취출할 수 있도록 되어 있으며 재료를 연속적으로 저장이 가능하여 보통 사일로보다 2~3배의 양을 저장할 수가 있다(박경규 외, 1985). 사일로의 벽은 고열 처리에 의한 특수유리를 입힌 강철판으로 되어 있어 내산, 내마모성이 좋고 내부가 매끄러워 사일리지 재료의 자중에 의한 압착이 잘되도록 되어 있다.

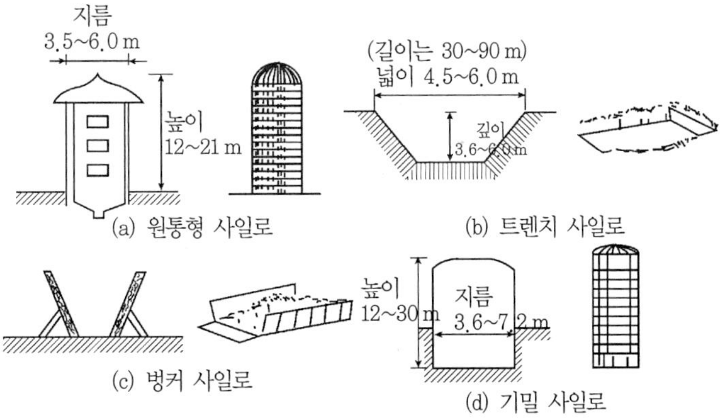

[그림 17-9] 여러 가지 사일로의 종류

② 랩-사일리지

곤포사일리지라고도 하며 최근에 많이 이용되는 방법이다. 목초를 예취 후에 함수율이 50% 전후가 될 때까지 하루 정도 예건을 하고, 원형 베일러로 압착된 베일로 가공한 후에 베일-래퍼(wrapper)로 표면을 밀봉하여 베일 내부에서 유산발효가 일어나도록 하는 방법이다. 종전에는 목초를 건초가 될 때까지 포장에서 건조를 하고, 건초 베일로 가공을 하였지만 근래에는 직접 생초를 사일리지로 가공하는 방법을 많이 선호한다. 우리나라에서도 사일리지 가공시설이 필요치 않아 비육우 및 낙농가에서 많이 선호를 하고 있다. 목초지가 부족한 우리나라의 경우에는 주로 겨울철 휴경 논에 보리나 호맥을 파종하여 이듬해 봄 4월 말부터 5월 중순경 벼를 이앙하기 전에 예취(그림 17-10)→예건→베일 작업(그림 17-11)→래핑 작업(그림 17-12)→운반→저장(그림 17-13)의 일련의 공정을 거치면서 가공을 한다(박, 2001). 또한 가을철에는 콤바인으로 수확이 된 후의 생볏짚을 원형 베일로 가공하여 랩-사일리지로 가공한다.

[그림 17-10] 봄철 호맥의 예취 작업

[그림 17-11] 사일리지용 원형 베일

[그림 17-12] 사일리지 가공을 위한 래핑 작업

[그림 17-13] 포장에 저장되는 랩·사일리지

외국의 경우는 목초지에서 목초 예취→포장건조→건초베일에 이르는 기존의 건초 가공 공정을 직접 생초를 원형 베일로 한 후에 랩-사일리지로 가공하는데 건초의 가공 중에 발생되는 질적·양적 손실을 상당히 감소시키는 이점이 있다.

17.1.4 TMR 사료

초식동물의 주식은 풀이다. 그러나 풀만을 급여할 경우 경제적인 성장과 착유를 위한 영양소가 불충분하므로 높은 농도의 영양소를 함유한 곡물사료로부터 많은 에너지가 보충되어야 한다.

그러나 초식으로 살아오던 가축, 특히 소에게 과다한 양의 농후사료 급여는 또 다른 문제점을 가져온다. 생리적 장해로 인한 경제수명의 단축이 중요한 예 중 하나인데, 조사료를 주로 급여를 할 경우 젖소는 13번까지 임신이 가능하지만 조사료 급여 비율이 30% 정도인 우리나라의 경우 평균 임신 횟수가 3~4번 정도로 보고되고 있다. 또한 조사료의 결핍은 유방염 등 많은 질병을 일으키는 원인이 되고 있다.

따라서 사료영양학자들은 이상적인 조사료와 농후사료 비율을 6:4로 추천하고 있으며, 최소한 조사료 급여율을 40%로 추천하고 있다.

(1) 사료 급여 방식

젖소에게 사료 급여 방식은 조사료와 농후사료를 별도로 분리하여 급여하는 조·농 사료 분리 급여 방식과 젖소가 하루에 필요한 영양소 요구량을 충족시키는 조사료와 농후사료를 적정하게 배합하여 급여하는 TMR(Total Mixing Ration) 급여 방식이 있다. 전자는 조·농 사료를 배합할 수 있는 별도의 시설비가 필요 없는 이점이 있지만 균형 있는 사료의 급여가 되지를 못하고, 또한 사료의 낭비가 심하게 나타난다. 반면 TMR사료는 조사료를 별도로 세절→각종 원료를 배합기에 투입→배합→사료 급여를 위한 일련의 작업 공정이 필요하다. 최근에는 많은 낙농가에서 TMR사료를 선호하고 있으며 한우농가도 점차 TMR 사료 이용이 확대되고 있다.

(2) TMR사료 가공 형태 및 공정

우리나라에서 가공되는 TMR사료 생산 형태는 ① 개별 농가 생산, ② TMR 배합소에 의한 상업적 생산 방식(박경규·김태욱, 1994)과 ③ 농가형 TMR 배합소에서 생산되는 방식이 있다. 개별 농가 생산 방식은 농가별로 조사료 세절기, TMR 배합기 등과 같은 모든 소요시설을 갖추어야 하고 또한 사료 생산을 위한 별도의 작업을 하여야 하는 어려움이 있지만 농가에서 확보하고 있는 조사료와 부산물 등을 이용할 수 있는 특징이 있다. 반면 국내에 보급된 TMR 배합소는 100여 농가에 급여 가능한 생산 규모를 가지고 있으며 상업적인 목적으로 생산 판매를 하고 있다. 최근에는 한우·젖소 사육 농가를 위한 소규모 TMR 배합소(박, 2004)가 점차 확대되고 있는데 100두 경영 규모 이상이면 경제성이 있는 것으로 나타났으며 보통은 5농가에서 10여 농가가 공동으로 운영하고 있다.

그림 17-14는 농가형 소형 TMR 플랜트의 공정도다. 원형 베일로 반입된 건초 및 사일리지는 세절기에 의하여 세절되어 기타 조사료 및 농후사료와 함께 배합기에 투입된다. TMR 배합기는 일반 배합기와는 다르게 교반기에 원형 칼날이 부착되어 있어 볏짚과 같이 길게 잘린 조사료를 배합 과정에서 다시 부드럽게 세절을 하는 기능이 있다. 배합에 소요되는 시간은 약 20분 정도이며 배합이 완료된 후에는 벨트컨베이어를 통하여 제품 탱크로 이동이 되고 이후 500 kg의 타이콘백에 포장이 되거나, 벌크 상태에서 개별 농가로 이송된다.

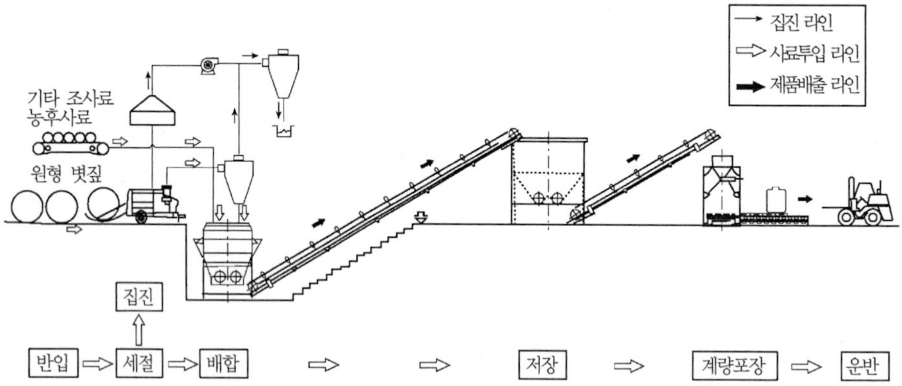

[그림 17-14] 농가용 TMR 플랜트의 개략도(박, 2004)

17.2 배합사료의 가공 공정 및 시설

가축의 성장 및 번식에 필요한 모든 영양소 및 질병예방제까지 완전히 배합되어 있는 사료를 배합사료라고 한다.

17.2.1 배합사료 제조의 일반적인 공정 및 분류

배합사료를 종류별, 형태별, 생산공정별, 분쇄형식별로 구분을 하면 다음과 같다.

- **종류별 구분** : 양계, 양돈, 젖소, 육우, 축우 및 특수 사료
- **사료의 형태별 구분** : 분말, 팔레트, 익스트루전, 플레이크

• 사료의 생산 공정의 형태별 구분 :

 - **배합형식** : 배치식(batch type), 연속식(continuous type), 종합식
 - **분쇄형식** : 배합 전 분쇄형식(pre-grind 또는 미국식), 배합 후 분쇄형식(post-grind, 유럽식)
 - **자동화 정도** : 수동식, 반자동식, 완전 자동식

(1) 배치식(Batch Type) 공장

배합된 원료가 모두 배합기 위에 설치된 원료빈에 옮겨진 후 배합기의 용량에 따라 각각 성분별로 배합기에 모두 투입된 후 한 번에 배합이 이루어지는 형식이다. 우리나라의 대부분 공장들은 이러한 형태이다.

전반적인 제조 공정은 그림 17-15와 같고 간략히 서술하면 다음과 같다. 배합사료의 원료, 즉 알곡 원료, 분말 원료, 액상(液狀) 원료 및 첨가제 원료 등은 트럭 또는 기차로, 산물 상태(bulk) 또는 포장 상태로 반입된다. 반입된 원료는 배합되기 전까지 사일로 및 원료창고에 각각 저장된다. 이후 곡물 원료들은 원료빈(working bin)으로 옮겨진다. 이때 분쇄가 필요한 알곡 원료는 분쇄 공정을 거친 후 원료빈으로 운반된다. 첨가제 원료들은 다른 원료와 배합되기 좋게 예비 배합(premix)된 후 원료빈으로 옮겨진다. 액상 원료를 제외한 모든 원료들은, 계량호퍼에서 계량된 후 배합기로 옮겨져서 배합이 된다. 액상 원료는 배합 과정 중 또는 배합된 후 첨가된다. 완전히 배합된 사료는 제품빈으로 직접 운반되거나 펠릿밀로 옮겨져서 펠릿으로 가공된 후 제품빈으로 옮겨진다. 이곳에서 제품들은 벌크 상태로 반출되거나 포장 과정을 거친 후 제품창고에서 반출될 때까지 저장된다. 작업 공정 중 발생되는 분진들은 집진시설에서 모두 집진하여 작업환경을 청결하게 한다. 또한 제어실(control room)에서는 모든 작업 공정을 통제하는데 이곳이 사료공장의 두뇌에 해당된다.

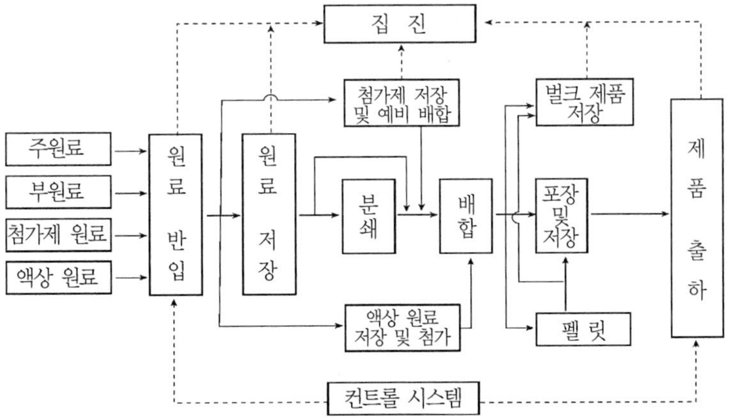

[그림 17-15] 배치식(batch type) 배합사료 공장의 생산 공정도

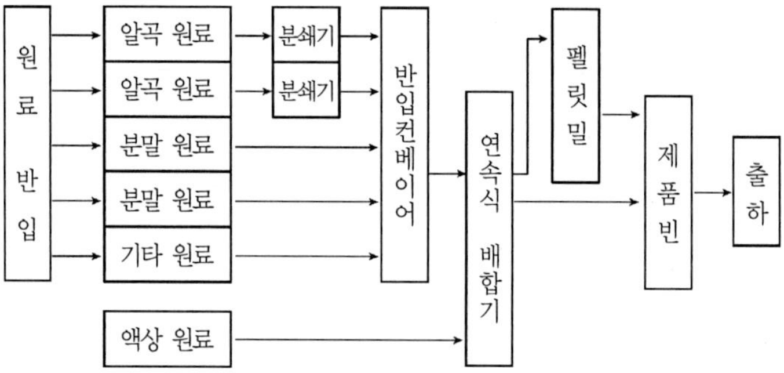

[그림 17-16] 연속식 배합사료 공장의 가공 공정도

(2) 연속식 공장

일반적으로 제품의 종류가 몇 가지로 제한되어 있는 경우, 따라서 원료의 종류가 단순한 경우에 알맞는 공장의 형태이며 주로 젖소용 사료의 제조용으로 적합하다. 2줄 또는 4줄로 배열되어 있는 원료빈에서 제품의 원료가 연속적으로 배합비율에 따라 배출되면서 배합되는 형식으로 연속식 배합시설(continuous type mixing system)이 이용된다.

배치식에 비하여 장점으로는

① 투자비용에 비하여 생산능력이 높고,

② 원료빈을 쉽게 추가로 확장 가능하지만,

단점으로는

① 원료 계량장치가 보다 복잡하고 따라서 시설비용이 높고, ② 별도의 액상사료 첨가시설이 필요하고, ③ 생산 제품의 양이 소량일 경우 배합비율을 조절하기가 까다롭고, ④ 기계의 유지·보수 비용이 많이 들고, ⑤ 자동화 시설에 보다 많은 비용이 든다. 그림 17-16은 연속식 배합사료 공장의 가공 공정도이다. 반입된 원료들은 원료빈에 저장되고, 이 원료 중에서 분쇄가 필요한 것은 분쇄기를 통하여 분쇄된 후 분쇄가 필요 없는 것은 직접 컨베이어에 일정 배합비율로 운반된 후, 연속식 배합기에서 배합된다. 이후 배합된 제품들은 제품빈으로 운반되어 포장 또는 벌크 상태로 반출될 때까지 대기하게 된다. 또한 펠릿으로 가공될 사료는 펠릿밀을 통하여 제품빈으로 운송된다.

(3) 종합식 사료공장

양계, 양돈 및 젖소용 사료까지 모두 생산할 수 있는 시설을 갖춘 공장으로 사료 형태별로는 분말 및 펠릿사료, 플레이크와 펠릿 및 기타 사료들을 혼합한 섬유질화된 반추위 동물용 사료 등을 생산한다. 따라서 이러한 종류의 사료공장들은 그림 17-17과 같이 배치식과 연속식 배합시설, 플레이크 제조시설, 펠릿 제조시설, 액상사료 첨가시설 등이 모두 갖추어져 있어 배치식(batch type) 시설로 분말사료를 생산하고 이 분말사료를 펠릿으로 가공한 원료와 플레이크, 그리고 기타 조사료 등을 연속식 또는 또 다른 배치식 배합기로 배합하여 생산한다.

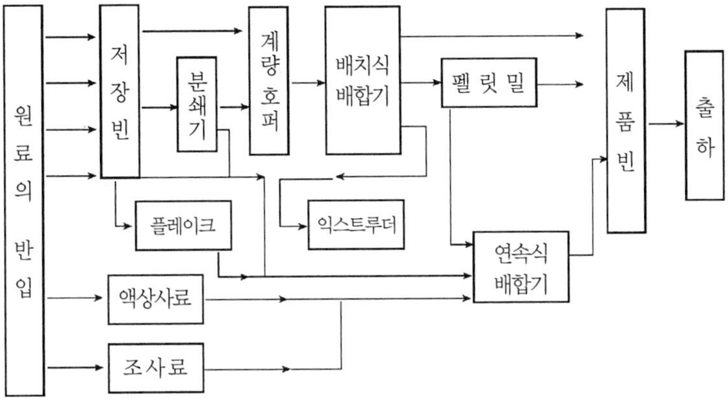

[그림 17-17] 종합식 배합사료 공장의 공정도

(4) 배합사료 공장의 분쇄 공정에 따른 분류

분쇄 공정에 따라 배합사료공장을 분류하면 크게 미국식과 유럽식으로 구분된다. 두 형식의 가공 공정상 큰 차이는 미국식은 알곡 원료들이 일단 분쇄 공정을 거친 후 배합 공정이 행하여지고 유럽식은 먼저 모든 원료들을 배합해 섞은 후 분쇄공정이 이루어진다.

각각 공장의 구조적 차이점은 미국식은 유럽식에 비하여 높은 버킷엘리베이터에 의하여 운송된 후 중력에 의한 낙하로 연속 가공이 되는 반면, 유럽식은 수평컨베이어를 많이 사용하고 있어 미국식 공장의 높이가 유럽식에 비하여 높다. 앞에서 설명한 배합사료공장들(그림 17-15, 17-16, 17-17)은 모두 미국식이며 우리나라의 대부분 사료공장들도 이에 속한다.

17.2.2 배합사료 제조용 기계 및 시설

배합사료 공장을 기능별로 세분하여보면 ① 원료의 반입시스템, ② 저장시스템, ③ 분쇄시스템, ④ 배합시스템, ⑤ 열처리시스템, ⑥ 제품포장 및 반출시스템, ⑦ 액상원료저장 및 처리시스템, ⑧ 집진시스템 및 제어(control)시스템 등으로 나눌 수 있으며 이 절에서는 현재 우리나라에서 주종을 이루고 있는 배치형 배합사료 공장에 설치되어 있는 주요 시설 및 기계를 설명하기로 한다.

(1) 원료빈(Ingredient Bin 또는 Working Bin)

배합기 바로 위에 설치되어 있으며 사료가 배합되기 전에 모든 원료는 일단 이곳에 저장된다. 알곡 원료는 분쇄 공정을 거친 후, 포대 상태로 저장되었던 원료와 예비 배합된 원료 등이 플로어 덤프(floor dump)를 통하여 이곳으로 운반된다. 저장기간은 1~2일 정도이며 크기는 양변의 길이가 2.4×2.4 m인 정사각형이 표준이고 이것의 1/4 규격인 1.2×1.2 m 또는 1/2 규격인 1.2×2.4 m도 있다. 높이는 호퍼 끝에서 빈 끝까지가 4.5 m에서 15 m까지 다양하다. 바닥은 중력낙하로 배출할 수 있도록 호퍼로 되어 있으며 호퍼의 경사각은 분말 원료가 쉽게 배출될 수 있도록 60°~70° 정도이다. 원료빈들은 표준 규격으로 20~30개가 정사각형 또는 직사각형으로 그림 17-18에서 보는 바와 같이 모여서 설치되어 있다.

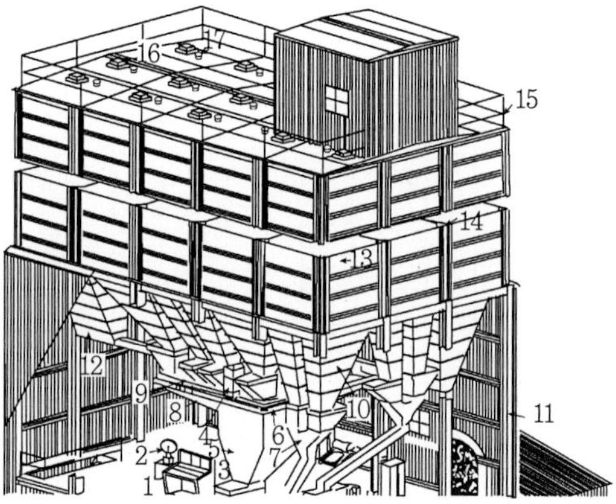

[그림 17-18] 배합사료공장의 원료빈

(2) 분쇄시설 및 기계

사료 원료를 분쇄하는 기기로는 보통 해머밀(hammer mill), 애트리션밀(attreition mill) 및 롤러밀(roller mill)이 있다. 배합사료 공장에서 주로 사용하는 기기는 해머밀이며 주변 기기는 해머밀을 중심으로 해머밀 매시빈(mash bin), 피더(feeder), 정선기(마그넷, 석발기, scalping screen), 공기보조 시스템, 컨베이어 등으로 구성되어 있다.

1) 해머밀과 분쇄 공정

해머밀은 그림 17-19과 같이 중심부 회전축에 핀으로 해머가 연결되어 있고, 해머 주위에 해머밀 스크린이라고 불리는 작은 구멍이 많이 뚫린 원통형의 고정된 강철판에 둘러싸여 있다. 이 구멍의 직경은 0.8~6 mm까지 다양하며 가공될 사료의 종류에 따라 스크린을 교환함으로써 사료 입자의 크기를 조절한다. 원료가 해머밀에 투입되기 전에 해머밀 서지빈(surge bin)으로 일단 운반된 후 해머밀의 용량에 알맞게 속도조절 피더(speed variable feeder)에 의하여 해머밀로 운반된다. 이때 해머밀에 심하게 손상을 주는 쇠붙이 등은 입구에 부착된 영구 자석에 의하여 걸러진다. 중심부에 연결된 해머의 속도는 분쇄될 원료의 종류에 따라 1800 rpm 또는 3600 rpm으로 회전한다. 곡물은 입구에서 회전자인 해머에 충돌되어 인접한 고정판 내측 벽에 부딪칠 때 1차 분쇄가 되고, 아직 분쇄가 되지 않은 곡물은 이후 해머와 스크린 사이에서 양측 간의 마찰에 의하여 2차 분쇄가 되고, 나머지는 다시 해머와 고정판 내측의 꺼칠한 면과 마찰에 의하여 3차 분쇄가 된다.

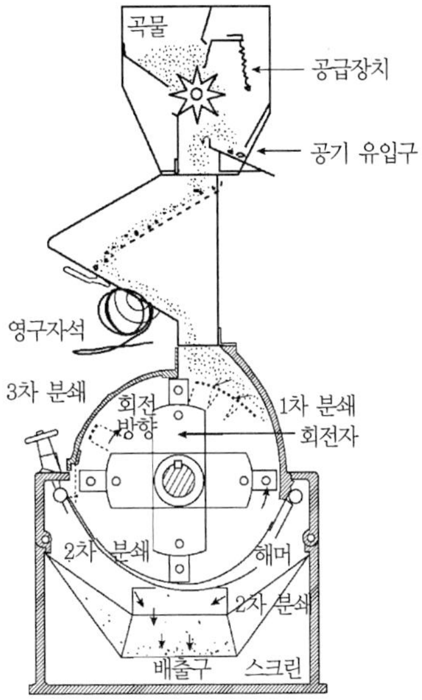

[그림 17-19] 해머밀의 구조 및 분쇄 메커니즘

2) 애트리션밀(attrition mill)

애트리션은 우리나라 맷돌과 비슷한 원리지만 곡물을 절단, 전단 및 압쇄작용으로 분쇄한다. 2개의 회전판이 서로 다른 방향으로 회전한다. 일반적으로 큰 사료공장 또는 식품공장에서 이용되고 있다. 그림 17-20은 애트리션밀이다.

[그림 17-20] 애트리션밀

3) 롤러밀(roller mill)

그림 17-21과 같이 서로 다른 방향으로 회전하는 1 쌍 또는 2 쌍의 롤러로 구성되어 있고, 곡물은 두 롤러 사이를 통과하면서 분쇄 또는 압쇄가 된다. 롤러 표면은 주름이 잡혀 있거나 톱니 모양으로 되어 있다. 플레이크 사료의 생산 시에 압편

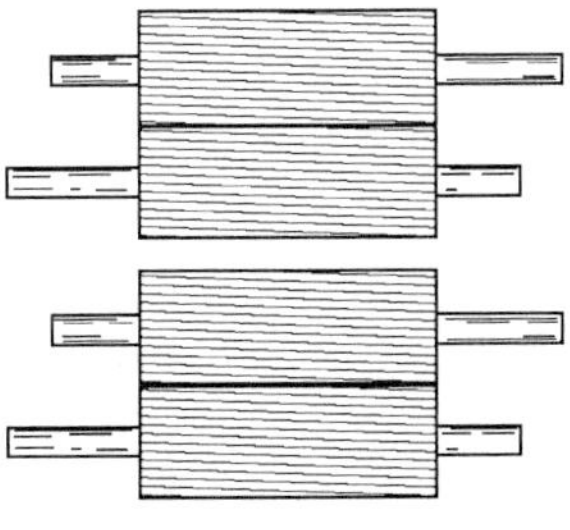

[그림 17-21] 롤러밀의 롤러

용으로 많이 이용되고 있으며 제분 공장에서도 많이 쓰인다. 한 쌍의 롤러 중 하나는 저속이고 다른 롤러는 고속이다.

(3) 배합기

1) 배합기의 종류

배합기는 배치식과 연속식으로 구분되고, 배치식은 수직식과 수평식으로 나뉜다. 그림 17-22는 수직식 배합기로 배합도 잘되고 가격도 저렴하지만, 수평식 배합기에 비하여 배합 시간이 길고, 작업성능이 떨어져 비교적 소규모 공장에 설치된다. 그림 17-23은 수평식 배합기로 배합시간이 짧고 액상 원료도 3.5%까지 첨가할 수가 있어 대규모 공장에서 주로 이용되고 있다. 1회 배합 용량이 1~5톤까지 다양하고 1회 배치의 시간도 약 5~7분이다. 연속식 배합기는 보통 1분에 1톤 이상이 생산되는 생산공장에서 이용되고 있으며, 액상 원료는 당밀의 경우 30%까지도 첨가할 수 있다. 단, 배합이 시작될 때와 종결될 때의 배합 성분이 균일하지 않다.

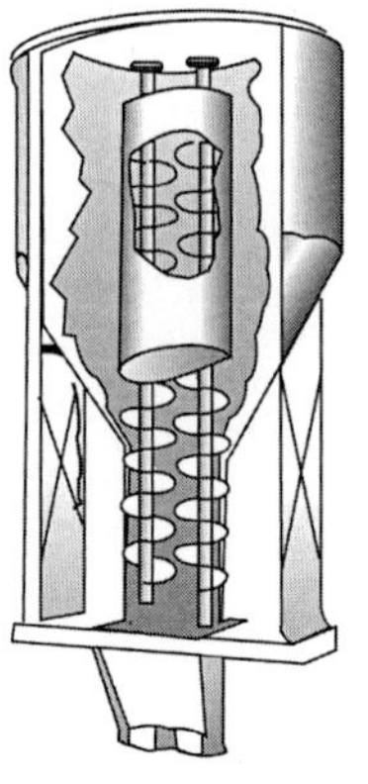

[그림 17-22] 수직식 배합기

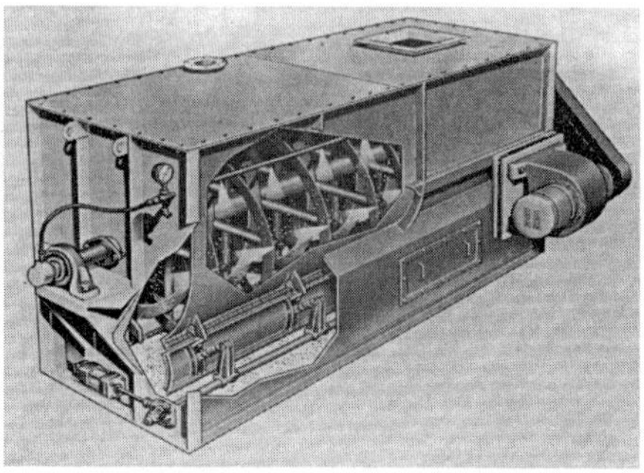

[그림 17-23] 수평식 배합기

2) 배합기의 성능

배합기의 성능을 표시함에 있어 연속식은 시간당 배합량(톤/시간)으로 나타낼 수 있는데 이 자체가 배합기의 성능이지만, 배치식의 배합 공정은 그림 17-24에 나타난 것과 같이 '계량 호퍼에서의 계량 → 배합기에 투입 → 배합 → 배출 → dead time → 계량' 등의 순으로 이루어진다. 배치식 배합기의 성능은 1회 투입 용량과 배치 사이클의 소요시간, 즉 처음 계량에서 다음 배합을 위한 계량 공정 전까지의 시간 관계로 나타낼 수 있는데 일반적으로 다음의 식을 이용하면 무난하다.

$$\frac{\text{배합기의 성능}}{\text{(톤/시간)}} = \frac{60 \times \text{배합기 투입용량(톤)} \times \text{배합기의 효율}}{\text{투입시간+배합시간+배출시간+Dead Time(분)}} \qquad (17-2)$$

여기에서 dead time이란 한 사이클에서 다음 사이클 사이의 정지시간으로 배합기의 청소 등 기타 여러 종류의 소요시간을 평균하여 균등하게 분포한 시간이다.

예제 17-1

배합기의 성능 산출에서 투입시간, 배출시간, dead time은 일반적으로 각각 0.5분씩 소요되고 배합시간이 4분 정도, 효율이 0.8이면 무난하기 때문에 3톤 용량의 배합기의 성능을 예로 들면 다음과 같이 산출할 수 있다.

$$\text{배합기의 성능} = \frac{60 \times 3 \times 0.8}{0.5 + 4.0 + 0.5 + 0.5} = 26.18\text{톤/시간}$$

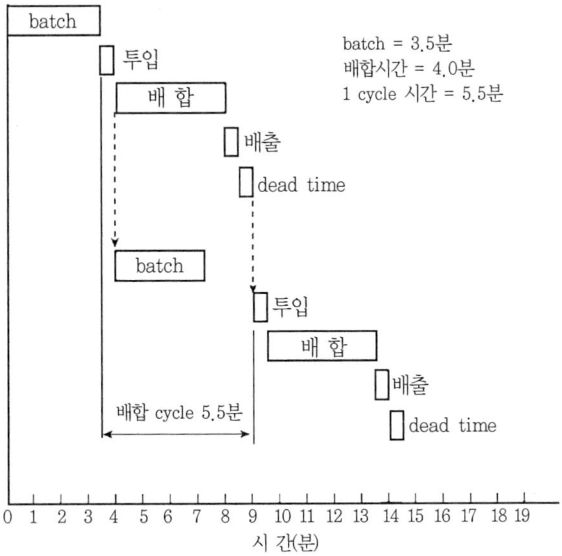

[그림 17-24] 배치식 배합기의 배합 주기

(4) 열처리 가공시스템

배합사료에서 가공된 사료를 열, 수분 또는 압력을 가하여 전분을 젤라틴화하는 등 성분에 변화를 주어 가축에게 기호성을 증진시키는 등 사료의 가치를 높이는 역할을 하는 것으로 펠릿, 익스트루전 및 플레이크 사료 등이 이에 해당된다.

1) 펠릿

펠릿 가공이란 사료의 미립자들에 열, 수분, 그리고 압력을 가하여 단단하고 큰 덩어리를 만드는 것을 말한다(그림 17-25). 펠릿사료는 분말사료보다 다루기도 편리하고 사료효과도 좋아 최근에는 상당량의 사료가 펠릿으로 가공되고 있다. 펠릿사료는 일반적으로 펠릿 그 자체와 펠릿을 다시 파쇄한 크럼블(crumble)을 말한다. 펠릿의 직경은 4~20 mm 정도이며, 길이는 직경보다 조금 길다. 그림 17-25는 펠릿밀이며 보통 30~300 HP까지 다양한 용량의 펠릿밀들이 있다. 펠릿밀은 다이와 2개의 롤러(roller)로 구성되어 있고, 다이(die)의 속도는 130~400 rpm이다. 다이의 규격은 직경이 12인치와 두께가 2인치부터 직경 26인치와 두께가 6.5인치까지 다양하다. 단위마력당 생산성능은 마력수가 증가함에 따라 증가되며, 사료 종류에 따라서도 달라진다. 일반적으로 200 HP 규모의 펠릿밀은 반추위 동물사료를 15톤/시간을 생산할 수 있고, 양계사료는 20톤/시간 생산가능하다(Parker, 1981).

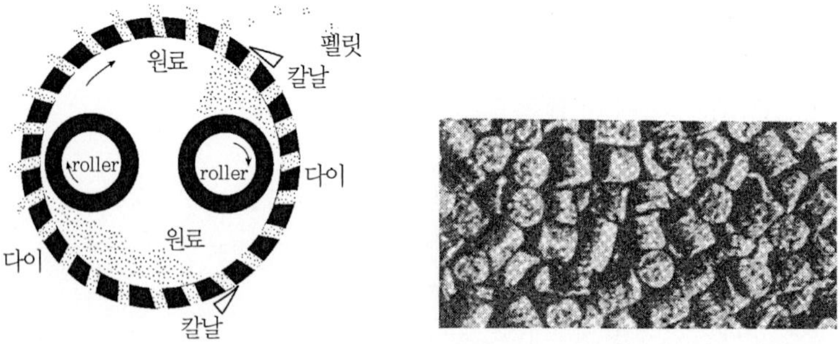

[그림 17-25] 펠릿 다이와 롤러 및 펠릿의 성형

2) 플레이크(박편)

곡류를 증기로 처리하거나 증기 처리 없이 열을 가하고 다시 높은 압력을 가하여 납작하게 누른 형태의 사료를 플레이크 사료라고 하는데 반추위 동물 사료에서 효과가 높은 것으로 알려져 있다. 그림 17-26은 박편사료의 가공 공정인데 주로 옥수수가 박편용 원료로 사용되고 있으며 일반적으로 가습→쿠킹(cooking)→압착→건조 및 냉각의 4단계를 거친다. 박편용 원료는 먼저 함수율이 15~20%가 되도록 가습이 되고, 2~3 kg/cm^2 의 증기압으로 쿠킹을 한다. 이때 원료는 수분을 3% 정도 흡수하게 되고 표면은 젤라틴(α)화가 된다. 쿠커를 통과한 원료의 열과 증기로 온도는 100℃ 정도가 되고 있는데, 이후 박편용 롤러에 의하여 납작하게 눌리면서 다시 한 번 젤라틴화가 이루어진다. 마지막 단계로 상온

통풍건조기 또는 밴드건조기로 냉각·건조가 되는데 보통 13~14%의 함수율로 건조시키고 대기온도와 같이 냉각시킨다.

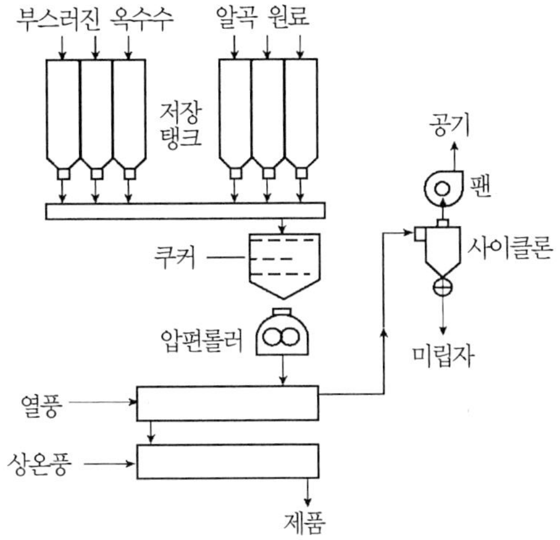

[그림 17-26] 박편사료의 가공 공정도

3) 익스트루전

익스트루전(extrusion)은 익스트루더를 사용하여 원료의 종류에 따라 적당히 수분, 열 및 압력을 가하여 원료 중의 전분을 젤라틴화시킨 후에 공기 중으로 급격히 배출하면서 팽창된 것으로 비중이 0.3 내외인 일종의 팔레트이다. 익스트루전은 원료사료를 쿠커(cooker)에서 수분 함량이 25~30% 정도가 되도록 증기와 온수(필요 시에는 액상 원료를 첨가함)로 열처리 가공한 후에 익스투르더 본체에서 스크루의 회전에 의한 압축으로 성형판 부근의 압력을 가중시켰다가 대기 중으로 방출시킴으로써 제조된다. 그림 17-27는 익스트루더의 개략적인 구조이다.

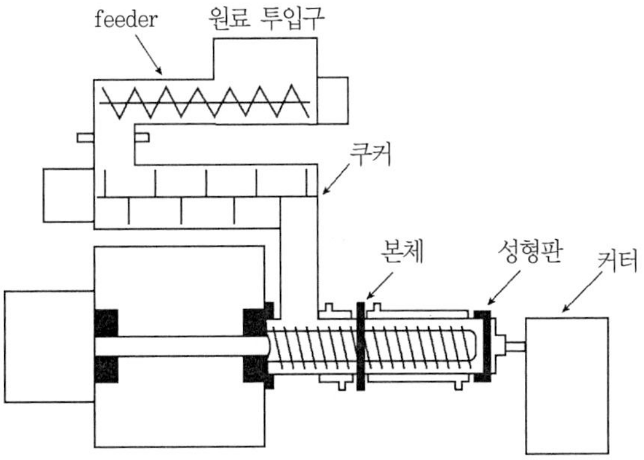

[그림 17-27] 익스트루더의 개략적인 구조

17.3 우유의 처리 및 가공시설

17.3.1 착유기

(1) 착유기의 원리

송아지가 젖을 빨 때는 젖꼭지를 입에 물고 혀로 젖꼭지를 자극하면서 일정 간격으로 입 안을 진공으로 만들어 젖을 빨아낸다. 이와 같이 착유동작은 조건에 따라 크게 변하지만, 빨아들이는 압력은 20~40 cmHg이고 매분 30~50회가 반복된다. 기계착유는 입으로 젖을 빨거나 또는 손으로 짜는 동작과 같이 고무질 통의 라이너에 유두를 넣어 이 라이너를 작동시켜 자극(刺戟)→흡인(吸引)→휴식 등의 동작을 반복시키는 것이다.

젖꼭지에 착유작용을 주는 부분을 티트컵(teat cup)이라고 하는데, 이것은 단단한 재료로 만들어진 외통(teat cup shell)과 고무질 라이너(liner)로 이루어진 내외 2개의 방으로 되어 있다. 라이너의 내부는 밀크클로(milk claw)와 착유통 그리고 진공펌프로 연결되어 있으며, 항상 일정한 진공압력이 유지되고 있다.

티트컵은 젖꼭지에 흡착이 되어 있으며, 착유된 우유는 착유통 내로 들어간다. 외통과 라이너 사이에는 펄세이터(pulsator)에 의하여 대기압과 진공이 교체된다. 그림 17-28의 A는 진공 상태인데 라이너 내외가 모두 진공과 같은 압력이 되기 때문에 라이너가 펴지면서 젖꼭지를 확장시키고 따라서 우유가 빨려나오게 된다. 반면 B는 외실(外室)이 대기압이 되고, 또한 이 압력은 라이너의 내실(內室)보다 높으므로 라이너 내부가 수축을 하며 변형이 된다. 따라서 이때 젖꼭지는 라이너에 의하여 압축자극을 받기 때문에 우유가 나오지 않는다. A의 상태를 착유(milking) 상태라고 하고, B의 상태를 휴식(rest 또는 message) 상태라고 한다. 그리고 A와 B를 진공과 대기압 상태로 교체시키는 작용은 펄세이터에 의하여 이루어지며, 이 진공압의 변화를 그림으로 나타낸 것이 진공압 파형이라고 한다. 진공압은 보통 30~38 cmHg(37~47 kPa)의 범위가 많다.

(2) 착유기의 종류

앞에서 설명한 원리를 바탕으로 여러 종류의 착유기가 만들어지는데 종류에 따른 분류 방법은 여러 관점에 따라 달라진다. 착유기의 착유 방식에 따라 분류를 하면 버킷형 착유기와 파이프라인 착유기로 구분된다.

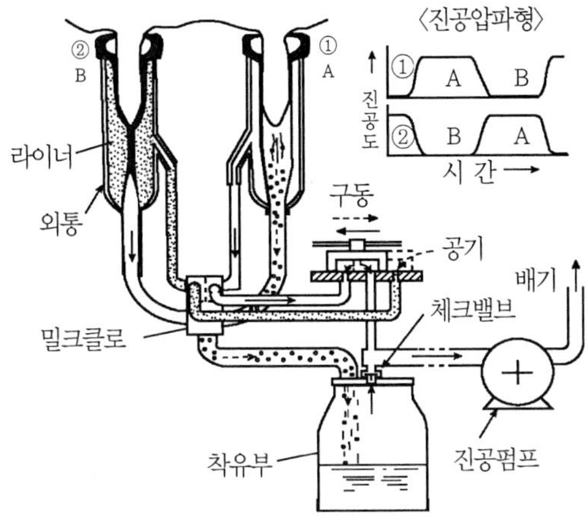

[그림 17-28] 착유기의 착유 원리도

1) 버킷형 착유기

착유한 우유를 버킷통에 모으는 방식을 말한다. 이 방식은 티트컵과 밀크클로(milk claw)로 되어 있는 클로형과 밀크클로 없이 티트컵과 착유통을 직접 연결하여 착유부를 젖소의 등에 벨트를 걸고 매달아 사용하는 현수형(suspended type)이 있다.

클로형은 착유부를 우사의 바닥에 놓고 작업을 하기 때문에 정치형이라고 하며 소규모 농가에 적합하다.

버킷형은 크게 진공발생장치, 관련 배관, 착유부(milker unit, 티트컵, 착유통, 펄세이터 등을 총칭) 등으로 구성이 된다. 착유부의 일반적인 구성은 그림 17-29에서 보는 바와 같이 착유통에 펄세이터가 부착되어 있고 여기에 티트컵이 연결되어 있다.

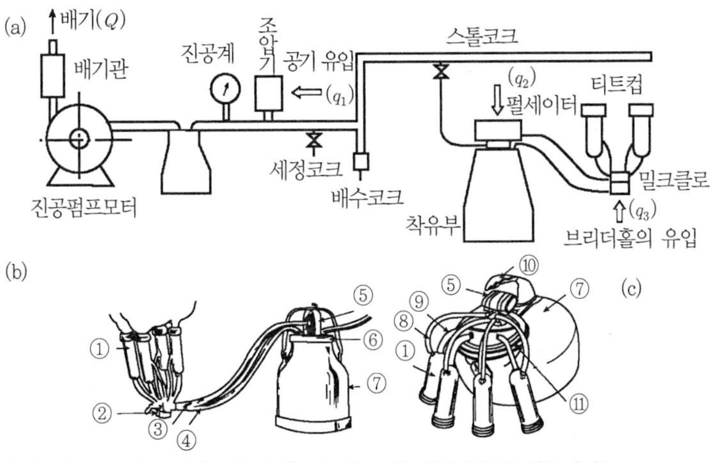

① 티트컵 ② 밀크클로 ③ 2연펄스 튜브 ④ 밀크튜브 ⑤ 펄세이터 ⑥ 작동커버(operationg cover) ⑦ 밀크통 ⑧ 쇼트 펄스 튜브(short pulse tube) ⑨ 쇼트 밀크 튜브(short milk tube) ⑩ 핸들, ⑪ 밀크통 덮개

[그림 17-29] 버킷형 착유기의 구성(A) 및 착유부의 각부 명칭(B:정치형, C:현수형)

2) 파이프라인 착유기

착유→우유 이송→우유 저장→반출과 같은 일련의 공정이 원활하게 이루어져야 하는 대규모 낙농가에서 많이 사용된다. 특히 우유를 착유와 동시에 착유통에 넣지를 않고 직접 배관을 통하여 저유탱크에 넣어서 냉각 보관을 하고, 반출 시에는 우유수송탱크의 펌프를 직접 이용하는 시스템으로 그림 17-30과 같다.

파이프라인식 착유기는 다음과 같이 2가지가 있다.

- **우사 착유 방식** : 우사에서 착유한 우유를 파이프로 통하여 우유실의 탱크로 이송하여 냉각보관하는 방법으로 파이프라인밀커(pipe line milker)라고도 한다.
- **착유실 집유 방법** : 착유실에 파이프라인 착유기를 설치하여 젖소를 이곳으로 차례로 끌어들여 착유하는 방법으로 팔러밀커(parler milker)라고 하기도 한다.

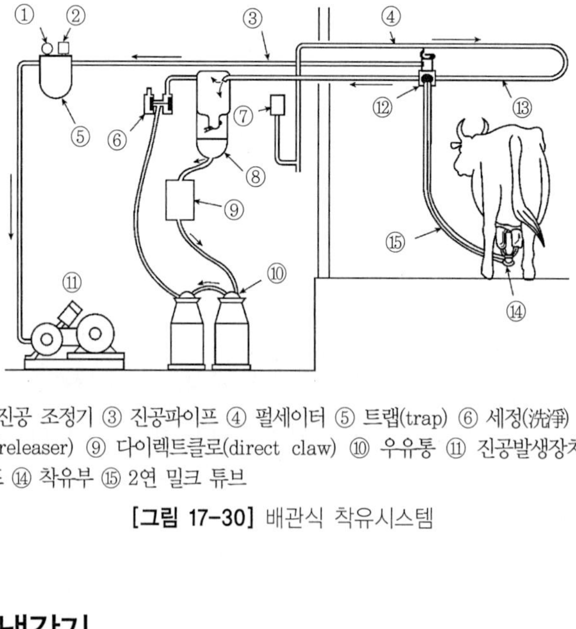

① 진공계 ② 보조진공 조정기 ③ 진공파이프 ④ 펄세이터 ⑤ 트랩(trap) ⑥ 세정(洗淨) 펄세이터 ⑦ 진공조정기 ⑧ 릴리저(releaser) ⑨ 다이렉트클로(direct claw) ⑩ 우유통 ⑪ 진공발생장치 ⑫ 밀크탭(milk tap) ⑬ 밀크파이프 ⑭ 착유부 ⑮ 2연 밀크 튜브

[그림 17-30] 배관식 착유시스템

17.3.2 우유 냉각기

(1) 우유의 냉각

우유는 착유 즉시 냉각 보존하지 않으면 안 된다. 일반적으로 2등급 우유는 젖소의 유방염에 기인하기도 하지만 주로 젖산균의 발효에 의하여 발생되므로 냉각으로 2등급 우유를 방지할 수 있다.

미국에는 '3A standard for milk cooler'라는 규칙이 있는데, 우유 온도를 착유 후 1시간 이내에 10℃로, 2시간 이내에 4.4℃로 냉각시키도록 되어 있다.

우리나라의 식품위생법에도 직접 현미경 검사를 통하여 세균수를 1 mℓ 당 400만 마리 이하로 규정되어 있어 일단 우유 속의 세균 수를 규정에 맞추는 것을 우유 냉각 및 보존의 목표로 하고 있다.

그림 17-31은 우유의 저장 시에 저장온도 및 초기 청결 상태에 따라서 세균 수의 증가 상태를 나타내고 있는데 초기의 청결 상태와 저장온도의 중요성을 잘 보여주고 있다.

우리나라에서 집유는 하루에 한 번씩 하는 것이 일반적이다. 따라서 아침 착유분은 당일에 출하를 하지만 저녁에 착유된 우유는 다음 날 출하할 때까지 보통 16시간 정도 보존하여야 한다. 이러한 관점에서 그림 17-31의 24시간과 세균 수 400만의 선을 보면, 보통의 청결 상태에서 착유한 우유를 15℃로 보존할 경우 24시간 안에 2등급 우유가 되지 않는다는 것을 알 수 있다. 역으로 15℃로 24시간을 보존하였는데 2등급 우유가 되었다면 착유 방식이 불결했다고 할 수 있다.

우유의 주 오염원은 더러운 손, 유방에 들어간 흙이나 털, 냉각통에 우유를 넣을 때 사용한 천이 불결한 경우다. 따라서 아무리 초심자라고 하더라도 청결한 착유가 얼마나 중요한지 잘 인식하여야 한다. 그림 17-31은 냉각온도를 4.4℃로 하는 것이 균의 발생 억제에 얼마나 중요한지를 잘 보여주고 있다.

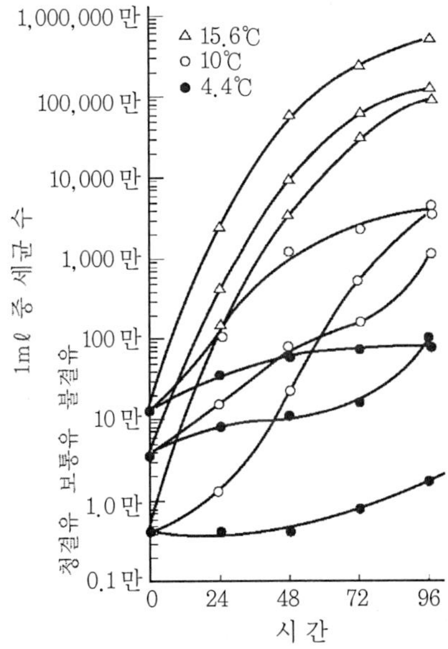

[그림 17-31] 저장온도 및 초기 청결 상태에 따르는 우유의 품질 변화

(2) 우유 냉각 방법과 냉각기

우유의 냉각 방법은 크게 우유통에 넣어서 냉각하는 방법과 벌크에 의한 방법 2가지로 구분된다. 우유통에 넣어서 냉각을 하는 방법으로는 ① 우유통을 수조에 넣어서 하는 방법, ② 수조에 넣어서 교반기로 냉각을 빨리 진행시키는 방법, ③ 우유통에 브라인을 통과시키는 방법 등이 있다. 또한 벌크로 냉각을 하는 방법으로는 ① 브라인 방식, ② 직접 팽창식, ③ 아이스뱅크식 등이 있다.

그림 17-32는 냉각촉진용 교반기가 들어 있는 우유통이고, 그림 17-33은 우유통에 넣는 브라인 순환 냉각기다. 또한 그림 17-34는 벌크에 의하여 냉각을 하는 대표적인 냉각기인 브라인식 벌크탱크다.

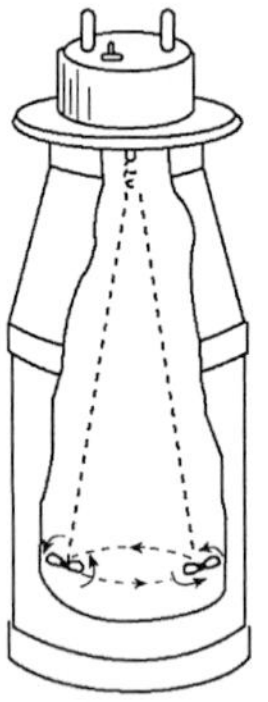

[그림 17-32] 교반기가 장치된 우유통

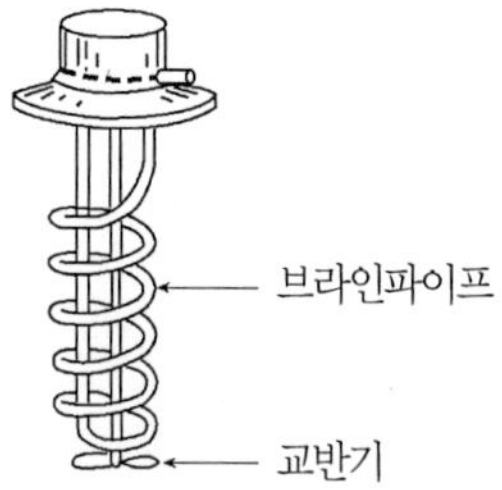

[그림 17-33] 브라인 순환 우유냉각기

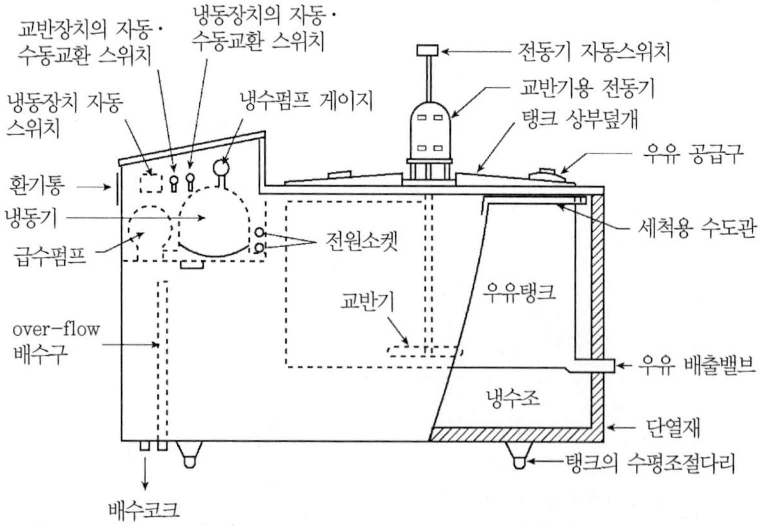

[그림 17-34] 브라인식 벌크탱크

(3) 우유의 냉각속도

우유의 냉각 과정은 거의 뉴턴의 냉각법칙을 따르는데, 다음과 같이 지수함수로 표시된다.

$$\text{온도비} = \frac{\theta - \theta_o}{\theta_i - \theta_o} = e^{-t/T} \tag{17-3}$$

여기서, θ : 냉각 시작 후 시간 t에서 우유의 온도(℃)
θ_o : 냉각수의 온도
θ_i : 우유의 초기 온도
t : 냉각시간(min 또는 hr)
T : 시간에 대한 정수(min 또는 hr)

우유가 잘 섞이고 전체가 균일하게 냉각이 되고 또한 우유통의 벽이 얇으며 우유통 벽의 열용량이 무시될 때 T는 다음의 식으로 표시된다.

$$T = \frac{c\rho V}{UA} \tag{17-4}$$

여기서, c : 우유의 비열(kcal/kg·℃)
ρ : 우유의 밀도(kg/m^3)
V : 우유의 체적(m^3)
U : 용기의 열통과율 또는 총열전달계수($kcal/m^2 \cdot hr \cdot$℃)
A : 용기의 냉각 표면적(m^2)

또한 T값을 실험적으로 구할 경우에는 식 (17-2)를 $\ln\left(\frac{\theta - \theta_o}{\theta_i - \theta_o}\right) = -t/T$로 변형하여 t와 $\ln\left(\frac{\theta - \theta_o}{\theta_i - \theta_o}\right)$의 관계를 직선으로 나타낼 수가 있다. 여기에서 기울기 $-1/T$를 구하여 온도비가 0.368이 되는 시간을 구해 T 값을 읽을 수 있으며, 또한 T를 구할 수 있다. 왜냐하면, $t = T$에서 $e^{-t/T}$는 $e^{-1} = 0.368$ 되기 때문이다.

냉각시간이 증가되어, 즉 $t = T, 2T, 3T, 4T$가 될 때 온도비는 0.368, 0.135, 0.05, 0.02가 된다.

예를 들어 냉각수의 온도(θ_o)가 0℃, 우유 초기의 온도(θ_i)가 37℃, 시간에 대한 정수 $t = 2T$라면 궁극적인 우유의 온도는 식 (17-3)로부터 계산을 하면 $\theta = 0 + (37-0)(0.135) = 5$℃가 된다. 또한 냉각수의 온도가 14℃일 때, $t = 3T$라면 우유의 온도 $\theta = 15.1$℃가 된다. 대체로 $t = 2T \sim 3T$의 범위에서 냉각은 완료된다.

일반적으로 앞에서 설명한 것과는 역으로 냉각 보존온도와 냉각시간을 결정한 후 시간에 대한 정수 T가 결정이 되면 이에 맞추어 식 (17-2)와 관련되는 재료를 선정하여 냉각장치를 설계하게 된다.

17.3.3 우유의 살균, 농축 및 건조

우유는 87%의 수분을 함유하고 있어 부피가 많아 다루기에 불편할 뿐 아니라 고급 영양분이 많아서 미생물에 의한 부패가 문제가 된다. 우유의 저장 방법으로는 농가에서 반입된 우유를 살균 또는 멸균 처리한 후에 수분을 증발시켜 농축하여 저장하는 방법과 농축된 우유를 건조시켜 분유로 만드는 방법이 있다.

(1) 우유의 살균 처리

시유(市乳, marked milk)는 농가에서 들여온 원유(原乳, raw milk)를 살균 처리하고 품질을 균일하게 하여 안전하게 사람이 마실 수 있도록 가공·처리된 유제품이다. 따라서 소로부터 사람에게 전염될 수 있는 우유 속의 병원균을 사멸시키고 또한 부패성 미생물과 효소들을 파괴할 수 있도록 열처리를 하여 안전과 저장성을 향상시켜야 한다.
우유의 열처리 방법은 살균법(pasteurization)과 멸균법(ultra-high temperature treatment, UHT)의 2가지가 있다.

살균법은 원유(raw milk)로부터 인체에 전염될 수 있는 브루셀라균, 소결핵균, Q 열병균 등을 완전히 사멸시키는 것으로 63℃에서 30분간 열처리를 하는 저온장시간살균법(LTLT법)과, 73℃에서 15초간 열처리를 하는 고온살균법(HTST법)이 있다.

멸균법(UHT)은 145~150℃에서 1~5초간 열처리를 한 후에 상업적인 멸균(commercial sterilzation)을 실시하고, 멸균된 용기에 무균적으로 충전 포장을 하여 일반 통조림과 같이 실온에서도 상당 기간 저장을 할 수 있도록 하는 멸균법이다. 그림 17-35는 일반적인 멸균법 공정으로 다음과 같다. 반입된 원유는 ① 유량조절탱크로부터 ③ 1차 예열과 ④ 2차 예열(75℃)을 거쳐 ⑤ 우유펌프와 ⑥ 증기 분사장치를 통하여 ⑦ 온도유지관에서 140℃로 4초간 멸균이 된다. 이후 76℃로 유지된 ⑫ 진공증발관, ⑭ 무균균질기, ⑮ 무균냉각기(20℃)를 지나면서 멸균 처리가 완료된다. 공정 중에 과다 공급된 우유는 ⑧ 자동역류장치를 통하여 다시 ① 유량 조절탱크로 유입된다.

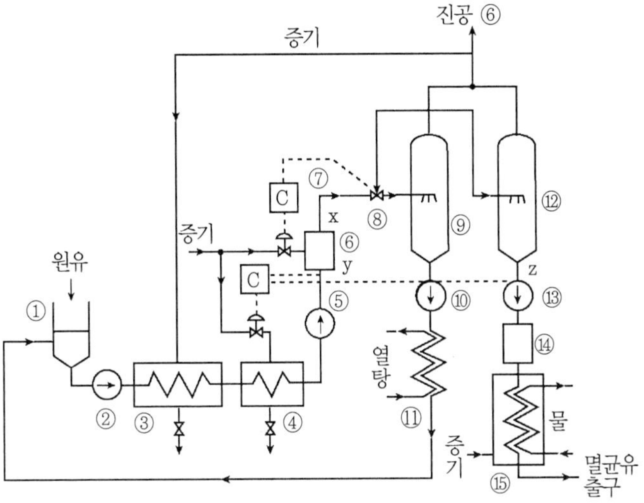

① 유량 조절탱크 ② 우유펌프 ③ 1차 예열기 ④ 2차 예열기 ⑤ 우유펌프 ⑥ 증기분사장치 ⑦ 온도유지관 ⑧ 자동역류관 ⑨ 증발관 ⑩ 우유펌프 ⑪ 냉각기 ⑫ 증발관 ⑬ 무균펌프 ⑭ 무균살균기 ⑮ 무균냉각기

[그림 17-35] 우유의 멸균(UHT 처리법)의 공정

(2) 우유의 농축

농축 우유는 원액 우유에 비하여 부피가 작아 상품적 가치뿐 아니라 저장과 수송이 편리하고 수분 함량이 작아 장기간 저장할 수 있는 이점이 있다. 우유의 농축에 가장 많이 사용되는 방법은 진공 상태에서 가열하여 수분을 증발시키는 진공농축법(vacuum concentration)이다. 진공농축기의 기본 구조는 그림 17-36에서와 같이 증기발생기, 우유가열관, 증발기, 증기응축기 등으로 구성되어 있다. 투입된 우유는 진공농축기에서 증기에 의하여 가열되며, 우유로부터 증발된 수증기는 수증기 응축기에서 응축이 되어 아래로 떨어지고, 펌프에 의하여 배출이 된다.

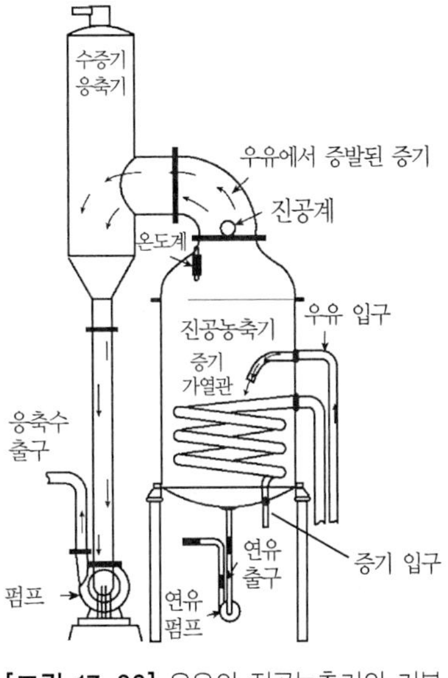

[그림 17-36] 우유의 진공농축기의 기본 구조

(3) 우유의 건조

우유의 건조 즉 분유를 제조하기 위해서는 우유를 농축한 후에 건조하는데, 주로 탈지유가 가장 많이 분유로 만들어진다. 물론 全脂乳(whole milk), 乳淸(whey), 크림도 분유로 만들어지지만 지방이 함유된 건조 유제품은 산화에 민감하여 저장에 어려움이 많다. 우유의 건조는 드럼건조법과 분무건조법(spray drying)으로 구분이 되지만 현재 세계적으로 만들어지는 분유의 거의 모두가 분무건조기에 의해 만들어지고 있다.

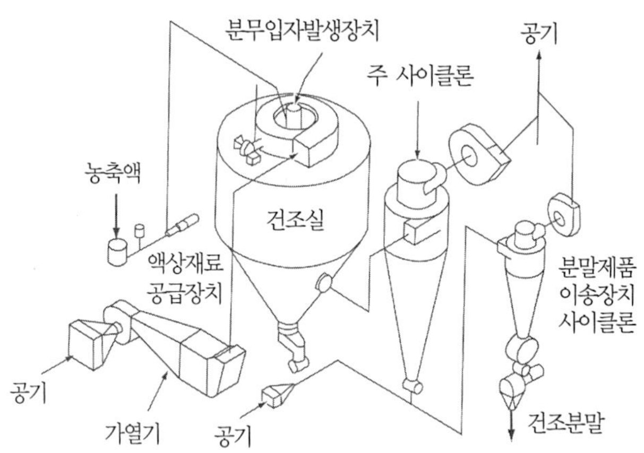

[그림 17-37] 분무건조기의 구성

분무건조기는 그림 17-37에서 보는 바와 같이 건조실, 공기가열 및 송풍장치, 우유 급송장치, 분무입자발생장치, 분유 분리장치, 분유이송 및 냉각장치로 구성되어 있다. 먼저 우유(농축액)가 액상재료 공급장치에 의해 공급이 되면 분무입자 발생장치에 의해 미립자로 건조실로 분무가 되고, 동시에 가열기에 의해 가열된 열풍이 송풍이 된다. 건조실에서는 분무입자는 건조가 되어 분유가 되며 흡입송풍기에 의해서 주 사이클론으로 이송되고, 이후 자중에 의해 건조실 아래로 배출이 된 분유와 함께 압송식 송풍기에 의해 분유 이송장치 사이클론으로 직송된다.

1) 건조실

건조실은 분유가 자중에 의해 쉽게 배출이 되도록 호퍼각이 60°정도인 원통형이 많다. 스프레이 건조는 건조될 재료와 건조공기의 흐름방향에 따라 향류식(counter current flow type), 병류식(concurrent flow type), 혼합류식(mixed flow type), 평행류식(parrell flow type)

이 있지만 우유의 건조용으로는 병류식과 혼합류식이 사용된다. 건조는 분무입자가 150~200℃ 인 열풍온도와 만나면서 수초 내에 건조가 된다. 건조된 분유의 입자 지름은 300 μm 정도가 되고 온도는 40~50℃이며 함수율은 2~4% 가 된다.

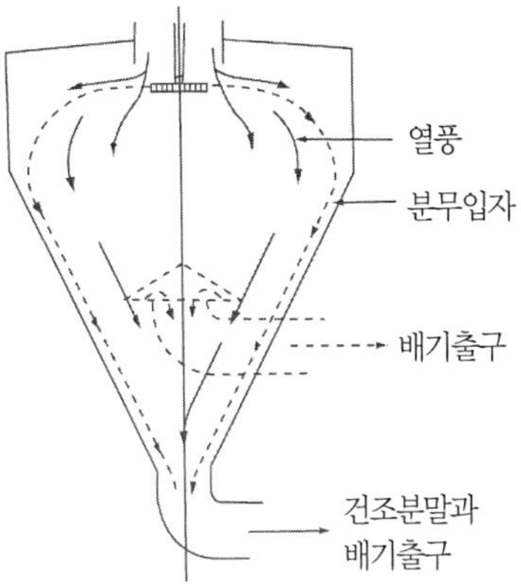

[그림 17-38] 병류식 분무건조기

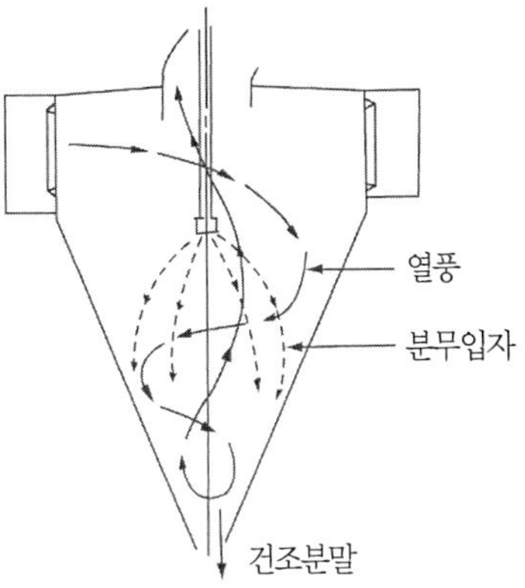

[그림 17-39] 혼합류식 건조기

그림 17-38이 병류식인데 유입열풍과 분무입자가 혼합된 후에 선회하면서 함께 하강을 하는 시스템이다. 병류식은 건조초기에 고온의 열풍과 접촉을 하고 건조 후기에 온도가 현저히 떨어진 열풍과 함께 분유가 접촉을 하므로 열에 민감한 우유의 건조에 주로 사용이 된다. 그림 17-39는 혼합류식으로 우유가 건조실 중앙 부근에서 분무되어 건조된 후에 하부로 배출이 되며 열풍은 건조실 상부에서 유입이 되고 분무류와 접촉을 하면서 하부로 이동을 한 후에 다시 상부의 배출구로 배출이 된다. 단위 체적당 수분의 증발률이 크다.

2) 분무입자 발생장치

분무입자 발생장치(aromizer)는 표면적을 크게 하여 수분증발을 촉진하기 위하여 재료액을 미립화시키는 장치다. 분무장치는 우유를 열풍에 균일하게 분사시키고, 분유의 입자를 균일하게 형성할 수 있어야한다. 분무입자의 지름은 300 μm 정도가 된다.

분무입자발생장치는 압력노즐(pressure nozzle), 로타리 분무입자발생장치(rotary atomizer), 2유체 노즐(two-fluid nozzle)이 있다. 압력노즐은 우유에 고압을 가하여 쉽게 미립자로 분해가 되도록 얇은 액막을 고속으로 분출하는 가능을 한다. 미립화 정도는 압력 및 우유의 공급속도에 따라 달라진다.

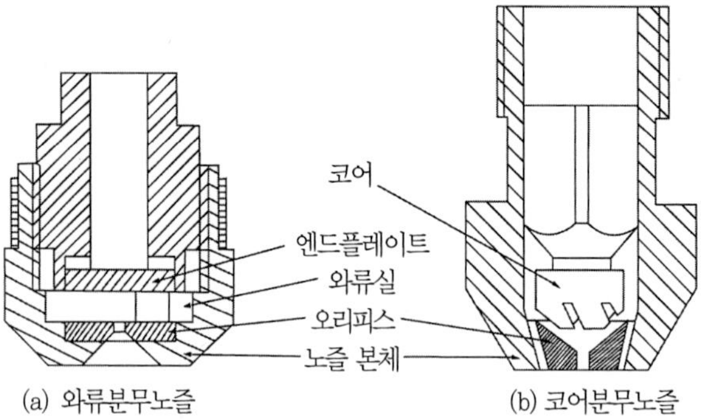

(a) 와류분무노즐 (b) 코어분무노즐

[그림 17-40] 압력 노즐의 2가지 형태

압력노즐은 회전운동으로 형성된 선회류가 오리피스를 지나면서 원추형으로 분무가 되는 구조로 되어 있으며, 선회류 형성을 위한 노즐로는 와류실(swirl chamber)이 있는 와류분무노즐(swirl spray nozzle, 그림 17-40의 a)과, 홈이 파진 코어가 있는 코어분무노즐(core spray nozzle, 그림 17-40의 b)이 있다. 와류 분무노즐은 중앙이 빈 원추형(中空 圓錐形)으로 분사되고, 코어분무노즐은 코어의 중앙에 분출구가 있어 중앙이 찬 원추형(中實圓錐形)으로 분사된다.

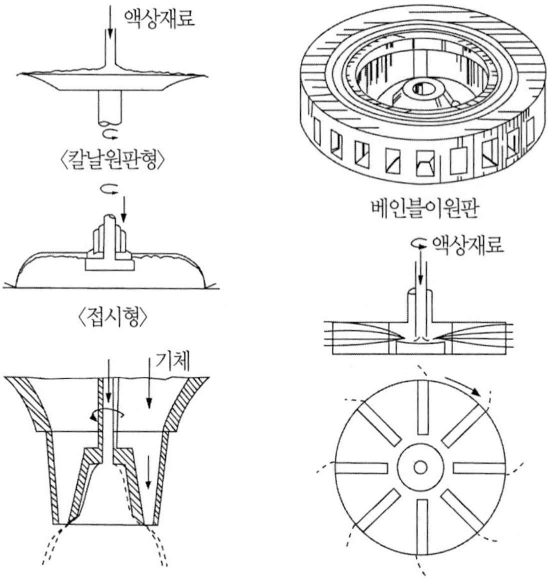

[그림 17-41] 로타리 분무입자 발생장치

로타리 분무입자 발생장치는 원심력을 이용한 것으로 고속의 회전원판의 중앙 부근에서 공급된 재료액이 원심력에 의하여 회전원판 둘레로 펼쳐져 얇은 액막으로 분산되면서 미립자료 형성된다. 그림 17-41은 여러 가지 로터리 분무입자 발생장치를 보여주고 있다.

연 | 습 | 문 | 제

1 목초를 예취 후에 초지에서 자연건조를 통하여 건초를 제조할 경우 많은 손실이 발생한다. 우리나라에서 초기함수율이 80%인 알팔파를 예취할 경우 어떠한 손실이 어느 정도로 예상되는가? 이에 대한 손실을 줄이기 위해서는 어떠한 방법이 있으며 이에 따르는 문제점은 무엇인가?

2 사일리지 제조방법은 전통적인 구조물에 제조하는 방법이 있지만 우리나라의 경우 원형베일에 의한 랩사일리지 제조방법이 일반화되고 있다. 왜 우리나라에서는 이러한 방법을 선호하는지, 무엇이 장점이고 어떠한 문제점이 있는지 설명하여라. 또한 우리나라에서 주로 재배되는 사일리지용 목초는 무엇인가?

3 TMR 사료란 무엇인가? 우리나라에는 TMR 사료 공장은 어떤 종류가 있는가? 대표적인 TMR 공장의 공정을 작성해보아라.

4 배합사료공장과 TMR 사료 공장의 차이를 설명하시오. 인근의 배합사료 공장을 방문하여 생산되는 사료의 종류를 알아보아라. 또한 배합사료의 제조 공정도를 작성해보아라.

5 배합사료공장에서 소요되는 주원료는 무엇인가? 3가지만 들어보고 이에 대한 반입, 계량 및 저장방법을 공정도를 그려보고 설명하여라.

6 연간 12,000톤이 생산 가능한 배합사료 공장을 설계하려고 한다. 배합기의 용량(ton/batch)을 결정하여라. 배합 소요시간은 3분, 투입 및 배출 시간은 각각 0.5분, 데드타임은 0.5분, 배합기의 효율은 0.8로 하여라. 나머지 인자들은 스스로 판단하여 결정하라.

7 배합사료 공장에서 열처리 가공에 대하여 말하고 좋은 점은 무엇이고 이에 대한 문제점을 열거하여라.

8 500리터의 브라인식 우유 벌크 냉각통이 있다. 우유의 초기온도가 37℃, 냉각수 온도가 10℃일 경우, 2시간 후의 우유의 온도는? 또한 궁극적으로 우유의 온도는 얼마가 될까? 몇 시간 후에 냉각작업을 중단시켜도 될까? 여기에서 우유의 밀도 $\rho = 1032\ kg/m^3$, 비열 $C = 0.935$ kcal/kg-℃, 우유의 체적은 $0.5\ m^3$, 냉각수와 접촉하는 면적 $A = 3\ m^2$, 총합열전달계수 $U = 80.4\ kcal/m^2 \cdot hr \cdot$℃이다.

9 인근의 우유와 관련된 가공공장을 방문하여 가공공정을 작성해보아라.

참고문헌

1. 박경규 외. 1986. **최신사료학**. 선진문화사
2. 박경규 외. 1993. **사료가공학**. 선진문화사
3. 박경규, 김태욱, 1994. 우리나라 낙농단지 규모에 알맞은 사료가공시설의 모델개발 - TMR터미널 모델 개발- **한국농업기계학회지** 19(4)329-342
4. 박경규 외. 1996. **축산기계 및 시설**. 문운당
5. 박경규 외. 1998. **축산기계 및 설비**. 농업기계핸드북pp830-950. 한국농업기계학회
6. 박경규 외. 2003. 답리작 맥류 랩-사일리지의 기계화 시스템 모델 개발(1) - 맥류 조사료 기계화 시스템 모델과 기대효과. **한국농업기계학회지** 28(2)107-116
7. 박경규 외. 2003. 답리작 맥류 랩-사일리지의 기계화 시스템 모델 개발(2) - 기계화 모델을 이용한 랩-사일리지의 생산비 분석. **한국농업기계학회지** 28(3)199-208
8. 박경규 외. 2003. 답리작 맥류 랩-사일리지의 기계화 시스템 모델 개발(3) -답리작 맥류 랩-사일리지 기계화 생산의 적응시험. **바이오시스템공학** 29(1)1-8
9. AFMA. 1976. *Feed Manufacturing Technology II*. AFMA. Arlington Va.
10. AFMA. 1985. *Feed Manufacturing Technology III*. AFMA. Arlington Va.
11. Champion Products Inc., 1979. Champion Products Inc., Eden Prarie, Minn.
12. Curley, R. G. Dobie, J.B. and Parson, P.S. 1973, Comparison of stationary and field cubing of forage. *Trans. ASAE* 18(5)864-866.
13. Davis, R. B.and Barlow, G.E. 1947 Supplemental heat in mow drying of hay. *Agri. Engg.* 28(7)289-290,293.
14. Davis, R. B. Barlow, G.E. and Brown, D.P.1950 Supplemental heat in mow drying of hay(Part III). *Agri. Engg.* 31(4)223-226.
15. Dobie, J. B and Carneige, E. J. 1973. Curing and storage of moisture alfalfa. Trans. *ASAE16*(4)766-768,722
16. Hall, Carl W. 1980. *Drying and storage of Aricultural crops*. Avi Publishung Co. Inc. Westport. Connecticut.
17. Jones, T.N. 1939. Natural drying of forage crops. *Agric. Eng.* 20(3)115-116.
18. Klinner, W.E. and Shepperson, G. 1875. The state of hay making technology-a review. J. Br. Grass. Soc. 30(3)259-266.
19. MacBain,Reed. 1980. *Pelleting after the die*. California Pellet Mill Co. S.F. Ca.
20. Montford, P. T. 1947. Supplemental heat in barn hay curing. *Agr. Engg.* 28(3)95-97.
21. Reid, J.T. 1962. *Forages*. The Iowa State University Press 510.
22. Park, K.K. 1982. Modeling and optimization of feed mill. Ph.D Thesis, K.S.U. Manhattan Ks.
23. Park ,K.K. and D.S.Chung. 1982. Modeling and computer programming of feed mill. *ASAE Paper* No.82-3020. ASAE St. Joseph, Mi. 49805.
24. Rotz, C. A and S.M. Abrams. 1988 Loss quality change during alfalfa hay harvest and storage. *trans. ASAE*31:350-355
25. Watson, S. J. and M. J. Nash. 1960. *The conservation of grass and forage crops*. Oliver and Boyd. Com.61-69.
26. 高山幸英 外. 1979. **配合飼料講座**, チワサソ出版社

Post-Harvest Process Engineering

Chapter 18 공정 자동화

Chapter

18 공정 자동화

농산물의 선별과 가공시설에서 단위장치 및 전체 시스템을 자동화하기 위하여 여러 형태의 제어 시스템이 활용되고 있다. 센서와 릴레이를 사용하여 액추에이터(actuator)를 작동시키는 단순한 방식으로부터 개인용 컴퓨터와 PLC를 이용하여 매우 복잡한 시스템을 제어하는 단계에 이르기까지 자동화의 응용 범위와 적용되는 기술은 매우 다양하다.

이 장에서는 고전적인 피드백 제어 시스템을 소개함으로써 제어 시스템의 구성과 제어 방식에 대하여 이해할 수 있도록 하고, 아울러 산업 현장에서 많이 사용되고 있는 릴레이 시퀀스 제어와 PLC 프로그래밍에 대하여 설명함으로써 공정 자동화에 대한 기초지식을 습득할 수 있도록 하였다.

18.1 피드백 제어

제어의 대상이 되는 대부분의 공정은 그 값이 연속적으로 변하는 것을 특성으로 하는 아날로그 신호에 의하여 표현된다. 디지털 컴퓨터가 사용되기 이전에는 아날로그 장비들이 산업체에서의 공정 제어에 사용되었으며, 아날로그 제어방식에 적용되는 많은 개념과 제어방식들이 디지털 컴퓨터를 이용하는 제어에도 적용되고 있다.

고전적인 아날로그 제어기와 시스템의 해석은 선형 상미분방정식을 기반으로 한다. 선형 상미분방정식은 기계시스템(스프링-질량-댐퍼), 전기회로(저항-인덕턴스-커패시턴스), 화학반응, 열시스템, 유압시스템 등 거의 모든 공학 분야에 적용된다. 실제 시스템은 비선형적인 요소를 다분히 포함하고 있지만, 일반적으로 선형시스템으로 단순화하여 취급한다. 이 절에서는 선형 시불변시스템을 대상으로 하는 고전적인 피드백 제어(feedback control)에 대하여 소개한다.

18.1.1 전달함수와 블록선도

(1) 전달함수

제어이론에서 전달함수(transfer function)는 선형 시불변시스템의 입력과 출력의 관계를 표현하는 데 사용된다. 전달함수는 모든 초기 조건이 0이라는 가정하에서 출력함수의 라플라스 변환(Laplace transformation)과 입력함수의 라플라스 변환의 비로 정의된다.

시간함수 $f(t)$에 대한 라플라스 변환의 정의는 다음과 같다.

$$F(s) = \mathcal{L}[f(t)] = \int_0^\infty f(t)e^{-st}dt \quad (18\text{-}1)$$

여기서 s는 복소변수이다.

라플라스 변환식 $F(s)$로부터 시간함수 $f(t)$를 구하는 과정을 라플라스 역변환(inverse Laplace transformation)이라고 하며, 다음 식으로 정의된다.

$$\mathcal{L}^{-1}[F(s)] = f(t) = \frac{1}{2\pi j}\int_{c-j\infty}^{c+j\infty} F(s)e^{st}ds \quad (t > 0) \quad (18\text{-}2)$$

함수 $f(t)$의 라플라스 변환식이 존재하면 상수 A에 대하여 다음의 관계가 성립한다.

$$\mathcal{L}[Af(t)] = A\mathcal{L}[f(t)] \quad (18\text{-}3)$$

또한 $f_1(t)$와 $f_2(t)$의 라플라스 변환식이 존재하면 $f_1(t)+f_2(t)$의 라플라스 변환식은 다음과 같다는 것을 라플라스 변환의 정의로부터 쉽게 유도할 수 있다.

$$\mathcal{L}[f_1(t)+f_2(t)] = \mathcal{L}[f_1(t)] + \mathcal{L}[f_2(t)] \quad (18\text{-}4)$$

공학 분야에서 상미분방정식의 해를 구하기 위하여 라플라스 변환과 역변환을 이용할 때는 종종 적분에 의한 변환과 역변환보다는 기본적인 함수에 대한 라플라스 변환표를 사용한다. 또한 분모가 인수분해 가능한 분수식으로 표현된 라플라스 함수로부터 시간함수를 구하려면 분수식을 부분분수식으로 전개한 후에 라플라스 역변환을 취하는 것이 필요하다. 표 18-1에 기본적인 몇 가지 함수의 라플라스 변환을 수록하였다.

[표 18-1] 라플라스 변환표

시간 함수	라플라스 변환
단위 임펄스 함수 $\delta(t)$	1
단위 계단 함수 $1(t)$ 또는 $u(t)$	$\frac{1}{s}$
t	$\frac{1}{s^2}$
$t^n \ (n=1,2,3,\cdots)$	$\frac{n!}{s^{n+1}}$
e^{-at}	$\frac{1}{s+a}$
$t^n e^{-at} \ (n=1,2,3,\cdots)$	$\frac{n!}{(s+a)^{n+1}}$
$\sin\omega t$	$\frac{\omega}{s^2+\omega^2}$
$\cos\omega t$	$\frac{s}{s^2+\omega^2}$
$e^{-at}\sin\omega t$	$\frac{\omega}{(s+a)^2+\omega^2}$
$e^{-at}\cos\omega t$	$\frac{s+a}{(s+a)^2+\omega^2}$
$\frac{d}{dt}f(t)$	$sF(s)-f(0)$
$\frac{d^n}{dt^n}f(t)$	$s^n F(s)-s^{n-1}f(0)-s^{n-2}\dot{f}(0)-\cdots-s\overset{(n-2)}{f}(0)-\overset{(n-1)}{f}(0)$
$\int_0^t f(t)\,dt$	$\frac{F(s)}{s}$

전달함수를 유도하기 위하여 다음 미분방정식으로 정의되는 선형 시불변시스템을 생각해 보자.

$$a_0\overset{(n)}{y}+a_1\overset{(n-1)}{y}+\cdots+a_{n-1}\dot{y}+a_n y=b_0\overset{(m)}{x}+b_1\overset{(m-1)}{x}+\cdots+b_{m-1}\dot{x}+b_m x \quad (n \geq m) \tag{18-5}$$

여기서 y와 x는 시간 함수이며, 각각 시스템의 출력과 입력에 해당한다. 모든 초기 조건이 0이라고 가정하고, 양변에 각각 라플라스 변환을 취하면 다음과 같다.

$$\begin{aligned}&(a_0 s^n + a_1 s^{n-1}+\cdots+a_{n-1}s+a_n)Y(s)\\&=(b_0 s^m + b_1 s^{m-1}+\cdots+b_{m-1}s+b_m)X(s)\end{aligned} \tag{18-6}$$

여기서 $Y(s) = \mathcal{L}[y(t)]$ 이고 $X(s) = \mathcal{L}[x(t)]$ 이다.

위 식을 정리하여 출력의 라플라스 변환 $Y(s)$와 입력의 라플라스 변환 $X(s)$의 비를 구하면 전달함수가 얻어진다.

$$\frac{Y(s)}{X(s)} = \frac{b_0 s^m + b_1 s^{m-1} + \cdots + b_{m-1}s + b_m}{a_0 s^n + a_1 s^{n-1} + \cdots + a_{n-1}s + a_n} \tag{18-7}$$

기계시스템과 전기시스템처럼 물리적으로는 서로 다른 시스템이 동일한 형태의 미분방정식으로 표현된다면, 이들의 전달함수도 같은 형태가 될 것이다. 분모 중 최고차 항의 차수 n을 시스템의 차수라고 부른다.

예제 18-1

그림 18-1과 같은 스프링-질량-감쇠기 시스템의 전달함수를 구하여라. 여기서 시스템의 입력 $x(t)$는 질량에 가해지는 외력이며, $y(t)$는 질량의 변위로서, 시스템의 출력에 해당한다. 감쇠기의 마찰력은 속도에 비례하고 스프링의 반력은 변위에 비례한다고 가정하자. 이 시스템에서 m은 질량이고, f는 점성마찰계수이며, k는 스프링 상수이다.

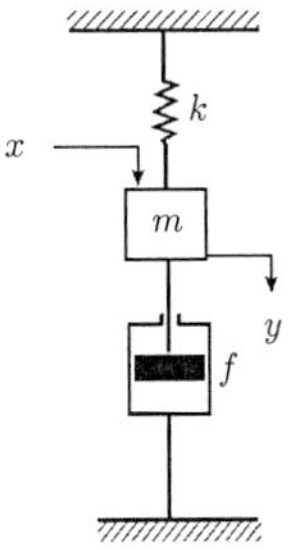

[그림 18-1] 스프링-질량-감쇠기 시스템

풀 이

Newton의 운동 제2법칙을 이 시스템에 적용하면 다음과 같은 선형 미분방정식이 얻어진다.

$$m\frac{d^2y}{dt^2} + f\frac{dy}{dt} + ky = x$$

초기 조건을 0으로 가정하고 양변에 각각 라플라스 변환을 취하면

$$(ms^2 + fs + k)Y(s) = X(s)$$

따라서 이 시스템의 전달함수는 다음과 같으며, 분모의 최고차 항이 2차이므로, 이 시스템은 2차 시스템에 해당된다.

$$\frac{Y(s)}{X(s)} = \frac{1}{ms^2 + fs + k}$$

(2) 블록선도

블록선도(block diagram)는 시스템의 구성과 신호의 흐름을 나타낸 것으로서, 블록의 내부에는 해당 요소의 전달함수가 표시되며, 입력은 블록을 향하는 화살표로, 출력은 블록으로부터 나가는 화살표로 표시된다. 그림 18-2는 입력 $X(s)$, 출력 $Y(s)$ 및 전달함수 $G(s)$를 블록선도로 나타낸 것이다.

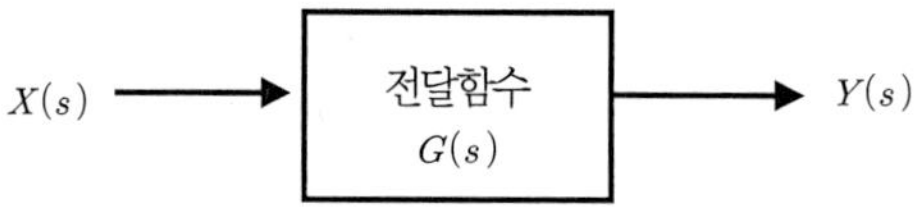

[그림 18-2] 블록선도의 요소

피드백 제어 시스템(폐루프 제어 시스템이라고도 함)은 출력을 입력과 비교하여 오차를 계산하고 이 오차를 없애기 위하여 미리 정해진 방식의 제어동작을 수행한다. 이러한 피드백 제어 시스템의 블록선도에는 그림 18-3과 같은 합산점과 분기점이 추가된다. 합산점은 2개 이상의 신호가 더해지거나 또는 빼지는 것을 나타내며, 분기점은 한 신호가 서로 같은 크기로 분기되는 것을 나타낸다. 동일한 합산점에 입력되는 신호들은 그 차원이 같아야 한다.

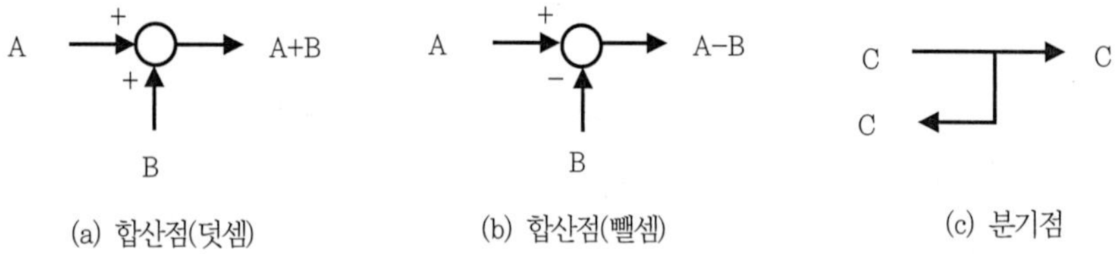

[그림 18-3] 합산점과 분기점

대표적인 피드백 제어 시스템의 블록선도는 그림 18-4와 같다. 이 그림에서 $R(s)$는 기준입력(reference input)으로서 제어 목표치에 해당하며, $C(s)$는 시스템의 출력이다. $E(s)$는 오차신호로 기준입력과 출력 측정치의 편차이며, $G(s)$는 피드포워드(feed forward) 전달함수, $H(s)$는 피드백 전달함수이다.

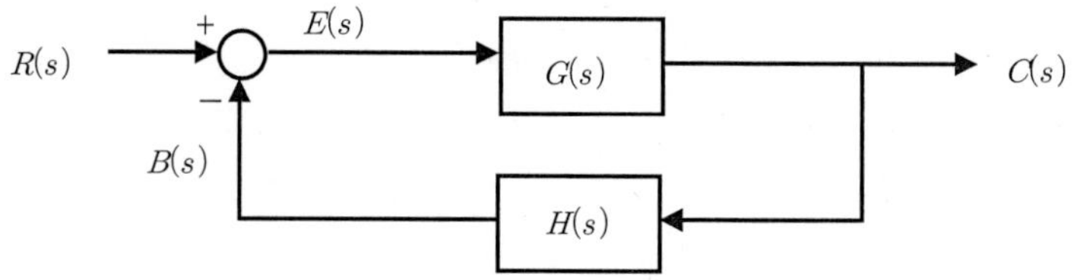

[그림 18-4] 피드백 제어 시스템의 블록선도

블록선도에서 입력, 출력과 전달함수의 관계 및 합산점과 분기점의 성질을 이용하여 전체 시스템의 출력과 입력의 비인 전달함수 $C(s)/R(s)$를 구할 수 있으며, 이를 폐루프 전달함수(closed-loop transfer function)라고 한다. 블록선도의 개념을 이용하여 폐루프 전달함수를 구하면,

$$C(s) = G(s)E(s)$$

$$\begin{aligned} E(s) &= R(s) - B(s) \\ &= R(s) - H(s)C(s) \end{aligned}$$

위의 두 식에서 $E(s)$를 소거하면

$$C(s) = G(s)[R(s) - H(s)C(s)]$$

따라서 폐루프 전달함수는

$$\frac{C(s)}{R(s)} = \frac{G(s)}{1 + G(s)H(s)} \tag{18-8}$$

18.1.2 제어동작

피드백 제어 시스템의 블록선도는 그림 18-4에 보인 바와 같으며, 여기에서 $G(s)$를 피드포워드 전달함수라고 하였다. 실제로 적용되는 제어 시스템에서는 이 $G(s)$ 블록을 그림 18-5에서와 같이 2개의 주요 블록으로 나눌 수 있다.

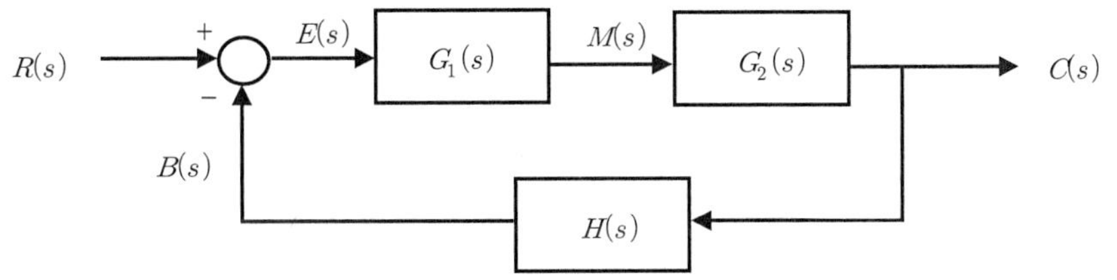

[그림 18-5] 전형적인 피드백 제어 시스템의 블록선도

피드포워드 전달함수를 구성하는 2개의 블록 중 앞의 것은 제어기(actuator)에 해당하며 전달함수를 $G_1(s)$로 나타내었다. 한편, 뒤의 것은 공정 또는 제어 대상 자체로서 전달함수는 $G_2(s)$로 표시되었다. 시스템에서 요구되는 것은 오차신호 $E(s)$를 줄이기 위

하여 제어기가 적절한 제어동작 $G_1(s)$를 취함으로써 $G_2(s)$의 출력 $C(s)$를 제어하는 것이다. 제어기 $G_1(s)$의 입력은 시스템의 오차이며, $E(s) = R(s) - H(s)C(s)$이다. $G_1(s)$가 이 오차신호를 조작하는 방식을 제어동작(control action)이라고 한다. 최적의 제어동작 $G_1(s)$의 선택은 $G_2(s)$와 $H(s)$의 형태에 따라 결정된다.

일반적으로 제어기는 비례제어(proportional control), 적분제어(integral control), 미분제어(derivative control), 개폐제어(on/off control)의 네 종류 제어동작을 개별적으로 또는 이들의 적절한 조합을 만들어 사용한다.

(1) 비례제어

비례제어기의 출력 $M(s)$는 제어기의 입력인 오차신호 $E(s)$에 비례한다. 즉,

$$G_1(s) = \frac{M(s)}{E(s)} = K_p \tag{18-9}$$

여기서 K_p를 이득(gain)이라고 한다. 오차가 0이 아니면 제어기는 출력을 교정하기 위하여 제어신호를 지속적으로 출력한다.

(2) 적분제어

적분제어의 경우 제어기의 출력은 입력인 오차신호의 시간에 대한 적분값에 비례한다. 즉,

$$m(t) = K_i \int_0^t e(t)\,dt \tag{18-10}$$

이를 라플라스 함수로 표현하면

$$M(s) = K_i \frac{E(s)}{s} \tag{18-11}$$

따라서 제어기의 전달함수는 다음 식으로 표현된다.

$$G_1(s) = \frac{M(s)}{E(s)} = \frac{K_i}{s} \text{이다.} \tag{18-12}$$

오차신호가 양(+)의 상수이면, 적분제어기의 출력 $m(t)$는 직선적으로 증가한다. 오차

신호가 0이면 적분제어기의 출력 $m(t)$는 상수가 된다. 교정신호 $m(t)$가 감소하려면 오차신호가 음(-)의 값을 가져야 한다. 이러한 특성 때문에 적분제어기의 출력은 목표치를 초과(overshoot)하여 진동(oscillation)하는 경향이 있다.

(3) 미분제어

미분제어기의 출력은 입력인 오차신호의 시간에 대한 변화율에 비례한다. 즉,

$$m(t) = K_d \frac{de(t)}{dt} \tag{18-13}$$

이를 라플라스 영역에서 표시하면

$$M(s) = K_d \, s \, E(s) \text{ 이므로} \tag{18-14}$$

제어기의 전달함수는 다음과 같다.

$$G_1(s) = \frac{M(s)}{E(s)} = K_d \, s \tag{18-15}$$

오차신호 $e(t)$가 상수이면 미분제어기의 출력 $m(t) = 0$이다. 이것은 미분제어기의 단점으로서, 오차는 일정한 크기로 존재하지만 제어기는 이를 교정하기 위한 시도를 전혀 하지 않는다. 이러한 단점 때문에 미분제어를 단독으로는 사용하지 않고 다른 제어동작과 조합하여 사용한다.

오차가 시간에 따라 일정한 기울기로 증가하면 $m(t)$는 양의 상수가 되며, 일정한 기울기로 감소하면 음의 상수가 된다. 즉 미분제어기는 오차의 크기 변화에 대하여 반응한다. 이것은 미분제어기가 가지고 있는 장점으로서 출력이 목표치를 벗어나는 것을 예측하는 기능을 갖게 된다. 즉, 오차신호가 정상 상태의 값을 벗어나면 미분제어기는 이를 교정하기 위하여 즉시 제어동작을 수행한다.

(4) 개폐제어

앞의 3가지 제어동작과 같이 교정신호 $m(t)$가 오차신호에 따라 연속적인 값을 취하기보다는 2개의 수준에서 동작하는 것만으로도 충분한 경우가 있다. 이 2개의 수준은 그림 18-6(a)에서 보는 바와 같이 제어기의 on과 off 동작에 해당하며, 이러한 제어동작을 개

폐제어(on/off control) 또는 두위치제어(two-position control)라고 한다. 예를 들어, 오차가 양의 값을 가지면 제어기를 on으로 하고, 음의 값을 가지면 off로 한다.

개폐제어동작의 단점은 오차의 크기에 따라서 제어동작의 크기를 달리할 수 없으며, 시스템의 감도에 따라서 개폐동작이 너무 빈번하게 일어날 수 있다는 점이다. 이러한 빈번한 개폐동작을 줄이기 위하여 개폐제어기에는 그림 18-6(b)와 같은 차동갭(differential gab)을 두어 오차의 하한치에서는 제어기를 on시키고, 상한치에서는 off로 할 수 있다. 개폐제어기의 장점은 가격이 저렴하고 구조가 간단하다는 것이다. 많은 경우에 이러한 단순한 개폐제어만으로도 충분하다.

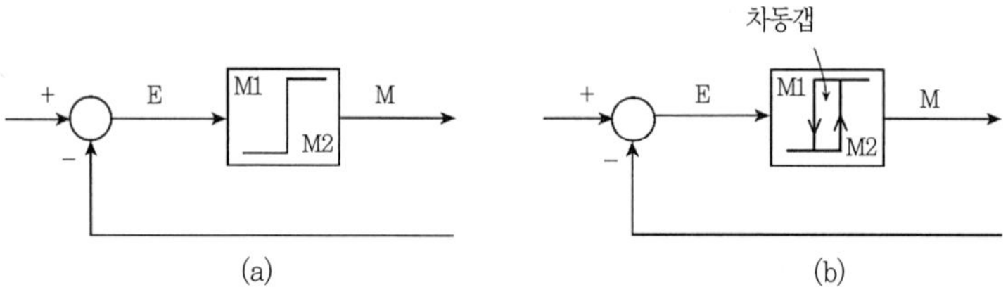

[그림 18-6] 개폐제어기의 블록선도

(5) 제어동작의 조합

경우에 따라서는 앞에서 언급한 개별 제어동작을 조합하여 보다 바람직한 결과를 얻을 수 있다. 다음과 같은 3가지 조합이 제어기에 적용되고 있다.

1) 비례적분제어(proportional-plus-integral control, PI)

$$m(t) = K_p e(t) + K_i \int_o^t e(t)\,dt \tag{18-16}$$

라플라스 변환을 취하여 정리하면,

$$G_1(s) = \frac{M(s)}{E(s)} = K_p + \frac{K_i}{s} \tag{18-17}$$

2) 비례미분제어(proportional-plus-derivative control, PD)

$$m(t) = K_p e(t) + K_d \frac{de(t)}{dt} \tag{18-18}$$

$$G_1(s) = \frac{M(s)}{E(s)} = K_p + K_d\, s \tag{18-19}$$

3) 비례적분미분제어(proportional-plus-integral-plus-derivative control, PID)

$$m(t) = K_p e(t) + K_i \int_o^t e(t)\,dt + K_d \frac{de(t)}{dt} \tag{18-20}$$

$$G_1(s) = \frac{M(s)}{E(s)} = K_p + \frac{K_i}{s} + K_d\, s \tag{18-21}$$

예제 18-2

그림 18-7과 같은 가상적인 피드백 제어 시스템에 비례, 적분 및 미분제어를 적용하여 보자. 제어 대상인 플랜트의 전달함수는 $\frac{5}{s+2}$로 주어져 있으며, 피드백 전달함수는 0.1로 주어져 있다. 제어기의 전달함수는 $G_1(s)$로 표시되어 있다.

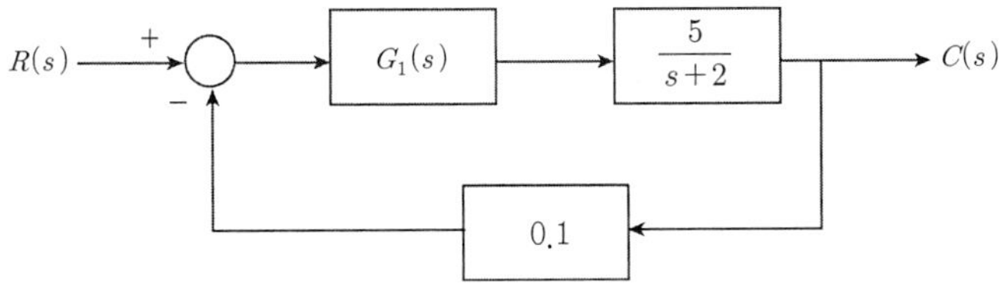

[그림 18-7] 예제 18-2의 블록선도

블록선도의 대수를 적용하여 시스템 전달함수를 구하면 다음과 같다.

$$\frac{C(s)}{R(s)} = \frac{5G_1(s)}{s+2+0.5G_1(s)}$$

비례제어, 적분제어 및 미분제어의 비례상수를 모두 2라고 하여 시스템의 전달함수를 구하면 다음과 같다.

1. 비례제어, $G_1(s) = 2$

$$\frac{C(s)}{R(s)} = \frac{5(2)}{s+2+1} = \frac{10}{s+3}$$

2. 적분제어, $G_1(s) = \frac{2}{s}$

$$\frac{C(s)}{R(s)} = \frac{10/s}{s+2+1/s} = \frac{10}{s^2+2s+1}$$

3. 미분제어, $G_1(s) = 2s$

$$\frac{C(s)}{R(s)} = \frac{10s}{s+2+s} = \frac{5s}{s+1}$$

각각의 경우에 대하여 시스템의 기준입력으로 계단함수 $r(t) = 4.0$이 주어지는 경우를 생각해 보자. 이 기준입력에 대하여 라플라스 변환을 취하면 $R(s)=\dfrac{4}{s}$ 이고, 각 경우의 출력은 해당 전달함수에 $R(s)$를 곱한 후 라플라스 역변환을 취함으로써 구할 수 있다.

1. 비례제어의 경우

$$C(s)=\frac{4}{s}\frac{10}{s+3}=\frac{40}{s(s+3)}$$

$$=\frac{13.33}{s}-\frac{13.33}{s+3}$$

라플라스 역변환을 취하면

$$c(t)=13.33(1-e^{-3t})$$

2. 적분제어의 경우

$$C(s)=\frac{4}{s}\frac{10}{(s+1)^2}=\frac{40}{s(s+1)^2}$$

$$=\frac{40}{s}-\frac{40}{(s+1)^2}-\frac{40}{s+1}$$

$$c(t)=40(1-te^{-t}-e^{-t})$$

3. 미분제어의 경우

$$C(s)=\frac{4}{s}\frac{5s}{s+1}=\frac{20}{s+1}$$

$$c(t)=20e^{-t}$$

3가지 제어동작에 대한 시스템의 응답(response)은 매우 다르다. 비례제어의 경우에는 출력 $c(t)$가 매우 빠르게 정상상태값인 13.33에 도달한다. 적분제어의 경우에는 정상상태값인 $c(t)$ =40.0에 도달하지만 그 속도가 느리다. 이 2가지 경우에 있어서 제어기의 이득(gain) K에 따라 정상상태값이 달라진다는 것을 알아둘 필요가 있다. 미분제어의 경우에는 $c(t)$의 정상상태값이 0이다. 3가지 경우의 해가 그림 18-8에 표시되어 있다.

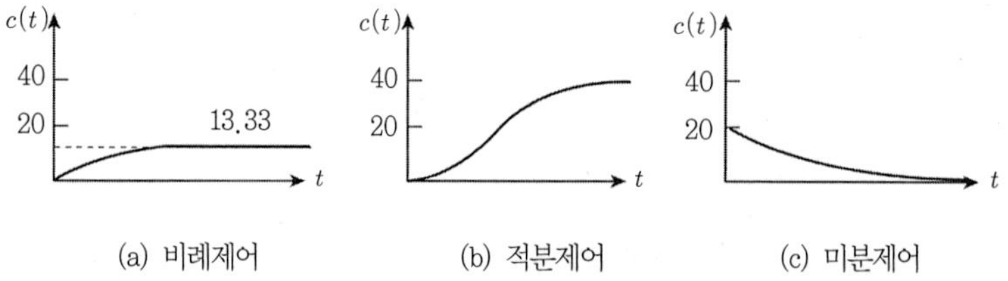

[그림 18-8] 제어 시스템의 출력 $c(t)$

18.2 시퀀스 제어

시퀀스 제어(sequence control)는 순서 제어라고도 하며, 미리 정해진 순서에 따라 일련의 제어동작을 차례로 실행하는 방식을 사용한다. 한 단계의 동작이 완료된 후에 다음 동작이 진행되거나, 또는 한 동작 후 일정한 시간이 경과한 후 다음 동작이 진행되게 할 수 있다. 이러한 점에서 제어의 결과를 목표치와 비교하고, 오차를 줄이는 방향으로 제어동작을 수행하는 피드백 제어와 구분된다.

시퀀스 제어는 릴레이, 타이머 등의 접점을 사용하는 유접점제어와 다이오드, 집적회로 등을 사용하는 무접점제어로 구분된다. 여기에서는 릴레이를 사용하는 유접점제어와 PLC를 사용하는 무접점제어에 대하여 간략하게 소개하기로 한다.

18.2.1 유접점 시퀀스 제어

(1) 접점

제어회로에서 전류를 통전(on)시키거나 단전(off)시키는 동작이 수행되는 장소를 접점이라고 하며, a접점과 b접점으로 구분된다. a접점은 arbeit 접점 또는 make 접점이며, 평상시에는 접점에 전류가 차단되나(off 상태), 기기를 조작하면 전류가 흐르는(off → on) 접점이다. 한편, b접점은 break 접점으로서 평상시에는 회로에 전류가 흐르나(on 상태), 기기를 조작하면 전류가 차단되는(on → off) 접점이다. 무조작 상태에서 a접점에는 전류가 흐르지 않기 때문에 '상시 열려 있는 상태', 즉 NO(normally open) 상태이며, b접점에는 전류가 흐르므로 '상시 닫힌 상태', 즉 NC(normally closed) 상태가 된다. a접점과 b접점을 공유하는 접점을 전환접점(change-over contact) 또는 c접점이라고 한다.

그림 18-9는 푸시버튼(push button) 스위치의 a접점과 b접점을 나타낸 것이다. 그림에서 보는 바와 같이 a접점은 무조작 상태에서는 2개의 단자 사이에 전류가 흐르지 않으나, 스위치에 힘을 가하여 누르면(즉, 조작하면) 가동 철편이 이동하여 고정접점과 접촉하게 되므로 고정접점의 두 단자 사이에 전류가 흐르게 된다. 버튼에서 손을 떼면 스프링의 복원력에 의하여 가동철편이 복귀하므로 고정접점의 두 단자 사이에는 전류가 차단된다. b접점은 a접점과는 반대로 작동한다.

스위치는 크게 수동조작 스위치와 검출 스위치로 구분할 수 있다. 수동조작 스위치는 작업자가 스위치를 수동으로 on/off 조작하는 반면, 검출 스위치는 주로 물체의 유무를 센서로 검출하여 검출 결과에 따라 접점이 자동으로 조작되는 스위치이다.

수동조작 스위치는 조작 후 접점의 잔류 여부에 따라 수동조작 자동복귀 접점, 유지형접점, 조작스위치 잔류접점으로 구분한다.

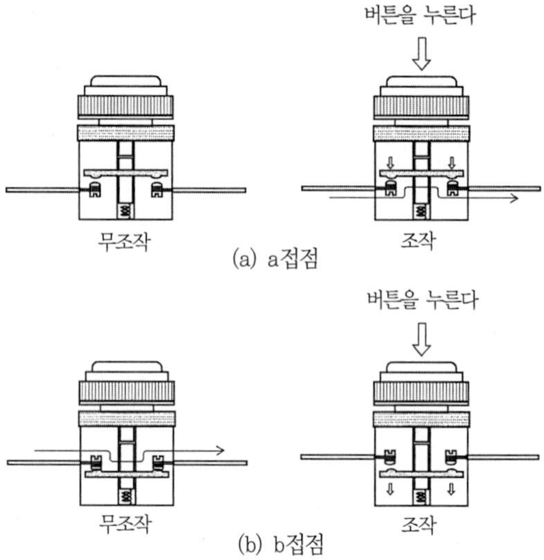

[그림 18-9] a접점과 b접점

- **수동조작 자동복귀 접점** : 스위치를 조작하고 있는 동안에만 접점이 개폐되고, 손을 떼면 접점은 본래의 상태로 복귀한다.
- **유지형접점** : 스위치 조작 후 손을 떼어도 조작 부분과 접점은 그대로 유지된다. 따라서 본래의 상태로 되돌리려면 스위치를 반대로 조작하여야 한다.
- **조작스위치 잔류접점** : 스위치 조작 후 손을 떼면 조작 부분은 복귀하지만, 접점은 유지된다. 접점을 복귀시키려면 스위치를 다시 한 번 조작하여야 한다.

유지형접점과 조작스위치 잔류접점은 수동조작 수동복귀 스위치에 해당한다. 검출 스위치는 스위치의 조작을 수동으로 하지 않고 센서가 물체의 유무를 검출하여 자동으로 접점을 개폐하는 스위치이다. 검출 스위치는 물체와의 접촉에 의하여 스위치가 조작되는 리미트 스위치(limit switch), 광전 검출기를 사용하여 이동하는 물체에 의한 빛의 차단 또는 반사 유무를 감지하여 물체를 검출하는 광전 스위치(photo sensor), 전계나 자계의 변화에 의하여 물체를 검출하는 근접 스위치(proximity sensor)로 구분할 수 있다.

표 18-2는 각종 스위치와 릴레이 및 타이머 등의 a접점과 b접점 기호를 정리한 것이다. 표에 표시된 기계적 접점은 리미트 스위치를 의미한다. 회로도에서 접점은 무조작 상태를 나타낸다.

[표 18-2] 각종 접점의 기호 표시

구분		a접점	b접점	c접점
수동조작접점	수동복귀	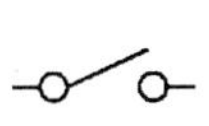	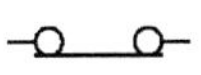	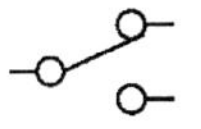
	자동복귀	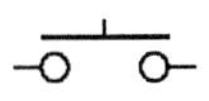	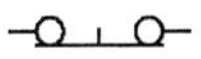	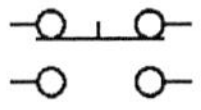
릴레이접점	수동복귀	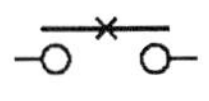		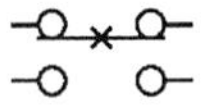
	자동복귀	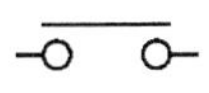		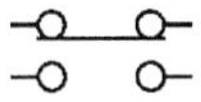
타이머접점	한시동작	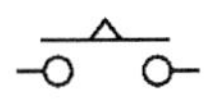		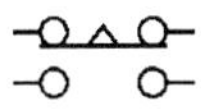
	한시복귀	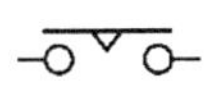	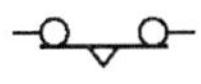	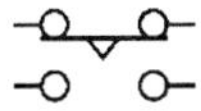
기계적 접점		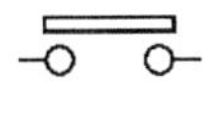	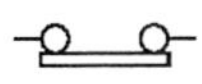	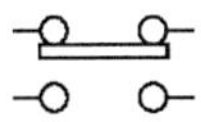

(2) 시퀀스 제어용 기기

1) 배선용 차단기

배선용 차단기는 문자기호로 MCB(molded-case circuit breaker)로 표시하며, 선로에 과전류가 흐르면 순간적으로 접점을 개방하여 회로를 보호한다. 수동으로 on/off 조작이 가능하며, 전류가 차단되면 핸들이 on과 off의 중간 위치에서 정지한다. MCB의 외양과 기호는 그림 18-10과 같다.

[그림 18-10] 배선용 차단기

2) 릴레이

① 릴레이의 작동 원리

릴레이(relay)는 (전자)계전기라고도 하며, 많은 제어 회로에서 조작기기를 구동하는 데 사용된다. 릴레이는 전자석을 구성하는 코일부과 회로를 개폐하는 접점부로 구성된다. 또한 릴레이의 접점은 하나 이상의 a접점과 b접점으로 구성되어 있다. 릴레이를 회로도에 표시할 때는 코일부와 접점부를 분리하여 표시한다.

릴레이의 동작을 간단히 설명하면 다음과 같다. 스위치 조작 등에 의하여 릴레이의 코일에 전류가 흐르면 전자석이 접점을 연결하는 철편을 끌어당겨서 a접점은 on 상태, b접점은 off 상태가 된다. 반대로 릴레이 코일의 전류를 끊으면, 스프링의 복원력에 의하여 철편이 본래의 위치로 복귀하여 a접점은 off 상태, b접점은 on 상태가 된다. 따라서 릴레이에서는 스위치를 조작하는 동작이 코일에 흐르는 전류의 단속으로 대체되는 것이다. 그림 18-11은 릴레이의 외형과 배선용 소켓 및 기본구조를 나타낸 것이며, 그림 18-12는 릴레이 내부 배선의 예를 나타낸 것이다.

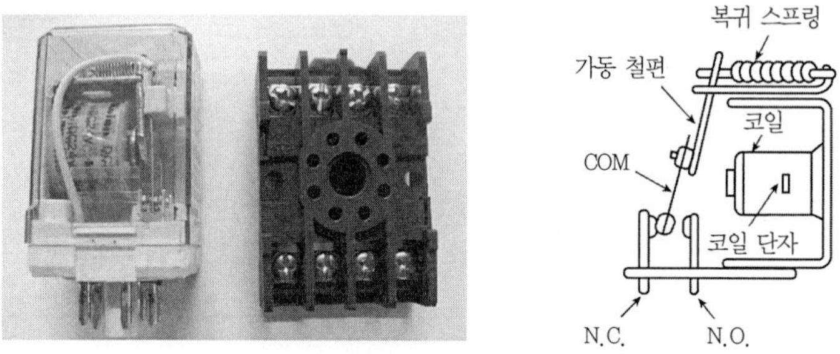

[그림 18-11] 릴레이의 외형, 배선용 소켓 및 구조

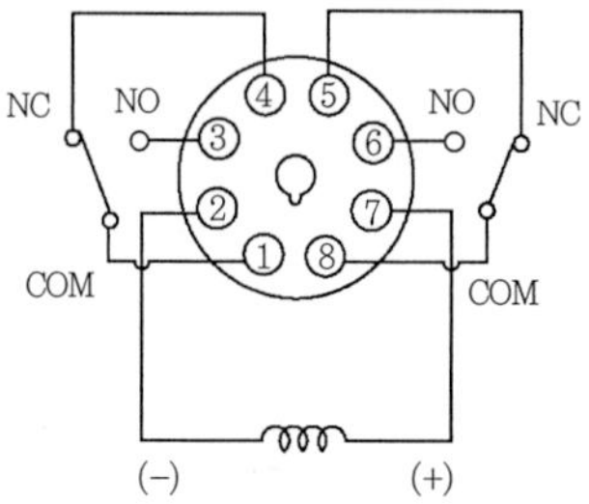

[그림 18-12] 릴레이 내부 배선의 예

그림 18-12의 회로에는 릴레이 코일에 전압을 인가하기 위한 2개의 단자와 서로 독립적으로 사용할 수 있는 2개의 c접점을 위한 6개의 단자가 표시되어 있다. 단자 ⑦과 ②에 정격전압에 해당하는 전압을 걸어주면 릴레이 코일이 여자되어 2개의 스위치의 a접점이 on으로 된다. 즉 COM 단자인 ①과 NO 단자인 ③이 통전되며, 또 다른 스위치의 a접점인 단자 ⑥과 ⑧이 통전된다. 코일에 전류가 흐르지 않으면 릴레이 코일이 소자되므로, 2개의 스위치에서 b접점이 on 되어 단자 ①과 ④가 또한 ⑤와 ⑧이 서로 연결된다.

② 릴레이의 기능

릴레이의 주요 기능은 전류증폭 기능, 접점증설 기능, 접점변환 기능, 논리연산 기능 등으로 구분할 수 있다.

- 전류증폭 기능

릴레이의 입력측(코일)과 출력측(접점)이 완전히 독립되어 있으므로, 코일의 인가전압 및 전류와 접점의 용량은 서로 무관하다. 즉 직류 12 V를 사용하여(코일에 인가하여) 교류 220 V의 부하를 조작하거나, 수십 mA의 코일 전류로 수 A의 부하를 개폐할 수 있다(그림 18-13). 좌측 그림의 R은 릴레이 코일을 나타내며, 오른쪽 그림의 R은 동일한 릴레이의 a접점을 나타내는 것이다. 즉, 같은 이름을 사용함으로써 동일한 릴레이에 속하는 코일과 접점이라는 것을 표시한다.

그림에서 P, N, R, T가 기입된 세로선은 전원을 나타내는데, P와 N은 직류전원을, R과 T는 교류전원을 의미한다.

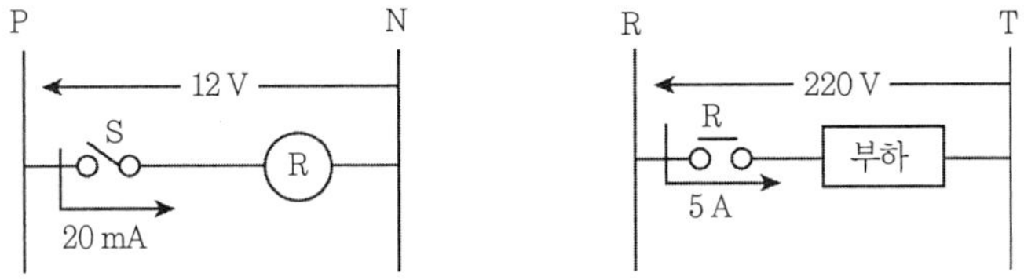

[그림 18-13] 전류 증폭 기능

- 접점증설 기능

코일에 인가되는 1개의 신호로 여러 개의 회로를 동시에 개폐할 수 있다(그림 18-14). 푸시버튼 PB를 누르고 있는 동안 릴레이의 코일이 여자되고, 이에 따라 릴레이의 a접점이 통전되어 각기 다른 3개의 부하가 동시에 작동한다.

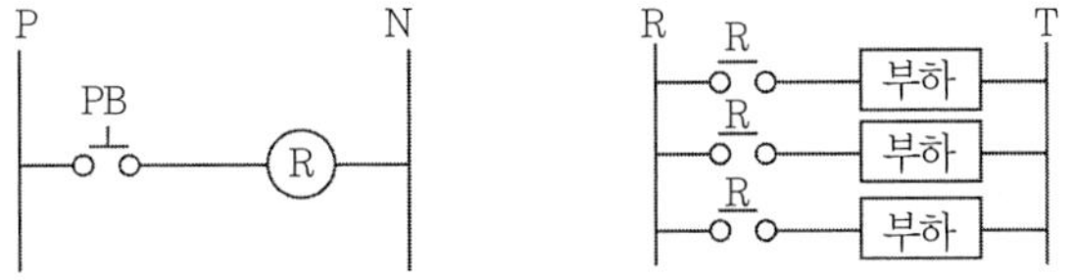

[그림 18-14] 접점증설 기능

- 접점변환 기능

a접점만으로 된 스위치를 b접점 스위치로 변환할 수 있다(그림 18-15). 왼쪽 그림에

서 PB를 누르면 릴레이 코일이 여자되어 릴레이의 b접점이 차단되므로 부하가 정지한다. 반면에, 오른쪽의 그림에서는 PB를 누르면 부하가 정지한다. 따라서 왼쪽 그림의 PB는 a접점을 사용하고, 오른쪽 그림의 PB는 b접점을 사용하지만 부하의 동작은 동일하다.

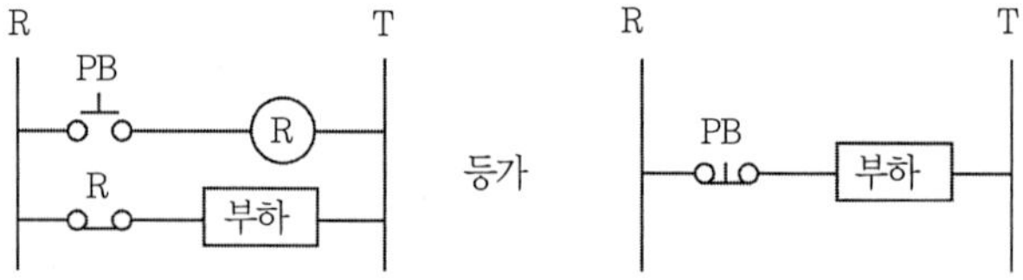

[그림 18-15] 접점변환 기능

• 논리연산 기능

여러 개의 릴레이를 조합하여 논리회로를 만들 수 있다. 그림 18-16에서 AND 회로는 2개의 푸시버튼이 동시에 눌린 상태에서만 출력이 on되며, OR 회로는 둘 중 어느 하나를 누르면 출력이 on되고, NOT 회로는 푸시버튼을 누르면 출력이 off된다.

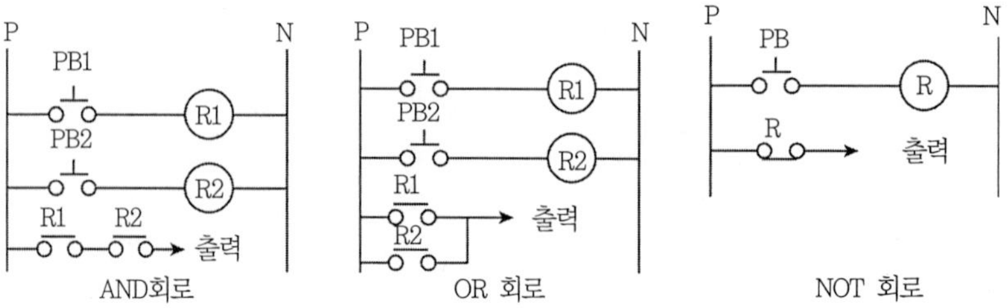

[그림 18-16] 릴레이의 논리연산 기능

③ 릴레이 사용방법

• 릴레이 선택

릴레이는 입력에 해당하는 코일의 여자 전압(직류 12 V, 24 V, 교류 110 V, 220 V 등) 및 전류, 출력에 해당하는 접점의 용량(직류와 교류의 허용 전압과 전류) 및 접점의 수에 따라 여러 종류가 있으므로 전원부와 접점부에 연결될 신호의 전기적 제원과 사용할 접점의 수에 따라 적절한 것을 선택한다.

• 자기유지회로

그림 18-17은 릴레이를 이용한 자기유지회로의 구성을 나타낸 것이다. 푸시버튼 스위치 PB1을 누르면(on 조작) 릴레이의 코일 R이 여자되어 R의 a접점이 on 상태로 된다. 스위치에서 손을 떼면 PB1의 a접점은 복귀하여 off 상태가 되지만, 릴레이의 a 접점은 on 상태에 있으므로 코일은 여자 상태를 계속 유지하게 된다. 다른 푸시버튼 스위치 PB2를 누르면 릴레이 코일의 회로에 전류가 차단되므로 릴레이는 소자되고 a 접점은 차단된 상태로 복귀한다. 이러한 회로를 자기유지회로라고 한다.

on/off 조작을 위하여 하나의 잔류접점 스위치를 사용하지 않고 자동복귀 접점을 가진 2개의 푸시버튼을 사용하는 목적은 정전 후 전원이 복귀될 때 일어날 수 있는 사고를 방지하기 위한 것이다.

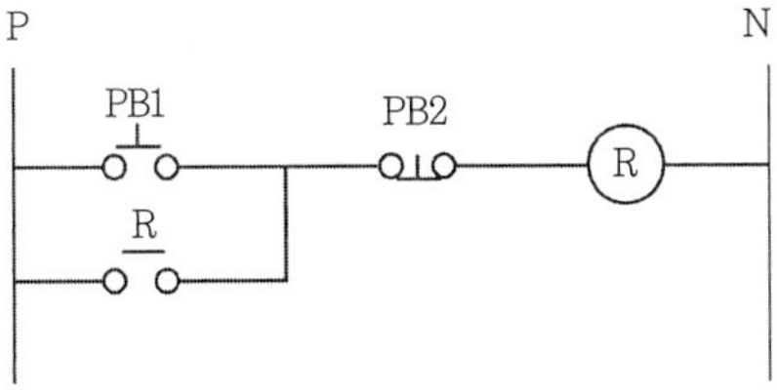

[그림 18-17] 자기유지회로

• 인터록회로

우선순위가 높은 쪽의 회로를 on 조작하면 다른 회로가 작동하지 못하도록 방지하는 것을 '인터록(inter lock)을 건다'라고 하며, 이러한 회로를 인터록 회로라고 한다. 그림 18-18(a)의 회로에서 PB1을 누르면 R1이 여자되고 자체의 a접점에 의하여 자기유지되어 기계 A가 계속 작동하게 된다. 한편 이때 기계 B의 회로에 연결된 R1의 b접점이 열리게 되므로 PB2를 눌러도 기계 B는 작동하지 않는다. 여기서 R1의 b접점을 인터록 접점이라고 한다. PB2를 조작하여 기계 B가 작동 중인 상태에서도 PB1을 누르면 인터록 접점에 의하여 기계 B는 멈추게 된다. 따라서 이 회로는 기계 A가 우선권을 갖는 회로이다.

그림 18-18(b)의 회로는 R1과 R2의 b접점이 서로 인터록을 걸고 있는 경우이다. PB1을 먼저 조작하면 기계 C가 작동하는 한편, 기계 D에 연결된 R1의 b접점이 열리므로 PB2를 조작하더라도 기계 D는 작동하지 않는다. PB2를 먼저 조작하면 반대로 기계 D만 작동하게 된다. 이 경우에는 어느 쪽이든 먼저 on 조작된 회로가 우선권을 갖기 때문에 병렬우선 회로라고 한다.

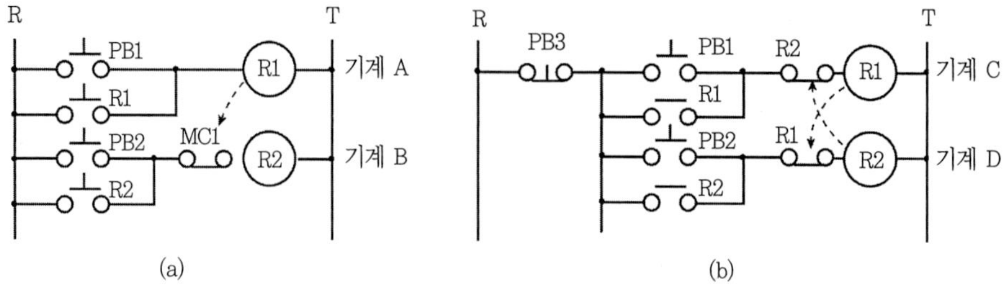

[그림 18-18] 인터록 회로

3) 전자접촉기

전자접촉기(electromagnetic contactor)는 주회로 등 대전력 회로의 개폐에 사용되는 접점용량이나 내압이 큰 릴레이이다. 원리는 릴레이와 동일하지만 특히 주회로의 개폐용으로 사용된다는 점이 다르다. 문자기호로는 MC로 표시하며 외형과 기호는 그림 18-19와 같다.

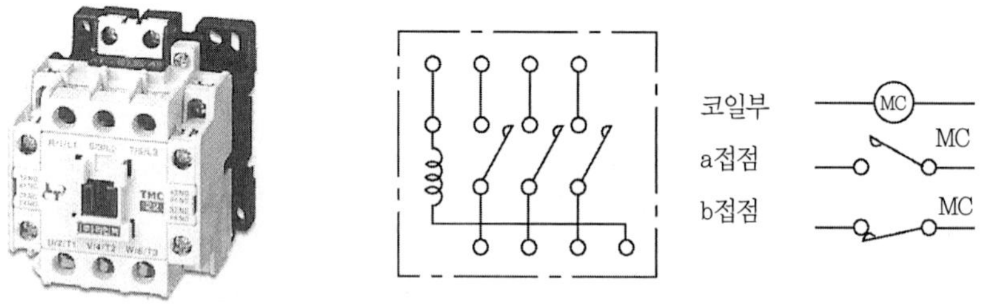

[그림 18-19] 전자접촉기의 외형, 회로 구성 및 접점

4) 전자개폐기

전자개폐기는 전자접촉기(MC)와 서멀 릴레이(thermal relay)를 하나의 케이스에 내장하고 있는 주회로 개폐기이다. 서멀 릴레이는 부하의 이상에 의한 전류의 증가를 검출하기 위하여 히터, 바이메탈 및 a접점과 b접점으로 구성된 과부하 보호장치이다. 부하 전류가 과도하게 증가하면 히터가 가열되어 바이메탈에 의하여 a접점이 닫히고 b접점이 열리게 된다.

전자개폐기의 외형과 기호는 그림 18-20과 같다. 전자개폐기의 b접점을 코일에 직렬로 접속하면 과부하에 의하여 서멀 릴레이의 히터가 가열될 경우 b접점이 열려서 전자접촉기(MC) 코일이 소자되며 주회로가 차단된다. 전자접촉기의 a접점을 경보용 접점으로 사용하여 램프나 부저 회로를 구성하면 과부하에 의하여 서멀 릴레이가 작동하였다는 것을 표시할 수 있다.

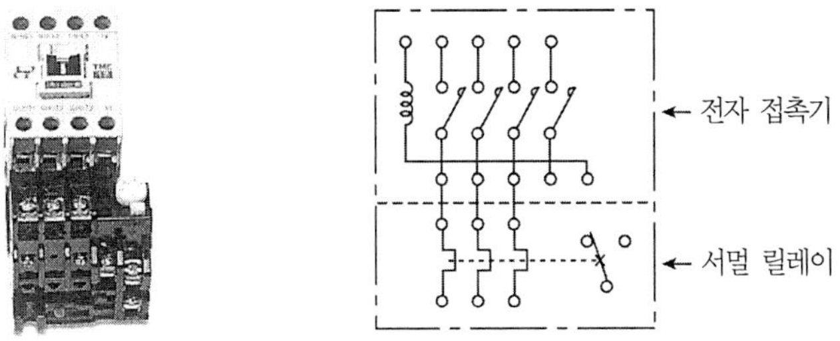

[그림 18-20] 전자개폐기의 외형과 회로 표시

5) 타이머

타이머는 사전에 설정된 시간에 따라 접점부를 자동 개폐하는 24시간 실시간 타이머와 작동시간을 지연시키기 위한 지연 타이머(delay timer)로 구분된다. 그림 18-21은 10분 단위로 동작시간을 설정할 수 있는 실시간 타이머의 예이다.

[그림 18-21] 실시간 타이머

지연 타이머는 코일에 조작신호(전원)가 공급된 후 설정된 시간이 지난 후에 a접점이 on되는 시한동작형(on delay) 타이머와, 이와는 반대로 조작신호가 차단된 후 설정된 시간이 지난 후에 타이머의 a접점이 off되는 시한복귀형(off delay) 타이머로 구분할 수 있다. 지연 타이머의 외양과 동작방식은 그림 18-22와 같다. 타이머도 릴레이와 같이 a접점과 b접점을 제공한다.

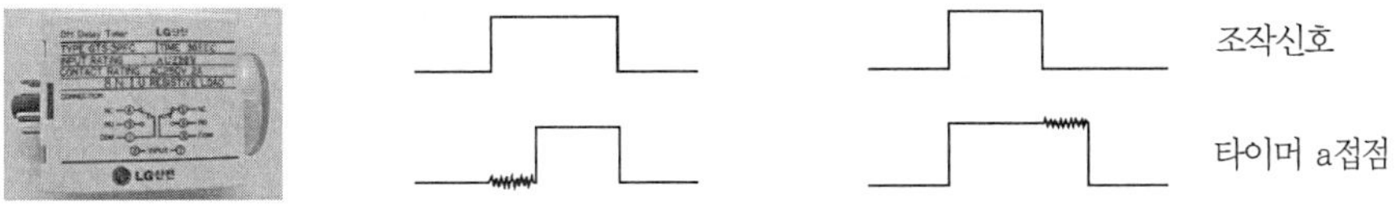

(a) 외형　(b) 시한동작형　(c) 시한복귀형

[그림 18-22] 지연 타이머

예제 18-3 3상 유도전동기의 회전방향 제어

그림 18-23은 3상 유도전동기의 회전방향을 제어하기 위한 회로이다. 3상 유도전동기의 회전방향은 세 가닥의 전원 중에서 임의의 2개의 배선을 바꾸는 것으로 반대로 할 수 있다. 그림에 표시된 기호 중에서 MCB는 배선용차단기이며, 전자접촉기(MC)와 서멀 릴레이(Th)는 전자개폐기로 일체화되어 있다. 이 회로에서 배선용차단기는 주회로의 조작용으로 사용되는 접점용량과

내압이 큰 릴레이이며, 전자개폐기는 전동기 회로의 단락사고와 과부하 등에 의한 과전류로부터 회로를 보호하기 위하여 사용된 것이다. 회로도에서 (F)가 부기된 기호는 정방향 회전을 위한 기기를, (R)은 역방향 회전을 위한 기기를 나타낸다. 회로도에 표시된 ①~⑧의 번호는 회로의 동작을 순차적으로 설명하기 위한 것이다.

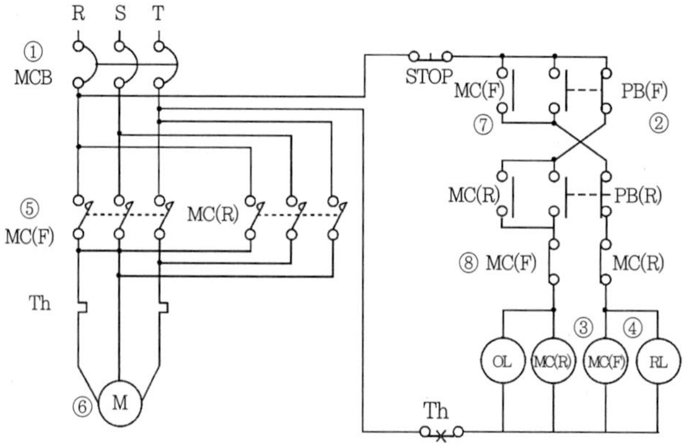

[그림 18-23] 3상 유도 전동기의 회전방향 제어

이 회로에서 전동기의 정회전 동작은 다음과 같다.

① 배선용 차단기 MCB를 on으로 하면 주 회로에 전원이 투입된다.

② 전동기를 정회전시키려면 푸시버튼 PB(F)를 누른다.

③ PB(F)를 누르면 정회전을 위한 전자접촉기 코일 MC(F)가 여자된다.

④ 또한 정회전 상태임을 표시하기 위한 램프 RL이 점등된다.

⑤ 전자접촉기 코일 MC(F)가 여자되었으므로 주접점 MC(F)가 닫힌다.

⑥ MC(F)가 닫히면 모터에 전원이 투입되어 정방향으로 회전한다.

⑦ 전자접촉기 코일 MC(F)가 여자되어 MC(F)의 a접점이 닫히고 MC(F)는 자기유지된다.

⑧ 전자접촉기 코일 MC(F)가 여자되어 MC(F)의 b접점이 열려 MC(R)이 소자된다(인터록).

모터를 역회전시키기 위하여 푸시버튼 PB(R)을 누르면 또 다른 인터록 접점인 MC(R)의 b접점이 열려 MC(F)의 코일에 흐르는 전류가 차단되어 정회전 동작은 종료되고, 전자접촉기 MC(R)를 통해 모터에 연결된 두 단자의 전원이 바뀌어 모터는 역회전을 하게 된다. 이 회로의 역회전 동작은 정회전에 대한 설명을 바탕으로 각자 해석해 보기 바란다.

18.2.2 PLC를 이용한 제어

릴레이와 타이머 등을 이용한 유접점 시퀀스 제어는 장치가 단순하고 가격이 저렴하나 수명의 한계와 회로 변경의 복잡성 때문에 매우 제한적으로 사용되고 있다. 릴레이를 이용한 제어방식은 회로의 결선에 전문성이 요구되며, 제어논리가 변경되면 결선을 바꾸어야 하는 문제가 있다. 또한 복잡한 시스템의 경우에는 사용되는 릴레이의 수가 크게 증가하고 장치가 대형화되어 유지 및 보수가 어렵게 된다.

이러한 문제를 해결할 수 있는 대안이 PLC(programmable logic controller)이다. PLC의 정식 명칭은 PC(programmable controller)이지만, 개인용 컴퓨터(personal computer)와의 혼동을 피하기 위하여 일반적으로 PLC라고 부른다. PLC는 각종 릴레이, 타이머, 카운터 등을 조합하여 사용하던 종래의 제어반을 반도체를 사용하여 소형화 및 다기능화한 프로그램 방식의 범용 제어장치라고 할 수 있다. 미국 전기공업회에서는 PLC를 "아날로그 또는 디지털 입·출력 모듈을 사용하여 로직, 시퀀싱, 타이밍, 카운팅 및 연산과 같은 특수한 기능을 수행하기 위하여 프로그램 가능한 메모리를 사용하고, 여러 종류의 기계나 프로세서를 제어하는 디지털 동작의 전자장치"라고 정의하고 있다.

공장자동화와 유연생산체계(flexible manufacturing system)의 필요성이 커짐에 따라 소규모 공작기계에서부터 대형 시스템설비에 이르기까지 다양한 응용 분야에 PLC가 적용되고 있다. 또한 미곡 종합처리장, 자동 과채류 선별시설 및 식품공장 등에서도 제어장치로 PLC가 널리 이용되고 있다. 여기에서는 LS산전의 Master-K 시리즈 PLC를 예로 들어 설명한다.

(1) PLC의 구조

PLC의 기본적인 구조는 그림 18-24와 같다. PLC는 중앙처리장치(CPU), 전원, 입력장치(DC 24 V 및 AC 전원 사용), 출력장치(릴레이, SSR, TR 등), 아날로그 입·출력 장치, 카운터, 온도 변환장치, PID 제어장치, 위치결정장치 등의 기본 유닛과, 주변 기기로서 프로그래밍, 모니터링, 디버깅, 프로그램 리스트 작성 및 저장을 위한 장치로 구성된다. 최근에는 개인용 컴퓨터가 PLC용 주변 기기의 기능을 대체하는 경향이다.

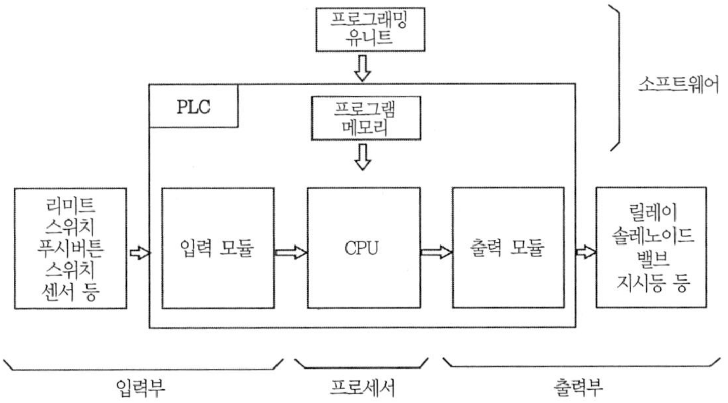

[그림 18-24] PLC의 구조

개인용 컴퓨터를 PLC와 함께 사용하는 경우에 이 두 기기는 RS-232C 직렬통신이나 Ethernet 등의 네트워크를 이용하여 연결할 수 있다. 여러 개의 PLC를 사용하는 경우에 PLC 상호 간에는 RS-232C, RS-422 또는 RS-485 직렬통신을 사용한다. 릴레이 시퀀스 회로는 여러 회로가 전기 신호에 의하여 동시에 동작하는 병렬처리 방식이지만, PLC는 메모리에 저장된 프로그램을 순차적으로 처리하는 직렬처리 방식이기 때문에 두 회로의 동작에는 차이가 있다.

(2) PLC 프로그래밍

1) 프로그래밍 언어

PLC 프로그래밍 언어로는 니모닉(mnemonic)과 래더(ladder)가 일반적으로 사용되며, 서로 호환 가능하다. 니모닉은 어셈블리어 형태의 문자기반 언어로서 휴대용 프로그램 입력기(handy loader)를 사용한 간단한 로직의 프로그래밍에 주로 사용된다. 한편 래더는 사다리 형태로 회로의 로직(logic)을 표현하는 도형기반 언어이며, 현재 가장 보편적으로 사용되고 있다.

2) 프로그래밍 순서

PLC 프로그래밍의 순서는 다음과 같다.

- 1단계 : 제어공정으로부터 센서의 종류와 수, 액추에이터의 종류와 수 등 기계적인 사양을 결정한다.
- 2단계 : 입·출력의 수, 입·출력 신호의 형태, 명령의 종류 등을 고려하여 PLC를 선정한다.
- 3단계 : 각각의 입·출력 신호에 입·출력 번지(address)를 할당한다.
- 4단계 : 입·출력 기기와 PLC의 접속을 명확하게 하기 위하여 PLC의 입력 유닛에 센서를, 출력 유닛에 엑추에이터를 표시하는 입·출력 배선도를 작성한다.
- 5단계 : 래더 다이어그램(ladder diagram)을 이용하여 시퀀스 프로그램(제어회로)을 작성한다. PLC에서 a접점(NO 접점)은 '┤├'으로 b접점은 '┤/├'으로 표시된다.
- 6단계 : 시퀀스 프로그램에 기초하여 내부 릴레이(일시기억 메모리), 카운터, 타이머, 레지스터 등의 데이터 메모리를 할당한다.
- 7단계 : 해당 PLC의 명령어를 이용하여 시퀀스 프로그램의 내용을 PLC 명령어로 변환(coding)한다.
- 8단계 : 프로그램 입력장치를 이용하여 코딩된 프로그램을 PLC의 메모리에 저장(loading)한다.
- 9단계 : 시운전에 앞서 강제 입·출력 명령이나 모의입력을 사용하여 제어동작을 모의시험(simulation)한다.

3) PLC의 연산처리방법

PLC의 연산처리방법은 그림 18-25와 같다. 즉, 입력을 갱신하고 시퀀스 프로그램을 0000 스텝부터 End까지 순차적으로 실행한 후에 그 결과에 따라 출력을 갱신하며, 이러한 일련의 과정을 스캔이라고 한다. 또한 사용자 작성 프로그램을 1회 실행하는데 소요되는 시간을 스캔 타임(scan time)이라고 한다. 스캔 타임은 프로그램의 스텝 수와 관련된다.

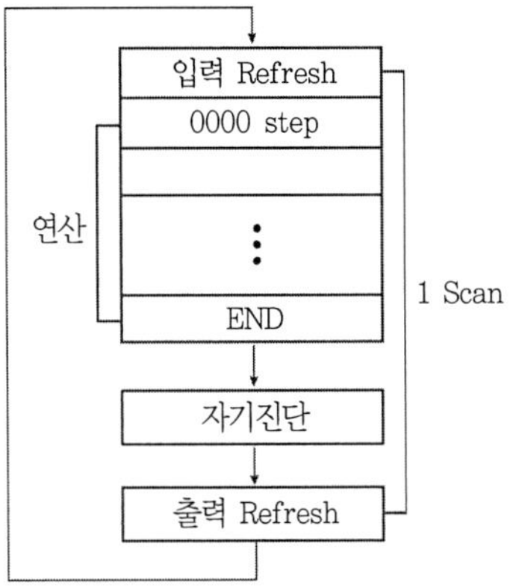

[그림 18-25] PLC의 프로그램 처리 순서도

입·출력 갱신방법은 다음과 같다.

① 입력 갱신

프로그램을 실행하기 전에 입력 유닛에서 각 스위치 및 센서의 값을 읽어 데이터 메모리의 입력 영역(P)에 일괄 저장한다. 이를 입력 리프레시(refresh)라고 한다.

② 출력 갱신

프로그램의 마지막 명령인 End 명령을 실행한 후에 데이터 메모리의 출력 영역(P)에 저장된 값을 일괄하여 출력 유닛으로 내보낸다.

③ 즉시 입·출력 명령을 실행한 경우

명령에서 설정된 입·출력 카드에 대하여 프로그램 실행 중에 입·출력을 갱신한다.

④ 출력의 OUT 명령을 실행한 경우

시퀀스 프로그램의 연산 결과를 데이터 메모리의 출력 영역에 저장하고 End 명령을 실행한 후에 출력 접점을 갱신한다.

4) PLC의 데이터 메모리

① 외부 입·출력 (P)

외부 입·출력 P는 외부에 연결된 기기와 일대일 대응되는 영역으로서 푸시버튼,

절환 스위치, 리미트 스위치 등의 신호를 받아들이는 입력부와, 출력기기로 사용되는 솔레노이드, 모터, 램프 등에 연산결과를 전달하는 출력부로 구성되는 메모리 영역이다. 입력부 P는 PLC 내부의 메모리에 입력 상태가 보존되므로 a, b접점을 사용할 수 있으나, 출력부 P는 단지 a접점 출력만이 가능하다.

② 보조 릴레이 (M)

PLC 내부의 릴레이로서 외부로 직접 출력은 불가능하지만 입·출력 릴레이와 연결하여 외부출력이 가능하다. PLC에 전원을 투입하거나 Run 모드를 실행할 때 모두 0으로 소거되며, a접점과 b접점을 사용할 수 있다. PLC에서는 릴레이 시퀀스 회로에서의 접점이나 코일이 메모리에 의하여 소프트웨어로 처리된다.

③ 정전유지 릴레이 (K)

보조 릴레이 M과 용도는 같지만 PLC에 전원을 투입하거나 Run 모드가 실행될 때 그 이전의 값을 보존하므로 정전 복구 시 데이터가 유지된다.

④ 타이머 (T)

기본주기로 100 ms 또는 10 ms를 사용하며, 명령어에 따라 계수방법이 다르다. 입력 조건이 성립되면 카운트를 시작하여 설정치 또는 0에 도달하면 접점출력이 on된다. 또한 타이머의 접점과 경과시간을 메모리에 저장한다.

⑤ 카운터 (C)

입력조건의 상승 에지(rising edge)에서 카운트하며, Reset 명령에 의하여 카운트 동작을 중지하고 현재 값을 0으로 소거하거나 설정값으로 대체한다. 카운터 접점, 설정값 및 경과값을 메모리에 저장한다.

⑥ 기타

이 밖에 수치연산을 위하여 내부 데이터를 저장하는 데이터 레지스터(D), 명령어의 번지(destination address)를 지정하는 간접지정 데이터 레지스터(#D), 상하위 기종과의 데이터 링크를 위하여 사용되는 링크 릴레이(L), 스텝 제어용 릴레이, PLC의 동작 상태에 대한 정보를 저장하는 특수 릴레이(F)가 있다.

5) PLC 명령어

국내에서 많이 사용되는 LG산전 Master-K 시리즈 PLC의 몇 가지 명령어를 소개하면 다음과 같다.

① 접점 명령

명 칭	Function No.	심 벌	기 능
LOAD	-	├──┤├──┤	a 접점 연산개시
LOAD NOT	-	├──┤/├──	b 접점 연산개시
AND	-	──┤├──	a 접점 직렬 접속
AND NOT	-	──┤/├──	b 접점 직렬 접속
OR	-	└──┤├──┘	a 접점 병렬 접속
OR NOT	-	└──┤/├──┘	b 접점 병렬 접속

② 출력 명령

명 칭	Function No.	심 벌	기 능
SET	-	─[SET Ⓓ]─	접점출력 On 유지(Set)
RST	-	─[RST Ⓓ]─	접점출력 Off 유지(Reset)
OUT	-	──( )──┤	연산결과 출력

③ 타이머 명령

명 칭	Function No.	심 벌	기 능
TON	-	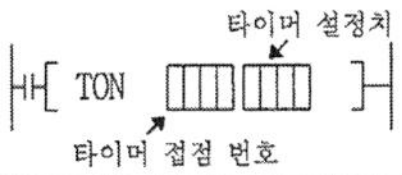	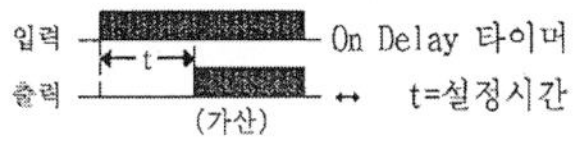
TOFF	-	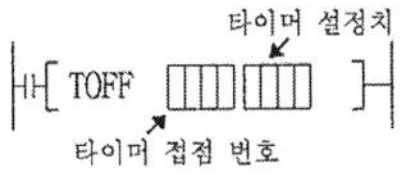	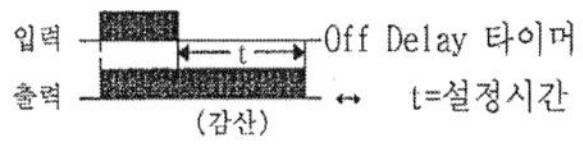

④ 종료 명령

명 칭	Function No.	심 벌	기 능
END	001	─[END]─	프로그램의 종료

예제 18-4

그림 18-26은 입력 유닛에 연결된 2개의 푸시버튼과 출력 유닛에 연결된 2개의 릴레이를 표시하는 입·출력 배선도이며, 이를 래더 다이어그램으로 나타내면 그림 18-27과 같다.

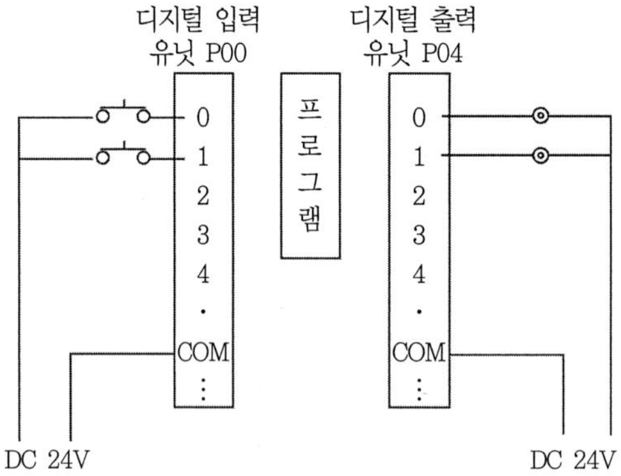

[그림 18-26] 예제 18-4의 입·출력 배선도

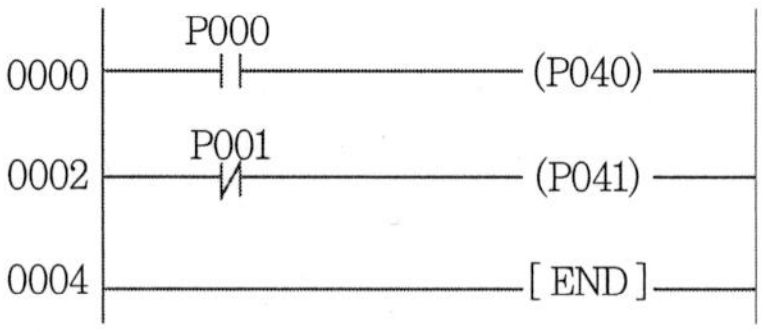

[그림 18-27] 예제 18-4의 순서도 프로그램

접점 P000의 on 신호는 해당 접점을 가진 릴레이의 코일을 여자시켜 a접점을 붙게 한다. 따라서 스위치 P000가 조작되면 출력 릴레이 P040에 연결된 부하가 작동한다. 한편, 접점 P001의 on 신호는 해당 접점을 가진 릴레이의 코일을 여자시켜 b접점이 떨어지게 한다. 따라서 스위치 P001이 조작되면 출력 릴레이 P041에 연결된 부하는 작동하지 않는다.
이 순서도 프로그램을 니모닉으로 변환하여 코딩하면 다음과 같다.

```
STEP 0000  LOAD P000
     0001  OUT P040
     0002  LOAD NOT P001
     0003  OUT P041
     0004  END
```

예제 18-4 모터의 정역회전을 위한 PLC 프로그램

그림 18-28은 모터의 회전 방향을 제어하기 위한 회로의 입・출력 배선도이며, 그림 18-29는 이를 순서도 프로그램으로 작성한 것이다.

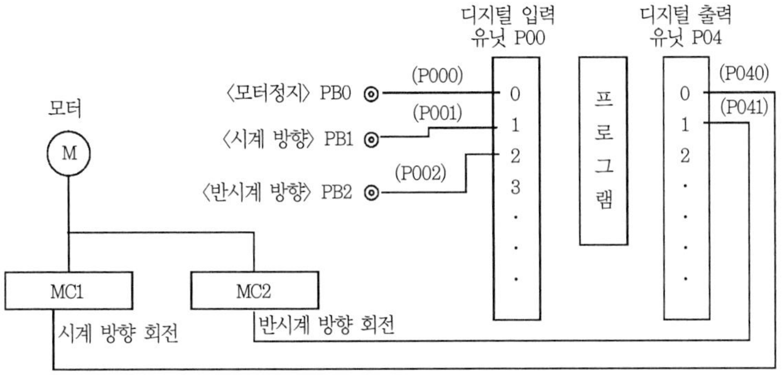

[그림 18-28] 예제 18-5의 입・출력 배선도

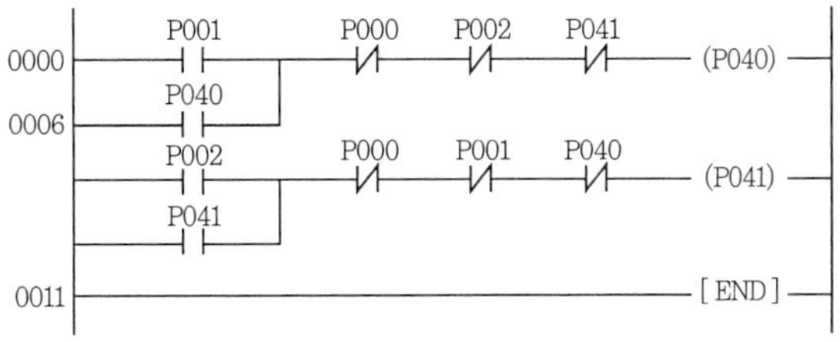

[그림 18-29] 예제 18-5의 순서도 프로그램

이 회로는 푸시버튼 PB1(P001)을 누르면 모터는 시계 방향으로 회전하고, 푸시버튼 PB2(P002)를 누르면 반시계 방향으로 회전한다. 모터를 정지시키지 않고 회전 방향을 변경할 수 있으며, 푸시버튼 PB0(P000)를 누르면 모터가 정지한다.

푸시버튼에서 손을 떼어도 모터가 계속 회전하는 것은 전자개폐기 P040 및 P041의 a접점을 사용한 자기유지 기능에 의한 것이며, 모터를 정지시키지 않고 회전 방향을 변경할 수 있는 것은 P040 및 P041의 b접점에 의하여 2개의 전자개폐기에 서로 인터록이 걸려 있기 때문이다.

이 순서도 프로그램을 명령어를 이용하여 코딩하면 다음과 같다.

```
0000   LOAD P001
0001   OR P040
0002   AND NOT P000
0003   AND NOT P002
0004   AND NOT P041
0005   OUT P040
0006   LOAD P002
0007   OR P041
0008   AND NOT P000
0009   AND NOT P001
00010  AND NOT P040
00011  OUT P041
00012  END
```

(3) PLC를 이용한 과일 등급 선별

여기에서는 PLC의 응용 사례로서 선과장에서 과일을 등급별로 선별하는 알고리즘에 대하여 설명한다. 최근에는 컴퓨터 관련 기술의 발달에 따라 과일의 등급판정에 로드셀(load cell)로 측정한 과일 개체의 중량, CCD 카메라와 영상처리 장치로 판정한 색택과 외부 결점 유무, 근적외선(NIR) 분광장치를 이용하여 판정한 당도, 산도 및 내부결점 유무 등 다양한 정보가 이용되고 있다.

제어용 컴퓨터는 과일 개체에 대한 다양한 품질인자를 측정하고 이를 바탕으로 등급을 판정하는 데 사용되며, 일단 등급이 정해진 과일을 지정된 위치에서 배출하기 위하여 PLC를 사용할 수 있다.

그림 18-30의 선과시스템은 측정 위치에 도달한 과일 트레이를 검출하는 광전 스위치의 신호에 의하여 영상처리 장치가 컨베이어에서 이송 중인 과일의 투영면적을 측정하게 된다. 컴퓨터가 측정 값을 RS-232C 직렬통신 포트를 통하여 PLC로 전송하면, 이 값을 PLC에 저장되어 있는 등급별 크기 기준과 비교하여 S, M, L, LL 및 LLL의 5단으로 분류하고, 그 과일의 등급에 해당하는 배출 위치에 도달하였을 때 솔레노이드로 배출하는 시스템이다. 실제 시스템은 컴퓨터에서 더 많은 부분을 처리하여 PLC 프로그램을 줄일 수 있으나, 여기에서는 PLC 프로그래밍에 주안점을 두기 위하여 선별 대상의 선택과 등급 판정을 PLC에서 처리하도록 하였다.

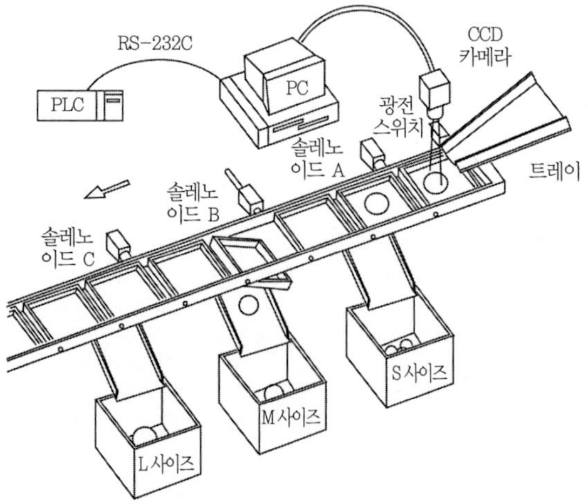

[그림 18-30] PLC를 이용한 선과시스템

이 시스템에 적용되는 전체 프로그램의 순서도는 그림 18-31과 같으며, 입·출력 배선도는 그림 18-32와 같다.

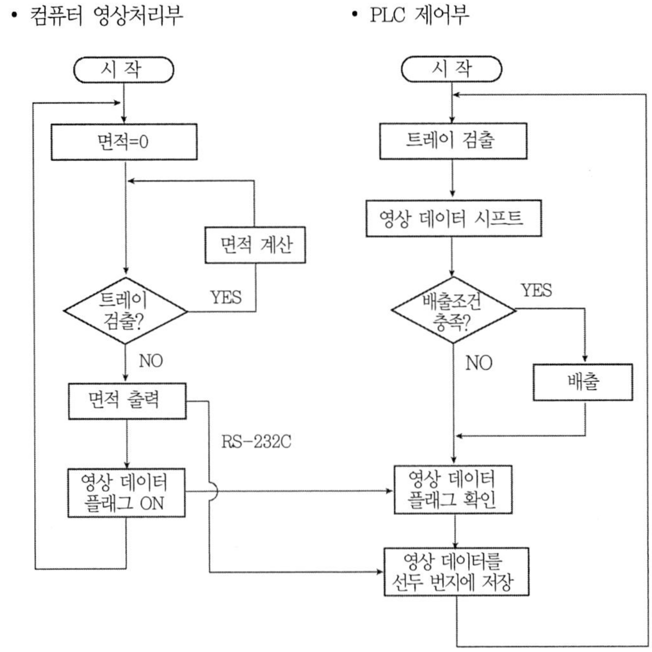

[그림 18-31] 선과 프로그램의 순서도

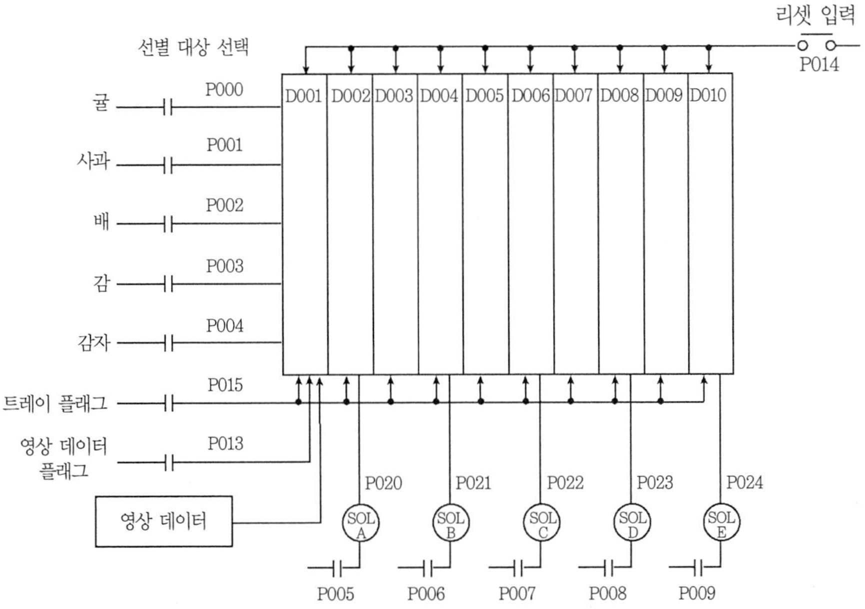

[그림 18-32] 입·출력과 내부데이터 메모리의 구성

그림 18-32의 입·출력 배선도로부터 작성한 외부입·출력 메모리 P의 구성은 표 18-3과 같다. 데이터 레지스터 D의 구성은 표 18-4와 같으며, 표에 기재된 가상 데이터는 프로그램의 설명에 사용하기 위한 임의의 값이다.

[표 18-3] 외부입·출력 메모리 P 내역

주소	입·출력 내역	주소	입·출력 내역
P000	귤 선택 스위치	P009	리미트 스위치, SOL E 작동 검출
P001	사과 선택 스위치	P013	영상 데이터 입력 확인
P002	배 선택 스위치	P014	리셋 입력 스위치
P003	감 선택 스위치	P015	트레이 확인
P004	감자 선택 스위치	P020	SOL A 작동용 릴레이 (S 사이즈)
P005	리미트 스위치, SOL A 작동 검출	P021	SOL B 작동용 릴레이 (M)
P006	리미트 스위치, SOL B 작동 검출	P022	SOL C 작동용 릴레이 (L)
P007	리미트 스위치, SOL C 작동 검출	P023	SOL D 작동용 릴레이 (LL)
P008	리미트 스위치, SOL D 작동 검출	P024	SOL E 작동용 릴레이 (LLL)

[표 18-4] 데이터 레지스터 D 내역

주소	가상 데이터	비고	주소	가상 데이터	비고
D000	100	간접 지정 주소(과일별 선별기준치의 시작 주소)	⋮		
D001	1928	영상 데이터(워드 시프트의 시작 주소)	D100	1000	귤 S 사이즈의 하한치
D002	2791	S 사이즈 배출 위치	D101	1500	귤 M 사이즈의 하한치
D003	1563	–	D102	2000	귤 L 사이즈의 하한치
D004	2012	M 사이즈 배출 위치	D103	2400	귤 LL 사이즈의 하한치
D005	2736	–	D104	2800	귤 LLL 사이즈의 하한치
D006	2374	L 사이즈 배출 위치	⋮		
D007	3012	–	D110	2500	사과 S 사이즈의 하한치
D008	2682	LL 사이즈 배출 위치	⋮		
D009	2914	–	D140	1200	감자 S 사이즈의 하한치
D010	3102	LLL 사이즈 배출 위치	⋮		

이 선과 시스템에 적용될 수 있는 PLC 프로그램은 그림 18-33과 같다. 이 그림에 표시된 ①~⑧의 번호는 아래에서 프로그램의 주요 내용을 순차적으로 설명하기 위한 것이다.

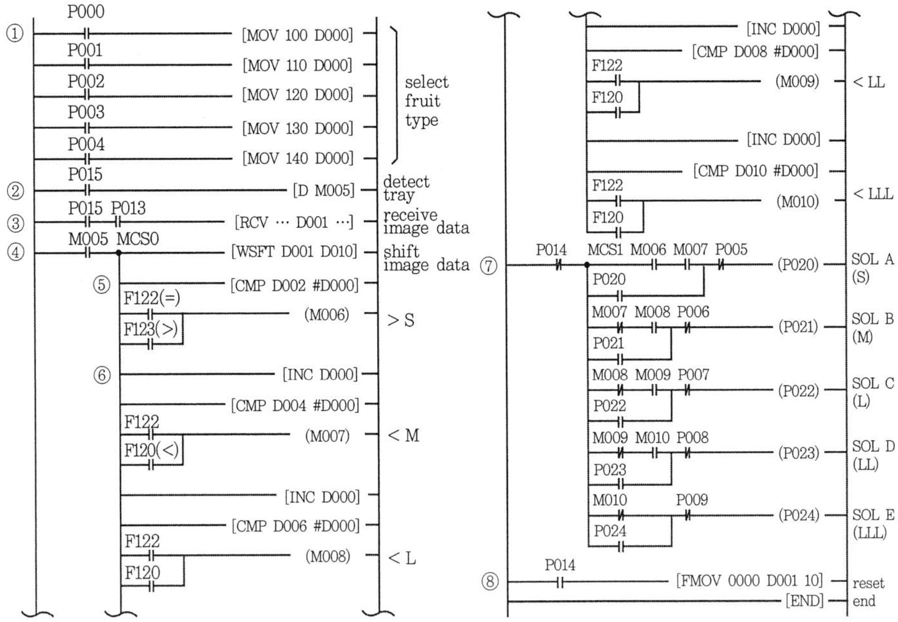

[그림 18-33] 선과시스템의 PLC 순서도 프로그램

이 프로그램을 부분별로 설명하면 다음과 같다.

1) 

선별 대상으로 귤을 선택하기 위하여 스위치 P000를 on 시키면, 상수 100을 데이터 레지스터의 D000 번지에 저장한다. 여기에서는 이 프로그램 실행 전에 D100부터 D104번지에 귤에 대한 크기 선별기준이 저장되어 있는 것으로 가정한다.

2) 

과일 트레이의 진입을 검출하는 광전 스위치 P015가 on 조작되면, 이 스위치 신호의 상승 에지(rising edge)에서 내부릴레이 M005가 on 된다. D 명령은 입력조건 상승 시(off→on)에 프로그램 스캔동작이 1회 실행되도록 한다.

3) 

광전 스위치(P015)가 on 상태이고, 영상처리 데이터가 존재하면(P013 on), RS-232C 채널로부터 데이터를 수신하여 이 값을 데이터 레지스터의 D001 번지에 저장한다. RCV 명령에 대한 상세한 설명은 생략한다.

4) 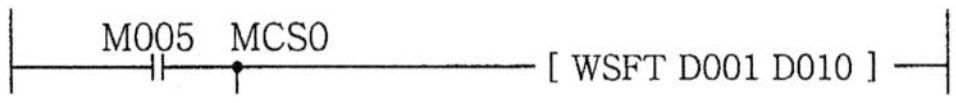

새로운 과일 트레이가 진입되었으면(M005 on), 데이터 레지스터의 D001부터 D010번지까지에 저장되어 있는 데이터를 한 번지씩 자리이동(shift)한다. 즉, D001 번지의 데이터를 D002로, D002의 데이터를 D003으로, 마지막에는 D010의 데이터를 D011로 자리이동한다. WSFT는 word shift를 의미한다. 검출 위치에 새로운 트레이가 진입될 때마다 데이터의 저장 위치를 한 자리씩 이동시킴으로써 컨베이어를 통하여 실제로 과일이 이송되는 것과 일치하도록 한다. 따라서 D002 번지에는 새로 진입된 과일의 투영면적이 저장되어 있다.

5) 

D002 번지에 저장된 데이터(과일의 투영면적)와 D000에 저장된 데이터(100)가 가리키는 번지(D100)에 있는 데이터(1000)의 크기를 비교한다. 이러한 번지 지정 방식을 간접지정이라고 하며, 주소를 직접 표시하는 방법과 구분하기 위하여 D 대신에 #D를 사용한다.

CMP 명령의 처리 결과에 따라 특수 릴레이(F)의 플래그가 변하며, 이 프로그램에서 사용된 몇 개의 특수 메모리 플래그는 다음과 같다.

Flag	Flag set 조건	비고
F120	S1 < S2	CMP S1 S2 명령의 처리 결과
F122	S1 = S2	〃
F123	S1 > S2	〃

플래그를 사용하여 이 프로그램을 다음과 같이 해석할 수 있다. D002 번지에 있는 과일의 투영면적이 귤에 대한 S 사이즈의 하한치인 상수 1000(D100 번지의 데이터)과 같거나 이보다 크면 내부 릴레이 M006을 on으로 한다.

6) 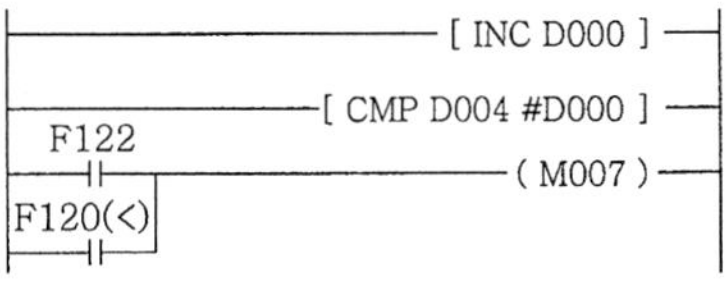

INC 명령은 데이터를 1만큼 증가시킨다. 따라서 D000에 저장된 데이터(100)에 1이 더해지므로 D000 번지에 저장된 값이 101로 바뀐다. 이어지는 CMP 명령은 D004번지에 저장된 데이터(과일의 투영면적)와 D000에 저장된 데이터(101)가 지시하는 번지(D101)에 있는 데이터(귤에 대한 M 사이즈의 하한치인 1500)를 비교하고, 과일의 투영면적이 1500보다 작거나 같으면 내부릴레이 M007을 on으로 한다.

7) 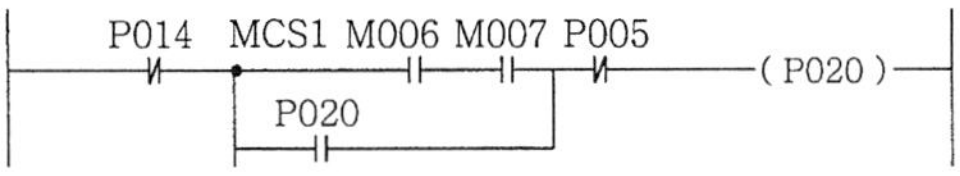

리셋 스위치(P014)가 off이고, 내부릴레이 M006과 M007이 on이면(D004 위치에 있는 과일의 투영면적이 S 사이즈의 하한치보다 크거나 같고, M 사이즈의 하한치보다 작거나 같으면), 이 과일을 배출하기 위하여 P020(S 사이즈 배출을 위한 솔레노이드, SOL A)을 on으로 한다. 따라서 사이즈 S에 해당하는 과일이 여기에서 배출된다. P020의 a접점은 해당 솔레노이드를 자기유지시키기 위하여 사용된 것이며, P005의 b접점은 솔레노이드의 작동이 완료된 것을 리미트 스위치로 검출하여 자기유지를 해제하기 위한 것이다.

8) 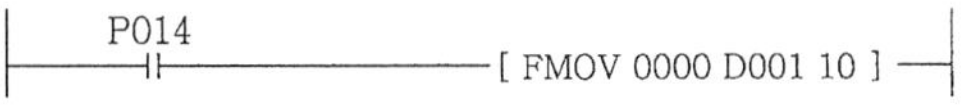

리셋 스위치가 작동되면(P014 on) D001부터 D010까지 10개의 번지에 0을 기입한다. 즉 등급 검사 영역의 데이터를 모두 소거한다.

연 | 습 | 문 | 제

1 다음 그림과 같은 시스템의 단위 계단 응답, 즉 $r(t)=1(t)$일 때의 응답 $c(t)$를 구하여라.

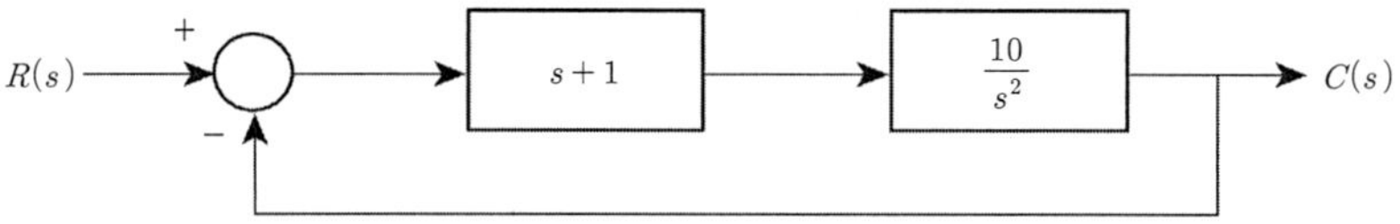

2 그림 18-7에 표시된 시스템에서 공정의 전달함수는 $G_2(s)=\dfrac{4}{s+5}$이고, 피드백 전달함수는 0.2이다. 비례제어기를 이용하여 입력이 $r(t)=20$인 계단함수일 때 정상상태 응답 $c(\infty)=\lim_{t\to\infty}c(t)=50$이 되도록 조절하고자 한다. 이러한 조건을 만족시키는 비례제어기의 이득 K를 구하고, 시스템의 응답 $c(t)$를 그림으로 표시하여라.

3 릴레이와 스위치를 이용하여 회로를 구성할 때, 릴레이 코일과 부하를 직렬로 연결하지 말아야 하며, 릴레이나 스위치의 접점을 여러 개 사용할 때는 단자의 한쪽을 공통으로 접속하여야 한다. 그 이유를 설명하여라.

4 본 장에서 설명한 5단 선과시스템의 제어회로와 제시된 가상 데이터를 사용하여 S, M, L, LL 및 LLL 등급에 해당하는 귤의 크기(투영면적) 범위를 결정하여라. 반드시 래더 다이어그램을 해석하여 풀이할 것.

참고문헌

1. 김상진 역. 1989. **프로그래머블 컨트롤러 입문**. 도서출판 세화.
2. 김원회, 공인배, 이기호. 2002. **PLC 제어기술 이론과 실제**. 성안당.
3. LG산전. 2003. **Master-K 시리즈 PLC 프로그래밍 기술자료**.
4. 황병원. 1994. **릴레이 무접점 순서제어**. Ohm사.
5. Groover, M. P. 1987. *Automation, Production Systems, and Computer Integrated Manufacturing*. Prentice-Hall International, Inc.
6. Huang, Y. H., A. D. Whittaker, and R. E. Lacey. 2001. *Automation for Food Engineering – Food Quality Quantization and Process Control*. CRC Press.
7. Kuo, B. C. 1995. *Automatic Control Systems*, 7th Ed. Prentice-Hall, Inc.
8. Ogata, K. 1997. *Modern Control Engineering*. 3rd Ed. Prentice-Hall, Inc.

Post-Harvest Process Engineering

부록

부록

A.1 단위환산표

[길이]

$1\ \mathrm{ft} = 0.3048\ \mathrm{m}$

$1\ \mathrm{micron} = 10^{-6}\ \mathrm{m} = 1\ \mu\mathrm{m}$

$1\ \mathrm{\mathring{A}} = 10^{-10}\ \mathrm{m}$

$1\ \mathrm{in} = 0.0254\ \mathrm{m}$

$1\ \mathrm{mi} = 1.609344 \times 10^{3}\ \mathrm{m}$

[면적]

$1\ \mathrm{acre} = 4.046856 \times 10^{3}\ \mathrm{m}^2$

$1\ \mathrm{ft}^2 = 0.0929\ \mathrm{m}^2$

$1\ \mathrm{in}^2 = 6.4516 \times 10^{-4}\ \mathrm{m}^2$

[체적]

$1\ \mathrm{ft}^3 = 0.02832\ \mathrm{m}^3$

$1\ \mathrm{gal.(U.S.)} = 0.00379\ \mathrm{m}^3$

$1\ \mathrm{in}^3 = 16.387\ \mathrm{cm}^3$

$1\ \mathrm{l} = 0.001\ \mathrm{m}^3$

$1\ \mathrm{bu} = 0.03524\ \mathrm{m}^3$

[질량]

$1\ \mathrm{lb_m} = 0.45359\ \mathrm{kg}$

$1\ \mathrm{ton(metric)} = 1000\ \mathrm{kg}$

[밀도]

$1\ \mathrm{lb_m/ft^3} = 16.0185\ \mathrm{kg/m^3}$

$1\ \mathrm{lb_m/bu} = 12.872\ \mathrm{kg/m^3}$

[열전달계수]

$1\ \mathrm{Btu/h \cdot ft^2 \cdot {}^\circ F} = 5.6783\ \mathrm{W/m^2 \cdot K}$

$1\ \mathrm{Btu/h \cdot ft^2 \cdot {}^\circ F}$
$= 1.3571 \times 10^{-4}\ \mathrm{cal/s \cdot cm^2 \cdot {}^\circ C}$

[비열]

$1\ \mathrm{Btu/lb_m \cdot {}^\circ F} = 4.1865\ \mathrm{kJ/kg \cdot K}$

$1\ \mathrm{Btu/lb_m \cdot {}^\circ F} = 1\ \mathrm{cal/g \cdot {}^\circ C}$

[힘]

$1\ \mathrm{lb_f} = 4.4482\ \mathrm{N}$

$1\ \mathrm{N} = 1\ \mathrm{kg/s^2}$

$1\ \mathrm{dyne} = 1\ \mathrm{g\,cm/s^2} = 10^{-5}\ \mathrm{kg\,m/s^2}$

[동력]

$1\ \mathrm{hp} = 0.7457\ \mathrm{kW}$

$1\ \mathrm{W} = 14.34\ \mathrm{cal/min}$

$1\ \mathrm{hp} = 550\ \mathrm{ft \cdot lb_f/s}$

$1\ \mathrm{Btu/h} = 0.29307\ \mathrm{W}$

$1\ \mathrm{hp} = 0.7068\ \mathrm{Btu/s}$

$1\ \mathrm{J/s} = 1\ \mathrm{W}$

[압력]

$1\ \mathrm{Pa} = 1\ \mathrm{N/m^2}$

$1\ \mathrm{bar} = 10^5\ \mathrm{Pa}$

$1\ \mathrm{atm} = 101.325\ \mathrm{kPa} = 1.01325\ \mathrm{bar}$

$1\,lb_m/gal = 1.198264\times10^2\,kg/m^3$

[확산계수]

$1\,ft^2/h = 2.581\times10^{-5}\,m^2/s$

[에너지]

$1\,Btu = 1055\,J = 1.055\,kJ$
$1\,Btu = 252.16\,cal$
$1\,kcal = 4.186\,kJ$
$1\,J = 1\,N\cdot m = 1\,kg\,m^2/s^2$
$1\,kWh = 3.6\times10^3\,kJ$

[엔탈피]

$1\,Btu/lb_m = 2.3258\,kJ/kg$

[열전달률]

$1\,Btu/h = 0.29307\,W$
$1\,kJ/h = 2.778\times10^{-4}\,kW$
$1\,J/s = 1W$

[열유속]

$1\,Btu/h\cdot ft^2 = 3.1546\,W/m^2$

[열전도계수]

$1\,Btu/h\cdot ft\cdot{}^\circ F = 1.731\,W/m\cdot K$

$= 14.696\,psia = 760\,mmHg(0℃)$
$= 29.9213\,inHg(32°F)$
$= 10.3323\,m\,H_2O(4℃)$
$1\,mmHg = 133.3273\,kPa$
$1\,mmH_2O = 9.807\,Pa$
$1\,lb_f/in^2 = 6894.8\,Pa$
$1\,lb_f/ft^2 = 47.88\,Pa$

[점성계수]

$1\,N\cdot s/m^2 = 1\,Pa\cdot s$
$1\,poise = 10^{-1}\,Pa\cdot s$
$1\,cp = 10^{-2}\,g/cm\cdot s = 10^{-2}\,poise$
$1\,cp = 10^{-3}\,Pa\cdot s = 10^{-3}\,kg/m\cdot s$
$1\,lb_m/ft\cdot h = 0.4134\,cp$

[송풍량]

$1\,cfm = 0.0283\,m^3/min$
$1\,cfm/bu = 1.114\,m^3/min\cdot t$
$= 0.804\,m^3/m^3\cdot min$
$1\,cfm/cwt = 0.6238\,m^3/min\cdot t$
$1\,cfm/ft^2 = 0.3048\,m^3/m^2\cdot min$
$1\,cfm/ft^3 = 1\,m^3/m^3\cdot min$

A.2 공기와 물의 열 및 물리적 성질

[표 A.2.1] 건공기의 열 및 물리적 성질(대기압에서)

온도 t (℃)	온도 T (K)	밀도 (ρ) (kg/m³)	체적팽창 계수(β) ($\times10^{-3}K^{-1}$)	비열 (c_p) (kJ/kg·K)	열전도 계수(k) (W/m·K)	열확산 계수(α) ($\times10^{-6}m^2/s$)	점성계수 (μ) ($\times10^{-6}Pa\cdot s$)	동점성계수 (ν) ($\times10^{-6}m^2/s$)	Prandtl 수 (Pr)
-20	253.15	1.365	3.97	1.005	0.0226	16.8	16.279	12.0	0.71
0	273.15	1.252	3.65	1.011	0.0237	19.2	17.456	13.9	0.71
10	283.15	1.206	3.53	1.010	0.0244	20.7	17.848	14.66	0.71
20	293.15	1.164	3.41	1.012	0.0251	22.0	18.240	15.7	0.71
30	303.15	1.127	3.30	1.013	0.0258	23.4	18.682	16.58	0.71
40	313.15	1.092	3.20	1.014	0.0265	24.8	19.123	17.6	0.71
50	323.15	1.057	3.10	1.016	0.0272	26.2	19.515	18.58	0.71
60	333.15	1.025	3.00	1.017	0.0279	27.6	19.907	19.4	0.71
70	343.15	0.996	2.91	1.018	0.0286	29.2	20.398	20.65	0.71
80	353.15	0.968	2.83	1.019	0.0293	30.6	20.790	21.5	0.71
90	363.15	0.942	2.76	1.021	0.0300	32.2	21.231	22.82	0.71
100	373.15	0.916	2.69	1.022	0.0307	33.6	21.673	23.6	0.71
120	393.15	0.870	2.55	1.025	0.0320	37.0	22.555	25.9	0.71

140	413.15	0.827	2.43	1.027	0.0333	40.0	23.340	28.2	0.71
150	423.15	0.810	2.37	1.028	0.0336	41.2	23.732	29.4	0.71
160	433.15	0.789	2.31	1.030	0.0344	43.3	24.124	30.6	0.71
180	453.15	0.755	2.20	1.032	0.0357	47.0	24.909	33.0	0.71
200	473.15	0.723	2.11	1.035	0.0370	49.7	25.693	35.5	0.71
250	523.15	0.653	1.89	1.040	0.0400	60.0	27.557	42.2	0.71

[표 A.2.2] 물의 열 및 물리적 성질(포화압력에서)

온도		밀도	체적팽창	비열	열전도	열확산	점성계수	동점성	Prandtl
t	T	(ρ)	계수(β)	(c_p)	계수(k)	계수(α)	(μ)	계수 (ν)	수
(℃)	(K)	($\mathrm{kg/m^3}$)	($\times 10^{-4}\mathrm{K^{-1}}$)	($\mathrm{kJ/kg \cdot K}$)	($\mathrm{W/m \cdot K}$)	($\times 10^{-6}\mathrm{m^2/s}$)	($\times 10^{-6}\mathrm{Pa \cdot s}$)	($\times 10^{-6}\mathrm{m^2/s}$)	(Pr)
0	273.15	999.9	−0.7	4.226	0.558	0.131	1793.636	1.787	13.7
5	278.15	1000.0	−	4.206	0.568	0.135	1534.741	1.535	11.4
10	283.15	999.7	0.95	4.195	0.577	0.137	1296.439	1.300	9.5
15	288.15	999.1	−	4.187	0.587	0.141	1135.610	1.146	8.1
20	293.15	998.2	2.1	4.182	0.597	0.143	993.414	1.006	7.0
25	298.15	997.1	−	4.178	0.606	0.146	880.637	0.884	6.1
30	303.15	995.7	3.0	4.176	0.615	0.149	792.377	0.805	5.4
35	308.15	994.1	−	4.175	0.624	0.150	719.808	0.725	4.8
40	313.15	992.2	3.9	4.175	0.633	0.151	658.026	0.658	4.3
45	318.15	990.2	−	4.176	0.640	0.155	605.070	0.611	3.9
50	323.15	988.1	4.6	4.178	0.647	0.157	555.056	0.556	3.55
55	328.15	985.7	−	4.179	0.652	0.158	509.946	0.517	3.27
60	333.15	983.2	5.3	4.181	0.658	0.159	471.650	0.478	3.00
65	338.15	980.6	−	4.184	0.663	0.161	435.415	0.444	2.76
70	343.15	977.8	5.8	4.187	0.668	0.163	404.034	0.415	2.55
75	348.15	974.9	−	4.190	0.671	0.164	376.575	0.366	2.23
80	353.15	971.8	6.3	4.194	0.673	0.165	352.059	0.364	2.25
85	358.15	968.7	−	4.198	0.676	0.166	328.523	0.339	2.04
90	363.15	965.3	7.0	4.202	0.678	0.167	308.909	0.326	1.95
95	368.15	961.9	−	4.206	0.680	0.168	292.238	0.310	1.84
100	373.15	958.4	7.5	4.211	0.682	0.169	277.528	0.294	1.75
110	383.15	951.0	8.0	4.224	0.684	0.170	254.973	0.268	1.57
120	393.15	943.5	8.5	4.232	0.685	0.171	235.360	0.244	1.43
130	403.15	934.8	9.1	4.250	0.686	0.172	211.824	0.226	1.32
140	413.15	926.3	9.7	4.257	0.684	0.172	201.036	0.212	1.23
150	423.15	916.9	10.3	4.270	0.684	0.173	185.346	0.201	1.17
160	433.15	907.6	10.8	4.285	0.680	0.173	171.616	0.191	1.10
170	443.15	897.3	11.5	4.396	0.679	0.172	162.290	0.181	1.05
180	453.15	886.6	12.1	4.396	0.673	0.172	152.003	0.173	1.01
190	463.15	876.0	12.8	4.480	0.670	0.171	145.138	0.166	0.97
200	473.15	862.8	13.5	4.501	0.665	0.170	139.254	0.160	0.95
210	483.15	852.8	14.3	4.560	0.655	0.168	131.409	0.154	0.92
220	493.15	837.0	15.2	4.605	0.652	0.167	124.544	0.149	0.90
230	503.15	827.3	16.2	4.690	0.637	0.164	119.641	0.145	0.88
240	513.15	809.0	17.8	4.731	0.634	0.162	113.757	0.141	0.86
250	523.15	799.2	18.6	4.857	0.618	0.160	109.834	0.137	0.86

[표 A.2.3] 포화수증기표

온도	수증기압	비체적		엔탈피		엔트로피	
		포화액	포화증기	포화액	포화증기	포화액	포화증기
		v_f	v_g	h_f	h_g	s_f	s_g
(℃)	(kPa)	(m^3/kg)	(m^3/kg)	(kJ/kg)		(kJ/kg·k)	
0.01	0.6113	0.0010002	206.136	0.00	2501.4	0.0000	9.1562
3	0.7577	0.0010001	168.132	12.57	2506.9	0.0457	9.0773
6	0.9349	0.0010001	137.734	25.20	2512.4	0.0912	9.0003
9	1.1477	0.0010003	113.386	37.80	2517.9	0.1362	8.9253
12	1.4022	0.0010005	93.784	50.41	2523.4	0.1806	8.8524
15	1.7051	0.0010009	77.926	62.99	2528.9	0.2245	8.7814
18	2.0640	0.0010014	65.038	75.58	2534.4	0.2679	8.7123
21	2.487	0.0010020	54.514	88.14	2539.9	0.3109	8.6450
24	2.985	0.0010027	45.883	100.70	2545.4	0.3534	8.5794
27	3.567	0.0010035	38.774	113.25	2550.8	0.3954	8.5156
30	4.246	0.0010043	32.894	125.79	2556.3	0.4369	8.4533
33	5.034	0.0010053	28.011	138.33	2561.7	0.4781	8.3927
36	5.947	0.0010063	23.940	150.86	2567.1	0.5188	8.3336
40	7.384	0.0010078	19.523	167.57	2574.3	0.5725	8.2570
45	9.593	0.0010099	15.258	188.45	2583.2	0.6387	8.1648
50	12.349	0.0010121	12.032	209.33	2592.1	0.7038	8.0763
55	15.758	0.0010146	9.568	230.23	2600.9	0.7679	7.9913
60	19.940	0.0010172	7.671	251.13	2609.6	0.8312	7.9096
65	25.03	0.0010199	6.197	272.06	2618.3	0.8935	7.8310
70	31.19	0.0010228	5.042	292.98	2626.8	0.9549	7.7553
75	38.58	0.0010259	4.131	313.93	2635.3	1.0155	7.6824
80	47.39	0.0010291	3.407	334.91	2643.7	1.0753	7.6122
85	57.83	0.0010325	2.828	355.90	2651.9	1.1343	7.5445
90	70.14	0.0010360	2.361	376.92	2660.1	1.1925	7.4791
95	84.55	0.0010397	1.9819	397.96	2668.1	1.2500	7.4159
100	101.35	0.0010435	1.6729	419.04	2676.1	1.3069	7.3549
105	120.82	0.0010475	1.4794	440.15	2683.8	1.3630	7.2958
110	143.27	0.0010516	1.2102	461.30	2691.5	1.4185	7.2387
115	169.06	0.0010559	1.0366	482.48	2699.0	1.4734	7.1833
120	198.53	0.0010603	0.8919	503.71	2706.3	1.5276	7.1296
125	232.1	0.0010649	0.7706	524.99	2713.5	1.5813	7.0775
130	270.1	0.0010697	0.6685	546.31	2720.5	1.6344	7.0269
135	313.0	0.0010746	0.5822	567.69	2727.3	1.6870	6.9777
140	316.3	0.0010797	0.5089	589.13	2733.9	1.7391	6.9299
145	415.4	0.0010850	0.4463	610.63	2740.3	1.7907	6.8833
150	475.8	0.0010905	0.3928	632.20	2746.5	1.8418	6.8379
155	543.1	0.0010961	0.3468	653.84	2752.4	1.8925	6.7935
160	617.8	0.0011020	0.3071	675.55	2758.1	1.9427	6.7502
165	700.5	0.0011080	0.2727	697.34	2763.5	1.9925	6.7078
170	791.7	0.0011143	0.2428	719.21	2768.7	2.0419	6.6663
175	892.0	0.0011207	0.2168	741.17	2773.6	2.0909	6.6256
180	1002.1	0.0011274	0.19405	763.22	2778.2	2.1396	6.5857
190	1254.4	0.0011414	0.15654	807.62	2786.4	2.2359	6.5079
200	1553.8	0.0011565	0.12736	852.45	2793.2	2.3309	6.4323
225	2548	0.0011992	0.07849	966.78	2803.3	2.5639	6.2503
250	3973	0.0012512	0.05013	1085.36	2801.5	2.7927	6.0730
275	5942	0.0013168	0.03279	1210.07	2785.0	3.0208	5.8938
300	8581	0.0010436	0.02167	1344.0	2749.0	3.2534	5.7045

[표 A.2.4] 과열수증기표

절대압력		온도(℃)							
[kPa, 포화온도(℃)]		100	150	200	250	300	360	420	500
10	v	17.196	19.512	21.825	24.136	26.445	29.216	31.986	35.679
(45.81)	h	2687.5	2783.0	2879.5	2977.3	3076.5	3197.6	3320.9	3489.1
	s	8.4479	8.6882	8.9038	9.1002	9.2813	9.4821	9.6682	9.8978
50	v	3.418	3.889	4.356	4.820	5.284	5.839	6.384	7.134
(81.33)	h	2682.5	2780.1	2877.7	2976.0	3075.5	3196.8	3320.4	3488.7
	s	7.6947	7.9401	8.1580	8.3556	8.5373	8.7385	8.9249	9.1546
75	v	2.270	2.587	2.900	3.211	3.520	3.891	4.262	4.755
(91.78)	h	2679.4	2778.2	2876.5	2975.2	3074.9	3196.4	3320.0	3488.4
	s	7.5009	7.7496	7.9690	8.1673	8.3493	8.5508	8.7374	8.9672
100	v	1.6958	1.9364	2.172	2.406	2.639	2.917	3.195	3.565
(99.63)	h	2676.2	2776.4	2875.3	2974.3	3074.3	3195.9	3319.6	3488.1
	s	7.3614	7.6134	7.8343	8.0333	8.2158	8.4175	8.6042	8.8342
150	v		1.2853	1.4443	1.6012	1.7570	1.9432	2.129	2.376
(111.37)	h		2772.6	2872.9	2972.7	3073.1	3195.0	3318.9	3487.6
	s		7.4193	7.6433	7.8438	8.0720	8.2293	8.4163	8.6466
400	v		0.4708	0.5342	0.5951	0.6458	0.7257	0.7960	0.8893
(143.63)	h		2752.8	2860.5	2946.2	3066.8	3190.3	3315.3	3484.9
	s		6.9299	7.1706	7.3789	7.5662	7.7712	7.9598	8.1913
700	v			0.2999	0.3363	0.3714	0.4126	0.4533	0.5070
(164.97)	h			2844.8	2953.6	3059.1	3184.7	3310.9	3481.7
	s			6.8865	7.1053	7.2979	7.5063	7.6968	7.9299
1000	v			0.2060	0.2327	0.2579	0.2873	0.3162	0.3541
(179.91)	h			2827.9	2942.6	3051.2	3178.9	3306.5	3478.5
	s			6.6940	6.9247	7.1229	7.3349	7.5275	7.7622
1500	v			0.13248	0.15195	0.16966	0.18988	0.2095	0.2352
(198.32)	h			2796.8	2923.3	3037.6	3.1692	3299.1	3473.1
	s			6.4546	6.7090	6.9179	7.1363	7.3323	7.5698
2000	v				0.11144	0.12547	0.14113	0.15616	0.17568
(212.42)	h				2902.5	3023.5	3159.3	3291.6	3467.6
	s				6.5453	6.7664	6.9917	7.1915	7.4317
2500	v				0.08700	0.09890	0.11186	0.12414	0.13998
(223.99)	h				2880.1	3008.8	3149.1	3284.0	3462.1
	s				6.4085	6.6438	6.8767	7.0803	7.3234
3000	v				0.07058	0.08114	0.09233	0.10279	0.11619
(233.90)	h				2855.8	2993.5	3138.7	3276.3	3456.5
	s				6.2872	6.5390	6.7801	6.9878	7.2338

v, 비체적(m^3/kg); h, 엔탈피(kJ/kg); s, 엔트로피(kJ/kg·K)

A.3 냉매의 포화증기 및 과열증기표

[표 A.3.1] R22의 포화증기표

온도.	P_{sat}	비체적		엔탈피			엔트로피		
		포화액 $v_f \times 10^3$	포화증기 v_g	h_f	h_{fg}	h_g	s_f	s_{fg}	s_g
(℃)	(bar)	(m^3/kg)	(m^3/kg)	(kJ/kg)			(kJ/kg·K)		
−50	0.644	.695	.3246	145.05	238.96	384.01	.7792	1.0708	1.8500
−48	0.713	.698	.2952	147.12	237.84	384.96	.7884	1.0563	1.8447
−46	0.787	.701	.2690	149.20	236.70	385.90	.7976	1.0420	1.8396
−44	0.868	.704	.2456	151.29	235.55	386.84	.8067	1.0279	1.8346
−42	0.955	.706	.2246	153.39	234.38	387.77	.8158	1.0139	1.8297
−40	1.049	.709	.2057	155.51	233.19	388.70	.8249	1.0001	1.8250
−38	1.151	.712	.1888	157.63	231.99	389.62	.8339	.9865	1.8204
−36	1.259	.715	.1735	159.76	230.77	390.53	.8429	.9730	1.8160
−34	1.376	.718	.1597	161.90	229.53	391.43	.8519	.9597	1.8116
−32	1.501	.721	.1472	164.06	228.27	392.33	.8608	.9466	1.8074
−30	1.635	.725	.1358	166.22	227.00	393.22	.8698	.9335	1.8033
−28	1.778	.728	.1256	168.40	225.70	394.10	.8786	.9206	1.7993
−26	1.930	.731	.1162	170.59	224.39	394.97	.8875	.9079	1.7953
−24	2.092	.734	.1077	172.78	223.05	395.84	.8963	.8952	1.7915
−22	2.265	.738	.0999	174.99	221.70	396.69	.9051	.8827	1.7878
−20	2.448	.741	.0928	177.21	220.32	397.53	.9139	.8703	1.7841
−18	2.643	.744	.0864	179.44	218.93	398.37	.9226	.8580	1.7806
−16	2.849	.748	.0804	171.68	217.51	399.19	.9313	.8458	1.7771
−14	3.068	.751	.0750	183.93	216.07	400.00	.9400	.8337	1.7737
−12	3.299	.755	.0699	186.20	214.61	400.81	.9486	.8218	1.7704
−10	3.543	.759	.0653	188.47	213.13	401.60	.9572	.8099	1.7670
−8	3.801	.763	.0611	190.75	211.62	402.37	.9658	.7981	1.7639
−6	4.072	.766	.0572	193.05	210.09	403.14	.9744	.7864	1.7608
−4	4.358	.770	.0536	195.36	208.54	403.89	.9830	.7748	1.7577
−2	4.659	.774	.0502	197.67	206.96	404.63	.9915	.7632	1.7547
0	4.976	.778	.0471	200.00	205.36	405.36	1.000	.7518	1.7518
2	5.308	.782	.0443	202.34	203.73	406.07	1.0085	.7404	1.7489
4	5.657	.787	.0416	204.69	202.08	406.77	1.0169	.7291	1.7460
6	6.023	.791	.0391	207.05	200.40	407.45	1.0254	.7179	1.7432
8	6.406	.795	.0368	209.42	198.69	408.11	1.0338	.7067	1.7405
10	4.807	.800	.0347	211.81	196.95	408.76	1.0422	.6956	1.7377
12	7.226	.805	.0327	214.20	195.19	409.39	1.0506	.6845	1.7351
14	7.665	.809	.0309	216.61	193.40	410.01	1.0589	.6735	1.7324
16	8.123	.814	.0291	219.03	191.57	410.60	1.0673	.6625	1.7298
18	8.601	.819	.0275	221.46	189.72	411.18	1.0756	.6516	1.7272
20	9.099	.824	.0260	223.90	187.83	411.73	1.0839	.6407	1.7246
22	9.619	.830	.0246	226.36	185.91	412.27	1.0922	.6299	1.7221
24	10.160	.835	.0233	228.83	183.95	412.78	1.1005	.6190	1.7195
26	10.723	.840	.0220	231.31	181.96	413.27	1.1088	.6082	1.7170

(계속)

[표 A.3.1] R22의 포화증기표

온도	P_{sat}	비체적		엔탈피			엔트로피		
		포화액 $v_f \times 10^3$	포화증기 v_g	h_f	h_{fg}	h_g	s_f	s_{fg}	s_g
(℃)	(bar)	(m^3/kg)	(m^3/kg)	(kJ/kg)			(kJ/kg·K)		
28	11.309	.846	.0208	233.81	179.93	413.74	1.1770	.5975	1.7145
30	11.919	.850	.0197	236.31	177.86	414.18	1.1253	.5867	1.7120
32	12.552	.858	.0187	238.84	175.75	414.59	1.1336	.5759	1.7095
34	13.210	.864	.0177	241.38	173.60	414.98	1.1418	.5652	1.7070
36	13.892	.870	.0168	243.93	171.41	415.33	1.1501	.5544	1.7045
38	14.601	.877	.0160	246.50	169.16	415.66	1.1583	.5437	1.7020
40	15.335	.884	.0151	249.08	166.87	415.95	1.1666	.5329	1.6995
42	16.096	.891	.0144	251.68	164.53	416.21	1.1749	.5220	1.6969
44	16.885	.898	.0136	254.30	162.13	416.43	1.1831	.5112	1.6943
46	17.702	.906	.0129	256.94	159.67	416.61	1.1914	.5003	1.6917
48	18.548	.914	.0123	259.59	157.15	416.75	1.1998	.4893	1.6891
50	19.423	.922	.0117	262.27	154.57	416.84	1.2081	.4783	1.6864
42	20.328	.930	.0111	264.97	151.92	416.89	1.2165	.4672	1.6837
54	21.265	.939	.0105	267.69	149.19	416.88	1.2249	.4560	1.6809
56	22.232	.949	.0100	270.43	146.38	416.81	1.2333	.4447	1.6780
58	23.232	.958	.0095	273.20	143.48	416.68	1.2418	.4333	1.6751
60	24.266	.969	.0090	276.00	140.49	416.49	1.2504	.4217	1.6721

[표 A.3.2] R22의 과열증기표

t(℃)	v,(m³/kg)	h,(kJ/kg)	s,(kJ/kg·K)	t(℃)	v,(m³/kg)	h,(kJ/kg)	s,(kJ/kg·K)
포화온도, −20℃				포화온도, −10℃			
−20	.0928	397.5	1.7841				
−15	.0951	400.7	1.7969				
−10	.0974	404.0	1.8095	−10	.0653	401.5	1.7671
−5	.0997	407.3	1.8219	−5	.0670	404.9	1.7800
0	.1019	410.6	1.8341	0	.0687	408.4	1.7927
5	.1041	413.9	1.8461	5	.0703	411.8	1.8052
10	.1063	417.3	1.8580	10	.0719	415.2	1.8174
15	.1085	420.6	1.8697	15	.0735	418.7	1.8295
20	.1107	423.9	1.8813	20	.0750	422.1	1.8414
25	.1128	426.3	1.8928	25	.0766	425.6	1.8531
포화온도, 0℃				포화온도, 5℃			
0	.0471	405.3	1.7518	5	.0404	407.1	1.7446
5	.0484	408.9	1.7649	10	.0415	410.8	1.7578
10	.0496	412.5	1.7777	15	.0425	414.5	1.7708
15	.0508	416.1	1.7903	20	.0436	418.2	1.7834
20	.0520	419.6	1.8026	25	.0446	421.8	1.7958
25	.0532	423.3	1.8148	30	.0456	425.5	1.8080
				35	.0467	429.2	1.8200
				40	.0477	432.8	1.8319
				45	.0487	436.5	1.8435
				50	.0496	440.2	1.8550

포화온도, 10℃				포화온도, 15℃			
10	.0347	408.6	1.7377	10			
15	.0357	412.4	1.7511	15	.0300	410.2	1.7311
20	.0366	416.2	1.7642	20	.0308	414.0	1.7556
25	.0376	420.0	1.7769	25	.0317	417.8	1.7578
30	.0385	423.4	1.7894	30	.0325	421.5	1.7707
35	.0394	427.1	1.8017	35	.0334	425.2	1.7833
40	.0403	431.0	1.8137	40	.0342	429.0	1.7956
45	.0412	434.4	1.8256	45	.0349	432.8	1.8078
50	.0420	437.9	1.8373	50	.0357	436.5	1.8197
포화온도, 20℃				포화온도, 25℃			
20	.0260	411.5	1.7246	25	.0226	413.0	1.7183
25	.0267	415.4	1.7383	30	.0233	417.1	1.7322
30	.0278	419.3	1.7517	35	.0240	421.1	1.7458
35	.0286	423.3	1.7646	40	.0247	425.1	1.7590
40	.0290	427.1	1.7774	45	.0254	429.0	1.7718
45	.0297	431.1	1.7899	50	.0260	433.0	1.7844
50	.0304	434.8	1.8021	55	.0266	437.0	1.7967
55	.0311	438.8	1.8141	60	.0272	441.0	1.8087
60	.0318	442.5	1.8258	65	.0278	444.8	1.8206
포화온도, 30℃				포화온도, 32℃			
30	.0197	414.0	1.7120	35	.0191	417.1	1.7182
35	.0204	418.3	1.7262	40	.0197	421.4	1.7322
40	.0210	422.4	1.7400	45	.0203	425.5	1.7458
45	.0216	426.6	1.7534	50	.0209	429.7	1.7591
50	.0222	430.5	1.7664	55	.0214	433.8	1.7719
55	.0228	434.6	1.7791	60	.0220	437.9	1.7845
60	.0234	438.7	1.7915	65	.0225	442.0	1.7968
65	.0239	442.6	1.8036	70	.0231	446.0	1.8089
				75	.0236	450.0	1.8207
				80	.0241	454.0	1.8323
포화온도, 34℃				포화온도, 36℃			
35	.0179	415.7	1.7099				
40	.0185	420.0	1.7243	40	.0173	418.7	1.7162
45	.0191	424.4	1.7382	45	.0179	423.1	1.7304
50	.0196	428.5	1.7517	50	.0185	427.4	1.7442
55	.0202	432.8	1.7647	55	.0190	431.7	1.7575
60	.0207	436.9	1.7775	60	.0195	436.0	1.7704
65	.0212	441.0	1.7899	65	.0200	440.0	1.7830
70	.0217	445.0	1.8021	70	.0205	444.3	1.7954
75	.0222	449.0	1.8141	75	.0210	448.2	1.8074
80	.0227	453.0	1.8258	80	.0214	452.1	1.8193
포화온도, 38℃				포화온도, 40℃			
40	.0162	417.3	1.7080	40	.0151	415.9	1.6995
45	.0168	421.9	1.7225	45	.0157	420.4	1.7144
50	.0173	426.2	1.7365	50	.0162	424.9	1.7287
55	.0178	430.6	1.7501	55	.0168	429.3	1.7426
60	.0183	434.8	1.7632	60	.0172	433.6	1.7560
65	.0188	439.0	1.7760	65	.0177	438.0	1.7690

70	.0193	443.4	1.7885	70	.0182	442.1	1.7817
75	.0198	447.3	1.8008	75	.0187	446.2	1.7940
80	.0202	451.2	1.8127	80	.0191	450.5	1.8061
				85	.0195	454.8	1.8180
포화온도, 42℃				포화온도, 45℃			
45	.0147	419.0	1.7061	45	.0133	416.5	1.6931
50	.0152	423.5	1.7208	50	.0138	421.3	1.7084
55	.0157	428.0	1.7349	55	.0143	426.0	1.7231
60	.0162	432.4	1.7486	60	.0148	430.5	1.7372
65	.0167	436.8	1.7618	65	.0153	435.1	1.7509
70	.0172	441.2	1.7747	70	.0157	439.4	1.7641
75	.0176	445.5	1.7872	75	.0161	443.6	1.7769
80	.0180	449.5	1.7995	80	.0165	448.0	1.7895
85	.0185	451.7	1.8115	85	.0170	452.4	1.8017
				90	.0174	456.6	1.8137

[표 A.3.3] R717(암모니아)의 포화증기표

온도	P_{sat}	비체적		엔탈피		엔트로피	
		포화액 $v_f \times 10^3$	포화증기 v_g	h_f	h_g	s_f	s_g
(℃)	(bar)	(m^3/kg)	(m^3/kg)	(kJ/kg)		(kJ/kg·K)	
−60	.2199	1.40	4.685	−69.5	1373.2	−0.1095	6.6592
−55	.3029	1.41	3.474	−47.5	1382.0	−0.0071	6.5454
−50	.4103	1.42	2.617	−25.4	1390.6	0.0926	6.4382
−45	.5474	1.43	2.000	−3.3	1399.0	0.1904	6.3369
−40	.7201	1.45	1.547	18.9	1407.2	0.2865	6.2410
−35	.9349	1.46	1.212	41.2	1415.2	0.3808	6.1501
−30	1.1990	1.48	.961	63.6	1422.8	0.4735	6.0636
−28	1.3202	1.48	.878	72.5	1425.8	0.5101	6.0302
−26	1.4511	148	.809	81.5	1428.7	0.5465	5.9974
−25	1.5216	1.49	.770	86.0	1430.2	0.5646	5.9813
−24	1.5922	1.49	.737	90.5	1431.6	0.5827	5.9652
−22	1.7441	1.49	.677	99.6	1434.4	0.6186	5.9336
−20	1.9074	1.50	.622	108.6	1437.2	0.6543	5.9025
−18	2.0826	1.50	.573	117.7	1439.9	0.6898	5.8720
−16	2.2704	1.51	.528	126.7	1442.6	0.7251	5.8420
−15	2.3709	1.52	.508	131.3	1443.9	0.7426	5.8223
−14	2.4714	1.52	.488	135.8	1445.2	0.7601	5.8125
−12	2.6863	1.53	.451	144.9	1447.7	0.7950	5.7835
−10	2.9157	1.53	.417	154.2	1450.2	0.8296	5.7550
−9	3.0360	1.53	.402	158.6	1451.4	0.8469	5.7409
−8	3.1602	1.54	.387	163.2	1452.6	0.8641	5.7269
−7	3.2884	1.54	.373	167.8	1453.8	0.8812	5.7131
−6	3.4207	1.54	.359	172.4	1455.0	0.8983	5.6993
−5	3.5571	1.55	.346	176.9	1456.1	0.9154	5.6856
−4	3.6977	1.55	.334	181.6	1457.2	0.9324	5.6721
−3	3.8426	1.55	.322	186.2	1458.4	0.9493	5.6586
−2	3.9920	1.56	.310	190.8	1459.5	0.9663	5.6453
−1	4.1458	1.56	.299	195.4	1460.6	0.9831	5.6320
0	4.3043	1.57	.289	200.0	1461.7	1.0000	5.6189

1	4.4674	1.57	.279	204.6	1462.7	1.0167	5.6058
2	4.6353	1.57	.269	209.3	1463.8	1.0335	5.5929
3	4.8081	1.57	.260	213.9	1464.8	1.0502	5.5800
4	4.9859	1.58	.251	218.5	1465.8	1.0669	5.5672
5	5.1687	1.58	.243	223.2	1466.8	1.0835	5.5545
6	5.3567	1.59	.235	227.8	1467.8	1.1001	5.5419
7	5.5500	1.59	.227	232.5	1468.8	1.1167	5.5294
8	5.7487	1.59	.219	237.1	1459.7	1.1332	5.5170
9	5.9528	1.60	.212	241.8	1470.7	1.1496	5.5046
10	6.1625	1.60	.205	246.5	1471.5	1.1661	5.4924
11	6.3778	1.60	.198	251.2	1472.5	1.1825	5.4802
12	6.5989	1.61	.192	255.9	1473.3	1.1988	5.4681
13	6.8259	1.61	.186	260.6	1474.2	1.2152	5.4561
14	7.0588	1.61	.180	265.3	1475.4	1.2314	5.4441
15	7.2979	1.62	.174	270.0	1475.9	1.2477	5.4322
16	7.5431	1.62	.169	274.8	1476.2	1.2639	5.4204
17	7.7946	1.62	.164	279.5	1477.5	1.2801	5.4087
18	8.0525	1.63	.158	284.8	1478.3	1.2963	5.3971
19	8.3169	1.63	.154	289.0	1479.0	1.3124	5.3855
20	8.5879	1.64	.149	293.8	1479.8	1.3285	5.3740
21	8.8657	1.64	.144	298.5	1480.5	1.3445	5.3626
22	9.1503	1.64	.140	303.3	1481.2	1.3606	5.3512
23	9.4418	1.65	.136	308.4	1481.9	1.3765	5.3399
24	9.7403	1.65	.132	312.9	1482.5	1.3925	5.3286
25	10.046	1.66	.128	317.7	1483.2	1.4084	5.3175
26	10.359	1.66	.124	322.5	1483.8	1.4243	5.3063
27	10.680	1.67	.128	327.3	1484.4	1.4402	5.2953
28	11.007	1.67	.117	332.1	1485.0	1.4560	5.2843
29	11.343	1.67	.114	336.9	1485.8	1.4718	5.2733
30	11.686	1.68	.110	341.8	1486.1	1.4876	5.2624
31	12.037	1.68	.107	346.6	1486.7	1.5033	5.2516
32	12.396	1.69	.104	351.5	1487.2	1.5191	5.2408
33	12.763	1.69	.101	356.3	1487.7	1.5348	5.2300
34	13.139	1.70	.098	361.2	1488.1	1.5504	5.2193
35	13.522	1.70	.096	366.1	1488.6	1.5660	5.2086
36	13.915	1.71	.092	370.9	1489.0	1.5816	5.1980
37	14.314	1.71	.090	375.9	1489.4	1.5972	5.1874
38	14.724	1.72	.088	380.8	1489.8	1.6128	5.1768
39	15.143	1.72	.085	385.7	1490.1	1.6283	5.1663
40	15.570	1.72	.083	390.6	1490.4	1.6437	5.1558
41	16.006	1.73	.080	395.5	1490.7	1.6592	5.1453
42	16.451	1.73	.078	400.4	1490.9	1.6747	5.1349
43	16.906	1.74	.076	405.4	1491.2	1.6901	5.1244
44	17.370	1.74	.074	410.4	1491.4	1.7055	5.1140
45	17.843	1.75	.072	415.4	1491.5	1.7209	5.1036
46	18.326	1.75	.070	420.4	1491.7	1.7363	5.0932
47	18.819	1.76	.068	425.4	1491.8	1.7517	5.0827
48	19.322	1.76	.066	430.4	1491.8	1.7671	5.0723
49	19.835	1.77	.065	435.4	1491.9	1.7825	5.0618
50	20.359	1.77	.063	440.5	1491.8	1.7979	5.0514
51	20.892	1.78	.061	445.6	1491.8	1.8134	5.0409
52	21.436	1.78	.060	450.7	1491.7	1.8289	5.0303
53	21.991	1.79	.058	455.9	1491.5	1.8444	5.0198
54	22.556	1.79	.056	461.1	1491.3	1.8600	5.0092
55	23.132	1.80	.055	466.3	1491.1	1.8757	4.9985

[표 A.3.4] R717(암모니아)의 과열증기표

t_{sat}	p_{sat}	과열도					
		50℃			100℃		
		v	h	s	v	h	s
(℃)	(bar)	(m^3/kg)	(kJ/kg)	$(kJ/kg \cdot K)$	(m^3/kg)	(kJ/kg)	$(kJ/kg \cdot K)$
−40	0.718	1.82	1517	6.667	2.08	1624	7.016
−35	0.932	1.45	1526	6.572	1.76	1634	6.919
−30	1.196	1.24	1535	6.483	1.45	1644	6.827
−25	1.516	.96	1544	6.399	1.15	1654	6.741
−20	1.9	.78	1553	6.319	.90	1664	6.659
−15	2.36	.61	1561	6.234	.73	1674	6.581
−10	2.91	.53	1570	6.171	.59	1683	6.507
−5	3.55	.42	1578	6.102	.49	1693	6.437
0	4.29	.36	1586	6.036	.42	1702	6.370
5	5.16	.30	1594	5.974	.35	1711	6.307
10	6.15	.25	1601	5.914	.285	1720	6.247
15	7.28	.22	1608	5.856	.25	1729	6.189
20	8.57	.185	1615	5.801	.215	1737	6.133
25	10.01	.165	1622	5.748	.18	1746	6.080
30	11.67	.137	1628	5.697	.16	1754	6.030
35	13.5	.118	1634	5.648	.14	1762	5.982
40	15.54	.110	1640	6.601	.12	1770	5.935
45	17.82	.090	1646	5.555	.105	1778	5.890
50	20.33	.070	1651	5.510	.085	1785	5.847

[표 A.3.5] R134a의 포화증기표

온도	p_{sat}	비체적		엔탈피			엔트로피		
		포화액	포화증기						
		$v_f \times 10^3$	v_g	h_f	h_{fg}	h_g	s_f	s_{fg}	s_g
(℃)	(bar)	(m^3/kg)	(m^3/kg)		(kJ/kg)			$(kJ/kg \cdot K)$	
−40	.517	.705	.3567	150.60	230.22	380.82	.8009	.9874	1.7882
−38	.573	.708	.3239	152.91	229.16	382.07	.8110	.9745	1.7855
−36	.633	.771	.2946	155.24	228.09	383.33	.8211	.9618	1.7828
−34	.699	.714	.2684	157.58	227.00	384.58	.8312	.9491	1.7803
−32	.771	.717	.2450	159.95	225.88	385.33	.8412	.9367	1.7779
−30	.848	.720	.2240	162.33	224.75	387.08	.8513	.9243	1.7766
−28	.931	.723	.2051	164.72	223.60	388.32	.8613	.9120	1.7734
−26	1.020	.726	.1881	167.13	222.42	389.55	.8714	.8999	1.7713
−24	1.117	.730	.1727	169.56	221.23	390.79	.8814	.8879	1.7692
−22	1.220	.733	.1589	172.01	220.01	392.02	.8913	.8760	1.7673
−20	1.330	.736	.1464	174.47	218.77	393.24	.9013	.8642	1.7655
−18	1.449	.739	.1350	176.95	217.51	394.46	.9113	.8525	1.7637
−16	1.575	.743	.1247	179.44	216.23	395.68	.9212	.8408	1.7620
−14	1.711	.746	.1153	181.96	214.93	396.89	.9311	.8293	1.7601
−12	1.855	.750	.1067	184.48	213.60	398.09	.9410	.8179	1.7589

−10	2.008	.753	.0989	187.03	212.26	399.28	.9509	.8066	1.7574
−8	2.171	.757	.0918	189.59	210.89	400.48	.9607	.7953	1.7561
−6	2.344	.761	.0853	192.17	209.49	401.66	.9706	.7841	1.7547
−4	2.528	.764	.0794	194.76	208.07	402.84	.9804	.7731	1.7574
−2	2.723	.768	.0739	197.37	206.63	404.01	.9902	.7620	1.7522
0	2.929	.772	.0689	200.00	205.17	405.17	1.0000	.7511	1.7511
2	3.147	.776	.0642	202.64	203.68	406.32	1.0098	.7402	1.7500
4	3.378	.780	.0600	205.31	202.16	407.47	1.0195	.7294	1.7489
6	3.621	.784	.0561	207.98	200.62	408.60	1.0293	.7187	1.7479
8	3.877	.788	.0525	210.68	199.05	409.73	1.0390	.7080	1.7470
10	4.147	.793	.0491	213.39	197.46	410.85	1.0487	.6973	1.7460
12	4.431	.797	.0460	216.13	195.84	411.96	1.0584	.6868	1.7452
14	4.730	.802	.0432	218.87	194.19	413.06	1.0681	.6762	1.7443
16	5.043	.806	.0405	221.64	192.51	414.15	1.0777	.6657	1.7435
18	5.372	.811	.0381	224.43	190.80	415.23	1.0874	.6553	1.7427
20	5.718	.816	.0358	227.23	189.06	416.29	1.0970	.6449	1.7419
22	6.080	.821	.0336	230.06	187.29	417.35	1.1067	.6345	1.7418
24	6.459	.826	.0317	232.90	185.49	418.39	1.1163	.6242	1.7405
26	6.855	.831	.0298	235.76	183.65	419.41	1.1259	.6139	1.7398
28	7.270	.836	.0281	238.65	181.78	420.43	1.1355	.6036	1.7391
30	7.703	.842	.0265	241.56	179.87	421.43	1.1451	.5933	1.7384
32	8.155	.847	.0250	244.48	177.93	422.41	1.1547	.5831	1.7377
34	8.627	.853	.0236	247.44	175.94	423.38	1.1643	.5728	1.7371
36	9.119	.859	.0222	250.41	173.92	242.33	1.1738	.5626	1.7364
38	9.632	.865	.0210	253.41	171.85	425.26	1.1834	.5523	1.7357
40	10.167	.871	.0199	256.43	169.74	426.17	1.1930	.5420	1.7350
42	10.723	.878	.0188	259.48	167.58	427.07	1.2026	.5317	1.7343
44	11.302	.885	.0177	262.56	165.38	427.94	1.2122	.5214	1.7336
46	11.904	.892	.0168	265.67	163.12	428.79	1.2218	.5111	1.7328
48	12.530	.899	.0159	268.80	160.81	429.61	1.2314	.5007	1.7321
50	13.180	.906	.0150	271.97	158.43	430.40	1.2410	.4903	1.7312
52	13.854	.914	.0142	275.17	156.00	431.17	1.2506	.4798	1.7304
54	14.555	.922	.0134	278.41	153.50	431.91	1.2603	.4692	1.7295
56	15.282	.931	.0127	281.68	150.94	432.61	1.2699	.4585	1.7285
58	16.036	.940	.0120	284.99	148.29	433.28	1.2796	.4478	1.7274
60	16.817	.949	.0114	288.34	145.57	433.91	1.2893	.4369	1.7263
62	17.627	.959	.0108	291.74	142.76	434.50	1.2991	.4260	1.7250
64	18.466	.969	.0102	295.19	139.86	435.05	1.3089	.4148	1.7237
66	19.336	.979	.0097	298.68	136.86	435.54	1.3187	.4035	1.7222
68	20.235	.991	.0091	302.23	133.74	435.98	1.3286	.3920	1.7206
70	21.167	1.003	.0086	305.84	130.51	436.35	1.3386	.3803	1.7189

[표 A.3.6] R134a의 과열증기표

p,bar (t_{sat}, ℃)		t,℃									
		sat.	−15	0	30	45	70	95	120	145	170
1.01 (−26.13)	v	0.1893	0.1995	0.2129	0.2389	0.2516	0.2726	0.2933	0.3138	0.3343	0.3547
	h	389.5	398.5	410.9	436.7	450.1	473.2	497.4	522.6	548.7	575.7
	s	1.7715	1.8072	1.8539	1.9434	1.9866	2.0566	2.1245	2.1907	2.2550	2.3178
1.50 (−17.18)	v	0.1306	0.1320	0.1416	0.1598	0.1686	0.1830	0.1972	0.2112	0.2252	0.2390
	h	395.0	396.8	409.5	435.7	449.3	472.6	496.9	522.1	548.3	575.4
	s	1.7630	1.7701	1.8180	1.9090	1.9527	2.0233	2.0916	2.1579	2.2225	2.2953
2.50 (−4.28)	v	0.0802		0.0820	0.0938	0.0994	0.1084	0.1172	0.1258	0.1343	0.1427
	h	402.7		406.5	433.7	447.6	471.3	495.9	521.3	547.6	574.8
	s	1.7537		1.7679	1.8623	1.9070	1.9788	2.0479	2.1147	2.1796	2.2427
3.50 (5.02)	v	0.0580			0.0655	0.0697	0.0764	0.0829	0.0892	0.953	0.1015
	h	408.1			431.6	445.8	469.9	494.8	520.43	546.9	574.16
	s	1.7484			1.8295	1.8754	1.9484	2.0183	2.0857	2.1509	2.2142
4.50 (12.47)	v	0.0453			0.0497	0.0532	0.0586	0.0638	0.0688	0.0737	0.0785
	h	412.2			429.4	444.0	468.56	493.7	519.5	546.1	573.5
	s	1.7449			1.8033	1.8504	1.9249	1.9956	2.0635	2.1291	2.1927
5.50 (18.75)	v	0.0372			0.0396	0.0426	0.0473	0.0517	0.0559	0.0599	0.0639
	h	415.6			427.0	442.1	467.1	492.6	518.6	545.4	572.9
	s	1.7424			1.7809	1.8294	1.9054	1.9770	2.0455	2.1114	2.1753
6.50 (24.22)	v	0.0315			0.0326	0.0353	0.0394	0.0433	0.0469	0.0504	0.0533
	h	418.5			424.6	440.1	465.7	491.5	517.7	544.6	572.2
	s	1.7404			1.7608	1.8109	1.8885	1.9611	2.0301	2.0965	2.1606
7.50 (29.07)	v	0.0272			0.0274	0.0299	0.0337	0.0371	0.0403	0.0434	0.0464
	h	421.0			422.0	438.1	464.2	490.3	516.8	543.9	571.6
	s	1.7387			1.7421	1.7941	1.8735	1.9470	2.0167	2.0835	2.1479
8.50 (33.47)	v	0.0239				0.0257	0.0292	0.0324	0.0353	0.0380	0.0407
	h	423.1				435.9	462.7	489.2	515.9	543.1	570.9
	s	1.7372				1.7784	1.8598	1.9344	2.0047	2.0719	2.1366
9.50 (37.49)	v					0.0224	0.0257	0.0286	0.0313	0.0338	0.0363
	h					433.6	461.1	488.0	514.9	542.3	570.3
	s					1.7634	1.8470	1.9228	1.9939	2.0615	2.1265
10.50 (41.21)	v					0.0197	0.0229	0.0256	0.0281	0.0304	0.0326
	h					431.2	459.5	486.7	514.0	541.6	669.6
	s					1.7489	1.8351	1.9121	1.9839	2.0519	2.1172
11.50 (44.67)	v					0.0175	0.0205	0.0231	0.0254	0.0276	0.0297
	h					428.6	457.8	485.50	513.0	540.8	569.0
	s					1.7347	1.8236	1.9021	1.9745	2.0431	2.1087
12.50 (47.91)	v						0.0185	0.0210	0.0232	0.0252	0.0271
	h						456.0	484.2	512.0	540.0	568.3
	s						1.8127	1.8925	1.9658	2.0348	2.1007
13.50 (50.96)	v						0.0168	0.0192	0.0212	0.0232	0.0250
	h						454.2	482.9	511.0	539.2	567.63
	s						1.8020	1.8834	1.9576	2.0271	2.0933
14.50 (53.84)	v						0.0153	0.0176	0.0196	0.0214	0.0231
	h						452.3	481.61	510.03	538.4	567.0
	s						1.7915	1.8747	1.9497	2.0198	2.0863
15.50 (56.58)	v						0.0140	0.0162	0.0182	0.0199	0.0215
	h						450.1	480.3	509.0	537.5	566.3
	s						1.7811	1.8663	1.9422	2.0128	2.0797
16.50 (59.19)	v						0.0128	0.0150	0.0169	0.0186	0.0201
	h						448.21	478.9	508.0	536.7	565.6
	s						1.7707	1.8580	1.9350	2.0062	2.0734
17.50 (61.69)	v						0.0118	0.0140	0.0158	0.0174	0.0189
	h						446.0	477.46	506.9	535.9	564.9
	s						1.7603	1.8500	1.9281	1.9998	2.0674

v, 비체적(m^3/kg); h, 엔탈피(kJ/kg); s, 엔트로피(kJ/kg·K)

찾·아·보·기

(ㄱ)

(ㅊ)

(ㅋ)

(ㅌ)

(기타)

저자와의
협의하에
인지생략

Post-Harvest Process Engineering

수확후공정공학

초판인쇄 2008년 8월 04일
초판발행 2008년 8월 11일

대표저자 금동혁

펴 낸 이 김성배
펴 낸 곳 도서출판 씨아이알

디 자 인 백승주, 이미애

등록번호 제 2-3285호
등 록 일 2001년 3월 19일
주 소 100-250 서울특별시 중구 예장동 1-151
전화번호 02-2275-8603(대표) 팩스번호 02-2265-9394
홈페이지 www.circom.co.kr

ISBN 978-89-92259-17-0 93520
정가 35,000원